中核集团专项资金资助出版

黑龙江省精品工程专项资金资助出版

锕系元素溶剂萃取化学

林灿生　李辉波　常志远　刘丽君　编著

哈尔滨工程大学出版社
Harbin Engineering University Press

内容简介

本书共 11 章,主要内容包括溶剂萃取的基本原理和研究方法;锕系元素的化学性质,重点阐述与溶剂萃取化学关系密切的配位特征及配位化合物;锕、钍、镤、铀、镎、钚、镅、锔等 15 种锕系元素的溶剂萃取化学;若干溶剂萃取分离流程等。本书内容博采众长,守正出新,弥补了同类书籍中萃取原理与锕系元素化学未能很好融合的问题,既具有知识的新颖性,又具有科学性和实用性。

本书可供从事核化学与放射化学、核燃料循环与材料、环境核科学领域的科学研究和工程技术人员参考。

图书在版编目(CIP)数据

锕系元素溶剂萃取化学/林灿生等编著. —哈尔滨:哈尔滨工程大学出版社,2021.3
ISBN 978 - 7 - 5661 - 2629 - 0

Ⅰ.①锕… Ⅱ.①林… Ⅲ.①锕系元素 - 溶剂萃取
Ⅳ.①O658.2

中国版本图书馆 CIP 数据核字(2020)第 136210 号

锕系元素溶剂萃取化学
AXI YUANSU RONGJI CUIQU HUAXUE

选题策划　石　岭　丁　伟
责任编辑　宗盼盼　丁　伟
封面设计　张　骏

出版发行　哈尔滨工程大学出版社
社　　址　哈尔滨市南岗区南通大街 145 号
邮政编码　150001
发行电话　0451 - 82519328
传　　真　0451 - 82519699
经　　销　新华书店
印　　刷　哈尔滨市石桥印务有限公司
开　　本　787 mm×1 092 mm　1/16
印　　张　39.75
字　　数　1 018 千字
版　　次　2021 年 3 月第 1 版
印　　次　2021 年 3 月第 1 次印刷
定　　价　148.00 元
http://www.hrbeupress.com
E-mail:heupress@ hrbeu.edu.cn

前　　言

锕系元素作为关键的核能燃料而备受人们关注,现今世界各有核国家多采用溶剂萃取分离法提取铀和钚,并将其用作核燃料。溶剂萃取分离工艺在长期的运行实践中积累了丰富的经验,也暴露出许多问题。目前国内外系统论述溶剂萃取基本原理及其试验方法的专著较少,我们针对国内核燃料溶剂萃取分离工艺的运行实践,在总结我国几十年来锕系元素溶剂萃取研究成果的基础上,参考国内外相关文献资料,编著了本书。

本书第1章叙述溶剂萃取的基本原理和研究方法;第2章重点介绍与溶剂萃取化学关系密切的配位化合物,强调锕系元素的特殊用途及其在元素周期表中的特殊位置,5f电子层结构的原子对4f电子层结构的"承前"与对6f电子层结构和7f电子层结构的展望;第3章至第10章叙述锕系元素的溶剂萃取,其中铀、钚、镎、钍和镅、锔等与实践结合较紧密,镄后元素的半衰期短,对其鉴定和验证的溶剂萃取进行研究,为"一次一个原子的化学"研究做准备;第11章介绍若干溶剂萃取分离流程,并指出存在的问题。

本书可供从事核化学与放射化学、核燃料循环与材料、环境核科学领域的科学研究和工程技术人员参考。

由于笔者水平有限,书中错误之处在所难免,恳请读者批评指正。

编著者
2020 年 11 月

目　　录

第1章 溶剂萃取化学基础

1.1 萃取概述

1.1.1 定义与分类

化学上使不同物质相互分离的常用方法是利用物质在两相间的转移来进行物质分离。

固－液分离:待分离提取的物质由液相转移到固相,如沉淀法、分步结晶法、离子交换法、色层吸附法等;提取的物质由固相转到液相,如浸取法(是萃取法之一)。

气－液分离:蒸馏、精馏等。

固－气－固分离:升华。

液－液分离:主要是溶剂萃取;此外,萃取色层是欲分离物质在料液水相与附着于支撑体上的液体萃取剂有机相之间的分配。

物质从不同相中转移到一定的液相的过程叫作萃取,也叫作抽提或提出。基本上不相混溶的两个液相进行分离叫作液－液萃取,或叫作溶剂萃取,简称萃取。它通常是指原先溶于水相的被萃取物(一般指无机物)与有机相接触后,通过物理或化学过程,部分或全部地转入有机相的过程。根据不同的用途和特点,萃取可分为以下几种类型。

按分离物质不同,萃取可分为有机萃取和无机萃取。需要分离的物质是有机物,如在石油工业中利用二甲基亚砜作萃取剂,把芳香烃从石油馏分中萃取出来,属于有机萃取。需要分离的物质是无机物,如用四苯硼钠的硝基苯溶液从硝酸介质($pH = 5 \sim 6$)的水相中萃取裂变产物铯,属于无机萃取。

按相特点不同,萃取可分为液－液两相萃取、固－液－液三相萃取和液－液－液三相萃取。

(1)液－液两相萃取分离,如用 α －安息香肟的乙酸乙酯溶液从硝酸水溶液中萃取钼。

(2)固－液－液三相萃取分离,用磷酸三丁酯(TBP)从独居石矿浆中直接萃取铀、钍和稀土元素,就是从含有矿石细颗粒的悬浊液中进行萃取的。

(3)液－液－液三相间的萃取分离,在萃取过程中出现轻重两个有机相,其中重有机相(或称第二有机相)所含被萃取物质的量往往比轻有机相大得多,密度大,处于与水相的界面上,清澈透明,少数情况下会沉到水相底层,目前对这种现象尚未加以利用,反而在连续萃取操作中影响相分离。这种第二有机相出现的例子较多,TBP萃取硝酸钍时易出现第二有机相,当水相硝酸钍浓度大,有机相负荷大时,静置一定时间后,重有机相会沉到水相底部。在核燃料后处理工艺中,用四价铀还原反萃取钚时,有机相的四价铀浓度较高的反萃取级中会出现第二有机相。

按温度不同,萃取可分为常温萃取和高温萃取。一般无机萃取是在常温下进行的。也有在更高温度下的溶剂萃取,例如在 150 ℃ 用 TBP 的多联苯溶液可从 LiNO3 – KNO3 低共熔混合物中萃取铈和钕等稀土元素;在 180 ℃ 下,有机相(磷酸三丁酯、三正辛胺 – 联二苯作稀释剂)可从 KCl – CuCl 低共熔混合物中萃取铀、钇、镉。

按萃取与反萃取过程不同,萃取可分为溶剂萃取和液膜萃取。溶剂萃取分离,其萃取与反萃取是分开进行的两个过程,例如用噻吩甲酰三氟丙酮(HTTA)从硝酸溶液中萃取裂变产物元素锆,铀为六价不被萃取,几乎 100% 的锆进入有机相,实现锆与铀的分离,然后用 NH_4F 溶液从有机相中反萃取锆,得到纯的锆溶液(含 F^- 的水相)。液膜萃取与反萃取过程是同时进行的,现在应用较多的是乳化型液膜,它由载体(萃取剂)和溶剂(添加表面活性剂和增强剂)组成,根据需要制造油包水型(W/O)和水包油型(O/W)乳状液。处理水溶液,使用油包水型液膜,图 1 – 1 是用于处理含铬废水的乳化液膜,废水的 pH = 1.8,铬浓度为 100ppm[①],被液膜上的萃取剂叔胺萃取,乳化液膜内腔是 $0.1\ mol \cdot L^{-1}$ NaOH 水溶液,它将液膜上叔胺萃取的铬反萃取到内腔的水溶液中,随着反应过程的连续进行,废水中的铬不断往内腔浓集,直至平衡,而后将乳化液膜分出破乳,将浓集的铬进一步处理。液膜萃取的特点是表面积大,传质快,膜内外浓度梯度较高,但是容量有限,制乳、破乳也较麻烦。

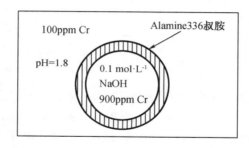

图 1 – 1　液膜萃取示意图

一般的溶剂萃取是在常压下进行的,而超临界流体萃取是在高压和一定的温度下,使流体介质(常用 CO_2 或 NH_3)处于超临界状态,既有液体密度大又有气体扩散性强的特点,对物质的溶解度明显提高而被萃取。反萃取过程只要减压使介质气化,即可得到欲提物质,适用于对温度敏感的生物和医药制品的分离。

本书仅论述液 – 液无机萃取,溶剂萃取法有其突出的优点:①萃取负载容量大,生产能力也强;②设备和仪表简单,便于自动控制和远距离操作,适合于分离放射性物质和有毒物质;③选择性好,应用范围广泛,除了分离提纯外还可作为浓缩手段;④成本低。由于其显著优点,自 20 世纪 40 年代以来,溶剂萃取法在分离方法中居极其重要的地位。

1.1.2　萃取化学发展简史

萃取化学的历史源头难以考证,我国古代劳动人民用酒浸取香花、药材,制作香精和药酒,已有千年以上的历史。

---

① $1ppm = 10^{-6}$。

溶剂萃取无机物质的第一个例子是 1805 年,Bucholz 第一次用乙醚从硝酸介质中萃取铀($UO_2(NO_3)_2$)。1867 年,有人发现某些金属的硫氰酸盐可溶于乙醚,并建议用乙醚萃取法分离钴和镍、金和铂等。1880 年,Soxlet 发明索氏抽提器,提高了萃取实验的技术水平,对萃取化学的发展起到促进作用。溶剂萃取的另一个例子是 1892 年,Rothe 和 Hanroit 发现乙醚从盐酸溶液中可萃取三氯化铁,这个方法在后来曾被用于铁和其他金属的分离。这个时期也开始萌生萃取理论,1872 年 Berthelot 和 Jungfleisch 根据经验首先提出了液 – 液分配平衡的定量关系。接着 1891 年,Nernst 从热力学观点进行阐述,提出了著名的 Nernst 分配定律,为萃取化学理论打下了坚实基础。

在 20 世纪 20 年代以前,研究无机物萃取的工作还很少,仅限于乙醚作萃取剂,直至 1925 年螯合剂打萨宗(dithizone)被发现,开始了螯合萃取剂在分析化学中的应用研究。稀土元素的萃取于 20 世纪 30 年代已开始。1937 年,有人研究用酮、醚或醇萃取稀土元素的氯化物,但在相当长的一段时间内未获得有实际应用价值的成果。

20 世纪 40 年代开始,美国发展核燃料化学工艺,研究工作集中于铀、钍、钚及有关金属的溶剂萃取。1945 年,TBP 被用于萃取铀和钚,而后又被用于萃取钍。后来 TBP 成为 Purex 流程和 Thorex 流程的萃取剂,一直沿用至今。1949 年有人用 TBP 萃取四价铈,使铈与其他三价稀土元素分离。1950 年,噻吩甲酰三氟丙酮(HTTA)被用于处理反应堆辐照后的热铀,从中分离出钚,随后又开发了以甲基异丁基酮(MiBK)为萃取剂的 Redox 流程。这个时期苏联的核燃料后处理技术也从原先的沉淀法转向萃取法。

20 世纪 60 年代以来,广谱萃取剂二(2 – 乙基己基)磷酸(HDEHP)和种类繁多的磷(膦)类萃取剂被采用,胺(铵)类萃取剂也在普及推广。1967 年,Pederson 合成了第一个大环配体苯并 16 – 冠 – 6 聚醚后,冠状化合物作为萃取剂,为碱金属和碱土金属萃取的发展打开了局面。此后萃取化学由核燃料化工的主战场向有色金属、贵金属、稀土元素分离以及同位素分离等多领域发展。

1.1.3　萃取化学的一些术语

1. 溶剂萃取

溶剂萃取通常指原先溶于水相的被萃取物,与有机相接触后,通过物理或化学过程,部分或几乎全部转入有机相的过程。

2. 萃取剂

萃取剂指与被萃取物有化学结合而又能溶于有机相的有机试剂,如 TBP、HTTA 等。

3. 稀释剂

稀释剂是一种惰性溶剂,使萃取剂溶解其中构成连续有机相。稀释剂不与被萃取物化合,但它往往会影响萃取剂的性能。

4. 溶剂

溶剂是萃取过程中构成连续有机相的液体。溶剂可分为惰性溶剂和萃取溶剂,前者与被萃取物没有化学结合,亦即稀释剂,如煤油、四氯化碳。后者则与被萃取物有化学结合,如 MiBK、HDEHP。在工艺流程中,溶剂相和溶剂再生中的“溶剂”均指包括萃取剂和稀释剂在内的有机相。

5. 分配比(或称分配系数)

分配比指萃取达到平衡时,被萃取物质在有机相的总浓度和留在水相的总浓度之比,

常用 D 表示。

6. 分配平衡常数

分配平衡常数指同一分子在两相之间的 Nernst 分配平衡常数。

酸性萃取剂 HA 分配平衡常数 λ 为

$$\lambda = \frac{(HA)_o}{(HA)}$$

酸性萃取剂与金属离子 M^{n+} 的配合物之分配平衡常数 Λ 为

$$\Lambda = \frac{(MAn)_o}{(MAn)}$$

其中，$(\quad)_o$ 表示有机相浓度；没有脚标的 $(\quad)$ 表示水相浓度。Λ（或 λ）与分配比 D 不同，以萃取剂 8 – 羟基喹啉（HO_x）在两相的分配为例，在有机相 HO_x 以分子形式存在，在水相则以分子、酸根和盐的形式（HO_x、O_x^- 和 $H_2O_x^+$）存在。水相中的平衡为

$$H_2O_x^+ \xrightleftharpoons{K_1} HO_x + H^+ , HO_x \xrightleftharpoons{K_2} O_x^- + H^+$$

$$K_1 = \frac{(HO_x)(H^+)}{(H_2O_x^+)} , K_2 = \frac{(O_x^-)(H^+)}{(HO_x)}$$

$$\lambda = \frac{(HO_x)_o}{(HO_x)}$$

$$D = \frac{(HO_x)_o}{(H_2O_x^+) + (HO_x) + (O_x^-)} = \frac{\lambda}{1 + \frac{(H^+)}{K_1} + \frac{K_2}{(H^+)}}$$

当被萃取物质在两相的分子组成相同时，Λ（或 λ）等于 D。

7. 萃合物

萃合物指被萃取物与萃取剂结合而萃取到有机相中的化合物。如 TBP 萃取硝酸铀酰的萃合物是 $UO_2(NO_3)_2 \cdot 2TBP$。

8. 萃取液

含有被萃取物的有机相称为萃取液。

9. 洗涤液和洗涤

洗涤液指洗去萃取液中难萃取的组分（如杂质），使易萃取组分仍留在有机相且更纯净的水相溶液，这一过程称为洗涤。

10. 萃余液

萃余液是萃取后残余的水相，一般指多次连续萃取后残余的水相。

11. 反萃取剂和反萃取

反萃取剂指能破坏萃取液中萃合物的结构而生成易溶于水相化合物所用的水溶液，这一过程称为反萃取。

12. 相比

相比指有机相体积 V_o 与水相体积 V 之比。

13. 萃合常数

萃合常数指萃取过程化学反应的平衡常数。萃合常数的表示式中包括有机相和水相浓度，是两相反应的平衡常数。例如，HTTA 萃取 Th^{4+} 的反应：

$$Th^{4+} + 4HTTA_{(o)} \xrightleftharpoons{K} Th(TTA)_{4(o)} + 4H^+$$

萃合常数

$$K = \frac{(Th(TTA)_4)_o (H^+)^4}{(Th^{4+})(HTTA)_o^4}$$

其中,脚标"o"表示有机相;(　　)表示浓度。

14. 萃取率(或称百分萃取率)

萃取率指被萃取物质在有机相的量与在水相原始总量之比,常用 E 表示。E 与 D 的关系为

$$E = \frac{D}{D + \dfrac{V}{V_o}} \times 100\%$$

萃取率的大小取决于分配比和相比,即分配比越大,相比越大,萃取率也越大。当相比为 1 时,则

$$E = \frac{D}{D + 1} \times 100\%$$

15. 料液

料液指在萃取工艺中作为原料的含有待分离物质的水溶液或有机相溶液。

16. 配位络合剂

配位络合剂指溶于水相与金属离子生成各级配合物的配位体。这类配位体可分为抑萃配位络合剂和助萃配位络合剂。

抑萃配位络合剂也称掩蔽剂,为了提高净化系数,减小杂质的萃取率,如 TBP 萃取 $UO_2(NO_3)_2$ 时,向水相加入乙二胺四乙酸(EDTA)或氮三乙酸(NTA)与杂质离子 Th^{4+} 生成螯合物,这些螯合物有很多亲水基团,不能进入有机相。

为了增大萃取率,如胺类萃取 $UO_2(SO_4)_2^{2-}$ 时,向水相加入适量硫酸盐,其中 SO_4^{2-} 就是助萃配位络合剂。

17. 盐析剂

溶于水相,本身不被萃取,也不与金属离子配位的无机盐称为盐析剂。它的存在有利于金属的萃取。例如,TBP 萃取稀土的硝酸盐时,向水相中加入的 $NaClO_4$ 就是盐析剂。

盐析效应的原理是盐析剂的水合作用,吸引一部分自由水分子,使自由水分子减少,因而被萃取物质在水中的浓度相应增加,故有利于萃取。盐析效应一般随离子强度的增大而增加,离子强度 $\mu = \dfrac{1}{2} \sum C_i Z_i^2$,其中 C_i 是第 i 种离子的浓度,Z_i 是第 i 种离子的价数,所以高价金属离子的盐析效应大(如 Al^{3+})。有些无机盐既是盐析剂又是助萃配位络合剂,在缺酸流程(见第 11 章)中的 $Al(NO_3)_3$ 就起到两种作用。

18. 分离系数(或称分离因子)

分离系数指两种被分离的元素在相同条件下分配比的比值,常用 β 表示,$\beta = \dfrac{D_A}{D_B}$,它表示单级萃取并没有洗涤的效果,也反映物质 A 和 B 分离的难易程度。需要注意的是,分离的难易程度还与分配比 D 相应的值有关。设物质 A 和 B 的分离因子 $\beta = \dfrac{D_A}{D_B} = 100$,若分配比不同,则分离效果也不同,见表 1-1。由表 1-1 看出,难萃取组分(或杂质)的分配比 (D_B) 以小于 1 为好。

表 1－1　$\beta=100$ 而分配比不同对分离效果的影响(初始 A、B 的量均为 10 g)

1	2	3
$D_A=100,D_B=1$	$D_A=10,D_B=0.1$	$D_A=1,D_B=0.01$
$A_{(o)}=9.90,B_{(o)}=5$	$A_{(o)}=9.09,B_{(o)}=0.91$	$A_{(o)}=5.0,B_{(o)}=0.1$
$A_{(o)}:B_{(o)}\approx1.98:1$	$A_{(o)}:B_{(o)}\approx9.99:1$	$A_{(o)}:B_{(o)}=50:1$

19. 去污因子

原料中某杂质(B)对欲分离物质(A)的相对含量 w_1 与产品中 B 对 A 的相对含量 w_2 之比称为杂质 B 的去污因子(也称净化系数),用 DF 表示:

$$DF=\frac{w_1}{w_2}$$

DF 与分离因子 β 不同,β 仅是单级萃取的热力学平衡效果,而 DF 反映多级萃取、洗涤和反萃取的综合效果。DF 也用于评价设备、环境放射性污染的处理效果,其值为初始放射性活度与残留放射性活度之比。

20. 协同萃取

用两种(或两种以上)萃取剂的混合物同时萃取某一金属离子或其化合物,它的分配比显著大于每一种萃取剂在相同浓度和条件下单独使用时的分配比之和,这种情况称为协同萃取,简称协萃。相反的情况称为反协同萃取。含有两种萃取剂的协萃体系称为二元协萃体系。

21. 协萃剂

在二元协萃体系中,若萃取剂乙在一定的实验条件下单独使用时的分配比小于萃取剂甲单独使用时的分配比,但在甲中加入乙后,分配比大大提高,则称乙为甲的协萃剂。

22. 协萃络合物

协萃络合物指被萃取物质与两种或两种以上的萃取剂结合而萃取到有机相中的化合物,如 $UO_2(TTA)_2\cdot3TOPO$。

23. 萃取比

萃取比指有机相中某一金属离子的质量流量(kg/min)与水相中该离子的质量流量之比,它等于分配比与流量比的乘积。

24. 半萃取 pH 值(或 $pH_{0.5}$,$pH_{1/2}$)

半萃取 pH 值即萃取率为 50% 时的 pH 值,也就是萃取比等于 1 时的 pH 值;即当相比为 1 时,分配比等于 1 的 pH 值。

25. 共萃取

由于乙元素的存在,甲元素的萃取率比它单独存在时显著提高的萃取过程称为共萃取。例如,用 TBP 从 HNO_3 中萃取 Nb 时,若 Mo 存在则使 D_{Nb} 增大;用 TBP 从 HNO_3 中萃取 Tc 时,若 Zr 存在则使 D_{Tc} 增加。

26. 搜捕

两相分层后,在水相中残留少许萃取剂,可加入少量惰性溶剂与水相接触,把水相中残留的萃取剂(含萃合物)提回到有机相中,这一过程称为搜捕。

27. 萃取过程表示式

为了简单明了,用下列式子表示萃取过程:

被萃取物(浓度) – 可萃取杂质/水相组成/有机相组成

例如:

$Br_2/H_2O/CCl_4$ 表示四氯化碳从水溶液中萃取溴。

$UO_2^{2+}(10^{-4}\ mol\cdot L^{-1}) - Th^{4+}/6\ mol\cdot L^{-1}HNO_3, 0.1\ mol\cdot L^{-1}EDTA/20\% TBP - C_6H_6$ $[UO_2(NO_3)_2\cdot 2TBP]$表示用 20% TBP 的苯溶液从 $6\ mol\cdot L^{-1}HNO_3$ 中萃取 UO_2^{2+},铀浓度为 $10^{-4}\ mol\cdot L^{-1}$,水相中含有少量杂质 Th^{4+},$0.1\ moL\cdot L^{-1}EDTA$ 作为 Th^{4+} 的掩蔽剂。萃合物组成为 $UO_2(NO_3)_2\cdot 2TBP$。

28. 交换萃取

水相中的易萃取金属离子与有机相中难萃取金属离子相互交换的反应称为交换萃取。

29. 串级萃取

在生产实践中一次萃取往往回收率和去污系数都达不到要求,而需要有机相和水相多次接触,这种把若干个萃取器串联起来进行多级萃取,以提高回收率和去污效果的多级萃取工艺叫作串级萃取。

串级萃取按有机相和水相流动方式不同分为错流萃取、逆流萃取、分馏萃取和回流萃取。

(1) 错流萃取

料液水相由第一级流入,以后各级的萃余液都与新鲜的有机相进行接触的串级萃取称为错流萃取。错流萃取的结果是萃取液量比萃余液大得多。

(2) 逆流萃取

料液水相及有机相分别由两端流入萃取器,萃取液和萃余液分别从萃取器的两端流出,这样在萃余液出口处含易萃取组分少的水相与新鲜有机相接触,而萃取液出口处含易萃取组分多的有机相与料液水相接触,使萃取回收和净化效果都很好,这样的串级萃取称为逆流萃取。

(3) 分馏萃取

含有待分离元素的料液水相由串级萃取器的中间某级入口进入,而两头分别流入不含待分离元素的洗涤液及萃取剂有机相,这样的串级萃取方式称为分馏萃取。它把串级萃取器分为萃取段和洗涤段两部分。

(4) 回流萃取

在分馏萃取中,把水相出口的产品(难萃取组分)一部分在另一转相萃取器中萃入有机相后作为有机相的一部分,进入串级萃取器的第一级,这样的串级萃取称为有机相回流萃取工艺。如果把有机相出口产品(易萃取组分)在另一萃取器中反萃到水相,然后将反萃水相的一部分随洗涤液进入最后一级萃取器,这样的串级萃取称为水相回流萃取工艺。若两头都回流则称为两相回流萃取。回流萃取可使产品溶液浓度提高。

30. 萃余分数

萃余分数指串级萃取过程中,出口水相某一组分的质量流量与它在料液中的质量流量之比。

31. 萃取分数

萃取分数指串级萃取过程中,有机相出口某一组分的质量流量与它在料液中的质量流量之比。

32. 级效率

对于级式萃取设备,由设备构件将设备分成的每一级往往达不到一个理论级的效果,通常用级效率来表示设备达到理论级的程度。级效率包括总级效率和单级效率。

（1）总级效率

在相同条件下，达到相同萃取率所需理论级数与实际级数之比，称为设备的总级效率，用 E' 表示，则有

$$E' = \frac{n_\mathrm{T}}{n_\mathrm{K}} \tag{1-1}$$

其中，n_T 表示理论级数；n_K 表示实际级数。

（2）单级效率

对设备的每一级，其级效率可用有机相中溶质的浓度或水相中溶质的浓度表示，具体为

$$E'_y = \frac{y_t - y_0}{y_e - y_0}$$

$$E'_x = \frac{x_0 - x_t}{x_0 - x_e}$$

其中，E'_y、E'_x 分别为用有机相中溶质的浓度和水相中溶质的浓度表示的单级效率；y_0、x_0 分别为加入该级的原始有机相中溶质的浓度和原始水相中溶质的浓度；y_t、x_t 分别为该级中两相接触时间为 t 的有机相溶质浓度和水相溶质浓度；y_e、x_e 分别为达到平衡时该级有机相溶质浓度和水相溶质浓度。

影响级效率的因素比较多，设备类型、体系特点等均与此有关。

1.1.4　溶剂萃取体系

溶剂萃取体系的划分并不统一，存在不同的划分方法。溶剂萃取体系按萃取剂的种类可分为 P 型或磷型萃取体系、N 型或胺型萃取体系、C 型或螯合型萃取体系、O 型或𨧀盐型萃取体系等；也可按被萃取金属离子的外层电子构型来划分，如 5f 区（即锕系）元素萃取、4f 区（即镧系）元素萃取、d 区（即过渡金属）元素萃取、P 区（即第 Ⅲ 到 Ⅷ 主族）元素萃取、S 区（即碱金属和碱土金属）元素萃取、惰性气体萃取等体系；根据底液又可分为硝酸底液萃取、其他强酸底液萃取、混合酸底液萃取、弱酸底液萃取、中性底液萃取和碱性底液萃取等体系；还可按萃取剂数目分为零元萃取、单元萃取、二元萃取和三元萃取体系。

为了同时考虑到萃取剂性质、被萃取金属元素的特征和底液性质，根据萃取机理和生成萃合物的性质将溶剂萃取体系划分为六大类型，列于表 1-2 中。

表 1-2　溶剂萃取体系的类型

名称	符号	例子	萃取剂数目
简单分子萃取体系	D	$I_2 / H_2O / CS_2$	零元萃取体系
中性配合萃取体系	B	$La(NO_3)_3 / NH_4NO_3 / P350^① -$ 煤油	单元萃取体系
酸性和螯合萃取体系	A	$Sc^{3+} / H_2O(pH = 4 \sim 5) / HO_x(0.1\ mol \cdot L^{-1}) - CHCl_3$	
离子缔合萃取体系	C	$Re(NO_3)_3 / NH_4NO_3 / R_3CH_3N^+NO_3$	
协同萃取体系	A + B 等	$Re^{3+} / NH_4NO_3 / HTTA, TBP - C_6H_6$	二元萃取体系
	A + B + C 等	$UO_2^{2+} / H_2O - H_2SO_4 / P204^②, TBP, R_3N -$ 煤油	三元萃取体系
高温萃取体系		$Re(NO_3)_3 / LiNO_3 - KNO_3($ 熔融 $) / TBP -$ 多联苯（150 ℃）	

注：①P350：甲基膦酸二甲庚酯；

　　②P204：二（2 - 乙基己基）磷酸，HDEHP。

8

1. 简单分子萃取体系

简单分子萃取体系的特点是被萃取物质在水相和有机相中均以中性分子的形式存在，溶剂与被萃取物质之间没有化学结合。萃取剂本身在水相和有机相之间的分配属于单分子萃取，如 $TBP/H_2O/$煤油。

OsO_4 在水和 CCl_4 之间的分配也属于简单分子萃取，表示式为

$$OsO_4/H_2O/CCl_4$$

OsO_4 在水相中有两性电离平衡：

$$OsO_4 + H_2O \Longrightarrow H_2OsO_5 \begin{cases} \Longrightarrow H^+ + HOsO_5^- \\ \Longrightarrow HOsO_4^+ + OH^- \end{cases}$$

但是 CCl_4 从水相中萃取的是中性分子 OsO_4，两者间也没有化学结合。表 1-3 列出了几例简单分子萃取。

表 1-3　简单分子萃取实例

分质类型	小类	举例
单质萃取	惰性气体 卤素 其他单质	$He/H_2O/CH_3NO_2$ $I_2/H_2O/CCl_4$ $Hg/H_2O/C_6H_{14}$
难电离无机化合物	卤化物	$HgX_2/H_2O/CHCl_3$ $AsX_3(SbX_3)/H_2O/CHCl_3$ $GeX_4(SnX_4)/H_2O/CHCl_3$
	硫氰化物	$M(SCN)_2/H_2O/R_2O$ $M = Be、Cu$ $M(SCN)_3/H_2O/R_2O$ $M = Al、Co、Fe$
	氧化物	$OsO_4(RuO_4)/H_2O/CCl_4$ $H_2O_2/H_2O/R_2O$

2. 中性配合萃取体系

中性配合萃取体系的特点是萃取剂本身是中性分子，被萃取物也是中性分子，萃取剂与被萃取物结合生成中性萃合物。

（1）中性含磷萃取剂

（详见第 1.3 节）

（2）中性含氧萃取剂

这类萃取剂包括酮、醚、醇、酯和醛等，它们在硝酸或弱酸性溶液中萃取金属盐属于中性配合萃取，按金属盐与萃取剂结合的方式，可分为一次溶剂化萃取和二次溶剂化萃取。

金属离子与萃取剂分子直接以配价键结合，称为一次溶剂化。硝酸铀酰通过一次溶剂化生成的萃合物有下列四种：

$$UO_2(NO_3)_2 \cdot 4S$$

$$UO_2(NO_3)_2 \cdot H_2O \cdot 3S$$
$$UO_2(NO_3)_2 \cdot 2H_2O \cdot 2S$$
$$UO_2(NO_3)_2 \cdot 3H_2O \cdot S$$

其中,S 代表酮、醚、醇或酯。

硝酸铀酰与醇或酮一次溶剂化生成萃合物的可能结构式如下:

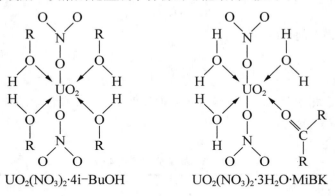

UO₂(NO₃)₂·4i-BuOH   UO₂(NO₃)₂·3H₂O·MiBK

萃取剂分子不是直接与金属离子结合,而是通过氢键与第一配位层的分子相结合,称为二次溶剂化。如 $UO_2(NO_3)_2 \cdot 4H_2O \cdot nS(n \leqslant 4)$,其中 S 为 ROR 和 $n=2$ 的结构式可能是

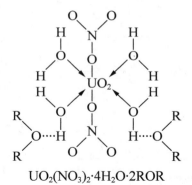

UO₂(NO₃)₂·4H₂O·2ROR

在强酸性溶液中,酮、醚、醇、酯生成锌盐阳离子,以离子缔合萃取(详见第 1.5 节)。

(3)中性含氮萃取剂

吡啶萃取 Cu(SCN)₂ 是典型的例子,萃合物组成为 Cu(SCN)₂·(Py)₂,结构式如下:

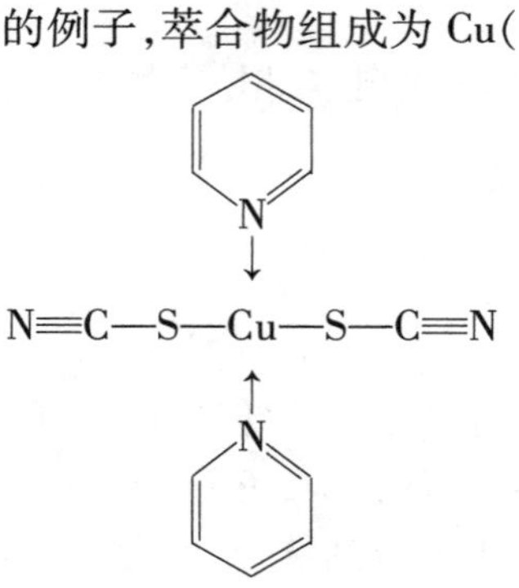

$$N\equiv C-S-Cu-S-C\equiv N$$

(4)中性含硫萃取剂

硫醚及其氧化产物亚砜都是中性含硫萃取剂。

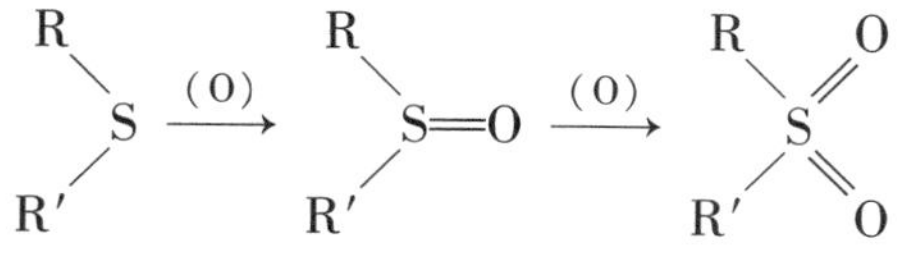

硫醚 亚砜 砜

已应用的含硫中性萃取剂有二辛基硫醚(DOS)、二甲基亚砜($(CH_3)_2SO$)和二苯基亚砜($(C_6H_5)_2SO$)等。

3. 酸性和螯合萃取体系

这类萃取机理的特点是:①萃取剂是一种弱酸 HA 或 H_2A,在有机相中的溶解度大于在水相中的,其分配比依赖于水相组成,尤其是 pH 值,螯合萃取中的萃取剂也称螯合剂。螯合剂是多齿配体,指含有两个或两个以上的配位原子(如 O、N、S、P),且这些配位原子被两个或三个其他原子所隔开的配体。常见的螯合剂有多元羧酸、多元酚、多胺、β - 二酮及羟肟等,螯合剂并不是都可用作萃取剂,有的是很好的抑萃剂(如 EDTA)。②在水相中金属离子以阳离子 M^{n+} 或配合离子 MA_x^{n-xb} 的形式存在(b 表示配位体 A 的负价数)。③水相中 M^{n+} 与 HA 或 H_2A 结合生成中性配合物 MA_n(或 $M(HA)_n$ 等其他形式)。④生成的中性配合物中不含亲水基团,易溶于有机相,所以能被萃取。生成配合物反应式为

$$M^{n+} + nHA_{(o)} \Longleftrightarrow MA_{n(o)} + nH^+$$

反应平衡常数与(H^+)的 n 次方成反比,所以体系中 pH 值对萃取的影响特别敏感。

螯合萃取剂有以下几种类型。

(1)含氧螯合剂

含氧螯合剂指含 C、H、O,不含 P、N、S 的螯合剂,如 β - 双酮类、对醌二酚茜素等。

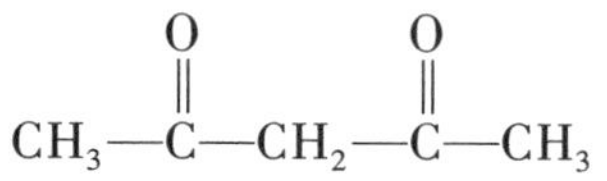

乙酰丙酮

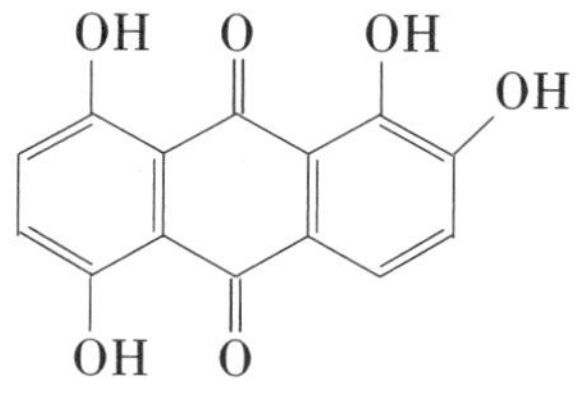

醌茜素

(2)含氮螯合剂

含氮螯合剂指含 C、H、O、N,不含 P、S 的螯合剂,如 8 - 羟基喹啉及其类似物、乙二肟类和羟肟类化合物、亚硝基羟基化合物、吡唑啉酮类等。

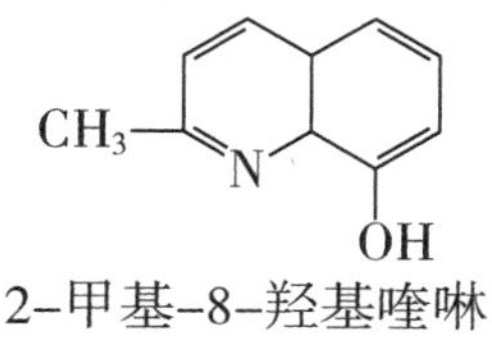

2-甲基-8-羟基喹啉

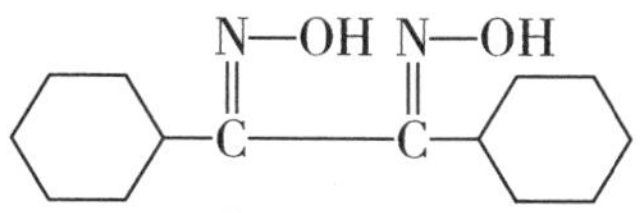

二苯基乙二肟

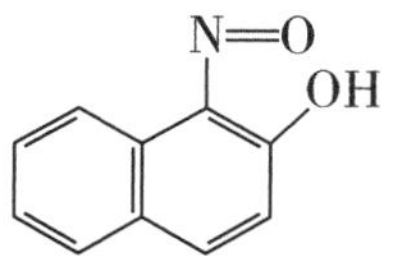

α -亚硝基- β -萘酚

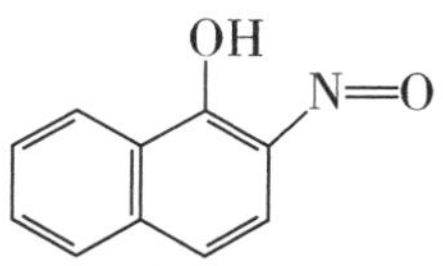

β -亚硝基- α -萘酚

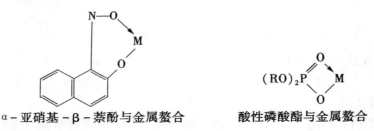

异羟肟酸

1－苯基－3－甲基－4－苯甲酰基－吡唑啉酮－5

（3）含硫螯合剂

如打萨宗、黄原酸盐等。

二苯基硫卡巴腙或打萨宗

苄基黄原酸基

其中,打萨宗可萃取 Pd^{2+}、Au^+、Hg^{2+}、Ag^+ 和 Cu^{2+},苄基黄原酸基可萃取 Co^{2+}、Zn^{2+} 和 Cd^{2+}。

（4）酸性磷萃取剂

酸性磷萃取剂指含 C、H、O、P,不含 N、S 的酸性萃取剂,如二烷基磷酸（HDEHP）、一烷基磷酸（H_2MBP）。

（5）羧酸及取代羧酸萃取剂

羧酸及取代羧酸萃取剂指含 C、H、O,不含 N、P 和 S 的酸性萃取剂。

如水杨酸、苯甲酸、脂肪酸等。

以上 5 类萃取剂,作为酸性萃取剂的特点是相似的,但是螯合萃取剂与金属离子形成螯合物包含六环或更大环的萃合物比较稳定,选择性好,非螯合型的酸性萃取剂的选择性差些,例如：

α－亚硝基－β－萘酚与金属螯合

酸性磷酸酯与金属螯合

4. 离子缔合萃取体系

这类萃取体系的特点是金属以配合阴离子或阳离子的形式与相应的离子缔合进入有机相。

（1）阴离子萃取

金属形成配合阴离子,萃取剂与 H^+ 结合成阳离子,两者构成离子缔合物进入有机相,按萃取剂成盐原子包括锌盐（O）、铵盐（N）、钟盐（As）、磷盐（P）、锑盐（Sb）和锍盐（S）等。

（2）阳离子萃取

金属阳离子与中性螯合剂（如联吡啶）结合成螯合阳离子,然后与水相中存在的较大阴离子（如 ClO_3^-）组成离子缔合体而溶解于有机相。

5. 协同萃取体系

（详见第 1.6 节）

6. 混合型或过渡型萃取机理

有些萃取体系的机理会随条件不同而改变,如用 HDEHP 在硝酸底液中萃取稀土,当底液浓度小于 $2 \ mol \cdot L^{-1}$ 时,主要是酸性配合萃取,反应式为

$$RE^{3+} + 3H_2A_2 \longleftrightarrow RE(HA_2)_{3(o)} + 3H^+$$

此反应式显示的典型特点是分配比 D 与氢离子活度的三次方成反比。当硝酸浓度高于 $7 \ mol \cdot L^{-1}$ 时,分配比 D 反而随硝酸浓度的增加而增大,在这样高浓度的硝酸底液中,HDEHP 不发生电离,主要以中性分子形式存在,通过 $P = O$ 与 $RE(NO_3)_3$ 配位结合,呈现中性配合萃取机理。当底液浓度为 $2 \sim 7 \ mol \cdot L^{-1}$ 时,酸性和中性配合萃取机理并存或从一种机理向另一种机理过渡,称为混合型或过渡型萃取机理。

关于高温溶剂萃取有待进一步研究,暂不叙述。

1.2 萃取过程的物理化学

1.2.1 萃取平衡和分配定律

Berthelot 和 Jungfleisch 在 1872 年首次用实验证明了"溶于两个等体积溶剂中的物质之量的比值是一常数"。其后 Nernst 在 1891 年提出了著名的分配定律:"当某一溶质在基本不相混溶的两种溶剂之间分配时,在一定温度下两相达到平衡后,且溶质在两相中的分子量相等,则其在两相中浓度的比值为一常数。"用公式表示

$$\Lambda = \frac{C_2}{C_1} \tag{1-2}$$

其中,C_1 和 C_2 分别表示平衡后,分子量相等的溶质在两种溶剂中的浓度;Λ 称为 Nernst 分配平衡常数,简称分配常数。

式(1-2)可根据热力学原理推导。在恒温恒压下,当溶质在两相分配达到平衡时,其化学势应相等:

$$\mu_1 = \mu_2$$
$$\mu_1 = \mu_1^0 + RT \ln a_1$$
$$\mu_2 = \mu_2^0 + RT \ln a_2$$
$$\mu_1^0 + RT \ln a_1 = \mu_2^0 + RT \ln a_2$$
$$RT \ln \frac{a_2}{a_1} = \mu_1^0 - \mu_2^0$$
$$\frac{a_2}{a_1} = e^{-\frac{(\mu_2^0 - \mu_1^0)}{RT}} \tag{1-3}$$

热力学分配平衡常数为

$$\Lambda^0 = \frac{a_2}{a_1} = \frac{\gamma_2 C_2}{\gamma_1 C_1}$$
$$\Lambda^0 = \frac{\gamma_2}{\gamma_1} \Lambda = e^{-\frac{(\mu_2^0 - \mu_1^0)}{RT}} \tag{1-4}$$

其中，γ_1 和 γ_2 为溶质在两种溶剂中的活度系数；μ_1^0 和 μ_1^0 为标准化学势。若两种溶剂完全不相混溶，则式(1-4)中的指数部分为常数，所以 Λ^0 也为常数。但是 Λ 随活度系数 γ_1 和 γ_2 的变化而改变，只有当溶液很稀，使 $\gamma_2/\gamma_1 = 1$ 时，Λ 才等于真正的热力学分配平衡常数 Λ^0。表 1-4 列出了 Br_2 在水与四氯化碳之间的分配数据，当 Br_2 的浓度变低时，活度系数趋于 1，Λ 也就趋近于热力学分配平衡常数 $\Lambda^0 = 27.00$。

表 1-4 萃取体系 $Br_2/H_2O/CCl_4$ 的 Λ 值(25 ℃)

水相溴浓度/$(g \cdot L^{-1})$	有机相溴浓度/$(g \cdot L^{-1})$	Λ
14.42	545.2	37.82
7.901	252.8	32.01
5.651	172.6	30.54
2.054	58.36	28.41
0.771 1	21.53	27.92
0.576 1	15.72	27.28
0.447 6	12.09	27.02
0.380 3	10.27	27.00
0.247 8	6.691	27.00

在萃取化学研究中，活度系数是很重要的数据，针对不同体系可进行理论计算和实验测定，不过都比较麻烦，常用稀溶液体系实验，取活度系数为 1 处理。锕系元素均有放射性，在锕系元素的溶剂萃取化学研究实验中，用测定放射性活度的分析方法灵敏度高，有利于低浓度溶液实验研究。

Λ 和 Λ^0 都是不同相间的分配达到热力学平衡后的常数，假如分配未达到平衡，则 Λ 和 Λ^0 就不可能是常数。判断其是否达到平衡，应通过实验观测，而 Λ 指同一种分子的分配常数，除了简单分子体系外，多数体系含有多种分子，实验中直接测定 Λ 较困难，相对来说，测定分配比 D 较容易，只要分别测定各相中的总浓度就可计算出分配比。达到平衡之前，各相中不同种类分子的浓度处于变化中，总浓度也在变化，不同时间 t 测得 D 的值不一样，通常是随着 t 延长 D 增大。当达到平衡后，各种分子的浓度趋于定值，不同相中的浓度也不再变化，D 值固定。图 1-2 中，时间 t_1 之前未达到平衡，t_1 之后达到平衡，D 值不再随时间 t 变化。取 t_2 作为萃取时间可保证萃取平衡的数据稳定。

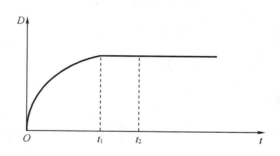

图 1-2 萃取分配比 D 与时间 t 的关系

1.2.2　萃取分配常数 Λ 与萃取自由能 ΔG^0

溶质在有机相的标准化学势 μ_2^0 与水相的标准化学势 μ_1^0 之差用 ΔG^0 表示,即

$$\Delta G^0 = \mu_2^0 - \mu_1^0 \tag{1-5}$$

由式(1-4)得

$$\Lambda^0 = \frac{a_2}{a_1} = \mathrm{e}^{-\frac{\Delta G^0}{RT}} \tag{1-6}$$

$$\Delta G^0 = -RT \ln \Lambda^0 = -RT \ln \frac{a_2}{a_1} \tag{1-7}$$

其中, ΔG^0 称为萃取自由能。

萃取自由能 ΔG^0 由萃取热焓 ΔH^0 和萃取熵变 ΔS^0 两部分构成,即

$$\Delta G^0 = \Delta H^0 - T\Delta S^0 \tag{1-8}$$

其中, T 为萃取热力学温度; $\Delta H^0 = \Delta E^0 + \Delta(PV)$,萃取过程压力和体积变化很小, $\Delta(PV) \approx 0$, $\Delta H^0 = \Delta E^0$,式(1-8)可写成

$$\Delta G^0 = \Delta E^0 - T\Delta S^0 \tag{1-9}$$

其中, ΔE^0 为萃取能。将式(1-9)代入式(1-6)得

$$\Lambda^0 = \mathrm{e}^{-\frac{(\Delta E^0 - T\Delta S^0)}{RT}} = \mathrm{e}^{\frac{\Delta S^0}{R}} \cdot \mathrm{e}^{-\frac{\Delta E^0}{RT}} \tag{1-10}$$

在简单萃取过程中,溶质在有机相和水相的形式相同,萃取过程熵变可忽略, $\Delta S^0 \approx 0$,式(1-10)为

$$\Lambda^0 = \mathrm{e}^{-\frac{\Delta E^0}{RT}} \tag{1-11}$$

对于稀溶液,活度系数近似于 1,则 Λ 也近似于 Λ^0 ,即

$$\Lambda \approx \Lambda^0 = \mathrm{e}^{-\frac{\Delta E^0}{RT}} \tag{1-12}$$

由式(1-12)中 ΔE^0 的值及相应分配平衡常数 Λ 之温度系数 $\mathrm{d}\Lambda/\mathrm{d}T$ 的正负值可知温度对萃取的影响,有

$$\Lambda = \mathrm{e}^{-\frac{\Delta E^0}{RT}}$$

$$\ln \Lambda = -\frac{\Delta E^0}{RT}$$

$$\mathrm{d}(\ln \Lambda) = \mathrm{d}\left(-\frac{\Delta E^0}{RT}\right)$$

$$\frac{\mathrm{d}\Lambda}{\Lambda} = -\frac{\Delta E^0}{R}\mathrm{d}\left(\frac{1}{T}\right) = \frac{\Delta E^0}{R} \cdot \frac{1}{T^2}\mathrm{d}T$$

$$\frac{\mathrm{d}\Lambda}{\mathrm{d}T} = \Lambda \cdot \frac{\Delta E^0}{R} \cdot \frac{1}{T^2} = \mathrm{e}^{-\frac{\Delta E^0}{RT}} \cdot \frac{\Delta E^0}{R} \cdot \frac{1}{T^2} \tag{1-13}$$

当 $\Delta E^0 > 0$ 时, $\Lambda < 1$,对萃取不利,并且 $\frac{\mathrm{d}\Lambda}{\mathrm{d}T} > 0$,说明温度上升使 Λ 增大,萃取反应是吸热过程。

当 $\Delta E^0 < 0$ 时, $\Lambda > 1$,对萃取有利,并且 $\frac{\mathrm{d}\Lambda}{\mathrm{d}T} < 0$,说明温度上升使 Λ 减小,萃取反应是放热过程,可自动进行。

1.2.3 萃合常数 K 与分配比 D 的关系

设 TBP 萃取金属离子 M^{n+} 按中性配合萃取机理进行,萃取反应式为

$$M^{n+} + nL^- + mTBP_{(o)} \rightleftharpoons ML_n \cdot mTBP_{(o)}$$

萃合常数 K 的表达式写成

$$K = \frac{(ML_n \cdot mTBP)_o}{(M^{n+})(L^-)^n(TBP)_o^m} \tag{1-14}$$

萃取分配比 D 的表达式为

$$D = \frac{(ML_n \cdot mTBP)_o}{(M^{n+})} \tag{1-15}$$

将式(1-14)代入式(1-15)得

$$D = K(L^-)^n(TBP)_o^m \tag{1-16}$$

$$\lg D = \lg K + n\lg(L^-) + m\lg(TBP)_o \tag{1-17}$$

利用式(1-17)设计萃取实验,研究萃取机理。

首先通过实验观察萃取时间与分配比 D 的关系,确定萃取平衡的时间,使所有的实验都能确保达到平衡。

为确定 m,萃取体系中固定其他条件(如 L^- 浓度、酸度、温度等),改变萃取剂 TBP 的浓度,测定不同 $(TBP)_o$ 对应的分配比 D,这时式(1-17)改写成

$$\lg D = \lg k_1 + m\lg(TBP)_o \tag{1-18}$$

以 $\lg D - \lg(TBP)_o$ 作图(图1-3),直线斜率即为 m。

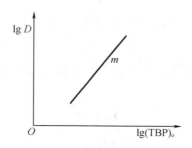

图1-3 分配比与 TBP 浓度的关系示意图

为确定 n,萃取体系中固定 TBP 浓度、酸度、温度等,改变配位体 L^- 的浓度,测定不同 L^- 浓度下对应的分配比 D,这时式(1-17)改写成

$$\lg D = \lg k_2 + n\lg(L^-) \tag{1-19}$$

以 $\lg D \sim \lg(L^-)$ 作图(图1-4),则直线斜率为 n。

根据图1-3和图1-4的截距可求出 k_1 和 k_2,然后再引入实验体系的浓度数据即可得到萃合常数 K 的值。由 k_1 和 k_2 求得的 K 是相同的,即

$$\lg K = \lg k_1 - n\lg(L^-) = \lg k_2 - m\lg(TBP)_o \tag{1-20}$$

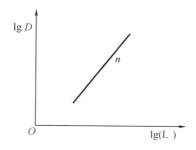

图 1 - 4　分配比与配位体浓度关系示意图

K 是溶剂萃取化学反应平衡常数,根据热力学原理

$$K = e^{\frac{-\Delta G}{RT}} = e^{\frac{-(\Delta H - T\Delta S)}{RT}} \qquad (1-21)$$

其中,ΔG 为自由能;ΔH 和 ΔS 分别为热焓和熵变;T 为热力学温度。热焓和熵变可通过 K 与 T 的关系获得,但是 K 不能直接测定,而 D 可通过实验直接测定,再借 D 与 K 的关系转换成 D 与 T 的关系,由式(1 - 16)得

$$D = (L^-)^n (TBP)_o^m \cdot e^{\frac{-(\Delta H - T\Delta S)}{RT}} \qquad (1-22)$$

实验中固定 (L^-) 和 $(TBP)_o$,仅改变 T,测定相应的 D,式(1 - 22)改写成

$$D = k e^{\frac{-(\Delta H - T\Delta S)}{RT}} \qquad (1-23)$$

其中

$$k = (L^-)^n \cdot (TBP)_o^m$$

$$\ln D = \ln k + \frac{\Delta S}{R} - \frac{\Delta H}{RT} \qquad (1-24)$$

以 $\ln D - \dfrac{1}{T}$ 作图,由直线的斜率可求得 ΔH 的值,由截距 $\left(\ln k + \dfrac{\Delta S}{R}\right)$ 可求得 ΔS 的值。

1.2.4　配合物分级平衡理论及常用函数的关系

配合物分级平衡理论在 20 世纪开始形成,到 20 世纪 40 年代已趋于完善。根据这一理论,溶液中金属离子 M 与配体 L 的配合物形成和离解是逐级发生的,每一级都存在平衡,即

$$M + iL \underset{}{\overset{\beta_i}{\rightleftharpoons}} ML_i \quad i = 1, 2, \cdots, N$$

$$\beta_i = \frac{(ML_i)}{(M)(L)^i} \qquad (1-25)$$

其中,β_i 称为配合物 ML_i 的浓度稳定常数或生成稳定常数,简称稳定常数;(　　)表示浓度,为了简洁,离子电荷均略去不写。

溶液中金属离子的总浓度用 T_M 表示,即

$$T_M = (M) + (ML) + (ML_2) + \cdots + (ML_N) = \sum_{i=0}^{N}(ML_i) = (M)\sum_{i=0}^{N}\beta_i(L)^i \qquad (1-26)$$

其中,$\beta_0 = 1$,令 Y_0 为金属离子总浓度 T_M 与未配合金属离子浓度 (M) 之比,则

$$Y_0 = \frac{T_M}{(M)} = \sum_{i=0}^{N}\beta_i(L)^i = 1 + \beta_1(L) + \beta_2(L)^2 + \cdots + \beta_N(L)^N \qquad (1-27)$$

其中,Y_0 表示金属离子形成配合物的程度,称为"配合度"(或"络合度")。对于给定的金属

离子,它是配体浓度的函数。

绝大部分萃取过程包含配合物形成过程,可借助配合物分级平衡理论研究溶剂萃取机理,同时可用溶剂萃取建立配合物的相关函数关系。表1-5列出一些常用的配合物函数。

表1-5所列的函数中,Y_0 与 T_M 的关系由式(1-27)表示。

表1-5 配合物中常用函数及符号

函数中文名称	常用符号
溶液金属离子总浓度	T_M
配体总浓度	T_L
配体平衡浓度	(L)
平均配合数(或平均络合数)	$\bar{n} = \dfrac{T_L - (L)}{T_M}$
配合度(或络合度)	$Y_0 = \dfrac{T_M}{(M)}$
某配合物所占的分数	$\alpha_n = \dfrac{(ML_n)}{T_M}$
Z 函数	$Z = \dfrac{dY_0}{d\ln(L)}$
配合物 ML_i 的稳定常数	$\beta_i = \dfrac{(ML_i)}{(M)(L)^i} = k_1 \cdot k_2 \cdot \cdots \cdot k_i$
配合物 ML_i 的逐级生成稳定常数	$k_1 = \dfrac{(ML)}{(M)(L)} = \beta_1$ $k_2 = \dfrac{(ML_2)}{(ML)(L)}$ $\beta_2 = k_1 \cdot k_2$ $k_i = \dfrac{(ML_i)}{(ML_{i-1})(L)}$

下面介绍其他几种函数的关系。

1. Z 函数与配体平衡浓度(L)的关系

配体总浓度

$$T_L = (L) + (ML) + 2(ML_2) + \cdots + N(ML_N) = (L) + \sum_{i=1}^{N} i(ML_i) \qquad (1-28)$$

$$T_L - (L) = \sum_{i=1}^{N} i\beta_i(M)(L)^i = (M)\sum_{i=1}^{N} i\beta_i(L)^i \qquad (1-29)$$

定义函数

$$Z = \sum_{i=1}^{N} i\beta_i(L)^i = \frac{dY_0}{d\ln(L)} \qquad (1-30)$$

$$T_L - (L) = (M) \cdot Z \qquad (1-31)$$

2. 平均配合数 $\bar{n}$ 与 Z、Y_0、L 的关系

根据平均配合数的定义

$$\bar{n} = \frac{T_L - (L)}{T_M} \tag{1-32}$$

由式(1-26)、式(1-27)、式(1-30)和式(1-31)得

$$\bar{n} = \frac{Z}{Y_0} = \frac{\mathrm{d}\ln Y_0}{\mathrm{d}\ln(L)} \tag{1-33}$$

3. $\bar{n}$ 与 β_i、(L) 的关系

由式(1-26)、式(1-29)和式(1-32)得

$$\bar{n} = \frac{\sum\limits_{i=1}^{N} i\beta_i(L)^i}{1 + \sum\limits_{i=1}^{N} \beta_i(L)^i} = f((L)) \tag{1-34}$$

4. α_n 与 Y_0、$\bar{n}$ 的关系

溶液中配合物 ML_n 所占的分数

$$\alpha_n = \frac{(ML_n)}{T_M} = \frac{\beta_n(L)^n}{\sum\limits_{i=0}^{N} \beta_i(L)^i} = \frac{\beta_n(L)^n}{Y_0} \tag{1-35}$$

式(1-35)可改为

$$\alpha_n = \frac{\beta_n}{\sum\limits_{i=0}^{N} \beta_i(L)^{i-n}} \tag{1-36}$$

$$\frac{(L)^n}{\alpha_n} = \frac{\sum\limits_{i=0}^{N} \beta_i(L)^i}{\beta_n} = \frac{1}{\beta_n} + \frac{\beta_1}{\beta_n}(L) + \frac{\beta_2}{\beta_n}(L)^2 + \cdots + \frac{\beta_N}{\beta_n}(L)^N \tag{1-37}$$

将式(1-35)取对数后微分,得

$$\mathrm{d}\ln \alpha_n = n\mathrm{d}\ln(L) - \mathrm{d}\ln Y_0 \tag{1-38}$$

由式(1-33)得

$$\mathrm{d}\ln Y_0 = \bar{n}\mathrm{d}\ln(L) \tag{1-39}$$

将式(1-39)代入式(1-38)得

$$\mathrm{d}\ln \alpha_n = n\mathrm{d}\ln(L) - \bar{n}\mathrm{d}\ln(L)$$

$$\bar{n} = n - \frac{\mathrm{d}\ln \alpha_n}{\mathrm{d}\ln(L)} \tag{1-40}$$

式(1-35)和(1-40)分别表示 α_n 与 Y_0、$\bar{n}$ 的关系。

1.2.5　分配比 D 与分配常数 Λ 的关系及 β_i 和 Y_0 的测定

萃取过程中,溶质在水相(或有机相)中常以多种形态存在,这时难于直接测定分配常数 Λ。而分配比 D 是溶质在有机相总浓度与水相总浓度之比,实验中可方便地直接测定。根据 D 与配体浓度的关系可得到 Λ、β_i 和 Y_0 的值。现以 $CHCl_3$ 萃取氯化汞为例,阐述如下。

用 $CHCl_3$ 从 $HgCl_2$ 和 KCl 水溶液中萃取中性分子 $HgCl_2$,分配常数为

$$\Lambda = \frac{(HgCl_2)_o}{(HgCl_2)} \qquad (1-41)$$

因为 Hg 在水相中以 Hg^{2+}、$HgCl^+$、$HgCl_2$、$HgCl_3^-$ 和 $HgCl_4^{2-}$ 等各级配合物共同存在,所以实验中很难直接测定 Λ。实验可直接测定的分配比为

$$D = \frac{C_{Hg(o)}}{C_{Hg}} \qquad (1-42)$$

水相存在的各种形态的 Hg 中,只有 $HgCl_2$ 是可萃取的,所以有机相中只有 $HgCl_2$ 分子存在,有机相 Hg 的总浓度为

$$C_{Hg(o)} = (HgCl_2)_o \qquad (1-43)$$

水相 Hg 的总浓度为

$$C_{Hg} = (Hg^{2+}) + (HgCl^+) + (HgCl_2) + (HgCl_3^-) + (HgCl_4^{2-}) \qquad (1-44)$$

$$Hg^{2+} + Cl^- \xrightleftharpoons{\beta_1} HgCl^+ \quad (HgCl^+) = \beta_1(Hg^{2+})(Cl^-)$$

$$Hg^{2+} + 2Cl^- \xrightleftharpoons{\beta_2} HgCl_2 \quad (HgCl_2) = \beta_2(Hg^{2+})(Cl^-)^2$$

$$Hg^{2+} + 3Cl^- \xrightleftharpoons{\beta_3} HgCl_3^- \quad (HgCl_3^-) = \beta_3(Hg^{2+})(Cl^-)^3$$

$$Hg^{2+} + 4Cl^- \xrightleftharpoons{\beta_4} HgCl_4^{2-} \quad (HgCl_4^{2-}) = \beta_4(Hg^{2+})(Cl^-)^4$$

$$D = \frac{C_{Hg(o)}}{C_{Hg}} = \frac{(HgCl_2)_o}{C_{Hg}} = \frac{\Lambda(HgCl_2)}{C_{Hg}}$$

$$= \frac{\Lambda\beta_2(Hg^{2+})(Cl^-)^2}{(Hg^{2+})[1 + \beta_1(Cl^-) + \beta_2(Cl^-)^2 + \beta_3(Cl^-)^3 + \beta_4(Cl^-)^4]}$$

$$D = \frac{\Lambda\beta_2(Cl^-)^2}{1 + \beta_1(Cl^-) + \beta_2(Cl^-)^2 + \beta_3(Cl^-)^3 + \beta_4(Cl^-)^4} \qquad (1-45)$$

其中,不考虑活度系数的变化,Λ 是常数,D 不是常数,它是 (Cl^-) 的函数,即 $D = f((Cl^-))$。

实验时改变水相氯离子的浓度,测定相应的分配比 D,可得一系列的联立方程,从而可解出 Λ、β_1、β_2、β_3、β_4。

式(1-45)给出了 D 与 Λ 和 β_i 的关系,已经研究过水相氯化汞配合物,最高级为 $HgCl_4^{2-}$,所以 β_i 中 $i = 1, 2, 3, 4$。对于未知体系,$i = 1, 2, \cdots, N$,由实验研究结果可确定 N 的数值。

式(1-45)可写成

$$D = \frac{\Lambda\beta_2(Cl^-)^2}{1 + \sum_{i=1}^{4}\beta_i(Cl^-)^i} = \frac{\Lambda\beta_2(Cl^-)^2}{Y_0}$$

这就是 D 与 Y_0 的关系,可通过溶剂萃取化学实验求得配合度 Y_0。

1.2.6 溶解度规律和溶剂分类

萃取过程是被萃取物在水相和有机相这两个溶解过程之间的竞争,同时水相和有机溶剂的互溶性质在溶剂萃取化学中也至关重要。需要了解溶解原理、分子间力的作用以及溶解过程热力学。

1. 相似性原理

溶解度规律中最古老也最重要的一条原理是"相似性原理",即结构相似的化合物容易互相混溶,结构差异较大的化合物不易互相混溶。

①化合物结构与水的相似程度增加,则在水中的溶解度增加(表 1-6)。

表 1-6　苯和酚在水中的溶解度

化合物	溶解度(g/100 g 水)(20 ℃)
C_6H_6	0.072
C_6H_5OH	9.06
$1,2-C_6H_4(OH)_2$	45.1

②化合物的结构与水的相似程度减少,则其在水中的溶解度也减小,同系物中分子量愈大者在水中溶解度愈小(表 1-7)。

表 1-7　同系物的水溶解度(20 ℃)

醇	水溶解度(g/100 g 水)	羧酸	水溶解度(g/100 g 水)
CH_3OH	完全混溶	$CH_3(CH_2)_2COOH$	完全混溶
C_2H_5OH	完全混溶	$CH_3(CH_2)_3COOH$	3.3
$n-C_3H_7OH$	完全混溶	$CH_3(CH_2)_4COOH$	1.1
$n-C_4H_9OH$	8.3	$CH_3(CH_2)_5COOH$	0.25
$n-C_5H_{11}OH$	2.0	胺 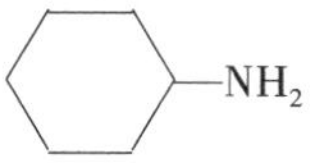　苯胺(C₆H₅-NH₂)	3.6
$n-C_6H_{13}OH$	0.5		
$n-C_7H_{15}OH$	0.12	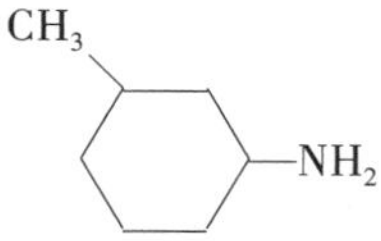 甲苯胺($CH_3-C_6H_4-NH_2$)	1.5
$n-C_8H_{17}OH$	0.03	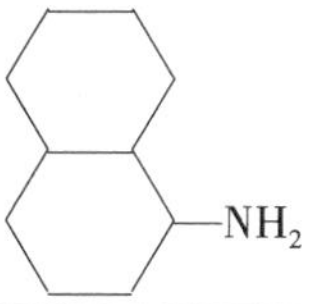 萘胺(C₁₀H₇-NH₂)	0.17

③分子中 OH 基被 SH 基取代,与水的相似程度减少,溶解度也减小(表 1-8)。

表 1 –8　羟基和巯基化合物的水溶解度(20 ℃)

羟基化合	水溶解度(g/100 g 水)	巯基化合物	水溶解度(g/100 g 水)
C_2H_5OH	完全混溶	C_2H_5SH	1.5
C_6H_5OH	9.06	C_6H_5SH	不溶

2. 范德华力与氢键

液体分子之间的作用力有两种,即范德华力和氢键。两者都是分子间作用力,但存在明显的区别。

(1)范德华力

范德华力包括以下三种力:

①取向力,是偶极子之间的相互作用。

②诱导力,是偶极子与可变形体之间的作用。

③色散力,是非极性分子运动中瞬时正、负电荷中心不重合时,出现的瞬时偶极范德华力无确定的方向,又无饱和性,作用能小。

(2)氢键

氢键是一种特殊的分子间力。它的成因是:当氢原子同电负性很大、半径又小的原子(F、O、N)结合成分子 A—H 时,共用电子对强烈地偏向电负性大的原子,使氢原子几乎变成裸核而具有较大的正电场能;另外,分子 B 也含有 F、O、N 等原子,在其周围电子云密度大,这两种分子接近到一定距离时,产生强烈的定向吸引作用,形成氢键,即 A—H⋯B。这里 A 和 B 都含电负性大、半径小的原子,如 O、N、F 等,其中三点(⋯)表示氢键。氢键的特点:①比范德华力大;②有方向性和饱和性;③不是所有分子都能形成氢键。

3. 溶剂分类

按氢键理论,溶剂可以分为以下四类:

①N 型溶剂,即惰性溶剂:烷烃类、苯、四氯化碳、二硫化碳、煤油等不能生成氢键者。

②A 型溶剂,即受电子溶剂:氯仿、二氯甲烷、五氯乙烷等含有 A—H,能与 B 形成氢键。如一般的 C—H 键不能生成氢键,因为 C 原子的电负性不够大。但是 C 原子上接几个 Cl 原子,则由于 Cl 原子的诱导作用,使 C 原子的电负性增加,故能形成氢键。例如:

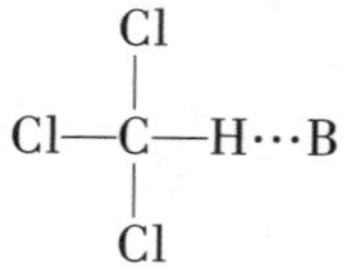

$$Cl—\underset{\underset{\textstyle Cl}{|}}{\overset{\overset{\textstyle Cl}{|}}{C}}—H⋯B$$

③B 型溶剂,即给电子溶剂:醚、酮、酯、叔胺等。例如:

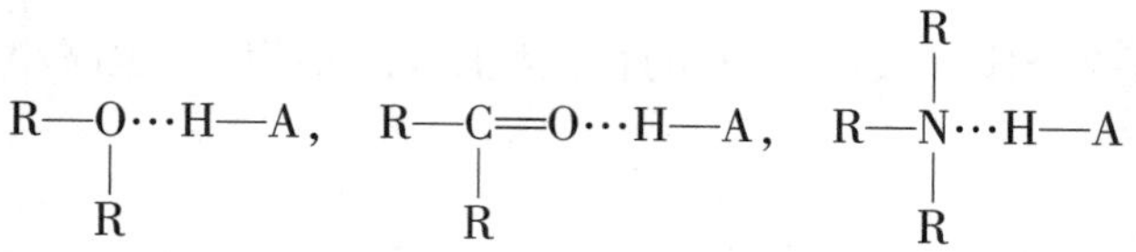

$$R—\underset{\textstyle R}{\overset{}{O}}⋯H—A, \quad R—\underset{\textstyle R}{\overset{}{C}}{=}O⋯H—A, \quad R—\underset{\textstyle R}{\overset{\overset{\textstyle R}{|}}{N}}⋯H—A$$

④AB 型溶剂,即给受电子溶剂:同时具有 A—H 和 B,可以缔合成多聚分子。该型溶剂又可分为以下三类:

AB(1)型,交链氢键缔合溶剂,如水、多元醇、胺基取代醇、羟基羧酸、多元羧酸、多酚等。

AB(2)型,直链氢键缔合溶剂,如醇、胺、羧酸等。其中羧酸的给受电子能力主要表现在质子化倾向强的氢原子上,容易接受酮基(如 MiBK)的电子形成氢键;由于羧酸分子间直链氢键结合削弱了给电子能力,不易与 A 型溶剂(如 HCCl₃)形成氢键。醇类的氢键缔合如下:

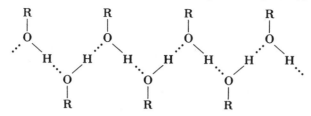

AB(3)型,生成内氢键分子,如邻位硝基苯酚等。

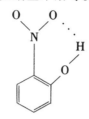

这类萃取剂中的受电子基团 A—H 因形成内氢键而不再起作用,所以 AB(3)型溶剂的性质和 AB 型溶剂的不同,而与 B 型或 N 型溶剂相似。

4. 各类溶剂的互溶性规律

各类溶剂的互溶性规律可简单表述为:两种液体混合后生成的氢键数目或强度大于混合前氢键的数目或强度者,有利于互相混溶,反之则不利于互相混溶。

①AB(1)型和 N 型溶剂,如水和苯、四氯化碳、煤油等几乎完全不溶。

②A 型和 B 型溶剂在混合前都没有氢键,混合后生成氢键,特别有利于完全混溶,如氯仿与丙酮。

③AB 和 A、AB 和 B、AB 和 AB 在混合前都有氢键,互溶度的大小视混合前后氢键的强弱和多少而定。

④A 和 A、B 和 B、N 和 N、N 和 A、N 和 B 在混合前后都没有氢键,互溶度的大小取决于范德华力,也可用相似性原理判断。

⑤生成内氢键的 AB(3)型与 N 型或 B 型溶剂比较相似。

各类溶剂的互溶性规律可以概括示于图 1−5 中。可见 B 型溶剂与各类溶剂绝大部分都能混溶。

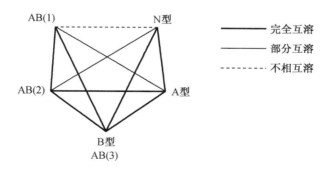

图 1−5　溶剂间互溶性规律

5. 物质的溶解过程

两种纯物质溶质和溶剂相混合生成均匀的混合物,即溶液。要使溶解过程能够自动进行,自由能变化必须是负的,即

$$\Delta G = \Delta H - T\Delta S < 0 \tag{1-46}$$

溶解过程的焓变可分为两个吸热过程和一个放热过程。

第一个吸热过程(溶质):因为溶质分子间是相互作用的,溶解时这些分子被分割,需要能量,这个吸热过程的能量称为晶格能、升华能或汽化热,$\Delta H_1 > 0$。当溶质是非极性时 ΔH_1 很小,这一能量通常是随分子间力增大而增加,顺序为非极性物质 < 极性物质 < 氢键物质 < 离子形物质。

第二吸热过程(溶剂):溶剂分子间也是相互作用的,溶质进入溶剂中,溶剂为了接纳溶质,排开自身分子也需要能量,$\Delta H_2 > 0$。其顺序为非极性溶剂 < 极性溶剂 < 有氢键的溶剂。

放热过程:溶质分子分散到溶剂后,与邻近的溶剂分子相互作用,是释热的过程,$\Delta H_3 < 0$。其顺序为溶剂和溶质分子均是非极性的 < 其中之一是非极性的 < 两种分子均是极性的 < 溶质被溶剂分子溶剂化的。

溶解过程放热

$$\Delta H = \Delta H_1 + \Delta H_2 + \Delta H_3 \tag{1-47}$$

由上述可知:

① 非极性碳氢化合物在水中溶解度较小,因为溶质分子和水分子的相互作用很弱,溶质与溶剂相互作用所释放的能量不足以补偿拆散水分子氢键而造成的能量损失。

② 引入一个羟基的烃类分子,在水中的溶解度可增大,这种情况下,溶质(如酒精)分子间虽有氢键,增加了第一步能量损失,而且第二步因溶质分子体积增大也增加了能量损失,但是第三步,溶质进入水相后生成氢键获得足够大的能量,足以补偿第一、二步能量损失,因而从总的效果看,溶解度增大了。

③ 醇类中的烃基部分增大,溶解度将减小,因为分子体积增大,会引起第二步能量损失增大。表 1-9 数据表明,直链烷基中每增加一个"—CH$_2$",溶解度约降到原来的 1/4。

表 1-9   25 ℃时直链醇在水中的溶解度

醇	溶解度/(mol·L^{-1})	(Sn+1)/Sn
C$_4$H$_9$OH	0.97	0.26
C$_5$H$_{11}$OH	0.25	0.24
C$_6$H$_{13}$OH	0.059	0.25
C$_7$H$_{15}$OH	0.014 6	0.26
C$_8$H$_{17}$OH	0.003 8	0.26
C$_9$H$_{19}$OH	0.000 97	0.24
C$_{10}$H$_{21}$OH	0.000 234	

④ 离子形物质在水中有较大的溶解度,在水溶液中溶质和溶剂相互作用所得到的能量足以补偿第一、二步的能量损失。它们在 CCl$_4$ 中的溶解度很小,尽管在 CCl$_4$ 中溶剂分子间的相互作用远比水中弱,但溶质与溶剂的作用很弱,不足以补偿晶格能的损失。

溶质与溶剂间的相互作用和溶剂与溶剂间的相互作用,是研究物质的液-液分配的重

要因素之一,但这种作用很复杂,只能定性讨论。

1.2.7　溶剂萃取动力学

萃取是含两相或两相以上的非均相过程,热力学研究的萃取能 ΔE^0 可判断萃取过程能否自动进行,并未揭示萃取速率,不具有实用价值。化合物与萃取剂之间形成萃合物进入有机相的过程,除了少数简单分子萃取外,绝大多数都是有化学反应的传质过程。除了热力学研究试验外,萃取经常在非平衡条件下进行,这就提出一个艰巨的任务,即根据宏观的萃取速率来描述多相化学反应过程之微观动力学特点,优选有效分离条件,为工业应用提供有价值的数据,并且为认识萃取化学反应机理及其发生的位置提供依据。为了确立萃取速率方程,不仅要研究萃取化学反应速率,还要考虑扩散速率、相界面积以及相界面两侧膜的性质,这是比较复杂的工作,本节仅简要叙述。

1. 萃取动力学模式

(1)萃取中相界面特点

萃取剂分子同时具有亲水基团和憎水基团。亲水部分是萃取功能团,与水相金属组分形成萃合物;憎水部分在有机相有足够的溶解度。萃取剂分子由于具有两亲性,很容易到相界面上有序排列,并出现吸附现象,使界面上的浓度比本体有机相内的浓度高,当吸附达到平衡时,界面自由能降至最低,这种吸附性质称为萃取剂的界面活性(图 1-6)。浓集的萃取剂分子的亲水基团与水分子间的氢键作用,造成该区域水分子的规则排列,在界面上存在高度结构化(类冰结构)的界面水(图 1-7),表现为黏度高、密度大、流动性差、介电常数小,这种界面水较之本体水相结构改变的现象称为界面结构效应。

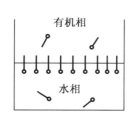

图 1-6　界面吸附层结构示意图

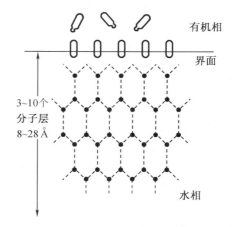

图 1-7　有机可溶性萃取剂的界面结构效应简图

(注:1 Å = 10^{-10} m)

萃取剂在界面浓集,有利于界面化学反应进行。界面结构效应使水相方面也存在一层界面膜,会影响传质速率。当搅拌两相时,界面两侧各存在一层界面膜(图 1-8)。图中,δ_o 为有机相方面的液膜厚度;δ_a 为水相方面的液膜厚度;I为搅拌本体有机相;II为滞留有机相液膜;III为滞留水相液膜;IV为搅拌本体水相。界面阻力 $\gamma = \gamma_o + \gamma_1 + \gamma_a$。

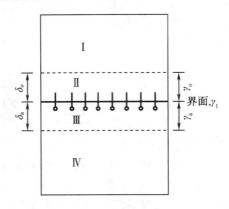

图 1 - 8　双液体系的界面膜

（2）动力学模式

溶剂萃取动力学模式，就萃取速率而言包括化学反应控制模式、扩散（传质）控制模式以及两者的"混合模式"。

萃取中主反应物和萃合物的形态是不同的，其间经过化学反应而形成。该化学反应往往是多步骤的，其中只要有一步或多步化学反应在相内（均相反应）或在界面上（非均相反应）进行得足够慢，这种慢步骤将影响总的萃取速率。若扩散过程对于化学反应而言快得多，可认为瞬时完成，则可认为萃取过程完全受化学反应控制，亦即以"动力学模式"进行。为了描述萃取动力学，需要考察体系中相关组分进行化学反应的速率以及反应发生的位置。

溶剂萃取中，物料在本体相内扩散及穿过相界面的传质过程也可能是萃取速率的控制步骤。该过程受液体的黏度、浓度、扩散系数以及相界面特点等因素影响。对于多数实际应用的溶剂萃取，都要充分搅拌两相，使扩散过程被局限在紧贴相界的一个区域内（图 1 - 8）。相界面膜总厚度 $\delta = \delta_o + \delta_a$。若体系中的化学反应足够快，只有在 δ 液膜内的扩散过程才是萃取速率的控制步骤，可认为该萃取过程属"扩散模式"。反之，当 $\delta \to 0$ 时，可消除扩散对萃取速率的影响。

有些萃取体系，其萃取速率不完全是扩散控制或化学反应控制，亦即扩散速率和化学反应速率两者均不能忽略，这种慢传质伴随慢化学反应的萃取属"混合模式"。

2. 判定萃取动力学模式及其实验方法

判定萃取动力学模式，最常用的方法是考察萃取速率 R 与搅拌强度的关系，如图 1 - 9 所示。对于以扩散模式进行的萃取，搅拌强度增加，则 R 也上升（图 1 - 9 中 A 区）。因为搅拌强度增加，相界面膜总厚度 δ 减小，所以 R 上升。当搅拌强度达到一定强度，$\delta \to 0$ 时，只有化学反应成为控制速率的决定步骤，R 与搅拌强度无关，如图 1 - 9 中 B 区所示。萃取速率 - 搅拌强度关系判定一般适用于恒界面搅拌池和高速搅拌萃取器中萃取模式的初步判定，但不绝对可靠。因为有的萃取体系，当 δ 减到一定厚度之后不再随搅拌强度增加而改变，即 δ 降低到一个定值，表现出图 1 - 9 中 B 区一样的规律，这就需要更多的相关实验数据进行综合分析。以下介绍几种常用的实验方法。

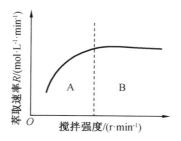

图 1 – 9　萃取速率 – 搅拌强度关系

（1）移动液滴法

在一根竖直的玻璃柱一端产生已知大小的液滴下落（或上升）穿过柱内连续相以确定相界面积,测定液滴穿过连续相的时间,分析收集液滴中组分的浓度,可估算萃取速率,实验装置如图 1 – 10 所示。换用不同孔径的毛细管,可以控制液滴体积的大小,从而可确定初始萃取速率与液滴比界面积的关系。移动液滴法用于萃取动力学测定时应注意以下几个问题:

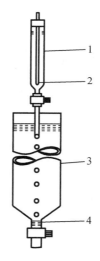

1—滴定管;2—毛细管口;3—玻璃柱(5～7 cm);4—界面。

图 1 – 10　单液滴实验装置图

①当萃取速率足够高时,应考虑液滴在生成和收集中对组分的萃取,即在实验数据中进行"端效应"校正。

②当萃取速率很低时,应增加玻璃柱的长度,以保证液滴运行时间足够长。

③由于液滴的内循环以及液滴抖动和涡流,或界面重组,单个液滴的流体力学行为难以控制。

（2）恒界面搅拌池法

采用恒界面搅拌池法可避免液滴法中界面重组的难题,该法是将有机相和水相装入已知尺寸的液池中,同时搅拌两相以维持两相界面不受破坏。恒界面搅拌池实验装置示意图、层流恒界面池结构图分别如图 1 – 11 和图 1 – 12 所示。

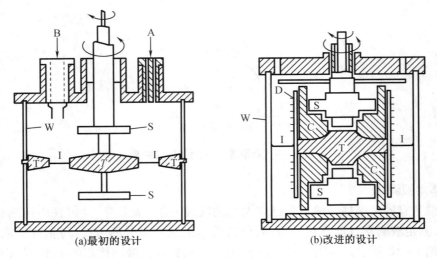

(a)最初的设计　　　　　　　(b)改进的设计

A—加料/取样口;C—垂直挡板;B—电极插孔;D—圆柱形多孔板;S—平叶搅拌桨;

S—斜叶搅拌桨;T—静止挡板;I—环形相面;W—圆柱体器壁。

图 1 – 11　恒界面搅拌池实验装置示意图

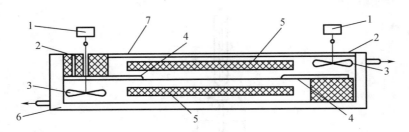

1—电机;2—取样孔;3—搅拌桨;4—界面板;5—折流挡板;6—恒温夹套;7—盖。

图 1 – 12　层流恒界面池结构图

这种实验装置中界面积由液池的几何尺寸控制,因而单位界面积的界面传质速率可以准确测定。由于萃取有效面积受限制,该方法不适于研究慢反应的萃取。

(3)两相充分混合法

将水相和有机相放入同一容器中,用机械搅拌(或振荡)的方法使两相充分混合,即两相中分散相的分散度足够高,分散于连续相中。这种实验技术,若能够准确地测定或估算分散相液滴的总面积,并能连续检测被萃取组分浓度随时间的变化,则可用于研究慢界面化学反应的速率,因为方法本身能提供很高的两相接触面积。

(4)短时间相接触法

两相接触时,由于一相(水相)比另一相有高得多的电导,短时间的传质足以引起紧贴界面的水相一边的电导发生明显变化。将记录得到的电导 – 时间关系转化成穿越界面物质的量 – 时间关系,可得到萃取发生的前几秒物料浓度随接触时间变化的数据。由此可得到关于控制萃取速率的化学反应和扩散过程的信息。由于不对体系进行搅拌,实验技术较简单,而且能严格地描述相内物质的传输。理论研究表明,两相接触时间近于 0 时,传质只局限于化学反应。亦即当两相接触时间足够短(如 0.05 ~ 0.1 s)时,这就尽可能地减小了扩散阻力对总萃取速率的影响,而表现为萃取速率主要受化学反应控制。该方法广泛用于界面过程动力学研究。

3. 萃取反应速率方程

根据萃取实验测得的数据,可以导出萃取速率 R 与反应物浓度间的数学关系式,这种关系式称为萃取反应速率方程或萃取动力学方程。

萃取反应速率可用反应物或生成物的浓度变化率来表示。设有反应

$$A + B \longrightarrow C + D$$

其中,A 为主反应物;C 为主产物,而且除了反应物外,作为反应介质的 X 和 Y 虽不直接参加反应,但也常影响萃取速率。这样可写出微分动力学方程为

$$R = \frac{d(C)}{dt} = -\frac{d(A)}{dt} = k(A)^a(B)^b(X)^x(Y)^y \tag{1-48}$$

其中,k 为萃取反应速率常数;a、b、x 和 y 为对应各浓度的幂次,亦即对应各物质的反应级数。当 $a=1$,$b=2$ 时,说明该反应对主反应物 A 为一级反应,对反应物 B 为二级反应。这些浓度幂次不一定是整数,也可能是分数或 0。若式(1-48)中 $b=0$,则表示反应物 B 的浓度高低对萃取速率 R 不产生影响。

若式(1-48)的(A)-t 关系不是直线而是曲线,则速率 R 是个变量,根据研究的需要可做进一步处理。通常将微分动力学方程积分,求得积分动力学方程。对于式(1-48),假设 $a=1$,实验中保持(B)、(X)和(Y)不变,只改变 A 的浓度,令 $K'=k(B)^b(X)^x(Y)^y$,则式(1-48)可写成

$$R = -\frac{d(A)}{dt} = K'(A) \tag{1-49}$$

积分得

$$-\lg(A) = \frac{K'}{2.303}t + C' \tag{1-50}$$

以 $-\lg(A)$-t 作图,若得直线关系,则斜率为 $\frac{K'}{2.303}$,同时也证明了 $a=1$ 的假设是正确的。

根据 $K'=k(B)^b(X)^x(Y)^y$,实验中只有 B 的浓度变化,其余组分固定不变,可得

$$\lg K'_{(B)} = \lg k(X)^x(Y)^y + b\lg(B) \tag{1-51}$$

以 $\lg K'_{(B)} \sim \lg(B)$ 作图,得一斜率为 b 的直线。同样的方法,也可求得 x 和 y 的值。

由上述处理可知,只要对主反应物 A 为一级反应,不论其他反应物为几级,经过实验上的合理安排,就有可能使萃取方程成为一级反应的动力学方程,这种方法叫作准一级反应动力学方法。

4. 萃取化学反应位置的判别

在恒界面搅拌池法中,对两相的搅拌强度必须局限在避免涡流形成的范围内,以保持两相间有固定的界面积,这种搅拌未必能完全消除扩散的影响,要结合萃取剂的界面活性、低水溶性,而且萃取速率与比界面积 a_i 有关,有

$$a_i = \frac{A}{V} \tag{1-52}$$

其中,A 为界面积;V 为相体积。a_i 的单位常为 cm^{-1}。

控制步骤的速率常数 k_v 与比界面积 a_i 的关系为

$$k_v = f(a_i) \tag{1-53}$$

假如动力学模式为化学反应控制,主反应物为一级反应,在其他组分均过量的条件下,式(1-53)中k_v与a_i为直线关系,如图1-13所示;如果为界面化学反应控制过程,直线通过原点,k_v与a_i保持正比关系(直线2);如果为相内反应过程,k_v与a_i无关,直线为水平线(直线3)。直线1的情况表示混合过程。实验中改变a_i的值,测定相应的k_v值绘制k_v-a_i关系图,对81种螯合萃取体系进行研究,结果表明,大多数萃取属于界面化学反应,只有极少数属于相内反应和混合控制过程。

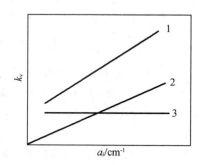

图1-13　在化学反应控制中k_v与a_i的关系

5. 萃取反应历程探讨

萃取反应历程(或机理)的研究是个复杂的工作,涉及反应发生的位置、界面特性、萃取剂在水相的溶解度,水相酸度对金属离子水解的影响以及酸性萃取剂在水相的电离等。这里仅举一个简单例子从思路上进行梳理。

设有萃取反应式:

$$M^{3+} + 3HA_{(o)} \underset{k_-}{\overset{k_+}{\rightleftharpoons}} MA_{3(o)} + 3H^+ \tag{1-54}$$

这是酸性萃取剂萃取三价金属离子的典型例子,可从萃取热力学研究实验中得到这个反应式。其萃合常数可写成

$$K = \frac{(MA_3)_o [H^+]^3}{(M^{3+})(HA)_o^3} \tag{1-55}$$

其中,( )表示浓度;[ ]表示活度。这类实验中常用pH计测量酸度,其数值即为活度,这样混用较方便且合理。

要了解萃取反应式(1-54)的历程和控制速率的关键步骤,需要进行有关动力学的实验研究,可从萃取反应速率方程进行分析。由实验得到该反应的初始正向反应速率和初始逆向反应速率分别为

$$R_+^0 = k_+(M^{3+})(HA)_o \tag{1-56}$$

$$R_-^0 = k_{-1}(MA_3)_o(HA)_o^{-2}(H^+)^3 \tag{1-57}$$

由式(1-56)和式(1-57)观察到反应可能发生在水相。若忽略M^{3+}的水解,萃取反应可能包括以下主要快步骤和慢步骤。

①萃取剂在水相有一定的溶解度:

$$HA_{(o)} \overset{\lambda}{\rightleftharpoons} HA(快) \tag{1-58}$$

分配常数为

$$\lambda = \frac{(HA)_o}{(HA)}$$

②萃取剂进入水相与金属离子的起始反应:

$$M^{3+} + HA \underset{k_{-1}}{\overset{k_1}{\rightleftharpoons}} MA^{2+} + H^+ (慢)$$

其中,k_1 和 k_{-1} 分别为正向反应和逆向反应的速率常数。

该反应的平衡常数为

$$K' = \frac{(MA^{2+})[H^+]}{(M^{3+})(HA)} = \frac{\lambda(MA^{2+})[H^+]}{(M^{3+})(HA)_o} \tag{1-59}$$

③水相中萃取剂继续与 MA^{2+} 反应形成可萃取的中性分子:

$$MA^{2+} + 2HA \overset{K''}{\rightleftharpoons} MA_3 + 2H^+ (快)$$

该反应的平衡常数为

$$K'' = \frac{(MA_3)[H^+]^2}{(MA^{2+})(HA)^2}$$

$$(MA^{2+}) = \frac{(MA_3)[H^+]^2}{K''(HA)^2} \tag{1-60}$$

④MA_3 中性分子在两相的分配:

$$MA_3 \rightleftharpoons MA_{3(o)} (快)$$

分配常数为

$$\Lambda = \frac{(MA_3)_o}{(MA_3)}$$

反应慢步骤②的正向反应和逆向反应的速率方程分别为

$$R_+ = k_1(M^{3+})(HA) = k_1\lambda^{-1}(M^{3+})(HA)_o \tag{1-61}$$

$$R_- = k_{-1}(MA^{2+})[H^+] = k_{-1} \cdot \frac{(MA_3)[H^+]^2[H^+]}{K''(HA)^2}$$

$$= k_{-1} \cdot K''^{-1} \cdot \frac{(MA_3)[H^+]^3}{(HA)_o^2} \cdot \lambda^2$$

$$= k_{-1}\lambda^2 K''^{-1}\Lambda^{-1}(MA_3)_o(HA)_o^{-2}[H^+]^3$$

当 $R_+ = R_-$ 时得

$$\frac{k_1 K''\Lambda}{k_{-1}\lambda^3} = \frac{(MA_3)_o[H^+]^3}{(M^{3+})(HA)_o^3} = K,$$

$$K'' = \frac{\lambda^3 k_{-1} K}{\Lambda k_1} \tag{1-62}$$

将式(1-60)和式(1-62)代入式(1-59)得

$$K' = \frac{\lambda \cdot \dfrac{\lambda^2(MA_3)_o[H^+]^2}{K''(HA)_o^2} \cdot [H^+]}{\Lambda(M^{3+})(HA)_o} = \frac{\lambda^3(MA_3)_o[H^+]^3}{\Lambda K''(M^{3+})(HA)_o^3} = \frac{\lambda^3 K}{\Lambda K''} \tag{1-63}$$

式(1-62)和式(1-63)中 K、k_1、k_{-1}、Λ 可由实验测得,λ 可查阅文献得到,则可求出反应的平衡常数 K' 和 K''。

上述萃取速率方程中,由于没有穿过界面的慢步骤,萃取速率与比界面无关,即可忽略界面阻力。

1.2.8　影响萃取的因素

根据前文所述,萃取可视为被萃取物 M 在水相和有机相中两个溶解过程的竞争。在溶解的不同步骤中,能量的吸收与释放归结到萃取能上,表现出相应的萃取行为。

在水相中水分子间有氢键和范德华力,用 Aq—Aq 表示。M 溶解于水相,首先在水相要破坏某些 Aq—Aq 结合,形成空腔来容纳 M,同时生成 M—Aq 结合。在有机相中,溶剂分子间也有范德华力(对于 A、B 型,还有氢键),这种作用用 S—S 表示。

萃取时,M 要溶于有机相,首先必须破坏 M—Aq,某些 S—S 结合也要破坏,形成空腔来容纳 M,并且生成 M—S 结合。萃取过程可表示为

$$\text{S—S} + 2(\text{M—Aq}) \longrightarrow \text{Aq—Aq} + 2(\text{M—S})$$

令 $E_{S—S}$、$E_{Aq—Aq}$、$E_{M—Aq}$、$E_{M—S}$ 代表破坏 S—S、Aq—Aq、M—Aq 结合和形成 M–S 结合所需要的能量,则萃取能为

$$\Delta E^0 = E_{S—S} + 2E_{M—Aq} - E_{Aq—Aq} - 2E_{M—S} = 2(E_{M—Aq} - E_{M—S}) - (E_{Aq—Aq} - E_{S—S}) \quad (1-64)$$

若是同类分子在两相的分配,不考虑萃取熵 ΔS^0 的影响,则 M 在两相间的分配常数为

$$\Lambda = e^{-\frac{\Delta E^0}{RT}} \quad (1-65)$$

$\Delta E^0 > 0$,即萃取过程需要吸收能量,$\Lambda < 1$,不利于萃取;$\Delta E^0 < 0$,即萃取过程释放能量,$\Lambda > 1$,有利于萃取。因此,影响萃取的各种因素可以通过被萃取物 M 在溶解过程各步骤的影响来观察。

1. 空腔作用能 $E_{Aq—Aq}$ 和 $E_{S—S}$

空腔作用能的大小与空腔表面积成正比,如果被萃取物 M 在水相和有机相均以同一分子形式存在,并近似地将此分子看作球形分子,其半径为 $\bar{R}$,则

$$E_{Aq—Aq} = K_{Aq} \cdot 4\pi\bar{R}^2$$

$$E_{S—S} = K_S \cdot 4\pi\bar{R}^2$$

$$E_{Aq—Aq} - E_{S—S} = 4\pi(K_{Aq} - K_S)\bar{R}^2 \quad (1-66)$$

其中,K_{Aq} 和 K_S 为比例常数。K_S 的大小随溶剂类型而不同,在 N、A 和 B 型溶剂中,只有范德华力,K_S 较小,其中尤以非极性、不含易极化的 π 键并且分子量又不大的溶剂的 K_S 为最小。在 AB 型溶剂中,因为氢键缔合,K_S 较大,尤以 AB(1) 型溶剂的 K_S 为最大。水是 AB(1) 型溶剂中氢键缔合最强者,所以 $K_{Aq} > K_S$。令 $\rho = K_S/K_{Aq}$,则式(1-66)写成

$$E_{Aq—Aq} - E_{S—S} = 4\pi K_{Aq}(1 - \rho)\bar{R}^2 \quad (1-67)$$

$E_{Aq—Aq} - E_{S—S}$ 的值越大,表示空腔效应越大,有利于萃取。从式(1-67)可得到两条规律:第一,在简单分子萃取中,若其他条件相同,则被萃取物分子 M 越大(即 $\bar{R}$ 大)越有利于萃取;第二,空腔效应随 K_S 与 K_{Aq} 的比值 ρ 越小而越显著。由表 1-10 可见,丙酸的分配比大于乙酸的分配比。由于丁醇(AB 型)、乙醚(B 型)、四氯化碳(N 型)的 K_S 依次减小,因此空腔效应以丁醇-水体系为最小,乙醚-水体系次之,四氯化碳-水体系为最大。

表 1-10　RCOOH/H₂O/S 体系的分配比(25 ℃)

D	S		
	C_4H_9OH	$(C_2H_5)_2O$	CCl_4
D_{CH_3COOH}	1.1	0.44	0.02
$D_{C_2H_5COOH}$	2.85	1.5	0.56
$\alpha = \dfrac{D_{C_2H_5COOH}}{D_{CH_3COOH}}$	2.5	3.4	28

被萃取物分子 M 越大越有利于萃取,可从下列实验结果得到证实:

①惰性气体在水和硝基甲烷间的分配比随其原子量的增加而增加(表 1-11)。

表 1-11　惰性气体/水/CH₃NO₂ 体系的分配比

惰性气体	He	Ne	Ar	Kr	Xe
D	5.5	6	12	19	28

②卤素单质分子在水和二硫化碳间的分配比随卤素分子量的增加而增加。例如:

$$Br_2/H_2O/CS_2 \quad D = 80$$
$$I_2/H_2O/CS_2 \quad D = 400$$

③有机同系物在水和有机溶剂(如乙醚或异丁醇)间的分配比 D 随分子量增加而增加,大约每增加一个—CH₂—基,D 增加 2~4 倍。令 α 为同系物分配比的增加倍数,即

$$\alpha = \frac{D_1}{D_0} = \frac{D_2}{D_1} = \frac{D_3}{D_2} = \cdots = \frac{D_n}{D_{n-1}} \qquad (1-68)$$

则

$$D_n = \alpha^n D_0 \qquad (1-69)$$

$$\alpha = \sqrt[n]{\frac{D_n}{D_0}} \qquad (1-70)$$

表 1-12 列出了某些同系物的 α 值。

表 1-12　几种同系物分配比的增加倍数 α

同系物		—CH₂—基增加数	α	
			水/异丁醇	水/乙醚
$CH_2ClCOOH$	$CH_3—CHClCOOH$	1	3.2	3.6
CH_3CHO	$CH_3—(CH_2)_2CHO$	2	3.0	—
CH_3COOH	$CH_3(CH_2)_4COOH$	4	2.8	3.7
CH_3COOCH_3	$CH_3COOC_2H_5$	1	2.8	3.1
CH_3NH_2	$[(CH_3)_2CHCH_2]NH_2$	3	2.2	3.5
$CH_2\begin{smallmatrix}COOH\\COOH\end{smallmatrix}$	$(C_2H_5)_2C\begin{smallmatrix}COOH\\COOH\end{smallmatrix}$	4	2.1	3.2

2. 离子水化和亲水基团的影响

被萃取物 M 与水相的作用 E_{M-Aq} 越大，越不利于萃取。M 与水相的离子化作用随离子势 Z^2/r 增大而增加。离子势包含离子电荷效应和离子半径效应。离子所带的电荷 Z 越大越不利于萃取，用四苯基钾氯 Ph_4AsCl 的氯仿溶液可萃取一价阴离子 MnO_4^-、ReO_4^- 和 TcO_4^-，而不能萃取二价阴离子 MoO_4^{2-} 和 MnO_4^{2-}。离子半径效应表现在电荷数相同的离子，半径 r 大越容易被萃取，用 Ph_4AsCl 萃取 ReO_4^- 的过程实际上是半径小的 Cl^- 被半径大的 ReO_4^- 交换的过程，亦即 Cl^- 易水化进入水相，而 ReO_4^- 大离子水化较难进入有机相。在 $Fe(ClO_4)_3$ 水溶液中，Fe^{3+} 电荷 Z 高，半径 r 小，不易被萃取，当加入中性配合剂联吡啶后，生成配位数饱和的大离子

$$\left[Fe \left(\underset{N \quad N}{\text{[联吡啶]}} \right)_3 \right]^{3+}$$

可被氯仿萃取，萃合物分子中含 3 个 ClO_4^- 与阳离子缔合。被萃取物在水相若以中性分子存在，则水化作用弱，易被萃取。如 I_2、OsO_4、RuO_4 等在水相以可溶性的中性分子存在，很容易被惰性溶剂苯、二硫化碳、四氯化碳等萃取。难电离的卤化物 HgX_2、AsX_3、GeX_4 等也容易被氯仿等萃取。

亲水基团是指—OH、—NH_2、—COOH、—SO_3H 含在被萃取物 M 上，由于这些亲水基团与水分子生成氢键，E_{M-Aq} 增加，萃取能 ΔE^0 也增大，不利于萃取。

（1）增加—OH 基的影响

$C_6H_5CH_2COOH$ 在异丁醇/水体系中的分配比 $D = 28$，$C_6H_5CHOHCOOH$ 在同一体系中的分配比 $D = 5.1$，在乙醚/水体系中两者的分配比的值 α 比异丁醇/水体系大，这是因为异丁醇是 AB 型溶剂，有很强的溶剂氢键作用，它能与被萃取物中的—OH 基生成两种氢键：—O—H…B—A 和 H—O…A—B。而乙醚是 B 型溶剂，它与—OH 基只能形成一种氢键—O—H…B，所以乙醚的溶剂氢键作用比异丁醇小。由于溶剂氢键作用能 E_{M-S} 部分抵消水相作用能 E_{M-Aq}，因此异丁醇/水体系分配比减小倍数 α 要比乙醚/水体系的小。表 1-13 列出了一些例子。

表 1-13　—OH 基对分配比的影响

被萃取物 M		—OH 基增加数	α	
M_A	M_B		异丁醇/水	乙醚/水
$C_6H_5CH_2COOH$	$C_6H_5CHOHCOOH$	1	$28/5.1 \approx 5.5$	12
CH_3COOH	$CH_2OHCOOH$	1	$1.2/0.33 \approx 3.6$	17
$(CH_3CH_2)_2NH$	$(HOCH_2CH_2)_2NH$	2	$\sqrt{4.4/0.19} \approx 4.8$	31
$(CH_3CH_2)_3N$	$(HOCH_2CH_2)_3N$	3	$\sqrt[3]{18/0.26} \approx 4.1$	17
$(CH_3)_2CHCH_2OH$	$CH_2OH(CHOH)_2CH_2OH$	3	$\sqrt[3]{8.5/0.037} \approx 6.1$	40
$\begin{matrix} CH_2COOH \\ \mid \\ CH_2COOH \end{matrix}$	$\begin{matrix} CHOHCOOH \\ \mid \\ CH_2COOH \end{matrix}$	1	$0.96/0.37 = 2.6$	10

（2）增加—NH_2 基的影响

由于—NH_2 基的碱性强度大于—OH 基，因此—NH_2 的影响有时更大，如表 1-14 所

列,α 值差别很大,必须注意。

表 1－14　—NH$_2$ 基对分配比的影响

被萃取物 M		—NH$_2$ 基增加数	α	
M$_A$	M$_B$		异丁醇/水	乙醚/水
CH$_3$(CH$_2$)$_4$COOH	(CH$_3$)$_2$CHCH$_2$CHCOOH（下接 NH$_2$）	1	75/0.062≈1 210	7.8×10^6
CH$_3$(CH$_2$)$_2$COOH	CH$_3$CH$_2$CHCOOH（下接 NH$_2$）	1	8.1/0.016≈506	2.5×10^6
CH$_3$CH$_2$COOH	CH$_3$CHCOOH（下接 NH$_2$）	1	3.1/0.006 9≈449	1.3×10^6
苯—COOH	间氨基苯甲酸（苯环带 COOH 和 NH$_2$）	1	54/2.9≈19	52
苯—COOH	H$_2$N—苯—COOH（对位）	1	54/7.7≈7.0	10
苯—COOH	邻氨基苯甲酸（苯环带 COOH 和 NH$_2$）	1	54/15=3.6	2.9
CH$_3$CH$_2$NH$_2$	NH$_2$—CH$_2$CH$_2$—NH$_2$	1	1.2/0.23≈5.2	182
CH$_3$CH$_2$OH	NH$_2$—CH$_2$CH$_2$—OH	1	1.0/0.24≈4.2	200
吡啶	2-氨基吡啶	1	7.3/4.5≈1.6	1.6

在羧酸中引入—NH$_2$ 基,可以形成分子内电离,大大增加了 M—Aq 的作用,分配比减小倍数 α 特别大。分子内电离的形式为

$$CH_3CH—COOH \rightleftharpoons CH_3—CH—COO^- \qquad (1-74)$$
$$\quad\ \ |\qquad\qquad\qquad\qquad\qquad |$$
$$\quad NH_2\qquad\qquad\qquad\qquad\ NH_3^+$$

在有的分子中引入—NH$_2$ 基后,自身能生成内氢键,所以 M—Aq 作用不显著,如

$$(1-75)$$

在吡啶中,由于 M—Aq 的作用已经较大,引入一个—NH$_2$ 基对 M—Aq 作用的影响不大。

(3)增加—COOH 基的影响

甲基或次甲基被—COOH 取代后,对异丁醇/水体系分配比减小倍数 α 一般为 1.6 ~ 21,对乙醚/水体系一般为 4 ~ 170。凡是能形成氨基酸者,由于有强烈的分子内电离,其分配比减小倍数特别大,详见表 1 - 15。

表 1 - 15 —COOH 基对分配比的影响

被萃取物 M		—COOH 基增加数	α	
M_A	M_B		乙丁醇/水	乙醚/水
$CH_3(CH_2)_3NH_2$	$CH_3CH_2CHCOOH$ | NH_2	1	$9.2/0.016 = 575$	4×10^5
$CH_3(CH_2)_2NH_2$	$CH_3CHCOOH$ | NH_2	1	$3.7/0.006\,9 \approx 536$	2×10^5
$CH_3(CH_2)_4COOH$	$HOOC(CH_2)_4COOH$	1	$75/3.5 \approx 21$	172
CH_3CH_2I	CH_2ICOOH	1	$74/5.9 \approx 13$	47
$CH_3(CH_2)_2COOH$	CH_2COOH | CH_2COOH	1	$8.1/0.96 \approx 8.4$	45
CH_3CH_2COOH	$HOOCCH_2COOH$	1	$3.1/0.73 \approx 4.2$	18
CH_3CH_2OH	$CH_2OHCOOH$	1	—	9.3
CH_3COOH	$COOH$ | $COOH$	1	$1.2/0.75 = 1.6$	4.4

(4)—COOH 基被—CONH$_2$ 基取代的影响

当—COOH 基被—CONH$_2$ 基取代时,分子的亲水性增加,则分配比下降,详见表 1 - 16。

表 1 - 16 —COOH 基被—CONH$_2$ 基取代的影响

被萃取物 M		取代数	α	
M_A	M_B		异丁醇/水	乙醚/水
$CH_3(CH_2)_2COOH$	$CH_3(CH_2)_2CONH_2$	1	$8.1/1.5 = 5.4$	110
CH_3CH_2COOH	$CH_3CH_2CONH_2$	1	$3.1/0.69 \approx 4.5$	140
$HCOOH$	$HCONH_2$	1	$0.84/0.22 \approx 3.8$	300
CH_3COOH	CH_3CONH_2	1	$1.2/0.33 \approx 3.6$	210
$CH_2 \begin{smallmatrix} COOH \\ \\ COOH \end{smallmatrix}$	$CH_2 \begin{smallmatrix} CONH_2 \\ \\ CONH_2 \end{smallmatrix}$	2	$\sqrt{0.73/0.086} \approx 2.9$	18

金属离子在水相中的水解和聚合都使亲水性增加,不利于萃取。盐析剂离子都有较强的水化能力,而且其浓度相对较高,使被萃取物的 M—Aq 作用减弱,而有利于萃取。

3.丧失亲水性的影响

被萃取的金属离子 M^{n+} 在水相中有很强的水化作用,不能被直接萃取。利用萃取剂与被萃取物之间的特殊作用,破坏水化,使其丧失亲水性而达到萃取的目的。

（1）螯合作用

螯合萃取剂 HA 与金属离子 M^{n+} 生成螯合物 MA_n,例如 HTTA 萃取 Th^{4+} 时生成螯合物 $Th(TTA)_4$。其特点如下:①是中性的,而且配位数已饱和,不再发生水化作用;②分子很大,根据空腔作用规律,有利于萃取;③MA_n 分子的外缘基团是有机物,丧失了亲水性,根据相似原理,易溶于有机相;④螯合物 MA_n 的稳定常数很大,残留在水相的金属离子浓度很低,萃取比较完全。

作为萃取剂的螯合剂,除了形成萃合物功能团外,必须不含亲水性基团。因此,EDTA、DTPA、NTA 和 TTHA 等胺羧配合剂,虽与 M^{n+} 的螯合作用很强,但因含有若干亲水基团,不能作为萃取剂,而常作为抑萃配合剂掩蔽杂质离子留在水中。这几种螯合剂的分子均含多个亲水基团,结构式如下:

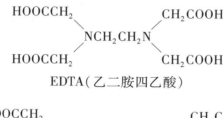

HOOCCH₂ ... CH₂COOH
NCH₂CH₂N
HOOCCH₂ ... CH₂COOH

EDTA（乙二胺四乙酸）

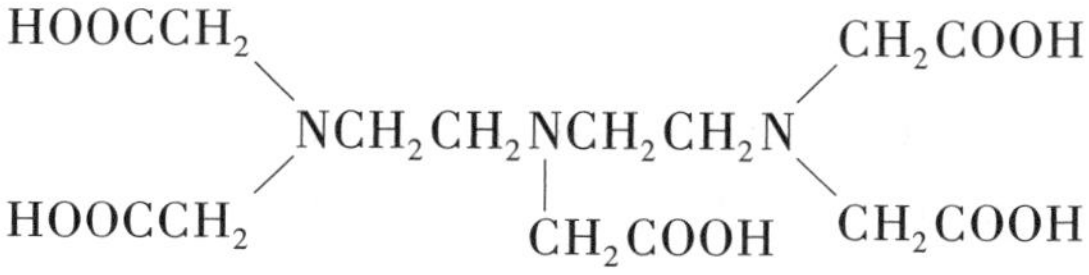

HOOCCH₂ ... CH₂COOH
NCH₂CH₂NCH₂CH₂N
HOOCCH₂ ... CH₂COOH
CH₂COOH

DTPA（二乙撑三胺五乙酸）

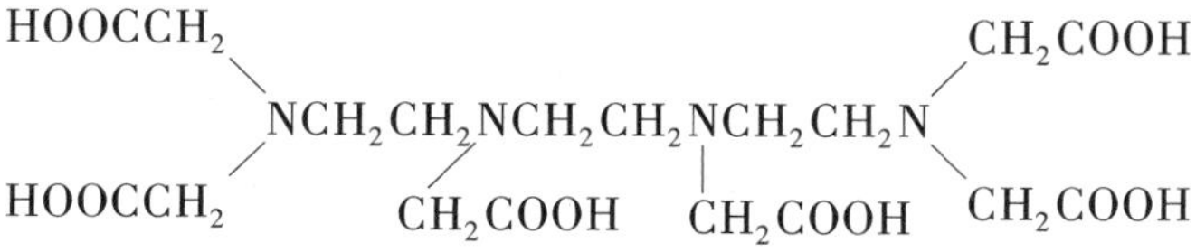

HOOCCH₂ ... CH₂COOH
NCH₂CH₂NCH₂CH₂NCH₂CH₂N
HOOCCH₂ ... CH₂COOH
CH₂COOH ... CH₂COOH

TTHA（三乙四胺六乙酸）

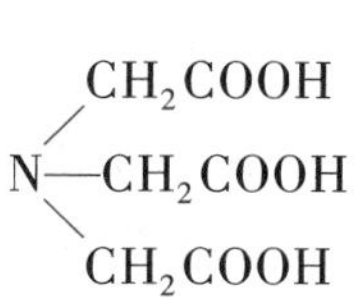

CH₂COOH
N—CH₂COOH
CH₂COOH

NTA（氮川三乙酸）

（2）中性萃取剂配合作用

硝酸铀酰在硝酸溶液中以 UO_2^{2+}、$UO_2(NO_3)^+$、$UO_2(NO_3)_2$ 和 $UO_2(NO_3)_3^-$ 等形式存在,其中只有中性分子 $UO_2(NO_3)_2$ 能被中性萃取剂萃取。但是六价铀离子的配位数是 8,它与两个氧结合成 UO_2^{2+} 后还有 6 个配位数,两个硝酸用 2～4 个配位数(NO_3^- 可以一合或二合配位),尚余 2～4 个配位数,水分子会去配位。所以,$UO_2(NO_3)_2$ 中性分子在水溶液中是水化的 $UO_2(NO_3)_2 \cdot xH_2O$,不能直接被惰性溶剂煤油、苯、氯仿等萃取。若加入 TBP 或 MiBK,则它们能与 $UO_2(NO_3)_2$ 配位,挤掉原先配位的水分子,形成丧失亲水性的 $UO_2(NO_3)_2 \cdot 2TBP$ 等,可萃入有机相。

（3）协萃作用

在螯合萃取时，若 M^{n+} 的配位数大于价数的两倍（$>2n$），则螯合物 MA_n 的配位数没有饱和，水分子会配位上去而具有亲水性，不利于萃取。例如，HTTA 萃取 UO_2^{2+} 生成 $UO_2(TTA)_2 \cdot 2H_2O$，分配比不高。若加入 TBP 或 TOPO，则其会与 $UO_2(TTA)_2$ 配位，能挤掉原配位的部分或全部水分子，生成丧失亲水性的协萃配合物，使分配比大大提高。

4. 溶剂氢键作用

被萃取物 M 与溶剂有氢键作用者 E_{M-S} 大，有利于萃取。没有氢键作用者不利于萃取。

CH_3COOH 与 N 型溶剂无氢键作用，分配比 D 小；它与 AB 型或 B 型溶剂有氢键缔合，D 较大；在 AB 型或 B 型溶剂的同系物中，其随分子中碳原子数的增加而接近于 N 型，故 D 也随之减小。如果碳原子数相同，则萃取分配比大小顺序为

$$PhOH > ROH > RCOOR' > ROR > C_6H_6 - CCl_4$$

另外，羧酸 RCOOH 在水与不同溶剂中的分配比随下列顺序递减：

$$TBP > R_2O > CHCl_3 > C_6H_5CH_3 > C_6H_6$$

其中，TBP 的 P ═ O 键最易与 RCOOH 生成氢键。

5. 离子缔合作用

胺（铵）盐、锌盐等大的萃取剂阳离子可与水相中的金属配合物阴离子缔合而成为离子对萃入有机相。例如，利用乙醚从盐酸溶液中萃取 $FeCl_3$，$FeCl_3/H_2O - HCl/C_2H_5OC_2H_5$ 体系的萃合物是离子对

$$[C_2H_5-OH^+-C_2H_5] \cdot [FeCl_4^-]$$

利用罗丹明 B 苯溶液从盐酸中萃取 $SbCl_5$，$SbCl_5/H_2O - HCl/$罗丹明 B－苯体系的萃合物是离子对

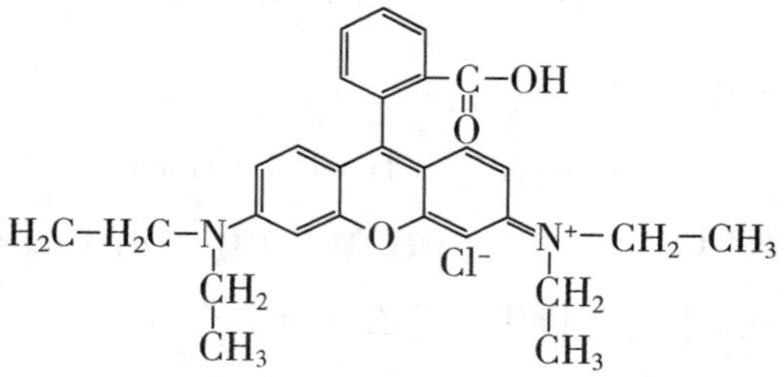

大离子体系有利于萃取是由于：①离子外缘球表面上的电荷密度小，离子势 Z^2/r 大大降低，故水化能力很弱；②离子大，根据空腔作用规律，有利于萃取；③大离子外缘基团是 C—H 化合物，根据相似性原理，它易溶于有机溶剂，而不易溶于水；④大离子外缘基团把亲水基包围在里面，阻碍了它的水化。

如果金属离子不能生成配合阴离子，用一个大的有机阴离子去配合金属阳离子，也能达到有效萃取的目的。碱金属铯离子可用二苦胺（HDPA）萃取，$Cs^+/NaOH（0.1\ mol \cdot L^{-1}）/$ HDPA（$0.01\ mol \cdot L^{-1}$），硝基苯体系中，萃合物是离子对

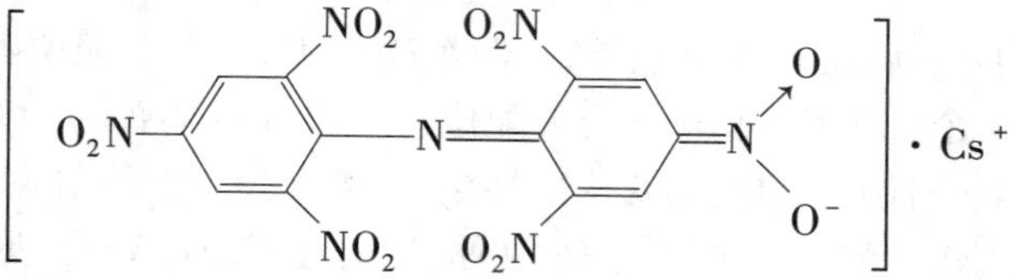

分配比 $D = 200$，在这个体系中水相必须呈碱性。因为碱性有利于 HDPA 电离为 DPA^- 和

H^+,若是在酸性溶液(如 $1\ mol \cdot L^{-1} HCl$)中,则分配比 D 仅为 0.01,所以可用 $1\ mol \cdot L^{-1} HCl$ 作为反萃取剂。另外,四苯硼与铯离子生成离子对 $Ph_4B^- \cdot Cs^+$,也可用于萃取铯。二苦胺和四苯硼均已用于从混合裂变产物中提取放射性铯(^{137}Cs 和 ^{134}Cs)。

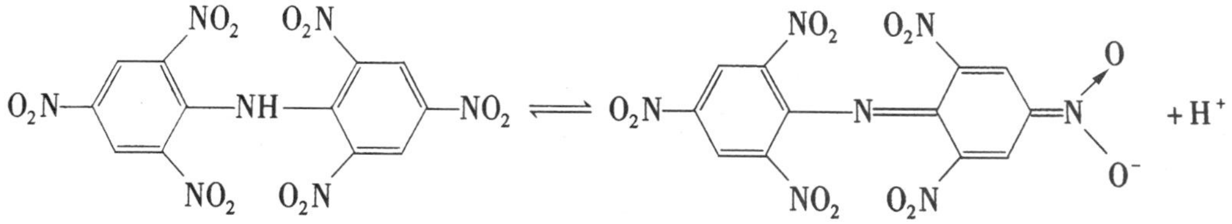

1.3　中性配合萃取体系

在 1.1.4 节中已提到,中性萃取剂有:含磷的磷酸酯,含氧的酮、醚、醇、酯和醛,含氮的吡啶以及含硫的硫醚、亚砜等。作为萃取剂的磷酸酯是利用分子中磷氧双键上氧原子的孤对电子起配位作用,与被萃取物中性分子生成中性的萃合物,所以常称为中性磷氧萃取剂,也是目前最重要的中性萃取剂。这类萃取剂的优点包括:化学性能稳定,能耐强酸、强碱、强氧化剂和强辐照作用;闪点高,操作安全;萃取动力学性能好;萃取容量比胺类和酸性萃取剂大,在同样大小的设备中生产能力比其他萃取体系大得多。

本节主要介绍中性磷氧萃取剂的类型和萃取性能,以磷酸三丁酯(TBP)为代表,讨论其基本反应和萃取机理;简述亚砜萃取钍、铀、镎和钚的初步研究。

1.3.1　中性磷氧萃取剂的类型和萃取性能

1. 中性磷氧萃取剂的类型和命名

根据磷原子的价态及其与烷基间是否借氧桥(—O—)连接,中性磷氧萃取剂可分为以下几种类型。

(1)五价磷

通式为

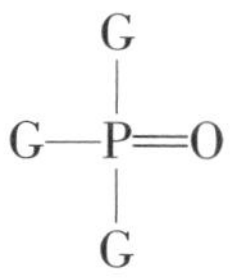

①G = RO,称为烷基磷酸酯,结构式为

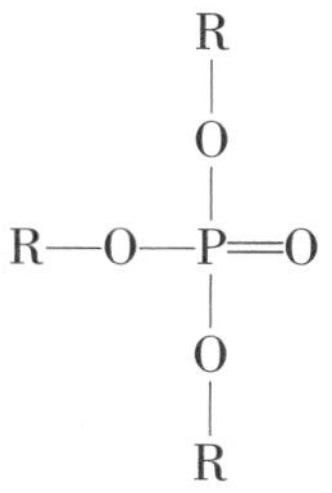

例如,三丁基磷酸酯(即磷酸三丁酯,TBP),分子式可写成$(C_4H_9O)_3PO$。

②G = R。

a. 一个 G 为 R,其余两个 G 仍为 RO,称为烷基膦酸酯,如二丁基丁基膦酸酯(或丁基膦酸二丁酯,DBBP),结构式为

$$
\begin{array}{c}
C_4H_9 \quad\;\; O \\
\diagdown\;\; \diagup \\
P \\
\diagup\;\; \diagdown \\
C_4H_9{-}O \quad O{-}C_4H_9
\end{array}
$$

DBBP

b. 两个 G 为 R,另一个 G 为 RO,称为烷基次膦酸酯,如次膦酸丁酯(或二丁基膦酸丁酯,BDBP),结构式为

$$
\begin{array}{c}
C_4H_9 \quad\;\; O \\
\diagdown\;\; \diagup \\
P \\
\diagup\;\; \diagdown \\
C_4H_9 \quad O{-}C_4H_9
\end{array}
$$

BDBP

c. 三个 G 均为 R,称为氧(化)膦,如三辛基氧(化)膦(TOPO),结构式为

$$
\begin{array}{c}
C_8H_{17} \quad\;\; O \\
\diagdown\;\; \diagup \\
P \\
\diagup\;\; \diagdown \\
C_8H_{17} \quad C_8H_{17}
\end{array}
$$

TOPO

③焦磷(膦)酸酯,由—X—连接两个磷原子,结构式为

$$
\begin{array}{c}
RO \qquad\qquad OR \\
\diagdown\qquad\qquad\diagup \\
P{-}X{-}P \\
\diagup\;\;\diagdown\qquad\diagup\;\;\diagdown \\
RO \;\; O \qquad O \;\; OR
\end{array}
$$

a. —X——O—,由氧原子连接两个磷原子,称为焦磷酸烷基酯,如焦磷酸四丁酯(TBPP):

$$
\begin{array}{c}
C_4H_9O \;\; O \qquad O \;\; OC_4H_9 \\
\diagdown\;\;\Vert\qquad\Vert\;\;\diagup \\
P{-}O{-}P \\
\diagup\qquad\qquad\diagdown \\
C_4H_9O \qquad\qquad OC_4H_9
\end{array}
$$

TBPP

b. —X——CH_2—,称为甲撑双膦酸烷基酯,如甲撑双膦酸四丁酯(TBMP):

$$
\begin{array}{c}
C_4H_9O \qquad\qquad\quad OC_4H_4 \\
\diagdown\qquad\qquad\quad\diagup \\
P{-}CH_2{-}P \\
\diagup\;\;\diagdown\qquad\diagup\;\;\diagdown \\
C_4H_4O \;\; O \qquad O \;\; OC_4H_4
\end{array}
$$

TBMP

（2）三价磷

三价磷和氢的重要化合物 PH_3 称为膦，上文中氧化膦源于此。其中三个氢原子被 RO 取代后称为亚磷酸酯（或氧基膦）。若 R 换成苯环，则称为亚磷酸三苯酯（或三苯氧基膦）：

$$C_6H_5O\!\!-\!\!P\!\!-\!\!OC_6H_5$$
$$\underset{\displaystyle OC_6H_5}{|}$$

本节仅介绍五价磷的萃取剂，以 TBP 为主。

2. 中性磷氧萃取剂的萃取性能

（1）萃取功能团

中性磷氧萃取剂的萃取功能团是 $\equiv P\!=\!O$（或 $P\!=\!O\!\rightarrow$），它与金属盐类形成的萃合物，是通过氧原子上的孤对电子与金属原子生成配（价）键的：

$$m\ \underset{\displaystyle G}{\overset{\displaystyle G}{G\!\!-\!\!P\!\!=\!\!\ddot{O}}}: + MX_n \rightleftharpoons \left(\underset{\displaystyle G}{\overset{\displaystyle G}{G\!\!-\!\!P\!\!=\!\!\ddot{O}}} \right)_m \!\!\rightarrow MX_n$$

（2）中性磷氧萃取剂的萃取性能

功能团 $P\!=\!O\!\rightarrow$ 与金属原子的配键 $O\!\rightarrow\!M$ 越强，则 $G_3P\!=\!O$ 的萃取能力也越强。

①G 是烷氧基—OR，由于含有电负性大的氧原子，拉电子能力强，使得 $P\!=\!O\!\rightarrow$ 功能团上氧原子的孤对电子有被烷氧基 R—O 拉过去的倾向，它与金属原子生成配键 $O\!\rightarrow\!M$ 的能力较弱，萃取能力也相对弱。

②G 是烷基 R，拉电子能力弱，使功能团 $P\!=\!O\!\rightarrow$ 的配位能力强，生成 $O\!\rightarrow\!M$ 配键的能力较强，其萃取能力也相对强。

③中性磷氧萃取剂的萃取能力按下列次序增强：

$$(RO)_3P\!=\!O\ <\ \underset{\displaystyle R}{(RO)_2P\!=\!O}\ <\ \underset{\displaystyle OR}{R_2P\!=\!O}\ <\ R_3P\!=\!O$$

在萃取体系 $UO_2(NO_3)_2/0.5\ mol\cdot L^{-1}HNO_3/0.19\ mol\cdot L^{-1}G_3PO$ – 苯中，萃取能力顺序为

$$TBP < DBBP < BDBP < TBPO$$

分配比 D_U：　　　　　　　　　0.25　　10　　120　　380

④将 $(RO)_3P\!=\!O$ 中的 R 由烷基改为吸电子能力较强的芳香基，则其萃取能力减弱。在③的萃取体系中，萃取剂用 $(C_4H_9O)_2(C_6H_5O)P\!=\!O$，则分配比很小，$D_U = 0.003\ 5$。若用 $(C_6H_5O)_3P\!=\!O$ 作萃取剂，则分配比更小，$D_U = 0.000\ 67$，几乎不萃取。

1.3.2　中性磷氧萃取剂的基本反应

中性磷氧萃取剂 $G_3P\!=\!O$ 的萃取反应是通过其功能团上的氧原子与金属原子或氢原子形成配键或氢键。例如：

$$G_3P\!=\!O\!\rightarrow\!M,\quad G_3P\!=\!O\cdots H\!\!-\!\!O\!\!-\!\!H,\quad G_3P\!=\!O\!\rightarrow\!H^+X^-$$

1. 中性磷氧萃取剂与水的反应

TBP 与水分子通过氢键缔合生成 1:1 的配合物,如下式:

$$(RO)_3P{=}O + H_2O \Longleftrightarrow (RO)_3P{=}O{\cdots}H{-}O{-}H$$

$$(C_4H_9O)_3P{=}O + H_2O \Longleftrightarrow (C_4H_9O)_3P{=}O{\cdots}H{-}O{-}H$$

1 L 纯 TBP($3.65\ \mathrm{mol \cdot L^{-1}}$)在常温下可溶解约 3.6 mol 水。

2. 中性磷氧萃取剂与酸的反应

中性磷氧萃取剂能萃取酸,通常形成 1:1 的配合物。当酸浓度高时还会生成 1:2 或 1:3 的配合物。

(1) TBP 萃取酸的顺序为

$$H_2C_2O_4 \sim CH_3COOH > HClO_4 > HNO_3 > H_3PO_4 > HCl > H_2SO_4$$

这一顺序与酸根阴离子水化能的增加次序相似。SO_4^{2-} 的水化能最大,即水相拉 SO_4^{2-} 的能力最强,E_{M-Aq} 大,不利于萃取,所以 TBP 对 H_2SO_4 的萃取能力最弱。

(2) TOPO 萃取酸

在低浓度($< 2\ \mathrm{mol \cdot L^{-1}}$)酸时,萃取能力次序为

$$HNO_3 > HClO_4 > HCl > H_3PO_4 > H_2SO_4$$

在高浓度(如 $6\ \mathrm{mol \cdot L^{-1}}$)酸时,萃取能力次序为

$$HCl > HNO_3 > H_2SO_4 > H_3PO_4$$

可见不同的中性磷氧萃取剂萃取酸的能力次序不同,它不但与阴离子水化能有关,而且与酸的电离常数、$\equiv\!P{=}O$ 键的碱性以及分子大小等因素有关。目前尚难于得出明确的结论。

3. 中性磷氧萃取剂萃取金属硝酸盐的反应

中性磷氧萃取剂萃取金属硝酸盐的反应主要属于中性配合萃取机理,即通过磷氧双键的氧与金属原子配位,形成中性萃合物。反应式可以写为

$$m G_3P{=}O_{(o)} + M(NO_3)_n \Longleftrightarrow (G_3P{=}O)_m M(NO_3)_{n(o)}$$

(1) TBP 萃取六价锕系元素

在硝酸($< 10\ \mathrm{mol \cdot L^{-1}}$)溶液中,TBP 萃取六价锕系元素 UO_2^{2+}、NpO_2^{2+} 和 PuO_2^{2+} 的反应式可以写为

$$MO_2^{2+} + 2NO_3^- + 2TBP_{(o)} \Longleftrightarrow MO_2(NO_3)_2 \cdot 2TBP_{(o)} \quad (M = U、Np、Pu)$$

萃合物 $UO_2(NO_3)_2 \cdot 2TBP$ 的结构式为

$$(C_4H_9O)_3P{=}O \rightarrow UO_2 \leftarrow O{=}P(OC_4H_9)_3$$

当水相硝酸浓度大于 10 mol·L^{-1} 时,有机相萃合物除 $UO_2(NO_3)_2$·2TBP 外,还有离子缔合物,参见 1.5 节中锌盐萃取。

(2)TBP 萃取四价金属离子

一般情况下,TBP 萃取四价金属离子 U^{4+}、Pu^{4+}、Np^{4+}、Th^{4+}、Zr^{4+}、Hf^{4+}、Ti^{4+} 和 Ce^{4+} 等的萃取反应为

$$M^{4+} + 4NO_3^- + 2TBP_{(o)} \rightleftharpoons M(NO_3)_4·2TBP_{(o)}$$

当硝酸浓度较高时,Zr^{4+} 和 Hf^{4+} 还能生成含硝酸的萃合物 $M(NO_3)_4$·2TBP·2HNO$_3$。

(3)TBP 萃取三价锕系和镧系金属离子

TBP 从硝酸溶液中萃取三价锕系和镧系金属离子的反应式为

$$M^{3+} + 3NO_3^- + 3TBP_{(o)} \rightleftharpoons M(NO_3)_3·3TBP_{(o)}$$

(4)TBP 萃取其他金属硝酸盐

TBP 对硝酸溶液中的其他价态的金属离子也可萃取,萃合物分别为:一价的 $LiNO_3$·2TBP 和 $NaNO_3$·3TBP;二价的 $Ca(NO_3)_2$·3TBP 和 $Cu(NO_3)_2$·2TBP;五价的 $Pa(NO_3)_5$·3TBP 等。它们中含 TBP 的分子数看不出明显的规律性。

4.中性磷氧萃取剂萃取金属卤化物的反应

中性磷氧萃取剂萃取金属卤化物的反应比较复杂,除了中性配合萃取机理外,锌盐萃取机理更为常见。

TBP 萃取氯化铜的反应式为

$$Cu^{2+} + 2Cl^- + 2TBP_{(o)} \rightleftharpoons CuCl_2·2TBP_{(o)}$$

TBP 从 2 mol·L^{-1} HCl 中萃取 $FeCl_3$ 生成 $FeCl_3$·3TBP,而从 6 mol·L^{-1} 以上 HCl 溶液中萃取 $FeCl_3$ 则生成离子缔合的萃合物 $[H_3O(TBP)_2(H_2O)]^+·[FeCl_4]^-$。

1.3.3　对应溶液法处理萃取平衡

TBP 萃取锕系元素多在硝酸体系中进行,因此本书对 TBP 萃取硝酸也进行了研究。Moore 最先认为 TBP 与 HNO$_3$ 生成 1:1 的配合物。后来人们通过研究萃取平衡、红外光谱等,证明在低浓度硝酸时生成 TBP·HNO$_3$ 配合物;在高浓度硝酸时除了生成 TBP·HNO$_3$ 外,还有 TBP·2HNO$_3$ 配合物,甚至还有 1:3、1:4 配合物,不同研究者得到的平衡常数也不一致。我国徐光宪院士等应用对应溶液法原理研究了 TBP 萃取硝酸的体系,直接由实验求得 HNO$_3$ 的分配平衡常数 $\Lambda = 0.012$(苯为稀释剂),有机相中除了生成 1:1 配合物外,还有 1:2 配合物。

1.对应溶液法处理萃取平衡的原理

在 TBP-HNO$_3$-H$_2$O-稀释剂体系中存在三类平衡。

(1)水相中 HNO$_3$ 的电离平衡

$$HNO_3 \rightleftharpoons H^+ + NO_3^-$$

用 Raman 光谱法可以测定水相中不同浓度 HNO$_3$ 的电离度,如表 1-17 所列。

表 1 – 17   硝酸的电离度(25 ℃)

C_{HNO_3} /(mol·L^{-1})	电离度 α	$1 - \alpha$	分子状态硝酸浓度 (HNO$_3$)/(mol·L^{-1})	离子状态硝酸浓度 (H$^+$) = (NO$_3^-$)/(mol·L^{-1})
1	0.983	0.017	0.017	0.983
2	0.955	0.045	0.090	1.91
3	0.928	0.072	0.216	2.78
4	0.870	0.130	0.520	3.48
5	0.817	0.183	0.915	4.08
6	0.755	0.245	1.47	4.53
7	0.700	0.300	2.10	4.90
8	0.640	0.360	2.88	5.12
9	0.577	0.423	3.81	5.19
10	0.511	0.489	4.89	5.11
11	0.422	0.588	6.14	4.86
12	0.372	0.628	7.54	4.46
13	0.317	0.683	8.88	4.12
14	0.247	0.753	10.52	3.48
15	0.200	0.800	12.00	3.00
16	0.155	0.845	13.50	2.48
17	0.122	0.878	14.90	2.08
18	0.080	0.920	16.55	1.44
19	0.047	0.953	18.10	0.89
20	0.030	0.970	19.10	0.60

(2)硝酸分子在两相间的分配平衡

$$HNO_3 \underset{}{\overset{\Lambda}{\rightleftharpoons}} HNO_{3(o)}$$

$$\Lambda = \frac{(HNO_3)_o}{(HNO_3)} \tag{1-71}$$

求 Λ 的难点在于有机相中自由硝酸浓度(HNO$_3$)$_o$ 不易直接测定。对应溶液法可方便地求得(HNO$_3$)$_o$,水相分子状态硝酸浓度(HNO$_3$)可根据实验条件从表 1 – 17 查到,从而计算出 Λ 值。

(3)TBP – HNO$_3$ 配合平衡

$$TBP_{(o)} + iHNO_3 \underset{}{\overset{\beta_i}{\rightleftharpoons}} TBP \cdot iHNO_{3(o)}$$

$$\beta_i = \frac{(TBP \cdot iHNO_3)_o}{(TBP)_o(HNO_3)^i} \tag{1-72}$$

有机相硝酸总浓度

$$C_{HNO_{3(o)}} = (HNO_3)_o + \sum_{i=1}^{n} i(TBP \cdot iHNO_3)_o = (HNO_3)_o + (TBP)_o \sum_{i=1}^{n} i\beta_i(HNO_3)^i$$

$$\tag{1-73}$$

有机相 TBP 的总浓度

$$C_{TBP(o)} = (TBP)_o + \sum_{i=1}^{n} (TBP \cdot iHNO_3)_o = (TBP)_o \sum_{i=0}^{n} \beta_i (HNO_3)^i \qquad (1-74)$$

硝酸对 TBP 的平均配合数

$$\bar{n} = \frac{C_{HNO_3(o)} - (HNO_3)_o}{C_{TBP(o)}} = \frac{\sum_{i=1}^{n} i\beta_i (HNO_3)^i}{\sum_{i=0}^{n} \beta_i (HNO_3)^i} = f((HNO_3)) \qquad (1-75)$$

由此可知,平均配合数 $\bar{n}$ 仅是水相分子状态硝酸浓度 (HNO_3) 的函数,对于不同浓度的 TBP 与水相硝酸平衡,(HNO_3) 相同,则 $\bar{n}$ 也相等,可通过 TBP 萃取 HNO_3 的平衡实验求得 $\bar{n}$。可设计 TBP 起始浓度为 $0.1\ mol \cdot L^{-1}$、$0.3\ mol \cdot L^{-1}$、$0.5\ mol \cdot L^{-1}$、$1.0\ mol \cdot L^{-1}$、$2.0\ mol \cdot L^{-1}$、$3.0\ mol \cdot L^{-1}$ 和纯 TBP,与不同起始浓度的硝酸混合平衡,测得一系列平衡时水相硝酸总浓度 C_{HNO_3} 与对应的有机相硝酸总浓度 $C_{HNO_3(o)}$,以 C_{HNO_3} 为横坐标、$C_{HNO_3(o)}$ 为纵坐标作图(图 1-14)。

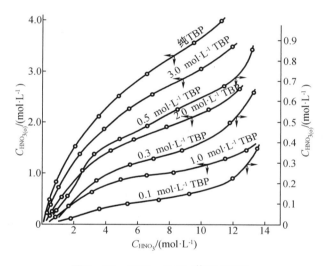

图 1-14　TBP-C_6H_6 萃取 HNO_3

在图 1-14 中作一垂直线与横坐标交于 C_{HNO_3}(实验浓度之一)点,该垂线与不同浓度 TBP 的曲线交点共 7 个,可以读出相应的 7 组 $[C_{HNO_3(o)}, C_{TBP(o)}]$ 数据,这 7 组数据对应于相同的 C_{HNO_3},即 (HNO_3) 和 $\bar{n}$ 相同,这 7 组溶液称为对应溶液。将式(1-75)中 $\bar{n}$ 定义式部分改写为

$$C_{HNO_3(o)} = \bar{n} C_{TBP(o)} + (HNO_3)_o \qquad (1-76)$$

这是对应溶液的表达式。

由式(1-76)看出,以 $C_{TBP(o)}$ 对 $C_{HNO_3(o)}$ 作图,直线斜率是 $\bar{n}$,在纵坐标 $C_{HNO_3(o)}$ 上的截距是 $(HNO_3)_o$,相应 C_{HNO_3} 从表 1-17 中可查到 (HNO_3),计算出 Λ 值。从图 1-14 获得的对应溶液数据计算的 Λ 值列于表 1-18 中。

表 1 – 18　TBP – C_6H_6 萃取硝酸的对应溶液（14 ℃）

C_{HNO_3} /(mol·L^{-1})	(HNO$_3$) /(mol·L^{-1})	*有机相	起始 TBP 浓度/(mol·L^{-1})							(HNO$_3$)$_o$ /(mol·L^{-1})	Λ
			0.1	0.3	0.5	1.0	2.0	3.0	纯		
4	0.52	C_T^o	0.10	0.30	0.499	0.973	1.88	2.73	3.52	0.006	0.012
		C_H^o	0.080	0.23	0.38	0.74	1.38	1.88	2.24		
5	0.92	C_T^o	0.10	0.30	0.498	0.970	1.87	2.71	3.20	0.012	0.013
		C_H^o	0.095	0.27	0.42	0.86	1.54	2.15	2.55		
6	1.47	C_T^o	0.10	0.30	0.497	0.968	1.86	2.69	3.17	0.020	0.014
		C_H^o	0.105	0.29	0.46	0.92	1.68	2.38	2.82		
7	2.10	C_T^o	0.10	0.30	0.496	0.964	1.85	2.66	3.14	0.028	0.013
		C_H^o	0.120	0.31	0.49	0.95	1.80	2.55	3.06		
8	2.88	C_T^o	0.10	0.30	0.495	0.962	1.84	2.64	3.12	0.038	0.012
		C_H^o	0.135	0.33	0.52	1.00	1.92	2.72	3.26		
9	3.81	C_T^o	0.10	0.30	0.494	0.958	1.82	2.61	3.07	0.046	0.012
		C_H^o	0.145	0.36	0.57	1.06	2.05	2.88	3.45		
10	4.89	C_T^o	0.10	0.30	0.493	0.956	1.82	2.58	3.05	0.060	0.012
		C_H^o	0.170	0.40	0.62	1.12	2.18	3.06	3.66		
11	6.14	C_T^o	0.10	0.30	0.492	0.952	1.81	2.56	3.01	0.076	0.012
		C_H^o	0.180	0.43	0.66	1.22	2.32	3.26	3.90		

* $C_T^o = C_{TBP(o)}$，$C_H^o = C_{HNO_3(o)}$。

　　用表 1 – 18 中 $C_{HNO_3(o)}$ 和 $C_{TBP(o)}$ 数据作图（图 1 – 15），得到的直线斜率为 $\bar{n}$，截距为（HNO$_3$）$_o$，计算得 Λ 值。图 1 – 15 中，为求取的（HNO$_3$）$_o$ 更精确，（b）是（a）的部分坐标放大。

　　2. β_i 的测定

　　欲从实验数据中求出 β_i，首先要导出 β_i 与平均配合数 $\bar{n}$、配合度 Y_0 以及水相分子状态硝酸的浓度之间的关系。

　　硝酸分子对 TBP 的配合度为

$$Y_0 = 1 + \sum_{i=1}^{n} \beta_i (HNO_3)^i \qquad (1-77)$$

$$\frac{dY_0}{d(HNO_3)} = \sum_{i=0}^{n} i\beta_i (HNO_3)^{i-1}$$

$$\frac{dY_0}{d\ln(HNO_3)} = \sum_{i=0}^{n} i\beta_i (HNO_3)^i \qquad (1-78)$$

由式（1 – 75）知

$$\bar{n} = \frac{\sum_{i=1}^{n} i\beta_i (HNO_3)^i}{Y_0} = \frac{1}{Y_0} \cdot \frac{dY_0}{d\ln(HNO_3)} = \frac{d\ln Y_0}{d\ln(HNO_3)} \qquad (1-79)$$

$$\ln Y_0 = \int_0^{(HNO_3)} \frac{\bar{n}}{(HNO_3)} d(HNO_3) \qquad (1-80)$$

式（1 - 77）和（1 - 80）表达了 Y_0、β_i、$\bar{n}$ 和（HNO_3）的相互关系。式（1 - 80）中的 $\bar{n}$ 和（HNO_3）可从图 1 - 15 中各直线斜率和相应 C_{HNO_3} 获得具体值，以 $\bar{n}/(HNO_3)$ 为纵坐标，以（HNO_3）为横坐标作图（图 1 - 16（a））。图中不同符号点代表相应的 TBP 浓度，列于表 1 - 19 中。

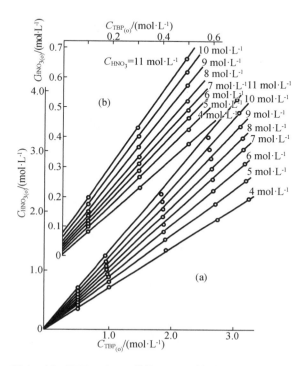

图 1 - 15　TBP - C_6H_6 萃取 HNO_3 的对应溶液关系

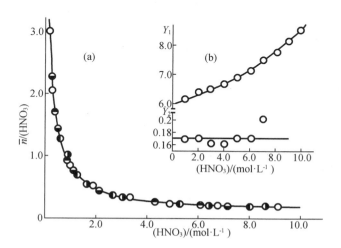

图 1 - 16　求取 TBP - HNO_3 配合常数 β_i 的图解

表 1-19　图 1-16(a) 的说明表

符号点	○	◑	◑	⊖	⊖
$C_{TBP}/(mol \cdot L^{-1})$	0.5	1	2	3	纯

5 种不同浓度 TBP 的数据重合得很好,利用图解积分法,可从图 1-16 中求得不同 (HNO_3) 时的 Y_0 值。在求得 Y_0 值的基础上,设定函数 Y_1、Y_2:

$$Y_0 = 1 + \beta_1(HNO_3) + \beta_2(HNO_3)^2 + \cdots \quad (1-81)$$

$$Y_1 = \frac{Y_0 - 1}{(HNO_3)} = \beta_1 + \beta_2(HNO_3) + \cdots \quad (1-82)$$

$$Y_2 = \frac{Y_1 - \beta_1}{(HNO_3)} = \beta_2 + \beta_3(HNO_3) + \cdots \quad (1-83)$$

按式 (1-82) 和式 (1-83),知道 Y_0 即可算得 Y_1,有 Y_1 的值就可算出 Y_2 的值,求得 Y_1 和 Y_2 的值列于表 1-20 中。以 $Y_1-(HNO_3)$、$Y_2-(HNO_3)$ 作图 (图 1-16(b)),将曲线外推至 $(HNO_3) \to 0$,即可得到 β_1 和 β_2 值。

表 1-20　$TBP-C_6H_6$ 萃取硝酸的 β_i 相关的函数值

$(HNO_3)/(mol \cdot L^{-1})$	$\ln Y_0$	Y_0	Y_1	Y_2
1.00	1.980	7.25	6.25	0.17
2.00	2.630	13.87	6.43	0.17
3.00	3.030	20.70	6.56	0.16
4.00	3.330	27.93	6.73	0.16
5.00	3.580	35.86	6.94	0.17
6.00	3.780	43.85	7.14	0.17
7.00	3.980	53.58	7.51	0.20
8.00	4.155	63.24	7.78	0.21
9.00	4.305	73.96	8.10	0.23
10.00	4.455	86.10	8.50	0.24

由表 1-20 和图 1-16 得到 β_1 和 β_2 的值:

$$\beta_1 = \frac{(TBP \cdot HNO_3)_o}{(TBP)_o(HNO_3)} = 6.08$$

$$\beta_2 = \frac{(TBP \cdot 2HNO_3)_o}{(TBP)_o(HNO_3)^2} = 0.17$$

从表 1-20 可看出,当 $(HNO_3) > 7 \, mol \cdot L^{-1}$ 时,有可能生成 $TBP \cdot 3HNO_3$,但要计算 β_3,实验数据还不够。

由式 (1-74) 可知

$$(TBP)_o = \frac{C_{TBP(o)}}{Y_0} = \frac{C_{TBP(o)}}{1 + 6.08(HNO_3) + 0.17(HNO_3)^2} \quad (1-84)$$

知道了 β_1 和 β_2,就可用式 (1-84) 计算有机相自由 TBP 浓度 $(TBP)_o$。

用对应溶液法通过直线截距测定 $(HNO_3)_o$ 简便、可靠,但测定的 Λ 值很小,说明有机相中基本上没有自由的硝酸分子存在,而与 TBP 形成的配合物主要以 1:1 与 1:2 进入有机相。红外光谱分析 HNO$_3$ 在惰性溶液中主要以 (HNO$_3$)$_2$·H$_2$O 的形式存在:

因此 TBP 与 HNO$_3$ 生成的 1:2 配合物的结构式可能是 TBP·H$_2$O·2HNO$_3$,即

当水相酸度较低 (< 4 mol·L^{-1}) 时,有机相主要以 1:1 配合物 TBP·HNO$_3$ 和 TBP·H$_2$O·HNO$_3$ 形式存在,自由 TBP 则以 TBP·H$_2$O 形式存在。

1.3.4　TBP 萃取硝酸铀酰

主要核燃料铀、钍、镎等锕系元素的提取都是使用在硝酸溶液中以 TBP 为萃取剂的溶剂萃取工艺。本节主要论述 TBP 萃取硝酸铀酰。

1. 影响萃取的因素

工业生产铀工艺中,常用的六价铀较稳定。TBP 萃取六价铀的影响因素较多,包括硝酸浓度、铀浓度、萃取剂浓度、稀释剂性质、温度、盐析剂以及不同阴离子等。

(1) 硝酸浓度的影响

硝酸浓度对 TBP 萃取铀的分配比 D_U 的影响如图 1-17 所示。酸度较低时,随硝酸浓度增加,D_U 上升,直到硝酸浓度为 5 ~ 6 mol·L^{-1} 时,D_U 最大,因为硝酸根是助萃配合剂,所以 HNO$_3$ 浓度增加有利于铀的萃取。当硝酸浓度大于 6 mol·L^{-1} 时,随酸度增大 D_U 下降,因为此时被 TBP 萃取的 HNO$_3$ 增加,成为铀萃取的竞争者,造成自由 TBP 浓度下降,所以 D_U 下降。

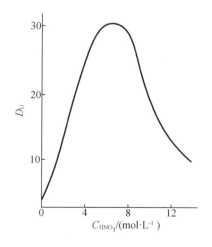

图 1-17　硝酸浓度对 TBP 萃取铀的分配比 D_U 的影响

（2）铀浓度的影响

铀浓度对 TBP 萃取铀的影响示于表 1-21 和图 1-18。当水相铀浓度很低（$\leqslant 10^{-3}$ mol·L^{-1}）时，铀的分配比与铀浓度无关。但当铀浓度较高时，分配比 D_U 随水相铀浓度的增加而降低。直到有机相中铀与 TBP 的物质的量之比为 1:2 时，达到饱和。

表 1-21　铀浓度变化对 D_U 的影响（UO_2^{2+}/6 mol·L^{-1} HNO_3/19% TBP-煤油）（20 ℃）

水相铀浓度/(mol·L^{-1})	0.004 2	0.012 6	0.021 0	0.042 0	0.105	0.210	0.420	0.840	1.68	2.73
D_U	60	33.4	33.2	32.3	30.0	21.0	7.43	1.37	0.44	0.24
萃取率 E/%	98.4	97.1	97.1	97.0	96.7	95.4	88.0	57.8	30.2	19.6

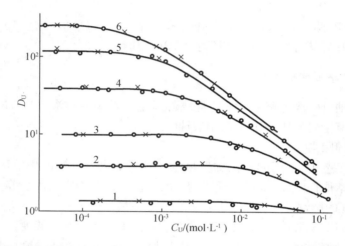

图 1-18　分配比 D_U 与铀浓度 C_U 的关系（1 mol·L^{-1} TBP/C_6H_6）

图 1-18 中各曲线对应水相介质说明见表 1-22。

表 1-22　图 1-18 中各曲线对应水相介质说明

曲线号	1	2	3	4	5	6
C_{HNO_3}/(mol·L^{-1})	0.25	0.50	1.0	1.0	1.0	1.0
C_{NaNO_3}/(mol·L^{-1})				1.0	3.0	4.0

（3）TBP 浓度与稀释剂性质的影响

水相介质一定时，TBP 萃取铀酰的分配比 D_U 随着 TBP 浓度的增加而上升，若水相酸度和铀浓度较低，并且硝酸根浓度恒定，则 D_U 与 TBP 浓度的 2 次方成正比。

稀释剂对铀分配比的影响也很大，详见表 1-23。以苯、环己烷、煤油、四氯化碳等惰性溶剂为稀释剂时，D_U 比较大；而以氯仿、正辛醇等 A 型溶剂为稀释剂时，D_U 要小得多。这是因为 TBP 属于 B 型溶剂，会与 A 型溶剂以氢键缔合，如 $(C_4H_9O)_3P = O \cdots H—CCl_3$，当 TBP 萃取 $UO_2(NO_3)_2$ 时，必须先破坏已缔合的氢键，所以分配比降低。

表 1-23 稀释剂对铀分配比的影响（UO_2^{2+}/4 mol·L^{-1} HNO$_3$/0.1 mol·L^{-1} TBP-稀释剂）

稀释剂	D_U	稀释剂	D_U	稀释剂	D_U
煤油	1.77	苯	1.89	正丁醚	0.55
环己烷	2.10	甲苯	1.74	氯仿	0.10
正己烷	1.64	邻二甲苯	1.56	正辛醇	0.06
四氯化碳	1.58	醋酸丁酯	0.36	硝基苯	0.56

（4）温度影响

实验表明,温度升高,TBP 萃取铀的分配比下降,该萃取反应是放热反应,以 lg D_U 对 $1/T$ 作图得一直线（见图 1-19）。根据热力学公式：

$$\ln D = \ln k + \frac{\Delta S}{R} - \frac{\Delta H}{RT}$$

得

$$\left[\frac{\partial \lg D_U}{\partial(1/T)}\right]_p = \frac{-\Delta H}{2.303R} \tag{1-85}$$

由直线斜率可求出萃取反应的热效应。

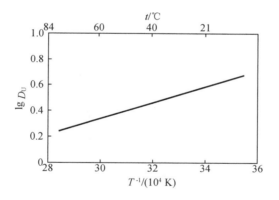

水相：0.1 mol·L^{-1} UO$_2$(NO$_3$)$_2$,1 mol·L^{-1} HNO$_3$；有机相：0.35 mol·L^{-1} TBP。

图 1-19 温度对 TBP 萃取铀的影响

（5）盐析剂的影响

用 TBP 从硝酸溶液中萃取硝酸铀酰时,常加入一些硝酸盐作盐析剂以提高铀的萃取率。从图 1-20 可见,随盐析剂浓度增加,铀萃取率也增高。不同硝酸盐的盐析作用强弱不同,其次序为 Al(NO$_3$)$_3$ > Fe(NO$_3$)$_3$ > Zn(NO$_3$)$_2$ > Cu(NO$_3$)$_2$ > Mg(NO$_3$)$_2$ > Ca(NO$_3$)$_2$ > LiNO$_3$ > NaNO$_3$ > NH$_4$NO$_3$ > KNO$_3$。这一次序表明：离子价数越高,盐析效应越强；离子价数相同,半径越小,盐析作用越大；对于二价离子,过渡金属离子（即具有 d^x 结构的离子）比具有 d^0 结构的离子盐析效应强,如 Cu^{2+} > Mg^{2+}。

（6）阴离子的影响

水相介质中除 NO$_3^-$ 以外的其他阴离子,有的会与 UO$_2^{2+}$ 发生配合作用,形成不被 TBP 萃取的配合物,使分配比 D_U 下降,其中与铀形成配合物越稳定者,其影响越显著。图 1-21 示出的阴离子影响的次序为 Cl$^-$ < C$_2$O$_4^{2-}$ < F$^-$ < SO$_4^{2-}$ < PO$_4^{3-}$。

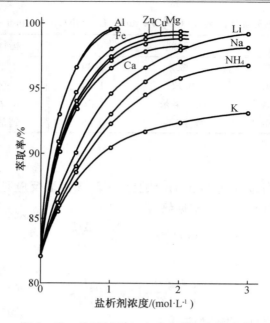

图 1 – 20　盐析剂浓度对 TBP 萃取率的影响

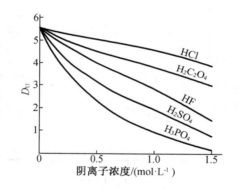

图 1 – 21　阴离子浓度对 TBP 萃取铀的影响

2. TBP 萃取硝酸铀酰机理研究

本节以 TBP 萃取 $UO_2(NO_3)_2$ 为例,介绍中性配合萃取机理研究的一般方法。

（1）萃取类型的确定

为了确定 $UO_2(NO_3)_2$ 在有机相中究竟是中性分子,还是以离子形态存在,可通过测定其在有机相中的电离度 α 来证明。

分别测定萃取有机相的摩尔电导 L 和黏度 η（单位:厘泊）,根据经验公式算出有机相中 $UO_2(NO_3)_2$ 的电离度 α,即

$$\alpha = L \cdot \eta / 60 \tag{1-86}$$

测得不同浓度 $UO_2(NO_3)_2$ 在水饱和的 TBP 中的电离度列于表 1 – 24 中。从中看出,$UO_2(NO_3)_2$ 的浓度为 $0.01 \sim 1.60\ mol \cdot L^{-1}$。$\alpha < 0.01$,可认为在有机相中的 $UO_2(NO_3)_2$ 不电离,而是以分子形态存在。吸收光谱也证明,在 TBP 中 $UO_2(NO_3)_2$ 以不离解的中性分子存在。由于 TBP 分子中只含一个较强的配位原子 P ＝ O:,不含有取代的氢离子或第二个

配位功能团,因此不能采用螯合萃取,只能采用中性配合萃取。

表 1-24　$UO_2(NO_3)_2$ 在 TBP 中的电离度 α

$UO_2(NO_3)_2/(mol \cdot L^{-1})$	L/mol	$\eta/$厘泊	α
0.015 6	0.025	3.60	0.001 5
0.160	0.014	5.10	0.001 2
0.745	0.005 4	11.80	0.001 05
1.04	0.003 4	34.0	0.001 4
1.60	0.002 5	61.2	0.002 5

(2)萃合物组成的确定

首先假设萃合物的组成,而后通过实验逐个验证,排除不可能的组分,确定真实的组分。设 TBP 萃取 $UO_2(NO_3)_2$ 的萃合物组分为 $[UO_2(NO_3)_2]_m(TBP)_s(H_2O)_p$。

① p 的确定

可用 Karl Fisher 试剂滴定的方法测量有机相微量水,但是用 TBP 萃取铀的有机相时,必须达到近饱和萃取,因为有机相中的自由 TBP 是以 TBP·H_2O 的形态存在的,对萃合物中水的测定有干扰。用 TBP 萃取 $UO_2(NO_3)_2$ 近饱和的有机相,用 Karl Fisher 试剂滴定含水量,结果证明,$p:m = 0.004\ 5:1$,含水量很低,可认为萃合物中不含水分子。

② m 的确定

根据以上结果,萃取反应可写成

$$mUO_2^{2+} + 2mNO_3^- + sTBP_{(o)} \xleftrightarrow{K} [UO_2(NO_3)_2]_m(TBP)_{s(o)}$$

萃合常数

$$K = \frac{([UO_2(NO_3)_2]_m(TBP)_s)_o}{(UO_2^{2+})^m(NO_3^-)^{2m}(TBP)_o^s}$$

假定水相中 UO_2^{2+} 不缔合,即 $C_U = (UO_2^{2+})$,则分配比为

$$D_U = \frac{C_{U_{(o)}}}{C_U} = \frac{m\{[UO_2(NO_3)_2]_m(TBP)_s\}_o}{(UO_2^{2+})} = mK(UO_2^{2+})^{m-1}(NO_3^-)^{2m}(TBP)_o^s$$

实验时维持 (NO_3^-) 和 $(TBP)_o$ 恒定,变化铀浓度 C_U,则有

$$\lg D_U = (m-1)\lg(UO_2^{2+}) + 常数 = (m-1)\lg C_U + 常数 \qquad (1-87)$$

以 $\lg D$ 对 $\lg C_U$ 作图,示于图 1-22 中。由图 1-22 可见,当 $C_U < 10^{-3}$ mol·L^{-1} 时为一水平线,即斜率 $m-1 = 0$,$m = 1$。当 $C_U > 10^{-3}$ mol·L^{-1} 时,$m-1 < 0$,$m < 1$,这说明有机相中的铀是没有聚合的;否则 $m > 1$,随 C_U 增加,D_U 也增大,曲线向上弯曲。实际上是 $m < 1$,随 C_U 增加,则 D_U 减小,这说明水相中铀浓度只考虑 UO_2^{2+} 是不够的,可能包括不易被萃取的聚合形态(见后文讨论)。

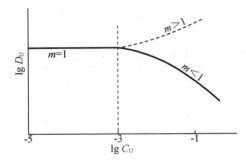

图 1-22　分配比 D_U 与水相铀浓度的关系

③s 的确定

确定 s 常用三种方法,即斜率法、饱和萃取法及饱和溶度法。

第一种方法,斜率法,即萃取平衡法。在 $C_U \leqslant 10^{-3}$ mol·L^{-1} 的条件下,根据萃取反应式:

$$UO_2^{2+} + 2NO_3^- + sTBP_{(o)} \xleftarrow{K} UO_2(NO_3)_2 \cdot sTBP_{(o)}$$

$$K = \frac{(UO_2(NO_3)_2 \cdot sTBP)_o}{(UO_2^{2+})(NO_3^-)^2(TBP)_o^s} = \frac{D}{(NO_3^-)^2(TBP)_o^s} \qquad (1-88)$$

$$D = K(NO_3^-)^2(TBP)_o^s \qquad (1-89)$$

$$\lg D = s\lg(TBP)_o + 常数 \qquad (1-90)$$

使 $C_U \leqslant 10^{-3}$ mol·L^{-1} 并维持 (NO_3^-) 不变,改变 $(TBP)_o$,测定相应的 D_U,以 $\lg D_U$ 对 $\lg(TBP)_o$ 作图,示于图 1-23 中,得到直线的斜率 $s = 2$。

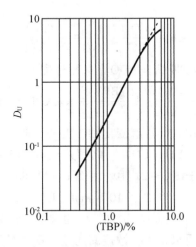

图 1-23　TBP 浓度与 D_U 的关系

第二种方法,饱和萃取法。固定水相硝酸浓度,TBP 在有机相中的浓度分别为 25%、50% 和 100%,改变水相铀浓度,最后使有机相达到饱和萃取。实验得出,100% TBP 有机相中的铀浓度为 50% TBP 有机相中的 2 倍,为 25% TBP 有机相中的 4 倍。从中可算出不同 TBP 浓度下,TBP 与相应有机相铀的分子数之比均为 2:1。

第三种方法,饱和溶度法。把固体硝酸铀酰直接溶解在 TBP 中,达到饱和时,分析有机相的组成为 TBP:U = 2:1。

用三种方法得到的结果一致,萃合物为 $UO_2(NO_3)_2 \cdot 2TBP$。进一步的实验结果表明,在 0～50 ℃时,$UO_2(NO_3)_2$ 在 TBP 中的溶解度不变,萃合物组成 $UO_2(NO_3)_2 \cdot 2TBP$ 不受稀释剂的影响。

萃合物的结构可能为:六价铀的配位数是 8,其中 O—U—O 以共价键结合,成一直线。在通过铀原子并垂直于 O—U—O 直线的平面上,形成一个六角形,其中 4 个顶点被 2 个 NO_3^- 中的 O 所占,2 个顶点由 2 个 TBP 功能团配位。结构式如下:

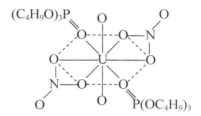

萃取反应式可写成

$$UO_2^{2+} + 2NO_3^- + 2TBP_{(o)} \xrightleftharpoons{K} UO_2(NO_3)_2 \cdot 2TBP_{(o)} \qquad (1-91)$$

(3)铀浓度影响分配比的讨论

上文提到 TBP 从 HNO_3 介质中萃取铀的分配比 D_U 与水相铀浓度有关,如图 1-18 和图 1-22 所示,当水相铀浓度较低时,D_U 与铀浓度无关;当水相铀浓度较高时,D_U 随 C_U 增加而下降。这里引起 D_U 下降的原因只能从两方面考虑:一方面是有机相自由 TBP 浓度下降,另一方面是水相铀本身发生聚合作用。

有机相自由 TBP 浓度随铀浓度的增加而降低,从而使 D_U 下降。根据上面的萃取反应式(1-91),有

$$K = \frac{(UO_2(NO_3)_2 \cdot 2TBP)_o}{(UO_2^{2-})(NO_3^-)^2(TBP)_o^2} = \frac{D_U}{(NO_3^-)^2(TBP)_o^2}$$

$$D_U = K(NO_3^-)^2(TBP)_o^2$$

实验时保持硝酸根浓度不变,则 D_U 与自由 TBP 浓度的 2 次方成正比。为了考察自由 TBP 浓度的影响,将图 1-18 的纵坐标改为 $D_U/(TBP)_o^2$。以 $D_U/(TBP)_o^2$ 对 C_U 作图,示于图 1-24 中。若仅由 $(TBP)_o$ 的影响造成 D_U 下降,则 C_U 变化对 $D_U/(TBP)_o^2$ 不影响。从图 1-24 可看出,C_U 较低时,$D_U/(TBP)_o^2$ 的值不变;C_U 变大后,$D_U/(TBP)_o^2$ 的值仍然下降,这说明水相 UO_2^{2+} 发生了聚合作用。

在所研究的体系中,UO_2^{2+} 在水相聚合,只能通过 OH^- 或 NO_3^- 的作用。铀的水解聚合一般写为

$$mUO_2^{2+} + (2m-2)H_2O = UO_2[(OH)_2UO_2]_{m-1}^{2+} + (2m-2)H^+$$

它的水解聚合常数

$$P_m = \frac{(UO_2[(OH)_2UO_2]_{m-1}^{2+})(H^+)^{2m-2}}{(UO_2^{2+})^m}$$

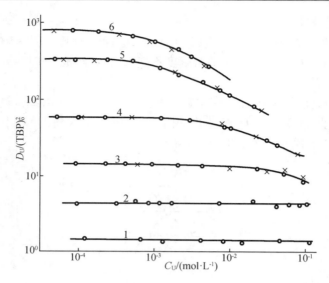

图中曲线编号与图 1-18 相同,列于表 1-22 中。

图 1-24 $D_U/(TBP)_o^2$ 与 C_U 的关系

已经测定 $P_1 = 1$, $P_2 = 1.1 \times 10^{-6}$, $P_3 = 4 \times 10^{-13}$。当 $(H^+) = 1$ mol $\cdot$ L^{-1}, $(UO_2^{2+}) = 10^{-1}$ mol $\cdot$ L^{-1} 时,可粗略估算二聚形态的铀酰浓度为

$$(UO_2(OH_2)UO_2^{2+}) = \frac{P_2(UO_2^{2+})^2}{(H^+)^2} = \frac{1.1 \times 10^{-6} \times (10^{-1})^2}{(1)^2} = 1 \times 10^{-8} \text{ mol} \cdot \text{L}^{-1}$$

可知在一般条件下, UO_2^{2+} 的水解聚合可以忽略不计。

从图 1-24 看出, D_U 随水相硝酸根浓度的增加而显著下降,表明聚合作用与 (NO_3^-) 有关。铀酰离子可能通过 NO_3^- 而聚合生成 $UO_2[(NO_3)_2UO_2]_{m-1}^{2+}$ 型多核配合物。 UO_2^{2+} 还可以与许多无机离子(如 $C_2O_4^{2-}$、OH^-、O_2^{2-}、CO_3^{2-}、F^- 及 SO_4^{2-} 等)生成双核或多核配合物。

UO_2^{2+} 与 NO_3^- 的配合聚合作用可以写为

$$UO_2^{2+} + iNO_3^- \xrightleftharpoons{\beta_i} UO_2(NO_3)_i^{2-i}$$

$$\beta_i = \frac{(UO_2(NO_3)_i^{2-i})}{(UO_2^{2+})(NO_3^-)^i} \quad i = 1, 2, \cdots$$

$$nUO_2^{2+} + 2(m-1)NO_3^- \xrightleftharpoons{\beta_{m,2(m-1)}} UO_2[(NO_3)_2UO_2]_{m-1}^{2+}$$

$$\beta_{m,2(m-1)} = \frac{(UO_2[(NO_3)_2UO_2]_{m-1}^{2+})}{(UO_2^{2+})^m(NO_3^-)^{2(m-1)}} \quad m = 2, 3, \cdots$$

TBP 萃取铀的分配比

$$D_U = \frac{C_{U(o)}}{C_U}$$

$$C_{U(o)} = (UO_2(NO_3)_2 \cdot 2TBP)_o = K(NO_3^-)^2(UO_2^{2+})(TBP)_o^2$$

$$C_U = (UO_2^{2+}) + (UO_2NO_3^+) + \cdots + 2(UO_2(NO_3)_2UO_2^{2+}) +$$
$$3(UO_2(NO_3)_2UO_2(NO_3)_2UO_2^{2+}) + \cdots$$

$$= (UO_2^{2+})\{1 + \beta_1(NO_3^-) + \cdots + \beta_{22}(UO_2^{2+})(NO_3^-)^2 + 3\beta_{34}(UO_2^{2+})^2(NO_3^-)^4 + \cdots\}$$

$$D_U = \frac{K(NO_3^-)^2(TBP)_o^2}{\{1 + \beta_1(NO_3^-) + \cdots + 2\beta_{22}(UO_2^{2+})(NO_3^-) + 3\beta_{34}(UO_2^{2+})^2(NO_3^-)^4 + \cdots\}}$$

$$= f[(UO_2^{2+}), (NO_3^-)] \tag{1-92}$$

式(1-92)表示 D_U 是 (UO_2^{2+}) 和 (NO_3^-) 的函数,可以解释 D_U 随铀浓度的变化规律。但若要求 β_i 和 $\beta_{m,2(m-1)}$,还需要解决活度系数的计算。

$(UO_2^{2+})(NO_3)_2UO_2^{2+}$ 的结构为

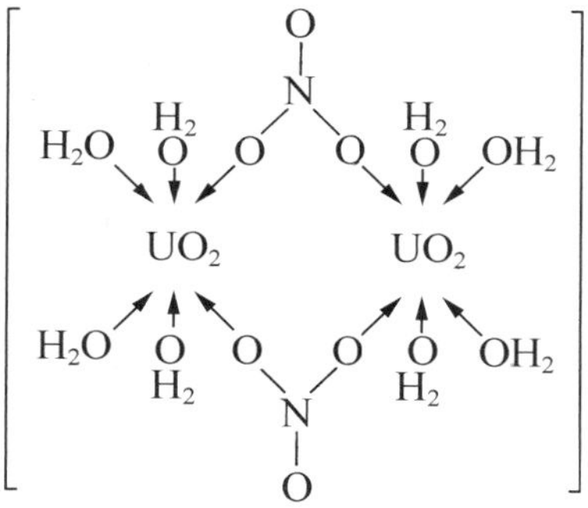

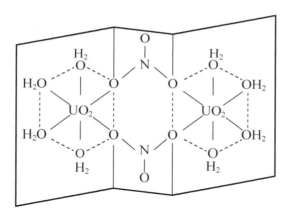

从分子结构和配位数的角度考虑,这样的结构还是比较合理的。

1.3.5　TBP 对周期表元素萃取的规律性

1. 从周期表横向观察

(1)对于第一、二、三周期各元素,TBP 基本不萃取,某些非金属例外,如 Cl、Br 和 P 等会以酸分子的形态 HCl、HBr、H_3PO_4 等被 TBP 萃取。

(2)从第四、第五到第六周期各元素,TBP 的萃取能力有增强的趋势。锕系元素比镧系元素更易萃取;第Ⅷ族的铂族元素比 Fe、Co、Ni 易萃取;第ⅥB 族的 W、Mo 比 Cr 易萃取;第ⅤB 族的 Nb、Ta 比 V 易萃取。但这一规律也有例外,TBP 从硝酸中萃取 Sc、Y 和 La 的次序是 Sc > Y > La,这是因为离子半径小的金属离子与 TBP 的配合能力强,易于萃取。

2. 从周期表纵向观察

(1)ⅠA 族(碱金属)和ⅡA 族(碱土金属)元素,TBP 基本上不萃取。

（2）对ⅢB族元素 Sc、Y、镧系和锕系元素，TBP 都能萃取。在硝酸溶液中，TBP 是锕系元素的特效萃取剂，特别是 UO_2^{2+}、NpO_2^{2+} 和 Pu^{4+} 易萃取；其次是 PuO_2^{2+}、Np^{4+}、U^{4+} 和 Th^{4+}；再次是三价的锕系元素。

TBP 从硝酸溶液中萃取三价镧系元素的次序是 Lu > Yb > Tm > … > Eu > … > Pr > Ce > La，即分配比随原子序数 Z 的增加而增大，这一次序叫作顺序萃取，表明稀土离子与 TBP 的配合能力的大小主要取决于离子半径，对离子半径小的配合能力强，因而分配比大。四价锕系也是这样，从 Pu^{4+}（$r = 0.093$ nm）到 Th^{4+}（$r = 0.102$ nm），它们的分配比随离子半径增加而依次减小。

（3）对ⅣB族元素，TBP 都能萃取，在 HNO_3 或 HCl 中萃取的次序是 Zr > Hf > Ti。在 HNO_3 + HCl 混合酸溶液中，Zr 与 Hf 的分离系数 $\beta_{Zr/Hf}$ 为 20 ~ 30，已在工业生产中用于 Zr、Hf 的分离。在 H_2SO_4 溶液中，萃取次序是 Ti > Zr > Hf，萃合物组成是 $TiOSO_4 \cdot 2TBP$、$ZrOSO_4 \cdot 2TBP$ 等，其中 $TiOSO_4$ 配合物远比 $ZrOSO_4$ 配合物稳定。

（4）对ⅤB族 V、Nb、Ta，TBP 在盐酸溶液中都能萃取，但通常在 H_2SO_4 + HF 溶液中进行 Nb、Ta 分离，TBP 优先萃取 Ta，$\beta_{Ta/Nb} > 10^2$。

（5）对ⅥB族元素，在 HCl 或 HNO_3 溶液中 TBP 可萃取 W 与 Mo，而基本不萃取 Cr。纯 TBP 从 6 mol · L^{-1} HCl 中可定量萃取 Mo，萃合物组成为 $MoO_2Cl_2 \cdot 2TBP$，可用水反萃。纯 TBP 从大于 8 mol · L^{-1} HCl 中可定量萃取 W，萃合物组成为 $WOCl_2 \cdot 2TBP$。

（6）对ⅦB族元素 Mn、Tc、Re，在 1 mol · L^{-1} HCl + 2.5 mol · L^{-1} $AlCl_3$ 溶液中，40% TBP – 二甲苯可定量萃取 Mn^{2+}，在硝酸中萃取率很低；对 Tc 和 Re，在 HNO_3、HCl 和 H_2SO_4 中 TBP 均能萃取，萃合物为 $HTcO_4 \cdot TBP$ 和 $HReO_4 \cdot TBP$。在 5 mol · L^{-1} H_2SO_4 中，TBP 可定量萃取 Re。

（7）对Ⅷ族 Fe、Co、Ni，TBP 基本不萃取 Co 和 Ni；Fe^{3+} 在 HCl 中易萃取，酸度低时生成 $FeCl_3 \cdot 3TBP$，当 HCl 浓度高于 6 mol · L^{-1} 时生成 $HFeCl_4 \cdot 2TBP$。在 HCl 中 Fe/Ni 和 Fe/Co 的分离系数都很大：3 mol · L^{-1} HCl 中，$\beta_{Fe/Ni} = 3.4 \times 10^5$，$\beta_{Fe/Co} = 2.8 \times 10^5$。

（8）对Ⅷ族 6 个铂族元素，在 HCl 中 TBP 都能萃取，在 6 mol · L^{-1} HCl 中萃取次序为 Pt > Os > Pd > Rh > Ir。在 4 mol · L^{-1} HCl 中 Pt 的萃合物是 $HPtCl_5 \cdot 3TBP$，在 6 mol · L^{-1} HCl 中 Pt 的萃合物是 $H_2PtCl_6 \cdot 2TBP$。

对于ⅠB、ⅡB、ⅢA、ⅣA 和ⅤA 族金属离子，TBP 都可不同程度地萃取。

1.3.6 亚砜萃取钍、铀、镎、钚的初步研究

在 20 世纪 60 年代，亚砜作为萃取剂由苏联的 Николаев 首先提出，而后人们对亚砜萃取锕系元素、稀土元素和其他有色金属方面开展了许多研究。本节简要介绍亚砜作为萃取剂的基本性质及其在硝酸介质中对钍、铀、镎和钚的萃取行为。

1. 萃取剂亚砜的基本性质

（1）亚砜及其在常用稀释剂中的溶解度

亚砜通常是以硫醚为原料，经过氧化生成：

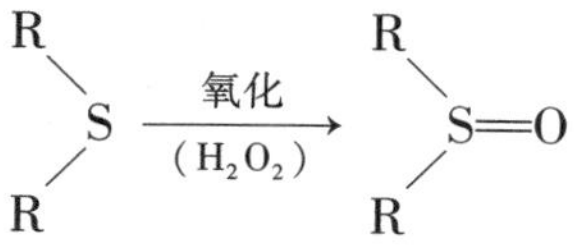

氧化条件要控制适度,因为进一步氧化会生成砜。文献[2]报道了 5 种合成的亚砜,列于表 1 - 25 中。这几种亚砜在二甲苯中都是互溶的,但在煤油中只有 DEHSO、DMHpSO 和 EHMBSO 可互溶,而 DMBSO 仅微溶,对于 DEBSO 是不溶的。

表 1 - 25　几种亚砜的结构和状态

名称	缩写	结构	状态
二(2 - 乙基己基)亚砜	DEHSO	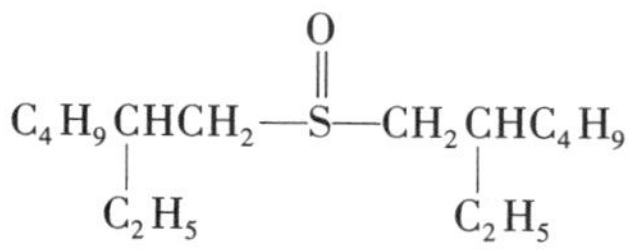	无色液体
二(1 - 甲基庚基)亚砜	DMHpSO	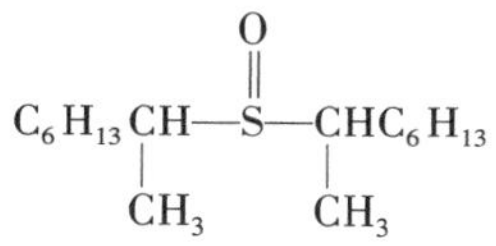	淡黄色液体
2 - 乙基己基对甲苯基亚砜	EHMBSO	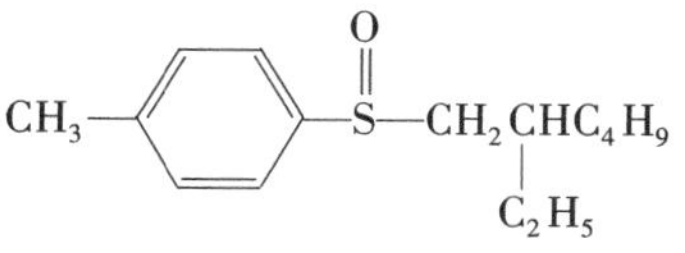	黄色液体
正十二烷基对苯基亚砜	DMBSO	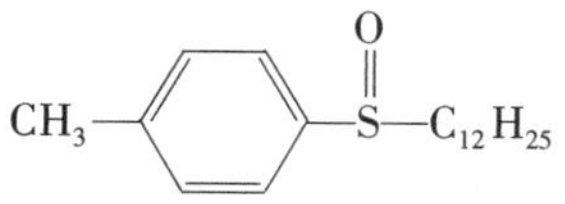	白色固体
二(对乙苯基)亚砜	DEBSO	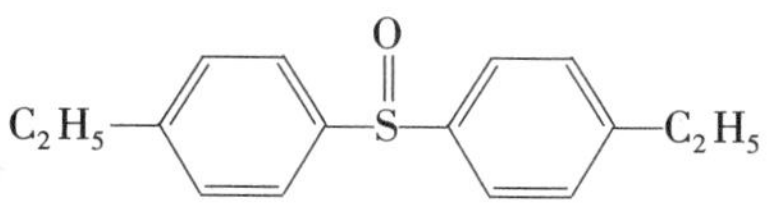	黄色液体

研究工作开展较多的二正辛基亚砜(DOSO)在几种常用稀释剂中的溶解度列于表 1 - 26 中。亚砜在煤油等烷烃惰性稀释剂中的溶解度很小,而在芳香烃和极性溶剂中的溶解度较大,带有支链烷基的亚砜可溶于煤油中。

表 1-26 DOSO 在几种稀释剂中的溶解度(25 ℃)

稀释剂	DOSO 溶解度/(mol·L^{-1})	稀释剂	DOSO 溶解度/(mol·L^{-1})
正庚烷	0.037	氯代苯	0.850
环己烷	0.081	1,1,2-三氯乙烷	1.813
二甲苯	0.370	氯仿	1.841
四氯化碳	0.556	水	<0.2 g·L^{-1}①
氯化正丁烷	0.407		

注:①在恒温(25 ℃)下放置 15 天。

除了人工合成的亚砜外,石油亚砜也可作为萃取剂。

(2)亚砜的萃取功能团

亚砜分子含有亚磺酰基($\diagdown$S=O), $\diagdown$S=O 中氧原子上的孤对电子对金属离子有较强的配位能力。这与 TBP 的萃取功能团中 $\diagdown$S=O 的氧原子相似,不过 —P=O 的配位能力比 TBP 更强。亚砜分子中的烷基若被芳香烃取代,其配位能力则下降,如:

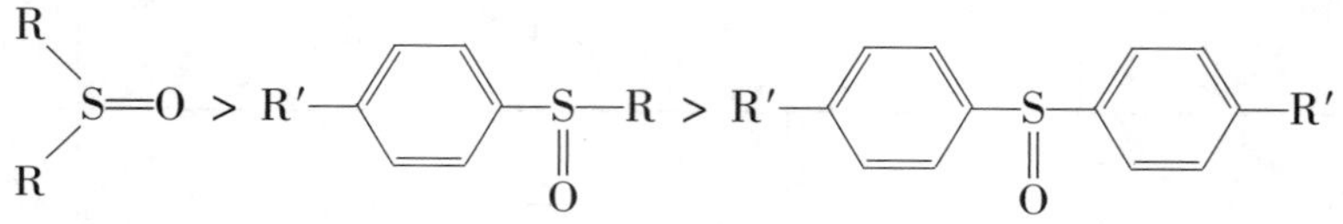

$$\underset{R}{\overset{R}{\diagdown}}\!\!S\!=\!O > R'\!\!-\!\!\bigcirc\!\!-\!\!\underset{O}{\overset{}{S}}\!-\!R > R'\!\!-\!\!\bigcirc\!\!-\!\!\underset{O}{\overset{}{S}}\!-\!\bigcirc\!\!-\!R'$$

这一特点也与 TBP 相似。

(3)亚砜萃取锕系元素的通式

亚砜的萃取功能团表明其属中性萃取。它从硝酸介质中萃取锕系元素的六价和四价离子时形成二分子溶剂的萃合物,萃取反应通式可写成

$$MO_2(NO_3)_2 + 2R_2SO \Longrightarrow MO_2(NO_3)_2 \cdot 2R_2SO$$
$$M(NO_3)_4 + 2R_2SO \Longrightarrow M(NO_3)_4 \cdot 2R_2SO$$

在硝酸溶液中萃取锕系元素和稀土元素的三价离子时,生成的萃合物中含三分子萃取剂,如:

$$Am^{3+} + 3NO_3^- + 3R_2SO \Longrightarrow Am(NO_3)_3 \cdot 3R_2SO$$
$$Eu^{3+} + 3NO_3^- + 3R_2SO \Longrightarrow Eu(NO_3)_3 \cdot 3R_2SO$$

在盐酸介质中,亚砜萃取 U(Ⅵ)和 Pa(Ⅴ)则形成三分子溶剂的萃合物。亚砜和硝酸形成的配合物一般认为是 HNO$_3$·R$_2$SO。

2.亚砜萃取铀、钚、镎、钍的初步研究

亚砜作为锕系元素萃取剂,研究比较多的是二正辛基亚砜(DOSO),文献[1]较系统地研究了 DOSO 萃取铀、钚、镎和钍。

(1)水相硝酸浓度对 DOSO 萃取铀、钚、镎、钍的影响

用 0.2 mol·L^{-1} DOSO-二甲苯溶液从不同浓度的硝酸水溶液中萃取 U(Ⅵ)、Pu(Ⅳ)、Th(Ⅳ)、Np(Ⅳ)、Np(Ⅴ)和 Np(Ⅵ),观察萃取分配比 D 随硝酸浓度的变化规律,示于图

1–25 中。图中还比较了相同浓度的 TBP(0.2 mol·L^{-1})萃取 U(Ⅵ)和 Pu(Ⅳ),表明 DOSO 与 TBP 萃取 U(Ⅵ)和 Pu(Ⅳ)的规律相似。分配比 D 随硝酸浓度的变化,均有一个峰值,在峰值之前,D 随硝酸浓度的增加而升高;在峰值之后,D 随硝酸浓度的增加而下降;在相同硝酸浓度时,DOSO 萃取铀和钚的分配比高于 TBP 萃取的分配比。DOSO 萃取 Th(Ⅳ)和 U(Ⅵ)的规律很相似,但钍的分配比低得多。DOSO 从不同浓度硝酸溶液中萃取 Np(Ⅳ)、Np(Ⅴ)和 Np(Ⅵ)的分配比随硝酸浓度的变化也都出现一个峰值,其 Np(Ⅴ)的分配比最低。Np(Ⅳ)和 Np(Ⅵ)的分配比随硝酸浓度的变化而不同,硝酸浓度较低时,六价镎的分配比高于四价镎;而硝酸浓度较高(≥8.0 mol·L^{-1})时,四价镎的分配比高于六价镎,这是因为硝酸根阴离子与四价镎阳离子的配合能力比六价镎(NpO$_2^{2+}$)的强,硝酸浓度再升高,NO$_3^-$ 与 Np^{4+} 会形成配合阴离子,使萃取分配比降低。

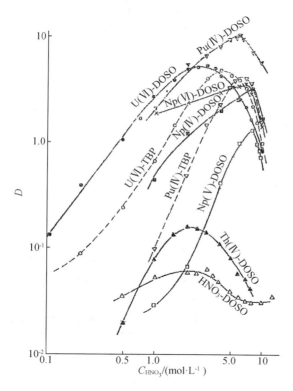

图 1–25　0.2 mol·L^{-1} DOSO –二甲苯从硝酸溶液中萃取铀、钚、镎和钍

(2)铀、钚、镎、钍的分配比与 DOSO 浓度的关系

分配比与萃取剂浓度关系的研究实验是在水相为 2.0 mol·L^{-1} 的 HNO$_3$ 溶液中进行的,有机相萃取剂浓度在 0.01 ~ 0.30 mol·L^{-1} DOSO –二甲苯溶液的浓度范围内测定分配比 D,实验结果如图 1–26 所示,各关系线的斜率数据列于表 1–27 中。实验中为控制镎的价态,水相中加入 Fe(NH$_2$SO$_3$)$_2$ 作支持还原剂,稳定四价镎;加入 K$_2$Cr$_2$O$_7$ 作支持氧化剂,稳定六价镎。图中各关系线呈很好的线性关系,六价铀和镎、四价钚和镎的直线斜率均为 2,这与 TBP 萃取六价和四价锕系元素的行为相同。但是四价钍的直线斜率为 3,而其一般

应该也是2,由图1-26中数据判断,实验误差并不大,差别如此之大的原因有待进一步研究。DOSO萃取硝酸的分配比与萃取剂浓度关系线斜率为1,类似于TBP萃取硝酸。图1-25中萃取硝酸的曲线形态,是因为横坐标的硝酸是初始浓度,而不是自由硝酸浓度。

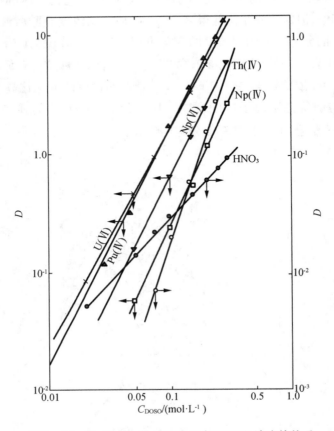

图1-26　铀、钚、镎、钍分配比D与DOSO浓度的关系

表1-27　用斜率法研究DOSO-二甲苯萃取铀、钚、镎、钍的斜率和萃合常数

被萃取物	斜率n	萃合常数K
UO_2^{2+}	1.82	203
Pu^{4+}	2.02	56
Th^{4+}	3.05	18
Np^{4+}	2.19	10
NpO_2^{2+}	1.99	88
HNO_3	1.04	0.39

（3）DOSO萃取四价和六价锕系元素的反应式

萃取剂DOSO只有一个萃取功能团,在硝酸浓度不高（<8 mol·L⁻¹）时,属于中性配合萃取。DOSO对六价锕系元素的萃取反应式为

$$UO_2^{2+} + 2NO_3^- + 2DOSO_{(o)} \overset{K}{\rightleftharpoons} UO_2(NO_3)_2 \cdot 2DOSO_{(o)}$$

$$NpO_2^{2+} + 2NO_3^- + 2DOSO_{(o)} \overset{K}{\rightleftharpoons} NpO_2(NO_3)_2 \cdot 2DOSO_{(o)}$$

对四价锕系元素的萃取反应式为

$$Pu^{4+} + 4NO_3^- + 2DOSO_{(o)} \overset{K}{\rightleftharpoons} Pu(NO_3)_4 \cdot 2DOSO_{(o)}$$

$$Np^{4+} + 4NO_3^- + 2DOSO_{(o)} \overset{K}{\rightleftharpoons} Np(NO_3)_4 \cdot 2DOSO_{(o)}$$

DOSO 萃取钍的反应式,有待验证。

1.4　酸性配合萃取体系

酸性配合萃取的特点是萃取剂为有机弱酸,被萃取物是金属阳离子。酸性萃取剂主要为螯合萃取剂、羧酸类萃取剂和酸性磷氧萃取剂等。这几类酸性萃取剂萃取金属离子的过程有类似的基本反应和影响分配比的因素。

1.4.1　酸性萃取剂的基本反应

1. 酸性萃取剂在两相的分配

酸性萃取剂在有机相和水相之间存在分配平衡:

$$HA \overset{\lambda}{\rightleftharpoons} HA_{(o)}$$

$$\lambda = \frac{(HA)_o}{(HA)} \tag{1-93}$$

其中,λ 为萃取剂在有机相和水相之间的分配平衡常数。在萃取剂分子中引入长碳链,可以增加其在有机相中的溶解度,减小水溶性,使 λ 增大。向萃取剂分子中引入亲水基团,如 —OH、—NH$_2$、—SO$_3$H、—COOH 等,增加水溶性,使 λ 减小。作为酸性萃取剂,水溶性大小要适宜,不能过大或过小,要求 $\lambda \geqslant 100$,但也不能太大。表 1-28 列出了某些酸性萃取剂的 λ 值。

表 1-28　某些酸性萃取剂的 λ 值

萃取剂类别	萃取剂	稀释剂	水相	λ 值
羧酸类	壬酸	乙烷	H$_2$O	19 300
	苯甲酸	CHCl$_3$	H$_2$O	3.4
	苯乙酸	CHCl$_3$	H$_2$O	6.6

表 1 – 28(续)

萃取剂类别	萃取剂	稀释剂	水相	λ 值
酸性磷酸酯	磷酸二丁酯	$CHCl_3$	H_2O	2.2
	二 – 2 – 乙基磷酸	正辛烷	$0.1\ mol \cdot L^{-1} NaClO_4$	2 800
	二 – 2 – 乙基磷酸	CCl_4	$0.1\ mol \cdot L^{-1} NaClO_4$	250
螯合萃取剂	8 – 羟基喹啉	$CHCl_3$	H_2O	457
	2 – 甲基 – 8 – 羟基喹啉	$CHCl_3$	H_2O	1 660
	α – 亚硝基—β – 萘酚	$CHCl_3$	H_2O	930
	噻吩甲酰三氟丙酮	$CHCl_3$	H_2O	3 560
	乙酰丙酮	$CHCl_3$	H_2O	107

2. 酸性萃取剂的电离平衡

酸性萃取剂从有机相分配到水相后会电离,其电离平衡为

$$HA \underset{}{\overset{K_a}{\rightleftharpoons}} A^- + H^+$$

$$K_a = \frac{(A^-)[H^+]}{(HA)} \tag{1-94}$$

其中,K_a 为酸性萃取剂的电离常数;(HA)为水相中自由萃取剂分子的浓度;(A⁻)为电离的萃取剂酸根阴离子浓度;[H⁺]为电离出的 H⁺ 活度。因为在这种情况下,酸度较低,常直接测 pH 值,得到活度[H⁺]很容易,所以常采取浓度和活度混用的方式。

酸性萃取剂可分为强酸性和弱酸性两类。强酸性萃取剂,$K_a > 1$,如取代苯磺酸;弱酸性萃取剂,K_a 很小,如羧酸类,$K_a \approx 10^{-5}$。二 –(2 – 乙基己基)磷酸(HDEHP,P204)的 $K_a = 4 \times 10^{-2}$,是中等强度的弱酸性萃取剂。

作为酸性萃取剂,要求 $\lambda \gg 1$,所以水相(HA)中通常很小。若把酸性萃取剂在两相的分配和在水相中的电离两个过程联合起来,则有

$$HA_{(o)} \overset{\lambda}{\rightleftharpoons} HA \overset{K_a}{\rightleftharpoons} A^- + H^+$$

用常数 K_{aE} 来描述,可写成

$$K_{aE} = \frac{(A^-)[H^+]}{(HA)_o} = \frac{(A^-)[H^+]}{(HA)} \cdot \frac{(HA)}{(HA)_o} = \frac{K_a}{\lambda} \tag{1-95}$$

K_{aE} 称为两相电离常数,随着体系介质不同,K_{aE} 的值亦有区别。例如,HDEHP 的两相电离常数为:$CHCl_3/H_2O$ 中,$K_{aE} = 1.3 \times 10^{-7}$;$C_6H_6/H_2O$ 中,$K_{aE} = 8 \times 10^{-7}$;正辛烷$/0.1\ mol \cdot L^{-1}\ NaClO_4$ 中,$K_{aE} = 1.4 \times 10^{-5}$。

3. 酸性萃取剂在有机相中的聚合反应

酸性萃取剂分子间由于氢键缔合,在有机相中会有聚合反应:

$$2HA_{(o)} \overset{K_2}{\rightleftharpoons} H_2A_{2(o)}$$

$$K_2 = \frac{(H_2A_2)_o}{(HA)_o^2} \tag{1-96}$$

HDEHP 在惰性溶剂中以氢键缔合成二聚体存在,结构式为

$$\begin{array}{ccc} RO & O\cdots H-O & OR \\ & \diagdown P \diagup & \diagup P \diagdown \\ RO & O-H\cdots O & OR \end{array}$$

在稀释剂苯中，$K_2 = 4\ 000$；在极性溶剂中二聚体减少，在氯仿中，$K_2 = 500$。HDEHP 在氯仿中二聚常数下降，可能与氯仿之间也形成小部分氢键缔合，故减少了自身分子间的聚合，如：

$$\begin{array}{cc} RO & O\cdots H-CCl_3 \\ & \diagdown P \diagup \\ RO & O-H \end{array}$$

鉴于 $K_2 = 500$，表明以二聚体为主。

羧酸（RCOOH）在苯、四氯化碳和煤油等非极性溶剂中也发生聚合反应生成二聚物

$$\begin{array}{ccc} & O\cdots H-O & \\ R-C & & C-R \\ & O-H\cdots O & \end{array}$$

但在醇等极性溶剂中却很少生成二聚体，这是因为羧酸分子与醇分子通过氢键缔合：

$$\begin{array}{cc} & O\cdots H-O-R \\ R-C & \\ & O-H \end{array}$$

4. 酸性萃取剂与金属离子的配合反应

酸性萃取剂从有机相分配到水相，电离出萃取剂酸根阴离子，与金属阳离子形成配合物。配合反应为

$$M^{n+} + nA^- \underset{}{\overset{\beta_n}{\rightleftharpoons}} MA_n$$

$$\beta_n = \frac{(MA_n)}{(M^{n+})(A^-)^n} \tag{1-97}$$

其中，β_n 称为配合物 MA_n 的稳定常数。

5. 酸性萃取剂萃取金属离子的反应

萃取剂酸根阴离子在水相中与金属离子形成配合物后，丧失亲水性，立即被分配到有机相中去。分配反应为

$$MA_n \underset{}{\overset{\Lambda}{\rightleftharpoons}} MA_{n(o)}$$

$$\Lambda = \frac{(MA_n)_o}{(MA_n)} \tag{1-98}$$

萃取剂 HA 萃取金属离子 M^{n+} 的萃取反应式可写成

$$M^{n+} + nHA_{(o)} \overset{K}{\rightleftharpoons} MA_{n(o)} + nH^+ \tag{1-99}$$

$$\begin{aligned} K &= \frac{(MA_n)_o [H^+]^n}{(HA)_o^n (M^{n+})} \\ &= \frac{[H^+]^n (A^-)^n}{(HA)^n} \cdot \frac{(HA)^n}{(HA)_o^n} \cdot \frac{(MA_n)}{(M^{n+})(A^-)^n} \cdot \frac{(MA_n)_o}{(MA_n)} \end{aligned}$$

$$= \frac{K_a^n \beta_n \Lambda}{\lambda^n} \tag{1-100}$$

萃取反应式(1-99)表示酸性萃取剂萃取金属阳离子的阳离子交换机理。

金属元素在两相的萃取分配比为

$$D = \frac{(MA_n)_{(o)}}{(M^{n+})} = \frac{K(HA)_o^n}{[H^+]^n} \tag{1-101}$$

因为 $\Lambda \gg \lambda \gg 1$，$\beta_n \gg 1$，计算自由萃取剂浓度 $(HA)_o$ 时，水相中 (HA)、(A^-) 和 (MA_n) 都很小，可忽略不计。当使用合适的稀释剂时，有机相中萃取剂不聚合，则自由萃取剂浓度等于初始萃取剂浓度 C_{HA} 与萃合物浓度之差，即

$$(HA)_o = C_{HA} - n(MA_n)_o$$

对式(1-101)两边取对数，有

$$\lg D = \lg K + n\lg(HA)_o + npH \tag{1-102}$$

式(1-99)至式(1-102)是酸性配合萃取体系最基本的关系式。

6. 萃取机理的确定

对于给定的酸性配合萃取体系，要确定是否符合式(1-99)和式(1-102)所表示的萃取机理，应该通过实验证明。

首先维持 $(HA)_o$ 不变，改变 pH 值，测定不同 pH 值下的分配比 D，以 $\lg D \sim pH$ 作图，应得一直线，其斜率为 n，截距为 $\lg K + n\lg(HA)_o$。n 求出后，n 和 $(HA)_o$ 为已知，即可计算出萃合常数 K。

维持 pH 值恒定，改变萃取剂浓度，测定不同萃取剂浓度 $(HA)_o$ 下的分配比 D，以 $\lg D - \lg(HA)_o$ 作图，亦呈一直线。因为萃取剂 HA 为一元酸，所以所得直线的斜率也为 n。

以上讨论的是最简单也最典型的酸性配合萃取体系。实际情况会复杂些，因为常伴随其他反应，如水解反应或水相有其他配合反应。

在酸度低和金属离子价态高的情况下，容易发生水解反应。如一级水解后的萃取反应写成

$$(MOH)^{n-1} + (n-1)HA \rightleftharpoons (MOH)A_{n-1} + (n-1)H^+$$

或

$$(MOH)^{n-1} + nHA \rightleftharpoons MA_n + (n-1)H^+ + H_2O$$

这种情况会导致金属离子价数、萃取剂分子数和 H^+ 数之间不匹配。

水相中有其他阴离子(如 NO_3^-、Cl^-、Ac^- 等)与金属离子发生配合反应：

$$M^{n+} + iL^- \rightleftharpoons ML_i^{n-i}$$

$$\beta_i = \frac{(ML_i^{n-i})}{(M^{n+})(L^-)^i}$$

若生成的配合物 ML_i^{n-i} 可萃取，则使 $\lg D \sim pH$ 直线改变形状；若 ML_i^{n-i} 不可萃取，则使分配比 D 减小。

有时有机相中含有的中性溶剂会参加配合，称为中性溶剂配合作用，例如环烷酸萃取钇时，有机相常加入 10% 仲辛醇作为添加剂，仲辛醇分子中氧原子上的孤对电子会与 Y^{3+} 配位，占用 Y^{3+} 的配位数。

　　酸性萃取剂的基本反应可用图 1 - 27 概括。其中:①酸性萃取剂在有机相的聚合反应;②萃取剂在有机相和水相之间的分配;③水相中酸性萃取剂的电离;④水相中电离的萃取剂酸根阴离子与金属阳离子的配合反应;⑤萃取剂酸根阴离子与金属阳离子形成配合物在有机相和水相之间的分配。

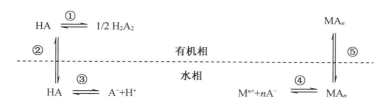

图 1 - 27　酸性萃取剂在两相中的反应示意图

1.4.2　影响酸性配合萃取分配比的主要因素

讨论影响酸性配合萃取的依据主要是式(1 - 100)和式(1 - 101):

$$\begin{cases} K = \dfrac{K_a^n \beta_n \Lambda}{\lambda^n} \\ D = \dfrac{K(HA)_o^n}{[H^+]^n} \end{cases}$$

影响萃合常数 K 的因素有 K_a、β_n、Λ 和 λ;影响萃取分配比 D 的因素有 K、$(HA)_o$ 和 $[H^+]$。K 的数值取决于萃取剂种类、稀释剂性质以及金属种类。

1. pH 值的影响

萃取体系水相 pH 值对分配比 D 的影响很大,当自由萃取剂浓度 $(HA)_o$ 恒定时,pH 值每增加一个单位,D 值增加 10^n 倍,这里 n 为金属离子的价数。由式(1 - 101)可知酸性配合萃取时,$[H^+]$ 对 D 的影响敏感,即与 $[H^+]$ 的 n 次方成反比。

对于酸性萃取剂,在一定的萃取体系中,可找到一个特定的 pH 值,使萃取率 $E = 50\%$,这个 pH 值叫作半萃取 pH 值,以 $pH_{\frac{1}{2}}$ 表示,相比为 1,则分配比 $D = 1$。将 $pH_{\frac{1}{2}}$ 代入式(1 - 102)得

$$\lg D = \lg K + n\lg(HA)_o + npH_{\frac{1}{2}} = 0$$

$$pH_{\frac{1}{2}} = -\frac{1}{n}\lg K - \lg(HA)_o \qquad (1 - 103)$$

$$\lg K = -npH_{\frac{1}{2}} - n\lg(HA)_o \qquad (1 - 104)$$

式(1 - 103)说明,一个萃取体系的半萃取 $pH_{\frac{1}{2}}$ 值取决于 K 值和自由萃取剂浓度 $(HA)_o$,K 值与 $(HA)_o$ 越大,$pH_{\frac{1}{2}}$ 越小,即越容易萃取。将式(1 - 104)代入式(1 - 102)得到

$$\lg D = n(pH - pH_{\frac{1}{2}}) \qquad (1 - 105)$$

已知体系中的 $pH_{\frac{1}{2}}$,利用式(1 - 105)可以计算出不同 pH 值时的分配比 D 值。

图 1 - 28 示出了 $0.2\ mol \cdot L^{-1} HTTA - C_6H_6$ 萃取四种不同价态金属离子的萃取率随着水相 pH 值变化的曲线,相比为 1。图中圆点为实验测定点,得到金属离子 Th^{4+}、Bi^{3+}、Pb^{2+}

和 Tl^+ 的 $pH_{\frac{1}{2}}$ 值分别为 0.51、1.80、3.34 和 5.35。曲线是由实验测得的 $pH_{\frac{1}{2}}$ 按式(1-105)计算出来的,两者符合得很好,表明该体系中 HTTA 萃取 Th^{4+}、Bi^{3+}、Pb^{2+} 和 Tl^+ 符合萃取反应式(1-99)的机理,而没有其他复杂的反应。

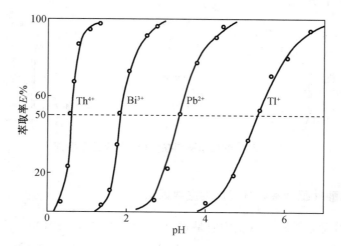

图 1-28 $0.2\ mol \cdot L^{-1} HTTA - C_6H_6$ 萃取不同价态金属离子与 pH 值的关系

注:①$pH_{\frac{1}{2}}$ 是相比为 1 时,$D=1$,$E=50\%$;相比为 2 时,$D=1$,$E=66.7\%$。

②式(1-105)只在自由萃取剂浓度 $(HA)_0$ 不变时才成立。通常只要被萃取的金属浓度 $(MA_n)_0 \ll C_{HA}$(萃取剂初始浓度),则 $(HA)_0 = C_{HA} - n(MA_n)_0 \approx C_{HA}$,可认为基本恒定。

2. 自由萃取剂浓度的影响

由式(1-101)知,分配比 D 与自由萃取剂浓度 $(HA)_0$ 的 n 次方成正比,所以 $(HA)_0$ 增加一倍,则 D 为原来的 2^n 倍。

当萃合物浓度较高时,在萃取过程中 $(HA)_0$ 是在变化的,因为随着萃合物浓度的增加,$(HA)_0$ 减少。由于 $(HA)_0 = C_{HA} - n(MA_n)_0$,当有机相达到近饱和萃取时,$(HA)_0$ 很小,此时金属离子的 $pH_{\frac{1}{2}}$ 值将增加。例如环烷酸萃取钇,当萃合物浓度较低时,$pH_{\frac{1}{2}}$ 值约为 4.2,而达到近饱和萃取时,$pH_{\frac{1}{2}}$ 值为 5~6。

3. 不同金属离子对萃取能力的影响

酸性萃取剂 HA 萃取金属离子 M^{n+} 的能力取决于 M^{n+} 与 A^- 的配合物稳定常数 β_n 的大小,能形成很稳定配合物 MA_n 的 β_n 大,则使萃合常数 K 也大,有利于萃取。而 β_n 的大小与金属离子的价数 n 及半径有关。

以氧为配位原子的酸性萃取剂,高价 M^{n+} 的 β_n 比低价金属离子的 β_n 大,所以高价金属离子比低价金属离子易于萃取。对于同价离子,半径小者 β_n 大,故小离子比同价大离子易萃取。这一规律对于外层不含 d 电子的离子适用,对于含 d 电子的过渡金属离子未必适用。

以硫为配位原子的螯合萃取剂(如打萨宗),对于含 d 电子多,亦即电子层容易极化变形的金属原子(如 Cu^{2+}、Ag^+、Au^{3+}、Cd^{2+}、Hg^{2+}、Pb^{2+}、Pt^{4+}、Pd^{2+} 等),配合能力较强,易于萃取。

噻吩甲酰三氟丙酮(HTTA)对不同金属离子的萃取能力以实验测定的 $pH_{\frac{1}{2}}$ 值描述,列于表 1-29 中。

表 1-29　HTTA-C_6H_6 萃取金属离子 M^{n+} 的 $pH_{\frac{1}{2}}$ 值

价数	离子	底液	$pH_{\frac{1}{2}}$	价数	离子	底液	$pH_{\frac{1}{2}}$
四价	Zr^{4+}	HCl	-1.08	三价	Sm^{3+}	HCl + KCl	3.29
	Hf^{4+}	HCl	-1.00		Nd^{3+}	HCl + KCl	3.59
	Pu^{4+}	HNO_3	-0.85		Pr^{3+}	HCl + KCl	3.68
	U^{4+}	HNO_3	-0.31		Ce^{3+}	HCl + KCl	3.88
	Th^{4+}	HNO_3	0.51		La^{3+}	HCl + KCl	4.24
三价	Fe^{3+}	HCl	-0.24	二价	Be^{2+}		2.33
	Sc^{3+}	HCl + KCl	0.99		Ca^{2+}		6.7
	Bi^{3+}	NaCl	1.80		Sr^{2+}		7.8
	In^{3+}		2.18		Ba^{2+}		8.0
	Al^{3+}		2.48		Co^{2+}		4.1
	Lu^{3+}	HCl + KCl	2.99		Pb^{2+}		3.34
	Yb^{3+}	HCl + KCl	2.97		Ni^{2+}		7.5
	Tm^{3+}	HCl + KCl	3.05	一价	Tl^+		5.35
	Ho^{3+}	HCl + KCl	3.15		Li^+		7.8
	Dy^{3+}	HCl + KCl	3.08		Na^+		
	Y^{3+}	HCl + KCl	3.20		K^+		基本不萃取
	Tb^{3+}	HCl + KCl	3.24		Rb^+		
	Gd^{3+}	HCl + KCl	3.26		Cs^+		
	Eu^{3+}	HCl + KCl	3.29				

　　HTTA 是 β 双酮类螯合萃取剂,它存在下列互变异构反应:

　　其电离常数 $K_a = 10^{-6.17}$,是弱酸。在放射化学和分析化学中,HTTA 应用广泛,能萃取六七十种元素,称为"广谱萃取剂"。从表 1-29 中的 $pH_{\frac{1}{2}}$ 值可以看出如下规律:四价金属离子 M^{4+} 的 $pH_{\frac{1}{2}}$ 值最小,最容易萃取,离子半径从 Zr^{4+} 到 Th^{4+} 依次增加,$pH_{\frac{1}{2}}$ 值也依次增加;M^{3+} 一般比 M^{4+} 难萃取,而比 M^{2+} 易萃取,但是 Fe^{3+} 例外,它比 Th^{4+} 还易于萃取,以 $\lg D_{Fe} \sim pH$ 作图所得直线的斜率不是 3,而是 4.5,可能是含有二聚体 $Fe(OH)Fe^{5+}$ 和 $Fe(OH)_2Fe^{4+}$ 的缘故;三价稀土离子,随半径减小,由轻稀土到重稀土,其 $pH_{\frac{1}{2}}$ 值也由大变小,即重稀土比轻稀土易萃取;二价离子比三价离子难萃取,其中半径特别小的 Be^{2+} 例外,它的 $pH_{\frac{1}{2}}$ 值与 Al^{3+} 相当,这近乎周期表中的对角线规律;碱金属离子除 Li^+ 外,几乎不萃取。

　　金属离子的 $pH_{\frac{1}{2}}$ 值可用来判断可分离的程度,从而可寻找分离金属离子的合适方案。一般 $pH_{\frac{1}{2}}$ 值相差 2 个单位以上的金属离子,往往一次萃取可达到定量分离。例如,

$0.5\ mol \cdot L^{-1}$ HTTA – 二甲苯从 $2\ mol \cdot L^{-1}$ HCl 或 HNO_3 中一次可萃取约 99% 的 Zr^{4+},除了 Hf^{4+}、Pu^{4+}、Fe^{3+} 有干扰外,其余元素都不萃取。

4. 不同萃取剂对萃取能力的影响

萃取剂对萃取能力的影响,主要表现在萃取剂的酸性 K_a 大小和萃取剂酸根阴离子 A^- 与金属阳离子 M^{n+} 形成配合物 MA_n 的稳定常数 β_n 的大小两方面。当萃取剂改变时,构成萃合常数 K 的四个常数亦随之变化。下面以 HTTA 和乙酰丙酮萃取钍为例进行讨论。

HTTA $\qquad K_a = 7 \times 10^{-7} \qquad \beta_n(ThA_4) = 3 \times 10^{24}$

乙酰丙酮 $\qquad K_a = 1.3 \times 10^{-9} \qquad \beta_n(ThA_4) = 5 \times 10^{26}$

在结构类似的酸性萃取剂中增强酸性可提高萃取能力,常在 α 碳原子上引进卤原子,使 K_a 增加而使 $pH_{\frac{1}{2}}$ 值减小。在 HTTA 分子中,由于三个电负性很强的 F 原子通过诱导效应使 H—O—基中 O 原子的电负性加强,而使 H^+ 电离倾向增加,所以 HTTA 的电离常数 K_a 是乙酰丙酮的 540 倍。

由于 K_a 增加,即 A^- 对 H^+ 结合能力弱,同理表现在 A^- 对 M^{n+} 结合能力也弱,所以形成配合物 MA_n 的稳定常数 β_n 也减小,因此乙酰丙酮与 Th^{4+} 生成配合物的稳定常数 β_n,相当于 HTTA 与 Th^{4+} 的 β_n 的 170 倍。

对萃合常数 K 的影响因素中,K_a 以 n 次方数值出现,是 K 值的主要因素。尽管由于酸性强使 β_n 下降,但总的效果还是萃取剂酸性强,K_a 使 K 明显增加,有利于萃取。所以 HTTA 萃取钍的 $pH_{\frac{1}{2}} = 0.51$,可在酸性溶液中进行;而乙酰丙酮萃取钍的 $pH_{\frac{1}{2}} = 5$,只能在中性或微酸性溶液中进行。

萃取剂的结构对分离系数有影响,但比较复杂,在此只粗略提一下。螯合萃取剂的选择性一般比非螯合酸性萃取剂的好,因为螯合成环时,对金属离子的大小往往有一定的要求,离子太小造成空间效应,使配位原子不能充分接近金属离子;螯合萃取剂中,含硫和氮配位原子的选择性比只含氧配位原子的选择性好,因为前者在配位过程中与金属离子含 d 电子数多少有关,而后者则没有这一层关系。

5. 稀释剂对萃取能力的影响

稀释剂对萃取能力的影响主要表现在萃取剂 HA 在两相的分配常数 λ 和配合物 MA_n 在两相的分配常数 Λ 两个方面。从本质上看,λ 和 Λ 两者在萃取体系中的变化是同向的,即 λ 增大,Λ 也增大。但在萃合常数 K 的相关因素中:

$$K = \frac{K_a^n \beta_n \Lambda}{\lambda^n}$$

当 λ 增加时,λ^n 将大幅增加,而使 Λ / λ^n 的值下降,从而使萃合常数 K 下降,即萃取能力下降。

例如,β 双酮类螯合萃取剂分子中的酮基与 $CHCl_3$ 有氢键结合,在 $CHCl_3/H_2O$ 体系中的 λ 比在 $MiBk/H_2O$ 中的大,β 双酮类螯合萃取剂对金属离子的萃取能力在 $CHCl_3/H_2O$ 中就比 $MiBk/H_2O$ 中的弱。

小结:

①分配比 D 与自由萃取剂浓度 $(HA)_o$ 的 n 次方成正比,$(HA)_o$ 增加,则 D 明显增加;

②D 与 $[H^+]$ 的 n 次方成反比,$[H^+]$ 增大,则 D 明显减小;

③D 与萃合常数 K 成正比,对非过渡金属离子和以氧为配位原子的萃取剂,金属离子的价数越高,则 K 值越大,同价离子的半径越小,则 K 值越大;

④D 随萃取剂酸性的增大而增大,即 K_a 增大,D 也增大;

⑤稀释剂的选择,萃取剂 HA 在两相的分配常数 λ 小者,分配比 D 大,但要求 $\lambda \gg 1$;

⑥对分离系数的影响,不同价态离子的分离系数随 pH 值升高而增大,也随自由萃取剂浓度 $(HA)_o$ 的增大而增大,另外,利用空间位阻效应可以增加萃取剂的选择性。

1.4.3　羧酸类萃取剂萃取金属离子

羧酸类萃取剂的分子可写成 RCOOH 形式,电离后酸根阴离子结构为

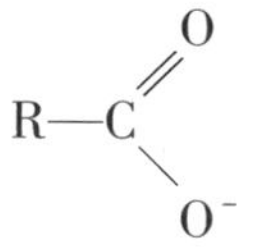

其与金属离子 M^{n+} 形成的配合物是四元环结构,不如五元环和六元环结构的螯合物稳定。羧酸类萃取剂随分子中 R 的不同,又可分为不同类别的羧酸萃取剂。本节主要论述某些芳香族羧酸萃取剂萃取金属离子。

1. 某些芳香族羧酸萃取剂的性能

(1)电离常数 K_a

K_a 一般可从资料中查到,现介绍水杨酸、二硝基苯甲酸和肉桂酸的 K_a 数据。

水杨酸

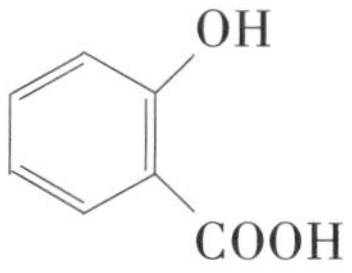

以 H_2A 表示

一级电离常数

$$K_{a1} = \frac{(HA^-)[H^+]}{(H_2A)} = 10^{-2.82}$$

水杨酸是二元酸,但是二级电离常数很小($K_{a2} = 10^{-13}$),一般作为一元酸处理。

二硝基苯甲酸

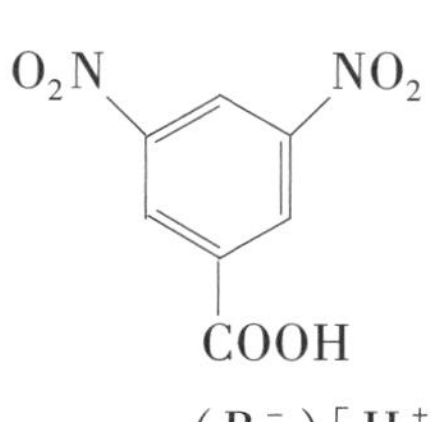

以 HB 表示

$$K_a = \frac{(B^-)[H^+]}{(HB)} = 10^{-2.67}$$

肉桂酸

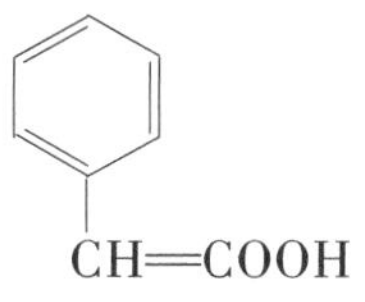

以 HC 表示

$$K_a = \frac{(C^-)[H^+]}{(HC)} = 10^{-4.27}$$

（2）芳香族羧酸在两相中的分配常数 λ 和分配比 D

λ 指同一种分子在有机相和水相中浓度的比值，在实验中难于直接测得，而分配比 D 则可以直接由实验测定。测得 D 以后，可以求取 λ 数值，以二硝基苯甲酸 HB 在 MiBK/H_2O 之间的分配为例加以说明。

$$\lambda = \frac{(HB)_o}{(HB)}$$

有机相 HB 总浓度

$$C_{HB(o)} = (HB)_o$$

水机相 HB 总浓度

$$C_{HB} = (HB) + (B^-)$$

$$(B^-) = \frac{K_a(HB)}{[H^+]}$$

$$D = \frac{C_{HB(o)}}{C_{HB}} = \frac{(HB)_o}{(HB) + (B^-)} = \frac{(HB)_o}{(HB)\left\{1 + \dfrac{K_a}{[H^+]}\right\}} = \frac{\lambda}{1 + \dfrac{K_a}{[H^+]}}$$

$$\lambda = D\left\{1 + \frac{K_a}{[H^+]}\right\} \tag{1-106}$$

式（1-106）表示了 λ、D、K_a 和 pH 值之间的关系，式中 K_a 可查资料获得，D 和 pH 值可在实验中直接测得，所以可计算出 λ 值。表 1-30 列出了三种芳香羧酸的 λ 值。

表 1-30　三种芳香羧酸的 λ 值

羧酸	λ	
	MiBK/H_2O	CHCl$_3$/H_2O
水杨酸（H_2A）①	$10^{2.51}$	3
二硝基苯甲酸（HB）	$10^{2.48}$	1.5
肉桂酸（HC）	$10^{2.33}$	1.6

注：①一级水解。

由表 1-30 可见，在 MiBK/H_2O 体系中的 λ 值远大于 CHCl$_3$/H_2O 体系中的，这是由于羧酸与 MiBK 形成氢键，而在 CHCl$_3$ 中形成氢键很少。这一点与 β 双酮类正好相反。

（3）羧酸在有机溶剂中的二聚作用

芳香族羧酸在某些有机溶剂中有聚合反应，生成二聚体。

在 CHCl$_3$ 中二硝基苯甲酸（HB）会聚合生成二聚体 H_2B_2：

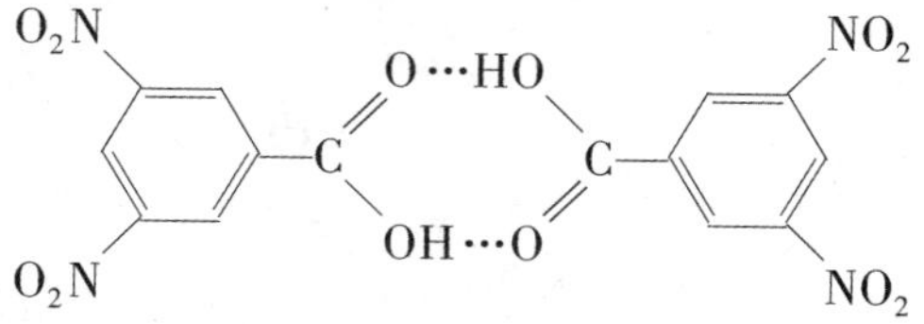

聚合反应式为

$$2HB_{(o)} \underset{K_2}{\rightleftharpoons} H_2B_{2(o)}$$

二聚常数

$$K_2 = \frac{(H_2B_2)_o}{(HB)_o^2} \tag{1-107}$$

有机相中萃取剂浓度

$$C_{HB(o)} = (HB)_o + 2(H_2B_2)_o \tag{1-108}$$

可以通过测定羧酸在有机相溶液中的分子量求出浓度,从而可算出二聚常数 K_2 的值,有的也可在资料中查到。

在 $CHCl_3$ 中,水杨酸二聚常数

$$K_2 = \frac{(H_4A_2)_o}{(H_2A)_o^2} = 42$$

肉桂酸二聚常数

$$K_2 = \frac{(H_2C_2)_o}{(HC)_o^2} = 166$$

如果在醇、酮类有机溶剂中,由于羧酸与这类溶剂能生成氢键,故不发生二聚反应。

(4)水相中酸根阴离子浓度的计算

羧酸萃取剂的初始浓度相同时,在有机相中有二聚体和无二聚体两种情况下,在水相中酸根阴离子的浓度不同。因此要区分有二聚体和无二聚体两种情况分别计算酸根阴离子的浓度。

无二聚体的情况下,把羧酸 HB 溶于 MiBK 中,其初始浓度用 C_{HB}^o 表示,HB 与 MiBK 可形成氢键,故无二聚体。有机相与水相等体积混合,达到平衡后,测定水相 pH 值,而后根据式(1-110)和式(1-111)即可计算水相自由萃取剂浓度(HB)和酸根阴离子浓度(B^-)。

$$C_{HB}^o = (HB) + (B^-) + (HB)_o = (HB) + (HB)\frac{K_a}{[H^+]} + \lambda(HB)$$

$$= (HB)\left\{1 + \lambda + \frac{K_a}{[H^+]}\right\} \tag{1-109}$$

$$\begin{cases} (HB) = \dfrac{C_{HB}^o}{1 + \lambda + \dfrac{K_a}{[H^+]}} = \dfrac{C_{HB}^o}{\varepsilon} \tag{1-110} \\[4mm] (B^-) = \dfrac{K_a C_{HB}^o}{[H^+]\left\{1 + \lambda + \dfrac{K_a}{[H^+]}\right\}} = \dfrac{K_a C_{HB}^o}{[H^+]\varepsilon} \tag{1-111} \end{cases}$$

如果 λ 从资料中查不到,可通过实验测定分配比 D,从而求得 λ,而后求 ε,即

$$\begin{cases} \lambda = D\left\{1 + \dfrac{K_a}{[H^+]}\right\} \\[4mm] \varepsilon = 1 + \lambda + \dfrac{K_a}{[H^+]} \end{cases}$$

有二聚体的情况下,把羧酸 HB 溶于 $CHCl_3$ 中,两者无氢键缔合,故萃取剂 HB 在有机

相中有二聚体,与水相混合达到平衡并测得水相 pH 值后,要按下列式子计算水相的(HB)和(B⁻):

$$C_{HB}^{o} = (HB) + (B^{-}) + (HB)_{o} + 2(H_2B_2)_{o} = (HB) \cdot \varepsilon + 2K_2(HB)_{o}^{2}$$

$$C_{HB}^{o} = (HB) \cdot \varepsilon + 2K_2\lambda^2(HB)^2 \tag{1-112}$$

在式(1-112)两边各乘以 $8K_2\lambda^2$,再加上 ε^2,可得到

$$8K_2\lambda^2 C_{HB}^{o} + \varepsilon^2 = 16K_2^2\lambda^4(HB)^2 + 8K_2\lambda^2(HB) \cdot \varepsilon + \varepsilon^2 = \{4K_2\lambda^2(HB) + \varepsilon\}^2$$

$$4K_2\lambda^2(HB) + \varepsilon = \{8K_2\lambda^2 C_{HB}^{o} + \varepsilon^2\}^{\frac{1}{2}} \tag{1-113}$$

$$\begin{cases} (HB) = \dfrac{\{8K_2\lambda^2 C_{HB}^{o} + \varepsilon^2\}^{\frac{1}{2}} - \varepsilon}{4K_2\lambda^2} \tag{1-114} \\[4mm] (B^{-}) = \dfrac{K_a(HB)}{[H^+]} = \dfrac{K_a}{[H^+]} \cdot \dfrac{\{8K_2\lambda^2 C_{HB}^{o} + \varepsilon^2\}^{\frac{1}{2}} - \varepsilon}{4K_2\lambda^2} \tag{1-115} \end{cases}$$

上两式中考虑到有机相中既有 HB,也有 H_2B_2 存在,已知 C_{HB}^{o}、K_a、K_2 和 λ,测定了水相的 pH 值,也就可以计算出(HB)和(B⁻)。

2. 二硝基苯甲酸萃取铀的研究

设定要研究的萃取体系为 $UO_2(ClO_4)_2/0.1\ mol \cdot L^{-1}\ NaClO_4/HB, MiBK$。为了简便,假定:

①只有中性分子 UO_2B_2 萃取入有机相;

②水相中残留 UO_2^{2+} 与 B⁻ 配合物可忽略,只有 UO_2^{2+} 形态;

③UO_2^{2+} 与维持离子强度的 ClO_4^- 不发生配合反应;

④萃取反应式为

$$UO_2^{2+} + 2HB_{(o)} \Longrightarrow UO_2B_{2(o)} + 2H^+$$

这样就可以将萃取分配比写成

$$D_U = \frac{C_{U(o)}}{C_U} = \frac{(UO_2B_2)_o}{(UO_2^{2+})} = \frac{(UO_2B_2)_o}{(UO_2B_2)} \cdot \frac{(UO_2B_2)}{(UO_2^{2+})(B^-)^2} \cdot (B^-)^2$$

$$D_U = \Lambda_{UO_2B_2} \cdot \beta_2 \cdot (B^-)^2 \tag{1-116}$$

$$\lg D_U = \lg(\Lambda_{UO_2B_2} \cdot \beta_2) + 2\lg(B^-) \tag{1-117}$$

其中,β_2 为配合物 UO_2B_2 的稳定常数。

$$(B^-) = \frac{K_a C_{HB}^{o}}{[H^+] \cdot \varepsilon}$$

根据式(1-117),在实验中调节 pH 值,使萃取率 $E = 50\%$,即 $D = 1$,$\lg D = 0$,则式(1-117)可写成

$$\lg(\Lambda_{UO_2B_2} \cdot \beta_2) = -2\lg(B^-)_{50\%} \tag{1-118}$$

由式(1-118)可求得配合物 UO_2B_2 的稳定常数 β_2 及其在两相的分配常数 $\Lambda_{UO_2B_2}$ 的乘积($\Lambda_{UO_2B_2} \cdot \beta_2$)。用这一方法求得二硝基苯甲酸和肉桂酸(HC)萃取铀、钍和镧萃合物的($\Lambda \cdot \beta$)值,列于表 1-31 中。

表 1−31　**HB 和 HC 萃取铀、钍和镧萃合物的 $(\Lambda \cdot \beta)$ 值**

萃合物	$\lg(\Lambda \cdot \beta)$	
	MiBK/H$_2$O 体系	CHCl$_3$/H$_2$O 体系
UO$_2$B$_2$	6.8	—
LaB$_3$	5.3	—
ThB$_4$	13.2	—
UO$_2$C$_2$	8.0	6.7
LaC$_3$	4.4	5.3
ThC$_4$	18.1	17.6

求得 $(\Lambda \cdot \beta)$ 后,根据式 $(1-117)$,只要测得水相 pH 值就可知道 (B^-) 的值,从而得到分配比 D 的数据。

应注意以下问题:

①水相中萃余的铀不完全是 UO_2^{2+},还可能存在 UO_2B^+ 等其他形态;

②有机相中的铀除了 UO_2B_2 外,还可能存在 $UO_2B_2 \cdot x$HB 或稀释剂 MiBK(如 $U_2O_2B_2 \cdot x$HB $\cdot y$MiBK),因为 UO_2B_2 中铀的配位数未饱和,中性分子有可能参与配位。

3. 水杨酸萃取 UO_2^{2+} 的研究

研究水杨酸萃取 UO_2^{2+} 时,为简化使有机相萃取剂无二聚,常用酮类稀释剂,萃取体系为 $UO_2(ClO_4)_2/0.1 \ mol \cdot L^{-1}NaClO_4/H_2A$,MiBK。

水杨酸的一级电离常数

$$K_a = \frac{(HA^-)[H^+]}{(H_2A)} = 10^{-2.82}$$

二级电离常数

$$K_{a2} = \frac{(A^{2-})[H^+]}{(HA^-)} = 10^{-13}$$

一般的研究实验在弱酸溶液中进行,设 pH = 6,则 (A^{2-}) 与 (HA^-) 的比值很小,即

$$\frac{(A^{2-})}{(HA^-)} = \frac{10^{-13}}{[H^+]} = \frac{10^{-13}}{10^{-6}} = 10^{-7}$$

亦即 (HA^-) 是 (A^{2-}) 的 10^7 倍,(A^{2-}) 可忽略不计,不必考虑二级电离。

(1)对萃合物的判断

设水杨酸萃取 UO_2^{2+} 的反应式为

$$UO_2^{2+} + xH_2A_{(o)} \Longrightarrow UO_2(H_2A)_x(H^+)_{-2(o)} + 2H^+$$

则可能萃取的配合物讨论如下:

$x=0$,上式放出的 2 个氢离子只能来自水解,生成的配合物为 $UO_2(H^+)_{-2}$,实际上是 $UO_2(OH)_2$,不能被萃取。

$x=1$,$UO_2(H_2A)(H^+)_{-2}$ 的形成有两种可能:其一是 2 个氢离子由 H_2A 二级电离放出,但是萃取反应在 pH < 7 的条件下,(A^{2-}) 可忽略,生成 UO_2A 的可能性极小;其二是水解和 H_2A 一级电离各放出 1 个氢离子而生成 $UO_2(OH)(HA)$,这个配合物中含亲水基团—OH,也不利于萃取。

$x=2$，生成的配合物应为 $UO_2(H_2A)_2(H^+)_{-2}$，即为 $UO_2(HA)_2$，萃入有机相的可能性很大。

$x=3$，生成的配合物为 $UO_2(H_2A)_3(H^+)_{-2}$，亦即 $UO_2(HA)_2(H_2A)$，可被萃取。

$x=4$，生成的配合物为 $UO_2(H_2A)_4(H^+)_{-2}$，亦即 $UO_2(HA)_2(H_2A)_2$，也是可萃取的。

$x>4$ 的情况均可判断为可萃取，但是客观存在的可形成配合物的最大 x 值需在实验中证实。

（2）萃取反应

根据上面讨论，反应式中萃合物分子必须满足 $x \geqslant 2$。首先是分配到水相中 H_2A 电离后与 UO_2^{2+} 配合生成可萃取的中性配合物，必定放出 2 个氢离子，反应式为

$$UO_2^{2+} + xH_2A \underset{}{\overset{K_{x2}}{\rightleftharpoons}} UO_2(H_2A)_x(H^+)_{-2} + 2H^+$$

$$K_{x2} = \frac{(UO_2(H_2A)_x(H^+)_{-2})[H^+]^2}{(UO_2^{2+})(H_2A)^x} \qquad (1-119)$$

水相中生成可萃取配合物在两相间分配平衡为

$$UO_2^{2+}(H_2A)_x(H^+)_{-2} \overset{\Lambda_{x2}}{\rightleftharpoons} UO_2(H_2A)_x(H^+)_{-2(o)}$$

$$\Lambda_{x2} = \frac{(UO_2(H_2A)_x(H^+)_{-2})_o}{(UO_2)(H_2A)_x(H^+)_{-2}} \qquad (1-120)$$

其中，$x=2,3,\cdots,m$。

有机相中铀的总浓度：

$$\begin{aligned}
C_{U(o)} &= \sum_{x=2}^{m}(UO_2(H_2A)_x(H^+)_{-2})_o \\
&= \sum_{x=2}^{m}\Lambda_{x2}(UO_2(H_2A)_x(H^+)_{-2}) \\
&= \sum_{x=2}^{m}(UO_2^{2+})\Lambda_{x2}K_{x2}(H_2A)^x[H^+]^{-2}
\end{aligned}$$

水相中铀配合的形态与有机相中的不同，有机相中萃合物必为中性分子，UO_2^{2+} 为正二价，酸性萃取剂必须放出 2 个氢离子后与之配合成中性分子。水相中铀的配合物不一定是中性分子，放出的氢离子可以是 y 个，生成的配合物为 $UO_2(H_2A)_x(H^+)_{-y}$，其中 $y=0,1,2,\cdots$。当 $y=0$ 时，表明水相中只有 UO_2^{2+}。

水相中铀的总浓度：

$$\begin{aligned}
C_U &= \sum_y \sum_x (UO_2(H_2A)_x(H^+)_{-y}) \\
&= (UO_2^{2+}) \sum_y \sum_x K_{xy}(H_2A)^x(H^+)^{-y} \\
&= (UO_2^{2+})\{1 + [H^+]^{-1}\sum_x K_{x1}(H_2A)^x + [H^+]^{-2}\sum_x K_{x2}(H_2A)^x + [H^+]^{-3} \cdot \\
&\quad \sum_x K_{x3}(H_2A)^x + \cdots\}
\end{aligned}$$

铀的萃取分配比：

$$D = \frac{C_{U(o)}}{C_U} = \frac{(UO_2^{2+})\{\sum\limits_{x=2}^{m}\Lambda_{x2}K_{x2}(H_2A)^x[H^+]^{-2}}{(UO_2^{2+})\{1 + [H^+]^{-1}\sum\limits_x K_{x1}(H_2A)^x + [H^+]^{-2}\sum\limits_x K_{x2}(H_2A)^x + \cdots\}}$$

令 $\Phi = 1 + [H^+]^{-1} \sum\limits_{x} K_{x1}(H_2A)^x + [H^+]^{-2} \sum\limits_{x} K_{x2}(H_2A)^x + [H^+]^{-3} \sum\limits_{x} K_{x3}(H_2A)^x + \cdots\}$，则

$$D = \frac{\sum\limits_{x=2}^{m} \Lambda_{x2} K_{x2}(H_2A)^x[H^+]^{-2}}{\Phi} \qquad (1-121)$$

式(1-121)中常数 $\Lambda_{x2} K_{x2}$ 可通过实验求得，将 D 与 Φ 关系式移项后有下式：

$$D[H^+]^2(H_2A)^{-2} = \frac{1}{\Phi}\{\Lambda_{22}K_{22} + \Lambda_{32}K_{32}(H_2A) + \Lambda_{42}K_{42}(H_2A)^2 + \cdots\} \qquad (1-122)$$

以 $\lg D[H^+]^2(H_2A)^{-2}$ 为纵坐标、$\lg(H_2A)$ 为横坐标作图，在不同 pH 值时得到一组实验曲线(图1-29)。

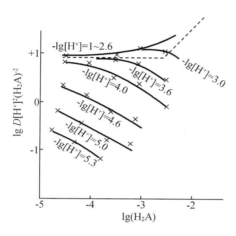

图 1-29　$\{D[H^+]^2(H_2A)^{-2}\}$ 与 (H_2A) 的关系

纵坐标与横坐标中的 (H_2A) 由 ε 与 $C_{H_2A}^o$ 得出。实验发现，不同 pH 值曲线中，pH = 1 ~ 2.6 时，所有曲线重叠，这说明在这个 pH 值范围内，$\lg D[H^+]^2(H_2A)^{-2}$ 与 pH 值无关。由式(1-122)看出，$\lg D[H^+]^{-2}(H_2A)^{-2}$ 的值与 pH 值有关系的只有 Φ，在 pH = 1 ~ 2.6 时其与 pH 值无关，只能是在此范围内 $\Phi = 1$。于是式(1-122)可改写成

$$D[H^+]^2(H_2A)^{-2} = \Lambda_{22}K_{22} + \Lambda_{32}K_{32}(H_2A) + \Lambda_{42}K_{42}(H_2A^2) + \cdots$$

设函数

$$Y_o = D[H^+]^2(H_2A)^{-2}$$

以 Y_o 对 (H_2A) 作图外推，可得

$$\lim_{(H_2A)\to 0} Y_o = \Lambda_{22}K_{22}$$

令

$$Y_1 = \frac{Y_o - \Lambda_{22}K_{22}}{(H_sA)} = \Lambda_{32}K_{32} + \Lambda_{42}K_{42}(H_2A) + \cdots$$

以 Y_1 对 (H_2A) 作图外推，亦可得

$$\lim_{(H_2A)\to 0} Y_1 = \Lambda_{32}K_{32}$$

依此类推，可求出 $\Lambda_{x2}K_{x2}$。通过实验求得

$$\Lambda_{22}K_{22} = 10^{0.92}$$

$$\Lambda_{32}K_{32} = 10^{3.48}$$
$$\Lambda_{42}K_{42} = 0$$

由此可见,萃合物中一个 UO_2^{2+} 离子可与 2 分子或 3 分子的水杨酸配合,与 4 分子以上水杨酸配合的萃合物不存在。

(3)水相反应平衡常数 K_{xy}

由 $\Lambda_{22}K_{22}$ 和 $\Lambda_{32}K_{32}$ 可得到

$$D = \frac{(H_2A)^2[H^+]^{-2}\{\Lambda_{22}K_{22} + \Lambda_{32}K_{32}(H_2A)\}}{\Phi}$$

利用已知的 $\Lambda_{22}K_{22}$、$\Lambda_{32}K_{32}$ 及 D、(H_2A) 和 pH 值可计算出 Φ 值,从而可求得 K_{xy} 的值。利用上面对 Φ 的设定

$$\begin{aligned}
\Phi &= 1 + [H^+]^{-1}\sum_x K_{x1}(H_2A)^x + [H^+]^{-2}\sum_x K_{x2}(H_2A)^x + \cdots \\
&= 1 + [H^+]^{-1}\{K_{11}(H_2A) + K_{21}(H_2A)^2 + K_{31}(H_2A)^3 + \cdots\} + \\
&\quad [H^+]^{-2}\{K_{12}(H_2A) + K_{22}(H_2A)^2 + K_{32}(H_2A)^3 + \cdots\} + \\
&\quad [H^+]^{-3}\{K_{13}(H_2A) + K_{23}(H_2A)^2 + K_{33}(H_2A)^3 + \cdots\} + \cdots
\end{aligned}$$

移项后得

$$\begin{aligned}
(\Phi-1)[H^+](H_2A)^{-1} &= K_{11} + K_{21}(H_2A) + K_{31}(H_2A)^2 + \cdots + \\
&\quad K_{12}[H^+]^{-1} + K_{22}[H^+]^{-1}(H_2A) + K_{32}[H^+]^{-1}(H_2A)^2 + \cdots + \\
&\quad K_{13}[H^+]^{-1} + K_{23}[H^+]^{-2}(H_2A) + K_{33}[H^+]^{-2}(H_2A)^2 + \cdots \\
&= K_{11} + K_{12}[H^+]^{-1} + K_{13}[H^+]^{-2} + \cdots + \\
&\quad (H_2A)\{K_{21} + K_{22}[H^+]^{-1} + K_{23}[H^+]^{-2} + \cdots\} + \\
&\quad (H_2A)^2\{K_{31} + K_{32}[H^+]^{-1} + K_{33}[H^+]^{-2} + \cdots\} + \cdots \\
&= f([H^+],(H_2A))
\end{aligned}$$

令

$$\Psi = (\Phi-1)[H^+](H_2A)^{-1} = f([H^+],(H_2A))$$

实验设计 $C_{H_2A}^o$ 在 $0.01 \sim 1.0\ mol \cdot L^{-1}$ 变化,由 $C_{H_2A}^o$、pH 值和测定的分配比 D 可求得 Φ,从而计算 Ψ 的值。以 $lg\ \Psi$ 对 pH 值作图,得一组重复的曲线(图 1 - 30),这说明 Ψ 只与 pH 值有关,而与 (H_2A) 无关。因此 $(\Phi-1)[H^+](H_2A)^{-1}$ 的等式右边含 (H_2A) 项均为 0,即

$$(H_2A)\{K_{21} + K_{22}[H^+]^{-1} + K_{23}[H^+]^{-2} + \cdots\} = 0$$
$$(H_2A)^2\{K_{31} + K_{32}[H^+]^{-1} + K_{33}[H^+]^{-2} + \cdots\} = 0$$

Ψ 的表达式可写成

$$\Psi = K_{11} + K_{12}[H^+]^{-1} + K_{13}[H^+]^{-2} + \cdots \tag{1-123}$$

同样可以采用作图外推的方法求取式(1 - 123)中右边的常数 K_{11} 值:

$$\lim_{[H^+]\to 0} \Psi = K_{11}$$

再设

$$\Psi_1 = \frac{\Psi - K_{11}}{[H^+]^{-1}} = K_{12} + K_{13}[H^+]^{-1} + \cdots$$

$$\lim_{[H^+]\to 0} \Psi_1 = K_{12}$$

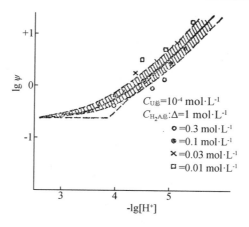

图 1-30　Ψ 与 pH 值的关系

实验结果得

$$K_{11} = \frac{(UO_2(H_2A)(H^+)_{-1})}{(UO_2^{2+})(H_2A)[H^+]^{-1}} = 10^{-0.62}$$

$$K_{12} = \frac{(UO_2(H_2A)(H^+)_{-2})}{(UO_2^{2+})(H_2A)[H^+]^{-2}} = 10^{-4.5}$$

$$K_{13} = 0$$

K_{11} 相应生成 $UO_2(HA)^+$ 的配合阳离子,结构式为

K_{12} 相应生成 $UO_2(H_2A)(H^+)_{-2}$ 配合物,因为水杨酸二级电离极少,生成 UO_2A_2 的量可忽略,只能生成 $UO_2(HA)(OH)$ 这种配合物,其结构式可写成

K_{13} 相应的配合物 $UO_2(H_2A)(H^+)_{-3}$ 在实验中没有测到。

K_{11} 和 K_{12} 相应配合物的稳定常数 β_{xy} 可用以下方法求得:

$$UO_2^{2+} + HA^- \xrightarrow{\beta_{11}} UO_2(HA)^+$$

$$\beta_{11} = \frac{(UO_2(HA)^+)}{(UO_2^{2+})(HA^-)} = \frac{\dfrac{(UO_2(HA)^+)}{(UO_2^{2+})(H_2A)[H^+]^{-1}}}{\dfrac{[H^+](HA^-)}{(H_2A)}} = \frac{K_{11}}{K_a} = \frac{10^{-0.62}}{10^{-2.82}} = 10^{2.2}$$

$$UO_2^{2+} + HA^- + OH^- \overset{\beta_{12}}{\rightleftharpoons} UO_2(OH)(HA)$$

$$\beta_{12} = \frac{(UO_2(OH)(HA))}{(UO_2^{2+})(HA^-)(OH^-)} = \frac{\dfrac{(UO_2(OH)(HA))}{(UO_2^{2+})(H_2A)[H^+]^{-2}}}{\dfrac{(HA)[H^+]}{(H_2A)}[H^+](OH^-)} = \frac{K_{12}}{K_a \cdot K_\omega}$$

$$= \frac{10^{-4.5}}{10^{-2.82} \times 10^{-14}} = 10^{12.3}$$

（4）萃取分配比 D 的计算

这类萃取体系可通过研究实验，得到 ΛK 的乘积和 K_{xy} 等常数，利用这些常数，对已知 $C_{H_2A}^o$ 的萃取体系，只要测定体系的 pH 值就可计算分配比 D 或萃取率 E，实验操作很简单，比测定有机相和水相铀浓度求分配比更简便。

水相铀浓度：
$$C_U = (UO_2^{2+}) + (UO_2(HA)^+) + (UO_2(HA)(OH))$$
$$= (UO_2^{2+})\{1 + K_{11}[H^+]^{-1}(H_2A) + K_{12}[H^+]^{-2}(H_2A)\}$$

有机相铀浓度：
$$C_{U_{(o)}} = (UO_2(H_2A)_2(H^+)_{-2})_o + (UO_2(H_2A)_3(H^+)_{-2})_o$$
$$= (UO_2(HA)_2)_o + (UO_2(HA)_2(H_2A))_o$$
$$= (UO_2^{2+})[H^+]^{-2}(H_2A)^2\{\Lambda_{22}K_{22} + \Lambda_{32}K_{32}(H_2A)\}$$

$$D = \frac{C_{U_{(o)}}}{C_U} = \frac{[H^+]^{-2}(H_2A)^2\{\Lambda_{22}K_{22} + \Lambda_{32}K_{32}(H_2A)\}}{1 + K_{11}[H^+]^{-1}(H_2A) + K_{12}[H^+]^{-2}(H_2A)}$$

$$= \frac{[H^+]^{-2}(H_2A)^2\{10^{0.92} + 10^{3.48}(H_2A)\}}{1 + 10^{0.62}[H^+]^{-1}(H_2A) + 10^{-4.5}[H^+]^{-2}(H_2A)} \tag{1-124}$$

其中
$$(H_2A) = \frac{C_{H_2A}^o}{\varepsilon}$$

$$\varepsilon = 1 + \lambda_{H_2A} + \frac{K_a}{[H^+]}$$

测定体系的 pH 值即可计算 D 值；反之，若要求 D 达到一定值，则通过调节体系相应的 pH 值就能实现。

本节采用函数外推的方法求常数比较方便，但要注意前级的误差对后级的叠加，如 K_{11} 的误差叠加到 K_{12} 上，如果有 K_{13}，则前两级的误差都叠加到 K_{13} 上，这样对后面的影响较大。

1.4.4　螯合萃取研究

螯合萃取剂有中性和酸性两类。中性螯合萃取剂在萃取反应过程中不放出氢离子，如联吡啶与金属离子配位生成五元环螯合物，但不改变离子的电荷数。酸性螯合萃取剂比较多，本节仅以 β 双酮类和羟肟类为例，阐述螯合萃取。

1. β 双酮类的萃取研究

本节以乙酰丙酮(HA)萃取钍为例,研究 β 双酮类萃取中存在的主要平衡及其相关常数的求法。

(1)基本反应

乙酰丙酮分子与其他 β 双酮类萃取剂一样,也存在异构和在水相中的电离。

$$CH_3-\overset{\overset{O}{\|}}{C}-CH_2-\overset{\overset{O}{\|}}{C}-CH_3 \rightleftharpoons CH_3-\overset{\overset{O-H}{|}}{C}=CH-\overset{\overset{O}{\|}}{C}-CH_3 \rightleftharpoons CH_3-\overset{\overset{O^-}{|}}{C}=CH-\overset{\overset{O}{\|}}{C}-CH_3 + H^+$$

在苯和水两相间的分配平衡常数

$$\lambda_{HA} = \frac{(HA)_o}{(HA)} = 5.95$$

在水相中的电离常数

$$K_a = \frac{(A^-)[H^+]}{(HA)} = 1.17 \times 10^{-9}$$

$$(A^-) = \frac{K_a(HA)}{[H^+]} \tag{1-125}$$

式(1-125)也反映了$[H^+]$对萃取能力的反比关系。

在水相中酸根阴离子 A^- 与 Th^{4+} 的配合平衡:

$$Th^{4+} + iA^- \overset{\beta_i}{\rightleftharpoons} ThA_i^{(4-i)+}$$

配合物稳定常数

$$\beta_i = \frac{(ThA_i^{(4-i)+})}{(Th^{4+})(A^-)^i}$$

钍的水解反应

$$Th^{4+} + mOH^- \overset{P_m}{\rightleftharpoons} Th(OH)_m^{(4-m)+}$$

钍的水解常数

$$P_m = \frac{(Th(OH)_m^{(4-m)+})}{(Th^{4+})(OH^-)^m}$$

配合物在两相中的分配

$$ThA_4 \overset{\Lambda_{ThA_4}}{\rightleftharpoons} ThA_{4(o)}$$

ThA_4 因呈电中性,并且配位数已饱和,故是优良的萃合物,在两相的分配平衡常数为

$$\Lambda_{ThA_4} = \frac{(ThA_4)_o}{(ThA_4)}$$

(2)分配比和相关常数

水相钍的总浓度

$$C_{Th} = (Th^{4+}) + \sum_i (ThA_i^{(4-i)+}) + \sum_m (Th(OH)_m^{(4-m)+})$$

$$= (Th^{4+})\{1 + \sum_i \beta_i(A^-)^i + \sum_m P_m(OH^-)^m\}$$

有机相钍的总浓度

$$C_{Th(o)} = (ThA_4)_o = \Lambda_{ThA_4}(ThA_4) = \Lambda_4(ThA_4)$$

$$= \Lambda_4 \beta_4 (\text{Th}^{4+})(\text{A}^-)^4$$

分配比为

$$D = \frac{C_{\text{Th(o)}}}{C_{\text{Th}}} = \frac{\Lambda_4 \beta_4 (\text{Th}^{4+})(\text{A}^-)^4}{(\text{Th}^{4+})\left\{1 + \sum_i \beta_i (\text{A}^-)^i + \sum_m P_m (\text{OH}^-)^m\right\}}$$

$$D = \frac{\Lambda_4 \beta_4 (\text{A}^-)^4}{1 + \sum_i \beta_i (\text{A}^-)^i + \sum_m P_m (\text{OH}^-)^m} = f((\text{A}^-),(\text{OH})^-) \qquad (1-126)$$

式(1-126)中关于[H^+]对 D 的影响,包括萃取剂 HA 和 Th^{4+} 水解放出 H^+ 两部分。第一部分由式(1-125)可知已含在(A^-)中,第二部分由(OH^-)相应的 pH 值反映出。实验中发现,在 pH < 3 时,D 与 pH 值无关,仅是(A^-)的函数。这说明在 pH ≥ 3 时,D 与 pH 值有关,这是因为 Th^{4+} 水解放出 H^+;在 pH < 3 时,Th^{4+} 不水解,即

$$\sum_m P_m (\text{OH})^m = 0$$

式(1-126)可写成

$$D = \frac{\Lambda_4 \beta_4 (\text{A}^-)^4}{1 + \sum_i \beta_i (\text{A}^-)^i}$$

研究实验中的钍采用放射性同位素 ^{234}Th(提取方法参阅 1.9 节)为示踪剂,并且经过阴离子交换树脂验证无 $\text{ThA}_i^{-(i-4)}$ 阴离子存在。所以在 pH < 3 的条件下,$i = 0,1,2,3,4$。

$$D = \frac{\Lambda_4 \beta_4 (\text{A}^-)^4}{1 + \beta_1 (\text{A}^-) + \beta_2 (\text{A}^-)^2 + \beta_3 (\text{A}^-)^3 + \beta_4 (\text{A}^-)^4}$$

由于用放射性活度确定钍浓度,^{234}Th 的 β 和 γ 射线的能量都比较低,在有机相和水相中的吸收系数差别较大,必须校正,钍浓度表示为

$$C_{\text{Th}} = pI$$

$$C_{\text{Th(o)}} = p_{(o)} I_{(o)}$$

其中,I、$I_{(o)}$ 为水相和有机相的放射性比活度;p、$p_{(o)}$ 为水相和有机相的吸收系数。

令钍的表观分配比为 D',则

$$D' = \frac{I_{(o)}}{I} = \frac{C_{\text{Th(o)}}/p_{(o)}}{C_{\text{Th}}/P} = \frac{p}{p_{(o)}} \cdot \frac{C_{\text{Th(o)}}}{C_{\text{Th}}}$$

$$D' = \frac{p}{p_{(o)}} \cdot \frac{\Lambda_4 \beta_4 (\text{A}^-)^4}{1 + \beta_1 (\text{A}^-) + \beta_2 (\text{A}^-)^2 + \beta_3 (\text{A}^-)^3 + \beta_4 (\text{A}^-)^4}$$

$$D' = \frac{\Lambda_4' \beta_4 (\text{A}^-)^4}{1 + \beta_1 (\text{A}^-) + \beta_2 (\text{A}^-)^2 + \beta_3 (\text{A}^-)^3 + \beta_4 (\text{A}^-)^4} \qquad (1-127)$$

其中,$\Lambda_4' = \dfrac{p}{p_{(o)}} \cdot \Lambda_4$ 称为表观分配常数。水相中(A^-)为

$$(\text{A}^-) = \frac{K_a (\text{HA})}{[\text{H}^+]} = \frac{K_a}{[\text{H}^+]} \cdot \frac{C_{\text{HA}}^o}{\left(1 + \lambda_{\text{HA}} + \dfrac{K_a}{[\text{H}^+]}\right)}$$

因为萃取时 pH < 3,Th^{4+} 不水解,所以 $\dfrac{K_a}{[\text{H}^+]}$ 项对 λ_{HA} 而言可忽略。

$$\frac{K_a}{[\text{H}^+]} < \frac{1.17 \times 10^{-9}}{10^{-3}} = 1.17 \times 10^{-6} \approx 0$$

$$(A^-) = \frac{K_a C^o_{HA}}{[H^+](1+\lambda_{HA})}$$

两边取对数得

$$\lg(A^-) = \lg K_a - \lg[H^+] + \lg C^o_{HA} + \lg \frac{1}{1+\lambda_{HA}}$$

令

$$pA = -\lg(A^-)$$

$$pK_a = -\lg K_a$$

则

$$pA = pK_a - pH - \lg C^o_{HA} - \lg \frac{1}{1+\lambda_{HA}}$$

将乙酰丙酮的 pK_a 及 λ_{HA} 代入,得

$$pA = 9.77 - pH - \lg C^o_{HA} \tag{1-128}$$

应该注意,这里的(A^-)只考虑了 HA 的电离,未考虑与钍离子配合消耗的部分,因为实验中采用^{234}Th 示踪,与钍配合的(A^-)可忽略不计。

运用式$(1-128)$很方便,C^o_{HA} 为已知的乙酰丙酮初始浓度,测定 pH 后即可求出(A^-)（即 pA）。再测定两相的表观放射性比活度,求出 D'。将 D' 和 (A^-) 的数值代入式$(1-127)$中,可求得 Λ'_4 和稳定常数 β_i。

(3)用平均配合数法求 β_i

针对上述实验数据的处理,可用平均配合数法。为简便,在推演式子中略去离子的电荷。

配位体总浓度

$$C_A = (A) + \sum_{i=1} i(ThA_i)$$

水相钍浓度

$$C_{Th} = \sum (ThA_i)$$

平均配合数

$$\bar{n} = \frac{C_A - (A)}{C_{Th}} = \frac{\sum i\beta_i(A)^i}{\sum_{i=0} \beta_i(A)^i} = f((A)) \tag{1-129}$$

令第 i 级配合物 ThA_i 的份额为 α_i,则

$$\alpha_i = \frac{(ThA_i)}{C_{Th}} = \frac{\beta_i(A)^i}{\sum_{i=0}\beta_i(A)^i}$$

移项后得

$$\alpha_i \sum_{i=0}\beta_i(A)^i = \beta_i(A)^i \tag{1-130}$$

将式$(1-130)$微分

$$\alpha_i \sum_i i\beta_i(A^-)^{i-1}d(A^-) + \left\{\sum \beta_i(A)^i\right\}d\alpha_i = i\beta_i(A)^{i-1}d(A) \tag{1-131}$$

将式$(1-131)$除以式$(1-130)$,得

$$\frac{\sum_i i\beta_i(A)^i}{\sum_i \beta_i(A)^i} \cdot \frac{d(A)}{(A)} + \frac{d\alpha_i}{\alpha_i} = i\frac{d(A)}{(A)} \tag{1-132}$$

将 $\overline{n}$ 表达式代入式 (1-132) 得

$$\overline{n}\mathrm{dln}(A) + \mathrm{dln}\,\alpha_i = i\mathrm{dln}(A)$$

改写成

$$\overline{n} = i - \frac{\mathrm{dln}\,\alpha_i}{\mathrm{dln}(A)} = i - \frac{\mathrm{dlg}\,\alpha_i}{\mathrm{dlg}(A)} = i + \frac{\mathrm{dlg}\,\alpha_i}{\mathrm{d}(pA)} \tag{1-133}$$

因为萃合物 $i=4$，所以

$$\alpha_4 = \frac{\beta_4(A)^4}{\sum\limits_{i=0}^{4} \beta_i(A^i)} = \frac{\beta_4(A)^4}{1 + \beta_1(A) + \beta_2(A)^2 + \beta_3(A)^3 + \beta_4(A)^4}$$

分配比为

$$D = \frac{(ThA_4)_o}{C_{Th}} = \frac{(ThA_4)_o}{\dfrac{(ThA_4)}{\alpha_4}} = \Lambda_4\alpha_4$$

$$D' = \Lambda'_4\alpha_4$$

对 D' 取对数后微分，再用 $\mathrm{d}(pA)$ 除，得

$$\frac{\mathrm{dlg}\,D'}{\mathrm{d}(pA)} = \frac{\mathrm{dlg}\,\alpha_4}{\mathrm{d}(pA)} \tag{1-134}$$

代入 $\overline{n}$ 表达式 (1-133) 中，有

$$\overline{n} = 4 + \frac{\mathrm{dlg}\,D'}{\mathrm{d}(pA)}$$

$$\mathrm{dlg}\,D' = (\overline{n}-4)\mathrm{d}(pA) \tag{1-135}$$

因为 $\overline{n}$ 是 (A) 的函数，通过 β_i 关联，以 $\lg D'$ 对 pA 作图，斜率为 $(\overline{n}-4)$，$\overline{n}$ 在 $0\sim4$ 变化。如果 $\overline{n}=3.5, 2.5, 1.5$ 和 0.5，则

$$\frac{\mathrm{dlg}\,D'}{\mathrm{d}(pA)} = -0.5, \ -1.5, \ -2.5 \ \text{和} \ -3.5$$

由图解得相应的 $pA = 5.1, 6.3, 7.4$ 和 8.0。

将 $\overline{n}$ 表达式 (1-129) 移项后得

$$\overline{n}\{1 + \beta_1(A) + \beta_2(A)^2 + \beta_3(A)^3 + \beta_4(A)^4\}$$
$$= \beta_1(A) + 2\beta_2(A)^2 + 3\beta_3(A)^3 + 4\beta_4(A)^4\,\overline{n} + (\overline{n}-1)\beta_1(A) + (\overline{n}-2)\beta_2(A)^2 +$$
$$(\overline{n}-3)\beta_3(A)^3 + (\overline{n}-4)\beta_4(A)^4 = 0 \tag{1-136}$$

将已求得 $\overline{n}$ 的 4 个值和 pA 的 4 个值代入式 (1-136) 中，解联立方程得到

$$\beta_1 = 1.4 \times 10^8$$
$$\beta_2 = 3.8 \times 10^{15}$$
$$\beta_3 = 1.0 \times 10^{22}$$
$$\beta_4 = 8.7 \times 10^{26}$$

2. 羟肟类萃取金属离子

羟肟类螯合萃取剂已用于萃取有色金属和稀土元素,对于锕系元素的萃取也在研究中。

芳香烷基羟肟类萃取剂在萃取过程中,酚羟基提供电价键,而肟基的氮原子提供配位键。例如,2 − 羟基 − 5 − 辛基二苯甲酮肟(N510)萃取 Cu^{2+},配合物结构式为

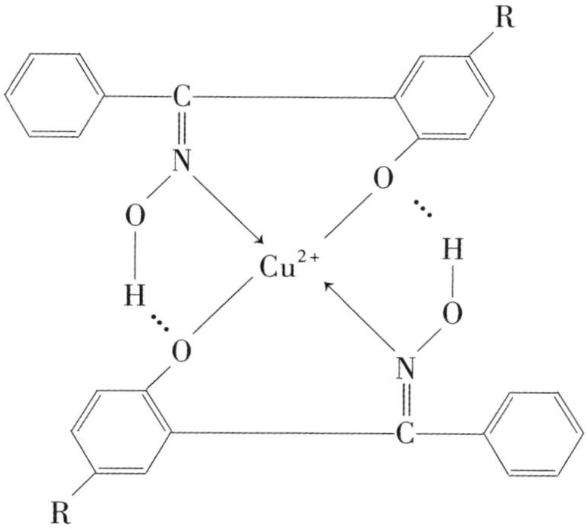

此结构式表明形成了很稳定的六元环螯合物。

脂肪烷基羟肟酸往往会异构生成异羟肟酸(即氧肟酸):

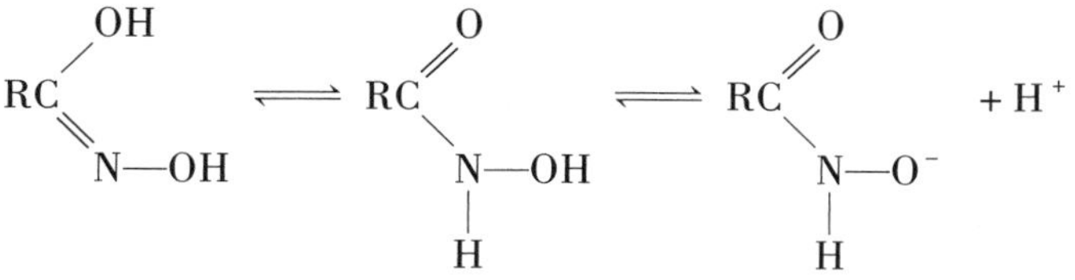

（羟肟酸）　　　　（氧肟酸）

异羟肟酸的羟胺基上的羟基提供电价键,羰基上的氧原子提供配位键,与金属离子配位时形成五元环螯合物:

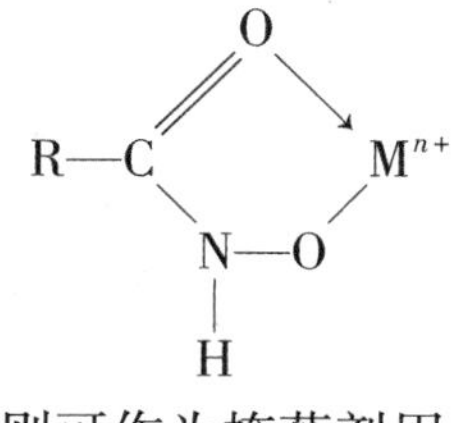

如果 R 的碳链很短,水溶性大,则可作为掩蔽剂用,如乙异羟肟酸可以与 Pu^{4+} 配合生成亲水性的五元环螯合物留在水相。

十二碳异羟肟酸从 $3\ mol \cdot L^{-1} HNO_3$ 溶液中萃取锆的反应式为

$$Zr^{4+} + 2NO_3^- + 2HA_{(o)} \Longrightarrow Zr(NO_3)_2 A_2 + 2H^+$$

文献[5]报道了 2 − 羟基 − 5 − 烷基苯乙肟(7804)萃取镥和镧系元素的研究。由于用磺化煤油作稀释剂,有机相中萃取剂是二聚体,Nd^{3+} 的萃取反应式为

$$Nd^{3+} + 2(H_2A_2)_o + NO_3^- + 3H_2O \Longrightarrow Nd(HA_2)_2 NO_3 \cdot 3H_2O_{(o)} + 2H^+$$

7804 萃取镥和镧系元素的萃取平衡常数列于表 1 − 32。

表 1-32　7804 萃取锔和镧系元素的平衡常数

元素	Am	Eu	Sm	Nd	Pr	Ce	La
$-\lg K$	9.44	9.62	9.68	9.98	10.14	10.24	10.30

7804 萃取剂的分子结构式为

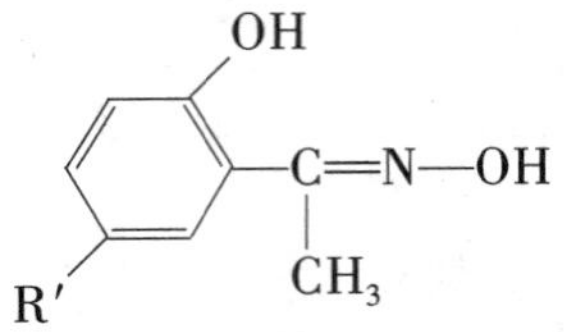

三价镧系元素（Nd^{3+}）与 7804 二聚体形成的螯合结构如图 1-31 所示。萃取剂分子的酚羟基与肟基氮原子以氢键缔合成二聚体,二聚体分子中的另一个酚羟基与 Nd^{3+} 形成电价键,另一个肟基氮原子与 Nd^{3+} 以配位键结合,形成 2×6 元大螯合环。图中反映电荷未中和,需要 NO_3^- 阴离子,配位数未饱和,还有水分子参加配位。

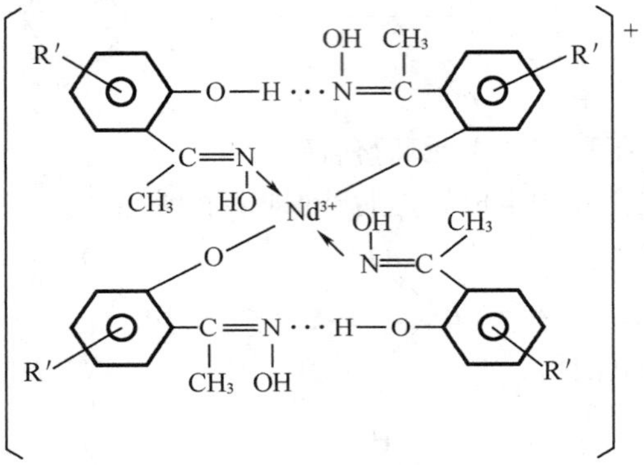

图 1-31　Nd^{3+} 与 7804 二聚体形成的螯合结构

1.4.5　酸性磷氧萃取剂萃取金属离子

酸性磷氧萃取剂包括单烷基（H_2A）和双烷基（HA）两类,萃取功能团是磷原子上的羟基和磷氧酰基共同作用。萃取金属离子的反应中放出一个（HA）或两个（H_2A）氢离子,而且反应速度较快,萃取机理与阳离子交换树脂吸附金属阳离子类似,故有阳离子交换萃取之称。

酸性磷氧萃取剂有很多种,双烷基（HA）磷酸占多数,应用广泛,其中最典型的是二-(2-乙基己基)磷酸(HDEHP 或 P204)。作为一种广谱萃取剂,其分子结构式为

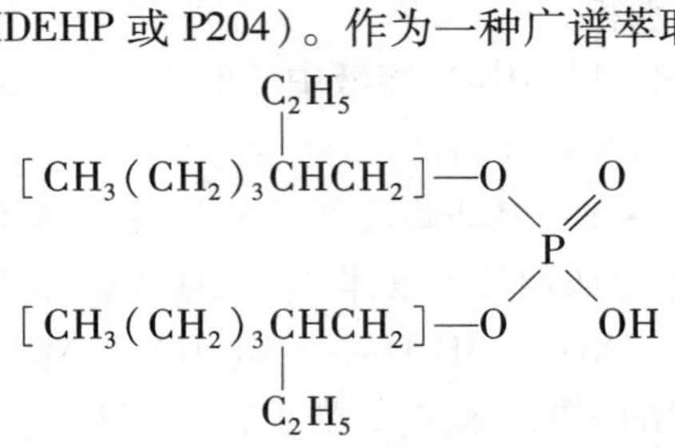

HDEHP 萃取稀土元素的分配比 D 随着原子序数的增加而增大,亦即离子半径减小,分

配比增大,这样的萃取序列叫作正序萃取。钇的位置在重稀土钬与铒之间(表 1 - 33)。

表 1 - 33　HDEHP 萃取稀土元素的分配比 D 和分离系数 β

稀土	分配比 D	分离系数 β
Y^{3+}	1	$\beta_{Ce/La} = 2.8$
La^{3+}	1.3×10^{-4}	$\beta_{Pr/Ce} = 1.5$
Ce^{3+}	3.6×10^{-4}	$\beta_{Nd/Pr} = 1.3$
Pr^{3+}	5.4×10^{-4}	$\beta_{Pm/Nd} = 2.7$
Nd^{3+}	7.0×10^{-4}	$\beta_{Sm/Pm} = 3.2$
Pm^{3+}	1.9×10^{-3}	$\beta_{Eu/Sm} = 2.2$
Sm^{3+}	5.9×10^{-3}	$\beta_{Gd/Eu} = 1.5$
Eu^{3+}	0.013	$\beta_{Tb/Gd} = 5.3$
Gd^{3+}	0.019	$\beta_{Dy/Tb} = 2.8$
Tb^{3+}	0.1	$\beta_{Ho/Dy} = 2.2$
Dy^{3+}	0.28	$\beta_{Er/Ho} = 2.3$
Ho^{3+}	0.62	$\beta_{Tm/Er} = 3.5$
Er^{3+}	1.4	$\beta_{Yb/Tm} = 3.0$
Tm^{3+}	4.9	$\beta_{Lu/Yb} = 2.0$
Yb^{3+}	14.7	
Lu^{3+}	39.4	

注:底液为 $HClO_4$,以钇的分配比 D 为 1 作基准。

从表 1 - 33 可看出,用 HDEHP 于 $HClO_4$ 介质中分离稀土元素,镥和镧之间的分离系数 $\beta_{Lu/La}$ 高达 3.0×10^5,相邻两元素之间的平均分离系数为

$$\bar{\beta} = \sqrt[14]{3.0 \times 10^5} = 2.46$$

按表 1 - 33 中各分离系数加和算得平均分离系数为 2.59。在 HDEHP - HCl 体系中,$\bar{\beta} = 2.5$;在 HDEHP - HNO_3 体系中 $\bar{\beta}$ 要小一些。

本书针对 Purex 流程溶剂辐解产物中烷基磷酸萃取裂变产物元素锆,进行了许多研究。TBP 的初级降解产物二丁基磷酸(HDBP)有很强的二聚倾向,在氯仿、甲基异丁基酮和水中的二聚常数 $\lg K_2$ 分别为 4.48、1.19 和 1.11。这意味着在氯仿中浓度很稀的 HDBP 也是二聚的。HDBP 从 HNO_3 介质中萃取锆,由于酸浓度不同,锆的状态不一样,萃取分配比 D 受酸度的影响不完全遵循酸性萃取剂的规律,而是表现出复杂的行为。一般在低于 3 mol · L^{-1} HNO_3 溶液中,锆浓度很低时,虽有水解但无聚合,萃取反应可用如下反应式表示:

$$ZrO^{2+} + xNO_3^- + n(HDBP)_{2(o)} \Longrightarrow Zr(NO_3)_x \cdot n(DBP \cdot HDBP)_{(o)} + (n-2)H^+ + H_2O$$
$$(n + x = 4)$$

$$Zr(OH)_i^{4-i} + xNO_3^- + n(HDBP)_{2(o)} \Longrightarrow Zr(NO_3)_x \cdot n(DBP \cdot HDBP)_{(o)} + (n-i)H^+ + iH_2O$$
$$(n + x = 4)$$

当硝酸浓度高于 3 mol · L^{-1} 的条件下,锆的状态以 Zr^{4+} 为主,萃取反应式可写成

$$Zr^{4+} + xNO_3^- + n(HDBP)_{2(o)} \Longrightarrow Zr(NO_3)_x \cdot n(DBP \cdot HDBP)_{(o)} + nH^+$$

实验条件不同,结果有很大的差别。在锆浓度很稀的硝酸溶液中萃取锆的分配比与 HDBP 浓度的关系如图 1-32 所示,D_{Zr} 与初始 HDBP 浓度的对数关系线,对于 4 mol·L^{-1} HNO$_3$ 溶液斜率为 2.2,对于 2 mol·L^{-1} HNO$_3$ 溶液斜率为 2.4。若按有机相最终平衡时浓度计算,对于 2 mol·L^{-1} HNO$_3$ 溶液则斜率为 2.0。萃合物的组分为 Zr:DBP:NO$_3$ = 1:2.02:1.98(物质的量之比)。但是对于示踪量锆的萃取,认为每个锆原子与 2 个二聚的 HDBP 配合,而且实验中观察到 D_{Zr} 与 [H$^+$] 无关,说明 HDBP 电离的 H$^+$ 被消耗掉,所以萃取反应式可写成:

$$ZrO^{2+} + 2NO_3^- + 2(HDBP)_{2(o)} \Longleftrightarrow Zr(NO_3)_2 \cdot (DBP \cdot HDBP)_{2(o)} + H_2O$$

在萃取剂和被萃取元素的浓度很低的情况下,体系和未知杂质对萃取剂的微量消耗会影响结果,按最终平衡的自由萃取剂浓度计算较合理。不同研究人员由于实验条件不同,得到的结果有明显的差异。表 1-34 给出了不同离子强度下锆-HDBP 萃合物的形式。从表中看出,不同形式的萃合物在有机相中的溶解度大小不一,分配比 D_{Zr} 也必然有差别。

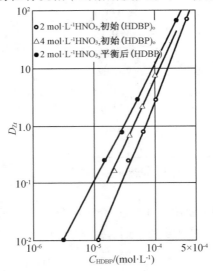

有机相:HDBP-甲苯;

水相:$C_{Zr} = 2.5 \times 10^{-6}$ mol·L^{-1},HNO$_3$ 溶液。

图 1-32　D_{Zr} 与 HDBP 浓度的关系

表 1-34　不同离子强度下锆-HDBP 萃合物的形式

离子强度 μ	萃合物形式
2	Zr(NO$_3$)$_2$(DBP·HDBP)$_2$ Zr(NO$_3$)$_2$(DBP)$_2$ Zr(NO$_3$)$_2$(DBP)$_2$(HDBP)$_4$
3	Zr(NO$_3$)(DBP)$_3$·3HDBP
4	Zr(DBP)$_4$(HDBP)
6	Zr(DBP)$_4$

在研究 HDBP 萃取锆的体系中,由于萃取剂浓度比较低,应重视锆浓度对分配比的影

响。表 1 - 35 中的数据表明了锆浓度和 HDBP 浓度对 D_{Zr} 的影响,在锆浓度和 HDBP 浓度可以相比拟的条件下,一定浓度的 HDBP 萃取锆时,D_{Zr} 随锆浓度的增加而减小,如表中横向变化。因为萃取剂浓度较低,在萃合物形成过程中,自由萃取剂浓度明显下降。当锆浓度一定时,D_{Zr} 随 HDBP 浓度增加而显著增大,如表 1 - 35 中的纵向变化。对于锆浓度为 1.0×10^{-6} mol·L^{-1} 和示踪量锆,实验结果得到的 lg D_{Zr} - lg C_{HDBP} 呈直线关系,斜率为 2 或 3。而对于锆浓度为 10^{-5} mol·L^{-1}、10^{-4} mol·L^{-1} 和 10^{-3} mol·L^{-1} 时,lg D_{Zr} - lg C_{HDBP} 的关系如图 1 - 33 所示,其不是简单的直线关系,关系曲线都有个拐点。在拐点的低 HDBP 浓度方向,斜率较低(1.5 ~ 2.5);在高 HDBP 浓度方向,斜率较高(5 ~ 7)。这说明存在两类萃合物,一类是 $Zr(NO_3)_x(DBP)_n$ 型,在有机相中溶解度低,故分配比 D_{Zr} 较小;另一类是 $Zr(NO_3)_x(DBP \cdot HDBP)_n$ 型,在有机相中的溶解度高,有利于萃取,故分配比 D_{Zr} 较大。这两类配合物在有机相中溶解度的差别,成为 Purex 流程中 1A 萃取器出现界面物的关键因素(详见 1.8 节)。

表 1 - 35 锆浓度和 HDBP 浓度对 D_{Zr} 的影响

C_{HDBP} /(mol·L^{-1})	D_{Zr}				
	示踪量 Zr	10^{-6} mol·L^{-1}Zr	10^{-5} mol·L^{-1}Zr	10^{-4} mol·L^{-1}Zr	10^{-3} mol·L^{-1}Zr
7.0×10^{-5}	1.20	0.74	1.10	1.6×10^{-2}	
1.0×10^{-4}	5.66	6.10	5.65	6.7×10^{-2}	7.2×10^{-4}
2.0×10^{-4}	39.00	40.10	33.90	8.1×10^{-2}	2.7×10^{-3}
3.0×10^{-3}					6.58
6.0×10^{-3}					$> 1.4 \times 10^{3}$
1.0×10^{-2}					$> 1.4 \times 10^{3}$

为了研究 $Zr(DBP)_i^{4-i}$ 配合物,用 HDBP - CCl$_4$($10^{-3} \sim 10^{-1}$ mol·L^{-1})从 HClO$_4$ 溶液(1 ~ 4 mol·L^{-1})中萃取示踪量锆,以 NaClO$_4$ 调节 $\mu = 4$,研究了 HDBP 萃取锆的机理。实验发现有机相中存在 $Zr(DBP)_4$ 和 $Zr(DBP)_4(HDBP)$ 两种萃合物;锆在 HClO$_4$ 溶液水相中除了 Zr^{4+} 外,还以 $Zr(DBP)^{3+}$、$Zr(DBP)_2^{2+}$、$Zr(DBP)_3^+$ 和 $Zr(DBP)_4$ 等配合物存在,这些配合物的含量随着水相(DBP^-)浓度的变化而变化(图 1 - 34)。用对数函数外推法处理实验数据,获得了萃取反应平衡和配合物的部分常数。

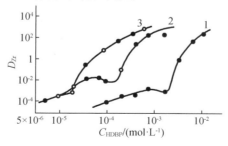

有机相:HDBP - 正十二烷;

水相:3.0 mol·L^{-1} HNO$_3$ - 2.0 mol·L^{-1} NaNO$_3$;

C_{Zr}:1—10^{-3} mol·L^{-1},2—10^{-4} mol·L^{-1},3—10^{-5} mol·L^{-1}。

图 1 - 33 D_{Zr} 与 C_{Zr} 和 C_{HDBP} 的关系

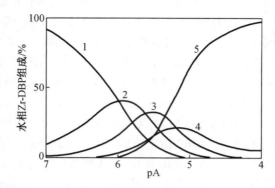

$1—Zr^{4+};2—Zr(DBP)^{3+};3—Zr(DBP)_2^{2+};4—Zr(DBP)_3^{+};5—Zr(DBP)_4;pA=-\lg C_{DBP^-}$。

图 1 – 34　水相配合物含量与（DBP⁻）浓度的关系

萃取反应式为

$$Zr^{4+}+4DBP^- \underset{}{\overset{K_{40}}{\rightleftharpoons}} Zr(DBP)_{4(o)}$$

$$Zr^{4+}+4DBP^-+HDBP \underset{}{\overset{K_{41}}{\rightleftharpoons}} Zr(DBP)_4(HDBP)_{(o)}$$

$$K_{40}=\frac{(Zr(DBP)_4)_o}{(Zr^{4+})(DBP^-)^4}=10^{21.2}$$

$$K_{41}=\frac{(Zr(DBP)_4(HDBP))_o}{(Zr^{4+})(DBP^-)^4(HDBP)_o}=10^{26.7}$$

$$\beta_1=\frac{(Zr(DBP)^{3+})}{(Zr^{4+})(DBP^-)}=10^{6.0},\beta_2=\frac{(Zr(DBP)_2^{2+})}{(Zr^{4+})(DBP^-)^2}=10^{11.6}$$

$$\beta_3=\frac{(Zr(DBP)_3^{+})}{(Zr^{4+})(DBP^-)^3}=10^{16.8},\beta_4=\frac{(Zr(DBP)_4)}{(Zr^{4+})(DBP^-)^4}=10^{22.3}$$

在 HDBP 萃取体系中经常存在 TBP,这时有反协同效应,使 HDBP 萃取锆的分配比下降。这是因为 TBP 的 P═O 上的氧原子与 HDBP 上的 P—OH 形成氢键,使自由的 HDBP 浓度下降。

在辐解产物中长链烷基磷酸也备受关注,常以丁基月桂基磷酸（HBLP）模拟研究。HBLP – 正十二烷从硝酸溶液中萃取锆,水相酸浓度较低（$3 \sim 4$ mol·L⁻¹）时,萃取机理与阳离子交换相一致,萃取过程伴随氢离子释放。酸度较高时,有未解离的无机酸分子参加萃取,酸浓度增加,则 D_{Zr} 也增大。在 3 mol·L⁻¹HNO₃ 中 HBLP 萃取锆的 D_{Zr} 与萃取剂浓度的关系示于图 1 – 35 中,关系线斜率为 2。HBLP 与 TBP 之间也有氢键缔合,有机相存在 TBP 时也有反协同效应而使 D_{Zr} 下降。但是在 30% TBP 中,当 HBLP 浓度增加到 10^{-3} mol·L⁻¹以上时,$\lg D_{Zr} - \lg C_{HBLP}$ 又恢复到直线关系,并且也与图 1 – 35 一样,直线斜率为 2。说明 HBLP 和锆的配合物很稳定,萃取反应式可写成

$$ZrX_n^{4-n}+2(HBLP–TBP)\!\!=\!\!=\!\!=\!\!ZrX_2(BLP)_2+2TBP+2H^++(n-2)X^-$$

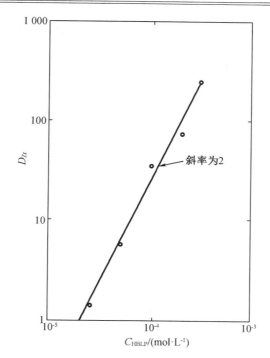

有机相：HBLP - 正十二烷；

水相：$C_{HNO_3} = 3\ mol \cdot L^{-1}$；$C_{Zr} = 2.0 \times 10^{-6}\ mol \cdot L^{-1}$。

图 1 - 35　HBLP 萃取锆的 D_{Zr} 与萃取剂浓度的关系

1.5　离子缔合萃取体系

1.5.1　离子缔合萃取的特点

离子缔合萃取体系的特点是：金属以配合阴离子或配合阳离子的形式存在于水相；萃取剂阳离子或阴离子与金属的配合物以离子缔合形式成为萃合物而萃入有机相。基于被萃取金属在水相以阴离子或阳离子形式存在，离子缔合萃取体系可分为阴离子萃取和阳离子萃取。

阴离子萃取是指金属离子与体系中的阴离子（常为浓度较高的酸根）形成配合阴离子，萃取剂被较浓酸溶液中的 H^+ 质子化成阳离子，两者缔合成离子对进入有机相。萃取剂成盐原子有 O、N、P、As、Sb 和 S 等。按成盐原子不同和成盐方式不同，阴离子萃取剂盐有胺（铵）盐、锌盐、镦盐、钟盐、锑盐和锍盐等。其中四苯基钟氯 $[(C_6H_5)_4As^+ \cdot Cl^-)]$ 可溶于水相与阴离子 ReO_4^-、MnO_4^-、IO_4^-、BF_4^-、$HgCl_4^{2-}$、$SnCl_6^{2-}$、$CdCl_4^{2-}$、$ZnCl_4^{2-}$ 等生成离子对，被 $CHCl_3$ 等萃取。四苯基镦氯 $(C_6H_5)_4P^+ \cdot Cl^-$、四苯基锑氯 $(C_6H_5)_4Sb^+ \cdot Cl^-$ 以及三苯基锍盐 $(C_6H_5)_3S^+ \cdot X^-$ 等都可以与金属配合阴离子在中性或弱酸性溶液中缔合成离子对，进入

CHCl₃、MiBK 和二氯苯等弱极性有机溶剂中。这些萃取剂盐中,胺盐和锌盐是通过质子化而成,而铵盐等其他盐都要专门合成。

阳离子萃取是指金属离子与中性螯合剂(如联吡啶 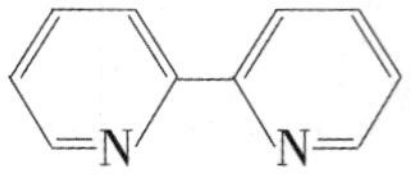 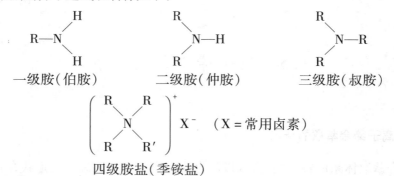 和 1,10 - 邻偶氮

菲 及大环化合物等结合成大阳离子,再与水相中较大的阴离子(如

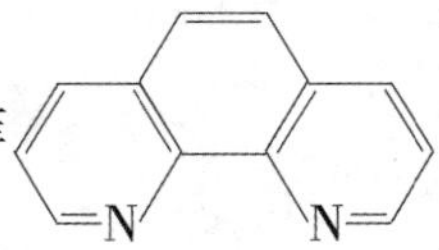

ClO_4^-、CNS^- 和 I^-)形成离子缔合体进入有机相。

本节主要叙述胺类萃取体系和锌盐类型萃取,并简单介绍冠状化合物萃取。

1.5.2 胺类萃取体系

1. 胺类萃取剂的基本性质

(1)胺类萃取剂

胺类萃取剂是氨的烷基取代物,氨分子中三个氢逐步被烷基取代,分别生成三种不同的胺。一个氢被取代,生成一级胺,称为伯胺;两个氢被烷基取代,生成二级胺,称为仲胺;三个氢都被烷基取代,生成三级胺,称为叔胺。叔胺分子的氮原子上再接一个烷基,生成带正电荷的四级铵盐,称为季铵盐。三级胺的各级烷基一般都一样,也可以不一样;而四级铵盐,由于位阻效应,四个烷基中有一个烷基的碳链要短,通常是甲基。

胺基萃取剂的分子通式和名称如下:

一级胺(伯胺)　　　二级胺(仲胺)　　　三级胺(叔胺)

四级胺盐(季铵盐)

萃取剂胺(铵)的分子量:作为萃取剂的有机胺的分子量一般为 250～600。分子量小于 250 的烷基胺在水中溶解度大,使用时导致萃取剂在水相中的溶解损失。分子量大于 600 的烷基胺往往是固体,在有机稀释剂中的溶解度较小,萃取容量小,而且分相困难。

胺类萃取剂的碱性:伯胺、仲胺和叔胺属中等强度碱性萃取剂,其必须与强酸作用生成胺盐阳离子后,才能萃取金属的配合阴离子,如生成 RNH_3^+、$R_2NH_2^+$ 和 R_3NH^+,所以伯胺、仲胺和叔胺只有在强酸性溶液中才能萃取阴离子。季铵盐属强碱性萃取剂,它本身就是含正电荷的阳离子,不必在酸性溶液中结合 H^+ 成盐。所以能够直接与金属的配合阴离子缔合成离子对进入有机相,故其在酸性、碱性和中性溶液中均可萃取阴离子。

可作为萃取剂的胺和铵:

叔胺可作为萃取剂,如三正辛胺(TOA)、$(C_8H_{17})_3N$;三异辛胺(TiOA)、

$[CH_3-CH(CH_3)CH_2CH(CH_3)CH_2CH_2]_3N$；三月桂胺（TLA）、$(C_{12}H_{25})_3N$ 等。

季铵盐是很好的萃取剂，如甲基三烷基氯化铵，其中 R 为 8 ～ 10 碳时，称为 7402；R 为 8 ～ 12 碳时，称为 N_{263}。

带有较多支链的伯胺和仲胺也可以作为萃取剂，如异仲胺，二（1 - 异丁基 - 3,5 - 二甲基己基）胺（S - 24）；仲碳伯胺（N_{1923}），R_2CHNH_2，R 为 9 ～ 11 个碳原子的烷基。

在伯胺、仲胺和叔胺中，作为萃取剂用得较多的是叔胺，伯胺与仲胺用得较少。因为伯胺 RNH_2 和仲胺 R_2NH 中含有亲水基团 N—H，它们在水中的溶解度比分子量相同的叔胺大。另外，伯胺、仲胺在有机相中能溶解相当多量的水，对萃取不利，所以直链的伯胺一般不用作萃取剂。

（2）胺类萃取剂的萃取性能与结构的关系

萃取性能主要表现在萃取能力和选择性上，其随着胺类型的不同而有很大的差别。表 1 - 36 列出了典型的三种胺萃取剂对不同金属离子的萃取分配比数据。三种胺对二价金属离子几乎不萃取；对三价金属离子（Fe^{3+}、Re^{3+}）及四价金属离子（Th^{4+}）的萃取能力表现不同，伯胺对这些离子的萃取能力很强，特别是对锆和钍的萃取分配比显得格外大，而仲胺和叔胺的萃取能力显著降低（锆例外）；对于六价的钼和铀，这三种胺都有相当高的萃取能力。表 1 - 36 中三种胺的分子结构式如下：

伯胺 JM - T

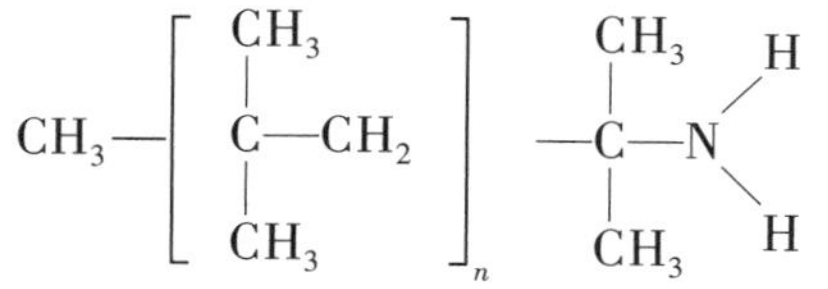

仲胺 S - 24

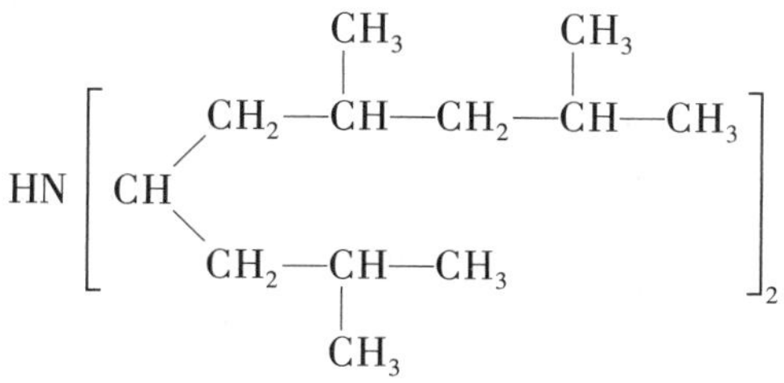

叔胺 TiOA（三异辛胺）

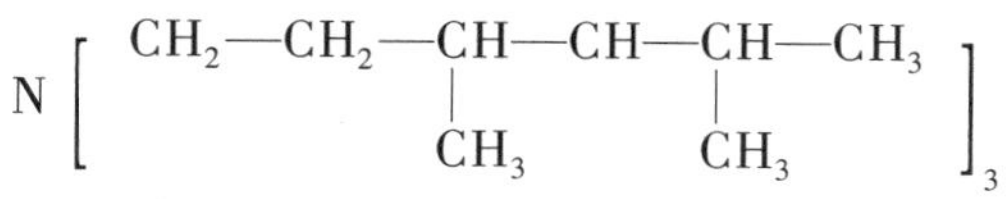

表 1-36　胺对金属硫酸盐的萃取

金属离子	分配比 D		
	伯胺 JM-T	仲胺 S-24	叔胺 TiOA
M^{2+}、M^{3+} *	<0.1	<0.01	<0.01
Fe^{3+}	40	<0.1	<0.01
Re^{3+}	20	<0.01	<0.01
Ce^{4+}	750	<0.01	<0.01
Ti^{4+}	10	0.2	<0.1
Zr^{4+}	>1 000	—	200
$Th^{4+}\cdot 0.5\ mol\cdot L^{-1}\ SO_4^{2-}$	5 000	2	<0.1
Mo(Ⅵ)	150	400	150
U(Ⅵ)	40	200	90

水相:$1\ mol\cdot L^{-1}\ SO_4^{2-}$,pH=1,金属离子浓度 $1\ g\cdot L^{-1}$;

有机相:$0.1\ mol\cdot L^{-1}$ 胺在芳香烃稀释剂中;

相比:1。

* M^{2+}、M^{3+}:Mg^{2+}、Ca^{2+}、Mn^{2+}、Fe^{2+}、Co^{2+}、Ni^{2+}、Zn^{2+}、Al^{3+}、Co^{3+}、VO^{2+} 等。

　　萃取剂本身的结构对萃取能力有显著影响,因为胺分子上的 N 是亲质子的,当氨分子中的氢逐步被烷基取代后,由于烷基的排斥电子作用,使氮的电负性增加,碱性增强,萃取能力提高。胺的碱性强度用 pK_b(碱离解常数的负对数)表示,pK_b 越小,表明碱性越强,萃取能力越强。通常情况下,在盐酸、硝酸、氢氟酸和硫氰酸体系中,胺对金属离子的萃取能力次序为季铵盐>叔胺>仲胺>伯胺;但在硫酸体系中正好相反,萃取能力次序为伯胺>仲胺>叔胺>季胺。

　　胺类萃取剂的分子内由亲水性和亲油性两部分组成,当烷基碳链加长或烷基被芳香基取代时,其油溶性增加,有利于萃取,但这个因素往往是次要的,其萃取能力主要取决于萃取剂的碱性和空间效应。当氮原子中的氢逐渐被 R—烷基取代后,由于 R—的诱导效应,氮原子的亲质子倾向更强,萃取能力增加,但同时随着烷基数目增多,体积增大,常对胺与质子的结合起阻碍作用(称为空间效应),使萃取能力下降,从而增加了萃取的选择性。对胺类萃取剂,诱导效应(碱性)和空间效应同时起作用,萃取能力似乎受空间效应的影响更显著些。另外,支链化影响空间效应,对于小的金属离子特别明显。表 1-37 列出了直链仲胺和支链仲胺对不同金属离子分配比的影响,可见直链仲胺二(十二烷基)胺要比支链仲胺 S-24 的萃取能力强,而且支链对小离子 Ti^{4+} 的影响特别明显。

表 1-37　直链与支链仲胺萃取不同离子的分配比

金属离子	D	
	二(十二烷基)胺	S-24
Ti^{4+}	5	0.2
U^{4+}	200	50
UO_2^{2+}	80	20

94

　　胺类萃取剂的萃取能力除了考虑其本身结构外,还要考虑稀释剂的影响。表 1 – 38 列出了不同胺萃取剂和稀释剂对萃取铀分配比的影响。以煤油或苯作稀释剂时,仲胺和叔胺萃取铀的分配比高于伯胺。以氯仿为稀释剂时,伯胺和直链仲胺(二正癸胺)萃取铀的分配比比叔胺和支链仲胺(S – 24)的高。这一现象可能与在有机相中烷基胺本身有氢键缔合有关。在煤油中,伯胺及直链仲胺容易发生氢键缔合,不利于金属离子的萃取。

表 1 – 38　不同胺萃取剂和稀释剂对萃取铀分配比的影响

稀释剂	D				
	JM – T	二正癸胺	S – 24	三辛胺	三(2 – 乙基己基)胺
煤油	3	三相	110	30	0.1
苯	10	90	20	150	0.2
氯仿	9	150	2	5	<0.1

水相:$C_U = 4.0 \times 10^{-3}$ mol · L^{-1},$C_{SO_4^{2-}} = 1$ mol · L^{-1},pH = 1;

有机相:0.1 mol · L^{-1} 胺。

伯胺缔合:

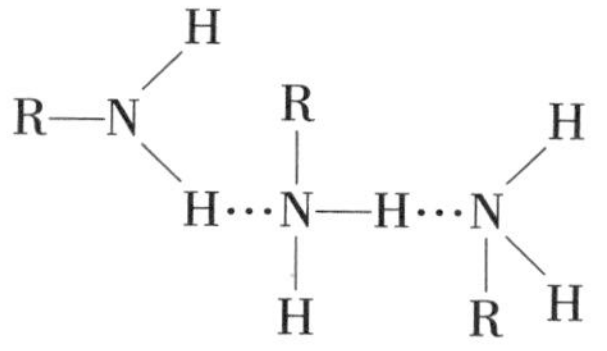

仲胺缔合:

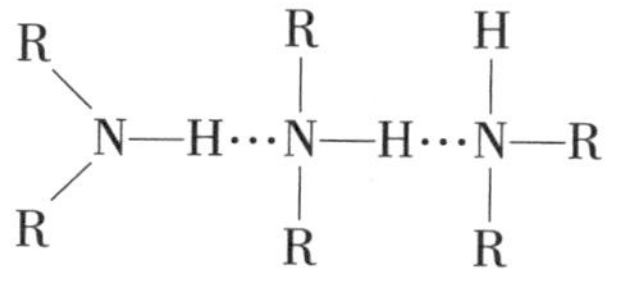

　　而叔胺本身不发生缔合,具有支链的仲胺(特别是支链靠近氮原子),由于支链妨碍氢键的形成,也不缔合,故有利于萃取。

　　在氯仿中的情况则不同,由于胺分子中的氮原子会与氯仿中的氢形成氢键,抵制了伯胺及直链仲胺本身的缔合,有利于萃取,使铀的分配比提高。但是叔胺由于与氯仿形成氢键,不利于萃取,反而使铀的分配比下降。

　　叔胺与氯仿缔合:

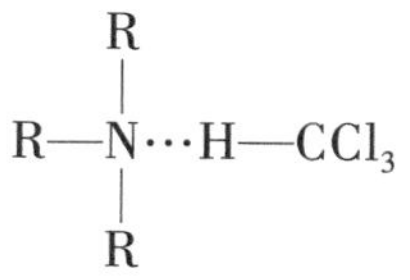

　　稀释剂的性质,尤其是极性不同对胺类萃取能力影响较大。实验证明,胺类在非极性溶剂中产生复杂的聚合作用,一定浓度的胺盐,其聚合程度在烃类稀释剂中比在高介电常数溶剂中的大,在脂肪烃中的聚合又比在芳香烃中的显著。

　　小结:胺类萃取剂的萃取性能取决于萃取剂本身的结构。从诱导效应而言,萃取能力随伯胺、仲胺、叔胺的次序增加;随烷基支链化程度的增加,其诱导效应增加,从而使萃取能力增加;支链化程度增加,引起空间效应也增加,因而又使萃取能力减弱;空间效应增加则使选择性增强;胺类萃取剂的萃取能力,似乎受空间效应的影响更显著些。

胺类萃取能力也受稀释剂性质影响。通过促进或抵制萃取剂的缔合,可使萃取能力降低或增加。稀释剂的介电常数对离子缔合物的稳定性有影响。

2. 胺类萃取剂的基本反应

(1)胺盐和季铵盐的聚合反应

胺盐和季铵盐都是离子缔合体,在介电常数比较小的非极性溶剂(烷烃、芳香烃等)中往往聚合或生成胶束,例如:

$$2\left[R_3NH^+ \cdot NO_3^-\right]_o \underset{}{\overset{K_2}{\rightleftharpoons}} \left[R_3NH^+ \cdot NO_3^-\right]_{2(o)}$$

$$K_2 = \frac{(R_3NH^+ \cdot NO_3^-)_{2(o)}}{(R_3NH^+ \cdot NO_3^-)_o^2}$$

其中$\left[R_3NH^+ \cdot NO_3^-\right]_2$称为“四离子缔合物”,即二聚物,是通过库仑力结合起来的。K_2为二聚常数,三辛胺的硝酸盐在邻二甲苯溶液中的$K_2 = 32$。

季铵盐与胺盐一样,也有类似的聚合反应,N_{263}(氯化三烷基甲铵)在芳香烃溶液中基本上是二聚的。

脂肪胺盐还可能生成多聚物:

$$n(R_3NHX)_o = (R_3NHX)_{n(o)} \quad (n = 2,3,4,\cdots 甚至高达几十)$$

一般而言,聚合现象具有以下趋势:对于硫酸盐以外的酸根阴离子,聚合难易的顺序为伯胺盐 < 仲胺盐 < 叔胺盐 < 季铵盐;稀释剂介电常数越小,聚合常数越大;在脂肪烃中比在芳香烃中易聚合;胺类硫酸盐的聚合大于其他盐类。

聚合反应的负面影响:降低对金属离子的萃取;使萃取反应缓慢;常有第三相生成。

(2)胺和季铵盐与酸的反应

脂肪胺具有碱性,能与酸起中和反应而生成相应的胺盐。

1:1 两相中和反应

叔胺与HNO_3的反应为

$$R_3N_{(o)} + H^+ + NO_3^- \underset{}{\overset{K_{11}}{\rightleftharpoons}} R_3NH^+ \cdot NO_3^-{}_{(o)}$$

$$K_{11} = \frac{(R_3NH^+ \cdot NO_3^-)_o}{(R_3N)_o[H^+](NO_3^-)}$$

其中,K_{11}是反应平衡常数,它表示离子缔合物中胺与酸的分子比为1:1,故称为1:1 两相中和反应。

对于给定的胺,K_{11}与稀释剂有关,它随稀释剂的极性或可极化性的增加而增大,见表 1 − 39。

表 1-39　三辛胺萃取硝酸的 K_{11} 与稀释剂的关系

稀释剂	$C_{HNO_3}/(mol \cdot L^{-1})$	$C_{HNO_{3(o)}}/(mol \cdot L^{-1})$	$K_{11} \times 10^{-5}$
四氯化碳	0.13 ~ 0.20	0.225	10
硝基苯(40 ℃)	0.01 ~ 2.0	0.02 ~ 0.1	500
氯仿(40 ℃)	0.01 ~ 2.0	0.02 ~ 0.1	62
苯(40 ℃)	0.01 ~ 2.0	0.02 ~ 0.1	1.1
苯(30 ℃)	0.01 ~ 2.0	0.02 ~ 0.1	2.7
苯(25 ℃)	0.01 ~ 2.0	0.02 ~ 0.1	3.8
二甲苯(25 ℃)	0.004 ~ 0.04	0.05	1.4

对于不同的酸,K_{11} 亦不同。一定的胺在不同酸中 K_{11} 的大小顺序为

$$HClO_4 > HSCN > HI > HBr > HNO_3 > HCl$$

对于给定的酸和稀释剂,胺类萃取酸的能力随伯胺—仲胺—叔胺顺序下降,也随烷基链增长或支链增多而下降,见表 1-40。

表 1-40　各类胺萃取 HCl 的 lg K_{11}

胺级别	胺	胺浓度/$(mol \cdot L^{-1})$	lg K_{11}
伯胺	$(n-C_6H_{13})_2CH(CH_2)_5NH_2$	0.1	8.2
	$(n-C_9H_{19})_2CHCH_2NH_2$	0.1	7.0
	$(n-C_7H_{15})_3CCH_2NH_2$	0.1	6.8
仲胺	$(n-C_{10}H_{21})_2NH$	0.1	7.2
	$(n-C_{12}H_{25})NH(i-C_8H_{17})$	0.1	6.6
	$(n-C_{12}H_{25})NHCH_2CH(C_2H_5)(n-C_4H_9)$	0.1	6.1
	$[(n-C_4H_9)CH(C_2H_5)CH_2]_2NH$	0.1	5.2
叔胺	$(n-C_8H_{17})_2NCH_3$	0.1	4.4
	$(n-C_7H_{15})_3N$	0.1	3.8
	$(n-C_8H_{17})_3N$	0.1	3.8
	$(n-C_8H_{17})N[CH_2CH(CH_3)_2]_2$	0.1	2.0

（3）胺盐的加合反应

胺与等当量的酸生成胺盐后,如果水相酸的浓度较高,则胺盐还能继续与酸生成 1:1 的离子缔合物,这种反应称为胺盐的加合反应。以叔胺盐萃取过量硝酸为例,反应式如下:

$$R_3NH^+ \cdot NO_3^-{}_{(o)} + H_3O^+ + NO_3^- \underset{}{\overset{K_{12}}{\rightleftharpoons}} \begin{bmatrix} R_3NH^+, NO_3^- \\ NO_3^-, H_3O^+ \end{bmatrix}_o$$

用 0.5 mol · L^{-1}三辛胺从 1 ~ 5 mol · L^{-1}HNO$_3$ 溶液中萃取硝酸,用 CCl$_4$ 作稀释剂时萃取反应平衡常数 $K_{12} = 0.9$;用二甲苯为稀释剂时,$K_{12} = 0.13$。推测萃合物结构式为

$$R_3NH^+ \cdot \begin{bmatrix} O & & & O \\ & N-O\cdots H-O-N & \\ O & & & O \end{bmatrix}^-$$

考虑水分子进入,更合理的结构式应为

$$RNH^+ \cdot \left[O-N \begin{matrix} O \cdots H \\ O \cdots H \end{matrix} O \cdots H-O-N \begin{matrix} O \\ O \end{matrix} \right]^-$$

（4）胺和季胺盐与酸根阴离子的交换反应

胺盐或季铵盐中酸根阴离子可与其他酸根阴离子发生交换反应,阴离子半径越大,电荷越小,即水化程度越低,越有利于被萃取。其顺序为

$$ClO_4^- > SCN^- > I^- > Br^- \sim NO_3^- > Cl^- > HSO_4^- > SO_4^{2-}$$

（5）胺盐对金属盐类的萃取反应

胺盐萃取金属离子有以下规律：

①凡在水相中能与酸根阴离子形成金属配合阴离子者均能被萃取,可用于萃取锕系元素、镧系元素,以及 Zr、Hf、Nb、Ta、Zn、Co、Ni、Sn 和 Pb 等。

②凡在水相能以含氧酸根或其他阴离子存在的元素也能被萃取,如 TcO_4^-、ReO_4^-、OsO_4^-、RuO_5^{2-} 等。

③碱金属和碱土金属不能被萃取,因为其不能生成配合阴离子。

影响胺类萃取金属离子的主要因素有胺的结构、稀释剂和水相酸的性质。伯胺对酸根阴离子亲和力大,萃取 NO_3^-、Cl^- 的能力很强,所以对金属配合阴离子的萃取能力就差,不能从 HNO_3 或 HCl 介质中萃取金属离子。伯胺能从 H_2SO_4 溶液中萃取铀,因为 SO_4^{2-} 是高度水合离子,与 RNH_3^+ 亲和力小,而 UO_2^{2+} 与 SO_4^{2-} 生成的配合阴离子稳定性高,能进行萃取。

3. 叔胺从硫酸溶液中萃取铀

叔胺从溶液中萃取金属离子 M^{n+},一般认为有两种反应机理,阴离子交换反应和加成（即加合）反应。

阴离子交换反应：

$$(m-n)R_3NH^+ \cdot L_{(o)}^- + ML_m^{-(m-n)} \rightleftharpoons (R_3NH^+)_{(m-n)} \cdot ML_{m(o)}^{-(m-n)} + (m-n)L^-$$

加成反应：

$$(m-n)R_3NH^+ \cdot L_{(o)}^- + ML_n \rightleftharpoons (R_3NH^+)_{(m-n)} \cdot ML_m^{(n-m)}{}_{(o)}$$

这两种反应机理的萃合物都是离子缔合物 $(R_3NH^+)_{(m-n)} \cdot ML_m^{(n-m)}$。究竟属于哪种萃取反应与实验条件有关。一般认为体系中的阴离子配体浓度高时,以阴离子交换反应为主。

用 TOA 从 H_2SO_4 介质中萃取 UO_2^{2+},根据饱和萃取有机相的组成分析,以及对萃合物的红外光谱测定、热重分析和差热分析,认为萃合物组成为 $(R_3NH)_4UO_2(SO_4)_3 \cdot (H_2O)_3$。有以下两种反应机理：

加成反应：

$$UO_2^{2+} + SO_4^{2-} \rightleftharpoons UO_2SO_4$$

$$2(R_3NH)_2SO_{4(o)} + UO_2SO_4 \rightleftharpoons (R_3NH)_4UO_2(SO_4)_{3(o)}$$

萃合物中萃取剂分子与 UO_2^{2+} 的比例为 4:1。

阴离子交换反应：

$$UO_2^{2+} + 2SO_4^{2-} \rightleftharpoons UO_2(SO_4)_2^{2-}$$

$$2(R_3NH)_2SO_{4(o)} + UO_2(SO_4)_2^{2-} \rightleftharpoons (R_3NH)_4UO_2(SO_4)_{3(o)} + SO_4^{2-}$$

萃合物中萃取剂分子与 UO_2^{2+} 的比例也是 4:1。

也有研究者的实验结果显示其萃合物组成为 $(R_3NH)_2UO_2(SO_4)_2$，萃取剂分子与 UO_2^{2+} 的比例是 2:1。

进一步的实验证明，在高酸度下（有机胺几乎全部质子化）或预先将胺用硫酸全部中和成 $(R_3NH)_2SO_4$ 形式萃取铀，萃合物组成的胺铀分子数比为 4:1。在低酸溶液中萃取铀，此时胺未被全中和，萃合物胺铀分子数比小于 4:1。在 $pH = 2$ 的酸度下 TOA 萃取硫酸铀酰，有机相中可能存在 $(R_3NH)_4UO_2(SO_4)_3$ 和 $(R_3NH)_2UO_2(SO_4)_2$ 两种萃合物；当 $pH \approx 2.3$ 时，有机相的萃合物可能主要为 $(R_3NH)_2UO_2(SO_4)_2$。

为了更深入地认识酸度对 TOA 萃取 UO_2SO_4 的影响，实验考察了 TOA – 苯溶液从不同浓度的硫酸溶液中萃取 H_2SO_4 的平衡曲线（图 1 – 36）。TOA 萃取 H_2SO_4 的反应式为

$$2R_3N_{(o)} + H_2SO_4 \Longleftrightarrow (R_3NH)_2SO_4$$

$$(R_3NH)_2SO_{4(o)} + H_2SO_4 \Longleftrightarrow 2(R_3NH)HSO_{4(o)}$$

可以把图 1 – 36 中的曲线分为三段，第一段为有机相中 R_3N 和 $(R_3NH)_2SO_4$ 共存区，即水相酸度较低，不足以使有机相 TOA 全部中和，随着水相酸度增加，有机相胺盐随之增大；第二段为有机相中 $(R_3NH)_2SO_4$ 与 $(R_3NH)HSO_4$ 共存区；第三段有机相全部生成 $(R_3NH)HSO_4$ 或 $[(R_3NH)_2SO_4] \cdot H_2SO_4$。

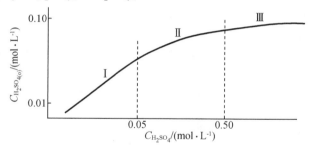

有机相:$0.1\ mol \cdot L^{-1}$ TOA – 苯；
水相:不同浓度 H_2SO_4 溶液。

图 1 – 36　TOA 萃取 H_2SO_4 平衡曲线

针对图 1 – 36 曲线不同段相应的酸度条件研究 TOA 萃取 UO_2^{2+} :在第一段酸度，水相铀浓度为 $4.075 \times 10^{-3}\ mol \cdot L^{-1}$，$SO_4^{2-}$ 浓度为 $0.5\ mol \cdot L^{-1}$，$pH = 2.3$，用不同浓度 TOA – 正己烷溶液（$0.02 \sim 0.1\ mol \cdot L^{-1}$）萃取 UO_2^{2+}，用 $\lg D$ 对 $\lg(TOA)_o$ 作图得直线，斜率为 2（图 1 – 37 线 I）。通过等物质的量系列法证明，有机相萃合物组成 $(R_3NH)_2SO_4 : UO_2SO_4 = 1:1$，和图 1 – 37 线 I 相一致，即生成萃合物 $(R_3NH)_2UO_2(SO_4)_2$，胺铀分子数比为 2:1，萃取反应式为

$$2R_3N_{(o)} + 2H^+ + UO_2(SO_4)_2^{2-} \Longleftrightarrow (R_3NH)_2UO_2(SO_4)_{2(o)}$$

当水相 $pH = 2.0$，其他条件保持不变时，得到的直线斜率为 3（图 1 – 37 线 II）。这是由于酸度增高，有机相胺盐量增加，生成胺铀分子数比不等的 $(R_3NH)_2UO_2(SO_4)_2$ 与 $(R_3NH)_4UO_2(SO_4)_3$ 的混合物，因为斜率等于整数 3，这里胺铀分子数比为 2:1 和 4:1 两种萃合物的分子比应为 1:1。当 $pH < 1.7$ 时，有机相几乎全部形成 $(R_3NH)_4UO_2(SO_4)_3$。

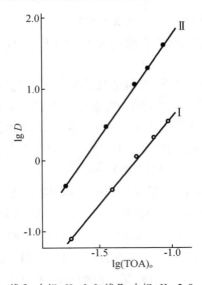

线Ⅰ：水相 pH = 2.3；线Ⅱ：水相 pH = 2.0。

图 1 – 37   铀分配比与萃取剂 TOA 浓度的关系

　　TOA 萃取硫酸铀酰的分配比 D 与 pH 的关系如图 1 – 38 所示。由图中可见，在 pH 值为 1.6 ~ 1.8 之间出现 D 的高峰。在这个 pH 值的低酸方向，D 值随酸度的增加而增大；在高酸方向，D 值随酸的增加而逐渐减小。这一 pH 值相当于图 1 – 36 中曲线的第一段与第二段的交界处。计算表明，这一点酸度也正好是 TOA 生成 $(R_3NH)_2SO_4$ 的等当点。这种变化也说明 $(R_3NH)_2SO_4$ 萃取铀的能力可能远大于胺 R_3N 和酸式胺盐 $(R_3NH)HSO_4$。

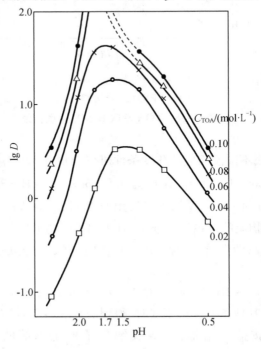

图 1 – 38   TOA 萃取 UO_2SO_4 的 D 与 pH 的关系

4.季铵盐从碳酸盐溶液中萃取铀

季铵盐耐辐照和化学稳定性好,能用于各种无机酸体系和较宽的 pH 范围,并且可从中性或碱性溶液中萃取配合阴离子。本节以季铵盐从含 Na_2CO_3、NaF、$H_2C_2O_4$、H_2O_2 等溶液中萃取铀(Ⅵ)为例,介绍萃取机理和萃合物组成的研究方法。

(1)季铵盐从碳酸盐及其他杂质阴离子溶液中萃取铀(Ⅵ)

有机相为甲基三烷基($C_{9～11}$)氯化铵 – 煤油 – 15% 仲醇($C_{12～16}$),萃取实验前,预先用等体积10% 碳酸钠溶液平衡 2～3 次,转为碳酸盐型。

季铵盐萃取铀(Ⅵ)的机理与 UO_2^{2+} 在水相中的配合物形态密切相关。首先要了解碳酸钠溶液中 UO_2^{2+} 的状态,研究表明,当 CO_3^{2-} 浓度足够大时,UO_2^{2+} 几乎全部以 $UO_2(CO_3)_3^{4-}$ 形态存在,其配合反应式为

$$UO_2^{2+} + 3CO_3^{2-} \xrightleftharpoons{\beta} UO_2(CO_3)_3^{4-}, \beta = 10^{21.5}$$

测定这种水溶液的吸收光谱(图 1 – 39)在 420 nm、435 nm、445 nm 和 460 nm 处有吸收峰,当铀浓度不变,而 Na_2CO_3 的浓度由 50 g·L^{-1} 减到 20 g·L^{-1} 时,吸收光谱完全重合,表明在这两种浓度下,铀都以 $UO_2(CO_3)_3^{4-}$ 配合阴离子形式存在。当体系中再分别引入 F^-、$C_2O_4^{2-}$、NO_3^-、Cl^-、SO_4^{2-} 等阴离子,吸收谱图和峰位都不发生变化(图 1 – 40),说明 CO_3^{2-} 与 UO_2^{2+} 的配合能力很强,加入的其他阴离子都不能与 CO_3^{2-} 竞争和 UO_2^{2+} 形成新的配合物。因此这一条件下,季铵盐萃取的机理与单独 Na_2CO_3 溶液中相同,萃取反应式为

$$UO_2(CO_3)_3^{4-} + 2(R_4N)_2CO_{3(o)} \rightleftharpoons (R_4N)_4UO_2(CO_3)_{3(o)} + 2CO_3^{2-}$$

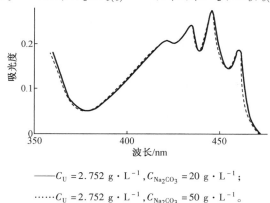

——$C_U = 2.752$ g·L^{-1},$C_{Na_2CO_3} = 20$ g·L^{-1};

……$C_U = 2.752$ g·L^{-1},$C_{Na_2CO_3} = 50$ g·L^{-1}。

图 1 – 39 纯 Na_2CO_3 溶液中 $UO_2^{2+} - CO_3^{2-}$ 吸收光谱图

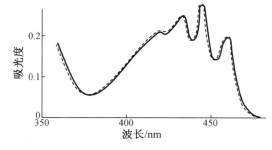

——$C_U = 2.752$ g·L^{-1},$C_{Na_2CO_3} = 20$ g·L^{-1},$C_{H_2C_2O_4} = 1$ g·L^{-1};

……$C_U = 2.752$ g·L^{-1},$C_{Na_2CO_3} = 20$ g·L^{-1},$C_{F^-} = 1$ g·L^{-1}。

图 1 – 40 杂质阴离子存在时 $UO_2^{2+} - CO_3^{2-}$ 的吸收光谱图

测定不同浓度季铵盐萃取铀的分配比 D，以 $\lg D$ 对 $\lg C_{(R_4N)_2CO_3}$ 作图，得直线的斜率为 2，这时有机相的吸收光谱与水相 $UO_2(CO_3)_3^{4-}$ 光谱相同（图 1-41），说明有机相中生成的是离子缔合物。

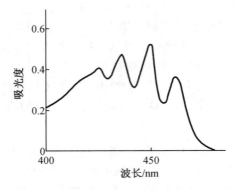

图 1-41 有机相 $UO_2(CO_3)_3^{4-}-(R_4N)_2CO_3$ 的吸收光谱

（2）季铵盐从含 H_2O_2 的碳酸钠溶液中萃取铀

铀酰离子在碳酸溶液中生成的 $UO_2(CO_3)_3^{4-}$ 配合阴离子很稳定，如 $C_2O_4^{2-}$ 和 F^- 这样强的配位体都难于改变三碳酸铀酰阴离子的状态。如果在 $UO_2(CO_3)_3^{4-}$ 的 Na_2CO_3 溶液中加入 H_2O_2，则 $UO_2(CO_3)_3^{4-}$ 的吸收光谱的特征发生很大的改变，说明 $UO_2(CO_3)_3^{4-}$ 与 H_2O_2 发生作用，生成了新的配合物，此时溶液的颜色由黄色变为玫瑰红色，放置一段时间后，溶液的吸收光谱不变，表明 H_2O_2 与铀生成的配合物十分稳定。配合反应式为

$$UO_2(CO_3)_3^{4-}+O_2^{2-}\rightleftharpoons UO_2(O_2)(CO_3)_2^{4-}+CO_3^{2-}$$

生成了一种三元配合物，吸收光谱如图 1-42 所示。

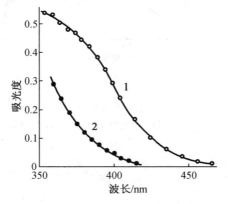

$C_U = 0.8 \; g \cdot L^{-1}$，$C_{Na_2CO_3} = 20 \; g \cdot L^{-1}$，$C_{H_2O_2} = 0.5 \; g \cdot L^{-1}$。

曲线 1——水相铀浓度为 $0.8 \; g \cdot L^{-1}$；

曲线 2——萃取有机相铀浓度为 $1.3 \; g \cdot L^{-1}$，R_4N^+ 浓度为 2.5%。

图 1-42 $UO_2^{2+}-Na_2CO_3-H_2O_2$ 体系的吸收光谱

为了研究 $Na_2CO_3-H_2O_2$ 体系中季铵盐萃取铀的机理，也可以用等物质的量系列法、饱和萃取法和斜率法相互佐证。

（1）等物质的量系列法

实验时保持有机相季铵盐和水相初始铀的总物质的量相同,而改变两者的物质的量之比,萃取平衡后测定有机相的铀浓度。以有机相铀浓度对物质的量之比作图(图1-43),有机相铀浓度最大时,季铵盐与铀的浓度比为4:1,表明萃取有机相生成的萃合物中(R_4N):$(UO_2(O_2)(CO_3)_2^{4-})=4:1$,即生成的离子缔合物为$(R_4N)_4 \cdot UO_2(O_2)(CO_3)_2$。

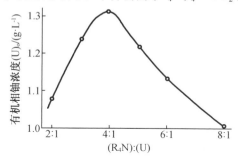

图 1 - 43　等物质的量系列法测定萃合物组成

（2）饱和萃取法

保持一定浓度和体积的季铵盐溶液对$UO_2^{2+} - Na_2CO_3 - H_2O_2$水相新鲜溶液进行错流萃取,使有机相的铀浓度达到饱和,分析有机相中的季铵盐与铀的比例。为了确证是否达到饱和萃取,应设计几种不同浓度的季铵盐进行萃取,比较有机相季铵盐与铀的比例是否一致。实验结果列于表1-41中,四种季铵盐浓度饱和萃取铀的物质的量之比接近4:1。

表 1 - 41　饱和萃取法结果

$(R_4N)/(mmol \cdot L^{-1})$	$C_{U(o)}/(g \cdot L^{-1})$	$C_{U(o)}/(mmol \cdot L^{-1})$	$(R_4N)/C_{U(o)}$
42.5	2.20	9.4	4.5
85	4.36	19	4.5
127.5	7.10	31	4.01
170	9.40	40	4.25

（3）斜率法

假设季铵盐萃取$UO_2^{2+} - (O_2^{2-}) - (CO_3^{2-})$三元配合物的反应式为

$$UO_2(O_2)(CO_3)_2^{4-} + n\{(R_4N)_2CO_3\}_{p(o)} \Longrightarrow UO_2(O_2)(CO_3)_2 \cdot 2np(R_4N)_{(o)} + npCO_3^{2-}$$

式中,p 为季铵盐分子的聚合度,萃取反应的热力学平衡常数

$$K^\circ = \frac{(UO_2(O_2)(CO_3)_2 \cdot 2np(R_4N))_o (CO_3^{2-})^{np}}{(UO_2(O_2)(CO_3)_2^{4-})(\{(R_4N)_2CO_3\}_p)_o^n}$$

令有机相铀浓度

$$(U)_o = (UO_2(O_2)(CO_3)_2 \cdot 2np(R_4N))_o$$

水相铀浓度

$$(U) = (UO_2(O_2)(CO_3)_2^{4-})$$

有机相自由萃取剂浓度

$$(S)_o = ((R_4N)_2CO_3)_o$$

$K°$表达式可简化为

$$K° = \frac{(U)_o(CO_3^{2-})^{np}}{(U)(S_p)_o^n} = \frac{(U)_o(CO_3^{2-})^{np}r_\pm^{np-1} \cdot r_{Us}}{(U)(S_p)_o^n \cdot r_s^n} = D\left(\frac{r_\pm^{np-1} \cdot r_{Us}}{r_s^n}\right)\frac{(CO_3^{2-})^{np}}{(S_p)_o^n}$$

式中r_{Us}、r_s为萃合物和萃取剂的活度系数;$r_\pm$为水相离子的平均活度系数。在一定的条件下,将这些活度系数视为常数,上式改写成分配比的表达式:

$$D = K°\left(\frac{r_s^n}{r_\pm^{np-1}r_{Us}}\right)\frac{(S_p)_o^n}{(CO_3^{2-})^{np}} = K' \cdot \frac{(S_p)_o^n}{(CO_3^{2-})^{np}}$$

$$(S_p)_0 = \frac{C_s^0 - 2np(U)_o}{2p}$$

C_s^o为季铵盐初始浓度,代入D表达式

$$D = \frac{K'(2p)^{-n}}{(CO_3^{2-})^{np}}(C_s^o - 2np(U)_o)^n$$

根据电中性原理和上述实验结果可知$2np = 4$。实验时维持碳酸根浓度恒定,测定不同季铵盐浓度(C_s^o)下的铀分配比,以$\lg D$对$(C_s^o - 2np(U)_o)$作图,得直线斜率为2(图1—44)。因为$n = 2$,所以$p = 1$,说明体系中季铵盐没有聚合,萃取反应为

$$UO_2(O_2)(CO_3)_2^{4-} + 2(R_4N)_2CO_{3(o)} \Longrightarrow UO_2(O_2)(CO_3)_2 \cdot (R_4N)_{4(o)} + 2CO_3^{2-}$$

测得有机相萃合物的吸收光谱如图1—42中的曲线2所示,其与无H_2O_2体系完全不同,而与含H_2O_2的水相吸收谱(曲线1)类似。

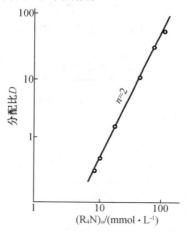

图1—44　含H_2O_2和碳酸钠体系中铀分配比D与季铵盐浓度的关系

5. 胺类溶剂萃取过程的第三相问题

胺类萃取剂有其突出的优点:萃取能力较强,选择性好,废溶液处理时可全部变成气体挥发而不留固体废物。但是胺类萃取剂的最大问题是生成第三相,即两层有机相和一层水相,影响工艺操作,并且分离效果不好。生成第三相的原因复杂,防止生成第三相也应考虑多种因素。

(1)胺类本身在有机相的溶解度

溶解度越大,越不易形成第三相。一般胺类萃取剂在芳香烃有机溶剂中的溶解度比在烷烃中的要大些,因此烷基胺在芳香烃中不易生成第三相。如N_{263}萃取分离稀土时,常用重溶剂(提取甲苯、二甲苯后的混合芳香烃)作稀释剂,而不采用煤油。如果使用煤油,需在有

机相中添加高碳醇(如辛醇),它可与胺分子形成氢键,析离胺(铵)盐的聚合体,增加在煤油中的溶解度,防止生成第三相。但是这种添加的助溶剂,会给溶剂再生带来麻烦。

(2)胺盐生成第三相受成盐的酸根阴离子影响

叔胺与 HNO_3 作用,在低酸度时生成 $R_3NH^+ \cdot NO_3^-$,而在高酸度时生成 $\begin{bmatrix} R_3NH^+ 、NO_3^- \\ NO_3^- 、H_3O^+ \end{bmatrix}$。

两者的溶解度不同,前者大于后者,所以叔胺在低酸度时不易生成第三相,而在高酸度时易生成第三相。对于相同的烷基胺,与无机酸根阴离子成盐时形成第三相的倾向为

$$(R_3NH)_2SO_4 > (R_3NH)HSO_4 > R_3NHCl > R_3NHNO_3$$

(3)有机相中有两种离子缔合物存在易生成第三相

叔胺的盐酸盐 R_3NHCl 单独存在于有机相中并不生成第三相,随着有机相中萃取 UO_2Cl_2 后 $(R_3NH)_2UO_2Cl_4$ 浓度的增加,出现了第三相,当有机相接近饱和萃取,R_3NHCl 几乎全生成 $(R_3NH)_2UO_2Cl_4$ 时,第三相趋于消失。

(4)温度的影响

一般而言,两部分互溶的有机相随温度升高,互溶度增加,到某一温度(临界温度)便能全部互溶,因此温度较高不利于生成第三相。但是有的体系温度对生成第三相不敏感。

为了防止胺类萃取体系生成第三相,胺的浓度不宜太大;选择合适的稀释剂,如果采用煤油,应加助溶剂;水相离子浓度与酸度也要适当。

1.5.3　锌盐型离子缔合萃取

1. 锌盐型萃取剂的特点

萃取功能团由氧原子上的孤对电子起作用的萃取剂,如醇、酮、醚、酯:

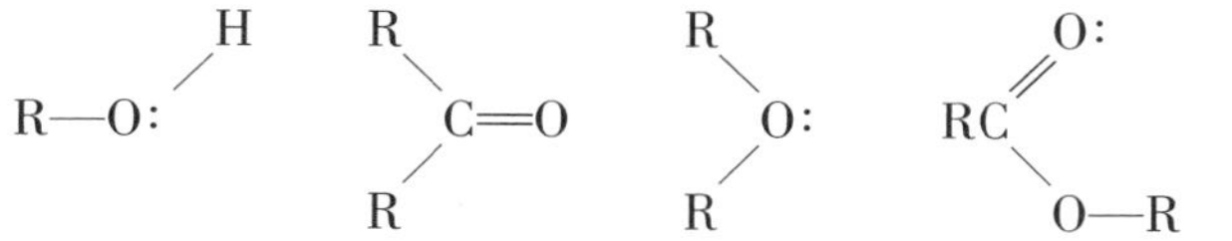

在酸浓度不高的水相介质中,氧原子上的孤对电子与被萃取物形成配键,表现出中性萃取特性。但在酸度较高的介质中,由于氧原子上孤对电子的亲质子特性,与水相中浓度较高的质子形成锌盐阳离子:

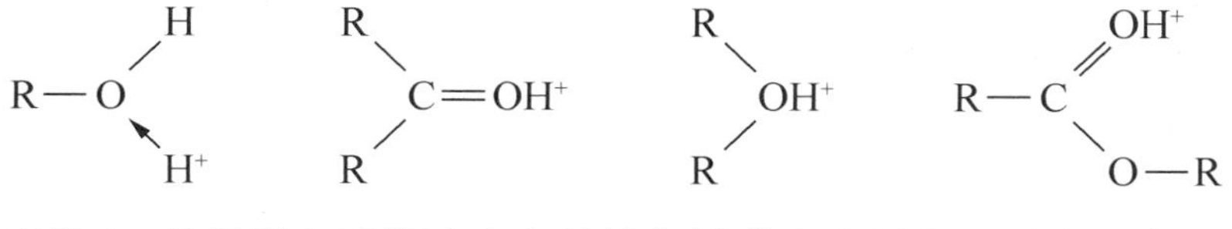

由于酸度较高,酸根阴离子的浓度也足够与被萃取金属离子形成配合阴离子,两者缔合成离子对被萃取到有机相而呈现离子缔合萃取特性。

2. 萃取反应

锌盐型离子缔合萃取包括三部分:萃取剂与无机酸氢离子结合成锌盐阳离子;被萃取金属离子与水相酸根或其他相适当的阴离子形成配合阴离子;锌盐阳离子与配合阴离子缔合成离子对萃取到有机相。以乙醚从 $6\ mol \cdot L^{-1}$ 盐酸中萃取三价铁离子为例:

（1）锌盐阳离子形成：

$$\begin{array}{c} R \\ | \\ O_{(o)} \\ | \\ R \end{array} + H^+ Cl^- \rightleftharpoons \left[\begin{array}{c} R \\ | \\ O\cdots H \\ | \\ R \end{array}\right]^+_{(o)} + Cl^-$$

（2）三价铁离子形成配合阴离子：

$$Fe^{3+} + 4Cl^- \rightleftharpoons [FeCl_4]^-$$

（3）锌盐离子对形成：

$$\left[\begin{array}{c} R \\ | \\ O\cdots H \\ | \\ R \end{array}\right]^+_{(o)} + [FeCl_4]^- \rightleftharpoons \left[\begin{array}{c} R \\ | \\ O\cdots H \\ | \\ R \end{array}\right]^+ \cdot [FeCl_4]^-_{(o)}$$

3. 影响锌盐萃取的主要因素

锌盐萃取的影响因素比较多,仅简述如下。

（1）萃取剂结构的影响

含氧萃取剂的结构对萃取能力有明显的影响,碳链长度增加,使萃取金属的能力下降,醚类对铀的萃取能力次序是二乙醚 > 二正丁醚 > 二正己醚 > 二(β 氯代乙基)醚,这与溶剂的路易斯碱性递减次序一致。

萃取剂分子结构中对称性改变会影响萃取能力,不对称的甲基烷基酮比碳原子数目相同的对称酮对金属离子的萃取更有效。

由于空间位阻效应,含氧萃取剂中烷基支链的增加也影响萃取能力。

（2）萃取剂的质子化能力的影响

根据 Челенцев 的研究,各类有机化合物的质子化能力不同,生成锌盐的能力也是不同的,其顺序为

$$ROR < ROH < RCOOH < RCOOR < RCOR < RCHO$$
醚　　 醇　　 酸　　 酯　　 酮　　 醛

Кузнецов 的研究也证实了这个顺序。

（3）水相酸度的影响

锌盐萃取需在较高浓度的无机酸溶液中进行,以保证可形成锌盐阳离子和金属的配合阴离子,同样也可以通过选择不同的酸度对不同金属离子进行分离。

（4）配合阴离子性质的影响

亲水性弱的配合阴离子易被萃取,因此也要求形成的配合阴离子半径大,电荷密度小,有利于萃取。

1.5.4　冠状化合物萃取

自从 C. J. Pedersen 于 1967 年合成了第一个大环配位体冠醚后,大环配合物很快成为有机化学和无机化学的重要内容,并与生命科学、新材料、新技术的开发密切相关。由(—CH_2CH_2—O—)_n 作为重复单元组成的大环配位体主要有两种类型:一种类型是大单环聚醚,称为冠醚;另一种类型是具有三维空间的穴醚和球醚,其中穴醚是含桥头氮原子的大二环聚醚。

冠醚由于这类化合物的分子模型类似皇冠,而且通过配合物形成时给阳离子"戴冠",

故被形象地称为冠醚。如苯并－15－冠－5 和二苯并－18－冠－6 的分子结构为

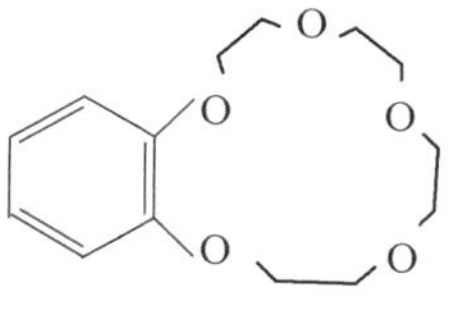

苯并－15－冠－5 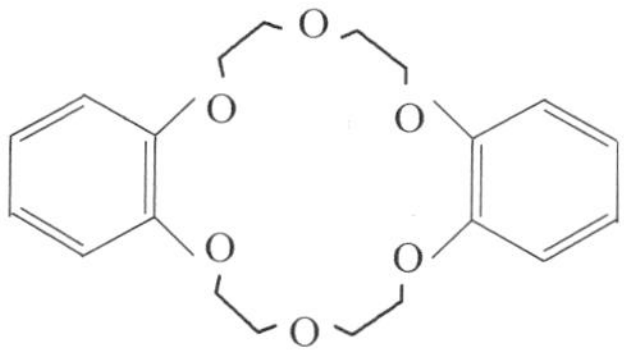　　　　　　　　二苯并－18－冠－6

冠醚的命名采用习惯叫法,如二苯并－18－冠－6,即两个苯基在大环的两侧,18 代表形成环的总原子数,6 是环中杂原子(如氧原子)数目。结构式中 ⌒ 代表乙撑基—CH_2CH_2—,它与杂原子相连。

穴醚是具有三维结构的双环穴状化合物,对金属离子的配合能力更强。穴醚的命名参考了桥烷的命名法,写成"穴醚[x、y、z]"的形式,方括号内的数字是按由大到小的顺序列出的每个桥链中所含氧原子的数目。例如:

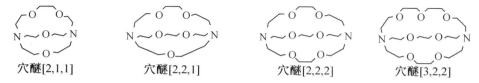

穴醚[2,1,1]　　　　　穴醚[2,2,1]　　　　　穴醚[2,2,2]　　　　　穴醚[3,2,2]

本节简述冠醚作为萃取剂的特性、萃取机理和主要影响因素。

1. 冠醚作为萃取剂的特性

冠醚是一种配位能力很强的配体,由于环上的配位原子数目比一般配体多,能与大小相匹配的金属离子形成稳定的配合物,尤其能与配位能力很弱的碱金属、碱土金属离子相互作用。冠醚配合物的结构有一定的规律:当冠醚腔径大小与金属离子直径相匹配时,金属离子位于环中心,形成的配合物稳定性高,萃取能力强;腔容积比金属离子小时,金属离子一般位于比氧原子环平面稍高的位置;腔径比金属离子大时,冠醚发生畸变,将一个或多个金属离子包围在其中。所以金属离子的直径相对于冠醚环空穴的大小直接影响萃取能力。表 1－42 列出了几种冠醚的醚环空穴直径,表 1－43 列出了部分金属离子的直径。

冠醚可作为萃取剂的另一个醚环重要特性是增溶性,冠醚分子结构中乙撑基处于环醚的外侧,亲水的杂原子(氧原子)向内侧,形成外圈憎水而内腔亲水的结构。内腔空穴具有亲水性,能与金属离子结合,这种结合是由金属阳离子与醚环上带负电性的氧原子之间借离子－偶极静电作用形成的。外圈憎水可使整个离子化合物在有机相中的溶解度增加,这种增溶性使萃取得以实现。

表 1－42　几种冠醚的醚环空穴直径

冠醚	空穴直径/nm
14－冠－4	0.12～0.15
15－冠－5	0.17～0.22
18－冠－6	0.26～0.32
21－冠－7	0.34～0.43
24－冠－8	＞0.40
二丁基环己基 14－冠－4	0.18

表 1 - 42（续）

冠醚	空穴直径/nm
二苯并 - 18 冠 - 6	0.40
二环己基 - 18 冠 - 6	0.40
二环己基 - 24 冠 - 6	>0.40

表 1 - 43 部分金属离子的直径

金属离子	直径/nm	金属离子	直径/nm
Li^+	0.120	Bi^{2+}	0.192
Na^+	0.190	Zn^{2+}	0.148
K^+	0.266	Co^{2+}	0.148
Rb^+	0.296	Ni^{2+}	0.138
Cs^+	0.334	La^{3+}（系）	0.186 ~ 0.230
Ag^+	0.252	Am^{3+}	0.198
Hg^+	0.130	Th^{4+}	0.216
Ca^{2+}	0.198	U^{4+}	0.186
Sr^{2+}	0.226	Pu^{4+}	0.180
Ba^{2+}	0.276	Np^{4+}	0.184
Pb^{2+}	0.240	U^{6+}	0.166

2. 萃取机理

冠醚是一种中性萃取剂,它先与金属阳离子生成配合阳离子,而后与介质中的适当阴离子缔合成中性的离子对萃取到有机相中,具体有如下几步平衡:

（1）冠醚在有机相和水相之间的分配平衡

$$C \xrightarrow{\lambda_C} C_{(o)}, \quad \lambda_C = \frac{(C)_o}{(C)}$$

（2）冠醚同金属（如碱金属）离子在水相中的配合平衡

$$M^+ + C \xrightarrow{\beta} MC^+, \quad \beta = \frac{(MC^+)}{(M^+)(C)}$$

（3）配合阳离子 MC^+ 与阴离子 A^-（如酸根）在水相缔合成中性离子对

$$MC^+ + A^- \xrightarrow{\beta_A} MC^+ \cdot A^-, \quad \beta_A = \frac{(MC^+ \cdot A^-)}{(MC^+)(A^-)}$$

（4）中性的缔合离子对在有机相和水相间的分配

$$MC^+ \cdot A^- \xrightarrow{\Lambda} MC^+ \cdot A^-_{(o)}, \quad \Lambda = \frac{(MC^+ \cdot A^-)_o}{(MC^+ \cdot A^-)}$$

总的萃取反应平衡

$$M^+ + C_{(o)} + A^- \xrightarrow{K} MC^+ \cdot A^-_{(o)}, \quad K = \frac{(MC^+ \cdot A^-)_o}{(M^+)(C)_o(A^-)}$$

反应平衡（2）是关键步骤,当金属离子直径与冠醚空穴大小相匹配时,生成的配合物金属离子位于环中心,如 18 - 冠 - 6 与 K^+ 的配合物

K^+ 位于环的中心。如果金属离子大于冠醚空穴,由于配合时金属离子位于比氧原子环平面稍高的位置,则会有第二个冠醚分子从金属离子露出面与之配合,形成 MC_2^+ "夹心型"配合阳离子;同理还可能形成 $M_2C_3^{2+}$ 配合阳离子,称为"棒状夹心型"配合阳离子,如图 1−45 中的(a)和(b)所示。图中的两种配合物,由于金属阳离子比冠醚空穴大,只能部分在空穴内,其余部分在两冠醚分子之间形成"夹心",并且 M:C 的值不同,需要实验数据证实。

图 1−45　金属离子大于冠醚空穴的配合物示意图

3. 冠醚萃取金属离子的影响因素

(1)冠醚的结构对萃取能力的影响

要生成稳定而可被萃取的配合物,冠醚分子的空穴与金属离子大小应当匹配。二苯并−18 冠−6 的苯溶液萃取碱金属的苦味酸盐时,萃取顺序为 $K^+ > Rb^+ > Cs^+ > Na^+$。

(2)阴离子性质对萃取的影响

阴离子 A^- 的性质对萃取的影响主要表现在它对缔合离子对在有机相中溶解度的影响。一般规律是 A^- 必须是大阴离子,如 ClO_4^-、MnO_4^-、苦味酸阴离子、四苯硼酸盐阴离子等,生成的 $MC^+ \cdot A^-$ 离子对在有机相中有较高的溶解度。对于无机酸阴离子,其憎水性比有机酸的小,彼此间也是亲油的大阴离子有利于萃取,对碱金属的萃取顺序是 $ClO_4^- > NO_3^- > Br^- > OH^- > Cl^- > F^-$。

(3)金属离子结构对萃取的影响

金属离子的半径、电荷不仅影响它与冠醚的静电作用,还影响它的水合作用。半径小、电荷密度大的离子(如 Li^+、Mg^{2+}、Ca^{2+})较难萃取;Pb^{2+} 和 Sr^{2+} 的电荷相同、半径相近,但用二苯并−18−冠−6 对 Pb^{2+} 的萃取能力比 Sr^{2+} 的萃取能力大 40~50 倍,而配合能力仅相差 5~6 倍。两者萃取能力差别如此之大,是因为 Sr^{2+} 的水合作用比 Pb^{2+} 的强。

(4)稀释剂对萃取的影响

一般而言,冠醚萃取金属离子的能力随着稀释剂极性的增强而提高。碳氢化合物或氯化烷是冠醚常用的稀释剂,但阴离子类型对稀释剂的选择有一定的要求,用苦味酸作阴离子时,需用极性强的硝基苯作溶剂;用四苯硼酸盐作阴离子时,则可以用氯仿、二氯甲烷、苯、烷烃等作溶剂。

总之,冠醚萃取剂分子受配位原子数目多和空穴直径所限,萃取金属阳离子的选择性强。

1.6　协同萃取体系

1.6.1　定义与分类

1. 协同效应的发现

1954 年有人发现,HTTA 和 TBP 的苯溶液从硝酸介质中萃取锆和钕时,分配比比单独使用这两种萃取剂时的分配比之和大,但是这一现象没有引起人们的重视。

1956 年 C. A. Blake 等人在研究 HDEHP 从硫酸溶液中萃取铀的各种破乳剂(避免碳酸盐反萃取铀时第三相的生成)时发现了协同效应,有些中性萃取剂(如 TBP)对于 H_2SO_4 介质中的铀几乎不萃取,但是添加 HDEHP 不但能防止反萃取时第三相的生成,而且可使铀的分配比增加若干倍,如果用 TBPO 代替 TBP,则分配比增加的倍数更大,把这种现象称为协同效应。

2. 协同萃取的定义

采用两种或两种以上的萃取剂同时萃取金属时,总分配比 D_{total} 显著大于相同条件下每一种萃取剂单独使用时分配比之和 D_{add}($D_{add} = D_1 + D_2 + \cdots + D_n$),即 $D_{total} > D_{add}$,这种现象即为协同效应。具有协同效应的萃取体系称为协同萃取体系,简称协萃体系。反之,$D_{total} < D_{add}$,则称为反协同效应。若 $D_{total} \approx D_{add}$,即为无协同效应。$D_{total} = D_s + D_{add}$,$D_s$ 为协萃分配比,$D_s = 0$ 时,$D_{total} = D_{add}$。

无协同效应的体系称为理想体系,或者称理想二元(或多元)萃取体系。理想混合萃取体系必须满足两个条件:两种萃取剂之间无相互作用;体系中不生成包含两种萃取剂的协萃配合物。严格的理想二元(或多元)萃取体系是很难找到的。

3. 协同萃取体系的分类

徐光宪院士将协萃体系分为二元协萃体系和三元协萃体系。其中二元协萃取体系包括二元异类协萃体系和二元同类协萃体系。

二元异类协萃体系指不同类型萃取剂组成的协萃体系,包括酸性螯合与中性配合(A、B)协萃体系、酸性螯合与离子缔合(A、C)协萃体系和中性配合与离子缔合(B、C)协萃体系。

二元同类协萃体系指同类型的两种不同萃取剂组成的协萃体系,包括酸性螯合协萃体系(A_1、A_2)、中性配合协萃体系(B_1、B_2)、离子缔合协萃体系(C_1、C_2)。

三元协萃体系是由三种萃取剂组成的协萃体系,包括酸性螯合、中性配合与离子缔合三元协萃体系(A、B、C),酸性螯合、中性配合三元协萃体系(A_1、A_2、B 或 A、B_1、B_2),酸性螯合、离子缔合三元协萃体系(A_1、A_2、C 或 A、C_1、C_2),中性配合、离子缔合三元协萃体系(B_1、B_2、C 或 B、C_1、C_2)。三元协萃体系的应用实例不多,机理讨论也少,通常加入第三种溶剂是为了避免第三相生成或提高萃取效率,例如:

$$U(\text{VI})/H_2SO_4 - H_2O/0.1 \ mol \cdot L^{-1} \text{有机胺} \left.\begin{array}{c} \text{有机磷酸} \\ \\ 5\% \ TBP \end{array}\right\} \text{煤油}$$

这个例子属于 A、B、C 三元协萃体系,其三元协同萃合物是离子缔合物。反应步骤分三步:

首先，$UO_2^{2+} + 3A^- \longrightarrow UO_2(A)_3^-$；其次，中性分子 TBP 与金属配合，使其成为配位数饱和并同时含螯合和中性萃取剂的配合阴离子；最后，在有机相中与阳离子胺盐结合，生成电中性的离子缔合物。萃合物为 $[UO_2(A)_3(B)]^- \cdot R_4N^+$ 或 $[UO_2(A)_3(B)]^- \cdot R_3NH^+$。

协同萃取体系的分类及部分实例列于表 1-44 中。表中 A、B、C、D 分别为酸性螯合、中性配合、离子缔合萃取剂和稀释剂；TBAN 为四正丁基铵。本节仅论述二元协萃体系中的 AB 和 AC 类。

表 1-44　协同萃取体系的分类

类别	名称	符号	实例
二元异类协萃体系	螯合与中性配合协萃体系	AB	$UO_2^{2+}/HNO_3 - H_2O/\begin{matrix} HTTA \\ TBP \end{matrix}\Big\}$环己烷
	螯合与离子缔合协萃体系	AC	$Fe^{3+}/HNO_3 - NaSCN/\begin{matrix} HPMBP \\ (C_6H_5)_4As \cdot Cl \end{matrix}\Big\}CHCl_3$
	中性配合与离子缔合协萃体系	BC	$UO_2^{2+}/HNO_3 - NaNO_3/\begin{matrix} MiBK \\ TBAN \end{matrix}\Big\}CHCl_3$
二元同类协萃体系	螯合协萃体系	A_1A_2	$Ca^{2+}/H_2O(适当 pH)/\begin{matrix} HO_x \\ (醌茜素) \end{matrix}\Big\}CHCl_3$
	中性配合协萃体系	B_1B_2	$UO_2^{2+}/HNO_3/\begin{matrix} TBP \\ (C_6H_5)_2SO \end{matrix}\Big\}C_6H_6$
	离子缔合协萃体系	C_1C_2	$Pa^{5+}/HCl - H_2O/\begin{matrix} RCOR \\ ROH \end{matrix}$
三元协萃体系	螯合、中性与离子缔合三元协萃体系	ABC	$UO_2^{2+}/H_2SO_4 - H_2O/TBP/\begin{matrix} HDEHP \\ R_3N \end{matrix}\Big\}$煤油
	螯合、中性三元协萃体系	$\begin{matrix} AB_1B_2 \\ A_1A_2B \end{matrix}$	$UO_2^{2+}/HNO_3/TBP/\begin{matrix} HPMBP \\ (C_6H_5)_2SO \end{matrix}\Big\}C_6H_6$
	螯合、离子缔合三元协萃体系	$\begin{matrix} A_1A_2C \\ AC_1C_2 \end{matrix}$	
	中性、离子缔合三元协萃体系	$\begin{matrix} B_1B_2C \\ BC_1C_2 \end{matrix}$	
稀释剂协同效应	离子缔合萃取稀释剂协同效应	CD_1D_2	$Np^{4+}/HNO_3/TBAN\begin{cases} CHCl_3 \\ C_6H_6 \end{cases}$
	螯合萃取/稀释剂协同效应	AD_1D_2	
	中性配合萃取稀释剂协同效应	BD_1D_2	
	简单分子萃取稀释剂协同效应	D_1D_2	

1.6.2 AB 类协同萃取机理研究

协同萃取机理研究大致包括:按连续变化法或单个浓度递变法作协同萃取图,并测定协萃系数;按单个浓度递变法测定协萃络合物的组成;协萃体系的平衡研究;以及协萃反应机理和协萃络合物的结构等。下面仅以 AB 体系为例进行讨论。

1. 协萃图和协萃系数

选择 AB 体系中 A 为 HTTA,B 为 TBP,从 HNO_3 中萃取 UO_2^{2+}:

$$UO_2^{2+}/HNO_3(0.01\ mol \cdot L^{-1})/\left.\begin{matrix}HTTA\\TBP\end{matrix}\right\}环己烷$$

固定温度 T、金属初始浓度 C_M、pH 值以及混合萃取剂浓度 $C^o = C_{HA}^o + C_B^o = 0.02\ mol \cdot L^{-1}$,改变 TBP(B)的摩尔系数 $x_B = C_B^o/C^o$(即 x_{TBP}),测定相应的分配比 D,以 $\lg D$ 对 x_{TBP} 作图,示于图 1-46 中,即为协同萃取图,简称协萃图。

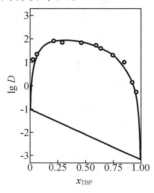

图 1-46 HTTA-TBP 对 UO_2^{2+} 的协萃图

由图 1-46 可以直接获得以下数据:

$x_{TBP} = 0$,即没有 TBP 而只有萃取剂 HTTA 时,分配比 $D_{HA} = 10^{-1}$;

$x_{TBP} = 1.00$,即没有 HTTA 而只有萃取剂 TBP 时,分配比 $D_B = 10^{-3}$;

$x_{TBP} = 0.20$ 时,分配比最大,$D_{max} = 10^2$。

该系统若无协同效应,当 $x_{TBP} = 0.20$ 时,分配比 D 可按简单的加和规则计算(算术加和):

$$D_{add} = D_B x_B + D_{HA}(1 - x_B) = 10^{-3} \times 0.2 + 10^{-1} \times 0.8 = 0.080\ 2 \approx 0.08$$

为了观察有无协同效应及其强弱,定义协萃系数 R 为 D_{max} 与 D_{add} 的比值。它表示按简单加和规则计算值增加的倍数,表示为

$$R = \frac{D_{max}}{D_{add}}$$

协萃系数是个特定的值,在萃取条件如温度、金属初始浓度 C_M^o、pH 值和 C^o 固定时,R 值是一定的。图 1-46 中的协萃系数

$$R = \frac{D_{max}}{D_{add}} = \frac{10^2}{0.08} = 1.25 \times 10^3$$

$R > 1$ 表明有协同效应;$R < 1$ 表明有反协同效应;$R = 1$ 为无协同效应,即为理想混合萃

取体系。将图中 $D_{HA} = 10^{-1}$ 和 $D_B = 10^{-3}$ 两点连接的直线近似代表 D_{add} 的值。

若萃取条件改变,则协萃系数也随之变化。例如:HDEHP 和 TBP 对硫酸铀酰的协萃系数随铀初始浓度的增加而减小,至铀浓度很大时,$R < 1$;水杨酸和磷酸三丁酯协同萃取钕,当 $pH = 6$ 时,$R \approx 10^5$,当 $pH = 3$ 时,$R \approx 1$。

协萃系数还可按相应萃取剂划分,在 AB 协萃体系中,协萃系数可分为酸性协萃系数 R_{HA} 和中性协萃系数 R_B,上述体系中:

酸性协萃系数

$$R_{HA} = \frac{D_{max}}{D_{HA}} = \frac{10^2}{0.079\ 8} = 1.25 \times 10^3$$

表示在 HTTA 萃取的基础上,加入 TBP 萃取剂后,分配比增高的倍数可达 1.25×10^3。

中性协萃系数

$$R_B = \frac{D_{max}}{D_B} = \frac{10^2}{10^{-3}} = 10^5$$

表示在 TBP 萃取的基础上,加入 HTTA 萃取剂后,分配比增高的倍数可达 10^5。

2. 协萃配合物的组成与平衡常数

协萃化学反应可假设为

$$M^{x+} + xHA_{(o)} + yB_{(o)} \underset{}{\overset{\beta_{xy}}{\rightleftharpoons}} MA_xB_{y(o)} + xH^+ \tag{1-137}$$

$$\beta_{xy} = \frac{(MA_xB_y)_o[H^+]^x}{(M^{x+})(HA)_o^x(B)_o^y}$$

$$D_{AB} = \frac{(MA_xB_y)_o}{(M^{x+})} = \beta_{xy}(HA)_o^x(B)_o^y[H^+]^{-x}$$

$$\lg D_{AB} = \lg \beta_{xy} + x\lg(HA)_o + y\lg(B)_o + x pH \tag{1-138}$$

其中,β_{xy} 为协萃反应平衡常数。研究机理时,要通过实验获取 x、y 和 β_{xy}。

在实验中采用的金属浓度 C_M^o 很小,萃取消耗的萃取剂可忽略,反应过程中自由萃取剂浓度相当于初始浓度,即 $(HA)_o \approx C_{HA}^o$,$(B)_o \approx C_B^o$。

如果萃取剂浓度与被萃取金属离子浓度相近,计算自由萃取剂浓度时应将初始浓度减去萃取消耗的浓度。当 HA 和 B 分别单独萃取时为

$$(HA)_o = C_{HA}^o - x\frac{D_{HA}}{D_{HA} + 1} \cdot C_M^o \cdot \frac{V}{V_o}$$

$$(B)_o = C_B^o - y\frac{D_B}{D_B + 1} \cdot C_M^o \cdot \frac{V}{V_o}$$

协同萃取时为

$$(HA)_o = C_{HA}^o - x\frac{D_{AB} + D_{HA}}{D_{total} + 1} \cdot C_M^o \cdot \frac{V}{V_o}$$

$$(B)_o = C_B^o - y\frac{D_{AB} + D_{HA}}{D_{total} + 1} \cdot C_M^o \cdot \frac{V}{V_o}, \quad D_{total} = D_{HA} + D_B + D_{AB}$$

有了 $(HA)_o$ 和 $(B)_o$ 的数据,可利用式 $(1-138)$ 通过实验求取 x、y 和 β_{xy}。

求取 x 固定温度 t、C_M^o、pH 和 C_B^o,改变 C_{HA}^o 测定相应的分配比 D,以 $\lg D$ 对 $\lg(HA)_o$ 作图,观察实验结果,如果协萃反应方程式 $(1-137)$ 的假设是正确的,则应得一直线,其斜率为 x 值。

求取 y　固定温度 t、C_M°、pH 值和 C_{HA}°，改变 C_B° 测定相应的分配比 D，以 $\lg D$ 对 $\lg(B)_o$ 作图，也应得一直线，其斜率为 y。如果 $\lg D \sim \lg(B)_o$ 的直线斜率为 y 和 y' 两部分（呈折线），则认为萃取配合物有 MA_xB_y 和 $MA_xB_{y'}$ 两种。

验证 x　固定 t、C_M°、C_{HA}° 和 C_B°，改变 pH 值并测相应的分配比 D，以 $\lg D$ 对 pH 作图，也应得一直线，斜率为 x'。如果 $x' = x$，说明协萃反应式（1 – 137）的假设符合实际情况；如果 $x' \neq x$，则可能存在其他反应，需进一步研究。

求取 β_{xy}　将以上求得的 x 和 y 归整化（取其最接近的整数）后，代入式（1 – 138）中求得 $\lg\beta_{xy}$ 值。将每个实验得到的 $\lg\beta_{xy}$ 值汇总并计算平均值及偏差。也可以直接用图上的截距求取 β_{xy}，但 x、y 未经归整化处理。

对于金属初始浓度 C_M° 很小（尤其是放射性示踪剂）的条件，经过上面的实验和处理工作后，可获取协萃配合物的组成 MA_xB_y 和协同萃取反应平衡常数 β_{xy}。对于 C_M° 较高的情况，萃取过程萃取剂消耗可观，自由萃取剂浓度在变化，因而分配比 D 也在改变，式（1 – 137）和式（1 – 138）不适用。

以下列出 AB 类协同萃取某些锕系元素的萃合物组成和反应平衡常数。

（1）UO_2^{2+}、PuO_2^{2+}、NpO_2^{2+}／HNO_3（0.01 mol·L^{-1}）／$\left.\begin{array}{c}HTTA\\TBP\end{array}\right\}$环己烷

M	$\lg\beta_{20}$	$\lg\beta_{21}$	协萃络合物
UO_2^{2+}	−2.89	3.88	$UO_2A_2 \cdot TBP$
PuO_2^{2+}	−1.54	3.13	$PuO_2A_2 \cdot TBP$
NpO_2^{2+}	1.0	5.3	$NpO_2A_2 \cdot HA \cdot TBP$

（2）UO_2^{2+}／HNO_3（0.01 mol·L^{-1}）／$\left.\begin{array}{c}HTTA\\TBPO\end{array}\right\}$环己烷

M	$\lg\beta_{20}$	$\lg\beta_{23}$	协萃络合物
UO_2^{2+}	−2.89	14.4	$UO_2A_2 \cdot 3TBPO$

（3）Pu^{4+}、Np^{4+}／HNO_3（1 mol·L^{-1}）／$\left.\begin{array}{c}HTTA\\TBP\end{array}\right\}$环己烷

M	$\lg\beta_{31}$	协萃络合物
Pu^{4+}	2.3	$Pu(NO_3)A_3 \cdot TBP$
Np^{4+}	2.6	$Np(NO_3)A_3 \cdot TBP$

（4）Pu^{4+}、Np^{4+}／HNO_3（1 mol·L^{-1}）／$\left.\begin{array}{c}HTTA\\TBPO\end{array}\right\}$环己烷

M	$\lg\beta_{31}$	协萃络合物	$\lg\beta_{22}$	协萃络合物
Pu^{4+}	3.5	$Pu(NO_3)A_3 \cdot TBPO$	11.9	$Pu(NO_3)_2A_2 \cdot 2TBPO$
Np^{4+}	3.8	$Np(NO_3)A_3 \cdot TBPO$	11.5	$Np(NO_3)_2A_2 \cdot 2TBPO$

（5）Pu^{3+}、Am^{3+}、Eu^{3+}／HNO_3（10^{-3} mol·L^{-1}）／$\left.\begin{array}{c}HTTA\\TBP\end{array}\right\}$环己烷

M	$\lg\beta_{30}$	$\lg\beta_{32}$	协萃络合物
Pu^{3+}	−4.70	5.30	$PuA_3 \cdot 2TBP$

Am^{3+}	-6.22	3.41	$AmA_3 \cdot 2TBP$
Eu^{3+}	-7.66	1.78	$EuA_3 \cdot 2TBP$

$(6)\ UO_2^{2+}/HCl(0.01\ mol \cdot L^{-1})/\left.\begin{array}{c}HTTA\\B\end{array}\right\}C_6H_6$

M	B	y	$\lg \beta_{2y}$	协萃络合物
UO_2^{2+}	TOPO	2	8.61	$UO_2A_2 \cdot 2TOPO$
	$TPPO^*$	1	3.54	$UO_2A_2 \cdot TPPO$
	TBP	1	2.48	$UO_2A_2 \cdot TBP$
	TPP	1	-0.32	$UO_2A_2 \cdot TPP$

* TPPO 即三丙基氧膦。

3. 协萃体系的平衡研究

设 AB 协萃体系为

$$M^{n+}/L^{y-}, H_2O/\left.\begin{array}{c}HA\\B\end{array}\right\}N$$

其中,L^{y-} 为水相配体(如 NO_3^-、SO_4^{2-});N 为惰性溶剂(苯、煤油、CCl_4)。该协同萃取体系中存在四大平衡关系:HA 和 B 在两相间的分配平衡;B 单独对 M^{n+} 的萃取平衡;HA 单独对 M^{n+} 的萃取平衡;HA 和 B 对 M^{n+} 的协同萃取平衡等。

(1)萃取剂 HA 和 B 在两相间的分配平衡及其相互作用:

$$HA \xrightleftharpoons{\lambda_{HA}} HA_{(o)}, \quad \lambda_{HA} = \frac{(HA)_o}{(HA)}$$

在有机相中 HA 为磷酸二烷基酯(HDEHP、HDBP)或羧酸,在惰性溶剂中可能有二聚反应:

$$2HA_{(o)} \xrightleftharpoons{K_2} H_2A_{2(o)}, \quad K_2 = \frac{(H_2A_2)_o}{(HA)_o^2}$$

HA 为 β - 双酮类,会有异构互变平衡。

分配到水相的 HA 有电离平衡:

$$HA \xrightleftharpoons{K_a} A^- + H^+, \quad K_a = \frac{[H^+](A^-)}{(HA)}$$

中性萃取剂 B(TBP)不电离,但在两相间有分配平衡:

$$B \xrightleftharpoons{\lambda_B} B_{(o)}, \quad \lambda_B = \frac{(B)_o}{(B)}$$

萃取剂 HA 和 B 之间会有相互作用,如 HA 为磷酸二烷基酯,则在有机相中与 B(如 TBP)有氢键缔合:

$$(RO)_2\overset{\displaystyle \|}{\underset{\displaystyle O}{P}}{-}OH\cdots O{=}P(OR)_3$$

氢键缔合反应为

$$HA_{(o)} + B_{(o)} \xrightleftharpoons{K_{HA \cdot B}} HA \cdot B_{(o)}, \quad K_{HA \cdot B} = \frac{(HA \cdot B)_o}{(HA)_o(B)_o}$$

这一反应使自由萃取剂浓度 $HA_{(o)}$ 和 $B_{(o)}$ 都减小,是产生反协同效应的主要原因。TBP 与 HDBP 间常出现反协同效应。HDBP 从硝酸中萃取裂变产物元素锆和铌时,若在有机相中加入 TBP,则分配比明显下降。

（2）中性萃取剂 B 单独对 M^{n+} 的萃取平衡

中性萃取剂 B 单独萃取 M^{n+} 生成萃合物的通式为 $M_m L_l B_b N_s (H_2O)_t$,因为稀释剂用惰性溶剂（煤油、苯、己烷、CCl_4）不含配位原子,故萃合物中不含 N,萃取剂 B 与 M^{n+} 的配位能力远大于水。萃合物中应不含水,萃取配合物可简化为 $M_m L_l B_b$。反应式可写成

$$m M^{n+} + l L^{-y} + b B_{(o)} \overset{K_{mlb}}{\rightleftharpoons} M_m L_l B_{b(o)}$$

$$K_{mlb} = \frac{(M_m L_l B_b)_o}{(M^{n+})^m (L^{-y})^l (B)_o^b}$$

因为中性配合萃取,必须满足 $m \cdot n = l \cdot y$,所以中性萃取剂 B 单独萃取 M^{n+} 的分配比 D_B 为

$$D_B = \frac{(C_M)_{o,B}}{C_M} = \frac{1}{C_M} \sum_m \sum_l \sum_b (M_m L_l B_b)_o$$

$$= \frac{1}{C_M} \sum_m \sum_l \sum_b K_{mlb} (M^{n+})^m (L^{y-})^l (B)_o^b$$

通常实验时 C_M^o 很小（$< 10^{-4} mol \cdot L^{-1}$）,在有机相不会聚合,$m = 1$,所以

$$l = \frac{n}{y}$$

由于配位数限制,b 常为定值,上式可简化为

$$D_B = \frac{1}{C_M} K_{1lb} (M^{n+}) (L^{y-})^l (B)_o^b$$

因为水相配合度

$$Y_o = \frac{C_M}{(M^{n+})}, C_M = Y(M^{n+})$$

$$D_B = \frac{K_{1lb}}{Y_o} (L^{y-})^l (B)_o^b$$

（3）酸性螯合萃取剂 HA 单独对 M^{n+} 的萃取平衡

酸性螯合萃取剂 HA 萃取金属离子 M^{n+} 的萃合物通式为 $M_m L_l (HA)_p (A)_q (OH)_r (N)_s (H_2O)_t$。通式中 N 为惰性溶剂,$s = 0$;$C_M^o$ 很小,$m = 1$;如果采用的 HA 对 M^{n+} 的配合能力远大于 L^{y-} 和 H_2O 对 M^{n+} 的配合能力,则 $l = 0$,$t = 0$;在中性或弱酸性溶液中 M^{n+} 优先与 A^- 配合而不与 OH^- 配合,$r = 0$,这时应该是 $q = n$。满足这些条件后,萃合物应简化为 $MA_n (HA)_p$,其生成反应为

$$M^{n+} + (n+p) HA_{(o)} \overset{K_{np}}{\rightleftharpoons} MA_n (HA)_{p(o)} + n H^+$$

$$K_{np} = \frac{(MA_n (HA)_p)_o [H^+]^n}{(M^{n+}) (HA)_o^{n+p}}$$

酸性螯合萃取剂 HA 单独萃取 M^{n+} 的分配比 D_{HA} 为

$$D_{HA} = \frac{(C_M)_{o,HA}}{C_M} = \frac{K_{np}}{Y_o} (HA)_o^{n+p} [H^+]^{-n}$$

（4）HA 和 B 对 M^{n+} 的协同萃取平衡

HA 和 B 协同萃取 M^{n+} 的协萃配合物为 $MA_n (HA)_x B_y$,其生成反应式为

$$\text{M}^{n+} + (n+x)\text{HA}_{(o)} + y\text{B}_{(o)} \underset{}{\overset{K_{nxp}}{\rightleftharpoons}} \text{MA}_n(\text{HA})_x\text{B}_{y(o)} + n\text{H}^+$$

$$K_{nxy} = \frac{(\text{MA}_n(\text{HA})_x\text{B}_y)_o[\text{H}^+]^n}{(\text{M}^{n+})(\text{HA})_o^{n+x}(\text{B})_o^y} \qquad (1-139)$$

HA 和 B 对 M^{n+} 协同萃取的分配比 $D_{\text{HA}\cdot\text{B}}$ 为

$$D_{\text{HA}\cdot\text{B}} = \frac{(C_\text{M})_{o\cdot\text{HA}\cdot\text{B}}}{C_\text{M}} = \frac{(\text{MA}_n(\text{HA})_x\text{B}_y)_o}{C_\text{M}}$$

$$D_{\text{HA}\cdot\text{B}} = \frac{K_{nxy}}{Y_o}(\text{HA})_o^{n+x}(\text{B})_o^y[\text{H}^+]^{-n} \qquad (1-140)$$

在协萃体系中总的分配比应为两种萃取剂单独萃取的分配比及协同萃取的分配比三者的和,即

$$D_{\text{total}} = \frac{(C_\text{M})_{o\cdot\text{B}} + (C_\text{M})_{o\cdot\text{HA}} + (C_\text{M})_{o\cdot\text{HA}\cdot\text{B}}}{C_\text{M}} = D_\text{B} + D_{\text{HA}} + D_{\text{HA}\cdot\text{B}}$$

在实验研究中,应根据式(1-140)表达的 $D_{\text{HA}\cdot\text{B}}$,才能用单个浓度递变法求协萃络合物的组成和平衡常数。在图 1-46 中,若 $D_\text{B}+D_{\text{HA}}$ 很小,可用 D_{total} 代替 $D_{\text{HA}\cdot\text{B}}$;若 $D_\text{B}+D_{\text{HA}}$ 与 $D_{\text{HA}\cdot\text{B}}$ 可比,应将 D_{total} 减去相应的 $D_\text{B}+D_{\text{HA}}$ 后得到 $D_{\text{HA}\cdot\text{B}}$(即 D_s)进行处理。应将 D_{total}、D_s、D_{max} 加以区别,D_{total} 的最大值为 D_{max}。

4. 协萃机理和协萃络合物的结构

在酸性螯合与中性配合协萃体系中,按酸性螯合萃取剂本身有无氢键缔合而分为两大类:

第一类在有机相中有氢键缔合,如酸性磷萃取剂 HDBP、HDEHP 等,在有机相中通过氢键缔合成二聚体:

$$2(\text{RO})_2\text{P}\overset{\text{O}}{\underset{\text{OH}}{\big\langle}} \rightleftharpoons (\text{RO})_2\text{P}\overset{\text{O}\cdots\text{H}-\text{O}}{\underset{\text{O}-\text{H}\cdots\text{O}}{\big\langle\quad\big\rangle}}\text{P}(\text{OR})_2$$

第二类是本身没有氢键缔合,如 HTTA 和 HO_x 等。

研究协萃机理首先要解决两个问题:单独用酸性螯合萃取剂时生成萃合物的组成和结构;酸性螯合与中性配合萃取剂生成协萃络合物的组成和结构,以及产生协同效应的原因。

(1)第一类 AB 协萃体系的机理

实验证明 HDEHP 从硫酸溶液中萃取 UO_2^{2+} 的反应式为

$$\text{UO}_2^{2+} + 2\text{H}_2\text{A}_{2(o)} \rightleftharpoons \text{UO}_2\text{A}_2(\text{HA})_{2(o)} + 2\text{H}^+$$

在 UO_2^{2+} 浓度较低时,该反应式是人们所认可的,但在早期人们对 $\text{UO}_2\text{A}_2(\text{HA})_2$ 配合物中是否含配位水有争议,因此提出以下几种结构式:

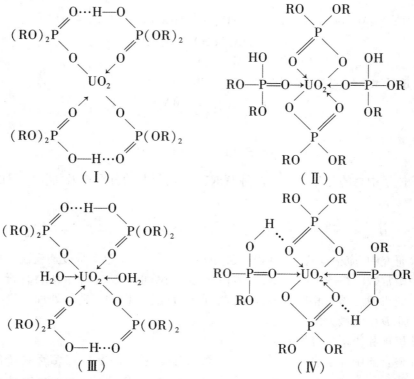

（Ⅰ）　　　　　　　（Ⅱ）

（Ⅲ）　　　　　　　（Ⅳ）

式（Ⅰ）的优点是含有的两个氢键在萃取时不必破坏,耗能量小,但是配位数只达6,未饱和;式（Ⅱ）的优点是铀的配位数已饱和,但是萃取反应中要使二聚分子破坏需要能量;式（Ⅲ）的优点是不必破坏二聚分子,且铀配位数已饱和,缺点是两个配位水分子难免有亲水性,不利于萃取;式（Ⅳ）可能更合理些,H_2A_2 不必解聚,配位数也达到饱和。

在酸性螯合萃取剂单独萃取铀的体系中加入中性萃取剂 B,可能有协同效应。对于 HDE-HP 与中性萃取剂协同萃取铀的机理一般认为有两种,即加合反应机理和取代反应机理。

①加合反应机理。

可认为协萃反应包括两步:

$$UO_2^{2+} + 2H_2A_{2(o)} \rightleftharpoons UO_2A_2(HA)_{2(o)} + 2H^+ \tag{1-141}$$

$$UO_2A_2(HA)_{2(o)} + B_{(o)} \rightleftharpoons UO_2A_2(HA)_2B_{(o)} \tag{1-142}$$

两式合并后得:

$$UO_2^{2+} + 2H_2A_{2(o)} + B_{(o)} \rightleftharpoons UO_2A_2(HA)_2B_{(o)} + 2H^+ \tag{1-143}$$

因为式（1-142）是加合反应,所以称为加合反应机理。其中的 B 是与 $UO_2A_2(HA)_2$ 通过氢键缔合而成（如 Ⅴ 式）,而不是直接与铀配位。式（Ⅴ）中铀的配位数未饱和,而且 B 与 $UO_2A_2(HA)_2$ 生成氢键的同时破坏了 $UO_2A_2(HA)_2$ 本身的一个氢键。

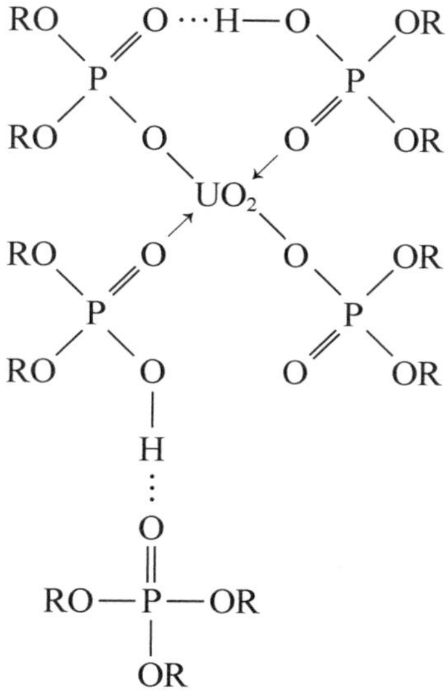

（V）

②取代反应机理。

在有机相中，B 与 $UO_2A_2(HA)_2$ 也可以发生取代反应：

$$UO_2A_2(HA)_{2(o)} + 2B_{(o)} \Longleftrightarrow UO_2A_2B_{2(o)} + H_2A_2 \tag{1-144}$$

将式（1-141）与式（1-144）合并得到总萃取反应式：

$$UO_2^{2+} + 2H_2A_{2(o)} + 2B_{(o)} \Longleftrightarrow UO_2A_2B_{2(o)} + H_2A_{2(o)} + 2H^+ \tag{1-145}$$

反应式（1-144）是取代反应，故称为取代反应机理。总反应式（1-145）表示两分子 H_2A_2 与 UO_2^{2+} 生成 $UO_2A_2(HA)_2$ 后，再由 2 分子的 B 取代出 2 分子的 HA，而且在有机相中 2 分子的 HA 以氢键缔合成 H_2A_2 释放 8 000 $cal \cdot mol^{-1}$ 的自由能，这是产生协同效应的原因。协萃络合物的结构式为

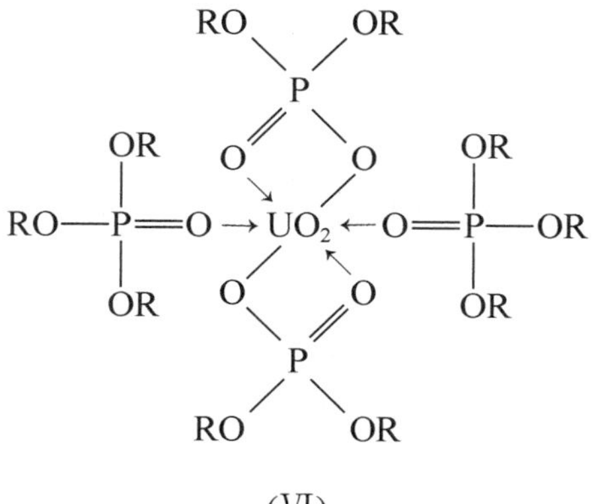

（Ⅵ）

（2）第二类 AB 协萃体系的协萃机理

第二类 AB 协萃体系中酸性螯合萃取剂在有机相中不聚合，如 HTTA、HPMBP（1-苯基 3-甲基 4-苯甲酰基吡唑酮-5）等。

HTTA 单独萃取 UO_2^{2+} 的反应式为

$$UO_2^{2+} + 2HA_{(o)} \Longleftrightarrow UO_2A_{2(o)} + 2H^+ \tag{1-146}$$

萃合物 UO_2A_2 的结构式

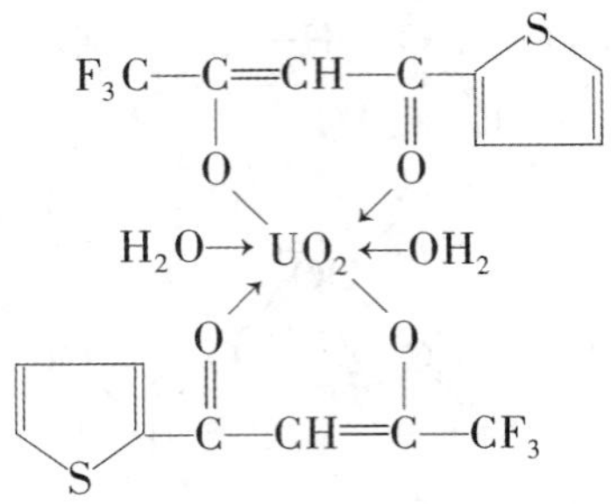

$$F_3C-C=CH-C-\underset{S}{\overset{S}{\bigcirc}}$$

$$H_2O \rightarrow UO_2 \leftarrow OH_2$$

$$\underset{S}{\overset{S}{\bigcirc}}-C-CH=C-CF_3$$

（Ⅶ）

加入中性萃取剂 B 与 HTTA 协同萃取 UO_2^{2+}。由结构式（Ⅶ）可看出 UO_2A_2 形成两个螯合环实现电中性后，六价铀 8 个配位数用了 6 个，还有 2 个位置被 H_2O 配位，亲水性差使铀的分配比不高。加入的中性萃取剂比 H_2O 的配合能力强，取代 H_2O 后丧失亲水性，使分配比显著增加。从理论上分析，生成的配合物应该是 $UO_2A_2 \cdot 2B$。但是实验证明，不同的中性萃取剂 B 参加萃取，所得萃取的结果有差异。

B 是 TBP 时，协萃络合物组成是 $UO_2A_2 \cdot TBP$，结构式可能为（Ⅷ），虽然 TBP 的配位能力比 H_2O 的强，但是可能由于空间位阻作用，限制了 TBP 完全取代水。

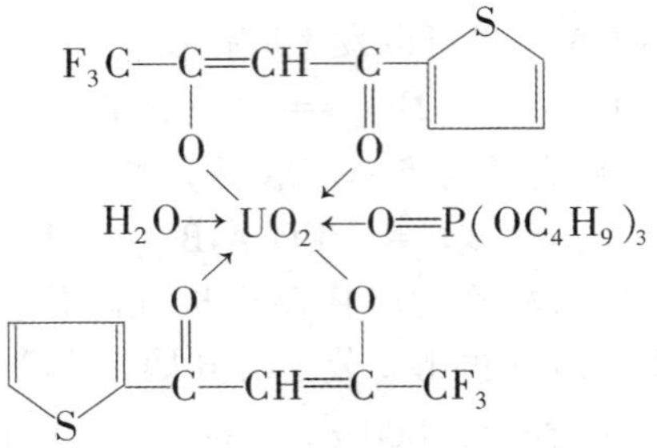

$$F_3C-C=CH-C-\underset{S}{\overset{S}{\bigcirc}}$$

$$H_2O \rightarrow UO_2 \leftarrow O=P(OC_4H_9)_3$$

$$\underset{S}{\overset{S}{\bigcirc}}-C-CH=C-CF_3$$

（Ⅷ）

B 是 TBPO 时，协萃络合物组成是 $UO_2A_2 \cdot 3TBPO$，结构式可能为（Ⅸ）。这是因为 TBPO 对铀的配合能力很强，不仅可完全取代 2 个水分子，而且能打开一个螯合环，取代其中的配位键。

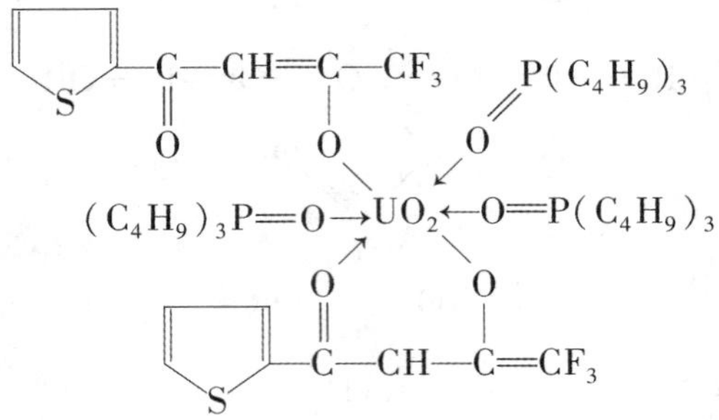

$$\underset{S}{\overset{S}{\bigcirc}}-C-CH=C-CF_3 \quad P(C_4H_9)_3$$

$$(C_4H_9)_3P=O \rightarrow UO_2 \leftarrow O=P(C_4H_9)_3$$

$$\underset{S}{\overset{S}{\bigcirc}}-C-CH=C-CF_3$$

（Ⅸ）

如果 HA 是 HPMBP，则 HPMBP 单独萃取 UO_2^{2+} 的反应与 HTTA 一致。如果 B 是 TBP 或 $(C_6H_5)_2SO$，其分别与 HPMBP 协同萃取 UO_2^{2+} 时，协萃络合物的组成分别为 $UO_2A_2 \cdot TBP$ 或 $UO_2A_2 \cdot (C_6H_5)_2SO$。都只有一个 B 分子参加配位，推测还有一个水分子参加配位未被取代，这个水分子被包围在憎水基团中，则亲水性减弱。如果将三者混合在一起，即用 $HPMBP + TBP + (C_6H_5)_2SO$ 的苯溶液从硝酸中萃取 UO_2^{2+}，则成为三元协萃体系。实验中发现了三元协萃络合物的存在,其分子组成为 $UO_2A_2 \cdot TBP \cdot (C_6H_5)_2SO$,推测其结构式为(X)。

$$(X)$$

1.6.3　AC 类协萃体系研究

AC 类协萃体系机理研究的原理和方法与 AB 类相似,但由于 C 类萃取剂和协萃配合物都是离子缔合体,在有机相中有显著电离,致使平衡复杂化,因此在处理这类体系时,应充分注意有机相的这一特殊性。

1. HPMBP 与 $(C_6H_5)_4A_SCl$ 对硫氰酸铁的协萃图

图 1 – 47 是 HPMBP 与 $(C_6H_5)_4A_SCl$ 对 $Fe(SCN)_3$ 的协萃图。$(C_6H_5)_4A_SCl$ 单独萃取时分配比 $D_C = 9.05$,HPMBP 单独萃取时分配比 $D_A = 3.46$,$D_{max} = 19.80$。

D_{max} 对应的萃取剂 $(C_6H_5)_4A_SCl$ 物质的量分数 $x_C = 0.5$,即 $C_C = C_A = 0.012\,5\ mol \cdot L^{-1}$。

$$D_{add} = D_{A(0.012\,5)} + D_{C(0.012\,5)} = 0.80 + 2.40 = 3.20$$

协萃系数

$$R = \frac{D_{max}}{D_{add}} = \frac{19.80}{3.20} \approx 6.19$$

酸性螯合协萃系数

$$R_A = \frac{D_{max}}{D_A} = \frac{19.80}{0.80} = 24.75$$

离子缔合协萃系数

$$R_C = \frac{D_{max}}{D_C} = \frac{19.80}{2.40} = 8.25$$

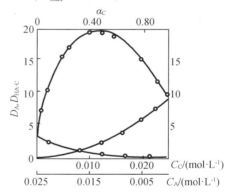

图 1 – 47　HA – C 协萃图

2. 协萃配合物组成

设协萃反应为

$$Fe(SCN)_n^{-(n-3)} + xC_{(o)} + yHA_{(o)} \underset{}{\overset{K_{AC}}{\rightleftharpoons}} Fe(SCN)_zA_yC_{x(o)} + yH^+ + (n-z)SCN^-$$

$$K_{AC} = \frac{(Fe(SCN)_zA_yC_x)_o [H^+]^y (SCN^-)^{n-z}}{(Fe(SCN)_n^{-(n-3)})(C)_o^x (HA)_o^y}$$

总分配比 $D_{total} = D_A + D_C + D_{A \cdot C}$，其中协萃分配比为

$$D_{A \cdot C} = \frac{(Fe(SCN)_z A_y C_x)_o}{C_{Fe}} = \frac{(Fe(SCN)_z A_y C_x)_o}{(Fe(SCN)_n^{-(n-3)})} = \frac{K_{AC}(C)_o^x (HA)_o^y}{(SCN^-)^{n-z}[H^+]^y}$$

$$\lg D_{A \cdot C} = \lg K_{AC} + x\lg(C)_o + y\lg(HA)_o - (n-z)\lg(SCN^-) + y pH \qquad (1-147)$$

当水相中 Fe^{3+} 主要以 $Fe(SCN)_n^{-(n-3)}$ 形式存在，并且水相组成固定，式（1-147）可简化为：

$$\lg D_{A \cdot C} = \lg K + x\lg(C)_o + y\lg(HA)_o \qquad (1-148)$$

根据式（1-148），利用斜率法可确定 x 和 y 的值。实验结果如图 1-48 和图 1-49 所示，斜率为 1.2 和 1.05，即 $x=1$，$y=1$。

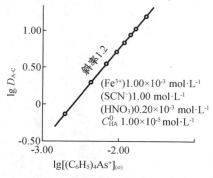

图 1-48　$D_{A \cdot C}$ 与四苯钾氯浓度的关系

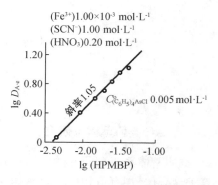

图 1-49　$D_{A \cdot C}$ 与 HPMBP 浓度的关系

已经获取了 x 和 y 的值，可固定 $(C)_o$、$(HA)_o$ 和 pH 值，改变硫氰酸根浓度，以 $\lg D_{A \cdot C}$ 对 $\lg C_{SCN^-}^o$ 作图求取 n 和 z 值。实验结果示于图 1-50，得到一曲线，在曲线的起始部分，$C_{SCN^-}^o < 0.005 \; mol \cdot L^{-1}$，$D_{A \cdot C}$ 随 $C_{SCN^-}^o$ 的增加而增加，出现一高峰后，$C_{SCN^-}^o > 0.16 \; mol \cdot L^{-1}$，随初始硫氰酸根浓度的增加，则 $D_{A \cdot C}$ 随之下降。曲线初始部分的斜率约为 3，后部分的斜率约为 -1。由此可见：

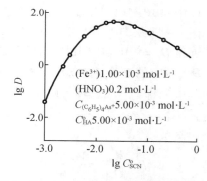

图 1-50　$D_{A \cdot C}$ 与初始硫氰酸根浓度的关系

（1）当 $C_{SCN^-}^o < 0.005 \; mol \cdot L^{-1}$ 时，溶液中的 Fe 主要以 Fe^{3+} 形式存在，即 $n=0$，由起始部分斜率 $=3=-(n-z)$ 可知，$z=3+0=3$，因此 AC 二元协萃反应式为

$$Fe^{3+} + (C_6H_5)_4As^+ + A^- + 3SCN^- \rightleftharpoons (C_6H_5)_4AsFe(SCN)_3A$$

（2）当 $C_{SCN^-}^o > 0.16 \; mol \cdot L^{-1}$ 时，溶液中的 Fe 主要以 $Fe(SCN)_4^-$ 的形式存在，即 $n=4$，由曲线后部分的斜率 $=-1=-(n-z)$ 可知，$z=n-1=4-1=3$，因此 AC 二元协萃反应式为

$$Fe(SCN)_4^- + (C_6H_5)_4As^+ + A^- \rightleftharpoons (C_6H_5)_4AsFe(SCN)_3A + SCN^-$$

因为 $Fe(SCN)_3A^-$ 比 $Fe(SCN)_4^-$ 的半径大，有利于萃取，故有协同效应。

（3）曲线高峰在 $C_{SCN^-}^o = 0.015 \sim 0.030 \; mol \cdot L^{-1}$ 处，这时溶液中的 Fe 主要以 $Fe(SCN)_3$ 形式存在，协萃时正好形成二元协萃配合物 $(C_6H_5)_4AsFe(SCN)_3A$，即 $z=3$，符合电中性原理。

由上述可知,协萃络合物组成为$(C_6H_5)_4AsFe(SCN)_3A$,共有 5 个配位体,但 Fe^{3+} 的配位数是 6,尚有一个空位置可能被 H_2O 占据,结构式如图 1 – 51 所示。

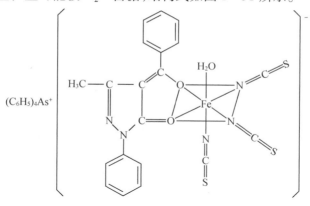

图 1 – 51　协萃配合物 $(C_6H_5)_4AsFe(SCN)_3A$ 的结构

如图 1 – 51 所示结构式中的一个水分子,若加入一个中性萃取剂分子将其替换而成为三元协萃体系,可进一步提高分配比。为验证这个观点,在 $(C_6H_5)_4AsCl$ + HPMBP 二元协萃体系的稀释剂 $CHCl_3$ 中添加 MiBK,实验结果显示分配比显著提高。但是由于 C 类萃取 $(C_6H_5)_4As^+Cl^-$ 和协萃络合物都是离子缔合体,在有机相中有明显的电离。稀释剂为 $CHCl_3$ 时,介电常数 $\varepsilon = 4.9$,而 MiBK 的介电常数为 13.11,加入 MiBK 后,介电常数的改变会引起萃取反应平衡常数和离子缔合体的解离度变化,使反应平衡复杂化,所以该体系的协萃机理尚有待进一步研究。

1.6.4　协同萃取的若干规律

从大量萃取化学研究资料中总结出若干原理或规律,这些原理或规律是相互依赖、相互关联的,有时甚至是相互矛盾的,应用时必须全面考虑,具体分析,以实验检验为准。

1. 配位数饱和原理

金属离子 M^{n+} 多数是以配合物形式被有机溶剂所萃取。在形成稳定的萃取配合物时,M^{n+} 的配位数最好达到饱和。表 1 – 45 列出了常见金属离子的最大配位数。有些离子的共价配位数与电价配位数不同,如 Zn^{2+}、Cd^{2+} 和 Hg^{2+} 的共价配位数为 4,电价配位数为 6;三价镧系离子的配位数除 6 外,还可能为 7、8、9、10 等。

表 1 – 45　常见金属离子的最大配位数

配位数 N	离子电荷数 n	实例
8	1	NpO_2^+,$(UO_2^+$,$PuO_2^+)$
	2	UO_2^{2+},PuO_2^{2+},(NpO_2^{2+})
	4	Th^{4+},U^{4+},Pu^{4+},Zr^{4+},Hf^{4+},Ce^{4+},Mo^{4+},W^{4+}
	—	$Ta(V)$,$Os(Ⅷ)$

表 1 – 45（续）

配位数 N	离子电荷数 n	实例
6	1	Rb^+，Cs^+
	2	Mg^{2+}，Ca^{2+}，Sr^{2+}，Ba^{2+}，Ra^{2+}，Cr^{2+}，Mo^{2+}，Mn^{2+}，Fe^{2+}，Ru^{2+}，Os^{2+}，Co^{2+}，Rh^{2+}，Ir^{2+}
	3	Al^{3+}，Sc^{3+}，Y^{3+}，M^{3+}（La 系和 Ac 系离子），Mn^{3+}，Fe^{3+}，Ru^{3+}，Os^{3+}，Co^{3+}，Rh^{3+}，Ir^{3+}，Ni^{3+}
	4	Ru^{4+}，Os^{4+}，Ir^{4+}，Rh^{4+}，Ni^{4+}，Pd^{4+}，Pt^{4+}
4	1	Li^+，Na^+，K^+，Cu^+，Ag^+，Au^+
	2	Be^{2+}，Ni^{2+}，Pd^{2+}，Pt^{2+}，Cu^{2+}，Ag^{2+}，Zn^{2+}，Cd^{2+}，Hg^{2+}
	3	B^{3+}，Au^{3+}

金属离子的配位数取决于金属离子的电子层结构和价轨道的数目，以及金属离子半径与配位原子范德华半径之比值。金属离子越大，越能与更多配位体接触（表 1 – 46），越有可能发生协同萃取。

表 1 – 46　半径比与配位数的关系

半径比 $\dfrac{r_+}{r_-}$	0.155 ~ 0.225	0.225 ~ 0.414	0.414 ~ 0.732	0.732 ~ 1.000
正离子配位数	3	4	6	8
负离子配位多面体	正三角形	正四面体	正八面体	立方体

2. 电中性原理

在萃取过程中，萃合物必须是中性分子。在酸性螯合萃取中，M^{n+} 的正电荷必须被酸性螯合萃取剂的酸根离子（A^-）的负电荷所中和，形成中性螯合物进入有机相；在中性配合萃取中，被萃取物必须先形成中性分子，而后与中性萃取剂形成中性配合物才能被萃取；在离子缔合萃取中，金属能以配合阴离子（或配合阳离子）的形式进入有机相，但也必须被萃取剂的阳离子（或阴离子）所中和，形成电中性的萃合物。

实验表明，配位数饱和与电中性的匹配很重要。若酸性螯合萃取剂为一价二配位体，如 HTTA、打萨宗等，则 M^{n+} 的配位数 N 最好是其价数的 2 倍，即 $N = 2n$ 最好，既满足配位数饱和，又符合电中性原理，如 $Th(TTA)_4$ 和 $U(TTA)_4$，Th^{4+} 和 U^{4+} 都是 8 配位数的。

HTTA 萃取 UO_2^{2+}，8 个配位被 2 个氧原子各占 1 个，剩下 6 个配位，而铀酰离子是二价的，$N > 2n$，生成 $UO_2(TTA)_2$ 后，配位数未饱和，有 2 个水分子参加配位，对萃取不利。这时用中性萃取剂分子顶替水分子，有利于萃取，即有协同效应。

有的萃取剂能自协同萃取，如 8 – 羟基喹啉萃取 Sr^{2+}（或 UO_2^{2+}），$n = 2$，$N = 6$，$N > 2n$，萃取满足电中性原理，但配位数未饱和，两个水分子参加配位，形成的配合物 $Sr(O_x)_2(H_2O)_2$ 能溶于水，萃取率很低。如果增大 HO_x 浓度，则 HO_x 取代水分子，形成 $Sr(O_x)_2(HO_x)_2$，萃取率大为提高，称之为自协同萃取。8 – 羟基喹啉在这一过程，一部分与 Sr^{2+} 形成螯合物，而另一部分作为中性萃取剂配合萃取。这只有在 HO_x 浓度较大和酸度较高的条件下才能形成,而酸度高对于螯合反应不利,需要控制好条件。

3. 丧失亲水性原理

无机盐溶于水中大多电离成水合离子 $M^{n+}(H_2O)_x$,水化很强,不易萃取。加入螯合剂使其丧失亲水性,就能达到萃取的目的,如

$$M^{n+}(H_2O)_x + nHA \Longrightarrow MA_n + xH_2O + nH^+$$

这里 MA_n 应满足配位数饱和,A^- 中不含亲水基。若不能满足条件,则加入协萃剂,使之达到目的。

4. 配位取代作用

配位能力较强的配位体能取代配位能力较弱的配位体,如 TBP 能取代 H_2O,TBPO 能取代 TBP。配位能力的强弱大致取决于配位体的路易斯碱性,碱性越强,配位能力越强。

5. 空间阻碍作用

较大的配位基团路易斯碱性较大,但在发生取代反应时,要受空间阻碍效应的限制,使配位数可能达不到饱和。

类似的矛盾还表现在其他方面,如 HDBP 与 TBP 萃取金属离子时,既有协同效应,也有反协同效应。TBP 与 HDBP 有氢键缔合,引起反协同效应。TBP 作为中性配体取代水分子,使配位数饱和,提高分配比,实现协同萃取。

为了预测哪些金属离子可能有协同效应,以助于判断哪些体系可能有协同效应,归纳出以下几点:

(1)有 f 电子轨道的锕系和镧系(特别是锕系)金属离子容易有协同效应。在锕系金属离子中,UO_2^{2+}、PuO_2^{2+}、NpO_2^{2+} 等由于 f 轨道参与成键,配位数为 8;镧系金属离子 RE^{3+} 则因 d 轨道参与成键,配位数可大于 6。由于 $N > 2n$,这些离子最容易有协同效应。

(2)比较 UO_2^{2+} 和 PuO_2^{2+},由于锕系收缩,Pu 的有效核电荷略大于 U,因此 PuO_2^{2+} 的半径略小于 UO_2^{2+},所以 PuO_2^{2+} 吸引配位体的能力较 UO_2^{2+} 的强,它的协同效应比 UO_2^{2+} 大些。但事实却相反,从 $0.01\ mol \cdot L^{-1} HNO_3$ 溶液中用 $0.02\ mol \cdot L^{-1} HTTA$ 的环己烷溶液萃取 UO_2^{2+} 和 PuO_2^{2+},两者的分离系数

$$\beta = \frac{D_{UO_2^{2+}}}{D_{PuO_2^{2+}}} = 0.55$$

即 $D_{PuO_2^{2+}} > D_{UO_2^{2+}}$,这是正常的,因为 Pu 的有效核电荷大于 U,生成的萃取配合物 PuO_2A_2 较 UO_2A_2 稳定。但是在添加 $10^{-4}\ mol \cdot L^{-1} TBP$ 产生协同效应后,分离系数就变为

$$\beta = \frac{D'_{UO_2^{2+}}}{D'_{PuO_2^{2+}}} = 3.3$$

即 $D'_{PuO_2^{2+}} < D'_{UO_2^{2+}}$,这表示协萃络合物的稳定性 $PuO_2A_2 \cdot TBP < UO_2A_2 \cdot TBP$,这可能是 PuO_2^{2+} 较小,空间阻碍效应较大之故。

(3)三价锕系和镧系离子,如果配位数为 6,则属于配位数饱和类型($N = 2n$),一般无协同效应。若配位数为 8,就有协同效应。例如 HTTA + TBP 萃取三价镧系离子,应有协同效应。

(4)四价的锕系或镧系离子也属于配位数饱和类型,一般没有协同效应。但在 HTTA + TBP(或 TBPO)体系中,也有不强的协同效应,协萃络合物为 $Pu(NO_3)A_3 \cdot TBPO$ 和 $Pu(NO_3)_2A_2 \cdot 2TBPO$。

（5）非镧系和锕系的三价和四价金属离子一般没有协同效应，但含有 f 电子层的 Zr^{4+} 和 Hf^{4+} 的性质可能与 Th^{4+} 和 Ce^{4+} 相似。

（6）二价离子 Cu^{2+}，其配位数是可变的，可以 dsp^2 轨道成键，配位数为 4；也可采取 dsp^3 轨道或 d^2sp^3 轨道成键，则配位数为 5 或 6，故可接受含氮的中性萃取剂吡啶等，这可能就是水杨酸加吡啶能协同萃取铜的原因。

（7）稀释剂效应，在研究 $M^{n+}/HCl \left.\begin{matrix} HTTA \\ B \end{matrix}\right\}$ 环己烷（或苯）时，实验结果表明，以环己烷作稀释剂时的协萃分配比 $D_{环}$ 比苯作稀释剂的协萃分配比 $D_{苯}$ 大（表 1 – 47）。

表 1 – 47　协同萃取的稀释剂效应

M^{n+}	$D_{环}/D_{苯}$			协萃络合物
	TOPO	TBP	TPP	
Th^{4+}	600	15	—	$ThA_4 \cdot B$
M^{3+}（La 系，Ac 系）	500	200	500	$MA_3 \cdot 2B$
Ca^{2+}	2.5	—	—	$CaA_2 \cdot 2B$
UO_2^{2+}	2～4	12	7	$UO_2A_2 \cdot B$

对该协萃体系的研究发现：

（1）协萃系数的顺序，环己烷 > 正己烷 > 四氯化碳 > 苯 > 甲基异丁基酮 > 氯仿；

（2）稀释剂效应大小与被萃取金属离子价数 M^{n+} 有关，Th^{4+} > M^{3+}（La 系和 Ac 系）> Ca^{2+} > UO_2^{2+}；

（3）稀释剂的改变不影响萃合物组成；

（4）稀释剂效应大小可能与稀释剂在水中的溶解度及诱导偶极矩有关，一般说来，非极性稀释剂在水中的溶解度越小，协萃分配比越大。

1.7　串级萃取

1.7.1　定义与分类

在 1.1.3 节中已提到串级萃取。在生产实践中，一次萃取往往不能达到有效的分离和足够高的收率，必须使含料的水相与有机相多次接触，将若干萃取器串联起来进行多级萃取，可大大提高收率和净化效果，这样的多级萃取工艺叫作串级萃取。其分类见表 1 – 48。

表 1−48　串级萃取的分类

串级方式	流动方式	特点及应用
错流萃取	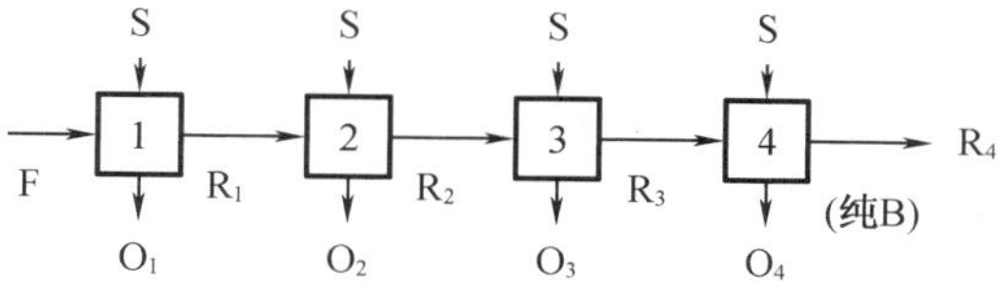	β_B^A 很大时可得纯 B,但 B 的收率低,S 消耗大,生产中不常用,但有机相 A 收率很高
错流洗涤	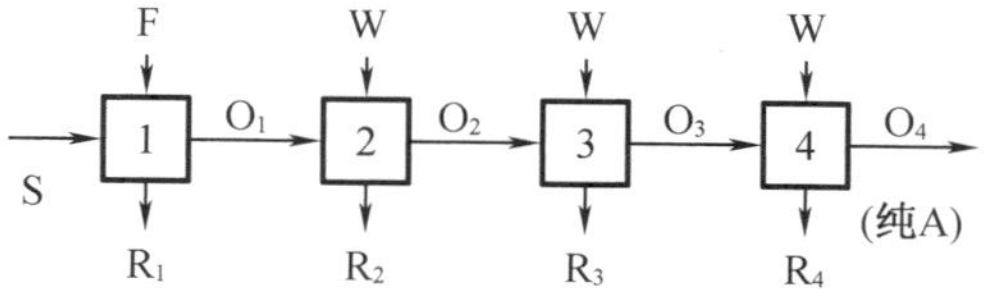	β_B^A 很大时可得纯 A,但 A 的收率降低,W 消耗大,生产中不常用
逆流萃取	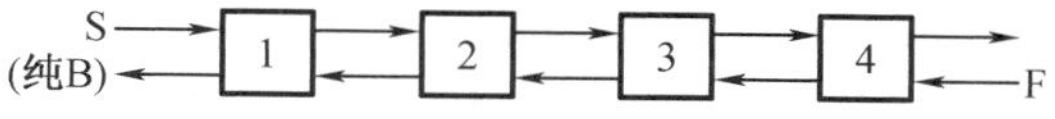	β_B^A 不大时也可得纯 B,S 消耗不大,但 B 的收率不高
逆流洗涤	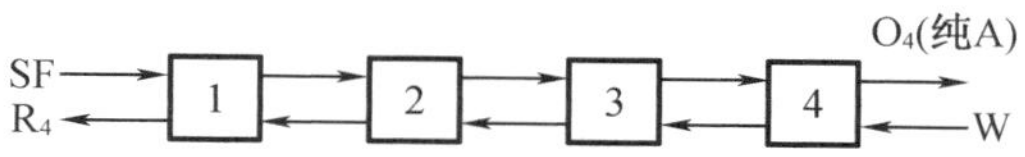	β_B^A 不大时也可得纯 A,节省 W,但 A 的收率降低
分馏萃取	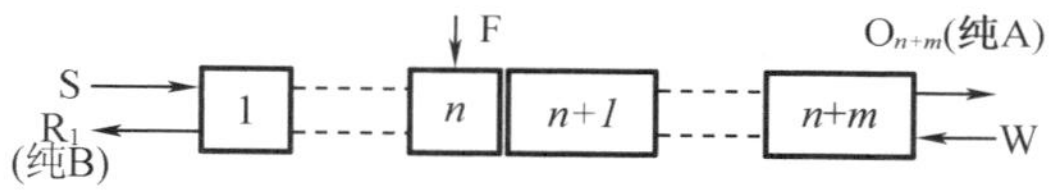	在 β_B^A 不大的条件下,可同时得到纯 A 和纯 B,收率高,应用广
回流萃取	在分馏萃取中把 S 改为含纯 B 的有机相,或把 W 改为含纯 A 的洗涤液,或两者都改	β_B^A 很小时可用此法来提高纯度,但产量要降低

注:F = 水相料液;S = 有机相;W = 洗涤水溶液;A = 易萃组分;B = 难萃组分;n = 萃取段级数;m = 洗涤段级数;SF = 含料有机相;O_i = 第 i 级萃取液;R_i = 第 i 级萃余水相。

　　用萃取法分离 A、B 两种物质或从多种混合物中提取所需要的物质 A,应先通过单级萃取实验,选择一个合适的萃取体系,测定萃取分配比 D_A、D_B 等基本参数,考察其影响因素。然后针对料液组成特点与产品纯度和回收率的要求,确定串级萃取方式,选择萃取和洗涤级数以及流比等,从而掌握欲提取物质在各级萃取器内有机相和水相中的浓度随工艺条件变化的规律,以用于指导生产。

1.7.2　错流萃取

　　错流萃取的特点是两相中有一相保持一份体积不变的溶液,而另一相则多次与之接触,分离后根据需要,取其中的一相或分别取两相进入下一步操作程序。在分析化学领域,针对某些样品中多种杂质(以 B 表示)的分配比 D_B 很小,但待分析的物质 A 的分配比 D_A 却不大,虽然由于 D_B 很小,A 和 B 的分离系数 β_B^A 较大,可是萃取一次 A 的收率不够,需要对一份水相样品溶液经过多次萃取,收集各次萃取的全部有机相一起对 A 进行定量测定。对于这种情况,错流萃取分离技术比较好用。

　　关于 A 和 B 两种物质混合物的分离,欲得纯 A 和纯 B,也可以采用错流萃取。这种分离过程,特别重要的是 A 或 B 的萃余分数。萃余分数定义为水相出口溶液中某组分的质量流量与料液的质量流量之比;而萃取分数定义为有机相出口溶液中某组分的质量流量与料液的质量流量之比。萃余分数与萃取分数之和为1。下面推导二组分混合物错流萃取分离的萃余分数公式。

设 $\bar{A}$ 和 A 为组分 A 在有机相和水相的质量流量;$\bar{B}$ 和 B 为组分 B 在有机相和水相的质量流量;E_A 和 E_B 分别为组分 A 和 B 的萃取比;$E_A = \dfrac{\bar{A}}{A} = R \cdot D_A$,$E_B = \dfrac{\bar{B}}{B} = R \cdot D_B$,其中 R 为流比。

第 i 级组分 A 的萃取分数

$$\bar{\varphi}_{Ai} = \frac{E_{Ai}}{1 + E_{Ai}}$$

第 i 级组分 A 的萃余分数

$$\varphi_{Ai} = 1 - \bar{\varphi}_{Ai} = 1 - \frac{E_{Ai}}{1 + E_{Ai}} = \frac{1}{1 + E_{Ai}}$$

对于错流萃取,仅一份水相料液 A_F,经第 1 级萃取后的水相出口萃余液质量流量 A_1 作为第 2 级萃取的料液,依此类推:

$$\varphi_{A1} = \frac{A_1}{A_F} = \frac{1}{1 + E_{A1}}$$

$$\varphi_{A2} = \frac{A_2}{A_1} = \frac{1}{1 + E_{A2}}$$

$$\cdots\cdots$$

$$\varphi_{An} = \frac{A_n}{A_{n-1}} = \frac{1}{1 + E_{An}}$$

假设各级萃取比 E_A 近似相等,经过 n 级错流萃取后组分 A 的萃余分数为

$$\varphi_A = \varphi_{A1} \cdot \varphi_{A2} \cdot \cdots \cdot \varphi_{An} = \frac{A_n}{A_F} = \frac{1}{(1 + E_A)^n} \qquad (1-149)$$

同理可证,组分 B 的 n 级错流萃取后的萃余分数为

$$\varphi_B = \frac{B_n}{B_F} = \frac{1}{(1 + E_B)^n} \qquad (1-150)$$

式(1-149)和式(1-150)是错流萃取的基本公式。这两个公式的局限性在于假设各级萃取比相等,这与实际情况有差异,作为近似判断是可以的。

若 D_A 很大,虽然 β_B^A 足够大,但 D_B 也不小,这时一次萃取 A 的收率很高,往往大于 99%,可是由于 D_B 较大,造成 A 的纯度低,需对有机相进行错流洗涤,才能得到收率和纯度都足够高的组分 A。

1.7.3 逆流萃取

在逆流萃取中,有机相从第 1 级向第 n 级移动,水相料液从第 n 级向第 1 级移动,所以称为逆流萃取,如图 1-52 所示。

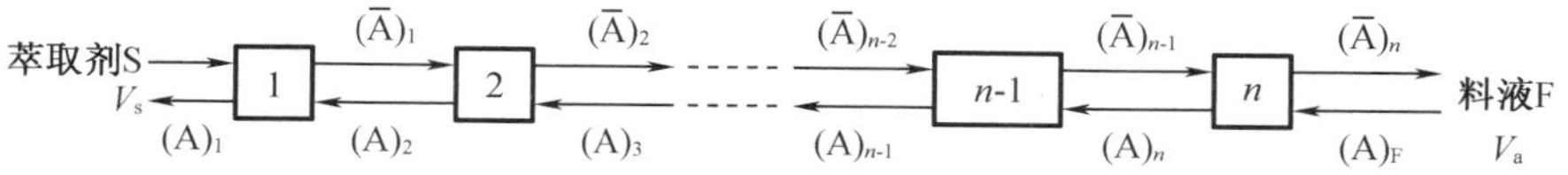

图 1−52　n 级逆流萃取中 A 的浓度分布

一般而言,逆流萃取的主要目的是把料液中的易萃取组分 A 的绝大部分萃入有机相,从而在萃余水相中得到纯 B 产品。但是组分 B 总有一部分会被萃取到有机相而影响萃余水相中组分 B 的收率,在生产中不但要关心产品 B 的纯度,同时也要关心其收率。

产品 B 的纯度取决于萃余水相中残留的 A,为此需要求得逆流萃取中 A 的萃余分数,用 Ψ_A 表示,有

$$\Psi_A = \frac{逆流萃取水相出口中 A 的质量流量}{料液中 A 的质量流量} = \frac{A_1}{A_F} = \frac{(A)_1 V_a}{(A)_F V_a} = \frac{(A)_1}{(A)_F}$$

式中,圆括弧表示浓度,利用物料平衡关系可以推导出 Ψ_A 的计算公式。根据物料平衡关系,进入各级萃取器的 A 的质量必须等于达到平衡后出这一萃取器的 A 的质量,即有

$$(A)_2 V_a = (A)_1 V_a + (\overline{A})_1 \overline{V}_s$$

$$(A)_2 = (A)_1 + R(\overline{A})_1 \tag{1−151}$$

式中,$R = \dfrac{\overline{V}_s}{V_a}$,即流比。

因为 A 的分配比为

$$D_A = \frac{(\overline{A})_1}{(A)_1}$$

所以 A 的萃取比为

$$E_A = D_A \cdot R$$

将 D_A 和 E_A 表达式代入式(1−151)得

$$(A)_2 = (A)_1 + (A)_1 D_A R = (A)_1 + (A)_1 E_A = (A)_1 (1 + E_A) \tag{1−152}$$

现在把第 1 级和第 2 级萃取器连在一起,考虑这两级间的物料平衡

$$(A)_3 V_a = (A)_1 V_a + (\overline{A})_2 \overline{V}_s$$

$$(A)_3 = (A)_1 + (\overline{A})_2 R = (A)_1 + (A)_2 D_A R = (A)_1 + (A)_2 E_A \tag{1−153}$$

将式(1−152)代入式(1−153)得

$$(A)_3 = (A)_1 + (A_1)(1 + E_A) E_A = (A)_1 (1 + E_A + E_A^2) \tag{1−154}$$

同理可证

$$(A)_4 = (A)_1 (1 + E_A + E_A^2 + E_A^3) \tag{1−155}$$

$$(A)_F = (A)_1 (1 + E_A + E_A^2 + \cdots + E_A^n) \tag{1−156}$$

将式(1−156)两边乘以 E_A 得

$$E_A (A)_F = (A)_1 (E_A + E_A^2 + \cdots + E_A^{n+1}) \tag{1−157}$$

将式(1−157)减去式(1−156)得

$$(E_A - 1)(A)_F = (A)_1 (E_A^{n+1} - 1) \tag{1−158}$$

组分 A 的萃余分数

$$\varPsi_{\text{A}} = \frac{(\text{A})_1}{(\text{A})_{\text{F}}} = \frac{E_{\text{A}} - 1}{E_{\text{A}}^{n+1} - 1} \tag{1-159}$$

当 $E_{\text{A}} = 1$ 时,式(1-159)不能用,可把 $E_{\text{A}} = 1$ 直接代入式(1-157)得

$$(\text{A})_{\text{F}} = (\text{A})_1 (n+1)$$

$$\varPsi_{\text{A}} = \frac{(\text{A})_1}{(\text{A})_{\text{F}}} = \frac{1}{n+1} \quad (\text{当 } E_{\text{A}} = 1 \text{ 时}) \tag{1-160}$$

对于难萃取组分 B,同样可证明 B 的萃余分数

$$\varPsi_{\text{B}} = \frac{(\text{B})_1}{(\text{B})_{\text{F}}} = \frac{E_{\text{B}} - 1}{E_{\text{B}}^{n+1} - 1} \tag{1-161}$$

$\varPsi_{\text{B}}$ 表示水相出口中 B 的质量流量与料液中 B 的质量流量的比值,其实就是 B 的收率 Y_{B}。

通常在这类体系中 $E_{\text{A}} > 1$,$E_{\text{B}} < 1$,$E_{\text{B}}^{n+1} \ll 1$,所以式(1-161)可写成

$$Y_{\text{B}} = \varPsi_{\text{B}} \approx 1 - E_{\text{B}} \tag{1-162}$$

经过 n 级逆流萃取后,难萃组分 B 的纯度提高的倍数用纯化倍数 b 来表示:

$$b = \frac{水相出口中 \text{ B 与 A 的浓度比}}{料液中 \text{ B 与 A 的浓度比}} = \frac{(\text{B})_1 / (\text{A})_1}{(\text{B})_{\text{F}} / (\text{A})_{\text{F}}} = \frac{(\text{B})_1 / (\text{B})_{\text{F}}}{(\text{A})_1 / (\text{A})_{\text{F}}} = \frac{\varPsi_{\text{B}}}{\varPsi_{\text{A}}} \tag{1-163}$$

纯化倍数 b 就是净化系数(或去污因子),实验中获得萃余分数 $\varPsi_{\text{A}}$ 和 $\varPsi_{\text{B}}$ 后即可算出 b 值。

产品 B 的纯度 P_{B} 的计算公式为

$$P_{\text{B}} = \frac{(\text{B})_1}{(\text{B})_1 + (\text{A})_1} = \frac{(\text{B})_1 / (\text{A})_1}{(\text{B})_1 / (\text{A})_1 + 1} = \frac{b(\text{B})_{\text{F}} / (\text{A})_{\text{F}}}{b(\text{B})_{\text{F}} / (\text{A})_{\text{F}} + 1} \tag{1-164}$$

在逆流萃取分离过程中,易萃组分 A 经过多级萃取,收率高但纯度不高,因为有机相出口级正是水相进料级,组分 B 的浓度最高。若要求提高有机相产品 A 的纯度,可将含 A 的有机相作为料液进行逆流洗涤,可得高纯度的 A 产品。

1.7.4　分馏萃取

分馏萃取可认为是逆流萃取与逆流洗涤的串联,是更先进的萃取工艺,可兼顾更高的收率和净化系数(纯化倍数)。在实际生产中一般有三种情况:一是要求有机相得到高纯度的 A,对水相中 B 有适当的富集或作为杂质废物处理;二是要求水相获得高纯度的 B,有机相中 A 有适当的富集;三是要求两头都得合格产品,即所谓"两头出"萃取工艺。

1. 基本假设

实际的分馏萃取工艺比较复杂,在论述和推导公式时,需要进行一定的简化和近似处理,故做如下几点假设。

(1)两组分体系

在推导公式的过程中,只考虑易萃组分 A 和难萃组分 B 的分离,如果实际分离有多组分 A,B,C,D,…,假定切割线定在 A 和 B,C,D,…之间,则 A 为易萃组分,其他合并为一个难萃组分。如果把切割线定在 B 和 C 之间,则 A 和 B 合并为易萃组分,C 和 D 等其他组分合并为一个难萃组分。推导出的公式对于多组分只能近似适用。

(2)平均分离系数

严格而言,分馏萃取体系的各级萃取器中,组分 A 和 B 的分离系数 β 是不相等的。如

果它们变化不大,在串级工艺计算中可采用它们的平均值 β。萃取段的平均分离系数和洗涤段的平均分离系数如果不相符,则分别以 β 和 β' 表示,即

$$\beta = \frac{E_A}{E_B}, \quad \beta' = \frac{E'_A}{E'_B}$$

其中,E'_A 和 E'_B 为洗涤段的萃取比。

（3）恒定萃取比体系和恒定混合萃取比体系

假定各级萃取器中萃取比 E_A 和 E_B 是恒定的,满足该条件的称为恒定萃取比体系,这一假定往往与实际偏差较大。可通过调节大部分级数有机相中的金属离子浓度（$\overline{M}$）,使之接近恒定,因而萃取段的混合萃取比 E_M（除第 1 级和最后一级外）接近恒定。在实践中,含有盐析剂的中性磷萃取体系或季铵盐萃取体系,其 E_M 和 E'_M 可实现近似恒定。

（4）恒定流比

在推导公式过程中,假设萃取段和洗涤段的流比分别恒定。

2. 水相进料体系的物料平衡

水相进料时组分 A 和 B 及其总量 M 的质量流量（mmol/min 或 g/min）在各级有机相和水相的分布列于表 1-49 中。

表 1-49　水相进料的质量分布

级别	1	⋯	i	⋯	n	⋯	j	⋯	$n+m$	
萃取剂进口→	$\overline{A}_1$		$\overline{A}_i$		$\overline{A}_n$		$\overline{A}_j$		$\overline{A}_{n+m}$	→有机相出口
	$\overline{B}_1$		$\overline{B}_i$		$\overline{B}_n$		$\overline{B}_j$		$\overline{B}_{n+m}$	
	$\overline{M}_1$		$\overline{M}_i$		$\overline{M}_n$		$\overline{M}_j$		$\overline{M}_{n+m}$	
水相出口←	A_1		A_i		A_n		A_j		A_{n+m}	←洗涤液进口
	B_1		B_i		B_n		B_j		B_{n+m}	
	M_1		M_i		M_n		M_j		M_{n+m}	

由表 1-49 可知

$$M_i = A_i + B_i, \quad \overline{M}_i = \overline{A}_i + \overline{B}_i$$

式中 M_F 表示料液的质量流量,通常将其归一化作为基准,即

$$M_F = 1（\text{mnol/min 或 g/min}）$$

料液中组分 A 和 B 的物质的量分数或质量分数分别为 f_A 和 f_B

$$f_A = \frac{(A_1 + \overline{A}_{n+m})}{M_F}, \quad f_B = \frac{(B_1 + \overline{B}_{n+m})}{M_F}$$

$$f_A + f_B = 1, \quad M_1 + \overline{M}_{n+m} = 1$$

有机相出口中 A 的收率为

$$Y_A = \frac{\overline{A}_{n+m}}{f_A M_F}$$

水机相出口中 B 的收率为

$$Y_B = \frac{B_1}{f_B M_F}$$

有机相出口中 A 的纯度为

$$\overline{P}_{A_{n+m}} = \frac{\overline{A}_{n+m}}{\overline{M}_{n+m}} = \frac{\overline{A}_{n+m}}{\overline{A}_{n+m} + \overline{B}_{n+m}}$$

水相出口中 B 的纯度为

$$P_{B_1} = \frac{B_1}{M_1} = \frac{B_1}{A_1 + B_1}$$

由 Y_B 和 P_{B_1} 表达式得

$$B_1 = M_1 P_{B_1} = M_F f_B Y_B$$

$$M_1 = \frac{M_F f_B Y_B}{P_{B_1}}$$

令水相出口分数为 f'_B，有机相出口分数为 f'_A，则

$$f'_B = \frac{M_1}{M_F} = \frac{f_B Y_B}{P_{B_1}}$$

$$f'_A = \frac{\overline{M}_{n+m}}{M_F} = \frac{\overline{A}_{n+m}}{M_F \overline{P}_{A_{n+m}}} = \frac{f_A Y_A M_F}{M_F \overline{P}_{A_{n+m}}} = \frac{f_B Y_A}{\overline{P}_{A_{n+m}}}$$

$$f'_A + f'_B = 1$$

当两头产品均为高纯度时，则

$$P_{B_1} \approx 1, \quad \overline{P}_{A_{n+m}} \approx 1, \quad Y_A \approx 1, \quad Y_B \approx 1, \quad f'_B \approx f_B, \quad f'_A \approx f_A$$

由萃取段物料平衡得

$$M_{i+1} = \overline{M}_i + M_1, \quad i = 1, 2, m+1, \cdots, n-1 \tag{1-165}$$

由洗涤段物料平衡得

$$M_{j+1} = \overline{M}_j - M_{n+m}, \quad j = m, m+1, \cdots, n+m-1 \tag{1-166}$$

式(1-165)和式(1-166)称为操作线方程。对 A、B 也有类似的操作线方程

$$A_{i+1} = \overline{A}_i + A_1, \quad B_{i+1} = \overline{B}_i + B_1$$

$$A_{j+1} = \overline{A}_j - \overline{A}_{n+m}, \quad B_{j+1} = \overline{B}_j - \overline{B}_{n+m}$$

A、B 及其总量 M 的萃取比分别为

$$E_{A_i} = \frac{\overline{A}_i}{A_i}, \quad E_{B_i} = \frac{\overline{B}_i}{B_i}$$

$$E_{M_i} = \frac{\overline{M}_i}{M_i} = \frac{\overline{A}_i + \overline{B}_i}{A_i + B_i}$$

3. 纯化倍数与萃余分数

组分 A 和 B 的纯化倍数用 a 和 b 表示，分别按下式计算。

$$a = \frac{(\overline{A})_{n+m}/(\overline{B})_{n+m}}{(A)_F/(B)_F} = \frac{\overline{P}_{A_{n+m}}/\overline{P}_{B_{n+m}}}{f_A/f_B} = \frac{\overline{P}_{A_{n+m}}/(1 - \overline{P}_{A_{n+m}})}{f_A/f_B} \tag{1-167}$$

$$\overline{P}_{A_{n+m}} = \frac{a f_A}{a f_A + f_B}, \quad \overline{P}_{B_{n+m}} = 1 - \overline{P}_{A_{n+m}}$$

$$b = \frac{(B)_1/(A)_1}{(B)_F/(A)_F} = \frac{P_{B_1}/P_{A_1}}{f_B/f_A} = \frac{P_{B_1}/(1-P_{B_1})}{f_B/f_A} \qquad (1-168)$$

$$P_{B_1} = \frac{bf_B}{f_A + bf_B}, \qquad P_{A_1} = 1 - P_{B_1}$$

a 决定有机相出口中 A 的纯度和水相出口中 B 的收率，b 决定 B 的纯度和 A 的收率。a 与 b 的乘积 ab 称为总纯化倍数，计算公式为

$$ab = \frac{\overline{P}_{A_{n+m}} \cdot P_{B_1}}{(1 - \overline{P}_{A_{n+m}})(1 - P_{B_1})}$$

总纯化倍数由两头产品的纯度决定，与料液的组成无关。

萃余分数 φ_A、φ_B（与错流萃取的代号相同）等于水相出口中 A、B 的质量流量与料液中 A、B 的质量流量之比，即

$$\varphi_A = \frac{A_1}{A_F}, \qquad \varphi_B = \frac{B_1}{B_F}$$

萃取分数为

$$\overline{\varphi}_A = \frac{\overline{A}_{n+m}}{A_F} = 1 - \varphi_A, \qquad \overline{\varphi}_B = \frac{\overline{B}_{n+m}}{B_F} = 1 - \varphi_B$$

由上列式子可证明

$$a = \frac{1 - \varphi_A}{1 - \varphi_B}, \qquad b = \frac{\varphi_B}{\varphi_A}$$

所以可得

$$\varphi_A = \frac{a-1}{ab-1} \qquad (1-169)$$

$$\varphi_B = \frac{b(a-1)}{ab-1} = 1 - \frac{b-1}{ab-1} \qquad (1-170)$$

在效率较高的分馏萃取工艺中，通常 $a \gg 1$，$b \gg 1$，所以

$$\varphi_A \approx \frac{a}{ab} = \frac{1}{b}, \qquad \varphi_B = 1 - \frac{1}{a}$$

$$b \approx \frac{1}{\varphi_A}, \qquad a \approx \frac{1}{1 - \varphi_B}$$

组分 A 和 B 的产品收率

$$Y_A = 1 - \varphi_A = 1 - \frac{a-1}{ab-1} = \frac{a(b-1)}{ab-1} \qquad (1-171)$$

$$Y_B = \varphi_B = \frac{b(a-1)}{ab-1} \qquad (1-172)$$

如果 B 是主要产品，规定它的纯度 P_{B_1} 和收率 Y_B 后，可由式（1-172）得到计算 a 的另一个公式

$$a = \frac{b - Y_B}{b(1 - Y_B)} \qquad (1-173)$$

如果 A 是主要产品，规定它的纯度 $\overline{P}_{A_{n+m}}$ 和收率 Y_A 后，可由式（1-171）得到计算 b 的另一个公式

$$b = \frac{a - Y_A}{a(1 - Y_A)} \qquad (1 - 174)$$

至此计算 a 的公式有式($1-167$)和式($1-173$)两式,计算 b 的公式有式($1-168$)和式($1-174$)两式。

4. 恒定萃取比体系的级数公式

分馏萃取体系可以分为逆流萃取和逆流洗涤两部分,如图 $1-53$ 所示。水相进料时,把进料级合并于萃取段。若是有机相进料,则进料级应合并于洗涤段。

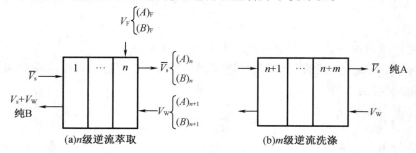

图 $1-53$ 分馏萃取体系的分解

假定从 $n+1$ 级出来的水相和从 $n-1$ 级出来的有机相中 A、B 的百分比与料液中 A、B 的百分比相等,亦即

$$\frac{(A)_{n+1}}{(B)_{n+1}} = \frac{(A)_F}{(B)_F} = \frac{(\overline{A})_{n-1}}{(\overline{B})_{n-1}}$$

这样就可以把第 1 级至第 n 级作为一个相对独立的逆流萃取体系。组分 A 和 B 的萃余分数 Ψ_A 和 Ψ_B 就可用式($1-159$)式($1-161$)计算:

$$\Psi_A = \frac{(A)_1}{(A)_{n+1}} = \frac{E_A - 1}{E_A^{n+1} - 1}$$

$$\Psi_B = \frac{(B)_1}{(B)_{n+1}} = \frac{E_B - 1}{E_B^{n+1} - 1}$$

组分 B 的纯化倍数为

$$b = \frac{(B)_1/(A)_1}{(B)_F/(A)_F} = \frac{(B)_1/(A)_1}{(B)_{n+1}/(A)_{n+1}} = \frac{\Psi_B}{\Psi_A} = \frac{(E_A^{n+1} - 1)(1 - E_B)}{(1 - E_B^{n+1})(E_A - 1)} \qquad (1 - 175)$$

通常 $E_A > 1, E_B < 1, E_A^{n+1} \gg 1, E_B^{n+1} \ll 1$,所以

$$b = E_A^{n+1} \cdot \frac{1 - E_B}{E_A - 1} = E_A^n \cdot \frac{E_A - E_A E_B}{E_A - 1} \approx E_A^n \qquad (1 - 176)$$

同样,从第 $n+1$ 级到第 $n+m$ 级是一个相对独立的 m 级逆流洗涤体系,它是逆流萃取的反过程,用类似的方法可证明

$$a = (E_B')^{-(m+1)} \qquad (1 - 177)$$

式中,E_B' 为洗涤段 B 的萃取比。

对式($1-176$)和式($1-177$)取对数,得

$$n = \lg b/\lg E_A = \lg b/\lg \beta E_B \qquad (1 - 178)$$

$$m + 1 = \lg a/\lg\left(\frac{1}{E_B'}\right) = \lg a/\lg \frac{\beta'}{E_A'} \qquad (1 - 179)$$

式中, β' 为洗涤段 A、B 的分离系数; E'_A 为洗涤段 A 的萃取比。

$$\beta' = \frac{E'_A}{E'_B}$$

式(1－178)和式(1－179)是计算恒定萃取比体系分馏萃取级数的公式,其适用条件是萃取段的 E_A 和洗涤段的 E'_B 分别恒定。如果不恒定,在相差不大的范围内,可用其几何平均值。

1.7.5　分馏萃取的逐级试验图

串级萃取中分馏萃取工艺是目前最先进的,生产实践中应用的萃取设备是串级的联合体,如混合澄清槽和脉冲萃取柱等。在设计工艺流程中要依据各级萃取的参数,已设计的工艺参数是否合适需要试验验证,不合适的参数需修正、改进,这些都需要逐级试验才能获得。图1－54 是描述8级逆流萃取和8级逆流洗涤的分馏萃取逐级试验图。如果产品 A 的净化系数不够,可采用两种不同洗涤剂于洗涤段不同级加入。

逐级试验是由单级萃取器(如分液漏斗或萃取试管)逐个试验组合而成。其中萃取试管比较好用:可以多支试管一起振荡进行两相混合;用离心方法分相效果好,操作稳定;可用拉细尖端的滴管从试管底部吸水相,转移完全而携带少。图1－54 中的圆圈代表萃取试管,横向是萃取级数,纵向是试验排数。第 1 至第 8 级是萃取段,第 9 至第 16 级是洗涤段,第 8 级进料。萃取剂有机相从左向右移动,洗涤液水相从右向左转移。

试验的第 1 排只有一支萃取管(以下简称管),第一份料液由此进入,加入萃取剂后,振荡混相,达到萃取平衡后,离心分相,水相进入第 2 排第 7 级,有机相进入第 2 排第 9 级。向第 7 级和第 9 级分别加入萃取剂 S 和洗涤液 W,混相平衡并分相后,第 7 级的水相进入第 3 排的第 6 级,有机相进入第 3 排的第 8 级;第 9 级的水相进入第 3 排第 8 级,有机相进入第 3 排第 10 级。这时向第 3 排第 8 级加入一份料液,第 3 排共 3 支管,同时振荡混相,达平衡后离心分相。第 6 级的水相进入第 4 排第 5 级,有机相进入第 7 级;第 8 级的水相进入第 7 级,有机相进入第 9 级;第 10 级的水相进入第 9 级,有机相进入第 11 级。按此操作,至第 8 排及以后每排 8 支管,有机相从第 1 级进入,到第 16 级出;洗涤液的水相从第 16 级加入,至第 1 级出。重复操作,直至试验体系达到运行平衡,从而获取有关参数。

体系达到运行平衡后,各排出口的有机相和水相的成分应该保持不变。从图1－54 中看到:第 8 排第 1 级加入的有机相,到第 23 排从第 16 级排出;第 9 排第 16 级加入的洗涤水相,到第 24 排从第 1 级排出。可见在 24 排之前是不会达到平衡的,必须由其后各排的出口有机相和水相分析数据判断是否达到运行平衡。当认为确实达到运行平衡后,停止萃取试验的最后一排有 8 支管(全是单数级或全是双数级),分析其有机相和水相,得到各级的质量分布数据。一般认为 8 级的数据就可以得出结论,如果不够,可进行重复试验,在最后一排留下与原先相异的级数,就可得到全部级数的数据。

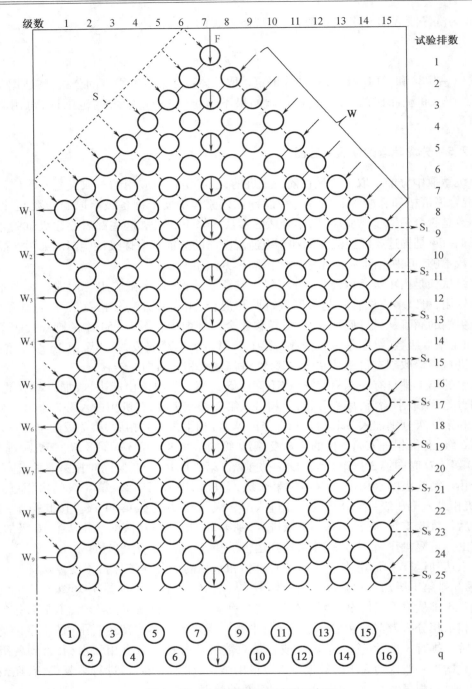

图 1 - 54 分馏萃取逐级试验示意图

1.8　溶剂的辐射效应与 Purex 流程萃取界面物

1.8.1　溶剂的辐射效应

　　射线与物质之间的相互作用,是属于光化学和辐射化学研究的内容。光化学描述的是辐射能量为 1.2 ~ 12 eV(红外到紫外区)的光作用所引起效应的过程;辐射化学研究的是射线能量较高,即在 10 keV 以上的射线作用下引起的变化过程。核燃料后处理工艺过程主要涉及 α、β 和 γ 等放射性射线,属于能产生电离效应的电离辐射。当 α 粒子通过物质的原子时,α 粒子与原子核和电子之间受到吸引或排斥作用。α 粒子与原子核的碰撞很少,而与电子碰撞时,α 粒子和电子开始接近,然后电子在一定的角度下离开。在每次碰撞时,α 粒子都将部分能量传递给电子,结果使自身的能量减少、速度降低,被击出的电子本身也能够引起次级电离。常用比电离来描述电离效应的强弱。对于 α 粒子,在发射出的单位路程(毫米或微米)上形成的离子对数目称为比电离。比电离与 α 粒子的速度有关,从动量传递而言,近似地与 α 粒子的速度成反比,即速度大时比电离小,随着射程终点的临近,能量减小,速度降低,比电离急剧增大,达到最大值后立刻下降到零。比电离与 α 粒子剩余射程的关系曲线称为布拉格(Bragg)曲线。α 粒子在空气中的布拉格曲线示于图 1 – 55 中,单位为离子对数目每毫米。表 1 – 50 列出了水中 α 粒子的射程与比电离的部分数据。α、β 和 γ 三种射线与物质作用的结果是,物质分子的电离效应不同,γ 射线引起的电离效应最小。1 MeV 的 γ 射线作用所形成的离子对数目,为具有同样能量的 β 粒子的 1/40、α 粒子的 1/50 000。在射线能量等于 4 MeV 时,这个比例为 1:14:9 000。

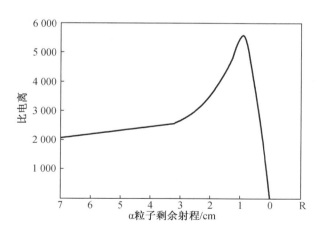

图 1 – 55　α 粒子在空气中的布拉格曲线

表 1-50　水中 α 粒子的射程与比电离

α 粒子能量/MeV	射程/μm	比电离/(离子对·μm^{-1})
1	5.3	5 207
2	10.1	2 883
3	16.8	2 031
4	25.1	1 581
5	35.2	1 301
6	47.0	1 109
7	60.3	968
8	75.5	860.5
9	91.6	775.4

电离辐射对物质的作用会引起电离、破坏化学键等多种结果,这与组成物质的各原子以什么样的键结合成分子有关。具有金属型键的物质对辐射的电离作用最不灵敏,在金属中电子自由移动于离子之间很快失掉射线给它们的能量而回到初始状态,结果仅引起物质温度升高;对于离子晶体,射线的作用一般不会严重破坏晶格(也有报道指出^{241}Am 在人造岩石中会使晶格破坏,这是因为其局部吸收了很高的能量),而是在吸收一定能量后会引起物质颜色改变,因为光的吸收和电子浓度与在晶格缺陷区域中的"孔穴"有关,但在适当加热(约 200 ℃)后,能重新褪色;对于具有非极性键的固体或液体物质,电离辐射会引起严重后果,在这类物质中,分子的电离能往往显著大于破坏键所需的能量,因此在放射性射线辐照过程中,具有非极性键的物质分子很容易被分解。

具有共价键物质的特点是:它们在电离射线作用下,在电离的同时,还发生分子的激发,这种激发会引起分子的破坏分解;在共价化合物分解时所形成的自由基与其他自由基或分子会起化学反应。这些变化都是辐射化学研究的范畴。在辐射化学研究中,辐射化学变化量和反应速度一般用能量产额 G 值来表征。所谓 G 值,是指 1 g 物质每吸收 100 eV 能量在物质中所引起变化的分子数、离子数、自由基数或电子数等。欲测定 G 值,必须测量物质吸收的电离辐射能量的大小,称为吸收辐射剂量。吸收剂量的单位用 Gy,它表示 1 kg 物质吸收 1 J 能量(即 1 J/kg)。萃取溶剂是共价键物质,对电离射线的作用很敏感,通过测量吸收剂量(Gy)和生成辐射分解(称辐解)产物的 G 值,可以研究溶剂的辐射效应。

对于含磷萃取剂的辐射稳定性,经过实验所得结果可总结出如下几条规律。

(1)比较磷酸三丁酯(TBP)、丁基膦酸二丁酯(DBBP)及苯基膦酸二丁酯(DBPP)的辐射稳定性,其次序为

$$(C_4H_9O)_3P{=}O \quad < \quad \begin{matrix} O \\ \| \\ C_4H_9{-}P \\ \diagdown \\ (OC_4H_9)_2 \end{matrix} \quad < \quad \begin{matrix} O \\ \| \\ C_6H_5{-}P \\ \diagdown \\ (OC_4H_9)_2 \end{matrix}$$

(2)比较磷酸酯同系物的辐射稳定性,其次序为

$$(CH_3O)_3P{=}O \quad < \quad (C_2H_5O)_3P{=}O \quad < \quad (C_4H_9O)_3P{=}O$$

(3)比较磷酸酯异构体的辐射稳定性,其次序为

$$TnBP < TiBP < TsBP$$

其中　TnBP 的烷基 R 是 —CH$_2$CH$_2$CH$_2$CH$_3$;

TiBP 的烷基 R 是—$CH_2CH(CH_3)_2$；

TsBP 的烷基是—$\underset{\overset{|}{CH_3}}{CHCH_2CH_3}$。

（4）从磷酸酯辐解产物分布情况，可以推算出各类化学键辐射稳定性次序：

$$\underset{⑤}{C-O} < \underset{⑥}{C-P} < \underset{②}{C-H} < \underset{④}{C-C} < \underset{③}{P-O} < \underset{①}{P=O}$$

其不同于化学键能的排序。

化学键能的次序　　　　$\underset{⑥}{C-P} < \underset{⑤}{C-O} < \underset{④}{C-C} < \underset{③}{P-O} < \underset{②}{C-H} < \underset{①}{P=O}$

键能值（$kcal \cdot mol^{-1}$）　62　　　68　　　82　　　84　　　88　　　124

上面用化学键能大小顺序号对辐射稳定性顺序中相应的化学键进行标号，除了①和④相同外，其他都不同，可见辐射稳定性与化学热力学稳定性有明显的差别，因此对于核燃料后处理工艺中溶剂的辐射效应，必须按辐射化学的理论和方法进行研究。

1.8.2　溶剂辐解产物及其对萃取工艺的影响

1. TBP 辐解产物的 G 值

TBP 的辐解产物可归纳为三类：丁基磷酸类，包括 HDBP 和 H_2MBP，已知比较清楚；未知酸（含长键磷酸，指碳链大于丁基）用 L 表示；含磷中性聚合物等。TBP 分子被破坏的 G 值相当 TBP 辐解产物 G 值之和，表示为

$$G_{TBP} = G_{HDBP-H_2MBP} + G_L + G_{聚合物}$$

测定 G 值的关键是准确分析磷原子的数目，用放射性核素 ^{32}P 示踪比较方便。用 ^{32}P 添加原料中合成的 TBP 进行实验，测量各部分样品中 ^{32}P 的放射性活度换算磷的总原子数，方法灵敏度和准确度都高。下面介绍 HDBP 和 H_2MBP 的 G 值测定方法。

经过辐照的 TBP，用 5% Na_2CO_3 水溶液萃洗有机相 2 次，将 99% 以上的 HDBP 和 H_2MBP 溶入水相，测量水相中（HDBP + H_2MBP）的含量，以 ^{32}P 的放射性活度计算，有

$$G_{HDBP+H_2MBP} = \frac{（HDBP+H_2MBP）的含量 \times 6.022 \times 10^{23} \times 100 \times 1}{266 \times （TBP）吸收剂量（eV/g）} \quad (1-180)$$

$$（HDBP+H_2MBP）的含量 = \frac{（HDBP+H_2MBP）的^{32}P 放射性活度}{^{32}P 的总放射性活度} \times 100\%$$

经过 5% Na_2CO_3 溶液萃洗分离（HDBP + H_2MBP）后，有机相用蒸馏水萃洗未知酸（以 L 表示），测量水相 ^{32}P 的放射性活度，有

$$G_L = \frac{L 的含量 \times 6.022 \times 10^{23} \times 100 \times 1}{266 \times （TBP）吸收剂量（eV/g）} \quad (1-181)$$

$$L 的含量 = \frac{L 的^{32}P 放射性活度}{^{32}P 的总放射性活度} \times 100\%$$

辐照的 TBP 有机相经 5% Na_2CO_3 溶液和蒸馏水萃洗，分去（HDBP + H_2MBP）和未知酸 L 后，将有机相蒸馏得残渣，用 5% Na_2CO_3 溶液和蒸馏水分别洗残渣，以除去残留的（HDBP + H_2MBP）和 L，洗净后的残渣即为中性聚合物，测量残渣的 ^{32}P 放射性活度，有

$$G_{聚合物} = \frac{中性聚合物中^{32}P 放射性活度}{（HDBP+H_2MBP）的^{32}P 放射性活度} \cdot G_{HDBP+H_2MBP} \quad (1-182)$$

TBP 中辐解产物的 G 值与吸收剂量的关系列于表 1-51 中,其中 G_L 的值随吸收剂量的增加而略有增大。未知酸 L 实际上是长链磷酸,其范围较宽,包括碳链长大于 4 个碳原子的。因为碳链较长,其在水中的溶解行为较复杂,当水相中的 Na^+ 或 H^+ 离子浓度升高时,L 的溶解度降低,主要是 HDBP 和 H_2MBP 的钠盐进入水相。当用蒸馏水萃洗时,酸基团由于与水有氢键作用被萃洗到水相。

表 1-51　TBP 辐解产物的 G 值与吸收剂量的关系

吸收剂量/Gy	G_L	$G_{聚合物}$	G_{HDBP+H_2MBP}
3.0×10^5	0.18	2.85	2.35
4.4×10^5	0.21	2.8	2.41
5.8×10^5	0.23	2.9	2.40
7.5×10^5	0.26	2.8	2.34

能量产额 G 值是研究辐解产物的重要参数,当研究辐射效应时,似乎应把 G 值和比电离结合起来研究。

2. 放射性射线对溶剂的"暂时损伤"

在放射性射线辐照过程中 TBP 会发生如下降解反应:

$$TBP \longrightarrow HDBP \longrightarrow H_2MBP \longrightarrow H_3PO_4$$

性能优良的 TBP 在射线辐照损伤后生成的降解产物中,HDBP 和 H_2MBP 对 Zr^{4+}、Pu^{4+} 等的配合能力很强,使 $^{95}Zr^{4+}$ 的去污因子减小,还会形成界面污物(详见 1.8.4 节),与 Pu^{4+} 形成的配合物稳定性好,影响了钚的反萃取,这些都会给 Purex 流程的共去污循环造成严重的负面影响。表 1-52 示出了吸收剂量对 D_{Zr} 的影响。

表 1-52　辐照 30% TBP-煤油萃取 ^{95}Zr(水相 1.0 mol·L^{-1} HNO_3)

吸收剂量/Gy	D_{Zr}
0	0.04
5.0×10^2	0.07
5.0×10^3	0.29
5.0×10^4	2.49
5.0×10^5	140.40

由表 1-52 可看出,辐照过程中,30% TBP-煤油的吸收剂量为 5.0×10^5 Gy,D_{Zr} 增加到辐照前的 3 500 倍,使 TBP 的性能变坏。由于 HDBP 和 H_2MBP 的钠盐可溶于水相,工艺过程将 Purex 流程第一循环(共去污)用过的萃取溶剂,经 5% 的 Na_2CO_3 或 NaOH 溶液洗去 HDBP 和 H_2MBP 使溶剂再生,重复使用,故称这类辐照损伤为"暂时损伤"。

3. 放射性射线对溶剂的"永久损伤"

在 Purex 流程中,由于受强放射性辐射,溶剂产生一系列辐解产物,对工艺过程危害很大。其中 HDBP 和 H_2MBP 可被 Na_2CO_3 或 NaOH 溶液萃洗除去,使溶剂再生重复使用,但再生的溶剂中还残留另一类辐解产物,它们不被碱溶液萃洗除去,而这类辐解产物对裂变产物元素和超铀元素有很强的配合能力,使这些金属元素保留在溶剂相中。随着溶剂再生复用循环增加,这类辐解产物不断积累,被保留的金属元素增多,这种恶性循环称为溶剂的"永久损伤"。"永久损伤"中对金属元素保留能力很强的辐解产物是什么? 长期以来尚未研究清楚。这一问题自 20 世纪 50 年代开始就被注意,多种假说先后被提出,分述如下。

(1)硝基烷保留论

美国的 Blake 认为,稀释剂的辐解产物——硝基烷的烯醇式或烯醇盐式造成辐解溶剂保留金属。硝基烷与其烯醇式和烯醇盐式存在下列平衡:

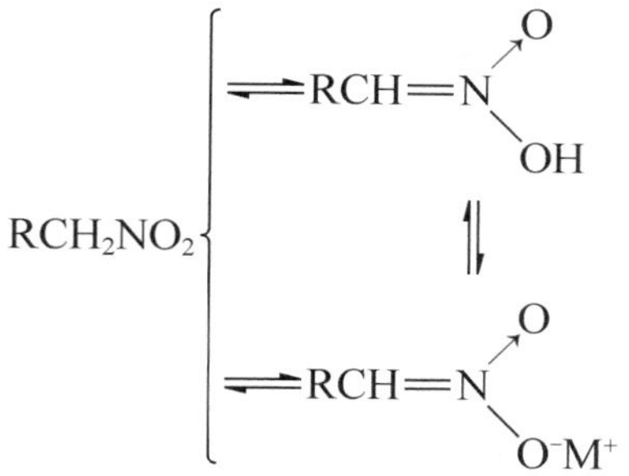

$$RCH_2NO_2 \begin{cases} \rightleftharpoons RCH=N\overset{\nearrow O}{\underset{\searrow OH}{}} \\ \\ \rightleftharpoons RCH=N\overset{\nearrow O}{\underset{\searrow O \cdot M^+}{}} \end{cases}$$

其中烯醇盐式保留金属 M^+。但是这个假设被英国的 Huggard 所否定,他合成了一系列的稀释剂辐解产物及其衍生物,分别加到 20% TBP – 煤油体系进行锆保留试验,结果列于表1 – 53中,除了羟肟酸外,其他硝基化合物和羰基化合物对锆均无明显的保留。

表 1 – 53　加有合成物的 20% TBP – 煤油对锆的保留

化合物类型	分子式	浓度/$(mol \cdot L^{-1})$	Z 值[*]
20% TBP – 煤油			< 30
酮	$CH_3COC_9H_{19}$	2×10^{-2}	< 30
羧酸	$C_7H_{15}COOH$	4×10^{-2}	350
硝基烷	$C_{12}H_{25}NO_2$	2×10^{-2}	130
硝酸酯	$C_{12}H_{25}ONO_2$	2×10^{-2}	150
羟肟酸	$C_{11}H_{23}CONHOH$	1×10^{-2}	4×10^5

[*] Z 值为锆指数。

(2)羟肟酸保留金属

英国人 Huggard 将合成的羟肟酸(实际上是异羟酸或氧肟酸)加到 20% TBP – 煤油中,试验结果表明羟肟酸对锆有显著的保留。他提出稀释剂在放射性射线辐照过程中会生成初级辐解产物和二级辐解产物。

这些辐解产物中,初级辐解产物对金属离子不会保留,而二级产物中的氧肟酸对锆会有保留。另一位英国人 Lane 也认为稀释剂辐解的初级产物硝基烷经一系列反应后,转化为的氧肟酸是最有害的物质。

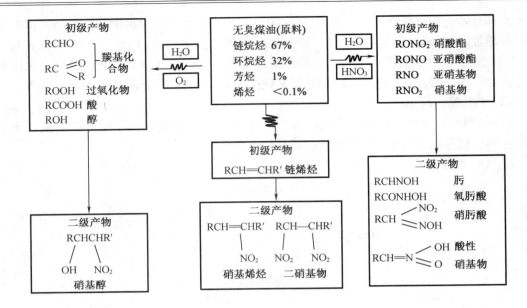

还有一位英国人 Healy 提出异议，他对辐照 TBP – 煤油中羟肟酸保留金属的研究发现，当氧肟酸浓度在 $10^{-4} \sim 10^{-3}$ mol·L^{-1} 时，才对锆有强烈的保留作用。他建立的分析羟肟酸的方法灵敏度可达到 10^{-6} mol·L^{-1}，很容易测出 $10^{-4} \sim 10^{-3}$ mol·L^{-1} 的羟肟酸，但是考察 Purex 循环溶剂中没有发现这一浓度范围的羟肟酸。因为羟肟酸易受亚硝酸破坏，在 Purex 流程的水相料液中常有 10^{-3} mol·L^{-1} 的亚硝酸，有机相则更高，能使 10^{-3} mol·L^{-1} 的羟肟酸被破坏到 5.0×10^{-6} mol·L^{-1} 以下。因此认为羟肟酸不可能稳定地存在于 Purex 溶剂中。

波兰的 Nowark 提出，在 TBP – HNO$_3$ – H$_2$O 辐照体系中，当硝酸浓度小于 1 mol·L^{-1} 时有羟肟酸存在；当硝酸浓度大于 1 mol·L^{-1} 时，由于羟肟酸发生水解作用而未发现羟肟酸。这与 Healy 的观点相似。

在英国的核燃料后处理厂的所有辐解溶剂中，甚至在那些具有很强金属保留作用的辐解溶剂中，都没有发现羟肟酸存在的确切证据。无羟肟酸存在当然否定了羟肟酸的影响。

（3）羰基化合物的影响

德国的 Stieglitz 发现 Hf 被溶剂作用生成配合物的量与硝基烷无关，再次否定了硝基烷假说，同时他发现辐解溶剂的蒸馏残渣对 Hf 具有很强保留作用。其红外吸收谱中存在很强的羰基吸收峰（1 720 cm^{-1} 和 1 660 cm^{-1}），因此 Stieglitz 提出了羰基化合物保留金属的假说，认为体系中具有羰基功能团的化合物是保留金属离子的主要原因。但是羰基功能团属于哪种化合物，其结构如何都不知道。同时，Huggard 的实验表明，金属的保留与羰基化合物无关。两人的观点相互矛盾，也没有探讨深入的理由，所以羰基化合物之说也就不了了之。其实羰基化合物对金属离子有较强的配合能力，值得进一步研究。

（4）酸性长链磷酸酯保留金属离子

20 世纪 70 年代，Becker 和 Stieglitz 提出造成溶剂中保留金属的主要辐解产物是酸性磷酸酯，它不易被 Na$_2$CO$_3$ 溶液萃洗，但在碱洗后再接着水洗却较容易进入水相。这样的水萃物对 Hf 具有很强的保留作用。红外吸收谱分析证实，水萃物是 TBP 的辐解产物；色谱 – 质谱联用分析进一步发现，水萃物包括十几个结构类似的组分，都是二烷基酸性长链磷酸酯，差别在于其中一个烷基碳链的长度为 C$_5$ ～ C$_{14}$，某些分子的长碳链上还含有羟基。Becker

等进一步用柱色层分离出了强配合能力辐解产物,主要成分依然是酸性长链磷酸酯,包括一些二聚的酸性磷酸酯及少量的聚羟基化合物。

　　Healy 用色层法测定了强配合能力的辐解产物的比移值(Rf 值),发现其行为与二辛基酸性磷酸酯相似。

　　Maya 等合成了丁基月桂基磷酸(HBLP),发现它与实际辐照体系中生成的强配合能力之辐解产物性质极为相似。用 $0.2\ mol \cdot L^{-1}$ Na_2CO_3 溶液很难将 HBLP 洗去,但碱洗后再水洗,较容易将其萃洗到水相。实验证明,HBLP($10^{-4} \sim 10^{-3}\ mol \cdot L^{-1}$)对锆具有很强的配合能力。

　　哈鸿飞、吴季兰等在研究 TBP 辐照后产生的聚合物中也发现,含有一种性质相似于 HDEHP 的酸性磷酸酯,不易为稀碱溶液洗除,并引起萃取时的乳化现象。

　　Rochon 进一步认为,这种强配合能力的辐解产物是烷基上带有羟基的酸性长链磷酸酯,并且烷基的长度与体系中的稀释剂有关。

　　酸性长链磷酸酯的假说受到重视,研究实验的证据也多些。

　　除上述外,耿永勤、伊淑瑶等在研究 TBP 稀释剂体系配合性辐解产物时,发现 TBP – 煤油 – HNO_3 体系的辐照后效应,使强配合性辐解产物具有被氧化的物性。对酸性长链磷酸酯提出了怀疑。

　　以后的研究认为强配合性辐解产物是 TBP 本身的降解产物,稀释剂的存在能使烷基的碳链增长,未知酸可能是 HDBP –（TBP）$_n$ 的聚合物。近期对辐照的 TBP – 正十二烷 – HNO_3 体系保留钌的研究结果,认为保留钌的强配合性辐解产物是硝化的磷酸酯,其中硝化组分带有亚硝酸酯基团,磷酸酯中含有多个磷原子的聚合物。但是这些观点的依据仍不够充分,需进一步研究。

1.8.3　萃取界面物

1. 萃取界面物现象

　　溶剂萃取过程常在有机相和水相之间出现第三相(the third phase),不同的溶剂萃取体系,第三相的组成和状态也不一样,一般可分为三种情况:第一种,称乳浊液(emulsion),因两相混合过程中有机相和水相部分乳化而成,经过离心或长时间放置,可消除这种乳浊液,是常见的乳化现象;第二种,称第二有机相(the second organic phase),或重有机相,呈现清澈透明的液体,而且与其上层的轻有机相之间存在清晰的界面,第二有机相的主要成分是萃合物,往往在萃取四价金属离子(如 Th^{4+}、U^{4+} 和 Pu^{4+})过程中,有机相载荷量较大时出现;第三种,界面污物(interfacial crud),或称界面物,第一、二种都是液相,而第三种含有固相,是由有机相、水相和固体混合组成的乳化物,或认为是固相微细颗粒稳定的乳化物,其密度介于有机相和水相之间,沉积于两液相的界面上。我们说的 Purex 流程界面物通常指第三种,习惯上把有机相叫作溶剂(solvent)或溶剂相,它包括萃取剂(extractant)和稀释剂(diluent)。

　　核燃料水法后处理工艺过程的 1A 萃取器中容易出现界面物。在 Purex 流程中,1A 萃取器是一个关键性的操作单元,开始运行时一般都正常,随着运行时间的增长,性能变差,操作逐渐困难,其重要原因之一是形成界面物。在我国生产堆核燃料后处理工艺实验时,观察到 1A 萃取器第 1 级至第 8 级(萃取段)的澄清室相界面处有一条带状界面物层。初期的界面物为乳白色,随着运行天数的增加,变成棕色、褐色、黑褐色。我们在研究动力堆乏核燃料后处理工艺的实验中也观察到 1A 萃取器内出现界面物,第 7 级、8 级、9 级尤为严重,其中第 8 级为 1AF 进料级。在研究 Thorex 流程处理钍基核燃料回收 ^{233}U 的实验中,用

0.01 mol·L^{-1} HNO$_3$ 同时反萃取钍和铀,运行一定时间后,由于界面物的形成,物料流动困难;如果先将硝酸浓度增加到 0.5 mol·L^{-1} 反萃取钍,则不形成界面物。在第一萃取循环的溶剂再生过程的碱洗步骤中也往往会出现界面物。

在研究辐照过的 TBP 体系萃取铀和裂变产物元素锆的实验中发现一些特殊的界面物现象。TBP 吸收剂量较小时,不形成界面物;随着吸收剂量的加大,界面物出现并逐渐增多,达到极大值;而后随吸收剂量的加大,形成界面物的量反而减少,继而完全消失,不形成界面物。对于吸收剂量大而界面物消失的体系,加入一定量的铀则有大量的界面物析出。在研究 HDBP 与 Zr 形成界面物的实验中也观察到类似的现象。水相锆的初始浓度一定时,有机相中的 HDBP 浓度低,不形成界面物;随着 HDBP 浓度的增加,开始有界面物形成,而后随之增多;当 HDBP 浓度高于一定值后,反而不形成界面物。对于已形成的界面物,向有机相中加入一定量的 HDBP,混摇后,界面物会被溶解而消失。

2. 界面物的危害

萃取界面物的危害是人们共同关注的问题,它给溶剂萃取工艺运行造成的麻烦主要表现在以下几方面:

(1)界面物影响相分离,干扰萃取分配平衡,使萃取效率下降。

(2)界面物往往含放射性活度很高的物质,在相际集中,使溶剂局部受特强辐射,引起溶剂质量变坏,使净化系数下降。

(3)界面物的形成使某些元素的化学行为反常,造成物料不平衡。1A 萃取器的物料衡算中,锆是典型的负偏差代表者,钚也会出现负偏差,这些现象与界面物直接相关。在工厂运行积累的界面物经组分分析,其中金属元素主要是锆,而且钚的含量也很可观。

(4)界面物形成会破坏正常的物流输送和传递,使其操作逐渐困难,甚至引起堵塞,无法运行,被迫停车排污,此时需清洗设备,更换溶剂,重新启动。曾经在核燃料后处理工艺研究的热验证实验中,因 1A 萃取器的进料级及其附近级被界面物堵塞而无法继续运行,工作人员不得不冒着超辐射剂量的危险,接近清除污物,排除故障。

3. 界面物的成因

溶剂萃取过程形成界面物现象是常见的,其成因很复杂,已有研究工作得出的结论不完全一致,大致可以归纳为三种观点,简述如下:

第一种观点,认为连续相中溶质必须形成三维网络结构,具有这种结构的溶质与分散相通过氢键连接形成"包围圈",因而乳化,产生界面物。例如,乳胶硅在水相中以氧桥形成三维网络结构,当水相连续时,乳胶硅的氢键与作为分散相的萃取剂液滴周围的含氧基形成氢键使之被包围。这时由于水相是连续的,各"包围圈"又借网络相互连接在一起,造成乳化。同样情况下,如果水相不连续,而有机相连续,则连续相没有三维网络结构,也就不会造成乳化。将硅凝胶尽量捣碎悬浮在水里,不论是有机相连续还是水相连续,萃取时均不乳化,因为没有形成三维网络结构。

第二种观点,认为界面物是由于溶剂中存在表面活性剂而产生的,即表面活性剂使两相发生乳化、吸附等复杂过程,导致生成的稳定乳化物形成界面物。一般认为稀释剂经过辐解会生成表面活性剂和其他有害物质,由其中的表面活性剂导致形成界面物。实验进一步表明,不是所有的表面活性剂都有助于界面物形成,只有非离子形表面活性剂才起促进作用。在研究 TBP-正十二烷溶剂中保留钇的实验里,向新鲜的溶剂中加入各类表面活性剂,都无界面物形成。当以辐照过的溶剂进行实验时,发现加入非离子表面活性剂的体系有界面物形成,而其他类型仍然不形成界面物。

第三种观点,认为体系中存在对乳化起稳定作用的细微固体颗粒形成界面物。在研究钯微粒形成界面物时,观察到水相钯微粒含量≥5 g·L^{-1}即可形成界面物,而有机相和水相均无三维网络结构,也没有表面活性剂。如果水相钯微粒含量<5 g·L^{-1},则不形成界面物。另外的实验表明,硅石粉末或膨润土加入体系中,结果有界面物形成,粒度越细,对乳化的稳定作用越强,越容易形成界面物。亲水性的微细颗粒(如 SiO_2)生成水包油型乳化物,憎水性微细颗粒(如 $Zr(MBP)_2$)生成油包水型乳化物。完全亲水性或完全憎水性的微细颗粒对乳化没有稳定作用,它们会完全浸入相关的相内,而不与另一相的界面接触。强烈憎水的聚四氟乙烯粉末对乳化无效,完全亲水的 $ZrO(H_2PO_4)_2$ 也是如此,但后者经过陈化,改变性质后则会造成乳化。

以上三种观点都有一定的道理和依据,也存在矛盾之处,需要具体分析。至于 Purex 流程 1A 萃取器单元出现萃取界面物的情况就更复杂,可以从两方面进行分析。一方面是料液(1AF)中裂变产物元素锆与萃取剂 TBP 的辐解产物发生化学反应,生成低溶解度的配合物聚集于相际;另一方面是 1AF 中存在的固体微粒(包括新生成的次级沉淀)与稀释剂的辐解产物发生乳化。这两方面加在一起同时发生,对界面物的形成起到相互加剧的作用。其中固体微粒的作用,以钯微粒实验结果看,大于或等于 5 g·L^{-1}才形成界面物,这个量是很高的,一般认为,1AF 经过严密过滤,固体微粒的含量仅为 0.1 g·L^{-1}。这个量单独与溶剂作用应该不会形成界面物,但是裂变产物元素锆的浓度比较高,TBP 辐解产物浓度也在 10^{-3} mol·L^{-1}量级,仅这两者作用就可能形成界面物,而后固体微粒附着于已形成的皂状物(Zr–DBP + Zr–MBP)上,加剧了界面物的形成。用真实料液实验时,开始形成的界面物颜色浅,而后变深直到黑褐色。深颜色的一部分来自溶剂辐解产物,另一部分来自附着的固体微粒(包括不溶残渣、金属屑末和石墨粉等穿透过滤器后的细微颗粒)。

4. 影响形成界面物的因素

(1)HDBP 浓度≥3.0×10^{-4} mol·L^{-1}开始形成界面物。

(2)H_2MBP 浓度≥5.0×10^{-4} mol·L^{-1}开始形成界面物,随着浓度增大,界面物增加。

(3)TBP – 正十二烷吸收剂量<10^3 Gy 无界面物,≥3.0×10^3 Gy 开始有界面物。

(4)锆浓度≥5.0×10^{-4} mol·L^{-1}开始形成界面物,随锆浓度的增加,界面物形成量加大。

(5)铀浓度低(如 19 g·L^{-1})不影响界面物,浓度高(如 100 g·L^{-1})使界面物量加大。

(6)硝酸浓度对形成界面物的影响很敏感,$C_{HNO_3} \leq 2$ mol·L^{-1},容易形成界面物;$C_{HNO_3} \geq 3$ mol·L^{-1}可缓解界面物形成。

以上 6 条均有相辅的条件,在某些条件下,锆浓度为 10^{-5} mol·L^{-1}也会形成界面物,必要时可参阅参考书目[6]11.4.1 节。

综上所述,Purex 流程中萃取界面的形成是多因素和复杂的物理化学过程,诸多因素中,可以认为裂变产物元素锆与 TBP 辐解产物间的化学反应占主导作用,裂变产物元素钼在 >1.0 mol·L^{-1}HNO$_3$ 的体系中通过化学反应形成界面物的量很少。因此通过研究锆与 TBP 辐解产物形成界面物的机理可进一步认识界面物的实质。

1.8.4　Purex 流程界面物形成机理研究

1. 萃取界面物的分析

界面物的定量分析是很困难的事,尤其是乳化液相含量不恒定,通常是将其中的固相单独分离出来进行分析,但是相关文献报道不多,定量数据就更少。笔者在研究实验中对界面物做了部分定量分析,并且测定了体系中界面物的生成率。用萃取管混相形成界面物后,离心分相,定体积准确取两相清液进行有关测定,将多余的液相和界面物一起转移到特制的抽滤器内抽滤。用石油醚洗萃取管数次,将残留界面物一起转入抽滤器抽干,再用石油醚洗滤饼1~2次,抽干,保存于真空干燥器内待测定。对于有些分析测定需要样品量大,则用自制的电动搅拌单级混合澄清器进行实验,如图1-56所示。连续搅拌6~8 h,静置分相后,弃去大部分液相,从下方放出混合物,按上述过滤、洗涤、抽干等步骤,将样品保存于真空干燥器中待分析。

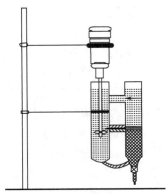

图1-56　电动搅拌单级混合澄清器

（1）界面物的组分分析

锆与HDBP和H_2MBP形成界面物的关键是磷和锆的物质的量之比。用X射线荧光法测定界面物固体粉末中的锆和磷很方便,数据列于表1-54和表1-55中。

表1-54　锆与HDBP形成界面物中元素磷和锆的物质的量比

水相 C_{HNO_3} /(mol·L^{-1})	磷锆物质的量之比 n_P/n_{Zr}		
	实验1	实验2	实验3
1.0	2.51	2.34	1.93
2.0	1.67	1.36	—
3.0	2.35	2.81	2.51

表1-55　锆与H_2MBP形成界面物中元素磷和锆的物质的量比

水相 C_{HNO_3} /(mol·L^{-1})	磷锆物质的量之比 n_P/n_{Zr}		
	实验1	实验2	实验3
0.4	1.80	2.20	2.10
1.0	1.55	1.73	—
2.0	2.31	2.15	—

实验水相的锆浓度为1.0×10^{-2} mol·L^{-1},表1-54的有机相为4.0×10^{-3} mol·L^{-1} HDBP-30% TBP-正十二烷;表1-55的有机相为5.6×10^{-3} mol·L^{-1} H_2MBP-30%

TBP - 正十二烷。由于界面物实验的重现性差,对于表中的实验数据可认为基本一致。

(2)锆与 HDBP 和 H_2MBP 形成界面物的红外吸收光谱

测试出的 Zr - DBP 和 Zr - MBP 形成界面物的吸收光谱示于图 1 - 57 和图 1 - 58 中。其中图 1 - 57(a)是锆与 HDBP 形成界面物的红外吸收光谱,实验条件为:水相 $C_{Zr} = 5.0 \times 10^{-3}$ mol·L^{-1},$C_{HNO_3} = 2.0$ mol·L^{-1};有机相为 2.0×10^{-3} mol·L^{-1} HDBP - 30% TBP - 正十二烷。为了方便比较,同时示出了图 1 - 57(b)所示的纯 HDBP 的吸收光谱。图(b)中的 1 030~1 065 cm^{-1} 为 P—O—C$_{烷}$键的吸收峰,1 240 cm^{-1} 为 P = O 双键峰,1 380 cm^{-1} 和 1 470 cm^{-1} 为烷基吸收峰,在 1 500~2 900 cm^{-1} 区间内有三个宽峰是羟基吸收带,2 900 cm^{-1} 附近有烷基吸收峰。如图 1 - 57(a)所示,形成界面物后,P = O 与锆配位,降低了双键特性,向低频方向红移至烷基峰更清晰地显现在 1 390 cm^{-1} 处,吸收谱中表征羟基的三个宽峰消失,说明 HDBP 的—OH 离解 H^+ 后以酸根阴离子 DBP^- 和锆结合成界面物。谱带中出现了硝酸根的吸收峰,1 570 cm^{-1}(ν_4)、1 280 cm^{-1}(ν_1)、1 040 cm^{-1}(ν_2)、810 cm^{-1}(ν_6)、770 cm^{-1}(ν_3)和 710 cm^{-1}(ν_5),其中 1 040(ν_2)cm^{-1} 与 P—O—C 键吸收峰重叠。

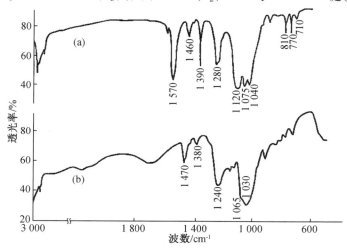

图 1 - 57　Zr - DBP 界面物和纯 HDBP 的红外光谱

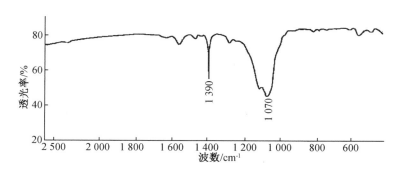

图 1 - 58　Zr - MBP 界面物的红外光谱

H_2MBP 与 Zr 形成界面物的红外吸收谱显得简单、洁净,既没有羟基吸收峰,也没有硝酸根的吸收峰。这说明 H_2MBP 的两个 H^+ 全离解后以负二价酸根阴离子 MBP^{2-} 和锆结合成界面物,没有硝酸根介入。

（3）界面物生成率的测定

在界面物分析中,定量取样和绝对测量都有困难。用界面物主要成分锆在界面物中的含量占体系中锆总量的百分数作为生成率,可定量描述界面物的生成量。但是直接测定体系形成界面物总量中的锆也是有困难的,而萃取后两液相中的锆浓度是可以测量的,界面物的表观体积虽然不小,其真实固体所占的体积与两相液体的体积相比可忽略,这样就可测得留在液相的锆总量,从而可求得界面物中锆的总量。设 Y_{Zr} 为界面物生成率,则其表达式如下:

$$Y_{Zr} = \left(1 - \frac{Z_o V_o + Z_a V_a}{N} \right) \times 100\% \tag{1-183}$$

式中　Z_o——有机相中^{95}Zr 的放射性活度浓度,$Bq \cdot mL^{-1}$;

　　　V_o——有机相总体积,mL;

　　　Z_a——水相中^{95}Zr 的放射性活度浓度,$Bq \cdot mL^{-1}$;

　　　V_a——水相总体积,mL;

　　　N——体系中加入的^{95}Zr 总放射性活度,Bq。

界面物生成率研究实验中选择锆为参照元素,其浓度选择应适中,使得 HDBP 和 H_2MBP 可在缺量和过量的较大范围内改变浓度,以便观察界面物的形成规律。式(1-183)除了忽略固相体积外,还把所有离开液相的锆(包括器壁吸附)都归入界面物中,实验中使用的萃取管内壁经硅烷化处理后对锆的吸附甚微,这些处理所引进的偏差对于研究界面物还是可以接受的。用这种方法实验研究了 Zr-DBP 界面物生成率与 HDBP 浓度的定量关系,示于图 1-59 中,其规律性很好。

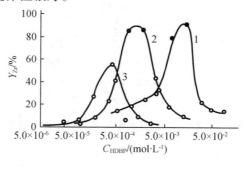

水相:$C_{HNO_3} = 3.0 \ mol \cdot L^{-1}$

$C_{Zr} \begin{cases} 1—1.0 \times 10^{-3} \ mol \cdot L^{-1} \\ 2—1.0 \times 10^{-4} \ mol \cdot L^{-1} \\ 3—1.0 \times 10^{-5} \ mol \cdot L^{-1} \end{cases}$

图 1-59　Zr-DBP 界面物生成率与 HDBP 浓度的关系

（4）界面物形成与磷、锆浓度比（C_P/C_{Zr}）的相关性

界面物组分分析数据反映了界面物的形成与 C_P/C_{Zr} 的关系。反应物 HDBP 与锆的浓度比从 0.5 增加到 10,形成界面物的 C_P/C_{Zr} 集中在 1~3,说明界面物沉淀的组成固定在相应的范围,这涉及体系中反应物的 C_P/C_{Zr} 与界面物沉淀形成量的相关性。在研究 Zr-DBP 配合物沉淀形成时,观察到体系中 $C_{HDBP}/C_{Zr} < 2$ 时,不出现沉淀,随着这个比值增大,锆进入有机相的比例增大,当 $C_{HDBP}/C_{Zr} \geq 2$ 后,出现沉淀。还研究了体系中 C_P/C_{Zr} 与 HDBP 和

H_2MBP 形成界面物沉淀的关系,示于图 1-60 中。对于 Zr-HDBP 体系,当 $C_P/C_{Zr} < 2$ 时,界面物沉淀形成量随 C_P/C_{Zr} 增大而增加;当 C_P/C_{Zr} 大于 2 以后,界面物沉淀形成量出现一个峰值,而后随之减少;当 $C_P/C_{Zr} > 4$ 后,界面物沉淀消失。对于 Zr/H_2MBP 体系、Zr-MBP 界面物形成过程,也存在 C_P/C_{Zr} 的相关性。随着 C_P/C_{Zr} 的增大,界面物沉淀形成量增加;当 $C_P/C_{Zr} > 2$ 时,界面物形成量呈饱和状态,不存在界面物随之减少和消失的现象。

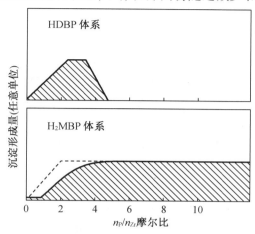

图 1-60　Zr/HDBP 和 Zr/H_2MBP 体系中界面物沉淀形成量与 C_P/C_{Zr} 的关系

图 1-59 表示 Zr-DBP 界面物沉淀生成率与 HDBP 浓度的关系,也反映了 C_P/C_{Zr} 与界面物形成的相关性。曲线 1 和 2 的锆浓度分别为 1.0×10^{-3} mol·L^{-1} 和 1.0×10^{-4} mol·L^{-1},曲线高峰处的 C_P/C_{Zr} 约为 3,界面物生成率达 90%。而曲线 3 的锆浓度低(1.0×10^{-5} mol·L^{-1}),高峰处的 C_P/C_{Zr} 约为 8,界面物的最高生成率只有 50%。这些现象说明 Zr-DBP 形成界面物过程中,当锆浓度一定时,随着 HDBP 浓度的变化,界面物生成率会出现一个高峰,峰值对应的体系中 C_P/C_{Zr} 是最容易形成界面物的条件之一。对于 $1.0 \times 10^{-4} \sim 1.0 \times 10^{-3}$ mol·L^{-1} 锆的浓度范围,C_{HDBP}/C_{Zr} 浓度比为 3 时最易形成界面物。C_{HDBP}/C_{Zr} 很小时,不形成界面物,随着该比值增大,界面物由无到有,由少到多。达到高峰值后,$C_{HDBP}/C_{Zr} > 3$,继续增大,则界面物随之减少,而后不形成界面物。若锆浓度很低,如曲线 3,$C_{Zr} = 1.0 \times 10^{-5}$ mol·L^{-1},当 C_{HDBP}/C_{Zr} 为 3 时,虽然也有界面物生成,但不是高峰,因为这时锆和 HDBP 的总浓度很低,生成的配合物 Zr-DBP 总量较少,有相当一部分会被 30% TBP-正十二烷萃取,析出的界面物沉淀量较少,当 HDBP 浓度增加到 8.0×10^{-5} mol·L^{-1} 时,才出现高峰。

2. HDBP 和 H_2MBP 与锆形成界面物的化学反应式

Purex 流程的水相是硝酸溶液,在研究锆与 HDBP 和 H_2MBP 生成配合物的反应时,应考虑水相中锆的状态。硝酸浓度直接影响锆的状态。硝酸浓度低时,锆会水解聚合形成不可萃取的状态。硝酸浓度大于 1 mol·L^{-1} 时,锆不会聚合,应以 $[Zr(OH)_x(NO_3)_y]^{4-x-y}$、$[ZrO(NO_3)_y]^{2-y}$ 和 $[Zr(NO_3)_y]^{4-y}$ 等单核状态存在。一般认为 $C_{HNO_3} \geqslant 3$ mol·L^{-1} 时,主要以 $[Zr(NO_3)_y]^{4-y}$ 状态存在。

(1) HDBP 与锆形成界面物的化学反应式及对特殊现象的解释

在研究硝酸体系中 HDBP 萃取锆时,将有两类配合物:一类是 HDBP 含二聚体参加萃取反应,形成高分配比(在有机相溶解度高)的萃合物;另一类是 HDBP 完全电离后以酸根阴离子 DBP⁻ 与锆形成低分配比(在有机相溶解度低)的配合物。

在硝酸浓度大于 1 mol·L⁻¹ 的水相中,利用 HDBP 萃取不同状态的锆——Zr^{4+}、ZrO^{2+} 以及 $Zr(OH)_y^{4-y}$ 的萃取反应式可以写成

$$\left.\begin{array}{l}[Zr(OH)_x(NO_3)_y]^{4-x-y}\\[Zr(O(NO_3)_y]^{2-y}\\[Zr(NO_3)_y]^{4-y}\end{array}\right\}+n(HDBP)_2\longrightarrow Zr(NO_3)_y(DBP)_n(HDBP)_{n'}+nH^+$$

$$(1-184)$$

其中,$n'\geq 0$,$y\geq 0$,$y+n=4$。

式(1-184)是三个反应式综合的简化式,其实质是酸性配合萃取会放出 H^+,而且 n 个 H^+ 中部分还会与 ZrO^{2+} 或 $Zr(OH)_y^{4-y}$ 反应生成 H_2O。对于硝酸浓度 ≥3 mol·L⁻¹ 的体系,较多研究者认同的萃取反应式为

$$Zr^{4+}+NO_3^-+3(HDBP)_2\Longleftrightarrow Zr(NO_3)(DBP)_3(HDBP)_3+3H^+ \quad (1-185)$$

在界面物的分析数据中,C_P/C_{Zr} 为 1～3;红外吸收光谱表明有硝酸根,并且以双齿配位($\nu_3770\ cm^{-1}$,$\nu_41\ 570\ cm^{-1}$,$\nu_6810\ cm^{-1}$),谱中没有—OH 峰,即 $n'=0$,说明萃取剂只有电离后的酸根阴离子 DBP⁻ 与锆配合,形成低分配比的配合物 $Zr(NO_3)_y(DBP)_n$,在有机相中溶解度低,容易沉淀析出。图 1-61 示出了锆的萃取分配比 D_{Zr} 和界面物生成率 Y_{Zr} 与 HDBP 浓度的相互关系。

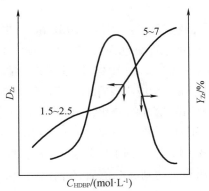

有机相:HDBP - 正十二烷;水相 $C_{HNO_3}=3.0\ mol\cdot L^{-1}$;$C_{Zr}=1.0\times 10^{-3}\ mol\cdot L^{-1}$。

图 1-61　界面物生成率和 D_{Zr} 与 C_{HDBP} 的关系

其中 $D_{Zr}-C_{HDBP}$ 关系曲线中出现一个拐点,这个拐点的初始 HDBP 和锆浓度的比约为 3。在 $C_{HDBP}<3.0\times 10^{-3}\ mol\cdot L^{-1}$ 的区域,计算得 $\lg D_{Zr}-\lg C_{HDBP}$ 关系线的斜率为 1.5～2.5,说明 $C_{HDBP}/C_{Zr}\leq 3$,生成的配合物分子中 $n=1～3$,$n'=0$,在有机相中的溶解度低,D_{Zr} 较小。由于 HDBP 的浓度较小,故生成的配合物少,都溶解在有机相中(成萃合物)而无界面物;随着 HDBP 浓度增加,生成的配合物量增加,不能全溶解在有机相中,而在相际沉淀,出现界面物;HDBP 浓度继续增加,界面物也增加,到拐点处($C_{HDBP}\approx 3.0\times 10^{-3}\ mol\cdot L^{-1}$),界面物生成率最高。$C_{HDBP}/C_{Zr}>3$ 后,D_{Zr} 剧增,计算得 $\lg D_{Zr}-\lg C_{HDBP}$ 关系线的斜率为 5～7,说明 HDBP 与 Zr 的配合物中 $n'>0$,甚至可出现 $n'>n$,如 $Zr(NO_3)(DBP)_3\cdot(HDBP)_2$、$Zr(NO_3)(DBP)_3\cdot(HDBP)_3$、$Zr(NO_3)(DBP)_3\cdot(HDBP)_4$ 以及 $Zr(DBP)_4\cdot(HDBP)_3$ 等。这些配合物容易被萃取到有机相中,并且随着 HDBP 浓度继续增加,界面物生成率下降,直

到消失。可见 HDBP 与 Zr 反应生成配合物中,因 HDBP 和锆摩尔浓度比不同,而生成在有机相中高溶解度和低溶解度的两类配合物,其主要差别在于:前者 $n' > 0$,后者 $n' = 0$。HDBP 和锆的摩尔浓度比大,生成的配合物中 $n' > 0$,在有机相中溶解度高,D_{Zr} 大,易被萃取到有机相中;HDBP 和锆的摩尔浓度比小,生成的配合物中 $n' = 0$,在有机相中溶解度低,D_{Zr} 小,易沉淀于相际形成界面物。相应于萃取反应式(1 - 184)和式(1 - 185),可以写出 HDBP 与锆形成界面物的反应式:

$$Zr^{4+} + yNO_3^- + nHDBP \Longrightarrow Zr(NO_3)_y(DBP)_n + nH^+ \qquad (1-186)$$

$$[Zr(OH)_x]^{4-x} + yNO_3^- + nHDBP \Longrightarrow Zr(NO_3)_y(DBP)_n + (n-x)H^+ + xH_2O \qquad (1-187)$$

$$ZrO^{2+} + yNO_3^- + nHDBP \Longrightarrow Zr(NO_3)_y(DBP)_n + (n-2)H^+ + H_2O \qquad (1-188)$$

式中,$n + y = 4$,三个反应式都表示反应过程不同程度地释放氢离子,若提高体系的酸度则不利于界面物的形成反应,而且体系酸度高,锆以 $Zr(NO_3)_y^{4-y}$ 状态存在,对 $[H^+]$ 更敏感,这时界面物的形成与 $[H^+]$ 的 n 次方成反比。当 $n = 3$ 时,界面物分子式为 $Zr(NO_3)(DBP)_3$,其结构式可写成

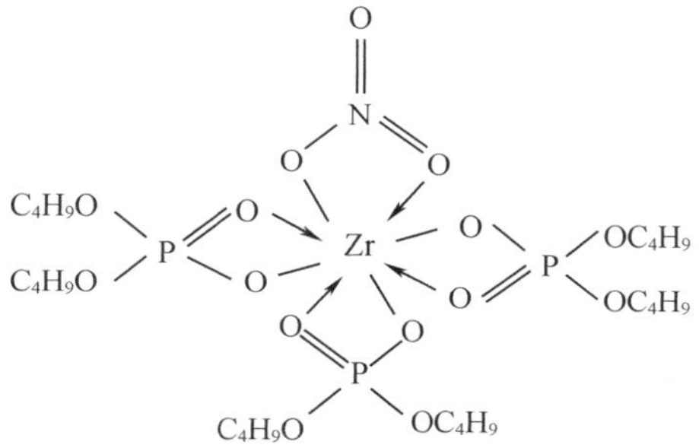

$$(A)$$

根据反应式(1 - 184)萃取物中 $n' = n = 3$,萃合物分子 $Zr(NO_3)(DBP)_3 \cdot (HDBP)_3$ 的结构式可写成

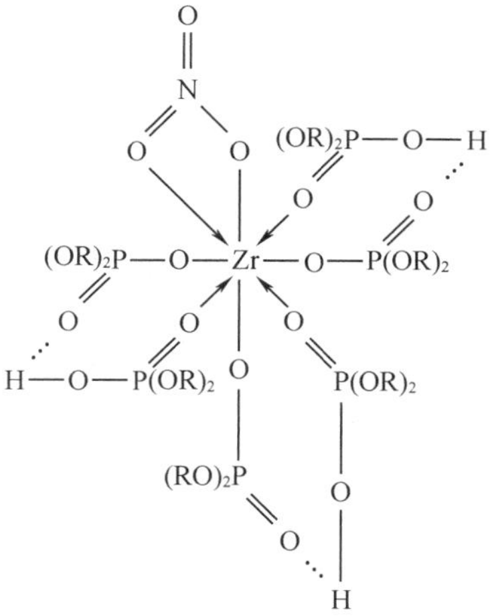

$$(B)$$

结构式(B)中 $R = C_4H_9$,其外围有 12 个丁基,根据相似性原理,其在煤油或正十二烷中的溶解性很好,羟基与 $P = O$ 形成氢键,所以很容易被萃取到有机相中,因此界面物消失或被溶解。

在这种由于 HDBP 浓度高,故将锆萃取入有机相而使界面物消失的条件下,若体系中铀含量较高,被 30% TBP 萃取到有机相,$[UO_2(NO_3)_2 \cdot 2TBP]$ 与 $[Zr(NO_3)(DBP)_3 \cdot$

（HDBP）₃]相混合，而[UO₂(NO₃)₂·2TBP]的结构式（见第1.3.4节）很紧凑，两个硝酸根占据UO_2^{2+}的六角形平面的四个顶角后，尚有两个氧原子朝外，由于铀浓度高，这样的氧原子数量大，与[Zr(NO₃)(DBP)₃·(HDBP)₃]混合时，会同二聚的HDBP的—OH形成氢键使之解离。解离后结构式（B）就变为结构式（A），即变为界面物沉淀。有机相含铀量越大，越有利于这种转变，所以1A萃取器进料级及其附近级界面物形成量也相对大。实验已证明，这种情况下析出界面物的红外光谱中没有羟基峰，所以不是因有机相载荷大，萃合物[Zr(NO₃)(DBP)₃·(HDBP)₃]被析出。

（2）H₂MBP与锆形成界面物的化学反应式

H₂MBP是二元酸，一般而言在强酸溶液中两个氢离子都电离是不容易的，但是它与Zr^{4+}的配合能力很强，生成的配合物在有机相和水相的溶解度都很低，沉淀于相际形成界面物，分析其组分为Zr(MBP)₂·xH₂O。在30% TBP－正十二烷－HNO₃体系中，H₂MBP与Zr形成的界面物分析结果表明，C_P/C_{Zr}约为2，其红外光谱中没有硝酸根和羟基吸收峰。在$C_{HNO_3} \geqslant 0.4 \text{mol} \cdot \text{L}^{-1}$的宽酸度范围里，都是这样的结果，生成的界面物分子为Zr(MBP)₂，化学反应式可写成

$$Zr^{4+} + 2H_2MBP \Longrightarrow Zr(MBP)_2 + 4H^+ \tag{1-189}$$

$$[Zr(OH)_x]^{4-x} + 2H_2MBP \Longrightarrow Zr(MBP)_2 + (4-x)H^+ + xH_2O \tag{1-190}$$

$$ZrO^{2+} + 2H_2MBP \Longrightarrow Zr(MBP)_2 + 2H^+ + H_2O \tag{1-191}$$

一般认为Zr^{4+}是8配位，Zr(MBP)₂中还空2个配位，应该有2分子水配位更合理，但是红外光谱中未观察到配位水的信息。关于红外光谱中配位水的吸收峰，在1 670 cm⁻¹附近很弱，易受干扰，在3 100 cm⁻¹附近有强吸收峰，可惜图1－58中未测量此波段的数据。从电中性和配比位数饱和以及空间位阻不大（只有两个丁基）等因素考虑，H₂MBP与Zr的配合物分子式应是Zr(MBP)₂·2H₂O，其结构式可能为

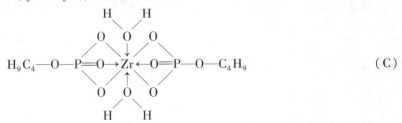

$$(C)$$

反应式(1-189)表明，H₂MBP与Zr形成界面物受酸度的影响是与[H⁺]的4次方呈反比关系，比HDBP与Zr形成界面物受酸度影响更敏感。

（3）辐照30% TBP－正十二烷与锆形成界面物

辐照30% TBP－正十二烷的主要成分是TBP、HDBP、H₂MBP、正十二烷以及其他辐解产物的混合物，从红外光谱上看，它与Zr形成的界面物主要是HDBP和H₂MBP与Zr形成的配合物，如图1－62所示。图中各谱线相应的实验条件列于表1－56中。

表1－56　关于图1－62的实验条件

谱线号	(a)	(b)	(c)	(d)	(e)	(f)
水相硝酸浓度/(mol·L⁻¹)	0.5	0.5	1.0	1.0	3.0	5.0
吸收剂量/Gy	1×10^5	5×10^5	1×10^5	5×10^5	5×10^5	5×10^5

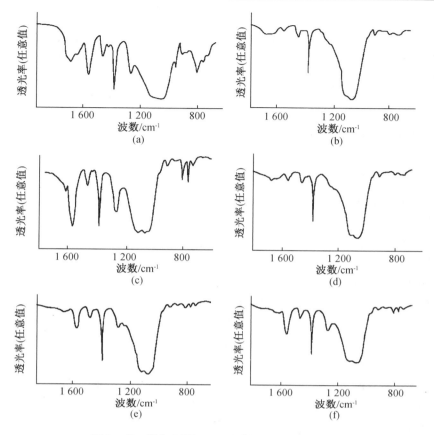

图 1-62　锆与辐照 TBP 形成界面物的红外光谱

Zr 与辐照 TBP 形成界面物的红外光谱特征与吸收剂量和水相硝酸浓度均有关系。在 $0.5\ mol\cdot L^{-1}HNO_3$ 溶液中,吸收剂量为 $1.0\times10^5\ Gy$ 的 30% TBP - 正十二烷萃取 Zr 生成界面物的红外光谱(谱线(a)),相当于 Zr - DBP 和 Zr - MBP 谱的叠加,说明辐照 TBP 都生成一定浓度的 HDBP 和 H_2MBP,同时与 Zr 形成界面物;用吸收剂量更高($5.0\times10^5\ Gy$)的 TBP - 正十二烷萃取时,形成界面物的红外光谱主要表现为 Zr - MBP 吸收谱的特征(谱线(b)),吸收剂量增加,HDBP 和 H_2MBP 的浓度都在增加,但形成界面物主要是 Zr - MBP 类型,表明酸度较低时,H_2MBP 比 HDBP 更容易形成界面物。水相硝酸浓度为 $1.0\ mol\cdot L^{-1}$ 时,吸收剂量 $1.0\times10^5\ Gy$ 的 TBP - 正十二烷萃取 Zr 形成界面物红外光谱与 Zr - DBP 型类似(谱线(c));但是吸收剂量增大到 $5.0\times10^5\ Gy$ 时,界面物的红外光谱又以 Zr - MBP 型的特征为主(谱线(d))。在吸收剂量为 $5.0\times10^5\ Gy$ 的条件下,比较 $0.5\ mol\cdot L^{-1}$、$1.0\ mol\cdot L^{-1}$、$3.0\ mol\cdot L^{-1}$ 和 $5.0\ mol\cdot L^{-1}HNO_3$ 溶液中萃取生成界面物红外光谱可以看出:低浓度酸($0.5\ mol\cdot L^{-1}$ 和 $1.0\ mol\cdot L^{-1}HNO_3$)时,谱图以 Zr - MBP 特征为主(谱线(b)和(d));高浓度酸($3.0\ mol\cdot L^{-1}$ 和 $5.0\ mol\cdot L^{-1}HNO_3$)时,谱图中出现 Zr - DBP 型的特征峰(谱线(e)和(f)),可见酸度对 H_2MBP 生成 Zr - MBP 界面物的影响比 HDBP 更敏感,提高酸度使 H_2MBP 生成界面物受到抑制而明显减少,因而 $Zr(NO_3)_3(DBP)_3$ 的吸收峰显示出来。

在 $2.0\ mol\cdot L^{-1}HNO_3$ 溶液中,30 ℃时,吸收剂量为 $5.0\times10^5\ Gy$ 的 30% TBP - 正十二烷与 Zr 形成界面物的生成率为 39%。在同样浓度的硝酸溶液中,相同温度下,吸收剂量也

是 5.0×10^5 Gy 的正十二烷与锆形成界面物的生成率为 2.0% 。可见在辐照 TBP – 正十二烷与 Zr 形成界面物,95% 是 HDBP 和 H_2MBP 与 Zr 形成的,正十二烷的辐解产物与 Zr 形成的界面物仅占 5% 。所以 Purex 流程 1A 萃取器中形成萃取界面物的影响因素(尤其是辐解产物)虽然很复杂,但在形成界面物的化学反应中,主要反应物是水相的 Zr 和有机相的 HD-BP 和 H_2MBP。

1.8.5 控制界面物的依据

根据界面物的成因和 Zr 与 TBP 辐解产物形成界面物的机理,可从下述几方面对 Purex 流程 1A 萃取器中形成界面物进行有效的控制。

1. 降低主要反应物浓度

水相中裂变产物元素 Zr 的量由乏燃料燃耗决定,燃耗越深,裂变产物元素 Zr 的量越大。若能对溶解液进行预处理(如用硅胶吸附)除去 Zr,将使界面物问题缓解,但是对除 Zr 程序的负面影响认识不清,难下决心。

有机相的主要反应物 HDBP 和 H_2MBP 在工艺运行过程中由于辐解不断生成,无法避免。添加辐解保护剂可减少 HDBP 和 H_2MBP 的生成,但由于添加剂的使用,引起体系复杂化,一般不采用。比较可行的方法是溶剂再生,强化洗涤,使 HDBP 和 H_2MBP 完全从溶剂中除去,避免在溶剂中积累;另外,碱洗后加纯水洗涤,使体系中辐解生成的未知酸(部分长链酸性磷酸酯)进入水相,减少在溶剂中积累。

主要反应物浓度降低,反应产物自然减少。但是核电发展的趋势是在保障安全性的前提下,尽可能加深燃耗,以提高经济性。由于乏核燃料的燃耗加深,一方面裂变产物元素(如 Zr)含量增加;另一方面,高比活度的核素 ^{238}Pu、^{241}Am 和 ^{244}Cm 的量也明显增加,α 放射性活度高,造成有机相辐解严重。这两方面都使形成界面物的反应物浓度显著增高,将成为水法后处理工艺中的突出难题,应进一步研究。

2. 控制体系酸度

当主反应物浓度一定时,影响界面物形成的最敏感因素是酸度。在 4.0×10^{-4} mol · L^{-1} HDBP 和 5.0×10^{-3} mol · L^{-1} Zr 的体系中,硝酸浓度为 1.0 mol · L^{-1} 时形成界面物,而硝酸浓度增加到 2.0 mol · L^{-1} 时就不形成界面物。在 2.0×10^{-3} mol · L^{-1} HDBP 和 5.0×10^{-3} mol · L^{-1} Zr 的体系中,硝酸浓度为 1.0 mol · L^{-1} 和 2.0 mol · L^{-1} 时,都有界面物,而硝酸浓度提高到 3.0 mol · L^{-1} 时就不形成界面物。一般而言,$C_{HNO_3} \leqslant 2.0$ mol · L^{-1} 的介质,易形成界面物;$C_{HNO_3} \geqslant 3.0$ mol · L 时,形成界面物减少。

3. 控制固体微粒量

1AF 中含有固体微粒会促进界面物形成,改善对 1AF 的过滤效果,减少固体微粒的含量,对缓解界面物问题有利。另外,1AF 过滤后应立即用于工艺分离,以免在陈放过程因发生次级沉淀产生新的固体微粒。

4. 改进萃取设备

1A 萃取器的萃取操作采用短接触方式(如离心萃取)缩短溶剂被辐照的时间,减少 HDBP 和 H_2MBP 的生成量。采用可排除界面物的萃取柱,以避免界面物堵塞,削弱其危害性,不过只要形成的界面物中携带钚,仍然会造成钚物料不衡算。

5. 界面物的溶解

在工厂生产过程中形成的界面物收集存放后需要处理,在试验研究过程需要取样分析,都涉及界面物溶解问题。可以溶解界面物的方法并不多,在实践中有两种方法行之有效:一种是用 HDBP 溶液使界面物($n' = 0$)转化为萃合物($n' > 0$)进入有机相;另一种是用 Na_2CO_3 溶液与界面物反应,生成 Zr 的碳酸根配合物 $Zr(CO_3)_4^{4-}$(或 $ZrO(CO_3)_3^{4-}$)和 NaDBP 都进入水相。

1.9　萃取色层分离法及其应用

1.9.1　原理和定义

色层法也称色谱法,它利用的是物质在流动相、固定相之间分配系数或吸附系数的微小差异,当两相做相对移动时,物质在两相之间进行反复多次分配或吸附脱附,这样原来的分配或吸附之微小差异产生了很好的效果,使各组分实现分离。

早期的液相色谱分离是将水相吸附在惰性支持体上作为固定相,以有机溶剂作为流动相,通过惰性支持体来实现物质分离,即固定相的极性大于流动相,称为正相分配色谱分离。与此相反,将有机溶剂吸附在惰性支持体上作为固定相,以水溶液作为流动相通过惰性支持体,即固定相的极性小于流动相,叫作反相分配色谱或反相分配色层,通常称为萃取色层。

萃取色层分离法具有溶剂萃取法的高选择性和色谱分离法的高效性两大优点,在放射化学、无机化学和分析化学中应用广泛。萃取色层分离的最突出缺点是萃取剂在惰性支持体上附着不够牢固,易流失,后来人们在合成多孔性有机支持体时,将萃取剂加到单体共聚过程,使萃取剂"固化"在高聚物网络中形成"萃淋树脂",使性能有所改进。在萃取色层分离过程中,物质在两相之间反复多次的分配,仍然是液 – 液分配。为避免萃取剂流失,将萃取剂官能团接枝到惰性支持体上,类似于离子交换树脂,这时物质的分配应属于固 – 液分配,其萃取性能与液 – 液分配应有差异。

萃取色层分离的分配系数类似于离子交换树脂,用 K_d 表示,定义为:每克色层粉吸附的物质质量与平衡后液相中的物质浓度之比

$$K_d = \frac{每克色层粉吸附的物质质量(mg/g)}{平衡后液相中的物质浓度(mg/mL)} = \frac{C_0 - C}{C} \cdot \frac{V}{g} \qquad (1-192)$$

式中　C_0——平衡前液相中物质的原始浓度;

C——平衡后液相中物质的浓度;

V——平衡液相的体积(假定它与平衡前的液相原始体积相同);

g——色层粉(指干惰性支持体)的质量或萃淋树脂的质量,g。

也可以用吸附率(A)来表示:

$$A = \frac{C_0 - C}{C_0} \times 100\% \qquad (1-193)$$

1.9.2　萃取色层分离的实验方法

1. 萃取体系的选择

针对欲分离的物质选择合适的萃取剂、相应的水相介质、萃洗液和反萃取剂。选择的

依据是已掌握的液-液溶剂萃取实验研究的数据。对新体系,应通过单级液-液萃取试验选定萃取剂、水相介质、萃取液和反萃取剂,获取分配比、萃洗效果、反萃效率等数据,作为建立萃取色层分离该物质的方法依据。

2. 色层柱的制法

为了观察方便,通常根据需要选用一定长度和直径的带活塞的玻璃管(如酸碱滴定管)作为色层管。称取一定量的商品萃淋树脂倒入烧杯或锥形瓶内,加入介质水溶液浸泡和转型,采用湿法装柱。若无现成的萃淋树脂,则自制固定相,方法是称取一定量的有机萃取剂,逐滴加到干的惰性支持体粉中,边加边搅拌,待搅拌均匀后,再把经有机萃取剂平衡过的水相介质溶液加入混合,而后也采用湿法装入色层柱上备用。

有些流动相介质会产生气泡,当水溶液自上而下流动时会发生"气堵",可通过改变流动方向,自下向上流动带走气泡。这种情况要求柱两端固定严实,使色层床成整体,以免松动产生沟流和短路。

3. 制作淋洗图

先将待分离的混合物料液定量加1份到柱子上,然后用各种不同的流动相淋洗,按流出液先后顺序分别定量取样测定物质浓度,以物质浓度为纵坐标,流出液累积体积为横坐标作图,得到淋洗图。根据淋洗图评价实验条件是否合适,并进行优化。图1-63是考察^{228}Th的纯度和回收率的淋洗图,萃取色层柱固定相是 TBP-Kel-F(聚三氟氯乙烯)粉;流动相料液用提纯后放置数小时的^{228}Th-6 mol·L^{-1}HNO$_3$,淋洗液是 6 mol·L^{-1}HNO$_3$,解吸液是 0.2 mol·L^{-1}HNO$_3$,每次取流出液 0.5 mL 测量 α 放射性活度。最早流出的 4 mL 溶液中有少量的 α 放射性活度,这是新长出来的^{228}Th 的子体和少量穿透柱的^{228}Th,这部分的 α 放射性活度约占加入量的 8%,解吸液中前 3 mL 溶液的放射性活度约占加入总量的 92%,可知^{228}Th 的回收率大于 92%,同时也说明 0.2 mol·L^{-1}HNO$_3$ 溶液对^{228}Th 的解吸效果是足够好的。取淋洗图中解吸峰前 3 mL 溶液为^{228}Th 产品,经过 α-能谱鉴定,未发现^{232}Th,所测得^{228}Th 的不同能量 α 射线分支比的比值为

$$\frac{5.344 \text{ MeV } \alpha \text{ 射线强度}}{5.427 \text{ MeV } \alpha \text{ 射线强度}} = 0.388$$

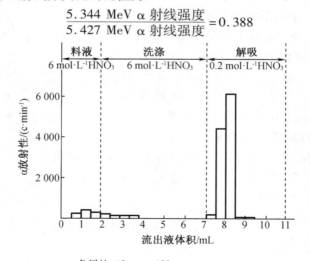

色层柱:ϕ3 mm×100 mm;

Kel-F 粉:80~120 目;

流速:0.25 mL·min^{-1},温度:16 ℃。

图1-63 ^{228}Th 的淋洗图

当年的文献推荐值为 0.394，二者相差 1.5%，可见解吸液中 ^{228}Th 是纯的。

色层分离实验中流速参数常用"流量"表示，测量单位时间内流出的液体体积，这样比较方便、直观。在实验数据处理中要用线速度时，可用柱的截"面积"与"流量"数据换算。柱规格和流速的选择可通过淋洗图的考察进行修正。淋洗图也叫作淋洗曲线，它可用圆滑曲线表示，也可以用长方形面积表示。

1.9.3 萃取色层分离法的应用实例

1. ^{134}Cs $-$ ^{90}Sr $-$ ^{144}Ce $-$ ^{147}Pm $-$ ^{90}Y $-$ ^{55}Fe $-$ UO$_2^{2+}$ 的分离

将广谱萃取剂 HDEHP 的火油溶液吸附于聚氯乙烯干粉上，制成萃取色层柱，料液介质为 0.25 mol · L^{-1} NaNO$_3$，上柱后，首先流出 ^{134}Cs，而后逐步提高酸度，将 ^{90}Sr、^{144}Ce、^{147}Pm、^{90}Y、^{55}Fe 和 UO$_2^{2+}$ 等逐个分离出来（图 1-64）。

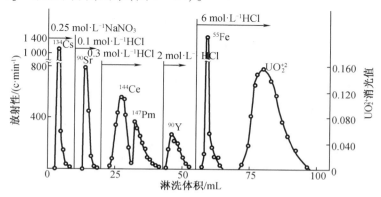

色层柱：$\phi 0.3$ mm × 150 mm × 15 cm；

聚氯乙烯粉：$\phi 100 \sim 200$ 目；

流速：0.25 mL · min^{-1}。

图 1-64　^{134}Cs—^{90}Sr—^{144}Ce—^{147}Pm—^{90}Y—^{55}Fe—UO$_2^{2+}$ 的淋洗图

由图 1-64 看出，HDEHP - 聚氯乙烯粉萃取色层对上述 7 种离子的分离效果良好。

2. 萃取色层分离法在分析化学中的应用

在核燃料后处理工艺流程回收铀产品中微量镎的准确测定是个难题，采用萃取色层分离法很好地解决了这个难题。

（1）制备 ^{239}Np 示踪剂的简便方法

铀产品的微量镎仅 ^{237}Np（半衰期 2.14×10^6 a）一个同位素，用 α 能谱法测定，^{234}U 的 α 能量与 ^{237}Np 重叠；用质谱法测定，^{238}U 的信号强度比 ^{237}Np 高 10^6 倍以上，干扰极大。要准确测定铀产品中的 ^{237}Np，必须进行化学分离，而且分离出来的 ^{237}Np 对 U 的去污要求为 $DF > 10^6$。这样高去污系数的分离程序对 ^{237}Np 的回收率必须校正，只有 ^{239}Np（半衰期 2.36 d）最合适，过去借助反应堆照靶提取 ^{237}Np 难于经常进行。我们用萃取色层分离 ^{243}Am - ^{239}Np 的挤奶法解决了这个问题。

$$^{243}\text{Am} \xrightarrow{\alpha} {}^{239}\text{Np} \xrightarrow{\beta^-} {}^{239}\text{Pu}$$

$$(7\ 370\ a) \qquad (2.36\ d) \qquad (24\ 110\ a)$$

在这条衰变链中^{239}Np 半衰期很短,比活度很高。将长寿命的^{243}Am 溶解于 3 mol·L^{-1} HNO$_3$ 中,蒸至近干,用浓硝酸溶解,再蒸至近干,重复 3 次,再溶于 3 mol·L^{-1} HNO$_3$ 中,这时镎为六价(NpO_2^{2+})可被 TBP 萃取,镅为三价不被萃取,将溶液通过 TBP 萃淋树脂柱, NpO_2^{2+} 吸附在柱上,Am^{3+} 在流出液中保存复用。用 0.1 mol·L^{-1}HNO$_3$ 解吸^{239}Np 作为示踪剂溶液,这个方法很简便,可保持经常性制备^{239}Np。

(2)产品铀中^{237}Np 的分离

用 TBP 萃淋树脂和 7402 季铵盐萃淋树脂两步分离:

①取 1 份样品,加入定量的^{239}Np 示踪剂溶液,经化学处理使镎同位素交换完全,并处于五价。将料液通过 TBP 萃淋树脂柱,铀吸附在柱上,镎通过,收集流出液。

②调节流出液中的镎为四价,硝酸浓度为 2 ~ 3 mol·L^{-1},将此溶液通过 7402 季铵盐萃淋树脂柱,镎吸附在柱上,铀不被吸附而通过色层柱流出。经洗涤进一步对铀去污后,解吸镎,定容于 10 mL 容量瓶内,取 1.0 mL 测量^{239}Np 的 γ 放射性,计算回收率,余下的样品溶液用 ICP/MS 测量^{237}Np。

经过这两步强化分离后,镎中对铀的去污系数达到 1.6×10^6,可方便地测量^{237}Np 的量,又可借^{239}Np 校正回收率,数据可靠。

3. 从天然钍中制备无载体^{228}Th 的方法

曾经有项任务急需^{228}Th,我们使液 – 液溶剂萃取和萃取色层分离相结合,以天然钍为原料制备了无载体^{228}Th。天然钍的主要同位素是^{232}Th,它与^{228}Th 间的关联衰变链为

$$^{232}\text{Th} \xrightarrow{\alpha} {}^{228}\text{Ra} \xrightarrow{\beta^-} {}^{228}\text{Ac} \xrightarrow{\beta^-} {}^{228}\text{Th} \xrightarrow{\alpha} {}^{224}\text{Ra} \xrightarrow{\alpha}$$

$$(1.39 \times 10^{10}\ a) \quad (5.75\ a) \quad (6.13\ h) \quad (1.9\ a) \quad (3.64\ d)$$

从衰变链看出,^{232}Th 半衰期很长,其子体的半衰期大多很短,仅^{228}Ra 和^{228}Th 属半衰期几年的核素;与^{232}Th 相比,子体核的量甚微,需要大量的^{232}Th 作为原料。因此第一步从大量^{232}Th 中分离出子体,必须用液 – 液溶剂萃取;第二步用萃取色层分离子体。利用子体^{228}Ra 新衰变的^{228}Th 分离出来,不含^{232}Th。

首先用 50% TBP – 煤油对一份硝酸钍 – 6 mol·L^{-1}HNO$_3$ 溶液进行错流萃取,第四次萃取后,取一滴水相加到近饱和的碘酸溶液中,观察是否有沉淀生成,直到不再出现沉淀,说明水相钍的残留量甚微。其后将萃余水相通过 TBP 萃淋树脂柱吸附残留的微量钍,流出水相收集保存 2 个月左右,^{228}Ra 衰变新生成^{228}Th。将该溶液通过新的 TBP 萃淋树脂柱吸附^{228}Th,流出液保存复用,其淋洗图如图 1 – 65 所示。

图 1 – 65 所示淋洗图中料液的流出液含^{228}Ra 及除^{228}Th 之外的子体,具有 α、β 和 γ 放射性;洗涤液的后大半流出液中均测不到放射性,类似于本底;解吸液流出组分只有^{228}Th,故只能测出 α 放射性。图 1 – 63 的料液就是使用这里的解吸液配制的。

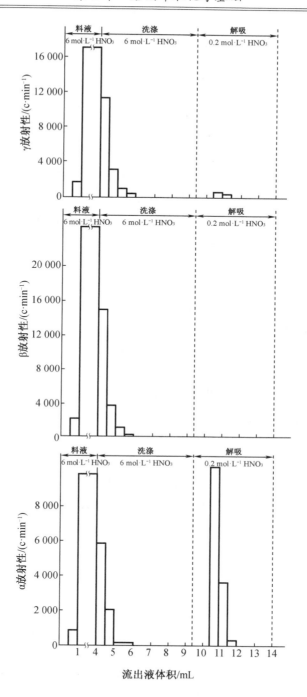

图 1−65　^{228}Ra 及其子体的淋洗图

参 考 文 献

[1]　徐光宪,王文清等著,《萃取化学原理》[M],上海科学技术出版社(1984).

[2]　徐光宪,袁承业等著,《稀土的溶剂萃取》[M],科学出版社(2010).

[3]　汪家鼎,陈家镛主编,《溶剂萃取手册》[M],化学工业出版社(2001).

[4]　高自立,孙思修,沈静兰编著《溶剂萃取化学》[M],科学出版社(1991).

[5]　林灿生,胡景炘撰,"溶剂萃取化学"[M],核工业研究生授课讲稿(1997—2014).

[6]　林灿生著,《裂变产物元素过程化学》[M],中国原子能出版社(2012).

[7]　余建民,《贵金属萃取化学》[M],化学工业出版社(2005).

[8]　朱国辉,张先梓,原子能科学技术[J],1983年第4期451页.

[9]　包亚之,沈朝洪等,核化学与放射化学[J],14(3),143(1992).

[10]　沈朝洪、包伯荣等,核化学与放射化学[J],15(4),243(1993)

[11]　王汉章,核化学与放射化学[J],9(1),43(1987).

[12]　侯瑞琴,焦荣洲,朱永赡,核化学与放射化学[J],17(1),19(1995).

[13]　常志远,江浩,核化学与放射化学[J],21(4),193(1999).

[14]　C. J. Pedersen,J. Am. Chem. Soc. [J],89,2395(1967).

[15]　秦启宗,郑企克等,原子能科学技术[J],1962年620页.

[16]　秦启宗,金忠告羽,方进财,原子能科学技术[J],1964年第3期259页.

[17]　林灿生,黄美新,原子能科学技术[J],18(5),563(1984).

[18]　王孝荣,林灿生等,核化学与放射化学[J],24(1),16(2002).

第2章 锕系元素的化学性质

2.1 锕 系 元 素

锕系元素的多数成员在自然界中尚未被发现,而是由人工制造获得的,并且其中有的成员自 20 世纪 40 年代以来在军事上的特殊用途,使得人们在一定时期内认为锕系元素具有某种神秘感。锕系元素在元素周期表中排在天然元素的尾端,与其前具有 4f 电子层结构的镧系元素和其后超重元素之间有某些相似之处。本章在论述锕系元素的性质时,会涉及一些"承前启后"的比较以及核化学与放射化学的基本知识。

2.1.1 早期发现的自然界中存在的锕系元素

早期在自然界中发现的锕系元素有锕、钍、镤和铀,其中最早发现的是铀。1789 年,德国科学家 M. H. Klaproth 从德国南部 Saxong 的沥青铀矿中发现元素铀。原先以为此矿物系复杂的钨酸铁,但 Klaproth 指出其中含有一种新元素。他用硝酸处理沥青铀矿时得到了黄色溶液,加碳酸钾中和时析出了黄色沉淀,与碳于高温下加热,得到一种表观很像金属的物质(其实是 UO_2),他将其命名为铀(Uranium),以纪念 1781 年 Herschel 发现的天王星(Uranus)。1841 年法国化学家 E. Pèlegot 用钾还原四氯化铀才制得金属铀,至此化学元素中的"天王星"真正诞生了。

1828 年,挪威化学家 J. J. Berzelius 首先在钍石矿物中发现了元素钍,钍(Thorium)的名字是由斯堪的那维亚神话中的 Thor 神而来的。在 1880—1890 年发明钍可用来制造灼热气灯的网罩之前,钍一直被人们所忽视,灯网罩的生产促进了钍的广泛研究。1898 年 M. S. Curie 和 G. C. Schmidt 又分别发现钍具有放射性。

19 世纪 60 年代,著名的俄国科学家 Д·Менделеев 提出了元素周期律,给新元素的研究指出了更明确的方向。1871 年,Менделеев 发表了元素周期表,把铀作为 92 号元素排在最末一位。铀是当时最重的元素,在它前后均有空格,留待新元素来填补。1872 年他根据周期律预言铀和钍之间有一个未知的第 V 族元素存在,称之为"类钽"(ekatantalum),其化学性质类似于铌和钽。

1899 年,居里实验室的 A. Debierne 在进行铀矿的废物处理时,发现沥青铀矿残渣中有一种前所未知的放射性物质,加入氢氧化铵后,它与钍和稀土一起沉淀,彼此很难分离,但它的放射性却比钍高许多倍。据此推断该物质是一种新的元素,Debierne 将其命名为锕(Actinium),由希腊文 aktis(意即放射性)而来。事隔不久,1902 年,F. O. Giesel 独立地从沥青铀矿的酸性溶液中沉淀得到的稀土元素馏分里发现一种放射性与锕相像,但会放出短寿命的射气,而这一点并未被 Debierne 所观察到,于是 Giesel 将该稀土馏分的放射性物质命名为锕(Emanium),他对这种新的放射性元素进行了更详细的研究,然后又将 Actinium 和 Emanium 制剂进行比较,发现都能放出一种短半衰期的射气,经过精确测量射气的寿命,证明两种放射性物质实际相同。由于 Debierne 的工作发表较早些,故定名为锕。M. S. Curie 根据放射性的衰减,首次测出其半衰期约为 21 年,即为 ^{235}U 的衰变子体 ^{227}Ac($T_{1/2} = 21.773$ a)。

镤的发现是在 Менделеев 的"类钽"预言 40 多年后的事情。1913 年,Russel、Fajans 和 Soddy 根据当时已知的 33 种放射性元素的特性,提出放射性位移定律:放射 α 粒子,向左移 2 个位置;放射 β¯ 粒子,向右移 1 个位置。那时铀放在第Ⅵ族,α 衰变为 UX,应向左移 2 个位置,经鉴定是钍(第Ⅳ族)。1913 年底,Fajans 和他的学生 Göhring 认为 UX 实际上是两种性质不同的放射性物质的混合物,它们是 UX$_1$(^{234}Th)和 UX$_2$。用第Ⅴ族元素钽的盐类在 UX 中进行钽酸沉淀,果然分出未知元素 UX$_2$,放射出很硬(能量高)的 β¯ 射线,半衰期仅为 1.15 min,化学性质类似于钽,命名为 Brerium(意即寿命短暂)。后来知道 UX$_2$ 是 ^{234}Pa,$E_\beta = 2.269$ MeV(98.2%)。1917 年,放射化学家 O. Halh、L. Meitner、F. Soddy、J. A. Cranston 宣布发现"类钽"元素,基于深信类似钽,在沥青铀矿的残渣中加入稳定钽载体,复将钽提取出来,最后以氟化物复盐重结晶,获得一种长寿命的放射性物质,放置后发现能生出锕,是锕的前驱,以希腊文 protos(前驱)加上 actinium 命名该元素为镤(Protactinium,Pa),以后证实为 ^{231}Pa($T_{1/2} = 3.276 \times 10^4$ a)。

早期在自然界中发现锕、钍、镤和铀 4 个元素最稳定的价态分别是 3 价、4 价、5 价和 6 价,它们的化学性质分别与稀土、锆铪、铌钽和钼钨相似,所以在元素周期表中分别被安排在ⅢB、ⅣB、ⅤB 和ⅥB 族,见表 2 − 1。直到 20 世纪 60 年代初,有些化学书籍中还提及铀是Ⅵ族,镤是Ⅴ族,钍是Ⅳ族元素。曾在自然界发现钚的同位素 ^{244}Pu($T_{1/2} = 8.3 \times 10^7$ a),因其量极微,暂不划入天然元素之列。

表 2 −1　早期锕钍镤铀在元素周期表中的位置

族	ⅠA	ⅡA	ⅢB	ⅣB	ⅤB	ⅥB
第 5 周期	Rb	Sr	Y	Zr	Nb	Mo
第 6 周期	Cs	Ba	La ~ Lu	Hf	Ta	W
第 7 周期	Fr	Ra	Ac	Th	Pa	U

2.1.2　锕系理论与锕系元素系列

从表 2 − 1 可以很自然地想到第 7 周期中是否存在相像于镧系的元素系列。波尔(N. Bohr)在 1923 年首先预测可能存在一系列填入 5f 电子的第二镧系元素。1926 年,有人提出钍、镤和铀组成一个与镧系相似的一族,但都由于实验数据不够充分,未得到普遍的承认。随着超铀元素的发现,人们对这个问题的认识逐步深入。

1940 年,加利福尼亚大学的麦克米伦(E. McMillan)和安比尔逊(P. H. Abelson)等用加速器加速的氘核轰击铍核所生成的中子轰击铀薄片来研究裂变产物的射程时,发现大部分裂变产物自薄片上反冲出来,但半衰期为 23.5 min 的 ^{239}U 和另一种半衰期为 2.3 d 左右的 β¯ 放射体留在薄片内。进一步的研究证明该 β¯ 放射体为 93 号元素的同位素。核反应式为

$$^{238}\text{U(n,r)}\,^{239}\text{U} \xrightarrow[\text{23.5 min}]{\beta^-}\,^{239}93 \xrightarrow[\text{2.3 d}]{\beta^-} \tag{2-1}$$

93 号元素是第一个超铀元素,被命名为镎(Neptunium,Np),是从海王星(Neptune)取意而来。

1940 年末,西博格(G. T. Seaborg)用回旋加速器加速的 16 MeV 氘核轰击氧化铀而生成^{238}Pu,核反应式为

$$^{238}\text{U(d,2n)}\,^{238}\text{Np} \xrightarrow[\text{2.1 d}]{\beta^-}\,^{238}\text{Pu} \tag{2-2}$$

^{238}Pu 是被发现的第一个钚的同位素,元素名称钚(Plutonium,Pu)是从冥王星(Pluto)取意而来。钚最重要的同位素^{239}Pu 是西博格研究小组于 1941 年发现的。

元素镎和钚的原子序数为 93 和 94,按表 2 - 1 排列,应在ⅦB 族的铼和Ⅷ族的锇的下方。但是镎与铼、钚与锇之间化学性质差别很大,那种排法不能正确反映客观实际。1945年,西博格在前人研究的基础上总结了大量实验数据,深入研究了超铀元素的性质之后,提出"锕系理论",认为锕及其后的元素组成一个各原子内 5f 电子层依次填满的系列共 15 个元素,相对应于镧系元素。西博格用这理论预测当时尚未发现的 95 和 96 号元素具有生成3 价离子的倾向,尤其 96 号元素含 5f 电子的半充满层,3 价状态极为稳定,不久便被他们对这两个元素化学性质的研究结论所证实。另一方面,通过克分子磁化率、吸收光谱、氧化物晶体结构、X 射线光谱以及金属熔点等数据,阐明 5f - 电子的存在。这些都说明锕系理论是正确的,但是在承认 5f 电子层结构的前提下,对这一系列的开端元素仍有争论。直到 104号元素 Rf 和 105 号元素 Db 合成后,研究 Rf 和 Db 的化学性质分别与锆铪和铌钽相似,证明Rf 的最外电子层开始填入 6d,从而锕系理论获得最后的确证,锕系元素系列 15 个元素是锕(Ac)、钍(Th)、镤(Pa)、铀(U)、镎(Np)、钚(Pu)、镅(Am)、锔(Cm)、锫(Bk)、锎(Cf)、锿(Es)、镄(Fm)、钔(Md)、锘(No)、铹(Lr),属于元素周期表中第 7 周期ⅢB 族。锕系元素的发现简介列于表 2 - 2 中。

表 2 - 2　锕系元素的发现简介

原子序号	元素	符号	发现者和发现年代	来源或合成反应	发现时同位素和半衰期
89	锕	Ac	A. Debierne(1899 年) F. O. Geisel(1902 年)	铀矿	^{227}Ac,21.77 a
90	钍	Th	J. J. Berzelius(1828 年)	钍矿	
91	镤	Pa	K. Fajans(1913 年) O. Hahn(1917)	铀矿	^{234}Pa,6.7 h ^{231}Pa,3.28×10^4 a
92	铀	U	M. H. Klaproth(1789 年)	铀矿	
93	镎	Np	E. McMillan(1940 年)	$^{238}\text{U(n,}\gamma\text{)} \xrightarrow{\beta^-}$	^{239}Np,2.36 d
94	钚	Pu	G. T. Seaborg(1940 年)	$^{238}\text{U(d,2n)} \xrightarrow{\beta^-}$	^{238}Pu,87.7 a
95	镅	Am	G. T. Seaborg(1944—1945 年)	$^{239}\text{Pu(n,}\gamma\text{)}\cdots\xrightarrow{\beta^-}$	^{241}Am,432 a
96	锔	Cm	G. T. Seaborg(1944 年)	$^{239}\text{Pu(}\alpha\text{,n)}$	^{242}Cm,163 d

表 2 - 2（续）

原子序号	元素	符号	发现者和发现年代	来源或合成反应	发现时同位素和半衰期
97	锫	Bk	S. G. Thompson（1949 年）	$^{241}Am(\alpha,2n)$	^{243}Bk，4.6 h
98	锎	Cf	S. G. Thompson（1950 年）	$^{242}Cm(\alpha,n)$	^{245}Cf，43.6 min
99	锿	Es	A. Ghiorso（1952 年）	"Mike"热核爆炸	^{253}Es，20.47 d
100	镄	Fm	S. H. Fried（1952 年）	"Mike"热核爆炸	^{255}Fm，20.1 h
101	钔	Md	A. Ghiorso（1955 年）	$^{253}Es(\alpha,n)$	^{256}Md，76 min
102	锘	No	A. Ghiorso（1958 年） Г. Н. Флеров（1957—1958 年）	$^{246}Cm(^{12}C,6n)$ $^{241}Pu(^{16}O,5n)$	^{252}No，2.3 s ^{252}No
103	铹	Lr	A. Ghiorso（1961）	$^{250\sim252}Cf + ^{10,11}B \rightarrow$ $^{258}Lr + (3\sim5)n$	^{258}Lr，3.9 s

锕系元素中除了自然界存在的外,镎、钚和镅已达吨级或千克级生产规模。超镅元素中,美国已生产出可称量级的锔、锫、锎和锿,见表 2 - 3。

表 2 - 3 美国生产的几种超镅元素[①]

同位素	半衰期	年产量（1983 年）	批次产量（2004 年）
^{248}Cm	3.48×10^5 a	150 mg[②]	100 mg[②]
^{249}Bk	330 d	50 mg	45 mg
^{249}Cf	351 a	50 mg[③]	<45 mg[③]
^{252}Cf	2.645 a	500 mg	400 mg
^{253}Es	20.47 d	2 mg[④]	1~2 mg[④]
^{254}Es	275.7 d	3 ug	4 μg
^{257}Fm	100.5 d	1 pg	1 pg

注:①1995 年以前,每年 1~2 分离批次;1995—2003 年,每 18~24 个月 1 次。

②来自 $^{252}Cf \alpha$ 衰变。

③来自 $^{249}Bk \beta^-$ 衰变。

④带有 0.06%~0.3% ^{254}Es 的混合物, $^{253}Cf \beta^-$ 衰变后化学分离能产约 200 μg 纯 ^{253}Es。

2.1.3 锕系元素与周期表远景展望

自从 1940 年人工制得第一个超铀元素镎以来,陆续合成了 20 多种新元素。引起人们关切而感兴趣的问题是:人工可合成的超铀元素还有多少? 锕系后元素是否有终点? 元素周期表的极限在哪里?

锕系理论确定了锕系元素系列,在元素周期表第 7 周期,位于过渡系 ⅢB 族一个格内。锕系理论对 5f 电子层结构的论述,丰富了元素周期律的实际内容,拓展了元素周期表的视野,首先可延伸到 6f 电子层结构的思维,6f 电子层结构的元素应属于第 8 周期过渡元素的内过渡系ⅢB族。按电子能级的分布,6f 电子层之前应有 5g 电子层结构,其充满电子数为 18。故锕系元素之后的第一个元素 Rf 至 6f 电子层结构的最末一个元素之间有 50 个元素,第 8 周期长过渡元素的外过渡系第 1 个应从 154 号元素开始,如图 2 - 1 所示。

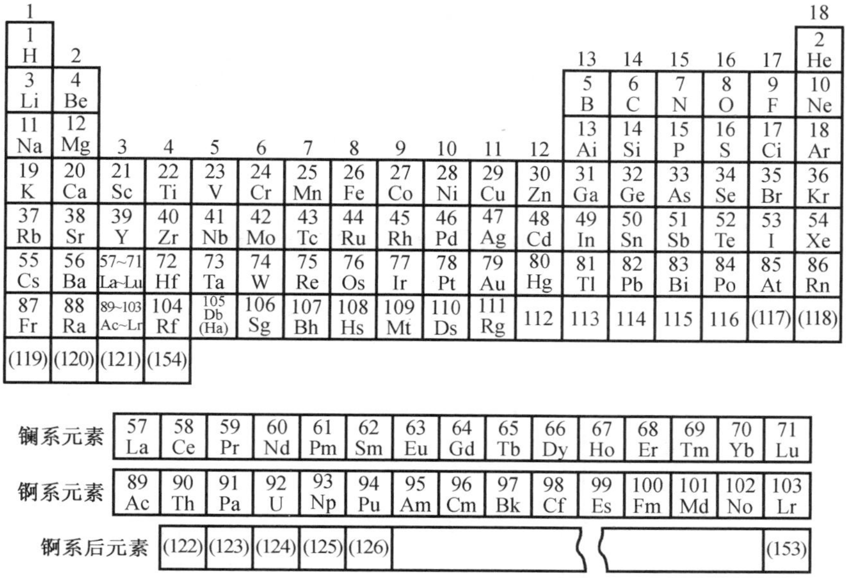

图 2 - 1　表示锕系和锕系元素后至 154 号元素的周期表

在锕系和锕系后元素研究中,常见"重元素"或"超重元素"用语,其中"超重元素"指原子序数 Z 在 114 附近或 $Z \geqslant 110$ 的元素,"重元素"没有严格的范围,一般指 $Z < 110$ 的一些超钚元素,或更轻而能发生裂变的元素。锕系后元素的研究,需要复杂的理论计算、专用系统设备和特殊的实验方法,通常是加速器与靶子连续生成重核素、在线快速分离和测量计数。

1. 一次一个原子的化学

锕系尾端和锕系后元素的研究有两个突出的困难:一是研究合成的重核素产率极低,从每分钟生成几个原子(如 Lr)到每星期仅生成一个原子(如 Hs);二是半衰期短,从几分钟到毫秒。为此要开展"每次 1 个原子的化学"(one-atom-at-a-time Chemistry)研究,用于每次 1 个原子研究的化学流程必须足够快速,才能在研究的重核素半衰期可比的时间内完成操作,而且单个原子快速分离方法的结果能重现,可与常量操作相比,这种技术叫作快速放射化学法,简称快化法。

气相化学在"快化"中的应用已获成功,在鉴定 104 号(Rf)元素时,实验方案是:由核反应 ^{242}Pu(^{22}Ne,4n)^{260}Rf,生成 104 号元素,用 1.5 atm①、300 ~ 350 ℃的氮气流中收集成反应生成的 ^{260}Rf,使少量气态的 $NbCl_5$ 和 $ZrCl_4$ 与氮气混合,将新生成的 Rf 原子氯化,然后气流通过一个加热的过滤器,将气溶胶和不挥发的三价锕系元素氯化物滤下,挥发性的 $RfCl_4$ 通过过滤器,进入云母探测器测量,实验装置如图 2 - 2 所示。经过云母探测器总共测到 14 个 ^{260}Rf 原子的自发裂变径迹,示于图 2 - 3 中。采用等温热色谱系统,如在线气体分析器(OLGA)和重元素挥发性研究仪(HEⅥ),对重元素 Lr 到 Hs 进行了化学研究,第一次确定

①　atm:标准大气压,1 atm = 101. 325 kPa。

的同位素列于表 2 - 4 中。

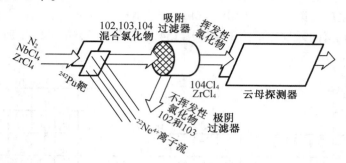

图 2 - 2   104 号元素的化学鉴定装置示意图

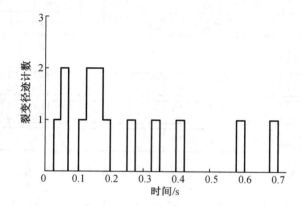

图 2 - 3 ^{260}RfCl$_4$ 蒸气的自发裂变计数

表 2 - 4   用于第一次化学研究确定的 Lr 到 Hs 同位素

核素(半衰期)	核反应	反应截面	估算产率	年份
^{256}Lr(26 s)	^{249}Cf(^{11}B,4n)	~5 nb	每分钟 3 个原子	1970
^{261}Rf(75 s)	^{248}Cm(^{18}O,5n)	~5 nb	每分钟 3 个原子	1970
^{262}Db(34 s)	^{249}Bk(^{18}O,5n)	~6 nb	每分钟 1 个原子	1988
^{266,265}Sg(21,7 s)	^{248}Cm(^{22}Ne,4n,5n)	0.03 nb	每天 1~2 个原子	1997
^{267}Bh(17 s)	^{249}Bk(^{22}Ne,4n)	~60 pb	每星期 2 个原子	2000
^{270,269}Hs(~4,14 s)	^{248}Cm(^{26}Mg,4n,5n)	~5 pb	每星期 1 个原子	2001

溶液化学在"快化"中应用,主要有离子交换和溶剂萃取技术,包括 ARCA 和 SISAK 系统。ARCA(automated rapid chemistry apparatus)是一种快速高压液相色谱,常用微型离子交换树脂柱分离。ARCA 系统已经成功地用于 104 号到 106 号元素的分离。SISAK(special isotopes studied by the Akufe)是一种在线离心液 - 液萃取装置,可在线研究半衰期为 0.8 s 左右的 γ 放射性核素,如^{109,110}Tc,用于连续分离和测量 α - α 关联及自发裂变,可研究半衰期为几秒的核素。不过对能量分辨率不够好,后来有人增加快速预分离,SISAK 系统可用于^{208}Pb(^{50}Ti,n)核反应中生成^{257}Rf 的化学研究,也用于^{208}Pb(^{51}V,n)或^{209}Bi(^{50}Ti,n)反应中生成^{258}Db 的化学研究。

2. 幻数与超重元素稳定岛

化学元素的周期律,取决于原子电子层结构的周期性。根据锕系理论确定的含 5f 电子层结构的第 7 周期末尾元素 $Z=118$。由此引申到含 6f 电子层结构的第 8 周期元素,末尾元素 $Z=168$。然而已经实验合成的重元素离此甚远,因为随着 Z 的增大,合成反应的截面很小,重核的产率低,半衰期短,探测和鉴定更困难。所以有人认为人工合成重元素,到 110 号元素时将告终止,除非合成的重核或超重核半衰期足够长、足够稳定,便于探测和鉴定。

关于超重元素原子核稳定性的理论,是以原子核壳层理论为基础的。在原子中的电子数等于某些特殊数目(如 2,10,18,36,54,86)时为惰性气体,是特别稳定的元素。利用量子力学理论可以计算出这些特殊数目正是原子壳层结构中电子填满壳层时的数目。对于原子核也存在某些特殊的数目,当组成原子核的质子数 Z 或中子数 N 为 2,8,20,28,50,82 和中子数 $N=126$ 时,原子核特别稳定。因为长期以来不能解释这种异常性,所以这些数目被称为"幻数"(magic number,亦即属奇异或有魔力的数字),早期也叫作"壳层数"。这种与 Z 和 N 的特定值相关的特殊稳定性与惰性气体原子的特殊稳定性相似,从而启发人们想到原子核内是否也存在壳层结构。

在原子中根据光谱实验结果可以推算出核外电子是按层分布的,主量子数 n 相同的电子,近乎在距离核相同距离的空间范围内运动,可将 n 相同的电子归并在一起,称一个电子层或能层(又称壳层),用 K、L、M、N、O、P 等符号分别表示 $n=1,2,3,4,5,6$ 等各电子层。角量子数 l 表示电子的亚层或能级,l 只能是小于 n 的非负整数,即 $l=0,1,2,3,4,\cdots,(n-1)$,光谱学上分别用符号 s、p、d、f、g、h 等来表示相应的电子状态。对应于一个 n 值,可有 n 个 l 值,这表示同一电子层中包含 n 个不同的亚层,不同亚层能量有所差异,故亚层又称能级,在同一个 l 能级上总共可容纳 $2(2l+1)$ 个电子。对于 s 能级,$l=0$,最多能容纳的电子数为 2;对于 p 能级,$l=1$,最多可容纳电子数为 6;对于 d、f、g、h 能级,$l=2,3,4,5$,最多可容纳电子数为 10,14,18,22。核外电子围绕原子核(有心场)运动,由量子力学可以解得在给定有心场中电子处于各能级的能量,该能量随量子数 n 和 l 的增大而提高。由于内层电子对外层电子的屏蔽效应,实际的有心场与库仑场有所不同,故各能层的排序为 1s;2s,2p;3s,3p;4s,3d,4p;5s,4d,5p;6s,4f,5d,6p;……电子处于最低能级最稳定,但由于泡利原理的限制,每个能级最多只能填充 $2(2l+1)$ 个电子,这样就可能把电子按从低能级至高能级的次序逐个填充,从而形成壳层结构。一些接近的能级组成一个壳层,各壳层之间有较宽的能量差,满壳层的电子总数是 2,8,18,36,54,86,它们是惰性气体 He、Ne、Ar、Kr、Xe、Rn。

原子核内质子和中子如果也存在类似于核外电子的壳层结构,则须满足下列条件:

(1)在每一个能级,容纳核子的数目应当有一定的限制;

(2)原子核内存在一个平均场,对接近于球形的原子核,这个平均场是一种有心场;

(3)每个核子在原子核内的运动应当是独立的。

这三个条件中,第一个条件是满足的,因为质子和中子都是自旋为 1/2 的粒子,服从泡利原理,所以每个质子和中子的能级容纳核子的数目受到一定的限制,质子和中子可能各自组成自己的壳层。这一点与实验相符,因为实验发现的幻数分别对质子和中子都存在。

后两个条件看来很难满足,这是由于原子核的情况与原子的情况有很大不同。首先,原子中的库仑作用力是一种长程力,而原子核中核子间的作用力主要是短程力,所以原子核中不像原子中那样存在一个明显的有心力;其次,原子核中的核子密度要比原子中电子密度大得不可比拟,以致核子在原子核中的平均自由程可以比原子核半径小得多,似乎核子间应不断发生碰撞,很难理解原子核中各核子可以独立运动。正因为这些原因,原子核内存在壳层结构受到怀疑,在相当长的一段时间里,核壳层模型没有得到发展,尤其是只考虑核子间强相互作用组成统计集合体的液滴模型,能成功地解释许多现象,使得人们更加怀疑原子核内存在核子独立运动的可能性。由于后来更多的实验事实确证幻数的存在,而液滴模型在解释幻数的问题上又无能为力,于是迫使人们重新考虑原子核内存在壳层结构的可能性。考虑的中心思想针对上述难以满足的两个条件:

(1)原子核中虽然不存在与原子中相似的不变的有心场,但可以把原子核中的每个核子看作是在一个平均场中运动,这个平均场是所有其他核子对一个核子作用场的总和。对于接近球形的原子核,可以认为这个平均场是一个有心场。

(2)泡利原理不但限制了每一能级所能容纳核子的数目,也使核子之间的相互碰撞受到极大限制,因为原子核处于基态时,它的低能态填满了核子,如果两个核子发生碰撞使核状态改变,则根据泡利原理,这两个核子只能占据未被核子所占有的状态,这就使得单个核子能在原子核中独立运动,所以壳层模型也叫作独立粒子模型。

证实幻数存在的实验事实:

(1)Z 和 N 都是 2 和 8 的原子核 ^{4}He 和 ^{16}O 特别稳定,从它们那里取出一个质子或中子要费很大的能量,比它附近 Z 和 N 都不是幻数的原子核要大得多,大量存在的 α 放射性原子核发射出的 α 粒子就是氦核。

(2)$Z = 20$ 的元素 Ca 有 6 种稳定同位素,其中 $N = 20$ 的 ^{40}Ca 丰度达 96.94%;此外,$N = 20$ 的稳定同中子异位素还有 4 种(^{39}K、^{38}Ar、^{37}Cl 和 ^{36}S)。

(3)$Z = 28$ 的元素 Ni 有 5 个稳定同位素;$N = 28$ 的稳定同中子异位素有 4 种(^{50}Ti、^{51}V、^{52}Cr 和 ^{54}Fe),其中 ^{51}V 的丰度为 99.75%。

(4)$Z = 50$ 的元素 Sn 的稳定同位素多达 10 种;$N = 50$ 的稳定同中子异位素也有 5 种(^{86}Kr、^{88}Sr、^{89}Y、^{90}Zr 和 ^{92}Mo),^{89}Y 的丰度达 100%。

(5)$N = 82$ 的稳定同中子异位素达 7 种之多(^{136}Xe、^{138}Ba、^{139}La、^{140}Ce、^{141}Pr、^{142}Nd 和 ^{144}Sm),其中 ^{139}La 和 ^{141}Pr 的丰度分别为 99.91% 和 100%。

(6)$Z = 82$ 的元素 Pb,是三个天然放射系衰变的最后产物元素。其中 ^{208}Pb $N = 126$;此外,^{237}Np 衰变的最后产物是 ^{209}Bi,也是 $N = 126$。

(7)中子放射性与幻数相关,核素 ^{17}O、^{87}Kr 和 ^{137}Xe 放射中子,是因为它们的中子数比幻数大 1,过多的这个中子的结合能相当小,束缚得很松,很容易放出。^{87}Br 和 ^{137}I 经过 β$^-$ 衰变,分别生成高激发态的 ^{87}Kr 和 ^{137}Xe 时,会自发放射出 1 个中子变成 ^{86}Kr($N = 50$)和 ^{136}Xe($N = 82$),都很稳定。

(8)单粒子效应,原子核的液滴模型质量公式给出质量随 Z 和 N 变化关系是平滑的曲线,而实验测得的质量与 Z 和 N 的关系则有涨落。将实验测得质量减去液滴模型质量公式的计算值,得到差值用能量单位(MeV)表示,称为壳层修正或壳层效应,也叫作单粒子效应,如图 2-4 所示。由图中可发现 Z 或 N 为 28,50,82 和 $N=126$ 处,修正值大,表示核子全充满壳层时总的结合能达到最大,故这些核素表现出不寻常的稳定性。对 2,8 和 20 的核素在图 2-4 上虽然看不清楚,但是事先已知道它们具有异常的稳定性。

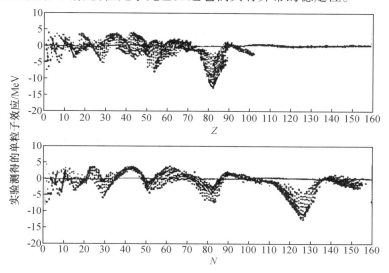

图 2-4　实验测得的质量与液滴模型公式

以上各例中,Z 或 N 为幻数的原子核称为幻核,达到类似于电子层的饱和结构,很稳定,如 $Z=28$ 的 Ni 和 $N=50$ 的 ^{90}Zr;如果 Z 和 N 都是幻数的原子核称为双幻核,呈球形对称饱和结构,更为稳定,如 ^{40}Ca 的 Z 和 N 都等于幻数 20,^{208}Pb 的 $Z=82$ 和 $N=126$;^{208}Pb 是已知自然界存在的最重双幻核。

随着核壳层理论和实验的研究进展,预测比 ^{208}Pb 更重的下一个双幻核的 $Z=114,N=184$(或 196),再下一个双幻核的 $Z=164,N=272$(或 318)。用推广的液滴模型公式,在原子核近似球形时加以壳层修正,预言存在超重元素(或超重核)"稳定岛"(island of stability)。经过系统、全面的计算和讨论,得出了 $Z=114,N=184$ 的核 ^{298}[114]为双幻核,围绕它可能存在一个由成百个超重核组成的"稳定岛",其中寿命最长的可能达 10^5 年以上,示于图 2-5 中,形象地描绘出这一理论预言的概貌。格线代表质子和中子的幻数,沿着 β 稳定线有一个由已知元素(共有 2 000 多种核素)组成的"半岛",在"半岛"上有镍、铅为峰的"幻数山"和锡附近的"幻数岭",在"半岛"的前端,越过不稳定性海洋,就是可能存在的超重核"稳定岛",在岛上有围绕 $Z=114$ 和 $N=184$ 的"峰"。西博格(G. T. Seaborg)教授曾经风趣地说,稳定半岛与超重核"稳定岛"隔着深海,有凶猛的鲨鱼,科学家们欲渡海登岛,会有风险。

自从 20 世纪六七十年代核结构理论和实验研究提出超重元素(或超重核)"稳定岛"存在可能性以后,美国、苏联和西欧(如德国)的科学家们进行了大量的理论计算和实验合成研究工作,对超重核"稳定岛"的探索继续向前推进。图 2-6 描述了 1978 年以来,推荐在重元素拓扑更新地段登陆点的核反应。在锕系元素与"稳定岛"之间分布着不同标记的点,表示 1978—2002 年报道过的短寿命重元素的同位素。

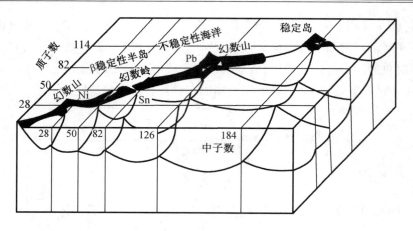

图 2 − 5　可能存在的超重核稳定岛示意图

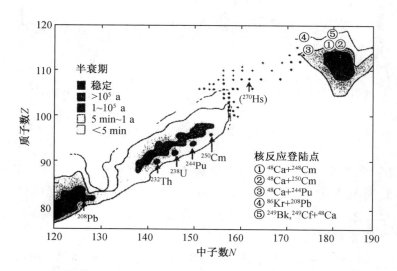

图 2 − 6　推荐核反应登陆点的重元素拓扑更新地段

3. 元素周期系的远景展望

科学家们在探索超重元素"稳定岛"的同时,对元素周期表的延伸进行了研究。由相对论原理计算获得 113 号到 184 号元素中性原子基态的电子构型,列于表 2 − 5 中。到目前为止,已知元素中尚未有原子在 g 亚层填充电子。由表 2 − 5 可看出,125 号元素的原子将第一个在 g 亚层填充电子。g 亚层填满电子数为 18,使元素周期表将开始一个新的内过渡元素系。位于第一个超重元素"稳定岛"的中心元素 114 号和第二个岛的中心元素 164 号,分别是第 7 和第 8 周期尾部的类铅元素。每个周期末尾一个元素是惰性气体。表 2 − 6 列出了已知的及外推的"超重惰性气体"原子的电子层结构,预见第 8 和第 9 周期为各有 50 个元素的超长周期。

表 2 - 5　第 113 号至 184 号元素中性原子的电子构型

Rn"core" $+5f^{14}+6d^{10}+7s^2+$								Z120"core" $+5g^{18}+8p_{1/2}^2+$				
	5g	6f	$7p_{1/2}$	$7p_{3/2}$	7d	8s	$8p_{1/2}$		6f	7d	9s	$9p_{1/2}$	$8p_{3/2}$
113			1					145	3	2			
114			2					146	4	2			
115			2	1				147	5	2			
116			2	2				148	6	2			
117			2	3				149	6	3			
118			2	4				150	6	4			
119			2	4		1		151	8	3			
120			2	4		2		152	9	3			
121			2	4		2	1	153	11	2			
122			2	4	1	2	1	154	12	2			
123		1	2	4	1	2	1	155	13	2			
124		3	2	4		2	1	156	14	2			
125	1	3	2	4		2	1	157	14	3			
126	2	2	2	4	1	2	1	158	14	4			
127	3	2	2	4		2	2	159	14	4	1		
128	4	2	2	4		2	2	160	14	5	1		
129	5	2	2	4		2	2	161	14	6	1		
130	6	2	2	4		2	2	162	14	8			
131	7	2	2	4		2	2	163	14	9			
132	8	2	2	4		2	2	164	14	10			
133	8	3	2	4		2	2	165	14	10	1		
134	8	4	2	4		2	2	166	14	10	2		
135	9	4	2	4		2	2	167	14	10	2	1	
136	10	4	2	4		2	2	168	14	10	2	2	
137	11	3	2	4	1	2	2	169	14	10	2	2	1
138	12	3	2	4	1	2	2	170	14	10	2	2	2
139	13	2	2	4	2	2	2	171	14	10	2	2	3
140	14	3	2	4	1	2	2	172	14	10	2	2	4
141	15	2	2	4	2	2	2	…					
142	16	2	2	4	2	2	2	…					
143	17	2	2	4	2	2	2	184	Z172"core" $+6g^5 7f^4 9d^3$				
144	18	1	2	4	3	2	2						

表 2-6 已知的及外推的"超重惰性气体"原子的电子层结构

周期	原子序数	元素名称	符号	各电子主层的电子数								
				K	L	M	N	O	P	Q	R	S
1	2	氦	He	2								
2	10	氖	Ne	2	8							
3	18	氩	Ar	2	8	8						
4	36	氪	Kr	2	8	18	8					
5	54	氙	Xe	2	8	18	18	8				
6	86	氡	Rn	2	8	18	32	18	8			
7	118	类氡	EKRn	2	8	18	32	32	18	8		
8	168			2	8	18	32	50	32	18	8	
9	218			2	8	18	32	50	50	32	18	8

在第 8 和第 9 周期里,除了有 f 内过渡系外,各增加了 5g 和 6g 内过渡系,在第 8 周期里有 14 个 f 电子内过渡元素和 18 个 g 电子内过渡元素,它们应该排在 121 号元素之后,与 121 号元素一起共 33 个元素称为第一超锕系元素系。在第 9 周期里,171 号到 203 号元素便是第二超锕系元素系。根据现有知识和预测,对 218 号元素之前由 9 个周期组成的元素周期系远景展望示于图 2-7 中。

元素周期系的远景展望是以锕系理论和原子核壳层模型为基础的。但是也存在不同观点,认为在超重元素中,由于自旋轨道相互作用十分重要,s、p、d 等电子层又分裂成高能量和低能量的亚层,使得 8p 亚层在 6f 和 5g 轨道之前得到充填,造成超锕系及后面元素非常复杂的电子充填方法,因而对于第 8 和第 9 周期是无规律可循的。至今还没有发现自然界中存在超重元素,也还没有成功合成超重元素岛上的超重核。

2.1.4 锕系元素与超重元素的核性质

锕系元素和超重元素的核性质比较典型的是 α 放射性和核裂变,包括自发裂变和诱发裂变。自发裂变是在没有外来影响的条件下进行的基态裂变,属于核衰变的一种类型,有固定的半衰期。诱发裂变是重原子核受外来粒子轰击下,处于能量激发态中间核(即复合核)发生的核反应。用于诱发裂变的粒子可以是中子、质子、氘、氚、氦核等,其中以中子诱发核裂变最为重要。

根据原子核液滴模型,自发裂变的半衰期应随 Z^2/A 的升高而减短,如图 2-8 所示。这一模型正确地描绘了偶-偶核自发裂变的半衰期。随着原子序数上升,半衰期呈下降趋势,而每个元素的这些值都形成自己的曲线。$Z^2/A > 44.8$ 的核将通过自发裂变迅速地衰变,即其衰变类型主要是自发裂变。

自发裂变半衰期的近似关系式 Z^2/A 对 $Z \geq 104$ 的重核不再适用。这些放射性核素对自发裂变的稳定性,比根据液滴模型估算的大得多。已知的 $106 \leq Z \leq 109$ 元素的同位素主要衰变类型是 α 衰变,而不是自发裂变,预计到 $Z = 114$ 的核也是如此。表 2-7 列出了部分锕系后元素的核衰变性质。锕系元素的核衰变性质将在后续相关章节中叙述。

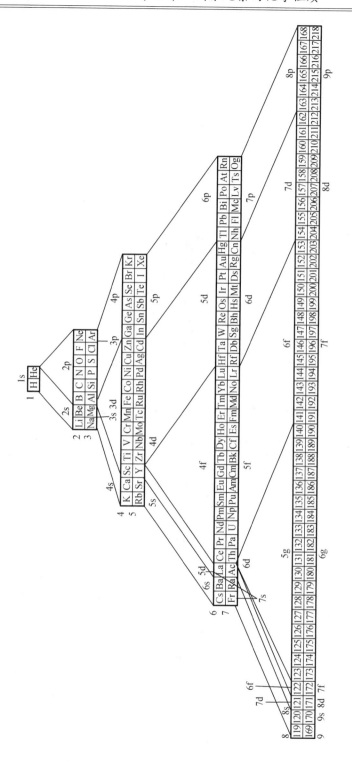

图2-7 元素周期系远景展望示意图

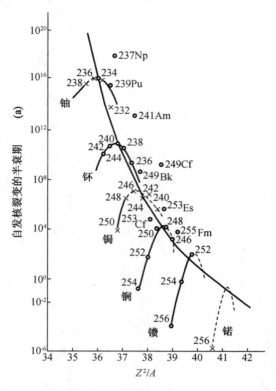

图 2 − 8　锕系元素自发核裂变的半衰期与参量 Z^2/A 的函数关系

表 2 − 7　锕系后元素的核衰变性质

核素	半衰期	衰变类型	主要射线能量/MeV 与强度/%	制备方法
^{255}Rf	1.64 s	α 48%	α 8.722(94%)	^{207}Pb(^{50}Ti, 2n)
		SF 52%		
^{257}Rf	4.7 s	α ~80%	α 9.012(18%)	^{208}Pb(^{50}Ti, n)
		SF ~2%	8.977(29%)	^{249}Cf(^{12}C, 4n)
		ε ~18%		
^{261}Db	1.8 s	α ~75%	α 8.93	^{243}Am(^{22}Ne, 4n)
		SF ~25%		^{249}Bk(^{16}O, 4n)
^{262}Db	34 s	α 67%	α 8.66(~20%)	^{249}Bk(^{18}O,5n)
		SF + ε < 33%	8.45(~80)	
^{265}Sg	7.4 s	α	α 8.84(46%)	^{248}Cm(^{22}Ne, 5n)
^{266}Sg	21 s	α	α 8.77, 8.52	^{248}Cm(^{22}Ne, 4n)
^{267}Bh	17 s	α	α 8.85	^{249}Bk(^{22}Ne, 4n)
^{272}Bh	9.8 s	α	α 9.02	115 号衰变产物
^{269}Hs	14 s	α	α 9.23, 9.17	112 号衰变产物
^{270}Hs	4 s	α	α 9.23, 9.17	^{248}Cm(^{26}Mg, 4n)
^{276}Mt	0.72 s	α	α 9.71	115 号衰变产物

表 2－7(续)

核素	半衰期	衰变类型	主要射线能量/MeV 与强度/%	制备方法
^{271}Ds	26 ms	α	α 10.71	^{208}Pb(^{64}Ni, n)
^{280}Ds	7.6 s	SF		114 号衰变产物
^{280}Rg	3.6 s	α	α 9.75	115 号衰变产物
^{283}112	3 min	α, SF		^{238}U(^{48}Ca, 3n)
^{284}112	0.75 min	α	α 9.15	114 号子体
^{284}113	0.48 s	α	α 10.00	115 号子体
^{287}114	5 s	α	α 10.29	^{242}Pu(^{48}Ca, 3n)
^{288}114	2.6 s	α	α 9.82	^{244}Pu(^{48}Ca, 4n)
^{288}115	87 ms	α	α 10.46	^{243}Am(^{48}Ca, 3n)
^{292}116	53 ms	α	α 10.53	^{248}Cm(^{48}Ca, 4n)

注:ε 表示轨道电子俘获。

表 2－8 对几个锕系核素与超重核素的核裂变性质进行比较,从中看出裂变能和$\bar{\nu}$值差别很大。$\bar{\nu}$表示原子核一次裂变中发射中子数目的平均值。超重元素核裂变中释放的能量(裂变能)和$\bar{\nu}$值都比锕系核大得多。

表 2－8　锕系核素与预测超重核裂变性质的比较

裂变核	裂变势垒高度/MeV	每二分裂释放能量/MeV	裂变碎片动能/MeV	激发能/MeV	$\bar{\nu}$	裂变中子平均动能/MeV
^{298}114	9.6	317	235	82	10.5	2.8
^{294}Ds	6.8	290	216	74	10.6	2.6
^{240}Pu	4.9	205	178	27	2.8	2.0
^{234}U	5.3	196	172	24	2.4	1.9

自发裂变与诱发裂变的过程和涉及的能量均类似,不过两者的$\bar{\nu}$值有所差别,一般而言,自发裂变的$\bar{\nu}$值小于诱发裂变,例如^{240}Pu 自发裂变的$\bar{\nu}=2.16$,而^{239}Pu 热中子诱发裂变时,^{239}Pu + n ⟶ [^{240}Pu]* 激发态复合核裂变$\bar{\nu}=2.882$。这里复合核[^{240}Pu]* 具有附加的中子结合能,因此多发射瞬发中子。表 2－9 和表 2－10 列出一些锕系元素原子核自发裂变和诱发裂变的$\bar{\nu}$值。

表 2－9　自发裂变的$\bar{\nu}$值

核素	^{238}Pu	^{240}Pu	^{242}Pu	^{246}Cm	^{252}Cf	^{254}Cf	^{257}Fm
$\bar{\nu}$值	2.00 ±0.08	2.16 ±0.02	2.15	3.00 ±0.20	3.767 6	3.84	4.02

表 2 – 10　热中子诱发裂变的 $\bar{\nu}$ 值

核素	$\bar{\nu}$ 值	核素	$\bar{\nu}$ 值
^{233}U	2.484	^{239}Pu	2.882, 2.879 9 ± 0.009 2
^{234}U	2.495	^{240}Pu	2.884
^{235}U	2.432	^{241}Pu	2.945, 2.934 ± 0.012
^{238}Pu	2.330	^{244}Cm	3.40 ± 0.05

　　不是全部锕系元素的原子核都能被热中子诱发裂变,热中子诱发裂变的可能性取决于激发态复合核的最后一个中子的结合能与裂变阈的高低,由表 2 – 11 可见,俘获热中子后形成偶 – 偶复合核的裂变阈低于最后一个中子的结合能,故 ^{233}U、^{235}U 和 ^{239}Pu 都可利用俘获中子时释放的结合能来克服裂变阈发生裂变。另外一些核,裂变阈高于俘获中子的结合能,轰击的中子还要提供补充的能量来诱发裂变。

表 2 – 11　复合核"最后"一个中子的结合能与裂变阈

核素 ^{A}Z	^{232}Th	^{233}U	^{234}U	^{235}U	^{238}U	^{239}Pu
复合核 $[^{A+1}Z]^*$	^{233}Th	^{234}U	^{235}U	^{236}U	^{239}U	^{240}Pu
核素 ^{A}Z 俘获中子的结合能/MeV	5.4	7.0	5.0	6.8	5.2	6.6
复合核 $[^{A+1}Z]^*$ 的裂变阈/MeV	5.9	5.5	5.4	5.75	5.9	5.5
热中子能否诱发裂变	否	能	否	能	否	能

　　在利用核裂变能中涉及临界质量,它与材料组成和几何布置有关。表 2 – 12 列出了几种锕系元素同位素的最小临界质量。

表 2 – 12　锕系元素同位素的最小临界质量

核素	^{233}U	^{235}U	^{239}Pu	^{242m}Am	^{243}Cm	^{245}Cm	^{247}Cm	^{249}Cf	^{251}Cf
临界质量	7.5 kg	22.8 kg	5.6 kg（α 钚）7.6 kg（δ 钚）	23 g	213 g	42 g	159 g	32 g	10 g

　　核裂变过程产生不同质量的裂变碎片的概率(亦即裂变产额) $Y(m)$ 与碎片质量 m 的关系称为裂变的质量分布。自发裂变与诱发裂变的质量分布是相似的,有单峰对称分布、双驼峰不对称分布和三峰分布等,其中多数是双驼峰不对称分布。^{235}U 和 ^{239}Pu 的热中子诱发裂变及 ^{252}Cf 自发裂变的质量分布示于图 2 – 9 中。其中 $Y(m) - m$ 曲线的重质量峰,尤其是该峰的左半部,对不同的裂变核,以及对 A 在 229 和 254 之间的其他裂变核几乎是相同的,而轻质量峰却有较大的移动。重峰左半部之所以不变,归因于 $Z = 50$ 和 $N = 82$ 处闭壳层的稳定效应,这两种闭合壳层恰好都位于这一质量区。在重峰附近可见到精细结构,也无疑归因于壳层效应,优先形成具有闭合壳层组态的初级裂片。含有 51 个或 83 个中子的裂片中放出一个缓发中子,也可能对峰顶的精细结构的形成起一定作用。

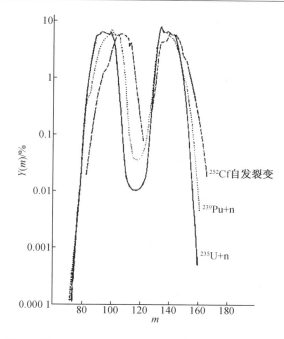

图 2 - 9　^{235}U 和 ^{239}Pu 的热中子诱发裂变及 ^{252}Cf 自发裂变的质量分布

用能量较高的粒子诱发裂变，其 $Y(m) - m$ 曲线的形状有明显的改变，如图 2 - 10 所示。14 MeV 快中子诱发 ^{235}U 裂变，其质量分布曲线与图 2 - 9 中的 ^{235}U + n 相比，峰谷比差别较大，对于裂变核偏轻的 ^{226}Ra 和 ^{209}Bi，前者呈三峰分布，后者却是单峰对称分布。但是对于非对称分布的重峰位置都在 130 ~ 140。

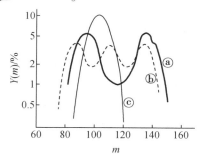

ⓐ14 MeV 中子诱发 ^{235}U 裂变；ⓑ11 MeV 质子诱发 ^{226}Ra 裂变；ⓒ22 MeV 氘核诱发 ^{209}Bi 裂变。

图 2 - 10　较高能量粒子诱发裂变的质量分布

锕系元素镄的核裂变碎片质量以对称分布为主，也有非对称分布，如 ^{256}Fm 的自发裂变，如图 2 - 11 所示。根据 $Y(m) - m$ 曲线的形状以及重峰的精细结构，可以判别不同的裂变核与不同的诱发粒子。

锕系元素的研究与核能的军用和民用以及原子能工业的发展紧密相关，锕系后元素的研究不仅对核物理、核化学等具有重大意义，同时对天体物理、同位素地球化学、固体物理、材料科学等基础学科的研究起推动作用。人们预测超重元素在新能源和军事上应用，将有神奇的优越性。

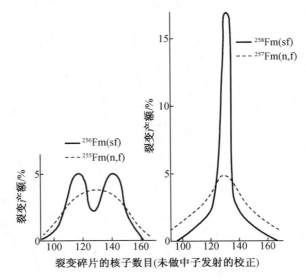

图 2 - 11 ^{255}Fm 和 ^{257}Fm 热中子诱发裂变与 ^{256}Fm 和 ^{258}Fm 自发裂变的质量分布

2.2   锕系元素的普通性质

2.2.1   锕系元素的放射性

锕系元素都是放射性元素,其中只有^{232}Th、^{235}U 和^{238}U 三个核素具有足够长的半衰期,使它们能够在自然界中存在至今,它们分别是三个天然放射性衰变系列的起始核素。钍系,$4n$ 系,从^{232}Th 开始,到^{208}Pb 终止;锕系,$4n+3$ 系,从^{235}U 开始,到^{207}Pb 终止;铀系,$4n+2$ 系,从^{238}U 开始,到^{206}Pb 终止,如图 2 - 12 所示。

人工合成锕系元素的第一个核素^{237}Np,其半衰期长达 2. 14 × 10^6 a,故形成锕系元素的另一个放射性衰变系列,即镎系,$4n+1$ 系,从^{237}Np 开始,到^{209}Bi 终止,示于图 2 - 13 中。其他锕系元素的放射性衰变过程都要归入这四个衰变系列中。锕系元素的四个放射性衰变系列的终止稳定核素均属幻数核,^{206}Pb、^{207}Pb 和^{208}Pb 的 $Z=82$,其中^{208}Pb 的 $N=126$,系属双幻核,^{209}Bi 的 $N=126$,也是幻数核。有关锕系元素各同位素的放射性特点将在后续有关章节中详述。

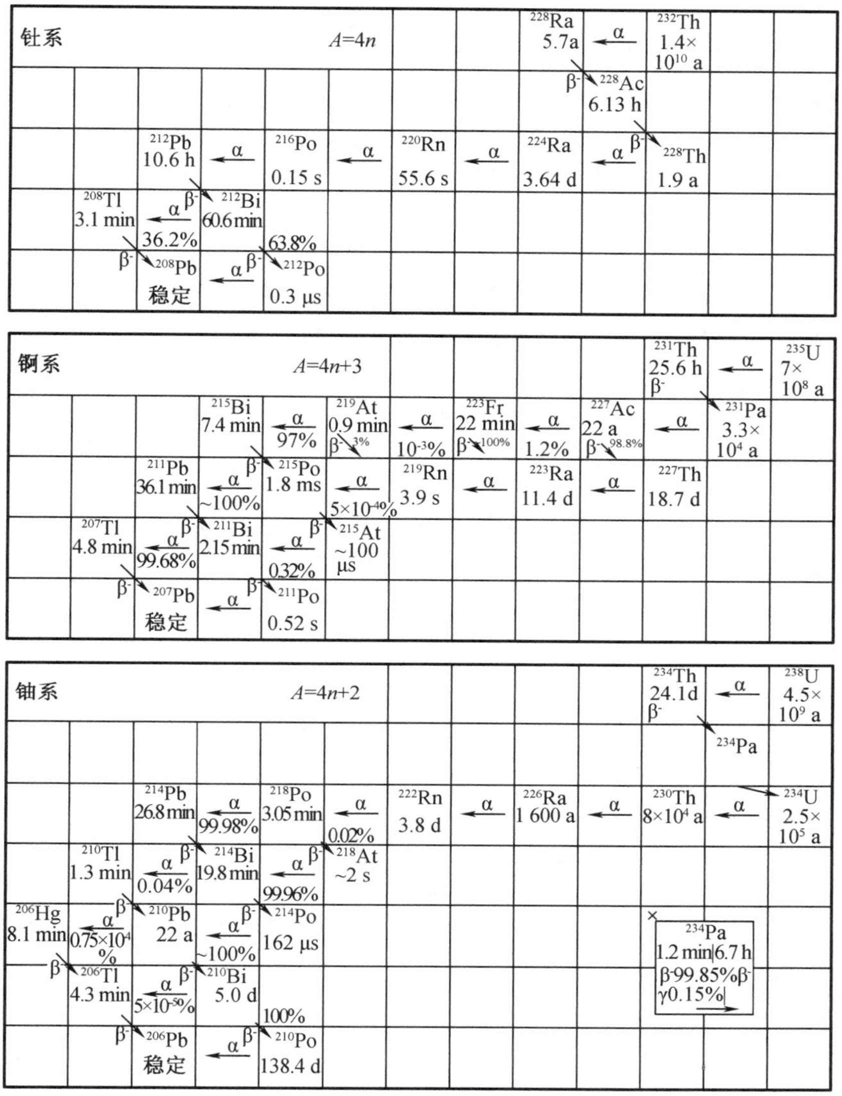

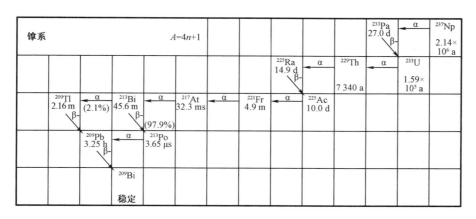

图 2－12 天然锕系元素放射性衰变系列

图 2－13 镎－237 放射性衰变系列

2.2.2 电子层结构与价态

锕系元素的电子层结构与镧系元素相似,都含 f 轨道电子,为便于比较,表 2 - 13 列出了锕系元素和镧系元素的电子层结构。由原子光谱研究和实验证明,在锕之后的钍($Z =$ 90)的气态中性原子并没有 5f 电子,而其后的镤($Z = 91$)却开始填入 2 个 5f 电子。锕系与镧系相比较,最外层的电子结构几乎相同,差异主要表现在 4f 和 5f 内层上。锕系第二个元素钍没有 f 电子,而 6d 轨道上有 2 个电子,镤、铀($Z = 92$)和镎($Z = 93$)在填充 5f 电子后,6d 上均有 1 个电子,这些都与镧系元素不一样。这是由于锕系元素的 5f 电子与原子核之间的作用比 4f 电子要弱得多,使 5f 与 6d 两层之间能量差异比镧系元素相应值小,5f 轨道相对于 6s 和 6p 轨道比镧系元素的 4f 轨道相对于 5s 和 5p 轨道,在空间伸长得更多,不仅可以把 6d 和 7s 轨道上的电子作为价电子给出,而且 5f 轨道上的电子也可以成为价电子参与成键,使价态多样化,形成高价态较稳定。

表 2 - 13 锕系和镧系元素原子的电子层结构

原子序数	元素名称	电子层结构	原子序数	元素名称	电子层结构
57	镧 La	$[Xe]5d^16s^2$	89	锕 Ac	$[Rn]6d^17s^2$
58	铈 Ce	$[Xe]4f^15d^16s^2$	90	钍 Th	$[Rn]6d^27s^2$
59	镨 Pr	$[Xe]4f^36s^2$	91	镤 Pa	$[Rn]5f^26d^17s^2$
60	钕 Nd	$[Xe]4f^46s^2$	92	铀 U	$[Rn]5f^36d^17s^2$
61	钷 Pm	$[Xe]4f^56s^2$	93	镎 Np	$[Rn]5f^46d^17s^2$
62	钐 Sm	$[Xe]4f^66s^2$	94	钚 Pu	$[Rn]5f^67s^2$
63	铕 Eu	$[Xe]4f^76s^2$	95	镅 Am	$[Rn]5f^77s^2$
64	钆 Gd	$[Xe]4f^75d^16s^2$	96	锔 Cm	$[Rn]5f^76d^17s^2$
65	铽 Tb	$[Xe]4f^{9(8)}5d^{(1)}6s^2$	97	锫 Bk	$[Rn]5f^{9(8)}6d^{(1)}7s^2$
66	镝 Dy	$[Xe]4f^{10}6s^2$	98	锎 Cf	$[Rn]5f^{10}7s^2$
67	钬 Ho	$[Xe]4f^{11}6s^2$	99	锿 Es	$[Rn]5f^{11}7s^2$
68	铒 Er	$[Xe]4f^{12}6s^2$	100	镄 Fm	$[Rn]5f^{12}7s^2$
69	铥 Tm	$[Xe]4f^{13}6s^2$	101	钔 Md	$[Rn]5f^{13}7s^2$
70	镱 Yb	$[Xe]4f^{14}6s^2$	102	锘 No	$[Rn]5f^{14}7s^2$
71	镥 Lu	$[Xe]4f^{14}5d^16s^2$	103	铹 Lr	$[Rn]5f^{14}6d^17s^2$

注:( )内的数字表示另一种情况。

将中性气态锕系元素的 $5f^n7s^2$ 和 $5f^{n-1}6d^17s^2$ 电子组态的能量差,与镧系元素相应组态做比较(图 2 - 14),对于 $n \leqslant 7$ 的情况,镧系 4f 能级较锕系的 5f 能级低(约 1.5 eV)。由此可见,锕系前一半元素中,当一个 5f 电子激发到 6d 时,它所需的能量将比相应镧系由 4f 激发到 5d 的能量低,这就定量地表明锕系元素前半部比镧系元素可能有更多数目的成键电子,故出现多价态。

当锕系元素由中性原子变成离子后,电子填充 5f 层的趋势比 6d 层大,例如气态 Th^{3+} 的电子组态 $[Rn]5f^1$ 比电子组态 $[Rn]6d^1$ 的能量更低,同样情况下,U^{3+} 和 Np^{4+} 的电子组态

［Rn］$5f^3$ 比［Rn］$5f^26d^1$ 在能量上更为有利。实验证明,由气态离子导出的［Rn］$5f^n$ 型结构,一般适合于水溶液和晶体化合物中的离子。少数例外,如在化合物 U_2S_3、Th_2S_3 中都发现有 6d 电子。然而因 5f 与 6d 电子结合能的差值通常在化学键能之内容易发生跃迁,所以同一元素在不同的化合物中,电子组态可能并不相同,若在溶液中则与配体的性质有关。随着原子序数的递增,核电荷增加,5f 电子与原子核间作用增强,使 5f 电子的结合能上升(图 2 - 15)。在 f 系列的后半部元素中,一个 5f 电子激发到 6d 能级比一个 4f 电子激发到 5d 能级需要更多的能量。图 2 - 14 中在 $n > 7$ 后的电子组态能量也反映出同样的趋势,所以重锕系元素低价态(三价)稳定。

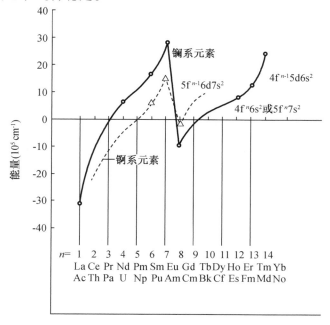

图 2 - 14　锕系和镧系元素气态中性原子的 f^ns^2 和 $f^{n-1}d^1s^2$ 电子组态能量比较

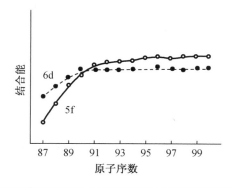

图 2 - 15　周期表后部元素 d 电子和 f 电子结合能随原子序数的变化

　　锕系元素和镧系元素的价态列于表 2 - 14 中。锕系元素中,钍和钚四价最稳定,镤和镎五价最稳定,铀六价最稳定,锘二价最稳定,是因为 $5f^{14}$ 电子填充满层结构最稳定,只有 $7s^2$ 成为价电子,当有强氧化剂(如 Ce^{4+})存在时可将其氧化为 No^{3+};其他 9 个锕系元素均三价最稳定。铀、镎、钚和镅在酸性溶液中氧化态与吉布斯自由能的关系示于图 2 - 16 中。

表 2-14　锕系元素和镧系元素的价态

元素	锕系														
	Ac	Th	Pa	U	Np	Pu	Am	Cm	Bk	Cf	Es	Fm	Md	No	Lr
价态	(2)	(2)		2			(2*)	(2)		2	2	2	2	<u>2</u>	
	<u>3</u>	(3)	(3)	3	3	3	3	3	3	3	3	3	3	3	<u>3</u>
	4	<u>4</u>	4	4	4	<u>4</u>	4	4	4	4					
		5	<u>5</u>	5	<u>5</u>	5				(5)					
			6	<u>6</u>	6	6									
				(7)	(7)										

	镧系														
	La	Ce	Pr	Nd	Pm	Sm	Eu	Gd	Tb	Dy	Ho	Er	Tm	Yb	Lu
	2*	2*	2*	2*	2*	2	2*	2*	2*	2*	2*	2*	2	2	
	<u>3</u>	<u>3</u>	<u>3</u>	<u>3</u>	<u>3</u>	<u>3</u>	<u>3</u>	<u>3</u>	<u>3</u>	<u>3</u>	<u>3</u>	<u>3</u>	<u>3</u>	<u>3</u>	<u>3</u>
		4	4	(4)					4	(4)					

注：* 仅在碱土金属卤化物中以稀的固体形式（<0.5 mol%）存在；括号内的价态尚未确证；有下画线的为最稳定价态。

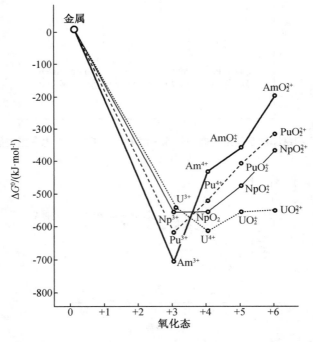

图 2-16　铀、镎、钚和镅在酸性溶液中氧化态与吉布斯自由能的关系

2.2.3　锕系收缩

类似于镧系元素，锕系元素随着原子序数的增加，原子半径和离子半径减小，这一现象称为锕系收缩。图 2-17 是锕系和镧系元素金属的原子体积与原子序数的关系，图中看出锕系元素金属原子的体积随原子序数增加呈缓慢减小的趋势,但 Eu 和 Yb 有突变,认为 Eu 和 Yb 的倒数第三层电子 $4f^7$ 和 $4f^{14}$ 为半充满和全充满结构是主因。锕系元素金属原子体积随原子序数的变化比镧系复杂,在 Pu 之前随原子序数的增加,原子体积基本上减小,且比镧系明显,到 Am 则原子体积增大,这可能也是由于 Am 的 $5f^7$ 为半充满结构的原因,其后原子体积随原子序数的增加而减少,但是 Es 的原子体积突变上升,不能用 Eu 和 Yb 的主因说明,有人认为可能是因为 f 电子数高,$5f{\rightarrow}6d$ 激发能低的原因。

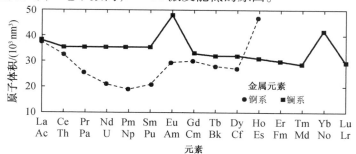

图 2-17 锕系和镧系元素金属的原子体积与原子序数的关系

锕系和镧系元素的离子半径随原子序数的增加而减小的规律性较好(表 2-15)。这些数据是由它们的氧化物和卤化物的简单晶体结构导出的。从表中看出,离子半径收缩现象连续而不均匀,对前面几个元素的收缩较大,以后的趋势则越来越平,这使得 f 元素系列的化学性质差异随原子序数的增加而逐渐减小,彼此分离更加困难。

表 2-15 锕系和镧系元素的离子半径(配位数 = 6) 单位:nm

元素	离子半径				元素	离子半径	
	M^{3+}	M^{4+}	M^{5+}	M^{6+}		M^{3+}	M^{4+}
Ac	0.111				La	0.106 1	
Th	0.108	0.099			Ce	0.103 4	0.092
Pa	0.105	0.096	0.090		Pr	0.101 3	0.090
U	0.103	0.093	0.089	0.083	Nd	0.099 5	
Np	0.101	0.092	0.088	0.082	Pm	0.097 9	
Pu	0.100	0.090	0.087	0.081	Sm	0.096 4	
Am	0.099	0.089	0.086	0.080	Eu	0.095 0	
Cm	0.098 6	0.088			Gd	0.093 8	
Bk	0.098 1	0.087			Tb	0.092 3	0.084
Cf	0.097 6				Dy	0.090 8	
Es	0.097				Ho	0.089 4	
Fm					Er	0.088 1	
Md					Tm	0.086 9	
No					Yb	0.085 8	
Lr					Lu	0.084 8	

2.2.4　锕系元素的颜色和磁性

物质能显色的原因是可见光作用到物质上后,物质对可见光产生选择性的吸收、反射、透射、折射和散射的结果。可见光的波长范围为 $400 \sim 730$ nm(相当于能量 $3.10 \sim 1.71$ eV),凡是影响物质中的电子在这个能量范围发生跃迁的因素,都将影响物质显色。可见光激发影响物质显色的因素有多种,如:$d-d$ 跃迁和 $f-f$ 跃迁;电荷跃迁;键电子(π、σ)和非键电子(n)跃迁($n \rightarrow \pi^*$、$\pi \rightarrow \pi^*$、$n \rightarrow \delta^*$、$\delta \rightarrow \delta^*$);带隙跃迁和晶格缺陷等。

锕系元素的颜色主要取决于 $f-f$ 电子跃迁,在锕系元素离子的 5f 亚层外面还有 $6s^2 6p^6$ 电子层的屏蔽作用,像镧系元素一样,使 f 亚层受化合物中其他元素的势场(晶体场或配位场)影响小,因此锕系和镧系元素三价化合物的吸收光谱与自由离子的吸收光谱基本上属于一个类型,吸收峰锐利,趋于线状光谱。这个特征与 d 区过渡元素化合物由于 $d-d$ 电子跃迁产生的吸收光谱不同,nd 亚层处于过渡金属离子的最外层,外面没有其他电子层屏蔽,受晶体场或配位场的影响较大,其化合物的吸收光谱是带状的,锐利的吸收峰是离子或化合物含 f 电子的特征。如果金属离子处于高价态,f 电子多数离失,而配位体是给电子的,就会出现电子从配位体向金属的不同轨道的电荷跃迁,这类吸收光谱里缺乏锐利的吸收峰,如蓝绿色 Pu^{7+}($5f^1$)和橙红色的 Ce^{4+}($4f^0$)都不是 $f-f$ 跃迁引起的。锕系和镧系元素的颜色表现得很相像,例如:La^{3+}($4f^0$)和 Ac^{3+}($5f^0$)、Ce^{3+}($4f^1$)和 Th^{4+}($5f^0$)及 Pa^{4+}($5f^1$)、Gd^{3+}($4f^7$)和 Cm^{3+}($5f^7$)等都无色;Nd^{3+}($4f^1$)和 U^{3+}($5f^3$)均显浅红色。此外,镧系的 Lu^{3+}($4f^{14}$)和 Yb^{3+}($4f^{13}$)无色,Tm^{3+}($4f^{12}$)绿色,Er^{3+}($4f^{11}$)淡红色,Tb^{3+}($4f^8$)无色。表 2 – 16 列出了几种锕系元素不同价态离子在水溶液中的颜色。一些锕系元素二元化合物的颜色列于表 2 – 17 中。

表 2 – 16　锕系元素离子在水溶液中的颜色

元素	价态和颜色				
	III	IV	V	VI	VII *
Ac	无色				
Th		无色			
Pa		无色	无色		
U	浅红	绿	不知	黄	
Np	蓝紫	黄绿	绿	粉红	黑绿
Pu	蓝到紫	黄褐到橙	粉红或红紫	黄到粉橙	蓝绿(pH > 7)
Am	粉红或黄	粉红或红	黄或黄棕	黄棕色	
Cm	浅绿或浅黄				
Bk	绿	黄			
Cf	绿				

注:* 在碱性溶液中以 $MO_4(OH)_2^{3-}$ 形态存在。

物质的磁性是由成单电子的自旋运动和电子绕核的轨道运动产生的,这样的物质具有顺磁性。顺磁性物质和铁磁性物质都含有未成对电子,都有磁矩,而反磁性物质没有未成对电子,它们的磁矩等于零。d 区过渡元素和内过渡元素的 f 电子中含有许多未成对电子而具有顺磁性,但是 $4f^0$ 构型的离子 La^{3+} 和 Ce^{4+} 以及 $4f^{14}$ 构型的离子 Yb^{2+} 和 Lu^{3+},没有未成对电子,都是反磁性的。镧系元素的磁性与 d 区过渡元素的磁性不同。d 区过渡元素的磁矩主要由未成对电子自旋运动产生,因为 d 轨道受晶体场的影响很大,轨道运动对磁矩的贡献被周围配位原子的电场抑制,几乎完全消失。而镧系元素内层 4f 电子受晶体场影响较小,轨道运动对磁矩的贡献没有被周围配位原子的电场所抑制,在计算磁矩时,既要考虑自旋运动,也要考虑轨道运动的贡献。锕系元素的磁性与镧系类似,由于锕系的 5f 轨道比镧系的 4f 轨道伸长得较多,使轨道运动对磁矩的贡献在一定程度上受到配位体电场的抑制。与镧系相比,锕系的磁性表现得比较复杂且难以解释。将离子进行适当的选择,某些锕系元素离子的磁矩与 f 电子数相同的三价镧系元素离子的磁矩之间呈现周期性的变化,有明显的平行关系,如图 2 - 18 所示,图中磁矩单位为波尔磁子($B.M.$)。

表 2 - 17　一些重要锕系二元化合物的颜色和晶体对称性

化合物	颜色	对称性	化合物	颜色	对称性
ThH_2	黑色	四方晶	PuO_2	黄绿色	面心立方
Th_4H_{15}	黑色	立方体	AmO_2	黑色	面心立方
$\alpha - PaH_3$	灰色	立方体	CmO_{2-x}	黑色	面心立方
$\beta - PaH_3$	黑色	立方体	BkO_2	黄褐色	面心立方
$\beta - UH_3$	黑色	立方体	CfO_{2-x}	黑色	面心立方
NpH_3	黑色	三方晶	Pa_2O_5	白色	立方体
PuH_3	黑色	三方晶	Np_2O_5	黑棕色	单斜晶系
AmH_3	黑色	三方晶	$\alpha - U_3O_8$	黑绿色	正交型
CmH_3	黑色	三方晶	$\beta - U_3O_8$	黑绿色	正交型
BkH_3	黑色	三方晶	$\gamma - UO_3$	橙色	正交型
Ac_2O_3	白色	六方晶	$AmCl_2$	黑色	正交型
Pu_2O_3	黑色	六方晶	$CfCl_2$	红琥珀色	—
Am_2O_3	黄褐色	六方晶	$AmBr_2$	黑色	四方晶
Am_2O_3	淡红褐色	立方晶	$CfBr_2$	琥珀色	四方晶
Cm_2O_3	白至微黄褐色	六方晶	$\beta - ThI_2$	金色	六方晶
Cm_2O_3	亮绿色	单斜晶系	AmI_2	黑色	单斜晶系
Cm_2O_3	白色	立方体	CfI_2	紫罗兰色	六方晶
Bk_2O_3	亮绿色	六方晶	AcF_3	白色	三方晶
Bk_2O_3	黄绿色	单斜晶系	UF_3	黑色	三方晶
Bk_2O_3	黄棕色	立方体	NpF_3	紫色	三方晶

表 2-17(续)

化合物	颜色	对称性	化合物	颜色	对称性
Cf_2O_3	淡绿色	六方晶	PuF_3	紫色	三方晶
Cf_2O_3	石灰绿	单斜晶系	AmF_3	粉红色	三方晶
Cf_2O_3	淡绿色	立方体	CmF_3	白色	三方晶
Es_2O_3	白色	六方晶	BkF_3	黄绿色	三角或正交型
Es_2O_3	白色	单斜晶系	CfF_3	亮绿色	三角或正交型
Es_2O_3	白色	立方体	$AcCl_3$	白色	六方晶
ThO_2	白色	面心立方	UCl_3	绿色	六方晶
PaO_2	黑色	面心立方	$NpCl_3$	绿色	六方晶
UO_2	黑或褐色	面心立方	$PuCl_3$	鲜绿色	六方晶
NpO_2	苹果绿	面心立方	$AmCl_3$	粉红或黄色	六方晶
$CmCl_3$	白至淡绿色	六方晶	BkF_4	淡黄绿色	单斜晶系
$BkCl_3$	绿色	六方晶	CfF_4	亮绿色	四方晶
$\alpha-CfCl_3$	绿色	正交型	$\alpha-ThCl_4$	白色	四方晶
$\beta-CfCl_3$	绿色	六方型	$\beta-ThCl_4$	白色	四方晶
$EsCl_3$	白至橙色	六方晶	$PaCl_4$	绿黄色	四方晶
$AcBr_3$	白色	六方晶	UCl_4	绿色	四方晶
UBr_3	红色	六方晶	$NpCl_4$	红-棕色	四方晶
$NpBr_3$	绿色	六方或正交	$\alpha-ThBr_4$	白色	四方晶
$PuBr_3$	绿色	正交型	$\beta-ThBr_4$	白色	四方晶
$AmBr_3$	白至淡黄色	正交型	$PaBr_4$	橙-红色	四方晶
$CmBr_3$	淡黄绿色	正交型	UBr_4	棕色	单斜晶系
$BkBr_3$	亮绿色	单斜或正交型	$NpBr_4$	黑红色	单斜晶系
$BkBr_3$	黄绿色	棱面形	ThI_4	黄色	单斜晶系
$CfBr_3$	绿色	单斜或菱面	PaI_4	黑色	—
$EsBr_3$	稻草(淡黄)色	单斜晶系	UI_4	黑色	单斜晶系
UI_3	黑色	正交型	PaF_5	白色	四方晶
NpI_3	棕色	正交型	$\alpha-UF_5$	微灰白色	四方晶
PuI_3	绿色	正交型	$\beta-UF_5$	淡黄色	四方晶
AmI_3	淡黄色	六方晶	NpF_5	—	四方晶
AmI_3	黄色	正交型	$PaCl_5$	黄色	单斜晶系
CmI_3	白色	六方晶	$\alpha-UCl_5$	棕色	单斜晶系
BkI_3	黄色	六方晶	$\beta-UCl_5$	红-棕色	三斜晶系
EsI_3	琥珀色至亮黄色	六方晶	$\alpha-PaBr_5$		单斜晶系
ThF_4	白色	单斜晶系	$\beta-PaBr_5$	橙-棕色	单斜晶系

表 2-17（续）

化合物	颜色	对称性	化合物	颜色	对称性
PaF_4	浅红棕色	单斜晶系	UBr_5	棕色	三斜晶系
UF_4	绿色	单斜晶系	PaI_5	黑色	正交型
NpF_4	绿色	单斜晶系	UF_6	白色	正交型
PuF_4	棕或粉红色	单斜晶系	NaF_6	橙色	正交型
AmF_4	黄褐色	单斜晶系	PuF_6	微红-棕色	正交型
CmF_4	浅灰绿	单斜晶系	UCl_6	黑绿色	六方晶

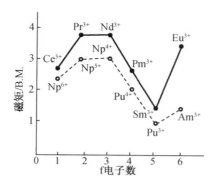

图 2-18　三价镧系离子和 f 电子数相同的某些锕系离子的顺磁磁矩

2.2.5　锕系元素的金属

锕系元素中从锕到锿均已制成金属。其中钍、铀和钚作为核燃料,生产量发展至以吨计量;镎、镅、锔和锎分别以千克、克或毫克计量;而锫、锿和镄仅分离出毫克或微克量产品;这些金属中锫的挥发性高,而锿的挥发性更高,制备起来更加困难。其余几种锕系元素的金属也是高挥发性,而且获取量极微,如镄只有 10^9 个原子,至于锘只获得几十个原子,放射性比活度极高,尚无法制备其金属。

工业上生产钍、铀和钚金属常用钙或镁还原其氟化物或氧化物,例如:

$$ThO_2 + 2Ca \xrightarrow[\text{Ar 气氛}]{1\,000\ \text{℃}} Th + 2CaO$$

$$ThF_4 + 2Ca \longrightarrow Th + 2CaF_2$$

$$UF_4 + 2Ca \longrightarrow U + 2CaF_2$$

$$UF_4 + 2Mg \longrightarrow U + 2MgF_2$$

$$PuF_4 + 2Ca \longrightarrow Pu + 2CaF_2$$

$$PuF_3 + 3/2Ca \longrightarrow Pu + 3/2CaF_2$$

用镧或钍还原氧化物可得到易挥发的超钚元素,镅金属的制备反应式为

$$Am_2O_3 + 2La \longrightarrow 2Am + La_2O_3$$

利用与贵金属之金属间化合物($AmPt_2$ 、 $AmIr_3$ 或 $AmPd_3$)的热分解可制备金属镅和锔,例如:

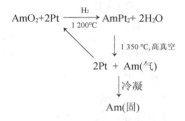

在 $AmPt_2$ 的形成和热分解过程中,Pt 实际上起催化剂作用。

微克量锔金属的制备,也可用碱金属或碱土金属还原锔的卤化物,反应式如下:

$$2CmF_3 + 3Ca === 2Cm + 3CaF_2$$
$$2CmF_3 + 3Ba === 2Cm + 3BaF_2$$
$$CmF_3 + 3Li === Cm + 3LiF$$
$$CmCl_3 + 3K === Cm + 3KCl$$

在高真空中于 1 000 ~ 1 050 ℃温度下,利用金属锂还原三氟化锫,制得了 5 μg 金属锫 (^{249}Bk)。由于^{249}Bk 是 β 放射性核素,半衰期 330 d,逐日生长出^{249}Cf,因为金属锎比锫更易挥发,可用蒸馏法分离。采用类似方法或锎还原氧化物的方法也可以制备锎。这些金属很活泼,需要严密的保护气氛。

锕系元素的金属键半径随原子序数的增大,从锕到镎递降,而后则转为递升,示于图 2 - 19 中。这个变化规律是各金属在晶格中金属键价态不同的缘故(表 2 - 18)。表 2 - 18 中的数据是把 5f 电子作为基本上不屏蔽的内层电子,并且在金属键中不直接起作用来处理得到的。

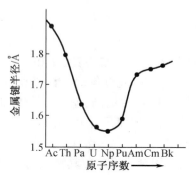

图 2 - 19　锕系元素的金属键半径

表 2 - 18　锕系元素在金属晶格中的价态

金属	金属键价态	金属	金属键价态
Ra	2	Np	4.5
Ac	3.1	Pu	4.0
Th	3.1	Am	3.2
Pa	4.0	Cm	3.1
U	4.5	Bk	3.4

锕系元素金属是有光泽、银白色、质脆的碱性金属,性质活泼,能极快地被氧化成相应的氧化物,金属粉末会自燃。高度粉碎的铀在室温空气中甚至在水中都能自燃,将其他金属与铀粉末混合,也可能引起自燃甚至爆炸,为防止意外,空气中必须加入惰性气体,使氧含量低于 5%。金属镎的性质也很活泼,长期贮存有困难,影响氧化速度的因素有很多,尤其水蒸气对镎有特殊的破坏作用,一旦有少量镎氧化后就能使其破裂。不过锕系金属表面通常总是形成牢固附着的氧化层薄膜,以防止被进一步腐蚀。

锕系金属的典型特征是存在一系列低熔点的多晶型变体(图 2－20)和很高的密度,如 α 相镎金属的密度达 20.48 g/cm³,它的金属键长最小。从图 2－20 中可看出金属锕只有一种晶型,若进一步研究可能发现更多的变体。从冶金学观点看,金属镎具有独特性,在室温至熔点(640 ℃)之间有 6 种同素异形体。图中各行标出的最高温度为相应金属的熔点。表2－19 列出锕至镉金属的相变温度范围和密度,这些变体可从其热导率和电阻率差异加以辨认,其中 α 相镁、α 相铀、β 相铀、α 相镎和 γ 相镎的结构在其他金属中均未见过。尤其应指出 α 相镎的热膨胀值很高,这在金属中是独特的,从 α 相镎变到 β 相镎时的体积变化,比其他金属(锡除外)的同素异形体相变时都大,镎金属变体的相变温度较低,热膨胀各向异性,而且同素异形体相变时密度变化大(有正也有负),这些都表明镎金属如不与其他金属形成合金是不能作核燃料使用的。

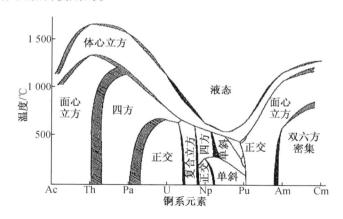

图 2－20　锕系金属的物相

表 2－19　锕系元素金属的多晶型变体的相变温度范围及其密度

元素	晶格对称性	存在的温度范围/℃	X 射线法测得密度/(g·cm⁻³)
锕	面心立方		10.07
钍	α:面心立方	≤1 400	11.724
	β:体心立方	1 400 ~ 1 750	11.10
镤	α:体心四方	≤1 170	15.37
	β:体心立方	1 170 ~ 1 575	13.87

锕系元素金属彼此形成许多合金体系,由于它们复杂的晶体结构,与其他金属生成合金的能力较小,但是可形成不同结构的金属间化合物,例如已知有 8 种镎－镓、7 种镎－铑、6种镎－钴(铅、镍)、5 种镎－铝和钍－镍等金属间化合物。

表 2 – 19（续）

元素	晶格对称性	存在的温度范围/℃	X 射线法测得密度/$(g \cdot cm^{-3})$
铀	α：斜方	<668	19.07
	β：四方	668~774	18.11
	γ：体心立方	774~1 132	18.06
镎	α：斜方	<280	20.48
	β：四方	280~577	19.40
	γ：体心立方	577~637	18.04
钚	α：单斜	<115	19.86
	β：单斜	115~185	17.70
	γ：斜方	185~310	17.13
	δ：面心立方	310~452	15.92
	δ′：体心四方	452~480	16.01
	ε：体心立方	480~640	16.48
镅	α：双六方密集	<1 079	13.671
	β：面心立方	1 079~1 176	13.65
锔	α：双六方密集		13.51
	β：面心立方	<1 340	19.26
锫	α：双六方密集		
	β：面心立方	<986	

2.2.6　常用的长寿命锕系核素

针对锕系元素的化学和物理性质研究,选择一定的核素进行相应元素的实验研究比较方便。表 2 – 20 列出了一些适合于化学和物理研究的半衰期比较长的锕系核素,超锔元素中半衰期为几十天的核素也归入长寿命之列,因为现有锔后元素的同位素大多是短寿命的,"稳定岛"上长寿命超重核至今尚未合成。

表 2 – 20　适合于化学和物理研究的长寿命锕系核素

元素	同位素	半衰期
锕	^{227}Ac	21.772 a
钍	^{232}Th	1.405×10^{10} a
镤	^{231}Pa	3.276×10^{4} a
铀	^{233}U	1.592×10^{5} a
	^{238}U	4.468×10^{9} a
镎	^{236}Np	1.54×10^{5} a
	^{237}Np	2.144×10^{6} a

表 2 – 20(续)

元素	同位素	半衰期
钚	^{238}Pu	87.7 a
	^{239}Pu	2.411×10^4 a
	^{240}Pu	6.564×10^3 a
	^{242}Pu	3.733×10^5 a
	^{244}Pu	8.08×10^7 a
镅	^{241}Am	4.322×10^2 a
	^{243}Am	7.370×10^3 a
锔	^{244}Cm	18.10 a
	^{245}Cm	8.50×10^3 a
	^{246}Cm	4.760×10^3 a
	^{247}Cm	1.56×10^7 a
	^{248}Cm	3.48×10^5 a
	^{250}Cm	-8.3×10^3 a
锫	^{247}Bk	1.38×10^3 a
	^{249}Bk	330 d
锎	^{249}Cf	3.51×10^2 a
	^{252}Cf	2.645 a
锿	^{253}Es	20.47 d
	^{254}Es	275.7 d
	^{255}Es	39.8 d
镄	^{257}Fm	100.5 d

2.3 锕系元素的无机化合物

2.3.1 锕系元素的氧化物和酰基化合物

锕系元素氧化物的通式可写成 An_xO_y,它们是耐火材料,但应该指出,它们的集体阻抗在不同的高温下会改变,这些氧化物中 ThO_2 的熔点最高(3 378 ℃)。锕系元素氧化物的研究工作聚焦在如何选用合适的锕系氧化物为核燃料,因为用几种锕系元素氧化物的组合在化学上是复杂的,例如化合物的非化学计量性、晶型多变性以及中间体相等。碱性是锕系氧化物的基性,它们是弱的路易斯碱,能提供电子对。它们的化学反应性往往受加热历程影响,经过灼烧后的锕系氧化物更具惰性。

早期研究过钍到锔的锕系一氧化物,但证据都不够确切,后来用钚的氧化物进行研究,认为在金属钚表面存在一氧化钚,但更多的数据支持钚金属表面存在的是碳氧化钚,

（PuO_xC_y），一氧化钚似乎存在于高温高压下的蒸汽相中。

锕系元素氧化物中主要是二氧化物。表 2-21 列出了锕系元素二氧化物的晶格常数。其他氧化物有 An_2O_3（Pu_2O_3、Am_2O_3、Cm_2O_3、Bk_2O_3、Cf_2O_3、Es_2O_3），AnO_3（UO_3、NpO_3 · $2H_2O$），An_3O_8（U_3O_8），An_2O_5（Pa_2O_5、U_2O_5、Np_2O_5）等。

表 2-21　锕系元素二氧化物的晶格常数

二氧化物	ThO_2	PaO_2	UO_2	NpO_2	PuO_2	AmO_2	CmO_2	BkO_2	CfO_2
晶格常数 $a/\text{Å}$	5.597	5.505	5.470 4	5.433 4	5.396	5.373	5.359	5.331 5	5.310

锕系元素的另一类氧化物是锕系酰基（actinyl）离子 AnO_2^{x+}。六价锕系元素常以 AnO_2^{2+} 离子存在于水溶液或固体状态中。1935 年，有人从醋酸铀酰钠的空间组对称性中，第一次阐明 UO_2^{2+}（O＝U＝O）的 2 个 O 以反式形成直线构型。已知的六价锕系元素酰基化合物还有 Np、Pu 和 Am，金属与氧的键很稳定，其顺序为 U > Np > Pu > Am，An＝O 的键长为 1.7~2.0 Å。理论上从锕系和氧原子的轨道相对贡献来阐述锕系酰离子的线性构型，比较气相中等电子的 UO_2^{2+} 和 ThO_2 的几何构型不同，认为是由 5f 和 6d 的能量水平引起的。在 UO_2^{2+} 中，铀的 5f 轨道能量较低，与氧的 2p 轨道相互作用成线性几何构型；而 ThO_2 中，钍的 6d 轨道能量较低，结果成弯曲形结构。多种铀酰化合物晶体结构的测定结果表明，98% 的 O＝U＝O 键夹角为 174°~180°，有个别的为 169.7°。

五价锕系元素的酰基化合物描述为 AnO_2^+，已知铀、镎、钚和镅都会形成这类酰基离子。像 AnO_2^{2+} 那样，AnO_2^+ 离子也是直线构型，但是 AnO_2^+ 形成配合物的稳定性不如 AnO_2^{2+}。AnO_2^+ 容易歧化为 An(IV) 和 An(VI)，它们的 An＝O 键长受金属 An 的价态影响，由六价变为五价，键长约增加 0.14 Å。AnO_2^+ 中最受重视的是 NpO_2^+，它的 O＝Np＝O 两个键长不同，分别为 1.762 Å 和 1.826 Å。

锕系酰基阳离子会与 F^-、Cl^-、OH^-、NO_3^-、SO_4^{2-}、CO_3^{2-}、PO_4^{3-} 等阴离子形成复杂的化合物。

2.3.2　锕系元素的卤化物和卤氧化物

锕系元素的卤化物在化学键上主要是锕系阳离子与卤素阴离子相结合。在形成配合物时，受离子大小空间效应影响比较明显，当锕系价态一定时，配位数随阴离子增大而减少，即 F > Cl > Br > I，对于给定的配位体（如 F），配位数随锕系金属的价态降低而增加，UF_6 和 UF_3 的配位数从 6 增加到 11。

锕系元素的二卤化物比较少，因为 An^{2+} 价态很不稳定（除 No^{2+} 外）。ThI_2 是在高温下用 ThI_4 与 Th 反应生成的，但认为 ThI_2 不是纯 Th(II) 盐的化合物，其中含有 Th(IV) 伴随 2 个超计量的电子，可表示为 $Th^{4+}(I^-)_2(e^-)_2$。镅的二卤化物包括 $AmCl_2$、$AmBr_2$ 和 AmI_2，$AmCl_2$ 是正交型对称，$AmBr_2$ 是四方晶，AmI_2 是单斜晶系。此外，$CfBr_2$ 和 CfI_2 分别是四方晶和六方晶。其他价态的锕系卤化物列于表 2-22 中。已经发现有些化学计量为 An_2X_9 和 An_4X_{17} 的中间化合物，其中包括 Pa_2F_9、U_2F_9、U_4F_{17} 和 Pu_4F_{17}。

锕系元素的卤氧化物表达式可写成 An(III)OX、An(IV)OX$_2$、An(V)O$_2$X 和 An(VI)O$_2$X$_2$，列于表 2-23 中。

表 2－22　锕系元素卤化物及其晶体对称性

锕系元素价态	元素	氟化物对称性	氯化物对称性	溴化物对称性	碘化物对称性
AnX$_3$	Ac	六方晶	六方晶	六方晶	
	Pa				正交型
	U	六方晶	六方晶	六方晶	正交型
	Np	六方晶	六方晶	六方晶(α) 正交型(β)	正交型
	Pu	六方晶	六方晶	正交型	正交型
	Am	六方晶	六方晶	正交型	正交型或六方晶
	Cm	六方晶	六方晶	正交型	六方晶
	Bk	正交型或三方晶	六方晶	单斜或菱面型	六方晶
	Cf	正交型或三方晶	六方晶或正交型	单斜或菱面型	六方晶
	Es		四方晶或六方晶	单斜晶系	
AnX$_4$	Th	单斜晶系	四方晶	正交型(α) 四方晶(β)	单斜晶系
	Pa	单斜晶系	四方晶	四方晶	
	U	单斜晶系	四方晶	单斜晶系	单斜晶系
	Np	单斜晶系	四方晶	单斜晶系	
	Pu	单斜晶系			
	Am	单斜晶系			
	Cm	单斜晶系			
	Bk	单斜晶系			
	Cf	单斜晶系			
AnX$_5$	Pa	四方晶	单斜晶系	单斜晶系(α) 单斜晶系(β)	正交型
	U	四方晶(α) 四方晶(β)	单斜晶系(α) 三斜晶系(β)	三斜晶系	
	Np	四方晶			
AnX$_6$	U	正交型	六方晶		
	Np	正交型			
	Pu	正交型			

表 2 – 23　锕系元素的卤氧化物及其晶体对称性

锕系元素价态	F		Cl		Br		I	
	化合物	对称性	化合物	对称性	化合物	对称性	化合物	对称性
三价	AcOF ThOF PuOF CmOF CfOF	fcc fcc 四方晶 fcc fcc	AcOCl UOCl NpOCl PuOCl AmOCl CmOCl BkOCl CfOCl EsOCl	四方晶 四方晶 四方晶 四方晶 四方晶 四方晶 四方晶 四方晶 四方晶	AcOBr UOBr NpOBr PuOBr AmOBr CmOBr BkOBr CfOBr	四方晶 四方晶 四方晶 四方晶 四方晶 四方晶 四方晶 四方晶	UOBr NpOI PuOI AmOI BkOI CfOI	四方晶 四方晶 四方晶 四方晶 四方晶 四方晶
四价	ThOF$_2$	正交型	ThOCl$_2$ PaOCl$_2$ UOCl$_2$ NpOCl$_2$	正交型 正交型 正交型 正交型	PuOBr$_2$ UOBr$_2$	正交型 正交型	ThOI$_2$ PaOI$_2$ UOI$_2$	正交型 正交型 正交型
五价	PaO$_2$F Pa$_2$OF$_8$ Pa$_3$O$_7$F UO$_2$F NpO$_2$F NpOF$_3$	正交型 bcc 正交型 单斜晶系 四方晶 正交型			PaOBr$_3$ UO$_2$Br UOBr$_3$	单斜晶系 正交型 单斜晶系	PaO$_2$I	六方晶
六价	UO$_2$F$_2$ UOF$_4$(α) UOF$_4$(β) NpO$_2$F$_2$ NpOF$_4$ PuO$_2$F$_2$ PuOF$_4$ AmO$_2$F$_2$	正交型 三方晶 四方晶 正交型 三方晶 正交型 三方晶 正交型	UO$_2$Cl$_2$	正交型				

2.3.3　锕系元素的硝酸、碳酸、磷酸、硫酸盐

　　锕系元素的硝酸盐比较简单,一般只含有锕系元素的正离子或酰基阳离子和硝酸根阴离子以及配位水。碳酸、磷酸和硫酸与锕系元素反应生成的盐相对复杂些。表 2 – 24 列出了部分典型的化合物。

表 2 - 24　锕系元素与碳酸、磷酸、硫酸生成的某些盐及其晶体对称性

碳酸盐		磷酸盐		硫酸盐	
化合物	对称性	化合物	对称性	化合物	对称性
$Na_6[Th(CO_3)_5]\cdot 12H_2O$	立方晶	$AcPO_4\cdot 0.5H_2O$	六方晶	$Th(SO_4)_2$	六方晶
UO_2CO_3	正交型	$Th_3(PO_4)_4$	单斜晶系	$Th(OH)_2SO_4$	正交型
$Sr_2UO_2(CO_3)_3\cdot 8H_2O$	单斜晶系	$Na_2Th(PO_4)_2$	单斜晶系	$(NH_4)_2Th(SO_4)_3$	单斜晶系
$Na_4UO_2(CO_3)_3$	六方晶	$U_3(PO_4)_4$	单斜晶系	$H_3PaO(SO_4)_3$	六方晶
$K_4UO_2(CO_3)_3$	单斜晶系	$Na_2UO_2PO_4\cdot 4H_2O$	四方晶	$U(OH)_2SO_4$	正交型
$Tl_4UO_2(CO_3)_3$	单斜晶系	$CaU(PO_4)_2(\alpha)$	正方型	$UO_2SO_4(\alpha)$	单斜晶系
$(NH_4)_4UO_2(CO_3)_3$	单斜晶系	$CaU(PO_4)_2(\beta)$	单斜晶系	$UO_2SO_4(\beta)$	单斜晶系
NpO_2CO_3	正交型	$NaNp_2(PO_4)_3(\alpha)$	单斜晶系	$K_2UO_2(SO_4)F_2\cdot H_2O$	单斜晶系
$KNpO_2CO_3$	六方晶	$NaNp_2(PO_4)_3(\beta)$	正交型	$K_4U(SO_4)_4\cdot 2H_2O$	单斜晶系
$Na_3NpO_2(CO_3)_2\cdot nH_2O$	单斜晶系	$Mg(NpO_2PO_4)_2\cdot 9H_2O$	四方晶	$UO_2SO_4\cdot 2.5H_2O$	单斜晶系
$K_4NpO_2(CO_3)_3$	单斜晶系	$PuPO_4$	单斜晶系	$Cs_2NpO_2(SO_4)_2$	单斜晶系
$(NH_4)_4NpO_2(CO_3)_3$	单斜晶系	$PuPO_4\cdot 0.5H_2O$	六方晶	$(NpO_2)_2SO_4\cdot H_2O$	正交型
PuO_2CO_3	正交型	$KPuO_2PO_4\cdot nH_2O$	四方晶	$(NpO_2)_2SO_4\cdot 2H_2O$	单斜晶系
$KNH_4PuO_2(CO_3)_2$	六方晶	$AmPO_4$	单斜晶系	$PU(SO_4)_2$	六方晶
$(NH_4)_4PuO_2(CO_3)_3$	单斜晶系	$AmPO_4\cdot 0.5H_2O$	六方晶	$(NH_4)_2Pu(SO_4)_3$	单斜晶系
$Am_2(CO_3)_3\cdot 2H_2O$	立方晶	$CmPO_4$	单斜晶系	$NaPu(SO_4)_2\cdot 4H_2O$	六方晶
$KAmO_2CO_3$	六方晶	$ThP_2O_7(\alpha)$	立方晶	$PuO_2SO_4\cdot 2.5H_2O$	单斜晶系
$CsAmO_2CO_3$	六方晶	PaP_2O_7	立方晶	$Pu(SO_4)_2\cdot 4H_2O(\alpha)$	正交型
$NH_4AmO_2CO_3$	六方晶	$UP_2O_7(\beta)$	立方晶	$Pu(SO_4)_2\cdot 4H_2O(\beta)$	正交型
$Cs_4AmO_2(CO_3)_3$	单斜晶系	NpP_2O_7	立方晶	$NH_4Pu(SO_4)_2\cdot 4H_2O$	单斜晶系
		PuP_2O_7	立方晶	$Am_2(SO_4)_3\cdot 8H_2O$	单斜晶系

2.3.4　锕系元素的其他无机化合物

1. 锕系元素的氢硼碳硅化合物

锕系元素金属与 H_2 直接反应生成氢化物 $AnH_{2\pm x}$ 或 AnH_3，x 为小于或等于 1 的正数。已经研究过钍到锔的氢化物，钍的氢化物组成一般在 $ThH_{1.93}$ 和 $ThH_{1.73}$ 之间，铀的氢化物有 $\alpha-UH_3$ 和 $\beta-UH_3$，钚的氢化物组成范围为 $1.9 \leqslant H/Pu$(分子中 H 和 Pu 的原子个数比) $\leqslant 3.9$。锕系元素的氢化物化学性质很活泼，常用作制备其他化合物的中间体。

硼碳和硅的化学活性较低，是耐火材料，可以考虑与锕系元素进行组合以作为核燃料。表 2 - 25 列出了一些锕系元素的硼碳和硅的化合物。

表 2-25　锕系元素的硼碳和硅的化合物及其晶体对称性

硼化物	对称性	碳化物	对称性	硅化物	对称性
ThB_4	四方晶	ThC	fcc	Th_3Si_2	四方晶
ThB_6	立方晶	Th_2C_3	bcc	This	正交型
ThB_{12}	fcc	$\alpha-ThC_2$	单斜晶系	Th_3Si_5	六方晶
		$\beta-ThC_2$	四方晶	$\alpha-ThSi_2$	四方晶
		$\gamma-ThC_2$	fcc	$\beta-ThSi_2$	六方晶
		PaC	fcc		
		PaC_2	bcc		
UB_2	六方晶	UC	fcc	U_3Si	四方晶
UB_4	四方晶	U_2C_3	bcc	U_3Si_2	四方晶
UB_{12}	fcc	$\alpha-UC_2$	四方晶	USi	四方晶
		$\beta-UC_2$	fcc	U_3Si_5	六方晶
				$\alpha-USi_2$	四方晶
				$\beta-USi_2$	六方晶
				USi_3	立方晶
NpB_2	六方晶	NpC	fcc	Np_3Si_2	四方晶
NpB_4	四方晶	Np_2C_3	bcc	$NpSi_2$	四方晶
NpB_6	立方晶	NpC_2	四方晶		
NpB_{12}	fcc				
PuB_2	六方晶	PuC	fcc	$PuSi$	正交型
PuB_4	四方晶	Pu_2C_3	bcc	Pu_3Si_5	六方晶
PuB_6	六方晶	$\alpha-PuC_2$	四方晶	$\alpha-PuSi_2$	四方晶
PuB_{12}	fcc	$\beta-PuC_2$	fcc	$\beta-PuSi_2$	六方晶
				Pu_5Si_3	四方晶
				Pu_3Si_2	四方晶
AmB_4	四方晶	Am_2C_3	bcc	Am_5Si_3	四方晶
AmB_6	立方晶			$AmSi$	正交型
				$\alpha-AmSi_2$	四方晶
				$\beta-AmSi_2$	六方晶
				$CmSi$	正交型
				$CmSi_2$	四方晶
				Cm_2Si_3	六方晶

2. 锕系元素的氮族和硫族化合物

锕系元素的氮族(N、P、As、Sb、Bi)和硫族(S、Se、Te)化合物是化学家们感兴趣的,根据 5f 电子在亚层内局限性或非局限性程度的不同,在这些化合物中表现出有趣的电子性质,结果引起化合物不是纯粹离子化的。一般而言,从钍到钚,5f 电子是非局限性的,可以参与成键;而镅及其后的锕系元素,5f 电子是受局限的,不易参与成键,成键的这些化合物表现出半金属性。表 2 - 26 和表 2 - 27 分别列出一些锕系元素的氮族和硫族化合物及其晶体对称性。

表 2 - 26　锕系元素的氮族化合物及其晶体对称性

N		P		As		Sb		Bi	
化合物	对称性	化合物	对称性	化合物	对称性	化合物	对称性	化合物	对称性
ThN	fcc	ThP	fcc	ThAs	fcc	ThSb	fcc	Th_3Bi_4	bcc
Th_2N_3	六方晶	Th_3P_4	bcc	Th_3As_4	bcc	Th_3Sb_4	bcc	$ThBi_2$	四方晶
$Th_3N_4(\alpha)$	六方晶			$ThAs_2(\alpha)$	正交型	$ThSb_2$	四方晶		
$Th_3N_4(\beta)$	正交型			$ThAs_2(\beta)$	四方晶				
PaN	fcc	Pa_3P_4	bcc	PaAs	fcc	Pa_3Sb_4	bcc		
		PaP_2	四方晶	Pa_3As_4	bcc	$PaSb_2$	四方晶		
				$PaAs_2$	四方晶				
UN	fcc	UP	fcc	UAs	fcc	USb	fcc	UBi	fcc
$U_2N_3(\alpha)$	立方晶	U_3P_4	bcc	U_3As_4	bcc	U_3Sb_4	bcc	U_3Bi_4	bcc
$U_2N_3(\beta)$	六方晶	$UP_2(\alpha)$	四方晶	UAs_2	四方晶	USb_2	四方晶	UBi_2	四方晶
UN_2	fcc	$UP_2(\beta)$	四方晶						
NpN	fcc	NpP	fcc	NpAs	fcc	NpSb	fcc	NpBi	fcc
		Np_3P_4	bcc	Np_3As_4	bcc	$NpSb_2$	正交型		
				$NpAs_2$	四方晶				
PuN	fcc	PuP	fcc	PuAs	fcc	PuSb	fcc	PuBi	fcc
						$PuSb_2$	正交型		
						Pu_4Sb_3	bcc		
AmN	fcc	AmP	fcc	AmAs	fcc	AmSb	fcc	AmBi	fcc
						$AmSb_2$	正交型		
						Am_4Sb_3	bcc		
CmN	fcc	CmP	fcc	CmAs	fcc	CmSb	fcc		
BkN	fcc	BkP	fcc	BkAs	fcc	BkSb	fcc		
				CfAs	fcc	CfSb	fcc		

表 2 - 27　锕系元素的硫族化合物及其晶体对称性

S		Se		Te	
化合物	对称性	化合物	对称性	化合物	对称性
ThS	fcc	ThSe	fcc	ThTe	bcc
Th_2S_3	正交型	Th_2Se_3	正交型	Th_2Te_3	六方晶
ThS_2	正交型	$ThSe_2$	正交型	$ThTe_2$	六方晶
Th_2S_5	正交型	Th_2Se_5	正交型	$ThTe_3$	单斜晶
		$ThSe_3$	单斜晶系		
US	fcc	USe	fcc	UTe	fcc
U_2S_3	正交型	U_3Se_4	bcc	U_3Te_4	bcc
U_3S_5	正交型	U_2Se_3	正交型	U_2Te_3	bcc 或正交型
$US_2(\alpha)$	四方晶	U_3Se_5	正交型	U_3Te_5	正交型
$US_2(\beta)$	正交型	$USe_2(\alpha)$	四方晶	UTe_2	正交型
$US_2(\gamma)$	六方晶	$USe_2(\beta)$	正交型	U_2Te_5	单斜晶系
U_2S_5	正交型	$USe_2(\gamma)$	六方晶	$UTe_3(\alpha)$	单斜晶系
US_3	单斜晶系	USe_3	单斜晶系	$UTe_3(\beta)$	正交型
NpS	fcc	NpSe	fcc	NpTe	fcc
$Np_2S_3(\alpha)$	正交型	Np_3Se_4	bcc	Np_3Te_4	bcc
$Np_2S_3(\beta)$	正交型	$Np_2Se_3(\gamma)$	立方晶	$Np_2Te_3(\eta)$	正交型
$Np_2S_3(\gamma)$	bcc	Np_2Se_5	正交型	$Np_2Te_3(\gamma)$	bcc
NpS_2	正交型	$NpSe_3$	单斜晶系	$NpTe_2$	四方晶
Np_2S_5	正交型			$NpTe_3$	正交型
NpS_3	单斜晶系				
PuS	fcc	PuSe	fcc	PuTe	fcc
$Pu_2S_3(\alpha)$	正交型	$Pu_2Se_3(\eta)$	正交型	$Pu_2Se_3(\eta)$	正交型
$Pu_2S_3(\beta)$	正交型	$Pu_2Se_3(\gamma)$	bcc	$Pu_2Se_3(\gamma)$	bcc
$Pu_2S_3(\gamma)$	bcc	$PuSe_2$	四方晶	$PuTe_2$	四方晶
PuS_2	四方晶			$PuTe_3$	正交型
AmS	fcc	AmSe	fcc	AmTe	fcc
$Am_2S_3(\alpha)$	正交型	Am_3Se_4	fcc	Am_3Te_4	bcc
$Am_2S_3(\beta)$	四方晶	$Am_2Se_3(\gamma)$	bcc	$Am_2Te_3(\eta)$	正交型
$Am_2S_3(\gamma)$	bcc	$AmSe_2$	四方晶	$Am_2Te_3(\gamma)$	bcc
AmS_2	四方晶			$AmTe_2$	四方晶
				$AmTe_3$	正交型
CmS	fcc	CmSe	fcc	CmTe	fcc
$Cm_2S_3(\alpha)$	正交型	$Cm_2Se_3(\gamma)$	bcc	$Cm_2Te_3(\eta)$	正交型
$Cm_2S_3(\beta)$	四方晶	$CmSe_2$	四方晶	$Cm_2Te_3(\gamma)$	bcc
$Cm_2S_3(\gamma)$	bcc			$CmTe_2$	四方晶
CmS_2	四方晶			$CmTe_3$	正交型

表 2 - 27(续)

S		Se		Te	
化合物	对称性	化合物	对称性	化合物	对称性
$Bk_2S_3(\gamma)$	bcc	$Bk_2Se_3(\gamma)$	bcc	$Bk_2Te_3(\xi)$	正交型
BkS_2	四方晶	$BkSe_2$	四方晶	$BkTe_2$	四方晶
$Cf_2S_3(\gamma)$	bcc	$Cf_2Se_3(\gamma)$	bcc	$BkTe_3$	正交型
CfS_2	四方晶	$CfSe_2$	四方晶	$CfTe_2$	四方晶

2.4　锕系元素的配位化合物

2.4.1　配位化合物的基本知识

溶剂萃取化学与配位化学关系密切,溶剂萃取过程中,绝大多数萃合物以配位化合物的形态进入有机相。进行溶剂萃取机理研究时,常涉及配位化学的基本知识,尤其是关于溶液中的配位化合物。本节将简要介绍配位化合物结构的基本理论和一些常用术语。为便于叙述,举例以 d 区元素的配位化合物为主。

1. 配位化合物结构的基本理论

(1)价键理论

价键理论按杂化轨道理论用共价配位键和电价配位键解释配位化合物中金属离子(或原子)和配位体间的结合力。中心离子(或原子)M 必须具有空轨道,通过杂化组成杂化轨道以接纳配位体授予的孤对电子,形成 σ 共价配位键(M←L),简称 σ 键(如 $Fe(CN)_6^{4-}$ 和 $Co(NH_3)_6^{2+}$);当中心离子的未成对电子数目与其自由离子一样,未受配位体的影响,则认为金属离子和配位体以静电吸引力结合在一起,形成电价配位键。价键理论是个定性理论,没有提到反键轨道,不涉及激发态,无法令人满意地解释配位化合物的光谱数据。

(2)晶体场理论

晶体场理论是一个静电作用的理论模型,它描述由于带负电荷配位体(L)的分布而产生的静电场对中心金属离子(M)电子轨道的相互作用,被看作类似于离子晶体中正负电荷相互作用。一方面,带正电的中心金属离子与带负电的配位体之间正负电荷相互吸引,以离子键的方式形成稳定的配位化合物;另一方面,配位体上的孤对电子与金属离子 d 或 f 轨道上的电子之间互相排斥,这种排斥作用称为晶体场。在球形对称的晶体场中各向影响相同,轨道能态简并不变,只是由于晶体场的作用轨道的势能同步增加为 E_s。而多数晶体场不是球形对称的,配位体的静电场会造成 d 或 f 电子轨道能态简并的去除,又称能级分裂。对于 d 区过渡元素,当 L 接近 M 时,M 中 d 轨道受到 L 负电荷的静电微扰作用,使原来简并的 d 轨道发生分裂。例如八面体配位离子中,6 个配位体沿 x、y、z 坐标接近金属离子,L 的负电荷对 $d_{x^2-y^2}$ 和 d_{z^2} 轨道的电子排斥作用大,使两能级上升较多;而夹在两坐标轴之间的 d_{xy}、d_{yz}、d_{xz} 轨道受的排斥力小,能级上升较少,如图 2 - 21 所示。这样 d 轨道分裂成两组:

低能级的 3 个 d 轨道通常用 t_{2g} 表示,高能级的 2 个 d 轨道用 e_g 表示。这两组能级间的差值称为晶体场分裂能(crystal field splitting parameter),用 Δ_0 或 Δ 表示(图 2 – 22)。d 电子根据分裂能(Δ)和成对能(P)的相对大小填在这两级轨道上,形成强场低自旋或弱场高自旋的结构,以此解释配位化合物的结构、光谱、稳定性及磁性等一系列性质。但是晶体场理论只按静电作用进行处理,相当于只考虑离子键作用,出发点过于简单,对于分裂能的大小变化次序难以解释。

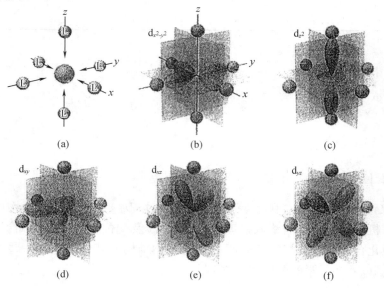

图 2 – 21　八面体晶体场中 d 轨道的空间分布

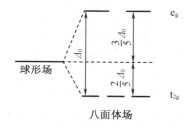

图 2 – 22　八面体晶体场中 d 轨道的能级分裂

(3)分子轨道理论

分子轨道理论是指用分子轨道理论的观点和方法处理金属离子(或原子)M 和配位体 L 的成键作用。描述配位化合物分子的状态主要是由 M 的价层电子波函数 Ψ_M 与配位体 L 的分子轨道 Ψ_L 组成离域分子轨道 Ψ:

$$\Psi = C_M \Psi_M + \sum C_L \Psi_L \tag{2 – 3}$$

对于 d 区元素而言,Ψ_M 包括 M 中$(n-1)$d、ns、np 等价层轨道,$\sum C_L \Psi_L$ 可看作 L 的群轨道,C_M 和 C_L 为相关系数。为了有效组成分子轨道,要满足对称性匹配、轨道最大重叠、能级高低相近等条件,其中对称性匹配起突出作用。

(4)配位场理论

配位场理论是晶体场理论的发展,可认为是晶体场理论与分子轨道理论结合的产物。

在处理中心离子(或原子)由其周围配位体所产生的电场作用下,金属原子轨道能级发生变化时,以分子轨道理论方法为主,根据配位场的对称性进行简化,并吸收晶体场理论的成果,从而对配位化合物的键能、稳定性、磁性和光谱等物理化学性质做出更确定的估算,是配位化合物的主要结构理论之一。以八面体 ML_6 为例,中心离子 M 在直角坐标系原点,6个配位体分别位于坐标轴上。按 M 和 L 组成的分子轨道是 σ 轨道还是 π 轨道,可将 M 的价轨道进行分组:

$$\sigma: s, p_x, p_y, p_z, d_{x^2-y^2}, d_{z^2}$$

$$\pi: d_{xy}, d_{yz}, d_{xz}$$

依配位体 L 能与中心离子生成 σ 键或 π 键轨道,分别组合成新的群轨道与 M 的原子轨道形成对称性匹配。设处在 x、y、z 三个正向的 L 的 σ 轨道分别为 α_1、α_2、α_3,负向的三个轨道为 α_4、α_5、α_6,这些轨道组成和中心离子 σ 轨道对称匹配。由于 M 的 d_{xy}、d_{yz}、d_{xz} 轨道的极大值方向夹在两坐标轴之间,正好和 L 的 σ 轨道错开,基本上不受影响,是非键轨道(见图 2 -21)。M 的 6 个轨道和 6 个配位体轨道组合得到 12 个离域分子轨道,一半为成键轨道,一半为反键轨道,示于图 2 -23 中。因为 L 电负性较高而能级较低,其电子进入成键轨道,相当于配位键;M 的电子则安排在 t_{2g} 和 e_g^* 轨道上,亦即 3 个非键轨道 t_{2g} 与 2 个反键轨道 e_g^* 形成的 5 个轨道提供安排中心离子 M 的 d 电子。把 5 个轨道分成两组:3 个低能态的 t_{2g},2 个高能态的 e_g^*。t_{2g}(或 t_{2g}^*)和 e_g^* 间的能级间隔为分裂能 Δ_0,它和晶体场理论中 t_{2g} 和 e_g 间的 Δ_0 相当(图 2 -22)。分裂能 Δ_0 的数值可由光谱数据中获得,对于同一种金属离子 M,不同配位体的场强不同,因而分裂能亦不同。一般而言,如下配位体分裂能的大小顺序为

$$CO, CN^- > NO_2^- > NH_3 > H_2O > F^- > OH^- > Cl^- > Br^-$$

Δ_0 大者称为强场配位体,Δ_0 小者称为弱场配位体。不带电荷的中性分子 CO 是强场配位体,而带电荷的卤素离子却是弱场配位体,这要归因于 π 键形成会影响分裂能大小,d_{xy}、d_{yz} 和 d_{xz} 等 t_{2g} 轨道虽不能与配位体 L 形成 σ 键,但在适当的条件下可形成 π 键。CO 分子的 π^* 群轨道和 M 的 t_{2g} 轨道形成 π 键,扩大了 Δ_0,是强场配位体。如图 2 -24 所示,左边表示轨道叠加,由有电子的轨道(实线)向空轨道(虚线)提供电子,形成配位键。Cl^- 的 p 轨道和 M 的 d 轨道形成 π 键,缩小了 Δ_0,是弱场配位体,如图 2 -25 所示。

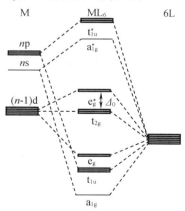

图 2 -23　配位化合物分子轨道能级图

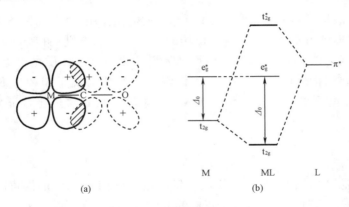

图 2 – 24　强场配位体扩大 Δ_0

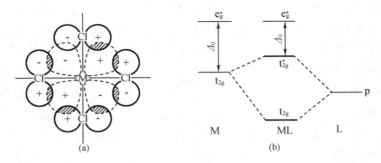

图 2 – 25　弱场配位体缩小 Δ_0

2. 关于配位化合物的一些术语

中心原子(center atom)　通常是金属原子或离子(特别是 d 区和 f 区元素),可以作为 Lewis 酸提供空轨道,接受 Lewis 碱提供的孤对电子,形成配位化合物。其中 d 区过渡金属原子的价层包含 ns、$(n-1)d$、np 九个轨道,即使是零价的这类中性原子,也存在空的价层轨道,可作为中心原子形成配位化合物。

配位体(ligand)　是具有孤对电子(lone pair)的分子或离子,可以作为 Lewis 碱与中心原子形成配位键。配位体中直接与中心原子进行配位结合的提供电子对的原子称为配位原子(coordination atom)。按照配体中提供与中心原子键合的配位原子数目,可将配位体分为单齿(monodentate)配位体、双齿(bidentate)配位体和多齿(polydentate)配位体。配位体中的一个或多个配位原子同时与两个或两个以上的金属原子或离子配位,这样的配位体称为桥配位体(bridging ligand)。两个双齿或多齿配位体与金属离子形成环形螯合物可增加稳定性,一般齿合度(denticity)越高,形成配位化合物越稳定,而五元螯合环常常是最稳定的。

配位数(coordination number)　中心原子和所有的配位体组成配位层(coordination sphere),构成第一配位层键合的配位原子的数目称为配位数。从配位化合物的配位键本质考虑,徐光宪先生给出的定义是:配位体在与中心原子形成配合物中,向中心原子提供的电子对数目。

配位多面体(coordination polyhedron, polygon)　通常把中心原子周围各配位原子或离子的中心连线所构成的几何多面体称为中心原子的配位多面体。配位多面体结构取决于配位数,过渡金属配位化合物最常见的配位数是 6 和 4,其配位多面体分别是八面体和四面体,不过配位数为 4 的配位化合物也可能有其他结构(如四边形)。

成对能　是指自旋平行分占两个轨道的两个电子被挤到同一轨道上自旋相反,这两种状态间的能量差为电子成对能,亦称成对能,常用 P 表示。电子处于自旋平行还是自旋相反,取决于分裂能 Δ 和成对能 P 的大小,如果 $\Delta > P$,电子必须成对才能使整个体系最稳定;若 $\Delta < P$,则按洪特规则,电子自旋平行分占不同轨道才最稳定。

配位场稳定化能　根据八面体配位化合物分子轨道能级高低填入电子时,6 个配位体的 6 对孤对电子填入 6 个成键轨道。中心离子 d 轨道上的电子填入 t_{2g} 和 e_g^* 两轨道时,需要考虑成对能(P)和分裂能(Δ_0)的相对大小。当 $P > \Delta_0$ 时,属弱场配位体,电子倾向于多占轨道,形成高自旋型(HS)配位化合物;当 $P < \Delta_0$ 时,属强场配位体,$(n-1)$d 轨道上的电子被强行配对,形成低自旋型(LS)配位化合物。若选取 t_{2g} 和 e_g^* 能级的权重平均值作为能级的零点,则有

$$2E(e_g^*) + 3E(t_{2g}) = 0 \tag{2-4}$$

这个能级零点也就作为中心离子 M 处在球形对称配位场中未分裂的 d 轨道能级。根据分裂能定义

$$E(e_g^*) - E(t_{2g}) = \Delta_0 \tag{2-5}$$

联立式(2-4)和式(2-5)可得 e_g^* 的能级为 $0.6\Delta_0$,t_{2g} 的能级为 $-0.4\Delta_0$。配位化合物中 d 电子填入这些轨道后,若不考虑成对能,能级降低的总值称为配位场稳定化能(LFSE)。LFSE 是以八面体的分裂能 Δ_0 为基准进行比较所得的相对值,其计算式为

$$LFSE = -0.4\Delta_0 n_t + 0.6\Delta_0 n_r \tag{2-6}$$

其中 n_t 为 t_{2g} 轨道的电子数,n_r 为 e_g(或 e_g^*)轨道的电子数。表 2-28 列出了强场和弱场不同电子组态 LFSE 的相对值。LFSE 的大小不同,配位化合物的性质也不同。由于弱场条件下不成对电子数不变,无成对能影响;而强场条件下只有 d^4、d^5、d^6、d^7 有成对能影响。

表 2-28　不同电子组态 LFSE 的相对数值

d 电子数目	HS(弱场)			LS(强场)		
	t_{2g}	e_g^*	LFSE	t_{2g}	e_g^*	LFSE
0	— — —	— —	0	— — —	— —	0
1	↑ — —	— —	0.4	↑ — —	— —	0.4
2	↑ ↑ —	— —	0.8	↑ ↑ —	— —	0.8
3	↑ ↑ ↑	— —	1.2	↑ ↑ ↑	— —	1.2
4	↑ ↑ ↑	↑ —	0.6	↑↓ ↑ ↑	— —	1.6
5	↑ ↑ ↑	↑ ↑	0	↑↓ ↑↓ ↑	— —	2.0
6	↑↓ ↑ ↑	↑ ↑	0.4	↑↓ ↑↓ ↑↓	— —	2.4
7	↑↓ ↑↓ ↑	↑ ↑	0.8	↑↓ ↑↓ ↑↓	↑ —	1.8
8	↑↓ ↑↓ ↑↓	↑ ↑	1.2	↑↓ ↑↓ ↑↓	↑ ↑	1.2
9	↑↓ ↑↓ ↑↓	↑↓ ↑	0.6	↑↓ ↑↓ ↑↓	↑↓ ↑	0.6
10	↑↓ ↑↓ ↑↓	↑↓ ↑↓	0	↑↓ ↑↓ ↑↓	↑↓ ↑↓	0

内轨型和外轨型配位化合物　中心离子利用哪些空轨道进行杂化,取决于中心离子的电子层结构和配位原子的电负性大小。对于过渡金属离子而言,金属内层的$(n-1)$d轨道尚未填满,而外层的ns、np、nd是空轨道,有两种杂化方式:一种是配位原子的电负性很大,如卤素、氧等,不易给出孤电子对,仅利用外层空轨道ns、np、nd进行杂化,生成能量相同、数目相等的杂化轨道与配位体结合,填入杂化轨道的配位体孤电子对不影响中心离子内层结构,这类配位化合物叫作外轨型配位化合物;另一种是配位原子的电负性较小,如碳(—CN⁻以C配位)、氮(—NO₂⁻以N配位),较易给出孤电子对,使中心原子电子层结构发生变化,$(n-1)$d轨道上的成单电子被强行配对,腾出内层能量较低的d轨道与n层s、p轨道杂化,形成能量相同、数目相等的杂化轨道来接受配位体授予的孤电子对,形成内轨型配位化合物,如$[Fe(CN)_6]^{3-}$。但是$[Zn(CN)_4]^{2-}$属外轨型配位化合物,因为Zn^{2+}为$3d^{10}$结构,轨道已充满,只能用外层空轨道形成sp^3杂化轨道来成键。外轨型配位化合物中心离子成键d轨道单电子数目未变,故磁性也未变;内轨型配位化合物中心离子成键d轨道单电子数目减少,比自由离子的磁矩相应降低。通常可通过测磁矩的变化来判断外轨型或内轨型配位化合物。

离域分子轨道　用分子轨道理论(MO)处理多原子分子时,最一般的方法是用非杂化的原子轨道进行线性组合,构成多原子分子的轨道是离域化的,这些分子轨道中的电子并不定域在多原子分子中的两个原子之间,而是在几个原子间离域运动。离域分子轨道对分子的激发态、电离能以及分子的光谱性质等理论分析得到的结果与实验数据相符。

配位化合物的组成　配位化合物分子的组成包括中心离子、配位体、配位键、内界和外界组成,如图2-26所示。内界由中心原子(或离子)与配位体通过配位键结合形成配位化合物离子或中性配位化合物分子;外界不参与配位,通常是为了正负电荷平衡而成中性分子。配位化合物常简称为配合物。

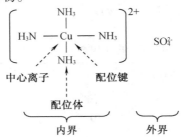

图2-26　配位化合物的组成

稳定常数　配位化合物ML_n的生成反应存在平衡关系,并且逐级生成,其稳定性可用逐级稳定常数(stepwise stability constant)k_i或累积稳定常数(cumulative stability constant)β_i来表示,有

$$M + L \stackrel{k_1}{\Longrightarrow} ML, \quad k_1 = \frac{(ML)}{(M)(L)}$$

$$ML + L \stackrel{k_2}{\Longrightarrow} ML_2, \quad k_2 = \frac{(ML_2)}{(ML)(L)}$$

$$\cdots\cdots$$

$$ML_{i-1} + L \stackrel{k_i}{\Longrightarrow} ML_i, \quad k_i = \frac{(ML_i)}{(ML_{i-1})(L)}$$

······

$$ML_{n-1} + L \xrightleftharpoons{k_n} ML_n, \quad k_n = \frac{(ML_n)}{(ML_{n-1})(L)} \tag{2-7}$$

式中 n 为最大配位数；k_i 等为逐级稳定常数，其数值越大，配位化合物越稳定。累积稳定常数表示如下：

$$M + L \xrightleftharpoons{\beta_1} ML, \quad \beta_1 = \frac{(ML)}{(M)(L)}$$

$$M + 2L \xrightleftharpoons{\beta_2} ML_2, \quad \beta_2 = \frac{(ML_2)}{(M)(L)^2}$$

······

$$M + iL \xrightleftharpoons{\beta_i} ML_i, \quad \beta_i = \frac{(ML_i)}{(M)(L)^i}$$

······

$$M + nL \xrightleftharpoons{\beta_n} ML_n, \quad \beta_n = \frac{(ML_n)}{(M)(L)^n} \tag{2-8}$$

在溶剂萃取机理研究中，用 β_i 更方便。β_i 与 k_i 的关系为

$$\beta_i = k_1 \cdot k_2 \cdots \cdots k_i = \prod_{i=1}^{n} k_i \tag{2-9}$$

除了用稳定常数表示配位化合物的稳定性外，早期还用不稳定常数表示离解程度，例如：

$$ML_n \xrightleftharpoons{k_{不稳}} M + nL, \quad k_{不稳} = \frac{(M)(L)^n}{(ML_n)} = \frac{1}{\beta_n} \tag{2-10}$$

2.4.2　d 区和 f 区元素配位化合物的比较

1. 中心原子电子轨道的差别

原子轨道按能量高低排列成不同的能级组，在同一能级组内又分为不同的分层。d 分层的 5 个 d 轨道是 5 重简并的，f 分层的 7 个 f 轨道是 7 重简并的。所谓简并轨道也称为等价轨道，亦即能量相等但轨道的空间取向不同。图 2-27 给出了 5 个 d 电子轨道的空间分布，而 f 电子的轨道十分复杂，以量子化描述的 5f 轨道轴向角分布示于图 2-28 中。图 2-21 中对 d 区过渡元素形成配位化合物的描述是比较清楚的；对于 f 区元素，镧系因 4f 电子基本上是内层电子，它的价电子作用不明显，而锕系元素由于 5f 轨道延伸，5f 电子参与成键，价电子作用突出，尤其是前半部分锕系元素基本上是多价态的，加之 5f 轨道空间取向的多样性，对其形成配位化合物的复杂性的认识尚有限。

2. 路易斯（Lewis）酸碱度不同

d 区过渡金属离子一般属于软酸，与软碱性配位体易生成稳定的配位化合物；镧系和锕系金属的阳离子属于硬酸，与硬碱性配位体易生成稳定的配位化合物，它们与下列配位体形成配位化合物的稳定性顺序为

$$O > N > S; \quad F > Cl > Br > I$$

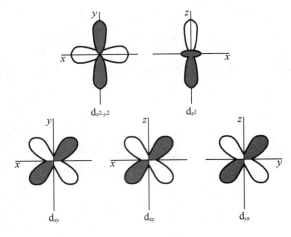

图 2 - 27 5 个 d 电子轨道的空间分布

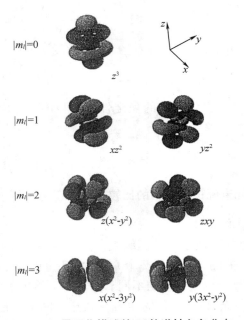

图 2 - 28 量子化描述的 5f 轨道轴向角分布

3. 镧系和锕系元素的阳离子都是硬离子,随着价数增加形成配位化合物的能力增大。

4. f 区元素配位化合物中的配位体比较活泼,溶液中配位体的交换反应快,因此配位化合物的同分异构现象较少。

5. f 区元素的离子可配位的电子轨道多,而且离子也大,一般而言,配位数较多。

2.4.3 锕系元素生成配位化合物的若干规律

随着元素原子序数和主量子数 n 的增加,价电子层和化学键的类型都会变得复杂,按周期系元素性质变化的一般规律,对于相应周期系的元素,存在其前一系列主要性质的再现和未有新性质呈现。与镧系元素相比,锕系元素的 5f 电子在核电场中受到较深的 4f 和 5d 壳层屏蔽,造成 5f 电子的有效核电荷减少,轨道的空间延长度较大,供生成配位化合物的轨道数目多,存在 σ^- 和 π^- 供体键,乃至 π^- 授体键,在配位化合物中的氧化态和配位形式等方面更具多样性。本节就锕系元素形成配位化合物的规律性作简要的归纳。

1.5f 电子参与成键

锕系元素的价电子轨道有 7s、6d、5f,可供形成配位化合物的轨道数目特别多。锕系元素与镧系元素的突出差别就是 5f 电子参与成键,出现多种多样的配位化合物,例如:四价的 Cs_2PuCl_6,五价的 $[N(CH_3)_4]_3PaCl_8$,六价的 $UO_2Cl_3^-$ 和 $UO_2Cl_4^{2-}$,七价的 K_3NpO_5 和 Rb_3PuO_5 等。镧系元素 4f 电子的有效核电荷较强,成键趋势较弱。

2. 离子价态的影响

不同价态锕系元素配位化合物在水溶液中的稳定性按以下顺序递降:

$$M(\text{IV}) > M(\text{III}) > M(\text{VI}) > M(\text{V})$$

其中 $M(\text{VI})$ 和 $M(\text{V})$ 以 MO_2^{2+} 和 MO_2^+ 低价离子参加反应,亦即:

$$M^{4+} > M^{3+} > MO_2^{2+} > MO_2^+$$

但是也有例外,如草酸根和乙酸根生成的锕系元素配位化合物的稳定顺序是:

$$M^{4+} > MO_2^{2+} > M^{3+} > MO_2^+$$

三价到六价锕系元素离子的代表 Am^{3+}、Th^{4+}、Pu^{4+}、NpO_2^+ 和 UO_2^{2+} 与不同配位体形成的配位化合物的稳定常数示于图 2 – 29 中。锕系元素中部分离子的电子结构与惰性气体(Rn)相似,它们的配位化合是静电性的,其稳定性取决于离子势 Z/r。

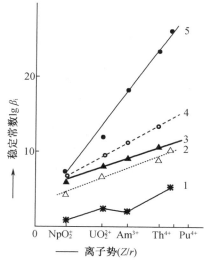

1—乙酸;2—乙酰丙酮;3—N—羟乙基亚氨二乙酸;4—氮川三乙酸;5—乙二胺四乙酸。

图 2 – 29　三价到六价锕系元素与不同配位体的配位化合物的稳定常数

3. 稳定常数与原子序数的关系

同一配位体时,锕系元素配位化合物稳定常数与原子序数 Z 存在一定的关系。图 2 – 30 至图 2 – 33 示出了不同价态锕系元素离子 M^{3+}、M^{4+}、MO_2^+ 和 MO_2^{2+} 等与几种不同配位体形成配位化合物稳定常数与 Z 的关系。无机酸根阴离子(Cl^-、NO_3^-、SO_4^{2-})的锕系元素配位化合物稳定常数几乎不受原子序数的影响,羧酸、醇和氨羧络合剂的锕系元素配位化合物稳定常数随 Z 的增大而有规律地增加。图 2 – 30 至图 2 – 33 显示对数线性关系,可用方程式表示:

$$\lg \beta_i = a\lg Z + b \tag{2-11}$$

式中，a 为直线斜率；b 为纵坐标上的截距。

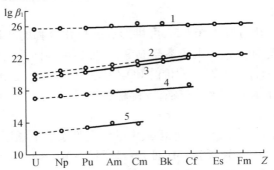

1—二乙撑三胺五乙酸；2—N,N′–二乙撑二胺四乙酸；3—乙二胺四乙酸；4—氧撑乙二胺四乙酸；5—氮川三乙酸。

图 2–30　三价锕系元素配位化合物稳定常数与 Z 的关系

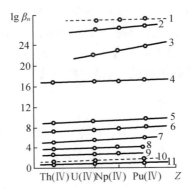

1—乙二胺四乙酸（Y^{4+}）；2—$(C_2O_4^{2-})_4$；3—$(C_2O_4^{2-})_3$；4—$(C_2O_4^{2-})_2$；5—Ac^-（乙酸）；6—$C_2O_4^{2-}$；

7—$(Ac^-)_2$；8—$(SO_4^{2-})_2$；9—SO_4^{2-}；10—NO_3^-；11—$(NO_3^-)_2$。

图 2–31　四价锕系元素配位化合物稳定常数与 Z 的关系

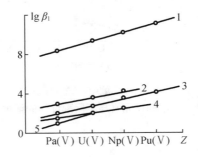

1—乙二胺四乙酸；2—柠檬酸（H_2Cit^-）；3—$HC_2O_4^-$；4—乳酸（$Lact^-$）；5—酒石酸（$HTart^-$）。

图 2–32　五价锕系元素（MO_2^+）配位化合物稳定常数与 Z 的关系

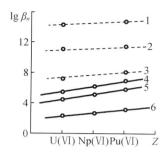

$1—(CO_3^{2-})_2$; $2—(C_2O_4^{2-})_2$; $3—PO_4^{3-}$; $4—(Ac^-)_3$; $5—(Ac^-)_2$; $6—Ac^-$ 。

图 2 - 33　六价锕系元素(MO_2^{2+})配位化合物稳定常数与 Z 的关系

比较组成类似的 UO_2^{2+} 和 PuO_2^{2+} 的配位化合物稳定常数,其相关性如图 2 - 34 所示,两者稳定常数的对数值之间存在线性关系,而且 PuO_2^{2+} 的配位化合物比 UO_2^{2+} 的更稳定。另外,UO_2^{2+} 和 NpO_2^{2+} 的配位化合物稳定常数之间也存在类似的关系,经验方程式为

$$\lg \beta_n^{Np(Ⅵ)} = 0.09 + 1.17\lg \beta_n^{U(Ⅵ)} \qquad (2-12)$$

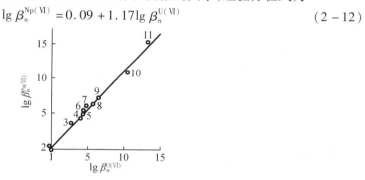

氯化配位化合物:$1—\lg \beta_1(\mu=1)$,$2—\lg \beta_1(\mu=2)$;

乙酸配位化合物:$3—\lg \beta_1$,$7—\lg \beta_2$,$9—\lg \beta_3$;

氟化配位化合物:$4—\lg \beta_1(\mu=2)$;$5—\lg \beta_1(\mu=1)$;

羟基配位化合物:$6—\lg \beta_1$;

草酸配位化合物:$8—\lg \beta_1$,$10—\lg \beta_2$;

EDTA 配位化合物:$11—\lg \beta_1$ 。

图 2 - 34　$\lg \beta_n^{Pu(Ⅵ)}$ 和 $\lg \beta_n^{U(Ⅵ)}$ 的关系

中心离子电荷数较高(如 M^{4+})和多个(≥3)配位体所形成的配位化合物稳定性相对偏高,可以解释为中心离子和配位体之间不但形成 σ^- 键,而且出现了 π^- 键。

4. 三价锕系元素的螯合物

三价锕系元素与氨基多羧酸形成的螯合物,其稳定常数也随原子序数增大而增加。图 2 - 35 示出了三价锕系和镧系元素的氨基多羧酸螯合物稳定常数。从图中比较锕系和镧系元素螯合物的稳定常数,可看出在离子势相当的条件下,锕系元素三价离子的螯合物显得更稳定些,这也说明 5f 电子参与了配位成键。

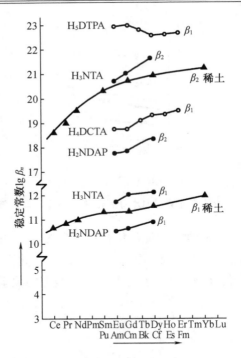

H₅DTPA:二乙撑三胺五乙酸;H₄DCTA:二氨环己烷四乙酸;H₃NTA:氮川三乙酸;H₂NDAP:氮川二乙基丙酸。

图 2 – 35　三价锕系和镧系元素与氨基多羧酸螯合物的稳定常数

5. 高于四价的离子与氧的结合

氧化价高于四价的锕系元素离子会与氧结合生成多种形态的配位化合物。最典型的是与两个氧原子生成牢固的键,自成一格的氧化物 – 锕系酰基离子 MO_2^+ 和 MO_2^{2+},它们实际上是 M(V,Ⅵ) 和 O^{2-} 离子的配位化合物。由于 MO_2^+ 和 MO_2^{2+} 的离子势降低,削弱了与酸根阴离子生成配位化合物的倾向。Np(Ⅶ) 在酸性溶液中呈 NpO_2^{3+} 离子态;在碱性溶液中,Np(Ⅶ) 和 Pu(Ⅶ) 可能以 MO_5^{3-} 形态存在,还认为碱性溶液中 Np(Ⅶ) 以 NpO_4^- 形式存在。

6. 锕系元素和不同配位体形成配位化合物的趋势

一价配位体:OH^- > 氨基酚类(如 8 – 羟基喹啉) > 1,3 – 二酮类 > α – 羟基羧酸类 > 乙酸 > 硫代羧酸类 > $H_2PO_4^-$ > SCN^- > NO_3^- > Cl^- > Br^- > I^-。

二价配位体:亚氨二羧酸类 > CO_3^{2-} > $C_2O_4^{2-}$ > HPO_4^{2-} > α – 羟基二羧酸类 > 二羧酸类 > SO_4^{2-}。

有机磷化物:膦氧化物 > 膦酸酯 > 磷酸酯。

四价锕系离子比三价锕系离子更容易生成螯合物,五元环螯合体系比六元环螯合体系更稳定。

7. 锕系元素离子的配位数

锕系元素离子半径大,价层轨道数目多,5f 轨道的空间取向复杂,因而配位数的范围比较大,除了主要配位数为 6 和 8 外,有较高的配位数(如 10,11,12),还有其他元素离子极少遇到的配位数 7 和 9。例如,五价镤卤化物的配位数有 6,7,8 和 9,分别是 β – $PaBr_5$、$PaCl_5$、Na_3PaF_8 和 K_2PaF_7。表 2 – 29 列出了锕系元素离子的配位数。表 1 – 45 中的配位数是根据溶剂萃取化学原理,配位数饱和数据得出的,在溶剂萃取过程,三价锕系离子的配位数为 6,

四、五和六价锕系离子的配位数为 8。

表 2 - 29　锕系元素离子的配位数

价态	配位数	实例
III	6	$M(CH_3COCH_2COCH_3)_3$，MCl_6^{3-}
	8	$PuBr_3$
	9	UCl_3，MF_3　　　（LaF_3 型，三角柱加三个面心）
	12	UD_3　　　　　（D:氘）　　　（二十面体）
IV	6	UCl_6^{2-}，$PuBr_6^{2-}$
	7	Na_3UF_7
	8	MO_2，$(NH_4)_4UF_8$，UCl_4，$Th(C_5H_{10}NS_2)_4$
	9	$(NH_4)_4ThF_8$，Li_4UF_8，$KTh_2(PO_4)_3$
	10	$U(CH_3COO)_4$，$Th(TTA)_4 \cdot 1,1'-$联吡啶
	11	$Th_2(OH)_2(NO_3)_6 \cdot (H_2O)_6$
	12	$MgTh(NO_3)_6 \cdot 8H_2O$　　　　（二十面体）
V	6	UF_6^-，$\alpha-UF_5$，$\beta-PaBr_5$
	7	$\beta-UF_5$，Rb_2UF_7，$PaOBr_3$，$PaCl_5$
	8	$RbPaF_6$，Na_3PaF_8
	9	K_2PaF_7
VI	6	UF_6，UCl_6，$\delta-UO_3$，Li_4UO_5，$Mg(UO_2)O_2$
	7	$UO_2Cl_2 \cdot 3H_2O$，$Cs_2(UO_2)_2(SO_4)_3$
	8	$Na[UO_2(CH_3COO)_3]$，$\alpha-UO_3$，UO_2CO_3
		$Na_4[UO_2(O_2)_3] \cdot 9H_2O$，$UO_2(NO_3)_2 \cdot 2(C_2H_5)_3PO$
VII	6	Li_3NpO_5，Li_3PuO_5

8. 锕系元素的阳 - 阳离子配位化合物

锕系元素配位化合物的大多数研究都是包括锕系阳离子与阴离子或中性配位体相互作用形成的。尽管如此，五价锕系酰基形态的阳离子会与酸性溶液中非络合态的多价金属阳离子形成配位化合物。1961 年，有人第一次观测到 NpO_2^+ 与 UO_2^{2+} 的配位化合物，以后陆续报道了 UO_2^+、PuO_2^+ 和 AmO_2^+ 等也与不同阳离子形成阳 - 阳离子配位化合物。但这不是所有锕系酰基离子的固有特性，仅有五价锕系酰基离子能与其他阳离子形成阳 - 阳离子配位化合物，而六价锕系酰基离子只能与五价锕系酰基离子形成阳 - 阳离子配位化合物。

对于阳 - 阳离子配位化合物形成的实质讨论有以下几种观点：一种认为是由于在溶剂中形成电子空穴对而伴随的不完全的氧化还原反应的产物，按这种观点，应该有溶剂化电子形成，因而观测不到 Np(V) - U(VI)的电子顺磁共振(EPR)谱，但是实际上仍然能观测到；另一种观点认为以桥式配位体连接的低聚 AnO_2^+ 氢氧化物为多核络合物，然而 AnO_2^+ 的阳 - 阳离子配位化合物在 2 mol $\cdot$ L^{-1} $HClO_4$ 溶液中仍然很稳定；更普遍的观点认为 AnO_2^+ 阳离子间形成化学键，AnO_2^+ 的电荷为 +1，其中锕系原子的有效电荷为 +2.2，每个酰基氧原子(each of the - yl oxygen atoms)的负电荷为 -0.6，可与其他阳离子形成偏弱的静电键。关于 NpO_2^+，相对论自旋轨道结构相互作用的计算结果，镎（Ⅴ）的每个氧原子负电荷为 -0.48，而对于镎（Ⅵ）的每个氧原子负电荷为 -0.17，所以后者（NpO_2^{2+}）只能与 AnO_2^+ 形成阳 – 阳离子配位化合物。从上述可认为五价锕系酰基离子可通过酰基上氧原子的负电荷与其他阳离子以静电键形成阳 – 阳离子配位化合物。

吸附在阳离子交换树脂上的 $NpO_2^+ – Cr^{3+}$ 和 $NpO_2^+ – Rh^{3+}$ 的 Mössbauer 谱解析得到 NpO_2^+ 与轴对称相符。用广角 X – 射线散射法测量溶液中的 $NpO_2^+ – NpO_2^+$ 或 $NpO_2^+ – UO_2^{2+}$ 阳 – 阳离子配位化合物，其结构示于图 2 – 36 中。反应式可写成

$$AnO_2^+ + M^{2+} \Longleftrightarrow AnO_2 M^{(2+1)+}$$

结构式为 $O = An = O^+ — M^{2+}$。

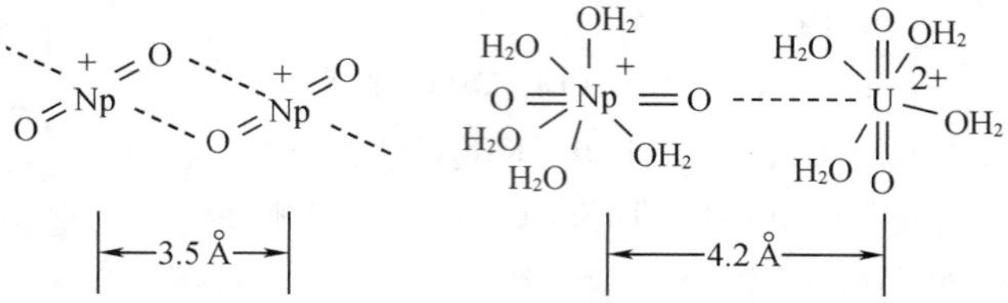

图 2 – 36　$NpO_2^+ – NpO_2^+$ 和 $NpO_2^+ – UO_2^{2+}$ 的结构

AnO_2^+ 与 UO_2^{2+} 的配位化合物的稳定性顺序为

$$UO_2^+ > NpO_2^+ > AmO_2^+ > PuO_2^+$$

其中最稳定的是 $UO_2^+ – UO_2^{2+}$，稳定常数 $\beta = 16$。$NpO_2^+ – UO_2^{2+}$ 与 $NpO_2^+ – NpO_2^{2+}$ 的稳定性相似。一些 NpO_2^+ – 阳离子配位化合物的热力学参数列于表 2 – 30 中。

表 2 – 30　水相 NpO_2^+ – 阳离子配位化合物的热力学参数　　　　25 ℃

阳离子	$\Delta G/(kJ \cdot mol^{-1})$	$\Delta H/(kJ \cdot mol^{-1})$	$\Delta S/(J \cdot K^{-1} \cdot mol^{-1})$	离子强度
Cr^{3+}	-2.96	-14	-38	8.0
Rh^{3+}	-2.37	-15	-42	8.0
NpO_2^{2+}	-2.01	0	$+9$	7.0
UO_2^{2+}	-2.72	-12	-34	6.0
NpO_2^+	-0.90	0	$+3$	6.0

9. 锕系元素的硬酸离子性质

锕系元素阳离子是硬酸离子，不易极化变形，其形成配位化合物的能力随离子价数增加而增强，随离子半径的增大而减弱。根据软硬酸碱理论，锕系元素离子与硬碱性配位体（如氟、氧）容易生成配位化合物，尤其是形成氧键的特征，与氧的配位化合物特别多，在水溶液中若配位数未饱和，总是有水配位的水合物。

2.4.4　锕系元素的典型配位化合物

1. 锕系元素与无机配位体的化合物

（1）锕系元素的硝酸根配合物

三价锕系元素的硝酸根配合物受硝酸浓度影响，在 $1 \sim 5$ mol $\cdot$ L^{-1} HNO₃ 溶液中，用

TBP 萃取 Pu(Ⅲ)时,萃取率随 NO_3^- 浓度的增加而增加;用胺(铵)盐从含硝酸根的溶液中萃取 Am^{3+} 时,叔胺的萃合物为 $(R_3NH)_2Am(NO_3)_5$,而季铵盐的萃合物为 $(R_3NCH_3)Am(NO_3)_4$,即存在 $Am(NO_3)_5^{2-}$ 和 $Am(NO_3)_4^-$ 等配合阴离子。表 2 - 31 列出了 Pu^{3+}、Am^{3+} 和 Cm^{3+} 硝酸根配合物在水溶液中的稳定常数,离子强度 μ 的单位均为 $mol \cdot L^{-1}$。

表 2 - 31　An^{3+} 硝酸根配合物在水溶液中的稳定常数

An^{3+}	$\mu/(mol \cdot L^{-1})$	β_1	β_2	β_3
Pu^{3+}	1.0	5.80	14.30	14.40
	8.0	15.10	1.17	0.19
Am^{3+}	1.0(pH = 3)	1.60	0.40	
	8.0	0.47	0.17	0.04
Cm^{3+}	1.0	3.70		

四价锕系元素的硝酸根配合物比较稳定,尤其是 Pu^{4+} 的硝酸根配合物相对更稳定。在 $1 \sim 4\ mol \cdot L^{-1}\ HNO_3$ 溶液中,占优势的配合物是 $Pu(NO_3)_4$,是 TBP 可萃取的状态,也存在相应份额的配合阳离子和阴离子保持平衡,当硝酸浓度更高时,则配合阴离子将占优势,已确定在相当浓的 HNO_3 溶液中,生成 $H_2Np(NO_3)_6$ 和 $H_2Pu(NO_3)_6$。表 2 - 32 列出了 Th^{4+}、U^{4+}、Np^{4+} 和 Pu^{4+} 硝酸根配合物的稳定常数。所列数据存在一定差异尚不便解释,有待进一步研究,但总体上仍然有参考价值。

表 2 - 32　An^{4+} 硝酸根配合物在水溶液中的稳定常数

An^{4+}	$\mu/(mol \cdot L^{-1})$	β_1	β_2	β_3	β_4
Th^{4+}	2.0	6.03	12.90	10.00	5.50
	6.0	2.83	1.41		
U^{4+}	2.0	1.60	1.48	0.96	0.35
	3.0	1.90	2.00	1.48	0.71
	3.5	2.30	2.95	2.63	1.51
	4.0	1.50	5.00	0.40	
	8.0	0.84	3.76	0.37	0.50
Np^{4+}	1.0	2.20			
	2.0	2.00			
	4.0	0.70	0.18		
	8.0	0.03	0.68	0.15	0.13
Pu^{4+}	1.0	5.20	9.30	4.50	
	1.9	6.90	20.80	36.00	37.00
	4.0	5.50	23.50	15.00	
	6.0	10.00	23.00	0.970	
	8.0	4.88	2.66		0.19

五价锕系元素的硝酸配合物中心原子主要是镤和镎,因为镤和镎都是五价最稳定。镤在 $1 \sim 2$ mol·L^{-1} HNO_3 溶液中,占优势的配合离子是 $[Pa(OH)_3NO_3]^+$ 和 $[Pa(OH)_2NO_3]^{2+}$,在 $6 \sim 12$ mol·L^{-1} HNO_3 中则生成配合阴离子,当 $\mu = 5.0$ mol·L^{-1} 时,镤的硝酸羟基配合物为 $Pa(OH)_2(NO_3)_i^{3-i}$,稳定常数 $\beta_1 = 1.7 \times 10$,$\beta_2 = 1.3 \times 10^2$,$\beta_3 = 5.4 \times 10^2$,$\beta_4 = 1.38 \times 10^3$,其中当 $(NO_3^-) > 1$ mol·L^{-1} 时,占优势的形态为 $Pa(OH)_2(NO_3)_4^-$。研究表明,$Pa(V)$ 在硝酸溶液中生成单核配合物,其中 $(M)/(NO_3^-)$ 依次由 1 变化到 7,似乎 $Pa(V)$ 的水解会部分或全部地被硝酸抑制,镤的这些性质与铌在硝酸溶液中的行为很相似。已经证明,在 H^+ 为 6 mol·L^{-1},NO_3^- 为 $1 \sim 3$ mol·L^{-1} 的条件下,主要生成 $Pa(NO_3)_5$;当 (NO_3^-) 进一步增到 6 mol·L^{-1} 时,则主要生成 $Pa(NO_3)_6^-$ 和 $Pa(NO_3)_7^{2-}$。已制备了固态配合物 $PaO(NO_3)_3 \cdot XH_2O(1 < X < 4)$、$RPa(NO_3)_6(R - H^+ 、Cs^+ 、(CH_3)_4N^+)$ 等,对硝酸氧镤配合物的红外光谱研究表明,存在 Pa—O 键,并且 NO_3^- 与 Pa 原子键显现共价特性。五价镎的硝酸配合物研究较少,已确定 NpO_2NO_3 的稳定常数 $\beta_1 = 0.5 \pm 0.06(\mu = 2.0$ mol·$L^{-1})$,在 $\mu = 8.0$ mol·L^{-1} 的 $HClO_4$ 介质中,$\beta_1 = 0.53$。还研究了 $NpO_2NO_3 \cdot H_2O$、$NpO(NO_3)_3 \cdot 3H_2O$ 和 $Cs_2NpO_2(NO_3)_3$ 的红外光谱等性质。

六价锕系元素的硝酸根配合物比较重要,其通式可写成 $MO_2(NO_3)_i^{2-i}$,($M - U、Np、Pu$,$i = 1 \sim 4$)。$i = 1$ 时为 $MO_2(NO_3)^+$,可被阳离子交换树脂吸附或被酸性萃取剂萃取;$i = 2$ 时,可被中性萃取剂(如 TBP)萃取;$i = 3$ 时,适合于季铵盐萃取,如 $(C_2H_5)_4N[MO_2(NO_3)_3]$;$i = 4$ 时,适合于叔胺等萃取,如 $(R_3NH)_2MO_2(NO_3)_4$。红外光谱研究表明,配合物中硝酸根具有共价键特性,NO_3^- 以二齿配位于与 U – O 轴垂直的平面上。$i = 1$ 和 2 的配合物稳定常数列于表 2 – 33 中。

表 2 – 33　MO_2^{2+} 硝酸根配合物在水溶液中的稳定常数

配合物	$\mu /($mol·$L^{-1})$	UO_2^{2+}	NpO_2^{2+}	PuO_2^{2+}
$MO_2(NO_3)^+(\beta_1)$	4.0		0.21	0.93
	8.0	2.94	0.57	0.27
$MO_2(NO_3)_2(\beta_2)$	8.0	0.03	1.57	0.28

(2)锕系元素的硫酸根配合物

三价锕系元素与硫酸根配合物的一般表达式为 $M(SO_4)_i^{3-2i}(i = 1 \sim 3)$,其稳定常数列于表 2 – 34 中。由表中数据看出,当 $i = 1$ 或 2 型配合物在同一离子强度下时,各元素配合物稳定常数几乎相同。而钚和镅的硫酸氢根配合物就没有这样的规律,$\mu = 1.0$ mol·L^{-1} 时的稳定常数分别为:$Pu(HSO_4)_2^-$ 的 $\beta_2 = 9.94$,$Am(HSO_4)_2^-$ 的 $\beta_2 = 3.46$。呈固态析出的配合物的配位体数目则更高,即 $i > 3$,例如 $K_5U(SO_4)_4$、$K_5Np(SO_4)_4$、$R_5Pu(SO_4)_4$、$(R - K^+$,$Tl^+)$ 以及 $R_8Am_2(SO_4)_7(R - K^+$,$Tl^+)$。

表 2 – 34 **An³⁺硫酸根配合物在水溶液中的稳定常数**

离子	$\mu/(\text{mol} \cdot \text{L}^{-1})$	$\lg \beta_1$	$\lg \beta_2$	$\lg \beta_3$
Ac³⁺	0.5	1.75	1.64	
	1.0	1.36	2.68	
Pu³⁺	1.0	1.26		
Am³⁺	0	2.26	4.36	4.71
	0.5	1.85	2.81	
	1.0	1.57	2.66	
	2.0	1.43	1.85	
Cm³⁺	0	2.12	4.30	
	0.5 ~ 0.6	1.85	2.63	4.85
	2.0	1.34	1.86	
Bk³⁺	0	2.29	4.41	4.96
Cf³⁺	0	2.27	4.42	4.91
	2.0	1.36	2.07	
Es³⁺	0	2.19	4.34	4.93

四价锕系元素的硫酸根配合物表达式可写成 $M(SO_4)_i^{4-2i}$。表 2 – 35 列出了几种锕系元素四价离子相应配合物的稳定常数,作为类似离子 Zr^{4+} 的稳定常数也列出以供比较。稳定常数的计算公式为

$$\beta_i = \frac{(M(SO_4)_i^{4-2i})}{(M^{4+})(SO_4^{2-})^i} \tag{2-13}$$

其中,浓度(SO_4^{2-})需用同一离子强度下 HSO_4^- 离子相应生成常数和二级离解常数,i 是逐步由 1 变到 4。对于 Pu(Ⅳ)而言,K_2SO_4 浓度为 0 ~ 0.1 $\text{mol} \cdot \text{L}^{-1}$时主要是 $Pu(SO_4)^{2+}$;K_2SO_4 浓度为 0.18 ~ 0.2 $\text{mol} \cdot \text{L}^{-1}$ 时是 $Pu(SO_4)_2$;K_2SO_4 浓度约为 0.65 $\text{mol} \cdot \text{L}^{-1}$ 时,则生成 $K_4Pu(SO_4)_4$ 配合物。已知存在易溶于水的 $M(SO_4)_2 \cdot XH_2O$(M–Th、U、Np、Pu)化合物,较为重要的是四水合物、八水合物和九水合物,其中四水合硫酸钚($Pu(SO_4)_2 \cdot 4H_2O$)在常温下组成很稳定,可用作计量标准物质。

表 2 – 35 **An⁴⁺硫酸根配合物在水溶液中的稳定常数**

离子	$\mu/(\text{mol} \cdot \text{L}^{-1})$	$\lg \beta_1$	$\lg \beta_2$	$\lg \beta_3$
Th⁴⁺	2.0	3.28	5.61	
Pa⁴⁺	2.0	2.49	5.89	
	4.0	3.57	5.92	
Np⁴⁺	2.0	3.51	5.63	
	4.0	3.40	5.66	
Pu⁴⁺	0.5	2.26	3.87	5.95
	2.0	3.82	6.58	
Zr⁴⁺	2.3	3.19	5.32	(8.83)

五价锕系元素的硫酸根配合物主要是 Pa(Ⅴ)，而且是水解形式的产物，比较复杂。用溶剂萃取或离子交换法测定了硫酸溶液中 Pa(Ⅴ) 配合物，假定其组成化学式为

$$[PaO_x(OH)_{2y}(SO_4)_{3-x-y} \cdot (H_2O)_z]^- \text{ 和 } [PaO_x(OH)_{2y}(SO_4)_{4-x-y} \cdot (H_2O)_z]^{3-}$$

两式中 $x = 0, 1$ 或 $2; y = 0, 1$ 或 $2; x + y \leqslant 3$ 或 4。在小于或等于 $6 \ mol \cdot L^{-1} \ H_2SO_4$ 中生成 $Pa(OH)_2(SO_4)^+$ 和 $Pa(OH)_2(SO_4)_2^-$ 或 $PaO(SO_4)^+$ 和 $PaO(SO_4)_2^-$，再浓的硫酸溶液中可能生成 $PaO(SO_4)_3^{3-}$ 或 $HPaO(SO_4)_3^{2-}$，还制得了组成为 $K_3PaO(SO_4)_3$ 的化合物。这些例子都表明 Pa(Ⅴ) 不是以 AnO_2^+（锕系酰基）的形式与 SO_4^{2-} 配合的，而是类似于铌、钽的水解产物形式与硫酸根生成配合物。五价的铀和镎能以锕酰形式与硫酸根生成配合物，如 $UO_2(SO_4)^-$ 和 $NpO_2(SO_4)^-$。从水溶液中析出的固体组成有 $KNpO_2SO_4 \cdot nH_2O$、$(NpO_2)_2SO_4 \cdot 5H_2O$、$Co(NH_3)_6NpO_2(SO_4)_2 \cdot 3H_2O$、$Co(NH_3)_6R_2NpO_2(SO_4)_3 \cdot nH_2O(R-Na^+、K^+、Cs^+)$ 等。

六价锕系元素与硫酸根的配合物研究较多的是铀、镎和钚的配合物。认为在 $1 \ mol \cdot L^{-1} \ H_2SO_4$ 溶液中已经有 PuO_2^{2+} 配合阴离子。表 2-36 中列出了 UO_2^{2+} 和 NpO_2^{2+} 与 SO_4^{2-} 配合物的稳定常数。

表 2-36　MO_2^{2+} 硫酸根配合物在水溶液中的稳定常数

离子	$\mu/(mol \cdot L^{-1})$	$\lg \beta_1$	$\lg \beta_2$	$\lg \beta_3$
UO_2^{2+}	0	3.14	4.21	
	1	1.70	2.54	3.40
	2	1.88	2.85	
NpO_2^{2+}	1	1.70	2.80	

七价锕系元素的硫酸根配合物，已知 NpO_2^{3+} 离子生成 $NpO_2(SO_4)^+$ 和 $NpO_2(SO_4)_2^-$，在 $t = 6 \ ℃, \mu = 1.0 \ mol \cdot L^{-1}$ 时的稳定常数分别为 1.6×10^2 和 1.1×10^4。

(3) 锕系元素的磷酸配合物

锕系元素的三价、四价、五价和六价离子都能与磷酸生成配合物，部分稳定常数列于表 2-37 中。五价镤仍以水解形态与磷酸生成配合物，具体反应式为

$$PaO(OH)^{2+} + H_3PO_4 \xrightarrow{K_1} HPaOPO_4^+ + H^+ + H_2O$$

$$PaO(OH)^{2+} + 2H_3PO_4 \xrightarrow{K_2} HPa(PO_4)_2 + 2H^+ + 2H_2O$$

反应平衡常数 $K_1 \approx 10^2, K_2 \approx 10^4$。

(4) 其他无机配位体与锕系元素生成的配合物

表 2-38 列出了过氧化氢、卤素、亚硝酸、硫氰酸、碳酸、铬酸和钼酸等与不同价态的锕系元素生成的配合物。从溶液中沉淀或者进行相应的固相反应，制得了化合物 $CmNbO_4$、$CmTaO_4$ 和 $(Cm_{0.5}Pa_{0.5})O_2$，从这几个化合物也可看出镁与铌钽的相似之处。

表 2 - 37　锕系元素磷酸配合物在水溶液中的稳定常数

价态	配合物组成	$\mu/(\text{mol}\cdot\text{L}^{-1})$	$\lg\beta_1$	$\lg\beta_2$	$\lg\beta_3$	$\lg\beta_4$
三价	$Pu(PO_4)$	0.50	19.18			
	$Cm(PO_4)_i^{3-3i}$	0	20.23	36.80		
	$Cm(PO_4)_i^{3-3i}$	1.00	17.50	34.10		
	$Ac(H_2PO_4)^{2+}$	0.50	1.59			
	$U(H_2PO_4)_i^{3-i}$	0	2.40	3.78	5.65	
	$Np(H_2PO_4)_i^{3-i}$	0	2.40	3.73	5.64	
	$Pu(H_2PO_4)_i^{3-i}$	1.00	1.48	2.20	2.90	3.50
	$Am(H_2PO_4)_i^{3-i}$	1.00	1.48	2.10	2.85	3.40
	$Cm(H_2PO_4)_i^{3-i}$	1.00	1.48	2.08	2.84	3.10
四价	$Th(H_2PO_4)_i^{4-i}$	2.00	3.85	7.26		
	$Th(HPO_4)_i^{4-2i}$	0.35	10.80	22.80	31.30	
	$U(HPO_4)_i^{4-2i}$	0.35	12.00	22.00	30.60	38.60
	$Np(HPO_4)_i^{4-2i}$	0.35	12.40	23.10	32.00	41.00
	$*Pu(HPO_4)_i^{4-2i}$	2.00	12.90	23.70	33.40	43.20
五价	$NpO_2H_2PO_4$	0.20	0.81			
	$NpO_2HPO_4^-$	0.20	2.85			
六价	$UO_2(HPO_4)_i^{2-2i}$	0.50	7.18	17.30		
	$UO_2(H_2PO_4)_i^{2-i}$	0	3.00	5.43	7.83	
	$UO_2(H_3PO_4)_i^{2+}$	0	<1.88	3.90	5.30	
	NpO_2HPO_4	0.50	7.18			
	$NpO_2H_2PO_4^+$	0.50	1.70			
	$NH_4PuO_2PO_4$	0	21.43			
	PuO_2HPO_4	0	8.19			
	$PuO_2(H_2PO_4)^+$	0	2.30			
	$PuO_2(H_2PO_4)_i^{2-i}$	0.50	1.66			

注：*对配位化合物 $Pu(HPO_4)_5^{6-}$，$\lg\beta_5 = 52.00$。

表 2 - 38　锕系元素不同价态离子与一些无机配位体生成的配合物

锕系元素的配位化合物

配位体	三价(M^{3+})	四价(M^{4+})	五价(MO_2^+)	六价(MO_2^{2+})
卤素 X	MF_3 ($M-Ac,U,Np,Pu,Am,Cm,Bk$) Cs_3AmCl_6 MBr_3 ($M-Ac,U,Np,Pu,Am,Cm,Bk,Cf$) $MOBr$ ($M-Ac,Pu,Bk$) MOI ($M-Ac,Pu,Bk$)	$7RF\cdot6PaF_4$ ($R-Na^+,K^+,Rb^+$) $\beta-K_2NpF_6$ R_2PaCl_6 ($R-Cs^+,Me_4N^+$) $MBr_4,MOBr_2$ ($M-Th,Pa,U,Np$) $Hg_2ThI_8\cdot12H_2O$	$NH_4PuO_2F_2$ $CsAmO_2F_2$ $PaOCl_6^{3-}$ UBr_6^- $(Me_4N)PaBr_6$ $(Ph_3MeAs)PaI_6$	$(NH_4)_3UO_2F_5$ $Cs_2AmO_2Cl_4$ $R_2UO_2Br_4$ ($R-Cs^+,Rb^+$) $BiUO_2I_5$
NO_2^-		$[Th(OCH_3)_2(NO_2)_i]^{2-i}(i=1\sim4)$		$(R_4N)_2UO_2(NO_2)_4$
SCN^- 或 NCS^-	$M(SCN)_4^-$ ($M-Am,Cm$)	$Cs_4M(NCS)_8\cdot iH_2O$ ($M-Th,U$)		$UO_2(NCS)_i^{2-i}$ ($i=2\sim5$)
CO_3^{2-}	$Am(OH)(CO_3)_3^{4-}$ $Na_3[Am(CO_3)_3\cdot3H_2O]$	$Na_4[M(CO_3)_4]\cdot iH_2O$ $Na_6[M(CO_3)_5]\cdot iH_2O$ ($M-Th,U,Np,Pu$) $K_8[Pu(CO_3)_6]$ $K_{12}[Pu(CO_3)_8]$	KMO_2CO_3 ($M-Np,Pu,Am$) $K_5[AmO_2(CO_3)_3]$	$MO_2(CO_3)_2^{2-}$ $(NH_4)_4[MO_2(CO_3)_3]$ ($M-U,Np,Pu$)
CrO_4^{2-}		$Th(CrO_4)_2\cdot iH_2O$ $PuOCrO_4\cdot iH_2O$		$R_2(UO_2)_2(CrO_4)_3\cdot$ ($R-K^+,Na^+,NH_4^+$)
MoO_4^{2-}		$Na_2Np(MoO_4)_3$ $Na_4Np(MoO_4)_4$ $Pu(MoO_4)_2\cdot iH_2O$		$Na_2(UO_2)(MoO_4)_2\cdot6H_2O$ $UO_2[Mo_2O_7(H_2O)_2]$

2. 锕系元素与有机配位体的配合物

能与锕系元素生成配合物的有机配位体种类繁多,本节将按氧原子配位、氮原子配位、氧和氮原子联合配位,以及生色团配位体等类型,分别介绍锕系元素与有机配位体的配合物。

(1)有机配位体的氧原子与锕系元素离子配位

有机配位体中氧原子直接与锕系元素离子配位生成的配合物特别多,这类配位体包括醇、醚、酮、酯、酸和大环化合物(如冠醚)等。乙醚是最早用于萃取铀的萃取剂,三丁基磷酸酯(TBP)是锕系元素优良的萃取剂,都是通过氧原子与锕系离子直接配位的。

①醇与锕系元素形成两种形式的配合物:一种是溶剂化合物,醇基的氧原子参加配位,氢原子仍然留在醇基上;另一种是 R—OH 上的 H^+ 被取代而生成醇盐。四氯化钍与异丙醇通过加成反应生成异丙醇溶剂化合物 $ThCl_4 \cdot 4ROH$,反应式为

$$ThCl_4 + 4C_3H_7OH \Longrightarrow ThCl_4 \cdot 4C_3H_7OH$$

用异丙醇盐与溶剂化合物反应制得醇盐:

$$4C_3H_7ONa + ThCl_4 \cdot 4C_3H_7OH \Longrightarrow Th(OC_3H_7)_4 + 4NaCl + 4C_3H_7OH$$

利用醇的交换反应可制得其他醇盐:

$$Th(OC_3H_7)_4 + 4ROH \longrightarrow Th(OR)_4 + 4C_3H_7OH$$

②β-双酮类是锕系元素常用的螯合剂。表 2-39 列出了几种 β-双酮螯合剂与锕系元素生成的配合物及其稳定常数。

表 2-39　锕系元素与 β-双酮类的配合物及其稳定常数

β-双酮	配合物	$\mu /(mol \cdot L^{-1})$	$\lg \beta_1$	$\lg \beta_2$	$\lg \beta_3$	$\lg \beta_4$
乙酰丙酮 (HA)	$Th(A)_i^{4-i}$	0.1	7.67	14.90	20.8	25.8
	$U(A)_i^{4-i}$	0.1	8.60	17.00	23.4	29.5
	$Np(A)_i^{4-i}$	1.0	8.58	17.20	23.9	30.2
	$Pu(A)_i^{4-i}$	0.1	10.50	19.70	28.1	34.1
	$PaO(OH)(A)_i^{2-i}$	1.0	8.83	16.40		
	$NpO_2(A)_i^{1-i}$	1.0	4.08	7.07		
噻吩甲酰丙酮(HTA)	$NpO_2(TA)_i^{1-i}$	0.1	4.23	7.41		
HTTA	$NpO_2(TTA)_i^{1-i}$	0.1	2.89	5.48		
	$PaO(OH)(TTA)_i^{2-i}$	1.0	8.29	15.40		

③脂肪族羧酸中的一元羧酸和二元羧酸都能与锕系元素生成配合物。其中一元羧酸以乙酸为代表,相关稳定常数列于表 2-40 和表 2-41 中;其他一元羧酸的配合物及其稳定常数列于表 2-42 中。二元脂肪羧酸以草酸为代表,与锕系元素的配合物及其稳定常数列于表 2-43 和表 2-44 中;其他二元脂肪羧酸与锕系元素的配合物及其稳定常数列于表 2-45 中。

表 2 – 40　M^{3+}、MO_2^+ 和 MO_2^{2+} 的乙酸配合物的稳定常数($\lg \beta_i$)

配位化合物	$\mu/(mol \cdot L^{-1})$	U	Np	Pu	Am	Cm
$M(CH_3COO)^{2+}$	0	2.68	2.77	2.85	2.97	3.31
$M(CH_3COO)_2^+$	0	5.03	5.04	5.06	5.07	4.72
$M(CH_3COO)_3$	0	6.60	6.58	6.57	6.54	6.30
$M(CH_3COO)_4^-$	1.0			5.98	5.70	4.78
$MO_2(CH_3COO)^+$	1.0	2.38	2.38	2.43		
$MO_2(CH_3COO)_2$	1.0	4.43	4.23	3.54		
$MO_2(CH_3COO)_3^-$	1.0	6.34	6.40	6.37		
$MO_2(CH_3COO)_4^{2-}$	1.0			7.44		
$MO_2(CH_3COO)$	0	1.59	1.33		1.40	
$MO_2(CH_3COO)_2^-$	0		1.80		2.51	

表 2 – 41　四价铀镎钚的乙酸配合物的稳定常数($\lg \beta_i$,$\mu = 0.5 \ mol \cdot L^{-1}$)

M 与配位体之比	U(IV)	Np(IV)	Pu(IV)
1:1	2.34	2.68	2.88
1:2	4.30	4.76	4.90
1:3	6.73	7.49	7.60
1:4	8.98	9.67	9.90
1:5	11.20	12.00	12.50
1:6	13.80	14.70	14.80
1:7	15.90	17.40	17.20
1:8	18.90	20.20	20.30

表 2 – 42　其他一元羧酸与锕系的配合物及其稳定常数

配位体	锕系离子	$\mu/(mol \cdot L^{-1})$	$\lg \beta_1$	$\lg \beta_2$	$\lg \beta_3$	$\lg \beta_4$
甲酸	Np^{4+}	0.1~0.3		2.70		
丙酸	UO_2^{2+}	1.0	2.53	4.69	6.49	10.26
β – 氯丙酸	PuO_2^{2+}	1.0	1.70	2.95	3.84	
异丁酸(31℃)	UO_2^{2+}	0.1	3.40	5.83		
丙酮酸	UO_2^{2+}	0.1	2.71	5.31		
α – 噻吩羧酸	NpO_2^+	1.0	0.50			
巯基乙醇羧酸	Am^{3+}	0.5	1.55	2.00		

表 2-43　三价和四价锕系元素离子的草酸配合物常数

配位化合物	$\mu/(mol \cdot L^{-1})$	$\lg \beta_1$	$\lg \beta_2$	$\lg \beta_3$	$\lg \beta_4$
$Ac(C_2O_4)_i^{3-2i}$	1.00	3.56	6.16		
$Pu(C_2O_4)_i^{3-2i}$			9.30	9.38	9.92
$Am(C_2O_4)_i^{3-2i}$	0	7.30	11.50	12.30	
	1.00	4.63	8.35	11.15	
$Am(HC_2O_4)_i^{3-i}$	1.00			9.64	11.00
$Cm(C_2O_4)_i^{3-2i}$	0.50	4.80	8.61		
$Th(C_2O_4)_i^{4-2i}$	1.00	8.23	16.80	22.80	
$Pa(C_2O_4)_i^{4-2i}$	0	10.70	20.30	26.50	29.20
$U(C_2O_4)_i^{4-2i}$	0	10.90	20.70	26.40	29.80
$Np(C_2O_4)_i^{4-2i}$	1.00	8.54	17.50	24.00	27.40
$Np(C_2O_4)_i^{4-2i}$	0.30	8.83	17.20	24.40	28.30
$Pu(C_2O_4)_i^{4-2i}$	0.75	8.42	16.00	22.90	
$Pu(C_2O_4)_i^{4-2i}$	1.00	8.56	16.90	23.40	27.50

表 2-44　五价和六价锕系元素离子的草酸配合物及其稳定常数

配位化合物	$\mu/(mol \cdot L^{-1})$	$\lg \beta_1$	$\lg \beta_2$	$\lg \beta_3$
$PaO(C_2O_4)_i^{3-2i}$	3.00	2.18	4.70	
	0.25	2.55	3.95	6.05
$NpO_2(C_2O_4)_i^{1-2i}$	0.50	3.29	7.06	
	1.00	3.74	6.31	
$PuO_2(C_2O_4)_i^{1-2i}$	0.10	3.88	6.70	
$AmO_2(C_2O_4)_i^{1-2i}$	0.25	2.73	4.63	
$UO_2(C_2O_4)_i^{2-2i}$	0.00	5.08	11.10	15.50
	1.00	4.63	8.69	12.00
$NpO_2(C_2O_4)_i^{2-2i}$	1.00	6.00		
$PuO_2(C_2O_4)_i^{2-2i}$	1.00	6.66	11.40	

表 2-45　锕系元素与其他二元羧酸的配合物及其稳定常数

二元羧酸(H_2A)	配位化合物	$\mu/(mol \cdot L^{-1})$	$\lg \beta_1$	$\lg \beta_2$
丙二酸	$UO_2(A)_i^{2-2i}$	0.5	5.43~5.66	3.88~4.00
甲基丙二酸	$UO_2(A)_i^{2-2i}$	0.5	5.56	3.97
乙基丙二酸	$UO_2(A)_i^{2-2i}$	0.5	6.36	4.68
马来酸	NpO_2A^-	1.0	2.20	

表 2 - 45(续)

二元羧酸(H_2A)	配位化合物	$\mu/(mol \cdot L^{-1})$	$\lg \beta_1$	$\lg \beta_2$
琥珀酸	$Th(A)_i^{4-2i}$	0.1	8.38	16.81
	NpO_2A^-	1.0	1.72	
	$U(A)_i^{4-2i}$	0.1	9.78	18.60
巯基琥珀酸	$UO_2(A)_i^{2-2i}$		13.40	19.40
戊二酸	$Th(A)_i^{4-2i}$	0.1	8.76	17.05
	$U(A)_i^{4-2i}$	0.1	8.81	16.01
	NpO_2A^-	0.1	1.43	
己二酸	$Th(A)_i^{4-2i}$	0.1	8.42	15.04
	$U(A)_i^{4-2i}$	0.1	9.28	15.15
	UO_2HA^+	0.5	2.38	
壬二酸	$Th(A)_i^{4-2i}$	0.1	9.60	18.09
	$U(A)_i^{4-2i}$	0.1	9.08	18.16

④芳香族羧酸也能与锕系元素生成稳定的配合物。表 2 - 46 列出了部分锕系元素与芳香族羧酸的配合物及其稳定常数。

表 2 - 46　锕系元素与芳香族羧酸的配合物及其稳定常数

芳香羧酸	配合物	$\mu/(mol \cdot L^{-1})$	$\lg \beta_1$	$\lg \beta_2$	$\lg \beta_3$
苯乙酸(HA)	UO_2A^+		2.59		
苯邻二甲酸(H_2A)	NpO_2A^-		2.22		
金精三酸(H_3A)	$UO_2(A)_i^{2-3i}$	0.1	7.40	10.35	13.08
	$Th(A)_i^{4-3i}$	0.1	8.26	11.33	14.13
O - 巯基苯酸(HA)	UO_2A_2		12.28		
肉桂酸(HA)	$*ThA_i^{4-i}$	0.1	4.20	8.00	11.40

注：$*\lg \beta_4 = 14.4$。

⑤脂肪族一元羟基羧酸和多元羟基羧酸与锕系元素生成的配合物的稳定常数列于表 2 - 47 和表 2 - 48 中。由稳定常数可观察到以下几个特点：

a. 锕系元素的脂肪族羟基羧酸配合物比脂肪族羧酸的配合物稳定，如 U^{3+} 与乙酸的配合物($\mu = 0$ mol $\cdot L^{-1}$)，$\lg \beta_1 = 2.68$，$\lg \beta_2 = 5.03$；与乙醇酸的配合物($\mu = 0$ mol $\cdot L^{-1}$)，$\lg \beta_1 = 3.55$，$\lg \beta_2 = 6.10$，这是醇基(非羧基中的羟基)中的氧原子参与螯合效应的贡献。

b. 用巯基取代羟基会导致配合物稳定性明显下降，尤其是对 Am^{3+} 这样的三价离子更突出，Am^{3+} 与乙醇酸的配合物($\mu = 0.5$ mol $\cdot L^{-1}$)，$\lg \beta_1 = 2.28$，$\lg \beta_2 = 4.86$；与巯基乙酸的配合物($\mu = 0.5$ mol $\cdot L^{-1}$)，$\lg \beta_1 = 1.55$，$\lg \beta_2 = 2.0$，这是因为锕系元素离子对硫的亲和力小，而且硫原子的体积相对大，空间效应也不利。

c. 羟基在羧酸分子中的位置对配合物稳定性也有影响，如表 2 - 47 中 UO_2^{2+} 的配合物，

α - 羟基丙酸(即乳酸)比 β - 羟基羧酸的稳定;α - 羟基异丁酸比 β - 羟基异丁酸的稳定,因为羟基在 α 位形成五元环比在 β 位形成六元环更稳定。

　　d. 二元羟基羧酸配合物的稳定性比一元羟基羧酸高得多,这表明二元羟基羧酸的两个羰基都与锕系元素离子作用。

表 2 - 47　锕系元素与脂肪族一元羟基羧酸的配合物及其稳定常数

酸(HA)	配合物	$\mu/(\mathrm{mol \cdot L^{-1}})$	$\lg \beta_1$	$\lg \beta_2$	$\lg \beta_3$
β - 羟基丙酸 α - 羟基丙酸(乳酸)	$UO_2(A)_i^{2-i}$	0.12	2.74	4.94	6.94
	$Pu(A)_i^{3-i}$	0.50	2.78	4.58	5.63
	$Am(A)_i^{3-i}$	0.50	2.77	4.64	
	$Cm(A)_i^{3-i}$	0.50	2.78	4.54	
	$NpO_2(A)_i^{1-i}$	0.20	1.56	2.20	
	$UO_2(A)_i^{2-i}$	0.12	3.36	5.56	7.56
乙醇酸	$U(A)_i^{3-i}$	0	3.55	6.10	
	$Np(A)_i^{3-i}$	0	3.60	6.15	
	$Pu(A)_i^{3-i}$	1.00	2.70	4.88	
	$Am(A)_i^{3-i}$	0.50	2.82	4.86	6.30
	$Cm(A)_i^{3-i}$	0.50	2.85	4.75	
	$NpO_2(A)_i^{1-i}$	0.20	1.60		
	$UO_2(A)_i^{2-i}$	1.00	2.42	3.96	5.26
	$PuO_2(A)_i^{2-i}$	1.00	2.16	3.45	4.27
β - 羟基异丁酸 α - 羟基异丁酸	$UO_2(A)_i^{2-i}$	0.12	2.70	4.10	
	$U(A)_i^{3-i}$	0	3.55	6.02	7.20
	$Np(A)_i^{3-i}$	0	3.60	6.10	7.30
	$Pu(A)_i^{3-i}$	0.50	2.60	4.57	5.52
	$Am(A)_i^{3-i}$	0.50	2.38	4.67	5.15
	$Cm(A)_i^{3-i}$	0.50	2.43	4.71	5.23
	$NpO_2(A)_i^{1-i}$	0.50	1.99	2.90	3.53
	$UO_2(A)_i^{2-i}$	0.12	3.29	4.99	

表2-48　三价锕系元素离子与多元羟基羧酸的配合物及其稳定常数

酸	配合物	$\mu/(\text{mol}\cdot\text{L}^{-1})$	$\lg\beta_1$	$\lg\beta_2$	$\lg\beta_3$
酒石酸(H_2A)	$Pu(A)_i^{3-2i}$	0	6.11	9.87	
	$Pu(A)_i^{3-2i}$	1.0	4.32	7.48	
	$Am(A)_i^{3-2i}$	0.1	3.90	6.78	
	$Am(A)_2^-$	1.0	10.70		
	$Cm(A)_2^-$	0		7.40	
	$Cm(A)_2^-$	0.1		6.84	
柠檬酸(H_3A)	$Ac(OH)(A)_i^{2-3i}$	0.1	4.18	7.00	
	$Ac(OH)_2A^{2-}$	0.1	4.30		
	$Pu(H_2A)_i^{3-i}$	0		8.11	11.80
	$Pu(H_2A)_i^{3-i}$	1.0		6.60	10.00
	$Pu(A)_i^{3-3i}$	0	11.60		
	$Am(A)A_i^{3-3i}$	0	9.81	16.70	
	$Am(A)A_i^{3-3i}$	1.0	7.11	14.00	
	$Cm(A)A_2^{3-}$	0		10.26	
	$CmOH(A)_i^{2-3i}$	0.1	5.30	9.32	
	$Cm(OH)_2A^{2-}$	0.1	5.38		
	CmA	0.1	11.26		
	BkA	0.1	11.48		
	CfA	0.1	11.61		
	EsA	0.1	11.71		

三价锕系元素离子 M^{3+} 与乳酸生成配合物 $MLact_3$ 的稳定常数 $\lg\beta_3$ 为 6.71(Am)、6.76(Cm)、6.09(Cf)、6.36(Fm)。研究表明，Cm^{3+}、Bk^{3+}、Cf^{3+} 和 Es^{3+} 与柠檬酸等羟基羧酸所生成配合物的稳定性顺序为：柠檬酸 > 苹果酸 > 酒石酸 > 2-甲基乳酸。五价锕系元素离子 Pa(V)与乳酸生成 1:1 的配合物的稳定常数 $\lg\beta_1=2.24(\mu=0.25\text{ mol}\cdot\text{L}^{-1})$；与 α-羟基异丁酸生成 1:2 和 1:3 的配合物的稳定常数为 $\lg\beta_2=3.48$，$\lg\beta_3=7.0$；与柠檬酸生成各级配合物的稳定常数为 $\lg\beta_1=3.65$，$\lg\beta_2=5.64$，$\lg\beta_3=8.80$；不同种二元羟基羧酸与 Pa(V)生成配合物的相对倾向性顺序为：三羟基戊二酸 > 酒石酸 > 苹果酸，亦即随分子中—OH基团的增多，配合物的稳定性增大。

⑥芳香族羟基羧酸与锕系元素离子生成配合物及其稳定常数列于表 2-49 中，芳香基团取代脂肪基团，使配合物稳定性增加。在水杨酸分子组成中引入磺基或硝基，则使锕系元素的配合物及其稳定性减弱。

表 2 - 49　芳香族羟基羧酸与锕系元素的配合物及其稳定常数

酸	配合物	$\mu/(mol \cdot L^{-1})$	$\lg \beta_1$	$\lg \beta_2$	$\lg \beta_3$
水杨酸(H_2SA) (HOC_6H_4COOH)	$Th(HSA)_i^{4-i}$	0.1	4.25	7.60	10.05
	UO_2SA	0.1	13.12		
	$UO_2(SA)_i^{2-2i}$	0.5	11.80	21.40	29.70
	$PuO_2(SA)_i^{2-2i}$		15.50	26.50	
5 - 磺基水杨酸(H_2A)	UO_2A	0.1	10.70		
	$UO_2(A)_i^{2-2i}$	0.1	11.10	19.20	
3 - 硝基水杨酸(H_2A)	UO_2A	0.1	8.57		
3,5 - 二硝基水杨酸(H_2A)	$UO_2(A)_i^{2-2i}$	(35 ℃)	7.00	12.50	
扁桃酸	$Th(A)_i^{4-i}$	0.2	2.94	5.06	5.91
	与 Pa(V)1:1	0.3	2.92		
肉桂酸(HA)	$Th(A)_i^{4-i}$	0.1	4.20	8.00	11.40

（2）氮原子直接与锕系元素配位

氮原子与锕系元素原子的配位能力比氧原子弱,生成的配合物不如氧原子与锕系元素的配合物稳定,有机配位体中仅由氮原子与锕系元素原子配位生成的配合物较少,这些配合物有氨和胺的化合物,如 $UCl_4 \cdot nNH_3$($n = 2,4,8$)、$UCl_4 \cdot 4(NH_2CH_2CH_2NH_2)$;还有吡啶(Py)、联吡啶(DiPy)、喹啉等配位体都存在氮原子直接与锕系元素原子直接配位,如 $UO_2(NO_3)_2 \cdot Py \cdot H_2O$、$PuO_2Cl_2(DiPy \cdot HCl)_2$ 等。

（3）氧和氮原子联合与锕系元素原子配位的化合物

氧和氮原子联合作为授体原子与锕系元素离子生成的配合物更稳定,如 α - 氨基酸、8 - 羟基喹啉等。其中 α - 氨基酸的氮原子会参与配位,在 8 - 羟基喹啉分子中叔氮和羟基在空间位置上有利于联合与中心原子配位。表 2 - 50 列出了几种此类配合物的稳定常数。

表 2 - 50　几种氧联合配位的锕系元素配合物及其稳定常数

配位体	配合物	$\mu/(mol \cdot L^{-1})$	$\lg \beta_1$	$\lg \beta_2$
甘氨酸(HA)	与 PuO_2^{2+}	0.1	3.04	
丝氨酸(HA)	与 UO_2^{2+}		6.68	12.50
α - 吡啶酸(HA)	与 NpO_2^+	0.1	3.59	6.54
8 - 羟基喹啉(HOx)	$NpO_2(Ox)_i^{1-i}$	0.1	6.32	11.50
	*$UO_2(Ox)_i^{2-i}$	0.3	11.25	20.28
8 - 羟基喹啉 - 5 - 磺酸(H_2OxS)	$NpO_2(OxS)_i^{1-2t}$	0.1	5.72	10.40
	$PuO_2(OxS)_i^{1-2i}$	0.1	5.71	

注: * $\lg \beta_3 = 23.76$。

（4）其他含氧氮原子配位体与锕系元素的配合物

含氧氮原子的配位体,如羟胺及其衍生物、吡唑啉的衍生物、肟的衍生物以及胺羧络合剂等都会与锕系元素生成稳定的配合物。

①尿素会与锕系元素离子 M^{4+} 和 MO_2^{2+} 生成配合物。钍在含尿素的硝酸或卤素离子体系中形成的配合物分子表达式可写成 $ThL_4 \cdot m(NH_2)_2CO \cdot nH_2O$，若 L 为 NO_3^-，当 $m=7$ 时，$n=2.5$；当 $m=10$ 时，$n=0$；当 $m=11$ 时，$n=2.5$；若 L 为 Cl^-、Br^- 和 I^-，当 $m=8$ 时，$n=0$。钍在含尿素的四卤配合物中与多至 8 个尿素分子、在四硝酸根配合中与多至 11 个尿素分子配位。当 $(NH_2)_2CO{:}Th \geq 4$ 时，硝酸根从钍的内配位界被挤到外界。这些配合物中的一部分由于尿素和水分子的配位作用，钍的配位数高至 11 或 12，尿素是通过氧原子的孤对电子与钍配位的。研究了 Pu^{4+} 与 $(NH_2)_2CO$ 的相互作用，生成混配型配合物 $Pu(NO_3)_i$ $[(NH_2)_2CO]_j^{4-i}$，其稳定常数 $\beta_{2,1}=3.0$，$\beta_{3,1}=80$，$\beta_{3,2}=470$，$\beta_{4,1}=150$，$\beta_{4,2}=2500$，可见在硝酸溶液中生成 $\{Pu(NO_3)_3[CO(NH_2)_2]\}^+$ 和 $\{Pu(NO_4)_4[CO(NH_2)_2]\}$ 配合物。另外，在 $\{UO_2(OH)_2[CO(NH_2)_2]\}$ 中尿素也是以中性配位体进入配合物中的。

②羟胺及其衍生物氧肟(异羟肟)酸与锕系元素的配合物及其稳定常数列于表 2-51 中。

表 2-51　羟胺及其衍生物与锕系元素的配合物及其稳定常数

配位体	配合物	$\mu/(\text{mol} \cdot \text{L}^{-1})$	$\lg \beta_1$	$\lg \beta_2$	$\lg \beta_3$	$\lg \beta_4$
苯酰苯基羟胺（HA）	ThA_i^{4-i}	1.0	8.86	14.40	28.00	36.40
	PuA_i^{4-i}		11.50	22.90	32.80	42.40
N-苯酰基-N-苯基羟胺（HA）	$UO_2(A)_i^{2-i}$	0.1	8.77	16.98		
N-糠醛-N-苯基羟胺（HA）	$UO_2(A)_i^{2-i}$		8.14	16.50		
N-肉桂酰苯基羟胺（HA）	$Th(A)_i^{4-i}$	0.1	12.80	24.70	35.70	45.70
苯氧肟酸（HA）	Th_i^{4-i}		9.60	19.81	28.76	
水杨基氧肟酸（H_2A）	$UO_2(A)_i^{2-i}$	0.5	6.70	12.16		

③胺羧络合剂与锕系元素的配合物及其稳定常数列于表 2-52 和表 2-53 中。

表 2-52　胺基二羧酸和三羧酸与锕系元素的配合物及其稳定常数

胺基羧酸	配合物	$\mu/(\text{mol} \cdot \text{L}^{-1})$	$\lg \beta_1$	$\lg \beta_2$
胺基亚氨撑二乙酸	$Am(A)_i^{3-2i}$	0.1	10.98	19.97
	$Cm(A)_i^{3-2i}$	0.1	10.98	19.97
2-羟乙基亚氨撑二乙酸	$Am(A)_i^{3-2i}$	0.1	9.20	17.60
	$NpO_2(A)_i^{2-2i}$	0.1	6.08	
	$UO_2(A)_i^{2-2i}$	0.1	8.32	
O-羟苯基亚氨撑二乙酸	$Am(A)_i^{3-2i}$	0.1	6.80	11.86
	$Cm(A)_i^{3-2i}$	0.1	6.80	11.94
	$Cf(A)_i^{3-2i}$	0.1	7.38	12.28

表 2－52（续）

胺基羧酸	配合物	$\mu/(\text{mol} \cdot \text{L}^{-1})$	$\lg \beta_1$	$\lg \beta_2$
三甲胺基三羧酸 （氮川三乙酸 NTA）	UA	0	12.40	
	NpA	0	12.70	
	PuA	1.0	10.60	
	AmA	1.0	10.87	
	$\text{Am}(\text{A})_i^{3-3i}$	0.1	11.68	20.47
	$\text{Cm}(\text{A})_i^{3-3i}$	0.1	11.93	20.94
	$\text{Cf}(\text{A})_i^{3-3i}$	0.1	11.92	21.21
	$\text{Th}(\text{A})_i^{4-3i}$	0.1	11.00	22.10
	$\text{NpO}_2(\text{A})_i^{1-3i}$	0.1	6.80	
	$\text{UO}_2(\text{A})_i^{2-3i}$	0.1	9.48	

表 2－53　胺基四羧酸和五羧酸与锕系元素的配合物及其稳定常数

乙二胺四乙酸（EDTA、H_4A）			乙二撑三胺五乙酸（DTPA、H_5Y）		
配合物	$\mu/(\text{mol} \cdot \text{L}^{-1})$	$\lg \beta_1$	配合物	$\mu/(\text{mol} \cdot \text{L}^{-1})$	$\lg \beta_1$
AcA^-	0.10	14.20	AmY^{2-}	0.10	23.02
NpA^-	0.10	17.80	AmY^{2-}	0.50	22.47
PuA^-	0.10	18.20	AmHY^-	0.10	14.30
PuA^-	1.00	17.40	CmY^{2-}	0.00	25.95
PuHA	1.00	9.20	CmY^{2-}	0.10	22.99
AmA^-	0.10	17.00	CmY^{2-}	0.10	22.83
AmA^-	1.00	18.00	CmY^{2-}	0.50	22.38
AmHA	1.00	9.70	CmY^{2-}	1.00	21.40
CmA^-	0.10	18.45	CmHY^-	0.10	14.35
CmHA	0.10	9.32	BkY^{2-}	0.10	22.79
ThA	0.10	23.20	CfY^{2-}	0.10	22.57
UA	0.10	25.80	EsY^{2-}	0.10	22.62
NpA	0.50	25.40	FmY^{2-}	0.10	22.70
PuA	0.10	25.60	ThY^-	0.50	26.64
$\text{Pa}(\text{V}):\text{A}^{4-}=1:1$	0.25	8.19	UY^-	0.50	28.76
$\text{Pa}(\text{V}):\text{A}^{4-}=1:2$	0.25	12.00	NpY^-	0.50	29.29
$\text{NpO}_2\text{A}^{3-}$	0.10	10.35	NpY^-	1.00	29.78
$\text{NpO}_2(\text{OH})\text{A}^{4-}$	0.10	11.50	NpHY		21.50
$\text{NpO}_2\text{HA}^{2-}$	0.10	5.30	NpH_2Y		12.30
$(\text{NpO}_2)_2\text{A}^{2-}$	0.10	15.30	PuY^-	0.50	29.49
$\text{PuO}_2\text{A}^{3-}$	0.05	10.20	PuY^-	1.00	29.38
$\text{PuO}_2\text{HA}^{2-}$	0.10	4.80	$\text{NpO}_2\text{Y}^{4-}$	0.05	10.83
$\text{AmO}_2\text{HA}^{2-}$	0.10	4.88	$\text{AmO}_2\text{HY}^{3-}$	0.10	6.53
UO_2A^{2-}	0.10	11.40	$\text{AmO}_2\text{H}_2\text{Y}^{2-}$	0.10	2.85
UO_2HA^-	0.10	7.40			
$(\text{UO}_2)_2\text{A}$	0.10	15.20			
$\text{PuO}_2\text{A}^{2-}$	0.10	16.39			

（5）锕系元素的有色配合物

锕系元素的有色配合物在分析化学中具有重要意义，为了生成稳定的有色配合物，配位体应有尽可能长的共轭键链，即具有保证试剂显色的 π - 电子系统。含重氮基团的芳香族化合物是最佳选择，例如：苯、萘和蒽的衍生物，三苯甲烷染料和酞类染料，杂环染料，重氮染料等。其中钍试剂系列、偶氮胂系列、氯膦偶氮系列，常用于分析锕系元素。

（6）锕系元素的混配型配合物

按软硬酸碱理论观察配位化合作用的机制，实质上是用待配位的 H^+ 或 OH^- 基团依次从包围金属中心原子的水合（或溶剂合）层中置换出水分子的过程。含配位体个数不同的各级配合物逐级形成，在此过程中配合物可能有多种形态，从溶液中析出固态配合物的组成与溶液中的配合物未必相同。当体系中存在一种以上的配位体时，配合物中可能含一种以上配位体的混合型配合物。根据配位体的性质不同，按其能力大小的顺序相互置换，可用所谓的定向合成法制备所要求的混配型配合物。以下两个例子是从溶液中析出的固态混配型配合物。

①六价铀的硫氰酸 - 乙酸多核配合物 $Cs_3[(UO_2)_3(CH_3COO)_7(NCS)_2]$。荧光和红外吸收光谱证明：乙酸根具有双齿的环状和桥状配位；硫氰基的吸收频率 $v_{(CN)} = 2\,050\ cm^{-1}$，表明通过氮原子与铀实现单齿配合。

②四价钚的碳酸 - 草酸混合配合物有 $K_2[Pu(CO_3)_2(C_2O_4)] \cdot 1.5H_2O$，$Na_4[Pu(CO_3)_2(C_2O_4)_2] \cdot 3H_2O$，$K_6[Pu(CO_3)_3(C_2O_4)_2] \cdot nH_2O$，$K_{10}[Pu(CO_3)_4(C_2O_4)_3] \cdot nH_2O$，$K_{12}[Pu(CO_3)(C_2O_4)_7] \cdot nH_2O$。

3. 锕系元素的大环配合物

锕系元素的大环配合物研究得较多的是冠醚、环芳烃以及卟啉/酞菁类，这类配合物的锕系中心原子主要是钍和铀，其次是镎。

在大环配合物 $UO_2(18 - 冠 - 6)(CF_3SO_3)_2$ 中，由 UO_2^{2+} 与 $18 - 冠 - 6$ 两者间配位，其中两个磺酸三氟甲基阴离子不直接参与配位，而是起平衡电荷的作用。$18 - 冠 - 6$ 的 6 个氧原子与铀配位成六角双棱锥结构，6 个 U—O 键长平均为 2.50 Å。图 2 - 37 所示为二环己基并 - 18 - 冠 - 6 与 UO_2^{2+} 的大环配合物，即 $UO_2($ 二环己基并 - 18 - 冠 - 6 $)(CF_3SO_3)_2$ 的晶体结构。铀与氧配位的平均键长（U—O）为 2.58 Å，比（18 - 冠 - 6）的 U—O 键长延伸 0.08 Å，认为是由于两个环己基对冠醚的影响造成的。图中省去了氢原子。

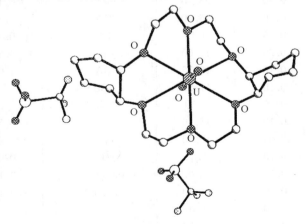

图 2 - 37　$UO_2($ 二环己基并 - 18 - 冠 - 6 $)(CF_3SO_3)_2$ 的晶体结构

　　五价镎 18 - 冠 - 6 配合的晶体结构示于图 2 - 38 中,[NpO$_2$(18 - 冠 - 6)](ClO$_4$)中,
NpO$_2^+$ 与(18 - 冠 - 6)配位组成分子的内界,ClO$_4^-$ 为外界成分(图中未画出),维持电荷平
衡。镎与冠醚氧原子配位的 Np—O 的平均键长为 2.594 Å。图 2 - 39 示出了大环配合物
[HNEt$_3$]NpO$_2$[hexaphyrin(1.0·1.0·0·0)]的晶体结构,其中 Np—N 的平均键长为 2.77 Å,
也反映出镎与氮原子的配键比 Np—O 的弱。图中省去了氢原子和外界阴离子。图 2 - 37、
图 2 - 38 和图 2 - 39 都表示离子 U^{6+} 和 Np^{5+} 的配位数是 8。

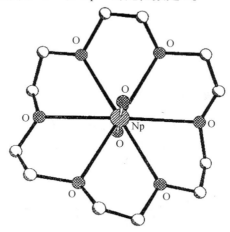

图 2 - 38　[NpO$_2$(18 - 冠 - 6)](ClO$_4$)的晶体结构

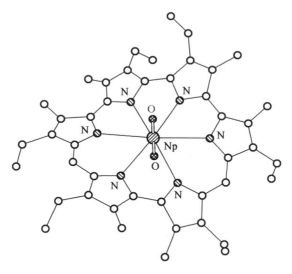

图 2 - 39　[HNEt$_3$]NpO$_2$[hexaphyrin(1.0·1.0·0·0)]的晶体结构

4. 锕系元素的其他有机物

关于锕系元素有机化合物,研究较多的是环戊二烯化合物,其次是二 - π - 环辛四烯化合物。
三价锕系元素有机化合物按下面反应式制备:

$$2MCl_3 + 3Be(C_5H_5)_2 \longrightarrow 2M(C_5H_5)_3 + 3BeCl_2$$

这个反应制得的环戊二烯化合物 M(C$_5$H$_5$)$_3$ 中的 M^{3+} 包括 Pu^{3+}、Am^{3+}、Cm^{3+}、Bk^{3+} 和 Cf^{3+}。
四价锕系元素的环戊二烯化合物可按下列反应式制备:

$$ThCl_4 + 4KC_5H_5 \longrightarrow Th(C_5H_5)_4 + 4KCl$$

$$UCl_4 + 4KC_5H_5 \xrightarrow{C_6H_6} U(C_5H_5)_4 + 4KCl$$

四价锕系元素的二 $-\pi-$ 环辛四烯化合物的通式可写成 $M(C_8H_8)_2$，其中 M^{4+} 为 U^{4+}、Np^{4+} 和 Pu^{4+}。

2.5　锕系元素的水溶液化学

2.5.1　锕系离子在水溶液中的稳定性

锕系元素的化学性质受 5f 电子层结构的直接影响,在水溶液中的化学行为有典型的共性和突出的个性。现将锕系各元素不同价态的离子在水溶液中的稳定性列于表 2－54 中,以便进行比较。

表 2－54　锕系元素在水溶液中的稳定性

元素	离子价态	稳定性
锕	Ac(Ⅲ)	稳定
钍	Th(Ⅲ)	ThI_3 溶液中难存在,与稀酸反应生成 Th^{4+},并放出 H_2。
	Th(Ⅳ)	稳定
镤	Pa(Ⅲ)	溶液中尚未发现此价态。
	Pa(Ⅳ)	隔绝空气时稳定,若有氧则迅速氧化到五价。
	Pa(Ⅴ)	稳定,用强还原剂(Zn 粉)可还原至 Pa(Ⅳ),有明显的不可逆水解倾向,Pa^{5+} 只有在浓 $HClO_4$ 中存在,未知有严格的 PaO_2^+ 型离子存在
铀	U(Ⅲ)	不稳定,可将水还原而放出氢气。用强还原剂(如 Zn 粉)或电解还原 U(Ⅳ)可制得 U(Ⅲ)。
	U(Ⅳ)	隔绝空气时稳定,否则会逐渐氧化成 UO_2^{2+}。
	UO_2^+	不稳定,会迅速歧化成 U(Ⅳ)和 U(Ⅵ)。pH = 2~4 时较稳定。
	UO_2^{2+}	稳定,pH > 3 时有强烈的水解倾向
镎	Np(Ⅲ)	没有氧气时稳定。
	Np(Ⅳ)	稳定,氧气能缓慢地将其氧化成 NpO_2^+。
	NpO_2^+	稳定,仅在高酸(如大于 8 mol·L^{-1} HNO_3)时歧化成 Np(Ⅳ)和 Np(Ⅵ)。
	NpO_2^{2+}	稳定,但易被还原,例如可被 8 - 羟基喹啉、乙酰丙酮等还原。
	NpO_3^{3+}	在碱性溶液中稳定,在酸性溶液中不稳定
钚	Pu(Ⅲ)	稳定,在 α 辐射的作用下将逐渐氧化到 Pu(Ⅳ)。
	Pu(Ⅳ)	在浓酸中稳定,但在不含配合剂的弱酸中将歧化为 Pu(Ⅲ)和 Pu(Ⅵ)。
	PuO_2^+	当 pH = 2~6 时稳定,在较高或较低的 pH 值时,都将歧化为 Pu(Ⅳ)和 Pu(Ⅵ)。
	PuO_2^{2+}	稳定,在 α 辐射的作用下将缓慢被还原,还原速度与溶液介质成分有关。
	PuO_3^{2+}	仅在碱性溶液中存在

表 2 – 54（续）

元素	离子价态	稳定性
镅	Am（Ⅲ）	稳定,只有强氧化剂可将其氧化成 Am（Ⅴ）和 Am（Ⅵ）,在浓磷酸溶液中可氧化为 Am（Ⅳ）。
	Am（Ⅳ）	只有在浓 HF 和浓 H_3PO_4 溶液中才稳定,在其他溶液中会缓慢歧化成 Am（Ⅲ）和 Am（Ⅵ）。
	AmO_2^+	稳定,与 NpO_2^+ 相似,只在强酸溶液中发生歧化,在 α 辐射作用下,将快速还原成 Am（Ⅲ）。
	AmO_2^{2+}	稳定,属强氧化剂（相当 MnO_4^-）,在 α 辐射作用下,快速自还原成 Am（Ⅲ）。
	Am（Ⅶ）	极不稳定,Am（Ⅵ）在强碱溶液中可能歧化为 Am（Ⅴ）和 Am（Ⅶ）
锔	Cm（Ⅲ）	稳定。
	Cm（Ⅳ）	仅在 15 $mol \cdot L^{-1}$ CsF 溶液中较稳定,在 α 辐射作用下,将迅速还原成 Cm（Ⅲ）
锫	Bk（Ⅲ）	稳定,只有强氧化剂（如 $KBrO_3$）才能将其氧化成 Bk（Ⅳ）。
	Bk（Ⅳ）	稳定,属于强氧化剂,相当于 Ce（Ⅳ）,α 辐射效应使其快速自还原成 Bk（Ⅲ）
锎	Cf（Ⅱ）	不稳定,可用汞齐还原 Cf（Ⅲ）制得。
	Cf（Ⅲ）	稳定
锿	Es（Ⅱ）	不稳定,可用汞齐还原 Es（Ⅲ）制得。
	Es（Ⅲ）	稳定
镄	Fm（Ⅱ）	不稳定,可用汞齐还原 Fm（Ⅲ）制得。
	Fm（Ⅲ）	稳定
钔	Md（Ⅱ）	很稳定,可用强还原剂（如 Cr^{2+}、Eu^{2+}、Zn）还原 Md（Ⅲ）制得。
	Md（Ⅲ）	稳定
锘	No（Ⅱ）	稳定,只能被氧化剂氧化成 No（Ⅲ）。
	No（Ⅲ）	稳定,属于强氧化剂,相当于 BrO_3^-
铹	Lr（Ⅲ）	稳定

2.5.2　锕系元素的氧化还原反应

锕系元素在水溶液中呈现多价态的特点,其氧化还原反应对于锕系元素化学和工艺学研究特别重要。锕系元素中已知Ⅳ–Ⅲ价的还原电位随着原子序数的增加而增大,至锔处达到极大值,锫及其后则下降;二价锕系元素的稳定性从锎至锘不断增加;MO_2^{2+} 离子的氧化性顺序为 Am > Np > Pu > U。铀、镎、钚和镅的还原电位水平示于图 2 – 40 中,基于图 2 – 40,铀、镎、钚、镅各离子对的还原电位水平与原子序数的关系可表示为图 2 – 41。由图 2 – 41 可观察到铀到镅氧化还原电位的变化特点,M^{4+}/M^{3+} 离子对的电位变化最明显,从铀到镅近乎直线上升,MO_2^{2+}/M^{4+} 离子对的电位也是单调上升,但上升速度较慢。有趣的是除三价离子之外,奇数元素镎和镅的电位水平次序相同,即Ⅵ/Ⅴ 最高,Ⅵ/Ⅳ 其次,Ⅴ/Ⅳ 最低;而偶数元素铀和钚具有另一种相同的电位水平次序,Ⅴ/Ⅳ 最高,其次是Ⅵ/Ⅳ,Ⅵ/Ⅴ 最低。在图 2 – 41 上表现为相应的直线在铀和镎、镎和钚、钚和镅区间交叉。

锕系元素在水溶液中的摩尔电位、标准电极电位以及相应的电极反应列于表 2 – 55 中。

其中大部分数值是直接测定的,有些体系在水溶液中不稳定则估算得出。从 1 mol·L^{-1} HClO$_4$ 溶液中测得的摩尔电位比离子强度为零的标准电极电位更准确些,因为后者常由热力学数据外推或计算得到。

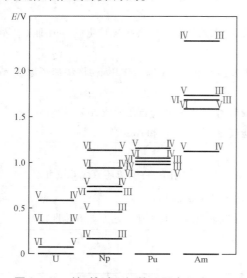

图 2-40　铀、镎、钚、镅的还原电位水平

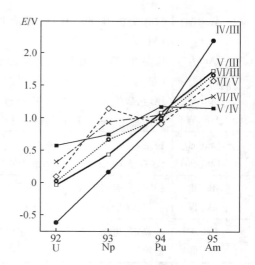

图 2-41　铀、镎、钚、镅的还原电位与原子序数的关系

2.5.3　锕系元素在水溶液中的辐射效应与歧化反应

锕系元素都具有放射性,α、β、γ 射线与物质作用时会产生电离效应,属于电离辐射。放射性射线与溶液的作用使分子电离或化学键破坏,产生不同的离子、自由基、原子、电子、溶剂合电子等一系列的辐射效应产物。对于水溶液中的氧化还原反应,水合电子(e_{aq}^-)的意义特别重要。水和水溶液辐射化学研究的成就之一,是发现了水合电子并研究了它的性质。水合电子是水溶液辐解的一种重要产物,它在酸性溶液中会转化为原子氢,具有还原性:

$$e_{aq}^- + H^+ \rightleftharpoons H$$

在碱性溶液中原子氢转化为水合电子,具有氧化性:

$$H + OH^- \rightleftharpoons e_{aq}^-$$

水合电子在水溶液中不稳定,用分光光度法测量的 e_{aq} 最低浓度可由弱酸性、中性或碱性溶液的辐射分解获得。在没有电离辐射的情况下,也可在强碱性溶液(pH≥12.5)中通原子氢生成 e_{aq}^-。

溶液中辐射效应的产物水合电子的还原性和氧化性使锕系元素的氧化还原反应复杂化,同时也把溶液中存在的氧化还原反应和辐射效应联系起来。锕系元素氧化还原的复杂性还表现在自身的氧化与还原,即歧化反应。锕系元素的 M^{4+} 和 M^{5+} 氧化态离子在水溶液中会发生歧化反应:

$$3M^{4+} + 2H_2O \rightleftharpoons 2M^{3+} + MO_2^{2+} + 4H^+$$
$$2MO_2^+ + 4H^+ \rightleftharpoons M^{4+} + MO_2^{2+} + 2H_2O$$

歧化反应的倾向可用歧化势来度量,它可由摩尔还原电势求出。

表 2 - 55 锕系元素的摩尔电位和标准电极电位

元素	价态变化	电极反应	摩尔电位 E/V(mol·L⁻¹HClO₄ 或 mol·L⁻¹NaOH)	标准电极电位 E^0/V(I=0)
Ac	III—0	$Ac^{3+} + 3e = Ac(s)$	-2.62	-2.58
Th	IV—III	$Th^{4+} + e = Th^{3+}$	-2.4	-2.4
	IV—0	$Th^{4+} + 4e = Th(s)$	-1.8	-1.9
		$Th(OH)_4 + 4e = Th(s) + 4OH^-$	-2.46	-2.48
Pa	V—IV	$PaO_2^+ + 4H^+ + e = Pa^{4+} + 2H_2O$	-0.29	~-0.1
	V—0	$PaO_2^+ + 4H^+ + 5e = Pa(s) + 2H_2O$	-0.97	-1.0
U	VI—V	$UO_2^{2+} + e = UO_2^+$	0.063	0.080
	VI—IV	$UO_2^{2+} + 4H^+ + 2e = U^{4+} + 2H_2O$	0.338	0.319
		$UO_2^{2+} + 2e = UO_2(s)$	0.427	0.447
	VI—III	$UO_2^{2+} + 4H^+ + 3e = U^{3+} + 2H_2O$	0.015	0.014
		$UO_2(OH)_2 + 2H_2O + 3e = U(OH)_4^- + 2OH^-$	-0.600	-0.620
	V—IV	$UO_2^+ + 4H^+ + e = U^{4+} + 2H_2O$	0.613	0.558
	V—III	$UO_2^+ + 4H^+ + 2e = U^{3+} + 2H_2O$	-0.009	-0.019
	IV—III	$U^{4+} + e = U^{3+}$	-0.631	-0.569
		$U(OH)_4 + e = U(OH)_3 + OH^-$	-2.13	-2.14
	III—0	$U^{3+} + 3e = U(s)$	-1.85	-1.80
		$U(OH)_3 + 3e = U(s) + 3OH^-$	-2.14	-2.17
Np	VII—VI	$NpO_2^{3+} + e = NpO_2^{2+}$	>2.07	>2.10
		$NpO_5^{3-} + e + H_2O = NpO_4^{2-} + 2OH^-$	0.528 14	0.538 00
	VI—V	$NpO_2^{2+} + e = NpO_2^+$	1.136 4	1.153 0
		$NpO_2(OH)_2 + e = NpO_2(OH) + OH^-$	0.49	0.48

表 2 - 55(续 1)

元素	价态变化	电极反应	摩尔电位 E/V (mol·L⁻¹HClO₄ 或 mol·L⁻¹NaOH)	标准电极电位 E^0/V (I=0)
Np	VI - IV	$NpO_2^{2+} + 4H^+ + 2e = Np^{4+} + 2H_2O$	0.937 7	0.918 0
	VI - III	$NpO_2(OH)_2 + 2H^+ + 2e = Np(OH)_4$	0.45	0.43
		$NpO_2^{2+} + 4H^+ + 3e = Np^{3+} + 2H_2O$	0.676 9	0.676 0
	V - IV	$NpO_2^+ + 4H^+ + e = Np^{4+} + 2H_2O$	0.739 1	0.684 0
		$NpO_2(OH) + 2H_2O + e = Np(OH)_4 + OH^-$	0.40	0.39
	V - III	$NpO_2^+ + 4H^+ + 2e = Np^{3+} + 2H_2O$	0.447 1	0.437 0
	IV - III	$Np^{4+} + e = Np^{3+}$	0.155 1	0.190 0
		$Np(OH)_4 + e = Np(OH)_3 + OH^-$	1.75	1.76
	III - 0	$Np^{3+} + 3e = Np(s)$	-1.83	-1.83
		$Np(OH)_3 + 3e = Np(s) + 3OH^-$	-2.22	-2.25
Pu	VII - VI	$PuO_5^{3-} + H_2O + e = PuO_4^{2-} + 2OH^-$	0.847	0.857
	VI - V	$PuO_2^{2+} + e = PuO_2^+$	0.916 4	0.933 0
		$PuO_2(OH)_3^- + e = PuO_2(OH) + 2OH^-$	0.27	0.26
	VI - IV	$PuO_2^{2+} + 4H^+ + 2e = Pu^{4+} + 2H_2O$	1.043 3	1.024 0
		$PuO_2(OH)_3^- + 2H_2O + 2e = Pu(OH)_4 + 3OH^-$	0.52	0.51
	VI - III	$PuO_2^{2+} + 4H^+ + 3e = Pu^{3+} + 2H_2O$	1.022 8	1.022 0
		$PuO_2(OH)_3^- + 2H_2O + 3e = Pu(OH)_3 + 4OH^-$	0.03	0.02
	V - IV	$PuO_2^+ + 4H^+ + e = Pu^{4+} + 2H_2O$	1.170 2	1.115 0
	V - III	$PuO_2^+ + 4H^+ + 2e = Pu^{3+} + 2H_2O$	0.77	0.76
		$PuO_2(OH) + 2H_2O + 2e = Pu(OH)_3 + 2OH^-$	1.076 1	1.066 0
	IV - III	$Pu^{4+} + e = Pu^{3+}$	-0.09	-0.10
		$Pu(OH)_4 + e = Pu(OH)_3 + OH^-$	0.981 9	1.017 0
	III - 0	$Pu^{3+} + 3e = Pu(s)$	-0.94	-0.95
		$Pu(OH)_3 + 3e = Pu(s) + 3OH^-$	-2.08	-2.03
			-2.39	-2.42

表 2-55(续 2)

元素	价态变化	电极反应	摩尔电位 E/V(mol·L^{-1}HClO$_4$ 或 mol·L^{-1}NaOH)	标准电极电位 E^0/V(I=0)
Am	VI–V	$AmO_2^{2+} + e = AmO_2^+$	1.60	1.62
	VI–V	$AmO_2(OH)_2 + e = AmO_2(OH) + OH^-$	1.1	1.1
	VI–IV	$AmO_2^{2+} + 4H^+ + 2e = Am^{4+} + 2H_2O$	1.38	1.36
	VI–IV	$AmO_2(OH)_2 + 2H_2O + 2e = Am(OH)_4 + 2OH^-$	0.9	0.9
	VI–III	$AmO_2^{2+} + 4H^+ + 3e = Am^{3+} + 2H_2O$	1.7	1.7
	VI–III	$AmO_2(OH)_2 + 2H_2O + 3e = Am(OH)_3 + 3OH^-$	0.7	0.7
	V–III	$AmO_2^+ + 4H^+ + 2e = Am^{3+} + 2H_2O$	1.75	1.74
	V–III	$AmO_2(OH) + 2H_2O + 2e = Am(OH)_3 + 2OH^-$	0.6	0.6
	IV–III	$Am^{4+} + e = Am^{3+}$	2.34	2.38
	IV–III	$Am(OH)_4(s) + e = Am(OH)_3(s) + OH^-$	0.5	0.5
	III–II	$Am^{3+} + e = Am^{2+}$	-2.93	-2.90
	III–0	$Am^{3+} + 3e = Am(s)$	-2.42	-2.38
	III–0	$Am(OH)_3(s) + 3e = Am(s) + 3OH^-$	-2.68	-2.71
Cm	IV–III	$Cm^{4+} + e = Cm^{3+}$	3.24	3.28
	III–II	$Cm^{3+} + e = Cm^{2+}$	-5.0	-5.0
	III–0	$Cm^{3+} + 3e = Cm(s)$	-2.31	-2.29
Bk	IV–III	$Bk^{4+} + e = Bk^{3+}$	1.64	1.68
	III–II	$Bk^{3+} + e = Bk^{2+}$	-3.4	-3.4
Cf	IV–III	$Cf^{4+} + e = Cf^{3+}$	>1.60	>1.64
	III–II	$Cf^{3+} + e = Cf^{2+}$	-1.9	-1.9
	III–0	$Cf^{3+} + 3e = C_f(s)$	-2.32	-2.28
Es	III–II	$Es^{3+} + e = Es^{2+}$	-1.63	-1.57
Fm	III–II	$Fm^{3+} + e = Fm^{2+}$	-1.3	-1.3
Md	III–II	$Md^{3+} + e = Md^{2+}$	-0.15	-0.12
No	III–II	$No^{3+} + e = No^{2+}$	1.45	1.48
Lr	IV–III	$Lr^{4+} + e = Lr^{3+}$		7.9

M^{4+} 氧化态离子的歧化势为

$$E_{歧化} = E^0_{(IV)/(III)} - E^0_{(V)/(IV)}$$

M^{5+} 氧化态离子的歧化势为

$$E_{歧化} = E^0_{(V)/(IV)} - E^0_{(VI)/(V)}$$

歧化势越大,表明该离子发生歧化反应的倾向就越大。铀、镎、钚、镅的歧化势和某些歧化反应的平衡常数列于表 2-56 和表 2-57 中。从表中可以看出,U^{4+} 和 Np^{4+} 不易发生歧化反应,而 Am^{4+} 的歧化反应倾向很大。对于 M^{5+} 离子,UO_2^+ 和 PuO_2^+ 的歧化反应倾向大,而 NpO_2^+ 则很稳定。

表 2-56 铀、镎、钚、镅离子的歧化势(V)

元素	$3M(IV) \rightleftharpoons 2M(III) + M(VI)$	$2M(V) \rightleftharpoons M(IV) + M(VI)$
U	−0.969	0.550
Np	−0.783	−0.398
Pu	−0.064	0.254
Am	0.96	—

表 2-57 铀、镎、钚、镅离子在水溶液中的歧化反应平衡常数(25 ℃)

元素	歧化反应	lg K
U	$2UO_2^+ + 4H^+ \rightleftharpoons U^{4+} + UO_2^{2+} + 2H_2O$	9.30
Np	$2NpO_2^+ + 4H^+ \rightleftharpoons Np^{4+} + NpO_2^{2+} + 2H_2O$	−6.72
Pu	$2PuO_2^+ + 4H^+ \rightleftharpoons Pu^{4+} + PuO_2^{2+} + 2H_2O$	4.29
	$3PuO_2^+ + 4H^+ \rightleftharpoons Pu^{3+} + 2PuO_2^{2+} + 2H_2O$	5.40
	$3Pu^{4+} + 2H_2O \rightleftharpoons 2Pu^{3+} + PuO_2^{2+} + 4H^+$	−2.08
Am	$3Am^{4+} + 2H_2O \rightleftharpoons 2Am^{3+} + AmO_2^{2+} + 4H^+$	32.50
	$2Am^{4+} + 2H_2O \rightleftharpoons Am^{3+} + AmO_2^+ + 4H^+$	19.90

对于六价锕系离子,Np(VI)在碱性溶液中会发生歧化反应,生成 Np(V)和 Np(VII),而且在稀碱溶液中用辐射化学方法可将 Np(VI)氧化到 Np(VII)。在强碱溶液中 Am(VI)也可能发生歧化反应生成 Am(V)和 Am(VII)。

2.5.4 水溶液中锕系元素离子生成吉布斯能和福罗斯特图

溶液中离子的氧化还原反应和价态的歧化反应,其实质是由离子的生成吉布斯能决定的。标准吉布斯能与标准电位的关系式为

$$\Delta G^0 = RT\ln \frac{a_{0x}}{a_{Red}} = -nF\varphi^0 \qquad (2-14)$$

对于氧化还原半反应

$$M^{z_1+} + ne \rightleftharpoons M^{z_2+}$$

还原过程标准吉布斯能 $\Delta G^0\left(\dfrac{M^{z_1+}}{M^{z_2+}}\right)$ 与溶液中两种离子吉布斯能的关系式为

$$\Delta G^0 \left(\frac{M^{z_1 +}}{M^{z_2 +}} \right) = \Delta G^0 (M^{z_2 +}) - \Delta G^0 (M^{z_1 +}) \qquad (2-15)$$

根据式(2-14)和式(2-15),任一元素两种离子的吉布斯能(以 kcal/g 离子表示)之差除以 23.06n,就得出这对离子的标准电位值。

不同价态锕系元素离子的标准生成吉布斯能与原子序数的关系,可以由图 2-42 清楚地表达出来,其中 MO_2^+ 和 MO_2^{2+} 离子的 ΔG^0 包括两个水分子的生成吉布斯能(增加了 113.4 kcal/g 离子)。元素不同价态离子 ΔG^0 值在垂直方向上的位置次序决定了电位的符号,而 ΔG^0 值间的距离决定了电位的数值。电位的正值相应于离子对中较高价态离子有较高的吉布斯能,Np、Pu、Am 恰好是这个次序:Th^{4+}/Th^{3+} 和 U^{4+}/U^{3+} 的电位是负的,因为它们的四价离子的吉布斯能在三价离子之下。锔离子的吉布斯能按次序分布较均匀,所以锔的各离子对电位值比较接近。垂直方向上曲线间的距离不仅表示标准电位值,而且表示水溶液中离子的稳定性。从四价离子的曲线看出,超锔元素中除锫外,其他四价离子都是不稳定的。三价离子生成吉布斯能曲线由两段规律相像的曲线组成,Ac^{3+}、Cm^{3+} 和 Lr^{3+} 三点几乎可以连成线,并且都在最低点,说明其很稳定,这是由于 Ac 的 5f 电子数为零,而 Cm 和 Lr 则是 5f 电子的半充满和全充满的稳定结构。

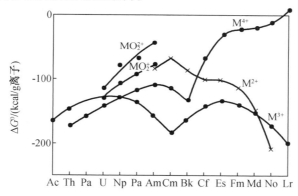

图 2-42 水溶液中锕系元素离子的标准生成吉布斯能

关于价态歧化反应必须有两个条件,首先是存在比它高的和比它低的价态。歧化反应的低价态产物也可以是金属(零价),例如:

$$2Cu^+ \Longleftrightarrow Cu^{2+} + Cu^0$$

对于锕系元素,在水溶液中析出金属的歧化反应在热力学上是不可能的,因为锕系金属有很高的电负性,其离子属硬酸阳离子,如果有 M^{2+} 歧化反应,其产物 M^{3+}/M^+ 离子对电位有很高的负值(对 U,$\varphi^0 = -1.85$ V;对 Np,$\varphi^0 = -1.83$ V;对 Pu,$\varphi^0 = -2.08$ V;对 Am,$\varphi^0 = -2.42$ V),所以在水溶液中不但不能还原锕系离子为金属,相反,锕系元素可以从水中置换出氢。歧化反应的第二个条件是电位水平分布,进行歧化的离子作为氧化剂的电位要比作为还原剂的高。这两个条件都反映了离子价态(或氧化度)与生成吉布斯能之间的关系,经作图可得到能明确显示歧化反应条件的图解法,用以判断歧化反应的可能性及其进行的程度,叫作福罗斯特(Frost)图。在福罗斯特图中 ΔG^0 用"eV/g 离子"表示,这时连接图上相应两个价态的两点的直线角系数就是氧化还原电位。针对给出的离子对,连接两点的直线倾角表示该离子对反应生成较低吉布斯能产物的能力。用福罗斯特图可以容易地判断离子是否会发生歧化反应。如果被研究的离子的吉布斯能处在连接相邻两离子吉布斯能的直线之上,歧化反应将会发生;反之,在直线之下,则歧化反应不会发生。铀、镎、钚、镅的福罗斯特图示于图2-43,以图中 U(Ⅴ) 为例,连接 U(Ⅳ) 和 U(Ⅵ) 两点的直线(虚线)位于表示 U(Ⅴ) 离子吉布斯能的点下方,因此 U(Ⅴ) 的吉布斯能高于 U(Ⅳ) 和 U(Ⅵ),可见 U(Ⅴ) 对于 U(Ⅳ) 和 U(Ⅵ) 是不稳定的,故歧化反应会发生。U(Ⅴ) 歧化时,吉布斯能将下降到虚线上用 X 表示的位置,歧化过程伴随着吉布斯能减少,可自动发生。

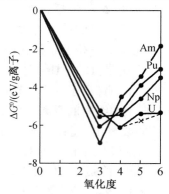

图2-43 水溶液中铀、镎、钚、镅离子的标准吉布斯能和离子氧化度的关系(福罗斯特图)

从图2-43可以看出:

(1) U(Ⅴ)、Pu(Ⅴ) 和 Am(Ⅳ) 会进行歧化反应,四价镅的歧化趋势最大,歧化能力次序是 Am(Ⅳ) > U(Ⅴ) > Pu(Ⅴ)。

(2) Np(Ⅴ)、Pu(Ⅳ) 歧化反应不太明显,溶液酸度等变化时,可能歧化。

(3) U(Ⅳ) 和 Np(Ⅳ) 对于歧化十分稳定,实际上它们在不同组分的水溶液中都不歧化。

(4) 三价状态各点的位置按 $U^{3+} > Np^{3+} > Pu^{3+} > Am^{3+}$ 的次序降低,说明三价离子的稳定性按同一次序增加。

由此看出,福罗斯特图以明了的形式显现了锕系元素氧化还原行为的许多特征。

2.5.5 锕系元素的水解

在水溶液中当不发生水解时,锕系元素离子水合作用生成 $M(H_2O)_n^{z+}$ 型的水合离子,式中 Z 为阳离子电荷数,n 为中心原子的配位数。锕系元素离子的电荷与半径的比值较大,会发生水解。一般水解可按阶段进行,对三价和四价锕系元素离子,第一级水解可表示为

$$M^{z+} + H_2O \underset{}{\overset{K_{h1}}{\rlap{\rightleftharpoons}}} M(OH)^{(z-1)+} + H^+$$

一级水解常数为

$$K_{h1} = \frac{(M(OH)^{(z-1)+})[H^+]}{(M^{z+})} \qquad (2-16)$$

部分三价和四价锕系元素的 K_{h1} 如下:

Pu^{3+},$K_{h1} = 1.1 \times 10^{-7}$ $(\mu = 5 \times 10^{-2})$

Am^{3+},$K_{h1} = 1.2 \times 10^{-6}$ $(\mu = 0.1, 23\ ℃)$

Cm^{3+},$K_{h1} = 1.2 \times 10^{-6}$ $(\mu = 0.1, 23\ ℃)$

Bk^{3+},$K_{h1} = 2.2 \times 10^{-6}$ $(\mu = 0.1, 23\ ℃)$

Cf^{3+}, $K_{h1} = 3.4 \times 10^{-6}$　$(\mu = 0.1, 23\ ℃)$

Th^{4+}, $K_{h1} = 7.6 \times 10^{-3}$　$(\mu = 1.0)$

Pa^{4+}, $K_{h1} = 7 \times 10^{-1}$　$(\mu = 3)$

U^{4+}, $K_{h1} = 2.1 \times 10^{-2}$　$(\mu = 2.5)$

Np^{4+}, $K_{h1} = 0.5 \times 10^{-2}$　$(\mu = 2)$

Pu^{4+}, $K_{h1} = 5.4 \times 10^{-2}$　$(\mu = 2.5)$

对于五价和六价的锕系元素自成一格而特别稳定的酰基离子 MO_2^+ 和 MO_2^{2+}, 可认为是 M^{5+} 和 M^{6+} 型离子深度水解后部分缩水而成, 如

$$M(OH)_4^+ \Longrightarrow MO_2^+ + 2H_2O$$
$$M(OH)_4^{2+} \Longrightarrow MO_2^{2+} + 2H_2O$$

形成 MO_2^+ 和 MO_2^{2+} 后, 因为离子半径大, 电荷少, 水解倾向减弱, 所以锕系元素离子的一般水解趋势是 $M^{4+} > M^{3+} > MO_2^{2+} > MO_2^+$。但在某些情况下, 例如草酸盐或醋酸溶液中, 锕系离子的水解趋势是 $M^{4+} > MO_2^{2+} > M^{3+} > MO_2^+$。

镤在锕系元素中具有独特的水解行为。四价镤的一级水解常数比其他四价锕系离子高几十倍到上百倍, 表现与 Hf^{4+} ($K_{h1} = 1.33$) 更为接近。五价镤更不同于其他锕系元素, 它在水溶液中几乎不存在 PaO_2^+ 离子, 而 Pa^{5+} 仅存在于浓 $HClO_4$ 溶液中, 容易发生水解和聚合。据估算, Pa^{5+} 水合离子的一级水解常数高达 10^3, 在水溶液中以 $Pa(OH)_x^{5-x}$ 和 $PaO(OH)_x^{3-x}$ 形式的氢氧化物存在, 于弱酸溶液中水解沉淀, 得到白色胶状化合物, 组成为 $Pa_2O_5 \cdot xH_2O$, 这些性质与铌极为相像。

水解过程由于元素浓度或酸度的变化(有时仅局部的变化)常伴随着聚合, 这类聚合多由"羟基桥"或"氧桥"关联, 类似于配位化合物中以配位体搭桥形成复核配合物。随着聚合程度的加剧, 将出现胶体或胶凝, 使体系变得复杂, 处理难度加大, 在锕系元素的水溶液化学研究中必须加以重视。

2.5.6　水溶液中五价锕系元素镤和镎的比较

在水溶液中可存在五价及五价以上价态的锕系元素有镤、铀、镎、钚和镅, 以五价为溶液中最稳定价态的元素有镤和镎。镤的水溶液化学性质不仅与铀、钚和镅有很大差别, 即使是五价最稳定的镎, 也与镤的性质有明显的不同。本节将对五价镤和镎在水溶液中的化学性质进行比较。

1. 水溶液中镤和镎离子的基本形态不同, 五价镎以锕系元素自成一格的稳定氧化物 MO_2^+ 离子存在, 五价镤几乎不形成锕酰离子, 而主要以 $Pa(OH)_x^{5-x}$ 和 $PaO(OH)_x^{3-x}$ 的氢氧化物存在。不过实质上都是金属离子与氧结合, 都属"硬亲硬"的规则。

2. 在水解行为上五价镤和镎差别极大。NpO_2^+ 在 $pH > 7$ 时才开始水解, 一级水解常数为 8.3×10^{-11}; 而镤在高氯酸溶液中 Pa^{5+} 水合离子的一级水解常数达 10^3。

3. 价态变化, 镤在溶液中四价不稳定, 五价最稳定, 不存在更高的价态; 镎在溶液中也是五价最稳定, 但还有三、四、六和七等不同价态存在。

4. 水溶液中 $Np(V)$ 会与其他合适的金属阳离子形成"阳 - 阳离子配合物", $Pa(V)$ 没有这一性质。

5. 硝酸溶液中镤和镎表现出极不相同的吸附行为。$Pa(V)$ 在玻璃上的吸附分配比随

239

硝酸浓度增高而增大,直至 12 mol·L^{-1} HNO$_3$ 的溶液中,镤仍然保持高吸附状态。硝酸溶液中 Np(Ⅴ)几乎不被玻璃吸附,pH > 3 后才开始被硅胶吸附;随 pH 增大,Np(Ⅴ)的吸附增加;pH > 10 后,硅胶对 Np(Ⅴ)的吸附达最大,可用 3 mol·L^{-1} HNO$_3$ 完全解吸硅胶吸附的 Np(Ⅴ),可见溶液酸度对镤和镎吸附行为的影响是相反的。在研制 ^{237}Np 放射性活度标准溶液时,考察了 ^{237}Np 及其第一代子体 ^{233}Pa 在安瓿瓶内壁上的吸附行为,溶液介质是 0.5 mol·L^{-1} HNO$_3$,安瓿瓶密封保存一年后启封,移去溶液,用 0.5 mol·L^{-1} HNO$_3$ 涮洗 3 次,将空瓶置于液闪测量瓶内,跟踪测量 9 个月,结果表明,器壁上吸附的都是 ^{233}Pa,而 ^{237}Np 占总吸附量的 0.044% 以下。

水溶液中五价锕系元素镤和镎的化学性质差别如此之大,可归因于离子的电子层结构。镤原子的电子层结构为[Rn]5f^{2}6d^{1}7s^2,Pa(Ⅴ)相当于[Rn]的电子构型,与 Nb(Ⅴ)和 Ta(Ⅴ)为[Kr]和[Xe]类似,所以溶液中镤与铌和钽的化学行为很相像。镎原子的电子层结构为[Rn]5f^{4}6d^{1}7s^2,Np(Ⅴ)的电子构型为[Rn]5f^2,还有 2 个价电子可用,其化学行为与 U、Pu 和 Am 相像,而与 Pa(Ⅴ)明显不同。

2.6 锕系元素的分离方法

2.6.1 沉淀法分离锕系元素

放射性元素的沉淀法分离,一般采用载体沉淀分离,其中载体是常量的,被载带的放射性元素是微量(或少量)的。载体沉淀分离法有两种类型,一种是载体以晶状沉淀析出,微量(或少量)组分参加了结晶形成晶格,并在沉淀体积内连续(不一定均匀)分布,称为"真实的"共沉淀。同晶共沉淀规则是:化学上相似,具有相同的配位数和相近半径的离子能在同一结晶格子中共同结晶,给出连续系列的混合晶体。另一种是服从吸附规律的表面共沉淀,微量组分不是连续地分布在沉淀内,不改变沉淀即可将载带吸附在表面的微量组分从吸附表面分离除去。这些方法可用于元素的提取、分析测量和研究实验中。

选择合适的载体可实现不同价态锕系元素的共沉淀分离。三价及四价锕的磷酸盐与三价铋的磷酸盐、Pu(Ⅲ)及 Pu(Ⅳ)的氟化物与氟化镧等都可共沉淀。用载体共沉淀法分离与净化铀、镎和钚的典型工艺流程有氟化物 - 碘酸盐法、磷酸盐 - 氟化物法和氟化物 - 醋酸盐法等。

氟化物 - 碘酸盐流程用于世界上首次从回旋加速器产生的中子辐照 90 kg 硝酸铀酰中分离可称量钚(20 μg)。辐照过的硝酸铀酰结晶经乙醚萃取 2 次除去大量铀后,得到 0.6 L 含铀钚溶液作为氟化物 - 碘酸盐流程的料液。该沉淀分离流程包括五个阶段:第一阶段,氟化镧共沉淀钚和镎,大部分铀和裂变产物在溶液中分离去;第二阶段分离 ^{237}Np,利用镎和钚在有氟离子存在和冷却条件下与溴酸盐作用的行为不同,氟离子催化镎氧化到六价状态,而钚不会高于四价,氟化镧共沉淀钚,六价等在溶液中达到分离;第三阶段,钚的浓集与载体 LaF$_3$ 的除去,利用 K$_2$S$_2$O$_8$ + AgNO$_3$ 氧化钚为六价状态进入溶液,部分裂变产物在沉淀上去除,用 SO$_2$ 还原溶液中的钚,再与 LaF$_3$ 共沉淀,在循环操作中逐步减少 LaF$_3$ 的量,以达到浓集钚,氧化 LaF$_3$ 沉淀的钚到六价进入溶液,从而除去载体 LaF$_3$;第四阶段,流程中用硫

酸溶解 LaF_3，钚溶液中的硫酸根应除去，用氨水处理含钚溶液，氢氧化钚沉淀，硫酸根离子留在溶液中；第五阶段，碘酸盐沉淀精制钚，用硝酸溶解氢氧化钚，加入 KIO_3 得四价钚的碘酸盐沉淀，加浓氢氧化铵转为氢氧化钚沉淀。用硝酸溶解得硝酸钚溶液。

磷酸盐－氟化物流程曾被应用于美国 Hanford 的第一个钚工厂。该流程中用磷酸铋作为主要沉淀载体，铀钚原始溶液以亚硝酸钠调节钚为四价，加入硫酸盐使铀为硫酸根的配合物，然后将 $Pu(Ⅳ)$ 共沉淀在磷酸铋上，铀和部分裂变产物在溶液中一起与钚分离。磷酸铋沉淀溶解在硝酸中，用铋酸钠氧化钚为六价进行磷酸铋沉淀，裂变产物等杂质在沉淀上除去，六价钚留在溶液中，进而还原为 $Pu(Ⅳ)$ 进行磷酸铋沉淀，钚共沉淀得到进一步纯化。如此循环多次后，用 LaF_3 共沉淀钚，再用碱转化为氢氧化钚沉淀，经硝酸溶解后，最后以过氧化物形式出钚。

氟化物－醋酸盐流程被应用于实验室中分离铀、钚和镎。流程的氟化物部分与上述流程相同，利用醋酸盐沉淀六价锕系元素达到进一步的净化。辐照铀的硝酸溶液经 SO_2 还原，LaF_3 沉淀，铀和部分裂变产物留在溶液中。含 Pu 和 Np 的 LaF_3 沉淀经 H_2SO_4 溶解后，用 $KBrO_3$ 氧化镎为 NpO_2^{2+}，再进行 LaF_3 共沉淀钚，镎留在溶液中，加入醋酸钠，得到三醋酸镎酰钠沉淀，重复醋酸钠沉淀进一步提纯镎。含 Pu 氟化镧沉淀经 H_2SO_4 溶解，$KMnO_4$ 氧化钚到六价，再进行 LaF_3 沉淀以除去裂变产物，钚在溶液中，加入醋酸钠，得到三醋酸钚酰钠沉淀，重复醋酸钠沉淀，使钚达到高度净化。醋酸盐流程也可以在第一步加强氧化剂，使镎和钚也处于六价状态，这时加醋酸钠以常量的铀为载体，生成含铀、镎和钚的沉淀，大量的裂变产物杂质留在溶液中除去，而后溶解沉淀，加还原剂进行后续操作。

2.6.2　离子交换分离锕系元素

1. 阳离子交换分离锕系元素

阳离子交换曾被成功地用于辐照靶件中回收和净化钚。在相当浓的盐酸或硝酸溶液中钚能被阳离子交换树脂吸附。将溶解液通过阳离子交换柱，部分裂变产物和阴离子穿透过柱，用 $6\ mol\cdot L^{-1}\ HNO_3$ 洗涤柱子，又有部分裂变产物和其他阳离子被洗去，然后以 $(NH_4)_2C_2O_4$ 溶液淋洗，得到草酸钚－草酸铵溶液。

对于三价锕系元素，经常采用阳离子交换法进行分离。在低浓度酸溶液中三价锕系元素离子全吸附在阳离子交换柱上，而后用相应浓度的配位剂（如 α－羟基异丁酸）淋洗，按配合能力强弱，锕系元素原子序数由大到小顺序先后出现淋洗峰。图 2－44 示出了元素淋洗峰的位置，同时给出镧系的淋洗图以便比较。

图 2－44 中显示了锔和锫的淋洗峰间距离比其他峰的距离大，这可能是由于 f 电子壳层半充满状态较稳定在配合物行为中表现出来，相应 4f 电子层结构中 Gd 与 Tb 也有类似的现象。阳离子交换法在锕系元素锫（97 号）至钔（101 号）的发现过程中曾起到特殊的作用，以后常用于制备和提取超钚元素。早在 20 世纪 70 年代，加压阳离子交换色层法用于分离超钚元素已达到中间工厂实验规模。

2. 阴离子交换分离锕系元素

高于三价锕系元素更多地用阴离子交换法分离，典型的一个例子是：辐照的镭靶中，镭、铀－233 和镤－233 的分离。采用 Dowex1－X8 阴离子交换树脂，在较浓的盐酸介质中铀和镤可形成配合阴离子被阴离子交换树脂吸附，这时镭不生成阴离子，不被吸附。辐照的镭靶件经几个月冷却之后，溶解到盐酸中，配成 $9\ mol\cdot L^{-1}\ HCl$ 的料液通过阴离子交换柱,用 9 mol·L⁻¹ HCl 可完全洗去钍。用 9 mol·L⁻¹ HCl + 1 mol·L⁻¹ HF 淋洗镤 – 233,最后以 0.5 mol·L⁻¹ HCl 淋洗铀 – 233。

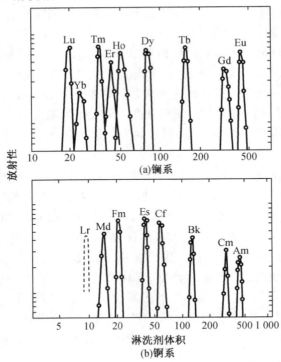

图 2 – 44   Dowex – 50 阳离子交换树脂柱上三价锕系元素的淋洗图

对于辐照的铀靶可用阴离子交换法分离铀、镎和钚,料液配成 9 mol·L⁻¹ HCl + 0.5 mol·L⁻¹ HNO₃,使镎和钚均为四价,通过 Dowex1 – 1X10 阴离子交换柱,用 9 mol·L⁻¹ HCl 洗涤柱后,以 9 mol·L⁻¹ HCl + 0.5 mol·L⁻¹ NH₄I 溶液淋洗钚,然后用 4 mol·L⁻¹ HCl + 0.1 mol·L⁻¹ HF 溶液淋洗镎,最后用稀盐酸或 0.5 mol·L⁻¹ HCl + 1 mol·L⁻¹ HF 溶液淋洗铀。料液中含有三价锕系元素(镅、锔等)不被阴离子交换树脂吸附,进入第一步流出液和洗涤液中被分离。

四、六价锕系元素离子与 Cl⁻ 和 NO₃⁻ 生成配合物的能力相似,在硝酸溶液中对大部分裂变产物的去污更为有利。但在实际应用中都存在应重视的问题:盐酸介质对设备的腐蚀性,尤其在不锈钢设备中要回避;硝酸型阴离子交换剂不宜在干燥状态下保存,应注意交换剂的硝化变化,一旦阴离子交换剂的骨架发生硝化后,遇热可能自行着火。

3. 阳离子交换和阴离子交换联合分离锕系元素

在实际应用中常结合阳离子交换和阴离子交换分离锕系元素。前面叙述了阴离子交换法从辐照钍靶件中分离铀 – 233 和镤 – 233,钍不生成阴离子配合物而不被吸附,将流出液调节成合适的酸度后,上阳离子交换柱可回收和净化钍。

20 世纪 50 年代的核燃料后处理工艺流程中,离子交换法被用于大量铀分离后的钚产品的进一步纯化。法国马尔库尔工厂用离子交换法净化和浓集钚的过程包括三个步骤:第一步,调节钚为三价,料液上阳离子交换柱,UO₂²⁺ 和 Pu³⁺ 一起被吸附在柱上,部分裂变产物随流出液除去;第二步,用 5 ~ 6 mol·L⁻¹ HCl 淋洗 UO₂²⁺ 和 Pu³⁺,淋洗液直接上阴离子交换柱,铀被吸附,Pu^{3+}在流出液中;第三步,加亚硝酸钠氧化钚为四价,并且调节溶液为 $8\ mol\cdot L^{-1}\ HCl$,上阴离子交换柱,钚被吸附,最后用 $0.5\ mol\cdot L^{-1}\ HCl$ 淋洗钚。三步过柱对裂变产物均有去污作用,最后一步淋洗过程可控制钚的浓度。

2.6.3　溶剂萃取法分离锕系元素

溶剂萃取化学是基于提取、分离、纯化锕系元素作为核燃料而发展起来的。关于锕系各具体元素的萃取化学及萃取分离方法将在后续相关章节中论述,本节仅介绍锕系元素萃取剂的选择依据及其主要类型。

1. 锕系元素萃取剂的选择依据

溶剂萃取过程,基本上是萃取剂和金属离子形成稳定的配合物以中性的萃合物分子进入有机相,应用于工业规模时,其萃取与反萃取的动力学特性要满足生产工艺的需求。前文(2.4 节)已指出,锕系元素的有机配合物稳定性与配位原子的关系是:O > N > S,所以作为锕系元素的萃取剂大部分是氧原子配位的;其次是氮原子;硫原子属软碱性配位体,一般不用作工艺规模的锕系萃取剂。在考虑 5f 电子层结构的锕系元素与 4f 电子层结构的镧系元素之间的分离问题时,由于 5f 电子参与成键,锕系前半部元素(Ac 除外)呈多价状态,利用价态变化与镧系元素的分离是比较容易的。对于三价元素,由于 5f 轨道的延伸,变形性增大,硬酸性有所下降,所以三价锕系离子比三价镧系离子偏向于软酸性,采用偏软的碱性氮原子配位和更软的碱性硫原子配位的萃取剂,对三价锕系离子的萃取能力比三价镧系离子更强,可望分离三价的锕系和镧系离子。

2. 锕系元素的中性配合萃取体系的萃取剂

这类萃取剂是中性的,锕系元素的化合物也以中性分子存在,但配位数未饱和,二者通过萃取剂的配位原子(主要是氧原子)配合成中性萃合物分子进入有机相。这类萃取剂如下。

醚类,如:

二异丙醚

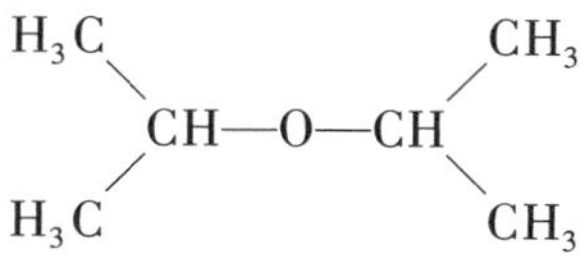

$$H_3C \quad\quad\quad\quad CH_3$$
$$\underset{H_3C}{\overset{}{\diagup}} CH{-}O{-}CH \underset{CH_3}{\overset{}{\diagdown}}$$

脂类,如:

乙酸戊酯

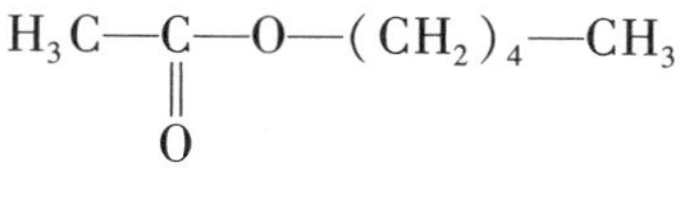

$$H_3C{-}\underset{\underset{O}{\parallel}}{C}{-}O{-}(CH_2)_4{-}CH_3$$

醇类,如:

仲辛醇

$$CH_3(CH_2)_5{-}\underset{\underset{CH_3}{\mid}}{\overset{\overset{H}{\mid}}{C}}{-}OH$$

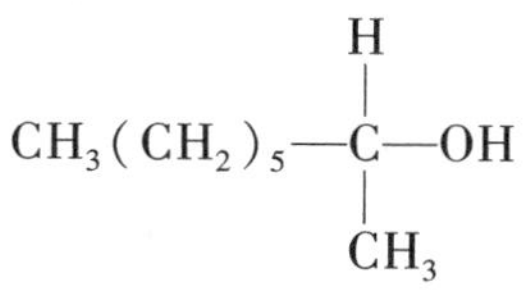

酮类,如:

环己酮

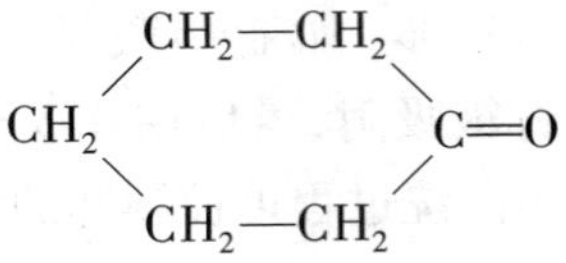

$$CH_2 \begin{array}{c} CH_2-CH_2 \\ \\ CH_2-CH_2 \end{array} C=O$$

中性磷氧类,包括磷和膦酸酯,如:

磷酸三辛酯

$$(H_{17}C_8-O-)_3P=O$$

二辛基膦酸辛酯

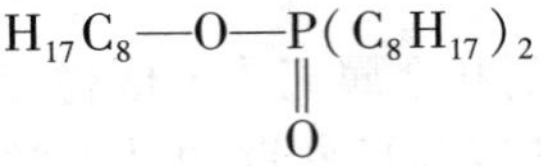

$$H_{17}C_8-O-\underset{\underset{O}{\|}}{P}(C_8H_{17})_2$$

三辛基氧化膦

$$(H_{17}C_8)_3P=O$$

正烷基焦磷酸酯

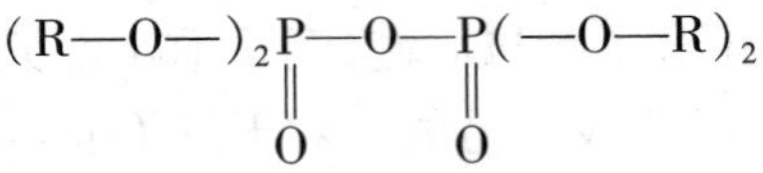

$$(R-O-)_2\underset{\underset{O}{\|}}{P}-O-\underset{\underset{O}{\|}}{P}(-O-R)_2$$

亚甲撑正烷基焦膦酸酯

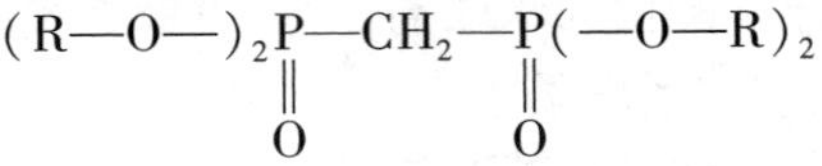

$$(R-O-)_2\underset{\underset{O}{\|}}{P}-CH_2-\underset{\underset{O}{\|}}{P}(-O-R)_2$$

亚乙撑双二烷基氧化膦

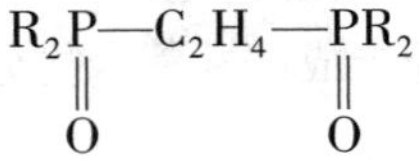

$$R_2\underset{\underset{O}{\|}}{P}-C_2H_4-\underset{\underset{O}{\|}}{P}R_2$$

取代酰胺类,如:

N,N-二正烷基乙酰胺

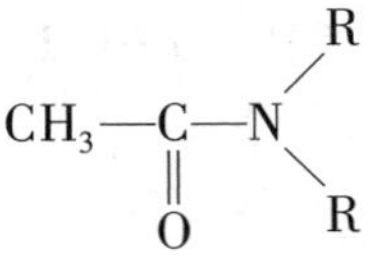

$$CH_3-\underset{\underset{O}{\|}}{C}-N\begin{array}{c}R\\ \\ R\end{array}$$

烷基酰胺荚醚

$$\begin{array}{c}R\\ \\ R\end{array}N-\underset{\underset{O}{\|}}{C}-O-\underset{\underset{O}{\|}}{C}-N\begin{array}{c}R\\ \\ R\end{array}$$

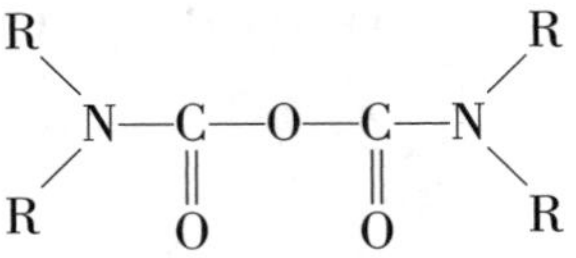

亚砜类,如:

二辛基亚砜

$$\begin{array}{c}H_{17}C_8\\ \\ H_{17}C_8\end{array}S=O$$

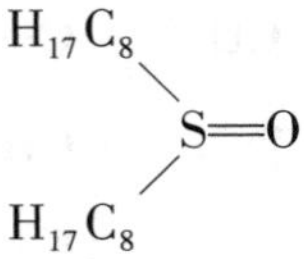

以上中性萃取剂均通过氧原子与锕系元素配位形成萃合物。此外还有通过氮原子直

接配位的,如吡啶 ;通过硫原子直接配位的,如二辛基硫醚 $H_{17}C_8$—S—C_8H_{17}。

3.锕系元素的酸性萃取体系的萃取剂

酸性萃取剂在萃取反应过程中会放出氢离子,其萃取功能团与锕系离子一般形成四环的配合物进入有机相。这类萃取剂如下。

羧酸类,如:

8~16 碳的脂肪酸

芳香族羧酸类,如:

水杨酸

肉桂酸

酸性含磷类,如二(2 - 乙基己基)磷酸

(2 - 乙基己基)苯基膦酸

磺酸类,如:

十二烷基苯磺酸

4. 锕系元素的螯合萃取剂

螯合萃取剂与锕系元素阳离子形成五环以上的螯合物,比四环结合的萃合物稳定得多,螯合萃取剂有酸性和中性的。酸性螯合萃取剂在萃取反应中也会放出氢离子,主要有:

β－双酮类,如:

乙酰丙酮

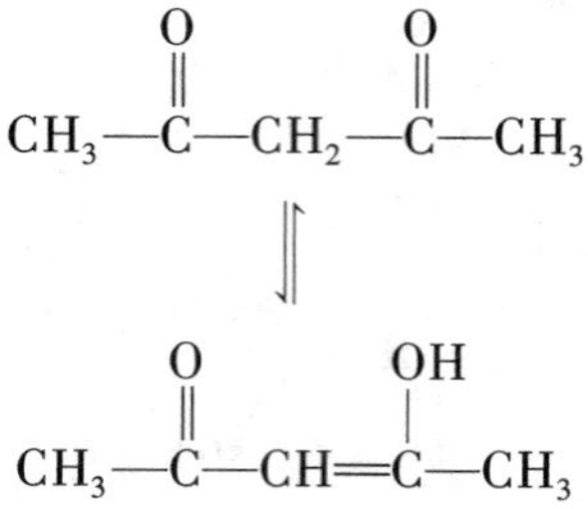

噻吩甲酰三氟丙酮

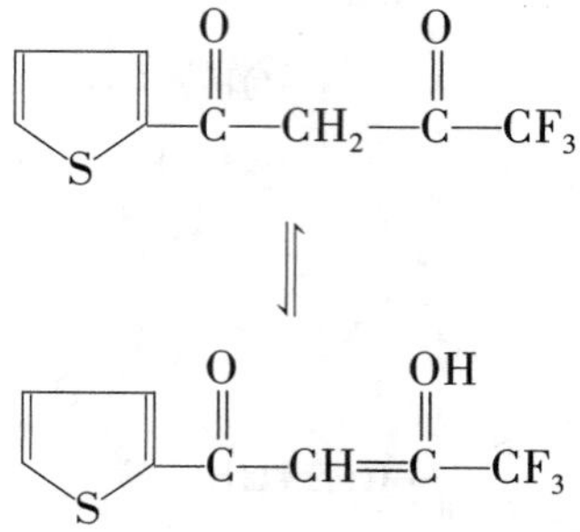

吡唑酮类,如 1－苯基－3－甲基—4—苯甲酰基—吡唑酮－5

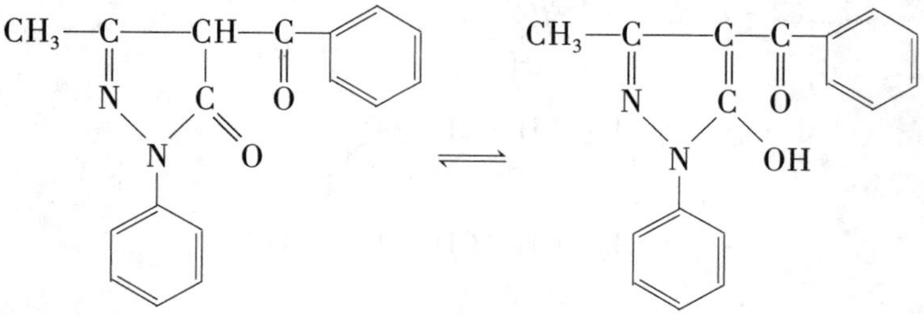

8－羟基喹啉类,如:

8－羟基喹啉

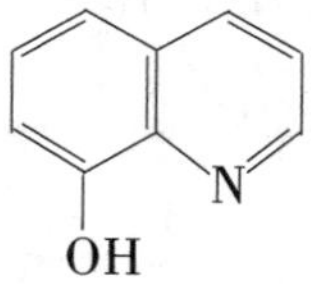

2－甲基－8－巯基喹啉

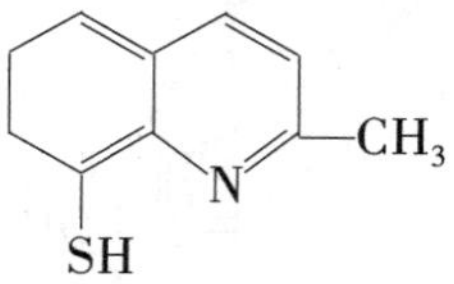

氧肟酸类,如:

烷基氧肟酸

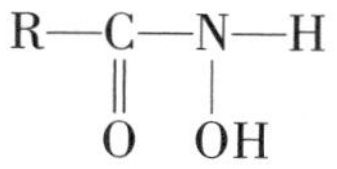

$$R-\underset{\underset{O}{\|}}{C}-\underset{\underset{OH}{|}}{N}-H$$

苄基氧肟酸

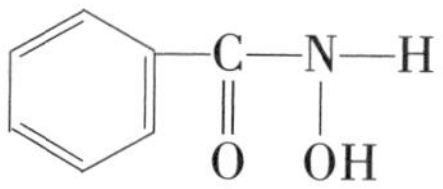

中性螯合萃取剂与锕系阳离子螯合后生成配合阳离子,需要合适的酸根阴离子中和成中性萃合物进入有机相。这类萃取剂有:

联吡啶类,如:

2,2′-联吡啶

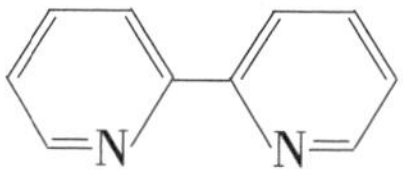

4,4′-联吡啶

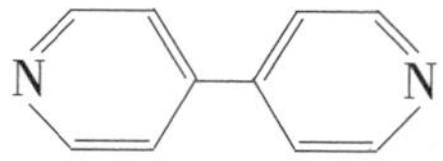

此外,双烷基氧化膦类和酰胺荚醚类也可在一定条件下作为中性螯合萃取剂。

5. 锕系元素的离子缔合萃取体系之萃取剂

离子缔合萃取体系的萃取剂包括阳离子形和中性多配位功能团萃取剂,阳离子形萃取剂又包括胺盐、铵盐和锌盐。

胺盐类萃取剂需要在较浓的酸溶液中质子化后成为胺盐阳离子,而相应的酸根与锕系离子形成配合阴离子,与萃取剂胺盐阳离子缔合成中性的萃合物。这类萃取剂有:

伯胺类,如:

多支链二十烷基伯胺

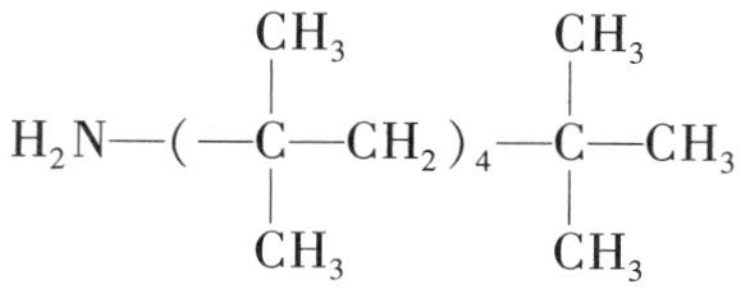

仲碳伯胺

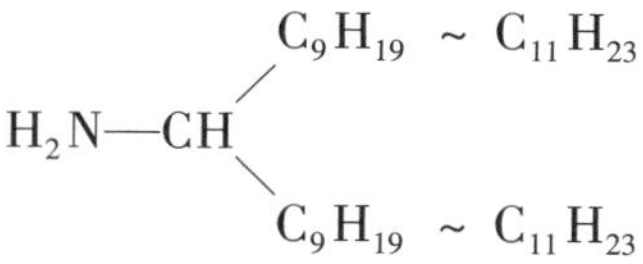

仲胺类,如:

二癸胺

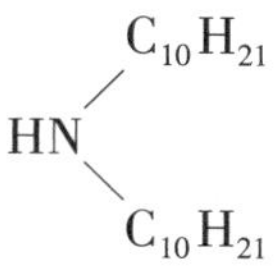

二混合烷基胺

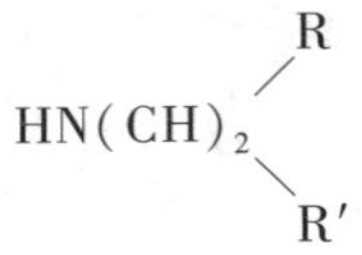

$$HN(CH)_2 \diagup R \diagdown R'$$

叔胺类,如:

三正辛胺

$$N[CH_2(CH_2)_6CH_3]_3$$

三月桂胺

$$N[CH_2(CH_2)_{10}CH_3]_3$$

季铵盐类萃取剂本身就是阳离子,无须从溶液中结合氢离子,所以在低浓度酸溶液和碱性溶液中均可萃取锕系元素,如:

氯化三烷基苄基铵

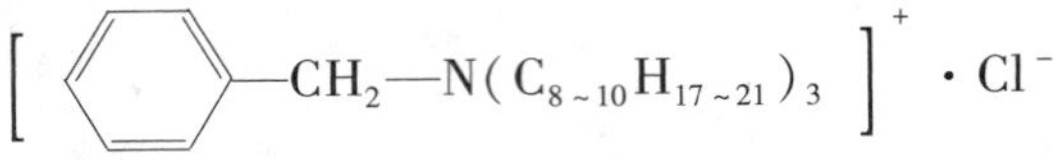

$$\left[\bigcirc\!\!-CH_2-N(C_{8\sim10}H_{17\sim21})_3 \right]^+ \cdot Cl^-$$

硝酸二(十六烷基)二甲铵

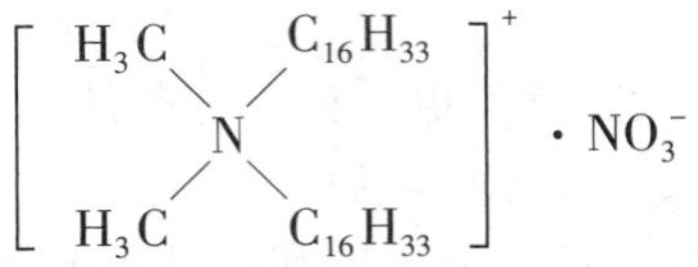

$$\begin{bmatrix} H_3C & C_{16}H_{33} \\ & N \\ H_3C & C_{16}H_{33} \end{bmatrix}^+ \cdot NO_3^-$$

锌盐类萃取剂是醚、酯、醇、酮在高浓度酸溶液中质子化后形成的锌盐阳离子,如

$$\begin{matrix} R \\ \diagdown \\ OH^+ \\ \diagup \\ R \end{matrix} , \quad \begin{matrix} R \\ \diagdown \\ C=OH^+ \\ \diagup \\ R \end{matrix}$$

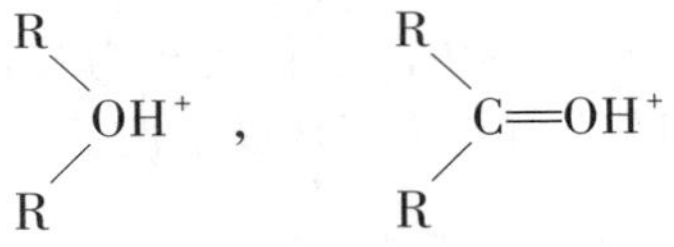

中性多配位功能团萃取剂主要是大环化合物,如苯并 – 18 – 冠 – 6 有 6 个氧原子参与配位生成配合阳离子,与相应的酸根阴离子缔合成中性萃合物。它与普通的阳离子型离子缔合萃取剂的区别在于:后者是萃取剂本身是阳离子,锕系元素与介质中的酸根形成配合阴离子与之缔合;而大环化合物本身是中性的,锕系阳离子通过萃取剂的多个配位功能团配位形成配合阳离子与介质中的酸根阴离子缔合成中性萃合物。

2.6.4 锕系元素的非水法分离

锕系元素的非水法分离一般有挥发法和熔盐法。挥发法主要是利用锕系元素氟化物或氯化物的挥发性差异进行分离。氟化物中 UF_6、NpF_6 和 PuF_6 均为挥发性化合物,它们的沸点约为 60 ℃,适当地氟化后,经 NaF 或 MgF_2 吸附和解吸过程可实现分离。锕系元素氯化物的挥发性也有差别,不同价态氯化物的凝聚温度为:$AlCl_3$ 850 ℃、(U – Cf)Cl_3 580 ℃、$ThCl_4$ 430 ℃、(U – Pu)Cl_4 360 ℃和 $PaCl_5$ 95 ℃等,可用在温度梯度分离法中。利用 $AlCl_3$ 蒸汽作载气组分分离锕系元素,也是一种重要的分离方法。熔盐法常用碱金属氯化物(如 KCl – LiCl)为体系,进行熔盐冶炼或熔盐电解以达到分离目的。

2.7 锕系元素的用途

2.7.1 锕系元素的易裂变核素与可转换核素

易裂变核素是指能被热中子诱发裂变的核素,亦即俘获热中子后的激发态复合核的最后一个中子结合能高于裂变阈的核素,如表 2-11 中的 ^{233}U、^{235}U 和 ^{239}Pu 所示。锕系元素在核能开发中已达到可使用规模的易裂变核素有 ^{233}U、^{235}U、^{239}Pu 和 ^{241}Pu,其中 ^{235}U 是已知自然界存在的唯一易裂变核素,它在天然铀元素中同位素丰度为 $(0.720\% \pm 0.001\%)$,这些核素的热中子俘获截面 (σ_c)、热中子诱发裂变截面 (σ_f)、以及 η 值的数据列于表 2-58 中。所谓 η 值是每吸收一个中子而放出的平均中子数,它不同于 $\bar{v}$ 值,因为 η 中吸收的中子包括 (n,r) 核反应的俘获中子在内。表 2-58 中的 η 值由表 2-10 中的 $\bar{v}$ 值计算获得,η 值大表示中子经济性好。易裂变核素在核装置(如核武器、核电站、核舰船以及核航天器等)中直接作为核燃料释放裂变能,以提供能源。

表 2-58　易裂变核的 σ_c、σ_f 和 η 值

易裂变核素	^{233}U	^{235}U	^{239}Pu	^{241}Pu
σ_c(巴)	46	101	271	368
σ_f(巴)	525	577	742	1 007
η	2.284	2.070	2.110	2.153

重核素俘获热中子后的激发态复合核的裂变阈高于最后一个中子结合能,因而不发生中子诱发裂变,但是重核素由于俘获了中子后转换为易裂变核素,故称该重核素为可转换核素,如表 2-11 中的 ^{232}Th、^{234}U 和 ^{238}U 所示。这三个核素在自然界均存在,此外在核反应堆内生成的 ^{240}Pu 也是常量的可转换核素。由于复合核裂变阈高,热中子不能诱发裂变,但是可由能量高的快中子诱发裂变。所以可转换核素也是核燃料。

2.7.2 锕系元素用作核裂变能源

锕系元素用作核裂变能源,主要利用易裂变核素 ^{233}U、^{235}U、^{239}Pu 和 ^{241}Pu 直接作为核燃料释放裂变能,同时可转换核素 ^{232}Th、^{234}U、^{238}U 和 ^{240}Pu 通过 (n,γ) 核反应,转换成易裂变核素,从而再生易裂变核素,形成核燃料循环。

自然界存在的锕系元素钍和铀都是重要的核能资源,开发利用钍和铀都是人们感兴趣的科学研究活动。天然钍中没有易裂变核素,而天然铀中 $^{235}U - ^{238}U$ 的存在为人类利用核裂变能源提供了方便的"火种",故首先从铀开始研究和开发核裂变能。现今各有核国家都用铀为核能燃料,科研工作已奠定了厚实的基础,技术日趋成熟。目前核电站主要以 $^{235}U - ^{238}U$ 或 $^{235}U - ^{239}Pu$ 组合元件为燃料,其乏燃料中存在大量的超铀放射性核素,如 ^{237}Np、^{238}Pu、^{239}Pu、^{240}Pu、^{241}Pu、^{242}Pu、^{241}Am、^{243}Am 和 ^{244}Cm,其中 ^{239}Pu、^{241}Pu 和 ^{240}Pu 都是在核反应堆内生成可应用规模的易裂变核素和可转换核素供回收利用,已实现了核燃料循环。用于快堆的核燃料钚就是一定组成的 ^{239}Pu、^{240}Pu 和 ^{241}Pu 同位素混合物。人们在从铀 – 钚核燃料系统成功地获取核能的同时,也存在相应的 α 放射性废物永久性处置问题有待解决。

对于钍资源在一个时期内需求不迫切,仅开展基础性研究和小规模的验证实验,少数国家基于特殊情况进行了不同层面的深入研究。自从 20 世纪 90 年代以来,用钍作为核裂变能源的兴趣,出现了国际性的"复苏",许多国家对钍基核燃料循环的研究非常重视。

钍燃料循环具有明显的优势:首先表现在"洁净"核能源上,^{232}Th – ^{233}U 燃料在反应堆内经过 5 级 (n,γ) 核反应后仅生成少量的 ^{237}Np 超铀元素,而 ^{235}U – ^{238}U 燃料同样经过 5 级 (n,γ) 核反应,则生成从 ^{237}Np 到 ^{243}Am 等大量极毒的超铀元素。如果用加速驱动系统 (ADS) 与钍燃料循环连接,ADS 的快中子直接诱发 ^{232}Th 裂变释放能量,同时 ^{233}U 连续再生出来,这个系统废物少,更安全,属"洁净"核能源,但是还需要研究发展认可的技术,尤其是高强度质子束流的提供和掌握熔盐燃料连续后处理技术。其次是钍的天然资源丰富,^{232}Th 转换的 ^{233}U 在热区和超热区的中子经济性好,^{232}Th – ^{233}U 形成"自持平衡"可提供一个独立的能源系统。最后,铀和钍燃料循环结合使用,可同时提高铀和钍的利用率。这些优势是使钍燃料循环研究"复苏"的一个重要原因;另一个原因是某些发达国家基于核不扩散和销毁部分战略核材料的需要,为从核武器拆卸下来的钚和高浓铀的处理提供一条好的途径。

钍燃料循环中 ^{233}U 的外辐射问题格外引人关注,一般认为 ^{232}Th – ^{233}U 燃料比 U – ^{239}Pu 的初始放射性比活度更高,在制作燃料元件时对 γ 射线防护要求高。^{233}U 的半衰期为 1.58×10^5 年,其第一代子体 ^{229}Th 半衰期为 7 340 年,也是长寿命核素,所以纯 ^{233}U 的放射性比活度是很低的。但是 ^{232}Th 转换为 ^{233}U 的同时也有 ^{232}U 伴生,^{232}U 的半衰期 68.9 年,第一代子体 ^{228}Th 半衰期仅为 1.91 年,其后至 ^{208}Pb(稳定)之间各子体均为短寿命放射性核素(图 2 – 45),因此 ^{232}U 的放射性比活度很高,尤其是强 γ 射线,其中 ^{208}Tl 有一分支 γ 射线能量高达 2.1 MeV,这种强外辐射给制造工艺和具体使用都带来一定的麻烦,所以 ^{233}U 的质量优劣主要是控制 ^{232}U 的含量。可根据不同用途对外辐射采取不同要求来控制生产不同级别 ^{233}U 中的 ^{232}U 含量。除了燃耗不同外,^{232}U 含量还与燃料组合和反应堆类型有关。在压水堆辐照钍燃料到常规的燃耗时,^{233}U 中 ^{232}U 含量将达 2 000 ~ 3 000 ppm,快堆增殖区辐照钍可得优质的 ^{233}U。俄罗斯在 BN – 350 和 BN – 800 快堆内进行了一系列的钍燃料循环研究,在 BN – 800 快堆内从钍增殖区每年提供 ^{233}U 数量层次不同,相应 ^{232}U 含量为 82 kg(42 ppm ^{232}U)、48 kg(11 ppm ^{232}U)、30 kg(3 ppm ^{232}U)、16 kg(0.7 ppm ^{232}U)。据估算,^{233}U 中 ^{232}U 含量在 10 ppm 以下,就可以在手套箱内操作而无需辐射安全防护,并且认为 ^{232}U 含量为 4 ~ 5 ppm 的 ^{233}U 可制造热离子元件燃料用于空间堆。^{233}U 的质量检测可用质谱法和射线谱法来鉴定。^{233}U 的 γ 射线谱和 α 射线谱示于图 2 – 46 和图 2 – 47 中。图 2 – 47 中,α 射线谱图 (b) 是在图 (a) 中放大纵坐标后可观察到的 ^{232}U 及其体的 α 射线谱。

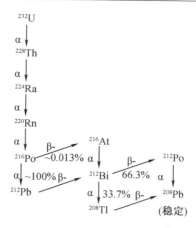

图 2 − 45　^{232}U 的衰变链

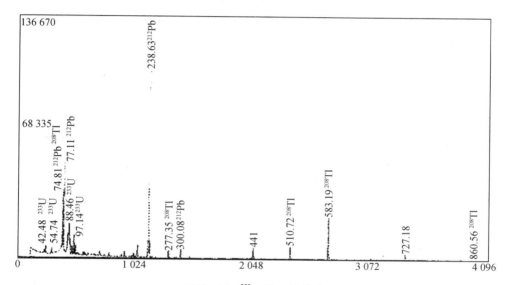

图 2 − 46　^{233}U 的 γ 射线谱

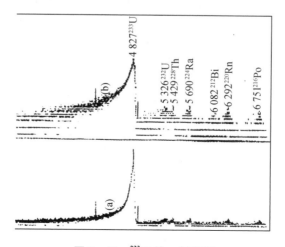

图 2 − 47　^{233}U 的 α 射线谱

251

2.7.3　锕系元素的其他用途

锕系元素因其特殊的核性质除了用作核燃料外,在工业、农业、科学实验、生物医学、"上天"及"入海"等多领域中具有广泛的用途。以下简要介绍^{238}Pu、^{241}Am和^{252}Cf等核素的部分应用。

^{238}Pu的半衰期87.75年,α放射性,无γ射线,自发裂变放出中子为2.2×10^3 n/(g·s),无须重型辐射防护。用^{238}Pu制成核电池品种繁多,在卫星上用的功率仅几瓦,而空间站用的电源达几十千瓦。在核医学上,用^{238}Pu为动力的心脏起搏器已在使用,并将用于人造器官(如心脏、肾脏)中的供能单元。^{238}Pu可制作机动灵活的热源,在探月工程中,月球背面温度很低,仪器不能正常工作,用^{238}Pu热源维持工作温度。在深海科考时,深水处温度低,^{238}Pu源将水加热,并用泵打过网状夹套温热深海中的潜水员。

^{241}Am半衰期433年,α放射性,γ射线能量为59.5 keV。利用(α,n)反应制造镅-铍中子源,可用于石油工业中测井,用于中子活化分析,测量骨骼中的磷、钢铁中的硅等。59.5 keV射线已在多方面应用:用于测厚仪、密度计;用作X射线激发源,对原子序数$Z = 20(Ca)$到$Z = 56(Ba)$的30多种元素X射线荧光分析。

^{252}Cf半衰期2.638年,α放射性,3.2%自发裂变,中子发射率为2.34×10^{12} n/(g·s),操作1 mg ^{252}Cf就需要在热室中进行,制作成小巧玲珑的中子源是^{252}Cf的重要用途。在核安全保障技术中,^{252}Cf用于检测易裂变核素和可转换核素;在医学上,放射医学家已使用治疗癌症的可插入体内的^{252}Cf中子源,给病变组织很强的局部辐射剂量,在克服缺氧细胞对辐照抵抗方面,中子比γ辐射更有效,也可以用^{252}Cf中子源生产就地用短寿命核素^{38}Cl、^{60m}Co、^{55}Mn、^{64}Cu、^{80}Br、^{128}I、^{134m}Cs、^{139}Ba等;以^{252}Cf为中子源,可望建造活化分析流动实验室。

参 考 文 献

［1］　唐任寰,刘元方,张青莲,张志尧,唐任寰,《锕系·锕系后元素》［M］,科学出版社,1998.

［2］　L. R. Morss, N. M. Edelsteln, J. Fuger,《The Chemistry of the Actinide and Transactinide Elements》［M］.,Springer(2010).

（1）R. G. Haire, "Californium", V. 3, P1506.

（2）D. C. Hoffman, D. M. Lee, V. Pershina, "Transactinide Elements and Future Elements", V. 3 P1652 – 1736

（3）N. M. Edelstein,etal., "Summary and Comparèson of Properties of the Actinide and Transactinide Elements", V. 3, P1753.

（4）E. F. Worden elal., "Spectra and Electronic Sturctures of Free Actinide Atoms and I-ons", V. 3, P1836.

（5）N. Kaltsoyannis, etal., "Theoretical Studies of the Electronic structure of Compounds of the Actinide Elements" V. 3, P1893.

（6）R. J. M. Kornigs, etal., "Thermodynamic Properties of Actinides and Actinides and

Actinide Compounds". V. 4, P2113.

(7）N. M. Edelstein, G. H. Lander, "Magnetic Properties", V. 4, P2225.

(8）K. E. Gutowski, N. J. Bridges, R. D. Rhoger, "Actinide Sturctural Chemistry", V. 4, P2380.

(9）G. R. Choppin, M. P. Jensen, "Actinides in Solution：Complexation Kinetics", V. 4, P2524.

(10）K. L. Nash, etal., "Actinide separation Science and Technolgy", V. 4, P2622.

［3］ 杨承宗,吕维纯主编,《放射化学》,中国科学技术大学 08 系教材,1963.

［4］ 杨承宗,李虎侯主编,《放射性同位素化学》,中国科学技术大学 08 系教材(1963).

［5］ C. 克勒尔著,朱永赡等译,《放射化学基础》[M],原子能出版社(1993)

［6］ 梅镇岳著,《原子核物理》[M],第九章,科学出版社(1961).

［7］ 卢希庭主编,《原子核物理》[M],第八章,原子能出版社(1982).

［8］ G. 弗里德,兰德等著,冯锡璋等译,《核化学与放射化学》[M],原子能出版社, (1988).

［9］ J. M. 克利夫兰著,《钚化学》翻译组译,《钚化学》[M],第一章,科学出版社(1974).

［10］ 译文集,《超钚元素》[M],原子能出版社(1976).

［11］ 高松主编,《普通化学》[M],第 11 章,北京大学出版社(2013).

［12］ 徐光宪,袁承业等著,《稀土的溶剂萃取》[M],科学出版社,1987 年第一版,2010 年第三次印刷.

［13］ А. И. 莫斯克文著,苏杭,齐陶译《锕系元素的配位化学》[M],原子能出版社(1984).

［14］ Л. Л. 鲍林,А. И. 卡列林著,朱永赡等译,《锕系元素氧化还原热力学》[M],原子能出版社(1980).

［15］ 周公度,段连运编著,《结构化学基础》[M],第六章,北京大学出版社(1995 年第二版,2001 年 8 次印刷).

［16］ 武汉大学,吉林大学等校编,《无机化学》[M],下册,P1097,高等教育出版社(1994 年第 3 版).

［17］ 游效曾,"配位场理论"《当代化学前沿》[M],P36. 中国致公出版社(1997).

［18］ 林灿生,"用钍为裂变能源的评论",《中国科技发展精典文库》[M],2005 卷下,P950,中国档案出版社(2005).

［19］ 伍彦,镭的提取[J],原子能科学技术,1960,558 – 564.

第3章 铀的溶剂萃取化学

3.1 铀 元 素

3.1.1 自然界的铀

铀是一种天然放射性元素,原子序数92,是已知最重的天然元素。铀具有毒性,在放射性物质的毒性分类中,天然铀属于中毒性元素,但不同的铀化合物其化学毒性亦不同,UF_6为剧毒,UO_2F_2 和 UCl_6 为高毒,$UO_2(NO_3)_2$ 和 $Na_2U_2O_7$ 为中毒,UO_3 和 UCl_4 次之,而属于微毒的是 UO_2、UF_4 和 U_3O_8。1789 年,德国化学家 M. H. Klaproth 发现铀之后经历了一百多年的时间里,铀仅作为辅料(如染色剂、除气剂)使用,需求量甚微。1896 年 H. Becqucrel 发现铀发射一种尖锐的射线使被黑纸包住的照相底板感光,紧接其后,M. Curie 开发了测量铀射线的定量技术,发现钍也会发射这种射线,并且用化学分离方法从铀矿中提取了以示踪量存在于铀矿中会放出射线的元素,Curie 命名其为钋(polonium)和镭(radium),并且把这些重元素的这种性质称之为"放射性"(radioactivity)。人们对放射性的认识,揭开了探索原子核的序幕,1939 年德国化学家 O. Hahn 和 F. Strassman 发现了铀核裂变现象,开启了释放原子核能的大门,从此人类步入原子能时代,使铀的地位发生了显著的变化,铀被用作核武器、核电站和核装置的关键性核燃料,同时也成为超铀元素研究领域的根基。

在地球化学性质方面铀很活泼,易于迁移,分布广泛,在地壳中平均含量为 3×10^{-4} ~ 4×10^{-4} 克拉克值,在海水中铀的含量为 0.003 3 ppm,2015 年核地研院李子颖等发现自然界存在单质铀。基于铀的亲氧和两性特点,总是以四价或六价离子与其他元素的化合物存在。铀矿物按化学成分而言,可分为以下几类。

1. 简单氧化物类

这类铀矿物中,沥青铀矿和晶质铀矿是提取铀的主要工业原料。沥青铀矿,化学式为 $mUO_2 \cdot nUO_3$,含铀 55% ~ 64%,常见于中、低温热液矿床,与铜铅锌铁砷钴镍的硫化物、碳酸盐、萤石、石英、赤铁矿等矿物共生,一般不含钍而只含痕量稀土元素。晶质铀矿,化学式为 $m(U, Th)O_2 \cdot nUO_3$,含铀 42% ~ 76%,常见于伟晶岩、高温热液铀矿床或沉积变质矿床,与方钍矿、锆石、独居石、褐帘石等共生。

2. 复杂氧化物类

这类铀矿物主要是含铀的钛、铌、钽矿物,成分复杂,变化不定,种类很多,产于高温热液蚀变的花岗岩、变质岩和花岗伟晶岩中。常见的矿物有:

①钛铀矿(U, Ca, Th, Y)(Ti, Fe)$_2O_6$;

②铈铀钛铁矿$(Fe^{2+},La,Ce,U)_2(Ti,Fe^{3+})_5O_{12}$；

③铌钇矿$(Y,U,Fe)_2(Nb,Ti,Fe)_2O_7$；

④黑稀金矿$(Y,U)(Nb,Ti)_2O_8$；

⑤铀烧绿石$(Ca,Na,U)_2(Nb,Ti)_2O_6(OH,F)$；

⑥铈铀烧绿石$(Ca,Na,Ce,U)_2(Nb,Ti)_2O_6(F,OH)$；

⑦铌钛铀石$(U,Ca)_2(Nb,Ti)_2O_6(OH)$。

这类铀矿物有综合利用的工业价值,但铀的提取难度相对大些,具有强放射性而不发荧光。

3. 氢氧化物类

这类铀矿物是由沥青铀矿和晶质铀矿经氧化和水化作用而形成的次生矿物,主要有:

水铀矿 $UO_3 \cdot nH_2O$；

水斑铀矿 $U(UO_2)_5O_2(OH)_{10} \cdot nH_2O$；

橙水铅铀矿 $Pb[(UO_2)_7O_2(OH)_{12}] \cdot 6H_2O$；

红铀矿 $Pb[(UO_2)_4O_2(OH)_6] \cdot H_2O$。

这类铀矿物颜色鲜艳,有橙红色、红褐色、黄色,在紫外光照射下发暗褐色荧光。

4. 铀云母类

这类铀矿物是六价铀的磷酸盐、砷酸盐和钒酸盐,因外表特征与云母相似而得名,属于自然界分布最广的铀矿物,主要有:

钙铀云母 $Ca(UO_2)_2(PO_4)_2 \cdot 8-10H_2O$；

铜铀云母 $Cu(UO_2)_2(PO_4)_2 \cdot 8-12H_2O$；

铁铀云母 $Fe(UO_2)_2(PO_4)_2 \cdot 10-12H_2O$；

钡铀云母 $Ba(UO_2)_2(PO_4)_2 \cdot 8H_2O$；

铝铀云母 $HAl(UO_2)_4(PO_4)_4 \cdot 16H_2O$；

翠砷铜铀矿 $Cu(UO_2)_2(AsO_4)_2 \cdot 10H_2O$；

钙砷铀云母 $Ca(UO_2)_2(AsO_4)_2 \cdot 8H_2O$；

钾钒铀矿 $K_2(UO_2)_2(VO_4)_2 \cdot 1-3H_2O$；

钒钙铀矿 $Ca(UO_2)_2(VO_4)_2 \cdot 8H_2O$。

除上述类型外还有铀硅酸盐类,如:

铀钍石$(Th,U)SiO_4$；

硅铀钙镁矿$(U^{4+}、Y、Ce、Th)U^{6+}(Mg、Ca、Pb) \cdot (SiO_4)_2(OH) \cdot nH_2O$ 等。

3.1.2　铀的主要同位素与核性质

铀元素在自然界存在三种同位素,即^{238}U、^{235}U 和^{234}U,都是长寿命的放射性核素。^{238}U 是可转换核素,丰度高达$99.275(0.002)\%$,是用于人工生产易裂变核素^{239}Pu 的最佳原料,在热中子反应堆中生产^{239}Pu 的核反应式为

$$^{238}U(n,\gamma)\;^{239}U \xrightarrow[(23.45\ min)]{\beta^-} {}^{239}Np \xrightarrow[(2.35\ d)]{\beta^-} {}^{239}Pu$$

^{238}U 在地壳中的含量较高,而且是已知自然界重元素中自发裂变半衰期$(8.3 \times 10^{15}\ a)$ 最短的,所以用天然铀观察自发核裂变比较方便。^{235}U 是唯一的已知天然易裂变核素,其同位素丰度仅$(0.720 \pm 0.001)\%$,可幸的是它作为最初的“火种”,实现了核燃料循环,为人类

开辟了核能应用的广阔领域。^{234}U 作为 ^{238}U 的衰变后代而存在,由于与 ^{238}U 半衰期相差数万年的衰变平衡体,^{234}U 的含量甚微,丰度为(0.005 ± 0.001)%,尚不具备工业应用的可行性,但是常将 ^{238}U 的第一代子体 ^{234}Th(24.10d)作为钍的示踪剂用于科学研究实验。表 3 - 1 列出了铀的主要同位素与核性质。

表 3 - 1 铀的主要同位素与核性质

质量数	半衰期	衰变模式	主要射线及能量/MeV	生产方法
217	16 ms	α	α 8.005	^{182}W(^{40}Ar,5n)
218	1.5 ms	α	α 8.625	^{197}Au(^{27}Al,6n)
219	42 μs	α	α 8.680	^{197}Au(^{27}Al,5n)
222	1.0 μs	α	α 9.500	W(^{40}Ar,xn)
223	18 μs	α	α 8.780	^{208}Pb(^{20}Ne,5n)
224	0.9 ms	α	α 8.470	^{208}Pb(^{20}Ne,4n)
225	59 ms	α	α 7.879	^{208}Pb(^{22}Ne,5n)
226	0.35 s	α	α 7.430	^{232}Th(α,10n)
227	1.1 min	α	α 6.87	^{232}Th(α,9n) ^{208}Pb(^{22}Ne,3n)
228	9.1 min	α≥95% EC≤5%	α 6.68(70%) 6.60(29%) γ 0.152	^{232}Th(α,8n)
229	58 min	EC ~ 80% α ~ 20%	α 6.360(64%) 6.332(20%) γ 0.123	^{230}Th(^{3}He,4n) ^{232}Th(α,7n)
230	20.8d	α	α 5.888(67.5%) 5.818(31.9%) γ 0.072	^{230}Pa 子体 ^{231}Pa(d,3n)
231	4.2d	EC > 90% α 5.5×10^{-3}%	α 5.46 γ 0.084	^{230}Th(α,3n) ^{231}Pa(d,2n)
232	68.9 a≈ 8×10^{13} a	α SF	α 5.320(68.6%) 5.264(31.2%) γ 0.058	^{232}Th(α,4n)
233	1.592×10^5 a 1.2×10^{17} a	α SF	α 4.824(82.7%) 4.783(14.9%) γ 0.097	^{233}Pa 子体
234	2.455×10^5 a 2×10^{16} a	α SF	α 4.777(72%) 4.732(28%)	天然存在

表 3-1(续)

质量数	半衰期	衰变模式	主要射线及能量/MeV	生产方法
235	7.308×10^8 a	α	α　4.397(57%)	天然存在
	3.5×10^{17} a	SF	4.367(18%)	
235m	25 min	IT	γ　0.186	^{239}Pu 子体
236	2.34×10^7 a	α	α　4.494(74%)	^{235}U(n,γ)
	2.43×10^{16} a	SF	4.445(26%)	^{240}Pu 子体
237	6.75d	β^-	β^-　0.519	^{236}U(n,γ)
			γ　0.60	^{238}U(n,2n)
238	4.468×10^9 a	α	α　4.196(77%)	天然存在
	8.30×10^{15} a	SF	4.149(23%)	
239	23.45 min	β^-	β^-　1.29	^{238}U(n,γ)
			γ　0.075	
240	14.1h	β^-	β^-　0.36	^{244}Pu 子体
			γ　0.044	
242	16.8min	β^-	β^-　1.2	^{244}Pu(n,2pn)
			γ　0.068	

3.1.3　典型的人造铀同位素及其衰变链

人造铀同位素中比较典型的有 ^{242}U、^{240}U、^{239}U、^{237}U、^{236}U、^{233}U 和 ^{232}U。其中，^{237}U 可作为铀化学研究实验的示踪剂，用 γ 射线能谱法测量很方便，^{237}U 的衰变子体 ^{237}Np 是制造 ^{238}Pu 的重要原料；^{233}U 是性能优良的核燃料，此外还用作质谱法测量铀的同位素稀释剂；^{239}U 是制造关键核燃料 ^{239}Pu 的必须环节，也是超铀元素研究领域的奠基石。这些人造铀同位素的衰变链都归入四大放射性衰变系列，以下分别叙述。

① ^{242}U：^{244}Pu(n, 2pn) $\xrightarrow{}$ ^{242}U $\xrightarrow{\beta^-}$ ^{242}Np $\xrightarrow{\beta^-}$ ^{242}Pu $\xrightarrow{\alpha}$ ^{238}U $\xrightarrow{\alpha}$
　　　　　　　　(8.3×10⁷a)　(16.8 min)　(5.5 min)　(3.87×10⁵a)　(4.468×10⁹a)
　　　　　　　　　　　　　　　　　　　　　　　　　　　　　　　　　　　(4n+2)系

^{234}Th $\xrightarrow{\beta^-}$ ^{234}Pa $\xrightarrow{\beta^-}$ ^{234}U $\xrightarrow{\alpha}$ ^{230}Th $\xrightarrow{\alpha}$ …… $\longrightarrow$ ^{206}Pb
(24.10 d)　(6.75 h)　(2.455×10⁵a)　(7.534×10⁴a)　　　　(稳定)

② ^{240}U：^{244}Pu $\xrightarrow{\alpha}$ ^{240}U $\xrightarrow{\alpha}$ ^{236}Th $\xrightarrow{\beta^-}$ ^{236}Pa $\xrightarrow{\beta^-}$ ^{236}U $\xrightarrow{\alpha}$
　　　　　(8.3×10⁷a)　(14.1 h)　(37.5 min)　(9.1 min)　(3.34×10⁷a)

^{232}Th $\xrightarrow{\alpha}$ …… $\longrightarrow$ ^{208}Pb
(1.405×10¹⁰a)　　(稳定)
4n系

③ ^{239}U：^{238}U(n,r) ^{239}U $\xrightarrow{\beta^-}$ ^{239}Np $\xrightarrow{\beta^-}$ ^{239}Pu $\xrightarrow{\alpha}$ ^{235}U $\xrightarrow{\alpha}$ ^{231}Th $\xrightarrow{\beta^-}$
　　　　　　　(23.45 min)　(2.35 d)　(2.44×10⁴a)　(7.038×10⁸a)　(25.52 h)
　　　　　　　　　　　　　　　　　　　　　　　　　　(4n+3)系

^{231}Pa $\xrightarrow{\alpha}$ ^{227}Ac $\xrightarrow{\beta^-,\alpha}$ …… $\longrightarrow$ ^{207}Pb
(3.28×10⁴a)　(21.77 a)　　　　(稳定)

④ ^{237}U：$\left.\begin{array}{c}^{236}U(n,r)\\^{238}U(n,2n)\end{array}\right\}$ $\xrightarrow{}$ ^{237}U $\xrightarrow{\beta^-}$ ^{237}Np $\xrightarrow{\alpha}$ ^{233}Pa $\xrightarrow{\beta^-}$ ^{233}U $\xrightarrow{\alpha}$ ^{229}Th $\xrightarrow{\alpha}$
（6.75 d）　（2.14×10⁶ a）　（27.0 a）　（1.592×10⁵ a）　（7 340 a）
（4n+1）系

$\cdots\xrightarrow{}$ ^{209}Bi $\xdashrightarrow{\alpha}$ ^{205}Tl
（>1.9×10¹⁹ a）　（稳定）

⑤ ^{236}U：$\left.\begin{array}{c}^{235}U(n,r)\\^{240}Pu\xrightarrow{\alpha}\end{array}\right\}$ ^{236}U $\xrightarrow{\alpha}$ ^{232}Th $\xrightarrow{\alpha}$ ^{228}Ra $\xrightarrow{\beta^-}$ ^{228}Ac $\xrightarrow{\beta^-}$ ^{228}Th $\xrightarrow{\alpha}$
（2.34×10⁷ a）　（1.405×10¹⁰ a）　（5.75 a）　（6.15 h）　（1.91 a）
4n系

^{224}Ra $\xrightarrow{\alpha}\cdots\xrightarrow{}$ ^{208}Pb
（3.64 d）　　　（稳定）

⑥ ^{233}U：　$^{232}Th(n,r)$ ^{233}Th $\xrightarrow{\beta^-}$ ^{233}Pa $\xrightarrow{\beta^-}$ ^{233}U $\xrightarrow{\alpha}$ ^{229}Th $\xrightarrow{\alpha}$ ^{225}Ra $\xrightarrow{\beta^-}$
（22.3 min）　（27.0 d）　（1.592×10⁵ a）　（7 340 a）　（14.8 d）
（4n+1）系

^{225}Ac $\xrightarrow{\alpha}$ ^{221}Fr $\xrightarrow{\alpha}\cdots\xrightarrow{}$ ^{209}Bi $\xdashrightarrow{\alpha}$ ^{205}Tl
（10.0 d）　（4.8 min）　　（>1.9×10¹⁹ a）　（稳定）

⑦ ^{232}U：$^{232}Th(n,2n)$ ^{231}Th $\xrightarrow{\beta^-}$ $^{231}Pa(n,r)$ ^{232}Pa $\xrightarrow{\beta^-}$ ^{232}U ⎫
（1.405×10¹⁰ a）（25.5 h）　　（3.28×10⁴ a）（1.31 d）　（68.2 a） ⎬
　　　　　　　　　　　　　　　　　　^{236}Pu $\xrightarrow{\alpha}$ ^{232}U ⎫ $\xrightarrow{\alpha}$ ^{228}Th $\xrightarrow{\alpha}$ ^{224}Ra
　　　　　　　　　　　　　　　　　（2.85 a）　　　 ⎬ 　（1.91 a）　（3.64 d）
　　　　　　　　　　　　　　　　　$^{233}U(n,2n)$ ^{232}U ⎭ 4n系
　　　　　　　　　　　　　　　　　（1.592×10⁵ a）

$\xrightarrow{\alpha}\cdots\xrightarrow{}$ ^{208}Pb（稳定）

　　四大放射性衰变系中的衰变链最终稳定核是：$4n$ 系为 ^{208}Pb，（$4n+2$）系为 ^{206}Pb，（$4n+3$）系为 ^{207}Pb，都是幻数核 $Z=82$，其中 ^{208}Pb 的中子数 $N=126$，中子和质子均为幻数，亦即双幻数核。（$4n+1$）系衰变链的最后两个核素为 ^{209}Bi 和 ^{205}Tl，^{209}Bi 的中子数 $N=126$，也是幻数核，其 α 放射性半衰期为 1.9×10^{19} a，放射性比活度极低，通常将 ^{209}Bi 作为稳定核素对待，该衰变系成员 ^{229}Th（7 340 a）可作为 ^{225}Ra 和 ^{225}Ac 的母牛，借用溶剂萃取很容易从陈化的 ^{233}U 中分离出 ^{229}Th，通过挤奶分别提取 ^{225}Ra 和 ^{225}Ac 用作示踪剂。（$4n+2$）衰变系的成员 ^{230}Th 也是很好的核反应研究之靶核，用溶剂萃取法从衰变链中提取 $^{234}Th+^{230}Th$ 混合物，待 ^{234}Th 衰变完后，继续萃取分离，得纯的 ^{230}Th。

3.1.4　铀金属

　　铀是一种白色的软金属，熔点 1 132.3 ℃，沸点 3 818 ℃。工业上常用钙镁还原四氟化铀制备金属铀：

$$UF_4 + 2Mg \longrightarrow U + 2MgF_2 + 343.1\ kJ$$
$$UF_4 + 2Ca \longrightarrow U + 2CaF_2 + 560.7\ kJ$$

　　金属铀有三种同素异形体，按温度范围不同而形成 α、β 和 γ 形体，其相应的晶体结构参数和密度列于表 3–2。

表 3 - 2　金属铀的晶体结构和密度

同素异形体	晶体结构	晶格参数/Å			温度/℃	密度/(g·cm⁻³)
		a	b	c		
$\alpha - U$	斜方	2.854	5.869	4.955	室温	19.05
$\beta - U$	四方	10.754	$b = a$	5.6525	667.7 ~ 774.8	18.13
$\gamma - U$	体心立方	3.534	$b = a$	$c = a$	774.8 ~ 1 132.3	17.91

$\alpha - U$ 是各向异性的,在加热时向两个方向膨胀,而第三个方向却收缩。$\beta - U$ 也是各向异性的,唯 $\gamma - U$ 各向同性。金属铀有延展性,但加工时有硬化倾向,在 $\alpha - U$ 的温度范围内进行热处理,可消除加工硬化现象,到 667.7 ℃时转变为 $\beta - U$。由于铀属于软金属,当接受中子辐照时,会发生畸变和肿胀,因此将铀制成合金或在核燃料外层加高强度的包壳后使用,铀的热导率随温度的升高而逐步增加。

铀原子比较大,半径为 1.56 Å,而三至六价的铀离子半径分别为 U^{3+} 1.022 Å、U^{4+} 0.929 Å、U^{5+} 0.88 Å、U^{6+} 0.83 Å。铀原子电离为离子的第一、第二和第三电离势分别等于 5.65 eV、14.36 eV 和 25.13 eV。

金属铀块暴露在空气中会缓慢地氧化,生成黑色的氧化膜,这一层膜也可防止金属进一步氧化。粉末状铀在空气中会自燃,甚至在水中也能自燃,铀块与沸腾的水作用生成 UO_2 和 H_2,而且 H_2 又与铀作用形成 UH_3。铀与水蒸气作用很猛烈,在 150 ~ 250 ℃时反应生成 UO_2 和 UH_3 的混合物:

$$7U + 6H_2O(气) \longrightarrow 3UO_2 + 4UH_3$$

铀能与多种金属形成合金,铀合金的有些性质比金属铀优越,如形状稳定,不易发生辐照畸变和膨胀,耐腐蚀。$U - Mo$、$U - Zr$ 和 $U - Nb$ 等合金可用作动力堆的核燃料,由于合金元素引入量大,吸收过多的中子,影响连锁反应自持,因此需要用 ^{235}U 丰度相对高的浓缩铀。使用天然铀的石墨反应堆中,只有金属铀方能达到核临界。以生产 ^{239}Pu 为目的之生产堆,一般用金属铀作为燃料元件的芯体,运行过程中,铀棒周围温度不可超过铀的 $\alpha - \beta$ 相变温度,以防止铀的相变造成燃料元件变形和损坏。

3.2　铀的无机化合物

3.2.1　铀的氢化物

已知氢化铀有两种晶体 $\alpha - UH_3$ 和 $\beta - UH_3$,其中 $\alpha - UH_3$ 很不稳定,需在 -80 ℃以下制备,$\beta - UH_3$ 是铀的主要氢化物。当在 250 ℃下向真空反应系统中通入氢气,铀块或粉末很快形成黑色或暗灰色的粉末,即 $\beta - UH_3$。温度为 298 K 时,$\beta - UH_3$、$\beta - UD_3$ 和 $\beta - UT_3$ 的生成热容、熵和焓数据列于表 3 - 3 中。

表 3 - 3　氢化铀生成的热容、熵和焓

化合物	热容 /$(J \cdot K^{-1} \cdot mol^{-1})$	ΔS^0 /$(J \cdot K^{-1} \cdot mol^{-1})$	ΔH^0 /$(kJ \cdot mol^{-1})$
$\beta - UH_3$	49.29 ± 0.08	63.68 ± 0.13	-126.98 ± 0.13
$\beta - UD_3$	64.98 ± 0.08	71.76 ± 0.13	-129.79 ± 0.13
$\beta - UT_3$	74.43 ± 0.75	79.08 ± 0.79	-130.29 ± 0.21

氢化铀的化学性质很活泼,它与 O_2、N_2、Cl_2、Br_2 反应,分别生成铀的氧化物、氮化物和四价卤化物,与水发生剧烈反应,而与卤代有机溶剂的反应是危险的,有爆炸的可能性。氢化铀常用作实验中制备某些铀化物的初始原料,表 3 - 4 列出一些典型的反应。

表 3 - 4　氢化铀的典型反应

试剂	反应温度/℃	产物
O_2	室温点火	U_3O_8
H_2O	350	UO_2
H_2S	400 ~ 500	US_2
N_2	250	U_2N_3
NH_3	250	U_2N_3
PH_3	400	UP
Cl_2	250	UCl_4
HCl	250 ~ 300	UCl_3
HF	200 ~ 400	UF_4
Br_2	300 ~ 350	UBr_4
HBr	300	UBr_3
CO_2	300	UO_2

氢化铀的另一个重要用途是以 UH_3、UD_3 和 UT_3 化合物形式分别储存氢、氘和氚,需要时加热至分解温度,则释放出这些气体。

3.2.2　铀的氧化物

1. 二元氧化物

铀和氧形成复杂的二元氧化物体系,存在着多种晶相和不同颜色,而且有的分子式偏离化学计量。常见的铀氧化物有 UO_2、U_4O_9、U_3O_7、U_2O_5、U_3O_8、UO_3 和 $UO_4 \cdot 2H_2O$ 等。其中较重要的有 UO_2、U_3O_8、UO_3 和 $UO_4 \cdot 2H_2O$,最稳定的是 U_3O_8,其次是 UO_2。

二氧化铀可由高价铀氧化物还原或三碳酸铀酰铵直接热分解得到,反应式为

$$UO_3 + H_2 \xrightarrow{650\ ℃} UO_2 + H_2O$$

$$3(NH_4)_4UO_2(CO_3)_3 \xrightarrow{800\ ℃} 3UO_2 + 10NH_3 + 9CO_2 + N_2 + 9H_2O$$

陶瓷二氧化铀熔点高,不易发生相变,常用作核动力堆的燃料。

八氧化三铀,是绿黑色或橄榄绿色的化合物,在空气中很稳定,800 ℃以下组成不发生变化,通常作为铀定量分析的标准物质。U_3O_8 可视为 ($UO_2 + 2UO_3$) 的混合物,可由热处理三氧化铀或重铀酸铵得到 U_3O_8,反应式为

$$6UO_3 \xrightarrow{>500\ ℃} 2U_3O_8 + O_2$$

$$9(NH_4)_2U_2O_7 \xrightarrow{800\ ℃} 6U_3O_8 + 2N_2 + 14NH_3 + 15H_2O$$

三氧化铀按制备方法不同,可形成 A、α、β、γ、δ、ε 和 ζ 等七种不同相形的化合物,而且颜色各异。图 3-1 示出 UO_3 的制备方法和相应产物的晶形,U_3O_8 在 350 ℃ 的 NO_2 气体中氧化制得 $\varepsilon - UO_3$,400 ℃ 是 $\varepsilon - UO_3$ 稳定的温度上限,改变压力为 30 kbar 和温度为 1 100 ℃时形成 $\zeta - UO_3$,图中未示出。

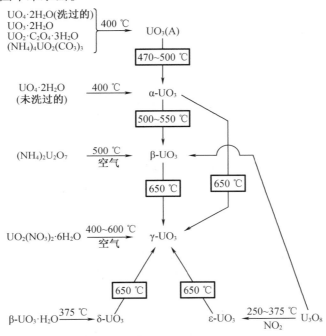

图 3-1　UO_3 的制备方法及其相应的晶相产物

过氧化铀的特点是在水中溶解度低,常在沉淀分离方法中用到。向 pH = 2 的硝酸铀酰溶液中加入过氧化氢溶液,生成沉淀在室温下干燥,得到含 4 分子结晶水的过氧化铀 $UO_4 \cdot 4H_2O$,在 90 ℃下加热 $UO_4 \cdot 4H_2O$ 制得 $UO_4 \cdot 2H_2O$。

铀和氧形成的二元氧化物还有很多,表 3-5 列出了一些铀氧化物的颜色、密度和晶格参数。

表 3-5　铀氧化物的颜色和晶格参数及密度

化学式	颜色	晶格对称性	晶格参数/Å			密度 /(g·cm⁻³)
			a	b	c	
UO_2	棕黑	fcc	5.470 4			10.964
U_4O_9	黑	bcc	5.441			10.299

表 3-5（续）

化学式	颜色	晶格对称性	晶格参数/Å			密度 /(g·cm⁻³)
			a	b	c	/(g·cm⁻³)
$\alpha-U_3O_7$	黑	四方	5.447		5.400	
$\beta-U_3O_7$	黑	四方	5.383		5.547	
$\gamma-U_3O_7$	黑	四方	5.407		5.497	
$\alpha-U_2O_5$	黑	单斜	12.40	5.074	5.675	10.47
$\beta-U_2O_5$	黑	六角	3.813		13.18	11.15
$\gamma-U_2O_5$	黑	单斜	5.410	5.481	5.410	11.51
$\alpha-U_3O_8$	绿黑	斜方	6.716	11.960	4.147	8.395
$\beta-U_3O_8$	绿黑	斜方	7.069	11.445	8.303	8.326
$A-UO_3$	橙	无定形				
$\alpha-UO_3$	米黄	斜方	6.84	43.45	4.157	7.44
$\beta-UO_3$	橙	单斜	10.34	14.33	3.910	8.30
$\gamma-UO_3$	黄	斜方	9.813	19.93	9.711	8.00
$\delta-UO_3$	深红	立方	4.16			6.60
$\varepsilon-UO_3$	砖红	三斜	4.002	3.841	4.165	8.67
$\zeta-UO_3$	棕	斜方	7.511	5.466	5.224	8.86

2. 铀酸盐体系

以铀原子为中心的铀酸根阴离子与金属（大多为碱金属或碱土金属）阳离子生成的盐，如 Li_2UO_4、Na_2UO_4、Cs_2UO_4、$MgUO_4$、$CaUO_4$、$SrUO_4$；$K_2U_2O_7$、$Rb_2U_2O_7$、$Cs_2U_2O_7$、CaU_2O_7、SrU_2O_7；部分碱金属和碱土金属的铀酸盐列于表 3-6 中。

表 3-6　部分碱金属和碱土金属的铀酸盐

化学式	颜色	晶格对称性	晶格参数/Å			密度 /(g·cm⁻³)
			a	b	c	/(g·cm⁻³)
U(Ⅵ)化合物						
$\alpha-Na_2UO_4$	黄	斜方	9.76	5.73	3.50	5.71
$\alpha-K_2UO_4$	黄	四角	4.344		13.13	4.66
Cs_2UO_4	橙	四角	4.39		14.82	
$MgUO_4$	黄	斜方	6.520	6.595	6.924	7.28
$\alpha-SrUO_4$	桔红	菱形	6.54			7.84
$\beta-SrUO_4$	黄	斜方	5.4896	7.9770	8.1297	7.26
$Li_2U_2O_7$	黄	正交	20.4	11.6	11.1	
$\alpha-Cs_2U_2O_7$	橙黄	单斜	14.528	4.2638	7.605	
BaU_2O_7	黄	四角	7.127		11.95	

表 3－6（续）

化学式	颜色	晶格对称性	晶格参数/Å			密度 /(g·cm^{-3})
			a	b	c	
Li_4UO_5	金黄	四角	7.736		4.45	5.41
Na_4UO_5	红－粉红	四角	7.576		4.641	5.11
Ca_2UO_5	黄	单斜	7.913	5.440 9	11.448 2	5.67
Sr_2UO_5	黄	单斜	8.104 3	5.661 4	11.918 5	6.34
Ca_3UO_6	微黄	单斜	5.727 5	5.956 4	8.298 2	5.34
Sr_3UO_6	微黄	单斜	5.958 8	6.179 5	8.553 5	6.17
U(V)和U(Ⅳ)化合物						
$LiUO_3$	黑－紫	菱形	5.901			7.67
$NaUO_3$	红－棕	斜方	5.775	5.905	8.25	7.33
KUO_3	棕	立方	4.290			6.84
$RbUO_3$	淡棕	立方	4.323			7.63
CaU_2O_6	黑	立方	5.379			8.71
SrU_2O_6	黑	立方	5.452			9.07
$CaUO_3$	黑	立方	10.727			
$SrUO_3$	暗棕	单斜	6.101	8.60	6.17	
$BaUO_3$	棕	立方	4.40			7.98
CaU_3O_9	非化学计量					

3.2.3　铀的卤化物

含卤素的铀化合物种类很多,其中无机化合物有铀的二元卤化物,如 UF_3、UCl_3、UBr_3、UI_3、UF_4、UCl_4、UBr_4、UI_4、UF_5、UCl_5、UBr_5、UF_6 和 UCl_6;混合卤化物,如 $UIBr_2$、UBr_3Cl、$UIBrCl_2$、$UBrF_3$ 和 $UClF_3$;卤氧化物,如 $UOCl$、$UOBr$、UOI、UOF_2、$UOCl_2$、$UOBr_2$、UOI_2、UO_2F、$UOCl_3$、UO_2Cl、$UOBr_3$、UO_2Br、UOF_4、UO_2F_2、UO_2Cl_2 和 UO_2Br_2;卤铀酸盐,由卤素和铀形成酸根阴离子(实际上是配合阴离子)与金属(多为碱金属或碱土金属)阳离子生成盐,如 $NaUF_4$、Na_2UF_5、$RbUCl_4$、Rb_2UBr_5、K_2UI_5、Na_2UF_6、NH_4UF_5、Rb_2UCl_6、Cs_2UCl_6、Li_2UBr_6、$BaUI_6$、$AgUF_6$、$Ba(UCl_6)_2$、KUF_7 和 Rb_2UF_8 等。

铀的卤化物中六氟化铀在核工业领域的应用尤为突出,为将天然铀的 ^{235}U 丰度为 0.72% 浓缩到 3% ~90% 之浓缩铀,以满足不同应用需求而进行铀同位素分离的直接原料是 UF_6,图 3－2 示出了制备 UF_6 的相关反应。

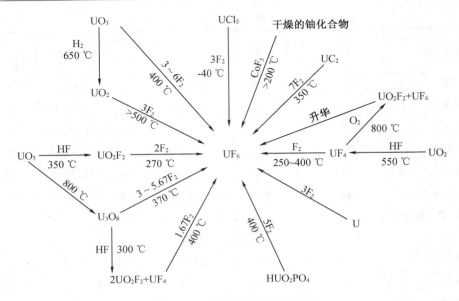

图 3-2　制备 UF₆ 的相关反应

四氯化铀熔点 590 ℃,具有较好的挥发性,而大部分裂变产物元素不挥发,有可能用高温氯化法分离乏燃料中的铀与大部分裂变产物元素。卤化铀的挥发性随铀价态的增高而增大,铀卤化物的稳定性随卤素原子序数增大而下降,所以铀的碘化物较少,表 3-7 列出了三价至六价铀的部分卤化物。

表 3-7　三价至六价铀的部分卤化物

化学式	颜色	晶格对称性	晶格参数/Å			密度 /(g·cm⁻³)
			a	b	c	
三价铀的卤化物						
UF₃	微紫－黑	六角	7.173		7.341	8.9
Cs₃UF₆	紫－棕	立方	10.6			
UZrF₇	微红－棕	单斜	6.100	5.833	8.436	
UCl₃	暗红－橄榄绿	六角	7.452		4.328	5.51
K₂UCl₅	紫	斜方	12.722	8.806	7.995	
RbU₂Cl₇	浅棕	正交	12.86	6.89	12.55	
Ba₂UCl₇	深黑－棕	单斜	7.20	15.61	10.66	
NH₄UCl₄·4H₂O	暗红－紫	斜方	7.000 2	11.354	6.603	
NH₄UCl₄·3H₂O	微绿－棕	单斜	13.769	8.899	7.864	
UOCl	红	四角	4.043		6.882	
UBr₃	微红－棕	六角	7.942		4.441	6.53
Cs₂UBr₅	紫	正交	15.79	9.85	7.90	
UI₃	黑	斜方	4.334	14.024	10.013	

表 3 - 7（续 1）

化学式	颜色	晶格对称性	晶格参数/Å			密度/(g·cm^{-3})
			a	b	c	
UOI	深蓝	四角	4.062		9.208	
UBrCl$_2$	黑带绿					
UBr$_2$Cl	黑带绿					
四价铀的卤化物						
UF$_4$	翠绿	单斜	12.73	10.753	8.404	6.70
LiUF$_5$	暗绿	四角	14.859		6.543	
KU$_2$F$_9$	绿	斜方	8.702 1	11.476 9	7.035 0	
RbU$_6$F$_{25}$	深绿	六角	8.195		16.37	
CsU$_6$F$_{25}$	深绿	六角	8.242 4		16.412 0	
(NH$_4$)$_4$UF$_8$	深绿	单斜	13.126	6.692	13.717	
UCl$_4$	亮绿	四角	8.301 8		7.481 3	4.725
UOCl$_2$	绿	斜方	15.255	17.829	3.992	
UClF$_3$	翠绿	斜方	8.673	8.69	8.663	
UBr$_4$	棕	单斜	10.92	8.69	7.05	
UBrCl$_3$	微绿 - 棕	四角	8.434		7.690	
UBr$_2$Cl$_2$	暗绿					
UOBr$_2$	微绿 - 黄					
UI$_4$	黑	单斜	13.967	8.472	7.510	5.6
UOI$_2$	玫瑰棕	斜方	17.853	20.05	4.480	
五价铀的卤化物						
α - UF$_5$	浅灰白	四角	6.525 9		4.471 7	5.81
β - UF$_5$	微黄	四角	11.469		5.215	
U$_2$F$_9$（混价）	黑	立方	8.462			
(H$_3$O)UF$_6$	蓝绿	立方	5.222 9			
KUF$_6$	黄绿	斜方	5.61	11.46	7.96	
UO$_2$F		单斜	8.22	6.87	32.08	
NOUF$_6$	绿 - 白	立方	10.464			
Na$_3$UF$_8$	微黑	四角	5.470		10.940	
α - UCl$_5$	红棕	单斜	7.99	10.69	8.48	3.81
β - UCl$_5$	红棕	三斜	7.07	9.65	6.35	
α - NaUCl$_6$	黄	立方	9.86			
β - NaUCl$_6$	黄	三角	6.56		18.68	
RbUCl$_6$	深黄	斜方	6.92	14.14	9.66	

表 3-7(续 2)

化学式	颜色	晶格对称性	晶格参数/Å			密度/(g·cm^{-3})
			a	b	c	
CsUCl$_6$	黄	立方	10.22			
UOCl$_3$	棕					
UO$_2$Cl	紫					
(UO$_2$)$_2$Cl$_3$(混价)	黑棕	斜方	5.833	20.978	11.926	
UBr$_5$	深棕	三斜	7.449	10.127	6.686	
UO$_2$Br	棕黑	斜方	4.106	20.200	3.980	
六价铀的卤化物						
UF$_6$(固态)	无色	斜方	9.900	8.962	5.207	5.060(25.15℃) 4.87(62.65℃)
NaUF$_7$	白或微绿	立方(高温) 单斜(低温)	8.501			
Na$_2$UF$_8$	绿	四角	5.27		11.20	
α-UOF$_4$	橙	三角	13.095		5.658	
UO$_2$F$_2$	浅黄绿	菱形	5.755			
K$_3$UO$_2$F$_5$	黄	四角	9.159		18.170	
(NH$_4$)$_3$UO$_2$F$_5$	黄	单斜	29.22	9.48	13.51	
UCl$_6$	黑-暗绿	六角	10.95		6.018	
UO$_2$Cl$_2$	金黄	斜方	5.725	8.409	8.720	
UO$_2$Cl$_2$·H$_2$O	黄	单斜	5.847	8.569	5.543	
UO$_2$Cl$_2$·3H$_2$O	黄-绿	斜方	12.738	10.495	5.47	
UO$_2$Br$_2$	亮红					
Cs$_2$UO$_2$Br$_4$	黄	单斜	9.959	9.806	6.415	

3.2.4　铀碳氮硫化合物

铀的碳化物主要有 UC 和 UC$_2$,其熔点分别为 2 525 ℃和约 2 480 ℃,性质很活泼,与氧作用时,部分碳被氧化,在 400 ℃时,碳完全被氧化,UC 与水在 60 ℃以上能迅速反应,生成 UO$_2$ 和 CH$_4$。有些金属会与 UC 反应,故不可用这些金属作包壳材料。若 UC 中溶有 Zr、Nb、Ti 和 V 等金属,则能提高 UC 的机械强度和耐腐蚀性。碳化铀导热性好,熔点和硬度都很高,类似于金属,将来有可能作成(U + Th)C$_2$ 固溶体用于高温气冷堆,碳化物(U + Pu)C 也可能作为将来快中子反应堆的燃料。UC 的制备,可将 UH$_3$ 在 450 ℃以上分解获得的铀粉与 CH$_4$ 作用,在 650 ℃时主要产物是 UC,950 ℃以上则是 UC$_2$,也可将 UO$_2$ 与碳作用制得 UC,反应式为

$$UO_2 + 3C \longrightarrow UC + 2CO$$

铀的氮化物主要有 UN、U_2N_3 和 UN_2。氮化铀易于氧化,在小于 1 200 ℃制得的 UN 粉末在空气中会着火,在 300 ℃以下时,UN 与水缓慢反应生成一层 UO_2 保护膜。UN 可溶于硝酸、浓高氯酸或热磷酸,不溶于盐酸、硫酸和氢氧化钠溶液。铀的氮化物 UN 具有导热性好、熔点高、辐照稳定性好、抗腐蚀性比 UC 强,所以 UN 可能成为核动力反应堆的潜在燃料。

铀的硫化物已知有 US、U_2S_3、U_3S_5、US_2 和 US_3。用细粉状 UH_3 与 H_2S 在 500 ℃加热即可制得 US,完全均相化的 US 外表很像金属,有银白色光泽,它不与沸水作用,也不与 HCl 反应,可溶于稀的氧化酸并放出 H_2S。US 的抗氧化性直到 300 ℃时仍然很好,但温度较高时与氧缓慢反应生成 UOS,粉末状 US 在 360～375 ℃会着火。US 在很大的温度范围内都能与不同包壳材料保持良好的相容性,Mo、Nb、Ta 和 V 在 2 000 ℃时仍不与 US 反应,有 Na 存在时,直至 800 ℃仍然未发现变化。高密度液相熔结的 US 具有良好的辐照稳定性,裂变产物气体很少释出。其他铀的硫化物也可用金属铀与硫或硫化氢于不同温度下制取,其化学性质与 US 相似。

3.2.5　铀的无机酸盐

1. 铀的硝酸盐

六价铀的硝酸盐最重要,在硝酸介质中 TBP 萃取 $UO_2(NO_3)_2$ 具有特效性,故 Purex 流程成为核燃料后处理工艺的主要流程。未与 TBP 形成萃合物的硝酸铀酰含结晶水,有 $UO_2(NO_3)_2 \cdot H_2O$、$UO_2(NO_3)_2 \cdot 2H_2O$、$UO_2(NO_3)_2 \cdot 3H_2O$ 和 $UO_2(NO_3)_2 \cdot 6H_2O$ 等水合物。将铀或氧化铀溶解于硝酸,蒸发到开始结晶后冷却至室温,得到的结晶为六水化合物 $UO_2(NO_3)_2 \cdot 6H_2O$。硝酸铀酰直接热解脱硝生成三氧化铀,反应式为

$$UO_2(NO_3)_2 \cdot 6H_2O \xrightarrow{\triangle} UO_3 + 2NO_2 + \frac{1}{2}O_2 + 6H_2O$$

四价铀的硝酸盐不稳定,一般由电解 $UO_2(NO_3)_2$ 得到,用肼为保护剂可保存数日,常用作 Purex 流程中四价钚的还原反萃取剂。

2. 铀的硫酸盐

铀的价态从三价到六价都存在相应的硫酸盐,三价铀有 $U(SO_4)^+$、$UH(SO_4)_2$ 和 $K_5U(SO_4)_4$;四价铀有 $UOSO_4 \cdot 2H_2O$ 和 $U(SO_4)_n^{4-2n}$($n = 1～6$),$n > 2$ 时为配合阴离子;五价铀硫酸盐是由极谱研究确定,存在 $UO_2(SO_4)^-$ 阴离子;六价铀的硫酸盐为 $UO_2SO_4 \cdot xH_2O$,$UO_2(SO_4)_n^{2-2n}$ 和聚合态的 $U_2O_5(SO_4)_3^{4-}$。含水硫酸铀酰 $UO_2SO_4 \cdot xH_2O$ 在 450 ℃下加热制得无水的 UO_2SO_4,其生成热为 $\Delta H = -1\,847.2\ \text{kJ} \cdot \text{mol}^{-1}$。常用硫酸浸取铀矿物,在 pH > 2.5 条件下,得到 $UO_2(SO_4)_n^{2-2n}$,供酸性萃取剂或胺盐萃取,这是铀的硫酸盐重要性之所在。

3. 铀的碳酸盐

铀矿物经碱(常用碳酸钠)溶解后,以碳酸铀酰进入水相。铀的碳酸盐主要是与碳酸根形成配合物存在,四价铀离子的碳酸根化合物为 $U(CO_3)_n^{4-2n} \cdot xH_2O$;六价铀 UO_2^{2+} 与 CO_3^{2-} 的化合物为 $UO_2(CO_3)_n^{2-2n}$,其中以三碳酸铀酰铵最为重要,萃取到有机相中的硝酸铀酰,用碳酸铵溶液反萃取铀,按三相分离器操作,得到 $(NH_4)_4UO_2(CO_3)_3$ 结晶。三碳酸铀酰铵水溶液受热分解可得到 UO_2CO_3,即

$$(NH_4)_4UO_2(CO_3)_3 \xrightarrow{100\ ℃} UO_2CO_3 + 4NH_3 + 2CO_2 + 2H_2O$$

$(NH_4)_4UO_2(CO_3)_3$ 在 $300 - 500\ ℃$ 加热分解生成 UO_3、NH_3 和 CO_2；于 $700\ ℃$ 隔绝空气热分解,则产物为 UO_2。

4. 铀的磷酸盐

四价铀的磷酸盐有 $U(HPO_4)_2 \cdot 4H_2O$,$U(PO_3)_4$；六价铀有正磷酸铀酰 $(UO_2)_3(PO_4)_2$、偏磷酸盐 $UO_2(PO_3)_2$、亚磷酸盐 UO_2HPO_3、焦磷酸盐 $(UO_2)_2P_2O_7$、$Na_2UO_2P_2O_7$ 等。当正磷酸根总浓度 $\sum (PO_4^{3-}) < 0.014\ mol \cdot L^{-1}$ 时,生成 $(UO_2)_3(PO_4)_2 \cdot 6H_2O$；当 $\sum (PO_4^{3-})$ 为 $0.014 \sim 6.1\ mol \cdot L^{-1}$ 时,生成 $UO_2HPO_4 \cdot 4H_2O$；当 $\sum (PO_4^{3-}) > 6.1\ mol \cdot L^{-1}$ 时,则生成 $UO_2(H_2PO_4)_2 \cdot 3H_2O$。

铀的磷酸盐主要存在于铀云母类矿物中,从这类铀矿中分离提取铀的工艺流程必然涉及磷酸体系中铀的行为和状态。

5. 铀的含氧卤酸盐

铀的含氧卤酸盐不多,常见的有高氯酸铀酰 $UO_2(ClO_4)_2 \cdot nH_2O$ 和碘酸铀酰 $UO_2(IO_3)_2 \cdot xH_2O$ 等。

3.3　铀的配位化合物

3.3.1　铀化合物的化学键特性

1. U(Ⅲ)和 U(Ⅳ)的化学键特性

三价和四价铀离子形成配合物过程,5f 电子扮演着主要角色,容易形成金属离子向配体贡献电子对的反 π 键(U→L),而且金属离子之间也会成键,即形成 U—U 键。

(1)三价和四价铀离子与配体形成反 π 键

U(Ⅲ)和 U(Ⅳ)延伸的 5f 轨道上之电子会和 CO 以反 π 键形成配合物,例如 $[Cp_3UCO]$ 和 $[Cp_3UCO]^+$,其中 Cp 为环戊二烯。由于形成的反 π 键很稳定,对于 U(Ⅲ)氧化到 U(Ⅳ)原本很容易进行的反应则有明显的削弱趋势。三价铀和四价铀离子也会与氮形成反 π 键,图 3 - 3 示出铀离子给予配体氮形成反 π 键的三种铀化合物之分子结构。

(2)形成 U—U 键

科学家曾经用量子化学方法探索以 U—U 键形成化合物的可能性及其稳定性,发现与某些 d 区元素(如 Cr、Mo、Tc 和 Re)相似的肯定结果。二原子 U_2 化合物的 U—U 键长约为 $2.43\ Å$,含有 U—U 键的化合物已经制备和鉴定过,例如 U_2Cl_6、$U_2Cl_6^{2-}$、$U_2(OCHO)_4$、$U_2(OCHO)_6^{2-}$、$U_2(OCHO)_4Cl_2^{2-}$ 等,这些化合物中最弱的 U—U 键长为 $2.80\ Å$。$U_2Cl_6^{2-}$ 的成键和结构与 $Re_2Cl_6^{2-}$ 相似,可推测 6d 轨道也参与作用。图 3 - 4 示出由 CASPT2 计算得到的 U_2 成键之活性分子轨道图,包括自旋轨道效应在内,经 CASSCF/CASPT2 复试,发现 U_2 分子具有很复杂的电子结构:12 个价电子的六个占满 7sσ 和 6dπ 成键轨道,各有一个电子占据 6dσ 和 6dδ 轨道,在弱成键轨道 5fπ 和 5fδ 上也各占据着一个电子,最后的两个电子实质性地定域在两个铀原子的 5fφ 原子轨道上。这样的结构可以描述为三个正常的电子对键、两个完全的单电子键、两个弱的单电子键、两个定域电子,结果预示 U₂ 分子中存在实质性的五元键。由计算得到 U—U 键长为 2.43 Å,键离解能为 30.5 kcal · mol⁻¹。五元键的离解能这么小是很不正常的,这说明 U—U 键的复杂性和所用的计算方法仍存在弱点。

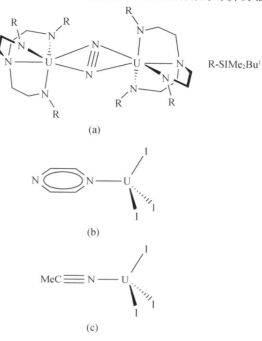

(a)

(b)

(c)

图 3 - 3　形成 U→N 反 π 键的三种铀化合物之分子结构

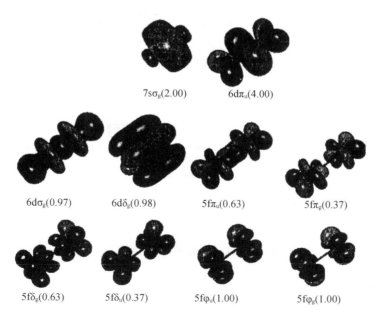

图 3 - 4　由 CASPT2 计算得到的 U₂ 成键之活性分子轨道图

注:CASPT2—完全活性空间多组态二级微扰理论;CASSCF—完全活性空间自洽场。

2. U(V)和 U(VI)的化学键特性

五价和六价铀离子的化合物主要是卤化物和铀酰离子系列。卤化物一般指氟化物和氯化物,高价态铀的其他卤化物极少。对 UF_5 和 UF_6 的研究表明,在 U—F 键上存在 5f、6p 和 6d 轨道的明显参与,7s 和 7p 轨道则较少参与,而相对论效应对化学键的影响极为重要。铀酰离子的特点突出地表现在直线型结构、高对称性及等电子三原子基团等方面,本节着重叙述铀酰的成键特性。

(1)铀酰的共价性和直线型结构

铀最普遍的氧化价态是 $+6$,相当于 $5f^0$ 的原子中心,具有类似于氦的电子组态,UO_2^{2+} 的分子轨道能量似乎取决于氧的 2p 轨道特性,但是 UO_2^{2+} 的共价性质早已为实验证实,理论上也证明 5f 和 6d 的贡献有利于铀酰离子的共价性。UO_2^{2+} 中 U—O 键呈 O—U—O 直线型结构,是 5f 的独特作用。其他酰离子,如 VO_2^+、MoO_2^{2+} 和 WO_2^{2+} 等的氧原子都在一边成顺式结构,这是因为金属的 d 电子起主导作用,配体取最大值的 pπ 与金属的 dπ 成键,即 $(p\pi) \rightarrow M(d\pi)$。由于 UO_2^{2+} 直线型离子的中心对称性,允许 U6d 和 5f 轨道作用是相互独立的。6dσ 和 6dπ 轨道与 O2pσ_g 和 π_g 结构、5f$_\sigma$ 和 5f$_\pi$ 轨道与 O2pσ_u 和 π_u 相互作用,图 3-5 给出了定性描述。对于图中四个最高已占据分子轨道(HOMO)是基于 O2p 的 σ_g、σ_u、π_g 和 π_u 与 U 低层 5f 轨道作用的结果,这是轨道法都认同的,但是轨道能量的排序仍有分歧,不过公认 σ_u 最高。近期的计算结果为 $\pi_g < \pi_u < \pi_g \ll \sigma_u$;5f 有效轨道能量排序是 $\varphi_u < \delta_u < \pi_u$,$\varphi_u$ 是最低的未占据轨道。σ_g 和 σ_u 轨道之间能级间隙这么显著,应追溯到半芯 6p 轨道和 σ_u 价层充满轨道对充满轨道之间的相互作用,属于"从下面推动"机制。

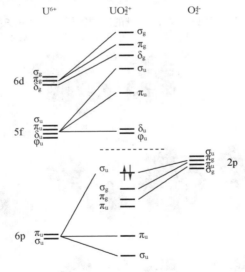

图 3 - 5 UO_2^{2+} 分子轨道的定性图

(2)UO_2^{2+} 的铀—氧键长

铀酰离子中铀-氧间键距离很短,约为 1.75 Å,表明有强烈的多重键合,可以描述成 $O^{2-} \equiv U^{6+} \equiv O^{2-}$。铀酰离子和不同配体配位后,键长略有变化,表 3-8 列出铀酰配合物中不同铀-氧之间的键长,包括理论计算和实验测定值。

表 3 - 8　铀酰配合物中不同铀 - 氧键长 $R(\mathring{A})$

配合物	数据来源	$R(U=O)$	$R(U-O)$	$R(U-OH)$
$UO_2(NO_3)_2(H_2O)_2$	理论	1.72	2.56	2.40
	实验	1.76		2.40
$UO_2(SO_4)(H_2O)_3$	理论	1.74	2.57	2.64
	实验	1.75		2.40
$[UO_2(CO_3)_3]^{4-}$	理论	1.88	2.407	
	实验	1.80	2.43	
$[UO_2(CO_3)_3]^{5-}$	理论	1.933	2.529	
	实验	1.90	2.50	
$[UO_2(AC)_3]^{-}$	理论	1.81	2.50	
	实验	1.76	2.48	

（3）UO_2^{2+} 的电荷转移态

$5f^N$ 电子跃迁到激发态，属于 5f - 5f 跃迁，除此之外，电子从配体被激发到 5f 轨道上，生成电荷转移态（charge - transfer state），它是由 $5f^{N+1}$ 加一个配体"穴"结合的组态。这类组态的能量依赖于配体，对较轻的锕系离子在氧环境中形成酰基离子是通过电荷转移成键的。图 3 - 6 表示与 U^{6+} 和 O^{2-} 离子相比较的 UO_2^{2+} 电荷转移态电子能级结构示意图，图中显示 UO_2^{2+} 电荷转移激发态与基态之间存在较大的能级间隙，可以防止淬灭松弛，所以 UO_2^{2+} 在溶液中经常可观察到强荧光现象。铀酰离子的电荷转移激发态最低能级从 20 000 cm^{-1} 开始，具有特征结构的 UO_2^{2+} 化合物光谱在可见 - 紫外范围 400 nm 下面常可观察到电荷转移跃迁。图 3 - 7（a）示出 20 K 时 $UO_2Cl_4^{2-}:Cs_2ZrCl_6$ 单晶的荧光谱，通常直线型 O—U—O 二氧阳离子是被 4 ~ 6 个配体于其所在赤道平面上配位，配合物的离子不同模式的振动频率可直接从光谱中测得，作为铀酰离子成键的本质，振动频率的变异是与电荷转移态能级相关的。铀酰离子在 $UO_2Cl_4^{2-}:Cs_2ZrCl_6$ 单晶中的光谱呈尖锐的线型峰，说明铀酰离子在单晶中具有高度一致的结构。若环境不纯，则谱峰变宽，图 3 - 7（b）是铀酰在 B_2O_3 基质中于 4 K 和 295 K 时的发射光谱，与图 3 - 7（a）相比，谱峰明显变宽，不对称，原本可以分开的不同模式变模糊，但是峰位置的改变微不足道，光谱整体仍然有用。这说明电荷转移态光谱受结构上无序的环境（如玻璃和溶液）之影响，较之 5f - 5f 跃迁更敏感。

不是所有的锕系酰离子都能测到电荷转移态光谱，NpO_2^{2+} 的电荷转移激发最低能级从 14 000 cm^{-1} 开始，这是在 Np^{6+} 5f 能级下面，NpO_2^{2+} 中 $5f^N$、$5f^{N-1}6d$、离子 - 配体间电荷转移态等不同起源的能级都在相同的能量范围内重叠，使光谱分析困难。将 NpO_2^{2+} 掺杂到 $Cs_2UO_2Cl_4$ 单晶中，经光谱研究，识别到单电子跃迁，属于 Np^{6+} 的 $5f^1$ 组态，光谱结构的其他部分与 UO_2^{2+} 相同，即属于分子轨道状态的跃迁。

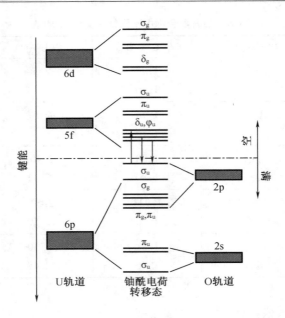

图 3 – 6   铀酰离子电荷转移态的电子能级图

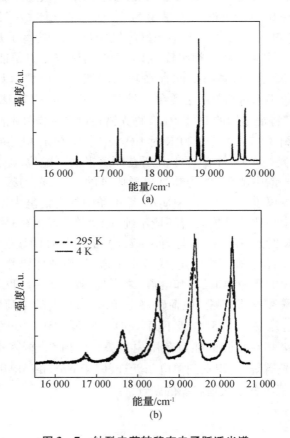

图 3 – 7   铀酰电荷转移态电子跃迁光谱

（4）UO_2^{2+} 等电子三原子团之轨道能级比较

铀化学中铀酰相关形态的物种最广泛，其中三原子团比较稳定，尤其是 CUO 和 NUO^+ 既与 UO_2^{2+} 等电子，又像铀酰那样都是 U(VI)f^0 的配合物，对其轨道电子结构研究是人们感兴趣的。图 3-8 示出了 CUO 和 UO_2^{2+} 分子轨道形成的定性图，是用 $5f^0$ 碎片（fragment）UO^{4+} 的分子轨道与 O^{2-} 或 C^{4-} 的原子轨道相互作用合成的。CUO 分子轨道能量不同于 UO_2^{2+}，因为 C2s 和 2p 轨道能量高于 O2s 和 2p，特别是基于 C2p 轨道的 CUO 之最高占据分子轨道 4σ 很接近 $5f\varphi$。

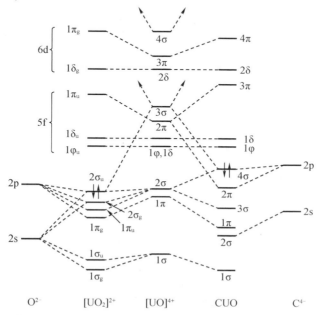

图 3-8　UO_2^{2+} 和 CUO 分子轨道形成的定性图

用密度函数法研究 UO_2^{2+} 等电子三原子团 NUO^+ 的结果表明，在 NUO^+ 和 UO_2^{2+} 中，U—N 键比 U—O 具有更显著的共价性，铀的 5f 轨道比 6d 轨道扮演更重要的角色。图 3-9 对等电子三原子团 UO_2^{2+}、NUO^+ 和 CUO 分子轨道能量进行比较，这些 U(VI)f^0 物种的分子轨道电子结构，是从配体 $(O\cdots O)^{4-}$、$(N\cdots O)^{5-}$ 和 $(C\cdots O)^{6-}$ 等充满的 2p 轨道派生而来的。由于 5f 轨道和配体的相互作用，O、N 和 C 等原子 2p 轨道的相关能量发生变化，因此分子轨道相关位置上升。

（5）U—Ar 键的发现

为了认识 U(VI)f^0 物态轨道电子结构的复杂性，需进行隔离基质（matrix-isolated）实验和理论计算，U(VI)f^0 物态在低温基质（惰性气体 Ne、Ar 等）中可被剥离出来进行测试和标识。在理论计算时发现基质中 CUO 分子倾向于与 Ar 原子生成弱键，建议配合物为 CUO $(Ar)_n$，U—Ar 键长约 3.16 Å（图 3-10）。图中给出自由 CUO 分子在基态和比基态势能高 1 kcal·mol^{-1} 的激发态两种情况下，CUO$(Ar)_n$ 分子势能与 U—Ar 间距离的函数关系，当 U—Ar 距离在 3.16 Å 左右时，激发态的势能反而跌落到比基态还低，说明形成键，似乎 C—Ar 之间也有更弱的键。

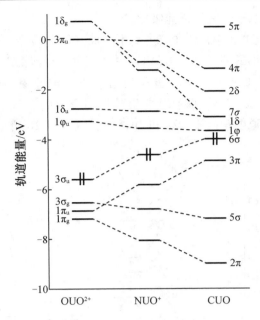

图 3-9 UO_2^{2+}、NUO^+ 和 CUO 分子轨道能量的比较

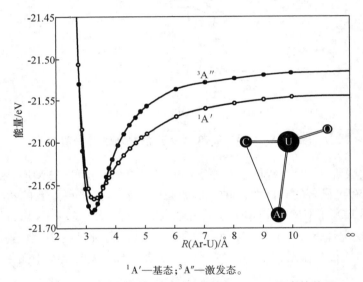

$^1A'$—基态;$^3A''$—激发态。

图 3-10 两种状态的 UO(Ar) 势能与 U-Ar 距离的关系

生成 U—Ar 键的理论假设由基质隔离实验肯定,在过量的惰性气体中用激光烧蚀铀原子与 CO 共沉积,在 1 060~760 cm^{-1} 测定生成的 CUO 分子光谱,结果表明确实有CUO(Ar)$_x$生成,其红外光谱如图 3-11 所示。图中 A 铀原子与 0.1% CO 在 Na 中沉积 30 min,随后全弧光解,于 10 K 时退火,测得光谱;B 铀原子与 0.1% CO 和 1% Ar 在 Ne 中沉积30 min,随后全弧光解,于 10 K 时退火,测得光谱;C 铀原子与 0.3% CO 在 Ar 中沉积15 min,随后全弧光解,于 35 K 时退火,测得光谱。

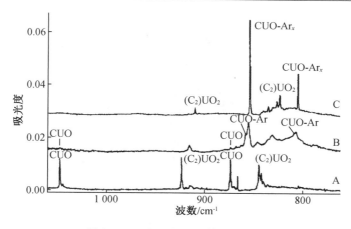

图 3 – 11　$CUO(Ar)_x$ 的红外光谱

锕系元素直接对惰性气体键合的发现已添加到近期复兴的惰性气体化学中。

（6）UO_2^+ 与 UO_2^{2+} 的比较

①UO_2^+ 的 $5f^1$ 单电子位于 $5f\delta$ 或 $5f\varphi$ 的一个轨道上，UO_2^{2+} 是 $5f^0$ 结构，在 f 轨道上只有配体的电子。

②铀酰的 U—O 间都属共价键合，但形式电荷（formal charge）不同，铀在气态 $UO_2(H_2O)_5^{2+}$ 中的形式电荷不是 + 6，而是 + 2.43，酰基氧的形式电荷是 – 0.43；在 $UO_2(H_2O)_5^+$ 中铀和每个氧的形式电荷分别为 +2.19 和 –0.66。由于这些负电荷，UO_2^+ 和 UO_2^{2+} 中的氧原子都是路易斯碱，而且 UO_2^+ 中氧的路易斯碱性更强，导致 UO_2^+ 能形成 O ═ U ═ O⋯M 型"阳 – 阳"配合物。

③由于有效电荷（effective charge）的影响，UO_2^+ 的 U—O 键长比 UO_2^{2+} 的更长些。

④在红外和拉曼光谱中，UO_2^+ 的伸缩振动频率比 UO_2^{2+} 的低，所以前者的键合比后者弱。

3.3.2　铀离子的配位数与配合物结构

铀离子具有丰富的 5f 和 6d 轨道可供不同的配位体配合，生成不同配位数的多种多样配合物，以下列举一些具有典型配位数的铀离子配合物及其结构。

①六配位：配合物 $UO_2(OH)_4^{2-}$ 的隔离状态离子是在化合物 $[Co(NH_3)_6]_2[UO_2(OH)_4]_3 \cdot xH_2O$ 中测得的，如图 3 – 12 所示，呈四角双锥几何构型。

图 3 – 12　配合离子 $UO_2(OH)_4^{2-}$ 的结构

②七配位：在 $Na_{10}[UO_2(SO_4)_4](SO_4)_2 \cdot 3H_2O$ 中，测得隔离状态配合离子 $UO_2(SO_4)_4^{6-}$ 的结构，一个硫酸根以双齿螯合，三个硫酸根以单齿配合，呈五角锥几何结构，如图 3 – 13

所示。

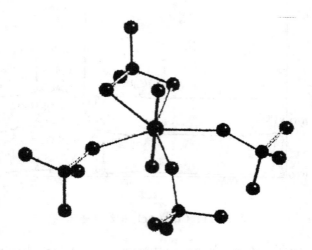

图 3 – 13 $UO_2(SO_4)_4^{6-}$ 的结构

③六配位和七配位的 UO_2^{2+} 离子配合物可在溶液中或固态中测得。在低 pH 水溶液中生成七配位的 $[UO_2(H_2O)_5]^{2+}$；在高 pH 水溶液中生成六配位的 $[UO_2(OH)_4]^{2-}$，七配位的 $[UO_2(OH)_5]^{3-}$ 和 $[UO_2(OH)_4(H_2O)]^{2-}$；在晶体中测得六配位的 $[UO_2Cl_4]^{2-}$。图 3 – 14 示出这些配合物的结构。其中，图 3 – 14（a）为 $[UO_2(H_2O)_5]^{2+}$；图 3 – 14（b）为 $[UO_2(OH)_4]^{2-}$（与图 3 – 12 相似）；图 3 – 14（c）为 $[UO_2(OH)_5]^{3-}$；图 3 – 14（d）为 $[UO_2(OH)_4(H_2O)]^{2-}$；图 3 – 14（e）为 $[UO_2Cl_4]^{2-}$。

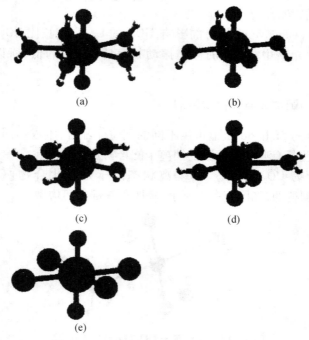

图 3 – 14 几种六配位和七配位的 UO_2^{2+} 配合物结构

④八配位：铀酰离子 UO_2^{2+} 与硝酸根及碳酸根生成八配位的配合物之结构示于

图 3 - 15。其中,图 3 - 15(a)为[$UO_2(NO_3)_2 \cdot 2H_2O$],两个 NO_3^- 以双齿配位,加上两个内界水分子,生成六角双锥构型;图 3 - 15(b)为从化合物 $K_4UO_2(CO_3)_3$ 中测得配合阴离子 [$UO_2(CO_3)_3$]$^{4-}$ 的结构,三个 CO_3^- 均以双齿螯合,生成六角双锥结构。

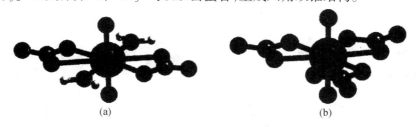

(a)   (b)

图 3 - 15 UO_2^{2+} 与硝酸根及碳酸根配合物的结构

⑤八配位:UO_2^{2+} 离子与过氧化氢生成八配位的过氧铀酰配合物结构示于图 3 - 16。其中,图 3 - 16(a)为柱石的结构,化学式为[($UO_2)O_2(H_2O)_2$]$\cdot 2H_2O$,过氧根在两个铀酰离子之间搭桥,每个铀中心离子有两个内界水分子与之配位,生成六角双锥几何构型的聚合状态;图 3 - 16(b)为 $Na_4[UO_2(O_2)_3] \cdot 9H_2O$ 的六角双锥八配位结构。

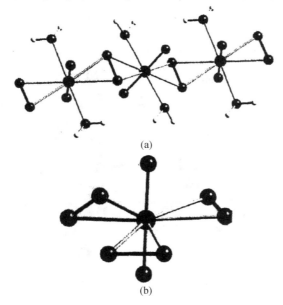

(a)

(b)

图 3 - 16 过氧化铀配合物的结构

⑥九配位:三价铀配合物的特征是配位数高,达到八和九,而其他锕系和镧系三价离子的配位数较低,一般为六。图 3 - 17 示出三价铀的硫酸根配合物 $K_5[U(SO_4)_4(H_2O)_3]$ 之结构,U(Ⅲ)通过两个硫酸根以双齿螯合,两个硫酸根以单齿配合,另加三个内界水分子配位,生成很强的扭曲三棱柱以九配位围绕着铀。

⑦十配位:四价铀离子半径较大(0.93 Å),电荷高,有利于生成高配位数的配合物,在溶剂萃取过程,一般以八配位形成萃合物。在四乙醇酸铀二水合物[$U(HOCH_2COO)_4$ $(H_2O)_2$]中,四价铀是十配位的,如图 3 - 18 所示,四个乙醇酸根的羧基以双齿螯合,醇基未参与配位,两个水分子像 UO_2^{2+} 中的氧似的占两个配位。

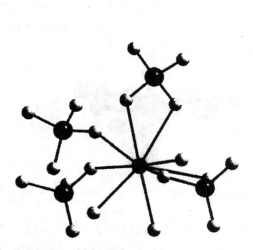

图 3 – 17　U(Ⅲ)在 $K_5[U(SO_4)_4(H_2O)_3]$ 中配　　图 3 – 18　$[U(HOCH_2COO)_4(H_2O)_2]$ 的结构
位数和结构

⑧固体碳酸铀酰：固态 $UO_2CO_3(S)$ 中只有一个碳酸根，每个铀仅三个氧供给体，不可能形成像图 3 – 15(b)那样的隔离态配合阴离子，而是每相邻的两个铀原子共享一个氧供给体，生成层状八配位六角双锥结构，如图 3 – 19 所示。

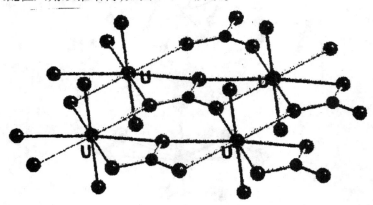

图 3 – 19　$UO_2CO_3(S)$ 层状六角双锥结构的一部分

3.3.3　铀的无机配位化合物

配位化合物的形成主要取决于中心原子的化学键特性和配位体的给予能力，同时还受环境条件的影响，同样的中心原子与配位体，在溶液中与在固体中形成的配合物往往有差别。在溶液中受介质和溶剂化的影响，把配合物的结构看作离散的离子或分子，多核配合物较少；在固体中要受组装效应、静电作用、氢键网络的形成等影响，配位体往往起桥键作用，一般当作聚合物。例如，铀多核的氟化配合物在固体中很普遍，但在水溶液中很少形成，这可能由于水是高介电常数和强的氢键给予体与接受体的溶剂，在水溶液中氟是很强的氢键接受体，它与水形成氢键比在铀原子之间形成桥键更有利。尽管固体与溶液中的配合物存在差别，而早期人们基本上还是采用析出固态配合物的经典制法进行研究，并认为这是一种较好的模式。鉴于溶液中配合物是逐级形成的,总是存在各级平衡的混合物,针对某些重要的实际需要,应直接从溶液中进行研究更合适。

铀的不同价态离子形成配合物的能力大小顺序为:$U^{4+} > UO_2^{2+} > U^{3+} > UO_2^+$,生成的配合物种类繁多,在 2.4.4 节中已介绍了一部分,本节仅介绍一些典型的铀配合物。

1. 铀与 CO_3^{2-}、F^-、SO_4^{2-} 和 PO_4^{3-} 的配合物

铀的碳酸根配合物主要由四价和六价铀生成。四价铀与碳酸根会生成配合物 $(NH_4)_4[U(CO_3)_4] \cdot nH_2O$,$[Co(NH_3)_6]_2[U(CO_3)_5] \cdot nH_2O$,$M_6[U(CO_3)_5] \cdot nH_2O$($M = Na^+$、$K^+$、$NH_4^+$)。六价铀与碳酸根的配合物在核燃料循环中常见,显得很重要,它会生成碳酸根数目不同的铀酰配合物,如图 3-15 和图 3-19 所示,尤其是 $(NH_4)_4[UO_2(CO_3)_3]$ 常作为中间产物转化用。铀的氟化物主要用于同位素分离,浓缩铀-235。表 3-9 列出了 CO_3^{2-}、F^-、SO_4^{2-}、PO_4^{3-} 与铀生成配合物的稳定常数。

表 3-9　一些无机阴离子与铀生成配合物的稳定常数
（$\mu = 0$,$T = 25$ ℃）

化学反应	$\lg \beta_n$			
	$M = UO_2^{2+}$	$M = UO_2^+$	$M = U^{4+}$	$M = U^{3+}$
$M + CO_3^{2-} \Longrightarrow MCO_3$	9.68			
$M + 2CO_3^{2-} \Longrightarrow M(CO_3)_2^{2-}$	16.9			
$M + 3CO_3^{2-} \Longrightarrow M(CO_3)_3$	21.6	12.7		
$M + 4CO_3^{2-} \Longrightarrow M(CO_3)_4^{4-}$			35.1	
$M + 5CO_3^{2-} \Longrightarrow M(CO_3)_5^{6-}$			34.0	
$M + F^- \Longrightarrow MF$	5.1		9.3	≈3.4
$M + 2F^- \Longrightarrow MF_2$	8.6		16.2	
$M + 3F^- \Longrightarrow MF_3$	10.9		21.6	
$M + 4F^- \Longrightarrow MF_4$	11.7		25.6	
$M + 5F^- \Longrightarrow MF_5$	11.5		27.0	
$M + 6F^- \Longrightarrow MF_6$	—		29.1	
$M + SO_4^{2-} \Longrightarrow MSO_4$	3.15		6.6	≈3.3
$M + 2SO_4^{2-} \Longrightarrow M(SO_4)_2$	4.14		10.5	≈3.7
$M + PO_4^{3-} \Longrightarrow MPO_4^-$	13.2			
$M + HPO_4^{2-} \Longrightarrow MHPO_4$	7.2			

碳酸根与 UO_2^{2+} 离子还会生成配合物 $[(UO_2)_3(CO_3)_6]^{6-}$,其中三个碳酸根配体以双齿螯合,其余三个碳酸根在铀原子之间形成桥键,配合阴离子的结构示于图 3-20。

2. 铀与 H_2O_2 的配合物

过氧基团 O_2^{2-} 与 UO_2^{2+} 生成的化学键特别牢固,在 $pH = 2.6 \sim 7.2$ 的 $UO_2(NO_3)_2$—H_2O_2—H_2O 体系中,测定 $UO_2(O_2) \cdot 4H_2O$ 溶度积时的溶解过程,存在 UO_2^{2+}、$UO_2(O_2)$ 和 $UO_2(O_2)_2^{2-}$ 等形态,离子强度 $\mu = 0$ 时,计算得到 $UO_2(O_2)$ 和 $UO(O_2)_2^{2-}$ 的稳定常数分别为

1.1×10^{32} 和 1.4×10^{60}，可见生成的配合物非常稳定，测得 $UO_2(O_2) \cdot 4H_2O$ 的溶度积为 1.8×10^{-39}。在配合物分子中，过氧酸根配体在铀原子的一侧，固态中过氧根以桥链联结铀原子，形成聚合物；在溶液中可生成 $UO_2(O_2)_2^{2-}$ 和 $UO_2(O_2)_3^{4-}$（图 3-16）；还制得配合物 $[Co(NH_3)_6]_4 \cdot [(UO_2)_2(O_2)_4]_3$。过氧化氢沉淀 UO_2^{2+} 是纯化精制铀的常用方法之一。

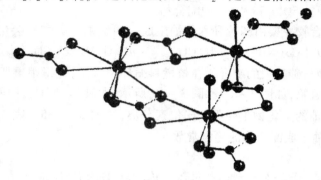

图 3-20 $[(UO_2)_3(CO_3)_6]^{6-}$ 的结构

3. 铀与硝酸根的配合物

硝酸根与铀的配合能力较弱，但是核燃料化学工艺中溶剂萃取流程的水相常是硝酸溶液，铀与硝酸根的作用是关键的化学反应。四价铀离子的硝酸根配合物可写成 $U(NO_3)_i^{4-i}$，$i < 4$ 时为阳离子，可供酸性萃取剂萃取；$i = 4$ 时，中性萃取剂可萃取；$i > 4$ 为配合阴离子，可供胺类萃取剂萃取，i 可达到 10，如 $H_3K_3U(NO_3)_{10} \cdot 3H_2O$。

六价铀离子 UO_2^{2+} 与 NO_3^- 的配合物可表示为 $UO_2(NO_3)_i^{2-i}$，$i = 1 \sim 4$。$i = 1$，酸性萃取剂可萃取；$i = 2$，适合于 TBP 等中性萃取；$i = 3$ 或 4，适合于胺类萃取剂的离子缔合萃取。铀与硝酸根配合物的稳定常数可参见表 2-32 和表 2-33。

4. 铀与含氮配位体的配合物

表 3-9 所列的化学反应和稳定常数，是描述铀作为强的路易斯酸或接受体与强配位体形成很稳定配合物的例子，然而铀也能与无机氮这样的给予体生成中等稳定的配合物，如叠氮酸根和硫氰酸根，相关的化学反应和稳定常数列于表 3-10。

表 3-10 铀与叠氮酸根和硫氰酸根的配合物

化学反应	lg β_n U(VI)	化学反应	lg β_n	
			U^{4+}	UO_2^{2+}
$UO_2^{2+} + N_3^- \rightleftharpoons UO_2N_3^+$	2.58	$M^{n+} + SCN^- \rightleftharpoons MSCN^{(n-1)+}$	1.4	2.97
$UO_2^{2+} + 2N_3^- \rightleftharpoons UO_2(N_3)_2$	4.3	$M^{n+} + 2SCN^- \rightleftharpoons M(SCN)_2^{(n-2)+}$	1.2	4.3
$UO_2^{2+} + 3N_3^- \rightleftharpoons UO_2(N_3)_3$	5.7	$U^{4+} + 3SCN^- \rightleftharpoons U(SCN)_3^+$	2.1	
$UO_2^{2+} + 4N_3^- \rightleftharpoons UO_2(N)_4^{2-}$	4.9			

表 3-10 中 UO_2^{2+} 与 SCN^- 的配合物也有写成 UO_2^{2+} 与 NCS^- 作用，合成了 $UO_2^{2+}:NCS^-$ 等于 1:2 到 1:5 的配合物，认为存在铀与氮的配键。

3.3.4　铀的有机配位化合物

1. 铀与有机物氧给予体的配合物

铀特别容易与有机物氧给予体生成多种多样的稳定配合物,就配位而言,有单齿配位、双齿配位、多齿配位和大环化合物。

①单齿配位体有醇、醚、酮、酯及亚砜等。硝酸铀酰与异丁醇的配合物为 $UO_2(NO_3)_2 \cdot (C_4H_9OH) \cdot 2H_2O$、$UO_2(NO_3)_2 \cdot 3(C_4H_9OH)$;与正丁醚生成配合物 $UO_2(NO_3)_2 \cdot 2(C_8H_{18}O)$;与磷酸三苯酯(TPP)的配合物是 $UO_2(NO_3)_2 \cdot 3(TPP) \cdot 3H_2O$;氯化铀酰与苯乙酮的配合物为 $UO_2Cl_2 \cdot (C_8H_8O)_2$;石油亚砜(PSO)与硝酸铀酰也通过氧给予体配位生成配合物 $UO_2(NO_3)_2 \cdot 2PSO$。铀的这类配合物种类繁多,是人们所熟知的,早在 20 世纪 50 年代人们就研究过铀与磷酸三丁酯和磷酸三异戊酯配合物的红外光谱。

②双齿配位体一般生成螯合环配合物,常见的有六元环、五元环和四元环,分别叙述如下。

a. 铀与 β - 双酮螯合剂可生成六元螯合环配合物,β - 双酮螯合剂可写成通式:

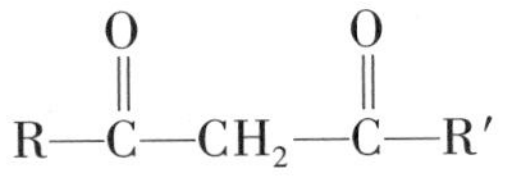

$$\begin{array}{ccc} & O & O \\ & \parallel & \parallel \\ R-& C-CH_2-C & -R' \end{array}$$

在水溶液中异构水解为

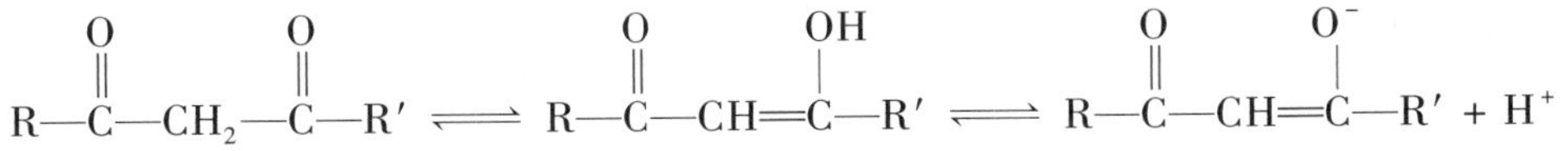

$$\begin{array}{ccc} O\quad\quad O & \quad O\quad\quad OH & \quad O\quad\quad O^- \\ \parallel\quad\quad\parallel & \parallel\quad\quad\quad & \parallel\quad\quad\quad \\ R-C-CH_2-C-R' \rightleftharpoons R-C-CH=C-R' \rightleftharpoons R-C-CH=C-R' + H^+ \end{array}$$

与 U^{4+} 的配合物为

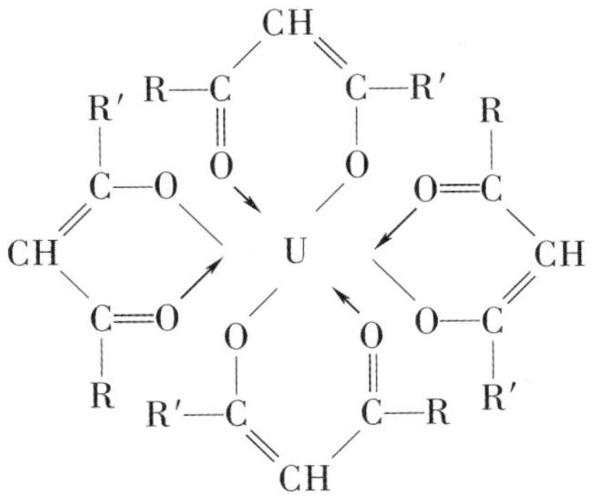

与 UO_2^{2+} 的配合物为

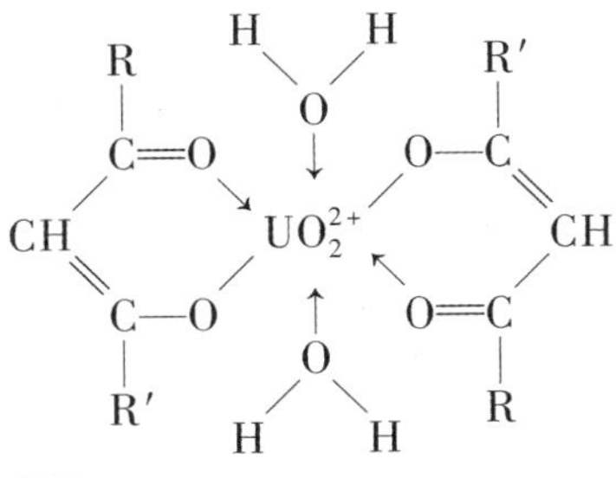

在乙酰丙酮中,$R = R' = —CH_3$;

在 2 - 噻吩甲酰三氟丙酮(HTTA)中,$R = $ (噻吩基) ,$R' = —CF_3$;

在 2 – 萘甲酰三氟丙酮(HNTA)中,R = ,R′ = —CF₃。

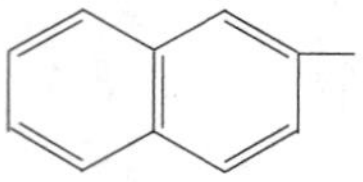

对于吡唑啉酮类,与铀也生成六元螯合环配合物,如 1 – 苯基 – 3 – 甲基 – 4 – 苯甲酰基 – 吡唑啉酮(HPMBP)的分子为

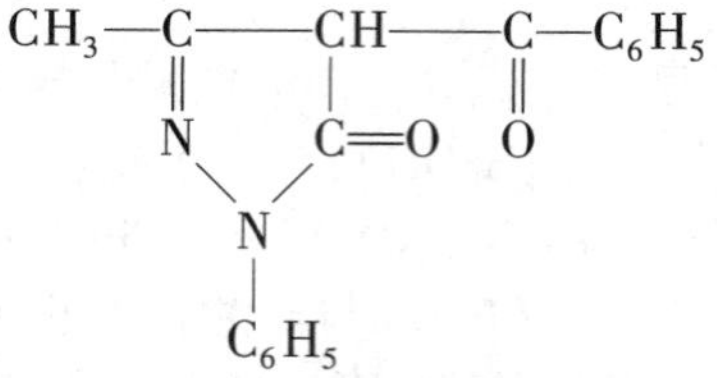

b. 通过氧给予体生成五元螯合环铀配合物的螯合剂有苯肟、羟肟、二肟等,如:
1,2 – 环己二酮二肟(H₂CHDO),

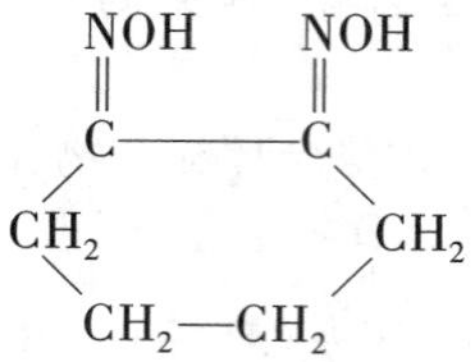

氧肟酸,

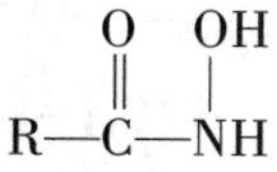

N – 亚硝基 – N – 苯胲(即铜铁试剂 HCuP),

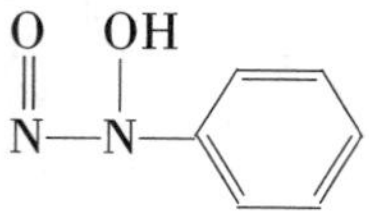

铜铁试剂与四价铀生成五元螯合环配合物为

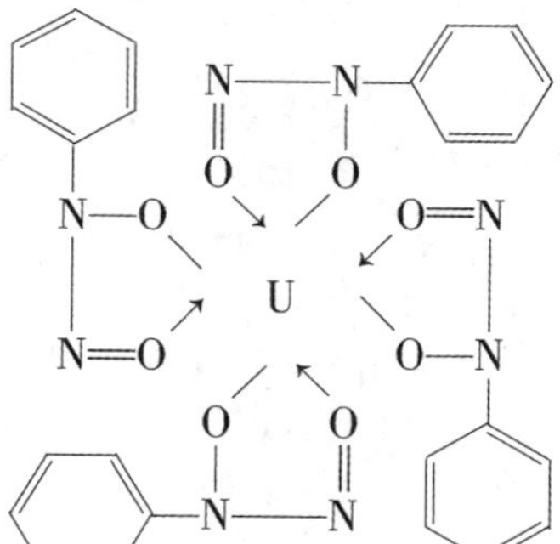

c. 铀与脂肪酸和酸性烷基磷酸酯生成四元螯合环配合物:铀酰与异丁酸的配合物为

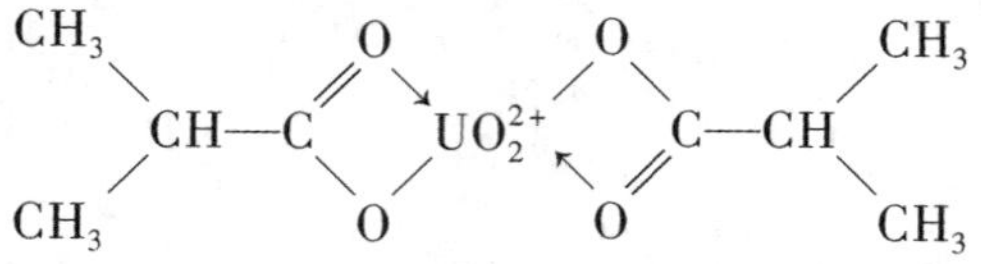

因配位数未饱和,还会有水分子配位。关于酸性磷酸酯中最常用的二 – (2 – 乙基己基)磷酸(HDEHP),配位官能团是 $(RO)_2P$ 与铀生成四元螯合环。由于四元螯合环的两个螯合原子接在同一个原子(C 或 P)上,其稳定性远不如五元或六元螯合环,实际意义

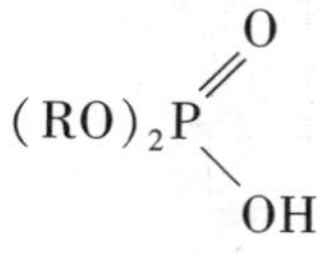

上的螯合物是五元和六元螯环配合物。

③铀与多齿氧给予体生成配合物。

a. UO_2^{2+} 与聚醚生成多齿配合物,图 3-21 示出 N,N,N′,N′—四苯基—3,6—二氧杂辛二酰胺(TDD)与硝酸铀酰的固体配合物,TDD 的四个氧给予体(四齿)均参加配位。

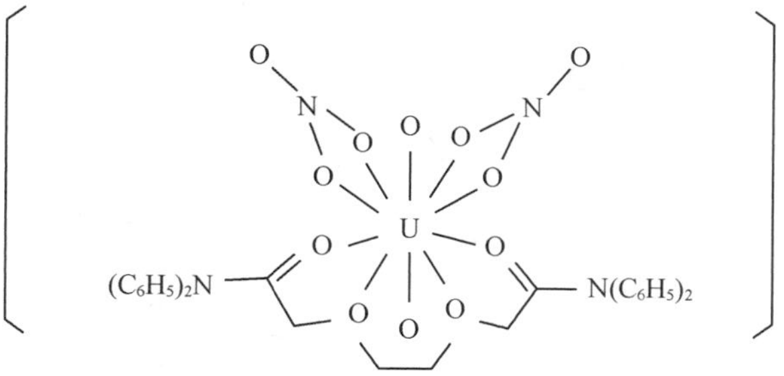

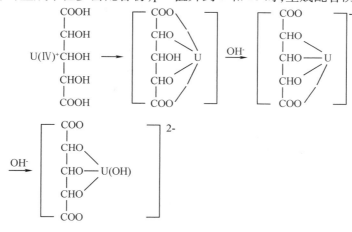

图 3-21　TDD 与 UO_2^{2+} 的配合物

b. 多羟基羧酸与铀会生成多齿配合物,三羟基戊二酸与四价铀生成配合物,如图 3-22 所示,pH 值较低时生成中性多齿配合物,pH 值升到 6 和 10 时,生成配合阴离子。

图 3-22　三羟基戊二酸与 U^{4+} 的配合物

④氧给予体的大环配合物,最典型的是冠醚配位体,此外,UO_2^{2+} 与对叔丁基六高三氧嘧啶环芳烃(P-tert-butylhexahomotrioxacalix[3]arene)生成的配合物示于图 3-23。图中显示中心原子配位数为五,是观察到的铀配合物中配位数最低的。铀酰离子与所在赤道平面上的三个氧原子成配键,平均 $U—O_{eq}$ 键长约 2.20 Å。

2. 铀与氮给予体的配合物

本节叙述的氮给予体配合物是指氮原子直接与铀配位,不同于羟胺、酰胺和肟类,是通过接在氮原子上的氧与铀配位。氮原子直接与铀配位的配合物比氧配位的少,以下举几个例子。

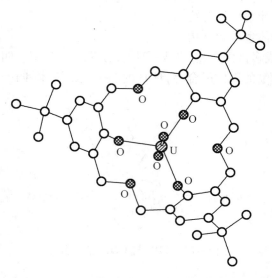

图 3-23　UO_2^{2+} 与对叔丁基六高三氧嘧啶环芳烃配合物的结构

①吡啶和喹啉与 UCl_4 生成配合物 $UCl_4 \cdot 2C_5H_5N$ 和 $UCl_4 \cdot 2C_9H_7N$，其结构式可表示为：

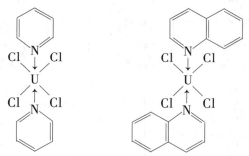

四价铀离子一般是八配位的，可能还有水分子配位。

②硝酸铀酰与 2,2'-联吡啶(Dipy)和邻-菲若啉(phen)可生成配合物 $UO_2(NO_3)_2 \cdot$ Dipy 和 $UO_2(NO_3)_2 \cdot$ phen，其结构式可表示为

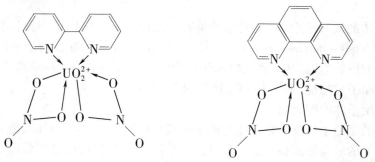

③乙腈和乙二胺与硝酸铀酰的配合物为 $UO_2(NO_3)_2 \cdot 2CH_3CN$ 和 $UO_2(NO_3)_2 \cdot$ $C_2H_4N_2H_4$，其结构式可表示如下：

$$CH_3-C\equiv N \rightarrow UO_2^{2+} \leftarrow N\equiv C-CH_3$$

④苯胺与 UO_2Cl_2 生成的配合物为 $UO_2Cl_2 \cdot 2C_6H_7N$,结构式表示如下:

可能还有配位水。

⑤氮给予体的大环化合物中酞菁具有代表性,环内空腔有 8 个氮原子,其中 2 个氮原子各带一个氢可被金属置换,而超酞菁(superphthal – ocyanine)的环内空腔则有 10 个氮原子,却仅 5 个氮原子与 UO_2^{2+} 离子配位,配合物的结构如图 3 – 24 所示,铀酰离子与五个氮原子配位呈五角双锥构型,铀的配位数为七,这在非钢系金属中是少见的配位数。在这里铀酰的键长仍然为 1.744(8)Å,U – N 配键的键长等于 2.524(9)Å。

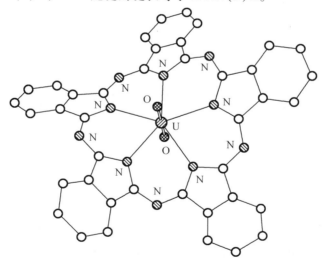

图 3 – 24　超酞菁铀酰配合物的结构

3. 氧和氮联合与铀的配合物

①铀酰与 8 – 羟基喹啉形成 1:3 的配合阴离子 $[UO_2(C_9H_6NO)_3]^-$,这是 8 – 羟基喹啉分子中叔氮和羟基在空间位置的接近,有利于通过氧和氮共同与铀酰配合,配合物结构可表示为

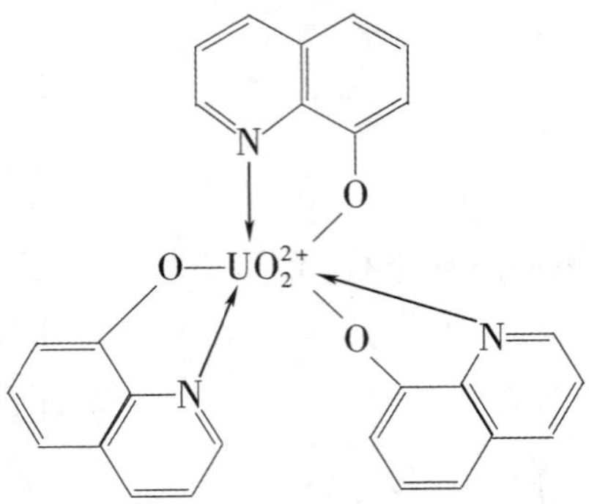

②α-氨基酸和 α-吡啶酸都能与 UO_2^{2+} 生成稳定的配合物。比较乙酸、甘氨酸

(NH_2-CH_2-COOH)和 α-吡啶酸($\underset{N}{\bigcirc}$—COOH)与 UO_2^{2+} 配合物稳定常数的差别,认

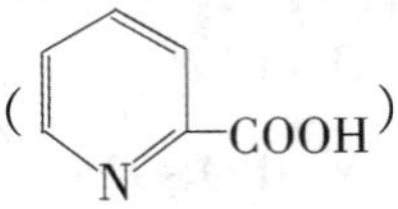

为:氮原子参与了与金属的配合,提高了配合物的稳定性;杂环氨基酸配合物的稳定性更高;甘氨酸配合物稳定性比乙酸配合物高,是因为氮原子参与配位,形成五元螯合环的缘故。

4. 硫给予体与铀的配合物

对铀的配位,硫给予体也比氧弱,硝酸铀酰在硫代磷酸三丁酯中的溶解度只有在磷酸三丁酯中的二十分之一。直接由硫给予体与 UO_2^{2+} 配位,常见的有黄原酸和二硫代氨基甲酸(亦称荒酸)类,其通式可写成

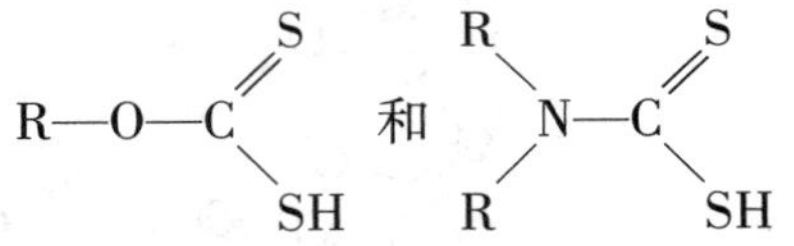

$$
\begin{array}{ccc}
& S & \\
\| & & \\
R-O-C & & \\
& SH & \\
\end{array}
\quad 和 \quad
\begin{array}{ccc}
R & S & \\
& \| & \\
N-C & & \\
R & SH & \\
\end{array}
$$

乙基黄原酸与铀酰的配合物 $KUO_2(C_3H_5OS_2)_3$ 的结构式可写成:

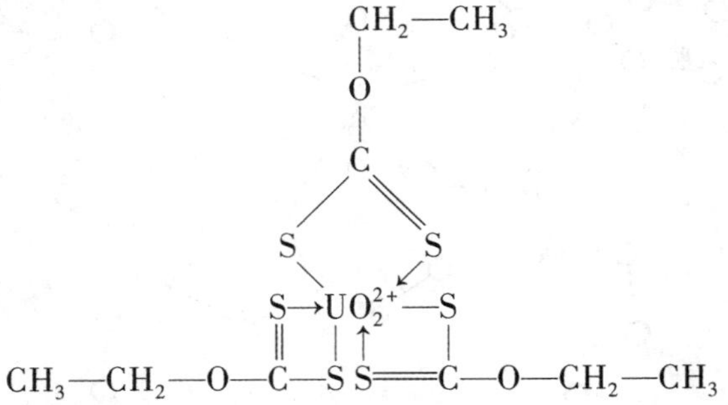

二乙基二硫代氨基甲酸与铀酰的配合物 $K[UO_2(C_5H_{10}NS_2)_3]\cdot H_2O$ 的结构式可写成

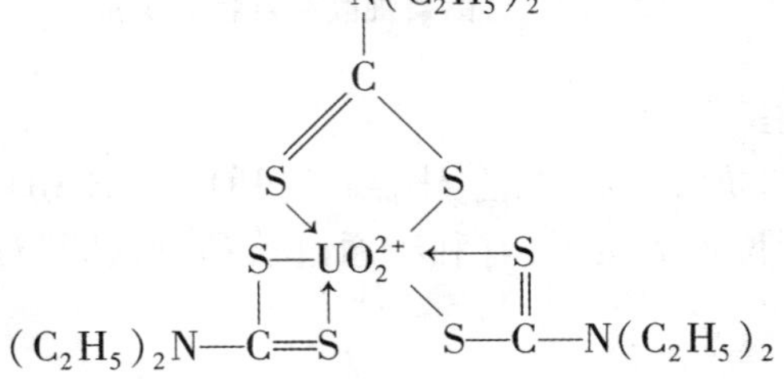

3.4　铀的水溶液化学

3.4.1　水溶液中不同价态铀离子的生成

铀元素的基态原子构型是 $[Rn]5f^3 6d^1 7s^2$，在水溶液中六个价电子都参加反应，表现出四种氧化态，不同价态离子及其半径列于表 3－11。六价铀离子内电子层是 $5f^0$ 结构，所以是四种价态中最稳定的，它以直线型的铀酰离子 UO_2^{2+} 作为稳定的实体。其次是四价铀离子，U^{4+} 在溶液中无氧条件下是稳定的。三价和五价铀离子于普通水溶液中都很不稳定。

表 3－11　铀离子的氧化态和半径

氧化态	$(n-2)$内层电子	离子半径/Å
U（Ⅲ）	$5f^3$	1.022
U（Ⅳ）	$5f^2$	0.929
U（Ⅴ）	$5f^1$	0.88
U（Ⅵ）	$5f^0$	0.83

在溶液中不同价态铀离子生成的热力学数据列于表 3－12 中，它们在溶液中具有特征吸收光谱，显出不同颜色。因为 UO_2^+ 在水溶液中很不稳定，要确定 UO_2^+ 的颜色比较困难。

表 3－12　水溶液中的铀离子的颜色及生成热力学数据

氧化态	离子形态	颜色	生成热 $\Delta H/(kJ \cdot mol^{-1})$	标准熵 $\Delta S/(J \cdot mol^{-1} \cdot K^{-1})$
Ⅲ	U^{3+}	玫瑰红	-471.3 ± 12.6	-146.40 ± 25
Ⅳ	U^{4+}	绿色	-612.1 ± 12.6	-338.90 ± 29
Ⅴ	UO_2^+	不稳定	$-992.9$①	
Ⅵ	UO_2^{2+}	黄绿色	$-1\ 046.0 \pm 8.4$	-83.790 ± 21

注：①生成自由能 ΔG。

3.4.2　铀的氧化还原反应

各种价态铀在 25 ℃、0.1 mol·L^{-1} $HClO_4$ 溶液中的氧化还原电位示于图 3－25。图中为摩尔氧化还原电位，指在一定介质条件中反应物和生成物浓度均为 1 mol·L^{-1} 时测得的电极电位。括号内为标准电位 E^0，指各物质的活度为 1 时的数值，这些数值或由外推或由热力学数据推算获得，所以不如摩尔氧化还原电位更实际。

将铀在 1 mol·L^{-1} $HClO_4$ 溶液（25 ℃）中的表观氧化还原电位，同其他几个常用体系的标准氧化还原电位水平排在一起，成为直观可比的氧化还原电位水平图（图 3－26）。图中实线表示铀离子系列的电位，虚线表示其他几个氧化还原体系的电位，两者的差别在于标准氧化还原电位值包括活度系数项。为了便于比较，也给出了氧的氧化水平（$E^0 = 1.229$

V)，它相当于下列方程式表达的氧化还原过程：

$$O_2 + 4H^+ + 4e^- \Longrightarrow 2H_2O$$

需要足够高的氧化电位才能把水氧化，从水中放出氧。由图 3 – 26 可知，四种价态的铀离子都不是强氧化剂，没有一种铀离子能够氧化分解水而放出氧。

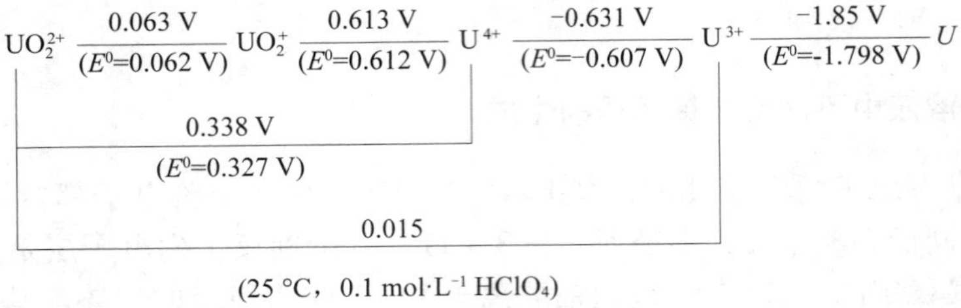

$$UO_2^{2+} \xrightarrow[(E^0=0.062\ V)]{0.063\ V} UO_2^+ \xrightarrow[(E^0=0.612\ V)]{0.613\ V} U^{4+} \xrightarrow[(E^0=-0.607\ V)]{-0.631\ V} U^{3+} \xrightarrow[(E^0=-1.798\ V)]{-1.85\ V} U$$

$$\underset{(E^0=0.327\ V)}{0.338\ V}$$

$$0.015$$

(25 ℃，0.1 mol·L^{-1} HClO$_4$)

图 3 – 25　铀氧化还原电位图

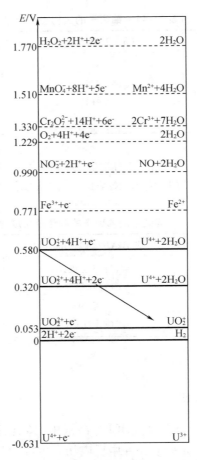

图 3 – 26　铀在 1 mol·L^{-1} HClO$_4$ 中的氧化还原电位水平图

五价铀（UO$_2^+$）离子在铀的氧化还原电位水平图中出现两处，它在 UO$_2^+$/U^{4+} 离子对中是氧化剂，而在 UO$_2^{2+}$/UO$_2^+$ 处是还原剂，说明 UO$_2^+$ 离子能自氧化和自还原，亦即歧化反应，这与图 2 – 43 福罗斯特图所描述的相一致。尽管 UO$_2^+$/U^{4+} 离子对的电位比较高，但是由于 UO$_2^+$ 歧化等原因，在水溶液中极不稳定，这个电位在水溶液中是不能实现的。铀在水溶液中能实现的最高电位值乃是 UO_2^{2+}/U^{4+} 离子对的电位,将此电位与 Fe^{3+}/Fe^{2+} 的标准电位相比较,可判断 Fe^{3+} 能氧化四价铀离子为六价铀离子,反应方程式可写成

$$2Fe^{3+} + U^{4+} + 2H_2O \Longrightarrow UO_2^{2+} + 2Fe^{2+} + 4H^+$$

这个原理曾在核燃料前处理的溶剂萃取工艺流程中,用于氧化水相的 U^{4+} 转成 UO_2^{2+} 作为萃取的进料液。

关于三价铀离子,U^{4+}/U^{3+} 离子对的氧化还原电位极低,表明 U^{3+} 是很强的还原剂,不但可以从酸溶液中置换出氢,而且也能从纯水中置换出氢。

铀不同氧化态间转化的反应速率不同,当没有化学组成的改变,即反应过程不需要克服 U—O 键的生成或断裂的活化能,这种过程很快,并且是可逆的,如:

$$UO_2^{2+} + e^- \Longrightarrow UO_2^+$$

$$U^{4+} + e^- \Longrightarrow U^{3+}$$

反之,氧化还原过程发生化学组成的改变,需要克服 U—O 键的生成或断裂的活化能,则反应速度就较慢,如:

$$UO_2^{2+} + 4H^+ + 2e^- \Longrightarrow U^{4+} + 2H_2O$$

3.4.3　铀的水解聚合

水解是配合物形成的一种特殊情况,配合物中羟基是配位体,H_2O 是质子化的配体。铀的高路易斯酸性使水解顺序为 U(IV) > U(VI) > U(III) > U(V);路易斯酸性高的另一个特性是已配位的铀对配位体表现出很强的诱导效应,如 α-羟基羧酸与铀配位后,α-羟基基团上质子的解离常数增 13 个数量级,以羟基乙酸为例,解离反应及其解离常数 pK 值如下:

$$HOCH_2COO^- \stackrel{K}{\Longrightarrow} {}^-OCH_2COO^- + H^+ \quad pK \approx 17$$

$$UO_2(HOCH_2COO^-) \stackrel{K}{\Longrightarrow} UO_2(^-OCH_2COO^-) + H^+ \quad pK = 3.6$$

铀的水解可写成参考反应式

$$pM + qH_2O \xrightarrow{\beta_{p\cdot q}} Mp(OH)_q + qH^+$$

其中 $M = UO_2^{2+}$、UO_2^+、U^{4+} 或 U^{3+},反应式的化学计量和平衡常数 $\beta_{p,q}$ 值列于表 3-13 中。

表 3-13　铀的水解反应及其稳定常数($\mu = 0, T = 25\ ℃$)

铀价态	水解反应	$\lg \beta_{p,q}$
U(VI)	$UO_2^{2+} + H_2O \Longrightarrow UO_2OH^+ + H^+$	-5.25
	$UO_2^{2+} + 2H_2O \Longrightarrow UO_2(OH)_2 + 2H^+$	-12.15
	$UO_2^{2+} + 3H_2O \Longrightarrow UO_2(OH)_3^- + 3H^+$	-20.25
	$UO_2^{2+} + 4H_2O \Longrightarrow UO_2(OH)_4^{2-} + 4H^+$	-32.40
	$2UO_2^{2+} + H_2O \Longrightarrow (UO_2)_2OH^{3+} + H^+$	-2.7
	$2UO_2^{2+} + 2H_2O \Longrightarrow (UO_2)_2(OH)_2^{2+} + 2H^+$	-5.62
	$3UO_2^{2+} + 5H_2O \Longrightarrow (UO_2)_3(OH)_5^+ + 5H^+$	-15.55
	$3UO_2^{2+} + 7H_2O \Longrightarrow (UO_2)_3(OH)_7^- + 7H^+$	-32.7
	$4UO_2^{2+} + 7H_2O \Longrightarrow (UO_2)_4(OH)_7^+ + 7H^+$	-21.9

表 3 – 13(续)

铀价态	水解反应	lg $\beta_{p,q}$
U(IV)	$U^{4+} + H_2O \rightleftharpoons UOH^{3+} + H^+$	−0.54
	$U^{4+} + 2H_2O \rightleftharpoons U(OH)_2^{2+} + 2H^+$	−2.6
	$U^{4+} + 3H_2O \rightleftharpoons U(OH)_3^+ + 3H^+$	−5.8
	$U^{4+} + 4H_2O \rightleftharpoons U(OH)_4(aq) + 4H^+$	−10.3
	$6U^{4+} + 15H_2O \rightleftharpoons U_6(OH)_{15}^{9+} + 15H^+$	−16.9
U(V)	由 Np(V)数据估算	
	$UO_2^+ + H_2O \rightleftharpoons UO_2OH(aq) + H^+$	≈ −11.3
	$UO_2^+ + 2H_2O \rightleftharpoons UO_2(OH)_2^- + 2H^+$	≈ −23.6
U(III)	由 Cm(III)数据估算	
	$U^{3+} + H_2O \rightleftharpoons UOH^{2+} + H^+$	−7.6
	$U^{3+} + 2H_2O \rightleftharpoons U(OH)_2^+ + 2H^+$	−15.7

许多情况下,实验测定水解平衡,对形成物种包含已配合的羟基或氧难于判定,因为平衡常数和化学计算量是通过实验中测量自由氢离子浓度来推算的,所以实验中存在 $2OH^- \rightleftharpoons O^{2-}$,这被叫作"质子歧义"(proton ambiguity)。例如:

$$3UO_2^{2+} + 5H_2O \rightleftharpoons (UO_2)_3(OH)_5^+ + 5H^+$$
$$3UO_2^{2+} + 5H_2O \rightleftharpoons (UO_2)_3(O)(OH)_3^+ + 5H^+ + H_2O$$

这两个反应式表示结果是都形成 5 个氢离子没有差别,水的活度恒定,两个式的稳定常数一样。生成的三核配合物原本应是 $(UO_2)_3(OH)_5^+$,但是当结构数据可用时,实际上组成转变为 $(UO_2)_3(O)(OH)_3^+$,其结构示于图 3 – 27。

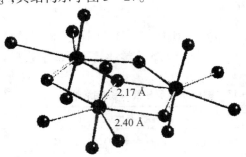

图 3 – 27 $(UO_2)_3(O)(OH)_3^+$ 的结构

图 3 – 27 中显示,铀原子之间的桥链氧与铀原子的键距 U—O—U 均为 2.17 Å,羟基氧与铀原子的键距 U—OH 为 2.40 Å。"质子歧义"使这两个反应式含糊不清或模棱两可。

六价铀的水解受本身浓度和 pH 值影响,在稀溶液中水解过程为

$$UO_2^{2+} \rightleftharpoons UO_2(OH)^+ \rightleftharpoons UO_2(OH)_2$$
$$pH < 2.5 \qquad pH > 2.5 \qquad pH > 4$$

当铀浓度高时,UO_2^{2+} 水解后聚合并沉淀析出,表 3 – 14 列出六价铀水解聚合析出沉淀与浓度和 pH 值的关系。

表 3 - 14　UO_2^{2+} 水解析出沉淀的浓度和 pH 值

UO_2^{2+} 浓度/$(mol \cdot L^{-1})$	10^{-1}	10^{-2}	10^{-3}	10^{-4}	3×10^{-5}
开始析出的 pH 值	4.47	5.27	5.90	6.62	6.80

四价铀离子的溶液在 25 ℃，pH 为 2 时开始水解，当达到四级水解后，若第一配位层存在配位水，如 $U(OH)_4(aq)$，根据铀离子很强的诱导效应，将影响到从配位水中解离出 H^+ 而形成羟基配合阴离子，即

$$U(OH)_4(H_2O)_n \longrightarrow U(OH)_5(H_2O)_{n-1}^- + H^+$$

但是实验中没有观察到带负电荷的四价铀羟基配合物，甚至于 $1 \ mol \cdot L^{-1}$ 浓度的碱溶液中也没有测定到。对这个问题的解释，应是溶液中的 $U(OH)_4(aq)$ 通过羟基桥链聚合成 $U_4(OH)_{16}$，配位数比 $U(OH)_4$ 高，更稳定。对比相似的配位体 F^-，在固态结构中经常与 OH^- 互相取代，然而在溶液中却生成 UF_5^- 和 UF_6^{2-} 配合阴离子，这是因为水溶液中氟离子很少形成桥链。由于溶液中羟基生成桥链，铀水解后会聚合，形成多核的复杂聚合物，往往呈胶状难溶于酸，但可溶于浓碱成铀酸盐。

3.4.4　水溶液中铀离子的状态

各种不同价态的铀离子在水溶液中的稳定性差别很大，虽然三价和五价铀离子在水溶液中很不稳定，不过都可以用不同的方法制备得到，并于相应的条件下存在。

三价铀的水溶液，可以溶解三氯化铀于水中制得，也可以用 U(IV) 或 U(VI) 溶液经电解还原，在汞阴极上得到。U^{3+} 是很强的还原剂，与水作用可缓慢地放出氢气，反应式为

$$2U^{3+} + 2H_2O \rightarrow 2U^{4+} + H_2 + 2OH^-$$

四价铀离子可在低浓度酸溶液中电解 U(VI) 制得，在汞阴极上同时生成 U^{3+}，可通空气很快被氧化除去，也可在酸性溶液中用铂黑，催化氢还原 U(VI) 制备 U^{4+}。四价铀离子是很强的酸，易水解，在空气中不稳定，可被溶液中的 O_2 所氧化，由于氧化为 UO_2^{2+} 的过程伴随破坏水分子的两个 O—H 键，形成两个 U—O 键，反应速度较慢。

毫摩尔浓度的 UO_2^+ 溶液可用锌汞齐或氢还原 UO_2^{2+} 制得，也可溶解 UCl_5 于水中获得。五价铀极易歧化，在溶液中存在的条件很窄。

UO_2^{2+} 最稳定，在水溶液中随着条件的变化，其形态多种多样，研究的范围广、内容丰富，也是研究其他价态的基础。

各种价态铀的相对稳定性强烈地依赖于溶液的 pH 值和所存在的配位体，在 $1 \ mol \cdot L^{-1}$ $HClO_4$ 和 $1 \ mol \cdot L^{-1}$ Na_2CO_3 溶液中，U^{3+}、U^{4+}、UO_2^+ 和 UO_2^{2+} 的分布与氧化还原电位的关系示于图 3 - 28。图中看出，没有配体时，UO_2^+ 存在范围很小；当存在 $1 \ mol \cdot L^{-1} Na_2CO_3$ 时，UO_2^+ 存在的范围明显扩大。

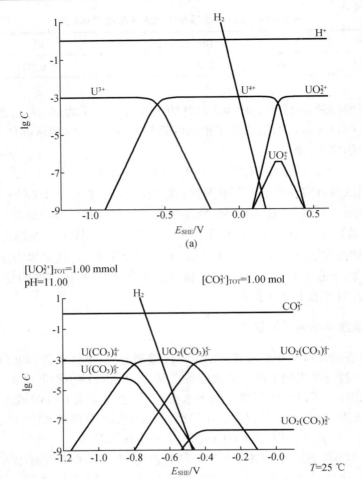

图 3-28 U^{3+}、U^{4+}、UO_2^+ 和 UO_2^{2+} 在溶液中分布与氧化还原电位的关系

3.5 铀溶剂萃取概述

3.5.1 铀的第一次溶剂萃取

哈威尔原子能研究所科学家 A. E. Comyns 于 1960 年指出,硝酸铀酰从水溶液到乙醚中的萃取,首先为 Ch. F. Bucholz 所描述,但是时常被错误地归功于 E. Péligot。

在放射性被发现(1896 年)前近一个世纪,1805 年,Ch. F. Bucholz 将铀从硝酸溶液中萃取到乙醚相,并把铀又反萃取到纯水中,在这开创性的工作中,Bucholz 完成的萃取和反萃取实验,推断萃取程度取决于相比和水相中的盐浓度。Bucholz 的工作不仅第一次以文字记录了溶剂萃取实验,而且也是第一次将溶剂萃取应用于放射化学。后续的数十年里,人们从实验和理论上研究了中性化合物在水相和纯溶剂相的分配。1842 年,E. Péligot 报道了乙醚萃取硝酸铀酰的实验研究;1891 年,Nernst 在液 - 液平衡实验研究的大量数据基础上,提出了分配定律。从此乙醚萃取用于实验室中提纯铀,后来用于铀的工业生产中。

1945 年,W. E. Bun 和 N. H. Furman 用沸点升高法测量 $UO_2(NO_3)_2 \cdot 2H_2O$ 的分子量,外推到无限稀释时,测得值是 425,按带有两个结晶水的分子量计算值为 430,证实该分子在乙醚中是不电离的。1945—1946 年,美国在工厂规模用乙醚萃取精制铀。

20 世纪 40 年代开始研究多种类型的萃取剂用于铀的萃取,如酮类、磷(膦)类、胺(铵)类等。美国在第二次世界大战期间就提出,以甲基异丁基酮(MiBK)为萃取剂的 Redox 萃取流程,1948—1949 年在阿贡实验室研究该流程,并在橡树岭实验室中试,1951 年汉福特厂建成投产。1949 年,美国提出用 TBP 作萃取剂的 Purex 流程,1954 年在萨凡那河厂 Purex 流程投入运行,汉福特后处理厂于 1956 年 Purex 流程投产。此后 Purex 流程逐渐成为国际上核燃料循环的主要萃取工艺流程。

3.5.2　铀的某些萃取剂化学结构与萃取能的对应关系

铀在各不同氧化态中都是很强的路易斯酸和很硬的电子接收体,这表示给予/接受相互反应的顺序为:$F^- \gg Cl^- > Br^- \approx I^-$;$O \gg S > Se$;$N \gg P \approx As$。这里的给予体既可以是简单离子,如 F^-,也可以是大离子或分子,如 CO_3^{2-}。萃取剂与铀形成的萃合物应是可溶解于有机相的配合物,所以铀的萃取剂大多数是含氧官能团或含氮的脂肪胺类,均属硬路易斯碱性的有机化合物。

萃取过程主要包括萃合物形成反应和所形成萃合物溶解于有机相的传质过程。对于传质过程很快的萃取,主要取决于萃合物形成反应,萃取剂的萃取能力由实验中直接测得分配比(D)的值来衡量。当萃取体系基本参数(试剂浓度、温度、相比等)固定后,D 仅与萃取剂的化学结构(官能团)特性相关。中性有机磷化合物的萃取官能团是磷酰氧原子($P=O$),常以红外光谱特征频率 $\upsilon_{P=O}$ 表征其萃取性能,它反映磷酰氧原子的电荷密度,也就是路易斯碱性。不同中性有机磷化合物的特征频率 $\upsilon_{P=O}$ 也不同,它们从相同的水相体系中萃取铀的分配比 D_U 亦各异,但是实验所测得 D_U 与相应的 $\upsilon_{P=O}$ 之间存在对应关系。图 3 - 29 是中性有机磷化合物萃取铀的 D_U 与 $\upsilon_{P=O}$ 的关系,16 种中性有机磷化合物萃取铀的数据列于表 3 - 15。

表 3 - 15　中性有机磷化合物的特征频率与萃取铀分配比的关系

序号	结构式	D_U(最大)	$(HNO_3)/(mol \cdot L^{-1})$	$\upsilon_{P=O}/cm^{-1}$
1	$(n-C_4H_9O)_3PO$	24.3	5	1 269
2	$(n-C_7H_{15}O)_3PO$	33.9	5	1 280
3	$(C_4H_9CHEtCH_2O)_3PO$	31.8	5	1 280
4	$(C_6H_{13}CHMeO)_3PO$	34.0	5	1 265
5	$CH_3PO(OC_5H_{11}-iso)_2$	298	3	1 240
6	$n-C_4H_9P(O)(OC_4H_9)_2$	239	4	1 224
7	$n-C_5H_{11}P(O)(OC_5H_{11})_2$	155	4	1 245
8	$n-C_6H_{13}P(O)(OC_6H_{13})_2$	272	3	1 250
9	$n-C_7H_{15}P(O)(OC_7H_{15})_2$	198	4	1 245
10	$(C_4H_9CHEtCH_2)PO(OCH_2CHEtBu)_2$	226	4	1 250
11	$(C_6H_{13}CHMe)PO(OCHMeC_6H_{13})_2$	107	4	1 260

表 3 - 15(续)

序号	结构式	D_U(最大)	$(HNO_3)/(mol \cdot L^{-1})$	$\upsilon_{P=0}/cm^{-1}$
12	$(n-C_4H_9)_2P(O)OC_4H_9$	4 500	1	1 200
13	$(n-C_7H_{15})_2P(O)OC_7H_{15}$	4 200	1	1 215
14	$(C_4H_9CHEtCH_2)_2P(O)OCH_2CHEtBu$	1 620	2	1 230
15	$(n-C_7H_{15})_5PO$	>50 000	0.5	1 155
16	$(n-C_8H_{17})_3PO$	>50 000	0.5	1 150

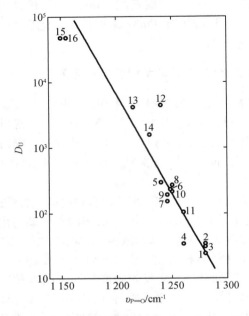

图 3 - 29 　中性磷化合物萃取铀的 D_U 与 $\upsilon_{P=0}$ 的关系

根据式(1 - 9)

$$\Delta G^0 = \Delta E^0 - T\Delta S^0$$

其中,ΔE^0 为萃取能,因为萃取过程 ΔS^0 很小(可忽略),研究实验用稀溶液,活度系数约为 1,则有

$$\Delta G^0 \approx \Delta G \approx \Delta E \tag{3-1}$$

以 TBP 萃取硝酸铀酰为例:

$$UO_2^{2+} + 2NO_3^- + 2TBP_{(o)} \xrightleftharpoons{K} UO_2(NO_3)_2 \cdot 2TBP_{(o)}$$

$$K = \frac{(UO_2(NO_3)_2 \cdot 2TBP)_o}{(UO_2^{2+})(NO_3^-)^2(TBP)_o^2} = \frac{D_U}{(NO_3^-)^2(TBP)_o^2} = \frac{D_U}{k} = e^{-\frac{\Delta E}{RT}}$$

$$D_U = ke^{-\frac{\Delta E}{RT}} \tag{3-2}$$

当萃取体系参数固定时,k 和 T 为确定数,由 D_U 与 ΔE 的对应关系可推演到 ΔE 与 $\upsilon_{P=0}$ 的对应关系。对于图 3 - 29 中 16 种中性磷化合物萃取铀的 D_U 所对应的 ΔE 对与萃取剂官能团特性 $\upsilon_{P=0}$ 之间,也应有类似的关系,亦即萃取能与萃取剂化学结构特性是相对应的。

萃取剂的路易斯碱性表现在对质子亲和力的大小。氘化甲醇与中性磷(膦)酸酯缔合前后,氘氧键红外光谱 v_{OD} 发生改变值 Δv_{OD} 反映中性磷(膦)酸酯对质子的缔合能力,可视为它们的路易斯碱性。表 3 – 16 列出了丁基和庚基化合物的数据,按磷酸三烷基酯、烷基膦酸二烷基酯、二烷基膦酸烷基酯和三烷基氧膦的次序,Δv_{OD} 值递增。这些磷化合物萃取铀的 D_U 与 Δv_{OD} 之间有良好的线性关系(图 3 – 30)。Δv_{OD} 增加意味着路易斯碱性增强,D_U 也随之增大。

表 3 – 16 丁基和庚基磷化物与氘化甲醇缔合前后的 Δv_{OD} 值

丁基磷化合物	$\Delta v_{OD}/cm^{-1}$	庚基磷化合物	$\Delta v_{OD}/cm^{-1}$
$(C_4H_9O)_3PO$	111	$(C_7H_{15}O)_3PO$	111
$C_4H_9P(O)(OC_4H_9)_2$	121	$C_7H_{15}PC(O)(OC_7H_{15})_2$	126
$(C_4H_9)_2P(O)OC_4H_9$	151	$(C_7H_{15})_2P(O)OC_7H_{15}$	151
$(C_4H_9)_3PO$	161	$(C_7H_{15})_3PO$	166

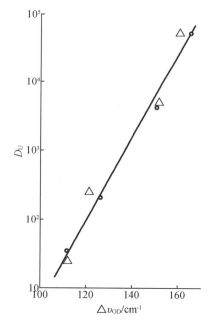

图 3 – 30 中性磷化合物萃取铀的 D_U 与路易斯碱性的关系

用一系列萃取剂萃取两个不同的元素,得不同元素分配比之间也存在近线性关系,其斜率为分离系数。二烷基磷酸萃取 U(VI) 和 Pu(IV) 的分配比关系示于图 3 – 31;原甲酸酯萃取 U(VI) 和 Pu(IV) 的分配比关系示于图 3 – 32。图 3 – 31 和 3 – 32 显示铀钚分配比的关系与图 2 – 34 显示铀钚配合物稳定常数的关系基本一致。

萃取剂化学结构中,萃取官能团的特性与分配比、萃取能之间的对应关系是直接的,也是关键性的,但未必都是线性关系。影响萃取全过程的因素复杂,仅萃取剂化学结构,除官能团外,还有空间位阻效应和溶解度效应都是影响萃取的因素。不过官能团特性是主要的,研究萃取剂官能团特性与分配比、萃取能的关系,对于选择已有萃取剂与合成新萃取剂都是必要的。

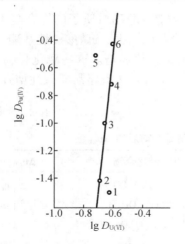
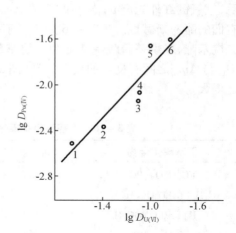

1—$(C_2H_5O)_2HPO$；2—$(i-C_5H_{11}O)_2HPO$；
3—$(n-C_5H_{11}O)_2HPO$；4—$(n-C_9H_{19}O)_2HPO$；
5—$(i-C_4H_9O)_2HPO$；6—$(n-C_4H_9O)_2HPO$。

图 3 – 31 二烷基磷酸萃取 U(Ⅵ) 和 Pu(Ⅳ) 的
分配比之间的对数关系

1—$CH(O—n—C_8H_{17})_2$；2—$CH(O—n—C_7H_{15})_3$；
3—$CH(O—n—C_6H_{13})_3$；4—$CH(O—i—C_3H_7)_3$；
5—$CH(O—n—C_4H_9)$；6—$CH(O—i—C_4H_9)$。

图 3 – 32 原甲酸酯萃取 U(Ⅵ) 和 Pu(Ⅳ) 的分
配比之间的对数关系

3.6 中性萃取剂萃取铀

3.6.1 中性磷化合物萃取铀

1. 中性磷化合物萃取剂的类型与萃取性能

中性磷化合物萃取剂有三烷基磷酸酯、烷基膦酸二烷基酯、二烷基膦酸烷基酯、三烷基氧化膦以及四烷基焦磷(膦)酸酯,常用的是前四类,列于表 3 – 17 中。

表 3 – 17 中性磷化合物萃取剂

化合物类型	名称	分子式	分子量	英文简称
RO RO—P=O RO	磷酸三丁酯 磷酸三庚酯	$(C_4H_9O)_3PO$ $(C_7H_{15}O_3)PO$	266.3 392.6	TBP THP
R RO—P=O RO	丁基膦酸二丁酯 庚基膦酸二庚酯	$C_4H_9P(O)(OC_4H_9)_2$ $C_7H_{15}P(O)(OC_7H_{15})_2$	250.3 376.6	DBBP DHHP
R R—P=O RO	二丁基膦酸丁酯 二庚基膦酸庚酯	$(C_4H_9)_2P(O)OC_4H_9$ $(C_7H_{15})_2P(O)OC_7H_{15}$	234.3 360.6	BDBP HDHP

表 3 – 17（续）

化合物类型	名称	分子式	分子量	英文简称
$\begin{array}{c} R \\ \mid \\ R{-}P{=}O \\ \mid \\ R \end{array}$	三丁基氧化膦 三庚基氧化膦	$(C_4H_9)_3PO$ $(C_7H_{15})_3PO$	218.3 344.6	TBPO THPO

中性磷化合物萃取剂对铀的萃取机理,参见第 1 章 TBP 萃取铀的有关研究,本节将列举一些中性磷化合物萃取剂对铀的萃取性能。表 3 – 18 列出丁基磷化合物对铀的萃取分配比与磷酰氧原子电子密度的关系。水相:4.2×10^{-4} mol · L^{-1} 铀,0.5 mol · L^{-1} 硝酸;有机相:0.19 mol · L^{-1} 萃取剂/苯。由表 3 – 18 可知,中性磷化合物萃取剂萃取铀,随着 $v_{P=O}$ 波数减少,亦即磷酰氧原子的电子密度增加,则分配比升高,而 P—O—C 键的氧不参与配合反应。

表 3 – 18　中性丁基磷化合物萃取剂对铀的萃取性能

化合物	分配比 D_U	$UO_2(NO_3)_2 \cdot 2S$ 稳定常数 β	$v_{P=O}$ cm^{-1} 自由态	$v_{P=O}$ cm^{-1} 配合态	$\Delta v_{P=O}/cm^{-1}$	v_{P-O-C}/cm^{-1} 自由态	v_{P-O-C}/cm^{-1} 配合态
$(C_4H_9O)_3PO$	0.25	12	1 275	1 180	95	1 030	1 030
$(C_4H_9O)_2P(O)C_4H_9$	10	6.03×10^2	1 260	1 180	80	1 025	1 035
$(C_4H_9O)P(O)(C_4H_9)_2$	120	2.95×10^4	1 245	1 125	120	1 025	1 025
$(C_4H_9)_3PO$	380	3.85×10^6	1 160	1 080	80	—	—

在相同的萃取条件下,三烷基磷酸酯萃取锕系元素时,六价铀的分配比最大(表 3 – 19),这一特性对于 Purex 流程尤为重要。表 3 – 19 的萃取条件为:水相 ^{234}Th、^{233}U、^{237}Np 和 ^{239}Pu 均为示踪量,硝酸浓度 3.0 mol · L^{-1};有机相 1.09 mol · L^{-1} 磷酸三烷基酯/正十二烷;25 ℃,振摇 2 min。

表 3 – 19　三烷基磷酸酯萃取锕系元素的分配比

名称	烷基结构	分配比 D Th	Np(IV)	Pu(IV)	U(VI)	Np(VI)	Pu(VI)
磷酸三正丁酯	$nC_4H_9{-}$	2.9	3.2	16.1	26	15.6	3.5
磷酸三异丁酯	$(CH_3)_2CHCH_2{-}$	2.4	2.7	11.8	22	15.9	3.4
磷酸三正戊酯	$nC_5H_{11}{-}$	2.9	4.2	15.6	32	19.3	4.1
磷酸三异戊酯	$(CH_3)_2CHCH_2CH_2{-}$	4.2	4.7	17.8	34	18.9	4.4
磷酸三正己酯	$nC_6H_{13}{-}$	3.0	3.6	15.6	38	20.0	4.5
磷酸三正辛酯	$nC_8H_{17}{-}$	2.4	3.4	15.3	33	15.7	3.9

表 3 - 19（续）

名称	烷基结构	分配比 D					
		Th	Np(IV)	Pu(IV)	U(VI)	Np(VI)	Pu(VI)
磷酸三(2 - 乙基己基)酯	$C_4H_9CH(C_2H_5)CH_2-$	2.5	4.3	25	58	23	5.7
磷酸三(1 - 甲基己基)酯	$CH_3CH_2CH(CH_3)-$	0.45	4.9	28	42	20	4.6
磷酸三(1 - 乙基丙基)酯	$CH_3CH_2CH(C_2H_5)-$	0.22	3.5	18.1	49	22	5.0
磷酸三(1 - 甲基异丁基)酯	$(CH_3)_2CHCH(CH_3)-$	0.18	3.0	24	47	25	5.4
磷酸三(1 - 乙基异戊基)酯	$(CH_3)_2CHCH_2CH(CH_3)-$	0.047	3.5	22	38	24	4.9

2. 中性磷化合物萃取铀分配比与水相硝酸浓度的关系

中性磷化合物萃取铀受水相酸浓度影响显著,一个共同的特点是随着硝酸浓度的变化,铀分配比均出现最大值,这个最大分配比对应的硝酸浓度因不同的中性磷化合物萃取剂类型而异。图 3 - 33 是三烷基磷酸酯萃取铀分配比与硝酸浓度的关系,硝酸浓度约为 5 mol · L^{-1} 时,D_U 最大;图 3 - 34 是烷基膦酸二烷基酯萃取铀,D_U 在水相硝酸浓度为 3 ~ 4 mol · L^{-1} 时出现 D_U 最大;图 3 - 35 显示二烷基膦酸烷基酯萃取铀,分配比随硝酸浓度的变化,D_U 在硝酸浓度为 1 ~ 2 mol · L^{-1} 时出现最大;图 3 - 36 示出不同类型磷化合物萃取铀时,D_U 与硝酸浓度的关系之比较,由图可知三烷基氧化膦萃取铀,硝酸浓度为 0.5 mol · L^{-1} 时,D_U 最大。

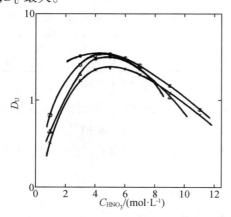

○—磷酸三(1 - 甲基庚基)酯;□—磷酸三正庚基酯
△—磷酸三(2 - 乙基己基)酯;×—磷酸三正丁酯。

图 3 - 33　三烷基磷酸酯萃取铀分配比与硝酸浓度的关系

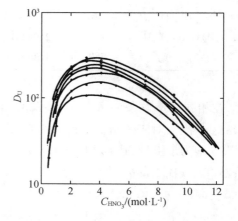

○—甲基膦酸二异戊酯;□—正己基膦酸二正己酯;△—正丁基膦酸二正丁酯;×—2 - 乙基己基膦酸二(2 - 乙基己基)酯;●—正庚基膦酸二正庚酯;■—正戊基膦酸二正戊脂;▲—1 - 甲基庚基膦酸二(1 - 甲基庚基)酯。

图 3 - 34　烷基膦酸二烷基酯萃取铀的 D_U 与 C_{HNO_3}

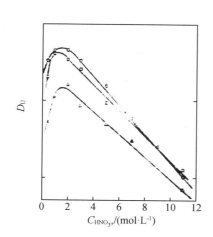

○—二正丁基膦酸正丁基；□—二正庚基膦酸正庚酯；
△—二(2-乙基己基)膦酸(2-乙基己基)酯。

图 3-35　二烷基膦酸烷基酯萃取铀的 D_U 与 C_{HNO_3}

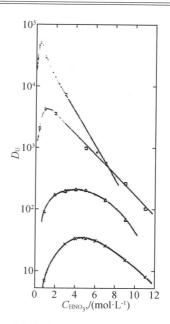

○—三正庚基氧化膦；□—二正庚基膦酸正庚酯；△—正庚基膦酸二正庚酯；×—磷酸三正庚酯。

图 3-36　不同类型磷化合物萃取铀的 D_U 与 C_{HNO_3} 关系之比较

由图 3-33 至图 3-36 显示的 D_U 与 C_{HNO_3} 的关系，可总结以下几点：

①中性磷化合物萃取铀，相同类型不同萃取剂的 D_U 差别在同一个数量级之内，如图 3-33、图 3-34 和图 3-35 所示；不同类型的中性磷萃取剂萃取铀。相邻近类型的 D_U 差别均达一个数量级，如图 3-36 所示，这说明中性磷化合物的路易斯碱性是决定萃取能力的主要因素。

②在 $D_U - C_{HNO_3}$ 关系曲线中均出现最高分配比现象，这是由于硝酸与铀竞争萃取的结果。当硝酸浓度较低时，有机相萃取硝酸较少，自由萃取剂浓度较高。硝酸可作为萃取铀的盐析剂，D_U 上升；当达到一定硝酸浓度后，有机相硝酸浓度增高，自由萃取剂浓度下降，使 D_U 减小。

③在 $D_U - C_{HNO_3}$ 曲线峰值（D_U 最大）的低 C_{HNO_3} 侧之斜率比高 C_{HNO_3} 侧大得多，因为在萃合反应中，硝酸根还作为助萃配合剂参与反应，D_U 与 C_{HNO_3} 成二次方正比关系，比盐析效应敏感得多。

④按三烷基磷酸酯、一烷基膦酸二烷基脂、二烷基膦酯—烷基酯、三烷基氧化膦的顺序，萃取剂的路易斯碱性增强，与硝酸的作用也按这个顺序渐强。路易斯碱性强，对硝酸的萃取分配比大，在较低时，就开始明显地消耗自由萃取剂使浓度降低，随之 D_U 开始下降。反之亦然，路易斯碱性弱的萃取剂，在 C_{HNO_3} 高时才使 D_U 开始下降，故有图 3-36 中 D_U 峰值相应硝酸浓度高低的顺序。

3. TBP 萃取铀的热力学特性

萃取过程的热力学问题很受重视，只因为活度系数的麻烦，许多情况下常采用经验的或近似的处理方法。本节讨论 TBP 萃取 $UO_2(NO_3)_2$ 及反萃取过程的热力学特性。

（1）$UO_2(NO_3)_2(HNO_3)$ – TBP – 煤油体系的萃取热力学

20%TBP/煤油萃取 $UO_2(NO_3)_2$ 水相 HNO_3 浓度为 $0.6 \sim 0.8\ mol \cdot L^{-1}$，总 NO_3^- 浓度为 $2.0 \sim 2.4\ mol \cdot L^{-1}$。两相达到分配平衡后的铀分配比 D_U 与温度的关系示于图 3 – 37，由图可见 D_U 随温度升高而下降。分配比的对数与 $(RT)^{-1}$ 作图，呈直线关系（图 3 – 38）。由分配比和实验参数计算得到萃合物形成反应平衡常数 K，用 $\lg K$ 与 $(RT)^{-1}$ 作图也获得直线关系（图 3 – 39）。

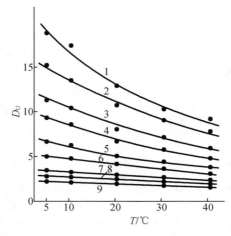

1—原始水相铀浓度（$mol \cdot L^{-1}$）$C_{Uo} = 0.041$；2—$C_{Uo} = 0.061$；3—$C_{Uo} = 0.081$；4—$C_{Uo} = 0.102$；5—$C_{Uo} = 0.122$；
6—$C_{Uo} = 0.148$；7—$C_{Uo} = 0.195$；8—$C_{Uo} = 0.216$；9—$C_{Uo} = 0.254$。

图 3 – 37　20%TBP 萃取 $UO_2(NO_3)_2$ 的分配比与温度之关系

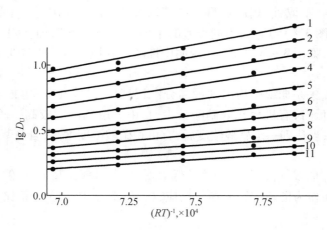

1—原始水相铀浓度（$mol \cdot L^{-1}$）$C_{Uo} = 0.041$；2—$C_{Uo} = 0.061$；3—$C_{Uo} = 0.081$；4—$C_{Uo} = 0.102$；5—$C_{Uo} = 0.122$；
6—$C_{Uo} = 0.148$；7—$C_{Uo} = 0.172$；8—$C_{Uo} = 0.192$；9—$C_{Uo} = 0.216$；10—$C_{Uo} = 0.240$；11—$C_{Uo} = 0.254$。

图 3 – 38　20%TBP 萃取 $UO_2(NO_3)_2$ 的 $\lg D_U$—$(RT)^{-1}$ 图

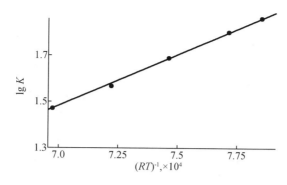

图 3 - 39　20% TBP 萃取 UO₂(NO₃)₂ 的 lg K - (RT)⁻¹ 图

（C_{Uo} 为 0.02 ~ 0.102 mol·L⁻¹）

由图 3 - 39 的直线斜率求得 $\Delta H = -4.30$ kcal·mol⁻¹，计算得到自由能和熵变等热力学数据列于表 3 - 20 中。由图 3 - 37、图 3 - 38 及图 3 - 39 可以看出，TBP 萃取 UO₂(NO₃)₂ 的萃合物形成反应是放热的，D_U 与萃取自由能有良好的线性关系。

表 3 - 20　在不同温度下 TBP 萃取 UO₂(NO₃)₂ 的热力学数据

温度/℃	ΔH/(kcal·mol⁻¹)	ΔG/(kcal·mol⁻¹)	ΔS/(cal·mol⁻¹·K⁻¹)
5	-4.30	-2.36	-6.98
10	-4.30	-2.33	-6.96
20	-4.30	-2.26	-6.96
25	-4.30	-2.22	-6.98
30	-4.30	-2.17	-7.02
40	-4.30	-2.12	-6.96

（2）UO₂(NO₃)₂·2TBP 的反萃取热力学

用硫酸盐溶液为反萃剂，在实验范围内，反萃取到水相铀的形态主要是 $UO_2(SO_4)_3^{4-}$ 配合阴离子，忽略其他形态，反萃取反应式可写成

$$\text{UO}_2(\text{NO}_3)_2 \cdot 2\text{TBP} + 3\text{SO}_4^{2-} \xrightarrow{K'} \text{UO}_2(\text{SO}_4)_3^{4-} + 2\text{TBP} + 2\text{NO}_3^-$$

反萃取分配比 D'_U 为水相铀浓度与有机相铀浓度之比，即

$$D'_U = \frac{C_{U水}}{C_{U有}} = \frac{(\text{UO}_2(\text{SO}_4)_3^{4-})}{(\text{UO}_2(\text{NO}_3)_2 \cdot 2\text{TBP})_o}$$

反萃取反应平衡常数为

$$K' = \frac{\text{UO}_2(\text{SO}_4)_3^{4-}(\text{NO}_3^-)^2(\text{TBP})_o^2}{(\text{UO}_2(\text{NO}_3)_2 \cdot 2\text{TBP})_o(\text{SO}_4^{2-})^3} = D'_U \cdot \frac{(\text{NO}_3^-)^2(\text{TBP})_o^2}{(\text{SO}_4^{2-})^3}$$

用水、硫酸、硫酸钠和硫酸铵作反萃取剂，铀在反萃取两相平衡的分配比对数与 $(RT)^{-1}$ 作图，示于图 3 - 40、图 3 - 41、图 3 - 42 和图 3 - 43。各图均显示良好的线性关系，随温度增高，铀反萃取分配比增大。实验结果求得反萃取反应的平衡常数列于表 3 - 21 中。

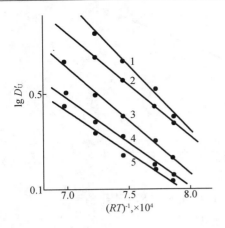

1—原始有机相铀浓度（mol·L^{-1}）C_{U_o} = 0.014 9；2—C_{U_o} =0.023；3—C_{U_o} =0.064；4—C_{U_o} =0.107；5—C_{U_o} =0.127。

图 3 – 40 H$_2$O 反萃取 UO$_2$（NO$_3$）$_2$ 的 lg D'_U – （RT）$^{-1}$图

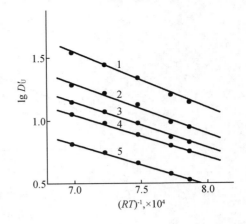

1—C_{U_o} = 0.085；2—C_{U_o} = 0.107；3—C_{U_o} = 0.127；4—C_{U_o} =0.186；5—C_{U_o} = 0.209。

图 3 – 41 5%H$_2$SO$_4$ 水溶液反萃取 UO$_2$（NO$_3$）$_2$ 的 log D'_U – （RT）$^{-1}$图

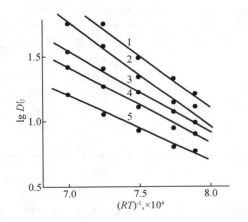

1—C_{U_o} = 0.085；2—C_{U_o} = 0.107；3—C_{U_o} = 0.127；4—C_{U_o} =0.186；5—C_{U_o} = 0.209。

图 3 – 42 5%Na$_2$SO$_4$ 水溶液反萃取 UO$_2$（NO$_3$）$_2$ 的 lg D'_U – （RT）$^{-1}$图

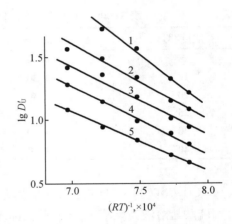

1—C_{U_o} = 0.107；2—C_{U_o} = 0.127；3—C_{U_o} = 0.170；4—C_{U_o} = 0.209；5—C_{U_o} = 0.240。

图 3 – 43 5%（NH$_4$）$_2$SO$_4$ 水溶液反萃取 UO$_2$（NO$_3$）$_2$ 的 lg D'_U – （RT）$^{-1}$图

表 3 – 21 不同反萃取剂对 UO$_2$（NO$_3$）$_2$ 反萃取反应的平衡常数

反萃取剂	平衡常数 K'				
	5 ℃	10 ℃	20 ℃	30 ℃	40 ℃
H$_2$O	1.01×10^{-2}	1.23×10^{-2}	1.85×10^{-2}	2.86×10^{-2}	4.19×10^{-2}
H$_2$SO$_4$	10.80	13.32	18.77	24.10	28.76
Na$_2$SO$_4$	13.77	15.92	24.84	33.20	44.40
（NH$_4$）$_2$SO$_4$	19.23	23.61	27.13	47.24	67.80

由表 3 - 21 看出，同一反萃取剂的平衡常数 K' 随温度上升而增加；在同一温度下，平衡常数 K' 依照 $H_2O < H_2SO_4 < Na_2SO_4 < (NH_4)_2SO_4$ 的顺序升高。因此，反萃取能力的顺序为 $(NH_4)_2SO_4 > Na_2SO_4 > H_2SO_4 > H_2O$。用 K' 和温度的数据作 $\lg K' - (RT)^{-1}$ 图，示于图 3 - 44。不同温度的分配比和平衡常数 K' 计算得到热力学函数 ΔG、ΔH 和 ΔS 的数值列于表 3 - 22 中。

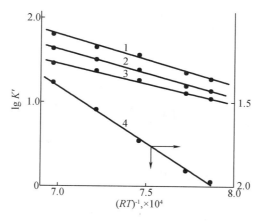

1—5%（NH_4）$_2SO_4$；2—5% Na_2SO_4；3—H_2SO_4；4—H_2O。

图 3 - 44　不同反萃取剂反萃取 $UO_2(NO_3)_2$ 的 $\lg K' - (RT)^{-1}$ 图

表 3 - 22　不同反萃取剂反萃取铀的热力学数据

温度/℃	热力学函数	反萃取剂			
		H_2O	H_2SO_4	Na_2SO_4	（NH_4）$_2SO_4$
5	ΔG	2.51	− 1.31	− 1.45	− 1.63
	ΔS	15.1	+ 23.1	+ 26.7	+ 28.0
10	ΔG	2.48	− 1.46	− 1.56	− 1.78
	ΔS	14.95	+ 23.2	+ 26.6	+ 28.0
20	ΔG	2.33	− 1.70	− 1.87	− 2.10
	ΔS	14.96	23.3	+ 26.8	+ 28.1
30	ΔG	2.14	− 1.92	− 2.11	− 2.32
	ΔS	15.09	+ 23.2	+ 26.7	+ 28.0
40	ΔG	1.97	− 2.09	− 2.36	− 2.62
	ΔS	15.14	+ 23.0	+ 26.6	+ 28.0
	ΔH	6.71	5.11	5.97	6.14

注：① $C_{U0} = 0.05$ mol · L^{-1}；

② ΔG 和 ΔH 单位为 kcal · mol，ΔS 熵单位为 cal · mol^{-1} · K^{-1}。

TBP 从硝酸中萃取铀的萃合物形成反应热焓（ΔH）为负值，是释热反应，提高温度不利于萃取。H_2O、H_2SO_4、Na_2SO_4 和（NH_4）$_2SO_4$ 水溶液反萃取铀，ΔH 都为正值，属吸热反应，增高温度有利于反萃取。水的反萃取反应平衡常数很小，说明萃合物 $UO_2(NO_3)_2 \cdot 2TBP$

相当稳定。

4.稀释剂对中性磷化合物萃取硝酸铀酰的影响

稀释剂的性质,对不同中性磷化合物萃取铀的影响规律是相似的。在惰性溶剂(如脂肪族烃、脂环烃、芳香烃)萃取效率最好;受质子溶剂(如醚、酯)会萃取硝酸,对铀的萃取有影响,故萃取效率次之;在供质子溶剂(如氯仿、辛醇)中,萃取铀的效率最低,因为供质子稀释剂与中性磷萃取剂会形成氢键。图 3 – 45 示出 TBP 在氯仿中的红外光谱征频率,表示形成氢键,K_ν 为吸收系数。

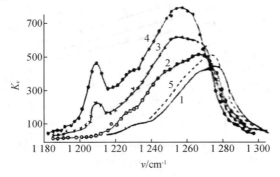

1—纯 TBP;2—90% TBP;3—67% TBP;4—50% TBP;5—50% TBP 的溴代苯溶液。

图 3 – 45   TBP 在氯仿中的磷酰键特征频率

稀释剂对铀分配比影响顺序因萃取剂不同而异。就路易斯碱性而言,按 TBP < DBBP < BDBP < TBPO 的顺序递增,接受质子的能力亦递增,在供质子溶剂中使萃取剂的有效浓度递降,故铀分配比递降。稀释剂介电常数(ε)和克分子极化度(p)与铀最高分配比的关系列于表 3 – 23 中,D_U 基本上是随着 ε 和 p 的增加而降低。

表 3 – 23   稀释剂极性与铀最大分配比的关系

稀释剂	ε	p	铀分配比(D_U)			
			TBP	DBBP	BDBP	TBPO
正己烷	1.89	29.9	1.64	14.0	152	三相
正十二烷	2.01	57.1	1.45	11.4	93.3	三相
煤油	—	—	1.77	15.4	133	三相
环己烷	2.02	27.4	2.10	17.0	173	1190
四氯化碳	2.24	28.3	1.58	13.0	116	1070
苯	2.28	26.6	1.89	18.0	549	3170
甲苯	2.38	33.5	1.74	17.6	384	2200
正丁醚	3.06	68.9	0.55	6.70	95.9	497
氯仿	4.81	45.0	0.10	0.72	3.15	34.7
乙酸丁酯	5.01	75.2	0.36	1.90	31.2	368
正辛醇	10.3	119.2	0.06	0.12	0.19	2.10
1,2 – 二氯乙烷	10.4	59.9	0.25	2.25	32.1	284
硝基苯	34.8	93.9	0.56	4.35	85.6	920

将铀分配比的对数与稀释剂介电常数的倒数作图,呈近似直线关系(图 3 – 46),可见稀释剂的极性对中性磷化合物萃取剂萃取铀分配比有显著的影响。稀释剂极性增大,使铀分配比下降,它们之间存在近似的定量关系。图中示出的四种类型萃取剂与铀分配比的关系,TBP 和 DBBP 的 D_U 与介电常数关系之直线斜率大,说明影响更显著。在 13 种稀释剂中,供质子溶剂氯仿和正辛醇使 D_U 负向大幅度偏离直线,这归因于萃取剂与稀释剂间的氢键效应。3 种芳香烃使 D_U 正向偏离直线,因为芳香烃分子具有共轭体系,价电子易被极化,萃合物有一定的偶极矩,会使芳香烃稀释剂极化产生诱导偶极,而不受一般极性的支配,从而增强萃合物与稀释剂的相互作用,有利于萃合物进入有机相,故使 D_U 增高。

5. 阳离子对 TBP 萃取 $UO_2(NO_3)_2$ 的盐析效应及 Fe^{3+} 的行为

中性磷化合物从硝酸介质中萃取铀,盐析效应常受重视。图 3 – 47 示出几种常见阳离子的盐析作用,水相硝酸浓度约 1 $mol \cdot L^{-1}$,硝酸根浓度约 2 $mol \cdot L^{-1}$,有机相为 20% TBP – 煤油,横坐标系同时存在的 Al^{3+}、Ca^{2+}、Mg^{2+}、Mn^{2+} 和 Cr^{3+} 之浓度。铀的分配比随着阳离子浓度的增加而显著升高。

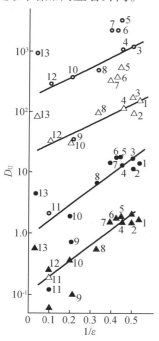

○—TBPO;△—BDBP;●—DBBP;▲—TBP;1—正己烷;2—正十二烷;3—环己烷;4—四氯化碳;5—苯;6—甲苯;7—邻二甲苯;8—正丁醚;9—氯仿;10—乙酸丁酯;11—正辛醇;12—1,2 二氯乙烷;13—硝基苯。

图 3 – 46　铀分配比与稀释剂介电常数的关系

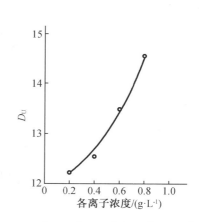

图 3 – 47　Al^{3+}、Ca^{2+}、Mg^{2+}、Mn^{2+} 和 Cr^{3+} 同时存在对 D_U 的影响

对于核燃料前处理的铀提纯工艺原料往往含有磷酸根,会与铀生成沉淀。由于沉淀形成是个缓慢过程,可能在萃取中析出沉淀,引起乳化,相分离困难,造成铀损失和产品不纯等严重后果。存在一定量的 Fe^{3+} 会与 PO_4^{3-} 形成配合物,可防止沉淀。表 3 – 24 列出了 PO_4^{3-} 浓度对 D_U 影响的数据,体系中阳离子 Al^{3+}、Mg^{2+}、Mn^{2+}、Cr^{3+} 的浓度各为 1 $g \cdot L^{-1}$,Fe^{3+} 为 3.24 $g \cdot L^{-1}$。随着 PO_4^{3-} 浓度增加,D_U 下降,但对 Fe^{3+} 的分配比没有明显的影响。

Fe^{3+} 离子的存在对 PO_4^{3-} 影响 D_U 有抑制作用，$(Fe^{3+})/(PO_4^{3-})$ 比值从 1 降到 0.5 时，D_U 仍在 10 以上，$(Fe^{3+})/(PO_4^{3-})$ 比值继续下降，则出现沉淀。Fe^{3+} 的分配比很低，所以有机相的 Fe/U 也很低。PO_4^{3-} 和 Fe^{3+} 的浓度对 D_U 的影响如图 3 – 48 所示，水相无 PO_4^{3-} 时，D_U 随 Fe^{3+} 浓度的增加而增大，显示出 Fe^{3+} 典型的盐析作用；水相存在 PO_4^{3-} 使 D_U 降低，由于 Fe^{3+} 对这种影响的抑制，D_U 仍然随 Fe^{3+} 浓度的增加而上升；当 PO_4^{3-} 浓度增加到 15.6 g·L^{-1} 时，D_U 明显下降，而 Fe^{3+} 浓度增高到使 $(Fe^{3+})/(PO_4^{3-})$ 比值大于 0.5 后，继续增加 Fe^{3+} 浓度，则 D_U 随之明显升高。可见在这种萃取体系中，Fe^{3+} 不仅是良好的盐析剂，也是 PO_4^{3-} 的抑制剂，而且 Fe^{3+} 的分配比小，不会影响铀产品的纯度。

表 3 – 24　同时存在 Al^{3+}、Mg^{2+}、Mn^{2+}、Cr^{3+} 和 Fe^{3+} 的水相中 PO_4^{3-} 对铀和铁分配比的影响

$Fe^{3+}/(g·L^{-1})$	$PO_4^{3-}/(g·L^{-1})$	$(Fe^{3+})/(PO_4^{3-})$	D_U	D_{Fe}	有机相 Fe/U
3.24	5.50	1.00	15.9	1.1×10^{-4}	0.35×10^{-4}
3.24	8.30	0.67	11.7	1.2×10^{-4}	0.37×10^{-4}
3.24	11.00	0.50	11.1	1.1×10^{-4}	0.34×10^{-4}
3.24	13.30	0.40	沉淀	—	—

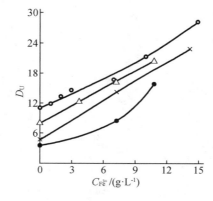

○—无 PO_4^{3-}；△—5.21 g·L^{-1} PO_4^{3-}；×—10.4 g·L^{-1} PO_4^{3-}；●—15.6 g·L^{-1} PO_4^{3-}。

图 3 – 48　PO_4^{3-} 和 Fe^{3+} 浓度对 D_U 的影响

3.6.2　烷基醚酮醇萃取铀

醚酮醇类萃取剂与硝酸铀酰会形成溶剂化物，分子式可写成 $UO_2(NO_3)_2·3H_2O·S$；$UO_2(NO_3)_2·2H_2O·2S$；$UO_2(NO_3)_2·2H_2O·4S$；$UO_2(NO_3)_2·S$ 以及其他形式，S 为溶剂。硝酸铀酰在非水溶剂中常处于四水化物的形式，以二次溶剂化物与几个溶剂分子结合成萃合物，也可能溶剂氧基团直接与铀配合。已知硝酸铀酰在乙醚中的溶解热比在水中要正得多，可见硝酸铀酰在乙醚中与溶剂生成比水中更稳定的化合物。甲基异丁基酮(Mi-BK)与硝酸铀酰生成带有不同比例水和溶剂分子的溶剂化物，这些溶剂化物的组成并未完全确定，只知道硝酸铀酰带着 4 个水分子进入有机相溶液。但是在平衡条件下的固相组成为 $UO_2(NO_3)_2·2H_2O·CH_3COC_4H_9$ 和 $UO_2(NO_3)_2·2CH_3COC_4H_9$。这类萃取剂早在 20 世纪四五十年代已应用于萃取工艺流程。美国于 1945—1946 年在工厂规模用乙醚萃取工艺

精制铀(见 11.2.3 节);MiBK 用于 Redox 流程(详见 11.3.2 节);二丁基卡必醇用于 Butex
流程(见 11.3.4 节)。本节将进一步叙述这类萃取剂的相关溶解度、分配比和盐析效应。

　1.醚酮醇萃取铀相关的溶解度

　　萃取过程实质上是被萃取物在有机相和水相溶解过程的竞争,故溶解度对于溶剂萃取
至关重要,必须认识被萃取物在不同溶剂中的溶解度及其影响因素。图 3-49 显示硝酸铀
酰在醚类萃取剂的溶解度与醚分子中碳原子数的关系;图 3-50 示出硝酸铀酰在醇类萃取
剂中的溶解度与醇分子组成碳原子数的关系。该两图表示,在同类萃取剂中,随着萃取剂
分子式碳原子数的增加,硝酸铀酰溶解度在总体上呈下降趋势。

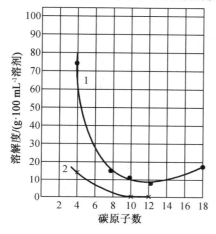

1—$UO_2(NO_3)_2 \cdot 6H_2O$;2—$Th(NO_3)_4 \cdot 4H_2O$。　　　　　1—$UO_2(NO_3)_2 \cdot 6H_2O$;2—$Th(NO_3)_2 \cdot 4H_2O$。

图 3-49　硝酸铀酰在醚中溶解度与醚分子式碳　　　**图 3-50　硝酸铀酰在醇中溶解度与醇分子式碳**
**　　　　原子数的关系**　　　　　　　　　　　　　　　　**　　　　原子数的关系**

　　不含氧溶剂(烃类)不能溶解硝酸铀酰,含氧溶解基团的作用随着环绕它的干扰基团的
增加而减小,表 3-25 列出 $UO_2(NO_3)_2 \cdot 6H_2O$ 在醚酮酯中的溶解度,表中数据可见,同系
物中异构烷基比正构烷基对硝酸铀酰的溶解度小,但并不意味着异构化合物不适合于萃
取剂。

表 3-25　$UO_2(NO_3)_2 \cdot 6H_2O$ 在醚酮酯中的溶解度

溶剂名称	溶解度/$(g \cdot L^{-1})$	溶剂名称	溶解度/$(g \cdot L^{-1})$
正戊醚	110	异戊醚	<1
甲基-正戊基酮	680	二-异丙基酮	410
丙酸-正丁酯	550	丙酸-异丁酯	310

　　表 3-26 列出部分硝酸盐在乙醚中的溶解度,数据表明锕系元素在醚中的溶解度特别
大。此外,硝酸铁的溶解度明显地高于锕系外的其他元素。

表 3 – 26　部分硝酸盐在乙醚中的溶解度

硝酸盐	溶解度/(g·L^{-1})	硝酸盐	溶解度/(g·L^{-1})
LiNO$_3$·3H$_2$O	0.6	La(NO$_3$)$_3$·6H$_2$O	0.04
NaNO$_3$	0.064	Ce(NO$_3$)$_4$·6H$_2$O	3.43
Ba(NO$_3$)$_2$	0.13	Pr(NO$_3$)$_3$·6H$_2$O	10.0
Zn(NO$_3$)$_2$·6H$_2$O	1.65	Th(NO$_3$)$_4$·4H$_2$O	170
Fe(NO$_3$)$_3$·9H$_2$O	13.6	UO$_2$(NO$_3$)$_2$·6H$_2$O	740

2. 醚酮醇萃取硝酸铀酰的分配比

多数情况下醚酮醇萃取 UO$_2$(NO$_3$)$_2$ 的分配比都比较小,见表 3 – 27。酸度对 MiBK 萃取硝酸铀分配比影响的数据列于表 3 – 28 中,水相含 1 mol·L^{-1} 的 Al(NO$_3$)$_3$,用 HNO$_3$ 或 NaOH 调节水相酸度,数据表明,D_U 随水相酸度的增加而升高。但是酸度不可太高,在 ≥3 mol·L^{-1} HNO$_3$ 时,MiBK 会与硝酸反应,宜在低浓硝酸中加盐析剂于缺酸条件下萃取。

表 3 – 27　UO$_2$(NO$_3$)$_2$ 在水和溶剂间的分配比($T=25$ ℃)

有机溶剂	分子式	分配比 D_U	
		0.2 mol·L^{-1} UO$_2$(NO$_3$)$_2$	1.0 mol·L^{-1} UO$_2$(NO$_3$)$_2$
乙醚	(C$_2$H$_5$)$_2$O	0.003	0.14
二丁基溶纤剂	C$_4$H$_9$OCH$_2$CH$_2$OC$_4$H$_9$	0.001	0.026
二丁基卡必醇	C$_4$H$_9$OCH$_2$CH$_2$OCH$_2$CH$_2$OC$_4$H$_9$	0.01	0.32
五醚	C$_4$H$_9$OCH$_2$CH$_2$OCH$_2$CH$_2$OCH$_2$CH$_2$OC$_4$H$_9$	0.12	1.0
甲基异丁基酮	CH$_3$COCH$_2$CH(CH$_3$)$_2$	0.004	0.10
环己酮	CH$_2$(CH$_2$)$_4$CO	0.17	0.9
异戊醇	(CH$_3$)$_2$CHCH$_2$CH$_2$OH	0.004	0.15
磷酸三丁酯 *	(C$_4$H$_9$O)$_3$PO	5.5	1.8

注:* 为便于比较而列出 TBP 萃取的 D_U 值。

表 3 – 28　MiBK 萃取硝酸铀酰分配比与酸度的关系

水相 pH 值	0.0	0.5	1.0	1.5	2.0	2.5
D_U	2.1	1.6	1.3	1.0	0.78	0.6

水相存在阴离子,除硝酸根外,其他阴离子使铀的萃取降低,其影响程度按顺序 PO$_4^{3-}$ > SO$_4^{2-}$ > F$^-$ > C$_2$O$_4^{2-}$ > Cl$^-$ 降低,如图 3 – 51 所示,PO$_4^{3-}$ 影响很大,其次是 SO$_4^{2-}$ 和 F$^-$ 离子。

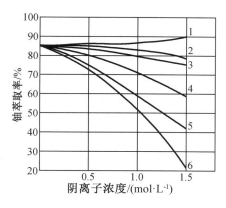

1—NO$_3^-$；2—Cl$^-$；3—C$_2$O$_4^{2-}$；4—F$^-$；5—SO$_4^{2-}$；6—PO$_4^{3-}$。

图 3 – 51　阴离子对硝酸铀酰萃取率的影响

3. 醚酮醇萃取硝酸铀酰的盐析效应

硝酸铀酰在水和醚酮醇之间的分配比很小，表 3 – 27 列出的数据 $D_U \leqslant 1.0$，在实际应用中一定要加盐析剂。表 3 – 28 所列数据中，当水相酸度为 1 mol·L^{-1}，盐析剂 Al(NO$_3$)$_3$ 浓度也为 1 mol·L^{-1} 时，$D_U = 2.1$，可见盐析效应明显。表 3 – 29 列出乙醚萃取硝酸铀酰时硝酸盐的盐析作用。水相条件：0.9 mol·L^{-1} UO$_2$(NO$_3$)$_2$；1.5 mol·L^{-1} HNO$_3$；4.5 mol·L^{-1} NO$_3^-$。

表 3 – 29　乙醚萃取硝酸铀酰时硝酸盐的盐析效应（$T = 20$ ℃）

盐析剂	盐析剂浓度/(mol·L^{-1})	铀分配比/D_U
NH$_4$NO$_3$	3	0.428
NaNO$_3$	3	0.612
Ca(NO$_3$)$_2$·6H$_2$O	1.5	1.173
Mg(NO$_3$)$_2$·6H$_2$O	1.5	1.631
Ce(NO$_3$)$_3$·6H$_2$O	1.0	1.327
Fe(NO$_3$)$_3$·9H$_2$O	1.0	2.225

醚酮醇萃取 UO$_2$(NO$_3$)$_2$ 时存在铀的自盐析效应，亦即水相在一定的铀浓度范围内，随着铀浓度增加使 D_U 升高。而 TBP 萃取铀则相反，见表 3 – 27 末行数据，铀浓度增加使 D_U 下降，这符合自由 TBP 浓度下降引起 D_U 下降的原理。表 3 – 30 数据表明，乙醚从水相中萃取 UO$_2$(NO$_3$)$_2$，D_U 随着水相铀浓度的增加而升高，自盐析效应显著。

表 3 – 30　UO$_2$(NO$_3$)$_2$ 在水和乙醚之间分配的自盐析效应（$T = 20$ ℃）

水相铀浓度/(mol·L^{-1})	0.029	0.152	0.279	0.607	1.00	1.477	2.130
铀分配比 D_U	0.000 7	0.001 2	0.004 1	0.021	0.091	0.23	0.51

3.6.3 亚砜萃取铀

1. 萃取剂亚砜

亚砜是含亚硫酰基(>S＝O,也称亚磺酰基)功能团的一类有机化合物,常见的有氯化亚砜、二烷基亚砜、二苯基亚砜等。亚砜的硫原子为四面体结构,有一对弧对电子,类似于 sp^3 杂化碳原子。由于电负性差异,S＝O 键中,硫显正价,这种功能团中,仍然是氧原子对锕元素有较强的配位能力。

可作为萃取剂的亚砜,有人工合成的和天然的两大类。人工合成的有脂肪烷基亚砜和芳香烃亚砜等,通常的合成路线为

$$2RBr + 2NaS \longrightarrow R—S—R + 2NaBr$$

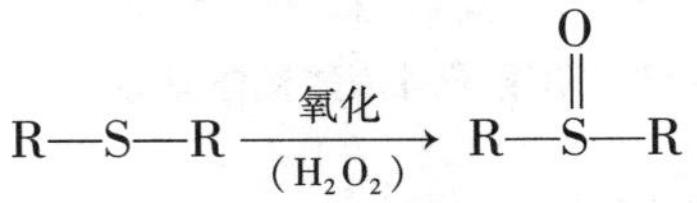

$$R—S—R \xrightarrow[\text{(H}_2\text{O}_2\text{)}]{\text{氧化}} R—\overset{O}{\underset{}{S}}—R$$

人工合成萃取剂亚砜中,含有苯环的萃取能力不及只含脂肪烷基的亚砜,萃取能力大小有如下趋势:

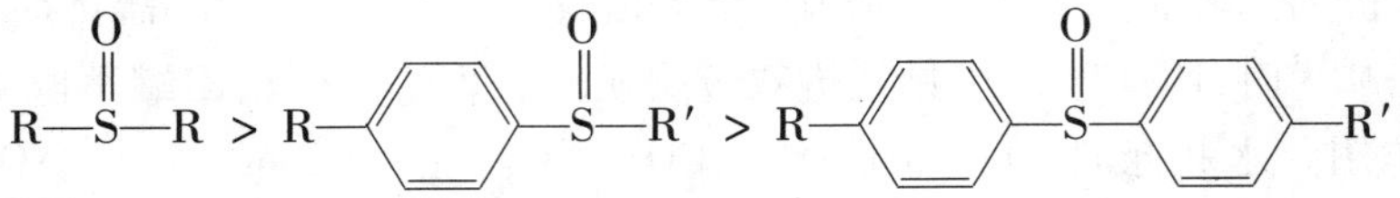

$$R—\overset{O}{\underset{}{S}}—R > R—\!\!\!\!\bigcirc\!\!\!\!—\overset{O}{\underset{}{S}}—R' > R—\!\!\!\!\bigcirc\!\!\!\!—\overset{O}{\underset{}{S}}—\!\!\!\!\bigcirc\!\!\!\!—R'$$

其中,R 和 R′为不同脂肪烷基。

天然亚砜大量存在于石油工业的副产品中,称为石油亚砜(PSO)。石油亚砜中质量分数较多的组分有 PSO3D 和 PSO3E。PSO3D 是单烷六环环亚砜,主要是

$$\overset{O}{\underset{}{S}}\!\!\!\!\bigcirc\!\!\!\!—C_6H_{13} \qquad \text{或} \qquad \overset{O}{\underset{}{S}}\!\!\!\!\bigcirc\!\!\!\!—C_7H_{15}$$

PSO3E 是单烷五环环亚砜,主要是

$$\overset{O}{\underset{}{S}}\!\!\!\!\bigcirc\!\!\!\!—C_8H_{17} \qquad \text{或} \qquad \overset{O}{\underset{}{S}}\!\!\!\!\bigcirc\!\!\!\!—C_9H_{19}$$

亚砜作为萃取剂,对稀释剂有特殊要求,分子量小的亚砜(正丁基以下)水溶性比较大,正烷基亚砜及多数含芳香基的亚砜在脂肪烃溶剂(如正十二烷、煤油)中溶解度很小,通常要用 Solvesso – 100(混合三甲苯)等作稀释剂。带支链的烷基亚砜能溶于煤油,克服了一般亚砜不溶于煤油的缺点。石油亚砜一般能溶解于煤油。

2. 二正辛基亚砜萃取铀

二正辛基亚砜(DOSO)分子的烷基 $R＝C_8H_{17}$,即 $C_8H_{17}—SO—C_8H_{17}$,在水中溶解度 $<0.2\ g\cdot L^{-1}$,煤油中几乎不溶解,正庚烷中的溶解度也很小,于 1,1,2 – 三氯乙烷和氯仿中的溶解度达 $1.8\ mol\cdot L^{-1}$(表1 – 26)。用 DOSO 为萃取剂时,因几乎不溶解于脂肪烃,只能用芳香烃或卤代烷作稀释剂。

DOSO 萃取铀的机理类似于 TBP,萃取剂分子溶剂化数为 2,萃取反应式可写成

$$UO_2^{2+} + 2NO_3^- + 2DOSO \Longrightarrow UO_2(NO_3)_2 \cdot 2(DOSO)$$

释放的热量很小，$\Delta H = -4.03\ \text{kcal} \cdot \text{mol}^{-1}$。

硝酸浓度对二正辛基亚砜萃取 $UO_2(NO_3)_2$ 分配比的影响数据列于表 3-31 中，同时也提供了萃取 HNO_3 的分配比。从表中所列数据看出，随硝酸浓度从低到高的变化，相应的 D_U 先增后减，中间出现一个高峰，也像硝酸浓度对 TBP 萃取 $UO_2(NO_3)_2$ 的影响规律，但是 D_U 高峰值对应的硝酸浓度不同。TBP 萃取的 D_U 高峰值出现在 $5\sim6\ \text{mol} \cdot \text{L}^{-1}\text{HNO}_3$ 处，而 DOSO 萃取的 D_U 高峰值出现在约 $3\ \text{mol} \cdot \text{L}^{-1}\text{HNO}_3$ 处。这说明 DOSO 的路易斯碱性比 TBP 更强，所以 DOSO 的萃取能力也比 TBP 更强。

表 3-31　硝酸浓度对 0.2 mol·L⁻¹ DOSO/二甲苯萃取 $UO_2(NO_3)_2$ 的影响

$C_{HNO_3}/(\text{mol} \cdot \text{L}^{-1})$	0.1	0.5	1.0	1.5	2.0	3.0	4.0	5.0	6.0	8.0
D_U	0.10	1.00	2.88	4.10	5.17	5.44	4.57	3.68	2.87	1.74
D_{HNO_3}	—	0.035	0.053	—	0.059	0.063	0.048	0.041	0.041	0.031

水相铀浓度对 DOSO 萃取 $UO_2(NO_3)_2$ 的影响如图 3-52 所示，与图 1-18 所示水相铀浓度对 TBP 萃取六价铀的影响很相像。图 3-52 显示水相铀浓度较低（$2 \times 10^{-4} \sim 4 \times 10^{-3}\ \text{mol} \cdot \text{L}^{-1}$）时，对 D_U 影响很小；当水相铀浓度逐渐增大，D_U 随之下降，这除了自由萃取剂浓度变小而引起 D_U 下降外，随着铀浓度增大，引起聚合而形成不可萃取形态的铀增加，也是一个因素。

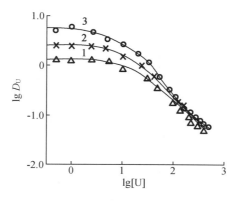

图 3-52　水相铀浓度对 DOSO 萃取 $UO_2(NO_3)_2$ 分配比的影响

（有机相：0.2 mol·L⁻¹ DOSO/二甲苯；水硝酸浓度（mol·L⁻¹）：1—0.5，2—1.0，3—2.0）

亚砜萃取铀酰的反萃取比较容易，用稀硝酸即可反萃取。反萃取剂浓度低时，与 TBP 相的铀反萃取率相似，表 3-32 列出两者比较的数据。

表 3-32　DOSO 和 TBP 二甲苯相 $UO_2(NO_3)_2$ 反萃取率与 C_{HNO_3} 的关系

$C_{HNO_3}/(\text{mol} \cdot \text{L}^{-1})$		0.05	0.10	0.20	0.30	0.40	0.50
反萃率/%	DOSO	91.7	84.7	74.6	62.9	54.1	44.4
	TBP	90.1	89.3	87.0	83.3	79.4	74.6

3. 几种合成亚砜对 $UO_2(NO_3)_2$ 的萃取性能

自从 20 世纪 60 年代人们提出将亚砜作为金属的萃取剂以来,用于萃取铀研究得较多的是二辛基亚砜。但是二正辛基亚砜几乎不溶于煤油和正十二烷,用氯代烷和芳香烃为稀释剂均有一定的毒性。为了改善亚砜的溶解性,合成了不同种类的亚砜进行萃取铀的性能研究。表 3-33 列出几种合成的亚砜,萃取硝酸铀酰的分配比数据列于表 3-34 中。萃取条件为:有机相萃取剂浓度均为 $1.0\ mol\cdot L^{-1}$;水相 $0.2\ mol\cdot L^{-1}\ UO_2(NO_3)$,硝酸介质;相比 2:1;温度 (30 ± 2) ℃。

表 3-33　几种合成亚砜的结构和物态

名称	缩写代号	结构式	物态
二(2-乙基己基)亚砜	DEHSO	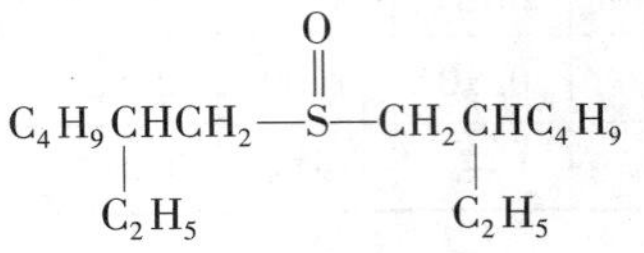 $C_4H_9CHCH_2\!-\!\overset{O}{\underset{\;}{S}}\!-\!CH_2CHC_4H_9$，$C_2H_5$，$C_2H_5$	无色液体
二(1-甲基庚基)亚砜	DMHpSO	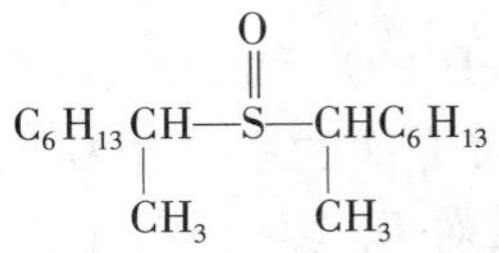 $C_6H_{13}CH\!-\!\overset{O}{\underset{\;}{S}}\!-\!CHC_6H_{13}$，$CH_3$，$CH_3$	淡黄色液体
2-乙基己基对甲苯基亚砜	EHMBSO	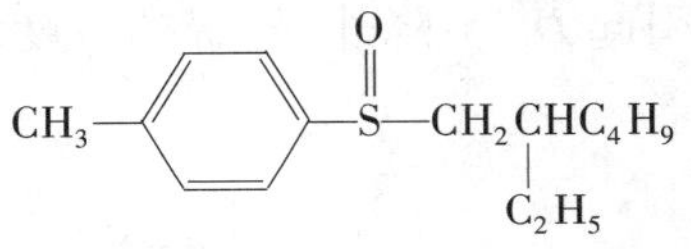 $CH_3\!-\!\langle\text{苯}\rangle\!-\!\overset{O}{\underset{\;}{S}}\!-\!CH_2CHC_4H_9$，$C_2H_5$	黄色液体
正十二烷基对甲苯基亚砜	DMBSO	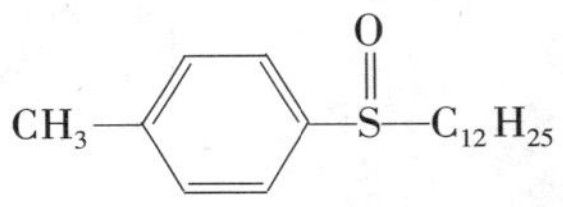 $CH_3\!-\!\langle\text{苯}\rangle\!-\!\overset{O}{\underset{\;}{S}}\!-\!C_{12}H_{25}$	白色固体
二(对乙苯基)亚砜	DEBSO	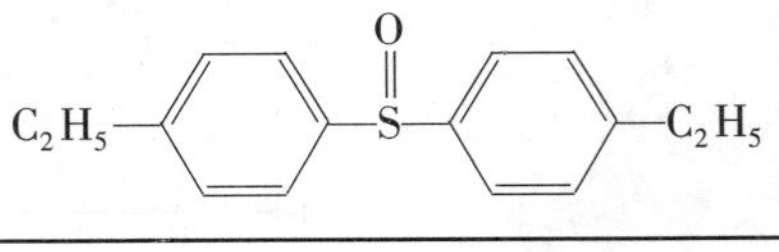 $C_2H_5\!-\!\langle\text{苯}\rangle\!-\!\overset{O}{\underset{\;}{S}}\!-\!\langle\text{苯}\rangle\!-\!C_2H_5$	黄色液体

表 3-34　几种合成亚砜萃取 $UO_2(NO_3)_2$ 的分配比

萃取剂	D_U		
	$1\ mol\cdot L^{-1}\ HNO_3$	$2\ mol\cdot L^{-1}\ HNO_3$	$4\ mol\cdot L^{-1}\ HNO_3$
DEHSO/煤油	2.65	3.20	3.16
DMHpSO/煤油	1.12	1.60	2.86
EHMBSO/二甲苯	1.46	2.75	4.41
DMBSO/二甲苯	1.08	1.80	2.36
DEBSO/二甲苯	0.24	0.51	1.21

用恒界面池法研究了二(2-乙基己基)亚砜(DEHSO)从稀硝酸介质中萃取 $UO_2(NO_3)_2$ 的动力学行为,萃取动力学方程为

$$\bar{R} = ka_i (UO_2^{2+}) [H^+]^{-0.33} (NO_3^-)^{2.16} (DEHSO)^{0.63} \tag{3-3}$$

方程式(3-3)表明 DEHSO 萃取 $UO_2(NO_3)_2$ 过程对 UO_2^{2+} 呈一级反应。反应过程受温度影响很小,萃取活化能仅 $0.9\ kJ \cdot mol^{-1}$,说明该萃取过程受扩散型控制。

4. 石油亚砜(PSO)萃取 $UO_2(NO_3)_2$

石油亚砜来源广、价廉、无毒,萃取能力也比 TBP 强。在不同稀释剂中萃取硝酸的萃合物为 $HNO_3 \cdot PSO$。硝酸介质中萃取 U(VI)的反应式为

$$UO_2^{2+} + 2NO_3^- + 2PSO_{(o)} \rightleftharpoons UO_2(NO_3)_2 \cdot 2PSO_{(o)}$$

硝酸浓度对 PSO 萃取 $UO_2(NO_3)_2$ 的影响,示于图 3-53。在约 $3\ mol \cdot L^{-1}$ HNO₃ 处的 D_U 最大,与 DOSO 萃取 $UO_2(NO_3)_2$ 的规律(表 3-31)相似。

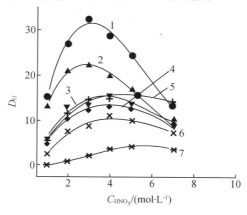

图 3-53　硝酸浓度对 PSO 萃取 $UO_2(NO_3)_2$ 分配比的影响

1—苯;2—甲苯;3—环己烷;4—正庚烷;5—煤油;6—四氯化碳;7—氯仿。

(有机相:PSO 浓度 $0.25\ mol \cdot L^{-1}$;水相:铀浓度 $4.00 \times 10^{-3}\ mol \cdot L^{-1}$;温度:$T = (298 \pm 1)\ K$)

石油亚砜与不同稀释剂配成的有机相萃取 $UO_2(NO_3)_2$ 的热力学函数值列于表 3-35。萃取条件为:有机相 PSO 浓度 $0.25\ mol \cdot L^{-1}$;水相 $4.00 \times 10^{-3}\ mol \cdot L^{-1}$ U(VI),$2\ mol \cdot L^{-1}$ HNO₃。表 3-35 数据表明,PSO 与所列 7 种稀释剂配成有机相萃取 $UO_2(NO_3)_2$ 的反应,都是放热反应,随温度升高分配比下降。

表 3-35　在不同稀释剂中 PSO 萃取 $UO_2(NO_3)_2$ 的热力学函数值

稀释剂	$\Delta H/(kJ \cdot mol^{-1})$	$\Delta G/(kJ \cdot mol^{-1})$	$\Delta S/(J \cdot K^{-1} \cdot mol^{-1})$
苯	-24.8	-11.6	-44.3
甲苯	-25.5	-11.0	-48.7
环己烷	-25.0	-9.8	-51.1
正庚烷	-27.7	-9.5	-61.2
煤油	-27.3	-9.2	-60.2
四氯化碳	-21.0	-8.5	-42.0
氯仿	-8.7	-3.1	-18.5

盐析剂浓度对 PSO 萃取 $UO_2(NO_3)_2$ 分配比的影响也很明显,表 3-36 列出了硝酸铵

浓度对不同稀释剂的 PSO 溶液萃取铀之影响数据。萃取体系为:有机相系 $0.25\ mol\cdot L^{-1}$ PSO 溶液;水相铀浓度 $4.00\times10^{-3}\ mol\cdot L^{-1}$, $2.0\ mol\cdot L^{-1}$ HNO_3 和不同浓度的硝酸铵;实验温度 $T=(298\pm1)K$。实验结果表明,随着盐析剂硝酸铵浓度的增加, D_U 亦增大。

表 3 – 36　硝酸铵浓度对不同稀释剂的 PSO 萃取 $UO_2(NO_3)_2$ 的影响

硝酸铵浓度 /(mol·L^{-1})	D_U						
	苯	甲苯	环己烷	正庚烷	煤油	四氯化碳	氯仿
0.00	26.8	21.0	12.9	11.4	10.3	7.7	0.9
1.00	33.7	28.2	26.0	15.1	15.1	15.0	2.2
1.50	37.5	30.4	29.0	19.3	18.7	17.0	2.7
2.00	50.9	38.2	30.8	25.3	26.5	19.7	3.6
3.00	64.1	49.9	35.4	31.6	35.6	27.0	4.6
4.00	81.4	57.1	44.5	37.9	47.8	33.5	7.1

水相中存在硝酸根以外的阴离子,会与 UO_2^{2+} 作用,生成不易被 PSO 萃取的化合物,使 D_U 下降。表 3 – 37 列出不同浓度的草酸根对 D_U 的影响。萃取水相含 $4.00\times10^{-3}\ mol\cdot L^{-1}$ UO_2^{2+}, $2.0\ mol\cdot L^{-1}$ HNO_3;有机相萃取剂浓度 $0.25\ mol\cdot L^{-1}$;萃取温度 $T=(298\pm1)K$。

表 3 – 37　草酸根浓度对不同稀释剂的 PSO 溶液萃取 $UO_2(NO_3)_2$ 的影响

草酸钠浓度 /(mol·L^{-1})	D_U						
	苯	甲苯	环己烷	正庚烷	煤油	四氯化碳	氯仿
0.00	26.8	21.0	12.9	11.4	10.3	7.7	0.9
0.10	19.8	14.0	8.4	7.5	6.7	6.8	0.8
0.15	15.8	11.9	6.7	6.3	5.2	4.6	0.6
0.20	12.8	10.4	5.1	5.5	4.2	3.4	0.6
0.30	8.4	6.7	3.9	4.1	3.7	2.1	0.4
0.50	2.85	3.45	1.63	2.21	2.85	0.98	0.29

5. 亚砜的溶解性与辐照稳定性

亚砜类型不同,溶解性也各异,实验研究表明,直链烷基亚砜几乎不溶于煤油,含支链的烷基亚砜可在煤油中溶解。表 3 – 38 列出几种不同类型亚砜在煤油和二甲苯中的溶解性,其中 DOSO、DEHSO 和 DMHpSO 三者的烷基链碳原子数相同,前者是直链,在煤油中不溶,而后两者的烷基都含支链,都能溶于煤油。表中所列后三种亚砜都含苯基,除苯基之外,EHMBSO 的烷基中含有支链,它能与煤油互溶;而另外两种的烷基都是直链,在煤油中微溶或不溶。

表 3 – 38　亚砜在煤油与二甲苯中的溶解性

稀释剂	DOSO	DEHSO	DMHpSO	EHMBSO	DMBSO	DEBSO
煤油	不溶	互溶	互溶	互溶	微溶	不溶
二甲苯	互溶	互溶	互溶	互溶	溶	互溶

亚砜的辐解产物尚未深入系统的研究,但比较明显的辐解产物 SO_4^{2-},对萃取工艺及其设备是有影响的。从已研究的结果(表 3 – 39)看,SO_4^{2-} 的生成量甚微,造成的影响不会严重。

表 3 – 39　DOSO/二甲苯受辐照产生的 SO_4^{2-} 量

吸收剂量/Gy	9.2×10^2	5.2×10^3	1.8×10^4	1.2×10^5
(SO_4^{2-})/ppm	2.9	2.4	5.3	13

3.7　酸性萃取剂萃取铀

酸性萃取剂一般指萃取官能团是在同一原子上含有酰基氧和羟基,如 —C$\begin{smallmatrix}O\\OH\end{smallmatrix}$ 或 —P$\begin{smallmatrix}O\\OH\end{smallmatrix}$,以及含 —C$\begin{smallmatrix}O\\OH\end{smallmatrix}$ 的脂肪羧酸和芳香羧酸类。其中脂肪羧酸是一种弱酸性萃取剂,它的解离常数大致与乙酸相似,K_a 在 10^{-5} 的数量级,或 pK_a 约为 5。为了减小脂肪羧酸的水溶性,工业上多采用 $C_7 \sim C_9$ 的烷基羧酸,9 个碳原子以上的脂肪羧酸凝固点高,K_a 小,不宜作萃取剂。但是在 α 碳原子带支链的脂肪羧酸物理性能良好,而且由于 α 碳原子上支链的位阻效应,选择性好,因此含有 $9 \sim 11$ 个碳原子的叔碳羧酸在钴镍有色冶金中被广泛采用。有关芳香羧酸萃取铀,参见 1.4.3 节中苯甲酸等萃取铀的论述。本节主要介绍几种酸性磷(膦)酸类萃取剂萃取铀。

3.7.1　HDEHP 萃取铀的机理及不同稀释剂的影响

二(2 – 乙基己基)磷酸(HDEHP)是一种广谱型萃取剂,于不同条件可萃取多种不同金属离子。HDEHP 萃取时,采用的稀释剂不同,萃取机理也有差异。

在己烷、四氯化碳等惰性溶剂中,或在受电子型溶剂氯仿中,HDEHP 主要以二聚体分子 H_2A_2 存在于溶液中,萃取反应式为

$$UO_2^{2+} + 2H_2A_{2(o)} \underset{}{\overset{K}{\rightleftharpoons}} UO_2A_2(HA)_{2(o)} + 2H^+$$

$$K = \frac{(UO_2A_2(HA)_2)[H^+]^2}{(UO_2^{2+})(H_2A_2)_o^2} = D_U \frac{[H^+]^2}{(H_2A_2)_o^2}$$

$$D_U = K(H_2A_2)_o^2[H^+]^{-2}$$
$$\lg D_U = \lg K + 2\lg(H_2A_2)_o[H^+]^{-1} \tag{3-4}$$

以 $\lg D_U$ 对 $\lg(H_2A_2)_o[H^+]^{-1}$ 作图(示于图 3-54),直线斜率皆为 2,当萃取剂浓度在 $0.005 \sim 0.03$ mol·L^{-1} 时,求得 $\lg K_{CCl_4} = 3.65 \pm 0.04$, $\lg K_{CHCl_3} = 2.86 \pm 0.04$。说明铀酰离子与 2 个二聚的 HDEHP 分子配合,生成的萃合物为 $UO_2A_2(HA)_2$,亦即分配比 D_U 与 (H_2A_2) 的 2 次方成正比,与 $[H^+]$ 的 2 次方成反比。

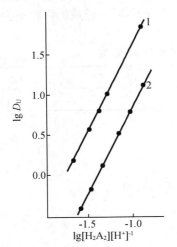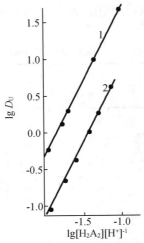

(a)介质为0.1 mol·L^{-1} HClO$_4$, 0.9 mol·L^{-1} NaClO$_4$ (b)介质为0.2 mol·L^{-1} HClO$_4$, 0.8 mol·L^{-1} NaClO$_4$

1—CCl$_4$;2—CHCl$_3$。

图 3-54 HDEHP 萃取剂的分配比与萃取剂浓度及酸度的关系

用己烷作稀释剂,水相介质为:0.1 mol·L^{-1} HClO$_4$, 0.9 mol·L^{-1} NaClO$_4$, 5.3×10^{-4} mol·L^{-1},UO_2^{2+},实验得到数据列于表 3-40 中。可见己烷作稀释剂得到 K 值比 CCl$_4$ 和 CHCl$_3$ 的都高。

表 3-40 HDEHP - 己烷溶液萃取铀酰的分配比和平衡常数

$C_{HDEHP}/(\text{mol} \cdot \text{L}^{-1})$	0.003 0	0.004 5	0.007 5	0.009 0	0.012 0	0.015 0	0.024 0
$\lg D_U$	0.341	0.711	1.305	1.507	1.815	1.941	2.422
$\lg K$	4.50	4.43	4.44	4.42	4.41	4.32	4.34

HDEHP 在给电子型稀释剂甲基异丁酮和二异丙基酮溶液中萃取 UO_2^{2+},用 $\lg D_U$ 对 $\lg(H_2A_2)[H^+]^{-1}$ 作图,得不到斜率为 2 的直线,亦即萃取机理发生变化。因为给电子型稀释剂(如酮类)会与 HDEHP 的羟基形成氢键,使二聚的萃取剂分子解离成单分子。当萃取剂浓度较低时,萃取反应式可写成

$$UO_2^{2+} + 2HA_{(o)} \underset{}{\overset{K_1}{\rightleftharpoons}} UO_2^{2+}A_{2(o)} + 2H^+$$
$$K_1 = \frac{(UO_2A_2)_o[H^+]^2}{(UO_2^{2+})(HA)_o^2} \tag{3-5}$$

萃合物 UO_2A_2 中铀配位数未饱和,而萃取剂浓度低,稀释剂分子的羰基 $\left(\begin{array}{c}\diagdown\\C=O\\\diagup\end{array}\right)$ 氧会参加配位。当萃取剂浓度增高时,因磷酰氧的配合能力更强,故 HA 的酰氧参加配位,反应式为

$$UO_2A_2 + 2HA_{(o)} \Longrightarrow UO_2A_2(HA)_{2(o)}$$

完整的萃取反应式写成

$$UO_2^{2+} + 4HA_{(o)} \xrightarrow{K_2} UO_2A_2(HA)_{2(o)} + 2H^+$$

$$K_2 = \frac{(UO_2A_2(HA)_2)_o [H^+]^2}{(UO_2^{2+})(HA)_o^4} \tag{3-6}$$

萃合物含有 UO_2A_2 和 $UO_2A_2(HA)_2$ 的混合物,铀的分配比为

$$D_U = \frac{(UO_2A_2)_o + (UO_2A_2(HA)_2)_o}{(UO_2^{2+})} \tag{3-7}$$

将式(3-5)和式(3-6)代入式(3-7),则有

$$D_U = K_1(HA)_o^2 [H^+]^{-2} + K_2(HA)_o^4 [H^+]^{-2}$$

整理后得

$$[H^+]^2 D_U (HA)_o^{-2} = K_2(HA)_o^2 + K_1 \tag{3-8}$$

固定酸度不变,改变萃取剂浓度 $(HA)_o$,以 $\lg D_U (HA)_o^{-2}$ 对 $\lg (HA)_o^2$ 作图,示于图 3-55 成一曲线,延长曲线的两直线部分相交成折线。交点对应的萃取剂浓度以下,萃合物以 UO_2A_2 为主,分配比应正比于萃取剂浓度的二次方,由于纵坐标含 $(HA)_o^{2-}$,所以斜率为 0;高于交点的萃取剂浓度,萃合物以 $UO_2A_2(HA)_2$ 为主,折线斜率为 2。以甲基异丁酮为稀释剂得到的平衡常数为:$\lg K_1 = 2.05$,$\lg K_2 = 4.26$。

几种不同稀释剂的 HDEHP 溶液萃取的分配比与氢离子浓度的关系示于图 3-56,直线斜率皆为 2,即 D_U 与氢离子浓度的平方成反比,证明上述萃取机理是正确的。

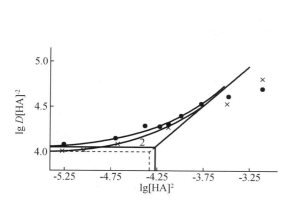

1—甲基异丁酮;2—二异丙基酮。

图 3-55　HDEHP 的酮类溶液萃取 UO_2^{2+} 分配比与萃取剂浓度的关系

（水相介质:0.1 mol·L⁻¹ NaClO₄）

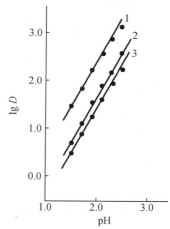

1—CCl₄;2—甲基异丁酮;3—CHCl₃。

图 3-56　HDEHP 萃取 UO_2^{2+} 分配比与氢离子浓度的关系

（水相介质:1 mol·L⁻¹ ClO_4^-;有机相:0.006 mol·L⁻¹ 萃取剂）

有的文献报道了二(2 - 乙基己基)磷酸 - 环己烷溶液和 HDEHP 为载体的乳化液膜从硫酸介质中萃取 UO_2^{2+} 的动力学,认为溶剂萃取过程属扩散控制;而液膜萃取过程属化学反应控制,原理待深入研究。

3.7.2　二(1 - 甲基庚基)磷酸对铀的萃取性能

二(1 - 甲基庚基)磷酸合成的原料 1 - 甲庚醇比 2 - 乙基己醇来源方便,两者碳原子数相同,而烷基链异构不同,分子结构比较如下:

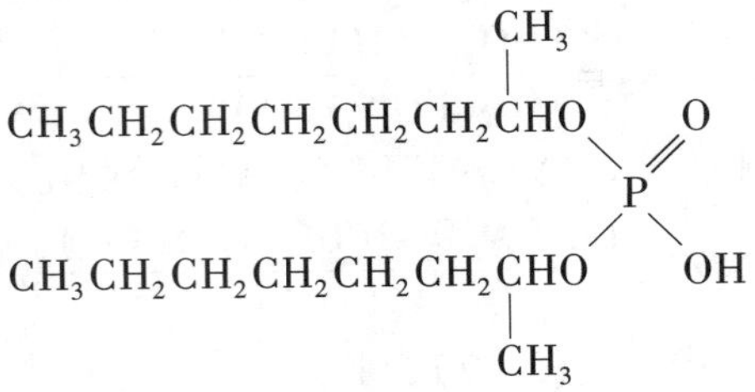

$$CH_3CH_2CH_2CH_2CH_2CH_2CHO$$

二(1 - 甲基庚基)磷酸

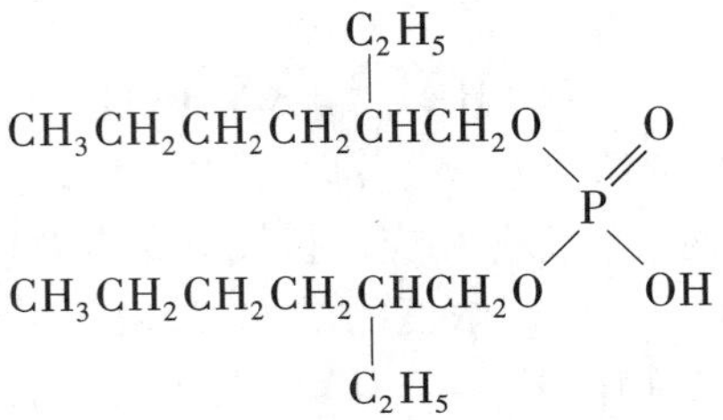

二(2 - 乙基己基)磷酸

这两种萃取剂对 UO_2^{2+} 的萃取性能极相似,不同稀释剂中的分配比列于表 3 - 41 中。用煤油加庚醇为稀释剂,萃取剂浓度对分配比的影响示于图 3 - 57,分配比与酸度的关系示于图 3 - 58。在这些条件下,二(1 - 甲基庚基)磷酸萃取 UO_2^{2+} 的分配比都略高于 HDEHP。

表3 - 41　二(1 - 甲基庚基)磷酸和 HDEHP 在不同稀释剂中萃取铀的分配比

(水相:1 g·L^{-1}U,1 mol·L^{-1}SO$_4^{2-}$,pH = 1;

有机相:萃取剂浓度 0.1 mol·L^{-1};温度:25 ℃)

萃取剂	D_U				
	苯	二甲苯	正己烷	煤油	煤油 + 醇
二(1 - 甲基庚基)磷酸	3.6	7.0	25.8	55.5 *	12.3
二(2 - 乙基己基)磷酸	3.0	4.3	23.0	33.4	9.6

注:* 分析过程出现固体粒子,分析误差较大

图 3 - 58 是在硫酸根介质中,氢离子浓度在 0.5 mol·L^{-1}以下,对铀分配比的影响,显示出典型的酸性萃取剂对金属离子的萃取规律。若在高浓度酸溶液中,萃取行为将发生变化。图 3 - 59 示出 0.5 ~ 11 mol·L^{-1} HNO$_3$ 溶液中,酸性磷酸酯萃取 UO_2^{2+} 的行为。硝酸浓度在 2 mol·L^{-1}以下时,铀分配比 D_U 随酸度增加而下降,类似于图 3 - 58 的现象;硝酸浓度在 2 ~ 7 mol·L^{-1},D_U 随酸浓度增加而上升;当超过 7 mol·L^{-1} HNO$_3$ 以后,D_U 随硝酸浓度

的增加而下降,但下降程度比低浓度酸部分显得缓和。高浓度硝酸部分,D_U 最高值都出现在约 7 mol · L^{-1} HNO$_3$ 处,与中性萃取剂磷酸三丁酯的萃取性能相似。

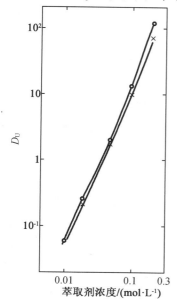

○—二(1 - 甲基庚基)磷酸;×—二(2 - 乙基己基)磷酸。

图 3 - 57　萃取剂浓度对分配比的影响

(水相:1 g · L^{-1}U,1 mol · L^{-1}SO$_4^{2-}$,pH = 1;有机相:煤油 + 庚醇;温度:25 ℃)

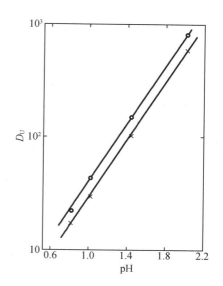

○—二(1 - 甲基庚基)磷酸;×—二(2 - 乙基己基)磷酸。

图 3 - 58　水相酸度对铀分配比的影响

(水相介质:1 g · L^{-1}U,0.5 mol · L^{-1}SO$_4^{2-}$;有机相:0.1 mol · L^{-1} 萃取剂,煤油 + 庚醇为稀释剂;温度:25 ℃)

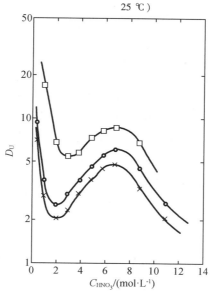

□—二丁基磷酸;○—二(1 - 甲基庚基)磷酸;×—二(2 - 乙基己基)磷酸。

图 3 - 59　硝酸浓度对二烷基磷酸萃取铀分配比的影响

(水相:5 g · L^{-1}U,0.5 - 11 mol · L^{-1}HNO$_3$;有机相:0.1 mol · L^{-1}萃取剂,苯为稀释剂;温度:25 ℃)

3.7.3 对一取代苯基及苯甲基膦酸单丁酯萃取铀酰

对一取代苯基及苯甲基膦酸单丁酯的通式可写成

$$X \!-\!\!\!\left\langle\!\!\!\bigcirc\!\!\!\right\rangle\!\!\!-\!(CH_2)_n\!-\!\!\overset{\displaystyle OH}{\underset{\displaystyle O}{\overset{|}{\underset{|}{P}}}}\!-\!O\!-\!C_4H_9$$

其中,$X = H, CH_3, OCH_3, Cl, NO_2; n = 0, 1$。为了叙述方便,分子式简化为 HA。由于分子共轭体系的差别,用取代基团电子效应不同的膦酸单丁酯,以便比较对铀酰的萃取性能。表 3 – 42 列出 9 种 HA 萃取铀的性能参数。有机相萃取剂浓度 $0.05 \ mol \cdot L^{-1}$,苯为稀释剂;水相含 $1 \ g \cdot L^{-1} U$,$0.5 \sim 11.0 \ mol \cdot L^{-1} HNO_3$。

表 3 – 42　对一取代苯基及苯甲基膦酸单丁酯萃取铀的性能

X	n	pK_a	$v_{P=O}$	不同硝酸浓度（$mol \cdot L^{-1}$）中铀的分配比 D_U									
				0.5	1.0	2.0	3.0	4.0	5.0	6.0	7.0	9.0	11.0
H	0	2.53	1 220	47.43	15.41	7.25	7.48	9.21	11.64	13.68	13.64	9.05	4.77
CH_3	0	2.64	1 217	27.94	9.46	4.55	4.93	6.24	8.28	9.88	9.73	6.63	3.71
OCH_3	0	2.70	1 215	57.96	19.43	11.24	12.37	15.74	19.99	22.23	20.61	12.37	6.14
Cl	0	2.28	1 224	101.1	30.23	10.88	8.94	9.57	11.93	14.07	15.66	11.11	6.45
NO_2	0	1.88	1 237	73.47	20.53	7.41	5.39	5.29	6.08	7.08	7.22	6.04	3.36
H	1	2.87	1 201	30.90	9.51	4.56	4.57	—	6.73	7.49	6.66	4.16	2.05
CH_3	1	3.05	1 207	25.48	7.96	3.72	3.79	—	5.70	6.22	5.67	3.54	1.77
OCH_3	1	2.99	1 198	35.32	10.99	5.46	5.68	—	8.54	9.28	7.88	4.56	2.13
NO_2	1	2.39	1 204	113.9	14.00	3.82	3.10	3.11	3.96	4.75	4.80	3.18	1.82

表 3 – 42 的数据说明,在硝酸溶液中,对一取代苯基膦酸单丁酯与对一取代苯甲基膦酸单丁酯萃取铀的行为相似(示于图 3 – 60 和图 3 – 61)。在硝酸浓度低于 $2 \ mol \cdot L^{-1}$ 时,D_U 随酸度的增加而下降;在硝酸浓度高于 $2.5 \ mol \cdot L^{-1}$ 时,D_U 随酸度增加而上升;在硝酸浓度为 $6 \sim 7 \ mol \cdot L^{-1}$ 附近出现 D_U 最大值;而后继续增加硝酸浓度,D_U 又随之下降。这些萃取行为与二丁基磷酸和二(2 – 乙基己基)磷酸从硝酸中萃取铀极相似,可以认为它们的萃取机理相同。在低浓度硝酸溶液中,对一取代苯基及对一取代苯甲基膦酸单丁酯是按酸性萃取剂萃取铀的基本反应进行:

$$UO_2^{2+} + 2HA_{(o)} \Longrightarrow UO_2A_2 + 2H^+$$

$$A^- \!=\! X \!-\!\!\!\left\langle\!\!\!\bigcirc\!\!\!\right\rangle\!\!\!-\!(CH_2)_n\!-\!\!\overset{\displaystyle O^-}{\underset{\displaystyle O}{\overset{|}{\underset{|}{P}}}}\!-\!O\!-\!C_4H_9$$

当硝酸浓度 $C_{HNO_3} > 2.5 \ mol \cdot L^{-1}$ 时,HA 解离很少,主要按中性配合萃取反应进行:

$$UO_2^{2+} + 2NO_3^- + 2HA_{(o)} \Longrightarrow UO_2(NO_3)_2 \cdot 2HA_{(o)}$$

这时萃取过程 NO_3^- 起助萃剂和盐析剂作用，D_U 随 C_{HNO_3} 增加而升高。$C_{HNO_3} > 7$ mol·L^{-1} 后，则形成 HA·HNO_3，自由萃取剂浓度减少，故 D_U 随 C_{HNO_3} 的增加而下降。所以酸性磷（膦）酸酯萃取铀是一个复杂的过程。

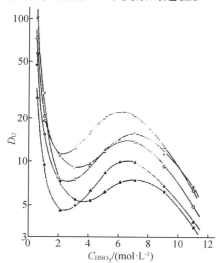

取代基：△—OCH_3；○—H；▲—CH_3；X—Cl；●—NO_2。

图 3-60　对一取代苯基膦酸单丁酯萃取铀分配比与硝酸浓度的关系

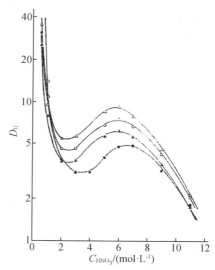

取代基：△—OCH_3；○—H；▲—CH_3；●—NO_2。

图 3-61　对一取代苯甲基膦酸单丁酯萃取铀分配比与硝酸浓度的关系

将分配比对解离常数（pK_a）作图，可获得斜率为 -2 的直线，如图 3-62 和图 3-63 所示。图中同时还示出硫酸介质中萃取铀酰，其水相为：0.5 mol·L^{-1} SO_4^{2-}，1 g·L^{-1}U，pH = 1。

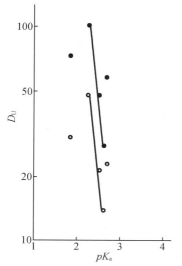

●—0.5 mol·$L^{-1}HNO_3$；○—0.5 mol·$L^{-1}\sum SO_4^{2-}$。

图 3-62　对一取代苯基膦酸单丁酯解离常数与 D_U 的关系

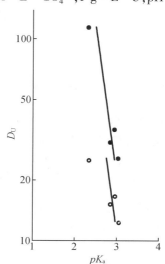

●—0.5 mol·$L^{-1}HNO_3$；○—0.5 mol·$L^{-1}\sum SO_4^{2-}$。

图 3-63　对一取代苯甲基膦酸单丁酯解离常数与 D_U 的关系

从 $6\ mol \cdot L^{-1}\ HNO_3$ 溶液中 HA 萃取铀的分配比与这些萃取剂磷氧的 $v_{P=O}$ 特征频率数据作图,获得近直线关系,如图 3 – 64 所示。这与图 3 – 29 很相似,可以说明水相酸度较高时,萃取剂磷酰氧基氧原子电荷密度是影响萃取性能的重要因素,萃取过程以中性配合为主。其中对一取代苯基膦酸单丁酯萃取的分配比普遍高于对一取代苯甲基膦酸单丁酯,此现象有待进一步研究。

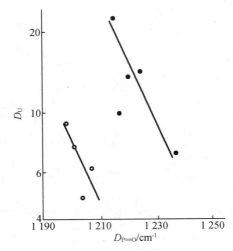

●—对一取代苯基膦酸单丁酯;○—对一取代苯甲基膦酸单丁酯。

图 3 – 64　萃取剂磷酰氧特征频率与分配比的关系

3.8　胺类萃取剂萃取铀

3.8.1　三月桂胺萃取 U(Ⅳ)和 U(Ⅵ)

三月桂胺是叔胺,英文缩写为 TLA。从硝酸溶液中萃取四价铀和六价铀,按加成反应或阴离子交换反应两种机理,萃取反应可写成

$$U(NO_3)_4 + 2TLA \cdot HNO_3 \longleftrightarrow (TLAH^+)_2 \cdot [U(NO_3)_6]^{2-}$$

或

$$[U(NO_3)_6]^{2-} + 2TLAH^+ \cdot NO_3^- \longleftrightarrow (TLAH^+)_2 \cdot [U(NO_3)_6]^{2-} + 2NO_3^-$$

$$UO_2(NO_3)_2 + TLA \cdot HNO_3 \longleftrightarrow TLAH^+ \cdot [UO_2(NO_3)_3]^-$$

或

$$[UO_2(NO_3)_3]^- + TLAH^+ \cdot NO_3^- \longleftrightarrow TLAH^+ \cdot [UO_2(NO_3)_3]^- + NO_3^-$$

两种萃取机理的萃合物是一样的。对于四价铀,分配比与萃取剂浓度关系 $\lg D_U$ – $\lg(TLA)_{(o)}$ 的斜率为 2;对于六价铀,$\lg D_U$ – $\lg(TLA)_{(o)}$ 的直线斜率应为 1。用苯为稀释剂进行萃取实验,得到的铀分配比与 TLA 浓度的 $\lg D_U$ – $\lg(TLA)_{(o)}$ 关系示于图 3 – 65。直线

的斜率,对 U(Ⅳ)为 2,与反应式相符;而 U(Ⅵ)的关系直线斜率则为 1.5,与反应式不符,这说明六价铀的萃合物不是单一的[TLAH]$^+$·[UO$_2^{2+}$(NO$_3$)$_3$]$^-$离子缔合物,可能还有其他形态的混合物。将 TLA – 苯和 TOA – 二甲苯溶液萃取硝酸铀酰的萃合物吸收光谱示于图 3 – 66,在波长为 427 nm、440 nm、455 nm 和 470 nm 处有明显的吸收峰,两者几乎一样,可确认萃合物中阴离子部分只有 UO$_2$(NO$_3$)$_3^-$ 存在,并没有显示 UO$_2$(NO$_3$)$_2$ 或 UO$_2$(NO$_3$)$_4^{2-}$ 的吸收峰,因为它们各自的吸收峰有显示的差别。然而在图 3 – 66 的吸收谱中没有反映萃合物的阳离子部分,尚不足以下结论。已知叔胺在芳香烃为稀释剂的溶液中处于聚合状态,而在硝基苯为稀释剂的溶液中不聚合。用 TOA – 硝基苯萃取 UO$_2$(NO$_3$)$_2$,lg D_U – lg(TOA)$_{(o)}$ 的关系示于图 3 – 67,直线斜率为 1,说明萃合物是单一的[TOAH]$^+$UO$_2$(NO$_3$)$_3^-$]$_{(o)}$,可见由于 TLA 在苯中会聚合,用 TLA – 苯萃取 UO$_2$(NO$_3$)$_2$ 的萃合物中,除了[TLAH]$^+$·[UO$_2$(NO$_3$)$_3$]$^-$外,还含有聚合的萃取剂,如[TLAH·(TLAHNO$_3$)$_{n-1}$]$^+$·[UO$_2$(NO$_3$)$_3$]$^-$,n 为有机相中萃取剂的聚合数。根据图 3 – 65 中斜率为 1.5,可认为萃合物是一个分子[TLAH]$^+$·[UO$_2$(NO$_3$)$_3$]$^-$ 和一个分子[TLAH·TLAHNO$_3$]$^+$·[UO$_2$(NO$_3$)$_3$]$^-$的混合物。对于四价铀,因为 U^{4+}离子高电荷和小半径,与硝酸根生成稳定配合阴离子[U(NO$_3$)$_6$]$^{2-}$,只与(TLAH)$^+$阳离子缔合成结构紧凑的缔合物,不含聚合的中性萃取剂分子。

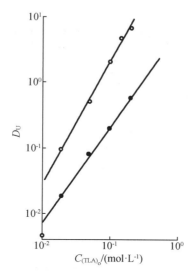

●—铀(Ⅵ),斜率为 1.50;○—铀(Ⅳ),斜率为 1.93。

图 3 – 65　TLA 萃取铀分配比与萃取剂浓度的关系

3.8.2　N – 235 萃取硫酸铀酰

N – 235 系利用国产工业原料制得的脂肪叔胺型萃取剂,为了考察其萃取性能,将研究得较深入的高效胺型萃取剂三辛胺与 N – 235 进行比较。

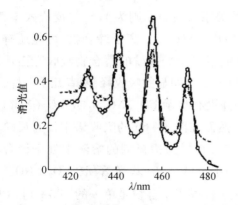

图 3 - 66　TLA - 苯萃取硝酸铀酰后的吸收光谱

（虚线为 TOA - 二甲萃取铀后的吸收光谱）

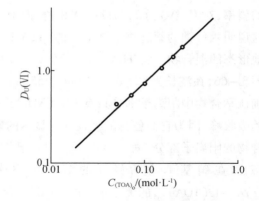

图 3 - 67　TOA - 硝基苯萃取硝酸铀酰分配比与萃取剂浓度的关系

（水相:5.42 mol · L^{-1} HNO$_3$,0.045 mol · L^{-1} UO$_2^{2+}$,直线斜率为1.0）

1. 物理化学常数

已测得的 N - 235 基本物理化学常数与三辛胺进行比较,列于表 3 - 43 中,两者的物理化学常数非常接近。从沸点、黏度及凝固点数据可看出,N - 235 的分子量比三辛胺略高。红外吸收光谱表明,N - 235 主要成分为叔胺外,还含少量取代酰胺。

表 3 - 43　N - 235 与三辛胺的主要物理化学常数

常数名称	N - 235		三辛胺	
沸点/℃（3 mm 汞柱）	180 ~ 230		180 ~ 202	
相对密度（D_{25}^{25}）	0.815 3		0.812 1	
折光率 n_D^{20}	1.452 5		1.449 9	
叔胺含量/%	>98		99.85	
黏度 η^{25}/厘泊	10.4		8.41	
表面张力 γ（25 ℃）,达因/厘米	28.2		27.8	
介电常数 ε（20 ℃）	2.44		2.25	
水中溶解度（25 ℃）/（g · L^{-1}）	<0.01		<0.01	
凝固点/℃	- 64		- 46	
闪点/℃	189		188	
燃点/℃	226		226	
红外吸收光谱/cm^{-1}	2 960　1 480　1 100 2 850　1 380　760 2 790　1 300　740 1 650　1 150		2 950　1 380 2 850　1 100 2 800　770 1 460　730	

2. 不同稀释剂对 N - 235 萃取铀的影响

研究了芳香烃和脂肪烃为稀释剂对 N - 235 萃取硫酸铀酰的影响,并与三辛胺进行比较,结果列于表 3 - 44 中。萃取条件为:水相铀浓度 1 g·L^{-1},$\sum$(SO$_4^{2-}$)约 1 mol·L^{-1}, pH = 1;有机相萃取剂浓度 0.1 mol·L^{-1};相比 1:2;温度(25 ± 0.5)℃。表中数据看出,芳香烃为稀释剂,萃取铀的分配比高于脂肪烃;煤油为稀释剂则出现第三相。

表 3 - 44　N - 235 在不同稀释剂中萃取铀性能

稀释剂	萃取剂的萃取性能			
	N - 235		三辛胺	
	分配现象	D_U	分配现象	D_U
苯	分相良好	214	分相良好	219
二甲苯	分相良好	186	分相良好	193
正己烷	分相良好	154	分相良好	137
煤油	出现第三相	47.1	出现第三相	32.1

3. 醇类为相改良剂对 N - 235 - 煤油萃取铀的影响

叔胺类萃取剂从硫酸体系中萃取铀时出现第三相,是与(R$_3$NH)$_2$SO$_4$ 在有机相的溶解度有关,通常可借添加剂来改善。醇类的加入对消除 N - 235 萃取硫酸铀酰中的第三相是有效的。比较了伯醇、仲醇和混合醇,仲醇中的 1 - 甲庚醇(C$_6$H$_{13}$CH(CH$_3$)OH)不仅使 N - 235 - 煤油萃取铀过程相分离良好,而且萃取率仍能保持比较高。值得注意的是 1 - 甲庚醇加入量要合适,1.5% 时铀分配比最大(表 3 - 45),因为醇类与萃取剂胺之间会相互作用,当醇含量较低(< 1.5%)时,有助于萃合物在有机相中的溶解,故 D_U 随之增加;当醇含量继续加大,与叔胺分子形成氢键,有效萃取剂浓度降低,使 D_U 下降。萃取条件:水相铀浓度 1 g·L^{-1},$\sum$(SO$_4^{2-}$)约 1 mol·L^{-1},pH = 1;有机相萃取剂浓度 0.1 mol·L^{-1},稀释剂用煤油;相比 1:2;室温。

表 3 - 45　1 - 甲庚醇添加量对 N - 235 - 煤油萃取铀分配比的影响

萃取剂溶液	1 - 甲庚醇加入量相应的铀分配比 D_U								
	0	1.0%	1.5%	2.0%	3.0%	4.0%	5.0%	6.0%	8.0%
N - 235 - 煤油	4.71	108	113	99.6	87.8	64.1	43.5	29.5	15.3
三辛胺 - 煤油	32.1	91.2	98.8	95.6	80.1	57.9	48.7	25.9	14.4

对于仲胺型萃取剂,因本身分子聚合明显,醇类加入,与仲胺分子形成氢键而使之解聚,有利于萃取,D_U 出现“极大值”的现象不明显。

4. 温度对 N - 235 萃取硫酸铀酰的影响

萃取体系为:水相铀浓度 1 g·L^{-1},$\sum$(SO$_4^{2-}$) = 1 mol·L^{-1},pH = 1;有机相萃取剂浓度 0.1 mol·L^{-1} N - 235 - 煤油 + 2% 1 - 甲庚醇;相比 1:2。测定不同温度下萃取铀的分配比,数据列于表 3 - 46 中。由表中数据求得萃取热函数 ΔH,N - 235 和三辛胺分别为 - 5.9 kcal·mol^{-1} 和 - 5.6 kcal·mol^{-1}。这些数值与氢键的数量级相同。

表 3 – 46　温度对 N – 235 萃取铀的影响

萃取剂	铀分配比 D_U				
	5 ℃	15 ℃	25 ℃	35 ℃	45 ℃
N – 235	181	133	99.6	69.4	46.7
三辛胺	163	132	95.6	65.5	46.6

5. N – 235 对铁钼铝钒的萃取

铁钼铝钒是铀矿石中的主要杂质,考察了 N – 235 和三辛胺对这些杂质的萃取,数据列于表 3 – 47 中,结果极为相似。萃取条件为:水相 $\sum(SO_4^{2-})$ 约 1 mol·L^{-1},pH = 1,Fe 5 g·L^{-1},Mo 0.5g·L^{-1},Al 5 g·L^{-1},V 0.5 g·L^{-1};有机相萃取剂 0.1 mol·L^{-1} N – 235 – 煤油 + 2% 1 – 甲庚醇;相比 1:1;温度(25 ± 0.5)℃。

表 3 – 47　N – 235 对杂质金属元素的萃取率

萃取剂	杂质金属元素的萃取率/%			
	铁(Ⅲ)	钼(Ⅵ)	铝(Ⅲ)	钒(Ⅴ)
N – 235	<1	96.3	<1	32.3
三辛胺	<1	96.3	<1	31.7

3.8.3　某些胺类萃取剂的化学结构及其对萃取铀酰的关系

表 3 – 48 列出一些不同分子量和分子结构的叔胺与仲胺萃取铀酰的萃取率。有机相萃取剂浓度均为 0.1 mol·L^{-1},二甲苯作稀释剂;水相铀浓度 1 g·L^{-1},1 ~ 26 号为 1 mol·L^{-1} H_2SO_4 溶液,27 ~ 29 号为硝酸体系,这三种萃取剂均含有邻位羟基,采用 0.1 mol·L^{-1} HNO_3 溶液,在低酸中羟基可能解离氢离子,以期显示螯合萃取性能。

表 3 – 48　胺型萃取剂在硫酸和硝酸体系中萃取铀酰

编号	化合物名称	结 构 式	分子量	萃取率/%
1	三正庚胺	$[C_7H_{15}]_3N$	311	96.0
2	三正辛胺	$[C_8H_{17}]_3N$	353	97.0
3	三(2 – 乙基己基)胺	$[C_4H_9CH(C_2H_5)CH_2]_3N$	353	13.0
4	N,N – 二(正庚基) – 1 – 甲基庚胺	$[C_7H_{15}]_2NCH(CH_3)C_6H_{13}$	326	58.9
5	N,N – 二(正庚基) – 2 – 乙基己胺	$[C_7H_{15}]_2NCH_2CH(C_2H_5)C_4H_9$	326	77.6
6	N,N – 二(正庚基)苄胺	$[C_7H_{15}]_2NCH_2C_6H_5$	303	84.2
7	N,N – 二(1 – 甲基庚基)正丁胺	$[C_6H_{13}CH(CH_3)]_2NC_4H_9$	297	22.0
8	N,N – 二(1 – 甲基庚基)正庚胺	$[C_6H_{13}CH(CH_3)]_2NC_7H_{15}$	339	25.6
9	N,N – 二(1 – 甲基庚基)2 – 乙基己胺	$[C_6H_{13}CH(CH_3)]_2NCH_2CH(C_2H_5)C_4H_9$	353	1.3

表 3 − 48（续）

编号	化 合 物 名 称	结 构 式	分子量	萃取率/%
10	N,N − 二(1 − 甲基庚基)苄胺	$[C_6H_{13}CH(CH_3)]_2NCH_2C_6H_5$	331	1.7
11	N,N − 二(2 − 乙基己基)正庚胺	$[C_4H_9CH(C_2H_5)CH_2]_2NC_7H_{15}$	339	18.4
12	N,N − 二(2 − 乙基己基) − 1 − 甲基庚胺	$[C_4H_9CH(C_2H_5)CH_2]_2NCH(CH_3)C_6H_{13}$	353	6.7
13	N,N − 二(2 − 乙基己基)苄胺	$[C_4H_9CH(C_2H_5)CH_2]_2NCH_2C_6H_5$	331	14.2
14	二正庚胺	$[C_7H_{15}]_2NH$	213	24.6
15	二正辛胺	$[C_8H_{17}]_2NH$	241	17.6
16	二(1 − 甲基庚基)胺	$[C_6H_{13}CH(CH_3)]_2NH$	241	79.1
17	二(2 − 乙基己基)胺	$[C_4H_9CH(C_2H_5)]CH_2NH$	241	93.5
18	N − (正丁基)苄胺	$C_4H_9NHCH_2C_6H_5$	163	16.0
19	N − (正庚基)苄胺	$C_7H_{15}NHCH_2C_6H_5$	205	75.1
20	N − (1 − 甲基庚基)苄胺	$[C_6H_{13}CH(CH_3)]NHCH_2C_6H_5$	219	88.0
21	N − (2 − 乙基己基)苄胺	$[C_4H_9CH(C_2H_5)CH_2]NHCH_2C_6H_5$	219	91.0
22	N − (正十二基)苄胺	$C_{12}H_{25}NHCH_2C_6H_5$	275	96.9
23	N − (正十二基)环己胺	$C_{12}H_{25}NHC_6H_{11}$	267	98.4
24	N − (正庚基)对甲氧苄胺	$C_7H_{15}NHCH_2C_6H_4OCH_3(1,4)$	235	87.4
25	N − (1 − 甲基庚基)对甲氧苄胺	$[C_6H_{13}CH(CH_3)]NHCH_2C_6H_4OCH_3(1,4)$	249	84.5
26	N − (2 − 乙基己基)对甲氧苄胺	$[C_4H_9CH(C_2H_5)CH_2]NHCH_2C_6H_4OCH_3(1,4)$	249	86.9
27	N − (正庚基)邻羟基苄胺	$C_7H_{15}NHCH_2C_6H_4OH(1,2)$	221	15.9
28	N − (1 − 甲基庚基)邻羟基苄胺	$[C_6H_{13}CH(CH_3)]NHCH_2C_6H_4OH(1,2)$	235	4.6
29	N − (2 − 乙基己基)邻羟基苄胺	$[C_4H_9CH(C_2H_5)CH_2]NHCH_2C_6H_4OH(1,2)$	235	8.2

考察表 3 − 48 的数据可以归纳出以下几点：

①作为萃取剂胺类化合物分子量应在 250 ~ 600 之间的要求,主要决定于它们的盐类在有机相和水相中的溶解度,分子量与萃取率之间并无一定的规律。例如,化合物 20 和 21 的分子量仅 219,远未达到 250,而它们的萃取率都达到 90% 左右;化合物 15、16 和 17 的分子量相同为 241,化合物 2、3、9 和 12 的分子量均为 353,但是它们的萃取率相差甚远,其中化合物 2 与 9 的萃取率相差 75 倍。

②在含直链烷基胺中,叔胺(如 1、2 和 6)的萃取率一般要比相应的仲胺(如 14、15 和 19)高,但含支链烷基胺的情况相反,叔胺(如 3、10 和 13)的萃取率比相应的仲胺(如 17、20 和 21)低。这可能一方面是由于支链烷基对氮原子所产生的遮蔽效应,另一方面是由于空间位阻也较大,热力学上不利于铀酰离子形成较稳定的萃合物。但是化学结构的遮蔽效应并不是决定萃取率的唯一因素,如化合物 14 和 15 是直链仲胺,并无遮蔽效应,而它们的萃取率很低,需探讨其他因素。

③胺型化合物对铀酰的萃取性能与它们氮原子的电子密度无显著关系,化合物 24、25 和 26 由于苯核上甲氧基的给电子影响,氮原子上的电子密度要大于相应的苄基化合物 19、

20 和 21，然而这些胺类化合物对铀酰的萃取率并无明显差别，可见与中性磷类萃取剂不同，后者的萃取性能与 P＝O 键电子密度紧密相关。

④具有邻位羟基的苄胺衍生物（27、28 和 29），不仅氮原子的电子密度较大，并且具备螯合结构，可是萃取率却很低。这可能是由其在两相的溶解度都极低造成的。尽管如此，它们的萃取率还是按正庚基、2 - 乙基己基及 1 - 甲基庚基衍生物的次序递减，符合空间位阻效应的规律。

3.8.4 三正辛胺萃取硫酸铀酰的动力学特性

用恒界面池法研究三正辛胺（TOA）- 正庚烷从硫酸溶液中萃取铀酰的动力学特性，测定 TOA 浓度、H_2SO_4 浓度、温度和异丁醇对萃取率的影响，结果表明萃取速率受界面化学反应控制。

1. 萃取反应速率方程

假设 TOA - 正庚烷萃取硫酸铀酰的速率由准一级界面化学反应控制：

$$(UO_2^{2+})_{(a)} \underset{R_b'}{\overset{R_f'}{\rightleftharpoons}} (UO_2^{2+})_{(o)} \tag{3-9}$$

当固定比界面积为 a_i 时，反应速率方程为

$$\frac{dC_{(UO_2^{2+})(o)}}{dt} = k_f C_{(UO_2^{2+})(a)} - k_b C_{(UO_2^{2+})(o)} \tag{3-10}$$

其中，$k_f = k_f' a_i$，$k_b = k_b' a_i$，分别为正、逆向萃取反应的表观速率常数（或速率系数），是温度、溶剂性质、萃取剂浓度、硫酸浓度和铀浓度的函数；脚注 a 和 o 分别表示水相和有机相。当初始有机相 UO_2^{2+} 浓度为 0，相比为 1∶1 时，对式（3-10）进行时间 t 积分得到

$$\frac{C_o - C_{eq}}{C_o} \cdot \ln \frac{(C_o - C_{eq})}{(C_t - C_{eq})} = k_f \cdot t \tag{3-11}$$

$$\frac{C_{eq}}{C_o} \cdot \ln \frac{(C_o - C_{eq})}{(C_t - C_{eq})} = k_b \cdot t \tag{3-12}$$

其中，C_o、C_{eq} 和 C_t 分别表示初始、平衡和 t 时刻水相中 UO_2^{2+} 的浓度，由式（3-11）和式（3-12）可求得表观速率常数 k_f 和 k_b。

实验搅拌转速选定在动力学坪区，且相界面平稳无扰动，说明已超过扩散控制区而达到化学反应控制区。在此条件下，考察硫酸浓度、萃取剂浓度等对萃取速率的影响。设

$$X = \frac{(C_o - C_{eq})}{C_o} \ln \frac{(C_o - C_{eq})}{(C_t - C_{eq})}$$

$$Y = \frac{C_{eq}}{C_o} \ln \frac{(C_o - C_{eq})}{(C_t - C_{eq})}$$

以 X、Y 对时间 t 作图（图 3-68），可见 X、Y 与 t 关系均为过原点的直线，证明准一级反应的假设成立。

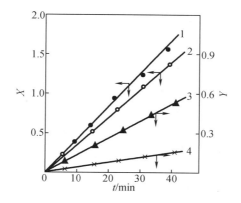

$1\text{、}3—C_{(H_2SO_4)} = 0.10\ mol \cdot L^{-1}; 2\text{、}4—C_{(H_2SO_4)} = 0.40\ mol \cdot L^{-1}$。

图 3 – 68　TOA 萃取 UO₂SO₄ 为准一级反应的验证

（$C_{(UO_2^{2+})} = 6.82 \times 10^{-4}\ mol \cdot L^{-1}$, $C_{(TOA)} = 8.54 \times 10^{-2}\ mol \cdot L^{-1}$）

2. 硫酸浓度和 TOA 浓度对萃取速率的影响

硫酸浓度对萃取速率系数的影响示于图 3 – 69。随硫酸浓度的增加, $\lg k_f - \lg C_{(H_2SO_4)}$ 曲线的斜率由 0 变到 -2; $\lg k_b - \lg C_{(H_2SO_4)}$ 的曲线斜率由 2 变到 0。

萃取剂 TOA 浓度对萃取速率系数的影响示于图 3 – 70。随着 TOA 浓度的增加, $\lg k_f - \lg C_{(TOA)}$ 曲线斜率由 2 变至 0; $\lg k_b - \lg C_{(TOA)}$ 曲线斜率由 0 变至 -2。

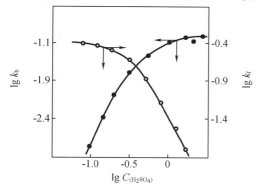

图 3 – 69　硫酸浓度对萃取速率系数的影响

（$C_{(UO_2^{2+})} = 6.82 \times 10^{-4}\ mol \cdot L^{-1}$, $C_{(TOA)} = 8.54 \times 10^{-2}\ mol \cdot L^{-1}$）

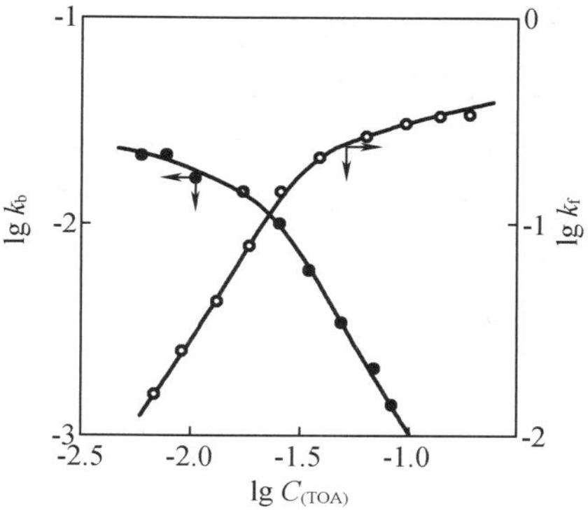

图 3 – 70　TOA 浓度对萃取速率系数的影响

（$C_{(UO_2^{2+})} = 6.82 \times 10^{-4}\ mol \cdot L^{-1}$, $C_{(H_2SO_4)} = 0.10\ mol \cdot L^{-1}$）

3. 比界面积对萃取速率的影响

叔胺及其盐在水中溶解度较小,而且界面活性良好,其萃取反应倾向于在界面区域发生。图 3 – 71 示出 TOA 萃取 UO₂SO₄ 的萃取速率与比界面积 a_i 的关系。由图中看出,随着比界面积 a_i 的增加,萃取速率呈线性上升,说明萃取速率受界面化学反应控制。由此可认为,TOA 萃取硫酸铀酰的机理可能是界面两步连续基元反应:

$$2R_3NHHSO_{4(i)} + UO_2^{2+} + SO_4^{2-} \underset{k_{-1}}{\overset{k_1}{\rightleftharpoons}} (R_3NH)_2UO_2(SO_4)_{2(i)} + H^+ + HSO_4^-$$

$$(R_3NH)_2UO_2(SO_4)_{2(i)} + 2R_3NHHSO_{4(o)} \underset{k_{-2}}{\overset{k_2}{\rightleftharpoons}} (R_3NH)_2UO_2(SO_4)_{2(o)} + 2R_3NHHSO_{4(i)}$$

（i）标识界面区物种，实验测得正、逆向萃取反应的表观活化能分别为 $E_{af}=26\ kJ\cdot mol^{-1}$，$E_{ab}=72\ kJ\cdot mol^{-1}$。

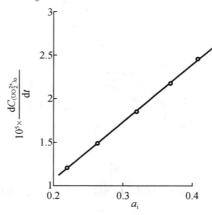

图 3 - 71　比界面积对萃取速率的影响

（$C_{(TOA)}=8.54\times10^{-2}\ mol\cdot L^{-1}$，$C_{(UO_2^{2+})}=6.82\times10^{-4}\ mol\cdot L^{-1}$，$C_{(H_2SO_4)}=0.1\ mol\cdot L^{-1}$）

4. 添加剂异丁醇对萃取的影响

异丁醇的加入量对萃取速率系数的影响如图 3 - 72 所示，随加入异丁醇体积分数 $\varphi(ROH)$ 的增加，k_f 增大，k_b 减小，这说明异丁醇的加入不仅改善 TOA 的溶解度和防止第三相及乳化，而且会影响萃取速率系数。还实验了异丁醇的加入对 TOA 界面性质和有机相电导率的影响，结果表明，加入异丁醇使 TOA 的界面张力降低，而有机相电导率则随之增加，当异丁醇的体积分数 $\varphi(ROH)$ 为 6% 时，有机相电导率最大。单独用异丁醇实验时，几乎不萃取 UO_2^{2+}，说明加入异丁醇使 k_f 增大不是协同萃取的加速，而是界面张力降低使 k_f 增大的动力学加速作用。

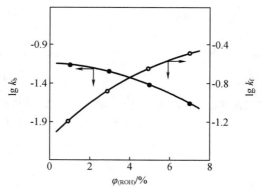

图 3 - 72　异丁醇添加量对萃取速率系数的影响

（萃取条件与图 3 - 71 相同）

本节主要叙述胺类萃取剂中叔胺和仲胺萃取铀。关于季铵盐萃取铀，在第 1 章已论述；伯胺萃取铀，参见 11.3.3 节，Sulfex 脱壳溶液的伯胺（Primen·rime）萃取流程。

3.9　铀的协同萃取

3.9.1　UO_2^{2+} 的协同萃取体系

铀的协同萃取研究得较多的是六价铀二元协萃体系中的 AB 类,三元协萃体系研究得少。表 3 - 49 列出了 UO_2^{2+} 协同萃取的几种不同体系和类别的典型例子,表中同时给出了协萃反应平衡常数和萃合物组成。

表 3 - 49　UO_2^{2+} 协萃体系的平衡常数和萃合物组成

体系类别	协萃体系组成	萃合物组成	平衡常数
AB 类	$UO_2^{2+} \left/ SCN^- \right/ \begin{matrix} TTA \\ DBSO \end{matrix} \Big\} CHCl_3$	$UO_2(TTA)_2 \cdot DBSO$	$\lg \beta_{AB} = 2.06$
	$UO_2^{2+} \left/ SCN^- \right/ \begin{matrix} PMBP \\ TBP \end{matrix} \Big\} CHCl_3$	$UO_2(PMBP)_2 \cdot TBP$	$\lg \beta_{AB} = 4.25$
	$UO_2^{2+} \left/ SCN^- \right/ \begin{matrix} TTA \\ DBBP \end{matrix} \Big\} C_6H_6$	$UO_2(TTA)_2 \cdot DBBP$ $UO_2(TTA)_2 \cdot (DBBP)_2$	$\lg \beta_{AB} = 4.53$ $\lg \beta_{AB} = 7.38$
	$UO_2^{2+} \left/ HNO_3 \right/ \begin{matrix} PMBP \\ TBP \end{matrix} \Big\} C_6H_6$	$UO_2(PMBP)_2 \cdot TBP$	$\lg \beta_{AB} = 3.58$
	$UO_2^{2+} \left/ HNO_3 \right/ \begin{matrix} PMBP \\ DPSO \end{matrix} \Big\} C_6H_6$	$UO_2(PMBP)_2 \cdot DPSO$	$\lg \beta_{AB} = 3.61$
	$UO_2^{2+} \left/ HNO_3 \right/ \begin{matrix} TTA \\ TBP \end{matrix} \Big\} C_6H_6$	$UO_2(TTA)_2 \cdot TBP$	$\lg \beta_{AB} = 2.99$
	$UO_2^{2+} \left/ HNO_3 \right/ \begin{matrix} TTA \\ DPSO \end{matrix} \Big\} C_6H_6$	$UO_2(TTA)_2 \cdot DPSO$	$\lg \beta_{AB} = 1.92$
	$UO_2^{2+} \left/ HNO_3 \right/ \begin{matrix} TTA \\ TOPO \end{matrix} \Big\} CHCl_3$	$UO_2(TTA)_2 \cdot TOPO$	$\lg \beta_{AB} = 3.85$
	$UO_2^{2+} \left/ HNO_3 \right/ \begin{matrix} PMBP \\ TOPO \end{matrix} \Big\} CHCl_3$	$UO_2(PMBP)_2 \cdot TOPO$	$\lg \beta_{AB} = 5.29$
	$UO_2^{2+} \left/ H_2SO_4 \right/ \begin{matrix} HDEHP \\ DBBP \end{matrix} \Big\} C_6H_6$	$UO_2A_2(HA)_2 \cdot DBBP$	$\lg \beta_{AB} = 5.78$
	$UO_2^{2+} \left/ H_2SO_4 \right/ \begin{matrix} HDEHP \\ DPSO \end{matrix} \Big\} C_6H_5$	$UO_2A_2(HA)_2 \cdot DPSO$	$\lg \beta_{AB} = 4.93$
	$UO_2^{2+} \left/ H_2SO_4 \right/ \begin{matrix} HDEHP \\ TBP \end{matrix} \Big\} C_6H_6$	$UO_2A_2(HA)_2 \cdot TBP$	$\lg \beta_{AB} = 4.83$

表 3 – 49（续）

体系类别	协萃体系组成	萃合物组成	平衡常数
AC 类	UO_2^{2+} / SCN^- / $\left.\begin{matrix}PMBP\\(C_6H_5)_4AsCl\end{matrix}\right\}CHCl_3$	$(C_6H_5)_4AsUO_2(NCS)A_2$	$\lg\beta_{AB}=5.49$
	UO_2^{2+} / H_2SO_4 / $\left.\begin{matrix}HDEHP\\TOA\end{matrix}\right\}C_6H_6$	$(R_3NH)_4UO_2(SO_4)_2(HA_2)_2$	$\lg\beta_{AB}=8.71$
BC 类	UO_2^{2+} / SCN^- / $\left.\begin{matrix}TBP\\(C_6H_5)_4AsCl\end{matrix}\right\}CHCl_3$	$(C_6H_5)_4AsUO_2(NCS)_3TBP$	$\lg\beta_{BC}=4.94$
	UO_2^{2+} / $\begin{matrix}H_2SO_4\\0.5\ mol\cdot L^{-1}(NH_4)_2SO_4\end{matrix}$ / $\left.\begin{matrix}TOA\\TOPO\end{matrix}\right\}$正己烷	$(R_3NH)_2UO_2(SO_4)_2TOPO$	$\lg\beta_{BC}=12.46$
ABC 类	UO_2^{2+} / SCN^- / $\left.\begin{matrix}PMBP\\TBP\\(C_6H_5)_4AsCl\end{matrix}\right\}CHCl_3$	$[(C_6H_5)_4As]^+\cdot[UO_2(NCS)A_2TBP]^-$	$\lg\beta_{ABC}=7.23$
	UO_2^{2+} / SCN^- / $\left.\begin{matrix}TTA\\DBSO\\(C_6H_5)_4AsCl\end{matrix}\right\}CHCl_3$	$[(C_6H_5)_4As]^+\cdot[UO_2(NCS)(TTA)_2DBSO]^-$	$\lg\beta_{ABC}=5.08$
AAB 类	UO_2^{2+} / HNO_3 / $\left.\begin{matrix}TTA\\PMBP\\TOPO\end{matrix}\right\}CHCl_3$	$UO_2(TTA)(PMBP)\cdot TOPO$	$\lg\beta_{A,A_2B}=4.84$
ABB 类	UO_2^{2+} / HNO_3 / $\left.\begin{matrix}PMBP\\TBP\\DPSO\end{matrix}\right\}C_6H_6$	$UO_2(PMBP)_2TBP\cdot DPSO$	$\lg\beta_{AB,B_2}=5.58$
	UO_2^{2+} / HNO_3 / $\left.\begin{matrix}TTA\\TBP\\DPSO\end{matrix}\right\}C_6H_6$	$UO_2(TTA)_2\cdot TBP\cdot DPSO$	$\lg\beta_{AB,B_2}=4.24$

3.9.2 酸性萃取剂 HDEHP 和中性含磷化合物萃取铀酰的协同效应

酸性萃取剂和中性萃取剂对 UO_2^{2+} 的协同萃取可认为是加成反应，存在着下列反应平衡：

$$UO_2^{2+}+2H_2A_{2(o)}\xrightleftharpoons{K_1}UO_2A_2(HA)_{2(o)}+2H^+$$

$$K_1=\frac{(UO_2A_2(HA)_2)_o[H^+]^2}{(UO_2^{2+})(H_2A_2)_o^2} \tag{3-13}$$

$$UO_2A_2(HA)_{2(o)}+nB_{(o)}\xrightleftharpoons{K_2}UO_2A_2(HA)_2B_{n(o)}$$

$$K_2=\frac{(UO_2A_2(HA)_2B_n)_o}{(UO_2A_2(HA)_{2o})(B)_o^n} \tag{3-14}$$

$$UO_2^{2+}+2H_2A_{2(o)}+nB_{(o)}\xrightleftharpoons{K_{12}}UO_2A_2(HA)_2B_{n(o)}+2H^+$$

协萃配合物平衡常数为

$$K_{12} = \frac{(UO_2A_2(HA)_2B_n))_o[H^+]^2}{(UO_2^{2+})(H_2A_2)_o^2(B)_o^n}} \qquad (3-15)$$

协同萃取体系的总分配比 D 应由单独的酸性萃取剂和中性萃取剂以及两者协同萃取三部分组成：

$$D = D_A + D_B + D_{AB}$$

由于这类萃取体系的酸度和盐离子浓度较低，中性萃取剂贡献的分配比很低，$D_B \ll D_A + D_{AB}$，故总分配比可写成

$$D = D_A + D_{AB} = \frac{(UO_2A_2(HA)_2)_o + (UO_2A_2(HA)_2Bn)_o}{(UO_2^{2+})} \qquad (3-16)$$

将 K_1 和 K_2 代入式（3-16）得

$$D = K_1(H_2A_2)_o^2 \cdot [H^+]^{-2} \cdot (1 + K_2(B)_o^n) \qquad (3-17)$$

1. HDEHP 和 TBP 协同萃取 UO_2^{2+}

中性萃取剂为 TBP 时，固定 TBP 和氢离子浓度，用式（3-17）以 $\lg D$ 对 $\lg(H_2A_2)_o$ 作图，示于图 3-73，得直线斜率为 2，证明协萃作用是两分子的 H_2A_2 参加反应。固定 HDEHP 和 TBP 浓度，以 $\lg D$ 对 pH 作图，示于图 3-74，直线斜率为 2，证明了分配比与氢离子浓度的平方成反比，也是正确的。从介质 $0.1 \text{ mol} \cdot \text{L}^{-1} \text{HClO}_4 - 0.9 \text{ mol} \cdot \text{L}^{-1} \text{NaClO}_4$ 中求得 $\lg K_1 = 3.65$。

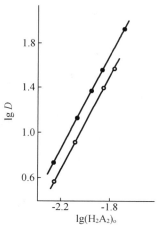

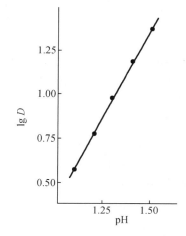

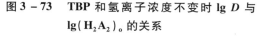

○—$0.005 \text{ mol} \cdot \text{L}^{-1} \text{TBP} - \text{CCl}_4$；●—$0.002 \text{ mol} \cdot \text{L}^{-1}$ TBP－CCl_4。

图 3-73　TBP 和氢离子浓度不变时 $\lg D$ 与 $\lg(H_2A_2)_o$ 的关系

（介质：$0.1 \text{ mol} \cdot \text{L}^{-1} \text{HClO}_4 - 0.9 \text{ mol} \cdot \text{L}^{-1} \text{NaClO}_4$）

图 3-74　HDEHP 和 TBP 浓度不变时 $\lg D$ 与 pH 的关系

（有机相：$0.003 \text{ mol} \cdot \text{L}^{-1} \text{H}_2\text{A}_2 - \text{CCl}_4$；$0.005 \text{ mol} \cdot \text{L}^{-1}$ TBP－CCl_4）

为了确定协萃配合物中 TBP 的分子数 n，并求取协萃平衡常数 K_{12}，将式（3-17）改写为

$$\frac{D[H^+]^2}{K_1(H_2A_2)_o^2} - 1 = K_2(B)_o^n \qquad (3-18)$$

固定 H_2A_2 和氢离子浓度，改度 TBP 浓度，测定分配比 D，以 $\lg\left(\dfrac{D[H^+]^2}{K_1(H_2A_2)_o^2} - 1\right)$ 对 $\lg(TBP)_o$ 作图，示于图 3-75，得直线斜率为 1，即 $n = 1$。当 TBP 浓度比 HDEHP 的浓度大

10 倍时,斜率变小,可能由于 TBP 浓度增加使 HDEHP 与 TBP 的缔合变得显著,引起自由 H_2A_2 浓度下降的缘故。由实验数据求得 HDEHP 萃取铀的体系中加入 TBP 的反应平衡常数 $\lg K_2 = 1.66 \pm 0.04$;相应协萃反应平衡常数 $\lg K_{12} = 5.33 \pm 0.04$;协萃配合物组成为 $UO_2A_2(HA)_2 \cdot TBP$。

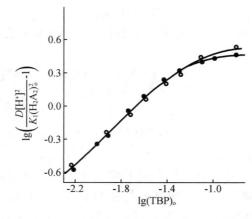

●—0.003 mol·L^{-1} H_2A_2－CCl$_4$;○—0.005 mol·L^{-1} H_2A_2－CCl$_4$。

介质:0.1 mol·L^{-1} HClO$_4$－0.9 mol·L^{-1} NaClO$_4$

图 3 − 75　$\lg\left(\dfrac{D[H^+]^2}{K_1(H_2A_2)_o^2} - 1\right)$ 与 $\lg(TBP)_o$ 的关系

2. HDEHP 和三丁基氧化膦(TBPO)协同萃取 UO_2^{2+}

在 AB 类协同萃取中,采用配合能力更强的中性萃取剂 TBPO,实验和数据处理方法与采用 TBP 相似。仅为了方便比色分析铀浓度,适当提高了水相酸度。

固定 TBPO 浓度和氢离子浓度,以 $\lg D$ 对 $\lg(H_2A_2)_o$ 作图,示于图 3 − 76,得直线斜率为 $1.9 \approx 2$,即分配比 D 与酸性萃取剂浓度的平方成正比。为了证明式(3 − 17)中 D 与氢离子浓度的平方成反比,固定萃取剂 HDEHP 和 TBPO 浓度,以 $\lg D$ 对 pH 作图,示于图 3 − 77,得到直线斜率也为 2。

为了确定协萃配合物中 TBPO 的分子数 n,固定 HDEHP 和氢离子浓度,改变 TBPO 浓度,测定分配比 D,用式(3 − 18),以 $\lg\left(\dfrac{D[H^+]^2}{K_1(H_2A_2)_o^2} - 1\right)$ 对 $\lg(TBPO)_o$ 作图,示于图 3 − 78。由图看出,随 TBPO 浓度的增加,D 值亦上升呈折线,转折点下段斜率为 1,即 $n=1$;上段斜率为 $1.9 \approx 2$,则 $n=2$。这说明协萃配合物中除形成 $UO_2A_2(HA)_2 \cdot TBPO$ 外,还可以形成 $UO_2A_2(HA)_2 \cdot 2TBPO$。

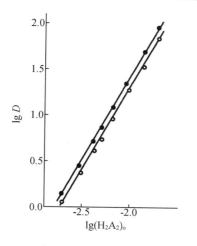

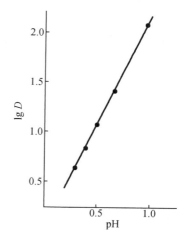

○—6.0×10^{-3} mol·L^{-1} TBPO – CCl$_4$；●—1×10^{-2} mol·L^{-1} TBPO – CCl$_4$。

图 3 – 76　固定 TBPO 和氢离子浓度时 D 与 HDEHP 浓度的关系

（介质：0.4 mol·L^{-1} HClO$_4$ – 0.6 mol·L^{-1} NaClO$_4$）

图 3 – 77　固定 HDEHP 和 TBPO 浓度时 D 与 pH 值的关系

（0.003 75 mol·L^{-1} HDEHP – CCl$_4$，0.025 mol·L^{-1} TBPO – CCl$_4$；水相：1 mol·L^{-1} ClO$_4^{-}$）

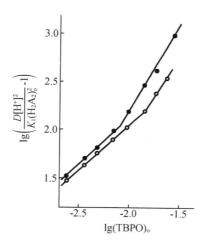

○—0.003 mol·L^{-1} HDEHP – CCl$_4$；●—0.005 mol·L^{-1} HDEHP – CCl$_4$。

图 3 – 78　$\lg\left(\dfrac{D[\mathrm{H}^{+}]^2}{K_1(\mathrm{H_2A_2})_o^2} - 1\right)$ 与 $\lg(\mathrm{TBPO})_o$ 的关系

（介质：0.4 mol·L^{-1} HClO$_4$ – 0.6 mol·L^{-1} NaClO$_4$）

　　由实验数据求得协萃反应平衡常数，当形成 UO$_2$A$_2$(HA)$_2$·TBPO 时，$\lg K_2 = 4.10 \pm 0.06$；形成 UO$_2$A$_2$(HA)$_2$·2TBPO 时，$\lg K_2 = 5.98 \pm 0.15$；相应的 $\lg K_{12} = 7.75$ 和 9.65 ± 0.14。这两种协萃配合物的结构可能如Ⅰ和Ⅱ，其中Ⅰ式可能有配位水分子，Ⅱ式已达到配位饱和。

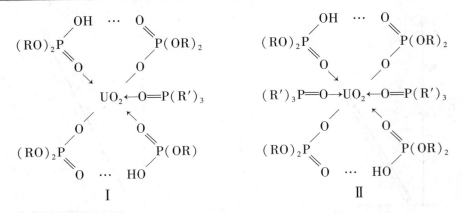

$$\text{I} \qquad\qquad\qquad\qquad \text{II}$$

3.9.3 酸性螯合萃取剂与中性萃取剂对 $\mathrm{UO_2^{2+}}$ 的协同萃取

以 8 – 羟基喹啉（HO_x）作为酸性螯合萃取剂的例子，探讨 HO_x 与中性萃取剂对铀酰萃取的协同效应。

1. 8 – 羟基喹啉在两相间的分配平衡

8 – 羟基喹啉在有机相以 HO_x 存在，进入水相后以 $\mathrm{H_2O}_x^+$、HO_x 和 O_x^- 三种形态存在，其电离常数已测定为

$$K_1 = \frac{[\mathrm{H^+}](\mathrm{HO}_x)}{(\mathrm{H_2O}_x^+)} = 10^{-5} ; \quad K_2 = \frac{[\mathrm{H^+}](\mathrm{O}_x^-)}{(\mathrm{HO}_x)} = 10^{-9.8}$$

8 – 羟基喹啉在有机相和水相之间的分配平衡常数 Λ，是有机相中分子浓度 $(\mathrm{HO}_x)_o$ 和水相中分子浓度 (HO_x) 的比值，不能直接测定，需要直接测定 HO_x 在两相的分配比 D_o 来计算 Λ。令 $(\mathrm{HO}_x)_o$ 和 C_{HO_x} 分别表示 HO_x 在有机相的浓度和水相的总浓度，则

$$
\begin{aligned}
D_o &= \frac{(C_{\mathrm{HO}_x})_o}{C_{\mathrm{HO}_x}} = \frac{(\mathrm{HO}_x)_o}{(\mathrm{HO}_x) + (\mathrm{O}_x^-) + (\mathrm{H_2O}_x^+)} \\[2mm]
&= \frac{(\mathrm{HO}_x)_o / (\mathrm{HO}_x)}{1 + \dfrac{(\mathrm{O}_x^-)}{(\mathrm{HO}_x)} + \dfrac{(\mathrm{H_2O}_x^+)}{(\mathrm{HO}_x)}} \\[2mm]
&= \frac{\Lambda}{1 + \dfrac{K_2}{[\mathrm{H^+}]} + \dfrac{[\mathrm{H^+}]}{K_1}}
\end{aligned}
\tag{3-19}
$$

一般实验酸度 pH < 7，$\dfrac{K_2}{[\mathrm{H^+}]} < \dfrac{10^{-9.8}}{10^{-7}} = 10^{-2.8} \ll 1$，在式（3 – 19）的分母中可忽略，而写成

$$D_o = \frac{\Lambda}{1 + \dfrac{[\mathrm{H^+}]}{K_1}}$$

或

$$\Lambda = D_o(1 + 10^5[\mathrm{H^+}])\tag{3-20a}$$

分别测定有机相和水相中的 HO_x 总浓度 $(C_{\mathrm{HO}_x})_o$ 和 C_{HO_x}，可得 D_o 值。同时测水相的 pH 值，由式（3 – 20a）计算 Λ 值，列于表 3 – 50 中。表中 $C^o_{\mathrm{HO}_x}$ 为初始浓度，等于两相平衡时有机相浓度 $(C_{\mathrm{HO}_x})_o$ 即 $(\mathrm{HO}_x)_o$ 与水相总浓度 C_{HO_x} 之和。

$$D_o = \frac{(C_{HO_x})_o}{C_{HO_x}} = \frac{(HO_x)_o}{C^o_{HO_x} - (HO_x)_o} = \frac{1}{\dfrac{C^o_{HO_x}}{(HO_x)_o} - 1} = \frac{\Lambda}{1 + 10^5 [H^+]} \qquad (3-20b)$$

表 3-50　8-羟基喹啉的分配平衡常数(相比 = 1)

$C^o_{HO_x}/(mol \cdot L^{-1})$	C_6H_6/H_2O			$CHCl_3/H_2O$		
	水相 pH	D_o	Λ	水相 pH	D_o	Λ
0.02	3.02	2.05	195	2.78	2.56	423
0.02	3.15	2.68	191	2.99	4.04	419
0.02	3.28	3.60	192			
0.05	2.94	1.73	200			
0.10	2.67	0.866	190			
	平均值		195 ± 5	平均值		421

由表 3-50 的数据和式(3-20b),可求得 8-羟基喹啉在有机相和水相中各种形态的浓度

$$(HO_x)_o = \frac{C^o_{HO_x} \cdot \Lambda}{1 + \Lambda + 10^5 [H^+]} \qquad (3-21)$$

$$(HO_x) = \frac{C^o_{HO_x}}{1 + \Lambda + 10^5 [H^+]} \qquad (3-22)$$

$$(H_2O^+_x) = \frac{C^o_{HO_x} \cdot 10^5 [H^+]}{1 + \Lambda + 10^5 [H^+]} \qquad (3-23a)$$

$$(O^-_x) = \frac{C^o_{HO_x} \cdot 10^{-9.8} [H^+]^{-1}}{1 + \Lambda + 10^5 [H^+]} \qquad (3-23b)$$

2. 8-羟基喹啉萃取铀酰

研究的萃取体系为 UO_2^{2+}/稀 HCl/HO_x-C_6H_6,根据电中性原理,假设萃取反应如下:

$$UO_2^{2+} + xHO_{x(o)} \xrightarrow{\beta_{x0}} UO_2(O_x)_2(HO_x)_{x-2(o)} + 2H^+$$

$$\beta_{x0} = \frac{(UO_2(O_x)_2(HO_x)_{x-2})_o [H^+]^2}{(UO_2^{2+})(HO_x)_o^x} \qquad (3-24)$$

HO_x 萃取 UO_2^{2+} 的分配比 D_1 为

$$D_1 = \frac{(UO_2(O_x)_2(HO_x)_{x-2})_o}{C_U} = \frac{\beta_{x0}}{Y} (HO_x)_o^x [H^+]^{-2} \qquad (3-25)$$

其中,C_U 和 Y 为水相铀浓度和 UO_2^{2+} 离子在水相的配合度,用醋酸钠为缓冲剂时为

$$Y = \frac{C_U}{(UO_2^{2+})} = 1 + \beta_{Cl}(Cl^-) + \beta_{AC(1)}(AC^-) + \beta_{AC(2)}(AC^-)^2 + \cdots$$

将式(3-21)的 $(HO_x)_o$ 代入式(3-25)得

$$D_1 = \frac{\beta_{x0} [H^+]^{-2}}{Y} \Lambda^x (C^o_{HO_x})^x \{1 + \Lambda + 10^5 [H^+]\}^{-x} \qquad (3-26)$$

根据式(3-26),固定 pH 和 Y,将 $\lg D_1$ 对 $\lg C^o_{HO_x}$ 作图,应得直线,斜率即 x 值,示于图

$3-79, x=3$。

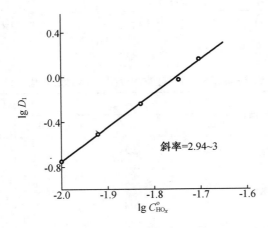

图 3-79　铀酰的分配比 D_1 与起始 8-羟基喹啉浓度 $C^o_{\mathrm{HO}_x}$ 的关系

（固定 pH = 3.83）

实验中不用醋酸钠缓冲底液，可核对 x 值并求取 β_{x0} 值。由于采用氯离子浓度均小于 $0.02\ \mathrm{mol \cdot L^{-1}}$，因此 $\mathrm{UO_2^{2+}}$ 配合度为

$$Y < 1 + 0.87 \times 0.02 = 1.017 \approx 1$$

其中，0.87 为 β_{Cl}，Y 可取值 1，式（3-25）可简化为

$$D_1 = \beta_{x0}(\mathrm{HO}_x)^x_o [\mathrm{H^+}]^{-2} \tag{3-27}$$

由于不同缓冲溶液，pH 不恒定，将式（3-27）改写为

$$D_1[\mathrm{H^+}]^2 = \beta_{x0}(\mathrm{HO}_x)^x_o$$

$$\lg D_1[\mathrm{H^+}]^2 = \lg \beta_{x0} + x\lg(\mathrm{HO}_x)_o \tag{3-28}$$

以 $\lg D_1[\mathrm{H^+}]^2$ 对 $\lg(\mathrm{HO}_x)_o$ 作图，示于图 3-80，得直线斜率为 2.9，即 $x=3$，与图 3-79 相符，同时也证明分配比 D_1 与氢离子浓度的平方成反比。由式（3-28）计算的 β_{30} 值列于表 3-51，表中第 1、2 和 3 栏为实验数据，第 4 栏由式（3-21）计算得到。

表 3-51　8-羟基喹啉萃取 $\mathrm{UO_2^{2+}}$ 的反应平衡常数 β_{30}

$C^o_{\mathrm{HO}_x}/(\mathrm{mol \cdot L^{-1}})$	水相 pH	D_1	$(\mathrm{HO}_x)_o/(\mathrm{mol \cdot L^{-1}})$	$\lg \beta_{30}$
0.02	3.35	0.561	1.62×10^{-2}	-1.58
0.02	3.17	0.195	1.48×10^{-2}	-1.56
0.02	3.04	0.085	1.36×10^{-2}	-1.55
0.05	2.90	0.615	3.03×10^{-2}	-1.36
0.10	2.68	0.524	4.81×10^{-2}	-1.69
平均值				-1.55 ± 0.07

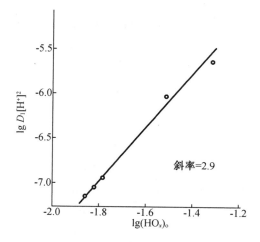

图 3-80　$\lg D_1 [H^+]^2$ 与 $\lg (HO_x)_o$ 的关系

由以上实验结果可确定，UO_2^{2+}/稀 $HCl/HO_x - C_6H_6$ 萃取体系的反应为

$$UO_2^{2+} + 3HO_{x(o)} \underset{\beta_{30}}{\rightleftharpoons} UO_2(O_x)_2 \cdot HO_{x(o)} + 2H^+ \tag{3-29}$$

$$\beta_{30} = \frac{(UO_2(O_x)_2 \cdot HO_x)_o [H^+]^2}{(UO_2^{2+})(HO_x)_o^3} = 2.8 \times 10^{-2} \tag{3-30}$$

3.8 - 羟基喹啉与 TBP 对 UO_2^{2+} 的协同萃取

在协萃体系 $UO_2^{2+} \left|$ 稀 $HCl \left| \begin{matrix} HO_x \\ TBP \end{matrix} \right\} - C_6H_6$ 中，除了发生式(3-29)的反应外，还可能生成

协萃配合物 $UO_2(OX)_2(HO_x)_{p-2} \cdot q(TBP)$，其反应如下：

$$UO_2^{2+} + pHO_{x(o)} + qTBP_o \underset{\beta_{pq}}{\rightleftharpoons} UO_2(O_x)_2(HO_x)_{p-2} \cdot q(TBP) + 2H^+$$

$$\beta_{pq} = \frac{(UO_2(O_x)_2(HO_x)_{p-2} \cdot q(TBP))_o [H^+]^2}{(UO_2^{2+})(HO_x)_o^p (TBP)_o^q} \tag{3-31}$$

协萃体系铀的总分配比 D 由三部分组成：

$$D = D_1 + D_2 + D_{12}$$

其中，D_1 为 HO_x 单独萃取铀的分配比，如式(3-25)所示；D_2 为 TBP 单独萃取铀的分配比，在实验条件下 D_2 很小，可忽略不计；D_{12} 为 HO_x 与 TBP 协萃铀的分配比，用下式表示：

$$D_{12} = \frac{(UO_2(O_x)_2(HO_x)_{p-2} \cdot q(TBP))_o}{C_U} = \beta_{pq}[H^+]^{-2}(HO_x)_o^p (TBP)_o^q \cdot Y^{-1} \tag{3-32}$$

将式(3-21)的 $(HO_x)_o$ 代入式(3-32)得

$$D_{12} = D - D_1 = \beta_{pq}[H^+]^{-2} \Lambda^p (C_{HO_x}^o)^p (1 + \Lambda + 10^5 [H^+])^{-p} (TBP)_o^q \cdot Y^{-1} \tag{3-33}$$

由式(3-33)固定 $[H^+]$，Y 与 $C_{HO_x}^o$，改变 $(TBP)_o$ 测定 D，减去 D_1 求得 D_{12} 列于表 3-52 中。以 $\lg D_{12}$ 对 $\lg (TBP)_o$ 作图，示于图 3-81，D_{12} 随 $(TBP)_o$ 增大而增大，有明显的协同效应，直线斜率为 1.0，即 $q = 1$，证明协萃配合物中有一个 TBP 分子。

表 3 – 52 $UO_2^{2+}\Big|$稀 HCl$\Big|^{HO_x}_{TBP}\Big\}$– C_6H_6 协萃体系的分配比与$(TBP)_o$、$C^o_{HO_x}$ 和 pH 的关系

$C^o_{HO_x}$	pH	分配比	$(TBP)_o/(mol \cdot L^{-1})$						β_{21}
			0	0.02	0.05	0.1	0.2	0.5	
$0.02\ mol \cdot L^{-1}$	3.02	D	$0.069 = D_1$	0.137	0.271	0.485	0.874	1.82	2.2×10^{-2}
		D_{12}	0	0.068	0.202	0.416	0.805	1.75	
	3.14	D	$0.202 = D_1$	0.405	0.691	1.21	2.01	4.16	2.5×10^{-2}
		D_{12}	0	0.203	0.489	1.01	1.81	3.96	
	3.30	D	$0.545 = D_1$	0.898	1.516	2.36	4.70	9.61	2.3×10^{-2}
		D_{12}	0	0.353	0.971	1.81	4.15	9.06	
$0.05\ mol \cdot L^{-1}$	2.92	D	$0.615 = D_1$		1.576	2.42	4.06	8.49	2.3×10^{-2}
		D_{12}	0		0.961	1.80	3.44	7.87	
$0.1\ mol \cdot L^{-1}$	2.67	D	$0.524 = D_1$		1.018	1.49	2.54	4.70	2.1×10^{-2}
		D_{12}	0		0.494	0.97	2.02	4.18	
平均值									$(2.3 \pm 0.2) \times 10^{-2}$

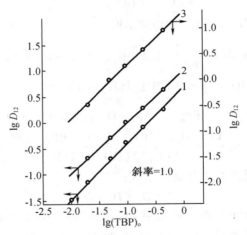

$1—C^o_{HCl} = 7.95 \times 10^{-3}\ mol \cdot L^{-1}$；$2—C^o_{HCl} = 6.32 \times 10^{-3}\ mol \cdot L^{-1}$；$3—C^o_{HCl} = 5.02 \times 10^{-3}\ mol \cdot L^{-1}$。

图 3 – 81 HO_x 与 TBP 协萃铀的 $\lg D_{12}$ 与 $\lg(TBP)_o$ 的关系

为了确定式(3 – 33)的 p 值,用一定浓度的 NaAc – HCl 缓冲溶液固定 pH 及 Y,并且固定$(TBP)_o = 0.1\ mol \cdot L^{-1}$,改变 $C^o_{HO_x}$,测定 D,计算 D_{12},以 $\lg D_{12}$ 对 $\lg C^o_{HO_x}$ 作图,示于图3 – 82,得直线斜率为1.9,即 $p = 2$,证明协萃反应为

$$UO_2^{2+} + 2HO_{x(o)} + TBP_{(o)} \underset{}{\overset{\beta_{21}}{\rightleftharpoons}} UO_2(O_x)_2 \cdot TBP_{(o)} + 2H^+ \qquad (3-34)$$

$$\beta_{21} = \frac{(UO_2(O_x)_2 \cdot TBP)_o [H^+]^2}{(UO_2^{2+})(HO_x)^2_o(TBP)_o} \qquad (3-35)$$

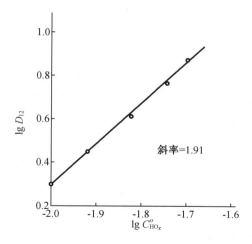

图 3 – 82　HO_x 与 TBP 协萃铀 lg D_{12} 与 lg $C_{HO_x}^o$ 的关系

$(pH = 3.83, (TBP)_o = 0.1 \ mol \cdot L^{-1})$

以上已得到 $p = 2$, $q = 1$, 以及 $Y = 1$ 代入式（3 – 32），则成下式：

$$\beta_{21} = D_{12} [H^+]^2 (HO_x)_o^{-2} (TBP)_o^{-1}$$

由此计算的 β_{21} 值列于表 3 – 52 中，其平均值为 $\beta_{21} = (2.3 \pm 0.2) \times 10^{-2}$。

用式（3 – 34）减去式（3 – 29），得到在 HO_x 萃取铀的体系中加入 TBP 的反应为

$$UO_2 (O_x)_2 \cdot HO_{x(o)} + TBP_{(o)} \overset{K_{21}}{\rightleftharpoons} UO_2 (O_x)_2 \cdot TBP_{x(o)} + HO_{x(o)} \qquad (3 – 36)$$

$$K_{21} = \frac{(UO_2 (O_x)_2 \cdot TBP)_o (HO_x)_o}{(UO_2 (O_x)_2 \cdot HO_x)_o (TBP)_o}$$

$$= \frac{(UO_2 (O_x)_2 \cdot TBP)_o [H^+]^2}{(UO_2^{2+}) (HO_x)_o^2 (TBP)_o} \bigg/ \frac{(UO_2 (O_x)_2 \cdot HO_x)_o [H^+]^2}{(UO_2^{2+}) (HO_x)_o^3}$$

即

$$K_{21} = \frac{\beta_{21}}{\beta_{30}} = \frac{2.3 \times 10^{-2}}{2.8 \times 10^{-2}} = 0.82 \qquad (3 – 37)$$

用 TOPO 替换 TBP 对 UO_2^{2+} 的协萃实验，协萃配合物的组成为 β_{21}，获得平衡常数：

$$\beta_{21} = \frac{(UO_2 (O_x)_2 \cdot TOPO)_o [H^{+2}]}{(UO_2^{2+}) (HO_x)_o^2 (TOPO)_o} = 28$$

$$K_{21} = \frac{\beta_{21}}{\beta_{30}} = \frac{28}{2.8 \times 10^{-2}} = 1.0 \times 10^3$$

8 – 羟基喹啉单独萃取 UO_2^{2+} 的萃合物及其与中性萃取剂协同萃取 UO_2^{2+} 的协萃配合物结构式可能如下：

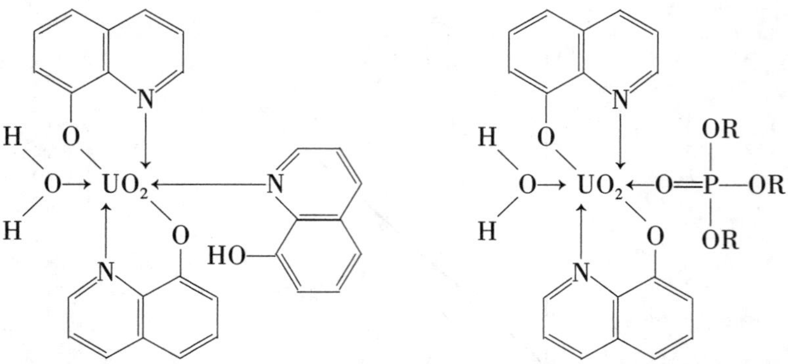

为满足铀的 8 配位数,应含有一分子水,之所以未被 TBP(或 TOPO)及 HO_x 分子取代,可归因于空间位阻效应。

4. 协萃效应与中性萃取剂路易斯碱性的关系

将辛醇、甲异丁酮、TBP 和 TOPO 等 4 种中性萃取剂和 HO_x 对 UO_2^{2+} 协同萃取的协萃系数 R 进行比较,列于表 3 - 53 中。萃取体系为

$$UO_2^{2+} \left| 稀\ HCl \left| \begin{matrix} HO_x(0.02\ mol \cdot L^{-1}) \\ B(0.2\ mol \cdot L^{-1}) \end{matrix} \right. \right\} - S$$

协萃系数

$$R = \frac{D}{D_1 + D_2} \tag{3-38}$$

从表 3 - 53 中看出,协萃系数 R 值随中性萃取剂配位原子的路易斯碱性而增加。

表 3 - 53　协萃系数 R 与中性萃取剂路易斯碱性的关系

(B = TOPO 时水相 7.95×10^{-3} mol $\cdot$ L^{-1} HCl,其余为 5.02×10^{-3} mol $\cdot$ L^{-1} HCl)

S	R			
	辛醇	MiBK	TBP	TOPO
$CHCl_3$	1.0	1.0	2.6	4.2×10^2
C_6H_6	1.0	1.0	8.6	1.4×10^4

3.9.4　TOA 和 TOPO 协同萃取铀酰的动力学

选择在热力学上已知对 UO_2^{2+} 有协萃作用的 TOA - TOPO 二元体系,采用上升单液滴法研究协同萃取过程的动力学。

在恒定萃取条件下,UO_2^{2+} 在两相的传质过程可按准一级反应速度理论处理:

$$(UO_2^{2+})(连续水相) \underset{k_b'}{\overset{k_f'}{\rightleftharpoons}} (UO_2^{2+})_{(o)}(有机相液滴)$$

其传质速率方程可写为

$$R = \frac{V}{A} \cdot \frac{d(U)_o}{dt} = k_f'(U) - k_b'(U)_o \tag{3-39}$$

其中,(U)与$(U)_o$分别代表水相和有机相 UO_2^{2+} 的浓度;V 与 A 分别为液滴的体积和表面积,由于单液滴实验是在远离萃取平衡的条件下进行,测定的是萃取过程的初始速率,

$k'_f(U) \gg k'_b(U)_o$，因此式$(3-39)$可简化为

$$R = \frac{V}{A} \cdot \frac{d(U)_o}{dt} = k'_f(U) \tag{3-40}$$

积分得

$$(U)_o = \left(\frac{A}{V}\right) \cdot k'_f(U) t \tag{3-41}$$

实验中水相铀浓度基本保持不变，即等于初始铀浓度 $C_U^o = (U)$，式$(3-41)$变成

$$(U)_o = \left(\frac{A}{V}\right) \cdot k'_f C_U^o t \tag{3-42}$$

以实验数据绘制$(U)_o - t$的关系图，由直线斜率求出$\Delta(U)_o / \Delta t$，于是速率方程可写成

$$R = \left(\frac{V}{A}\right) \cdot \frac{\Delta(U)_o}{\Delta t} \tag{3-43}$$

式中的 A 和 V 数据，可以测定通过萃取柱的液滴数和相应的有机相体积求得。

1. TOA 单独萃取 UO_2^{2+} 的反应级数

采用变化一个参量，恒定其他参量的方法，分别作 $\lg R - \lg(U)$ 图，示于图 $3-83$，直线斜率 1.0；$\lg R - \lg(TOA)_o$ 关系示于图 $3-84$，直线斜率约 1.1；$\lg R - pH$ 关系示于图 $3-85$，当 pH 在 2.1 至 2.4 之间的斜率为 -1.1。结果表明，在实验范围内，即水相 UO_2^{2+} 浓度 7.8×10^{-4} $mol \cdot L^{-1}$，$(SO_4^{2-}) = 0.5$ $mol \cdot L^{-1}$，$pH = 2.1 \sim 2.4$，有机相 $(TOA)_o$ 为 $0.05 \sim 0.95$ $mol \cdot L^{-1} - C_6H_6$。得到的萃取速率方程可表示为

$$R = k_f(U) \cdot (TOA)_o \cdot [H^+] \tag{3-44}$$

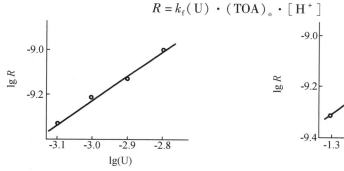

图 3-83　R 与 (U) 的关系

$((TOA)_o = 0.05 \ mol \cdot L^{-1}, pH = 2.3)$

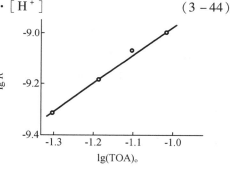

图 3-84　R 与 $(TOA)_o$ 的关系

$((U) = 7.8 \times 10^{-4} \ mol \cdot L^{-1}, pH = 2.3)$

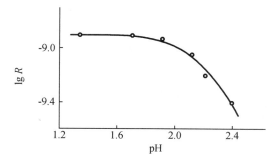

图 3-85　R 与 pH 的关系

$((U) = 7.8 \times 10^{-4} \ mol \cdot L^{-1}, (TOA)_o = 0.05 \ mol \cdot L^{-1})$

2. TOA – TOPO 协同萃取 UO_2^{2+} 的动力学特性

TOA – TOPO 在热力学上对 UO_2^{2+} 萃取有协同效应,在动力学研究实验中,向 TOA – 甲苯溶液中加入 TOPO,萃取速率也明显增加。对于水相为 7.8×10^{-4} mol·L^{-1} UO_2^{2+}、pH = 2.3,有机相为 0.02 mol·L^{-1} TOA – 甲苯的萃取体系中加入 0.01 mol·L^{-1} TOPO,萃取速率增加近 16 倍。但是加入 TOPO 的浓度大于 0.01 mol·L^{-1} 后,则几乎不影响反应速率(直线斜率≈0.01)。固定 TOPO 浓度为 0.01 mol·L^{-1},以浓度单变法测得:R 与(U)的关系示于图 3 – 86,直线斜率为 1;R 与(TOA)。关系示于图 3 – 87,直线斜率是 1.1,当(TOA)。> 0.02 mol·L^{-1} 后,R 趋于定值;R 与 pH 关系示于图 3 – 88,pH 在 2.2 至 2.4 范围,斜率约为 -1。考虑到(TOPO)≤0.01 mol·L^{-1} 对萃取反应的加速现象,但确切的斜率数据有待补充研究,暂用 n' 表示。根据已有的实验数据,在实验条件范围内,TOA – TOPO 二元(BC)体系协同萃取的动力学方程为

$$R = k_f''(U) \cdot (TOA)_o \cdot (TOPO)_o^{n'} \cdot [H^+] \qquad (3-45)$$

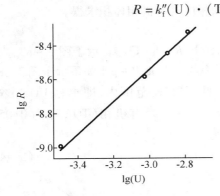

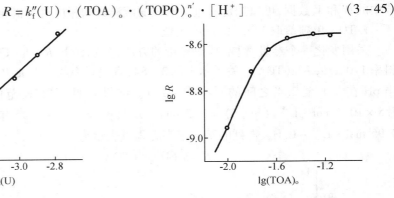

图 3 – 86 BC 协萃体系 R 与(U)的关系

((TOA)。= 0.02 mol·L^{-1},(TOPO)。= 0.01 mol·L^{-1},
pH = 2.3)

图 3 – 87 BC 协萃体系 R 与(TOA)。的关系

((TOPO)。= 0.01 mol·L^{-1},(U) = 7.8 × 10^{-4} mol·L^{-1},
pH = 2.3)

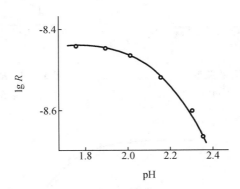

图 3 – 88 BC 协萃体系 R 与 pH 的关系

((TOA)。= 0.02 mol·L^{-1},(TOPO)。= 0.01 mol·L^{-1},(U) = 7.8 × 10^{-4} mol·L^{-1})

3. 表观活化能

根据阿伦尼乌斯方程

$$\lg R = \frac{E_a}{2.303} \cdot \frac{1}{T} + 常数 \qquad (3-46)$$

测定不同温度下的萃取反应速率,以 $\lg R$ 对 $1/T$ 作图(图 3-89),求得 TOA 单独萃取 UO_2^{2+} 的表观活化能 $E_a = 22.9 \text{ kJ} \cdot \text{mol}^{-1}$;TOA - TOPO 协同萃取的表观活化能为 $8.44 \text{ kJ} \cdot \text{mol}^{-1}$。由此可见,TOPO 的加入,使萃取反应的表观活化能降低,因而使萃取反应速率提高。

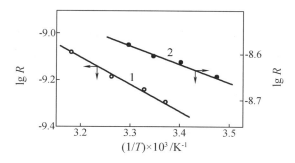

1—$(\text{TOA})_o = 0.05 \text{ mol} \cdot \text{L}^{-1}$, $(\text{U}) = 7.8 \times 10^{-4} \text{ mol} \cdot \text{L}^{-1}$, pH = 2.3;

2—$(\text{TOA})_o = 0.02 \text{ mol} \cdot \text{L}^{-1}$, $(\text{TOPO})_o = 0.01 \text{ mol} \cdot \text{L}^{-1}$, $(\text{U}) = 7.8 \times 10^{-4} \text{ mol} \cdot \text{L}^{-1}$, pH = 2.3。

图 3-89　BC 协萃体系的反应速率与温度的关系

4. 萃取反应机制的初步探讨

萃取过程的反应机制与许多条件有关,其中萃取剂的界面特性和水溶性等是判断萃取反应机制的重要依据。测定了 $(\text{NH}_4)_2\text{SO}_4/\text{TOA} - $ 甲苯及 $(\text{NH}_4)_2\text{SO}_4/\text{TOA} - \text{TOPO} - $ 甲苯体系的两相界面张力,示于图 3-90。图中看出随 TOA 浓度的增加,界面张力急剧下降,当达到一定浓度(称临界胶束浓度)后,界面张力趋于一定值,TOPO 对界面张力影响不大,这说明 TOA 具有较强的表面活性,萃取过程可能为界面反应所控制,而 TOPO 不参加界面反应。

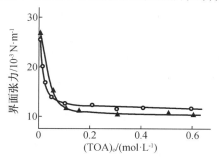

○—$(\text{TOPO})_o = 0$;▲—$(\text{TOPO})_o = 0.01 \text{ mol} \cdot \text{L}^{-1}$。

图 3-90　TOA 及 TOA + TOPO 体系的界面张力

推测萃取反应过程如下:

$$\text{TOA}_{(o)} \rightleftharpoons \text{TOA}_{(i)} \tag{3-47}$$

$$\text{TOA}_{(i)} + \text{H}^+ \rightleftharpoons \text{TOAH}_{(i)}^+ \tag{3-48}$$

$$\text{TOAH}_{(i)}^+ + \text{UO}_2(\text{SO}_4)_2^{2-} \rightleftharpoons \text{TOAH}^+ \cdot \text{UO}_2(\text{SO}_4)_{2(i)}^{2-} \tag{3-49}$$

$$\text{TOAH}^+ \cdot \text{UO}_2(\text{SO}_4)_{2(i)}^{2-} + \text{TOAH}_{(i)}^+ \rightleftharpoons (\text{TOAH}^+)_2\text{UO}_2(\text{SO}_4)_{2(i)}^{2-} \tag{3-50}$$

$$(\text{TOAH}^+)_2\text{UO}_2(\text{SO}_4)_{2(i)}^{2-} + \text{TOA}_{(o)} \rightleftharpoons (\text{TOAH}^+)_2\text{UO}_2(\text{SO}_4)_{2(o)}^{2-} + \text{TOA}_{(i)} \tag{3-51}$$

其中,(i)和(o)分别表示界面处和有机相内。假定反应式(3-49)为决定萃取反应的控制步骤,其余均为快速反应步骤,这样推导出的动力学方程与 TOA 单独萃取 UO_2^{2+} 的实验式 (3 - 44) 相符。

根据热力学研究结果,TOA 与 TOPO 对 UO_2^{2+} 的协萃配合物组成为 $(R_3NH)_2UO(SO_4)_2TOPO$,而 TOPO 不参加界面反应,推则 TOPO 只参加有机相内的加成反应:

$$(TOAH^+)_2UO_2(SO_4)_{2(o)}^{2-} + TOPO_{(o)} \rightleftharpoons (TOAH)_2UO_2(SO_4)_2TOPO_{(o)} \qquad (3 - 52)$$

从表观活化能测定的数据看,含有 TOPO 时,反应的表观活化能明显下降,加快反应速度,也说明协萃剂 TOPO 的加入,不仅使萃取体系在热力学上产生协同效应,而且在动力学上也出现协同效应。

参 考 文 献

[1] 唐任寰,刘元方,张青莲,等.《锕系·锕系后元素》[M],p144,科学出版社(1998)

[2] I. Grenthe, et al., "Uranium",《The Chemistry of Actinide and Transactinide Elements》[M],by L. R. Morss,et al., V1. p253 Springer(2010)

[3] A. N. 莫斯克文[苏]著,苏杭,齐陶译,《锕系元素的配位化学》[M],原了能出版社(1984)

[4] N. Kaltsoyannis, et al., "Theoretical Studies of the Electronic Structure of compounds of the Actinide Elements",《The Chemistry of Actininde and Trans actinide Elements》[M],by L. R. Morss, etal., V3, p1893, Springer(2010).

[5] G. Liu and J. V. Beitz, V3, "Optical Spectre and Electronic Structure",《The Chemistry of Actinide and Transactinide Elements》[M],by L. R. Morss,etal; V3. p2013, Springer(2010)

[6] K. E. Gutowski, N. J. Bridges, R. D. Rogers, "Actinide Structural Chemistry",《The Chemisty of Actinide and Transactinide Elements》[M], by L. R. Morss, etal., V4, p2380,Springer(2010).

[7] 谭曾振,戴冈夫译,柯敏斯(A. E. Comyns),."锕系元素的配位化学",原子能译丛[J],4,311(1964).

[8] 杨延钊,孙思修,包伯荣,核化学与放射化学[J],21(4),109,(1999)

[9] 刘伟生,谭民裕,谭干祖,核化学与放射化学[J],16(4),390,(1994)

[10] 徐理阮,原子能科学技术[J],9,463,(1961)

[11] Л. П. 鲍林,A. N. 卡列林(苏)著,朱永赠等译,《锕系元素氧化还原热力学》[M],原子能出版社,(1980)

[12] A. Vertes et al.《Handbook of Nuclear Chemistry》[M], by A. Vértes, et al., p2404, Springer (2011)

[13] Ch. F. Bucholz, Neues allgem. J. der Chemie[J], 4 ,153,(1805)

[14] E. Péligot, Ann. Chim. Phys. [J],5(3),7 (1842)

[15] W. E. Bunce, N. H. Furman, U. U. A. E. C. Report M - 4237(1945)

[16] 徐理阮主编,《核燃料化学工艺学》上册,p120 - 177,中国科学技术大学 08 系教材

（1964）

[17]　袁承业等,原子能科学技术[J],L,27,(1963)

[18]　袁承业,盛志初,原子能科学技术[J],6,686,(1964)

[19]　李吕辉,薛祚中,原子能科学技术[J],6,611,(1964)

[20]　袁承业,原子能科学技术[J],12,908,(1962)

[21]　於静芬等,原子能[J],5,402,(1964)

[22]　袁承业等,原子能科学技术[J],6,693,(1964)

[23]　周忠华等,原子能科学技术[J],6,791,(1965)

[24]　Я.И.齐里别尔曼(苏)著,朱建钧译,《人造放射性元素化学工艺学基础》[M],人民教育出版社,(1962)

[25]　沈朝洪,包伯荣,核化学与放射化学[J],15(4),243,(1993)

[26]　朱国辉,张先梓,原子能科学技术[J],4,451,(1983)

[27]　包亚之等,核化学与放射化学[J],14(3),143,(1992)

[28]　王汉章,潘建华,顾建胜,核化学与放射化学[J],13(3),157(1991)

[29]　杨延钊,孙思修,顾建胜,核化学与放射化学[J],21(4),199,(1999)

[30]　张先梓,朱国辉,原子能科学技术[J],1,1,(1984)

[31]　张新培等,原子能科学技术[J],6,651,(1964)

[32]　周祖铭等,核化学与放射化学[J],16(2)75,(1994)

[33]　袁承业等,原子能科学技术[J],9,674,(1963)

[34]　袁承业,盛志初,叶伟贞,原子能科学技术[J],10,870,(1965)

[35]　袁承业等,原子能科学技术[J],6,668,(1964)

[36]　秦启宗,吕诚哉,黄仲德,原子能科学技术[J],6,700,(1964)

[37]　吕诚哉,秦启宗,原子能科学技术[J],6,708,(1964)

[38]　袁承业等,原子能科学技术[J],2,121,(1965)

[39]　袁承业,徐元耀,盛志初,原子能科学技术[J],9,951,(1962)

[40]　杨天林,杨永会,孙思修,核化学与放射化学[J],21(4),207,(1999)

[41]　王文清,核化学与放射化学[J],14(2),101(1992)

[42]　张新培等,原子能科学技术[J],6,645(1964)

[43]　吴功保,徐光宪,原子能科学技术[J],8,579(1963)

[44]　黄学宁,高宏成,彭启秀,核化学与放射化学[J],12(3),135(1990)

[45]　祝霖,徐光宪,原子能科学技术[J],3,209(1965)

[46]　徐光宪等,原子能科学技术[J],7,487(1963)

[47]　LI Ziying,HUANG Zhizhang,LI Xiuzhen,et al. The Discovery of Natural Native Uranium and Its Significance[J]. Acta Geologica Sinica(English Edition),2015,89(5),1561－1567.

第4章 钚的溶剂萃取化学

4.1 钚 元 素

4.1.1 自然界存在的钚

地球的年龄约为 6.6×10^9 年。因此,在自然界只能见到半衰期大于 10^8 年的放射性同位素。短寿命同位素往往是由原子序数大的核素衰变或由俘获基本粒子而生成的。在地球形成过程中,其中有三个核素的半衰期超过地球年龄或与地球年龄处于同量级,即 ^{232}Th ($T_{1/2} = 1.4 \times 10^{10}$ 年), ^{235}U ($T_{1/2} = 7 \times 10^8$ 年), ^{238}U ($T_{1/2} = 4.5 \times 10^9$ 年)。这些核素可能是地球诞生之前,在超新星(Supernova)型的恒星爆炸过程中,产生极高通量的中子,在极短时间内生成的。

目前全世界在自然界发现的钚同位素中,大多数属于"人造"钚,但普遍认为 ^{239}Pu ($T_{1/2} = 2.4 \times 10^4$ 年)和 ^{244}Pu ($T_{1/2} = 8.28 \times 10^7$ 年)两种同位素是天然存在的。天然存在的 ^{239}Pu 是由铀矿体核反应产生的, ^{244}Pu 是由原始恒星核合成的残留物。

^{239}Pu 是中子与 ^{238}U 反应生成的,反应如下:

$$^{238}\text{U}(\text{n}, \gamma)^{239}\text{U} \xrightarrow{\beta^-} {}^{239}\text{Np} \xrightarrow{\beta^-} {}^{239}\text{Pu}$$

其中,中子是由 ^{238}U 自发裂变或由 ^{238}U 发射的 α 粒子轰击轻元素(如自然界中的 Li、B、Be、F、O、Si 和 Mg 等)而产生的。1958 年,Seaborg 等学者对含有约 45% 铀的沥青铀矿进行计算,得到的 ^{239}Pu 含量是铀的 $1/10^{12}$,与实验测量值相吻合(实验测量值见表 4 - 1)。

表 4 - 1 铀矿石中 ^{239}Pu 含量的实验测量值

铀矿石	铀/%	^{239}Pu/^{238}U, $\times 10^{-12}$
沥青铀矿(美国科罗拉多)	50	7.7
沥青铀矿(刚果)	38	12.0
独居石(巴西)	0.24	8.3
钒钾铀矿(美国科罗拉多)	10.00	0.4

不含铀矿物中钚的测量结果见表 4 - 2, ^{239}Pu/^{238}U 的值较铀矿石中的高 $10^3 \sim 10^6$ 倍,显然这种现象不能采用中子辐射 ^{238}U 产生的解释进行说明。故此,1976 年 Cowan 提出猜想:认为在 1.9×10^9 年前就应该已发生了上述的自持链式反应。

表 4 – 2　不含铀的矿石中 $^{239}Pu/^{238}U$ 比值

铀矿石	$^{239}Pu/^{238}U$
Fe – Mn 沉积物	1.7×10^{-5}
新火山岩	1.8×10^{-6}
锰结核	5.5×10^{-8}
陨石	1.25×10^{-6}

1960 年, Kuroda 基于在陨石中发现的氙同位素组成, 提出了在太阳系历史的早期存在 ^{244}Pu 的假设。后有研究者证明在陨石中有痕量的 ^{244}Pu 存在, 对陨石中的核粒子径迹研究表明, ^{244}Pu 是在约 10^9 年以前存在的。1971 年报道了研究者采用有机溶剂萃取法从约 85 kg 矿石 (含 10% 的氟碳铈镧矿) 中分离获取约 2×10^7 个 ^{244}Pu 原子 (约 8×10^{-15} 克), 相当于每克纯氟碳铈镧矿中含 10^{-18} 克 ^{244}Pu, 进一步支持了陨石中存在痕量钚的假设。

4.1.2　钚的主要同位素及其性质

现已可知的钚同位素有 15 种 (表 4 – 3), 表中显示了钚同位素的半衰期、衰变类型、主要射线能量和绝对强度以及通常的生成方式。^{244}Pu 是钚同位素中半衰期最长的核素, 比活度只有 ^{239}Pu 的 1/3 000, 适用于化学研究, 例如可作为质谱分析的示踪剂, 也可作为靶用于在加速器中通过重离子轰击制备重核元素。前面已讲到, ^{244}Pu 是一种自然界存在的核素。^{244}Pu 的生成除了通过 $^{242}Pu(2n, \gamma)$, 还可以通过 ^{238}U 俘获 4 个或 6 个中子后 β^- 衰变而获得。

^{244}Pu 是中子与 ^{238}U 级联反应生成的, 反应如下:

$$^{238}U(4n, \gamma)^{242}U \xrightarrow{\beta^-} {}^{242}Pu(2n, \gamma)^{244}Pu \text{ 或 } {}^{238}U(6n, \gamma)^{244}U \xrightarrow{\beta^-} {}^{244}Pu$$

^{242}Pu ($T_{1/2} = 3.73 \times 10^5$ 年) 是钚同位素中半衰期第二长的核素, 由于其比活度比 ^{239}Pu 低, 所以其具有与 ^{244}Pu 相似的用途。

^{238}Pu 是钚同位素中半衰期较短的 α 衰变核素, 常用作空间飞行器和心脏起搏器的同位素能源, ^{238}Pu 可通过中子与 ^{237}Np 反应生成, 反应如下:

$$^{237}Np(n, \gamma)^{238}Np \xrightarrow{\beta^-} {}^{238}Pu$$

^{239}Pu 属于易裂变核素, 常用于核武器和核动力。

表 4 – 3　钚同位素

同位素	丰度 (%) 热中子 截面 (b)	半衰期	衰变类型及 分支比 (%)	主要 α、β 辐射 能量 (keV) 与 绝对强度 (%)	主要 γ、X 射线 能量 (keV) 与 绝对强度 (%)	生成方式
^{232}Pu		34.1 min	$\varepsilon(80)$ $\alpha(20)$	6 542 (7.6) 6 600 (15)	$XK_{a1}:101.07(28.2)$ $XL:13.9(36)$	$^{235}U(\alpha, 7n)$

表4-3(续1)

同位素	丰度(%) 热中子 截面(b)	半衰期	衰变类型及 分支比(%)	主要 α、β 辐射 能量(keV)与 绝对强度(%)	主要 γ、X 射线 能量(keV)与 绝对强度(%)	生成方式
^{233}Pu		20.9 min	ε(99.88) α(0.12)		207.4(23.8)^{rel} 235.4(99.88)^{rel} 500.3(39)^{rel} 504.0(20.7)^{rel} 534.8(90)^{rel} 558.8(26.9)^{rel} 991.7(23.0)^{rel} 1 012.3(28)^{rel}	^{233}U(α,4n)
^{234}Pu		8.8 h	ε(94) α(6)	6 151(1.9) 6 201(4.1)		^{235}U(α,5n)
^{235}Pu		25.3 min	ε(100) α(0.0027)		34.2(0.23) 49.1(2.4) 756.4(0.58) 910.1(0.16) 944.7(0.114) XK$_{al}$:101.07(35)	^{235}U(α,4n)
^{236}Pu	σ_f:170	2.858 a	α(100) SF(2E-7)	5 721(30.76) 5 768(69.14)	47.57(0.066) 109.0(0.012) XL:13.6(13)	^{235}U(α,3n)
^{237}Pu	σ_f:2 455	45.2 d 0.18 s	α(0.0042) ε(100) IT(100)	5 334(0.001 863)	228.56(0.000 33) 280.4(0.000 92) 298.89(0.000 66) 320.75(0.000 55) 26.344 8(0.221) 33.195(0.074) 59.5412(3.28) XK$_{al}$:101.07(21) 145.544(1.901) XL:14.3(41)	^{235}U(α,2n) ^{241}Cm(α)
^{238}Pu	σ_r:540 σ_f:17.9	87.7 a	α(100) SF(2E-7)	5 456.3(28.98) 5 499.0(70.91)	43.498(0.039 5) 99.853(0.007 35) 152.72(0.000 93) XL:13.6(11.7)	^{238}Np(β^-)
^{239}Pu	σ_r:269.3 σ_f:748.1	24 110 a	α(100) SF(3E-10)	5 105.8(11.5) 5 144.3(15.1) 5 156.59(73.3)	12.956(0.018 4) 38.661(0.010 5) 51.624(0.027 1) XL:13.6(4.9)	^{239}Np(β^-)

表 4 – 3（续 2）

同位素	丰度（%） 热中子 截面（b）	半衰期	衰变类型及 分支比（%）	主要 α、β 辐射 能量（keV）与 绝对强度（%）	主要 γ、X 射线 能量（keV）与 绝对强度（%）	生成方式
^{240}Pu	σ_r:289.5 σ_f:0.056	6 564 a	α(100) SF(6E – 6)	5 123.68(26.4) 5 168.17(73.5)	45.244(0.045) 104.234(0.007 1) XL:13.6(11.0)	^{239}Pu(n,r)
^{241}Pu	σ_r:358.2 σ_f:1011.1 σ_a:1369	14.29 a	α(0.0025) β$^-$(100) SF(2E – 14)	4 853.4(0.000 29) 4 896.4(0.002 04) 20.81(100.0)	103.68(0.000 10) 148.57(0.000 19) XL:13.6(0.001)	^{239}Pu(2n,r)
^{242}Pu	σ_r:18.5 σ_f:0.2	373 300 a	α(100) SF(6E – 4)	4 858.2(23.5) 4 902.5(76.5)	44.915(0.036) 103.5(0.007 8) XL:13.6(9.1)	^{242}U 级联衰变
^{243}Pu	σ_r:87 σ_f:196	4.956 h	β$^-$(100)	115(1.27) 437(3.5) 472(5.0) 497(21.0) 539(8.0) 581(59.0)	25.2(8.3) 34.0(3.5) 41.8(0.76) 84.0(23.0) 381.7(0.56) XL:14.6(3.7)	^{242}Pu(n,r)
^{244}Pu	σ_r:1.7	(8E + 7) a	α(99.88) SF(0.12)	4 546(19.4) 4 589(80.5)		^{242}Pu(2n,r) 或 ^{238}U 级联中子俘获
^{245}Pu	σ_r:150	10.5 h	β$^-$(100)	293(2.7) 323(8.3) 360(1.9) 394(14.0) 885(6.7) 954(51) 1 234(12.0)	308.222(4.9) 327.428(25) 376.676(3.2) 491.591(2.7) 560.13(5.4) 630.102(2.7) XK$_{a1}$:106.49(13)	^{244}Pu(n,r)
^{246}Pu		10.84 d	β$^-$(100)	102(5) 168(0.5) 177(91) 357(5) 401(1.0)	16.22(17.5) 27.58(3.5) 43.58(25) 179.94(9.7) 223.75(24) XK$_{a1}$:106.49(22)	^{244}Pu(t,p)

4.1.3　钚的电子层结构

钚是周期表中第 94 号元素，属于周期表中第七周期，在锕系元素镎和镅之间。钚是典型的 5f 元素，其基态电子排列为（Rn）$7s^2 6d^0 5f^6$。由于其 5f、6d、7s 甚至 7p 轨道均可参与成键，导致有多个氧化态，在溶液中也有诸多变价（见 4.2.1 节），在碱性溶液中，如果有强氧化剂存在,甚至可以形成 Pu(Ⅶ) 的最高氧化态。在酸性溶液中钚离子也具有四种氧化态:Pu^{3+}、Pu^{4+}、PuO_2^+、PuO_2^{2+},且这四种价态的钚在溶液中可以同时存在,并形成热力学稳定体系,这种特性在周期表中是独特的。

4.1.4　钚金属

1943 年 11 月鲍姆巴赫(Baumbach)和柯克(Kirk)第一次用金属钡还原 $35\mu g\ PuF_4$,制得金属钚。为了实现金属钚的大规模生产,国内外研究了多种金属钚生产制备方法,具体如下:

①金属钙还原 PuF_4:应用最广,收率可达 98 % 以上,其金属纯度可达 99.8 %。

②金属钙还原 PuF_3:反应热较低,大多数需要对反应物进行局部加热。

③钙还原 PuO_2:该反应仅能制得粉末状金属,经熔融、萃取可制成块状金属。

④氢化钚的热分解:常用于实验室规模生产粉末钚。

⑤PuF_4 的熔盐电解:在 LiCl – KCl 熔盐中电解制备,操作温度 400 ~ 470 ℃。

钚是锕系元素中较活泼的一种金属,极易氧化,未氧化时表面呈银白色,随着表面进一步氧化,表面逐渐变成青铜色、蓝色,最后表面形成暗黑色或绿色的松散氧化层。

金属钚在空气中的氧化速度与相对湿度有关,湿度高则氧化速度快,相对湿度为 50%时的氧化速度约为相对湿度接近 0 时的 100 ~ 1 000 倍。一般在 50 ℃下的干燥空气中,金属钚表面可缓慢形成一层紧密 PuO_2 氧化膜,能起到阻止水汽进一步侵蚀的作用。另外,在贮存过程中,应需特别关注金属钚的着火性能,温度升高可导致钚在空气中自燃(300 ℃)。为了防止金属钚的意外着火,金属钚常贮存在干燥的惰性气氛中,并使气氛中的氧含量降到 5 % 以下。贮存 3 ~ 5 a 以上的金属钚,由于表面的氧化或钚同位素[241]Pu 衰变生成[241]Am 含量的增加(使材料的 γ 放射性活度增强),在使用前一般均须进行再处理。

另外,高温下金属钚也能与其他气体发生反应,如与氨和氮生成氮化物,与氢生成氢化物,与卤素及气态氢卤酸生成卤化物,与 CO 生成碳化物,与 CO_2 生成碳化物和氧化物。

由于金属钚的正电性很强,故它能溶于许多无机酸。在高或中等浓度的 HCl、HBr 中金属钚的溶解速度较快,但与 HF 反应较缓慢。浓硫酸会使钚金属表面形成保护膜,使其反应降慢,稀硫酸或钚金属不纯等可加快其溶解速度。金属钚与浓磷酸或高氯酸均能反应,而与浓冰醋酸即使在加热情况下也不起反应,但与稀的冰醋酸能缓慢作用。因钝化作用,金属钚与任何浓度的硝酸均不起反应,但当溶液中含有少量 HF 时,可加速金属钚在浓硝酸中的溶解速度。

4.2　钚的水溶液化学

4.2.1　水溶液中钚的状态

钚在水溶液中存在五种氧化态:Pu(Ⅲ)、Pu(Ⅳ)、Pu(Ⅴ)、Pu(Ⅵ) 和 Pu(Ⅶ)。在酸性水溶液中,它们分别以 $Pu(H_2O)_8^{3+}$、$Pu(H_2O)_8^{4+}$、$PuO_2(H_2O)_6^+$、$PuO_2(H_2O)_6^{2+}$ 和 $PuO_5(H_2O)_3^{3-}$。在水溶液中钚的最稳定价态是四价,这与锕系元素中高价态的稳定性随原子序

数增加而降低的规律相符合。由于价态平衡与不同价态转换动力学相关,在同一溶液体系中钚的前四种价态可能各自以一定的浓度同时存在,并形成热力学平衡的稳定体系,这种现象也是钚水溶液化学的最大特点之一。

在酸性水溶液中,不同价态的钚离子中以 Pu(Ⅳ)最稳定,但当酸度很低,尤其在高钚浓度及高温度下,钚具有强烈的歧化和水解倾向。所以,在钚化学或分析操作中,要严格避免用水稀释钚溶液,制备的 Pu(Ⅳ)贮备液也应该保存在浓度较高的酸溶液中(如硝酸浓度大于 4 mol·L^{-1})。在硝酸溶液中,Pu(Ⅲ)只能存在于低酸溶液中,当溶液体系硝酸浓度较高时,在无支持还原剂存在的情况下,Pu(Ⅲ)会很快被氧化至 Pu(Ⅳ)。Pu(Ⅴ)可存在于 pH = 2~5 的水溶液中,在酸度较高时,尤其在高浓度钚情况下,Pu(Ⅴ)会迅速歧化为 Pu(Ⅳ)和 Pu(Ⅵ)。Pu(Ⅵ)的稳定性随着溶液介质酸度的提高而降低,在稀硝酸溶液中能稳定存在。除了中间价态的歧化之外,溶液中钚价态在存放过程中随时间的变化也能发生变化,这是由于钚本身 α 辐射引起的辐解作用造成的,辐解的程度取决于同位素组成。水溶液中不同价态钚离子的相关性质见表 4-4。

表 4-4　水溶液中不同价态钚离子的相关性质

价态	离子型式	颜色	生成热,ΔH_{298} /(kJ·mol^{-1})	熵(S_{298}) /(J·mol^{-1}·K^{-1})	简易制备方法
+3	Pu^{3+}	蓝色	-581.4	-186.7	①将金属钚溶解在盐酸中 ②用 I$^-$(NaHSO$_3$)还原 Pu(Ⅳ) ③用 H$_2$/Pt 在 40~60 ℃时还原 Pu(Ⅳ)
+4	Pu^{4+}	黄绿色	-527.0	-364.2	①室温时用 NaNO$_2$ 或 KBrO$_3$ 氧化 Pu(Ⅲ) ②电解氧化 Pu(Ⅲ)
+5	PuO$_2^+$	粉红色或红紫色	-879.1	-79.5	用化学计量的 I$^-$ 在 Ph = 3 时还原 Pu(Ⅵ),用 CCl$_4$ 萃取 I$_2$
+6	PuO$_2^{2+}$	黄绿色	-715.8	-54.4	①将 Pu 的 HClO$_4$ 溶液蒸发 ②用 AgO 氧化 Pu(Ⅳ),该二法在氧化前需要除去含有的 SO$_4^{2-}$ 和 PO$_4^{3-}$ 离子
+7	PuO$_5^{3-}$	蓝绿色(pH >7)	—	—	①用 K$_2$S$_2$O$_8$ 或臭氧在 pH >7 时氧化 Pu(Ⅵ) ②将高温下制成的 Li$_5$PuO$_6$ 溶于氢氧化锂或水中

Pu(Ⅴ)、Pu(Ⅵ)与其他锕系元素"酰基"相似,PuO$_2^{n+}$ 离子(n = 1,2)的氧原子是线性对称,金属-氧之间主要是共价键,Pu-O 间距为 1.8~1.9Å,比 Pu^{6+} 和 O^{2-} 离子半径的总和小。

Pu(Ⅶ)最早发现于 1967 年,Pu(Ⅵ)在 0.5~3 mol·L^{-1} NaOH 或 KOH 溶液中能被臭氧、过硫酸盐、电化学法以及被溶液辐解氧化自由基氧化到 Pu(Ⅶ)。Pu(Ⅶ)是一种强氧化剂,其水溶液是蓝绿色的,Pu(Ⅶ)在溶液中不稳定,即使在 OH$^-$ 浓度较高的情况下也能将水缓慢氧化。

4.2.2　钚的水解聚合

水溶液中各种氧化态的钚与水形成强离子偶极键,形成稳定的水合物。对于一级配位而言,可认为第一配位层的水合数与上一节提到的最可能配位数相同,即 $Pu(H_2O)_8^{3+}$、$Pu(H_2O)_8^{4+}$、$PuO_2(H_2O)_6^+$、$PuO_2(H_2O)_6^{2+}$。但是,第一配位层水偶极的极化作用导致其结合额外的水合数,根据少量紧密结合水的模型,已得出三价镧系和锕系元素的水合总数估计可达到 12 ~ 15。

图 4 – 1 为水合阳离子的熵与阳离子离子势(Z^2/r)关联曲线,曲线结果能更好地描述钚的水合行为,结果显示,阳离子的水合数随离子势的增加而增大。其中 Pu^{4+} 的水合能力是 Pu^{3+} 的 2 倍,而 PuO_2^{2+} 的水合能力与 Ca^{2+} 相当。

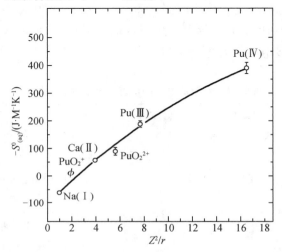

图 4 – 1　水合阳离子的熵与阳离子离子势(Z^2/r)关联曲线

钚水合作用的另一个重要特点是水解反应随 pH 值增大而增强(图 4 – 2)。水解在钚的水溶液化学中是最重要的反应之一,钚的水解实际上是以氢氧根为配位基的配合作用,不同价态钚离子均按下式水解:

$$Pu^{n+} + mH_2O \Leftrightarrow Pu(OH)_m^{(n-m)+} + mH^+$$

钚离子的水解能力随阳离子离子势的增加而增强,对于离子半径比较小,但电荷高的 Pu^{4+} 离子的水解最显著。实验数据表明钚离子水解趋势的递减次序是

$$Pu^{4+} > PuO_2^{2+} > Pu^{3+} > PuO_2^+$$

这个排序与水合熵的顺序不一致,水合熵的其递减次序是

$$Pu^{4+} > Pu^{3+} > PuO_2^{2+} > PuO_2^+$$

水解顺序与水合熵顺序之间的差异反映了水合熵只与该阳离子基团的净正电荷有关(如 PuO_2^{2+} 为 2),而水解反应是水分子与金属本身(如 PuO_2^{2+} 的 Pu)反应的结果。

不同价态的钚离子与相应价态的铀和镎离子相比,由于钚的离子半径较小,更易水解。所有钚的氢氧化物都是难溶的,其溶度积排列顺序如下:

$$Pu(OH)_4(S \approx 10^{-56}) < PuO_2(OH)_2(S \approx 10^{-23}) < Pu(OH)_3(S \approx 10^{-20})$$

$$< PuO_2(OH)(S \approx 10^{-10})$$

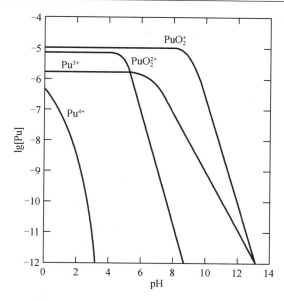

图 4 - 2　水解反应随 pH 值对水和钚的阳离子基团浓度的影响

不同价态钚离子在水解生成氢氧化物沉淀外,同时还会发生较复杂的聚合反应。一般来说,发生聚合反应要求溶液中 $(Pu)_总 > 10^{-6}\ mol \cdot L^{-1}$,但由于聚合反应为不可逆反应,所以一旦聚合反应发生,即使将含较高浓度钚的溶液稀释至低于该值,也难以分解破坏该聚合物。研究发现聚合反应的速率与钚浓度的三次方成正比,当温度为 50℃、$(Pu)_总 \approx 0.006\ mol \cdot L^{-1}$、$(HNO_3) \approx 0.25\ mol \cdot L^{-1}$ 时,聚合速率为 $5.4 \times 10^{-5}\ mol \cdot h^{-1}$。在聚合反应初期,可通过酸化或将钚氧化至 Pu(Ⅵ)能有效分解破坏聚合物,随着聚合老化,分解破坏越来越难,且这种不可逆老化速率随温度、钚浓度及溶液中的其他阳离子的特性而变化。同时聚合物基团的大小随溶液中 pH 值的增大而显著增大,当 pH 值为 4 时,经 6 天后仍然有 99% 的聚合物悬浮在溶液中,但当 pH 值为 5 时,随着聚合物基团增大而产生沉淀,聚合物悬浮物下降至 7.4%,pH 值为 6 时下降至仅有 0.1%。

4.2.3　钚的氧化还原反应

钚在水溶液中存在五种氧化态,每种价态的相对稳定性有很大的差异,故在所有含钚溶液的分离过程中均是利用这特性。因此,对钚不同价态之间的相互转换进行了大量的研究,取得的研究成果对实验室和工厂从事钚化学和分析研究均具有重要的意义。

钚的价态变化,除了钚自身所引起的歧化作用和因电离辐射而生成的物质所引起的氧化还原作用外,主要是钚在溶液中与其他试剂发生的氧化还原反应,一般来说,从钚的某种价态转变成另一种价态所需的条件定量关系可用钚的氧化还原电位来计算。表 4 - 5 列出了 25 ℃时,不同溶液中钚的标准氧化 - 还原电位图。

表 4 – 5　25 ℃时钚的标准氧化 – 还原电位值（V）

溶液	标准氧化 – 还原电位图
$1\ mol \cdot L^{-1}\ HClO_4$	$Pu^0 \xrightarrow{2.023\ 9} Pu^{3+} \xrightarrow{-0.982\ 1} Pu^{4+} \xrightarrow{-1.172\ 8} PuO_2^+ \xrightarrow{-0.913\ 5} PuO_2^{2+}$；$Pu^0 \xrightarrow{1.272\ 7} Pu^{4+}$；$Pu^{3+} \xrightarrow{-1.077\ 4} PuO_2^+$；$Pu^{4+} \xrightarrow{-1.043\ 3} PuO_2^{2+}$；$Pu^{3+} \xrightarrow{-1.022\ 2} PuO_2^{2+}$
$1\ mol \cdot L^{-1}\ HCl$	$Pu^0 \xrightarrow{2.030} Pu^{3+} \xrightarrow{-0.970} Pu^{4+} \xrightarrow{-1.190} PuO_2^+ \xrightarrow{-0.912} PuO_2^{2+}$；$Pu^{4+} \xrightarrow{-1.051} PuO_2^{2+}$；$Pu^{3+} \xrightarrow{-1.024} PuO_2^{2+}$
$1\ mol \cdot L^{-1}\ HNO_3$	$Pu^{3+} \xrightarrow{-0.914} Pu^{4+} \xrightarrow{-1.188} PuO_2^+ \xrightarrow{-0.920} PuO_2^{2+}$；$Pu^{3+} \xrightarrow{-1.000\ 6} Pu^{4+}$(?)；$Pu^{4+} \xrightarrow{-1.054} PuO_2^{2+}$
$1\ mol \cdot L^{-1}\ H_2SO_4$	$Pu^{3+} \xrightarrow{0.75} Pu^{4+} \xrightarrow{\sim(1.2到-1.4)} PuO_2^{2+}$
中性溶液中（pH = 7）	$Pu^{3+} \xrightarrow{0.63} Pu(OH)^{4+} \cdot yH_2O(固) \xrightarrow{-1.1} PuO_2^+ \xrightarrow{-0.7} PuO_2(OH)_2(水)$；$\xrightarrow{-0.9}$
$1\ mol \cdot L^{-1}\ OH^-$	$Pu(OH)_3 \cdot xH_2O \xrightarrow{0.95} Pu(OH)_4 \cdot yH_2O \xrightarrow{-0.76} PuO_2(OH)(水) \xrightarrow{-0.26} PuO_2(OH)_3(水)$；$\xrightarrow{\sim(-0.4)}$

根据氧化电位可以推论，Pu^{4+} 和 PuO_2^+ 易歧化，特别是 PuO_2^+ 是不稳定的。通常，HCl、HNO_3 和 H_2SO_4 与 Pu^{4+} 离子形成稳定配合物的趋势逐渐增大，因此若以 HCl、HNO_3 和 H_2SO_4 代替 $HClO_4$ 时，Pu^{4+} 离子的稳定性增加，其中在 H_2SO_4 中 Pu^{4+} 最为稳定，其次是在 HNO_3、HCl。另一方面，由于钚各种价态的氧化电位很接近，在一定条件下钚的四种价态可共存（Pu（Ⅶ）除外），这种性质在元素周期表中是独特的。钚离子与其他化合物的氧化还原反应在钚化学领域内是非常复杂和有趣的，具体有关钚的氧化还原动力学相关数据可参看有关专著。

4.2.4　溶液中钚价态之间的平衡

如上所述，由于不同价态钚离子对的氧化还原电位值较接近、Pu^{4+} 或 PuO_2^+ 具有歧化的倾向以及钚的氧化还原过程涉及反应速度较慢的 Pu – O 键的形成和断裂反应等因素，使含钚溶液在一定条件下四种价态钚（Pu（Ⅶ）除外）共存在同一溶液中，关于这些反应的平衡、动力学和机理问题已有了很多研究，钚的价态在钚化学分析和工艺过程中有着重要的意义。下面具体阐述 Pu^{4+} 或 PuO_2^+ 的歧化行为与钚价态之间平衡的关系。

1. Pu^{4+} 的歧化（即 Pu（Ⅲ）– Pu（Ⅳ）– Pu（Ⅵ）体系的平衡）

许多研究者曾详细研究过 Pu（Ⅳ）的歧化反应包括如下两个反应：

$$2Pu^{4+} + 2H_2O \Longrightarrow Pu^{3+} + PuO_2^+ + 4H^+ （慢）$$

$$Pu^{4+} + PuO_2^+ \Longrightarrow Pu^{3+} + PuO_2^{2+} （快）$$

总反应式为

$$3Pu^{4+} + 2H_2O \overset{K}{\rightleftharpoons} 2Pu^{3+} + PuO_2^{2+} + 4H^+$$

其歧化平衡常数表达式为

$$K = \frac{[Pu^{3+}]^2 [PuO_2^{2+}][H^+]^4}{[Pu^{4+}]^3}$$

上式中歧化平衡常数 K 与氢离子浓度的四次方成正比,这已在高氯酸溶液中多次得到证实,Rabideau 研究测定了在 $HClO_4/NaClO_4$、离子强度为 1.0 的溶液中上述反应的歧化平衡常数 K 为 0.0089。在测定过程中,考虑到钚自身 α 辐解所引起的歧化反应以及低酸下的水解,表达式中不同价态的钚浓度应该为上述因素综合引起的最终浓度。其他酸溶液中 Pu^{4+} 的歧化平衡常数见表 4-6。但在硝酸溶液中 K 正比于 $[H]^{5.3}$,这表明 Pu(Ⅳ)与硝酸根离子形成了较稳定的配合物。在硝酸溶液中不同酸度下的歧化常数见表 4-7,数据显示,歧化平衡常数随着硝酸浓度降低而升高,进一步表明随着溶液中自由硝酸根离子的增加,提高了 Pu(Ⅳ)与硝酸根离子形成配合物的趋势,从而降低其歧化反应速度。

表 4-6　在不同酸介质中 Pu(Ⅳ)歧化的平衡常数

（1.0 mol · L^{-1} H$^+$, $\mu = 1.0$, 25 ℃）

酸介质	歧化平衡常数 K
HClO$_4$	8.40×10^{-3}
HCl	1.92×10^{-3}
HNO$_3$	4×10^{-7}
H$_2$SO$_4$	非常小*

注: * 在 1 mol · L^{-1} H$_2$SO$_4$ 中 Pu^{3+}、Pu^{4+}、PuO$_2^{2+}$ 难以共存

表 4-7　Pu^{4+} 在硝酸溶液中的歧化平衡常数（25 ℃）

[H$^+$]/(mol · L^{-1})	Pu(Ⅳ)浓度/(mol · L^{-1})	歧化平衡常数 K	速率常数/(L · mol^{-1} · h^{-1})
0.40	7.07×10^{-3}	0.0045	1.1
0.30	7.6×10^{-3}	0.049	3.7
0.20	2.04×10^{-3}	0.41	14
0.10	2.21×10^{-3}	7.8	92

图 4-3 和 4-4 表示 Pu^{4+} 在不同浓度的稀硝酸溶液中的歧化曲线,结果显示,在 0.1～0.4 mol · L^{-1} 硝酸溶液中,Pu^{4+} 的歧化速度较快,在 15～20 h 达到歧化反应平衡,且反应速度随着溶液 [H$^+$] 的减小而增大。

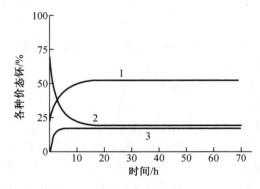

1—Pu(Ⅲ);2—Pu(Ⅳ);3—Pu(Ⅵ)。

图 4 – 3　0.1 mol·L^{-1}硝酸溶液中 Pu(Ⅳ)的歧化曲线

((Pu):2.21×10^{-3} mol·L^{-1},25 ℃)

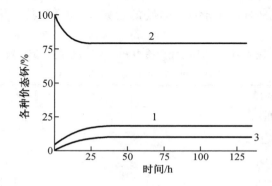

1—Pu(Ⅲ);2—Pu(Ⅳ);3—Pu(Ⅵ)。

图 4 – 4　0.4 mol·L^{-1}硝酸溶液中 Pu(Ⅳ)的歧化曲线

((Pu):7.07×10^{-3} mol·L^{-1},25 ℃)

温度对 Pu^{4+}歧化反应不容忽视,Pu^{4+}在 HCl 溶液中的歧化反应平衡常数与温度的关系示于表 4 – 8。很明显,歧化受温度的影响很大,温度从 25 ℃升高到 45 ℃时,平衡常数约增大 70 倍。

表 4 – 8　在 1 mol·L^{-1} HCl 中 Pu^{4+}歧化常数与温度的关系

温度/℃	平衡常数/K
6.43	3.76×10^{-5}
25.00	1.42×10^{-3}
35.24	1.35×10^{-2}
45.16	9.67×10^{-2}

2. PuO$_2^+$ 的歧化(即 Pu(Ⅲ) – Pu(Ⅳ) – Pu(Ⅴ) – Pu(Ⅵ)体系的平衡)

研究者认为 PuO$_2^+$ 的歧化反应包括如下两个反应:

$$PuO_2^+ + Pu^{3+} + 4H^+ \rightleftharpoons 2Pu^{4+} + 4H_2O(慢)$$

$$PuO_2^+ + Pu^{4+} \Longrightarrow PuO_2^{2+} + Pu^{3+}（快）$$
$$2PuO_2^+ + 4H^+ \Longrightarrow 2Pu^{4+} + PuO_2^{2+} + 2H_2O（慢）$$

总反应为

$$2PuO_2^+ + 4H^+ \Longrightarrow Pu^{4+} + PuO_2^{2+} + 2H_2O$$
$$Pu(Ⅳ) + Pu(Ⅴ) \Longrightarrow Pu(Ⅵ) + Pu(Ⅲ)$$

一般来说,四种钚价态之间的平衡,是通过反应来建立的,即通过 Pu(Ⅴ)的歧化反应来制备四种价态的水溶液是可能的。同时研究结果表明,PuO_2^+ 的歧化反应与酸度、钚浓度及温度均有关系。有关 Pu(Ⅴ)歧化反应的详细论述可参考相关文献。

3. 钚的 $\varPhi$ – pH 图

钚的 $\varPhi$ – pH 图(图 4 – 5)表示钚离子对的氧化电位与酸度(溶液的 pH 值)的关系,则可清楚看出氢离子浓度对有钚离子参加的氧化还原平衡的影响,溶液的酸度能影响钚的水解和歧化过程,也影响钚的其他氧化还原平衡。氢离子浓度对钚的氧化还原平衡影响特别明显,因为钚的氧化电位值很接近,甚至溶液的酸度发生较小的变化,也会引起电位次序的变化及钚的各价态离子间的反应进行方向的转变(歧化反应和逆歧化反应)。从图中可以看出,当酸度超过 1 mol·L⁻¹时,钚的各离子对的氧化电位水平距离的差距将增加,而当酸度降到 0.1 mol·L⁻¹时,其电位水平距离更接近了。这是因为参加氧化还原反应的电子数和氢离子数不同,所以钚各离子对的 $\varPhi$ – pH 图曲线有不同的斜率。

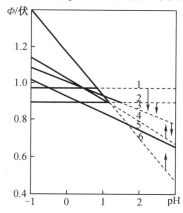

1—Pu(Ⅳ)/Pu(Ⅲ);2—Pu(Ⅵ)/Pu(Ⅴ);3—Pu(Ⅵ)/Pu(Ⅲ);
4—Pu(Ⅵ)/Pu(Ⅳ);5—NO_3^-/HNO_2;6—Pu(Ⅴ)/Pu(Ⅳ)。

图 4 – 5　钚的 $\varPhi$ – pH 图

1 mol·L⁻¹ $HClO_4$ 中钚离子对氧化电位水平的相对位置对应于相应线上的 pH = 0 时的各点。当 pH < 0 时,此图带有近似的性质,因为图中线未考虑离子的活度系数,而在酸度提高时活度系数会发生很大的变化,当然,离子强度变化时也会引起活度系数的变化,但上图仍能反映氧化电位值的相互位置与溶液酸度关系的一般特性。在 pH 接近于 0.5 时,Pu(Ⅵ)/Pu(Ⅳ)、Pu(Ⅵ)/Pu(Ⅲ)和 Pu(Ⅳ)/Pu(Ⅲ)离子对的三条电位线相交,即当 pH 接近于 0.5 时,在 1 mol·L⁻¹高氯酸盐介质中可得到大约相等浓度的 Pu(Ⅵ)、Pu(Ⅳ)和 Pu(Ⅲ),这个 pH 值在 pC_{H^+} 刻度中相当于近 0.3 mol·L⁻¹$HClO_4$(在 1 mol·L⁻¹高氯酸盐介质中),此时 Pu(Ⅳ)的水解很少,更不用说 Pu(Ⅲ)和 Pu(Ⅵ)离子了。因此这里不仅是 Pu(Ⅵ)、Pu(Ⅳ)和 Pu(Ⅲ)离子的平衡浓度相等,而且他们的分析浓度也相等。另外,各种

价态浓度比值不仅取决于 pH,也取决于溶液中钚的平均氧化态,在 pH 接近于 0.5 的三条直线交点上平均氧化态约为 4.33。

4.2.5 钚溶液的辐射效应

不论它自身 α 辐射或外部 γ 和 X 射线均会对溶液中钚的水溶液状态、钚溶液的处理过程和贮存等产生一定的影响,这种现象被称为钚溶液的辐射效应。由于不同氧化态的钚离子还原电势相接近、溶液体系(水和酸)受裂变产物和锕系元素的辐照会辐解产生 e_{aq}^-、H、OH、·NO_2 和 H_2O_2 等产物,必然会引起钚离子的辐射效应,继而影响后处理流程的钚化学行为。目前,钚离子在酸性溶液(尤其是硝酸溶液)中由 X、γ 和 α 射线辐照产生的诱导转换是研究的热点,重点考察乏燃料溶解后化学分离过程钚离子的辐照诱导转换行为。因此,在钚的分离和纯化等环节必须考虑这一因素。

1. α 辐射效应

在钚的同位素中,^{238}Pu、^{239}Pu、^{240}Pu 和 ^{242}Pu 等在衰变过程中均产生 α 粒子,其能量均约为 5 MeV。由于 α 粒子的线性能量传递值 LET(linear energy transfer)比较大,5 MeV 的 α 粒子 LET 值为 300 keV·$μm^{-1}$,当与溶液中钚离子产生碰撞时会将大部分能量传递给被作用的对象,如在含钚浓度为 10^{-3} mol·L^{-1} 的溶液中能量释放速率为 $1.8×10^{14}$ eV·min^{-1}·mL^{-1},具有这么大能量逸散速度的 α 射线能改变溶液中钚的价态是不足为怪的。在文献报告中,也有另外一种解释:在溶液中并不是 α 粒子与钚离子直接相互作用,而是由于 α 粒子作用于水分子而辐解生成的 H_2O_2、自由基 H 和 OH 等产物与钚离子相互作用的结果。虽然在某些情况下已观察到了 α 辐射能引起的氧化作用,但最常见的效应还是高价态的自还原作用,使钚的平均价态数($\overline{O_x}$)降低。钚的平均价态数的定义为

$$\overline{O_x} = \frac{3[Pu^{3+}] + 4[Pu^{4+}] + 5[PuO_2^+] + 6[PuO_2^{2+}]}{\sum[Pu]}$$

在 α 射线作用下,仅含有 Pu(Ⅵ)或 Pu(Ⅵ)+Pu(Ⅳ)或 Pu(Ⅵ)+Pu(Ⅳ)+Pu(Ⅴ)的 0.48~1.9 mol·L^{-1} 的 $HClO_4$ 溶液辐射还原研究结果表明,钚还原反应均为零级反应,反应速率常数为 $1.18×10^{-2}$ day^{-1},通常用 G 值表示,G 值指每一克被照射物吸收100 eV 能量后被破坏或产生的分子数。

在自身 α 射线的作用下,Pu(Ⅵ)可被还原为 Pu(Ⅴ),进而歧化生成 Pu(Ⅲ)和 Pu(Ⅵ),并伴随着 Pu(Ⅳ)的生成。Pu(Ⅵ)在 0.2 mol·L^{-1} 的 $HClO_4$ 溶液受 ^{210}Po 发射的 α 粒子作用下发生还原作用的研究结果表明,无论溶液中含有或不含有空气时,当辐射剂量小于 3 kGy 时,溶液中会形成 Pu(Ⅴ),G[−Pu(Ⅵ)]=3.2 离子;当辐射剂量大于 3 kGy 时,溶液中会形成 Pu(Ⅳ),G[−Pu(Ⅵ)]=1.6 离子;当辐射剂量大于 11 kGy 时,溶液中会形成 Pu(Ⅲ),G[−Pu(Ⅵ)]=1.1 离子。

Pu(Ⅵ)还原为 Pu(Ⅴ)时,其理论的还原量为 3.0 离子,与实验值基本一致。当溶液体系中 HNO_3 浓度小于 0.5 mol·L^{-1}、$[^{239}Pu]$ 为 0.4 mol·L^{-1}(相当于辐射剂量率为 $2.7×10^{-3}$ Gy·s^{-1})时,由于体系 α 自辐射产生 H_2O_2 的速率为 $2×10^{-3}$ mol·$(Lh)^{-1}$,且在 30 天内,[Pu(Ⅵ)]降低了约 25%。

在 4−6 mol·L^{-1} 的硝酸溶液中,当 α 射线照射剂量率不超过 0.3 Gy·s^{-1} 时,Pu(Ⅳ)可在溶液中稳定存数年。随着 α 照射剂量率升高,溶液中会生成 Pu(Ⅵ)。结果显示,

Pu(VI)的产率取决于 HNO₃ 的浓度,当硝酸的浓度由 $0.9\ mol \cdot L^{-1}$ 升高至 $9\ mol \cdot L^{-1}$ 时,$G[-Pu(VI)]$ 由 $0.001\ 3$ 降至 $0.000\ 8$ 离子,其降低的原因可能是 Pu^{4+} 与硝酸根离子形成配合物造成的。同时辐射剂量率的增加也会使 Pu(VI)的产量下降,其原因是辐射剂量率的增加,辐照产生的亚硝酸根和体系 α 自辐射产生 H_2O_2 的量也随之增加,两者共同参与还原反应。

^{244}Cm 产生的 α 射线照射含 Pu(VI)的 $0.3 \sim 6\ mol \cdot L^{-1}$ HNO₃ 溶液的研究结果表明,当硝酸浓度大于 $1\ mol \cdot L^{-1}$ 时,Pu(VI)在经过诱导反应期后,将被还原为 Pu(IV)。诱导期的时间随着 Pu(VI)浓度和辐射剂量率的增加而缩短,随着 HNO₃ 浓度的增加而延长。但辐照剂量率为 $0.95 \sim 9.2\ Gy \cdot s^{-1}$ 时,还原量与剂量率无关。

同时研究结果表明,α 辐照下 Pu(III)在硝酸溶液中可被氧化,例如当受 ^{244}Cm 发射的 α 粒子(辐照剂量率为 $4.2\ Gy \cdot S^{-1}$)的作用时,在 $0.12\ mol \cdot L^{-1}$ HNO₃ 溶液中的 Pu(III)可部分氧化为 Pu(IV),并与过氧根离子形成配合物,同时生成少量的 Pu(VI),其中 Pu(III)的转化率为 20% ,初始的 G 值为 3.8 离子/100 eV。随着溶液体系硝酸浓度的增加,Pu(III)的转化率升高,当硝酸浓度大于 $1\ mol \cdot L^{-1}$ 时,Pu(III)将全部被氧化为 Pu(IV)。

在研究硝酸溶液中 Pu(VI)和 Np(VI)受 α 射线照射时发现,当 Np(VI)未被完全还原时,Pu(VI)不被还原。为了说明这一过程的机理,研究了在不同的已知初始条件下的一系列基于动力学规律的方程,结果显示,Pu(VI)的保留时间取决于 $[Pu(VI)]_0/[Np(VI)]_0$ 之比,当溶液中含有 Np(VI)时,Np(VI)与过氧化氢反应速度较 Pu(VI)的还原速率快,且 Np(VI)会与 Pu(V)反应,因此,Np(VI)的存在降低了 Pu(VI)还原速度。

2. γ 和 X 射线的辐照效应

硝酸溶液中 γ 和 X 射线对钚价态的影响结果表明,在 $0.3\ mol \cdot L^{-1}$ HNO₃ 中,还原态的钚(Pu^{3+} 和 Pu^{4+})被 γ 和 X 辐射所氧化,但产额低,其 G 值为 0.05 离子,且氧化反应很快就达到稳态。氧化反应随氢离子或硝酸根离子浓度的增加而减少,其主要原因是由于硝酸根配合物的形成而使还原态的钚稳定,降低了钚的还原量。

有关 Pu(VI)在硫酸溶液中的辐照还原过程在文献中已有介绍。当溶液中含有硫酸根离子时,钚的化学行为由于受与硫酸根离子形成配合物的影响而改变。这个过程会导致 Pu(VI)/Pu(V)和 Pu(IV)/Pu(III)还原电势的减小,过氧化氢不再能够还原 Pu(IV),但可氧化 Pu(III),且 Pu(V)的歧化反应发生更为快速。

4.3　钚的配位化合物

钚配位化合物的形成会影响不同价态钚离子在化学分离和分析过程中的化学行为,它可加速或抑制钚氧化还原反应。不同价态钚离子形成配合物的能力为

$$Pu^{4+} > PuO_2^{2+} > Pu^{3+} > PuO_2^+$$

但如果体系中 PuO_2^{2+} 和 Pu^{3+} 遇到多齿配位体时,两者的配位能力次序颠倒。同理,任一价态的钚离子与相同价态的铀和镎离子比较,由于钚离子半径略小一些,故比铀和镎离子具有更强的配合能力。

钚配合物稳定性还取决于各种阴离子的性质,一般来说,酸性越弱(或碱性越强)的阴

离子,形成配合物的能力越强。常见阴离子与四价钚离子形成配合物能力的规律如下:

$$F^- > NO_3^- > Cl^- > ClO_4^-$$
$$CO_3^{2-} > SO_3^{2-} > C_2O_4^{2-} > SO_4^{2-}$$

除 F^- 和 NO_3^- 对 PuO_2^{2+} 的配合趋势相反外,上述次序对其他价态的钚离子也是适用的。即使在高浓度的高氯酸盐溶液中,钚形成配合物的能力也很弱,光谱分析表明,在 $HClO_4$ 溶液中的钚,实际上是以水合离子形式存在。

4.3.1 无机配位化合物

1. F^- 配合物

表 4 - 9 列出了 Pu^{4+} 和 PuO_2^{2+} 与 F^- 形成配合物累积稳定常数和热力学参数。一般来说,Pu^{4+} 能与 F^- 形成很稳定的配合物,当体系中 $HF/Pu(\text{IV})$ 之比达到 6 左右时,能形成明显量 PuF_2^{2+} 配合物,当体系中 HF 浓度进一步提高,还可形成另外一些配合物。但通常 F^- 与 Pu^{4+} 很难形成带负电荷形式的配合物。

表 4 - 9 Pu^{z+} 与 F^- 形成配合物稳定常数和热力学参数

反应	$\lg \beta_n$	$\Delta_r G_m^0/(\text{kJ} \cdot \text{mol}^{-1})$
$F^- + Pu^{4+} \Longrightarrow PuF^{3+}$	8.84 ± 0.10	-50.46 ± 0.57
$2F^- + Pu^{4+} \Longrightarrow PuF_2^{2+}$	15.7 ± 0.2	-89.62 ± 1.14
$F^- + PuO_2^{2+} \Longrightarrow PuO_2F^+$	4.56 ± 0.20	-26.03 ± 1.14
$2F^- + PuO_2^{2+} \Longrightarrow PuO_2F_2(\text{aq})$	7.25 ± 0.45	-41.38 ± 2.57

2. Cl^- 配合物

表 4 - 10 列出了 Pu^{z+} 与 Cl^- 形成配合物累积稳定常数和热力学参数。

表 4 - 10 Pu^{z+} 与 Cl^- 形成配合物稳定常数和热力学参数

配合反应	$\lg \beta_n$	$\Delta_r G_m^0/(\text{kJ} \cdot \text{mol}^{-1})$
$Cl^- + Pu^{3+} \Longrightarrow PuCl^{2+}$	1.2 ± 0.2	-6.85 ± 1.14
$Cl^- + Pu^{4+} \Longrightarrow PuCl^{3+}$	1.8 ± 0.3	-10.27 ± 1.71
$Cl^- + PuO_2^{2+} \Longrightarrow PuO_2Cl^+$	0.23 ± 0.03	-1.31 ± 0.17
$2Cl^- + PuO_2^{2+} \Longrightarrow PuO_2Cl_2(\text{aq})$	-1.15 ± 0.30	6.56 ± 1.71

在盐酸溶液中,$Pu(\text{III})$ 在 $[HCl] > 1 \text{mol} \cdot L^{-1}$ 时能形成 $PuCl^{2+}$ 和 $PuCl_2^+$ 阳离子配合物,在盐酸浓度为 $2 \sim 8 \text{ mol} \cdot L^{-1}$ 时,主要以 $PuCl^{2+}$ 配合物形式存在,当盐酸浓度大于 $8 \text{ mol} \cdot L^{-1}$ 时,主要以 $PuCl_2^+$ 配合物形式存在。

$Pu(\text{IV})$ 在盐酸浓度低至 $0.3 \sim 0.4 \text{ mol} \cdot L^{-1}$ 的溶液中,也能形成氯化配合物,配合物离子形式与盐酸浓度有关,随着溶液中氯离子浓度的增加,可形成 $PuCl^{3+}$、$PuCl_2^{2+}$、$PuCl_3^+$……系列氯离子配合物,直到溶液中氯离子浓度大于 $6 \text{ mol} \cdot L^{-1}$ 时,主要以配合阴离子存在。在 $9 \text{ mol} \cdot L^{-1}$ 盐酸溶液中,大约有 8% 的 $Pu(\text{IV})$ 以 $PuCl_6^{2-}$ 形式存在,在 $12 \text{ mol} \cdot L^{-1}$ 盐酸溶液

中,大约有 75% 的 Pu(Ⅳ)以 $PuCl_6^{2-}$ 形式存在。但在 LiCl 溶液中,Pu(Ⅳ)形成配合物的程度远比在同样[Cl^-]的盐酸溶液中小。

当溶液中盐酸浓度在 $0.2 \sim 0.5$ mol·L^{-1} 时,Pu(Ⅵ)就能形成氯化配合物,在 2 mol·L^{-1} 盐酸溶液中,Pu(Ⅵ)主要以阳离子氯化配合物的形式存在,当溶液中盐酸浓度增至 6mol·L^{-1} 时,70% 以上 Pu(Ⅵ)以阴离子氯化配合物的形式存在,当溶液中盐酸浓度为 10 mol·L^{-1} 时,所有 Pu(Ⅵ)均以阴离子氯化配合物的形式存在。

3. Br^- 配合物

钚与 Br^- 形成配合物的稳定性较与 Cl^- 形成的配合物弱得多。Pu(Ⅲ)主要形成 $PuBr^{2+}$ 和 $PuBr_2^+$ 两种配合物,其稳定常数分别为 3.6×10^{-4} 和 2.9×10^{-7},Pu(Ⅳ)主要形成为 $PuBr^{3+}$ 和 $PuBr_2^{2+}$ 两种配合物。

4. NO_3^- 配合物

从乏燃料后处理的角度来看,钚与硝酸根形成配合物的稳定性、离子形式及分子几何结构等对钚在硝酸溶液中的离子交换和萃取工艺的选择性起到非常重要的作用。

Pu(Ⅲ)形成配合物的能力很小。在 $1 \sim 5$ mol·L^{-1} 的 HNO_3 溶液中 Pu(Ⅲ)能形成硝酸根配合物,但当硝酸浓度更高时就难避免 Pu(Ⅲ)的氧化,进而阻碍了有关研究工作的进行。Pu(Ⅲ)与硝酸根形成的配合物主要有 $PuNO_3^{2+}$、$Pu(NO_3)_2^+$ 和 $Pu(NO_3)_3$ 等三种形式。目前大部分有关三价钚配合物形成的研究工作仍处于定性阶段,不同作者所发表的某些三价钚配合物稳定常数存在着相当大的差别。

硝酸根离子能与 Pu(Ⅳ)配合形成从 $PuNO_3^{3+}$ 到 $Pu(NO_3)_6^{2-}$ 的一系列配合物。在浓 HNO_3 溶液中,$Pu(NO_3)_6^{2-}$ 是主要的配合物,其含量与硝酸浓度的关系见表 4-11。研究表明,在浓 HNO_3 溶液中,Pu(Ⅳ)主要以未离解的 $H_2Pu(NO_3)_6$ 形式存在。

表 4 – 11　在硝酸溶液中 Pu(Ⅳ)的六硝酸根配合物的含量

(HNO_3)/(mol·L^{-1})	$Pu(NO_3)_6^{2-}$ 含量/%	(HNO_3)/(mol·L^{-1})	$Pu(NO_3)_6^{2-}$ 含量/%
5	4	9	75
6	10	10	91
7	29	11	95
8	50	13	100

在稀硝酸溶液中($1 \sim 4$ mol·L^{-1}),Pu(Ⅳ)配合物主要以何种形式存在尚无一致看法,有人认为 Pu(Ⅳ)在此体系中主要以未离解的 $Pu(NO_3)_4$ 形式存在;也有的学者推断:当溶液中硝酸不大于 4.6 mol·L^{-1} 时,存在的主要配合物仍是 $Pu(NO_3)^{3+}$;李辉波等用硅基季铵盐功能材料分离回收微量钚及阴离子交换研究证实了在 $3 \sim 4$ mol·L^{-1} 硝酸溶液中,当溶液中[Pu(Ⅳ)] < 50 mg·L^{-1},阴离子交换树脂能定量吸附分离钚,表明溶液中当钚离子浓度远小于自由硝酸根浓度时,在稀硝酸溶液中,Pu(Ⅳ)也能定量与硝酸根形成配合阴离子。

在稀硝酸溶液中,硝酸根与 PuO_2^{2+} 离子形成配合物的倾向很弱。在 10 mol·L^{-1} HNO_3 溶液中,也存在阳离子配合物。HNO_3 浓度在 11 mol·L^{-1} 以上,开始形成 $PuO_2(NO_3)_3^-$ 配合阴离子,其生成量随 HNO_3 浓度的进一步增加而增加。六价钚与硝酸根离子可能形成的配合物形式有 $PuO_2NO_3^+$、$PuO_2(NO_3)_2$ 和 $PuO_2(NO_3)_3^-$。在 14.6 mol·L^{-1} HNO_3 溶液中,主要

以 $PuO_2(NO_3)_3^-$ 形式存在。

5. SO_4^{2-} 配合物

在后处理过程中,当采用硫酸亚铁还原反萃钚时,则反萃液中 Pu(Ⅲ)处于含硫酸根的溶液中,结果显示,Pu(Ⅲ)与 SO_4^{2-} 配合首先生成 $PuSO_4^+$、$Pu(HSO_4)^{2+}$ 阳离子形配合物,其稳定常数分别为18.13和9.94。随着溶液中 SO_4^{2-} 浓度的增加,还可形成阴离子配合物。

Pu(Ⅳ)在硫酸溶液中具有很强的配合能力,能依次形成 $[PuSO_4]^{2+}$、$Pu(SO_4)_2$ 和 $[Pu(SO_4)_3]^{2-}$ 等三种配合物形式,其稳定常数分别为740,60和5。电迁移测量结果表明,即使在硫酸浓度低于 $1\ mol \cdot L^{-1}$ 时,也有 Pu(Ⅳ)的配合阴离子存在。

在 $1.5\ mol \cdot L^{-1}$ 硝酸溶液中加入硫酸钾研究 Pu(Ⅳ)配合的实验结果表明,只需加入少量的硫酸钾,就形成了 $[PuSO_4]^{2+}$,当继续加入,就生成了 $Pu(SO_4)_2$。硫酸钾浓度为 $0.18\sim 0.2\ mol \cdot L^{-1}$ 时,$Pu(SO_4)_2$ 浓度最大,随着硫酸钾浓度继续增高,会形成 $[Pu(SO_4)_4]^{4-}$ 配合物。当硫酸钾浓度达到 $0.65\ mol \cdot L^{-1}$ 时,会出现 $K_4Pu(SO_4)_4$ 沉淀。同时实验发现,在硫酸盐体系中提高温度和酸度时,配合物的稳定性变差。

SO_4^{2-} 能与 PuO_2^{2+} 形成 PuO_2SO_4 和 $PuO_2(SO_4)_2^{2-}$ 配合物,其稳定常数分别为 $\lg \beta_1 = 3.38 \pm 0.20$ 和 $\lg \beta_2 = 4.40 \pm 0.20$。

6. CO_3^{2-} 配合物

CO_3^{2-} 与不同价态的钚能形成阴阳离子配合物,但研究表明,钚在碳酸根溶液中主要以阴离子配合物形式存在,表4-12为不同离子强度下不同价态钚与 CO_3^{2-} 配合反应和配合物稳定常数。

表 4-12 Pu^{z+} 与 CO_3^{2-} 形成配合物稳定常数

配合反应	离子强度 I_0	$\lg \beta_n$
$Pu^{3+} + CO_3^{2-} \rightleftharpoons PuCO_3^+$	$0.1\sim 0.5$	7.5
$Pu^{3+} + 2CO_3^{2-} \rightleftharpoons Pu(CO_3)_2^-$	$0.1\sim 0.5$	12.4
$Pu^{4+} + CO_3^{2-} \rightleftharpoons PuCO_3^{2+}$	0.3	17.0 ± 0.7
$Pu^{4+} + 4CO_3^{2-} \rightleftharpoons Pu(CO_3)_4^{4-}$	1.5	44.5
$Pu^{4+} + 5CO_3^{2-} \rightleftharpoons Pu(CO_3)_5^{6-}$	0	36.65
$Pu(CO_3)_4^{4-} + CO_3^{2-} \rightleftharpoons Pu(CO_3)_5^{6-}$	3.0	-1.36 ± 0.09
$Pu^{4+} + 2CO_3^{2-} + 4OH^- \rightleftharpoons Pu(CO_3)_2(OH)_4^{4-}$	0.1	46.4 ± 0.7
$Pu^{4+} + 2CO_3^{2-} + 2OH^- \rightleftharpoons Pu(CO_3)_2(OH)_2^{2-}$	0.1	44.8
$PuO_2^+ + CO_3^{2-} \rightleftharpoons PuO_2CO_3^-$	0.5	4.60 ± 0.04
$PuO_2^+ + 3CO_3^{2-} \rightleftharpoons PuO_2(CO_3)_3^{5-}$	0.5	7.5
$PuO_2^{2+} + CO_3^{2-} \rightleftharpoons PuO_2CO_3$	3.5	8.6 ± 0.3
$PuO_2^{2+} + 2CO_3^{2-} \rightleftharpoons PuO_2(CO_3)_2^{2-}$	3.5	13.6 ± 0.7
$PuO_2^{2+} + 3CO_3^{2-} \rightleftharpoons PuO_2(CO_3)_3^{4-}$	0.1	18.2 ± 0.4
$3PuO_2(CO_3)_3^{4-} \rightleftharpoons (PuO_2)_3(CO_3)_6^{6-} + 3CO_3^{2-}$	3.0	-7.4 ± 0.2

7. $C_2O_4^{2-}$ 配合物

草酸广泛用于钚的沉淀和分离过程中,草酸与钚快速形成微孔晶体易于过滤,常用于浓钚的沉淀分离。

$C_2O_4^{2-}$ 能与 Pu(Ⅲ)形成 $Pu(C_2O_4)_2^-$、$Pu(C_2O_4)_3^{3-}$ 和 $Pu(C_2O_4)_4^{5-}$ 等配合物形式,在 pH 为 1.4 ~ 3.0 条件下其配合稳定常数分别为 2.0×10^9, 2.4×10^9 和 8.3×10^9。Pu(Ⅲ)的草酸盐配合物同样可用于 Purex 流程中,在钚纯化循环中,反萃液中钚以三价硝酸钚形成存在,向 Pu(Ⅲ)的硝酸溶液中加入草酸,可生成[$Pu_2(C_2O_4)_3 \cdot 9H_2O$]沉淀化合物,采用该法可直接沉淀,不必再调价,可省去氧化还原操作。同时研究结果发现,在钚浓度为 5 ~ 100 $g \cdot L^{-1}$ 和硝酸浓度低于 1.5 $mol \cdot L^{-1}$ 的料液中,加入 1 $mol \cdot L^{-1}$ $H_2C_2O_4$ 进行沉淀,母液中钚的残留小于 20 mg/L。

Pu(Ⅳ)和 $C_2O_4^{2-}$ 有较强的配合能力,Pu(Ⅳ)草酸根配合物的稳定常数列于表 4-13。在含有 0.001 ~ 0.4 $mol \cdot L^{-1}$ 草酸 + 0.75 $mol \cdot L^{-1}$ HNO_3 溶液中,主要的配合离子形式是 $PuC_2O_4^{2+}$、$Pu(C_2O_4)_2$ 和 $Pu(C_2O_4)_3^{2-}$。当草酸浓度低于 0.001 $mol \cdot L^{-1}$ 时,主要的配合离子是 $PuC_2O_4^{2+}$;而在 0.4 $mol \cdot L^{-1}$ 草酸中,94 % 的钚以 $Pu(C_2O_4)_3^{2-}$ 存在,其余的 6 % 以中性配合物 $Pu(C_2O_4)_2$ 存在。在草酸铵溶液中,有 $Pu(C_2O_4)_4^{4-}$ 配合阴离子存在时,将进一步增大 $Pu(C_2O_4)_2 \cdot 6H_2O$ 的溶解度。

表 4-13　Pu^{4+}草酸根配合物在 1 $mol \cdot L^{-1}$ HNO_3 中的逐级稳定常数

配合反应	稳定常数
$Pu^{4+} + C_2O_4^{2-} \rightleftharpoons PuC_2O_4^{2+}$	5.6×10^8
$PuC_2O_4^{2+} + C_2O_4^{2-} \rightleftharpoons Pu(C_2O_4)_2$	1.5×10^8
$Pu(C_2O_4)_2 + C_2O_4^{2-} \rightleftharpoons Pu(C_2O_4)_3^{2-}$	3.0×10^6
$Pu(C_2O_4)_3^{2-} + C_2O_4^{2-} \rightleftharpoons Pu(C_2O_4)_4^{4-}$	1.3×10^4

在 pH 为 3 ~ 5 的草酸盐溶液中,Pu(Ⅴ)能形成 $PuO_2(C_2O_4)^-$ 和 $PuO_2(C_2O_4)_2^{3-}$ 两种配合物。在 0 ~ 4 $mol \cdot L^{-1}$ 草酸盐溶液中,Pu(Ⅵ)主要以 $PuO_2(C_2O_4)$ 和 $PuO_2(C_2O_4)_2^{2-}$ 的配合物形成存在。在离子强度 $I_0 = 1$ 时,其稳定常数分别为 4.3×10^6 和 3.0×10^{11}。

4.3.2　有机配位化合物

1. 柠檬酸根配合物

在 pH > 2.5 的 10^{-2} $mol \cdot L^{-1}$ 柠檬酸溶液中,Pu(Ⅲ)几乎完全被配合,生成 $Pu(C_6H_5O_7)$、$Pu(H_2C_6H_5O_7)_2^+$ 和 $Pu(H_2C_6H_5O_7)_3$ 三种主要配合物形式,其稳定常数分别为 3.6×10^{11}、1.3×10^8 和 6.2×10^{11}。当 pH 为 3.0 ~ 6.5 条件下,主要以 $Pu(H_2C_6H_5O_7)_3$ 配合形式存在,其稳定常数约为 10^{11}。

在 5×10^{-2} $mol \cdot L^{-1}$ 柠檬酸溶液中,当 pH 约为 1.2 左右,Pu(Ⅳ)与柠檬酸根开始形成中性或阴离子配合物。当 pH > 5 时主要形成[$Pu(C_6H_5O_7)_4$]$^{8-}$,其稳定常数为 1.7×10^{27}。

2. 酒石酸根配合物

在 2×10^{-2} $mol \cdot L^{-1}$ 酒石酸溶液中,当 pH < 1.8 时,Pu(Ⅲ)不发生配合反应,当 pH > 3 时,Pu(Ⅲ)几乎全部发生配合反应,生成 $Pu(HC_4H_4O_6)^{2+}$、$Pu(C_4H_4O_6)^+$ 和 $Pu(C_4H_4O_6)_2^-$

三种主要配合物形式,其稳定常数分别为 6.3×10^4、2.1×10^4 和 3.0×10^7。在 pH 为 $5.0 \sim 6.0$ 条件下,还可生成 $[Pu(C_4H_4O_6)_6]^{9-}$ 配合物形式,其稳定常数为 5.0×10^{15}。

Pu(Ⅳ)与酒石酸根配合能力较强,在 pH 为 $5.0 \sim 6.0$ 酒石酸溶液中主要生成 $[Pu(C_4H_4O_6)_6]^{8-}$ 配合物形式,其稳定常数为 2.0×10^{31}。

3. 乙二胺四乙酸根(EDTA)配合物

EDTA 与所有价态的钚均可形成较稳定的配合物。不同价态的钚与 EDTA 形成配合物能力的顺序如下:

$$Pu(Ⅳ) > Pu(Ⅲ) > Pu(Ⅵ) > Pu(Ⅴ)$$

Pu(Ⅲ)与乙二胺四乙酸根主要形成 PuY^- 和 $PuHY$(其中 Y^{4-} 表示乙二胺四乙酸根)两种螯合物,其稳定常数分别为 2.28×10^{17} 和 1.61×10^9。在中性介质(pH >5)中,PuY^- 还可部分水解形成 $PuY(OH)^{2-}$。

在 pH = 3 时,Pu(Ⅳ)与 EDTA 形成 PuY 和 Pu_2Y^{4+} 两种主要配合物形式,当 pH >5 时,这些配合物又能进一步水解。当溶液中硝酸浓度为 $0.05 \sim 1 \ mol \cdot L^{-1}$ 时,Pu(Ⅳ)与 Y^{4-} 形成 1:1 的配合物,其稳定常数为 1.38×10^{26}。上述结果显示,Pu(Ⅳ)与 EDTA 能形成非常牢固的配合物,此配合物甚至在酸性较强的介质(约 $1 \ mol \cdot L^{-1}$ 的硝酸或盐酸)中仍然能存在。在钚的分析过程中,通常利用 Pu(Ⅳ)与 EDTA 配位配合能力较强,而其他杂质与 EDTA 配位配合能力较弱的特性,用于 Pu(Ⅳ)的配合物滴定。

当 pH >5 时,Pu(Ⅴ)主要以 PuO_2Y^{3-} 形式存在。在 pH <4 时的溶液中,未见配合物形式存在。

在 pH = 3.3 和 pH = 4.0 时,Pu(Ⅵ)与 Y^{4-} 形成紫色的 PuO_2Y^{2-} 配合物,其稳定常数分别为 2.46×10^{16} 和 1.07×10^{16}。

4. 醋酸根配合物

Pu(Ⅲ)在醋酸溶液中,依次形成 $Pu(HC_2H_3O_2)^{3+}$、$Pu(C_2H_3O_2)^{2+}$、$Pu(C_2H_3O_2)_2^+$、$Pu(C_2H_3O_2)_3$ 和 $Pu(C_2H_3O_2)_4^-$ 等配合物形式,其稳定常数分别为 3.2×10^3、3.0×10^4、4.3×10^3、3.1×10^4 和 6.5×10^3。目前还未见报道精确测量这些配合物相对含量与 pH 之间的关系。但在 pH <3 的 $10^{-4} \ mol \cdot L^{-1}$ 的醋酸溶液中,大约含有 20% 的 $Pu(HC_2H_3O_2)^{3+}$,在pH = 4.5 时,主要以 $Pu(C_2H_3O_2)^{2+}$ 存在,当 pH≥5 时,便出现 $Pu(C_2H_3O_2)_4^-$ 配合物。

Pu(Ⅳ)在醋酸溶液中,依次形成 $Pu(C_2H_3O_2)^{3+}$、$Pu(C_2H_3O_2)_2^{2+}$、$Pu(C_2H_3O_2)_3^+$、$Pu(C_2H_3O_2)_4$ 和 $Pu(C_2H_3O_2)_5^-$ 等配合物形式,其稳定常数分别为 2.05×10^5、1.0×10^9、8.0×10^{13}、2.0×10^{18} 和 3.98×10^{22}。将醋酸钠加入至 Pu(Ⅳ)溶液中,溶液颜色从褐色或绿色转变为紫橙色,其配合能力对溶液中的 pH 较敏感。

Pu(Ⅵ)在醋酸溶液中主要形成 $PuO_2(C_2H_3O_2)^+$、$PuO_2(C_2H_3O_2)_2$ 和 $PuO_2(C_2H_3O_2)_3^-$ 配合物形式,其稳定常数分别为 1.9×10^3、2.0×10^6 和 2.3×10^7。

5. 乙异肟羟肟酸(AHA)

AHA 解离常数要比醋酸弱得多(醋酸的 $pK_a = 4.75$ 而 AHA 的 $pK_a = 9.2$)。AHA 与金属配位过程如下:

$$\underset{\text{(}CH_3-\overset{\displaystyle O}{\overset{\|}{C}}-NH-OH\text{)}}{} \longrightarrow CH_3-\overset{\displaystyle O}{\overset{\|}{C}}-NH-O^- + H^+ \quad 解离过程$$

$$CH_3—\overset{\displaystyle O}{\overset{\|}{C}}—NH—O^- + M^{n+} \longrightarrow CH_3—\overset{\displaystyle \overset{\displaystyle M}{\diagup \ \diagdown}}{\overset{O \qquad O}{C}}—NH \qquad 配位过程$$

但与金属离子的螯合能力比羧酸强得多。其配合反应可写成

$$AHA \underset{}{\overset{K_a}{\rightleftharpoons}} H^+ + AA^- \qquad K_a = \frac{\{H^+\}\{AA^-\}}{\{AHA\}}$$

$$M^{z+} + nAA^- \underset{}{\overset{\beta_n}{\rightleftharpoons}} M(AA)_n^{z-n} \qquad \beta_n = \frac{\{M(AA)_n^{z-n}\}}{\{M^{z+}\}\{AA^-\}^n}$$

其中,K_a 是离解常数;β_n 是稳定常数,不仅与温度有关,还与离子强度有关。从 β_n 的表达式可以看出,酸度的提高会抑制金属离子与 AHA 的配合。表 4 – 14 列出了 AHA 和多种金属离子的稳定常数。从表中数据可以看出,金属离子与 AHA 的配合也基本符合金属离子的离子势(z/r)越高,稳定常数越高的基本原则,AHA 与四价金属离子的配合物稳定常数普遍高于三价金属离子,Fe^{3+} 因其半径小,与 AHA 的配合能力与四价离子相当。U(Ⅵ)的部分正电荷被两个氧原子覆盖,UO_2^{2+} 的有效电荷数小于 4,故与 AHA 的稳定常数小于 Pu(Ⅳ)和 Np(Ⅳ)。

表 4 – 14　**AHA 与多种金属离子的稳定常数**

离子种类	实验条件	lg β_1	lg β_2	lg β_3
Al(Ⅲ)	HNO₃	7.95	15.29	21.47
Fe(Ⅲ)	25 ℃,$\mu = 0.1$ mol · L⁻¹ NO₃⁻	11.00	20.93	28.75
Ce(Ⅲ)	20 ℃,$\mu = 0.1$ mol · L⁻¹ NO₃⁻	5.45	9.79	12.80
Pu(Ⅲ)	22 ℃,$\mu = 2.0$ mol · L⁻¹ ClO₄⁻	5.77	11.66	14.84
Pu(Ⅳ)	22 ℃,$\mu = 2.0$ mol · L⁻¹ NO₃⁻	14.2	24.1	32.2
Np(Ⅳ)	25 ℃,$\mu = $ constant ClO₄⁻	12.46	22.22	29.89
Zr(Ⅳ)	25 ℃,$\mu = 1.0$ mol · L⁻¹ ClO₄⁻	12.77	23.13	——
U(Ⅵ)	25 ℃,$\mu = 0.1$ mol · L⁻¹ NO₃⁻	8.22	15.30	——

在萃取过程中,金属离子与 AHA 的配合作用会使其分配比降低。表 4 – 15 列出了一些锕系元素离子在 30% TBP/OK 和含 AHA 水相中的分配系数。表中数据显示,AHA 能将萃取到 30% TBP/煤油中的 Pu(Ⅳ)和 Np(Ⅳ)配合反萃下来,同时将 Np(Ⅵ)还原反萃,不影响对 U(Ⅵ)的萃取。

表 4 – 15　**相关离子在 30% TBP/OK 和含 AHA 水相中的分配系数**

离子种类	$C(HNO_3)/(mol · L^{-1})$	$C(AHA)/(mol · L^{-1})$	$D_{无AHA}$	$D_{有AHA}$
Pu(Ⅲ)	2.0	0.05	0.031	0.029
Pu(Ⅳ)	2.0	0.05	3.6	0.11
Np(Ⅳ)	1.0	0.05	0.74	0.021
Np(Ⅵ)	1.0	0.1	2.3	0.0025
U(Ⅵ)	2.0	0.2	9.0	7.4

4.4　中性萃取剂萃取钚

4.4.1　中性磷类萃取剂

1.磷酸三丁酯(TBP)

TBP 是一种性能优良的中性磷类萃取剂,它不仅易于制备和纯化,而且价格便宜,萃取时达到平衡速度快,特别适用于硝酸体系中选择性萃取铀和钚。目前,在核燃料后处理中,从裂变产物中分离铀和钚,已成功实现了商业应用。

在 Purex 流程中,钚常以四价离子的形式存在于溶液中,但在乏燃料元件溶解、钚的还原反萃等工序以及钚自身的歧化反应均会形成不同价态钚共存的现象,因此,研究 TBP 对不同价态钚萃取的规律是有实际意义的。

从第一章介绍的不同价态钚与 TBP 配合物结构的规律中可推测,不同氧化态钚的萃取次序与其形成配合物的相对趋势应该是一致的,即:Pu(Ⅳ) > Pu(Ⅵ) ≥ Pu(Ⅲ) > Pu(Ⅴ)。TBP 易于萃取 Pu(Ⅳ)和 Pu(Ⅵ),而对 Pu(Ⅲ)萃取分配比较低,结果见图 4-6,对 Pu(Ⅴ)几乎不萃取。

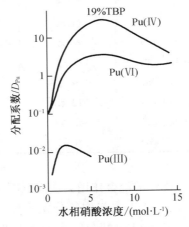

图 4-6　19%TBP 对不同氧化态钚的萃取分配比

以下分别介绍 TBP 对不同价态钚的萃取规律。

(1)TBP 对 Pu(Ⅲ)萃取

TBP 对 Pu(Ⅲ)萃取行为,一般出现在存有还原剂的溶液体系中,例如采用还原剂实现铀、钚分离以及钚的反萃等工序。图 4-7 表示当有机溶剂中不含 U(Ⅵ)时,Pu(Ⅲ)被 TBP 萃取的分配比与硝酸浓度之间的关系,结果显示,随着 TBP 浓度的提高,TBP 对 Pu(Ⅲ)的萃取分配比随之增大。同时,随着溶液中硝酸浓度的增加,TBP 对 Pu(Ⅲ)的萃取分配系数先增加后趋于平缓,然后随之呈现降低的变化趋势。图 4-8 表示当有机溶剂中含有 U(Ⅵ)时,硝酸浓度对 TBP 萃取 Pu(Ⅲ)的影响,结果显示,TBP 萃取 Pu(Ⅲ)的变化趋势与不含 U(Ⅵ)的相似。但从图 4-7 和图 4-8 的对比可看出,当有机相中含有 $0.3\ mol \cdot L^{-1}$ U(Ⅵ)时,TBP 对 Pu(Ⅲ)萃取分配比约降低一个数量级。因此,在后处理流程中采用还原剂实现铀、钚分离时,有机溶剂中 U(Ⅵ)的存在,有利于实现铀、钚的良好分离。

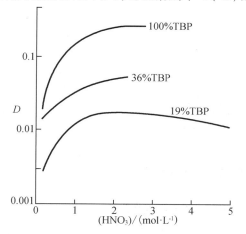

图 4-7　Pu(Ⅲ)分配系数与溶液中硝酸浓度和 TBP 浓度之间的关系曲线(不含 U(Ⅵ))

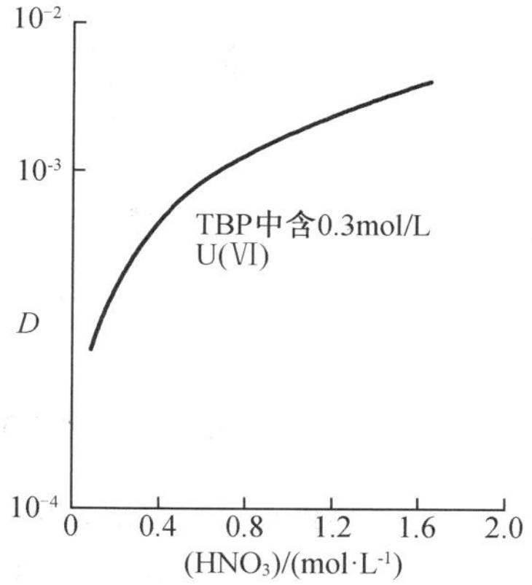

图 4-8　含 U(Ⅵ)时,30% TBP 在不同硝酸溶液中对 Pu(Ⅲ)的分配系数

(2)TBP 对 Pu(Ⅳ)的萃取

影响 TBP 萃取 Pu(Ⅳ)的主要影响因素包括:硝酸浓度、温度、自由 TBP 浓度等,其中 TBP 对 Pu(Ⅳ)分配系数与硝酸根浓度的四次方成正比,因此,萃取体系硝酸根浓度对 TBP 萃取 Pu(Ⅳ)的影响显著。

①硝酸根浓度的影响

溶液体系中硝酸浓度对 TBP 萃取 Pu(Ⅳ)的影响曲线见图 4-9,从图中可以看出,当硝酸浓度小于 $7\ mol \cdot L^{-1}$ 时,由于硝酸根的助萃作用,Pu(Ⅳ)的萃取分配比随着溶液中硝酸浓度的增加而增加。当硝酸浓度大于 $7\ mol \cdot L^{-1}$ 时,Pu(Ⅳ)的萃取分配比随着溶液中硝酸浓度的进一步增加而逐渐降低,这主要是由于硝酸与 TBP 形成了配合物(如 $HNO_3 \cdot TBP$),降低了有机相中自由 TBP 的浓度,此外随着溶液中硝酸浓度的增加,增加了 Pu(Ⅳ)与硝酸根形成配合阴离子的数量。在实际工作中,为了提高溶液体系中硝酸根的助萃作用,同时降低萃取体系水相硝酸浓度,避免硝酸与 TBP 的相互作用,通常采用硝酸盐(如硝酸钠或其他)作为盐析剂,使 Pu(Ⅳ)萃取分配比大大增加(表 4-16)。但值得注意的是,萃取水相中酸度不能太低,以免造成钚的水解而降低了钚的萃取分配比。同时以硝酸盐作为盐析剂时,将会增加废液中含盐量,不利于废液的浓缩和贮存。

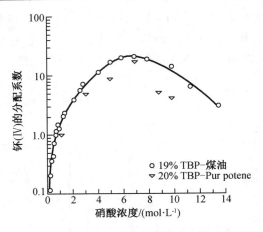

图 4 – 9　硝酸浓度对 TBP 萃取 Pu(Ⅳ) 的影响

表 4 – 16　TBP 对 Pu(Ⅳ) 萃取分配比与硝酸根浓度的关系

（有机相:19% TBP/煤油;初始钚浓度:约 0.1 g·L⁻¹;温度:20 ~ 23 ℃）

水相硝酸根浓度/(mol·L⁻¹)			$D_{Pu(Ⅳ)}$	水相硝酸根浓度/(mol·L⁻¹)			$D_{Pu(Ⅳ)}$
总 NO₃⁻	HNO₃	NaNO₃		总 NO₃⁻	HNO₃	NaNO₃	
2	2	0	3.3	7	7	0	20.2
2	1	1	4.2	7	6	1	24.6
2	0.5	1.5	6.1	7	4	3	29.3
4	4	0	10.5	7	2	5	64
4	2	2	15.0	7	0.5	6.5	16.5
4	0.5	3	19.0	8	8	0	18.2
4	6	3.5	25.6	8	6	2	29.2
6	6	0	19.6	8	4	4	41
6	4	2	22.2	8	1	7	14.4
6	2	4	33.0	9	9	0	15.5
6	1	5	62.0	9	6	3	34
6	0.5	5.5	90.0				

②水溶液中 U(Ⅵ) 浓度和 TBP 有机相中铀饱和度对 Pu(Ⅳ) 的萃取影响

表 4 – 17 为水溶液中 U(Ⅵ) 浓度和硝酸浓度对 20% TBP/稀释剂萃取 Pu(Ⅳ) 的影响,表中数据表明,在相同硝酸浓度下,TBP 对 U(Ⅵ) 的萃取分配比比 Pu(Ⅳ) 的要大得多,说明 U(Ⅵ) 较 Pu(Ⅳ) 更易被 TBP 萃取。因此,当体系中同时存在 U(Ⅵ) 和 Pu(Ⅳ) 时,TBP 将优先萃取 U(Ⅵ)。表 4 – 18 结果显示,随着有机溶剂铀饱和度的提高,Pu(Ⅳ) 萃取分配比将降低。

表 4 – 17　水相中铀浓度和硝酸浓度对 TBP 萃取 Pu(Ⅳ) 分配比的影响

（20% TBP/正十二烷,25 ℃）

水相中铀浓度/ (g · L^{-1})	水相硝酸浓度/ (mol · L^{-1})	$D_{Pu(Ⅳ)}$	水相中铀浓度/ (g · L^{-1})	水相硝酸浓度/ (mol · L^{-1})	$D_{Pu(Ⅳ)}$
25	0.5	0.16	200	0.5	0.03
	1	0.29		1	0.08
	2	0.52		2	0.14
	3	0.77		3	0.17
	4	1.00		4	0.21
50	0.5	0.10	300	0.5	0.03
	1	0.19		1	0.08
	2	0.29		2	0.11
	3	0.39		3	0.14
	4	0.50		4	
100	0.5	0.035	400	0.5	0.028
	1	0.102		1	0.028
	2	0.165		2	0.095
	3	0.225		3	
	4	0.290		4	

表 4 – 18　铀饱和度对 Pu(Ⅳ) 萃取分配比的影响

（有机相:30% TBP – 煤油,水相初始硝酸浓度:3 mol · L^{-1},相比(有机相/水相):2,温度:25 ℃）

铀饱和度/%	$D_{Pu(Ⅳ)}$	铀饱和度/%	$D_{Pu(Ⅳ)}$	铀饱和度/%	$D_{Pu(Ⅳ)}$
28.0	4.0	61.7	1.6	77.2	1.0
37.0	3.7	70.2	1.3	82.4	0.79
45.6	2.3	72.0	1.1	86.8	0.57

③TBP 浓度对 Pu(Ⅳ) 的萃取影响

Pu(Ⅳ) 的分配比与溶剂中自由 TBP 浓度的二次方成正比,即随着 TBP 浓度的提高,Pu(Ⅳ) 的萃取分配比随之增大(图 4 – 10)。

④稀释剂种类对 Pu(Ⅳ) 的萃取影响

在液 – 液萃取过程中,为了弥补 TBP 萃取剂物理性能方面的缺陷,降低溶剂相的密度和黏度,改善其水力学性能或为了提高其萃取选择性,通常均需要用一定的有机试剂来稀释萃取剂,这种有机试剂叫作稀释剂。按照分子极性来分,可分为极性稀释剂和非极性稀释剂。所用稀释剂的性质不同,往往会引起被萃取元素分配系数的变化(图 4 – 11)。极性稀释剂对被萃取元素分配系数的影响主要来自两个方面,一是由于稀释剂与萃合物分子间的作用力不同而引起的;二是由于稀释剂在萃取过程中的化学作用引起的。例如图 4 – 11 中以 CHCl$_3$ 为稀释剂时,TBP 萃取体系对 Pu(Ⅳ) 的萃取分配比比其他三种均低,主要原因可能是稀释剂中有一个 H 与 TBP 中的氧形成了氢键,因此 CHCl₃ 与 Pu(NO₃)₄ 对 TBP 有一个竞争作用,使 Pu(Ⅳ)的分配比大大降低。反之,非极性溶剂则没有这种相互作用,对被萃取元素的分配比影响小得多。

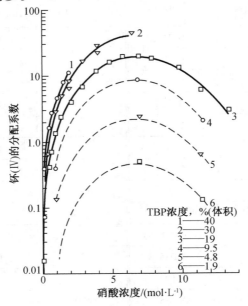

图 4 - 10　TBP 浓度对 Pu(Ⅳ)萃取分配比的影响

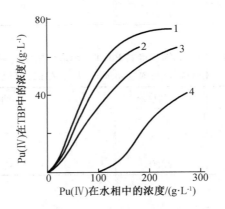

1—苯;2—合成煤油;3—CCl₄;4—CHCl₃。

图 4 - 11　稀释剂对 20% TBP 萃取 Pu(Ⅳ)的影响(25 ℃)

⑤温度对 Pu(Ⅳ)的萃取影响

温度对 TBP 萃取 Pu(Ⅳ)的影响可从三个方面进行分析,一是温度对 Pu(Ⅳ)生成硝酸根配合物的影响,在硝酸溶液中,Pu(Ⅳ)与硝酸根存在多级配合,形成正三价至负二价配合物。当温度提高时,含较多硝酸根配合物离解生成易被 TBP 萃取的四硝酸根配合物,导致萃取分配比升高。二是 Pu(Ⅳ)被 TBP 萃取的反应是放热反应,温度提高不利于 Pu(Ⅳ)的萃取;三是当温度提高时,铀的萃取分配系数会降低,使铀的饱和度降低,因而钚的萃取分配比有所提高。

⑥TBP 降解产物对 Pu(Ⅳ)的萃取影响

以磷酸三丁酯(TBP)/稀释剂为萃取体系的 Purex 流程是目前世界上唯一商业应用的乏燃料后处理水法流程。在后处理工艺过程中萃取剂和稀释剂会受到较强 α、β、γ 辐射作用以及各种试剂的化学作用,产生辐解、聚合及其他反应,引起萃取体系物性变化。这些辐解产物一方面影响溶剂萃取性能,另一方面配合能力较强的辐解产物将会造成铀、钚和裂变产物元素在有机相保留积累,并可能与料液作用产生界面污物或引起乳化,造成萃取分相困难,操作条件恶化,影响了萃取工艺的正常进行。后处理厂为降低运行成本和减少废物,所有的溶剂均应循环使用,其中一个重要参数是可循环使用次数,它取决于溶剂自身的稳定性能和工艺过程对其性能的影响。

在后处理工艺流程中,不同工序所受 α、β、γ 辐射作用不同,例如,共去污循环的 1A 分离单元溶剂主要受 α、β、γ 共同辐射作用,且随着燃耗加深,溶剂受 α(来自^{239}Pu、^{241}Am 和 ^{244}Cm)粒子的辐照效应越来越成为主要。1B 和钚线主要来自 α(^{239}Pu)粒子的辐照效应。同时,由于各种射线的射程、能量不同,对溶剂造成的损伤可能不同。李辉波等人采用静态和动态辐照两种手段,针对溶剂在后处理工艺过程的使用特点,开展了 30% TBP/稀释剂体系的 α 和 γ 辐照稳定性及对后继工艺的影响研究,获取了辐照方式、辐照剂量率和吸收剂量等对溶剂辐照辐解产物、有机相钚萃取和保留等的影响数据,提出在现有洗涤工艺条件下溶剂可循环使用的次数和使用建议方案。

研究过程采用的静态和动态辐照实验方法如下:

a. 辐照前溶剂预处理

依次采用等体积的 5% Na$_2$CO$_3$、0.1 mol·L^{-1} HNO$_3$ 和去离子水充分洗涤 30% TBP – 煤油溶液,然后用 3.0 mol·L^{-1} 的 HNO$_3$ 进行酸平衡。

b. 静态辐照

(a)γ 辐照:在空气气氛中于常温下用 1.3 × 10^{5}Ci 的 ^{60}Co 源辐照至一定剂量,每次辐照溶液的吸收剂量率用重铬酸钾银剂量计测定。

(b)α 辐照:首先将相同体积的 1.6 g·L^{-1} ^{238}Pu 硝酸溶液与 30% TBP – 煤油混合将 ^{238}Pu 萃入有机相,然后利用有机相萃取的 ^{238}Pu 进行溶剂 α 静态辐照,辐照剂量按有机相中 ^{238}Pu 量进行计算,计算公式如下:

$$W(衰变能) = 1.6 \times 10^{-13} \times E \times Q$$
$$W(Gy) = W(衰变能)/m$$

其中,E 为 ^{238}Pu 衰变 α 粒子能量,MeV;Q 为 ^{238}Pu 的放射性比活度,Bq;m 为被辐照体系的质量,kg。

c. 溶剂动态循环辐照

目前,国内外对溶剂的辐解稳定性研究绝大多数采用静态辐解,而乏燃料后处理溶剂萃取过程是在连续搅拌下,实现溶剂与水相充分混合,达到萃取分离目的。同时,后处理厂为降低运行成本和减少废物,所有的溶剂均应循环使用,故溶剂的静态辐解行为与后处理真实过程存在一定的差距,图 4 – 12 和图 4 – 13 为模拟溶剂在后处理使用的真实过程,采用循环辐照和动态混合辐照示意图。

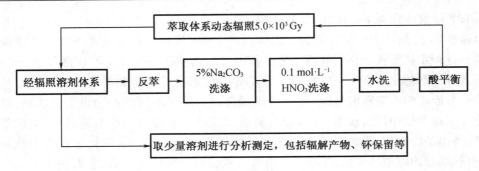

图4-12 溶剂循环辐照流程图

为了解决溶剂动态循环辐照过程中溶液和钚气溶胶的渗漏、溢出以及实现有机相和水相的高速搅拌混合,设计了图4-13所示的动态辐照装置,整个辐照和取样过程实现了密封操作。

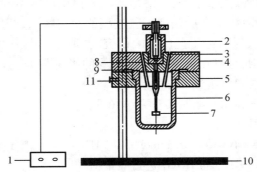

1—搅拌电机远程控制器;2—搅拌电机;3—取样口;4—密封盖;5—密封底;6—辐照容器;
7—搅拌桨;8—温度探测口;9—密封垫;10,11—固定架。

图4-13 动态辐照装置示意图

d. 钚保留测定实验方法

溶剂 γ 辐照:将等体积的含钚溶液(钚浓度为 $1.6\ \mathrm{g \cdot L^{-1}}$)与经辐照的溶剂混合萃取,再经二甲基羟胺还原反萃、碱、酸洗涤和水洗,最后采用液体闪烁仪分析溶剂中钚的含量,残留在有机相中的钚与反萃前有机相钚的比值为钚保留值。

溶剂 α 辐照:将 α 辐照的溶剂依次经反萃、碱、酸洗涤和水洗,最后定溶剂中钚的含量,分析方法和计算方法同上。

图4-14 和图4-15 为30%TBP-煤油-硝酸体系在 α 和 γ 静态辐照方式下对溶剂体系辐解产物 $\mathrm{HDBP/H_2MBP}$ 生成量的影响,研究选择的溶剂预平衡酸度为 $3.0\ \mathrm{mol \cdot L^{-1}}$ $\mathrm{HNO_3}$。当累积吸收剂量均为 $1.0 \times 10^5\ \mathrm{Gy}$ 时,α 与 γ 辐照剂量率对 $\mathrm{HDBP/H_2MBP}$ 生成量的影响结果显示(图4-14),两种辐照方式下,$\mathrm{HDBP/H_2MBP}$ 生成量均随吸收剂量率的增加而增加,在相同的辐照剂量率和吸收剂量的情况下,α 辐解生成的 $\mathrm{HDBP/H_2MBP}$ 明显比 γ 辐照产物生成量大。

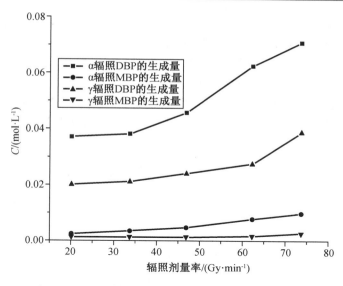

图 4 - 14　辐照剂量率对溶剂体系辐解产物 HDBP/H₂MBP 生成量的影响

当 α 与 γ 辐照剂量率相同时，α 与 γ 累积吸收剂量对 HDBP/H₂MBP 生成量的影响结果显示（图 4 - 15），当累积吸收剂量小于 5.0×10^3 Gy 时，α 与 γ 辐照生成 HDBP 与 H₂MBP 的量较接近，但随着累积吸收剂量的继续增加，α 辐照生成的 HDBP 与 H₂MBP 明显大于 γ 辐照，当累积吸收剂量达到 5.0×10^5 Gy 时，α 辐照生成的 HDBP 和 H₂MBP 浓度分别为 3.71×10^{-2} mol·L^{-1} 和 3.17×10^{-3} mol·L^{-1}，γ 辐照生成的 HDBP 和 H₂MBP 浓度分别为 1.88×10^{-2} mol·L^{-1} 和 5.65×10^{-4} mol·L^{-1}，α 辐照生成 HDBP 和 H₂MBP 的量分别是 γ 辐照 2.0 倍和 5.6 倍。

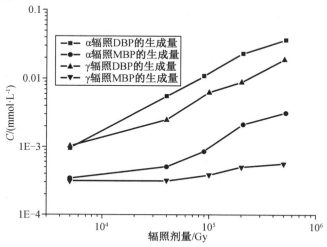

图 4 - 15　吸收剂量对溶剂体系辐解产物 HDBP 与 H₂MBP 生成量的影响

图 4 - 16(a) 和图 4 - 16(b) 分别表示 30% TBP - 煤油 - 硝酸体系在 γ 和 α 的静态累积辐照和动态循环辐照方式下对钚萃取分配比（D_{Pu}）的变化。γ 静态累积辐照和动态循环辐照的对比结果显示，两种辐照方式下辐照后的溶剂对钚的萃取分配比均随溶剂吸收剂量的增加而增加，但在相同的吸收剂量辐照下，静态累积辐照后的溶剂对钚的萃取分配比比动

态循环辐照的大,并随着吸收辐照剂量的增加,两者的差别越明显。而 α 静态累积辐照和动态循环辐照后溶剂对钚的萃取分配比随溶剂吸收剂量的变化有所不同,受 α 动态循环辐照后的溶剂对钚的萃取分配比随溶剂吸收剂量的增加而增加,受 α 静态累积辐照后的溶剂对钚的萃取分配比随溶剂吸收剂量增加先增加后趋于变化不明显,可能原因是溶剂受 α 辐照后生成的 HDBP 和 H_2MBP 随着辐照剂量的增大,其进一步辐解破坏趋势增大。另外,在相同的辐照形式和受相同的累积辐照剂量下,溶剂受 α 辐照后对钚的萃取分配比均比受 γ 辐照的大。

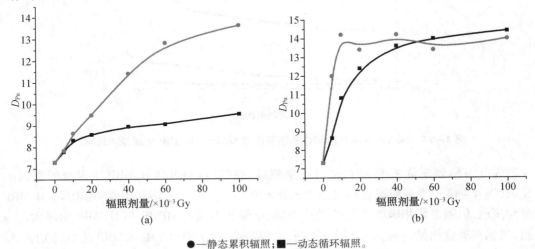

●—静态累积辐照;■—动态循环辐照。

图 4 - 16 γ 和 α 总辐照吸收剂量对钚萃取分配比的影响

图 4 - 17(a)和(b)分别表示 30% TBP - 煤油 - 硝酸体系在 γ 静态累积辐照和动态循环辐照情况下对有机相钚保留的影响。结果表明,随溶剂 γ 吸收剂量增加,静态累积辐照所引起的溶剂钚保留值增加较明显。同时结果也表明,当溶剂所受吸收剂量相同的情况下,溶剂的静态累积辐照所引起的有机相钚保留值均比动态循环辐照的大,当辐照吸收剂量达到 1.0×10^5Gy(相当于溶剂动态辐照 20 次)时,静态累积辐照引起的溶剂钚保留值 10 倍于动态循环辐照。

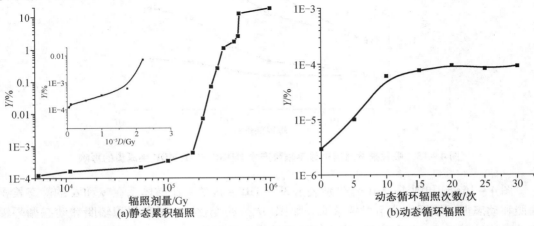

图 4 - 17 γ 辐照过程对溶剂钚保留的影响

图 4-18(a)和图 4-18(b)分别表示 30％TBP-特种煤油-硝酸体系在 α 静态累积辐照和动态循环辐照情况下对有机相钚保留的影响。结果表明,随溶剂 α 吸收剂量增加,两种辐照方式所引起的溶剂钚保留值均随溶剂 α 吸收剂量增加而增加。同时结果也表明,当溶剂所受吸收剂量相同的情况下,溶剂的静态累积辐照所引起的有机相钚保留值均比动态循环辐照的大,当辐照吸收剂量达到 1.0×10^5 Gy(相当于溶剂动态辐照 20 次)时,动态循环辐照引起的溶剂钚保留值约为 0.3％,而静态累积辐照所引起的溶剂钚保留值达到 3.6％,当溶剂 α 动态循环辐照 12 次,所引起的溶剂钚保留值接近 0.1％,所以为了并确保 1A (或 2A)中 Pu 收率达 99.9％,溶剂可用的最佳循环次数应该不超过 12 次。

另外,当溶剂吸收相同辐照剂量下,α 辐照造成溶剂钚保留值均大于 γ 辐照,进一步表明 α 和 γ 对溶剂的辐解行为存在不同之处。

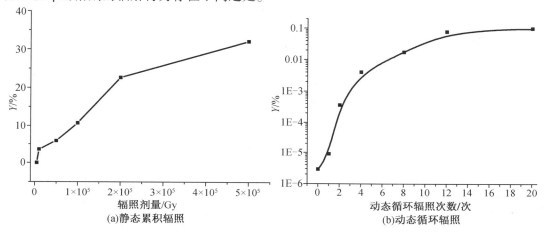

图 4-18　α 辐照过程对溶剂钚保留的影响

2. 三辛基氧膦(TOPO)

TOPO 也是应用较为广泛的一种中性膦类萃取剂,能从硝酸、盐酸、硫酸或磷酸等体系中萃取钚、铀、钍等元素,但由于其对锆钌铌等裂变元素的净化系数不高,且价格昂贵,限制了其在后处理厂的应用,通常被广泛用于无机和放射化学分析中。表 4-19 列出了 0.1 mol·L^{-1}TOPO/环己烷从硝酸和盐酸体系中对钚的萃取分配系数。

水相体系中硝酸盐的加入,可提高萃取分配系数,如 0.01 mol·L^{-1}TOPO/环己烷萃取体系在 1 mol·L^{-1}硝酸溶液中对 Pu(Ⅳ)萃取分配系数约为 80,而在含有 5 mol·L^{-1}硝酸钠的 1 mol·L^{-1}硝酸溶液中,对 Pu(Ⅳ)萃取分配系数增加至 1 000。

表 4 – 19　TOPO/环己烷从硝酸和盐酸体系中对不同价态钚的萃取分配系数

（0.1 mol·L^{-1}TOPO/环己烷,室温）

HNO₃			HCl			
萃取平衡时水相中的酸浓度/(mol·L^{-1})	萃取分配系数		萃取平衡时水相中的酸浓度/(mol·L^{-1})	萃取分配系数		
	Pu(Ⅳ)	Pu(Ⅵ)		Pu(Ⅲ)	Pu(Ⅳ)	Pu(Ⅵ)
0.30	—	224.9	0.43	0.11	—	—
0.50	211.0	—	1.00	0.12	7.0	19.1
0.69	—	238.4	2.90	0.15	—	—
1.50	—	110.4	3.00	—	11.1	27.2
2.00	309.6	—	3.85	0.19	—	—
3.00	—	29.3	4.80	0.25	—	—
4.00	514.0	25.0	5.00	—	50.4	271.6
5.00	—	28.3	7.00	—	172.6	329.4
6.00	567.1	32.3	7.65	0.68	—	—
7.00	567.1	24.2	8.60	0.76	—	—
9.00	404.9	14.9	9.00	—	342.6	250.3
11.00	272.3	6.4	11.00	—	280.0	109.7

硝酸钚在萃取过程中,Pu(Ⅳ) 和 Pu(Ⅵ)在硝酸溶液中以中性配合物 Pu(NO₃)₄·2TOPO 和 PuO₂(NO₃)₂·2TOPO 被萃取的。

TOPO 对 Pu(Ⅳ) 和 Pu(Ⅵ)氯化物的萃取性能与相应硝酸盐相似,而 Pu(Ⅲ)由于不能形成中性 PuCl₃ 配合物导致其不被萃取。采用 1 mol·L^{-1}碳酸钠溶液能从 TOPO 萃取体系中反萃钚。

3.磷酸三异戊酯(TiAP)

TiAP 与 TBP 均属于中性磷类萃取剂,对 Pu(Ⅳ)均有较高的萃取能力(见图 4 – 19)。

表 4 – 20 为两者基本物理性能参数,从表中对比结果可以看出,TiAP 与 TBP 萃取剂的基本物理性质相似,TiAP 在常温条件下为淡黄色透明液体,与煤油有良好的互溶性,稀释后的溶液为无色。TiAP 的密度小于 TBP,与水密度相差更大,这表明用 TiAP 作萃取剂时,更有利于两相分离。同时 TiAP 在水中的溶解度只有 TBP 在水中溶解度的 1/19.5,可大大降低溶解于水相的有机溶剂含量。

表 4 – 20　TiAP 与 TBP 萃取剂基本物理性质的比较

萃取剂	M_t	ρ/(g·cm^{-3})	闪点/℃	沸点/℃	折射率 n_{29}^{25}	在水中溶解度/(g·L^{-1})
TBP	266.3	0.973	150	161[①]	1.422 5	0.39
TiAP	308	0.952	165	143~146[②]	1.427 5	0.02

注:①$p = 2.0$ kPa;

　　②$p = 9.5 \times 10^2$ Pa

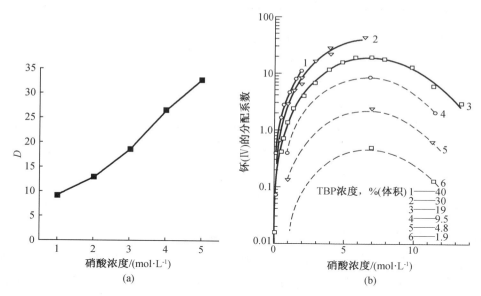

图 4 - 19　30% TiAP/煤油 - 硝酸对 Pu(Ⅳ) 的萃取分配系数及 TBP 浓度对 Pu(Ⅳ) 的萃取分配系数的影响

　　TiAP/正十二烷和 TBP/正十二烷对硝酸的萃取行为(图 4 - 20) 变化曲线显示,两者对硝酸的萃取行为相似,当水相硝酸浓度小于 3 mol · L^{-1} 时,对硝酸的萃取分配比随溶液中硝酸浓度的提高而增大,当水相硝酸浓度大于 3 mol · L^{-1} 时,对硝酸的萃取分配比随水相硝酸浓度的增大而下降。另外,表 4 - 21 列出了 TiAP/正十二烷对部分裂变产物元素的萃取分配比数据,从表中数据可看出,TiAP 对 Zr、Ru 等裂变产物元素萃取行为与 TBP 也相似。

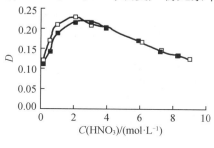

□—TBP;　■—TiAP。

图 4 - 20　TiAP 和 TBP 萃取硝酸分配比与水相中硝酸浓度的关系

(T = 303 K)

表 4 - 21　0.2 mol · L^{-1} TiAP/正十二烷对 U(Ⅵ) 、Pu(Ⅳ) 及部分裂变产物元素的萃取分配比数据

(温度:25 ℃;相比(有机相:水相):1)

(HNO₃) /(mol · L⁻¹)	分配比产物 D							
	U(Ⅵ)	Pu(Ⅳ)	Ce(Ⅲ)	Ru(?)*	Cs(Ⅰ)	Pr(Ⅲ)	Zr(Ⅳ)	Nb(Ⅳ)
0.5	0.33	0.15	0.09	0.32	0.08	0.13	—	0.01
1.0	0.84	0.33	0.05	0.27	0.04	0.11	0.05	0.03

表 4 – 21（续）

（HNO$_3$）/(mol·L^{-1})	分配比 D							
	U(Ⅵ)	Pu(Ⅳ)	Ce(Ⅲ)	Ru(?)*	Cs(Ⅰ)	Pr(Ⅲ)	Zr(Ⅳ)	Nb(Ⅳ)
2.0	1.78	0.51	0.03	0.10	0.06	—	0.05	0.01
3.2	3.20	1.50	0.02	0.06	—	—	0.07	0.01
4.3	4.25	2.15	0.05	0.04	—	—	0.09	0.10
5.1	4.59	3.15	0.09	0.04	—	—	0.15	0.20
6.1	4.38	2.93	0.04	0.03	—	—	0.21	0.28
7.1	3.87	2.79	0.04	0.03	0.01	0.02	0.25	0.29
8.0	3.29	2.61	0.01	0.01	—	—	0.33	0.35

表 4 – 22 表示在 2 mol·L – 1 硝酸溶液中不同浓度 TiAP 对 U(Ⅵ)、Pu(Ⅳ) 萃取分配比数据，TiAP 对 U(Ⅵ)、Pu(Ⅳ) 萃取分配比随着 TiAP 浓度的增加而增加。将萃取分配比与 TiAP 浓度的对数作图（图 4 – 21）可得出，TiAP 与 U(Ⅵ)、Pu(Ⅳ) 萃合物结构分别为 UO$_2$(NO$_3$)$_2$·2TiAP 和 Pu(NO$_3$)$_4$·2TiAP。

表 4 – 22　2 mol·L^{-1} 硝酸溶液中不同浓度 TiAP 对 Pu(Ⅳ) 萃取分配比数据

[TiAP]/(mol·L^{-1})	0.05	0.20	0.30	0.40	0.50	1.10
$D_{Pu(Ⅳ)}$	0.04	0.81	1.95	3.67	6.01	22.79

注：* 相比为 1。

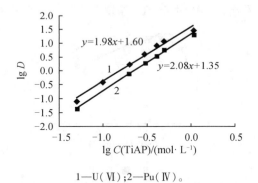

1—U(Ⅵ)；2—Pu(Ⅳ)。

图 4 – 21　2 mol·L^{-1} 硝酸溶液中 U(Ⅵ)、Pu(Ⅳ) 萃取分配比与 TiAP 浓度的关系

不同反萃剂从 TiAP 中反萃 Pu(Ⅳ) 行为的研究结果表明（表 4 – 23），在强还原剂的作用下，可实现 Pu(Ⅳ) 的完全反萃。

表 4 - 23　TiAP/正十二烷体系中 Pu(Ⅳ) 的反萃

反萃剂(Stripping agent)	介质(Medium)	D	$E/\%$
0.35 mol·L^{-1} HNO$_3$	水(Water)	0.35	74
0.5 mol·L^{-1} HCl	水(Water)	0.12	89
0.4 mol·L^{-1}盐酸羟氨(Hydroxylamine hydrochloric)	0.5 mol·L^{-1} HNO$_3$	0.09	92
0.03 mol·L^{-1}抗坏血酸(Ascorbic acid)	0.5 mol·L^{-1} HNO$_3$	0.05	95
1.0 mol·L^{-1}草酸(Oxalic acid)	0.5 mol·L^{-1} HNO$_3$	0.18	85
2.0 mol·L^{-1}乙酸(Acetic acid)	0.5 mol·L^{-1} HNO$_3$	0.29	78
0.5 mol·L^{-1}氨基磺酸亚铁(Ferrous sulfamic)	0.5 mol·L^{-1}	<0.01	>99
0.03 mol·L^{-1} U(Ⅳ)	<0.01	>99	
HNO$_3$ - 0.1 mol·L^{-1}肼(Hydrazine)			

注：C(TiAP/正十二烷(Dodecane)) = 0.2 mol·L^{-1}；$V_o:V_a$ = 1:1。

综上所述,TiAP 是一种可用于钚提取分离的萃取剂,由于其结构异构化,耐辐照能力增强,适合辐照剂量较大体系以及钚浓度相对较高的萃取体系。目前对 TiAP 的研究还处于实验室阶段,工业化应用还需继续深入开展研究。

4.4.2　其他中性萃取剂萃取钚

1. 亚砜类萃取剂

自 НИКОЛаеВ 等人首次提出亚砜类萃取剂能作为金属萃取剂以来,有关亚砜的研究近几十年来得到了迅速发展,证实了石油亚砜和其他亚砜类萃取剂是提取许多放射性元素、稀有元素和其他有色金属很有前途的萃取剂。Laurence 等人认为亚砜不仅类似于 TBP,而且比 TBP 具有更好的萃取性能,尤其它的辐解产物不像 TBP 那样对裂变产物元素具有很强的亲和力。因此,在核燃料后处理工业中,以亚砜类萃取剂代替 TBP 是有可能的。

近年来,文献报道了用二正己基亚砜(DHSO) - Solvesso100(一种芳烃混合物)从硝酸介质萃取 U(Ⅵ)、Pu(Ⅳ)、Ru、Eu 等的研究。结果表明,在 2~4 mol·L^{-1}硝酸溶液中能较好地萃取 U(Ⅵ) 和 Pu(Ⅳ) 实现其与其他裂变产物元素的分离。同时结果显示,DHSO 对 Pu(Ⅳ) 的萃取选择性优于 TBP。

二正辛基亚砜(DOSO)是另外一种用于萃取钚的亚砜类萃取剂。DOSO 是一种白色固体物质,在水中的溶解度(小于 0.2 g·L^{-1})比 TBP 小。朱国辉等详细研究了二正辛基亚砜(DOSO) - 二甲苯溶液从硝酸中萃取铀、钚、钍、镎和裂变产物元素。研究结果显示,DOSO 对这些元素的萃取规律类似于 TBP,当被萃取体系硝酸浓度从 0.1 mol·L^{-1}提高至 6 mol·L^{-1}时,随着硝酸浓度的提高,对 U(Ⅵ)、Pu(Ⅳ)、Th(Ⅳ)、Np(Ⅵ) 和 Np(Ⅳ) 等萃取分配系数亦增加。当硝酸浓度进一步提高时,可能由于硝酸根与被萃取金属离子形成配合阴离子而使萃取分配系数下降。同时结果表明,DOSO 对上述元素的萃取分配比比 TBP 的高(尤其对 Pu(Ⅳ)),在低酸时(小于 2 mol·L^{-1}),两者对 Pu(Ⅳ) 萃取分配比差一个量级。水相添加盐析剂(如硝酸铵、硝酸钠),有利于 DOSO 对 Pu(Ⅳ) 的萃取。水相中存在阴离子(如 SO_4^{2-}、F^-、$C_2O_4^{2-}$ 等)时,将降低对 Pu(Ⅳ) 萃取分配比。用斜率法测得 U(Ⅵ)、Pu(Ⅳ)、Np(Ⅵ) 和 Np(Ⅳ) 的溶剂化系数均为 2,Th(Ⅳ) 为 3,硝酸为 1。

2. 酰胺荚醚

近年来,国内外开发了许多用于高放废液中分离锕系元素的新型萃取剂,研究主要集中在酰胺类、亚砜类和冠醚大环化合物等新型萃取剂。相比较而言,研究者认为酰胺荚醚主要体现以下优点:合成方便、成本低;符合 C、H、O、N 原则,不含 P,可彻底焚烧,不产生二次废物等,在高放废液元素分离领域具有一定的优势。

酰胺荚醚萃取能力很强的原因在于其共振结构和碳链上烷氧基的存在:羰基氧上的电负性增加了氧原子的给电子能力,烷氧原子的氧有孤对电子,可参与成键,同时烷基的活性较大,使得酰胺荚醚可尽可能地克服空间位阻的影响与金属离子配位。在萃取能力上,酰胺荚醚萃取剂的萃取能力明显大于其他相应结构的二酰胺,氮原子上的取代基对酰胺荚醚的萃取能力有明显影响。酰胺荚醚中长链烷基的存在会降低其金属萃合物的极性而增加在非极性溶剂中的稳定性,链长效应显示出较短的链有较好的萃取能力,但长链显示出在正十二烷中良好的稳定性以及在高酸度溶液中对 An(Ⅲ)、An(Ⅳ)、An(Ⅴ)和 Ln(Ⅲ)的良好萃取性。

随着烷基链长的增加,酰胺荚醚分子的偶极距逐渐减少,表明分子的极性逐渐降低,烷基链长越短的分子越容易溶解于极性分子中。因此某些相对较短碳链的酰胺荚醚可溶于水,这类萃取剂不适宜用于溶剂萃取分离,随着链长增加,分子极性降低。研究表明,烷基碳原子数小于 6 时,萃取体系中必须加入辛醇以改善金属离子与酰胺荚醚分子形成的配合物在正十二烷中的溶解度,当原子数大于 6 时,体系可选择正十二烷为稀释剂。对于烷基支链化时,支链化程度越高,形成三相的趋势越大,从稀释剂选择和合成难度、成本而言,选择烷基碳原子数为 8 的正辛醇酰胺荚醚作为萃取剂是比较适当的。

3. 醚类萃取剂

早期在锕系元素制取过程中,曾用乙醚、β,β′-二丁氧基二乙醚萃取 Pu(Ⅳ)作为钚的分离和纯化试剂。

在水相硝酸浓度大于 5 mol·L^{-1}时,乙醚萃取体系对 Pu(Ⅳ)的萃取分配比大于 10,而对 Pu(Ⅵ)的萃取分配比要小得多,一般小于 3,故一般在萃取之前,需将钚全部调整转化为 Pu(Ⅳ)。乙醚能从硝酸溶液中以 Pu(NO$_3$)$_4$·xC$_4$H$_{10}$O 配合物形式萃入有机相,能实现与其他大量杂质和裂变产物元素的较高去污系数,能与 Pu(Ⅳ)一起被共萃的有 U(Ⅵ)、Ce(Ⅳ)、Th(Ⅳ)和 Zr(Ⅳ)等。但乙醚对 Pu(Ⅳ)的萃取能力不是很高,研究过程中,为了提高钚的萃取率,往往加入盐析剂,如 NH$_4$NO$_3$、Ca(NO$_3$)$_2$ 和 Al(NO$_3$)$_3$ 等。结果表明,采用 85%(v/v)乙醚-CCl$_4$ 在饱和硝酸钙的硝酸溶液中萃取 Pu(Ⅳ)和 U(Ⅵ),共萃取 3~5 次,可有效分离去除其他裂变产物、铁、铬等,钚对总 γ 放射性裂变产物的净化系数能达到 10^4,并可用强还原剂如硝酸羟胺等反萃钚,钚的回收率能达到 98% 以上。

为了分离和纯化钚和铀,研究曾采用 β,β′-二丁氧基二乙醚作为萃取剂(工艺上也称为 Butex)。Butex 具有在硝酸体系中化学稳定性较好、闪点高、水中溶解度低等优点。但其缺点是黏度高、密度与水密度相近,分相较困难。在硝酸溶液中,萃取 Pu(Ⅳ)的最佳酸度为 3 mol·L^{-1},U(Ⅵ)、Ce(Ⅳ)、RuNO(NO$_3$)$_3$ 和 Zr(Ⅳ)等一起被共萃。因此,在应用过程中,为了实现钚、铀与其他裂变产物分离,一般需要结合其他的萃取剂才能实现。如采用 Butex 从 3 mol·L^{-1}硝酸溶液中萃取钚、铀和裂变产物,铀的萃取率能达到 99.9%,钚的萃取率能达到 99.98%,但其他裂变产物的总萃取率能达到 0.5%,此时,一般需采用 TBP 实现铀钚的进一步纯化。

4. 酮类萃取剂

在钚的研究和工艺中,虽然酮类萃取剂不及有机磷化合物应用的广泛,但在钚的放射性分析具有一定的应用。

用于钚萃取的酮类萃取剂有两种:简单酮 RR′CO 和 1,3 - 二酮 $RCOCH_2COR'$。这两种酮类化合物的萃取机理是完全不同的,前者通过中性配合物的简单溶剂化,后者通过螯合物的形成进行萃取,故部分教科书或参考材料,也将此类酮归结于螯合萃取剂。

1,3 - 二酮 $RCOCH_2COR'$ 的萃取性能特点是,它能与某些阳离子形成稳定的、有机可溶的螯合物。空间位阻妨碍 1,2 - 二酮类形成稳定的螯合物,即使在 1,3 - 二酮中,由于要求一定的化学稳定性和可溶性,也使适于做萃取剂的化合物数目受到限制。这类萃取剂中,最适宜用于萃取钚是噻吩甲酰三氟丙酮(HTTA)萃取剂,其萃取钚的性能详见 4.5.2.1 章节。

甲基异丁基酮(MiBK)是研究最充分、应用最广泛的简单酮类萃取剂,它可用来分离和纯化辐照铀中的钚,从而去除大量其他元素,它也是构建 Redox 流程的基础。用 MiBK 可以从硝酸溶液中萃取 Pu(Ⅳ)和 Pu(Ⅵ),而对 Pu(Ⅲ)萃取能力较差,因此,可用还原剂反萃钚。

4.5　酸性及螯合萃取剂萃取钚

4.5.1　酸性磷类萃取剂萃取钚

酸性磷类萃取剂是含有酸性基团的有机磷化物,主要是通过其分子中含有的一个或两个氢离子与水溶液中金属离子相互交换而进行萃取反应的,对金属元素具有较高的分配比,可用于锕系元素的分离。其萃取机理与阳离子树脂吸附金属离子相似,因此其具有液体阳离子交换剂之称。

一些常用的酸性磷酸磷类萃取剂见第一章介绍,各种酸性磷类萃取剂中,以一元酸类较为重要,二(2 - 乙基己基)磷酸(HDEHP)是一种典型代表。二元酸类由于存在两个 OH 基,水溶性增大,易形成乳化,不利萃取。

表 4 - 24 为 0.5 $mol·L^{-1}$ HDEHP/异辛烷从硝酸体系中对金属离子的萃取分配比结果,从表中数据可以看出,随着硝酸浓度的增加,各种金属离子(除 Np(Ⅴ)外)的分配比数据均减小,其中 Am(Ⅲ)和 Ce(Ⅳ)减少的最明显,若选择硝酸浓度为 3 $mol·L^{-1}$,均能实现 U、Pu 与 Am、Np 和 Ce 的有效分离。

另外,研究结果显示,当水相酸度维持恒定时,分配比与 HDEHP 浓度的 n 次方成正比。分配比一般随着金属离子电荷数的增加而增加,在电荷数相同的一组离子间,分配比一般与水合离子半径成反比。

表4-24　0.5 mol·L⁻¹ HDEHP/异辛烷从硝酸体系中对金属离子的萃取分配比

（HNO₃） /（mol·L⁻¹）	分配比				
	Am（Ⅲ）	Pu（Ⅳ）	U（Ⅵ）	Np（Ⅴ）	Ce（Ⅳ）
0.01	1.7×10^4	—	—	—	144
0.1	4.3	2.8×10^4	139	1×10^{-3}	35
1.0	3.7×10^{-2}	5.8×10^3	82	3.5×10^{-2}	0.056
3.0	5.6×10^{-3}	4.9×10^3	76	8×10^{-2}	0.017
4.0	4.6×10^{-3}	4.5×10^3	65	—	—
6.0	3.8×10^{-3}		57	83	0.017
8.0	7.4×10^{-5}	4.8×10^3	57	83	0.039

4.5.2　螯合萃取剂萃取钚

1. 噻吩甲酰三氟丙酮（HTTA）

HTTA是1,3-双酮式螯合剂,通常有酮式和烯醇式两种互变异构体。当HTTA萃取金属离子时,烯醇式离子极易和金属离子形成易被萃取的螯合物。同时HTTA分子中存在三氟甲酰基,使其烯醇式具有较强的酸性,与其他β-二酮类化合物比较,它可以在酸性更强的介质中萃取金属离子,以避免金属离子的水解,提高了萃取的选择性,但其缺点通常是萃取速度较慢。

图4-22为0.1 mol·L⁻¹ HTTA/苯溶剂在不同酸体系中对Pu（Ⅳ）的萃取率影响曲线。结果显示,在一定的酸度范围内,HTTA/苯溶剂萃取体系对Pu（Ⅳ）具有良好的萃取能力。在盐酸体系,当[H⁺]<0.5 mol·L⁻¹时,对Pu（Ⅳ）的萃取率可达到90%以上,随着酸度的增加,萃取率也逐渐降低。在HClO₄体系,当[H⁺]<0.5 mol·L⁻¹时,随着酸度的增加,对Pu（Ⅳ）的萃取率增大,当[H⁺]>0.5 mol·L⁻¹时,酸度变化对Pu（Ⅳ）的萃取率影响不明显。在硫酸体系,当[H⁺]<0.2 mol·L⁻¹时,对Pu（Ⅳ）的萃取率达到99%以上,但随着[H⁺]进一步增大,对Pu（Ⅳ）的萃取率迅速下降,当[H⁺]达到1 mol·L⁻¹时,对Pu（Ⅳ）的萃取率降至20%左右。在硝酸体系,当酸度在0.5~1 mol·L⁻¹时,对Pu（Ⅳ）的萃取率达到最大值,然后随着酸度的增加,萃取率逐渐降低,因此,当用HTTA萃取Pu（Ⅳ）时,通常可用8~10 mol·L⁻¹硝酸进行反萃。

HTTA浓度对Pu（Ⅳ）的萃取分配比的影响结果显示（见图4-23）,当萃取剂浓度小于0.1 mol·L⁻¹时,随着HTTA浓度的增大,其对Pu（Ⅳ）的萃取分配比变化不明显,当萃取浓度在0.1-0.6 mol·L⁻¹之间时,随着HTTA浓度的增大,其对Pu（Ⅳ）的萃取分配比迅速增大,在0.5 mol·L⁻¹时达到最大值,然后趋于平缓,当萃取剂浓度再增大时,其对Pu（Ⅳ）的萃取分配比趋于降低,产生降低的可能原因是HTTA固体在CCl₄稀释剂中的溶解较困难,在配制1 mol·L⁻¹这么高的浓度时浓度可能会产生一定的偏差。

表4-25列出了0.5 mol·L⁻¹ HTTA/二甲苯萃取体系从硝酸溶液中萃取不同价态钚的分配比数据。表中数据表明,HTTA对Pu（Ⅳ）元素具有较高的选择性,当水相硝酸浓度为1 mol·L⁻¹,对Pu（Ⅳ）的萃取分配比达到1×10^4,而对其他价态钚萃取分配比均较小。因此,常用于不同价态钚的分析测定。

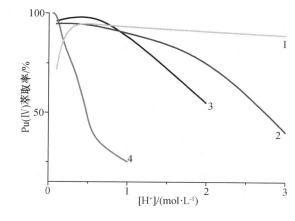

1—HClO$_4$;2—HCl;3—HNO$_3$;4—H$_2$SO$_4$。

图 4－22 用 0.1 mol · L^{-1} HTTA－苯溶液从各种溶液中萃取 Pu（Ⅳ）

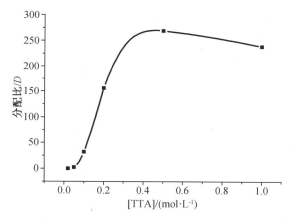

图 4－23 HTTA 浓度对 Pu（Ⅳ）的萃取分配比的影响

（水溶液为 1 mol · L^{-1} HNO$_3$，稀释剂为 CCl$_4$）

表 4－25 0.5 mol · L^{-1}HTTA／二甲苯对不同价态钚的萃取分配比数据

不同价态钚	HNO$_3$ 浓度/（mol · L^{-1}）	分配比 D
Pu（Ⅲ）	1.0	3×10^{-6}
Pu（Ⅳ）	1.0	1×10^{4}
	8.0	< 0.01
Pu（Ⅴ）	1.0	$< 3 \times 10^{-4}$
Pu（Ⅵ）	1.0	0.004

2.1－苯基－3－甲基－4－苯甲基吡啶啉酮－5（HPMBP）

HPMBP 是含有杂环的 β－双酮类螯合萃取剂，其结构也有烯醇式和酮式两种，前者为黄色晶体，后者为白色晶体，两者虽然结构不同，但其萃取性能并无差别。

HPMBP 不溶于水，易溶于有机溶剂，在有机溶剂中的溶解度比 HTTA 小，常采用的稀释剂有氯仿和苯。同时由于其分子结构中具有两个苯基，其具有较强的耐辐照性能，适用于强放射性核素的分离和测定。但其缺点是在强酸溶液中稳定性能较差，在大于 8 mol·L^{-1}的硝酸和盐酸溶液中会发生分解。

表 4 – 26 列出了 0.1 mol·L^{-1}HPMBP – 苯在硝酸介质中对不同价态钚的萃取分配数据，数据显示，HPMBP 对 Pu(Ⅳ)的选择性较好，故在常用于不同价态钚的萃取分离。从图 4 – 24 HPMBP 和 HTTA 对 Pu(Ⅳ)萃取率对比曲线可以看出，在相同的水相硝酸浓度下，HPMBP 对 Pu(Ⅳ)的萃取能力较 HTTA 强些，但对 Pu(Ⅳ)的萃取分配比随酸度的变化趋势基本相似。因此，低酸有利于萃取，高酸有利于反萃。研究发现，HPMBP 对 Pu(Ⅳ)萃取速度也比 HTTA 快，0.1 mol·L^{-1} HPMBP – 二甲苯溶液对 Pu(Ⅳ)萃取平衡时间仅 1 min，而 0.5 mol·L^{-1}HTTA – 二甲苯溶液却需要 10 min。

表 4 – 26　硝酸介质中 0.1 mol·L^{-1}HPMBP – 苯对不同价态钚的萃取分配

水相硝酸浓度 /(mol·L^{-1})	萃取分配比 D		
	Pu(Ⅲ)	Pu(Ⅳ)	Pu(Ⅵ)
0.1	—	—	—
1.0	0.029	334	0.028
1.2	—	708	—
2.0	—	726	0.013
2.2	—	739	—
3.0	0.028	794	0.009
3.2	—	1072	—
5.0	0.44	490	0.007
7.0	3.30	65	0.008
8.0	—	1.6	0.006

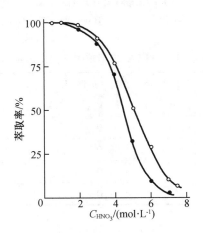

○—0.01 mol·L^{-1} HPMBP/二甲苯；●—0.5 mol·L^{-1} HTTA/二甲苯。

图 4 – 24　HPMBP 和 HTTA 对 Pu(Ⅳ)萃取率与水相 HNO$_3$ 浓度的关系

4.6　离子缔合萃取钚

4.6.1　钚的胺类溶剂萃取

胺类萃取剂包括伯胺、仲胺、叔胺和季铵盐,伯胺、仲胺、叔胺的性能类似于弱碱性阴离子交换树脂,而季铵盐是一种强碱,类似于强碱性阴离子交换树脂。这类萃取剂中伯胺和仲胺在水中溶解度较大,使其在萃取过程中的应用受到限制,而叔胺(以三正辛胺(TOA)和三异辛胺(TiOA))最为重要,常用作各种体系的萃取溶剂。表 4 – 27 为常用于萃取分离钚的两种胺类萃取剂三烷基胺 N_{235}、季铵盐 N_{263} 与三正辛胺 TOA 的物理化学性能对比参数。

表 4 – 27　TOA、N_{235}、N_{263} 的物理化学性质

项目	TOA	N_{235}	N_{263}
分子量	353	—	—
沸点(3 mmHg)/℃	180 ~ 202	180 ~ 230	—
密度(25 ℃)/(kg·m^{-3})	812.1	815.3	890.0
折射率(20 ℃)	1.449 9	1.452 5	—
黏度(25 ℃)/cP	—	10.4	—
表面张力(25 ℃)/(dyn·cm^{-1})	—	28.2	31.1
介电常数(20 ℃)	2.25	2.44	—
水中溶解度(25 ℃)/(g·L^{-1})	<0.01	<0.01	0.04
凝固点/℃	– 46	– 64	– 4
闪点/℃	188	189	150
燃点/℃	266	226	179

注:1 mmHg = 133.322 Pa;1 dyn = 10^{-5} N;1 dyn·cm^{-1} = 10^{-3} N·m^{-1};1 cP = 1 mPa·s。

通常在盐酸、硝酸、氢氟酸和硫氰酸体系中,胺对四价和六价钚的萃取能力大小次序如下:

$$季铵盐 > 叔胺 > 仲胺 > 伯胺$$

1. 叔胺萃取钚

三正辛胺(TOA)和三异辛胺(TiOA))是叔胺萃取剂中应用广泛的溶剂。由于它们具有较高的选择性,萃取平衡时间短等优点,在锕系元素的分离和分析中仍是一种常用的萃取剂。

TOA 是一种无色液体,比重为 0.812 1(20 ℃),难溶于水,易溶于有机溶剂,常用甲苯、二甲苯做稀释剂。表 4 – 28 为 10% TOA／二甲苯溶剂从硝酸介质中萃取不同价态锕系元素的分配比数据。从表中可见,TOA 对三价锕系元素的萃取能力极差,对四价元素的萃取能力,随着原子序数的增加而增加,即 Th(Ⅳ) < U(Ⅳ) < Np(Ⅳ) < Pu(Ⅳ)。而六价元素的萃

取能力为 U(Ⅵ) < Pu(Ⅵ) ≈ Np(Ⅵ)。

表 4 – 28   10%TOA/二甲苯溶剂从硝酸介质中萃取锕系元素的分配比数据

C_{HNO_3} /(mol·L^{-1})	萃取分配比 D										
	Th(Ⅳ)	Pa(Ⅴ)	U(Ⅳ)	U(Ⅵ)	Np(Ⅳ)	Np(Ⅴ)	Np(Ⅵ)	Pu(Ⅲ)	Pu(Ⅳ)	Pu(Ⅵ)	Am(Ⅲ)
	0.24	0.20	—	0.2	—	0.004	2.0	0.006	140	0.9	0.000 4
2.0	0.48	0.28	0.6	0.50	45	0.010	2.8	0.032	210	1.7	0.000 6
3.0	—	0.38		0.9		0.007	3.5	0.038	210		0.000 4
4.0	0.53	0.38		0.99	66	0.015	5.0	0.048	250	3.8	0.000 5
5.0	—	0.52		0.95	60		4.7	0.060	190		
6.0	0.66	0.57		1.17	58	0.029	5.3	0.092	260	4.9	0.000 5
7.0	—	0.65		1.2	55			0.095	100		
8.0	0.39	0.47		0.78	37	0.048	4.6	0.062	80	5.0	0.002 5
9.0	—	0.44		0.83	28				31		
0.0	0.33	0.45		0.63	14	0.055	2.4		22	4.2	0.001
11.0	—	—		1.40					8		
12.0	—	—		0.26					4	1.7	0.001 4

从表中可看出,分配比均随硝酸浓度的增加先上升,达到某极大值后逐渐下降。TOA 对 Pu(Ⅳ)的萃取选择性较高,在 1 ~ 6 mol·L^{-1}硝酸溶液中均能定量被萃取,4 mol·L^{-1}硝酸浓度时对 Pu(Ⅳ)的萃取分配比达到最大,硝酸根与 Pu(Ⅳ)能形成稳定的配位阴离子,约为 U(Ⅵ)萃取分配比的 200 倍。图 4 – 25 为恒定酸度下,TOA 浓度对不同价态锕的萃取分配比的影响曲线,结果显示,其萃取分配比与 TOA 浓度二次方成正比。

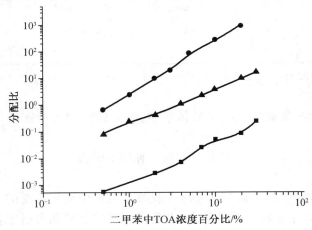

4 mol·L^{-1}硝酸,■—Pu(Ⅲ);●—Pu(Ⅳ);▲—Pu(Ⅵ)。

图 4 – 25   硝酸体系 TOA – 二甲苯浓度对不同价态钚萃取分配比的影响

从硫酸溶液中萃取 Pu(Ⅳ)时,当溶液硫酸浓度小于 0.1 mol·L^{-1}时,其萃取分配比随着酸度的增加而增大,当溶液硫酸浓度大于 0.1 mol·L^{-1}时,由于水相硫酸浓度的提高使酸式硫酸胺浓度逐渐增大,降低了其对 Pu(Ⅳ) 的萃取,故此时萃取分配比随着溶液酸度的增大而显著减小,结果见表 4-29。

表 4-29　硫酸浓度对 TOA 萃取 Pu(Ⅳ) 的影响

$(0.1 \text{ mol} \cdot \text{L}^{-1} \text{TOA}/ \text{二甲苯}, [\text{Pu}(Ⅳ)] \approx 2.34 \times 10^{-4} \text{ mol} \cdot \text{L}^{-1})$

硫酸在水相中的平衡浓度/$(\text{mol} \cdot \text{L}^{-1})$	$D_{\text{Pu}(Ⅳ)}$
0.01	11.3
0.1	43.0
0.32	18.2
0.88	0.42
2.44	0.008

2. 季铵盐萃取钚

季铵盐萃取剂对 Pu(Ⅳ) 的萃取方面具有自身固有的优点,但其缺点也限制了其在乏燃料后处理厂的工业应用。因此,虽然作为特殊应用的胺萃取剂有其特定应用对象值得广泛的研究,但未必能取代用于大规模适应性较强的 Purex 流程。国际上先后也提出过利用季铵盐萃取剂的后处理流程,如针对含有 $0.5 \text{ mol} \cdot \text{L}^{-1}$ 铀和 $0.000\ 6 \text{ mol} \cdot \text{L}^{-1}$ 钚的 $3 \text{ mol} \cdot \text{L}^{-1}$ 硝酸溶液,采用 $0.02 \text{ mol} \cdot \text{L}^{-1}$ 的三月桂基甲基硝酸铵(TLMA)和 $0.04 \text{ mol} \cdot \text{L}^{-1}$ 六癸基甲基硝酸铵(HDDMBA)的 10% 邻二甲苯的辛醇溶剂体系进行混合萃取,钚被萃入有机相,铀仍留在水相,从而实现铀钚的萃取分离,然后再用 $0.4 \text{ mol} \cdot \text{L}^{-1}$ 硝酸溶液反萃钚。结果显示,本流程中铀钚分离系数比采用叔胺萃取大 2~5 倍。

表 4-30 列出了用四丁基硝酸铵($(\text{C}_4\text{H}_9)_4\text{NNO}_3$,TBAN)季铵盐萃取剂在不同酸度和稀释剂情况下对 Pu(Ⅳ) 萃取数据。数据表明,萃取分配系数与组分的偶极矩和极化性有关。对极性(CHCl_3,$\text{C}_2\text{H}_4\text{Br}_2$)和非极性的(苯)或微极性的(甲苯)稀释剂,当溶液体系硝酸浓度增加时,非极性组分体积分数越大,其萃取分配系数越高。在非极性和微极性组分的混合物中,如苯-甲苯,分配系数随极化性低的组分比例增加而降低。在两个极性混合稀释剂中,如 $\text{CHCl}_3 - \text{C}_2\text{H}_4\text{Br}_2$ 体系,溶液体系酸度的变化对萃取分配比影响不明显。

表 4-30　硝酸溶液中 $0.01 \text{ mol} \cdot \text{L}^{-1}$ TBAN/稀释剂对 Pu(Ⅳ) 的萃取分配系数(20 ℃)

稀释剂		稀释剂体积比		不同硝酸浓度下对 Pu(Ⅳ) 的萃取分配系数					
A	B	A	B	1	2	3	4	5	6
CHCl_3	C_6H_6	1	0	0.024	0.048	0.11	0.15	0.10	0.065
		0	1	0.007	0.015	0.087	0.27	1.1	0.85
		1	1	0.03	0.19	0.45	0.82	0.7	0.42
$\text{C}_2\text{H}_4\text{Br}_2$	C_6H_6	1	0	0.024	0.05	0.16	0.22	0.31	0.23
		0	1	0.007	0.015	0.087	0.27	1.1	0.85
		1	1	0.016	0.08	0.27	0.75	0.6	0.45

表 4 – 30(续)

稀释剂		稀释剂体积比		不同硝酸浓度下对 Pu(Ⅳ) 的萃取分配系数					
A	B	A	B	1	2	3	4	5	6
CHCl$_3$	C$_6$H$_5$CH$_3$	1	0	0.024	0.048	0.11	0.15	0.10	0.065
		0	1	<0.001					
		1	1	0.031	0.10	0.27	0.38	0.65	0.37
CHCl$_3$	CCl$_4$	1	0	0.024	0.048	0.11	0.15	0.10	0.065
		0	1	<0.001					
		1	1	0.03	0.11	0.18	0.27	0.31	0.25
C$_6$H$_6$	C$_6$H$_5$CH$_3$	1	0	0.007	0.005	0.087	0.27	1.1	0.85
		0	1	<0.001					
		1	1	<0.001	0.08	0.023	0.22	0.45	0.55
CHCl$_3$	C$_2$H$_4$Br$_2$	1	0	0.024	0.048	0.11	0.15	0.10	0.065
		0	1	0.024	0.05	0.16	0.22	0.31	0.23
		1	1	0.042	0.11	0.21	0.22	0.24	0.11

4.6.2 冠醚萃取钚

二苯并 – 18 – 冠 – 6(DB18C6)从硝酸介质中对铀、钚等的萃取结果表明,纯硝酸介质溶液中其对 Pu(Ⅳ)萃取分配比均较小(表 4 – 31)。但当水相存在盐析剂(如硝酸钠、硝酸铵等硝酸盐)时,由于盐析效应,对 Pu(Ⅳ)的分配比均有较大的增加(表 4 – 32),在 3 mol·L^{-1}硝酸溶液中,0.05 mol·L^{-1} DB18C6/1,2 – 二氯乙烷从 3 mol·L^{-1} HNO$_3$ + 1.0 ~ 7.0 mol·L^{-1} NH$_4$NO$_3$ 中萃取 Pu(Ⅳ)的分配比比从 3 mol·L^{-1} HNO$_3$ 中萃取时高 2 ~ 3 个数量级。

表 4 – 31 硝酸浓度对 DB18C6 萃取 Pu(Ⅳ)的影响

(0.05 mol·L^{-1} DB18C6/1,2 – 二氯乙烷)

HNO$_3$ 浓度/(mol·L^{-1})	1.0	3.0	4.0	5.0	7.0	9.0
$D_{Pu(Ⅳ)}$	2.6×10^{-4}	2.2×10^{-3}	9.5×10^{-3}	2.7×10^{-2}	1.8×10^{-3}	7.9×10^{-4}

表 4 – 32 硝酸铵浓度对 DB18C6 对萃取 Pu(Ⅳ)的影响

(有机相:0.05 mol·L^{-1} DB18C6/1,2 – 二氯乙烷;水相:3 mol·L^{-1} HNO$_3$ 不同浓度的 NH$_4$NO$_3$)

$C(NH_4NO_3)/(mol·L^{-1})$	1.0	2.0	3.0	5.0	7.0
$\Sigma[NO_3^-]$	4.0	5.0	6.0	8.0	10.0
$D_{Pu(Ⅳ)}$	0.29	0.99	1.62	3.22	4.72

同时也系统研究了 DB18C6 为萃取剂时,萃取剂浓度、盐析剂种类及浓度等对 Pu(Ⅳ)萃取的影响,并获取了钚的萃合物中溶剂数为 2。盐析剂种类对 DB18C6 萃取 Pu(Ⅳ)影响

的结果显示,NH_4NO_3、$NaNO_3$、$Al(NO_3)_3$ 和 $LiNO_3$ 等硝酸盐对 $Pu(Ⅳ)$、$U(Ⅵ)$ 和 $U(Ⅳ)$ 的萃取均具有盐析效应。

图 4 – 26 表示在 $3\ mol \cdot L^{-1}$ 硝酸 $+ 3 mol \cdot L^{-1}\ NH_4NO_3$ 溶液和 $4\ mol \cdot L^{-1}$ 硝酸 $+ 3\ mol \cdot L^{-1} NH_4NO_3$ 溶液体系中 DB18C6 浓度与 $D_{Pu(Ⅳ)}$ 对数关系曲线,结果显示两种体系下均为直线关系,其斜率为 2.1 和 2.0,表明 $Pu(Ⅳ)$ 与 DB18C6 组成的萃合物中溶剂数约为 2。

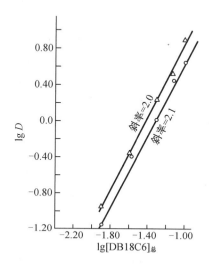

$\triangle$—$4\ mol \cdot L^{-1} HNO_3 + 3\ mol \cdot L^{-1}\ NH_4NO_3$;$\bigcirc$—$3\ mol \cdot L^{-1} HNO_3 + 3\ mol \cdot L^{-1}\ NH_4NO_3$。

图 4 – 26　$D_{Pu(Ⅳ)}$ 与 DB18C6 浓度之间的关系

不同稀释剂的 DB18C6 对 $Pu(Ⅳ)$ 萃取分配比的影响数据显示(见 表 4 – 33),以 1,2 – 二氯乙烷为稀释剂时,对 $Pu(Ⅳ)$ 萃取分配比最大,苯次之,氯仿最小,但 DB18C6 在苯中的溶解度最小,所以一般选择 1,2 – 二氯乙烷作为其稀释剂。

表 4 – 33　稀释剂种类对 DB18C6 萃取 $Pu(Ⅳ)$ 分配比的影响

(有机相:$0.05\ mol \cdot L^{-1}$ DB18C6;水相:$3\ mol \cdot L^{-1}\ HNO_3 + 5\ mol \cdot L^{-1}\ NH_4NO_3$)

稀释剂	1,2 – 二氯乙烷	苯	氯仿
$D_{Pu(Ⅳ)}$	3.22	1.21	0.297

参 考 文 献

[1]　Seaborg, G. T. The Transuranium Elements, Addison – wesley,. Reading, MA, 348pp (1958).

[2]　Cowan, G. A. Sci. Am., 235(1), 36 – 47(1976).

[3]　Kuroda, P. K. Nature, 187, 36 – 8(1960).

[4] Kuroda,P. K. and Myers,W. A. J. Radioanal. Nucl. Chem. ,230(1 – 2) ,175 – 95(1998).

[5] Hoffman,D. C. , LAWTENCE,f. o. , Mewherter,J. L. , and Rourke, F. M. Nature, 234(5325) , 132 – 4(1971).

[6] T. Newton, V. Rundberg. Disproportionation and Polymerization of Pu(Ⅳ) in Dilute Aqueous Solutions. *Mat. Res. Soc. Symp. Proc.* , 26：867 – 869(1984).

[7] J. M. 克利夫兰著,钚化学翻译组译《钚化学》[M],科学出版社,1974.

[8] 罗文宗,张文青《钚的分析化学》[M],原子能出版社,1991,6.

[9] 姜圣阶,任凤仪等编著《核燃料后处理工艺学》[M],原子能出版社,1995,12.

[10] Rabideu,S. W. , J,Am. Chem. Soc. 1956,78(12) ,2705 – 7.

[11] M Pages J. Chim. Phys. , Phys. Chim. Biol. 59,63(1962).

[12] A K Pikaev, V P Shilov, V I Spitsyn Radioliz Vodnykh Rastvorov Lan – tanidovi Aktinidov(Radiolysis of Aqueous Solutions of the Lanthanides and Actinides)(Moscow：Nauka, 1983). (专著).

[13] Lester R. Morss,Norman M. Edelstein & Jean Fuger, The Chemistry of the Actinide and Transactinide Elements.

[14] L. Nuñez and G. F. Vandegrift. Evaluation of Hydroxamic Acid in Uranium Extraction Process：Literature Review. ［S.1.］. 2001.

[15] Brent Searle Matteson. The Chemistry of Acetohydroxamic Acid Related to Nuclear Fuel Reprocessing[D],America：Oregon State University. 2010.

[16] 李辉波,叶国安,王孝荣,林灿生,硅基季铵化分离材料对 Pu(Ⅳ)的吸附性能及机理研究[J],核化学与放射化学,2010,32(2):65 – 69.

[17] B. Martin, D. W. Ockenden, and J. K. Foreman, J. Inorg. Nucl. Chem. ,21:96(1961).

[18] 郑卫芳,刘黎明,常志远. 乙异羟肟酸改善 Purex 流程铀产品中 U – Pu 的分离[J],原子能科学技术,2000,34(2):110 – 115.

[19] 李辉波等.30% TBP – 煤油 – 硝酸体系的 α 和 γ 辐照行为[J],核化学与放射化学,2012.34(5).

[20] 李辉波等.30% TBP – 煤油循环使用过程中的辐解行为[J],核化学与放射化学,2014.36(3).

[21] 朱国辉等,二正辛基亚砜萃取铀、钚、钍和镎[J],原子能科学技术,1981(4).

[22] Morita Y, Sasakki Y, Tachimori S. Actinide separation by TODGA Extraction［C］, JAERI – Conf 2002 – 004:225 – 266.

[23] 蒋法顺等,冠醚萃取铀、钚、镅和铈的研究[J],原子能科学技术,1981,40 – 46.

第5章 镎的溶剂萃取化学

5.1 镎 元 素

镎由美国核物理学家 Edwin McMillan 和 Philip Abelson 在 1940 年发现。他们在用回旋加速器中子轰击铀研究裂变产物时,发现了镎的同位素^{239}Np。由于它是铀(以天王星 Uranus 命名)后第一个元素,故将其命名为镎(以天王星外的海王星 Neptune 命名)。镎的原子序数为 93,原子量为 237.048 2,是人工放射性元素。在铀矿中只发现过痕量的^{237}Np、^{239}Np,其他都是通过人工核反应合成的。

迄今,已发现了镎的 22 种同位素,质量数为 226~244,见表 5-1。

表 5-1 镎的同位素

质量数	半衰期	衰变方式	主要射线及能量/MeV	生成方式
226	31 ms	EC, α	α 8.044	^{209}Bi(^{22}Ne,5n)
227	0.51 s	EC, α	α 7.677	^{209}Bi(^{22}Ne,4n)
228	61.4 s	EC, α		^{209}Bi(^{22}Ne,3n)
229	4.0 min	$\alpha \geqslant 50\%$ EC $\leqslant 50\%$	α 6.890	^{233}U(p,5n)
230	4.6 min	$\alpha > 99\%$ EC $\leqslant 0.97\%$	α 6.66	^{233}U(p,4n)
231	48.8 min	EC $< 99\%$ $\alpha > 1\%$	α 6.28 γ 0.371	^{233}U(d,4n) ^{235}U(d,6n)
232	14.7 min	EC $< 99\%$	γ 0.327	^{233}U(d,3n)
233	36.2 min	EC $< 99\%$ $\alpha \sim 10^{-3}\%$	α 5.54 γ 0.312	^{233}U(d,2n) ^{235}U(d,4n)
234	4.4 d	EC 99.95% β^+ 0.05%	γ 1.559	^{235}U(d,3n)
235	396.1 d	EC $> 99\%$ α $1.6 \times 10^{-3}\%$	α 5.022(53%) 5.004(24%)	^{235}U(p,2n)

表 5 - 1（续）

质量数	半衰期	衰变方式	主要射线及能量/MeV	生成方式
236	1.54×10^5 a	EC 87% β^- 13%	γ 0.163	^{235}U(d,n)
236m	22.5h	EC 50% β^- 50%	β^- 0.54 γ 0.642	^{235}U(d,n)
237	2.144×10^6 a $> 1 \times 10^{18}$ a	α SF	α 4.788(51%) 40 770(19%) γ 0.086	^{237}U 子体 ^{241}Am 子体
238	2.117 d	β^-	β^- 1.29 γ 0.984	^{237}Np(n,γ)
239	2.356 5 d	β^-	β^- 0.72 γ 0.106	^{243}Am 子体 ^{239}U 子体
240	1.032 h	β^-	β^- 2.09 γ 0.566	^{238}U(α,pn)
240m	7.22 min	β^-	β^- 2.05 γ 0.555	^{240}U 子体 ^{238}U(α,pn)
241	13.9 min	β^-	β^- 1.31 γ 0.175	^{238}U(α,p) ^{244}Pu(n,p3n)
242	2.2 min	β^-	β^- 2.7 γ 0.736	^{242}U 子体
242 m	5.5 min	β^-	β^- 2.7 γ 0.786	^{244}Pu(n,p2n) ^{242}Pu(n,p)
243	1.85 min	β^-	γ 0.288	^{136}Xe + ^{238}U
244	2.29 min	β^-	γ 0.681	^{136}Xe + ^{238}U

其中^{237}Np 是唯一可大量获得的镎的同位素，其半衰期较长，为 2.144×10^6 a，是 $4n + 1$ 衰变系的母核。在反应堆中^{237}Np 主要有两种生成途径：

$$^{238}\text{U}(\text{n},2\text{n})^{237}\text{U} \xrightarrow{\beta^-} {}^{237}\text{Np} \tag{5-1}$$

$$^{235}\text{U}(\text{n},\gamma)^{236}\text{U}(\text{n},\gamma)^{237}\text{U} \xrightarrow{\beta^-} {}^{237}\text{Np} \tag{5-2}$$

^{238}Np、^{239}Np 半衰期较短，常在分析及基础化学研究中用作放射性示踪剂，可通过中子辐照^{237}Np 及^{238}U 合成：

$$^{237}\text{Np}(\text{n},\gamma)^{238}\text{Np} \tag{5-3}$$

$$^{238}\text{U}(\text{n},\gamma)^{239}\text{U} \xrightarrow{\beta^-} {}^{239}\text{Np} \tag{5-4}$$

^{235}Np、^{236}Np 可通过回旋加速器辐照^{235}U 发生下列核反应合成：

$$^{235}\text{U}(\text{d},\text{n})^{236}\text{Np} \tag{5-5}$$

$$^{235}\text{U}(\text{p},\text{n})^{235}\text{Np} \tag{5-6}$$

比^{237}Np 重的同位素多以 β$^-$ 衰变方式衰变,而较^{237}Np 轻的同位素多以电子俘获或 α 衰变方式衰变。

镎为 93 号元素,其电子构型为[Rn]5f^{4}6d^{1}7s^2,5f、6d 及 7s 电子能量接近,在形成化合物或离子时,所有价电子均可失去。通常,只失去部分价电子。Np^{3+}的电子构型为[Rn]5f^4,首先失去的是 7s 和 6d 电子。

由于^{237}Np 半衰期远小于地球年龄,原生的^{237}Np 早已衰变完。自然界中的镎同位素可由地球尘埃中连续发生的核反应生成,达到生成及衰变的平衡。^{238}U 可通过(n,2n)、(n,γ)反应生成镎的同位素,而中子则来源于^{238}U 的自发裂变、^{235}U 的诱发裂变、低原子序数原子的(α,n)反应以及宇宙射线引发的裂变及散裂反应。在刚果的铀矿中就分离出过^{237}Np,最大 Np/U 比约为 10^{-12}。

同其他超铀元素一样,生物圈中的^{237}Np 主要来源于大气层核试验。据对全球沉降物的估算,约有 2 500 kg^{237}Np 生成。^{237}Np/$^{239+240}$Pu 活度比为 $(1\sim10)\times10^{-3}$,通常取 5×10^{-3}。如海水中$^{239+240}$Pu 活度浓度约为 1.3×10^{-4}mBq·L^{-1},则^{237}Np 的活度浓度约为 6.5×10^{-5}mBq·L^{-1}。

5.2 镎的无机化合物

5.2.1 镎的氢氧化物

Np^{3+}的氢氧化物不溶于水,在无氧条件下的酸性溶液中相当稳定,但有空气时会快速氧化到四价。Np^{4+}的氢氧化物主要以电中性的 Np(OH)$_4$ 形式存在,微溶于水,不受溶液 pH 的影响。NpO$_2^+$的氢氧化物可通过向微酸性或碱性的 NpO$_2^+$溶液中加入氨水、氢氧化钠等得到。在 1 mol·L^{-1} NaClO$_4$ 溶液中新鲜制备的绿色 NpO$_2$OH 沉淀会随着陈化转化为灰白色的沉淀,陈化后的沉淀溶解性更差。Np(Ⅵ)的氢氧化物体系较为复杂,加入氨水或氢氧化钠到 Np(Ⅵ)的硫酸溶液中,可得到 Np(Ⅵ)的氢氧化物沉淀。也有通过臭氧氧化 NpO$_2$OH 的方法来制备 Np(Ⅵ)的氢氧化物的。不同方法制备的 Np(Ⅵ)的氢氧化物可能为 NpO$_2$(OH)$_2$ 或 NpO$_3$·H$_2$O,即有可能以水合氧化物的形式存在。Np(Ⅶ)的氢氧化物也可通过加入氨水、氢氧化钠到含 Np(Ⅶ)的酸性溶液中,在 pH≈10 时得到其沉淀,有报道称其组成为 NpO$_2$(OH)$_3$,另有报道认为是 NpO$_3$(OH)。

5.2.2 镎的氧化物

尽管镎有五种价态,但令人惊讶的是它只有两种氧化物,即 NpO$_2$、Np$_2$O$_5$。早期报道过的 Np$_5$O$_8$ 实际上是 Np$_2$O$_5$。

多种价态镎的化合物热分解都可得到 NpO$_2$。其具有萤石结构,晶格参数为 5.433 4 ± 0.000 3 Å。淡绿褐色的 NpO$_2$ 在较宽的温度及压力范围内很稳定,在低温时不会发生相转换。在氧压为 2.84 MPa,温度高达 400 ℃时,仍保持稳定。在 33~37 GPa,会由面心立方转变为斜方晶系,但随着压力的释放,又会转变为原来的面心立方结构。

Np$_2$O$_5$ 呈黑褐色,为单斜晶系,晶格参数为 $a_0 = (4.183 \pm 0.003)$ Å;$b_0 = (6.584 \pm 0.005)$ Å;$c_0 = (4.086 \pm 0.003)$ Å。其不是很稳定,在 420~695 ℃分解为 NpO$_2$ 和 O$_2$。

镎还可与其他金属形成三元氧化物。迄今,研究得最多的是镎与碱金属及碱土金属的三元氧化物。镎三元氧化物可通过 NpO$_2$ 与另一金属氧化物反应或在碱金属溶液中沉淀制得。Li$_5$NpO$_6$ 是通过 Li$_2$O 和 NpO$_2$ 在 400 ℃反应 16 h 或 Li$_2$O$_2$ 与 NpO$_3 \cdot$H$_2$O 在通氧的石英管中反应 16 h 制得。其他碱金属的镎氧化物亦可通过类似的方法制得,反应通式为

$$NpO_2 + M_2O + O_2 \longrightarrow M_3NpO_5 (M = K, Cs, Rb) \tag{5-7}$$

5.2.3 镎的卤化物

尽管镎的卤化物不如氧化物研究得充分,但绝大部分卤化物已得到表征。这些卤化物中,研究得最多的是氟化物。

镎的氟化物有四种:NpF$_3$、NpF$_4$、NpF$_5$ 和 NpF$_6$。前两者特别稳定,可通过下列反应制得:

$$NpO_2 + \frac{1}{2}H_2 + 3HF \xrightarrow{400\ ℃} NpF_3 + 2H_2O \tag{5-8}$$

$$NpF_3 + \frac{1}{4}O_2 + HF \xrightarrow{400\ ℃} NpF_4 + \frac{1}{2}H_2O \tag{5-9}$$

NpF$_4$ 亦可通过在 HF 或氟气中直接加热 NpO$_2$ 反应制得:

$$NpO_2 + 4HF \longrightarrow NpF_4 + 2H_2O \tag{5-10}$$

NpF$_5$ 较难形成,需通过 NpF$_4$ 或 NpF$_6$ 与多种氟化物反应制得。且在约 320 ℃时分解为 NpF$_4$ 和 NpF$_6$。

NpF$_6$ 与 UF$_6$ 及 PuF$_6$ 类似,挥发性较强,这引起大家极大的兴趣,试图利用此性质开发自乏燃料中回收镎的简单方法。NpF$_6$ 可通过 NpF$_3$ 与氟气在高温下反应制得。另外,还可通过 BrF$_3$、BrF$_5$ 与 NpF$_4$ 反应,或镎的氧化物、氟化物与无水氟化氢反应制备。NpF$_6$ 为橙色固体,在 54.8 ℃变为液体。不论是固体还是液体,均蒸发为淡红褐色气体。NpF$_6$ 比 UF$_6$ 及 PuF$_6$ 有更高的蒸气压。NpF$_6$ 与 UF$_6$ 及 PuF$_6$ 一样,都是很活泼的化合物。NpF$_6$ 可与 BrF$_3$ 以及水反应。NpF$_6$ 与 BrF$_3$ 反应较慢,最终生成非挥发性的 NpF$_4$,而 PuF$_6$ 与 BrF$_3$ 反应则较迅速。NpF$_6$ 可与水发生剧烈反应,生成 NpO$_2$F$_2$。

文献报道过四种镎的氟氧化物:NpO$_2$F、NpOF$_3$、NpO$_2$F$_2$ 及 NpOF$_4$。NpO$_2$F$_2$ 是淡粉色固体,可由 NpO$_3 \cdot$H$_2$O 与 Np$_2$F$_5$ 在 330 ℃的纯氟气中反应制备。NpOF$_3$ 和 NpOF$_4$ 可由镎氧化物与无水氟化氢在多种温度下制备。

两种镎的氯化物——NpCl$_3$ 和 NpCl$_4$ 已得到鉴定。NpCl$_3$ 是由氢和四氯化碳还原二氧化镎制备的。而 NpCl$_4$ 则是通过镎的氧化物与 CCl$_4$ 在 500 ℃左右反应制得。

5.3　镎的水溶液化学

5.3.1　镎的氧化态

在水溶液中，镎可以五种价态（+3 到 +7）存在，且有其特征颜色，如图 5 - 1 所示。每种价态的稳定性取决于多种因素，如氧化还原剂、酸度、配体的存在以及镎在溶液中的浓度等。

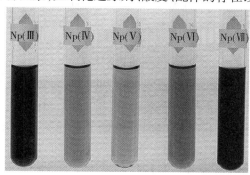

图 5 - 1　溶液中不同价态的镎离子

Np^{3+}、Np^{4+} 在无配合剂的酸性溶液中以水合离子的形式存在。Np^{3+} 呈深蓝粉色，会很快被空气中的氧氧化为 Np^{4+}。Np^{4+} 呈淡黄绿色，不稳定，当 pH > 1 时即发生水解，生成 $Np(OH)^{3+}$。在低酸时，Np（Ⅲ）、Np（Ⅳ）会形成不溶的氢氧化物，且 Np（Ⅲ）的氢氧化物会被空气逐渐氧化为 Np（Ⅳ）的氢氧化物。Np（Ⅴ）离子在溶液中呈蓝绿色，为最稳定的氧化态，同 Np（Ⅵ）离子一样表现为强的 Lewis 酸，在酸溶液中形成镎酰离子 NpO_2^+、NpO_2^{2+}。NpO_2^{2+} 呈浅粉色或淡红色，在酸性溶液中较稳定，但较易被还原为 NpO_2^+。Np（Ⅴ）、Np（Ⅵ）在中性及碱性溶液中生成氢氧化物，这些氢氧化物的溶解度较 Np（Ⅳ）的氢氧化物高。Np（Ⅶ）一般存在于碱性溶液中，以 NpO_6^{5-} 离子存在，呈深绿色；也可短时间内以 NpO_2^{3+} 形式存在于酸性溶液中，但会很快被水还原为 NpO_2^{2+}。

标准氧化还原电位可由测得的表观氧化还原电位通过活度系数校正得到，也可通过离子的标准生成自由焓及熵计算得到。图 5 - 2 是镎离子的标准电极电势。

$$NpO_2^{2+} \xrightarrow{+1.159} NpO_2^+ \xrightarrow{+0.604} Np^{4+} \xrightarrow{+0.219} Np^{3+} \xrightarrow{-1.772} Np$$

$$+0.882 \qquad\qquad\qquad -1.274$$

图 5 - 2　镎离子的标准电极电势

NpO_2^{2+}/NpO_2^+、Np^{4+}/Np^{3+} 的标准电极电位较易得到，且数据间的一致性较好。而 NpO_2^+/Np^{4+} 电对的标准电极电位较难获得，由于涉及 Np—O 的形成及断裂，反应较慢且不可逆，用传统的伏安法或极谱法难以测量表观电位。图中的数据是由吉布斯自由能计算得到的。

在高氯酸、硝酸、硫酸、乙酸缓冲溶液等酸性介质中通过玻璃碳电极循环伏安法对镎离子的氧化还原伏安特性进行的研究,观察到了明显的 NpO_2^{2+}/NpO_2^+、Np^{4+}/Np^{3+} 单电子氧化还原反应峰。在高氯酸和硝酸中反应是可逆的,而在另两种介质中不可逆。NpO_2^{2+}/NpO_2^+ 的峰电位在乙酸缓冲溶液中更负,而 Np^{4+}/Np^{3+} 峰电位在硝酸、硫酸及乙酸缓冲液中比在高氯酸溶液中更负,这是由 NpO_2^{2+} 与乙酸根,Np^{4+} 与硝酸根、硫酸根及乙酸根形成了配合物所致。在高氯酸及硝酸介质中,NpO_2^+ 还原到 Np^{4+} 的电位比 Np^{4+} 还原到 Np^{3+} 更负,Np^{4+} 氧化到 NpO_2^+ 的电势则比 NpO_2^+ 氧化到 NpO_2^{2+} 更正。

在酸性溶液中,NpO_2^+ 可以发生歧化反应,生成 Np^{4+} 和 NpO_2^{2+}。酸度越高,NpO_2^+ 浓度越高,歧化趋势越大:

$$2NpO_2^+ + 4H^+ \Longleftrightarrow Np^{4+} + NpO_2^{2+} + 2H_2O \tag{5-11}$$

歧化平衡常数表示为

$$K_{歧化} = \frac{(Np^{4+})(NpO_2^{2+})}{(NpO_2^+)^2[H^+]^4} \tag{5-12}$$

当在溶液中加入能配合 Np^{4+} 和 NpO_2^{2+} 的试剂时,平衡常数变大。如在 $1\ mol \cdot L^{-1}$ 高氯酸中,$K_{歧化} = 4 \times 10^{-7}$,而在 $1\ mol \cdot L^{-1}$ 硫酸中,$K_{歧化} = 2.4 \times 10^{-2}$。

锝离子氧化态间可通过氧化还原试剂进行调节。如将低价态锝离子调节为 $Np(VI)$ 时,可向溶液中加入 Ce^{4+}、MnO_4^-、$Ag(II)$、BrO_3^- 等氧化剂;将锝自高价调节为 $Np(IV)$ 时,则用 Fe^{2+} 还原;将 $Np(VI)$ 调节为 $Np(V)$ 时,则采用还原性较弱的肼、羟胺或亚硝酸等。

锝价态控制在后处理中具有重要意义。为此,开展了多种有机还原剂对锝的还原行为研究。在硝酸溶液中,正丁醛、异丁醛、N,N - 乙基(羟乙基)羟胺(EHEH)、N,N - 二乙基羟胺、N,N - 二甲基羟胺均可将 $Np(VI)$ 还原为 $Np(V)$。肼的衍生物 $1,1$ - 二甲基肼(DMH)以及特丁基肼(tert - BH)可快速将 $Np(VI)$ 还原为 $Np(V)$,而钚(IV)的还原速度却很慢,例如,在 $1\ mol \cdot L^{-1}$ 硝酸中,用 $0.1\ mol \cdot L^{-1}$ 的 DMH 或 tert - BH 在 8 min 内即可将 99% 的 $Np(VI)$ 还原为 $Np(V)$,而此时,仅有 0.23% 的钚(IV)还原为钚(III)。

电化学方法也是锝离子价态调节手段之一。控制电位电解常用于锝的价态控制。如在 $1\ mol \cdot L^{-1}$ 高氯酸中,$+1.2\ V$(对 Ag - AgCl 参比电极)电位可将锝全部调节为 $Np(VI)$。

另外,声化学技术及光化学反应也可造成锝价态的改变。其作用是通过声解或光解硝酸生成亚硝酸,再进一步与锝离子反应,改变锝的价态。

5.3.2 锝的水解

水解反应是水溶液中所有锕系元素离子的主要共性。锝离子的水解能力顺序为 $Np^{4+} > NpO_2^{2+} > Np^{3+} > NpO_2^+$。$NpO_2^+$ 在溶液中最稳定,在 pH < 7 时不会水解。Np^{3+} 和 NpO_2^{2+} 分别是 pH = 4~5 和 pH = 3~4 的溶液中的主要种态,说明 NpO_2^{2+} 的有效电荷数高于 Np^{3+}。Np^{4+} 有很强的水解趋势,在 pH 大于 1 时即发生水解。

1. Np^{3+}

Np^{3+} 在酸性溶液中有一定稳定性,但在空气中很快被氧化到四价。金属离子的水解趋势随电荷的增加及离子半径的减小而增强,三价锕系元素离子的水解顺序为 $U^{3+} < Np^{3+} < Pu^{3+} < Am^{3+}$,因为水合离子的稳定性随着 Z/r 的升高而升高。Np^{3+} 的水解方程可表示为

$$Np^{3+} + H_2O \Longleftrightarrow NpOH^{2+} + H^+ \tag{5-13}$$

在 298 K,pH = 6~8 的 $0.3\ mol \cdot L^{-1}$ 高氯酸钠溶液体系中,水解平衡常数 $\lg K = -7.43$。

2. Np⁴⁺

四价锕系元素离子的水解顺序为 $Th^{4+} < U^{4+} < Np^{4+} < Pu^{4+}$。$Np^{4+}$ 的一级水解方程为

$$Np^{4+} + H_2O \Longrightarrow NpOH^{3+} + H^+ \tag{5-14}$$

在 $2.0\ mol \cdot L^{-1}$ 高氯酸盐溶液体系中，Np^{4+} 的一级水解平衡常数 $\lg K_{11} = -2.30$。

3. NpO_2^+

NpO_2^+ 离子最稳定，在较高酸度下才发生歧化反应。在 $0.1\ mol \cdot L^{-1}$ $NaClO_4$ 溶液中，$Np(V)$ 的氢氧化物无定形沉淀可保持几个月；而在 $1\ mol \cdot L^{-1}$ $NaClO_4$ 溶液中，沉淀则在较短时间内转变为更稳定的老化态 $NpO_2OH(s)$；在 $3\ mol \cdot L^{-1}$ $NaClO_4$ 中，则自开始就会形成 NpO_2OH 沉淀。水解反应如下：

$$NpO_2^+ + H_2O \Longrightarrow NpO_2OH + H^+ \tag{5-15}$$

$$NpO_2^+ + 2H_2O \Longrightarrow NpO_2(OH)_2^- + 2H^+ \tag{5-16}$$

$$NpO_2OH(s) + H^+ \Longrightarrow NpO_2^+ + H_2O \tag{5-17}$$

4. NpO_2^{2+}

NpO_2^{2+} 不如 UO_2^{2+}、PuO_2^{2+} 稳定，其可能发生如下水解反应：

$$NpO_2^{2+} + H_2O \Longrightarrow NpO_2(OH)^+ + H^+ \tag{5-18}$$

$$2NpO_2^{2+} + 2H_2O \Longrightarrow (NpO_2)_2(OH)_2^{2+} + 2H^+ \tag{5-19}$$

$$3NpO_2^{2+} + 5H_2O \Longrightarrow (NpO_2)_3(OH)_5^+ + 5H^+ \tag{5-20}$$

一级水解平衡常数 $\lg K_{11} = -5.17$。

5.4　镎的配位化合物

镎的配位化学一直受到关注，因为其五种氧化态均表现出独特的化学行为。锕系元素离子的配位化学受到锕系收缩的影响。

5.4.1　固态中的配合物

几乎没有 Np(Ⅲ) 的配位化合物报道，因为 Np(Ⅲ) 在水溶液中易被空气氧化。但甲醛次硫酸氢钠（$NaHSO_2 \cdot CH_2O \cdot 2H_2O$）能将 Np(Ⅳ) 还原为 Np(Ⅲ)，并稳定在低氧化态，形成多种难溶的 Np(Ⅲ) 配合物，如 $Np_2(C_2O_4)_3 \cdot 11H_2O$、$Np_2(C_6H_5AsO_3)_3 \cdot H_2O$ 以及 $Np_2[C_6H_4(OH)COO]_3$。

Np(Ⅳ) 的配合物很多，最早报道的配合物是 $(Et_4N)_4Np(NCS)_8$，与 U(Ⅳ) 的类似配合物具有相同的结构。其他已知的 Np(Ⅳ) 配合物还有包含钴、铜离子的配合物，如 $CoNp_2F_{10} \cdot 8H_2O$（400 K 生成）及 $CuNp_2F_{10} \cdot 6H_2O$（600 K 生成）。通过在过量 2,2′-嘧啶存在下缓慢蒸发 Np(Ⅳ) 的浓硝酸溶液获得了 Np(Ⅳ) 的硝酸根配合物单晶。

Np(Ⅴ) 的配合物研究得较多，因其在固态存在阳-阳相互作用。已知的化合物包括镎酰二聚物 $Na_4(NpO_4)_2C_{12}O_{12} \cdot 8H_2O$ 以及乙醇酸镎，二者均为绿色结晶。

Np(Ⅵ) 配合物从简单的 $NpO_2C_2O_4$（不稳定，通常会变为 Np(Ⅳ)）到复杂的绿色 $(NH_4)_4NpO_2(CO_3)_3$ 配合物都有。其中对三碳酸锕酰盐（$M_4AnO_2(CO_3)_3$）的研究最广泛。

自 1967 年发现 Np(Ⅶ)以来,制备并研究了一些 Np(Ⅶ)的配合物。第一个被报道的 Np(Ⅶ)的配合物是[Co(NH₃)₆][NpO₄(OH)₂]·2H₂O,该配合物为深绿色棱形结晶,最大边长为 0.15 ~ 0.4 mm。

5.4.2 水溶液中的配合物

水溶液中绝大多数镎的配合物为 Np(Ⅳ、Ⅴ、Ⅵ)的配合物,而有关 Np(Ⅲ、Ⅶ)的配合物只有极少的研究。在 LiCl 和 LiBr 溶液中得到了 NpX²⁺ 和 NpX₂⁺(X = Cl,Br)配合物。在酸性溶液中 NpO₃⁺ 离子可与硫酸根形成配合物,如 NpO₂SO₄⁺ 及 NpO₂(SO₄)₂⁻,这些配合物有比 NpO₂²⁺ 更高的稳定常数。

已知有很多种镎(Ⅳ、Ⅴ、Ⅵ)的配合物。无机配体包括卤离子、碘酸根、叠氮酸根、硝酸根、硫氰酸根、硫酸根、碳酸根、铬酸根、磷酸根等。很多有机配体亦可与镎配位,包括乙酸根、丙酸根、乙醇酸根、乳酸根、草酸根、丙二酸根、邻苯二甲酸根、柠檬酸根等。

同其相邻元素铀、钚类似,镎离子形成配合物的能力顺序为 Np⁴⁺ > NpO₂²⁺ ≥ Np³⁺ > NpO₂⁺。Np(Ⅳ)、Np(Ⅴ)、Np(Ⅵ),同单价离子形成配合物的稳定性顺序为 F⁻ > H₂PO₄⁻ > SCN⁻ > NO₃⁻ > Cl⁻ > ClO₄⁻,而同二价无机配体形成配合物的稳定性顺序为 CO₃²⁻ > HPO₄²⁻ > SO₄²⁻。这与相关酸的强度有关,二价酸根离子比单价离子有更强的配位能力。在高氯酸溶液中,NpO₂⁺ 亦可形成[NpO₂⁺ - M³⁺](M = Al,Ga,Sc,In,Fe,Cr,Rh)阳 - 阳配离子。两种阳离子的相互作用强度顺序为 Fe > In > Sc > Ga > Al。NpO₂⁺ 与 UO₂²⁺ 也可形成阳 - 阳配离子。

5.5 中性萃取剂萃取镎

萃取镎的中性萃取剂主要包括中性磷类萃取剂、酰胺荚醚类萃取剂、亚砜类萃取剂等。

5.5.1 中性磷类萃取剂萃取镎

1. TBP 萃取镎

中性磷类萃取剂对镎的萃取是研究得最多、在工业中得到应用的萃取剂。其中,作为核燃料循环中常用的磷酸三丁酯(TBP)萃取剂对镎的萃取研究也最为充分。

在一定酸度下,Np(Ⅳ)和 Np(Ⅵ)易被 TBP 萃取,而 Np(Ⅴ)则很难被萃取,分配系数在 10⁻³ 量级。图 5 - 3 所示为不同硝酸下 Np(Ⅳ)、Np(Ⅵ)在 30% TBP - 煤油中的分配比。随着酸度的提高,Np(Ⅳ)、Np(Ⅵ)的分配比均呈现先上升后下降的趋势,分配比分别在 8 ~ 9 mol·L⁻¹ 和 4 ~ 6 mol·L⁻¹ 硝酸时达到最大。在典型的 Purex 共去污流程 2 ~ 3 mol·L⁻¹ HNO₃ 中,Np(Ⅵ)的分配比比 Np(Ⅳ)高近一个数量级。

25 ℃ 下,TBP 萃取 Np(Ⅳ、Ⅴ、Ⅵ)的反应方程如下:

$$Np^{4+} + 4NO_3^- + 2TBP \Longrightarrow Np(NO_3)_4 \cdot 2TBP \tag{5-21}$$

$$NpO_2^+ + NO_3^- + TBP \Longrightarrow NpO_2NO_3 \cdot TBP \tag{5-22}$$

$$NpO_2^{2+} + 2NO_3^- + 2TBP \Longrightarrow NpO_2(NO_3)_2 \cdot 2TBP \tag{5-23}$$

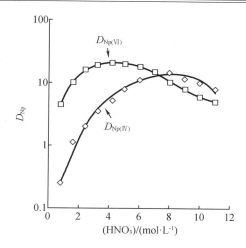

图 5 - 3　水相硝酸浓度对镎在 30% TBP - 煤油中的分配比的影响

不同价态镎在 TBP 中的分配比是不同的。存在如下趋势：$D_{Np(VI)} > D_{Np(IV)} \gg D_{Np(V)}$。$D_{Np(VI)}$ 和 $D_{Np(IV)}$ 随硝酸浓度增加而增长，到达一定酸度后又下降。均出现峰值的原因在于 TBP 在萃取镎的同时也萃取硝酸。硝酸对镎的萃取影响表现为助萃和竞争 TBP 双重效应，硝酸浓度低时，前者起主导作用，表现为镎的分配比随硝酸浓度的升高而增大；硝酸浓度高时，以竞争 TBP 效应为主，表现为镎的分配比随硝酸浓度的增加而下降。对于 Np(IV)，除上述两种原因外，当硝酸浓度高于 6 mol · L^{-1} 时，生成了少量不被萃取的 $Np(NO_3)_6^{2-}$，这加大了分配比的下降程度。

在硝酸浓度较低时，它们的分配比与平衡 NO_3^- 浓度关系由式(5 - 24)、式(5 - 25)表示：

$$\lg \frac{D_{Np(IV)}}{(TBP)_o^2} = 2.55\lg(NO_3^-) + \lg 0.7 \quad 0.5 \ mol \cdot L^{-1} \leqslant (NO_3^-) \leqslant 2.5 \ mol \cdot L^{-1}$$

$$(5 - 24)$$

$$\lg \frac{D_{Np(VI)}}{(TBP)_o^2} = 2.19\lg(NO_3^-) + \lg 7 \quad 0.2 \ mol \cdot L^{-1} \leqslant (NO_3^-) \leqslant 3.5 \ mol \cdot L^{-1} \quad (5 - 25)$$

盐析剂 $Al(NO_3)_3$ 存在有利于 Np 的萃取。这是因为 $Al(NO_3)_3$ 是强盐析剂，通过三价铝离子的水合作用吸引一部分自由水分子，使自由水分子的量减少，被萃取物在水中的浓度相应增加，从而有利于镎的萃取。同时，$Al(NO_3)_3$ 又是一种助萃配合剂，它可提供足够多的 NO_3^- 与 Np 配合，有利于更多的镎进入有机相。

在同时有铀存在时，随着有机相铀饱和度提高，$D_{Np(IV)}$、$D_{Np(VI)}$ 下降，如图 5 - 4 所示。这是因为 UO_2^{2+} 比 Np^{4+} 及 NpO_2^{2+} 与 TBP 的结合能力更强。$D_{Np(VI)}$、$D_{Np(IV)}$ 分别与 D_U 之比可由式(5 - 26)、式(5 - 27)表示：

$$D_{Np(IV)}/D_U = 0.09 \pm 0.03 \qquad 0.5 \ mol \cdot L^{-1} \leqslant (NO_3^-) \leqslant 2.5 \ mol \cdot L^{-1} \qquad (5 - 26)$$

$$D_{Np(VI)}/D_U = 0.5 \pm 0.1 \qquad 0.2 \ mol \cdot L^{-1} \leqslant (NO_3^-) \leqslant 2.5 \ mol \cdot L^{-1} \qquad (5 - 27)$$

知道了铀的分配比，$D_{Np(VI)}$、$D_{Np(IV)}$ 就可以估算出来。

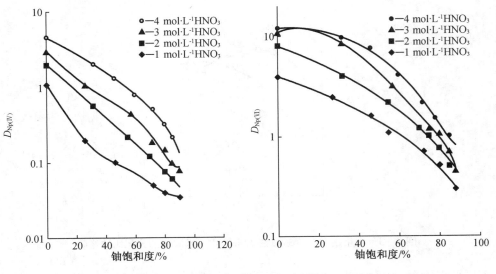

图 5 - 4   不同铀饱和度下 $D_{Np(\text{IV})}$(左)及 $D_{Np(\text{VI})}$(右)

Np(Ⅴ)是不易被 TBP 萃取的价态,但有研究表明,Np(Ⅴ)与 U(Ⅵ)形成阳 - 阳离子配合物后可以提高 Np(Ⅴ)在 TBP 有机相中的萃取分配系数。随着铀浓度在一定范围内(0.12~0.60 mol·L^{-1})升高,Np(Ⅴ) - U(Ⅵ)阳 - 阳离子配合物萃取分配比不断增加。当铀浓度高于上述范围时,由于有机相中铀饱和度的原因使 Np(Ⅴ) - U(Ⅵ)阳 - 阳离子配合物的萃取分配比下降。在室温下,3.0 mol·L^{-1}硝酸体系中,相比(o/a)2:1、铀浓度为0.6 mol·L^{-1}时,Np(Ⅴ)在两相中的总萃取分配比(以自由 Np(Ⅴ)或 Np(Ⅴ) - U(Ⅵ)阳 - 阳离子配合物形式存在的 Np(Ⅴ)总和)接近0.1,萃入有机相中的 Np 约占 Np 总量的9%。根据估算,Np(Ⅴ)与 U(Ⅵ)在有机相中的阳 - 阳离子配合物稳定常数较水相中提高了约15倍,提高水相酸度有利于阳 - 阳离子配合物的萃取。表5 - 2 为不同硝酸浓度下,TBP 萃取不同价态镎的分配比。

表5 - 2   不同硝酸浓度下 TBP 萃取镎的分配比

有机相	硝酸浓度/(mol·L^{-1})	$D_{Np(\text{IV})}$	$D_{Np(\text{V})}$	$D_{Np(\text{VI})}$
19% TBP - 煤油	4	3.0	0.13	11.0
1.1 mol·L^{-1} TBP	1	1.8 ± 0.2	—	5.1 ± 0.1
	2	2.8 ± 0.1	—	11.4 ± 0.8
	3	3.5 ± 0.1	—	13.1 ± 0.8
	4	7.6 ± 0.4	—	14.7 ± 0.6
	5	8.2 ± 0.2	—	16.5 ± 0.1
	6	5.8 ± 0.4	—	14.3 ± 0.7

2. 后处理中采用 TBP 萃取回收镎的工艺

Purex 工艺中,镎的走向控制较困难,乏燃料硝酸溶解后镎主要以 Np(Ⅴ)和 Np(Ⅵ)存在,镎的走向取决于料液中镎的氧化态及铀、钚分离步骤。为了从流程中回收镎,研究了多种自后处理过程中用 TBP 萃取回收镎的流程。

主要有两种方法从 Purex 工艺中回收镎,即:①镎、铀、钚在一循环共萃,在后续流程中分离镎;②在一循环使镎以 Np(Ⅴ)进入高放废液,再通过离子交换或溶剂萃取法从废液中回收镎。

乏燃料溶解后镎主要以 Np(Ⅴ)、Np(Ⅵ)存在于溶解液中,在共去污循环中,往往走向分散。而对镎走向起关键作用的是 HNO₂,一方面 HNO₂ 可以作为还原剂将 Np(Ⅵ)还原为 Np(Ⅴ);另一方面,它也可以催化硝酸氧化 Np(Ⅴ)到 Np(Ⅵ)。如为了将镎赶入 1AW 高放废液,可向 1AF 进料液中加入一定浓度的亚硝酸钠,并采用低酸进料($\leqslant 2 \ \mathrm{mol \cdot L^{-1}}$ HNO₃),以使镎保持在 Np(Ⅴ),在萃取过程中进入水相废液,而为了使镎与铀、钚共萃,则希望 HNO₂ 维持在较低的水平,催化硝酸氧化 Np(Ⅴ)到 Np(Ⅵ),反应方程式如下:

$$2\mathrm{NpO_2^+} + 3\mathrm{H^+} + \mathrm{NO_3^-} \longrightarrow 2\mathrm{NpO_2^{2+}} + \mathrm{HNO_2} + \mathrm{H_2O} \qquad (5-28)$$

Np(Ⅵ)/Np(Ⅴ)比由 HNO₃ 和 HNO₂ 浓度决定。为得到高 Np(Ⅵ)/Np(Ⅴ)比,HNO₃ 浓度越高越好,保持 HNO₂ 浓度在催化反应区间,使得该反应向 Np(Ⅵ)生成方向移动,由于 Np(Ⅵ)很易被萃入 TBP 相,且 H⁺ 参与反应,因此高酸萃取更有利于该反应的发生。图 5 – 5 所示为 HNO₃ 和 HNO₂ 浓度对 TBP 萃取镎分配比的影响。

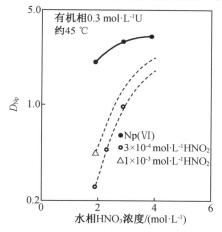

图 5 – 5　HNO₃ 和 HNO₂ 浓度对 30％TBP 萃取镎分配比的影响

(1)从共去污分离循环后续工艺中回收镎

为实现铀镎钚的共萃取回收,日本原子能机构(JAEA)开发了 NEXT(New Extraction System for Transuranium Recovery)后处理流程。采用提高进料酸度和洗涤酸度的方式,可使更多的镎保持在易被 TBP 萃取的 Np(Ⅵ)。采用离心萃取器(混合区 10 mL,澄清区 15 mL)和溶解的快堆辐照燃料开展了两轮实验,如图 5 – 6 所示。第一轮实验采用 5.2 $\mathrm{mol \cdot L^{-1}}$ HNO₃ 进料,5 $\mathrm{mol \cdot L^{-1}}$ HNO₃ 洗涤,仅有 1.1% 的 Np 进入废液中;第二轮实验采用 3.9 $\mathrm{mol \cdot L^{-1}}$ HNO₃ 进料,10 $\mathrm{mol \cdot L^{-1}}$ HNO₃ 洗涤,有 4.7% 的 Np 进入废液。尽管第二轮实验萃取段酸度高于第一轮,但显然第一轮实验镎的萃取率更高,这可能是因为进料酸度提高,在料液中就发生了 Np(Ⅴ)的催化氧化,使得在进入萃取设备前溶液中的 Np 大部分已氧化为 Np(Ⅵ)。

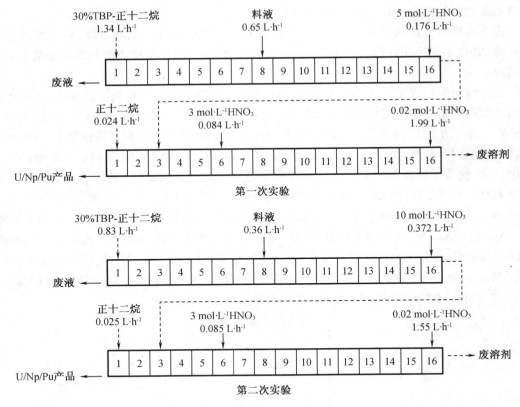

图 5 - 6   高酸进料 – 洗涤流程图

美国的汉福特、萨凡纳河(富集铀燃料处理)厂以及法国阿格厂均是通过控制酸度及亚硝酸浓度使镎与铀钚一起萃入有机相,在铀钚纯化循环再将镎赶入废液,进而回收镎。图 5 – 7 为 Hanford Purex 工艺中回收镎的流程图。其在一循环采用微量亚硝酸催化 HNO₃ 氧化镎到易被萃取的六价,镎同铀钚共萃后,在后续铀钚纯化循环中进入废液。这些废液经浓缩后进行镎的回收,为了保证镎的浓度,部分浓缩废液回到一循环以进一步积累镎。

镎的回收纯化循环流程如图 5 – 8 所示。在 2N 柱的洗涤液中采用氨基磺酸亚铁作还原剂,镎以 Np(Ⅳ)与铀共萃,而 Pu(Ⅲ)进入萃残液返回钚线循环。在 2P 反萃柱,镎用稀硝酸反萃从而与铀分离。镎产品(2PN)回到 2NF 罐,待积累到 1 ~ 1.5 kg 镎,对镎进一步纯化,后进入最终的离子交换纯化设施。

(2)从高放废液中回收镎

美国的萨凡纳河及英国的温茨凯尔后处理厂用该方法从处理天然铀燃料的废液中回收镎。

萨凡纳河处理天然铀燃料的流程中采用高浓度的 HNO₂ 稳定镎在 Np(Ⅴ),使得约 95% 的镎进入一循环废液。并在进料点附近保持高铀饱和度限制少量 Np(Ⅵ)的萃取。约 5% 的镎随铀一起被萃取,最终通过低酸高铀饱和度流程进入铀线二循环水相废液。一、二循环的废液合并、浓缩后采用离子交换回收镎钚。

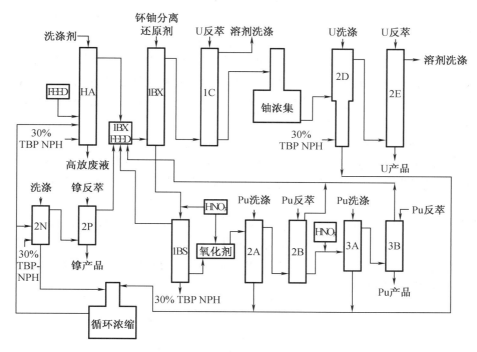

图 5-7　**Hanford Purex 工艺中回收镎的流程图**

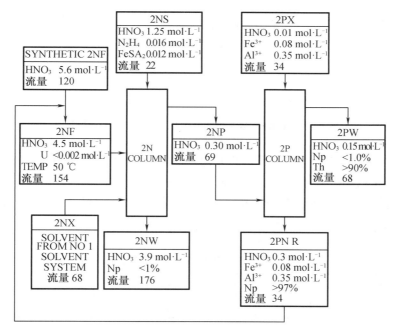

图 5-8　**镎分离纯化工艺**

从高放废液中回收镎的萃取流程多采用氧化剂将废液中的镎氧化为六价,30% TBP 萃取,铀镎钚共萃。在印度巴巴原子研究中心,采用 30% TBP 萃取法从高放废液中回收铀、镎,首先用 0.01 mol·L^{-1} K$_2$Cr$_2$O$_7$ 氧化镎、钚到六价,再用 30% TBP 萃取铀、镎、钚。用三种模拟废液及一种真实废液测试了镎的萃取行为,在单一萃取设备中,可萃取大于 90% 的铀、镎、钚,用 0.01 mol·L^{-1} 抗坏血酸 – 0.1 mol·L^{-1} H$_2$C$_2$O$_4$ – 2 mol·L^{-1} HNO$_3$ 可定量反萃镎、钚。

0.01 mol·L^{-1} VO$_2^+$ 也能有效氧化 Np(Ⅴ)到 Np(Ⅵ),30% TBP 自模拟高放废液中(含 0.01 mol·L^{-1} K$_2$Cr$_2$O$_7$ 或 0.01 mol·L^{-1} VO$_2^+$)萃取镎,初始镎以 Np(Ⅳ)、Np(Ⅴ)存在,3 min 后,D_{Np} 保持在 7 ~ 9,这可能是由于一些金属离子的存在催化 Np(Ⅳ)或 Np(Ⅴ)氧化到了 Np(Ⅵ)。

3. 三烷基氧膦萃取剂萃取镎

不同结构有机磷类萃取剂的萃取能力顺序为((RO)$_3$PO) < (R(RO)$_2$PO) < (R$_2$(RO)PO) < (R$_3$PO)。三烷基氧膦萃取能力最强,较常用的三烷基氧膦有三辛基氧膦(TOPO)和三烷基(C6 – C8)氧膦(TRPO)。

TOPO 是自硝酸中萃取 Np(Ⅳ)的强萃取剂。0.01 mol·L^{-1} TOPO 从 1 mol·L^{-1} 硝酸中萃取 Np(Ⅳ)的分配比约为 50。在低于 1 mol·L^{-1} HNO$_3$ 时,分配比与酸度的立方成正比。在高酸度时,分配系数略有下降,到约 8 mol·L^{-1} HNO$_3$ 再次达到最大,如图 5 – 9 所示。Np(Ⅴ)难以被 TOPO 萃取。

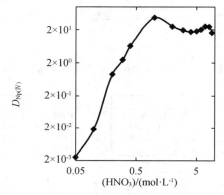

图 5 – 9　TOPO 自硝酸体系中萃取 Np(Ⅳ)的分配比

TOPO 从硫酸溶液中萃取 Np(Ⅳ)的分配比相对低一些,5% TOPO – 二甲苯溶液萃取 Np^{4+} 的分配比随硫酸浓度升高而缓慢升高,见表 5 – 3。在 0.5 ~ 2.25 mol·L^{-1} 硫酸根浓度范围内,0.1 mol·L^{-1} TOPO – Amsco 萃取 Np(Ⅳ)的分配比随酸度的提高而升高。当加入硫酸钠后,分配比下降,见表 5 – 4。可用稀硫酸反萃 Np(Ⅳ)。

表 5 – 3　H$_2$SO$_4$ 浓度对 5% TOPO – 二甲苯溶液萃取 Np^{4+} 的影响

(H$_2$SO$_4$)/(mol·L^{-1})	0.6	1.2	2.4	3.6	4.8	7.2	10.8
$D_{Np(Ⅳ)}$	0.07	0.08	0.14	0.22	0.52	1.40	1.2

表 5 - 4　0.1 mol · L^{-1} TOPO - Amsco 自硫酸中萃取 Np(IV)

浓度/(mol · L^{-1})		$D_{Np(IV)}$
硫酸	硫酸钠	
0.05	2.2	0.004
0.5	0	0.34
0.5	0.5	0.13
0.5	1.75	0.013
1.0	0	0.46
1.0	1.25	0.06
2.25	0	1.1

用 5% TOPO - 二甲苯自盐酸介质中萃取镎(IV) 的分配系数如图 5 - 10 所示。在较高酸度下,分配系数较高,远大于从硫酸介质中萃取镎的分配比。

三(2 - 乙基己基)氧膦比 TOPO 萃取镎(IV)的能力弱。0.1 mol · L^{-1} 溶液从硝酸中萃取得到的分配比与 0.01 mol · L^{-1} TOPO 得到的数据接近。

TRPO 为己基、庚基、辛基混合烷基的氧膦化合物,其烷基组成比例约为:C_6H_{13},10%;C_7H_{15},50%;C_8H_{17},40%。TRPO 萃取四、六价锕系元素离子的次序为:$Pu^{4+} > Th^{4+} > Np^{4+}$,$UO_2^{2+} > PuO_2^{2+} > NpO_2^{2+}$。

TRPO 可萃取 Np(IV)、Np(VI),而萃取 Np(V) 的能力很弱。萃合物组成分别为 $Np(NO_3)_4 · 2TRPO$、$NpO_2NO_3 · TRPO$、$NpO_2(NO_3)_2 · 2TRPO$,lg K 分别为 5.01,1.14,4.72,见表 5 - 5。

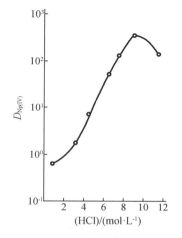

图 5 - 10　$D_{Np(IV)}$ 与盐酸浓度的关系

表 5 - 5　镎与 TRPO 的配合比及表观萃取平衡常数

离子	酸浓度/(mol · L^{-1})	n	lg K	K	配合物形式
Np^{4+}	0.9	1.8	5.01	10^5	$Np(NO_3)_4 · 2TRPO$
NpO_2^+	0.4	0.9	1.14	13.7	$NpO_2NO_3 · TRPO$
NpO_2^{2+}	0.7	1.7	4.72	5.2×10^4	$NpO_2(NO_3)_2 · 2TRPO$

在 0.1 ~ 1 mol · L^{-1} 的酸浓度范围内,镎(IV)、镎(VI)的分配比很大,经一次萃取提取率可大于 99%。

4. CMP、CMPO 萃取镎

甲酰甲撑膦酸酯及甲酰甲撑氧膦是另一类研究得较多的中性膦类萃取剂,对镎(IV)、镎(VI)有较好的萃取效果,而对 Np(V) 的萃取能力较弱。

30% N,N - 二乙胺甲酰甲撑膦酸二己酯(DHDECMP) - 二乙基苯(DEB)自 3.0 mol · L^{-1}

HNO$_3$ 溶液中萃取镎,在相比为 1 时,30 s 内达到平衡,$D_{Np(IV)}$、$D_{Np(V)}$ 和 $D_{Np(VI)}$ 分别约为 220,0.47 和 23。

HNO$_3$ 浓度对 $D_{Np(IV)}$ 的影响如图 5 – 11 所示,$D_{Np(IV)}$ 随着水相硝酸浓度的增加而迅速上升。30% DHDECMP – DEB 可在较宽酸度范围有效萃取 Np(IV)。

Np(IV) 分配比随 DHDECMP 浓度的变化情况见图 5 – 12。$D_{Np(IV)}$ 对(DHDECMP)作图得一斜率为 2.0 的直线,即 $D_{Np(IV)}$ 与 DHDECMP 浓度的平方成正比,其萃取反应可用式 (5 – 29)表达:

$$Np_{(a)}^{4+} + 4NO_{3(a)}^{-} + 2DHDECMP_{(o)} \longrightarrow [Np(NO_3)_4 \cdot 2DHDECMP]_{(o)} \qquad (5-29)$$

$D_{Np(IV)}$ 随着体系平衡温度上升而下降(图 5 – 13),即 DHDECMP 萃取 Np(IV)的过程是一放热反应。将 lg $D_{Np(IV)}$ 对 $1/T$ 作图,在实验温度范围内得一直线。在相同的萃取条件下,分配比与萃取平衡常数成正比,因此根据 Van't Hoff 方程的积分式 lg $D_{Np(IV)} = -(\Delta H/2.303R)$ $(1/T) + C$,由图 5 – 13 中直线斜率得 $\Delta H \approx -15$ kJ · mol^{-1}。

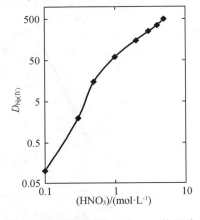

图 5 – 11   硝酸浓度对 $D_{Np(IV)}$ 的影响

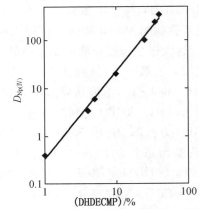

图 5 – 12   DHDECMP 浓度对 $D_{Np(IV)}$ 的影响

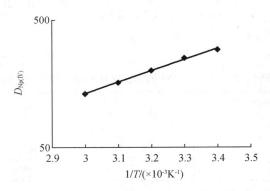

图 5 – 13   温度对 DHDECMP 萃取 Np(IV)分配比的影响

体系中加入盐析剂硝酸铝有利于 Np(IV)的萃取,随硝酸铝的浓度增加,$D_{Np(IV)}$ 明显上升,如表 5 – 6 所示。

表 5 - 6　盐析剂浓度对 $D_{Np(Ⅳ)}$ 的影响

溶液组成:3.0 mol · L^{-1}HNO$_3$ +	添加的 Al(NO$_3$)$_3$ 浓度/(mol · L^{-1})				
0.04 mol · L^{-1}Fe(NH$_2$SO$_3$)$_2$	0.1	0.5	1.0	1.5	2.0
$D_{Np(Ⅳ)}$	2.3×10^2	3.2×10^2	9.2×10^2	1.2×10^3	1.7×10^3

　　DHDECMP - DEB 萃取 Np(Ⅴ) 的反应为放热反应,$D_{Np(Ⅴ)}$ 随着温度的上升而降低,萃取焓变为 - 9.1 kJ · mol^{-1}。22% DHDECMP - 42% TBP - OK - 3.0 mol · L^{-1}HNO$_3$ 体系,相比为 1 时,盐析剂对 Np(Ⅴ) 的萃取分配比 $D_{Np(Ⅴ)}$ 的影响见表 5 - 7。$D_{Np(Ⅴ)}$ 随盐析剂浓度增加而升高,Al(NO$_3$)$_3$ 的盐析作用比 NaNO$_3$ 强。用 0.05 mol · L^{-1}HNO$_3$ - 0.05 mol · L^{-1}H$_2$C$_2$O$_4$ 连续反萃 3 次,可定量反萃 Np(Ⅳ、Ⅴ、Ⅵ)。

表 5 - 7　盐析剂浓度对 Np(Ⅴ) 的萃取分配比的影响

盐析剂浓度	(NaNO$_3$)/(mol · L^{-1})				(Al(NO$_3$)$_3$)/(mol · L^{-1})			
	0	1.0	2.0	3.0	0	0.5	1.0	2.0
$D_{Np(Ⅴ)}$	0.79	3.4	6.4	9.1	0.79	7.2	43.1	117.6

　　正辛基苯基 - N,N - 二异丁胺基甲酰甲撑氧化膦(CMPO)是从高放废液中分离镧系和锕系元素的 Truex 流程的萃取剂。CMPO 上有一个独特的取代基基团使其很适合于作为锕系元素的萃取剂,最值得关注的是其在较宽的硝酸浓度范围对三、四、六价锕系的萃取能力,而且在有 TBP 存在时可与多种稀释剂相溶。CMPO 可以以较高的萃取分配比去除 Am、Pu,但去除 Np 的能力较低,这表明镎(Ⅴ)的分配比较低,因为在硝酸溶液中 Np(Ⅴ)是最稳定的价态。由于 CMPO 可与强氧化剂反应,因此限于用亚硝酸作为氧化剂将 Np(Ⅴ)氧化到 Np(Ⅵ),用亚硝酸氧化时,镎在大于 1 mol · L^{-1}硝酸时即可被有效萃取。

　　CMPO 在萃取 Np(Ⅳ)、Np(Ⅵ)离子时,以二溶剂化物的形式萃入有机相,Np(Ⅳ)、Np(Ⅵ)的分配比先随酸度升高而升高,到 2 mol · L^{-1}硝酸时,D 值几乎保持不变,如图 5 - 14 所示。这与 CMPO 萃取 U(Ⅵ)和 Pu(Ⅳ)时一致。

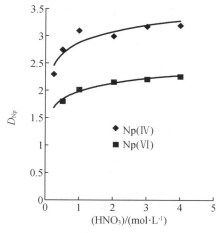

25 ℃, 0.2 mol · L^{-1}CMPO - 1.2 mol · L^{-1}TBP - 正十二烷。

图 5 - 14　Np(Ⅳ)、Np(Ⅵ)的萃取分配比随硝酸浓度的变化

CMPO 在萃取镎(Ⅴ)时,分配比也随着硝酸浓度的提高而升高,如图 5 – 15 所示。这是由于 Np(Ⅴ)发生了歧化反应,且硝酸浓度越高,歧化反应越易发生。

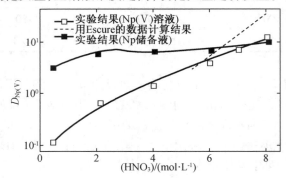

有机相:0.2 mol·L⁻¹ CMPO + 1.4 mol·L⁻¹ TBP – 正十二烷(相接触时间:30 min)。

图 5 – 15 Np(Ⅴ)分配比与硝酸浓度的关系

Escure 等在 5.5 ~ 8 mol·L⁻¹高硝酸浓度下,测量得到的 Np(Ⅴ)表观歧化常数 K_c 列于表 5 – 8 中。通过采用这些数据,假定①Np(Ⅵ)和 Np(Ⅳ)绝大部分被萃取,②Np(Ⅴ)几乎不被萃取,以及③总镎浓度为 1×10^{-4} mol·L⁻¹,计算了 CMPO 萃取 Np 的分配比,结果示于表 5 – 8 中。

表 5 – 8 Np(Ⅴ)表观歧化常数 K_c 随硝酸浓度的变化

(HNO₃)/(mol·L⁻¹)	K_c	(Np(Ⅵ)) = (Np(Ⅳ))/(× 10⁻⁵ mol·L⁻¹)	歧化百分比,%	分配比
5.5	2.55	3.81	76.2	3.2
6.0	7	4.20	84.1	5.3
6.5	18	4.47	89.5	8.4
7.0	50	4.67	93.4	13.9
7.5	130	4.79	95.8	22.3
8.0	350	4.87	97.4	36.1

与未经纯化的镎储备液的 CMPO 萃取结果比较(图 5 – 15),从 0.4 mol·L⁻¹到 6 mol·L⁻¹硝酸浓度范围,储备液的镎的分配比高于 Np(Ⅴ)溶液,这是由于储备液中存在大量的 Np(Ⅵ)和 Np(Ⅳ)。但在高浓度酸中,两溶液的镎的分配比几乎相同,这是由 Np(Ⅴ)歧化为 Np(Ⅳ)、Np(Ⅵ)造成的。

图 5 – 16 所示为 2.2 mol·L⁻¹硝酸下,Np(Ⅴ)溶液中加入 H₂O₂ 后的实验结果。绝大部分镎在初始状态为 Np(Ⅴ),由于 Np(Ⅴ)、Np(Ⅵ)被 H₂O₂ 还原为 Np(Ⅳ),镎的分配比升高。在较低 H₂O₂ 浓度下(0.2 mol·L⁻¹),镎的分配比是无过氧化氢时的 3 倍。当过氧化氢浓度增大到 0.8 mol·L⁻¹时,镎的分配比是无过氧化氢时的 40 倍。如此高的分配比足以分离回收高放废液中的镎。而且,过氧化氢为较为温和的还原剂,很容易分解为水和氧。在酸性水溶液中过氧化氢还原 Np(Ⅴ)的方程式如下:

$$NpO_2^+ + \frac{1}{2}H_2O_2 + 3H^+ \Longrightarrow Np^{4+} + \frac{1}{2}O_2 + 2H_2O \qquad (5-30)$$

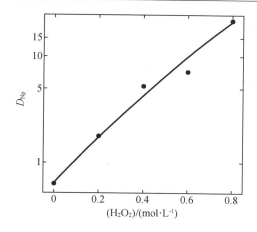

有机相:0.2 mol·L⁻¹ CMPO + 1.4 mol·L⁻¹ TBP – 正十二烷(接触时间:30 min)。

图 5 – 16　镎分配比随过氧化氢浓度的变化

由于 Np(V)的还原需要 H⁺离子参与,因此在高酸下利于萃取。

从含 H_2O_2 的水相中萃入 CMPO 的镎难以用 0.8 mol·L⁻¹ H_2O_2 – 0.3 mol·L⁻¹ HNO_3 反萃,表明镎是以四价被萃入有机相。为有效从有机相中反萃四价镎,需采用配合剂。Mincher 等证明,几种配合剂(HF、$H_2C_2O_4$、EDTA 等)可有效反萃四价镎。其中草酸与四价镎的配合常数很高,可采用稀硝酸 – 草酸反萃镎。稀草酸(0.05 ~ 0.1 mol·L⁻¹)可以有效自 CMPO 中反萃 Np,反萃速度也相当快。在实际处理高放废液的过程中,Truex 流程采用 TBP – 正十二烷稀释的 CMPO 萃取三、四、六价锕系离子,在 H_2O_2 存在下,镎以 Np(IV)被萃取,若存在钚,在 4 mol·L⁻¹ HNO_3 下,H_2O_2/Pu 为 10 ~ 20 时,Pu(IV)可完全还原为三价,而 Pu(III)很容易被 CMPO 萃取,这样为分离镎钚,可采用含还原剂的稀硝酸反萃钚,以防被氧化为四价,之后,用草酸 – 稀硝酸反萃镎。

日本学者研究了 CMPO – 十氢合萘萃取 Np(V)的行为。在没有 TBP 时,CMPO – 十氢合萘萃取 Np(V)的方程式为

$$NpO_{2(a)}^+ + NO_{3(a)}^- + 2CMPO_{(o)} \Longrightarrow NpO_2NO_3 \cdot 2CMPO_{(o)} \qquad (5 – 31)$$

用 0.65 mol·L⁻¹ CMPO – 十氢合萘自 2 mol·L⁻¹ HNO_3 中萃取 Np(V)的最大分配比为 4。当有 TBP 存在时,对 Np(V)萃取有微小抑制作用。但在低 CMPO 浓度(≤0.2 mol·L⁻¹)时,在 Np(V)的分配达到最低值后,分配比又会随 TBP 浓度的升高而逐渐变大。但未观察到协萃作用。

CMPO – 十氢合萘萃取镎的分配比随硝酸浓度的变化如图 5 – 17 所示。数据表明,0.3 mol·L⁻¹ HNO_3 以下,D_{Np} 随着硝酸浓度的提高而明显升高。但当 HNO_3 浓度高于 0.3 mol·L⁻¹ 时,随硝酸浓度提高,D_{Np} 变化平缓。因为在此条件下,硝酸与镎竞争 CMPO 变得明显,这种在低酸及高酸条件下萃取强度上的变化对于中性单齿或双齿萃取剂来说是典型的行为。3 mol·L⁻¹ HNO_3 时,D_{Np} 是 2 mol·L⁻¹ HNO_3 时的 1.5 倍,表明 Np(V)在 3 mol·L⁻¹ HNO_3 时发生了歧化。

2 mol·L⁻¹ HNO_3 下,$D_{Np(V)}$ 随 CMPO 浓度的变化情况示于图 5 – 18 中。图中表明,在 CMPO 浓度小于 0.65 mol·L⁻¹条件下,两个 CMPO 同一个 Np(V)配位,为保持电中性,一个硝酸根离子与金属离子共萃。

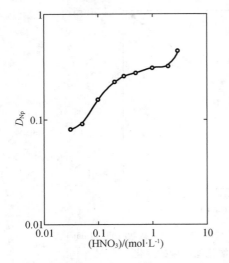
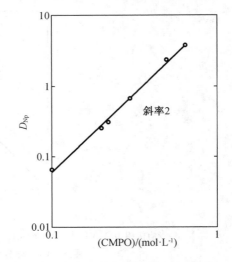

图 5 - 17　0.22 mol·L^{-1} CMPO - 十氢合萘萃取锝(Ⅴ)的分配比随硝酸浓度的变化

图 5 - 18　2 mol·L^{-1} HNO$_3$ 下,$D_{Np(Ⅴ)}$ 随 CMPO 浓度的变化

用紫外可见光谱 988 nm 处的萃合物峰证实了 CMPO 对 Np(Ⅴ)的萃取,如图 5 - 19 所示。

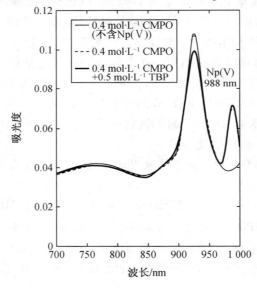

图 5 - 19　萃取 Np(Ⅴ)前后的 CMPO 相的紫外可见光谱

在 CMPO 萃取体系,一般需加入 TBP 作为相改良剂。图 5 - 20 示出了 TBP 浓度对 0.2 mol·L^{-1}、0.4 mol·L^{-1} CMPO 萃取锝分配比 D_{Np} 的影响。在 0.2 mol·L^{-1} CMPO 下,TBP 会轻微抑制锝的萃取,D_{Np} 在 0.5 mol·L^{-1} TBP 时达到最小。接着 D_{Np} 逐渐升高,在 TBP 浓度到 3.4 mol·L^{-1} 时(此时已无十氢合萘)达到最大。此点的 D_{Np} 是没加 TBP 时的两倍。在 0.4 mol·L^{-1} CMPO 萃取时,情况略有不同,TBP 的加入抑制了锝的萃取,这与 0.2 mol·L^{-1} CMPO 时是一致的。但 TBP 高于 0.5 mol·L^{-1} 时,D_{Np} 几乎不变。

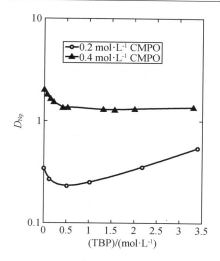

图 5 – 20　TBP 浓度对 0.2 mol · L^{-1}、0.4 mol · L^{-1} CMPO 萃取镎分配比的影响

　　CMPO + TBP 对镎萃取的抑制作用与 TBP 供体基团的碱性及其直接与 CMPO 形成氢键的能力的有关,加入极性分子,如 TBP,意在引入高浓度的 P＝O 以降低 CMPO 的活性,因 P＝O 可通过 H$_2$O 和 H$^+$ 与未配合的 CMPO 以氢键结合,或 P＝O 与 C＝O 发生偶极 – 偶极相互作用,这种 TBP 与 CMPO 间的作用降低了 P＝O 与 Np(Ⅴ)的亲和力,拉低了 D_{Np}。

　　除了 CMPO 和 TBP 间的氢键外,过量的 TBP 萃取剩余的 Np(Ⅴ),从而提高了其分配比。但 TBP 浓度高于 0.5 mol · L^{-1} 以上时,TBP 由于萃取了 H$_2$O 和 HNO$_3$,P＝O 基团间通过分子间氢键作用,发生明显的自缔合,缔合的净效应就是降低了 TBP 的活度。因此,TBP 的自缔合使得 CMPO 萃取 Np(Ⅴ)的能力稍有提高。(CMPO + TBP 萃取镎的 D_{Np} 与 CMPO 和 TBP 单独萃取镎的分配比之和无明显差异,D_{Np} 的升高不是由于协萃作用所致,TBP 的加入只是起到相改良剂的作用。)

　　5. TiAP 萃取镎

　　在核燃料元件后处理流程中,世界各国多年来均采用磷酸三丁酯(TBP)作萃取剂,但它在水中溶解度较大,用直链烷烃化合物作稀释剂时,TBP 萃取较高浓度 An(Ⅳ)时,容易达到饱和并出现第三相。从 20 世纪 80 年代开始,国际上开始关注磷酸三异戊酯(TiAP)萃取性能的研究。TiAP 的结构与 TBP 相似,但 TiAP 具有更好的物理化学性质及辐照稳定性。TiAP 的密度小于 TBP,用 TiAP 作萃取剂从水溶液中萃取物质时,更利于两相分离。TiAP 在水中的溶解度只有 TBP 在水中溶解度的 1/19.5,可大大改善 TBP 的不足之处。用 TiAP – 直链烷烃溶液萃取 An(Ⅳ)时不易出现第三相。

　　图 5 – 21 为不同硝酸浓度下不同价态镎在 50%(体积分数)TiAP – 煤油中的分配比。

　　TiAP 对 Np(Ⅳ、Ⅵ)有较高的萃取能力,对 Np(Ⅴ)萃取很少,这与 TBP 的萃取规律相同,而 TiAP 的萃取能力稍高于 TBP。

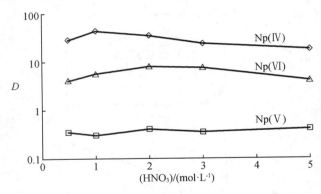

图 5 - 21   不同硝酸浓度下不同价态镎在 50%(体积分数)TiAP - 煤油中的分配比

5.5.2   酰胺类萃取剂萃取镎

酰胺类萃取剂也是一类中性配合萃取剂,由于其组成元素仅含有 C、H、O、N,通常被认为是无盐试剂。酰胺类萃取剂的水解稳定性与辐射稳定性和 TBP 相似,但酰胺的降解产物是羧酸和仲胺,这些产物不像 TBP 的降解产物那样影响萃取过程,因此,酰胺类萃取剂对锕系元素的萃取也得到广泛的研究。尤其是自 20 世纪 90 年代以来,由于四取代二酰胺类萃取剂表现出对三价锕系元素良好的萃取性能,引起了放射化学工作者的关注,并得到广泛而深入的研究。

1. 单酰胺萃取剂

酰胺具有 O＝C(R₁)—N(R₂R₃)(R 代表烷基)结构,酰胺的萃取能力与其结构紧密相关,主链上的烷基(R1)影响萃取剂的萃取能力,N 上的取代基则影响萃取剂的选择性和油溶性。由于空间效应及熵效应,取代基的支链化程度越高,萃取能力越低,但选择性越好。

Neelam Kumari 等对比研究了 N,N - 二己基辛酰胺(DHOA)与 TBP 对 Np(IV、VI)的萃取。TBP 比 DHOA 对 U(VI)、Np(VI)的萃取能力更强,且 $D_{U(VI)} > D_{Np(VI)}$,但对于 Np(IV),在硝酸浓度大于 3 mol·L⁻¹,二者的萃取能力相当,见表 5 - 9。可采用稀酸溶液自 DHOA 中反萃 Np(IV)。

表 5 - 9   TBP 和 DHOA - 正十二烷萃取镎的分配比

(HNO₃)/(mol·L⁻¹)	1.1 mol·L⁻¹TBP		1.1 mol·L⁻¹DHOA	
	$D_{Np(IV)}$	$D_{Np(VI)}$	$D_{Np(IV)}$	$D_{Np(VI)}$
1	1.8 ±0.2	5.1 ±0.1	0.18 ±0.02	1.61 ±0.01
2	2.8 ±0.1	11.4 ±0.8	0.53 ±0.01	4.4 ±0.3
3	3.5 ±0.1	13.1 ±0.8	2.7 ±0.2	7.8 ±0.8
4	7.6 ±0.4	14.7 ±0.6	4.6 ±0.1	8.3 ±0.2
5	8.2 ±0.2	16.5 ±0.1	6.0 ±0.1	11.8 ±1.2
6	5.8 ±0.4	14.3 ±0.7	7.7 ±0.1	14.4 ±0.3

如图 5 - 22 所示,DHOA 萃取 Np(IV)时形成了三溶剂化物(斜率 2.71 ± 0.08,R =

0.997),萃取 Np(Ⅵ)时形成了二溶剂化物(斜率 1.74 ± 0.05,R = 0.991),因此,Np(Ⅳ)、Np(Ⅵ)是以 Np(NO₃)₄·3 DHOA 和 NpO₂(NO₃)₂·2 DHOA 被萃入有机相的。实验条件下的萃取常数 lg K_{ex} 分别为 1.83 ± 0.48 和 1.64 ± 0.32。

　　用正十二烷稀释的二丁基癸酰胺(DBDA)、二己基癸酰胺(DHDA)从硝酸介质中萃取 Np(Ⅳ)、Np(Ⅵ)的能力顺序为 DHDA > DBDA。Np(Ⅳ)以三溶剂化物的形式萃取,锝分配比随着酸度的升高而升高,如图 5 - 23 所示。

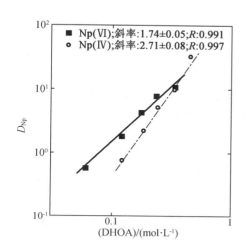

25 ℃,0.5 mol·L⁻¹ DHOA - 正十二烷。

图 5 - 22　$D_{Np(Ⅳ)}$、$D_{Np(Ⅵ)}$ 随 DHOA 浓度的变化

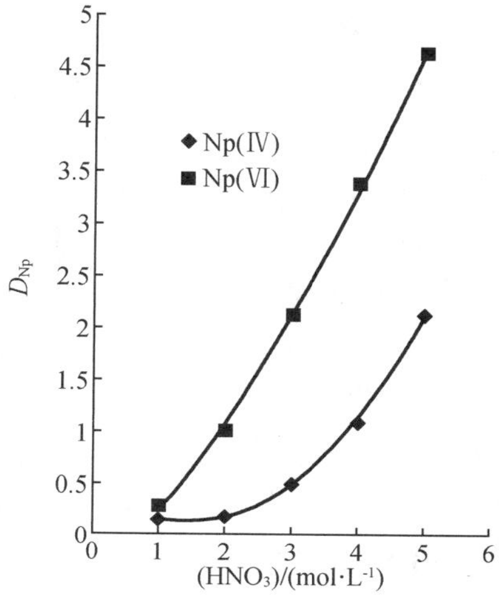

图 5 - 23　不同浓度硝酸中 $D_{Np(Ⅳ)}$、$D_{Np(Ⅵ)}$ 的变化

2. 二酰胺类萃取剂

　　二酰胺类萃取剂由于分子结构中存在两个酰胺基团,具有比单酰胺更强的配合能力,以二齿或三齿方式与金属离子配位。图 5 - 24 示出了四取代二酰胺类萃取剂的基本结构。

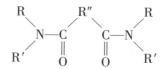

图 5 - 24　四取代二酰胺类萃取剂的基本结构

　　四取代二酰胺主要有两类,一类是 R″ = (CH₂)n,一类是 R″ = (CH₂ - O - CH₂)ₙ。对于第一类双酰胺,法国开展了较多的研究工作,并筛选出 N,N′ - 二甲基二丁基十四烷基丙二酰胺为萃取剂,提出了 Diamex 高放废液分离流程。第二类在两个酰胺基团间引入了醚氧键,当 n = 1 时,常被命名为 N,N′ - 二 R 基 - N,N′ - 二 R′ 基 - 3 - 氧杂 - 戊二酰胺,有时醚氧键还会被醚硫键取代,可能提供 2~3 个氧或硫原子与金属离子配位。

　　从丁基到癸基的多种不同取代基的 - 3 - 氧杂 - 戊二酰胺萃取剂被研究用于锕系、镧系元素的萃取。在 3 - 氧杂 - 戊二酰胺仅以正十二烷为稀释剂时,即使从稀硝酸体系中萃取,也易出现第三相,因此需加入相改良剂,通常采用的相改良剂有辛醇、癸醇、TBP、N,N - 二己基辛酰胺(DHOA)等。相改良剂可以使金属 - 配合剂、酸 - 配合剂通过偶极 - 偶极相互作用或氢键发生溶剂化,防止产生第三相。采用异癸醇做相改良剂时,即使在镧系元素浓度较高时亦可防止第三相的生成。

N,N,N′,N′－四异丁基－3－氧杂－戊二酰胺(TiBDGA)对超铀元素和镎的萃取研究结果表明,0.2 mol·L^{-1}TiBDGA－40%－正辛醇/煤油对 Np(Ⅳ)、Np(Ⅴ)均有一定的萃取能力,受酸度和盐析剂浓度影响较大。在酸度为 1 mol·L^{-1}HNO$_3$ 的模拟废液中,其分配比分别为 43,0.734。TiBDGA 对离子的萃取分配比均随着水相酸度的增大而增大,在模拟废液中的分配比大于相同酸度下纯硝酸体系中的分配比。这是由于 TiBDGA 是中性萃取剂,在萃取阳离子的同时,必有相反电荷的伴阴离子被同时萃取。硝酸根作为伴阴离子,其浓度增大时,无论盐析效应还是同离子效应都促使阳离子的分配比增大。

N,N′－二乙基－N,N′－二己基－3－氧杂－戊二酰胺(DMDHOPDA)萃取 NpO$_2^{2+}$ 的研究结果显示,NpO$_2^{2+}$ 与 DMDHOPDA 的配位能力很弱,在 2 mol·L^{-1} NaClO$_4$ 溶液中,lg D_{Np} 对 lg(DMDHOPDA)为 1.93,萃取方程式可写作

$$NpO_{2(a)}^{2+} + 2ClO_{4(a)}^- + 2DMDHOPDA_{(o)} \longleftrightarrow NpO_2(DMDHOPDA)_2(ClO_4)_{2(o)} \quad (5-32)$$

NpO$_2^{2+}$ 的配位数为 4,DMDHOPDA 以双齿配体与其配位。

如图 5－25 所示,金属离子与双酰胺的配位形式有三种类型。A 类型中,金属离子与两个 NC＝O 的氧原子配位,形成一个八元环结构;在 B 类型中,金属离子与一个 NC＝O 和一个 CH$_2$—O—CH$_2$ 氧配位形成一个五元环;而在 C 类型中,金属离子与两个 NC＝O 氧和一个 CH$_2$—O—CH$_2$ 氧配位,形成两个五元环,八元环不如五元环稳定。Eu^{3+}、Th^{4+} 等金属离子与 DMDHOPDA 有很强的配合作用,以三齿形式配位。而 NpO$_2^{2+}$ 配合能力较弱,以二齿形式配位。

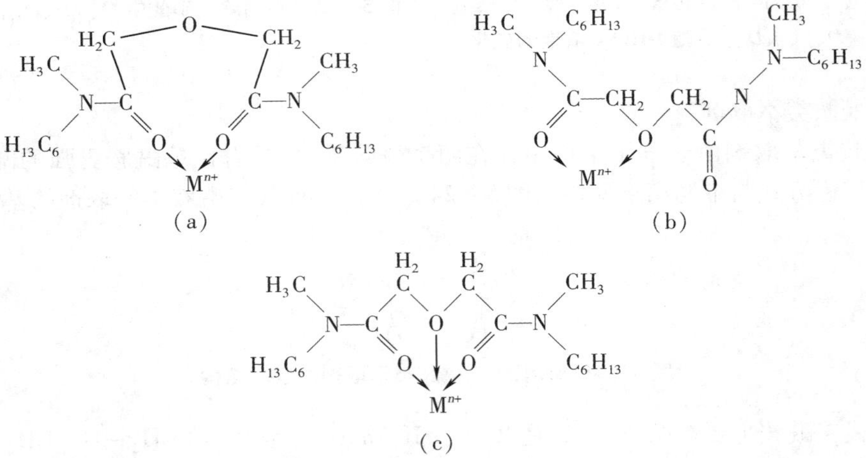

图 5－25　金属离子与二酰胺配位的三种类型

N,N,N′,N′－四戊基－3－氧杂－戊二酰胺(TPDGA),N,N,N′,N′－四己基－3－氧杂－戊二酰胺(THDGA),N,N,N′,N′－四辛基－3－氧杂－戊二酰胺(TODGA),N,N,N′,N′－四癸基－3－氧杂－戊二酰胺(TDDGA)对 Np^{4+} 的萃取实验显示,在有机相为 0.1 mol·L^{-1} DGA 萃取剂－正十二烷－30%异癸醇时,萃合物为 Np(NO$_3$)$_4$·2L(L 为 DGA),即与 Np^{4+} 也形成了二溶剂化物。镎的分配比随着硝酸浓度的提高而上升,表明硝酸根离子在萃取过程中起重要作用。对于 Np^{4+},在低浓度酸(0.5～1.0 mol·L^{-1}HNO$_3$)下,TDDGA 是最有效的萃取剂,而 TODGA 在高浓度酸下是最好的萃取剂。在低浓度酸时,镎的分配配比随硝酸浓度提高上升很快;在中等强度酸时,基本保持不变;而在高酸时则略有下降,如图 5－26 所示。

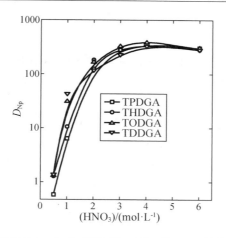

有机相:0.1 mol·L^{-1}萃取剂 – 正十二烷 – 30% 异癸醇。

图 5 – 26　Np^{4+}分配比随硝酸浓度的变化

3 mol·L^{-1}HNO$_3$ 下,lg D_{Np} 对萃取剂浓度作图显示,斜率接近 2,如图 5 – 27 所示。即 Np^{4+}在四种 DGA 中的溶剂化系数小于 2,但接近 2,说明形成了 1:2 的配合物,有部分 1:1 配合物。随取代碳链长度增长,萃取平衡常数 lg K_{ex} 增大,从戊基的 7.03 ±0.04 上升到癸基的 7.98 ±0.05,见表 5 – 10。

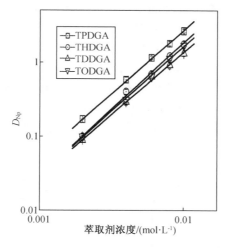

30% 异癸醇 – 正十二烷为稀释剂,25 ℃ ,3 mol·L^{-1}HNO$_3$。

图 5 – 27　Np^{4+}分配比随萃取剂浓度的变化

表 5 – 10　四种 DGA 萃取 Np^{4+}的萃取平衡常数

DGA 萃取剂	Np^{4+}	
	斜率	lg K_{ex}
TPDGA	1.71 ±0.02	7.03 ±0.04
THDGA	1.79 ±0.05	7.33 ±0.03
TODGA	1.68 ±0.04	7.30 ±0.04
TDDGA	1.75 ±0.08	7.98 ±0.05

由表5-11可见,DGA萃取四价镎的ΔG随着碳链的增长而降低,说明亲油性提高,更适宜萃取金属离子。

表5-11 四种DGA萃取镎(Ⅳ)的热力学函数

(0.1 mol·L^{-1}DGA-十二烷-30%异癸醇)

DGA萃取剂	Np^{4+}		
	$\Delta G/(kJ \cdot mol^{-1})$	$\Delta H/(kJ \cdot mol^{-1})$	$\Delta S/(J \cdot K^{-1} \cdot mol^{-1})$
TPDGA	-40.1 ± 0.1	-48.6 ± 2.0	-31.2 ± 6.3
THDGA	-41.8 ± 0.2	-43.0 ± 2.6	-6.32 ± 0.77
TODGA	-41.7 ± 0.1	-19.0 ± 2.5	75.6 ± 8.0
TDDGA	-45.5 ± 0.1	-28.5 ± 2.9	56.7 ± 9.2

由于TODGA为三齿配体,有好的耐辐照及水解稳定性,对Ⅲ/Ⅳ/Ⅵ价锕系离子有很好的萃取性能,故采用TODGA开展了广泛的锕系萃取研究,是迄今研究得最多的双酰胺类萃取剂,法国CEA以其为萃取剂开发了Ganex流程(Group Actinide Extraction),同时回收了锕系元素。

印度巴巴原子研究中心用0.05 mol·L^{-1}TODGA-5%异癸醇-正十二烷作为萃取剂,研究了自重水堆模拟高放废液中萃取镎的行为。台架实验结果表明,Np(Ⅳ)的萃取分配比比Np(Ⅵ)高一个量级,用斜率法得到的萃合物的化学计量比为:对于Np(Ⅳ),萃取剂:金属=2:1;对于Np(Ⅵ),萃取剂:金属=1:1。

Ganex溶剂0.2 mol·L^{-1}TODGA-0.5 mol·L^{-1}N,N'-二甲基-N,N'-二辛基己基乙氧丙二酰胺(DMDOHEMA)-煤油萃取Np(Ⅳ,Ⅴ,Ⅵ)的分配比数据如图5-28所示。尽管所有价态镎在3 mol·L^{-1}以上硝酸介质中均可被萃取,但萃取能力顺序为:Np(Ⅳ)≫Np(Ⅵ)≫Np(Ⅴ),而图5-29示出了0.2 mol·L^{-1}TODGA-OK及0.5 mol·L^{-1}DMDOHEMA-OK分别萃取Np(Ⅳ)、Np(Ⅵ)的能力。每种萃取剂对于四、六价镎亲和能力不同。

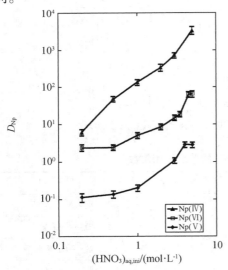

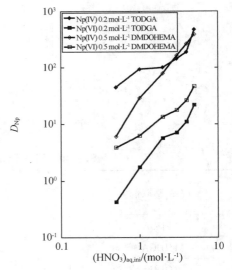

图5-28　Ganex萃取剂萃取Np(Ⅳ)、Np(Ⅴ)、Np(Ⅵ)的分配比

图5-29　TODGA和DMDOHEMA分别萃取Np(Ⅳ)、Np(Ⅵ)的分配比

自 1 mol·L^{-1}HNO$_3$ 中萃取镎,2 个三齿配体 TODGA 分子和 4 个双齿配体 DMDOHEMA 分子与 Np(Ⅳ)配合,2～3 个 TODGA 和 3 个 DMDOHEMA 分子与 Np(Ⅵ)配合。这意味着,进入有机相的伴阴离子硝酸根可能是单齿配体,也可能是萃取剂分子存在低的齿合度或存在外界配合。当硝酸浓度提高时,Np(Ⅵ)的溶剂化数降低,如在 4 mol·L^{-1}HNO$_3$ 下,TODGA、DMDOHEMA 萃取 Np(Ⅵ)的溶剂化数为 1 及 1～2。Np(Ⅳ)的相关数据难以获得,因为在 1 mol·L^{-1} 以上硝酸浓度下,Np(Ⅳ)萃取率很高,且有三相生成。然而,在 0.5～1 mol·L^{-1} 水相 HNO$_3$ 浓度下,溶剂化数升高。这与前面内容中不同文献给出的 DGA 萃取 Np(Ⅳ)的不同溶剂化数一致。这种超化学计量的配合也有可能是由于形成了聚合体,在不同的硝酸浓度下,形成聚合体的大小不同,这也可以解释溶剂化数随硝酸浓度而变化的现象。表 5－12 为溶剂化数随硝酸浓度的变化情况。

表 5－12　TODGA/OK 和 DMDOHEMA/OK 自硝酸中萃取 Np(Ⅳ)、Np(Ⅵ)的溶剂化数

氧化态	水相 HNO$_3$ 浓度/(mol·L^{-1})	萃取剂	溶剂化数
Np(Ⅳ)	0.5	TODGA	1.8±0.0
Np(Ⅳ)	1	TODGA	2.0±0.1
Np(Ⅳ)	3	TODGA	2.22±0.15
Np(Ⅵ)	0.5	TODGA	2.4±0.3
Np(Ⅵ)	1	TODGA	2.4±0.5
Np(Ⅵ)	2	TODGA	1.8±0.1
Np(Ⅵ)	3	TODGA	1.38±0.08
Np(Ⅵ)	4	TODGA	1.1±0.1
Np(Ⅳ)	0.5	DMDOHEMA	2.3±0.5
Np(Ⅳ)	1	DMDOHEMA	4.1±0.5
Np(Ⅵ)	0.5	DMDOHEMA	2.9±0.3
Np(Ⅵ)	1	DMDOHEMA	2.9±0.2
Np(Ⅵ)	2	DMDOHEMA	2.6±0.1
Np(Ⅵ)	4	DMDOHEMA	1.6±0.1

即使在低浓度酸下,Np(Ⅳ)和 Np(Ⅵ)在 Ganex 萃取剂中的萃取分配比也很高,意味着从有机相中反萃镎需要特殊的反萃试剂。在硝酸中,乙异羟肟酸(AHA)和甲异羟肟酸(FHA)可以快速还原 Np(Ⅵ),选择性还原 Np(Ⅵ)到 Np(Ⅴ)。故对自 5 mol·L^{-1}HNO$_3$ 中萃取入 Ganex 试剂中的 Np(Ⅵ),先用 3 mol·L^{-1}和 0.5 mol·L^{-1} HNO$_3$ 洗涤降低有机相酸度后,用 0.5 mol·L^{-1}乙异羟肟酸(AHA)－0.1 mol·L^{-1} HNO$_3$反萃(2 min)。水相光谱分析结果显示 Np(Ⅵ)被还原为了 Np(Ⅴ)。表 5－13 示出了 AHA 自 Ganex 试剂中反萃 Np(Ⅳ)的情况,低酸时,AHA 与 Np(Ⅳ)形成配合物被反萃,当硝酸浓度大于 0.3 mol·L^{-1}后,AHA 反萃四价镎的效率下降。

表 5 – 13　不同初始有机相酸浓度下 0.5 mol·L⁻¹ AHA 反萃 Np(Ⅳ) 的分配比

(HNO₃)/(mol·L⁻¹)	$D_{Np(Ⅳ)}$(±2σ)	(HNO₃)/(mol·L⁻¹)	$D_{Np(Ⅳ)}$(±2σ)
0.15	0.010 ± 0.002	0.34	0.291 ± 0.045
0.16	0.030 ± 0.005	0.44	0.817 ± 0.126
0.25	0.049 ± 0.008	0.44	0.914 ± 0.140
0.26	0.066 ± 0.010	0.54	1.2 ± 0.2
0.34	0.340 ± 0.053	0.56	1.5 ± 0.2

5.5.3　亚砜类萃取剂萃取镎

亚砜萃取剂为中性含硫萃取剂,具有 R—SO—R′ 的结构,对金属离子有较强的配位能力,比 TBP 具有更好的萃取性能,尤其它的辐解产物不像 TBP 那样对裂片元素有很强的亲合力,因此,在核燃料后处理工业中亚砜有代替 TBP 的可能。

二正辛基亚砜(DOSO)是一种白色固体物质。在水中的溶解度小于 0.2 g·L⁻¹,比 TBP 还小。表 5 – 14 示出了水相硝酸浓度对 0.2 mol·L⁻¹ DOSO – 二甲苯萃取镎(Ⅳ、Ⅴ、Ⅵ)的分配系数的影响。可见,随着水相硝酸浓度的增加,各金属离子的分配系数也增大。水相硝酸浓度继续提高时,各金属离子的分配系数分别达到一个最大值,然后下降。这是因为硝酸与金属离子竞争 DOSO,使有效的 DOSO 减少的缘故。此外,还因硝酸浓度提高,可能使金属离子与硝酸根形成难于萃取的络阴离子。

表 5 – 14　水相硝酸浓度对 DOSO – 二甲苯萃取镎(Ⅳ、Ⅴ、Ⅵ)分配系数的影响

(HNO₃)/(mol·L⁻¹)	1	2	4	6	8	10
$D_{Np(Ⅳ)}$	0.45	1.13	2.03	2.72	3.49	1.68
$D_{Np(Ⅴ)}$	0.03	0.66	0.42	1.02	1.35	0.65
$D_{Np(Ⅵ)}$	1.90	2.5	3.07	3.57	3.05	0.48

当水相硝酸浓度为 3 mol·L⁻¹ 时,各金属离子的萃取分配系数随 DOSO 浓度的增加而增加。实验证明,萃合物中溶剂化数与 TBP 萃取相同,见表 5 – 15。

表 5 – 15　DOSO 萃取不同价态镎的溶剂化数及萃取平衡常数

金属离子	溶剂化数	萃取平衡常数 K_{ex}
Np^{4+}	2	10
NpO_2^{2+}	2	88

萃取镎的方程如下:

$$Np^{4+}_{(a)} + 4NO_3^-{}_{(a)} + 2DOSO_{(o)} \longrightarrow Np(NO_3)_4 \cdot 2DOSO_{(o)} \tag{5-34}$$

$$NpO_2^{2+}{}_{(a)} + 2NO_3^-{}_{(a)} + 2DOSO_{(o)} \longrightarrow NpO_2(NO_3)_2 \cdot 2DOSO_{(o)} \tag{5-35}$$

二己基亚砜(DHSO)、二辛基亚砜(DOSO)、二异戊基亚砜(DiASO)、二(2 – 乙基己基)

亚砜(BEHSO)从硝酸介质中萃取 Np(Ⅳ)、Np(Ⅵ) 离子时,均有类似性质,即以二溶剂化物的形式萃入有机相,硝酸浓度小于 8 mol·L^{-1} 时镎分配比随着酸度的升高而升高。25 ℃时 0.1 mol·L^{-1} BEHSO – 正十二烷自不同浓度硝酸中萃取 Np(Ⅳ)、Np(Ⅵ) 的分配比见图 5 – 30。

5.5.4　其他中性萃取剂萃取镎

甲基异丁基酮(MiBK)、乙醚等中性萃取剂也被研究用于镎的萃取。

MiBK 萃取基于其对六价离子 – 硝酸根共价键的溶剂化力。一个自铀及裂变产物中分离镎的两循环的萃取流程,用 MiBK 从含 Al(NO$_3$)$_3$ 的硝酸中萃取 Np(Ⅵ),之后再连接一个噻吩甲酰三氟丙

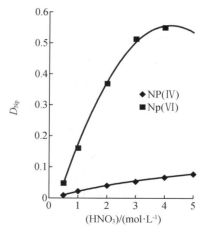

图 5 – 30　不同硝酸浓度下 BEHSO 萃取 Np(Ⅳ)、Np(Ⅵ) 的分配比

酮(HTTA)萃取过程,镎可与铀、钚、钌、锆等很好分离。MiBK 萃取镎的分配系数见表5 – 16。

表 5 – 16　甲基异丁基酮萃取镎的分配系数(25 ℃)

镎离子	盐析剂,(Al(NO$_3$)$_3$)/(mol·L^{-1})	(HNO$_3$)/(mol·L^{-1})	萃取分配比
Np(Ⅳ)	1.3	0.5	1.5
Np(Ⅴ)	1.5	0.5	<0.001
Np(Ⅵ)	0.7	0.5	1.7

MiBK 是 Redox 流程的萃取剂。汉福特 Redox 厂自 1952 年到 1966 年运行,从 1959 年开始回收镎,并与铀钚分离。

在 Redox 厂采用图 5 – 31 所示的流程回收镎。在此流程中,HA 柱在缺酸条件下操作以萃取铀、钚,使得镎进入水相废液(HAW)。废液进入一个连续浓缩器。部分浓缩液用于提供 HA 柱的盐析强度使得镎不被萃取。少量的浓缩废液连续转移和酸化,以获得 Np(Ⅵ),Np(Ⅵ) 在 1S 柱萃取,在 1N 柱反萃。1N 柱的镎产品再回到废液浓缩器进行积累,然后定期进行酸化,积累的镎采用 Redox 主线工艺柱处理。Redox 镎回收方法的特点是收率高且平稳,对钌的沾污小。回收的镎进行一次或多次尾端臭氧处理以获得对钌的满意去污。臭氧处理后,最终镎的纯化和浓缩在汉福特 Purex 厂离子交换设施完成。

乙醚可从含强氧化剂的盐溶液中定量萃取六价镎、钚、镅。表 5 – 17 为乙醚从不同介质中萃取镎、钚、镅的分配系数。Ce(Ⅳ)、Au(Ⅲ) 亦会被强烈萃取,Sc(Ⅲ)、P、Cr(Ⅵ)、As(Ⅴ)、Hg(Ⅱ)、Tl(Ⅲ)、Th(Ⅳ) 及 Bi(Ⅲ) 也会部分萃取。稀酸反萃后,加入亚铁及脲或肼还原 Np(Ⅵ) 到 Np(Ⅳ),硝酸铵做盐析剂,再次用乙醚萃取,与 U(Ⅵ) 进一步分离。

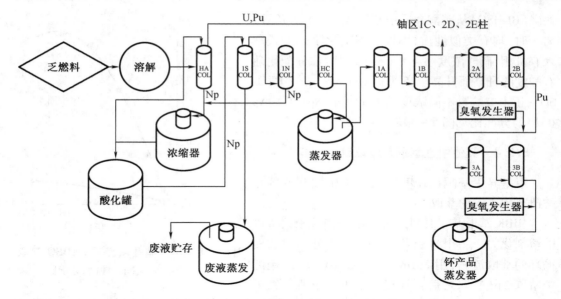

图 5 – 31　汉福特 Redox 厂镎回收流程图

表 5 – 17　乙醚从不同介质中萃取镎、钚、镅的分配系数

水相	Np(Ⅳ)	Np(Ⅴ)	Np(Ⅵ)	Pu(Ⅵ)	Am(Ⅵ)
1 mol · L^{-1} HNO$_3$ – NH$_4$NO$_3$	—	—	—	高	100
6 mol · L^{-1} HNO$_3$	9	17	12	70	—
5 mol · L^{-1} HNO$_3$	17	65	12	89	—

5.6　酸性及螯合萃取剂萃取镎

酸性萃取剂通常包括酸性磷类萃取剂及螯合萃取剂等。

5.6.1　酸性磷类萃取剂萃取镎

酸性磷类萃取剂是含酸性基团的有机磷化合物,主要通过其结构中的氢离子与水溶液中的金属阳离子发生离子交换而进行萃取,故可萃取大部分金属离子。其缺点是选择性差、容量低、易乳化等。

二(2 – 乙基己基)磷酸(HDEHP)具有化学稳定性好、萃取速度快、容量高及水溶性小等优点而被用作铀、钍、稀土等的萃取剂。HDEHP 自硝酸中萃取镎的顺序是 Np(Ⅳ) > Np(Ⅵ)≫Np(Ⅴ)。对 HDEHP 萃取 U(Ⅴ , Ⅵ)和 Np(Ⅴ , Ⅵ)的理论研究表明,HDEHP 在非极性溶剂中以二聚体形式存在。所有的二聚体都以二齿配体的形式通过 P＝O 和 P—OH 基团与铀酰和镎酰离子配位,且 O—P＝O 与锕系酰离子的配位能力更强。所有 1∶1 和 1∶2(金属∶配体)型配合物中,金属与配体之间形成的键主要为离子键,并且 An(Ⅵ)(An = U、

Np)配合物比相应 An(Ⅴ)配合物更稳定。此外,相对于 U(Ⅵ)配合物,Np(Ⅵ)的 HDEHP 配合物更稳定。在 1∶1 型配合物 $AnO_2(NO_3)_2(HA)_2$ 中,分子内氢键的形成对其稳定性具有重要作用。而且热力学分析表明,在硝酸浓度较高时,$AnO_2(NO_3)_2(HA)_2$ 为主要产物,而在硝酸浓度较低时,则主要形成 $AnO_2(HA_2)_2$ 配合物。

　　日本研究学者开展了二异癸基磷酸(DIDPA)自高放废液(HLLW)中萃取分离镎的研究。示踪萃取实验表明,DIDPA 可以萃取 Np(Ⅴ),但萃取过程很慢,萃取的镎不能被 HNO_3 反萃,表明萃取过程发生了氧化还原反应。模拟 HLLW 调酸到 2 mol·L^{-1},先用 TBP 将 U、Pu 萃取走,此时有 86% 的镎不被 TBP 萃取,表明大部分镎为五价。萃残液经甲酸脱硝到酸度为 0.5 mol·L^{-1} 后,用 0.5 mol·L^{-1} DIDPA – 0.1 mol·L^{-1} TBP – 正十二烷萃取,约 90% 的镎被萃入 DIDPA 相。如表 5 – 18 所示,Np(Ⅳ)、Np(Ⅵ)在较宽的酸度范围内分配比均较高,初始为 Np(Ⅴ)时,低酸分配比较高;随振荡时间加长,镎的分配比增大,萃取率受温度的影响较大。

表 5 – 18　DIDPA 萃取 Np 的分配比

(HNO₃)/(mol·L⁻¹)	$D_{Np(Ⅳ)}$	$D_{Np(Ⅴ)}$	$D_{Np(Ⅵ)}$
0.02	—	3.6×10^2	—
0.04	—	79.5	—
0.09	$>3 \times 10^3$	6.19	$>10^3$
0.24	$>3 \times 10^3$	0.806	$>10^3$
0.5	$>3 \times 10^3$	0.253	$>10^3$
1	$>3 \times 10^3$	0.0935	$>10^3$
2	$>3 \times 10^3$	0.0796	9.5×10^2
4	$>3 \times 10^3$	0.201	7.4×10^2

　　萃取完 Np(Ⅴ)的 DIDPA 相用光谱分析,发现有约 46% 的 Np(Ⅳ),未发现 Np(Ⅴ)的峰,说明在萃取过程中 Np(Ⅴ)发生了歧化,变为 Np(Ⅳ)、Np(Ⅵ)为 1∶1 的镎。Np(Ⅳ)、Np(Ⅵ)在 300 s 内可被 DIDPA 定量萃取,而初始为 Np(Ⅴ)的萃取则很慢,考虑是因为 Np(Ⅴ)萃取速率受其歧化反应控制。初始萃取反应速率与 (Np)$^{0.22}$ 成正比,与 (DIDPA)^2 成正比。

　　温度提高有利于萃取速度的提高,40 ℃时的速率是 25 ℃时的 2 倍。为了 Np(Ⅴ)的回收,应提高萃取的温度。

　　虽然 Np(Ⅴ)在硝酸中会发生歧化,但研究表明,在实际 DIDPA 萃取中,水相中 Np(Ⅴ)未发生歧化。Np(Ⅴ)在 HDEHP 有机相中的歧化速度比在水相中更快,由于 DIDPA 与 HDEHP 类似,可以合理地推论在 DIDPA 相中 Np(Ⅴ)也发生了快速的歧化反应。Np(Ⅴ)与 DIDPA 相互作用,快速歧化为 Np(Ⅳ)、Np(Ⅵ),因为 DIDPA 是离子交换型的萃取剂,相互作用随着酸度降低而增强。H^+ 不参与这一相互作用,因为 DIDPA 配合 Np(Ⅳ)、Np(Ⅵ)时会释出 H^+。

　　如图 5 – 32 所示,2 mol·L^{-1} 硝酸以下,随酸度的提高,镎(Ⅴ)萃取的初始萃取速率逐渐降低,高于 2 mol·L^{-1} 时,萃取速率增大,可能是由于水相歧化反应增强所致。

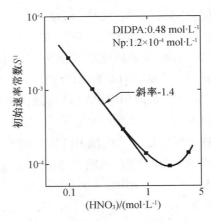

图 5 – 32　镎（Ⅴ）初始萃取速率常数随水相酸度的变化

在萃取体系中加入 H_2O_2 可大大提高 DIDPA 萃取 Np 的速率，萃取速率与 $(H_2O_2)^{0.5}$ 成正比。有机相中的镎为 Np（Ⅳ），说明在萃取过程中镎被还原为 Np（Ⅳ）。

5.6.2　螯合萃取剂萃取镎

在螯合体系中，如 HTTA、铜试剂、乙酰丙酮及 8 – 羟基喹啉可取代与镎离子配位的水，形成中性、共价螯合物，溶解于碳氢化合物有机溶剂中。

用双（1 – 苯基 – 3 – 甲基 – 4 – 酰基吡唑 – 5 – 酮）衍生物，H_2BP_n（n 为撑链碳原子数）的氯仿溶液自硝酸体系中萃取 Np^{4+} 及 NpO_2^+ 的研究显示，四价镎与萃取剂形成二溶剂化物被萃入有机相，如式（5 – 35）所示。而该萃取剂对五价镎的萃取能力很低。

$$Np^{4+} + 2H_2BP_{n(org)} \rightleftharpoons Np(BP_n)_{2(org)} + 4H^+ \quad (n = 3,4,5,6,7,8,10,22) \quad (5 – 35)$$

1 – 苯基 – 3 – 甲基 – 4 – 苯甲酰基 – 5 – 吡唑啉酮（HPMBP）以及噻吩甲酰三氟丙酮（HTTA）对 Np（Ⅳ）有很强的萃取能力，常用于 Np（Ⅳ）的分析中。

HPMBP 从 1~4 $mol \cdot L^{-1}$ HNO₃ 及 1~6 $mol \cdot L^{-1}$ HCl 中可强烈萃取 Np（Ⅳ）。相同条件下，Np（Ⅴ）、Np（Ⅵ）则不被萃取。

表 5 – 19 为 0.5 $mol \cdot L^{-1}$ HTTA – 二甲苯萃取镎的分配比。Fe（Ⅲ）、Zr（Ⅳ）、Pa（Ⅴ）也可自 1 $mol \cdot L^{-1}$ HNO₃ 中被 HTTA 强烈萃取，但可通过用 8 $mol \cdot L^{-1}$ HNO₃ 反萃镎达到与之分离的目的。

表 5 – 19　0.5 $mol \cdot L^{-1}$ HTTA – 二甲苯萃取镎的分配比（25 ℃）

镎离子	$(HNO_3)/(mol \cdot L^{-1})$	D
Np（Ⅲ）	1.0	$< 3 \times 10^{-5}$
Np（Ⅳ）	1.0	1×10^4
	8.0	$< 1 \times 10^{-2}$
Np（Ⅴ）	0.8	$< 5 \times 10^{-4}$
Np（Ⅵ）	0.8	$< 1 \times 10^{-3}$

8 – 羟基喹啉可与镎形成如下配合物：与 Np（Ⅳ）形成 $Np(C_9H_6NO)_4$，与 Np（Ⅴ）形成

$H[NpO_2(C_9H_6NO)_2]$。

5.7　镎的离子缔合萃取

5.7.1　镎的胺类萃取剂萃取

胺类萃取剂从硝酸溶液中萃取镎离子的顺序是 $Np(Ⅳ) > Np(Ⅵ) \gg Np(Ⅴ)$，但选择性取决于胺的结构及水相组成。胺类萃取剂在硝酸及盐酸体系中的萃取能力顺序为季铵 > 叔胺 > 仲胺 > 伯胺，而在硫酸体系中，顺序则刚好相反。表 5 – 20 为不同胺类萃取剂从硝酸介质中萃取 $Np(Ⅳ)$ 的分配系数。

表 5 – 20　不同胺类萃取剂从硝酸介质中萃取 $Np(Ⅳ)$ 的分配系数

胺类萃取剂		萃取剂浓度 /(mol·L^{-1})	镎价态	硝酸浓度 /(mol·L^{-1})	分配系数
名称	类型				
$(R_3C)NH_2$ $R = C_{15}H_{31} \sim C_{21}H_{43}$	伯胺	0.1	Ⅳ	1	0.004
				4	0.15
				8	0.8
十二碳烯基三烷甲基胺 $((C_{12}H_{23})(R_3C)NH)$	仲胺	0.1	Ⅳ	1	0.05
				8	0.9
二(十三烷基)胺	仲胺	0.3	Ⅴ	2	0.003
				8	0.003
三正辛胺	叔胺	0.1	Ⅳ	1	5
				2	10
				5	100
		0.3	Ⅴ	2	0.01
				8	0.1
		0.3	Ⅵ	2	2.0
				8	5.0
双十二碳烯基二甲基硝酸铵	季铵	0.2	Ⅳ	2	380
				4	620
				8	760

由于叔胺及季铵在较高硝酸浓度下表现出对四价镎的高效萃取性能，在镎的分离中得到较为广泛的应用。

在较高硝酸浓度下，Np^{4+} 可与硝酸根形成 $Np(NO_3)_6^{2-}$ 络阴离子，与叔胺及季铵中的酸根阴离子发生交换反应，从而被萃入有机相，反应方程式如下：

$$2R_3NH^+NO_{3(o)}^- + Np(NO_3)_{6(a)}^{2-} = (R_3NH)_2Np(NO_3)_{6(o)} + 2NO_{3(a)}^- \qquad (5-36)$$

$$2R_4NNO_{3(o)} + Np(NO_3)_{6(a)}^{2-} = (R_4N)_2Np(NO_3)_{6(o)} + 2NO_{3(a)}^- \qquad (5-37)$$

采用三异辛胺(TiOA) – 二甲苯从含氨基磺酸亚铁的硝酸水相溶液中将 Np(Ⅳ)与 U(Ⅵ)、Pu(Ⅲ)、Am(Ⅲ)及裂变产物分离。为强化分离,含镎有机相用含氨基磺酸亚铁的溶液洗涤,最后用 HTTA 纯化镎。

表 5 – 21 为不同硝酸浓度下 TiOA 萃取镎的分配比。在 $1 \sim 8 \ mol \cdot L^{-1}$ 硝酸下,TiOA 萃取镎(Ⅳ)的 $D_{Np(Ⅳ)}$ 很高,$D_{Np(Ⅵ)}$ 次之,而 Np(Ⅴ)基本不被萃取。

表 5 – 21   不同硝酸浓度下 TiOA 萃取镎的分配比

萃取剂	$(HNO_3)/(mol \cdot L^{-1})$	$D_{Np(Ⅳ)}$	$D_{Np(Ⅴ)}$	$D_{Np(Ⅵ)}$
10% TiOA – 二甲苯	1.0	47	—	—
10% TiOA – 二甲苯	2.0	84	—	—
10% TiOA – 二甲苯	3.0	88	—	—
10% TiOA – 二甲苯	4.0	90	0.020	—
10% TiOA – 二甲苯	4.0	80	0.015	5
10% TiOA – 二甲苯	6.0	63	—	—
10% TiOA – 二甲苯	8.0	37	—	—

在后处理流程中,发展了镎的胺萃流程,用于镎的分离回收。

图 5 – 33 示出了从浓缩的汉福特 Purex 废液(约 $6 \ mol \cdot L^{-1} H^+$)中萃取镎的胺萃取流程,其中 1WW 中加入肼还原镎到 Np(Ⅳ),而钚仍保持四价,25°C 1WW 溶液与等体积 $0.3 \ mol \cdot L^{-1}$ 三月桂胺(TLA)混合,97% ~ 99% 的镎和钚被萃取,少量的裂变产物 Ce、Zr、Ru 也一同萃取。50 °C,用既有还原作用又有配合作用的试剂共反萃镎、钚。反萃液满足返回 Purex 主线循环或进入离子交换设施的条件。采用真实废液进行的实验室规模及工厂规模的试验证明回收率及去污效果均较好。主要缺点是当与废液混合时 TLA 萃取剂的稳定性欠佳,这是由于化学及辐照降解产生的亚硝酸与 TLA 作用生成二月桂胺,后者可反应生成固态的二亚硝胺。由于溶剂稳定性问题,未进一步发展该工艺。

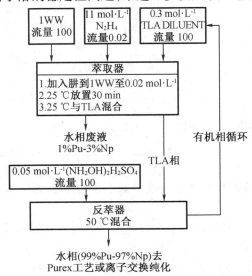

图 5 – 33   汉福特 Purex 废液(约 $6 \ mol \cdot L^{-1} H^+$)中萃取镎的胺萃取流程

法国核工厂采用叔胺萃取流程回收镎。逆流萃取工艺采用 20% TLA（体积分数）从辐照镎靶中分离纯化钚和镎，以及从 Purex 钚二循环废液中回收镎，由于该废液放射性水平较低，只含有约 800 mCi·L^{-1} 的裂变产物，适合用胺类萃取剂。

为使 TLA 同时萃取镎、钚，采用两段萃取，一段含亚硝酸以保障钚的萃取，一段含 Fe^{2+}，以保障镎的萃取。镎和钚分别萃取，先用还原剂（如 Fe^{2+}），镎被萃取；后用氧化剂（如亚硝酸），钚被萃取。该过程后被马库尔中试厂采用，回收了 22g 镎，^{95}Zr - ^{95}Nb 去污系数高于 1 000。

开发的流程还包括用 TLA 逆流萃取工艺从二循环萃残液中共萃 Np（Ⅳ）、Pu（Ⅳ）。为调节价态，该流程（图 5 - 34）同时加入 0.05 mol·L^{-1} 肼及化学计量的 U（NO$_3$）$_4$ 还原镎到 Np（Ⅳ），而在 3.9 mol·L^{-1} HNO$_3$ 下，钚还原到 Pu（Ⅲ）的速度很慢，七级萃取可回收大于 99% 的镎。镎钚用 1.5 mol·L^{-1} H$_2$SO$_4$ - 0.18 mol·L^{-1} HNO$_3$ 共反萃，或用图 5 - 35 的流程将它们分离。

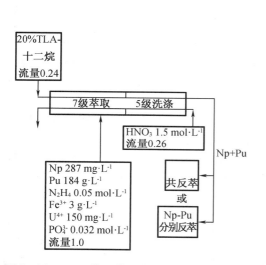

图 5 - 34　TLA 从阿格后处理厂二循环萃残液中共萃 Np（Ⅳ）、Pu（Ⅳ）

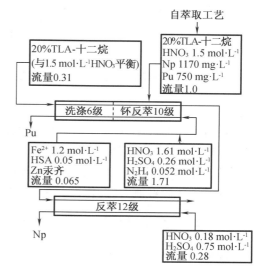

图 5 - 35　Np（Ⅳ）、Pu（Ⅳ）共萃后的分离

还研究过两种从 Purex 二循环废液中选择性萃取镎的流程，如图 5 - 36、图 5 - 37 所示。后者钚的去污系数高于前者（> 4 000 和约 250）。这种提高是因为在还原洗涤剂中含有硫酸，其可以提高钚的还原速率。

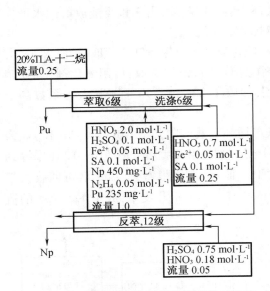

图 5-36　二循环废液中选择性萃取镎的流程

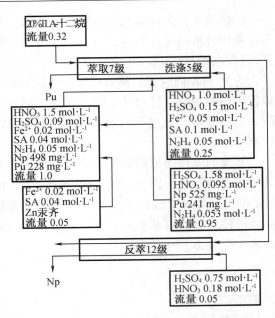

图 5-37　Purex 二循环废液中选择性萃取镎的流程

在研发和测试 TLA 萃取流程的同时,法国科学家还关注了 TLA 降解条件及其产物,特别是如何降低或消除这种降解的方法。加入氨基磺酸可将亚硝酸转化为氮气,消除亚硝酸对 TLA 的破坏。其他的保护措施包括小心控制工艺温度,用碱溶液洗涤。这些措施与相对较低的二循环废液放射性,使得能保持满意的萃取效果。

5.7.2　镎的冠醚萃取

冠醚萃取剂对 Np(Ⅳ) 离子也有一定的萃取能力。如表 5-22 所示,用二环己基-18-冠-6 在 7.5 mol·L^{-1} HNO$_3$-二氯乙烷和 5 mol·L^{-1} HNO$_3$-硝基苯条件下测得的分配比最大。配合物在强酸介质中显示出特有的稳定性,主要与多醚环上配位基的结构有关。

表 5-22　不同硝酸浓度下结构不同的大环多醚对镎(Ⅳ)萃取的影响

(HNO$_3$)/(mol·L^{-1}) 大环多醚名称	分配比 D					
	二氯乙烷-HNO$_3$ 体系			硝基苯-HNO$_3$ 体系		
	1.0	7.5	10	1.0	5.0	10
八甲基四氢呋喃四聚体	0.004	0.005	0.010	0.001	0.008	0.037
苯并-15-冠-5	0.002	0.005	0.007	0.002	0.013	0.025
4-叔丁基-苯并-15-冠-5	0.002	0.005	0.010	0.002	0.004	0.025
15-冠-5	0.003	0.002	0.008	0.002	0.005	0.028
18-冠-6	0.002	0.022	0.007	0.034	0.112	0.041
二苯并-18-冠-6	0.003	0.004	0.005	0.003	0.023	0.042
二环己基-18-冠-6	0.011	0.261	0.145	0.074	0.232	0.044

表 5 − 22（续）

（HNO₃)/(mol · L⁻¹)	分配比 D					
	二氯乙烷 − HNO₃ 体系			硝基苯 − HNO₃ 体系		
大环多醚名称	1.0	7.5	10	1.0	5.0	10
二苯并 − 24 − 冠 − 8	0.011	0.031	0.098	0.010	0.162	0.044
二苯并 − 30 − 冠 − 10	0.007	0.023	0.007	0.025	0.155	0.043
穴醚 − 222	0.003	0.006	0.005	0.002	0.052	0.092

二环己基 − 18 − 冠 − 6 在很宽的酸度范围内都比二苯并冠醚萃取镎（Ⅳ）的 D 值高,显示了较好的性能。由于二环己基 − 18 − 冠 − 6 本身是中性的,Np^{4+} 通过与冠醚分子的 6 个氧原子配位,形成配合阳离子与介质中的酸根阴离子缔合成中性萃合物进入有机相。Np（Ⅳ）和冠醚是以 1:1 的配合物形式萃入有机相的。

由于冠醚是极性试剂,一般选择强极性溶剂作为稀释剂,如介电常数值较大的硝基苯和二氯乙烷等。以二环己基 − 18 − 冠 − 6 为萃取剂,分别在二氯乙烷及硝基苯为稀释剂的情况下,镎（Ⅳ）的萃取分配比先随着水相硝酸浓度的增加而增加,在硝酸浓度为 6 ~ 8 mol · L⁻¹ 时出现一个极大值,而后分配比下降。这主要是因为硝酸浓度的提高一方面促使镎配阴离子 $Np(NO_3)_5^-$ 和 $Np(NO_3)_6^{2-}$ 的生成,降低了可被萃取的 $Np(NO_3)_4$ 的浓度,另一方面硝酸的萃取降低了自由冠醚的浓度,导致分配比下降,因此,在一定硝酸浓度时呈现最大值。

5.8　镎的协同萃取

关于镎的协萃,多见螯合萃取剂与中性膦类萃取剂的协同萃取效应。

3 − 苯基 − 4 − 苯甲酰基 − 5 − 异噁唑酮（HPBI）是与 HTTA 相媲美的萃取剂。但其在有机稀释剂中（如甲苯、二甲苯）的溶解度较小,限制了其从高酸中萃取金属离子的能力。但在有中性萃取剂如 TOPO 存在时,其溶解度会增加。除会增加其溶解度外,还会增强对金属离子的萃取,因为发生了协萃。

在仅有 HPBI 时,发生如下萃取反应:

$$Np_{(a)}^{4+} + 4HPBI_{(o)} \xrightleftharpoons{K_{ex}} Np(PBI)_{4(o)} + 4H_{(a)}^+ \qquad (5-38)$$

两相萃取常数 lg K_{ex} 为 10.11 ± 0.03。

加入 TOPO 后,发生下列反应:

$$Np_{(a)}^{4+} + 4HPBI_{(o)} + TOPO_{(o)} \xrightleftharpoons{K} Np(PBI)_4 \cdot (TOPO)_{(o)} + 4H_{(a)}^+ \qquad (5-39)$$

两相萃取常数 lg K_{ex} 为 17.24 ± 0.05。

3 − 苯基 − 4 − 乙基 − 5 − 异噁唑酮（HPAI）和 TOPO 混合物萃取 Np（Ⅳ）也存在协萃效应。单独 HPAI 萃取 Np（Ⅳ）,形成萃合物 $Np(PAI)_4$,而当加入 TOPO 后,则以萃合物 Np$(PAI)_4$ · TOPO 或萃合物 Np$(PAI)_3$ · （NO₃）· TOPO 被萃取,二、三、四元萃合物萃取常数分别为 8.44 ± 0.05,12.84 ± 0.22,11.26 ± 0.07。

研究发现,β-二酮的酸解离常数是影响协萃的主要因素。使用 pK_a 小的 β-二酮,同时使用合适的中性氧配体形成二元配合物时,萃取金属的效率会增大,产生协同萃取效应。从机理上说就是螯合物中水分子被碱性氧配体如 SO、PO、胺氧取代,形成了亲油的物种。

以苯为稀释剂的 HTTA-TBP 萃取剂,在 $HClO_4$ 体系中,Np(Ⅳ)以 Np(TTA)$_4$·TBP 萃入有机相,而以硝基苯为稀释剂时,萃合物为 Np(TTA)$_3$·3TBP·ClO_4。

参 考 文 献

[1] Lester R. Morss, Norman M. Edelstein, Jean Fuger. The chemistry of the actinide and transactinide elements, fourth edition.

[2] 贾永芬,朱志瑄,罗方祥,胡景炘,叶国安,Np(Ⅳ、Ⅴ、Ⅵ)在稀 TBP/煤油与水相间的分配,原子能科学技术[J],第 35 卷,第 2 期,97-103,(2001).

[3] Wallace W. Schuiz and Glen E. Benedict, Neptunium-237 PRODUCTION and RECOVERY, Atlantic Richfield Hanford Company Richland, Washington.

[4] N. Srinivasan, PROCESS CHEMISTRY OF NEPTUNIUM PART-1, BARC-428.

[5] 鲜亮,郑卫芳,NpO_2^+ 与 UO_2^{2+} 阳阳离子配合对 30% TBP-煤油萃取 Np(Ⅴ)性能的影响,核化学与放射化学,Vol. 35, No. 4, 2013. 8, 216-221.

[6] M. Nakahara, Y. Saro, Uranium plutonium and neptunium Co-recovery with high nitric acid concentration in extraction section by simplified solvent extraction process. Radiochim Acta, 97, 727-731,(2009).

[7] T. Fukasawa, Recovery of minor actinides with TBP, Radioactive waste management and Environmental Remediation-ASME,1999.

[8] 梁俊福,张伟,焦荣洲,朱永赠,三烷基(混合)氧膦的结构分析及其对镅锫的萃取,核化学与放射化学,第 4 卷,第 3 期,129-137,1982. 8.

[9] 梁俊福,张伟,焦荣洲,TRPO 萃取镅,核化学与放射化学,Vol. 4, No. 3, 1982.

[10] 焦荣洲,王守忠,樊诗国,刘秉仁,朱永赠,用三烷基(C6-C8)氧膦(TRPO)从强放废液中萃取锕系镧系元素的研究,核化学与放射化学,Vol. 7, No. 2, 65-71, 1985. 5.

[11] R. Shabana,用三辛基氧膦从混合溶液中萃取和分离镅、铀、钍、铈,放射性地质,译自 radio chimica acta, band23, 117-120, 1976.

[12] 叶玉星,吴冠民,赵沪根,DHDECMP/TBP/煤油萃取 Np、Pu 和 Am,原子能科学技术,第 34 卷增刊,128-133,2000. 9.

[13] 赵沪根,杨学先,DHDECMP 萃取 Np(Ⅳ)的研究,核化学与放射化学,1985 年第 02 期,116-119.

[14] Djarot S. WISNUBROTO, Hidematsu IKEDA, Atsuyuki SUZUKI. Solvent Extraction of Pentavalent Neptunium with n-Octyl(phenyl)-N, N-Diisobutylcarbamoylmethylphosphine Oxide. Journal of NUCLEAR SCIENCE and TECHNOLOGY, 28[12], pp. 1100~1106 (December 1991).

[15] Djarot S. WISNUBROTO, Shinya NAGASAKI, Youichi ENOKIDA and Atsuyuki SUZU-

KI, Effect of TBP on Solvent Extraction of Np(Ⅴ)with n – Octyl(phenyl) – N, N – Di-isobutylcarbamoylmethylphosphine Oxide (CMPO), Journal of NUCLEAR SCIENCE and TECHNOLOGY, 29[3], pp. 263～283 (March 1992).

[16] Mathur J. N., Ruikar P. B., Krishna M. V. Balarama, Murali M. S., Nagar M. S., Iyer R. H., Extraction of Np(Ⅳ), Np(Ⅵ), Pu(Ⅳ)and U(Ⅵ)with amides, BEHSO and CMPO from nitric acid medium, Radiochim. Acta, 73(4), 199 – 206, 1996.

[17] 蒋德祥,何辉,朱文彬,李峰峰,唐洪彬,用于锕系元素提取分离的萃取剂 – TiAP,核化学与放射化学,第 34 卷 第 3 期,142 – 147,2012.6.

[18] 焦荣洲 韩升印,磷酸异戊酯萃取 U、Np、Pu 性能的研究,原子能科学技术,Vol. 29, No. 2,160 – 166,1995.

[19] Neelam Kumari, P. N. Pathak, D. R. Prabhu, V. K. Manchanda, Comparison of extraction behavior of Neptunium from nitric acid medium employing Tri – n – butyl phiosphate and N, N – dihexyl Octanamide as extractants, Separation science and technology 2012, 47(10),1492 – 1497.

[21] Yui SASAKI and Gregory R. CHOPPIN, Solvent Extraction of Eu, Th, U, Np and Am with N, N′ – Dimethyl – N, N′ – dihexyl – 3 – oxapentanediamide and Its Analogous Compounds, ANALYTICAL SCIENCES, APRIL 1996, VOL. 12, 225

[21] 田国新,王建晨,宋崇立,N,N,N′,N′ – 四异丁基 – 3 – 氧杂 – 戊二酰胺对超铀元素和锔的萃取,核化学与放射化学,第 23 卷,第 3 期,135 – 140,2001.8.

[22] R. B. Gujar, G. B. Dhekane, P. K. Mohapatra, Liguid – liquid extraction of Np^{4+} Pu^{4+} using several tetra – alkyl substituted diglycolamine, Radiochim Acta 101, 719 – 724 (2013).

[23] 朱文彬,李峰峰,叶国安,李会蓉,TODGA – DHOA 体系萃取金属离子Ⅰ. 对 Np(Ⅳ, Ⅴ,Ⅵ)的萃取,核化学与放射化学,第 34 卷,第 5 期,263 – 268,2012.10.

[24] S. A. Ansari, R. B. Gujar; D. R. Prabhu, Counter – Current Extraction of Neptunium from Simulated Pressurized Heavy Water Reactor High Level waste using NNN′N′ – Tetraoctyl Diglycolanide, Solvent Extraction and Ion Exchange, 30:457 – 468,2012.

[25] M. J. Carrot, C. R. Gregson, and R. J. Taylor, NEPTUNIUM EXTRACTION AND STABILITY IN THE GANEX SOLVENT: 0. 2 M TODGA/0. 5 M DMDOHEMA/KEROSENE *Solvent Extraction and Ion Exchange*, 31: 463 – 482, 2013.

[26] 朱国辉,张先梓,二正辛基亚砜萃取铀、钚、钍和镎,原子能科学技术,1983 年 04 期, 451 – 459.

[27] J. P. Shukla, S. A. Pai, Solvent extraction of Np(Ⅳ)from HNO_3 by sulphoxides and their mixtures, J. Radioanalytical Chemistry, Vol. 56 ,Issue1 – 2, 53 – 63. 1980.

[28] 罗娟,有机磷类萃取剂分离 U、Np、Eu、Am 的研究,[学位论文],2015,南华大学.

[29] YASUJI MORITA, Masumitsu Kubota, Extraction of pentavalent neptunium with di – iso-decyl phosphoric acid, Journal of nuclear science and technology, 24[3],pp227 – 232, 1987.3.

[30] Hideyo Takeishi, Yoshihiro Kitatsuji, Takaumi Kimura, Yoshihiro Meguro, Zenko Yoshida, Sorin Kihara, Solvent extraction of uranium, neptunium, plutonium, americi-

um, curium and californium ions by bis(1 – phenyl – 3 – methyl – 4 – acylpyrazol – 5 – one)derivatives. Analytica Chimica Acta 431 (2001)69 – 80.

[31] RICHARD A., SCHNEIDER, Analytical Extraction of Neptunium using TiOA and TTA, ANALYTICAL CHEMISTRY, VOL. 34, NO. 4, 522 – 525, APRIL 1962.

[32] 姜延林,续双城,顾振芳,张文青,二环己基 – 18 – 冠 – 6 对 Np(Ⅵ)的萃取,核化学与放射化学,第 4 卷,第 2 期,81 – 90,1982. 5.

[33] S. Banerjee, P. K. Mohapatra, Extraction of tetravalent neptunium isoxazolonates as their TOPO adducts, Radiochim. Acta 92,95 – 99,2004.

[34] S. Banerjee, P. K. Mohapatra, Extraction of neptunium(Ⅳ)by a mixture of 3 – phenyl – 4 – acetyl – 5 – isoxazolone and tri – n – octyl phosphine oxide, Radiochim. Acta 94,313 – 317,2006.

[35] A. Ramanujam, V. V., Ramak rishna, S. K. Patil, Synergistic Extraction of Np(Ⅳ)by mixture of HTTA and TBP, Separation Science and Technology, Vol. 14, No. 1,13 – 35, 1979.

第6章 钍的溶剂萃取化学

6.1 钍 元 素

钍(Th)是一种锕系元素,原子序数为 90,是仅有的两种可作为核燃料的天然放射性元素之一(另一种是铀)。约恩斯·雅各布·贝尔泽利乌斯于 1828 年发现钍,并以斯堪的纳维亚神话中的雷电之神托尔(Thor)命名。

钍广泛分布于自然界,比地壳中的铀含量高 3~4 倍,作为稀土金属提取的副产品,主要从独居石砂中提炼。由于它一般以难溶的氧化物或硅酸盐形式存在于自然界中,因此在江、河、湖、海和动植物中的含量要比铀低得多。钍的所有已知的同位素都不稳定,为放射性核素。Th - 232 有 142 个中子,是钍中最稳定的同位素,几乎占天然钍的全部,其他 6 种天然同位素仅作为痕量放射性同位素存在。

钍金属是一种软的、顺磁性、亮银色放射性锕系金属,曝露在空气中会变黑,形成二氧化物。它具有很好的延展性,可以冷轧、锻压和拉制。其密度为 11.5~11.66 g/cm³。这略低于从钍的晶格参数计算出的 11.724 g/cm³ 的理论预期值,这可能是由于铸造时金属中形成了微观空隙。该数值介于相邻的锕(10.07 g/cm³)和镤(15.37 g/cm³)之间。

钍金属的熔点为 1 750 ℃,高于锕(1 227 ℃)和镤(约 1 560 ℃)。在锕系元素中,钍的熔点和沸点最高,密度仅次于锕。在所有已知沸点的元素中,钍的沸点是第五高,仅次于铯、钽、钨和铼。

钍也可以与许多其他金属形成合金。与铬和铀形成低共熔混合物,钍与较轻的同系物铈在固态和液态完全混溶。

尽管除锝和钷(元素 43 和 61)外,铋(元素 83)以下的每一种元素都至少有一种稳定的同位素,但从钋(元素 84)开始的所有元素都有明显的放射性。其中,钍(元素 90)是最稳定的,紧随其后的是铀(元素 92),Th - 232 的半衰期为 140.5 亿年,大约是地球年龄的 3 倍,甚至比宇宙年龄(大约 138 亿年)稍长。因此,Th - 232 至今仍自然存在:地球形成时 4/5 的钍存活至今。因此,钍和铀是所有放射性元素中研究得最透彻的。

Th - 232 是当今自然界中唯一大量存在的钍同位素,因此钍通常被认为是单核素元素。钍存在这种"相对稳定岛"的原因是,其最稳定的同位素具备封闭的核壳层结构。Th - 232 是 4n 衰变系的母体核,4n 衰变系通常称为"钍系"。

在深海水域,Th - 230 以显著量存在,构成天然钍的 0.04%,以至于国际纯粹与应用化学联合会(IUPAC)在 2013 年将钍重新归类为双核素元素。因为 ^{238}U 可溶于水,而其子体 Th - 230 不溶于水,因此沉淀形成沉积物的一部分。另外,低钍浓度的铀矿石也可以被提纯以生产克量级的钍样品,其中超过 1/4 是 Th－230 同位素。

已经鉴定了 30 种钍的放射性同位素,质量数从 209 到 238。Th－232 后较稳定的是半衰期为 75 380 年的 Th－230、半衰期为 7 340 年的 Th－229、半衰期为 1.92 年的 Th－228、半衰期为 24.10 天的 Th－234 及半衰期为 18.68 天的 Th－227。所有这些同位素在自然界中作为痕量放射性同位素出现,因为它们仅存在于几个天然衰变系中。表 6－1 示出了钍同位素的核性质。

表 6－1　钍同位素的核性质

质量数	半衰期	衰变方式	主要辐射/MeV	生产方法
209	2.5 ms	α	α 8.080	$^{32}S + {}^{187}W$
210	16 ms	α	α 7.899	$^{35}Cl + {}^{181}Ta$
211	37 ms	α	α 7.792	$^{35}Cl + {}^{181}Ta$
212	30 ms	α	α 7.82	$^{176}Hf({}^{40}Ar,4n)$
213	140 ms	α	α 7.691	$^{206}Pb({}^{16}O,9n)$
214	100 ms	α	α 7.686	$^{206}Pb({}^{16}O,8n)$
215	1.2 s	α	α 7.52(40%) 7.39(52%)	$^{206}Pb({}^{16}O,7n)$
216	28 ms	α	α 7.92	$^{206}Pb({}^{16}O,6n)$
216m	134 μs	α	α 9.261	$^{206}Pb({}^{16}O,5n)$
217	0.237 ms	α		
218	0.109 μs	α	α 9.665	$^{206}Pb({}^{16}O,4n)$ $^{209}Bi({}^{14}N,5n)$
219	1.05 μs	α	α 9.34	$^{206}Pb({}^{16}O,3n)$
220	9.7 μs	α	α 8.79	$^{208}Pb({}^{16}O,4n)$
221	1.68 ms	α	α 8.472(32%) 8.146(62%)	$^{208}Pb({}^{16}O,3n)$
222	2.8 ms	α	α 7.98	$^{208}Pb({}^{16}O,2n)$
223	0.60 s	α	α 7.32(40%) 7.29(60%)	$^{208}Pb({}^{18}O,3n)$
224	1.05 s	α	α 7.17(81%) 7.00(19%) γ 0.177	^{238}U 子体 $^{208}Pb({}^{22}Ne,\alpha2n)$
225	8.0 min	$\alpha \approx 90\%$ $EC \approx 10\%$	α 6.478(43%) 6.441(15%) γ 0.321	^{229}U 子体 $^{231}Pa(p,\alpha3n)$

表 6 - 1（续）

质量数	半衰期	衰变方式	主要辐射/MeV	生产方法
226	30.57 min	α	α 6.335(79%) 6.225(19%) γ 0.1113	^{230}U 子体
227	18.68 d	α	α 6.038(25%) 5.978(23%) γ 0.236	自然界
228	1.9116 a	α	α 5.423(72.7%) 5.341(26.7%) γ 0.084	自然界
229	7.340×10^3 a	α	α 4.901(11%) 4.845(56%) γ 0.194	^{233}U 子体
229m	2 min	IT		
230	7.538×10^4 a	α	α 4.687(76.3%) 4.621(23.4%) γ 0.068	自然界
231	25.52 h	β$^-$	β$^-$ 0.302 γ 0.084	自然界 ^{230}Th(n, γ)
232	1.405×10^{10} a $> 1 \times 10^{21}$ a	α SF	α 4.016(77%) 3.957(23%)	自然界
233	22.3 min	β$^-$	β$^-$ 1.23 γ 0.086	^{232}Th(n, γ)
234	24.10 d	β$^-$	β$^-$ 0.198 γ 0.093	自然界
235	7.1 min	β$^-$		^{238}U(n, α)
236	37.5 min	β$^-$	γ 0.111	^{238}U(γ, 2p) ^{238}U(p, 3p)
237	5.0 min	β$^-$		^{18}O + ^{238}U
238	9.4 min	β$^-$		^{18}O + ^{238}U

钍的不同同位素化学性质相同,但物理性质略有不同。例如,同位素纯的 Th - 228, 229,230 和 232 的密度预计分别为 11.524 g·cm^{-3}、11.575 g·cm^{-3}、11.626 g·cm^{-3} 和 11.727 g·cm^{-3}。(这与前面提到的理论值 11.724 之间的差异是因为这不是指同位素纯钍, 而是指天然钍,如上所述,天然钍主要是 232 但也有少量 230 的混合物。)同位素 229 预计是 可裂变的,裸临界质量为 2 839 kg,对于钢反射器,这个值可能下降到 994 kg。虽然 Th - 232

不可裂变,但它是可转变核素,可以利用中子照射转化为可裂变的^{233}U:

$$^{232}Th(n,\gamma) \longrightarrow ^{233}Th \xrightarrow{\beta^-} ^{233}Pa \xrightarrow{\beta^-} ^{233}U \qquad (6-1)$$

因此,钍最可能的应用是在核能中,^{232}Th 增殖 – ^{233}U 裂变的核燃料循环称作铀钍循环。

钍原子有 90 个电子,其中 4 个是价电子。理论上价电子可以占据三个原子轨道:5f、6d 和 7s。尽管钍在元素周期表的 f 区,但它在基态有一个反常的$[Rn]6d^27s^2$ 电子构型,因为轻锕系元素的 5f 和 6d 子壳层能量非常接近,甚至比镧系元素的 4f 和 5d 子壳层更接近,事实上,钍的 6d 子壳层能量低于其 5f 子壳层,因为它的 5f 子壳层没有被填充的 6s 和 6p 子壳层很好地屏蔽。这种不寻常的行为是由于相对论效应,在周期表底部,相对论效应越来越强,特别是相对论自旋轨道相互作用。钍的 5f、6d 和 7s 能级的接近导致钍几乎总是失去其所有四个价电子,因此出现在 +4 的最高氧化态。四价钍化合物通常是无色或黄色的,像银或铅一样,因为 Th^{4+} 离子没有 5f 或 6d 电子。

钍金属是一种高活性和正电性金属。操作钍金属细粉时必须小心,由于其自燃性而存在火灾危险。当钍屑在空气中加热时,会燃烧并发出白光,生成二氧化钍。纯钍在空气的反应很慢,腐蚀最终可能在几个月后发生;然而,大多数钍金属会被不同程度的二氧化钍污染,这大大加速了腐蚀。钍金属样品在空气中慢慢失去光泽,表面变成灰色,最后变成黑色。

在标准温度和压力下,钍被水缓慢侵蚀,但不容易溶解在除盐酸外大多数常见的酸中。在盐酸中,钍溶解后留下黑色不溶性残余物,可能是 ThO(X)H,X 为 OH^- 与 Cl^- 的联合体。它可以溶解在含有少量氟离子或氟硅酸盐离子的浓硝酸中。

6.2 钍的无机化合物

6.2.1 钍的氢化物

钍与氢反应生成钍氢化物 ThH_2 和 Th_4H_{15},后者在 7.5 ~ 8 K 的温度下具有超导性;氢化物和氘化物均显示超导性能,无明显同位素效应。

粉末状或烧结钍金属在室温下立即与氢气发生放热反应,而块状金属在反应前需加热到 300 ~ 400 ℃。对于同块状金属的反应,存在一个与杂质含量有关的诱导期。一般情况下,氢与大块金属的反应结果是大块金属的破碎和粉化。但也发现,在约 850 ℃下,块状金属生成块状 ThH_2 和 Th_4H_{15}。

然而,钍氢化物是热不稳定的。在 900 ℃高真空下,氢化钍完全分解。分解产物成灰到黑色的粉末或易于分解的块状,该反应可用于制备钍金属。暴露在空气或湿气中容易分解。

氢化钍易与氧反应生成二氧化钍。许多氢化物事实上易自燃,氢化钍与水蒸气在 100 ℃下反应也能生成二氧化钍。在 250 ~ 350 ℃范围内,氢化钍与卤素或硫、磷或氮的氢化物平稳反应,得到钍的二元化合物。

6.2.2　钍的氧化物

通常情况下,钍只能形成稳定的四价化合物,因此,钍唯一稳定的氧化物为二氧化钍,二氧化钍具有萤石结构。在空气中,钍燃烧形成二氧化钍。它是一种耐火材料,在所有已知氧化物中熔点最高(3 390 ℃),具有吸湿性,易与水和许多气体反应,在氟离子存在下易溶解在浓硝酸中。

加热时,它发出强烈的蓝光,当与较轻的同系物二氧化铈(CeO_2,铈土)混合时,蓝光变成白色,这是它以前用作气灯罩的应用基础。

6.2.3　钍的卤化物

已知的钍卤化物有四卤化钍及一些低价钍的溴化物和碘化物。四卤化物都是 8 配位的吸湿化合物,容易溶解在极性溶剂如水中。

四氟化钍具有单斜晶体结构,并与四氟化锆和四氟化铪同型,其中四价钍离子与氟离子以稍微扭曲的四方反棱柱构型配位。相反,其他四卤化物具有十二面体几何构型。低碘化物 ThI_3(黑色)和 ThI_2(金黄色)也可以通过用钍金属还原四碘化物来制备。钍的氟化物、氯化物及溴化物可与许多碱金属、钡、铊和铵形成多元卤化物。例如,当用氟化钾和氢氟酸处理 ThF_4 时,Th^{4+} 形成配阴离子 ThF_6^{2-},其沉淀为不溶性盐 K_2ThF_6。

6.3　钍的水溶液化学

在水溶液中钍只有一种稳定价态,即 Th^{4+},呈无色。对 1.5 mol · L^{-1} 高氯酸溶液中的 0.03~0.05 mol · L^{-1} Th(Ⅳ) 的 L_{III} 边扩展 X 光精细结构实验(EXAFS)已经清楚地测量了水合离子的结构。Th—O 键长 R 为(2.45 ±0.01)Å,配位数 CN 为(10.8 ±0.5),这显著高于依据小角 X 射线散射(LAXS)估计的值(8.0 ±0.5)。

对 U^{4+}(aq)、Np^{4+}(aq)的相类似研究所得结构参数与 Th^{4+} 基本一致,其中对于 U^{4+}(aq)(CN 10 ±1;R 2.42 ±0.01Å),对于 Np^{4+}(aq)(CN 11.2 ±0.4;R 2.40 ±0.01Å)。高电荷金属离子的水合数(高于 6)和键长之间的相关性也表明,2.45Å 的键长倾向于接近 10 的水合数。Th^{4+} 的标准生成焓、熵和相应的吉布斯自由能数据如表 6 - 2 所示。

表 6 - 2　25℃钍水溶液的主要热力学函数

$E^0_{(Th^{4+}/Th)}$	$\Delta_f H^0/(kJ \cdot mol^{-1})$	$\Delta_f G^0/(kJ \cdot mol^{-1})$	$S^0/(J \cdot K^{-1} \cdot mol^{-1})$
-(1.828 ±0.015)V/NHE	-(769.0 ±2.5)	-(705.5 ±5.6)	-(422.6 ±16.7)

作为最大的锕系元素四价离子,Th^{4+}(aq)也是最不易水解的锕系离子。由于它的尺寸,使其比许多其他多电荷离子更难水解,如铁(Ⅲ);因此,即使在 pH 值高达 4 时仍可以在很宽的浓度范围内研究四价钍。然而,其聚合反应和胶体形成趋势,以及其氢氧化物或水合氧化物的低溶解度限制了研究的开展。正是由于这些原因,文献中发表的钍氧化物/氢

氧化物溶度积和水解常数显示出很大的差异。

因此为得到最佳的数值,有研究者基于不同氧化态锕系元素水解常数之间的相关性,或基于对给定的金属－配体系统逐级配合常数的降低与配体之间静电排斥的增加有关的半经验方法,估算了水解常数值。得到累积水解常数 $\lg \beta_{1n}(n=1,2,3,4)$ 分别为 (11.8 ± 0.2),(22.0 ± 0.6),(31.0 ± 1.0) 和 (39.0 ± 0.5)。并由此绘制了各物种分布图,如图 6－1 所示。

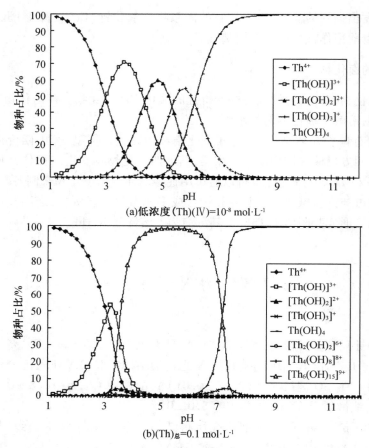

图 6－1　钍在水溶液中的物种分布图（$0.1\ \mathrm{mol \cdot L^{-1}NaCl}$）

6.4　钍的配位化合物

在酸性水溶液中,钍以水合四价正离子 $[\mathrm{Th(H_2O)_9}]^{4+}$ 的形式存在,它具有三重三棱柱分子几何形状:在 pH＝3 时,钍盐的溶液以该阳离子为主。四价锕系元素中,Th^{4+} 离子是最大的,根据配位数,其半径在 0.95 Å 与 1.14 Å 之间。由于它的高电荷,其酸性较强,比亚硫酸还强一些,因此它倾向于进行水解和聚合（虽然程度低于 Fe^{3+}）,主要是在 pH＝3 或更低的溶液中向 $[\mathrm{Th_2(OH)_2}]^{6+}$ 转化,在更强碱性的溶液中聚合继续进行,直到凝胶状氢氧化物

Th(OH)₄ 形成并沉淀出来(尽管达到平衡可能需要数周时间,因为聚合通常在沉淀前显著减慢)。作为一种硬路易斯酸,Th^{4+} 倾向于与氧原子为供体的硬配体配位,以硫原子为供体的配合物不太稳定,更容易水解。

由于钍的半径大,其倾向于大的配位数。硝酸钍五水合物是第一个已知的配位数为 11 的例子,草酸盐四水合物的配位数为 10,硼氢化物的配位数为 14。钍盐的独特性在于其不仅在水中,而且在极性有机溶剂中的都有较高溶解度。

6.4.1　无机配合物

Th(Ⅳ)可与大多数常见的无机配体,如 F^-、Cl^-、SO_4^{2-}、NO_3^- 等形成配合物。表 6 – 3 是一些配合物稳定常数,由这些值可知,钍与氯离子和硝酸根离子形成了较弱的 1:1 配合物,热力学计算表明,$Th(NO_3)_2^{2+}$ 只能存在于硝酸根浓度较高(>0.1 mol · L⁻¹)的酸性溶液(pH <3.2)中。同样,$ThCl_2^{2+}$ 仅能在(Cl^-)>0.5 mol · L⁻¹,pH <4 体系中存在。相反,Th(Ⅳ)与 F^- 和 SO_4^{2-} 可形成强配合物,尤其是碳酸根和磷酸根配体,显著影响天然水中钍(Ⅳ)的形态。

表 6 – 3　25 ℃,Th(Ⅳ)与主要无机配体形成配合物稳定常数

配合物	lg β_{1xn}	$I/($mol · L⁻¹$)$	配合物	lg β_{1xn}	$I/($mol · L⁻¹$)$
ThF^{3+}	8.03	0	$Th(OH)_4PO_4^{3-}$	-14.9 ± 0.36	0.35
ThF_2^{2+}	14.25	0	$ThHPO_4^{2+}$	10.8	0.35
ThF_3^+	18.93	0		8.7 ~ 9.7	1
ThF_4	22.31	0	$Th(HPO_4)_2$	22.8	0.35
$ThCl^{3+}$	1.09	0		15 ~ 17.3	1
$ThCl_2^{2+}$	0.80	0	$Th(HPO_4)_3^{2-}$	31.3	0.35
$ThCl_3^+$	1.65	0		21 ~ 23	1
$ThCl_4$	1.26	0	$ThH_2PO_4^{3+}$	4.52	0
$ThSO_4^{2+}$	5.45	0	$Th(H_2PO_4)_2^{2+}$	8.88	0
$Th(SO_4)_2$	9.73	0	$ThH_3PO_4^{4+}$	1.9	2
$Th(SO_4)_3^{2-}$	10.50	0	$Th(OH)_3CO_3^-$	41.5	0
$Th(SO_4)_4^{4-}$	8.48	0		21.6	0.05
$ThNO_3^{3+}$	0.94	0	$Th(CO_3)_5^{6-}$	32.3	0
$Th(NO_3)_2^{2+}$	1.97	0		27.1	0

6.4.2　有机配合物

有机配体,如草酸根($C_2O_4^{2-}$)、柠檬酸根($C_6H_5O_7^{3-}$)及 EDTA($C_{10}H_{12}O_8N_2^{4-}$)可与钍形成强配合物,如表 6 – 4 所示。

Th(Ⅳ)与 $C_6H_5O_7^{3-}$ 的作用已通过电位法、萃取法等进行了较多研究,得到了不同的配合常数。但拟合这些数据时,应注意水解常数的选取。而且,还没有鉴定出钍水解离子形

式的有机配合物,而这可能对碱性体系更重要。

钍的草酸根配合物采用 HTTA、HDEHP 萃取方法测定。其他有机酸根离子,如甲酸根、乙酸根、氯乙酸根、马来酸根等均可与 Th(Ⅳ) 形成配合物。

表 6 – 4　25 ℃,Th(Ⅳ) 与一些有机配体形成配合物稳定常数

配合物	$\lg \beta_{1n}^{0}$	配合物	$\lg \beta_{1n}^{0}$
* $Th(Cit)^{+}$	16.17	$Th(C_2O_4)_2$	18.54
	14.13		17.5
	13.7 ± 0.1	$Th(C_2O_4)_3^{2-}$	26.4
$Th(Cit)_2^{2-}$	24.94		25.73
	24.29	$Th(C_2O_4)_4^{4-}$	29.6
$ThH(Cit)_2^{-}$	16.6 ± 0.1	$Th(HC_2O_4)^{3+}$	11.0
$ThH_2(Cit)_2$	31.9 ± 0.1	$Th(HC_2O_4)_2^{2+}$	18.13
$Th(Cit)_2(OH)_2^{4-}$	14.67	ThEDTA	25.30
$Th(Cit)_3^{5-}$	28.0	ThHEDTA	17.02
$ThH(Cit)_3^{4-}$	33.31		
$ThC_2O_4^{2+}$	10.6		
	9.30		
	9.8		

* :引自不同的文献。

关于钍有机配合物的部分工作集中在环戊二烯基和环辛四烯基上,如图 6 – 2、图 6 – 3 所示。像许多轻、中锕系元素(直到锔,也预期用于锎)一样,钍形成黄色环辛四烯配合物 $Th(C_8H_8)_2$。它可以通过 $K_2C_8H_8$ 与四氯化钍在四氢呋喃(THF)中于干冰温度下反应来制备,或者通过四氟化钍与 MgC_8H_8 反应来制备。它在空气中是一种不稳定的化合物,在水中或 190 ℃ 下会完全分解。已知的半夹层化合物如 $(\eta^{8} - C_8H_8)ThCl_2(THF)_2$,具有钢琴凳结构,是由二茂钍与四氯化钍在四氢呋喃中反应制成的。

图 6 – 2　具有夹层结构的双环辛四烯合钍

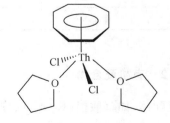

图 6 – 3　钢琴凳结构的 $(\eta^{8} - C_8H_8)ThCl_2(THF)_2$

环戊二烯基钍化合物中最简单的是 $Th(C_5H_5)_3$ 和 $Th(C_5H_5)_4$。前者(有两种形式,一

种紫色和一种绿色)是钍处于 +3 氧化态的罕见例子;甚至在有的衍生物中有 +2 氧化态存在。

6.5　中性萃取剂萃取钍

6.5.1　中性磷类萃取剂萃取钍

1. TBP 萃取钍

TBP 是钍的常用萃取剂,可从硝酸及盐酸体系中萃取钍。

TBP 能从硝酸介质中萃取钍,随 HNO_3 浓度的增大,D_{Th} 呈现先增加后下降的趋势。酸浓度较低时,NO_3^- 助萃起主要作用,分配比增加;酸浓度较高时,因 HNO_3 参与竞争萃取,钍分配比下降。但 TBP 对钍的萃取能力显著低于同条件下对 U(Ⅵ) 的萃取。如表 6 – 5 所示,铀钍单级分离系数可达 7 以上,因此,TBP 被用于铀钍分离中。

表 6 – 5　$1.1\ mol \cdot L^{-1}$ TBP – 煤油从不同浓度硝酸中萃取铀钍的分配比(25 ℃)

$(HNO_3)/(mol \cdot L^{-1})$	$D_{U(Ⅵ)}$	$D_{Th(Ⅳ)}$	β
2	10.6	1.4	7.6
3	17.4	2.4	7.2
4	29.8	4.2	7.1
5	23.6	3.3	7.1

TBP 萃取 Th^{4+} 时,一般形成二溶剂化萃合物。TBP 萃取 Th^{4+} 的反应可用式(6 – 2)表示。

$$Th^{4+} + 4NO_3^- + 2TBP_{(o)} \Longrightarrow Th(NO_3)_4 \cdot 2TBP_{(o)} \qquad (6-2)$$

表 6 – 6 为 TBP 萃取 U(Ⅵ)、Th(Ⅳ) 的热力学函数 ΔG、ΔH 和 ΔS 的值。TBP 对 U(Ⅵ)、Th(Ⅳ) 萃取的 ΔG 和 ΔH 均小于 0,表明萃取反应为放热过程。而萃取 U(Ⅵ) 的 ΔG 的绝对值大于萃取 Th(Ⅳ) 的值,表明 TBP 更易萃取 U(Ⅵ),对 U(Ⅵ) 的选择性高于 Th(Ⅳ)。

表 6 – 6　25 ℃条件下,TBP 萃取 U(Ⅵ)、Th(Ⅳ) 的热力学函数

萃取体系	$\Delta H/(kJ \cdot mol^{-1})$	$\Delta G/(kJ \cdot mol^{-1})$	$\Delta S/(J \cdot K^{-1} \cdot mol^{-1})$
TBP – U	– 19.1	– 8.94	– 34.1
TBP – Th	– 23.6	– 6.48	– 57.4

注:有机相 –5% TBP – 煤油;水相 1 $g \cdot L^{-1}$ U(Ⅵ) 或 Th(Ⅳ),3 $mol \cdot L^{-1}$ HNO_3。

$1.1\ mol \cdot L^{-1}$ TBP 萃取 Th(Ⅳ) 很容易形成三相,为了避免三相的形成,选择硝酸浓度低于 3 $mol \cdot L^{-1}$ 萃取钍。在较低酸度下,硝酸钍的分配比随酸度的增加而升高,这是由于硝

酸根的助萃效应所致;当 $c_0(Th^{4+}) = 2 \times 10^{-1}\ mol \cdot L^{-1}$、硝酸浓度较高($>3\ mol \cdot L^{-1}$)时,形成三相。

　　TBP 亦能从盐酸介质中萃取钍。TBP 自盐酸或盐酸 – LiCl 体系萃取钍的分配比随 Cl^- 浓度的变化如图 6 – 4 所示。D_{Th} 的值在研究的酸度范围没有最大值。图 6 – 5 为不同浓度 TBP 从 $10\ mol \cdot L^{-1}$ HCl 中萃取钍的分配比变化。在低 TBP 浓度时,钍的分配比随 TBP 浓度的三次方变化,而在较高浓度区,斜率随 TBP 浓度增大而减小。但从稀盐酸 – 氯化物溶液中萃取钍时,斜率为 3~4,见图 6 – 6。

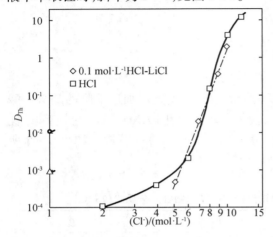

图 6 – 4　TBP 自 Cl^- 体系萃取钍的分配比

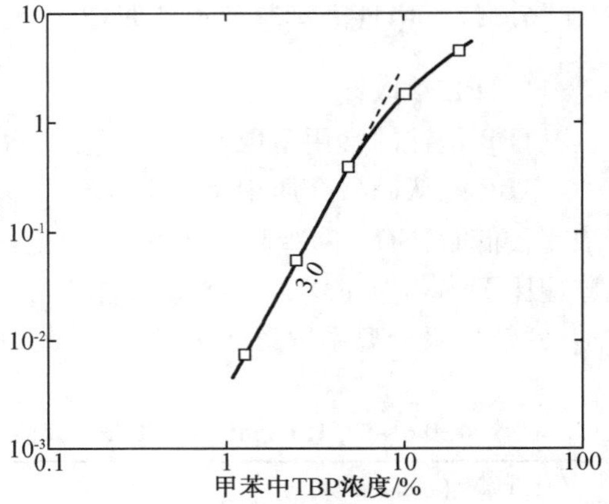

图 6 – 5　不同浓度 TBP 自 $10\ mol \cdot L^{-1}$ HCl 中萃取钍的分配比

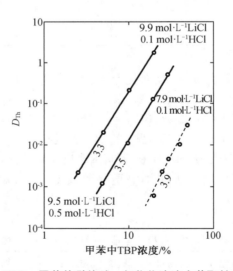

图 6 – 6　TBP – 甲苯从稀盐酸 – 氯化物溶液中萃取钍的分配比

　　为了直接测定与钍离子结合的 TBP 数目,采用红外光谱法进行了分析。一般来说,P＝O 基在 $1\ 280\ cm^{-1}$ 处的吸收带会由于与无机盐形成配合物而移向长波长。而自由 TBP 的吸收带强度则随着有机相钍浓度的增加而减小。由于自由 TBP 浓度的降低与形成的配合物的组成有关,配合物的组成可以通过绘制自由 TBP 浓度的降低与有机相中 Th 浓度的增加来确定。为获得 $ThCl_4$ – TBP 体系的红外光谱,采用将四氯化钍晶体溶解在 TBP 相中

制备系列浓度为 $0.074\ \mathrm{mol\cdot L^{-1}}$、$0.111\ \mathrm{mol\cdot L^{-1}}$、$0.147\ \mathrm{mol\cdot L^{-1}}$、$0.221\ \mathrm{mol\cdot L^{-1}}$、$0.295\ \mathrm{mol\cdot L^{-1}}$ 和 $0.442\ \mathrm{mol\cdot L^{-1}}$ 的溶液，获取红外光谱（吸光度归一到 $1\,470\ \mathrm{cm^{-1}}$ 处 CH_3 和 CH_2 振动吸收带强度）。如图 6-7(a) 可见，随着有机相中钍浓度的增加，$1\,280\ \mathrm{cm^{-1}}$ 处吸光度降低，即自由 TBP 浓度降低。图 6-7(b) 所示为 $1\,205\ \mathrm{cm^{-1}}$ 处新形成配合物而引起的吸光度的变化。观察到该吸收带的强度与有机相中 Th 浓度成正比。

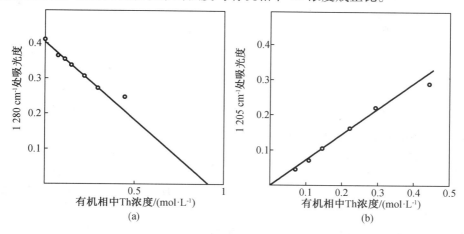

图 6-7　有机相自由 P＝O(左)和配合 P＝O(右)吸光度与有机相钍浓度的关系

红外研究结果表明，溶解在 TBP 相中的氯化钍配合物的组成为 $ThCl_4(TBP)_4$。在 TBP 从浓盐酸体系中萃取钍的研究中发现，氢离子有助于钍配合物的形成，D 值随水相中酸浓度的一次方而变化。因此，TBP 从浓盐酸溶液中萃取 Th 配合物的组成很可能是 $HThCl_5(TBP)_4$。

TBP 从含 NaCl、$CaCl_2$、$AlCl_3$ 的氯化物溶液中萃取钍，萃取分配比随盐浓度的提高而升高，因为盐浓度的提高，导致水相自由水分子活度降低，形成盐析效应。盐析能力随着阳离子半径减小、电荷数增高而增强，即 $NH_4Cl < NaCl < LiCl < CaCl_2 < MgCl_2 < AlCl_3$。

2. 其他三烷基磷酸酯萃取钍

多种三烷基磷酸酯被研究用于萃取钍。

(1)三-(2-乙基己基)磷酸酯(TEHP)

$1.1\ \mathrm{mol\cdot L^{-1}}$ 三-(2-乙基己基)磷酸酯(TEHP)-煤油从硝酸介质中萃取钍的性质与相同条件下、相同浓度的 TBP 萃取钍基本一样，图 6-8 显示了不同硝酸浓度下钍(Ⅳ)分配比的变化曲线。随着硝酸浓度的增加，钍在两种萃取剂中的分配比均增大，在 $5\ \mathrm{mol\cdot L^{-1}}$ 硝酸时达到最大值，超过此酸度，D_{Th} 值会由于萃取剂萃入过多酸而降低。未观察到钍(Ⅳ)的萃取受烷基改变的显著影响，在 TEHP 情况下，由于在磷酸三烷基酯的第二个碳原子上引入支链，使得钍萃取分配比稍有降低。

图 6-9 为 $4\ \mathrm{mol\cdot L^{-1}}$ 硝酸和 $2\times10^{-3}\ \mathrm{mol\cdot L^{-1}}$ U(Ⅵ)、Th(Ⅳ) 离子浓度下 $\lg D$ 对 $\lg(TEHP)$ 图。随着萃取剂浓度的增加，两种金属离子的分配比都增大。从对数曲线可以看出，U(Ⅵ) 的斜率为 1.5，而对于 Th(Ⅳ) 为 2.3。理想情况下，应有 2 个萃取剂分子与 U(Ⅵ) 结合成 $(UO_2(NO_3)_2\cdot 2TEHP)$ 萃合物，3 个萃取剂分子与 Th(Ⅳ) 结合成 $Th(NO_3)_4\cdot$ 3TEHP 萃合物。实际获得的较小的分数值斜率是因为硝酸、金属离子等在高浓度时双相系统的非理想性质。

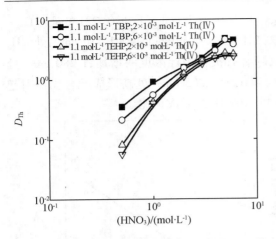

图 6-8　TBP、TEHP 自硝酸体系中萃取 Th 的
　　　　　分配比随酸浓度的变化(25 ℃)

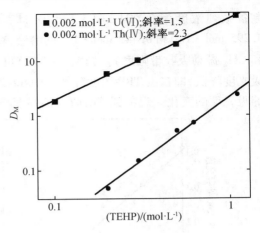

（HNO₃）:4 mol · L⁻¹；

（U(Ⅵ)）、（Th(Ⅳ)）:2 × 10⁻³ mol · L⁻¹；

稀释剂:煤油；T:298 K。

图 6-9　lg D_M(M = U(Ⅵ)、Th(Ⅳ))对 lg(TEHP)图

　　表 6-7 为不同水相酸度(2~6 mol · L⁻¹硝酸)下,1.1 mol · L⁻¹TEHP(或 TBP)-煤油萃取 U(Ⅵ)、Th(Ⅳ)的分离比及分离因子(β)值。可见两种萃取剂的 β 值随水相硝酸浓度的增加变化不大。但在固定水相酸度下,TEHP 的 β 值优于 TBP,因此在从铀和钍的二元混合物中分离铀时,TEHP 是比 TBP 更好的萃取剂。

表 6-7　不同硝酸浓度下,TEHP(或 TBP)萃取 U(Ⅵ)、Th(Ⅳ)的分离比及分离因子(β)值

（HNO₃）/(mol · L⁻¹)	1.1 mol · L⁻¹TEHP			1.1 mol · L⁻¹TBP		
	$D_{U(Ⅵ)}$	$D_{Th(Ⅳ)}$	β	$D_{U(Ⅵ)}$	$D_{Th(Ⅳ)}$	β
2	21.1	1.2	17.1	10.6	1.4	7.6
3	34.1	1.9	17.4	17.4	2.4	7.2
4	51.4	2.5	20.4	29.8	4.1	7.1
5	40.7	2.3	17.6	23.6	3.3	7.1

注:有机相:1.1 mol · L⁻¹TEHP(或 TBP)-煤油；水相 U(Ⅵ)、Th(Ⅳ):2 × 10⁻³ mol · L⁻¹,T:298 K。

（2）磷酸三异戊酯(TiAP)和磷酸三仲丁酯(TsBP)

　　用 TiAP-直链烷烃溶液萃取 Th(Ⅳ)时不易出现三相。TsBP 在 α 碳上引入甲基使得钍铀分离系数增加,碳链长度的增加或 α 位引入甲基均可增加其辐照稳定性。

　　不同硝酸浓度时,TiAP、TsBP、TBP 对硝酸钍的萃取实验结果示于图 6-10 中。由图可看出,在相同实验条件下,三种萃取剂萃取 Th(Ⅳ)的能力为:TiAP > TBP > TsBP,且萃取能力的变化趋势相同,酸度对 D_{Th} 的影响有一个先上升后下降的过程。

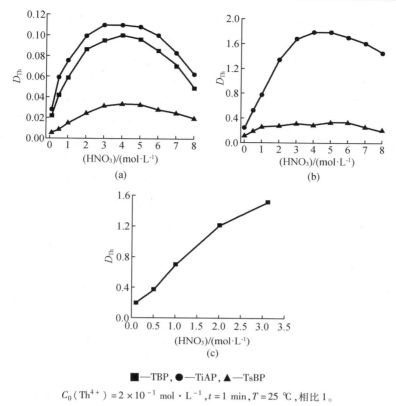

■—TBP, ●—TiAP, ▲—TsBP

$C_0(\text{Th}^{4+}) = 2 \times 10^{-1}$ mol·L^{-1}, $t = 1$ min, $T = 25$ ℃, 相比 1。

图 6－10　硝酸浓度对 0.18 mol·L^{-1}（a），1.1 mol·L^{-1}（b,c）TiAP/TsBP/TBP－正十二烷萃取 Th（Ⅳ）分配比的影响

　　1.1 mol·L^{-1}TiAP/TsBP/TBP－正十二烷萃取硝酸钍时，有机相载荷量依次为 TiAP > TsBP≈TBP。在相比为 1，硝酸浓度为 3 mol·L^{-1}和 4 mol·L^{-1}、$c_0(\text{Th}^{4+}) < 200$ g·L^{-1}时，TiAP 萃取 Th（Ⅳ）不易形成三相，而在 $c_0(\text{Th}^{4+}) = 300$ g·L^{-1}时，萃取两次出现分相难；有机相中 Th（Ⅳ）的保留量随着萃取剂烷基碳链长度的增加而增加，这是由于随着萃取剂烷基碳链长度的增加，萃合物的亲有机性增加，因而增加了其在稀释剂中的溶解性。在相比为 1、硝酸浓度为 3 mol·L^{-1}和 4 mol·L^{-1}、$c_0(\text{Th}^{4+}) = 200$ g·L^{-1}时，TsBP 萃取 Th（Ⅳ）两次出现三相；在 $c_0(\text{Th}^{4+}) = 50.7$ g·L^{-1}时，TBP 萃取 Th（Ⅳ）两次也出现三相；TsBP 和 TBP 萃取硝酸钍有机相中的保留量相当。

　　3. 烷基膦酸二烷基酯萃取钍

　　单烷基膦酸二烷基酯萃取 U（Ⅵ）和 Th（Ⅳ）的能力强于相应的三烷基磷酸酯，原因在于与 P 原子直接相连的烷基给电子效应增大了 P＝O 键电子云密度，从而增强了对金属离子配位能力。此外，由于烷基膦酸二烷基酯的分子中存在稳定性较高的碳—磷键，所以这类化合物的化学及辐照稳定性能均较良好。在萃取时形成第三相的条件也较三烷基磷酸酯宽。

　　靠近中心 P 原子的首个 C 原子上有取代支链存在时，对萃取 U（Ⅵ）的分配比影响不大，而 Th（Ⅳ）的萃取受取代基位阻的影响比 U（Ⅵ）大，能显著降低萃取 Th（Ⅳ）的分配比，增加了萃取分离铀/钍的选择性。在碳原子数目相同的甲基膦酸二烷基酯中，随着近酯氧原子支链的增加,由于空间阻碍不利于与钍形成稳定配合物,故对钍的萃取效率也顺次下降。如甲基膦酸二丁酯的钍分配系数下降次序为正丁酯>异辛酯>仲丁酯>叔丁酯,甲基膦酸二戊酯的下降次序为正戊酯>异戊酯>新戊酯,而在甲基膦酸二辛酯中则按正辛酯>异辛酯(2-乙基己酯)>仲辛酯(1-甲基庚酯)的次序下降。钍分配系数递减次序也就是甲基膦酸二烷基酯分子中邻近酯氧原子支链递增的次序。对钍的分配系数而言,甲基膦酸二烷基酯的结构空间效应较碳原子数目更为重要,如甲基膦酸二(1-甲庚)酯的碳原子数目虽较高,但由于不利的位阻效应,它的钍分配系数反较酯烷基碳原子数目少的甲基膦酸二烷基酯低得多。

在铀/钍分离研究中,甲基膦酸二(1-甲庚)酯(DMHMP,P350)是研究得较多的萃取剂,无论在水溶性、防止第三相形成以及耐辐照性上都被认为优于TBP。

$HNO_3 - HClO_4$ 介质中,在维持离子强度 $I = 2.0$,水相中铀钍浓度分别为 4.3×10^{-1} mol·L^{-1} 和 2.2×10^{-4} mol·L^{-1} 时,0.1 mol·L^{-1} P350-苯对铀和钍的萃取数据列于表 6-8 中。

表 6-8　0.1 mol·L^{-1} P350-苯自 $HNO_3 - HClO_4$ 介质中萃取铀和钍的数据

编号	起始酸度 /(mol·L^{-1})		平衡水相浓度 /(mol·L^{-1})		平衡有机相浓度 /(mol·L^{-1})		分配比	
	HNO_3	$HClO_4$	U	Th	U	Th	D_U	D_{Th}
1	0.201	1.807	12.06	51.31	90.24	0.2186	7.50	4.26×10^{-3}
2	0.503	1.506	5.760	49.61	96.54	1.893	16.8	3.81×10^{-2}
3	0.806	1.204	4.447	47.56	97.85	3.972	22.0	8.35×10^{-2}
4	1.006	1.004	3.931	46.53	98.33	5.003	25.0	1.08×10^{-1}
5	1.509	0.502	3.156	44.93	99.14	6.603	31.4	1.47×10^{-1}
6	2.013	0	2.810	44.47	99.49	7.060	35.4	1.59×10^{-1}

P350 萃取 U(Ⅵ)、Th(Ⅳ)时分别形成了 2 和 3 溶剂化萃合物,即 $UO_2(NO_3)_2 \cdot 2P350$ 和 $Th(NO_3)_4 \cdot 3P350$。

硝酸体系中,25.0 ℃时,P350 萃取铀钍的表观萃取平衡常数 lg K_{ex} 为 3.22 和 1.98,萃取热力学函数见表 6-9。

表 6-9　25 ℃条件下,P350 萃取 U(Ⅵ)、Th(Ⅳ)的热力学函数

萃取体系	ΔH/(kJ·mol^{-1})	ΔG/(kJ·mol^{-1})	ΔS/(J·mol^{-1}·K^{-1})
P350-U	-25.1	-18.4	-22.6
P350-Th	-41.9	-11.7	-102

注:有机相-5% P350-煤油;水相 1 g·L^{-1}U(Ⅵ)或 Th(Ⅳ),3 mol·L^{-1} HNO_3。

此外,P350 对 U(Ⅵ)的萃取能力及铀/钍分离效果显著优于 TiAP 与 TBP,原因在于 P350 分子中与 P 原子直接相连的甲基的给电子作用,增大了 P═O 键的电子云密度,致使 P350 对金属离子有更强的配位能力。同时,由于 P350 萃取 U(Ⅵ)和 Th(Ⅳ)分别形成2:1

和 3:1 型萃合物,使得 P350 中心 P 原子两侧甲基庚基上的—CH$_3$ 产生的位阻效应对 Th(Ⅳ)的萃取有明显的影响,而 U(Ⅵ)的萃取影响较小,Th(Ⅳ)比 U(Ⅵ)的萃取对空间位阻更敏感。因此,P350 萃取分离 U/Th 的选择性明显高于 TiAP 和 TBP。相同酸度条件下,30% P350 萃取钍的极限有机相浓度(LOC)值显著高于 TBP,不易形成三相。因此,P350 不仅从 HNO$_3$ 溶液中萃取 U(Ⅵ)的能力强,而且铀/钍分离的选择性好,在水相中的溶解度、耐辐照能力也远优于 TBP,极有希望作为 TBP 的替代品用于铀钍分离流程中。

在 HCl 浓度为 5 mol·L^{-1},LiCl 浓度为 2 mol·L^{-1}的 ThCl$_4$ 溶液中,P350 萃取 Th(Ⅳ)时形成三溶剂化萃合物 ThCl$_4$·3P$_{350}$,这与 TBP 自 HCl–LiCl–ThCl$_4$ 溶液中萃取 Th(Ⅳ)时形成的萃合物 ThCl$_4$·3TBP 相似。在 HCl 浓度为 1 mol·L^{-1},LiCl 浓度为 5 mol·L^{-1}的 ThCl$_4$ 溶液中,以及在 HCl 浓度为 5 mol·L^{-1},无 LiCl 作盐析剂的 ThCl$_4$ 溶液中,P350 萃取 Th(Ⅳ)时均生成二溶剂化物 ThCl$_4$·2P$_{350}$。

4. 三烷基氧膦萃取钍

如图 6–11 所示,lg D 对 lg(TOPO)图显示,TOPO 自 Cl$^-$ 体系萃取钍(Ⅳ)、铀(Ⅳ)和铀(Ⅵ)的萃合物结构分别是 ThCl$_4$(TOPO)$_2$、UCl$_4$(TOPO)$_2$ 和 UO$_2$Cl$_2$(TOPO)$_2$,这些是在低酸浓度区萃取时的萃合物。有研究称在高酸溶液,如 7 mol·L^{-1} HCl 中 TOPO 萃取 ThCl$_4$ 的萃合物组成是 ThCl$_4$·HCl·(TOPO)$_3$。

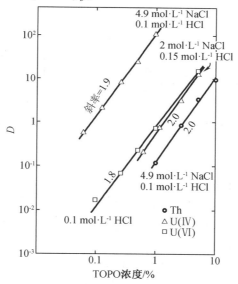

图 6–11　钍(Ⅳ)、铀(Ⅳ)和铀(Ⅵ)分配比随 TOPO 浓度的变化

以三烷基(C6–C8)氧膦(TRPO)–二甲苯为萃取剂,自硝酸溶液中萃取铀(Ⅵ)和钍(Ⅳ)时,铀(Ⅵ)和钍(Ⅳ)的萃取分配比随着 TRPO 浓度的提高而升高,萃合物分子中包含两个萃取剂分子,以 Th(NO$_3$)$_4$·2TRPO 和 UO$_2$(NO$_3$)$_2$·2TRPO 的形式被萃取到有机相中。

TRPO 萃取铀(Ⅵ)和钍(Ⅳ)的方程为

$$UO_{2(a)}^{2+} + 2NO_{3(a)}^- + 2TRPO_{(o)} \Longrightarrow UO_2(NO_3)_2·2TRPO_{(o)} \qquad (6-3)$$

$$Th_{(a)}^{4+} + 4NO_{3(a)}^- + 2TRPO_{(o)} \Longrightarrow Th(NO_3)_4·2TRPO_{(o)} \qquad (6-4)$$

萃取平衡常数分别为 lg K_U = 7.53 ± 0.03, lg K_{Th} = 7.16 ± 0.01。对于 TOPO, lg K_U =

7.59 ± 0.03，$\lg K_{\text{Th}} = 7.22 \pm 0.02$。

6.5.2 亚砜萃取剂萃取钍

用 $0.6 \text{ mol} \cdot \text{L}^{-1}$ 二正戊基亚砜（DASO）- 甲苯溶液从不同硝酸浓度的水相溶液中萃取钍，如图 6 - 12 所示，钍的分配比 D_{Th} 随起始水相硝酸浓度变化的关系图。由图可知，在硝酸浓度为 $2 \sim 3 \text{ mol} \cdot \text{L}^{-1}$ 时，D_{Th} 值最大，当钍浓度一定时，D_{Th} 随硝酸浓度增大而增大，到一极大值后又降低。

以 $\lg(\text{DASO})$ 为横坐标，$\lg D_{\text{Th}}$ 为纵坐标作图，如图 6 - 13 所示，得到一条直线，斜率约为 2，故亚砜在硝酸溶液中萃取钍时，萃合物的组成为 $\text{Th}(\text{NO}_3)_4 \cdot 2\text{DASO}$。

在酸性溶液中，萃取反应为

$$\text{Th}_{\text{aq}}^{4+} + 4\text{NO}_{3\text{aq}}^{-} + 2\text{DASO}_{\text{org}} \longrightarrow \text{Th}(\text{NO}_3)_4 \cdot 2\text{DASO}_{\text{org}} \qquad (6-5)$$

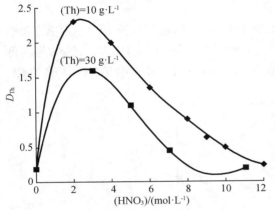

图 6 - 12　钍的分配比 D_{Th} 随起始水相硝酸浓度的变化

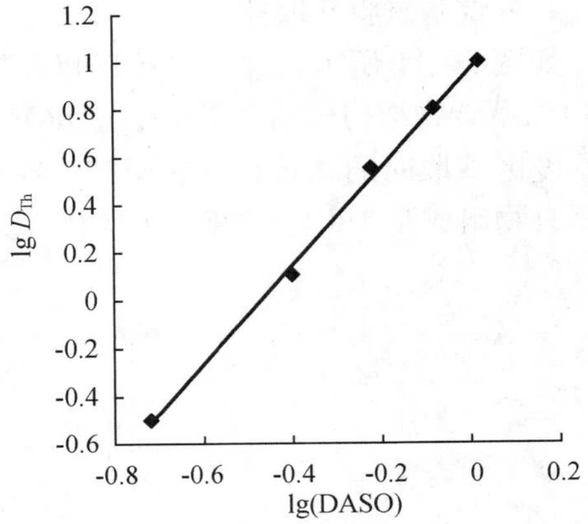

图 6 - 13　DASO 浓度对钍萃取的影响

石油亚砜（PSO）是一种性质相近的亚砜类化合物。1981 年以来，华南理工大学化学系从高硫柴油中研制成功的 PSO 主要是含有一组单烷基的饱和五元环亚砜混合物。PSO - 煤油对铀有较好的萃取性能，而对钍的萃取相对弱一些。PSO 浓度（$0.06 \sim 0.2 \text{ mol} \cdot \text{L}^{-1}$）变化对 U（Ⅵ）、Th（Ⅳ）分配比的影响示于图 6 - 14 中。

由图 6 - 14 可见，当水相硝酸浓度为 $2 \text{ mol} \cdot \text{L}^{-1}$ 和 $3 \text{ mol} \cdot \text{L}^{-1}$ 时，U（Ⅵ）、Th（Ⅳ）分配比随 PSO 浓度的增加而增加，且 $\lg D$ 对 $\lg c(\text{PSO})_{\text{o}}$ 呈良好的线性关系，直线斜率分别为 2 和 3，它们的萃取反应式为

$$\text{UO}_2^{2+} + 2\text{NO}_3^{-} + 2\text{PSO}_{(\text{o})} \xrightarrow{K_{\text{U}}} \text{UO}_2(\text{NO}_3)_2 \cdot 2\text{PSO}_{(\text{o})} \qquad (6-6)$$

$$\text{Th}^{4+} + 4\text{NO}_3^{-} + 3\text{PSO}_{(\text{o})} \xrightarrow{K_{\text{Th}}} \text{Th}(\text{NO}_3)_4 \cdot 3\text{PSO}_{(\text{o})} \qquad (6-7)$$

在水相中添加硝酸铵和硝酸锂，用 PSO - 煤油分别萃取 U（Ⅵ）、Th（Ⅳ），结果见表 6 - 10。由表 6 - 10 可见，随着水相盐析剂浓度增加，U（Ⅵ）、Th（Ⅳ）的分配比急剧上升。

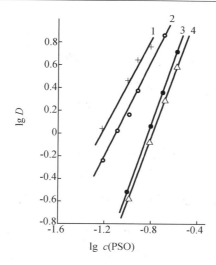

U(Ⅵ)浓度 3×10^{-4} mol·L^{-1}，Th(Ⅳ)浓度 1.3×10^{-3} mol·L^{-1}，$T = 25$ ℃。

1,3 为 3 mol·L^{-1} HNO$_3$ 中萃取 U(Ⅵ)、Th(Ⅳ)

2,4 为 2 mol·L^{-1} HNO$_3$ 中萃取 U(Ⅵ)、Th(Ⅳ)

图 6 - 14　PSO 浓度对 U(Ⅵ)、Th(Ⅳ)分配比的影响

表 6 - 10　盐析剂浓度对 U(Ⅵ)、Th(Ⅳ)的分配比的影响

盐析剂浓度 /(mol·L^{-1})	硝酸铵					硝酸锂			
	1.0	2.0	3.0	4.0	5.0	1.0	2.0	3.0	4.0
D_U	1.27	3.26	6.38	10.7	18.1	2.92	10.1	31.7	59.3
D_{Th}	0.277	0.715	1.30	2.52	3.73				

注:水相硝酸浓度为 0.5 mol·L^{-1},有机相浓度为 0.1 mol·L^{-1} PSO,$T = 25$ ℃。

在 10 ~ 50 ℃温度范围内,0.2 mol·L^{-1} PSO - 煤油从 3 mol·L^{-1} 硝酸介质中萃取 U(Ⅵ)、Th(Ⅳ)的分配比列入表 6 - 11 中,随着温度增加,PSO - 煤油萃取 U(Ⅵ)·Th(Ⅳ)的分配比下降,作 lg D - $1/T$ 图,为一直线,示于图 6 - 15 中。由直线斜率计算得萃取反应的焓变分别为 $\Delta H_U = -26$ kJ·mol^{-1},$\Delta H_{Th} = -29$ kJ·mol^{-1}。

表 6 - 11　温度对 U(Ⅵ)、Th(Ⅳ)分配比的影响

T/℃	20	30	35	30	45	50
D_U	13.1	10.3	7.40	6.46	5.60	4.95
D_{Th}		2.41	2.16	1.75	1.58	1.31

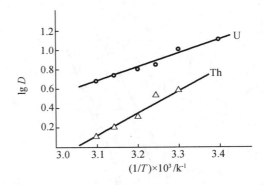

图6-15　温度对U(Ⅵ)、Th(Ⅳ)萃取分配比的影响

为了进一步证实萃合物存在,测定了PSO-煤油萃取U(Ⅵ)、Th(Ⅳ)前后有机相的红外光谱。亚砜基团(S═O)的红外光谱特征峰的波数一般在1 030~1 060 cm⁻¹,PSO-煤油萃取U(Ⅵ)、Th(Ⅳ)前后的红外谱示于图6-16中。

1为1.0 mol·L⁻¹PSO-**煤油**-HNO₃
2为1.0 mol·L⁻¹PSO-**煤油**-Th(NO₃)₄
3为1.0 mol·L⁻¹PSO-**煤油**-UO₂(NO₃)₂

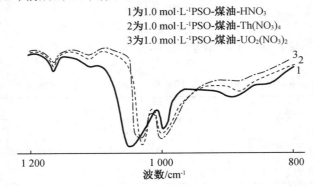

图6-16　PSO-煤油萃取铀(Ⅵ)、钍(Ⅳ)前后的红外光谱

从图中看出,PSO-煤油-HNO₃体系中,亚砜基团S═O特征峰在1 044 cm⁻¹。萃取铀和钍后其特征峰波数分别移至1 030 cm⁻¹和1 027 cm⁻¹,且吸收峰面积明显减小,这说明PSO中氧与铀(Ⅵ)、钍(Ⅳ)直接配位,导致S═O基团特征伸展振动减弱,证实萃合物存在于有机相中。

上述DASO、PSO均为单亚砜,与单亚砜相比较,双亚砜是含两个亚磺酰基的化合物,为双齿配体,可与铀、钍形成非常稳定的螯合物,所以双亚砜的萃取能力应优于单亚砜,且其萃取容量亦可增大。

表6-12示出了双亚砜、TBP-三氯甲烷溶液萃取0.01 mol·L⁻¹的硝酸铀酰、硝酸钍的分配比。萃取剂浓度为0.02 mol·L⁻¹,介质为0~7 mol·L⁻¹硝酸,温度为20±2 ℃,相比为1,6种双亚砜在萃取UO₂²⁺及Th⁴⁺时,水相酸度对萃取分配比的影响规律均与TBP类似,随酸度的增大而增大,在6 mol·L⁻¹HNO₃出现一个峰值。在大于2 mol·L⁻¹HNO₃下,6种亚砜对UO₂²⁺及Th⁴⁺的萃取分配比均明显高于TBP。

表 6 – 12　硝酸浓度对铀、钍萃取的影响

萃取剂名称	D	（HNO$_3$）/（mol·L^{-1}）				
		1	3	5	6	7
1,4 – 二（正丁基亚磺酰基）丁烷（DBSOB）	D_U	0.42	3.34	16.82	21.29	15.20
	D_{Th}	0.07	0.22	0.80	1.30	1.15
1,6 – 二（正丁基亚磺酰基）己烷（DBSOH）	D_U	0.43	4.56	15.97	17.76	12.19
	D_{Th}	0.10	0.16	0.45	0.54	0.50
1,4 – 二（3 – 甲基丁基磺酰基）丁烷（DMBSOB）	D_U	0.36	3.68	16.82	18.81	16.82
	D_{Th}	0.07	0.16	0.82	1.26	1.26
1,6 – 二（3 – 甲基丁基磺酰基）己烷（DMBSOH）	D_U	0.44	4.08	14.49	16.82	9.79
	D_{Th}	0.09	0.15	0.37	0.49	
1,4 – 二（3 – 甲基丁基磺酰基）丁烷（DEHSOB）	D_U	0.43	4.39	24.49	31.49	13.84
	D_{Th}	0.08	0.11	0.31	0.39	
1,6 – 二（2 – 乙基己基磺酰基）（正丁基亚磺酰基）己烷（DEHSOH）	D_U	0.42	3.87	21.29	24.49	9.47
	D_{Th}	0.06	0.09	0.18	0.21	0.20
TBP	D_U	0.48	0.62	1.31	1.49	1.22
	D_{Th}	0.06	0.09	0.11	0.19	0.17

6.5.3　酰胺类萃取剂萃取钍

1. 双取代酰胺萃取剂

双取代单酰胺中存在着 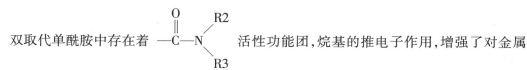 活性功能团,烷基的推电子作用,增强了对金属离子的萃取能力。酰胺的理化性质类似于 TBP,与 TBP 相比,其主要优点是合成方便、经济。其降解产物为羧酸、仲胺,一般不影响对裂片元素的去污,而且其降解产物可溶于水,这样可以减少废物量,简化溶剂再生。双取代单酰胺萃取 Th^{4+} 的能力较萃取铀的能力差,分配比很小,远远低于同样条件下铀的分配比,有可能用于铀钍分离。

在 3 mol·L^{-1} 和 6 mol·L^{-1} HNO$_3$ 介质中,N,N – 二丁基辛酰胺（DBOA）、N,N – 二丁基癸酰胺（DBDA）、N,N – 二丁基月桂酰胺（DBDOA）萃取钍的分配比如表 6 – 13 和图 6 – 17 所示。

表 6 – 13　N,N – 二丁基烷基酰胺从 3 mol·L^{-1} 硝酸介质中萃取钍的分配比

c（酰胺）/（mol·L^{-1}）	D_{Th}		
	DBOA	DBDA	DBDOA
1.0	0.15	0.16	0.11
0.7	0.04	0.03	—

表 6 – 13（续）

c（酰胺）/（mol·L^{-1}）	D_{Th}		
	DBOA	DBDA	DBDOA
0.5	—	0.03	—
0.4	—	—	—

注：—表示分配比极小。

由图 6 – 17 可见,三种双取代酰胺对钍的萃取能力均很弱,3 条直线的斜率分别为 2.89,2.7 和 3.0,表明 DBOA、DBDA 以及 DBDOA 与 Th（Ⅳ）形成组成为 Th（NO$_3$）$_4$（amide）$_3$ 的萃合物;随着羰基链长的增加萃取 Th（Ⅳ）的能力下降。

对 N –（2 – 乙基己基）己内酰胺（EHCLA）– 三甲苯萃取铀、钍行为的研究表明,萃取很快达到平衡。水相硝酸浓度对 1.0 mol·L^{-1} EHCLA – 三甲苯萃取铀、钍及硝酸的分配系数的影响见图 6 – 18。

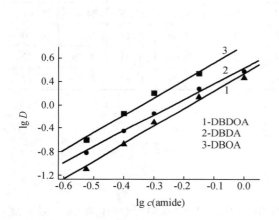

图 6 – 17　酰胺浓度对从 6 mol·L^{-1} 硝酸介质中萃取钍分配比的影响

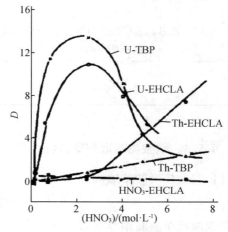

原始水相（U）=（Th）= 0.05 mol·L^{-1},相比 o/a = 2∶1,温度（20 ± 1）℃。

图 6 – 18　水相酸度对 1 mol·L^{-1} EHCLA、TBP – 三甲苯萃取铀、钍及硝酸的分配系数的影响

在水相硝酸浓度不很高的情况下,1 mol·L^{-1} EHCLA – 三甲苯与 1 mol·L^{-1} TBP – 三甲苯萃取铀、钍的规律基本相似,而 TBP 萃取分配系数高于 EHCLA。在水相硝酸浓度大于 2.5 mol·L^{-1} 的情况下,EHCLA – 三甲苯与 1 mol·L^{-1} TBP – 三甲苯萃取钍随酸度变化有明显不同。EHCLA 作萃取剂 D_{Th} 随水相酸度增大而迅速增加,而 TBP 的 D_{Th} 则相对变化较小。

0.2 ~ 1 mol·L^{-1} EHCLA – 三甲苯萃取铀、钍、硝酸的分配比的变化见图 6 – 19。由图可见,当水相酸度为 2.5 mol·L^{-1} 时,铀、钍、硝酸萃取分配比随 EHCLA 浓度增加而增加,lg D 与 lg（EHCLA）呈线性关系,斜率分别为 2,2,1。表观萃取平衡常数分别为 4.63,0.74 × 10^{-3},0.20。

随着温度的增加 EHCLA – 三甲苯萃取铀、钍的分配比降低,表明 EHCLA – 三甲苯萃取铀、钍是放热反应,这与 TBP 相一致。两个萃取反应的热焓分别为 $\Delta H_{U(Ⅵ)}$ = – 6.38 kJ·mol^{-1};

$\Delta H_{Th(\text{IV})} = -6.96 \text{ kJ} \cdot \text{mol}^{-1}$。

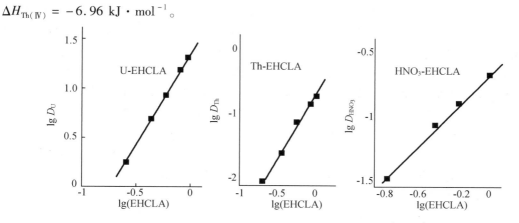

原始水相 $(U) = (Th) = 0.05 \text{ mol} \cdot \text{L}^{-1}$, $(HNO_3) = 2.5 \text{ mol} \cdot \text{L}^{-1}$,相比 o/a = 2:1,温度 20 ± 1 ℃。

图 6 - 19　萃取剂浓度变化对铀、钍、硝酸分配比的影响

2. 四取代双酰胺萃取剂

四取代双酰胺类化合物是一类萃取性能优良的锕系元素萃取剂,这类萃取剂含有两个强极性的 C ═ O 基团,与含磷类萃取剂一样对金属离子有较强的萃取能力。

N,N,N′,N′ - 四丁基丁二酰胺(TBSA) - 煤油从硝酸介质中萃取 Th^{4+} 的分配比随着水相硝酸浓度的增加而增大,如图 6 - 20 所示。

如图 6 - 21 所示,TBSA 的浓度对钍的分配比的影响是显著的,且 $\lg D$ 对 $\lg(TBSA)$ 作图所得的直线斜率为 1.1,这表明钍(Ⅳ)与 TBSA 以 1:1 配合。TBSA 与 TBP、双取代酰胺相比,在同样条件下能获得更高的钍分配比,这说明 TBSA 是萃取性能较好的钍(Ⅳ)萃取剂。在硝酸介质中,萃合物的组成应为 $Th(NO_3)_4 \cdot TBSA$,其萃取反应式为

$$Th^{4+}_{(a)} + 4NO^-_{3(a)} + TBSA_{(o)} \rightleftharpoons Th(NO_3)_4 \cdot TBSA_{(o)} \qquad (6-8)$$

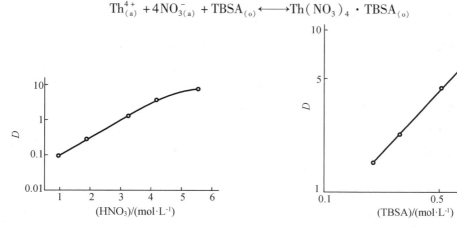

$(Th^{4+}) = 5.29 \times 10^{-3} \text{mol} \cdot \text{L}^{-1}$, $(TBSA) = 0.5 \text{ mol} \cdot \text{L}^{-1}$。

图 6 - 20　HNO_3 浓度对 Th^{4+} 分配比的影响

$(Th^{4+}) = 5.0 \times 10^{-3} \text{mol} \cdot \text{L}^{-1}$, $(HNO_3) = 3.5 \text{ mol} \cdot \text{L}^{-1}$。

图 6 - 21　TBSA 浓度对 Th^{4+} 分配比的影响

TBSA 在 25 ℃、硝酸介质中萃取钍(Ⅳ)反应的自由能、焓变及熵变分别为 $\Delta G = 6.230 \text{ kJ} \cdot \text{mol}^{-1}$, $\Delta H = -17.56 \text{ kJ} \cdot \text{mol}^{-1}$, $\Delta S = -79.79 \text{ J} \cdot \text{mol}^{-1} \cdot \text{K}^{-1}$,是放热反应,提高温度不利于萃取。

0.5 mol·L^{-1}N，N，N′，N′－四己基丁二酰胺（THSA）－50%三甲苯－50%煤油和 0.5 mol·L^{-1}TBP－50%三甲苯－50%煤油萃取铀、钍的规律基本相似，THSA 的分配系数比 TBP 的高，在较高的酸度下，用 THSA 较之 TBP 更有利于 Th、U 共萃，萃合物的组成为 UO$_2$(NO$_3$)$_2$·THSA 和 Th(NO$_3$)$_4$·2THSA（lg$D$ 对 lg(THSA)斜率为 1.8），THSA 中的两个羰基均参与了铀、钍的配位，其萃取过程均为放热反应。铀和钍萃取反应的表观平衡常数分别为 42.5±0.04 和 3.61±0.003。UO$_2^{2+}$ 和 Th^{4+} 萃取反应的热焓为 -(15.7±0.06)kJ·mol^{-1} 和 -(18.8±0.02)kJ·mol^{-1}，说明低温有利于 UO$_2^{2+}$ 和 Th^{4+} 的萃取。

N，N′－二乙基－N，N′－二己基－3－氧杂－戊二酰胺（DMDHOPDA）自高氯酸体系中萃取 Th^{4+} 的数据表明，在有机相中存在两种萃合物：Th(DMDHOPDA)(ClO$_4$)$_4$ 及 Th(DMDHOPDA)$_2$(ClO$_4$)$_4$。

以上研究表明，在四取代双酰胺萃取 Th^{4+} 时，通常会形成含一个或两个萃取剂分子的萃合物。由于 Th^{4+} 的配位数为 8 或 9，四取代双酰胺（或 3－氧杂－戊二酰胺）以二齿或三齿配体与 Th^{4+} 配位，内部则以 NO$_3^-$ 或水分子参与配位。

6.5.4　其他中性萃取剂萃取钍

一种新型 α－氨基磷酸酯萃取剂二(2－乙基己基)［N－(2－乙基己基)氨甲基］膦酸（Cextrant 230），研究用于萃取和回收硫酸盐介质中的铈和钍。其结构如图 6－22 所示。

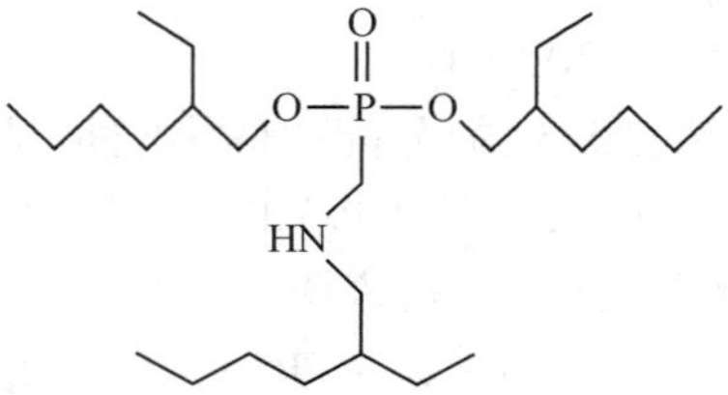

图 6－22　二(2－乙基己基)［N－(2－乙基己基)氨甲基］膦酸（Cextrant 230）

硫酸浓度对 Cextrant 230 萃取铈(Ⅳ)、钍(Ⅳ)和稀土(镧、钇、镱)的影响见图 6－23。与同样具有两个 P—O 和一个 P—C 键的萃取剂二(2－乙基己基)膦酸单(2－乙基己基)酯（DEHEHP）相比，Cextrant230 表现出更强的萃取铈(Ⅳ)的能力。随着硫酸浓度的提高，铈萃取缓慢下降，钍的萃取则急剧下降，而三价稀土基本不被萃取。根据软硬酸碱理论，Cextrant230 是硬碱，而铈(Ⅳ)是一种比钍更硬的酸，因为它的离子半径更小，Cextrant 230 和铈(Ⅳ)之间的相互作用比之与钍(Ⅳ)作用强。对于三价稀土，由于其电荷较低，导致与萃取剂的相互作用减弱，萃取率较低。

在固定金属离子浓度和硫酸浓度时，Cextrant 230 浓度对铈和钍萃取的影响见图 6－24。随着萃取剂浓度的提高，铈和钍萃取分配比增大，lg$D$ 对 lg[Cextrant230]呈斜率分别为 2 和 1 的线性关系，说明两种金属离子分别与萃取剂形成了金属离子∶萃取剂＝1∶2 和 1∶1 的萃合物。

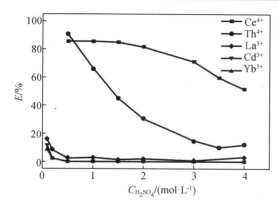

$(Ce^{4+}) = (Th^{4+}) = (Yb^{3+}) = (Gd^{3+}) = (La^{3+}) = 0.01 \ mol \cdot L^{-1}$, $C_L = 0.1 \ mol \cdot L^{-1}$。

图 6 - 23　Cextrant 230 萃取 Ce^{4+}、Th^{4+} 及 RE^{3+} 的萃取率随硫酸浓度的变化

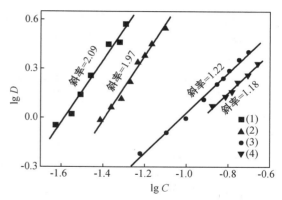

$(Ce^{4+}) = 0.01 \ mol \cdot L^{-1}$:

(1) $(H_2SO_4) = 1.50 \ mol \cdot L^{-1}$;

(2) $(H_2SO_4) = 2.00 \ mol \cdot L^{-1}$,
　　$(Th^{4+}) = 0.01 \ mol \cdot L^{-1}$;

(3) $(H_2SO_4) = 1.25 \ mol \cdot L^{-1}$;

(4) $(H_2SO_4) = 1.50 \ mol \cdot L^{-1}$。

图 6 - 24　Cextrant 230 萃取铈和钍的 lg D 对 lg $C_{L(o)}$ 图

保持萃取剂浓度和金属离子浓度不变,硫酸浓度对金属离子萃取的影响见图 6 - 25。lg D 与 lg(HSO_4^-)呈斜率均接近 2 的线性关系,结合电荷平衡关系,认为 Cextrant230 萃取 Ce^{4+}、Th^{4+} 的反应式分别为

$$Ce^{4+} + 2HSO_4^- + SO_4^{2-} + 2L \longrightarrow Ce(HSO_4)_2SO_4 \cdot 2L \qquad (6-9)$$

$$Th^{4+} + 2HSO_4^- + SO_4^{2-} + L \longrightarrow Th(HSO_4)_2SO_4 \cdot L \qquad (6-10)$$

纯萃取剂及分别负载了钍和铈的萃取剂的近红外光谱见图 6 - 26。由图可见,萃取铈和钍后,萃取剂的 P═O 特征峰由 1 250 cm^{-1} 位移到 1 238 cm^{-1} 和 1 230 cm^{-1},说明是 P═O 与金属离子发生了配位。新的吸收带 1 164 cm^{-1}、639 cm^{-1}、641 cm^{-1},则对应 SO_4^{2-} 的转动峰,表明 SO_4^{2-} 亦参与了萃取反应。而保持不变的 1 104 cm^{-1} 则为 P—O—C 基团的振动峰,表明该基团未参与金属离子的配合。

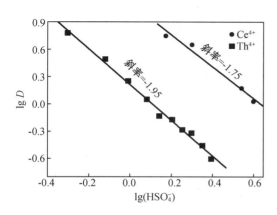

$(Th^{4+}) = (Ce^{4+}) = 0.01 \ mol \cdot L^{-1}$, $C_L = 0.1 \ mol \cdot L^{-1}$。

图 6 - 25　Cextrant 230 萃取铈和钍的 lg D 对 lg(HSO_4^-)图

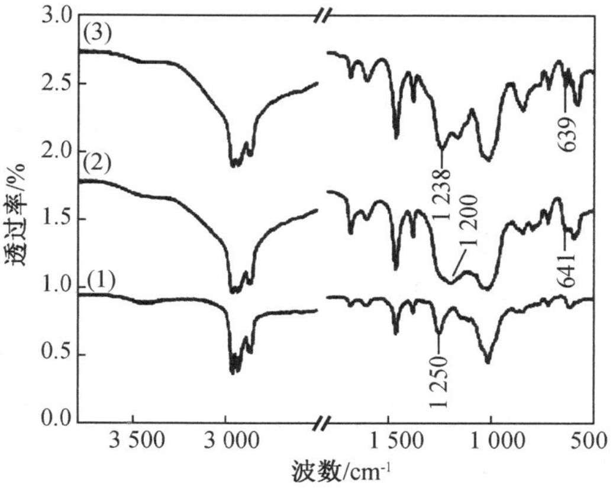

图 6 - 26　纯萃取剂(1)及分别负载了铈(2)和钍(3)的有机相的近红外光谱

通过温度对萃取分配比影响的研究,获得了 298 K 时 Cextrant 230 萃取 Ce⁴⁺、Th⁴⁺的热力学参数,如表 6 – 14 所示。萃入有机相的 Ce⁴⁺和 Th⁴⁺可分别采用 H₂O₂和 HCl 反萃。

表 6 – 14　298K Cextrant 230 萃取 Ce⁴⁺, Th⁴⁺的热力学参数 ΔG、ΔH、ΔS

金属离子	$\Delta G/(kJ \cdot mol^{-1})$	$\Delta H/(kJ \cdot mol^{-1})$	$\Delta S/(J \cdot mol^{-1} \cdot K^{-1})$
Ce⁴⁺	– 19.96	– 24.32	– 14.64
Th⁴⁺	– 10.98	15.13	87.61

基于该研究结果,提出了采用 Cextrant 230 从氟碳铈矿硫酸浸出液中回收铈(Ⅳ)和 Th(Ⅳ)的萃取分离工艺,见图 6 – 27。对于铈(Ⅳ)的提取和分离,采用 5 级萃取,2 级洗涤(Ⅰ),2 级还原反萃,2 级洗涤(Ⅱ),2 级萃取剂再生。而对于 Th,包括 6 级萃取,4 级洗涤,4 级反萃和 2 级萃取剂再生。对该萃取分离工艺的中试验证表明,铈、钍的产品纯度分别超过 99.9% 和 99%,回收率分别为 92% 和 98%,Cextrant 230 可以用于有效的分离和回收氟碳铈矿浸出液中的铈和钍。

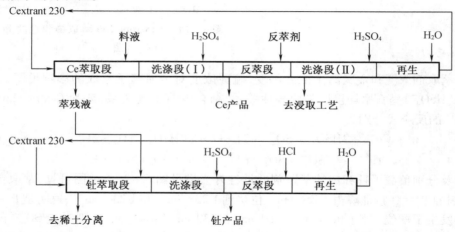

图 6 – 27　从氟碳铈矿浸出液中分离铈和钍的工艺图

6.6　酸性萃取剂萃取钍

6.6.1　螯合萃取剂萃取钍

1 – 苯基 – 3 – 甲基 – 4 – 苯甲酰基 – 吡唑酮 – 5(HPMBP)比 HTTA 具有更强的配合能力。以 0.05 mol · L⁻¹ HPMBP – 氯仿为萃取剂,在离子强度恒定的情况下,平衡水相硝酸酸度对 Th 萃取率的影响如图 6 – 28 所示。可见,低酸时可有效萃取 Th,当酸度大于 0.5 mol · L⁻¹时,萃取率急剧下降。

lg D 对 lg[H⁺]作图为一斜率为 – 4 的直线,说明 Th⁴⁺与 HPMBP 形成了 Th(PMBP)₄

萃合物。萃取平衡常数为 $K_{ex} = 9.12 \times 10^4$，远高于 HTTA 萃取 Th^{4+} 的平衡常数 $K_{ex} = 47$。

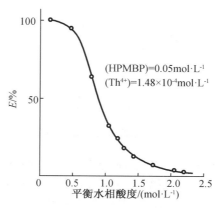

图 6 – 28　平衡水相酸度与萃取率的关系

为了进一步确定有机相中萃合物的组成，用 $Th(NO_3)_4$ 的稀硝酸溶液与 HPMBP – 氯仿混合分相后，向有机相中加入石油醚，得到了黄色针状的钍萃合物晶体。对该黄色晶体进行元素分析，结果见表 6 – 15。萃合物晶体组成为 $Th(PMBP)_4 \cdot H_2O$，其熔点为 223 ~ 224 ℃。易溶于甲醇、乙醇、异戊醇及氯仿中，在四氯化碳、乙醚、苯及甲苯中溶解较困难。以硝基苯为溶剂，用凝固点下降法测得其分子量为 1 352.8（计算值 1 358.8），可见萃合物是单分子状态。差热分析结果表明，萃合物在加热过程中有两个吸热效应（分别在 122 ~ 130 ℃ 和 222 ~ 225 ℃）及两个放热效应（分别在 275 ~ 347 ℃ 和 396 ~ 492 ℃）。第一个吸热效应为脱水过程，第二个为熔化过程。在第一个放热效应时观察到晶体分解变黑，而第二个放热效应则为进一步的氧化过程，可以看到反应产物由黑变白，直至最后成为 ThO_2。

表 6 – 15　萃合物的组成分析

元素含量/%	C	H	N	Th
测得值	59.82	4.05	8.68	17.09
按 $Th(PMBP)_4 \cdot H_2O$ 的计算值	60.08	4.00	8.25	17.08

HTTA 萃取 Th^{4+} 的萃合物为 $Th(TTA)_4$，其中不含结晶水。HTTA 均作为二齿配位体以满足 Th 的配位数为 8 的要求。$Th(PMBP)_4 \cdot H_2O$ 的结晶水 122 ~ 130 ℃ 时方能脱去，说明它存在于配合物的配位层内，这可能是由于 HPMBP 有较大空间位阻效应的缘故，致使其中一个 HPMBP 为单齿配位体，Th^{4+} 的另一配位键为一分子水所占据，从而仍然满足 Th^{4+} 的配位数为 8 的要求。

由二酮类化合物与有机胺缩合而成的亚胺席夫碱化合物也是一种螯合萃取剂，分子中含有多个 C＝O、C＝N 基团，有较强的螯合能力。由乙酰丙酮和 2 – 胺基苯酚合成得到了（E）– 4 –（2 – 羟基苯基亚氨基）戊 – 2 – 酮（AcPh），如图 6 – 29 所示。

AcPh 的油溶性不佳，其不溶于苯、甲苯、石油醚、煤油和二氯甲烷，部分溶于氯苯、氯仿和乙醚，加热时完全溶于氯苯，冷却时又重新沉淀。为此，采用两种稀释剂氯仿和乙醚以 3:2 的比例混合相互协同作用来完全溶解 AcPh。

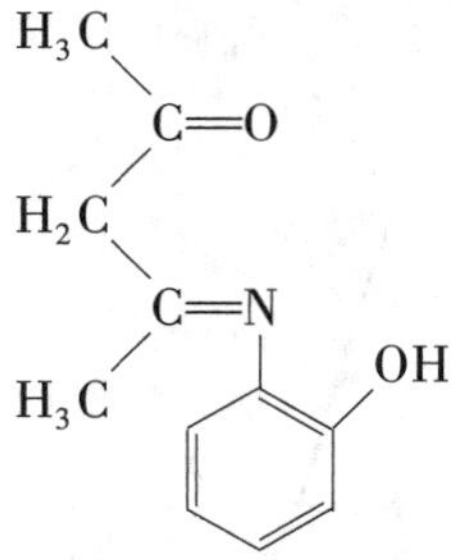

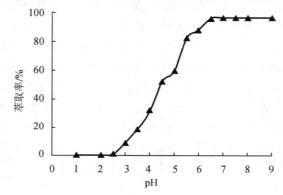

图 6 - 29　(E) - 4 - (2 - 羟基苯基亚氨基)戊 - 2 - 酮(AcPh)结构

在 pH1 - 9,钍离子浓度为 4.31×10^{-4} mol·L^{-1}(100 mg/L)的氯化物水溶液中,加入 1 mL 0.01 mol·L^{-1} 丙二酸钠以防止氢氧化钍沉淀,用 0.38%(0.02 mol·L^{-1})AcPh/氯仿和乙醚混合物以水/有机相比 3:1 萃取钍。根据图 6 - 30 中的结果,钍(Ⅳ)的萃取效率随 pH 的增大而逐渐增加,pH 为 6.5 时达到最大值。在低 pH 下,溶液中会有过量的氢离子,导致配体中氧原子质子化。随着酸度的增加,氢离子在萃取过程中与钍离子竞争。

图 6 - 30　pH 对 AcPh 萃取 Th 的影响

在恒定 AcPh 浓度(0.02 mol·L^{-1})时,lg D 对 pH 的关系曲线为斜率 0.91 的直线(图 6 - 31)。斜率值代表钍 - 配体配合物形成过程中释放的氢离子数量,表明在用席夫碱萃取钍的过程中,一个氢离子释放到水介质中。lg D 对 lg(AcPh) 为斜率 2 的直线(图 6 - 32),证实氯仿和乙醚混合物中 2 mol AcPh 与带一个正电荷的金属阳离子配合物 ThCl$_3^+$ 配合。这 2 mol AcPh 可能作为二聚体和 1 mol 阳离子配合。萃取机理可如式(6 - 11)表示:

$$ThCl_{3(a)}^{+} + 2HY_{(o)} \rightleftharpoons [Th \cdot Y \cdot HY]Cl_{3(o)} + H_{(a)}^{+} \qquad (6 - 11)$$

制备了另一种席夫碱 - N,N′ - 双[(1 - 苯基 - 3 - 甲基 - 5 - 氧 - 4 - 吡唑啉基)α - 呋喃次甲基]乙二亚胺(HPMαFP)$_2$en 与 Th^{4+} 的配合物。通过元素分析,得到其组成为 [Th(HPMαFP)$_2$en(NO$_3$)]NO$_3$。通过红外、紫外及核磁共振谱分析,推测其配合物结构如图 6 - 33 所示。Th^{4+} 为 6 配位,未达到通常的 8 配位,可能是由于双席夫碱空间位阻较大,影响了外界的 NO$_3^-$ 进入配合物内界配位。

6.6.2　酸性磷类萃取剂萃取钍

HDEHP - 煤油自 0.5 mol·L^{-1} 盐酸溶液中萃取铀钍时,分配比随萃取剂浓度的变化如图 6 - 34 所示。铀和钍的分配系数分别与自由 HDEHP 浓度的二次方和三次方成正比,说明萃取过程中 HDEHP 分别与铀(Ⅵ)和钍形成了二溶剂化物和三溶剂化物。

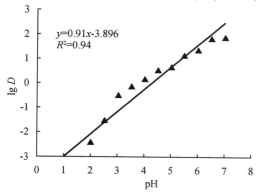

图 6 – 31 钍萃取的 lg *D* 对 pH 图   图 6 – 32 钍萃取的 lg *D* 对 lg[HY] 图

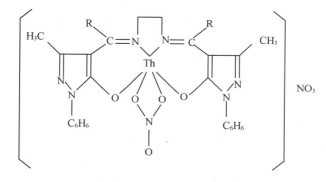

图 6 – 33 (HPMαFP)$_2$en 与 Th^{4+} 的配合物

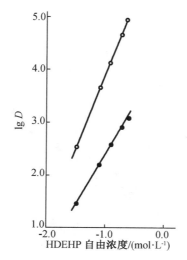

原始水相铀浓度:0.996 g·L^{-1},0.55 mol·L^{-1}HCl,温度 24.2 ℃,● – U(Ⅵ);

原始水相钍浓度:0.153 g·L^{-1},0.55 mol·L^{-1}HCl,温度 25~26 ℃,○ – Th。

图 6 – 34 有机相中自由 HDEHP 浓度对铀钍分配比的影响

在 283 K、298 K、313 K 温度下，HDEHP – 甲苯从含 5.15×10^{-5} mol·L^{-1} 的偶氮胂Ⅲ的溴化物溶液中萃取钍的分配比随 Br$^-$ 浓度的变化如图 6 – 35 所示。在 0.1 ~ 6 mol·L^{-1} HBr 中，0.01 mol·L^{-1} HDEHP 萃取钍的分配比基本保持不变，表明 Br$^-$ 未参与萃合物的形成，且 $D_{283K} > D_{298K} > D_{313K}$，说明为放热反应。

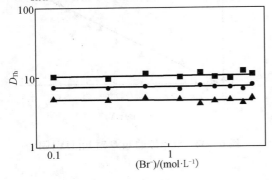

偶氮胂Ⅲ浓度 5.15×10^{-5} mol·L^{-1}，

■ – 283.15 K，● – 298.15 K，▲ – 313.15 K。

图 6 – 35　0.01 mol·L^{-1} HDEHP – 甲苯萃取钍
的分配比随水相 Br$^-$ 浓度的变化

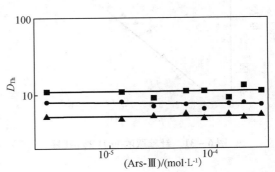

图 6 – 36　钍分配比与偶氮胂Ⅲ浓度的关系

图 6 – 36 表明，偶氮胂Ⅲ也未参与萃合物的生成。图 6 – 37 为钍分配比与 HDEHP 浓度的对数关系。直线斜率为 4，因 HDEHP 在有机相中通常以二聚体形式存在，这意味着 4 个二聚体分子参与有机相萃合物的形成。图 6 – 38 为不同温度下平衡 pH 与钍分配比的关系。图中直线斜率表明，萃取反应中释放 4 个 H$^+$。因此，萃取反应方程式为

$$\text{Th}^{4+}_{(aq)} + 4(\text{HDEHP})_{2(o)} \longrightarrow \text{Th}(\text{H}(\text{DEHP})_2)_{4(o)} + 4\text{H}^+_{(aq)} \tag{6-12}$$

萃取平衡常数可表示为

$$K_{ex} = \frac{(\text{Th}(\text{H}(\text{DEHP})_2)_4)_{(o)} [\text{H}^+]^4_{(aq)}}{(\text{Th}^{4+})_{(aq)} ((\text{HDEHP})_2)^4_{(o)}} = D \frac{[\text{H}^+]^4_{(aq)}}{((\text{HDEHP})_2)^4_{(o)}} \tag{6-13}$$

偶氮胂Ⅲ浓度 5.15×10^{-5} mol·L^{-1}；■ – 283.15 K；● – 298.15 K；▲ – 313.15 K；

$(\text{Br}^-) = 0.1$ mol·L^{-1}；$I = 5.5$ mol·L^{-1}；pH ≈ 1。

图 6 – 37　钍分配比随 HDEHP 浓度的变化

可得

$$\lg K_{ex} = \lg D - 4pH_{(aq)} - 4\lg((HDEHP)_2)_{(o)} \qquad (6-14)$$

用于计算萃取平衡常数。

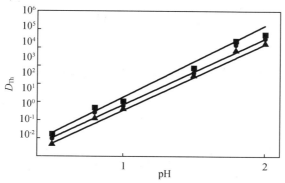

0.01 mol·L^{-1}HDEHP – 甲苯,偶氮胂Ⅲ浓度 5.15 × 10^{-5} mol·L^{-1};

■ – 283.15K,● – 298.15K,▲ – 313.15K;(Br$^-$) = 0.1 mol·L^{-1};I = 1 mol·L^{-1}。

图 6 – 38　lg D_{Th} 与平衡 pH 的关系

实际上,钍离子与萃取剂阴离子形成了含四个螯合环的稳定配合物,如图 6 – 39 所示。

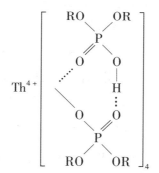

图 6 – 39　钍离子与 HDEHP 萃取剂阴离子形成的含四个螯合环的配合物

在相似条件下,对于 Cl$^-$、I$^-$ 体系得到类似结果。测得的一些热力学参数见表 6 – 16。由表可见,在不同水相阴离子条件下,HDEHP 萃取钍的平衡常数顺序为 $K_{ex}(Th^{4+})_{(I)} > K_{ex}(Th^{4+})_{(Br)} > K_{ex}(Th^{4+})_{(Cl)}$。

表 6 – 16　298.15 K 时,HDEHP – 甲苯自含偶氮胂Ⅲ的 Cl$^-$、Br$^-$、I$^-$ 体系萃取钍的热力学函数

萃合物组成及形成条件	介质	lg K_{ex} (298 K)	ΔG /(kJ·mol^{-1})	ΔH /(kJ·mol^{-1})	ΔS /(J·K^{-1}·mol^{-1})
Th(H(DEHP)$_2$)$_4$ (HCl) ≥ 0.1 mol·L^{-1}, (Th^{4+}) = 10^{-5} mol·L^{-1}, (Ars – Ⅲ) = 5.15 × 10^{-5} mol·L^{-1}	Cl$^-$	4.59 ± 0.26	– (26.1 ± 1.2)	– (43.2 ± 3.8)	– (57.2 ± 7.3)

表 6-16(续)

萃合物组成及形成条件	介质	$\lg K_{ex}$ (298 K)	ΔG /$(kJ \cdot mol^{-1})$	ΔH /$(kJ \cdot mol^{-1})$	ΔS /$(J \cdot K^{-1} \cdot mol^{-1})$
$Th(H(DEHP)_2)_4$ $(HBr) \geqslant 0.1\ mol \cdot L^{-1}$, $(Th^{4+}) = 10^{-5}\ mol \cdot L^{-1}$, $(Ars - III) = 5.15 \times 10^{-5}\ mol \cdot L^{-1}$	Br^-	4.85 ± 0.03	$-(27.7 \pm 0.1)$	$-(19.9 \pm 0.3)$	26.0 ± 0.7
$Th(H(DEHP)_2)_4$ $(HI) \geqslant 0.1\ mol \cdot L^{-1}$, $(Th^{4+}) = 10^{-5}\ mol \cdot L^{-1}$, $(Ars - III) = 5.15 \times 10^{-5}\ mol \cdot L^{-1}$	I^-	4.93 ± 0.03	$-(28.1 \pm 0.1)$	$-(21.3 \pm 0.3)$	23.1 ± 1.4

二(2,4,4-三甲基戊基)膦酸(BTMPPA,HA)的正辛烷溶液从盐酸介质中萃取钍时,在未控制离子强度下,萃取平衡反应式

$$Th^{4+} + Cl^- + 3(HA)_{2(o)} \underset{}{\overset{K_{ex1}}{\rightleftharpoons}} ThClA_3 \cdot (HA)_{3(o)} + 3H^+ \qquad (6-15)$$

在控制离子强度为 1 mol·L^{-1}时,萃取反应式为

$$Th^{4+} + 2Cl^- + 3(HA)_{2(o)} \underset{}{\overset{K_{ex2}}{\rightleftharpoons}} ThCl_2A_2 \cdot (HA)_{4(o)} + 2H^+ \qquad (6-16)$$

考虑到水相中 Th^{4+}与 Cl$^-$的配位作用,则萃取反应平衡常数分别为

$$K_{ex1} = D(1 + \sum_1^i \beta_i (Cl^-)^i)[H^+]^3 / [((HA)_2)^3_{(o)}(Cl^-)] \qquad (6-17)$$

$$K_{ex2} = D(1 + \sum_1^i \beta_i (Cl^-)^i)[H^+]^2 / [(HA)_2)^3_{(o)}(Cl^-)^2] \qquad (6-18)$$

式中 β_i 为 Th^{4+}与 Cl$^-$的各级配位稳定常数;β_1、β_2 分别取 $10^{1.38}$、$10^{1.76}$,计算得到 $\lg K_{ex1} = 3.481 \pm 0.021$,$\lg K_{ex2} = 4.082 \pm 0.054$。

温度对萃取平衡的影响见表 6-17,表明萃取反应为吸热反应。

表 6-17　BTMPPA 萃取 Th(IV)的热力学函数

T/K	ΔH /$(kJ \cdot mol^{-1})$	$-\Delta G$ /$(kJ \cdot mol^{-1})$	ΔS /$(J \cdot mol^{-1} \cdot K^{-1})$	T/K	ΔH /$(kJ \cdot mol^{-1})$	$-\Delta G$ /$(kJ \cdot mol^{-1})$	ΔS /$(J \cdot mol^{-1} \cdot K^{-1})$
288	7.54	17.87	88.16	303		19.21	88.23
293		18.32	88.18	308		19.62	88.13
298		18.76	88.19				

在硫酸体系,有 F$^-$存在下,2-(乙基己基)膦酸单(2-乙基己基)酯(HEH(EHP),P507)萃取 Th(IV)时,Th(IV)与 F$^-$配位形成$[ThF_x]^{(4-x)+}$配合物,该配合物可以容易地被 P507 萃取。为了说明 P507 萃取机理,进行了一系列不同萃取剂浓度的实验,然后对结果进行了常规斜率分析。如图 6-40 所示,萃取率对 pH 呈线性关系。$\lg D_{Th}$对 pH,$\lg D_{F^-}$对 pH 的斜率之和在 2.9~3.2 的范围内,对于不同的 P507 浓度,大约为 3。因此,基于斜率估算,

Th(IV)萃取对于 H$^+$ 浓度的总反应级数为 3。

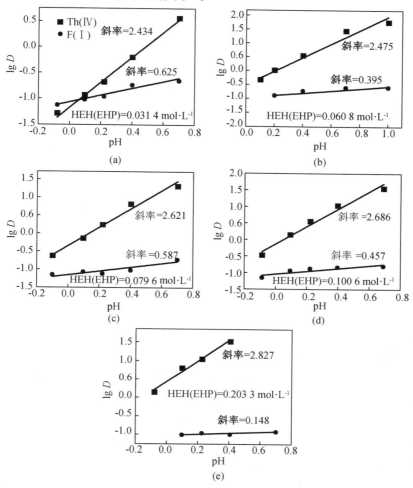

图 6－40 pH 对 Th(IV)和 F$^-$萃取的影响

在图 6－41 中,示出了 lg D 与对 lg(P507)的关系,给出了斜率约为 2 的直线,表明萃取配合物中 Th(IV)与 P507 的比应为 1:2。用酸性有机磷萃取剂从低酸度介质中萃取金属的反应被认为是阳离子交换机制,因此,基于斜率分析和离子电荷平衡,P507 从硫酸介质中萃取钍(IV)的反应可以表示为

$$\text{ThF}^{3+} + 2(\text{HA})_2 \Longrightarrow \text{ThFA}_3(\text{HA}) + 3\text{H}^+ \qquad (6-19)$$

由于 P507 萃取 ThF^{3+} 发生在两相界面,Th(IV)从水相到有机相的传质过程如下:

(1)Th(IV)从含水溶液本体扩散到相界面,同时萃取剂分子从有机相扩散至界面;

(2)在界面处发生化学反应,形成金属 － 有机配合物;

(3)金属 － 有机配合物从界面处扩散到有机相,如图 6－42 所示。

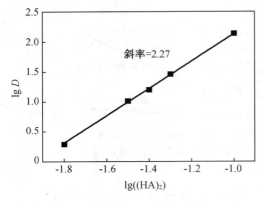

图 6 – 41　萃取剂浓度对 Th(IV) 萃取的影响
（pH ＝0.6）

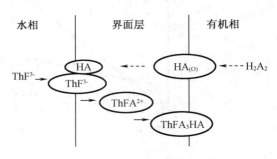

图 6 – 42　Th(IV) 萃取的传质过程

6.7　钍的离子缔合萃取

6.7.1　胺类萃取剂萃取钍

仲碳伯胺 N1923 是从硫酸溶液中萃取分离钍、稀土以及铁的有效萃取剂。用饱和法和等摩尔系列法测定了 N1923 从硫酸溶液中萃取分离钍萃合物的组成。用不同酸度的 Th（ IV ）溶液与 $0.005\ mol \cdot L^{-1}(RNH_3)_2SO_4$ – 苯多次萃取平衡达到饱和，测定饱和有机相中 RNH_2、Th（ IV ）及 SO_4^{2-} 含量，如图 6 – 43（a）所示。可见，随着水相 pH 值增大，$(RNH_2)_{(o)}/(Th)_{(o)}$ 逐渐减小，在 pH ＝1.0 时达到最低值。$(RNH_2)_{(o)}/(Th)_{(o)} = 4$，$(RNH_2)_{(o)}/(SO_4^{2-})_{(o)} = 1$，萃合物组成$(RNH_3)_4 \cdot Th(SO_4)_4$。图 6 – 43（b）为等摩尔系列法求得的"组成 – 萃取量"关系图，由此可见，在两种不同的摩尔浓度下，曲线$(RNH_2)/(Th) = 4$ 处都有极大值。这与饱和法所得结果相一致。

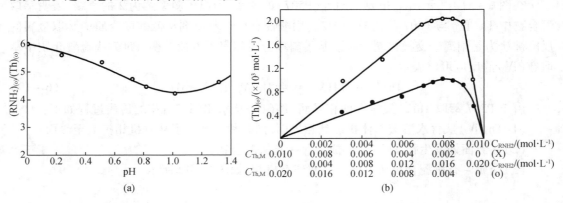

图 6 – 43　不同酸度下的饱和曲线及"组成 – 萃取量"关系图

通过 N1923 浓度对萃取平衡的影响研究，得到 $\lg D$ – $\lg((RNH_3)_2SO_4)_{(o)}$ 关系图，如图

6-44 所示。在两种不同 Th 浓度下，直线斜率等于 2，即萃合物中 $((RNH_3)_2SO_4)_{(o)}/(Th)_{(o)}=2$，故 N1923 在硫酸体系中萃取钍的方程式可表示为

$$Th^{4+} + 2SO_4^{2-} + 2(RNH_3)_2SO_{4(o)} \longleftrightarrow (RNH_3)_4Th(SO_4)_{4(o)} \qquad (6-20)$$

N1923 萃取 Th(Ⅳ) 的浓度平衡常数为 $\lg K_{ex}=10.44$。

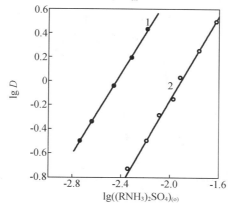

1—$(Th)=0.0043\ mol \cdot L^{-1}$，$(H_2SO_4)=0.05\ mol \cdot L^{-1}$；2—$(Th)=0.017\ mol \cdot L^{-1}$，$(H_2SO_4)=0.05\ mol \cdot L^{-1}$。

图 6-44　N1923 浓度对萃取分配比的影响

叔胺三-正十二胺(三月桂胺，TLA)在萃取钍时，也是质子化后与钍的配合阴离子形成萃合物。在水相组成恒定时，TLA-苯溶液萃取 Th(Ⅳ) 的分配系数的对数值与胺的硝酸盐 $(TLA \cdot HNO_3)_{(o)}$ 浓度的对数呈斜率为 2 的直线关系，见图 6-45，因此被萃取配合物可能组成为 $(TLAH)_2Th(NO_3)_6$。水相硝酸浓度对 $0.1\ mol \cdot L^{-1}TLA$-苯萃取 Th(Ⅳ) 的分配比的影响见图 6-46。在硝酸浓度为 6~7 $mol \cdot L^{-1}$ 时，分配比达最大值。

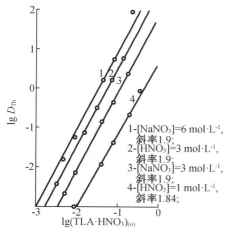

图 6-45　不同水相萃取剂浓度与 D_{Th} 的关系

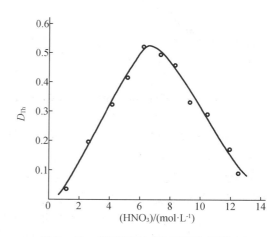

图 6-46　硝酸浓度对分配系数的影响

6.7.2　冠醚萃取钍

以 $5 \times 10^{-3}\ mol \cdot L^{-1}$ 的二苯基-16-冠-5 氧代乙酸(E)-氯仿作为萃取剂萃取 UO_2^{2+} 和 Th^{4+} 的萃取效率受水相酸度的影响很大，pH<1 时，钍不被萃取，随着 pH 升高，钍分配比

升高,在 pH = 4.5 时达到最大;pH > 7 时,钍分配比下降。铀的分配比呈现类似趋势,但变化的 pH 范围存在明显差别,如图 6 - 47 所示。在 pH 约为 3.5 时,Th^{4+} 可以接近定量地被萃取,而 UO_2^{2+} 则几乎全部留在水相。在保持水相酸度不变时,得到 UO_2^{2+} 和 Th^{4+} 的分配比与有机相中萃取剂浓度的对数关系是斜率分别为 1 和 2 的直线,如图 6 - 48 所示,表明在萃取过程中,UO_2^{2+} 和 Th^{4+} 分别同萃取剂形成了 1:1 和 1:2 的萃合物。

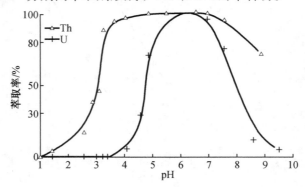

图 6 - 47 5×10^{-3} mol · L^{-1} E 萃取铀钍的效率随 pH 值的变化

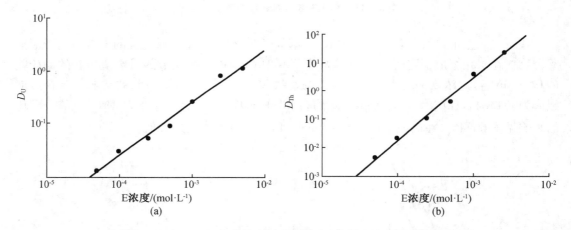

图 6 - 48 pH = 5 时,萃取剂浓度对铀(a)和钍(b)分配比的影响

对苯并 - 15 - 冠 - 5(B15C5)、4 - 甲基苯并 - 15 - 冠 - 5(4MB15C5)、4 - 叔丁基苯并 - 15 - 冠 - 5(4TB15C5)、环己基 - 15 - 冠 - 5(CH15C5)、二苯并 - 18 - 冠 - 6(DB18C6)、18 - 冠 - 6(18C6)、二环己基 - 18 - 冠 - 6(DC18C6)和二环己基 - 24 - 冠 - 8(DC24C8)等 8 种冠醚对示踪量钍的萃取行为研究表明,在过氯酸和硫酸体系中,冠醚对钍几乎不萃取,在盐酸溶液中冠醚对钍的萃取率也很低,只是在硝酸和苦味酸溶液中可得到较高的萃取率。图 6 - 49 所示为几种常见冠醚。

在苦味酸体系,以不同冠醚的 1,2 - 二氯乙烷溶液从 0.04 mol · L^{-1} 苦味酸溶液中萃取示踪量钍的实验结果示于图 6 - 50 中。从图中可以看出,无论是 18C6、4MB15C5 或 DB18C6,钍分配比随有机相冠醚浓度的对数递变都呈线性关系而且斜率接近 1。这表明钍与这些冠醚形成 1:1 萃合物。比较不同冠醚结构对钍的萃取率,见表 6 - 18,得到萃取能力次序为 DC24C8 > DC18C6 > 18C6 > CH15C15 > 4TB15C5 ≈ 4MB15C5 > B15C5 > DB18C6。

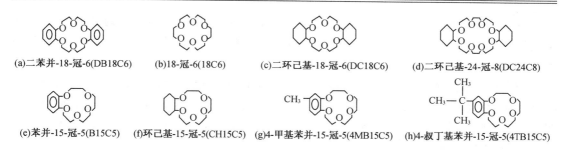

(a)二苯并-18-冠-6(DB18C6)　　(b)18-冠-6(18C6)　　(c)二环己基-18-冠-6(DC18C6)　　(d)二环己基-24-冠-8(DC24C8)

(e)苯并-15-冠-5(B15C5)　　(f)环己基-15-冠-5(CH15C5)　　(g)4-甲基苯并-15-冠-5(4MB15C5)　　(h)4-叔丁基苯并-15-冠-5(4TB15C5)

图 6-49　几种冠醚的结构

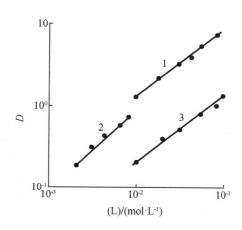

水相为 0.04 mol·L^{-1}苦味酸,25 ℃;1—18C6,2—4MB15C5,3—DB18C6。

图 6-50　有机相冠醚浓度对钍分配比的影响

表 6-18　苦味酸介质中几种冠醚对钍的萃取分配比

冠醚	分配比 D		
	0.1 mol·L^{-1} *	0.05 mol·L^{-1}	0.02 mol·L^{-1}
苯并-15-冠-5	2.30	1.74	0.66
4-甲基苯并-15-冠-5	2.40	2.07	0.76
4-叔丁基苯并-15-冠-5	2.93	2.11	0.72
环己基-15-冠-5	3.25	2.31	1.17
18-冠-6	3.37	3.12	1.29
二苯并-18-冠-6	1.39	—	0.37
二环己基-18-冠-6	—	3.14	2.18
二环己基-24-冠-8	—	—	2.49

注:＊有机相冠醚为初始浓度,水相苦味酸浓度 0.04 mol·L^{-1}。

在硝酸体系中,也得到类似的次序,这种次序是不能由冠醚环孔大小和金属离子的匹配性来解释的,它恰好表明冠醚边环上的取代基团及配位体氧的数目对萃取有重要的影响。DC18C6、DC24C8 两种冠醚对钍具有较佳的萃取性能。

以不同浓度的 DC18C6、DC24C8 两种冠醚-二氯乙烷溶液从 4.8 mol·L^{-1}HNO$_3$ 水溶

液中萃取示踪量的钍,以钍在两相的分配比 D 与有机相冠醚起始浓度[L]的对数作图,在萃取剂浓度 $0.01 \sim 0.1$ mol·L^{-1} 范围内,无论是 DC18C6 或 DC24C8,都可得斜率近似为 2 的直线,如图 6-51 所示。

当有机相冠醚浓度恒定在 0.1 mol·L^{-1},改变水相硝酸浓度所得萃取平衡数据示于图 6-52 中。酸浓度对 DC18C6、DC24C8 两种冠醚萃取钍的影响极为相似。钍的分配比开始随硝酸浓度的增加而增加,在硝酸浓度为 $5 \sim 6$ mol·L^{-1} 时,达到极大值;随硝酸浓度的增加,分配比反而下降。

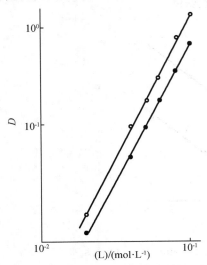

4.8 mol·L^{-1} 硝酸水溶液,25 ℃;

○—DC24C8;●—DC18C6。

图 6-51 冠醚浓度对钍分配比 D 的影响

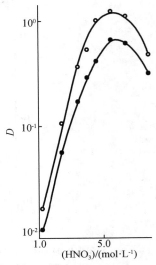

冠醚浓度 0.10 mol·L^{-1},25 ℃;

○—DC24C8;●—DC18C6。

图 6-52 水相硝酸浓度对钍分配比的影响

将 DC18C6、DC24C8 萃取钍的反应平衡以下述通式表示:

$$\text{Th}^{4+} + m\text{NO}_3^- + n\text{H}^+ + s\text{L}_{(o)} \Longrightarrow \text{H}_n\text{Th}(\text{NO}_3)_m \cdot s\text{L}_{(o)} \qquad (6-21)$$

则反应的浓度平衡常数为

$$K = \frac{(\text{H}_n\text{Th}(\text{NO}_3)_m \cdot s\text{L})_{(o)}}{(\text{Th}^{4+})(\text{NO}_3^-)^m[\text{H}^+]^n(\text{L})_{(o)}^s} \qquad (6-22)$$

或

$$K = \frac{(\text{Th}(\text{NO}_3)_4 \cdot s\text{L} \cdot n\text{HNO}_3)_{(o)}}{(\text{Th}^{4+})(\text{NO}_3^-)^m[\text{H}^+]^n(\text{L})_{(o)}^s} \qquad (6-23)$$

其中 $m = 4 + n$。

分配比:

$$D = \frac{(\text{Th}(\text{NO}_3)_4 \cdot s\text{L} \cdot n\text{HNO}_3)_{(o)}}{Y(\text{Th}^{4+})} \qquad (6-24)$$

其中

$$Y = 1 + \sum_{j=1}^{n} \beta_j(\text{NO}_3^-)^j \qquad (6-25)$$

故

$$K = \frac{DY}{(NO_3^-)^m [H^+]^n (L)_{(o)}^s} \tag{6-26}$$

由图 6-51 已知，$s=2$，令 $D' = DY/(L)_{(o)}^2$，水相中 $(NO_3^-) = [H^+]$，则

$$\lg D' = \lg K + (2n+4)\lg(NO_3^-) \tag{6-27}$$

据表 6-19 数据，以 $\lg D'$ 对 $\lg(NO_3^-)$ 作图，在硝酸浓度小于 4.8 $mol \cdot L^{-1}$ 时，可得斜率近似为 5 的直线。即 DC18C6、DC24C8 两种冠醚 - 二氯乙烷溶液在硝酸介质中萃取钍的化学反应式可表示为

$$Th^{4+} + 5NO_3^- + H^+ + 2L_{(o)} \Longrightarrow Th(NO_3)_4 \cdot 2L \cdot HNO_{3(o)} \tag{6-28}$$

则求得 DC18C6、DC24C8 萃取钍的浓度平衡常数分别为：$K_{DC18C6} = 3.98$；$K_{DC24C8} = 6.30$。

表 6-19　D 和 D' 与硝酸浓度的关系

(HNO_3) /$(mol \cdot L^{-1})$	Y	D		D'	
		DC18C6	DC24C8	DC18C6	DC24C8
1.11	7.37	0.012	0.019	8.84	14.2
1.57	13.8	0.069	0.129	95.0	178
2.03	24.4	0.205	0.420	501	1.03×10^3
2.49	41.2	0.359	0.636	1.48×10^3	2.58×10^3
2.95	66.3	0.486	—	3.22×10^3	—
3.88	154	0.707	1.21	1.12×10^4	1.86×10^4
4.8	311	0.794	1.38	2.47×10^4	4.30×10^4

对 DC18C6、DC24C8 与硝酸钍形成的萃合物进行红外光谱数据分析表明，NO_3^- 以配位型存在，这与通常冠醚萃取碱金属时，对阴离子存在的形式有本质的区别。此外，远红外差示光谱表明，钍离子和冠醚环上配位氧原子之间可能存在直接的键合。

6.8　钍的协同萃取

在钍的萃取体系中，多以螯合萃取剂与中性萃取剂的协同萃取效应为主。

王文清等对 PMBP 和 TOPO 萃取钍的协同效应进行了研究。钍的配位数表现为 8 或 9，生成配合物 $Th(PMBP)_4$ 及 $Th(PMBP)_4 \cdot TOPO$。为了证明协萃反应时，配位体 TOPO 分子是否取代了配合物的溶剂化水分子，采用卡尔 - 费休滴定法测定了配合物所含溶剂化水量。即准确称取固体配合物样品溶于有机溶剂硝基苯中，与酸化水平衡、离心分离后，对有机相进行卡尔 - 费休滴定，根据所耗试剂体积及滴定度，计算出配合物所含溶剂化水，结果见表 6-20。利用微量量热滴定法测定了钍的 PMBP 配合物与 TOPO 协萃反应的热力学函数，见表 6-21。

表 6－20　卡尔－费休滴定配合物所含溶剂化水量结果

样品	$(H_2O)/(mol \cdot L^{-1})$	$(H_2O)/($ 样品 $)$	有机相配合物组成
$0.05\ mol \cdot L^{-1}$ TOPO	0.052	1.04	TOPO $\cdot$ H_2O
$0.05\ mol \cdot L^{-1}$ Th(PMBP)$_4$	0.007	≈ 0	Th(PMBP)$_4$
$0.2\ mol \cdot L^{-1}$ PMBP + $0.05\ mol \cdot L^{-1}$ TOPO	0.013	≈ 0	Th(PMBP)$_4$ + TOPO→ Th(PMBP)$_4$ $\cdot$ TOPO
$0.05\ mol \cdot L^{-1}$ Th(PMBP)$_4$ + $0.05\ mol \cdot L^{-1}$ TOPO	0.024		

表 6－21　钍配合物与 TOPO 硝基苯溶液在 298K 时的量热滴定数据

热力学函数	$\Delta H/(kJ \cdot mol^{-1})$	$\lg \beta$	$\Delta G/(kJ \cdot mol^{-1})$	$\Delta S/(J \cdot mol^{-1} \cdot K^{-1})$
Th(PMBP)$_4$ $\cdot$ TOPO	－23.6	5.23	－29.8	21
	－24.6	5.79	－33.0	28

由表 6－20、表 6－21 中数据,钍的协同萃取配合反应如下:

$$Th(PMBP)_4 + TOPO \cdot H_2O \Longleftrightarrow Th(PMBP)_4 \cdot TOPO + H_2O \qquad (6-29)$$

HPMBP 与中性磷萃取剂甲基膦酸二异戊酯(DiAMP)、三丁基氧膦(TBPO)的苯溶液从 $0.1\ mol \cdot L^{-1}$ 硝酸介质中对钍亦有协同萃取作用,其中 HPMBP 与 DiAMP 对钍的最大协萃系数达 10^3,与 TBPO 则可达 10^6。

单独 HPMBP－苯溶液从 $0.1\ mol \cdot L^{-1}$ 硝酸溶液中萃取钍的化学反应方程式可写作:

$$Th^{4+} + 4HPMBP_{(o)} \Longrightarrow Th(PMBP)_{4(o)} + 4H^+ \qquad (6-30)$$

当体系中引入固定浓度的 DiAMP 后,钍分配比随 HPMBP 浓度的变化如图 6－53 所示,得到三条直线的斜率均为 3。同样,保持 DiAMP－HPMBP 浓度不变,改变溶液的 pH,则 $\lg D$ 对 $\lg[H^+]$ 作图也得到斜率为 3 的直线,如图 6－54。说明协同萃取中,有三个 HPMBP 分子参与反应。

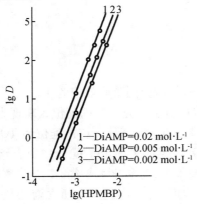

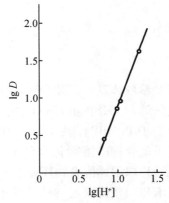

图 6－53　DiAMP 浓度不变,D_{Th} 随 HPMBP 浓度变化

图 6－54　DiAMP－HPMBP 浓度不变,D_{Th} 随 H^+ 浓度变化

当保持 HPMBP 浓度不变,改变 DIAMP 浓度,lg D 对 lg(DiAMP)作图(图 6 – 55),曲线斜率随 DiAMP 浓度的增加而自 0.5 变化到 1.1,当(DiAMP)<(HPMBP)时,直线斜率 <1,主要萃合物为 Th(PMBP)$_4$;当(DiAMP)>(HPMBP)时,直线斜率 ≈1,主要萃合物为 Th(PMBP)$_3$(NO$_3$)·DiAMP。

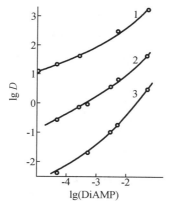

1—(HPMBP) = 3 × 10^{-3} mol·L^{-1};2—(HPMBP) = 1 × 10^{-3} mol·L^{-1};3—(HPMBP) = 5 × 10^{-4} mol·L^{-1}。

图 6 – 55　保持 HPMBP 浓度不变,lg D 对 lg(DiAMP)图

陈与德等对 2 – 噻吩甲酰三氟丙酮(HTTA)与 1,10 – 邻二氮菲(phen)协同萃取 Th^{4+} 的研究结果表明,在 Th^{4+}/HNO$_3$/HTTA – phen – 环己烷萃取体系中,形成了协萃配合物 Th(TTA)$_3$(NO$_3$)·phen,协萃反应的平衡常数为 2.0 × 10^{10}。根据协萃配合物的组成可以看出,协萃过程中,一个 phen 取代了 TTA。这与 Th 金属离子的配位数饱和程度有关,在 Th(TTA)$_4$ 中,钍的配位数被 HTTA 所饱和,难以起加成反应,但由于 phen 的强配位能力,故能取代 TTA 进入配合物的内界,因而产生取代反应。

以甲苯作溶剂,HBMPPT (4 – 苯甲酰基 – 2,4 – 二氢 – 5 – 甲基 – 2 – 苯基 – 3H – 吡唑硫酮 – 3) – PSO(石油亚砜)在硝酸介质中对铀(Ⅵ)、钍(Ⅳ)具有协萃作用。该体系协同萃取铀(Ⅵ)、钍(Ⅳ)的 lg D_M – lg c(HBMPPT)$_{(o)}$ 直线斜率分别为 2.0 和 2.1;lg D – lg c(PSO)$_{(o)}$ 斜率分别为 0.91 和 0.94;萃合物的化学组成为:UO$_2$(BMPPT)$_2$·PSO 和 Th(NO$_3$)$_2$(BMPPT)$_2$·PSO,萃取反应方程式为

$$UO_2^{2+} + 2HBMPPT_{(o)} + PSO_{(o)} \longrightarrow UO_2 \cdot (BMPPT)_2 \cdot PSO_{(o)} + 2H^+ \qquad (6-31)$$

$$Th^{4+} + 2HBMPPT_{(o)} + PSO_{(o)} + 2NO_3^- \longrightarrow Th(NO_3)_2 \cdot (BMPPT)_2 \cdot PSO_{(o)} + 2H^+$$

$$(6-32)$$

除了螯合 – 中性萃取剂间的协同萃取外,螯合 – 离子缔合体系 – HTTA 与 TOA(三正辛胺)的苯溶液在盐酸介质中萃取钍时亦有协同效应产生。此时协萃配合物组成为 [R$_3$NH]$^+$ [Th(TTA)$_4$Cl]$^-$。

参 考 文 献

［1］ Kenju WATANABE，Extraction of Thorium and Uranium from Chloride Solutions by T ri－n－Butyl Phosphate and T ri－n－Octyl Phosphine Oxide，Nuclear Science and Technology，1，No.5，p.155－162（1964）.

［2］ V. G. Maiorov, A. I. Nikolaev, O. P. Adkina, G. B. Mazunina. Extraction of thorium with TributylPhosphate from chloride solutions, Radiochemistry, 2006, Vol. 48, No. 6 pp576－579.

［3］ SUJOY BISWAS，EXTRACTION AND SEPARATION STUDIES OF URANIUM AND THORIUM FROM VARIOUS AQUEOUS MEDIA USING ORGANOPHOSPHOROUS EXTRACTANTS，A thesis submitted to the Boards of Studies in Chemical Science Discipline In partial fulfillment of requirements For the Degree of DOCTOR OF PHILOSOPHY of HOMI BHABHA NATIONAL INSTITUTE，By CHEM012008040020，dt. 01/09/2008 URANIUM EXTRACTION DIVISION BHABHA ATOMIC RESEARCH CENTRE，INDIA May，2014.

［4］ 刘春霞,李瑞芬,何淑华,李峥,罗艳,李晴暖,张岚,磷酸三异戊酯、磷酸三仲丁酯对 U（Ⅵ）、Th（Ⅳ）的萃取性能,核化学与放射化学［J］,第 36 卷,第 5 期,（2014）.10.

［5］ 袁承业,张荣余,谢继发,马恩新,施莉兰,甲基膦酸二烷基酯的化学结构与对铀钍萃取性能的关系,原子能科学技术［J］,第 6 期,677－685,（1964）.

［6］ 李诗萌,谈梦玲,丁颂东,李方,李晴暖,张岚,刘春霞,三种中性磷萃取剂萃取分离铀（Ⅵ）与钍（Ⅳ）的研究,化学研究与应用,第 28 卷,第 3 期,（2016）.3.

［7］ 夏源贤,陈洛娜,钱和生,甲基膦酸二(1－甲庚)酯萃取硝酸铀酰和硝酸钍机理研究,核化学与放射化学,第 7 卷,第 3 期,p147－154,1985.8.

［8］ 郑清远,罗重庆,用甲基膦酸二甲庚酯（P350）自盐酸溶液中萃取钍的研究,中南矿冶学院学报,第三期,88－93,1980.9.

［9］ Sushanta K. Sahu 1, M. L. P. Reddy2，＊，T. R. Ramamohan2 and V. Chakravortty，Solvent extraction of uranium（Ⅵ）and thorium（Ⅳ）from nitrate media by Cyanex 923, Radiochim. Acta 88，33237（2000）.

［10］ 阮德水,罗懿,胡起柱,二正戊基亚砜在硝酸溶液中萃取铀钍和稀土的研究,华中师范学报,第 4 期,1982 年.

［11］ 罗晓清,曹正白,朱利明. 亚砜和磷酸三丁酯对铀（Ⅵ）、钍（Ⅳ）萃取行为的比较,核技术,第 26 卷第 9 期,2003.9.

［12］ 王锦华,周祖铭,徐迪民,陈与德,毛家骏,石油亚砜萃取 U（Ⅵ）\Th（Ⅳ）的研究,核化学与放射化学,第 14 卷,第 4 期,226－231,1992.11.

［13］ 孙国新,韩景田,竺健康,包伯荣,N，N－二丁基辛酰胺从硝酸介质中萃取铀（Ⅵ）和钍（Ⅳ）,无机化学学报,第 15 卷,第 2 期,191－195,1999.3.

［14］ 孙国新,包伯荣，双取代长链烷基酰胺的结构与萃取性能的研究－Ⅱ. N，N－二丁

基烷基酰胺萃取铀和钍,核化学与放射化学,第 21 卷第 2 期,119 – 123,1995.

[15] 沈朝洪,包伯荣,王高栋,钱军,N –(2 – 乙基)己基己内酰胺对铀(Ⅵ)钍(Ⅳ)萃取行为的研究,核技术,第 15 卷,第 10 期,610 – 616,1992.10.

[16] 王友绍,沈朝洪,竺建康,包伯荣,NNN′N′ – 四丁基丁二酰胺在硝酸介质中萃取钍(Ⅳ)的机理,核技术,第 19 卷,第 9 期,527 – 529,1992.9.

[17] 王友绍,孙宗勋,何磊,包伯荣,孙思修,N,N,N′,N′ – 四己基丁二酰胺萃取铀、钍及硝酸的机理,核技术,第 26 卷,第 3 期,224 – 228,2003.3.

[18] Yoji SASAKI and Gregory R. CHOPPIN, Solvent Extraction of Eu, Th, U, Np and Am with N, N′ – Dimethyl – N, N′ – dihexyl – 3 – oxapentanediamide and Its Analogous Compounds, ANALYTICAL SCIENCES, APRIL 1996, ⅤOL. 12, 225.

[19] Mostaan Shaeri, Meisam Torab – Mostaedi, Ahmad Rahbar Kelishami, Solvent extraction of thorium from nitrate medium by TBP, Cyanex272 and their mixture, J. Radioanal. Nucl. chem. 303,2093 – 2099,2015.

[20] LU Youcai(卢有彩), ZHANG Zhifeng(张志峰), LI Yanling(李艳玲), LIAO Wuping(廖伍平), Extraction and recovery of cerium(Ⅳ) and thorium(Ⅳ) from sulphate medium by an α – aminophosphonate extractant, JOURNAL OF RARE EARTHS, Vol. 35, No. 1, Jan. 2017, P. 34 – 40.

[21] 兰州大学化学系稀土专业,1 – 苯基 – 3 – 甲基 – 4 – 苯甲酰基 – 吡唑酮 – 5 与钍及稀土元素的作用,对钍的萃取及萃合物性质的研究.

[22] Mohamed F. Cheira , AdelS. Orabi, MohamedA. Hassanin, Sami M. Hassan, Solvent extraction of thorium(Ⅳ) from chloride solution using Schiffbase and its application for spectrophotometric determination, Chemical Data Collections, Chemical Data Collections 13 – 14(2018)84 – 103.

[23] 李锦州,李刚,于文锦,呋喃甲酰基吡唑啉酮双席夫碱与铀(Ⅵ)、钍(Ⅳ)配合物的合成、表征及生物活性,核化学与放射化学,第 22 卷,第 1 期,17 – 23,2000.2.

[24] 徐志昌,李文才,滕藤,D2EHPA – 煤油 – 盐酸体系中铀(Ⅵ)、钍、希土的萃取及其相互分离,原子能科学技术,第 11 期,952 – 971,1965.

[25] F. H. El – Sweify, A. A. Abdel – Fattah, S. M. Ali, Extraction thermodynamics of Th (Ⅳ) in various aqueous organic systems, J. Chem. Thermodynamics, 40, 798 – 805, 2008.

[26] 李琼清,李德谦,二(2,4,4 – 三甲基戊基)膦酸从盐酸介质中萃取钍的机理,应用化学,第 12 卷,第 4 期,58 – 61,1995.8.

[27] Liangshi Wang , Ying Yu, Xiaowei Huang , Feng Hu, Jinshi Dong, Lei Yan, Zhiqi Long,Thermodynamics and kinetics of thorium extraction from sulfuric acid medium by HEH(EHP),Hydrometallurgy, 150, 172 – 152, 2014.

[28] 李德谦,纪恩瑞,徐雯,于丁羽,曾广赋,倪嘉缵,伯胺 N1923 从硫酸溶液中萃取稀土(Ⅲ)元素、铁(Ⅲ)和钍(Ⅳ)的机理, 应用化学,4(2),36 – 41,1987.

[29] 吕诚哉,秦启宗,在硝酸体系中三 – 正十二胺萃取钍的机理,原子能科学技术,第 6 期, 708 – 714,1964.

[30] 杜鸿善,用可离解冠醚萃取铀和钍的研究,CNIC – 00935. IAE – 0144.

[31] 王文基,陈伯忠,王爱玲,余敏,刘先年,冠醚萃取 Th(Ⅳ)的化学平衡及其萃合物的红外光谱,核化学与放射化学,第 4 卷,第 3 期,139 – 146,1982.8.

[32] 王文清,丁郁文,伊敏,陈定芳,李醒夫,冯锡璋,孙鹏年,U、Th、Nd、Y – PMBP – TOPO 体系协萃机理,核化学与放射化学,第 8 卷,第 1 期,1 – 7,1986.2.

[33] 毛家骏,钱尧欣,1 – 苯基 – 3 – 甲基 – 4 – 苯酰基吡唑酮 – [5]与中性磷萃取剂对钍的协同萃取,原子能科学技术,第 6 期,724 – 730,1964.

[34] 陈与德,徐成伟,钱君贤,李新泰,2 – 噻吩甲酰三氟丙酮与 1,10 – 邻二氮菲对 UO_2^{2+}、Th^{4+}、Ce^{4+} 的协同萃取,铀矿冶,第 7 卷,第 4 期,9 – 23,1988.11.

[35] 余绍宁,何颖,马丽,HBMPPT – PSO 对铀(Ⅵ)、钍(Ⅳ)的协同萃取及分离,核化学与放射化学,第 21 卷,第 2 期,92 – 95,1995.5.

第7章 锕镤的溶剂萃取化学

7.1 锕镤元素

7.1.1 锕镤的发现

锕元素于 1899 年首先被法国科学家安德烈 - 德拜耳尼(André - Debierne)发现,随后在 1902 年德国化学家弗雷德里奇 - 奥托 - 吉赛尔(Friedrich - Otto - Giesel)也独立地发现了该元素。锕主要存在于沥青铀矿及其他含铀矿物中。人工制备锕的数量极少,其在商业和科学研究方面极为有限。与镭相似,锕可以在黑暗中发光,其名字来自希腊文"aktinos",意为"射线"或"光束"。

镤元素首次发现于 1913 年,美国化学家法扬斯巴(Kasimir Fajans)和格林(Oswald Helmuth Göhring)在研究铀 - 238 衰变链:$^{238}U \rightarrow ^{234}Th \rightarrow ^{234}Pa \rightarrow ^{234}U$ 时发现了镤的同位素^{234}Pa。因为它的半衰期短($6.7\ h, ^{234}Pa$),所以他们将发现的新元素命名为 Brevium(拉丁语,意为"短暂"或"短期")。1917 年至 1918 年,奥托·汉恩(Otto Hahn)和莉斯·麦特纳(Lise Meitner)发现了另一种同位素^{231}Pa,半衰期约 32 000 年。因此,他们将名称从 Brevium 变更为镤(protoactinium)(希腊文 πρϖ τος,意为"之前""首先"。因为在铀 - 235 衰变链中镤位于锕之前)。^{234}Pa 和^{231}Pa 是镤元素仅有的两种天然放射性同位素,现已发现质量数在 212 ～ 239 之间的 29 个镤同位素。

7.1.2 锕的主要同位素

元素锕已知的 29 个同位素及其相关参数列于表 7 - 1 中。其中三个同位素较为重要,两个是天然存在的同位素:^{227}Ac(图 7 - 1,4n + 3 或铀 - 锕系)和^{228}Ac(图 7 - 2,4n 或钍系),第三个是^{225}Ac,其为反应堆中^{233}U 的衰变子体(图 7 - 3,4n + 1 或镎系)。

表 7 - 1 锕的主要同位素

质量数	半衰期	衰变类型	主要辐射/MeV	产生方法
206	33 ms	α	α 7.750	$^{175}Lu(^{40}Ar, 9n)$
	22 ms	α	α 7.790	
207	22 ms	α	α 7.712	$^{175}Lu(^{40}Ar, 8n)$

表 7 – 1(续 1)

质量数	半衰期	衰变类型	主要辐射/MeV	产生方法
208	95 ms	α	α 7.572	$^{175}Lu(^{40}Ar,7n)$
	25 ms	α	α 7.758	
209	0.10 s	α	α 7.59	$^{197}Au(^{20}Ne,8n)$
210	0.35 s	α	α 7.46	$^{197}Au(^{20}Ne,7n)$
		α		$^{203}Tl(^{16}O,9n)$
211	0.25 s	α	α 7.48	$^{197}Au(^{20}Ne,6n)$
				$^{203}Tl(^{16}O,8n)$
212	0.93 s	α	α 7.38	$^{203}Tl(^{16}O,7n)$
				$^{197}Au(^{20}Ne,5n)$
213	0.80 s	α	α 7.36	$^{197}Au(^{20}Ne,4n)$
				$^{203}Tl(^{16}O,6n)$
214	8.2 s	α ≥86%	α 7.214(52%)	$^{203}Tl(^{16}O,5n)$
		EC ≤14%	7.082(44%)	$^{197}Au(^{20}Ne,3n)$
215	0.17 s	α 99.91%	α 7.604	$^{203}Tl(^{16}O,4n)$
		EC 0.09%		$^{209}Bi(^{12}C,6n)$
216	~0.33 ms	α	α 9.072	$^{209}Bi(^{12}C,5n)$
216m	0.33 ms	α	α 9.108(46%)	
			9.030(50%)	
217	69 ns	α	α 9.650	$^{208}Pb(^{14}N,5n)$
218	1.08 μs	α	α 9.20	^{222}Pa 子体
219	11.8 μs	α	α 8.66	^{223}Pa 子体
220	26.4 ms	α	α 7.85(24%)	$^{208}Pb(^{14}N,3n)$
			7.68(21%)	^{224}Pa 子体
			7.61(23%)	
221	52 ms	α	α 7.65(70%)	$^{205}Tl(^{22}Ne,\alpha 2n)$
			7.44(20%)	$^{208}Pb(^{18}O,p4n)$
222	5.0 s	α	α 7.00	$^{226}Ra(p,5n)$
				$^{208}Pb(^{18}O,p3n)$
222m	63 s	α >90%	α 7.00(15%)	$^{208}Pb(^{18}O,p3n)$
		EC ~1%	6.81(27%)	$^{209}Bi(^{18}O,\alpha n)$
		IT <10%		
223	2.10 min	α 99%	α 6.662(32%)	^{227}Pa 子体
		EC 1%	6.647(45%)	
224	2.78 h	EC ~90%	α 6.211(20%)	^{228}Pa 子体
		α ~10%	6.139(26%)	

表 7 - 1(续 2)

质量数	半衰期	衰变类型	主要辐射/MeV	产生方法
225	10.0 d	α	α 5.830(51%) 5.794(24%) γ 0.100(1.7%)	^{225}Ra 子体
226	29.37 h	β⁻83% EC 17% α(6×10⁻³)%	α 5.399 β⁻1.10 γ 0.230(27%)	^{226}Ra(d,2n)
227	21.772 a	β⁻98.62% α 1.38%	α 4.950(47%) 4.938(40%) β⁻ 0.045 γ 0.086	天然
228	6.15 h	β⁻	β⁻2.18 γ 0.091	天然
229	62.7 min	β⁻	β⁻1.09 γ 0.165	^{229}Ra 子体 ^{232}Th(γ,p2n)
230	122 s	β⁻	β⁻1.4 γ 0.455	^{232}Th(γ,pn)
231	7.5 min	β⁻	β⁻2.1 γ 0.455	^{232}Th(γ,p) ^{232}Th(n,pn)
232	119 s	β⁻		^{238}U + Ta
233	145 s	β⁻		^{238}U + Ta
234	44 s	β⁻		^{238}U + Ta

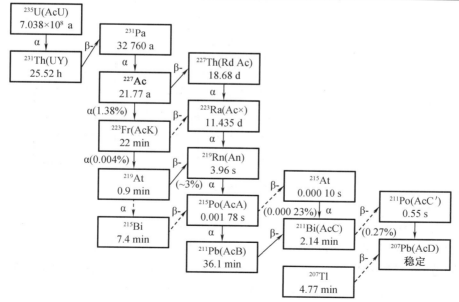

图 7 - 1　铀 - 锕系(4n + 3)

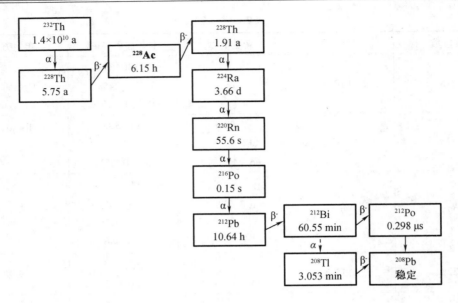

图 7 – 2 钍系（4n）

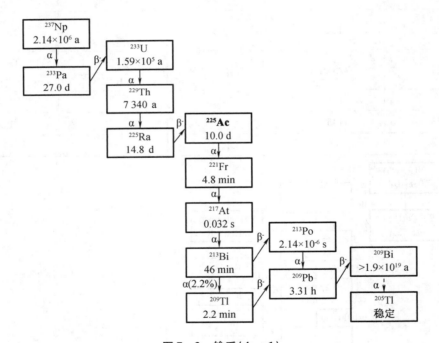

图 7 – 3 镎系（4n + 1）

^{227}Ac 是^{235}U（AcU）衰变链产生的天然存在的同位素，是^{231}Pa 的子体，^{227}Th 的母体。1939 年 Perey 研究发现^{227}Ac 也是^{223}Fr 的母体，约有 1.38% ^{227}Ac 通过 α 衰变产生^{223}Fr。^{227}Ac 的半衰期为（21.772 ± 0.003）a。热中子俘获截面是（762 ± 29）barn（1 barn = 10^{-28} m^2）。^{227}Ac 发射 β$^-$ 粒子能量很弱（最大 0.045 MeV），通常不用作分析。

^{228}Ac 是^{232}Th 衰变链产生的天然存在的同位素，是^{228}Ra 的子体、^{228}Th 的母体。这三种核素均为 Otto Hahn 发现，1926 年 Hahn 和 Erbacher 报道了^{228}Ac 的半衰期为（6.13 ± 0.03）h，这

在很长一段时间内为人们所接受。后来,Skarnemark 和 Skalberg 通过研究在 1985 年对其进行了修正,修正后的半衰期为 $(6.15 \pm 0.02) \, h$。^{228}Ac 也经常用作其他锕同位素的示踪剂。

^{225}Ac 是 α 辐射体,是 $(4n+1)$ 衰变链上产生的同位素。在实际研究工作中,^{225}Ac 最易获得。通过中子辐照天然钍产生^{233}U,^{233}U 经过几级衰变就能产生^{225}Ac:

$$^{232}\text{Th}(n,\gamma)^{233}\text{Th} \xrightarrow[22.3\,\text{min}]{\beta^-} {}^{233}\text{Pa} \xrightarrow[26.967\,\text{d}]{\beta^-} {}^{233}\text{U}$$

7.1.3　镁的主要同位素

到目前为止,已发现有 29 种镁的同位素(表 7 - 2),其中三个同位素较为重要,其中两个为天然放射性同位素:^{231}Pa、^{234}Pa,另一个为反应堆中产生的^{233}Pa,大部分同位素的半衰期都很短。镁还有两个核异构体:^{217m}Pa(半衰期 1.6 ms)和^{234m}Pa(半衰期1.17 min)。

镁主要有两种衰变模式:变成较轻原子的 α 衰变(^{212}Pa 至^{231}Pa)以及变成较重原子的 β 衰变(^{232}Pa 至 ^{240}Pa)。

表 7 - 2　镁的同位素

质量数	半衰期	衰变类型	主要辐射能/MeV	生成方法
212	5.1 ms	α	α 8.270	^{182}W(^{35}Cl,5n)
213	5.3 ms	α	α 8.236	^{170}Er(^{51}V,8n)
214	17 ms	α	α 8.116	^{170}Er(^{51}V,7n)
215	14 ms	α	α 8.170	^{181}Ta(^{40}Ar,6n)
216	0.2 s	α	α 7.865	^{197}Au(^{24}Mg,5n)
217	4.9 ms	α	α 8.340	^{181}Ta(^{40}Ar,4n)
	1.6 ms	α	α 10.160	
218	0.12 ms	α	α 9.614	^{206}Pb(^{16}O,4n)
219	53 ns	α	α 9.900	^{204}Pb(^{19}F,4n)
220	0.78 μs	α	α 9.15	^{204}Pb(^{19}F,3n)
221	5.9 μs	α	α 9.080	^{209}Bi(^{16}O,4n)
222	5.7 ms	α	α 8.54($\sim$30%) ~8.18(50%)	^{209}Bi(^{16}O,3n) ^{206}Pb(^{19}F,3n)
223	6 ms	α	α 8.20(45%) 8.01(55%)	^{208}Pb(^{19}F,4n) ^{205}Tl(^{22}Ne,4n)
224	0.9 s	α	α 7.49	^{208}Pb(^{19}F,3n)
225	1.8 s	α	α 7.25(70%) 7.20(30%)	^{232}Th(p,8n) ^{209}Bi(^{22}Ne,α2n)
226	1.8 min	α 74% EC 26%	α 6.86(52%) 6.82(46%)	^{232}Th(p,7n)

表 7 - 2(续 1)

质量数	半衰期	衰变类型	主要辐射能/MeV	生成方法
227	38.3 min	α ~ 85% EC ~ 15%	α 6.466(51%) 6.416(15%) γ 0.065	^{232}Th(p,6n)
228	22 h	EC ~ 98% α ~ 2%	α 6.105(12%) 6.078(21%) γ 0.410	^{232}Th(p,5n) ^{230}Th(p,3n)
229	1.5 d	EC 99.5% α 0.48%	α 5.669(19%) 5.579(37%)	^{230}Th(d,3n) ^{229}Th(d,2n)
230	17.7 d	EC 90% β⁻ 10% α 3.2×10^{-3}%	α 5.345 β⁻ 0.51 γ 0.952	^{230}Th(d,2n) ^{232}Th(p,3n)
231	3.28×10^4 yr	α	α 5.012(25%) 4.951(23%) γ 0.300	天然
232	1.31 d	β⁻	β⁻ 1.29 γ 0.969	^{231}Pa(n, γ) ^{232}Th(d,2n)
233	27.0 d	β⁻	β⁻ 0.568 γ 0.312	^{233}Th 子体 ^{237}Np 子体
234	6.75 h	β⁻	β⁻ 1.2 γ 0.570	天然
234m	1.175 min	β⁻ 99.87% IT 0.13%	β⁻ 2.29 γ 1.001	天然
235	24.2 min	β⁻	β⁻ 1.41	^{235}Th 子体 ^{235}U(n,p)
236	9.1 min	β⁻	β⁻ 3.1 γ 0.642	^{236}U(n,p) ^{238}U(d,α)
237	8.7 min	β⁻	β⁻ 2.3 γ 0.854	^{238}U(γ,p) ^{238}U(n, pn)
238	2.3 min	β⁻	β⁻ 2.9 γ 1.014	^{238}U(n, p)
239	106 min	β⁻		^{18}O + ^{238}U

7.1.4　锕镁金属

在一个 X 射线毛细管中通过使用钾蒸气在 350 ℃ 还原 AcCl$_3$ 可制备金属锕。X 射线衍射分析显示产生了两种面心立方结构,通过与镧的平行实验进行类比,确定这两种结构的物质分别为金属锕($a_0 = 5.311$ Å)和 AcH($a_0 = 5.670$ Å)(AcH 中氢的来源未知)。用锂蒸气在钼坩埚中还原 AcF 也可制得锕金属。对于 AcF 的还原反应,温度控制在 1 100 ~

1 275 ℃的范围非常关键,因为在较低温度下,产品金属没有熔化,导致还原反应进行的不彻底;而高温下由于部分 AcF 挥发造成损失,导致金属产率降低。

锕为银白色金属,能在暗处发光。熔点为 1 050 ℃,沸点为 3 200 ℃。锕化学性质活泼,与镧和钇十分相似,可与多种非金属元素直接反应;在潮湿空气中可快速氧化成 Ac_2O_3 白色覆层,覆层在一定程度上能阻止金属发生进一步的氧化。

镤金属最早由 Grosse 在 1934 年制备出来,他研究了两种方法:(1)用 35 kV 的电子在电流强度 5~10 mA 的条件下辐照 Pa_2O_5 几小时;(2)在 10^{-6} ~ 10^{-5} 托[①]的压力下用钨丝加热五卤化物(Cl、Br、I)。后来也有人用 Ba、Li 或 Ca 蒸汽还原 PaF_4 的方法来制备金属。

镤金属可保存于空气中一段时间。镤容易与氧气、水蒸气和酸反应,但不与碱金属反应。在室温下,镤是体心四方结构,其可以被视为扭曲的体心立方晶格结晶;当用高达 53 GPa 的压力压缩时,这种结构仍不改变。目前已知镤在任何温度下都具有顺磁性,在温度低于 1.4 K 时它将成为超导体。

在周期表中镤位于钍的左侧、铀的右侧,其物理性质介于这两个锕系元素之间。镤的密度比钍大,但比铀小,其熔点低于钍而比铀高。这三个元素的热膨胀、电导率和导热程度可互相媲美,镤的剪切模量类似钛。镤为银灰色光泽的金属,在常温常压下为体心四方(bct)晶体,当压力达到 77 GPa 后,将相变为 α - U 正交结构,相应体积将会缩小。镤金属具有延展性和韧性,其他物理性质列在表 7 - 3 中。

镤在室温空气中能够稳定存在,当加热到 300 ℃以上,可与 O_2、H_2O 或 CO_2 反应生成 Pa_2O_5;与 NH_3 和 H_2 反应分别产生 PaN_2 和 PaH_3;与过量的 I_2 在高于 400 ℃下反应生成黑色 PaI_5。将金属镤放入 8 mol · L^{-1} HCl、12 mol · L^{-1} HF 或 2.5 mol · L^{-1} H_2SO_4 中,反应很快停止,这可能是由于最初金属与酸反应产生的 Pa(V)或 Pa(IV)发生水解,水解产物累积在金属表面形成了一层保护层。金属镤不易与 HNO_3 发生反应,即使在有 0.01 mol · L^{-1} HF 存在条件下也不能反应。

表 7 - 3　锕、镤金属的物理性质

性质	锕	镤
晶体结构	面心立方结构	体心四方(14/mmm),高温形式为 fcc
晶胞参数	$a_0 = 5.311$	$a = 3.925$ Å,$c = 3.238$ Å(室温) $a = 5.02$ Å(高温形式 fcc)
X 射线密度/(g · cm^{-3})	10.07	15.37
金属半径/Å	1.878 Å	1.63 Å,配位数 12
熔点/℃	1 050	1 575
沸点/℃	3 200	4 027
熔化热/(kJ · mol^{-1})	14	12.34
汽化热/(kJ · mol^{-1})	400	481
热导率/(W · m^{-1} · K^{-1})(emu · mol^{-1},20~298 K)	12	47

①　托(torr)为压力单位,1 torr = 133.32 Pa。

7.2 锕镁的化合物

7.2.1 锕的化合物

已知的锕化合物包括 AcF_3、$AcCl_3$、$AcBr_3$、$AcOF$、$AcOCl$、$AcOBr$、Ac_2S_3、Ac_2O_3 和 $AcPO_4$。除了 $AcPO_4$ 外,它们与相对应的镧族元素化合物完全相似,且形成的锕氧化态均为 +3 价。表 7-4 中列出了每种化合物典型的制备方法和晶格结构。

1. 卤化物

AcF_3 既可在溶液中制得又可在固体反应中制得。前者是通过在室温下含 Ac^{3+} 的溶液与氢氟酸反应制备,后者则是在 700 ℃下氢氧化锕与氟化氢蒸气反应制备。用氨水与 AcF_3 在 900~1 000 ℃反应可以制得 $AcOF$。

$AcCl_3$ 化合物可通过氢氧化锕或草酸锕与 CCl_4 蒸气在高于 960 ℃下反应制得。与 $AcOF$ 类似,$AcOCl$ 可通过氨水与 $AcCl_3$ 在 1 000 ℃反应制得。

$AcBr_3$ 化合物可以通过三溴化铝与氧化锕反应制得。$AcBr_3$ 再与氢氧化氨在 500 ℃反应可得到 $AcOBr$。

2. 氧化物

氧化锕(Ac_2O_3)可通过在 500 ℃真空条件下热分解氢氧化锕制得,也可通过在 1 100 ℃真空条件下热分解草酸锕制得。它的晶体结构与大多数三价稀土金属的氧化物结构同型。

3. 其他化合物

磷酸二氢钠与锕的盐酸溶液反应可以制得白色 $AcPO_4 \cdot 0.5H_2O$,用硫化氢蒸气在 1 400 ℃时加热草酸锕几分钟可产生黑色硫化锕(Ac_2S_3)。H_2S 和 CS_2 的混合物与 Ac_2O_3 在 1 000 ℃反应也可制备出 Ac_2S_3。

7.2.2 镁的化合物

无论是在固体中还是在水溶液中,镁都存在 +4 价和 +5 价两个主要的氧化态,而 +3 价和 +2 价的仅存在于一些固相中。

表 7 - 4　锕化合物的制备和性质

化合物	制备		晶体结构数据					
	反应	温度/℃	对称性	结构类型	晶格参数			
					$a_0/\text{Å}$	$b_0/\text{Å}$	$c_0/\text{Å}$	$\beta/(°)$
AcF_3	$Ac(OH)_3 + 3HF \longrightarrow AcF_3 + 3H_2O$ $Ac^{3+} + 3F^- \longrightarrow AcF_3$	700 25	三方	LaF_3	7.41 ± 0.01		7.53 ± 0.02	
$AcCl_3$	$2Ac(OH)_3 + 3CCl_4 \longrightarrow 2AcCl_3 + 3CO_2 + 6HCl$	低于 960	六方	UCl_3	7.62 ± 0.02		4.55 ± 0.02	
$AcBr_3$	$Ac_2O_3 + 2AlBr_3 \longrightarrow 2AcBr_3 + Al_2O_3$	800	六方	UCl_3	8.06 ± 0.04		4.68 ± 0.02	
$AcOF$	$AcF_3 + 2NH_3 + H_2O \longrightarrow AcOF + 2NH_4F$	$900 \sim 1\,000$	立方	CaF_2	5.931 ± 0.002			
$AcOCl$	$AcCl_3 + 2NH_3 + H_2O \longrightarrow AcOCl + 2NH_4Cl$	1 000	四方	$PbClF$	4.24 ± 0.02		7.07 ± 0.03	
$AcOBr$	$AcBr_3 + 2NH_3 + H_2O \longrightarrow AcOBr + 2NH_4Br$	500	四方	$PbClF$	4.27 ± 0.02		7.40 ± 0.03	
Ac_2O_3	$Ac_2(C_2O_4)_3 \longrightarrow Ac_2O_3 + 3CO_2 + 3CO$	1 100	立方	La_2O_3	4.07 ± 0.01		6.29 ± 0.02	
Ac_2S_3	$Ac_2O_3 + 3H_2S \longrightarrow Ac_2S_3 + 3H_2O$	1 400	立方	Ce_2S_3	8.91 ± 0.01			
$AcPO_4 \cdot 1/2\,H_2O$	$Ac^{3+} + PO_4^{3-} \longrightarrow AcPO_4$	25	六方	$LaPO_4 \cdot 1/2\,H_2O$	7.21 ± 0.02		6.24 ± 0.03	
$Ac_2(C_2O_4)_3 \cdot 10H_2O$	$2Ac^{3+} + 3C_2O_4^{2-} + 10H_2O \longrightarrow Ac_2(C_2O_4)_3 \cdot 10H_2O$	25	单斜	$Ac_2(C_2O_4)_3 \cdot 10H_2O$	11.26	9.97	10.65	111.3

1. 氢化镁

氢气与金属镁在一定的温度、压力下反应可以生成镁的氢化物。温度不同可能导致生成氢化镁的结构有所不同。有研究者用 H_2 与 Pa 金属在约 250 ℃、600 托压力下反应，生成了黑色片状物质，与 $\beta - UH_3$ 晶体同构，晶胞常数 $a = (6.648 \pm 0.005)$ Å。也有用 H_2 与 Pa 金属在 100 ℃、200 ℃、300 ℃ 下进行反应，生成了灰色粉末状物质，与 $\alpha - UH_3$ 晶体同构。其中 100 ℃、200 ℃ 下形成的 $\alpha - PaH_3$，晶胞常数 $a = (4.150 \pm 0.002)$ Å，300 ℃ 下形成 $\alpha - PaH_3$，晶胞常数 $a = (4.154 \pm 0.002)$ Å。随后，Brown 在 250 ℃、400 ℃ 的反应温度下也分别制备了 $\alpha - PaH_3$ 和 $\beta - PaH_3$。

2. 碳化镁

用石墨在减压、高于 1 200 ℃ 的条件下还原 Pa_2O_5 可制备 PaC。在 1 950 ℃ 下获得的产品是面心立方结构（fcc，NaCl 型），$a = (5.060\ 8 \pm 0.000\ 2)$ Å。在 2 200 ℃，产生了部分 PaC_2，体心四方晶体，$a = (3.61 \pm 0.01)$ Å，$c = (6.11 \pm 0.01)$ Å。在石墨坩埚内用 Ba 还原 PaF_4 也可制备 PaC。PaC 在 4 K 室温下的磁化率很弱，大约 $-50 \times 10^6 (\text{emu cg}) \cdot \text{mol}^{-1}$，与温度无关。理论计算结果表明在 ThC 中 5f 电子极少参与成键，但在 PaC 中 5f 电子参与成键非常重要。

3. 氧化镁

表 7 – 5 中列出了已知镁的二元氧化物。当水合氧化物 $Pa_2O_5 \cdot nH_2O$，或者其他多种镁化合物在高于 500 ℃ 的氧气或空气中加热时就可得到白色的 Pa_2O_5。理论计算 Pa_2O_5 的生成热约为 106 kJ·mol^{-1}。Pa_2O_5 不溶于浓硝酸中，但可溶于 HF 和 HF + H_2SO_4 的混合物中，在高温下可与周期表中第 Ⅰ、Ⅱ 族的金属氧化物反应。

表 7 – 5　镁的二元氧化物

组成	对称性	晶格参数				存在的温度范围/℃
		a/Å	b/Å	c/Å	α/(°)	
PaO	立方（NaCl）	4.961				
PaO_2	fcc	5.505				
$PaO_{2.18} - PaO_{2.21}$	fcc	5.473				
$PaO_{2.23}$	四方	5.425		5.568		
$PaO_{2.40} - PaO_{2.42}$	四方	5.480		5.416		
$PaO_{2.42} - PaO_{2.44}$	菱形	5.449			89.65	
Pa_2O_5	fcc	5.446				650 ~ 700
Pa_2O_5	四方	10.891		10.992		700 ~ 1 050
Pa_2O_5	六方	3.820		13.225		1 050 ~ 1 500
Pa_2O_5	正交	6.92	4.02	4.18		
Pa_2O_5	菱形	5.424			89.76	1 240 ~ 1 400

用 H_2 在 1 550 ℃ 还原 Pa_2O_5 可制得黑色的 PaO_2，PaO_2 不能溶于 H_2SO_4、HNO_3 或 HCl 溶液中，但可与 HF 反应。

PaO_2 和 Pa_2O_5 与其他元素的氧化物反应能产生不同组成和结构的三元氧化物（表 7 – 6）。

表 7 - 6　镁的多元氧化物

化合物	结构类型	晶格常数			
		$a/\text{Å}$	$b/\text{Å}$	$c/\text{Å}$	$\beta/(°)$
$LiPaO_3$	未知				
Li_3PaO_4	四方(Li_3UO_4)	4.52		8.48	
Li_7PaO_6	六方(Li_7BiO_6)	5.55		15.84	
$(2\sim4)Li_2O \cdot Pa_2O_5$	立方(萤石相)				
$(2\sim4)Na_2O \cdot Pa_2O_5$					
$NaPaO_3$	正交($GdFeO_3$)	5.82	5.97	8.36	
Na_3PaO_4	四方(Li_3SbO_4)	6.68			
$KPaO_3$	立方($CaTiO_3$)	4.341			
$RbPaO_3$	立方($CaTiO_3$)	4.368			
$CsPaO_3$	未知				
$BaPaO_3$	立方($CaTiO_3$)	4.45			
$SrPaO_3$	未知				
$Ba(Ba_{0.5}Pa_{0.5})O_{2.75}$	立方(Ba_3WO_6)	8.932			
$GaPaO_4$	未知				
$(La_{0.5}Pa_{0.5})O_2$	立方(CaF_2)	5.525			
$Ba(LaO_{0.5}Pa_{0.5})O_3$	立方(Ba_3WO_6)	8.885			
$\alpha - PaGeO_4$	四方($CaWO_4$)	5.106		11.38	
$\beta - PaGeO_4$	四方($ZrSiO_4$)	7.157		6.509	
$\alpha - PaSiO_4$	四方($ZrSiO_4$)	7.068		6.288	
$\beta - PaSiO_4$	单斜($CePO_4$)	6.76	6.92	6.54	104.83
ThO_2	立方(萤石相)				
PaO_2	四方($Th_{0.25}NbO_3$)	7.76		7.81	
$PaO_2 \cdot 2Ta_2O_5$	四方($Th_{0.25}NbO_3$)	7.77		7.79	
$Pa_2O_5 \cdot 3Nb_2O_5$	六方($UTa_3O_{10.67}$)	7.48		15.81	
$Pa_2O_5 \cdot 3Ta_2O_5$	六方($UTa_3O_{10.67}$)	7.425		15.76	

　　当把 H_2O_2 加到 Pa（V）/0.25 mol·L^{-1} H_2SO_4 溶液中,生成浅黄色沉淀,化学式为 $Pa_2O_9 \cdot H_2O$,镁的过氧化物不稳定,组成随时间而变,$Pa_2O_x \cdot H_2O$ 组成的变化范围 $5<x<9$。

　　4. 卤化镁

　　Pa（IV）、Pa（V）能与所有卤族元素形成卤化物,但到目前为止,Pa（III）仅报道了 PaI_3。

　　图 7 - 4、图 7 - 5、图 7 - 6 以图表形式描述了 Pa（IV）、Pa（V）所有二元卤化物和氧卤化物的制备方法。表 7 - 7 列出了这些化合物的性质。图 7 - 4、图 7 - 5 中的制备方法是用 Pa（V）的水合酸溶液作为合成二元卤化物的起始材料。PaF_5 可通过在 575 K 下对 PaC 氟化作用或在 295 K 下对 $PaCl_5$ 氟化作用来制备,反应产物与 $\beta - UF_5$ 结构相同。$PaF_5 \cdot 2H_2O$

通过 Pa 溶液/30% HF 的蒸发来制得。PaC 也用于制备其他的二元卤化镁。在 400 ℃下用 I_2 来处理 PaC、在 350 ℃下用 Br_2 来处理 PaC、在 200 ℃下用 $SOCl_2$ 来处理 PaC 分别制得了 PaI_5、$PaBr_5$、$PaCl_5$。PaC 与 PaI_5 在 600 ℃反应可制得 PaI_4，或者 PaC 与 HgI_2 在 500 ℃反应可制得 PaI_4。

PaF_5 可被 PF_3 还原为 PaF_4，但不与 AsF_3 发生反应。$PaCl_5$ 和 $PaCl_4$ 可分别通过 PaF_5 与 PCl_3 反应、PaF_4 与 $SiCl_4$ 反应来制备。PaF_5 可与 CCl_4 反应产生 $PaCl_xF_{5-x}$，但未观察到与 PaF_4 发生的反应。UF_5 极易溶于氰化甲烷，而 PaF_5 却形成难溶的配合物。当把三苯基氧膦（TPPO）加到 PaF_5 的氰化甲烷溶液中，将形成 $PaF_5 \cdot 2TPPO$。

对于 Pa（Ⅲ）的卤化物，到目前为止仅报道了 PaI_3。它是一种黑褐色化合物，通过将 PaI_5 在 10^{-6} 托、360～380 ℃条件下加热几天时间可以制得。

所有二元卤化物在中等温度下具有挥发性，这种特性用来从辐照后的 ThO_2 中分离 ^{233}Pa 以及制备纯 ^{231}Pa 和 ^{234}Pa。通过测定 490～635 K 范围下 $PaCl_5$ 和 $PaBr_5$ 的蒸汽压，再进行压力外推可得到沸点分别为 420 ℃和 428 ℃。热稳定性研究表明：PaI_4 在 330 ℃以下是稳定的，PaI_5 在 200 - 300 ℃以下是稳定的。

表 7 - 8 列出了多种 Pa（Ⅴ）的碱氟化合物。$MPaF_6$（M = Li、Na、K、Rb、Cs、Ag、NH_4）通过等摩尔浓度的 Pa（Ⅴ）和氟化碱在 HF 溶液中结晶来制备。但是 $LiPaF_6$ 和 $NaPaF_6$ 最佳制备方法是先对等摩尔的混合物进行蒸发干燥，然后对干燥后的残渣进行氟化。M_2PaF_7（M = K、Rb、Cs、NH_4）通过将丙酮加入到含有 Pa（Ⅴ）和过量氟化碱的 17 $mol \cdot L^{-1}$ HF 溶液中进行沉淀制得。当 NaF:Pa（Ⅴ）= 3:1 时，可通过下述反应制备八氟镁化物 Na_3PaF_8：

$$Na_2PaF_7 + NaF \longrightarrow Na_3PaF_8$$

Pa（Ⅳ）的氟化复合物有两种制备方法：一种是在 450 ℃下用 H_2 还原 Pa（Ⅴ）复合物；另一种是在氩气环境下加热氟化碱和 PaF_4。

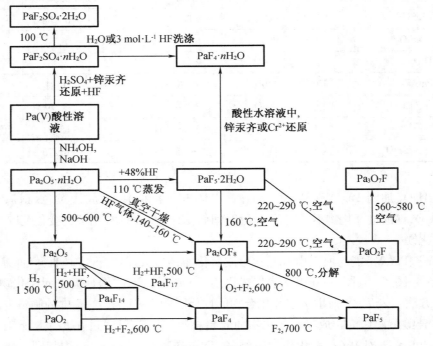

图 7 - 4　一些 Pa（Ⅳ）和 Pa（Ⅴ）二元氟化物的制备

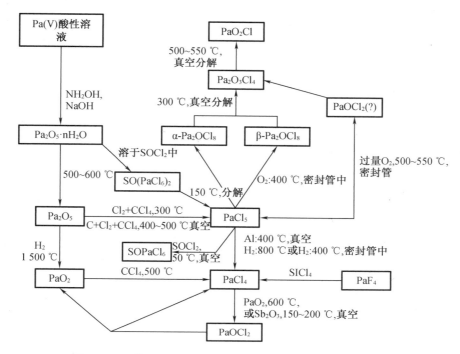

图 7 - 5　一些 Pa(Ⅳ)和 Pa(Ⅴ)氯化物和氧氯化物的制备

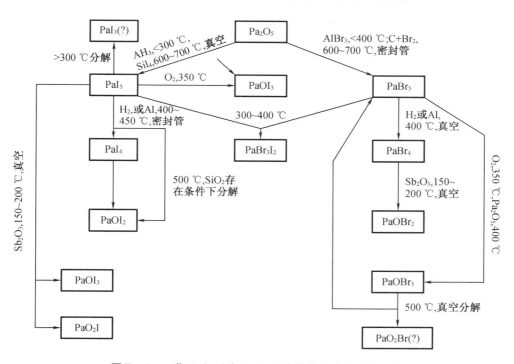

图 7 - 6　一些 Pa(Ⅳ)和 Pa(Ⅴ)溴化物和碘化物的制备

$Pa_2O_5 \cdot nH_2O$ 与 $SOCl_2$ 在室温下很容易发生反应产生含有 Pa(Ⅴ)的稳定性溶液，Pa(Ⅴ)的浓度可达 $0.5\ mol \cdot L^{-1}$，可能的产物 $SO(PaCl_6)_2$ 在 150 ℃真空状态下可以分解。

当 CS_2 加入到含有等量 $PaCl_5$ 和 MCl（M = N(CH$_3$)$_4$、N(C$_2$H$_5$)$_4$、NH$_2$(CH$_3$)$_2$、(C$_6$H$_5$)$_4$As）的 $SOCl_2$ 溶液中，会生成六氯和八氯镤（V）化物沉淀。当卤化物组分在 $SOCl_2$/ICl 混合物中反应，会沉淀出 Cs^+ 和 NH_4^+ 的六氯复合物。通过对溶解在无水 CH_3CN 中的 $PaBr_5$ 和溴化四烷基铵进行真空蒸发，可以制备出六溴镤（V）化物，$MPaBr_6$（M = N(CH$_3$)$_4$、N(C$_2$H$_5$)$_4$）。

$PaCl_4$ 不溶于 $SOCl_2$，在 CH_3CN 中 PaX_4 和溴化四烷基铵反应生成 Pa(IV) 的六氯和六溴化物沉淀，M_2PaX_6（X = Cl、Br，M = N(CH$_3$)$_4$，N(C$_2$H$_5$)$_4$）。CsCl 加入到含有 $PaCl_4$ 的浓盐酸溶液中，生成 Cs_2PaCl_6 沉淀。溶解在 CH_3CN 中的碘化物反应能够生成六碘化物复合物，[C$_6$H$_5$)$_3$CH$_3$As]$_2$PaI$_6$。

Pa(IV) 和 Pa(V) 的一些氯化和溴化复合物见表 7-9。

表 7-7　镤的卤化物和卤氧化物

组成	对称性	结构类型或空间群	晶格参数			
			a/Å	b/Å	c/Å	角度/(°)
PaF_4	单斜	UF$_4$	12.86	10.88	8.54	β = 126.34
Pa_2F_9（或 Pa_4F_{17}）	bcc 立方	U$_2$F$_9$	8.507			
PaF_5	四方	B-UF$_5$	11.525 11.53		5.218 5.19	
Pa_2OF_8	bcc	U$_2$F$_9$	8.406			
PaO_2F	正交	—	6.894	12.043	4.143	
Pa_3O_7F	正交	Cmm2	6.947	12.030	4.203	
$PaCl_4$	四方	UCl$_4$	8.377		7.479 7.482	89.65
$PaCl_5$	单斜	C2/c	10.35	12.31	8.82	β = 111.8
$PaOCl_2$	正交	Pbam	15.332	17.903	4.012	
$PaBr_4$	四方	UCl$_4$	8.824		7.957	
α-PaBr$_5$	单斜	P2$_1$/c	12.69	12.82	9.92	β = 108
β-PaBr$_5$	单斜	P2$_1$/n	8.385	11.205	8.905	β = 91.1
γ-PaBr$_5$	三斜	P1	7.52	10.21	6.74	α = 89.27(5) β = 117.55(6) γ = 109.01(5)
$PaOBr_3$	单斜	C2	16.911	3.871	9.334	β = 113.67
PaI_3	正交	CeI$_3$	4.33	14.00	10.02	
PaI_5	正交	—	7.22	21.20	6.85	
PaO_2I	六方	—	12.64		4.07	

表 7 - 8 Pa(Ⅳ) 和 Pa(Ⅴ) 的氟化复合物

组成	对称性	结构类型或空间群	晶格参数			
			$a/Å$	$b/Å$	$c/Å$	角度/(°)
$LiPaF_5$	四方	$LiUF_5$	14.96		6.58	
$Na_7Pa_6F_{31}$	菱形	$Na_7Zr_6F_{31}$	9.16			$\alpha = 107.09$
$K_7Pa_6F_{31}$	菱形	$Na_7Zr_6F_{31}$	9.44			$\alpha = 107.15$
$Rb_7Pa_6F_{31}$	菱形	$Na_7Zr_6F_{31}$	9.64			$\alpha = 107.00$
$(NH_4)_4PaF_8$	单斜	—	13.18	6.71	13.22	$\beta = 17.17$
$NaPaF_6$	四方	—	5.35		3.98	
NH_4PaF_6	正交	$RbPaF_6$	5.84	11.90	8.03	
$KPaF_6$	正交	$RbPaF_6$	5.64	11.54	7.98	
$RbPaF_6$	正交	Cmca	5.86	11.97	8.04	
$CsPaF_6$	正交	$RbPaF_6$	6.14	12.56	8.06	
K_2PaF_7	单斜	C2/c	13.760	6.742	8.145	$\beta = 125.17$
Cs_2PaF_7	单斜	K_2PaF_7	14.937	7.270	8.266	$\beta = 125.32$
Li_3PaF_8	四方	$P4_22_12(D^6)$	10.386		10.89	
Na_3PaF_8	四方	14mmm	5.487		10.89	
K_3PaF_8	fcc	Fm3m	9.235			
Cs_3PaF_8	fcc	Fm3m	9.937			
Rb_3PaF_8	fcc	Fm3m	9.6			

表 7 - 9 Pa(Ⅳ) 和 Pa(Ⅴ) 的一些氯化和溴化复合物

组成	对称性	晶格参数			
		$a/Å$	$b/Å$	$c/Å$	角度/(°)
Cs_2PaCl_6	三方	7.546		6.056	
$(NMe_4)_2PaCl_6$	面心立方	13.08			
$(NEt_4)_2PaCl_6$	正交	14.22	14.75	13.35	
$(NMe_4)_2PaBr_6$	面心立方	13.40			
$Pa(Trop)_4Cl, DMSO$	三斜	9.87	12.60	15.96	$\alpha = 119.8$ $\beta = 103.6$ $\gamma = 103.0$
$(NEt_4)_2PaOCl_5$		14.131	14.218	13.235	$\beta = 91.04$
$Pa(Acac)_2Cl_3$	单斜	8.01	23.42	18.63	$\beta = 98.9$

5. 镁的磷族元素化物

磷与卤化镁反应可生成 PaP_2，对 PaP_2 进行热解离可生成 Pa_3P_4。在 400 ℃ 加热 PaH_3 和 As，可以生成 $PaAs_2$，当把 $PaAs_2$ 加热到 840 ℃，会发生分解生成 Pa_3As_4。$PaAs_2$ 具有反 -

Fe_2As 型四方结构,Pa_3As_4 是 Th_3P_4 型体心结构。通过加热 PaH_3 和锑可制得 Pa_3Sb_4 和 $PaSb_2$(表 7-10)。

表 7-10 镤的一些其他化合物的晶体数据

组成	对称性	晶格参数			
		$a/Å$	$b/Å$	$c/Å$	角度/(°)
$H_3PaO(SO_4)_3$	六方	9.439		5.506	
$PaOS$	四方	3.832		6.704	
$[N(C_2H_5)_4]_4Pa(NCS)_8$	四方	11.65		23.05	
$Pa(HCOO)_4$	四方	7.915		6.517	
$HPaOP_2O_7$	面心立方	5.92			
$(PaO)_4(P_2O_7)_3$	单斜	12.23	13.44	8.96	113.88
$Pa_2O_5 \cdot Pa_2O_5$	正交	5.683	12.06	14.34	
PaP_2	四方	3.898		7.845	
$Pa(Trop)_5$	四方	9.759		9.46	

测定了 $PaAs_2$ 和 $PaSb_2$ 从 4K 到室温下的磁化率,$PaAs$、$PaAs_2$ 和 $PaSb_2$ 的顺磁性与温度无关。结构计算表明 PaN 和 $PaAs$ 约有一个 f 电子,因此预计它们具有顺磁性,这些结果已被实验所证实。

6. 其他化合物

Pa_2O_5 不溶于硝酸中,但是新制备的氢氧化镤、五氯化镤、五溴化镤及复合物 $SO(PaCl_6)_2$ 都溶于发烟硝酸中,形成含有至少 $0.5\ mol \cdot L^{-1}\ Pa(V)$ 的稳定溶液。这几种溶液真空蒸发产生 $PaO(NO_3)_3 \cdot xH_2O(1 < x < 4)$。$Pa(V)$ 的卤化物与 N_2O_5 在无水 CH_3CN 中反应生成 $PaO(NO_3)_3 \cdot 2CH_3CN$。$Pa(V)$ 的六氯化物与液态 N_2O_5 在室温下反应可制备出 $MPa(NO_3)_6(M = Cs、N(CH_3)_4、N(C_2H_5)_4)$。

$Pa(V)/HF + H_2SO_4$ 溶液蒸发,在 F^- 完全消耗完后,定量生成 $H_3PaO(SO_4)_3$ 晶体。类似的硒复合物可以从 $HF + H_2SeO_4$ 混合物中生成,这种复合物在酸($6\ mol \cdot L^{-1}\ HCl$)和碱(NH_4OH)介质中更稳定。硫酸复合物在 375 ℃ 分解为 $HPaO(SO_4)$,在 750 ℃ 分解为 Pa_2O_5。$PaCl_5$ 与 H_2S 和 CS_2 的混合物在 900 ℃ 反应生成 $PaOS$。当把溶解于 $4.5\ mol \cdot L^{-1}$ H_2SO_4 的 $Pa(V)$ 溶液加到 $3\ mol \cdot L^{-1}\ HF$ 酸中,会生成 $PaF_2SO_4 \cdot 2H_2O$ 沉淀。表 7-10 列出了一些含 S 和 Se 化合物的晶体数据。

当把盐酸加到草酸镤(V)溶液中,会生成 $PaO(C_2O_4)(OH) \cdot xH_2O(x \approx 2)$ 沉淀。此外,若把丙酮加到草酸镤(V)溶液中,会生成 $Pa(OH)(C_2O_4)_2 \cdot 6H_2O$ 沉淀。

苯胂酸与中性或酸溶液中的 $Pa(V)$ 反应生成了白色絮凝沉淀,分析认为化合物的组成是 $H_3PaO_2(C_6H_6AsO_3)_2$。

$PaCl_4$ 与无水 CH_3CN 中 $KCNS$ 或 $KCNSe$ 反应生成 $[N(C_2H_5)_4]_4Pa(R)_8(R = NCS$ 或 $NCSe)$。

7.3　锕镁的水溶液化学

7.3.1　锕的水溶液化学

锕是镧的同族体,$Ac_{(aq)}^{3+}$ 离子比 $La_{(aq)}^{3+}$ 离子碱性更强,$Ac_{(aq)}^{3+}$ 是碱性最强的三价正离子。

锕的水溶液为无色,在仅有的分光光度测定研究中,在 400~1 000 nm 范围内未观察到吸收,在 300~400 nm 间有少量吸收,在 250 nm 处有明显的吸收。

对 $Ac_{(aq)}^{3+}$ 基本性质的研究工作有限,理论计算出的 Ac^{3+} 的水合吉布斯自由能是 $-3\,034.7\ kJ \cdot mol^{-1}$。

1. 氧化还原行为

锕在水溶液中仅存在 Ac^{3+}。为说明锕的汞齐化行为,Bouissiers David 等假定了一个过渡的 Ac(Ⅱ)离子,这种假设被极谱所证实:David 报道了 pH 为 1.9~3.1 的 $HClO_4$ 溶液中 ^{228}Ac 极谱中的两个波,他认为第一个波是可逆反应产生的,第二个波是不可逆反应产生的。根据半波势能,他估算 Ac(Ⅲ)/Ac(Ⅱ)电对的表观电势是 $-1.6\ V$,Ac(Ⅲ)/Ac(0)电对是 $-2.62\ V$。后来估算 $E^0(Ac^{3+}/Ac) = 2.13\ V$。然而,Maly 进行了醋酸钠溶液中 Ac 和其他元素从钠汞齐中萃取的研究,pH 为影响因素,结果发现 Ac 的萃取行为与 Th 到 Bk 这些元素相似,并未显示出现了 Ac(Ⅱ)离子。

Yanana 等试图增加 $Ac_{(aq)}^{2+}$ 的稳定性,通过将其与 18-crown-6 配合。他们注意到半波电势位移了约 0.15 V,他们将其归结为形成了 Ac^{2+}-crown 的配合物。$Ac_{(aq)}^{2+}$ 电子构型为 $[Rn]6d^1$,离子半径 1.25 Å。$[Rn]6d^1$ 构型仅高于自由离子 $[Rn]7s$ 态 801 cm^{-1},因此构型的改变似乎是真的。

水-乙醇溶液是一种增强 Ac^{2+} 稳定性的介质,但研究发现在水-乙醇溶液中,并没有证据显示 Ac^{2+} 与 Gd_2Cl_3 或 Sm^{2+} 共结晶。

2. 溶解度

在示踪水平时,锕可被任何定量的镧沉淀剂定量载带,或者许多同晶或不同晶携带剂定量载带。

痕量锕与镧或其他载带剂的部分沉淀中,锕的相对量与所沉淀化合物的相对溶解度相关,这些溶解度已知或可以预测。

有研究者用二甲基草酸盐从溶液中沉淀了十几毫克 ^{227}Ac,并估算在 0.25 mol $\cdot$ L^{-1} $H_2C_2O_4$(pH = 1.2)中,$Ac_2(C_2O_4)_3$ 的溶解度是 24 mg $\cdot$ L^{-1}。酸度和草酸浓度对 $Ac_2(C_2O_4)_3$ 的溶解度有影响(表 7-11)。在对 La 进行的平行研究中,发现 $La_2(C_2O_4)_3$ 在 0.01 mol $\cdot$ L^{-1} HNO_3(pH = 2.2)中的溶解度是 4.29×10^{-5} mol $\cdot$ L^{-1},为相同条件下 $Ac_2(C_2O_4)_3$ 的一半。$Ac_2(C_2O_4)_3$ 这种不寻常的溶解度可能由于辐解造成的。

表 7-11   25 ℃ 水溶液中草酸锕的溶解度

溶剂	pH	溶解度		活度积
		$(Ac^{3+})/(mg \cdot L^{-1})$	$(Ac_2(C_2O_4)_3)/(mol \cdot L^{-1})$	
$0.01\ mol \cdot L^{-1}\ HNO_3$	1.85	41	9×10^{-5}	7.5×10^{-27}
$0.01\ mol \cdot L^{-1}\ HNO_3$	2	40	8.8×10^{-5}	6.7×10^{-27}
$0.01\ mol \cdot L^{-1}\ HNO_3$	2	34	7.5×10^{-5}	2.1×10^{-27}
$0.01\ mol \cdot L^{-1}\ HNO_3$	2	30	6.5×10^{-5}	1.5×10^{-27}
H_2O	—	0.86	1.9×10^{-6}	2.7×10^{-27}
H_2O	—	1.5	3.3×10^{-6}	4.2×10^{-26}
H_2O	—	1.7	3.7×10^{-6}	8×10^{-26}
$5 \times 10^{-5}\ mol \cdot L^{-1}\ H_2C_2O_4$	3.4	2.5	5.5×10^{-6}	—
$5 \times 10^{-4}\ mol \cdot L^{-1}\ H_2C_2O_4$	3	1.2	2.6×10^{-6}	—
$5 \times 10^{-3}\ mol \cdot L^{-1}\ H_2C_2O_4$	2.3	0.96	2.1×10^{-6}	—
$5 \times 10^{-1}\ mol \cdot L^{-1}\ H_2C_2O_4$	0.9	7.85	1.73×10^{-5}	—

7.3.2   镁的水溶液化学

镁在水溶液中已经确定存在两种氧化态：Pa(Ⅳ) 和 Pa(Ⅴ)。针对溶液中是否存在 Pa(Ⅲ) 的研究结果表明，没有确切结果显示 Pa(Ⅲ) 存在。当水溶液中无配合剂时，Pa(Ⅳ) 和 Pa(Ⅴ) 显示出强烈的水解趋势。

1. 无配合介质中 Pa(Ⅴ) 的水解

许多研究人员研究了 Pa(Ⅴ) 的水解行为。图 7-7 和图 7-8 描述了他们的结论。

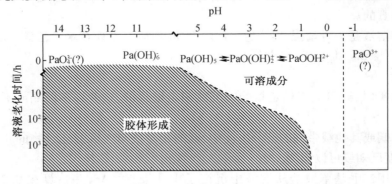

图 7-7   痕量 Pa(Ⅴ) 在 HClO₄ 溶液中的水解

因为 ClO_4^- 是一个非配合性阴离子，所以通常研究 Pa(Ⅴ) 在高氯酸溶液中的水解。事实上，少量配合能力较弱的阴离子并不影响实验结果。因而，小于 $0.5\ mol \cdot L^{-1}\ HNO_3$、小于 $1\ mol \cdot L^{-1}\ HCl$、小于 $0.01\ mol \cdot L^{-1}\ H_2SO_4$ 或小于 $0.01\ mol \cdot L^{-1}\ H_2C_2O_4$，等价于同等酸度下的 $HClO_4$。

在恒定离子强度的溶液中（$\mu = 3$; $10^{-5}\ mol \cdot L^{-1} < [H^+] < 3\ mol \cdot L^{-1}$），最小水解阳离子为 $PaOOH^{2+}$。当 $[H^+] < 1\ mol \cdot L^{-1}$，开始形成 $PaO(OH)_2^+$，并且在 pH ≈ 3 时，为主要的

水解产物。在更高的 pH 值条件下,形成了中性的 Pa(OH)$_5$。当 Pa(V)浓度在示踪量级时,这些类型处于平衡。但是,在 Pa(V)接近饱和浓度时,就会形成聚合物,反应很快变为不可逆(图 7-8)。pH = 5~6 时,水解氧化物沉淀下来,在碱溶液中($\mu = 0.1$),形成小浓度的 Pa(OH)$_6^-$。当[H$^+$] > 3 mol·L^{-1},可能形成的是 PaO^{3+}。

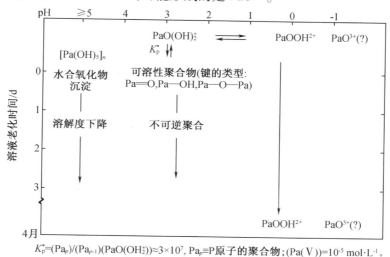

$K_p^* = (Pa_p)/(Pa_{p-1})(PaO(OH)_2^+) \approx 3\times10^7$, Pa_p=P原子的聚合物;(Pa(V))=10^{-5} mol·L^{-1}。

图 7-8　Pa(V)在 HClO$_4$ 溶液中的水解

Pa(V)水解反应可写为

$$PaO^{3+} + H_2O \longleftrightarrow PaO(OH)^{2+} + H^+ \tag{7-1}$$

$$PaO(OH)^{2+} + H_2O \longleftrightarrow PaO(OH)_2^+ + H^+ \tag{7-2}$$

$$PaO(OH)_2^+ + 2H_2O \longleftrightarrow Pa(OH)_5 + H^+ \tag{7-3}$$

相应平衡反应常数 K_1、K_2、K_3。由于仅是假定存在 PaO^{3+},还未得到实验证实,因此仅能测量后两个水解反应和相应的水解常数。

最近 Trubert 等人根据 Pa(V)在 TTA/甲苯/ Pa(V)/H$_2$O/H$^+$/Na$^+$/ ClO$_4^-$ 体系中分配系数的变化获得了示踪量级 Pa(V)(~10^{-12} mol·L^{-1233}Pa)的水解常数。在离子强度 0.1 mol·L$^{-1} \leqslant \mu \leqslant 3$ mol·L^{-1}和温度 10 ℃ $\leqslant T \leqslant 60$ ℃时,改变 HTTA 和 H$^+$的浓度进行了实验。根据这些条件下获得的水解常数,用特种离子相互作用理论(SIT)外推到零离子强度。表 7-12 中给出了获得的平衡常数。与水解平衡有关的热力学数据列于表 7-13 中。

表 7-12　零离子强度下 Pa(V)的水解平衡常数

$T/℃$	lg K_2^0	lg K_3^0
	PaO(OH)$^{2+}$ + H$_2$O $\longleftrightarrow$ PaO(OH)$_2^+$ + H$^+$	PaO(OH)$_2^+$ + 2H$_2$O $\longleftrightarrow$ PaO(OH)$_3$ + H$^+$
10	−1.32 ±0.15	−6.7 ±0.4
25	−1.24 ±0.02	−7.03 ±0.15
40	−1.22 ±0.1	−5.3 ±1.0
60	−1.19 ±0.12	−5.4 ±0.9

表 7-13 根据 Pa(Ⅴ)的水解平衡实验所得的 25 ℃标准热力学数据,形成 Pa(OH)₅的水解反应的热力学值视为估算值

$PaO(OH)^{2+} + H_2O \longleftrightarrow PaO(OH)_2^+ + H^+$	$PaO(OH)_2^+ + 2H_2O \longleftrightarrow PaO(OH)_3 + H^+$
$\Delta_r H_o = (5.7 \pm 1.3) kJ \cdot mol^{-1}$	$\Delta_r H_o = (61 \pm 31) kJ \cdot mol^{-1}$
$\Delta_r C_p^c = (-200 \pm 89) J \cdot K^{-1} \cdot mol^{-1}$	
$\Delta_r G_o = (7.1 \pm 0.1) kJ \cdot mol^{-1}$	$\Delta_r G_o = (36.3 \pm 4) kJ \cdot mol^{-1}$
$\Delta_r S_o = (-4.5 \pm 4.7) J \cdot K^{-1} \cdot mol^{-1}$	$\Delta_r S_o = (81 \pm 118) J \cdot K^{-1} \cdot mol^{-1}$

图 7-9 为 11.5 mol·L⁻¹ HClO₄ 中 Pa(Ⅴ)的吸收光谱。200~210 nm 附近最大吸收峰表征 $PaO(OH)_2^+$ 和 $PaOOH^{2+}$ 的 Pa═O。

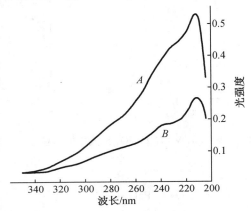

溶液通过氢氧化物溶解来制得;曲线 A,新鲜溶液;曲线 B,老化 1 d 或更长时间的溶液;(Pa(Ⅴ))~10⁻⁵ mol·L⁻¹。

图 7-9 Pa(Ⅴ)在 11.5 mol·L⁻¹ HClO₄ 中的吸收光谱

2. Pa(Ⅴ)在无机酸溶液中的配合物

当没有 F⁻ 和特定的有机试剂这类强配合剂时,Pa(Ⅴ)的水解配合产物都是含氧或羟基的配合物。因此,Pa(Ⅴ)在水溶液中极少以一种形式存在,而是几种配合物或水解物的混合物。

无机阴离子与 Pa(Ⅴ)相对配合趋势如下:

$$F^- > OH^- > SO_4^{2-} > Cl^- > Br^- > I^- > NO_3^- \geqslant ClO_4^-$$

(1)硝酸溶液中 Pa(Ⅴ)的离子

一般情况下,NO_3^- 是 Pa(Ⅴ)的弱配合阴离子。但是在(Pa(Ⅴ))≤10⁻⁵ mol·L⁻¹、(HNO₃)≥1 mol·L⁻¹ 的溶液中相当稳定,这种体系中含有的配合物形式为 $[Pa(OH)_n(NO_3)_m]^{5-n-m}$,$n \geq 2$,$m \leq 4$。在(HNO₃)=4~5 mol·L⁻¹ 条件下,配合物从阳离子形式过渡到阴离子形式。

(2)盐酸溶液中 Pa(Ⅴ)的离子

当(Pa)≥10⁻³ mol·L⁻¹ 时,Pa(Ⅴ)在盐酸中的水解缩合一般是不稳定的,在几周之后会发生彻底沉淀。如果将新沉淀的氢氧化物溶解在 12 mol·L⁻¹ HCl 中,并将其稀释到(Pa)≤10⁻⁴ mol·L⁻¹、1 mol·L⁻¹ < (HCl) < 3 mol·L⁻¹,溶液会呈现出中等稳定,热力学平衡时含有被氯配合的混合物。研究人员一致认为,当(HCl) < 1 mol·L⁻¹、(Pa)≤

10^{-5} mol·L^{-1}时,所存在的体系与上面高氯酸介质中描述的一致。而对于(HCl)≈3 mol·L^{-1}的体系,主要产生的是 PaO(OH)Cl$^+$。表7-14 中列出了 Pa(V)的配合物。采用相对的 Dirac-Slater 离散变分法计算了 Pa 在中等浓度、高浓度盐酸溶液中所形成配合物的形式及阴离子配合物[PaCl$_6$]$^-$、[PaOCl$_4$]$^-$、[Pa(OH)$_2$Cl$_4$]$^-$的电子结构。电荷密度分布分析显示在这些条件下有微量[PaOCl$_5$]$^{2-}$形式或者配位数高于6的纯卤化物形式存在。

研究表明 Pa 溴化物和碘化物的稳定性较氯化物差。

表7-14　一些 Pa(V)硝酸根配合物的稳定常数

μ	[H$^+$]/(mol·L^{-1})	(NO$_3^-$)/(mol·L^{-1})	提出的组分	稳定常数
1	1	≤1	[PaO$_x$(OH)$_{4-2x}$NO$_3$] [PaO$_x$(OH)$_{4-2x}$(NO$_3$)$_2$]$^-$ [PaO$_x$(OH)$_{2-2x}$(NO$_3$)$_4$]$^-$	$K_1 = 0.68$ $K_2 = 3.0$ $K_4 = 11.93$
2	2	≤1		$K_1 = 0.79$ $K_2 = 0.74$
4	4	≤1		$K_1 = 0.63$ $K_2 = 0.21$
1	1	≤1	(PaNO$_3$)$^{4+}$ [Pa(NO$_3$)$_2$]$^{3+}$	$K_1 = 1.43$ $K_2 = 0.07$
6	6	1~3	[Pa(NO$_3$)$_5$]	
6	6	3~6	[Pa(NO$_3$)$_6$]$^-$ [Pa(NO$_3$)$_7$]$^{2-}$	$K_6 = 0.141$ $K_7 = 1.09$
5~6	5	0.4~5	[Pa(OH)$_2$(NO$_3$)]$^{2+}$ [Pa(OH)$_2$(NO$_3$)$_2$]$^+$ [Pa(OH)$_2$(NO$_3$)$_3$] [Pa(OH)$_2$(NO$_3$)$_4$]$^-$	$K_1 = 17$ $K_2 = 127$ $K_3 = 540$ $K_4 = 1\,380$

(3)Pa(V)的氟化配合物

在任何浓度的氢氟酸中 Pa(V)的溶解度都相对较高,0.05 mol·L^{-1} HF 可溶解 3.9 g·L^{-1}的^{231}Pa,20 mol·L^{-1} HF 能溶解至少 200 g·L^{-1}的 Pa$_2$O$_5$。估计 8 mol·L^{-1} HCl 和 0.6 mol·L^{-1} HF 中 Pa(V)的溶解度为 11.2 g·L^{-1},8 mol·L^{-1} HCl 和 5 mol·L^{-1} HF 中 Pa(V)的溶解度至少 125 g·L^{-1}。关于水解,氢氟酸中的 Pa(V)溶液非常稳定,有可能是唯一含有非聚合物质的体系。

为解释 Pa(V)在氢氟酸水溶液中的行为,已经提出了许多配合物。图7-10 描述了它们的存在范围。表7-15 中列出了已经测定出的稳定性常数。仅有两个组分以纯状态存在,它们分别是在 10^{-3} mol·L^{-1}<(HF)<4~8 mol·L^{-1} 的范围内存在的 PaF$_7^{2-}$ 以及仅在 (F$^-$)>0.5 mol·L^{-1} 和 10^{-7} mol·L^{-1}<[H$^+$]<10^{-2} mol·L^{-1} 的条件下存在的 PaF$_8^{3-}$。在酸性更强的介质中,1 mol·L^{-1}<[H$^+$]<3 mol·L^{-1} 和 (F$^-$)≈10^{-4} mol·L^{-1},主要的七氟化物配合物为 HPaF$_7^-$,这个组分也可以在 10~12 mol·L^{-1} 氢氟酸中存在。当(HF)<

10^{-3} mol·L^{-1}，PaF$_7^{2-}$ 被更低的氟镁比的配合物所取代，然后是含氧和氢氧氟配合物，最终为非配合组分。

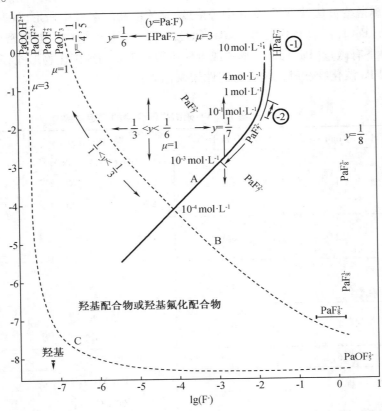

图7-10　Pa(V)的氟化配合物与(HF)、(H$^+$)、(F$^-$)的关系

表7-15　Pa(V)氟化配合物的稳定性常数

μ	[H$^+$]/(mol·L^{-1})	(F$^-$)/(mol·L^{-1})	建议组分	稳定性常数
1	≤0.1	≤0.1	PaF$_3^{2+}$	lg $K_3 = 4.9$
			PaF$_4^+$	lg $K_4 = 4.8$
			PaF$_5$	lg $K_5 = 4.5$
			PaF$_6^-$	lg $K_6 = 4.4$
			PaF$_7^{2-}$	lg $K_7 = 3.7$
			PaF$_8^{3-}$	lg $K_8 = 1.7$
3	1-3	≤10^{-6}	Pa(OH)$_2$F^{2+}	$K_1 = 3.6 \times 10^3$
			Pa(OH)$_2$F$_2^+$	$K_2 = 4.45 \times 10^7$
			Pa(OH)$_2$F$_3$	$K_2 = 8.2 \times 10^{10}$
1	1	≤10^{-6}	PaF^{4+}	$K_1 = 9 \times 10^3$
			PaF$_2^{3+}$	$K_2 = 3 \times 10^3$
			PaF$_3^{2+}$	$K_2 = 1.1 \times 10^3$

（4）Pa（V）在硫酸溶液中的行为

新沉淀的氢氧化镁易溶于中等浓度的 H_2SO_4 中形成永久稳定溶液，在约 $2.5\ mol \cdot L^{-1}$ H_2SO_4 中包含的 ^{231}Pa 可达 $90\ g \cdot L^{-1}$。在低酸和浓酸条件下，Pa（V）的溶解度急剧下降，在低于 $1\ mol \cdot L^{-1}\ H_2SO_4$ 中，将形成无定形的水合氧化物或胶体，在浓 H_2SO_4 中形成晶体 $H_3PaO(SO_4)_3$。

表 7 - 16 中列出了已得到的 Pa（V）的硫酸根配合物。图 7 - 11 中显示了 Pa（V）在硫酸中的吸收光谱。

表 7 - 16　Pa（V）硫酸配合物的稳定性常数

μ	$[H^+]/(mol \cdot L^{-1})$	$(SO_4^{2-})/(mol \cdot L^{-1})$	建议组分	稳定性常数
1	1	≤ 1	$[PaO_x(OH)_{4-2x}SO_4]^-$	$K_1 = 0.94$ $K_2 = 7.39$
2	2	≤ 1	$[PaO_x(OH)_{2-2x}(SO_4)_2]^-$	$K_1 = 1.14$ $K_2 = 14.7$
3	1 ~ 3	≤ 3	$PaOSO_4^+\ PaO(SO_4)_2^-$	$K_1 = 19.3$ $K_2 = 320$
1	1	≤ 1	$PaSO_4^{3+}\ Pa(SO_4)_2^+$	$K_1 = 120$ $K_2 = 1.7$
1.38	0.3	≤ 0.4	$Pa(OH)_2SO_4^+$	$K_1 = 6.4$
1	0.1 ~ 1	≤ 0.2 ≤ 0.2	$PaOOH(HSO_4)^+$ $PaO(HSO_4)_2^+$	$K_1 = 31$ $K_2 = 250$

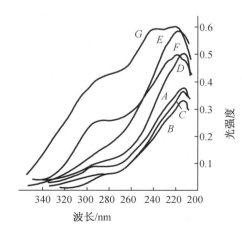

曲线	$(H_2SO_4)/mol \cdot L^{-1}$	$(Pa(V))/mol \cdot L^{-1}$
A	0.7	0.35×10^{-4}
B	1.32	0.40×10^{-4}
C	2.2	0.45×10^{-4}
D	4.1	0.42×10^{-4}
E	6.5	0.49×10^{-4}
F	9	0.18×10^{-4}
G	18	0.19×10^{-4}

图 7 - 11　Pa（V）在硫酸中的吸收光谱

（5）Pa（V）与无机配体形成的各种配合物

LeCloarec 等报道了磷酸溶液中痕量 Pa（V）形成的吸收光谱和形成常数。所形成的组分确定为 $PaO(OH)(H_2PO_4)^+$、$HPaO(H_2PO_4)_2^{2+}$、$PaO(H_2PO_4)_2^+$、$PaO(H_2PO_4)_3$。

把浓度小于或等于 $1\ mol \cdot L^{-1}\ H_2O_2$ 加到 ^{233}Pa 的 $HClO_4$（$1\ mol \cdot L^{-1} \leq [H^+] \leq$

3 mol·L^{-1})水溶液中,形成过氧化配合物 PaO(OH)(HO$_2$)$^+$、PaO(OH)(HO$_2$)$_2$、PaO(HO$_2$)$^{2+}$、PaO(HO$_2$)$_2^+$。

当溶液中含有不止一种类型的配体时,Pa(V)将与配体形成混合配合物。如在 0.35 mol·L^{-1}H$_3$PO$_4$ 和 0.22 mol·L^{-1}H$_2$SO$_4$ 的混合溶液中发现存在 PaO(H$_2$PO$_4$)$_3$(HSO$_4$)$^-$,在含有浓度小于或等于 10^{-2} mol·L^{-1} HF 的盐酸或硝酸溶液中,也能形成混合配合物。

3. Pa(V)在水溶液中的有机配合物

关于 Pa(V)与有机试剂形成的含水配合物的系统研究很少。有研究者用离子交换方法测定了 Pa(V)与许多有机配体形成的配合物的稳定常数,见表 7-17。有文献报道了 Pa(V)与乙酰丙酮、DIAPA、TTA 形成的配合物的稳定常数。

表 7-17　Pa(V)与各种有机酸形成的配合物的稳定常数($\mu = 0.25$)

酸	pH	不同 Pa:配位体比的稳定常数		
		1:1	1:2	1:3
乳酸(≤0.1 mol·L^{-1})	1.5~2.7	1.75×10^2		
α-羟基异丁酸(≤0.5 mol·L^{-1})	0.98~1.2		3.0×10^3	1.0×10^7
苦杏仁酸(≤0.5 mol·L^{-1})	1.0~1.1	9.1×10^2		
苹果酸(≤0.65 mol·L^{-1})	0.8~0.87	8.3×10^2	6.3×10^4	
酒石酸(≤0.65 mol·L^{-1})	0.75~0.8	1.7×10^2	2.1×10^4	
三羟基戊二酸(≤0.7 mol·L^{-1})	0.95~1.2	9.1×10^2	7.7×10^7	
草酸(≤0.7 mol·L^{-1})	0.7~0.8	3.6×10^2	8.0×10^5	1.1×10^6
柠檬酸(≤0.7 mol·L^{-1})	0.7~0.95	4.5×10^3	2.3×10^5	6.3×10^8
乌头酸(≤0.7 mol·L^{-1})	0.75~0.8	1.5×10^2		
乙二胺四乙酸(≤0.02 mol·L^{-1})	2.4~2.7	1.5×10^8	9.1×10^{11}	
杏仁酸(≤0.5 mol·L^{-1})	1.1	8.5×10^2		

Pa(V)在 25 ℃ 低于 0.05 mol·L^{-1}草酸溶液中的溶解度较低,但是当草酸浓度从 0.05 mol·L^{-1}增到 0.5 mol·L^{-1}时,溶解度从 0.33 g·L^{-1}急剧增加到 4 g·L^{-1}。溶解度低是因为形成了 Pa:C$_2$O$_4$ = 1:1 的配合物,而较高的溶解度可以用 Pa:C$_2$O$_4$ = 1:2 来解释。

在高酸性溶液中 1:1 的 Pa(V)与偶氮胂Ⅲ可形成有色化合物,Pa(V)与许多其他有机试剂(如 8-羟喹唑啉、BPHA、鞣酸、1-苯基-3-甲基-4-苯酰-吡唑啉酮-5、焦酚、儿茶酚、没食子酸等)也可形成配合化合物,用于镁的分析化学中。

4. 水溶液中的氧化还原行为

有研究估算 Pa(V)/Pa(Ⅳ)电对的标准电极电势为 -0.1 V,而 Haissinsky 和 Pluchet 估算 Pa(V)/Pa(Ⅳ)电对的标准电极电势为 -0.25 V,后者是建立在 6 mol·L^{-1} HCl 中测定的电化学势为(-0.29±0.03)V 的基础上。

在盐酸和硫酸溶液中,Pa(V)可被锌汞齐还原成 Pa(Ⅳ)。水溶液中的 Pa(Ⅳ)可被空气快速氧化,但是当无氧气或者存在配合阴离子时,氧化速率降低。当加热时,氧化速率增加。在隔绝空气的条件下,2.2 mol·L^{-1} N(CH$_3$)$_4$F 中性溶液中的 Pa(Ⅳ)以每天大约 1%的速率被氧化。Mitsuji 提出可能发生了如下的氧化反应:

$$2Pa^{4+} + 2H^+ \longrightarrow 2Pa^{5+} + H_2$$

在无氧化还原缓冲剂存在的条件下,Pa(Ⅳ)的氧化半衰期随[H$^+$]浓度增加显著下降,但是配合物的形成有稳定四价氧化态的趋势。随着介电常数降低,Pa(Ⅳ)稳定性增加。因此,在 0.6 mol·L^{-1} HClO$_4$(10% H$_2$O/90% C$_2$H$_5$OH)溶液中,氧化的半衰期为 40 h,与纯水溶液中的 $T_{1/2}=1$ h 相比,高了很多。

5. Pa(Ⅳ)的水溶液化学

水溶液中 Pa(Ⅳ)的性质不同于 Pa(Ⅴ),在氢氟酸中会发生沉淀,与 IO$_3^-$、PO$_4^{3-}$、P$_2$O$_6^{4-}$、苯基胂酸盐、饱和 K$_2$SO$_4$ 反应也会沉淀。但是与碳酸根、柠檬酸根、酒石酸根会发生配合形成稳定的配合物。PaF$_4$ 可溶于 15 mol·L^{-1} NH$_4$F 中。

镁在高氯酸、盐酸、氢溴酸、硫酸和中性氟化物介质中的光谱研究表明,当 Pa(Ⅴ)在酸溶液中被还原成 Pa(Ⅳ)时,光谱上 210 ~ 215 nm 位置主要的吸收带消失,同时在 225 ~ 230 nm、255 ~ 265 nm、275 ~ 290 nm 出现了吸收带(图 7 - 9 和图 7 - 11)。在中性氟化物介质中,光谱与介质有关,如在 NH$_4$F 中,观测到的吸收峰在 355 nm 和 250 nm;在 N(CH$_3$)$_4$F 中,最大吸收峰出现在 344 nm 和 323 nm。

相较于 Pa(Ⅴ),Pa(Ⅳ)不易发生水解。在 3 mol·L^{-1} HClO$_4$ 中,主要成分为 Pa^{4+} 和 PaOOH$^+$,保持离子强度恒定($\mu=3$)的条件下,当酸度降低时,会出现 Pa(OH)$^{3+}$、PaO^{2+} 或 Pa(OH)$_2^{2+}$、PaO(OH)$^+$ 或 Pa(OH)$_3^-$,测定它们的水解常数分别为 0.725,0.302,0.017,预计这些组分的相对含量是[H$^+$]的函数(图 7 - 12)。

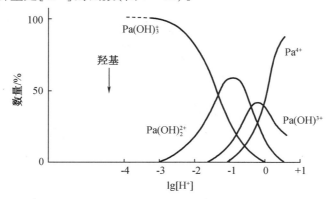

图 7 - 12 在无配合介质中 Pa(Ⅳ)的存在形式与[H$^+$]的关系($\mu=3$)

也有研究报道了酸性水溶液中 Pa^{4+} 的 6d^1→5f^1 发射光谱,最强峰在 460 nm,半宽(61.6 ± 1.4)nm,寿命(16 ± 2)ns。

7.4 锕镁的溶剂萃取

7.4.1 锕的萃取

1. 中性萃取剂

用于其他锕系和镧系分离的溶剂萃取体系也可用于从钍和镭中分离锕。溶解在环己烷、二甲苯、四氯化碳、辛醇或者氯仿中的三辛基氧膦(TOPO)对硝酸水溶液中的 Ac(Ⅲ)可进行萃取,最佳萃取条件是(NaNO$_3$)≥2 mol·L^{-1},pH = 2。用0.1 mol·L^{-1}三辛基氧膦萃取时,水相中 8 mol·L^{-1} LiCl 的存在会起到加速萃取作用。

三烷基氧膦(TRPO)为己基、庚基、辛基混合烷基的氧膦化合物,其平均碳原子数为7.3,萃取能力与 TOPO 相近。当使用 TOPO - 煤油为萃取剂从硝酸体系中萃取 Ac 时,硝酸浓度对萃取分配比和萃合物的组成均有影响。徐景明等人的研究结果显示:

(1)平衡水相硝酸浓度对 Ac 分配比的影响

Ac 的分配比同平衡水相硝酸浓度的关系见图 7 - 13,可以看出,Ac 的分配比在低酸度下随着平衡水相硝酸浓度的增加而增加,当平衡水相硝酸浓度在 0.15 ~ 0.25 mol·L^{-1}时,分配比 D 达到最大值,酸度进一步增加,D 急剧下降。同时由图中也可看到,在平衡水相硝酸浓度相同的条件下,D 随 TRPO 初始浓度的增加而增加。

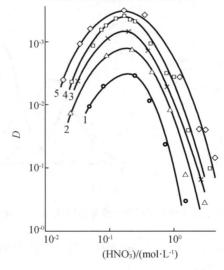

TRPO 的浓度:1—5% ;2—10% ;3—15% ;4—30% ;5—55% 。

图 7 - 13 Ac 的分配比同平衡水相硝酸浓度的关系

(2)平衡水相硝酸浓度对萃合物组成的影响

在低酸度下(平衡水相 pH = 2),Ac 的分配比与 TRPO 的关系如图 7 - 14(a)所示。lg D 与 lg(TRPO)$_{(o)}$呈直线关系,斜率为 4,可推断溶剂化数为 4,萃合物为 Ac(NO$_3$)$_3$·4TRPO。反应式为

$$Ac^{3+} + 3NO_3^- + 4TRPO \Longrightarrow Ac(NO_3)_3 \cdot 4TRPO$$

在平衡水相酸度为 $0.2\ mol \cdot L^{-1}$ 的情况下，$\lg D$ 与 $\lg(TRPO)_{(o)}$ 直线斜率为 3（图 7 - 14（b）），可推断溶剂化数为 3，萃合物为 $Ac(NO_3)_3 \cdot 3TRPO$。当硝酸浓度为 $0.1\ mol \cdot L^{-1}$ 时，也得到同样的结果。反应式为

$$Ac^{3+} + 3NO_3^- + 3TRPO \Longrightarrow Ac(NO_3)_3 \cdot 3TRPO$$

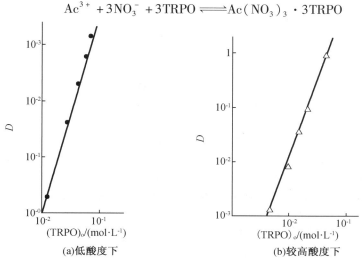

(a)低酸度下　　　　　　　　　　(b)较高酸度下

平衡水相：pH=2；$(NaNO_3)=1\ mol \cdot L^{-1}$。平衡水相：$(HNO_3)=0.2\ mol \cdot L^{-1}$；$(NaNO_3)=1\ mol \cdot L^{-1}$。

图 7 - 14　Ac 的分配比与 TRPO 浓度的关系

（3）盐析剂对 Ac 分配比的影响

在只有硝酸而无其他盐析剂存在的情况下，TRPO 对 Ac 的萃取能力较差，为实现 Ac 的定量萃取，有时需要加入盐析剂。$NaNO_3$ 对 30% TRPO - 煤油萃取 Ac 的分配比的影响见图 7 - 15。加入盐析剂后，Ac 的分配比大大增加，同时分配比随平衡水相酸度的增加而下降，不再出现最大值，这是因为盐析剂的加入使水相中 NO_3^- 的浓度大大增加，因而低酸度下 HNO_3 不再起促进萃取作用的缘故。

2. 酸性萃取剂

（1）HEH(EHP) 萃取 Ac

2 - 乙基己基膦酸单(2 - 乙基己基)酯 HEH(EHP) 是一种光谱萃取剂，在惰性溶剂中以二聚物的形式存在。

冯正风等研究了 HEH(EHP) 的煤油溶液对硝酸体系中的 Ac 的萃取，研究结果如下。

①萃取反应及表观平衡常数

利用 $0.05\ mol \cdot L^{-1}$ HEH(EHP) 的煤油溶液在 pH = 2.12 ~ 2.71 的范围内测得 $\lg D_{Ac}$ 对平衡水相 pH 的直线斜率为 2.89；固定水相 pH 值，测得 $\lg D_{Ac}$ 对 $\lg((HA)_2)_o$ （$((HA)_2)_o = 0.015 ~ 0.100\ mol \cdot L^{-1}$）的直线斜率为 2.88（水相 pH = 2.79 ± 0.02，并用 $NaNO_3$ 维持 $\mu = 0.1$）。从而可确定反应按下式进行：

$$Ac^{3+} + 3(HA)_{2(o)} \Longrightarrow Ac(HA_2)_{3(o)} + 3H^+$$

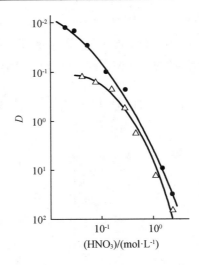

$\triangle$—0.1 mol·L^{-1} NaNO$_3$；●—0.5 mol·L^{-1} NaNO$_3$；(TRPO)$_o$ = 30%（体积）。

图 7 – 15　盐析剂(NaNO$_3$)初始浓度对 TRPO 萃取 Ac 的影响

25 ℃下萃取反应的表观平衡常数为 2.47×10^4。

②温度对萃取的影响

在$((HA)_2)_o = 0.05$ mol·L^{-1}，pH = 2.93 的条件下测定了 25 ~ 44 ℃ D_{Ac} 和温度的关系，得到

$$\lg D_{Ac} = 0.312 + 3.86 \times 10^{-3}T + 96.0/T - 0.147\ln T$$

并得到 25 ℃下反应的热力学函数变化为：$\Delta G = 4.92$ kcal·mol^{-1}，$\Delta H = 0.932$ kcal·mol^{-1}，$\Delta S = -13.4$ cal·mol^{-1}·K^{-1}。

③水相离子强度 μ(NaNO$_3$)对萃取的影响

在 $\mu = 0.1 \sim 0.4$ 范围内，D_{Ac} 随 μ 增加而下降；当 $\mu > 0.4$ 时，D_{Ac} 随 μ 增加而缓慢上升。

④水相中阴离子对萃取的影响

以下几种阴离子存在下，D_{Ac} 按下列次序降低：ClO$_4^-$ > Cl$^-$ > NO$_3^-$ > SO$_4^{2-}$。

⑤稀释剂对萃取的影响

非极性稀释剂有利于锕的萃取，同时 D_{Ac} 随非极性稀释剂溶度参数的增大而很快下降。

当用 HEH(EHP)萃取分离高氯酸介质中的^{227}Ac(Ⅲ)、^{227}Th(Ⅳ)、^{223}Ra(Ⅱ)、^{223}Fr(Ⅰ)时，从 1 mol·L^{-1} 高氯酸中萃取的是 AcA$_3$·2HA，在更高的高氯酸浓度下萃取的是 HAc(ClO$_4$)$_4$·2HA。

（2）HTTA 萃取 Ac

首先^{227}Ac 是从中子辐照后的^{226}Ra 中利用 HTTA 作萃取剂液液萃取分离得到的。后来很多研究者的实验证实，HTTA 在定量萃取 Ac 方面并不是一个非常合适的试剂，这是由于为实现有效螯合需要一个相对高的 pH 值（≥5.5，图 7 – 16），但是 Ac^{3+} 在 pH 值高于 7 时发生水解形成不能被萃取的聚合物，而此时 pH 值为 6 ~ 7，正处在"所需要的范围内"，回收 Ac 需要非常严格地控制 pH 值。HTTA 最有效的应用是在纯化^{227}Ac 时移除^{227}Th，可从中等酸度溶液中有选择性地定量萃取。在这个萃取过程中，pH$_{\frac{1}{2}}$ = 0.48。（在此 pH 值下 50% Th^{4+} 被萃取）。

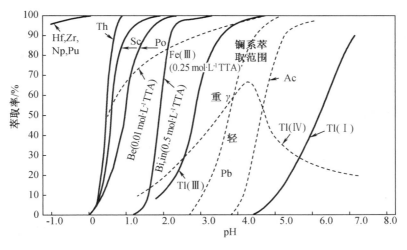

图 7 - 16　用 TTA 萃取不同元素

单独使用 HTTA 萃取[228]Ac 时,并不能定量萃取。但 0.1 mol · L^{-1} TTA 和 0.1 mol · L^{-1} TBP - CCl$_4$ 在 pH > 4 时可定量萃取 Ac^{3+},萃取分配比可重现。

3. 胺类萃取剂

胺和季铵盐也可用来从稀土元素和 Am(Ⅲ)的混合物中分离 Ac(Ⅲ)。用三辛胺/环己烷从含有硝酸锂、pH = 2.5 ~ 3 的水溶液中进行 Am(Ⅲ)和 Eu(Ⅲ)的分离,试验结果显示了这种分离体系对于从稀土元素中分离 Ac(Ⅲ)是非常有前景的。0.5 mol · L^{-1} 季铵盐(Aliquat 336)/二甲苯能从含有 EDTA 或者 2 - 赫氏丙二酸的碱性水溶液(pH > 11)中有效萃取 Ac、Am、Eu, Ac(Ⅲ)/ Am(Ⅲ)和 Ac(Ⅲ)/ Eu(Ⅲ)分离因子均可达到 100 以上。

硝酸三烷基甲铵与 TBP 的混合物对 La(Ⅲ)的萃取可起到弱的协同作用,而对 Ac(Ⅲ)的萃取起反协同作用。

7.4.2　Pa 的溶剂萃取

当 Pa(Ⅴ)浓度为示踪水平(< 10^{-4} mol · L^{-1})时,可从水溶液中被许多有机试剂萃取。然而,当 Pa(Ⅴ)浓度很高时,仅有极少数还可应用。

1. 中性萃取剂萃取 Pa

(1)二异丁基酮(DiBK,Diisobutyl Ketone)作萃取剂

DiBK 用于一些从原始材料以及从中子辐照后的钍中分离镁的研究中,用来解决水解问题。酸溶液与 NH$_4$OH 反应沉淀 Pa(Ⅴ),再在 9 mol · L^{-1} H$_2$SO$_4$ 和 0.5 mol · L^{-1}HF 或者 9 mol · L^{-1}HCl 和 0.5 mol · L^{-1}HF 中溶解水合氧化物,接着用 H$_3$BO$_3$ 配合 F$^-$。首选硫酸体系,因为 Pa(Ⅴ)在这种介质中具有良好的稳定性。在 HCl 和 HF 溶液中,在 F$^-$ 通过与 Al^{3+} 或 BO$_3^{3-}$ 反应被掩蔽后,迅速发生水解。再将水相调整到 4.5 mol · L^{-1} H$_2$SO$_4$ 和 6 mol · L^{-1}HCl,Pa(Ⅴ)被 DiBK 萃取,用含有少量 H$_2$O$_2$ 的 9 mol · L^{-1} H$_2$SO$_4$ 洗脱后,再用二异丁基甲醇(DIBC,diisobutyl carbinol)重新萃取(图 7 - 17)。这种方法可以说能从所有常规不纯物质中进行去污,包括 Si、Al、Fe、Nb、Zr、Tb、[231]Pa 的衰变产物。

(2)二异丁基甲醇做萃取剂

DIBC 也用于从 HBr 和 HCl 水溶液中萃取 Pa、Nb 和 105 号元素 Db 的研究。结果表明,

Db 的萃取行为相比较 Pa 来说，与 Nb 更为接近。在 HBr 中萃取能力按 Pa > Nb > Db 逐渐下降，这可能是由于这些元素在浓 HBr 溶液中形成不可萃取的聚合阴离子配合组分的趋势按 Pa < Nb < Db 逐渐增大。毫克级的 Pa（V）可从 H_2SO_4、HCl 或 HNO_3 酸溶液中用含有 1% 聚丙烯酸或 4% 苯六烯酸的异戊醇来进行萃取。

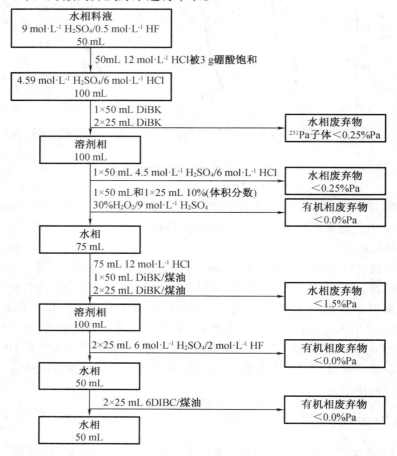

图 7-17　Pa 的纯化流程

2. 酸性和螯合萃取剂萃取 Pa

（1）1-苯基-3-甲基-4-苯甲酰吡唑啉酮（HPMBP）

方克明等研究了以 HPMBP 作萃取剂，从中子辐照过的钍中分离纯化镁的分离条件。HPMBP-苯萃取[233]Pa 的实验结果示于图 7-18 中。从图 7-18 看出，HPMBP-苯溶液浓度大于 0.01 mol·L^{-1} 时，从 4 mol·L^{-1} HCl 中萃取[233]Pa 的萃取率（E）高于 94%。HCl 浓度对 HPMBP-苯萃取[233]Pa 的影响示于图 7-19 中，用 0.05 mol·L^{-1} HPMBP-苯溶液从 0.01~8.0 mol·L^{-1} HCl 中萃取[233]Pa 时，萃取率均在 97% 以上，但[234]Th 的萃取率随 HCl 浓

度的增大迅速降低，当 HCl 浓度大于 4 mol·L^{-1}时，^{233}Pa 可与^{234}Th 定量分离。用 0.05 mol·L^{-1} HPMBP – 苯溶液从含有^{233}Pa 的 4 mol·L^{-1}HCl 溶液中萃取^{233}Pa 时，达到萃取平衡所需的时间列入表 7 – 18 中。从表 7 – 18 可看出，平衡时间为 10 s，^{233}Pa 萃取率可达 98%。

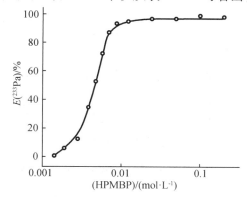

图 7 – 18　^{233}Pa 萃取率与 HPMBP – 苯溶液浓度之间的关系

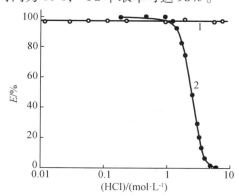

1—^{233}Pa；2—^{234}Th。

图 7 – 19　^{233}Pa、^{234}Th 萃取率与 HCl 浓度之间的关系

表 7 – 18　^{233}Pa 萃取率与平衡时间之间的关系

t_{eq}/s	10	20	30	60	120	180	240
$E(^{233}Pa)/\%$	98.3	98.9	99.1	99.4	99.7	100	100

注：有机相为 0.05 mol·L^{-1} PMBP – 苯溶液，水相为 4 mol·L^{-1} HCl。

图 7 – 20、图 7 – 21 显示了不同种类的酸对^{233}Pa 萃取的影响，可以看出不仅是在 HCl 中，在 HNO$_3$ 中萃取分配比也是非常高的，而且酸度的改变对萃取分配比几乎无明显影响，因此可以得出 Pa 的萃取在平衡时 HPMBP 主要以酮的形式存在。在硝酸中的分配比比在盐酸中的略低一些。在 0.03 mol·L^{-1} 的 HF – HCl 溶液中，尽管 D 随着 HCl 浓度的增加略有增大，但总的萃取率仍然很低，在混合 HF – HCl 溶液中，Pa 主要是以 PaF$_7^{2-}$ 形式存在，还可能存在少量的 PaF$_6^-$，含有 F$^-$ 的配合物形式不易被萃取。在实验的硫酸浓度范围内（1 ~ 8 mol·L^{-1}），当硫酸浓度大于 2 mol·L^{-1}时，D 值随硫酸浓度增加而显著下降，这可能是由于形成了 Pa 的硫酸配合物。因此可以得出结论：Pa 的萃取适合在 HCl 体系中进行，而 HF – HCl 溶液适合反萃。

图 7 – 22 显示了在 HCl 浓度一定的条件下，HPMBP 浓度对萃取分配比的影响。可以看到，在苯和氯仿两种稀释剂中，lg D 与 lg（HPMBP）都存在线性关系，斜率均为 2.81，接近于 3。因为萃取剂 HPMBP 以酮的形式存在，考虑到电荷平衡，Pa 水解形成的产物中阳离子形式的萃取可以忽略，又因为 Pa 的最大配位数为 8，因此萃取反应式可以写成

$$(x + y - 5)\,H^+ + [Pa(OH)_xCl_y]^{5-x-y} + (8 - x - y)(HPMBP)_{(o)} \rightleftharpoons H_{x+y-5}[(HPMBP)_{8-x-y}Pa(OH)_xCl_y]_{(o)}$$

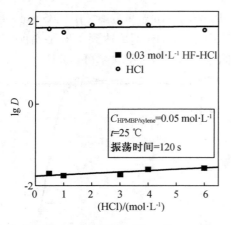

图 7 - 20　HCl 浓度对²³³Pa 萃取的影响

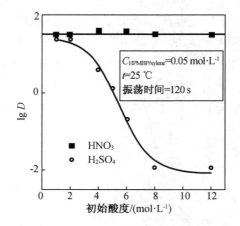

图 7 - 21　H₂SO₄、HNO₃ 浓度对²³³Pa 萃取的影响

图中也显示了 HPMBP - 二甲苯溶液萃取 Pa(V)的 D 值略高于 HPMBP - 氯仿溶液。

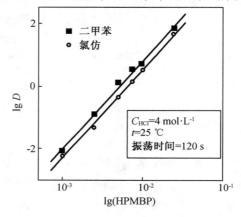

图 7 - 22　HPMBP 浓度对²³³Pa 分配比的影响

（2）HTTA

噻吩甲酰三氟丙酮（HTTA）已用于从几种元素中分离纯化 Pa。HTTA 萃取用于从 10 mol · L⁻¹ HCl 中萃取 Pa，在此体系中 $PaOCl_6^{3-}$ 是主要的组分。也研究了 HTTA 与 TBP、TOPO、TPPO 任意一种的混合物作为萃取剂，发现 HTTA 和 TOPO 混合可用于溶剂萃取分离 Pa 和 Th。

（3）偶氮胂 - Ⅲ

有学者提出一种从铀矿及其后处理产物中分离 Pa 的有效方法，该方法是采用螯合萃取剂 1,8 - 二羟基萘 - 3,6 - 二磺酸 - 2,7 - 双（偶氮 - 2 - 苯胂酸）（偶氮胂 - Ⅲ）/异戊醇进行液液萃取。研究显示，即使在存在大量的 Al、Fe(Ⅲ)、Mn(Ⅱ)、稀土金属及其他元素情况下，Pa 也可以从强酸溶液中进行有效萃取。溶液中 U、Zr、Th 尤其是 Nb 浓度的增加将导致 Pa 的分离下降。这种方法可用于生产条件下分离克量 Pa(V)的分析控制。

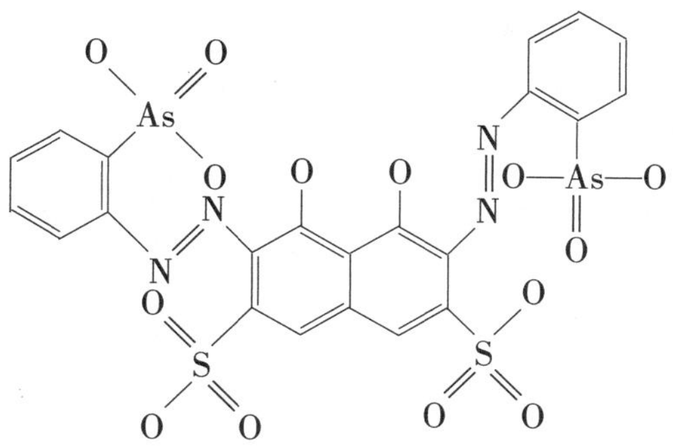

偶氮肿 – Ⅲ

（4）N – 苯甲酰苯基羟胺

N – 苯甲酰苯基羟胺（HBPHA）从 HCl、H_2SO_4 溶液中分离 Pa（Ⅴ）的结果发现，Pa 与 HBPHA 形成的配合物可被苯或其他溶剂从具有很宽酸浓度的水溶液中萃取。用 0.2% ~ 0.5% 的 HBPHA/氯仿溶液从硫酸溶液中萃取 Pa、Zr、Nb 的行为研究结果显示，当水相中硫酸浓度高于 7 $mol \cdot L^{-1}$ 时，这些元素的萃取能力差异最大。利用 0.1 $mol \cdot L^{-1}$ HBPHA/氯仿可从 4 $mol \cdot L^{-1}$ HCl 中进行 Pa 与 U 和 Th 的分离。

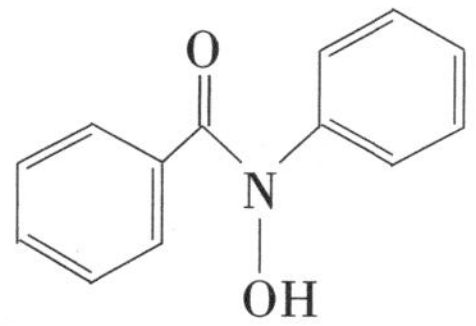

HBPHA

3. 胺类萃取剂

当使用三月桂胺从含有 U、Th、Np 混合物中的磺酸溶液中进行 Pa 的萃取时，结果表现出在高酸下具有较低的分配系数，加入 HCl 有助于增强萃取。已成功地用溶解在二甲苯中的三辛胺从含有 U 和 Th 的硫氰酸盐溶液中萃取 Pa（Ⅴ），示踪量的 Pa 能够以单体形式存在于硫氰酸盐溶液中，但是当 Pa（Ⅴ）浓度高于 10^{-6} $mol \cdot L^{-1}$ 时，会形成聚合物形式，TOA 作为萃取剂的萃取效率下降。

在用季铵盐氯化物 Aliquat 336 从强碱性溶液中进行萃取时，加入羟基羧酸或氨基羧酸能减少 Pa（Ⅴ）聚合物的形成，当 Pa（Ⅴ）萃取能力增强时，分离减弱。

方克明等研究了以 5% 三异辛胺（TiOA）– 二甲苯为萃取剂，盐酸 – 氢氟酸溶液为反萃剂，从中子辐照过的钍中分离纯化镤的分离条件。试验结果显示，用 TiOA 作萃取剂，用 HCl – HF 溶液反萃，能有效地分离镤，同时还可以获得较高的镤回收率。

HCl 浓度对 5%（体积分数）TiOA – 二甲苯萃取[233]Pa 的影响为（图 7 – 23）：随着盐酸浓度增大，萃取率逐渐增大，当盐酸浓度大于 6 $mol \cdot L^{-1}$ 时，[233]Pa 的萃取率高于 92%。

在 12 $mol \cdot L^{-1}$ HCl 中，HF 浓度对 5% TiOA – 二甲苯萃取[233]Pa 的影响为（图 7 – 24）：随着 HF 浓度增大，萃取率逐渐降低，当 HF 浓度小于 0.15 $mol \cdot L^{-1}$ 时，[233]Pa 的萃取率高于 95%。

用 1 $mol \cdot L^{-1}$ HF – HCl 溶液从 5% TiOA – 二甲苯溶液中反萃[233]Pa 时，HCl 浓度对反萃[233]Pa 的影响见表 7 – 19。由表中数据可知，HCl 浓度约为 4 $mol \cdot L^{-1}$ 时，反萃率（E'）最大。用 HF – 4 $mol \cdot L^{-1}$ HCl 溶液从 5% TiOA – 二甲苯溶液中反萃[233]Pa 时，HF 浓度大于

0.1 mol·L^{-1}时反萃率高于98%（表7－20）。

表7－21列出了平衡时间与反萃率的关系。用4 mol·L^{-1} HCl－1 mol·L^{-1} HF溶液从5% TiOA－二甲苯溶液中反萃^{233}Pa时，能迅速达到平衡，且^{233}Pa的反萃相当完全。

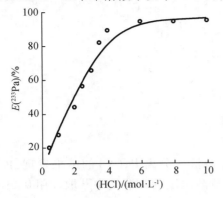

有机相：5% TiOA－二甲苯溶液。　　　　　　有机相：5% TiOA－二甲苯溶液。

图7－23　^{233}Pa 萃取率与 HCl 浓度之间的关系　　**图7－24**　^{233}Pa 萃取率与 12 mol·L^{-1} HCl 中 HF 浓度之间的关系

表7－19　^{233}Pa 反萃率与 1 mol·L^{-1}HF 中 HCl 浓度之间的关系

(HCl)/mol·L^{-1}	0	0.5	2	4	6	8	10	12
$E'(^{233}Pa)$/%	56	84	93	96	83	68	30	14

注：有机相为5% TiOA－二甲苯溶液。

表7－20　^{233}Pa 反萃率与 4 mol·L^{-1} HCl 中 HF 浓度之间的关系

c(HF)/mol·L^{-1}	0.015	0.03	0.06	0.12	0.25	0.5	1	2
$E'(^{233}Pa)$/%	87	90	91	99	98	100	99	100

注：有机相为5% TiOA－二甲苯溶液。

表7－21　^{233}Pa 反萃率与平衡时间之间的关系

t_{eq}/s	10	20	30	60	120	180
$E'(^{233}Pa)$/%	99.2	99.3	100	99.3	99.6	100

注：有机相为5% TiOA－二甲苯溶液，水相为4 mol·L^{-1} HCl－1 mol·L^{-1} HF 溶液。

参 考 文 献

［1］　L. R. Morss, N. M. Edelsteln, J. Fuger,《The Chemistry of the Actinide and Transactinide Elements》［M］. Springer(2010).

（1）H. W. Kirby, L. R. Morss, "Actinium", p18－151.

（2）BorisF. Myasoedov, H. W. Kirby, Ivan G. Tananaev. "Protactinium", p161 – 252.

[2] C. Fry, M. Thoennesscn, Discovery of the actinium, thorium, protactinium, and uranium isotopes, Atomic data and nuclear data tables , 99(2013)345 – 364.

[3] 唐任寰,刘元方,张青莲,张志尧,唐任寰,《锕系·锕系后元素》[M],无机化学丛书,第十卷,科学出版社,1998.

[4] M. V. Di Giandomenico, C. Le Naour, Complex formation between protactinium(V) and sulfate ions at 10 and 60 ℃, Inorganica Acta 362(2009):3253 – 3258.

[5] 徐景明,何培炯等. 硝酸体系中镤的三烷基氧膦萃取(J),核化学与放射化学,Vol. 5 No3,1983,202 – 210.

[6] 冯正风,徐景明,孟祖贵. 2 – 乙基己基膦酸单(2 – 乙基己基)酯对镤的萃取(J),科学通报,1984 年第 3 期,192 – 193.

[7] 方克明,杨维凡,牟万统,等. 从辐照过的钍中分离镤的研究(J),核化学与放射化学,Vol. 20 No. 3:176 – 181.

[8] Huajie DING, Yanning NIU, Weifan YANG. Solvent Extraction Study of ^{233}Pa(V) with 1 – phenyl – 3 – methyl – 4 – benzoyl – 5 – pyrazolone(J),Journal of nuclear science and technology, Vol. 42, No. 9, p. 839 – 841.

[9] W. Paulus, J. V. Kratz, et al. Exaction of the fluoride – , chloride – and bromide complexes of the element Nb, Ta, Pa, and 105 into aliphatic amines(J). Journal of Alloys and compounds,271 – 273(1998):292 – 295.

第8章 镅锔的溶剂萃取化学

8.1 镅锔元素

8.1.1 镅元素

镅属于元素周期表 95 号元素,1944—1945 年期间,美国芝加哥大学冶金实验室工作的西博格(Seaborg)等发现钚与中子反应生成^{241}Am,反应如下:

$$^{239}Pu(n,\gamma)^{240}Pu(n,\gamma)^{241}Pu \xrightarrow{\beta} {}^{241}Am$$

上述反应也是制备纯^{241}Am 的重要途径。在二战期间,美国芝加哥实验室工作的坎宁安(Cunningham)分离出纯的 Am(OH)$_3$ 化合物,并第一次测量了镅溶液的吸收光谱。到 1950 年,有关镅化学的研究主要在洛斯阿拉莫斯研究中心开展。1970 年以来,关于镅的出版资料主要来自西德和前苏联研究者。最长寿命的镅同位素^{243}Am($T_{1/2}$ = 7 400 a)是在 1950 年由西博格、吉奥索和斯特里特证明的,它是^{241}Am 两次连续的中子俘获而生成的。目前,从质量数 232 至 247 的镅同位素已全部获悉,至少已进行了试探性的证明。

8.1.2 锔元素

锔属于元素周期表 96 号元素,1944 年,也就是在发现镅的同一时期里,西博格和他的同事们用高能量 α 轰击钚的同位素^{239}Pu 获得 96 号元素,为纪念居里夫妇,就命名这个元素为 curium,元素符号定为 Cm。1947 年,维尔纳和珀尔曼用中子照射^{241}Am 制得较重要的^{242}Cm。

锔在地球上没有单质或化合物矿藏存在,属于人造金属元素。新鲜的锔为银白色金属,在空气中氧化而颜色变暗。金属锔易溶于稀无机酸,其密度为 13.5 g/cm^3,熔点为 (1 340 ±40)℃,室温下为双六方密堆积,较高温度时为面心立方结构。

8.1.3 镅锔的主要同位素及其性质

1. 镅的主要同位素及其性质

已知的镅同位素的主要生成方式和放射性衰变见表 8 – 1。

表 8 - 1 镅同位素及其性能

同位素	半衰期	衰变类型及分支比(%)	主要辐射能量(keV)与绝对强度(%)	生成方式
^{232}Am	1.4 min	SF		^{230}Th(^{10}B,8n)
^{233}Am	3.2 min	α	α 0.006 78	^{238}U(^{6}Li,6n)
^{234}Am	2.6 min	EC		^{230}Th(^{10}B,6n)
^{235}Am	15 min	EC		^{238}Pu(^{1}H,4n)
^{236}Am	4.4 min	EC		^{235}U(^{6}Li,5n)
	3.7 min	EC		^{237}Np(^{6}He,4n)
^{237}Am	1.22 h	EC >99% α0.025%	α 6.042 γ 0.280(47%)	^{237}Np(α,4n) ^{237}Np(^{3}He,3n)
^{238}Am	1.63 h	EC >99% α0.000 1%	α 5.94 γ 0.963(29%)	^{237}Np(α,3n)
^{239}Am	11.9 h	EC >99% α0.010%	α 5.776(84%) α 5.734(13.8%)	^{237}Np(α,2n) ^{239}Pu(d,2n)
^{240}Am	50.8 h	EC >99% α1.9×10^{-4}%	α 5.378(87%) α 5.337(12%)	^{237}Np(α,n) ^{239}Pu(d,n)
^{241}Am	432.7 a 1.15×10^{11} a	α SF	γ 0.988(73%) α 5.486(84%) α 5.5.443(13.1%)	^{241}Pu 的衰变子体
^{242}Am	16.01 h	β$^-$82.7% EC 17.3%	γ 0.059(35.7%) β$^-$0.667 γ 0.042 弱	^{241}Am(n,γ)
^{242m}Am	141 a 9.5×10^{11} a	IT99.5% SF α(0.45%)	α 5.207(89%) 5.141(6.0%) γ 0.0493(41%)	^{241}Am(n,γ) ^{241}Am(n,γ)
^{243}Am	7.38×10^{3}a 2.0×10^{14} a	α SF	α 5.277(88%) 5.234(10.6%) γ 0.075(68%)	中子俘获
^{244}Am	10.1 h	β$^-$	β$^-$0.387 γ 0.746(67%)	^{243}Am(n,γ)
^{244m}Am	26 min	β$^-$ >99% EC 0.041%	β$^-$1.50	^{243}Am(n,γ)
^{245}Am	2.05 h	β$^-$	β$^-$0.895 γ 0.253(6.1%)	^{245}Pu 子体
^{246}Am	39 min	β$^-$	β$^-$2.38 0.799(25%)	^{246}Pu 子体
^{247}Am	24 min	β$^-$	γ 0.285(23%)	^{244}Pu(a, p)

在镅的同位素中，半衰期大于 1 年的只有三个：^{243}Am（$T_{1/2} = 7.38 \times 10^3$ a）、^{241}Am（$T_{1/2} = 432.7$ a）和 ^{242m}Am（$T_{1/2} = 141$ a）。^{242m}Am 虽为长寿命同位素，但丰度较低，且与 ^{241}Am、^{243}Am 分离很困难。因此，在实际工作中，镅的化学研究和应用主要集中在 ^{241}Am 和 ^{243}Am 的制备和应用上。

核燃料后处理工艺高放废液中虽含有可观量的 ^{241}Am 和 ^{243}Am 及微量的 ^{242m}Am，但不能直接用作纯的原料，下述是常用的制备纯 ^{241}Am 和 ^{243}Am 的方法。

铀钚燃料循环中钚的同位素有 ^{238}Pu、^{239}Pu、^{240}Pu、^{241}Pu，其中 ^{241}Pu 经 β^- 衰变（$T_{1/2} = (14.0 \pm 0.3)$ a）生成 ^{241}Am。10 g ^{241}Pu 样品经过 10 年后，约生成 4 g ^{241}Am。1964 年的数据显示，当时美国每年从含不同量 ^{241}Pu 的"老"钚中分离提取 5 ~ 10 kg ^{241}Am，其中大部分来自洛基弗拉茨（Rocky Flats），从这个基地每年能获取 4 ~ 5 kg ^{241}Am，其余的主要来自汉福特和洛斯阿拉莫斯。除了美国外，其他如澳大利亚原子能委员会、英国阿梅沙姆放射化学中心和法国原子能委员会等均大多从"老"钚中分离提取 ^{241}Am，具体回收数量未见公布。

^{243}Am 的制备主要通过 ^{242}Pu 经中子照射生成 ^{243}Pu，后者再经 β 衰变（$T_{1/2} = 4.956$ h）生成 ^{243}Am。

$$^{242}\text{Pu}(n, \gamma)^{243}\text{Pu} \xrightarrow{\beta^-} {}^{243}\text{Am}$$

2. 镅的主要同位素及其性质

已知的镅同位素的主要生成方式和放射性衰变见表 8 − 2。

表 8 − 2　锔同位素及其性能

同位素	半衰期	衰变类型及分支比（%）	主要辐射能量（MeV）与绝对强度（%）	生成方式
^{237}Cm	—	EC，α	α 6.660	^{237}Np（^{6}Li,6n）
^{238}Cm	2.3 h	EC < 90%	α 6.52	^{239}Pu（α,5n）
		α > 10%		
^{239}Cm	2.9 h	EC	γ 0.188	^{239}Pu（α,4n）
^{240}Cm	27 d	α	α 6.291（71%）	^{239}Pu（α,3n）
	1.9×10^6 yr	SF	6.248（29%）	
^{241}Cm	32.8 d	EC 99.0%	α 5.939（69%）	^{239}Pu（α,2n）
		α1.0%	5.929（18%）	
^{242}Cm	162.8 d	α	α 6.113（74.0%）	^{239}Pu（α, n）
	7.0×10^6 yr	SF	6.070（26.0%）	^{242}Am 子体
^{243}Cm	29.1 yr	α99.76%	α 5.785（73.5%）	^{242}Cm（n,γ）
		EC 0.24%	5.741（10.6%）	
			γ 0.279（14.0%）	
^{244}Cm	18.10 yr	α	α5.805（76.7%）	^{238}U 多次中子俘获
	1.35×10^7 yr	SF	5.764（23.3%）	^{244}Am 子体

表 8 - 2(续)

同位素	半衰期	衰变类型及分支比(%)	主要辐射能量(MeV)与绝对强度(%)	生成方式
^{245}Cm	8.5×10^3 yr	α	$\alpha 5.362(93.2\%)$	^{238}U 多次中子俘获
			$5.304(5.0\%)$	
			$\gamma 0.175$	
^{246}Cm	4.76×10^3 yr	α	$\alpha 5.386(79\%)$	^{238}U 多次中子俘获
	1.80×10^7 yr	SF	$5.343(21\%)$	
^{247}Cm	1.56×10^7 yr	α	$\alpha 5.266(14\%)$	^{238}U 多次中子俘获
			$4.869(71\%)$	
			$\gamma 0.402(72\%)$	
^{248}Cm	3.48×10^5 yr	$\alpha 91.61\%$	$\alpha 5.078(82\%)$	^{238}U 多次中子俘获
		SF 9.39%	$5.034(18\%)$	
^{249}Cm	64.15 min	β^-	$\beta^- 0.9$	^{248}Cm(n,γ)
			$\gamma 0.634(1.5\%)$	
^{250}Cm	$\sim 8.3 \times 10^3$ yr	SF		^{238}U 多次中子俘获
^{251}Cm	16.8 min	β^-	$\beta^- 1.42$	^{250}Cm(n,γ)
			$\gamma 0.543(12\%)$	

8.2　锔镉的水溶液化学

8.2.1　锔

1. 氧化状态

已知锔在水溶液中存在有 Ⅲ、Ⅳ、Ⅴ、Ⅵ、Ⅶ氧化态。在碳酸介质中,四种氧化态在一定的条件下能稳定共存。在稀溶液中,仅 $Am^{3+}\cdot H_2O$ 和 $AmO_2^+\cdot H_2O$ 两种水合离子形式稳定存在,但在碱性溶液中,上述四种氧化态均可能存在。溶液中 Ⅲ、Ⅳ氧化态能以 Am^{3+} 和 Am^{4+} 存在。锔的 Ⅴ、Ⅵ氧化态在溶液中不稳定,易快速水解生成 AmO_2^+ 和 AmO_2^{2+}。表 8 - 3 汇总了不同价态的锔离子的可能制备方法。

表 8 - 3　不同价态锔离子的制备方法汇总

氧化态	离子形式	制备方法
Ⅲ	$Am^{3+}\cdot aq$	①Am(O) + HCl ②AmO_2 + HCl(加热) ③用 NH_2OH、KI、SO_2 等还原 Am(> Ⅲ)

表 8 – 3（续）

氧化态	离子形式	制备方法
Ⅳ	—	①Am(OH)$_4$ 溶解在 13 mol·L^{-1}NH$_4$F 中 ②Am^{3+} 在 10 ~ 15 mol·L^{-1}H$_3$PO$_4$ 中电解氧化 ③Am(OH)$_4$ + 碱金属氟化物 + K$_4$P$_2$O$_7$
Ⅴ	AmO$_2^+$·aq	①在 0.03 mol·L^{-1}KHCO$_3$ 溶液中用 O$_3$、S$_2$O$_8^{2-}$ 或 ClO$_4^-$ 氧化 Am^{3+} ②将 Li$_3$AmO$_4$ 溶解在稀 HClO$_4$ 中 ③在 2 mol·L^{-1}LiIO$_3$ – 0.7 mol·L^{-1}HIO$_3$ 溶液中电解氧化 Am^{3+}
Ⅵ	AmO$_2^{2+}$·aq	①在稀酸介质中用 S$_2$O$_8^{2-}$ 和 Ag(Ⅱ)氧化 Am(Ⅲ) ②在 6 mol·L^{-1}HClO$_4$ 或 2 mol·L^{-1}H$_3$PO$_4$ 中,用电解氧化 Am^{3+} ③溶解 Li$_6$AmO$_6$ 于稀 HClO$_4$ 中
Ⅶ	—	在 3 ~ 5 mol·L^{-1}NaOH 中(0 ~ 7℃),用 O$_3$ 或 O$^-$ 自由基离子氧化 AmO$_2^{2+}$

2. 氧化还原反应

表 8 – 4 列出了不同体系下的镅还原电极电位值。

表 8 – 4　镅的还原电极电位

①1 mol·L^{-1}HClO$_4$ 体系

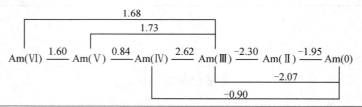

②磷酸体系

$$Am(Ⅵ) \xrightarrow[0.54\ mol·L^{-1}H_3PO_4]{1.43} Am(Ⅴ) \qquad Am(Ⅵ) \xrightarrow[4.34\ mol·L^{-1}H_3PO_4]{1.32} Am(Ⅴ)$$

$$Am(Ⅳ) \xrightarrow[10~14.5\ mol·L^{-1}H_3PO_4]{1.75~1.78} Am(Ⅲ)$$

③1 mol·L^{-1}NaOH 体系(标准电势计算基于 Ksp(Am(OH)$_3$) = 10$^{23.3}$ 和 Ksp(Am(OH)$_4$) = 10^{64})

$$Am(Ⅵ) \xrightarrow{0.90} Am(Ⅴ) \xrightarrow{0.70} Am(Ⅳ) \xrightarrow{0.5} Am(Ⅲ) \xrightarrow{-2.50} Am(0)$$

④碳酸介质

$$Am(Ⅵ) \xrightarrow[2\ mol·L^{-1}Na_2CO_3]{0.975} Am(Ⅴ) \qquad Am(Ⅳ) \xrightarrow[2mol·L^{-1}Na_2CO_3]{0.92} Am(Ⅲ)$$

3. 歧化反应

（1）Am(Ⅳ)

在水溶液中,Am(Ⅳ)只在浓硫酸、K$_4$P$_2$O$_7$ 和氟化物(NH$_4$F、KF 等)溶液中稳定。在其他介质中,Am(Ⅳ)歧化为 Am(Ⅲ)和 Am(Ⅵ)。

在硝酸和次氯酸溶液中,Am(Ⅳ)迅速歧化,反应式为

$$2\,Am(Ⅳ)\longrightarrow Am(Ⅲ) + Am(Ⅴ)$$

假定对于 Am(Ⅳ)浓度动力学反应为二级,推出其可能的歧化反应动力学方程为

$$-d[Am(Ⅳ)]/dt = k_1[Am(Ⅳ)]^2$$

其中,在 273.15 K、0.05 mol·L^{-1}硝酸溶液中,$k_1 > 3.7 \times 10^{-4}$升/摩尔·小时。

另外,在 0 或 25 ℃情况下当 Am(OH)$_4$溶解在 0.05 ~ 2 mol·L^{-1}硫酸溶液中,或 AmO$_2$溶解在 1 mol·L^{-1}硫酸溶液中均会存在 Am^{3+}和 AmO$_2^{2+}$,可能 Am(Ⅳ)歧化反应和反应产物之间的氧化还原反应所致,具体可能机理如下:

Am(Ⅳ)歧化反应:$2\,Am(Ⅳ)\longrightarrow Am(Ⅲ) + Am(Ⅴ)$

氧化还原反应:$Am^{4+} + AmO_2^+ \longrightarrow Am^{3+} + AmO_2^{2+}$

(2)Am(Ⅴ)

Coleman 等人在 1963 年对 Am(Ⅴ)的歧化反应进行了较详尽研究,由于^{241}Am 的放射性比活度高会诱导氧化还原反应,所以研究中 Am(Ⅴ)采用^{243}Am(Ⅴ)以降低来自^{241}Am 放射性影响。Coleman 分别研究了 Am(Ⅴ)在 25 ℃、3 ~ 8 mol·L^{-1} HClO$_4$;75.7 ℃、1 ~ 2 mol·L^{-1} HClO$_4$;75.7 ℃、2 mol·L^{-1} HCl、H$_2$SO$_4$、HNO$_3$ 等条件下的歧化反应,其中 25 ℃、5 mol·L^{-1}HClO$_4$ 和 HCl 歧化反应动力学曲线见图 8 – 1 所示,右图曲线显示,在 5 mol·L^{-1}HClO$_4$ 体系中,5 ~ 6 小时 Am(Ⅵ)百分含量达到最大值,然后随时间逐渐降低。随着 Am(Ⅲ)含量的增加,Am(Ⅴ)含量逐渐降低。左图曲线显示,在 5 mol·L^{-1}HCl 体系中,Am(Ⅴ)消失速度非常快,同时未观测到 Am(Ⅵ)的存在,表明在盐酸体系中 Am(Ⅵ)的还原反应为快反应。

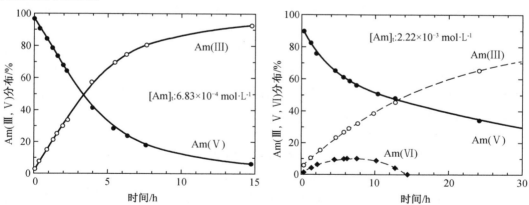

图 8 – 1　Am(Ⅴ)分别在 5 mol·L^{-1}HCl(左图)和 5 mol·L^{-1}HClO$_4$(右图)体系中的歧化反应曲线(25 ℃)

研究结果表明,除了 HCl 溶液体系外,其他所有溶液介质中的 Am(Ⅴ)歧化反应如下:

$$4H^+ + 3AmO_2^+ \longrightarrow Am^{3+} + 2AmO_2^{2+} + 2H_2O$$

歧化反应动力学方程如下:

$$-d[Am(Ⅴ)]/dt = k_1[AmO_2^+]^2[H^+]^4 = k_2[AmO_2^+]^2[H^+]^2 + k_3[AmO_2^+]^2[H^+]^3$$

其中,$k_2 = (6.94 \pm 1.01) \times 10^{-4}$ L^3·mol^{-3}·s^{-1};$k_3 = (4.63 \pm 0.71) \times 10^{-4}$ L^4·mol^{-4}·s^{-1}。

4. 自还原效应

水的 α 辐解产物（如 H_2O_2 和 $HO \cdot$ 自由基等）能够还原水溶液中高氧化态镅，直到生成稳定的 Am(Ⅲ)。由于 ^{243}Am 的放射性比活度低，所以 ^{243}Am($>$Ⅲ)的自还原速度比 ^{241}Am($>$Ⅲ)小得多。有研究假定 H_2O_2 仅还原 Am(Ⅵ)、$HO_2 \cdot$ 自由基只还原 Am(Ⅴ)的情况下，得到 AmO^+ 和 AmO_2^{2+} 离子的自还原动力学方程如下：

$$-d[Am(Ⅵ)]/dt = d[Am(Ⅴ)]/dt = k_1[Am_{total}]$$

其可能的反应如下：

$$H_2O \longrightarrow H + \dot{O}H$$
$$H + O_2 \longrightarrow HO_2$$
$$\dot{O}H + \dot{O}H \longrightarrow H_2O_2$$
$$AmO_2^{2+} + HO_2^{\cdot} \longrightarrow AmO_2^+ + O_2 + H^+$$
$$AmO^{2+} + H_2O_2 \longrightarrow AmO_2^+ + HO_2^{\cdot} + H^+$$
$$AmO_2^+ + 2HO_2^{\cdot} + 2H^+ \longrightarrow Am^+ + 2O_2 + 2H_2O$$
$$AmO_2^+ + \dot{O}H \longrightarrow AmO_2^{2+} + OH$$

所有研究者均认为，自还原速率对于 AmO_2^{2+} 离子而言是动力学零级反应，对镅的总浓度而言是一级反应。研究结果显示，在硫酸和高氯酸体系中，k_1 随 $[H^+]$ 浓度的提高而降低。在 9 $mol \cdot L^{-1}$ 硝酸溶液中，^{241}Am(Ⅵ)自还原速率大概为 $10\%/h$。同时研究发现，温度的提高，可显著提高其自还原速率，如在 2 $mol \cdot L^{-1}$ $HClO_4$ 溶液中，在 76℃ 情况下的 ^{243}Am(Ⅵ)自还原速率大概是室温情况下的六倍。

通常情况下，Am(Ⅴ)自还原至 Am(Ⅲ)仅仅与镅的总浓度有关，与 Am(Ⅴ)的浓度无关。但这并不绝对，也有研究者发现在某些特定条件下，Am(Ⅴ)自还原至 Am(Ⅲ)与 Am(Ⅴ)总浓度有关。

另外，Am(Ⅵ)的自还原速度受溶液介质影响较明显，Am(Ⅵ)在硝酸溶液中自还原速度比在 $HClO_4$ 和 H_2SO_4 溶液中的最大速度高 $0.5 \sim 1$ 倍，且在硝酸介质溶液中，自还原速度随酸度增加而增加，分析可能的原因是 Am(Ⅵ)在硝酸溶液中，由于硝酸辐射降解生成了 NO_2^- 离子，它能有效还原 Am(Ⅵ)。此外，Am(Ⅵ)在 $HClO_4$ 溶液中自还原速度比在盐酸溶液中的快。

Am(Ⅵ)在不同溶液中自还原速度大小顺序大概如下：

$$HNO_3 > HClO_4 > H_2SO_4 > HCl > H_3PO_4$$

如在 0.5 $mol \cdot L^{-1}$ 盐酸溶液中 Am(Ⅴ)自还原速率比在 0.2 $mol \cdot L^{-1}$ 高氯酸溶液中的要慢。在磷酸溶液中，Am(Ⅳ)自还原至 Am(Ⅲ)服从动力学一级反应，其速度常数取决于 Am 和磷酸的浓度（见图 8-2），在含原始浓度为 0.008 $mol \cdot L^{-1}$ Am(Ⅳ)（其中 ^{243}Am 占 85%）的 12 $mol \cdot L^{-1}$ 磷酸溶液中，一般的镅自还原需要 27 小时。在 $H_2S_2O_8$ 溶液中，未发现 Am(Ⅲ)，全部的 Am(Ⅵ)被自还原至 Am(Ⅴ)，且 Am(Ⅴ)辐射自还原速度比 Am(Ⅳ)慢很多。在 13 $mol \cdot L^{-1}$ NH_4F 溶液中，^{241}Am(Ⅳ)自还原速率大约为 $4\%/h$，而在 3 $mol \cdot L^{-1}$ HF 溶液中，其自还原速率提高至 $10\%/h$。

此外，Am(Ⅵ)的自还原速率还受酸溶液浓度的影响，如在 0.5 $mol \cdot L^{-1}$ 和 3 $mol \cdot L^{-1}$ 硝酸溶液中，Am(Ⅴ)最大自还原速率从约 $1\%/h$ 降至 $0.8\%/h$。

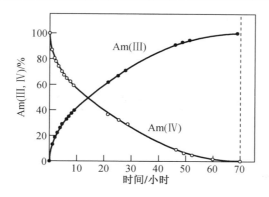

图 8 - 2　Am(Ⅳ) 在 12 mol·L^{-1} 磷酸溶液中自还原动力学

8.2.2　锔

1. 氧化态

Cm 与之前的锕系元素区分最突出的化学性质是在所有的氧化或还原状态中,最稳定是 Cm(Ⅲ),这主要是由于较稳定的半充满的 $5f^7$ 电子层结构所致,使其化学性质与镧系性质相近。

与镅相比较,Cm(Ⅲ) 仅在强氧化介质中才能转化为 Cm(Ⅳ),并且到目前为止,仅有两个公开报道称存在比 Cm(Ⅳ) 更高的价态,采用脉冲辐解技术在高氯酸体系中观察到过 Cm(Ⅱ) 和 Cm(Ⅳ) 短暂的存在,已知存在的 Cm(Ⅳ) 主要是以氟化合物或氧化物形式存在。采用过二硫酸盐作为氧化剂在磷钨酸盐溶液中可制备出红色的 Cm(Ⅳ) 化合物,由于辐解效应,Cm(Ⅳ) 的还原速度较快,其还原速度仅与辐解效应速率有关。

2. 锔的氢化物

锔的氢化物鲜有报道,1970 年 Bansal 和 Damien 首次通过 ^{244}Cm 金属在 200 ~ 250 ℃ 温度下与氢气反应生成了 CmH$_x$,XRF 谱图显示,锔的氢化物具有与 NpH$_{2+x}$、PuH$_{2+x}$ 和 AmH$_{2+x}$ 相似的面心立方结构。1985 年 Gibson 等证实了 CmH$_2$ 的存在,并成功地获取了 ^{248}CmH$_2$。在后来的研究中,陆续获取了六角形 CmH$_{3-δ}$ 化合物以及结果类似于镧系和锕系的三氢化合物。据文献报道 CmH$_2$ 的解离熔约为 (187 ± 14) kJ·mol^{-1},比其他锕系元素要稳定些,镧系和锕系元素二氢化合物稳定性顺序如下:

$$\text{Ln} > \text{Cm} > \text{Am} > \text{Pu}$$

3. 锔的卤化物

锔的卤化物主要包括 CmX$_3$(X = F、Cl、Br、I)、CmF$_4$ 等,CmF$_3$ 呈白色、微溶(~ 10 mg·L^{-1}),其结构类似于 LaF$_3$,当 F$^-$ 加入弱酸性的 Cm^{3+} 溶液中,或将 HF 加入 Cm(OH) 溶液中,会产生沉淀,通过 P$_2$O$_5$ 干燥或用热的 HF 气体处理可获得无水 CmF$_3$,其熔点为 $(1\ 406 \pm 20)$ ℃。在 298 K 下其标准生成熔和熵分别为 1 660 kJ·mol^{-1} 和 121 J·mol^{-1}·K^{-1}。

CmCl$_3$ 呈白色,可以通过 CmO$_x$ 或 CmOCl 在无水氯化氢体系中、400 ~ 600 ℃ 的条件下加热获取,CmCl$_3$ 水化物呈浅绿色。单晶结构分析显示,其具有与 U Cl$_3$ 类似的六角形结构,熔点为 695 ℃,在 298 K 情况下,生成熵为 (163 ± 6) J·mol^{-1}·K^{-1}。

将 CmCl$_3$ 在 NH$_4$Br 和氢气气氛中加热到 400 ~ 600 ℃,或在 600 ℃、HBr 气氛下均可获取 CmBr$_3$,其熔点为 625 ℃,具有类似于 PuBr$_3$ 的结构。同理,将 CmCl$_3$ 在 NH$_4$I 和氢气气氛

中加热到 $400 \sim 600 \ ^{\circ}\text{C}$ 也可获取 CmI_3,在 298 K 下,$CmBr_3$ 和 CmI_3 的标准焓变约为 794 和 564 $\text{kJ} \cdot \text{mol}^{-1}$。

8.3 镅锔的配位化合物

8.3.1 无机配合物

1. 镅

表 8-5 列出了 Am(Ⅲ) 的无机配合物相关信息参数,但对于高价态镅的无机配合物性能研究较少。从含 Am(Ⅲ)溶液中出现的颜色变化可以推断,溶液中确实存在 Am(Ⅵ) 的硝酸盐、硫酸盐和氟化物等配合物,在 1 $\text{mol} \cdot \text{L}^{-1}$ 氢氧化钠溶液中,光谱分析证实 Am(Ⅵ)配合物的存在,但对这些配合物的性质和它们的生成常数还缺乏定量数据。其中 Am(Ⅲ)与一价无机离子的配合物稳定性顺序如下:

$$F^- > H_2PO_4^- > SCN^- > NO_3^- > Cl^- > ClO_4^-$$

Am^{3+} 与无机阴离子(如 Cl^- 和 ClO_4^-)是通过静电作用形成外界配合物。分光光度分析结果显示,在浓 Na/LiCl 和 $LiNO_3$ 溶液体系中,Am^{3+} 与 Cl^- 和 NO_3^- 形成内界配合物。同时结果也发现,Am^{3+} 与 F^- 和 SO_4^{2-} 配体也形成内界配合物。

表 8-5 Am^{3+} 与无机配体形成配合物性能参数

配合物	$\lg \beta^0$ 或 $\lg K_{sp}^0$	$\Delta_f G_m^0$(298.15 K)/($\text{kJ} \cdot \text{mol}^{-1}$)	$\Delta_f H_m^0$(298.15 K)/($\text{kJ} \cdot \text{mol}^{-1}$)
溶液($\lg \beta^0$)			
$AmOH^{2+}$	$-(6.4 \pm 0.7)$	$-(799.31 \pm 6.21)$	
$Am(OH)_2^+$	$-(14.1 \pm 0.6)$	$-(992.49 \pm 5.86)$	
$Am(OH)_3(aq)$	$-(25.7 \pm 0.5)$	$-(1\ 163.42 \pm 5.55)$	
$Am(CO_3)^+$	7.8 ± 0.3	$-(1\ 171.12 \pm 5.07)$	
$Am(CO_3)_2^-$	12.3 ± 0.4	$-(1\ 742.71 \pm 5.33)$	
$Am(CO_3)_2^{3-}$	15.2 ± 0.6	$-(2\ 269.16 \pm 5.98)$	
$AmSCN^{2+}$	1.3 ± 0.3	$-(513.42 \pm 6.45)$	
AmF^{2+}	3.4 ± 0.4	$-(899.63 \pm 5.32)$	
AmF_2^+	5.8 ± 0.2	$-(1\ 194.85 \pm 5.08)$	
$AmCl^{2+}$	1.05 ± 0.1	$-(735.91 \pm 4.77)$	
$AmSO_4^+$	3.85 ± 0.03	$-(1\ 364.68 \pm 4.78)$	
$Am(SO_4)_2^-$	5.4 ± 0.8	$-(2\ 117.53 \pm 6.27)$	
$AmNO_3^{2+}$	1.33 ± 0.2	$-(717.08 \pm 4.91)$	
$Am H_2PO_4^{2+}$		$-(1\ 752.97 \pm 5.76)$	

表 8 – 5（续）

配合物	$\lg \beta^0$ 或 $\lg K_{sp}^0$	$\Delta_f G_m^0(298.15\ \text{K})/(\text{kJ} \cdot \text{mol}^{-1})$	$\Delta_f H_m^0(298.15\ \text{K})/(\text{kJ} \cdot \text{mol}^{-1})$
固相（$\lg K_{sp}^0$）			
Am(OH)$_3$(am)	– (17.0 ± 0.6)		
Am(OH)$_3$(cr)	– (15.2 ± 0.6)		
AmO$_2$(cr)		(– 874.49 ± 4.27)	– (932.20 ± 3.00)
Am$_2$O$_3$(cr)		– (1 613.32 ± 9.24)	– (1 690.40 ± 8.00)
AmF$_3$(cr)		– (1 518.83 ± 13.10)	– (1 588.00 ± 13.00)
AmF$_4$(cr)		– (1 616.83 ± 20.06)	– (1 710 ± 20.00)
Am$_2$(CO$_3$)$_3$(cr)	16.7 ± 1.1	– (2 971.74 ± 15.79)	
Am(OH)(CO$_3$)(cr)	21.2 ± 1.4	– (1 404.83 ± 9.31)	
AmPO$_4$(am)	24.8 ± 0.6	– (1 752.97 ± 5.76)	

Am^{3+} 水溶液中有关水合配位数的研究从 20 世纪 80 年代至今一直都有研究,结构信息可通过不同的光谱测量技术直接获得,但由于不同时期、不同测量手段获得的结构信息不尽相同,到目前为止也未有定论,有待进一步研究。八九十年代研究发现,掺杂 LaCl$_3$ 的 Am^{3+} 和 AmCl$_3$ 在水溶液中具有相似的吸收光谱,分析提出了有 9 个内界水分子与 Am^{3+} 结合的 $Am^{3+} \cdot 9H_2O$ 结构,并得出 La(Ⅲ)和 Am(Ⅲ)荧光衰变率与配合的内界水分子数目呈线性关系。2000 年后通过对 Am(Ⅲ)和 Pu(Ⅲ)的三氟甲基磺酸晶体结构分析证实了与 Am^{3+} 离子结合的 6 个水分子以三重三角柱体的几何结构与之结合(见图 8 – 3)。此后通过 X 射线吸收进一步证实了在稀盐酸体系中 $Am^{3+} \cdot 9H_2O$ 结构。但同时也有人依据 Am(Ⅲ)荧光衰变寿命理论计算推出 Am^{3+} 离子的水合配位数为 11,后续未见证实的报告。

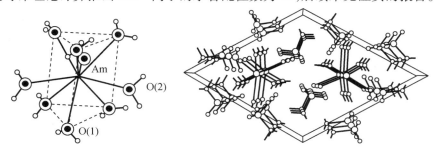

图 8 – 3　$Am^{3+} \cdot 9H_2O$ 结构示意图

2. 锔

锔的溶液化学主要集中在 Cm(Ⅲ),Cm(Ⅲ)的稀溶液通常为无色,但在浓盐酸中 Cm(Ⅲ)呈现绿色。当 ^{242}Cm 在溶液中的浓度达到 $1\text{g} \cdot \text{L}^{-1}$ 时将产生沸腾,Cm(Ⅲ)离子的水合数目约为 9。在盐酸溶液中,当盐酸浓度不大于 $5\ \text{mol} \cdot \text{L}^{-1}$ 时,Cm(Ⅲ)离子水合数均为 9,当盐酸浓度大于 $5\ \text{mol} \cdot \text{L}^{-1}$ 时,随着盐酸浓度的增加,其离子水合数逐渐减少,在盐酸浓度为 $11\ \text{mol} \cdot \text{L}^{-1}$ 时,其离子水合数为 7。而在硝酸溶液中,在浓度为 $0 \sim 13\ \text{mol} \cdot \text{L}^{-1}$ 范围内,随着溶液中浓度的增加,Cm(Ⅲ)离子水合数逐渐降低,在硝酸浓度为 $13\ \text{mol} \cdot \text{L}^{-1}$ 时,其水合数为 5。两种体系下 Cm(Ⅲ)离子水合数目变化趋势产生差异的主要原因是溶液中硝酸根比氯离子具有更强的亲合力。在 298K 情况下，锔金属溶解在 $1\ mol\cdot L^{-1}$ 盐酸溶液中，$\Delta H = -(615\pm4)\,kJ\cdot mol^{-1}$，$S^0 = -194\ J\cdot mol^{-1}\cdot K^{-1}$（Cm 为三价），Cm(Ⅲ)／Cm(0) 约为 $-(2.06\pm0.03)\,V$。Cm(Ⅲ) 与其他配体形成的配合物稳定常数见表 8 - 6。

表 8 - 6 Cm^{3+} 配合物的稳定常数

配体	测定方法	稳定常数
OH^-	采用时间分辨光谱测量，$\mu = 0$ m	$\beta_1 = 2.75\times10^6$
		$\beta_2 = 2.00\times10^{12}$
F^-	采用时间分辨光谱测量，$\mu = 0$ m	$\beta_1 = 1.45\times10^3$
	采用二(2 - 乙基己基)磷酸萃取，pH = 3.6	$\beta_1 = 2.21\times10^3$
		$\beta_2 = 1.50\times10^6$
		$\beta_3 = 1.20\times10^9$
	萃取，$\mu = 1.0$	$\beta_1 = 4.00\times10^2$
Cl^-	采用二甲萘磺酸萃取，$\mu = 1.0$	$\beta_1 = 1.60;\beta_2 = 0.9$
	采用时间分辨光谱测量，$\mu = 6.8$ m，$T = 25\ ℃$	$\beta_1 = 0.02;\beta_2 = 0.000\,7$
	采用时间分辨光谱测量，$\mu = 0$ m，$T = 25\ ℃$	$\beta_1 = 1.7;\beta_2 = 0.2$
N_3^-	采用二甲萘磺酸萃取，pH = 5.9，$\mu = 0.5$，$T = 25\ ℃$	$\beta_1 = 4.36$
SCN^-	采用二甲萘磺酸萃取，pH = 2.8，$\mu = 1.0$	$\beta_1 = 1.53;\beta_2 = 4.08$
NO_2^-	采用二甲萘磺酸萃取	$\beta_1 = 6.6$
NO_3^-	采用二甲萘磺酸萃取，$\mu = 1$，$T = 30\ ℃$	$\beta_1 = 2.2;\beta_2 = 1.3$
CO_3^{2-}	采用时间分辨光谱测量，$\mu = 0$ m，$T = 25\ ℃$	$\beta_1 = 1.30\times10^7$
		$\beta_2 = 1.00\times10^{13}$
		$\beta_3 = 1.60\times10^{15}$
		$\beta_4 = 1.00\times10^{13}$
SO_4^{2-}	萃取，pH = 3.0，$\mu = 2.0$，$T = 25\ ℃$	$\beta_1 = 22;\beta_2 = 73$
	离子交换	$\beta_1 = 32;\beta_2 = 241$
	采用时间分辨光谱测量，$\mu = 3$ m	$\beta_1 = 8.5;\beta_2 = 4.1$
$P_3O_9^{3-}$	离子交换	$\beta_1 = 4.40\times10^3$

8.3.2　有机配合物

1. 镅

Am^{3+} 与有机配位体形成的配合物性能参数见表 8 − 7。

表 8 − 7　Am^{3+} 与有机配位体形成的配合物性能参数

配体	方法	离子强度 μ /(mol·L^{-1})	介质	稳定常数		
				β_1	β_2	其他参数
HAc	离子交换 $T = 20$ ℃	0.5	9.0 mol·L^{-1} HAc	2.28 ($AmAc^{2+}$)	3.84 ($AmAc_2^+$)	$\beta_3 = 4.78(AmAc_2^+)$ $\beta_4 = 5.7(AmAc_4^-)$ $\beta_5 = 6.66(AmAc_5^{2-})$ $\beta_6 = 7.62(AmAc_6^{3-})$
	电位测定法 $T = 20$ ℃		1.0 mol·L^{-1} NH_4ClO_4	1.81	3.20	$\beta_3 = 4.57; \beta_4 = 5.7$ $\beta_5 = 6.73; \beta_6 = 7.73$
	溶剂萃取 $T = (25 \pm 0.1)$ ℃		2.0 mol·L^{-1} NH_4ClO_4	1.95 ± 0.11		
	离子交换 $T = 20$ ℃		0.5 mol·L^{-1} $NaClO_4$	1.99 ± 0.01	3.27 ± 0.07	$\beta_3 = 3.9$
	离子交换 $T = 25$ ℃	0.2		2.15	3.83	
		0.5		2.30	3.81	
		1.0		2.08	3.62	
	溶剂萃取 $T \approx (25 \pm 0.5)$ ℃		0.5 mol·L^{-1} NH_4ClO_4	2.39 ± 0.05		
α − 丙氨酸	溶剂萃取 $T \approx 25$ ℃		2.0 mol·L^{-1} $NaClO_4$	0.79 ($AmAla^{2+}$)		
	分光光度 $T \approx (18 \pm 2)$ ℃		1.0 mol·L^{-1} KCl	3.9 ± 0.2		
柠檬酸	分光光度 $T = 25$ ℃		1.0 mol·L^{-1} $NaClO_4$	6.96	10.3	$\beta_1' = 4.53$ ($AmHcit^+$)
	溶剂萃取 $T = 25$ ℃		0.1 mol·L^{-1} (H,Li)ClO_4		12.15	
	离子交换 $T = 25$ ℃		0.1 mol·L^{-1} $NaClO_4$	9.16 ± 0.03		$\beta_1' = 7.00$
			0.5 mol·L^{-1} $NaClO_4$	8.73 ± 0.066		$\beta_1 = 6.29$
			1.0 mol·L^{-1} $NaClO_4$	6.72 ± 0.05		$\beta_1 = 4.24$

表 8-7(续)

配体	方法	离子强度 μ /(mol·L^{-1})	介质	稳定常数		
				β_1	β_2	其他参数
柠檬酸	离子交换		1.0 mol·L^{-1} NH$_4$Cl	7.11	14.0	
	溶剂萃取		0.1 mol·L^{-1} LiClO$_4$	10.1		$\beta_1' = 4.53$(AmHcit$^+$)
	溶剂萃取 $T=25$ ℃		0.3 mol·L^{-1} NaCl	5.9±0.1		
			1.0 mol·L^{-1} NaCl	5.2±0.1		
			2.0 mol·L^{-1} NaCl	5.0±0.1		
			3.0 mol·L^{-1} NaCl	4.84±0.04		
			4.0 mol·L^{-1} NaCl	5.38±0.06		
			5.0 mol·L^{-1} NaCl	5.10±0.15		
1,2-环己二胺四乙酸	离子交换 $T=25$ ℃		0.1 mol·L^{-1} NH$_4$ClO$_4$	18.79		
	溶剂萃取 $T=20$ ℃		0.1 mol·L^{-1} NH$_4$Cl	18.21		
1,2-丙二胺四乙酸	离子交换 $T=25$ ℃		0.1 mol·L^{-1} NaClO$_4$	17.69		

2. 锔

Cm^{3+}配合物稳定常数见表 8-8。

表 8-8 Cm^{3+}配合物稳定常数

配体	条件	稳定常数
醋酸	离子交换，$\mu=0.5$，$T=20$ ℃	$\beta_1=114$；$\beta_2=1\ 240$
乙醇酸	离子交换，$\mu=0.5$，$T=20$ ℃	$\beta_1=700$；$\beta_2=5.6\times10^4$
甘氨酸	萃取，$\mu=2.0$，$T=25$ ℃	$\beta_1=6.4$

表 8-8(续)

配体	条件	稳定常数
乳酸	萃取,$\mu = 0.5$	$\beta_1 = 5.5 \times 10^2$ $\beta_2 = 3.0 \times 10^2$ $\beta_3 = 1.30 \times 10^6$
2-羟基异丁酸	阳离子交换,$\mu = 0.5$	$\beta_1 = 2.7 \times 10^3$ $\beta_2 = 5.1 \times 10^4$ $\beta_3 = 1.7 \times 10^5$
5-磺酸水杨酸	采用时间分辨率光谱仪测量,$\mu = 0.05$ m	$\beta_1 = 2.80 \times 10^6$ $\beta_2 = 9.8 \times 10^8$
$C_2O_4^{2-}$	离子交换,$\mu = 0.2$	$\beta_1 = 9.10 \times 10^5$ $\beta_2 = 1.40 \times 10^{10}$
柠檬酸	萃取,$\mu = 0.1$	$\beta_1 = 4.9 \times 10^{10}$ $\beta_2 = 8.50 \times 10^{11}$
三氟丙酮	氯仿萃取,$\mu = 0.1$,$T = 25\ ℃$	$\beta_3 = 2.5 \times 10^{13}$

8.4 中性萃取剂对镅镉的萃取

8.4.1 磷酸三丁酯(TBP)

磷酸三丁酯(TBP)从硝酸介质中萃取 Am^{3+} 时,按下列反应式进行:

$$Am^{3+} + 3NO_3^- + 3TBP_{(o)} \rightarrow Am(NO_3)_3 \cdot 3TBP_{(o)}$$

当离子强度为零时,萃取平衡常数为 0.4。磷酸三丁酯即使未经稀释,从浓硝酸溶液中萃取镅的能力也很弱,图 8-4 显示了 100%TBP 对 Am(Ⅲ)萃取的分配比变化趋势,即使硝酸浓度达到 16 mol·L^{-1},Am(Ⅲ)的萃取分配比仍很小。

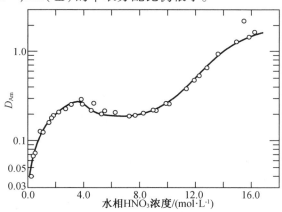

图 8-4 100%TBP 对 Am(Ⅲ)的萃取

然而,若在中性或弱酸性的硝酸盐(含盐量高)溶液中进行,则 TBP 可大量萃取镅(表 8 – 9),高水合离子如 Al^{3+} 和 Li^+ 是特别有效的盐析剂。由于 TBP 对硝酸溶液中 Am(Ⅲ)很少萃取,因而在核燃料后处理流程中,镅的走向是流入高放废液中,因此高放废液是目前用于提取镅元素($^{241}Am + ^{243}Am$)的重要原料。

表 8 – 9　30%TBP(体积) – 直链烷烃在含 $Al(NO_3)_3$ – $LiNO_3$ – $NaNO_3$ 溶液中对 Am(Ⅲ)的萃取分配

$Al(NO_3)_3$ /(mol·L^{-1})	$LiNO_3$ /(mol·L^{-1})	$NaNO_3$ /(mol·L^{-1})	HNO_3/(mol·L^{-1}) 水相	HNO_3/(mol·L^{-1}) 有机相	D_{Am}
0.73	3.15	0	0.055	0.355	21.0
0.73	3.15	0	0.136	0.565	7.57
0.73	3.15	0	0.285	0.710	3.05
0.73	3.15	0	0.345	0.745	3.20
1.05	0	3.23	0.050	0.360	10.1
1.05	0	3.23	0.145	0.555	4.07
1.05	0	3.23	0.320	0.675	1.89
1.05	0	3.23	0.375	0.716	1.21
0	3.09	2.99	0.040	0.370	8.49
0	3.09	2.99	0.160	0.540	4.14
0	3.09	2.99	0.345	0.650	1.76
0	3.09	2.99	0.431	0.659	1.38
0.75	2.07	1.93	0.025	0.385	21.8
0.75	2.07	1.93	0.125	0.575	6.55
0.75	2.07	1.93	0.280	0.685	2.66
0.75	2.07	1.93	0.372	0.718	1.95

美国汉福特工厂和萨凡纳河工厂,均已经成功地应用 TBP 溶剂萃取法,从乏燃料后处理厂高放废液中分批回收了几百克的 ^{241}Am 和 ^{243}Am,法国和日本也曾用 TBP 溶剂分批萃取,从乏燃料后处理厂废液中回收少量的镅和锔。萨凡纳河工厂将辐照过的钚 – 铝合金溶于硝酸中,用 TBP 萃取回收钚之后,再从萃余液中分离出约 10 公斤的 ^{243}Am 和 ^{244}Cm。分离步骤如下:1)萃余液调料:使萃余液中不被萃取的硝酸盐浓度为 6.5 ~ 6.8 mol·L^{-1}(其中约含 0.67 mol·L^{-1} $Al(NO_3)_3$ + 4.5 mol·L^{-1} $NaNO_3$),溶液中硝酸浓度为 0.10 ~ 0.35 mol·L^{-1};2)以相比 1:1,采用 50% TBP – 烷烃稀释剂连续两次萃取镅和锔,然后用 0.2 mol·L^{-1} 硝酸进行反萃。

汉福特工厂从处理"希平波特"反应堆辐照燃料所得的废液中,采用 TBP 分批回收了约 1.1 kg 镅、60 克锔和 200 克的钷。分离流程如下:①将废液浓缩至含 1.6 mol·L^{-1} $Al(NO_3)_3$ + 1.5 mol·L^{-1} $NaNO_3$) + 0.2 mol·L^{-1} $Na_2Cr_2O_7$ 和 0.6 mol·L^{-1} NaF,然后加入亚硝酸钠进行调价,将 Cr(Ⅵ)还原至 Cr(Ⅲ),并将 pH 至调至 0 ~ 0.5 范围内。②以相比 1:1,采用 50% TBP – 直链烷烃稀释剂连续萃取镅和锔至萃取平衡,然后用 1 mol·L^{-1} 硝酸、以有机相∶水相 = 1∶2 进行反萃获得锔和锔。③将反萃获得含锔和锔的初产品溶液用直链烷烃稀释剂捕集有机溶剂,再用二 – (2 – 乙基己基)磷酸萃取提纯锔和锔,上述方法可从废液中提取约 92% 的锔和锔。

8.4.2　N,N – 二乙胺甲酰甲撑磷酸二己酯(DHDECMP)

采用国产的双官能团萃取剂 N,N – 二乙胺甲酰甲撑磷酸二己酯(DHDECMP)对高放浓盐模拟废液中去除锕系元素的工艺条件进行了研究。对我国现有的两种浓盐高放废液模拟料液中的铀、镎、锔和锔的萃取分配比进行了测定。

双配位基有机磷萃取剂能够有效地从酸性核废液中直接萃取回收锕系和镧系元素,已进行了冷台架实验。叶玉星等人采用国产的双官能团萃取剂 N,N 二乙胺甲酰甲撑磷酸二己酯(DHDECMP)做萃取剂、二乙基苯(DEB)为稀释剂,开展了其对高放浓盐模拟料液中萃取分离锕系元素的工艺条件进行了研究,其中对锔(萃取分配系数最小,约为 7)的萃取做了串级实验(四级萃取、二级洗涤,流比 AF∶AX∶AS = 1∶1.5∶0.5),锔从模拟浓盐废液中去除率大于 99.9%。对锔的反萃取也做了串级实验(六级反萃,流比 BF∶BX = 1∶1),锔的反萃率大于 99.9%。同时也开展了在 3 mol·L^{-1}硝酸体系下,30% DHDECMP/DEB 对钚锔萃取性能研究,如图 8 – 5 所示,结果表明,在所研究的硝酸浓度范围内,Am(Ⅲ)和 Pu(Ⅳ)在 30% DHDECMP/DEB 中的分配比存在较大差异,在 0.05 ~ 0.5 mol·L^{-1}硝酸溶液中,Am(Ⅲ)几乎不被萃取,D_{Am}在 0.01 ~ 0.2 之间,而 D_{Pu}在 1.1 ~ 4.6 之间。随着溶液中硝酸浓度的提高,D_{Am}也随之增大,当硝酸浓度大于 8 mol·L^{-1}时,D_{Am}变化趋于平稳。

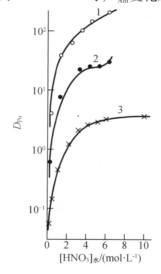

1—Pu(Ⅳ),30% DHDECMP/DEB;2—Pu(Ⅳ),10% DHDECMP/DEB;3—Am(Ⅲ),30% DHDECMP/DEB。

图 8 – 5　D_{Pu} 和 D_{Am} 与萃取水相酸度之间的关系

8.4.3　双三嗪吡啶类萃取剂

含 N 和 S 的软配位体与三价锕系离子比三价镧系离子有易形成配合物的倾向,因此能选择性地萃取三价锕系元素。以双三嗪吡啶(BTPs)为萃取剂,氢化四丙烯(TPH)作稀释剂,硝酸浓度为 1 ~ 2 mol·L^{-1}时,2,6 – 双(5,6 – 正丙基 – 1,2,4 – 三唑 – 3)吡啶(nPr – BTP)对锔和铕的分离因子可达 130。但 nPr – BTP 易被氧化降解成醇类衍生物,酸性体系易发生水解,而 2,6 – 双(5,6 – 二异丙基 – 1,2,4 – 三唑 – 3)吡啶(iPr – BTP)能显著提高其稳定性,其分子结构为

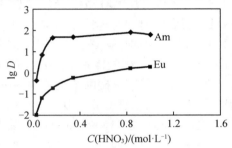

iPr – BTP 分子结构

以 iPr – BTP 作为萃取剂,30% 辛醇/正十二烷溶液为稀释剂,在硝酸介质中,萃取剂 iPr – BTP/正十二烷 + 30% 辛醇对 Am(Ⅲ)有较高的萃取分配比(图 8 – 6)。结果显示,当溶液中硝酸浓度小于 0.2 mol·L^{-1}时,随硝酸浓度增加,分配比迅速增大,当硝酸浓度为 0.2 ~ 1.0 mol·L^{-1}时,酸度对 iPr – BTP 萃取镅的影响较小。

图 8 – 6 硝酸浓度对镅和铕萃取分配比的影响

8.4.4 亚砜类萃取剂对镅的萃取

二正辛基亚砜(DOSO)从硝酸介质中萃取铀、镎、钚及主要裂变产物元素已有文献报道,但亚砜类萃取剂对镅的萃取文献报告较少,朱国辉等人研究了用二正辛基亚砜萃取 Am(Ⅲ)。

图 8 – 7 为硝酸浓度对 DOSO – 二甲苯萃取 Am(Ⅲ)的影响,结果显示,水相初始硝酸浓度对 DOSO 萃取 Am(Ⅲ)影响很大,只有在低酸且含有盐析剂存在时 DOSO 才能有效萃取 Am(Ⅲ),但随着硝酸浓度增加,对镅的萃取分配比迅速降低。另外,研究表明,即使在酸度很低的情况下,如果无盐析剂存在,DOSO 对 Am(Ⅲ)的萃取分配比很低,如当水相初始硝酸浓度为 0.01 mol·L^{-1}时,$D_{Am} = 2.1 \times 10^{-3}$,当水相初始硝酸浓度一定时,$D_{Am}$随盐析剂浓度的增加而增加。采用 1.0 mol·L^{-1}以上浓度的硝酸可完全实现将萃取有机相的 Am(Ⅲ)反萃下来。

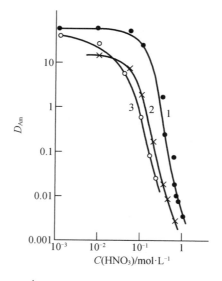

1—0.3 mol · L⁻¹DOSO – 二甲苯;2—0.2 mol · L⁻¹DOSO – 二甲苯;

3—0.3 mol · L⁻¹DOSO – 二甲苯(用 5 mol · L⁻¹硝酸钙平衡三次)。

图 8 – 7　DOSO – 二甲苯萃取 Am(Ⅲ)与水相初始硝酸浓度的关系

（实验条件:水相盐析剂浓度均为 5 mol · L⁻¹硝酸钙）

图 8 – 8 为萃取剂浓度对萃取 Am(Ⅲ)的影响,结果显示,在相同的实验条件下,D_{Am}随萃取体系中 DOSO 浓度的提高而增加。当水相硝酸浓度和盐析剂浓度不变时,lg D_{Am}对 lg[DOSO]作图,可获得斜率为 2.8 和 2.9 的直线,表明其萃合物的组成为 Am(NO₃)₃ · 3DOSO。

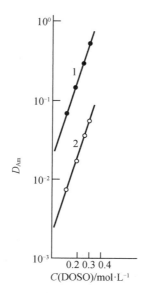

1—斜率为 2.8〔水相盐析剂浓度为 4 mol · L⁻¹Ca(NO₃)₂〕;

2—斜率为 2.9〔水相盐析剂浓度为 2 mol · L⁻¹Ca(NO₃)₂〕。

图 8 – 8　D_{Am}与 DOSO 浓度的关系

表 8 – 10 为在水相硝酸浓度为 $0.1~\mathrm{mol \cdot L^{-1}}$ 时,不同盐析剂对 $0.3~\mathrm{mol \cdot L^{-1}}$ DOSO – 二甲苯萃取 Am(Ⅲ) 的影响,表中结果可看出,Al(NO$_3$)$_3$ 作盐析剂时,D_{Am} 最大,其次是 Mg(NO$_3$)$_2$,最差的是 NH$_4$NO$_3$。

表 8 – 10　盐析剂对 DOSO 萃取镅的影响

盐析剂	名称	Al(NO$_3$)$_3$	Mg(NO$_3$)$_2$	LiNO$_3$	Ca(NO$_3$)$_2$	NaNO$_3$	NH$_4$NO$_3$
	浓度/(mol·L^{-1})	2.0	3.0	6.0	3.0	6.0	6.0
分配比 D_{Am}		3.5	2.5	2.3	0.34	0.13	4.5×10^{-2}

注:表中各盐析剂硝酸根总浓度均为 6 mol·L^{-1}。

图 8 – 9 为在水相硝酸浓度为 $0.1~\mathrm{mol \cdot L^{-1}}$、盐析剂 Al(NO$_3$)$_3$ 浓度为 $2.6~\mathrm{mol \cdot L^{-1}}$ 时,$0.2~\mathrm{mol \cdot L^{-1}}$ DOSO – 二甲苯萃取 Am(Ⅲ) 的影响曲线,曲线结果可看出,随着温度提高 D_{Am} 下降,这点与亚砜萃取其他锕系元素的行为一致,因此,低温有利于对 Am(Ⅲ) 的萃取。以 lg D_{Am} 对 $1/T$ 作图,获得其斜率为 1.52×10^3,从而获得其萃取 Am(Ⅲ) 热力学函数 ΔH 为 $-6.96~\mathrm{kJ \cdot mol^{-1}}$。

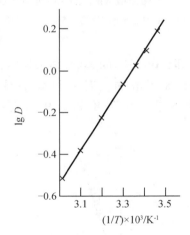

图 8 – 9　温度对 $0.2~\mathrm{mol \cdot L^{-1}}$ DOSO – 二甲苯萃取 Am(Ⅲ) 的影响

8.4.5　TRPO 对镅(锔)的萃取

TRPO 是一种混合的三烷基氧膦,对四六价锕系元素有很强的萃取能力,研究显示其对三价锕系和镧系也有较强的萃取能力。

赵焕珍等人研究了 TRPO 对镅和其他镧系元素的萃取性能,图 8 – 10 为在水相硝酸浓度为 $1.0~\mathrm{mol \cdot L^{-1}}$ 条件下,不同浓度的 TRPO – 二甲苯溶液从 $1.0~\mathrm{mol \cdot L^{-1}}$ 硝酸介质中萃取 Am(Ⅲ) 的分配比,从图中可看出,随着萃取体系中 TRPO 浓度的增加 D_{Am} 增加,将 lg D_{Am} 对 lg C_{TRPO} 作图可得一直线,直线斜率为 2.73,表明其镅与 TRPO 结合以 Am(NO$_3$)$_3$·3TRPO 萃合物形式萃入有机相。

图 8 – 11 为 30% TRPO – 二甲苯在不同硝酸浓度下对镅萃取分配比的影响,影响曲线显示,随着溶液中硝酸浓度的增加,TRPO 对镅的萃取分配比先增加而后迅速降低,溶液中

硝酸浓度为 0.5 mol·L^{-1} 时达到峰值,当溶液中硝酸浓度小于 0.5 mol·L^{-1} 时,随着溶液中硝酸浓度的增加 D_{Am} 增加,当溶液中硝酸浓度大于 0.5 mol·L^{-1} 时,随着溶液中硝酸浓度的增加 D_{Am} 急剧下降。这与图 3 - 36 相符,是由萃取剂氧化膦的性能决定。

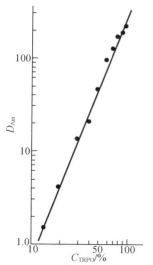

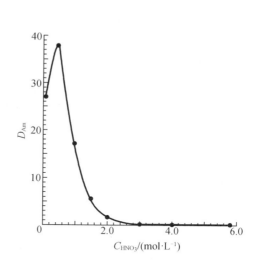

图 8 - 10　**TRPO 浓度对镅萃取分配比的影响**　　图 8 - 11　**硝酸浓度对 TRPO 萃取镅的影响**

　　清华大学的朱永壂教授等人在研究 TRPO 从高放废液中去除锕系元素时,为研究在常量镧系元素存在下 TRPO 对镅的萃取,以钕元素来代表常量镧系元素,在下列条件下测定了镅的分配比:

有机相:30% TRPO - 煤油

水　　相:Nd(NO$_3$)$_3$　　0～0.06 mol·L^{-1}

　　　　　HNO$_3$　　　　0.1～2 mol·L^{-1}

　　　　　NaNO$_3$　　　　0.3 mol·L^{-1}

　　图 8 - 12 显示了镅的分配比随水相硝酸浓度的增加及水相中钕离子浓度的增加而减少,同时随着钕离子浓度的增加,分配比随硝酸浓度变化的曲线变得平坦。在 0～0.06 mol·L^{-1} 常量镧系元素存在下,在 2 mol·L^{-1} 硝酸介质中,30% TRPO - 煤油萃取镅的分配比约为 1.8～0.87。

　　在此数据基础上,利用模型计算了不同参数下,在不同料液酸度下,30% TRPO - 煤油萃取镅和三价镧系元素的多级逆流萃取中各级的浓度分布。计算机计算结果和离心萃取器多级逆流萃取实验都表明,当高放料液中硝酸浓度为 2 mol·L^{-1} 时,在流比 O/A = 1.6～2 条件下,用 30% TRPO - 煤油经过十级萃取可以有效地去除料液中 99% 的镅。

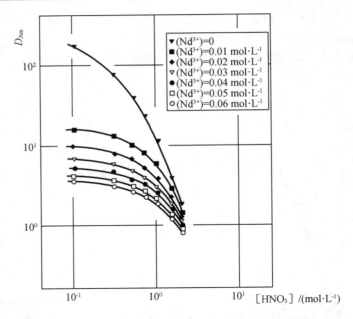

图 8 - 12　镅的分配比与平衡水相硝酸浓度和镧系离子浓度的关系

考虑到高放废液中核素的强辐射作用会导致萃取剂的性能发生改变,张平等人研究了 30% TRPO - 煤油辐照后对镅的萃取与保留性能的变化。30% TRPO - 煤油先用 ^{60}Co 源辐照,吸收剂量为 1 ~ 5 MGy,然后在相比为 1、25 ℃ 的条件下对含有 ^{241}Am 标准液的 1 mol · L^{-1} 硝酸溶液进行萃取。结果表明:

①当吸收剂量大于 2 MGy 后,萃取剂对 Am 的萃取分配比稍有降低,如图 8 - 13 所示。萃取体系经过高剂量辐照后,部分 TRPO 分解,萃取剂含量稍有降低,而辐解生成的烷基膦酸等酸性产物通过氢键与 TRPO 的 P ＝ O 基团结合,降低了 TRPO 萃取剂的有效浓度,抑制了对 ^{241}Am 的萃取,导致 D 降低。

②用 5.5 mol · L^{-1} HNO$_3$ 反萃 3 次后,有机相中 Am 无保留,如图 8 - 14 所示。

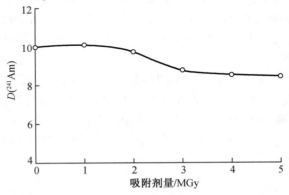

图 8 - 13　吸收剂量对 $D(^{241}Am)$ 的影响

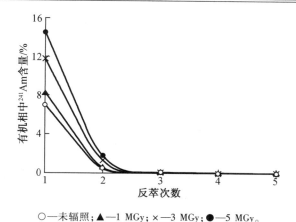

○—未辐照；▲—1 MGy；×—3 MGy；●—5 MGy。

图 8 - 14　吸收剂量和反萃取次数对有机相中 Am 含量的影响

8.5　酸性萃取剂对镅锔的萃取

60 年代中期 P204（HDEHP）萃取剂成功用于工业规模的稀土元素分离，以后发现 P507（HEH/EHP）萃取剂对稀土元素具有良好的分离性能，平均分离系数可达到 3.04，P507 结构式为

$$
\begin{array}{c}
C_2H_5 \\
| \\
C_4H_9—CH—CH_2 \\
\end{array}
\quad
\begin{array}{c}
O \\
\| \\
P \\
\end{array}
$$

鉴于 Am（Cm）与稀土元素化学性质的相似性，研究采用 P507 用于 Am（Cm）与稀土元素的分离，系统研究了 P507 萃取 Am 与稀土元素的各种影响因素，测定了 Am、La、Ce、Pr、Nd 等元素在模拟料液与 P507 - 磺化煤油溶液中的分配比，建立了分配比的数学模型，所得到的实验结果与计算结果符合较好，可供 Am（Cm）与稀土元素的分离流程的设计参考。研究结果表明，P507 - 磺化煤油溶液从硝酸介质中萃取镅和轻稀土元素的顺序为 La < Ce < Am < Pr < Nd < Sm（见图 8 - 15）。通过改变水相中稀土元素总浓度可使 Am 成为易萃组分或不易萃组分，从而使 Am 与稀土元素可能达到一定程度的分离。

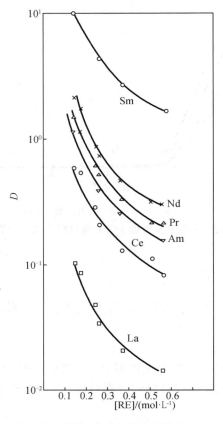

图 8-15　料液中[RE]对金属离子的分配比 D 的影响

（其中萃取剂先经 5% Na_2CO_3、1 mol·L^{-1} HNO_3 和去离子水洗涤处理后，再用 NH_4OH 溶液皂化，皂化度为 24%；
1.0 mol·L^{-1} P507-磺化煤油，相比 O/A = 1；料液 pH = 2.1±0.1）

近几年来，在三价镅与三价稀土元素的分离研究中，一些含 S 或含 N 配位原子的萃取剂颇受人们的关注，如含 S 萃取剂 HBMPPT(4-苯甲酰基-2,4 二氢-5-甲基-2-苯基-3H-吡唑硫酮-3)、二(2-乙基己基)—(或二)硫代磷(膦)酸，含 N 萃取剂 8-羟基喹啉衍生物等。研究表明，镅与这些软配体可以形成较稀土元素更稳定的配合物而优先于稀土被萃取，且已看到，硫代膦酸优于硫代磷酸。Cyanex 301(二烷基二硫代膦酸)与 Cyanex302(二烷基一硫代膦酸)是硫代膦酸类中两种商品萃取剂，已广泛用于锌、镍、铜等金属的提取分离。刘德敏等以煤油作为稀释剂、Cyanex 301 和 Cyanex302 萃取剂，开展了萃取分离镅的性能研究。研究结果(见图 8-16)表明，Cyanex 301 和 Cyanex 302 对镅和铕的萃取可以在 pH=0.5~2 之间进行，Cyanex 301 萃取的 pH 较 Cyanex 302 可以更低些。说明二烷基二硫代膦酸与二烷基一硫代膦酸相比，由于前者酸性较大(pK_a=2.61)，萃取能力也大于后者(pK_a=5.63)。在此 pH 范围内，pH 对 lgD 的影响近似为直线，经线性回归后给出直线斜率分别为：Cyanex 301-Am:2.83，Cyanex 301-Eu:2.72；Cyanex 302-Am:2.51，Cyanex 302-Eu:2.53。二者对铕的萃取能力略高于镅，分离因子不随 pH 而变化，铕与镅的分离因子：Cyanex301 为 1.44，Cyanex 302 为 1.58。由于 Cyanex 301 和 Cyanex 302 均是混合物，组成中 Cyanex301 除含有二烷基二硫代膦酸外，还有二烷基一硫代膦酸等成分，而 Cyanex 302 的主要成分除了二烷基一硫代膦酸为含氧酸外，还含有较大量的二烷基膦酸和中性三烷基氧膦，这些含氧的有机成分对稀土元素有很强的萃取或协萃能力，且其含量之高，又远远超过示踪量的锔与铕，可能是造成铕的萃取分配比高于锔的原因，且 Cyanex 302 对铕和锔的分离因子（1.58）大于 Cyanex301（1.44）。

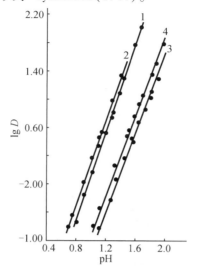

1—Cyanex301 – Am；2—Cyanex301 – Eu；Cyanex301 = 50%；3—Cyanex 302 – Am；4—Cyanex302 – Eu；Cyanex 302 = 50%。

图 8 – 16　Cyanex 301 和 Cyanex302 萃取示踪量锔和铕时 pH 对分配比的影响

8.6　胺类萃取剂对锔镉的萃取

采用胺类萃取法或萃取色层法分离锔、镉，其优点是具有耐辐照、分离因子较高等特点，研究了用季铵盐从含盐析剂的硝酸溶液中萃取三价锔和镉，分离系数可达到 2.8。阿贡国家实验室用季铵盐萃取和萃取色层法，从 ^{241}AmO$_2$ 靶中提取了 20 – 30Ci 高纯 ^{242}Cm，另外在季铵盐萃取过程加入配合剂二乙撑三胺五乙酸（DTPA），Am（Ⅲ）、Cm（Ⅲ）分离系数可达到 3.5~5.0。我国张力争等人开展了从甲基三烷基硝酸铵（简称 N263）萃取 Am（Ⅲ）、Cm（Ⅲ）的研究。

表 8 – 11 表示不同稀释剂对 N263 萃取 Am（Ⅲ）的影响，表中数据显示，后两种作为稀释剂时，分配系数偏低，且实验过程发现易出现第三相，而前三种作为稀释剂时萃取性能相似。

图 8 – 17 表示水相 pH 值对 N263 萃取 Am（Ⅲ）、Cm（Ⅲ）的影响。从曲线可以看出，当 pH < 1 时，随着 pH 降低，N263 对 Am（Ⅲ）、Cm（Ⅲ）的萃取分配比（D）迅速下降，分析主要原因是溶液中酸度的增加，水相中硝酸以 $[H(NO_3)_2]^{-1}$ 形式萃入有机相，消耗部分季铵萃取剂，使 D_{Am} 和 D_{Cm} 下降。当 pH 从 1.0 增加到 4.0 时，D_{Am} 和 D_{Cm} 基本不变。

表 8 – 11 稀释剂对 N263 萃取 Am(Ⅲ)的影响

水相 pH 或[HNO₃] 稀释剂　　　　　D	3.5	3.0	2.9	1.0	0.5	0.3 mol·L⁻¹ HNO₃	1.0 mol·L⁻¹ HNO₃
二甲苯	32.8	32.8	31.2	31.6	25.7	3.46	—
甲苯	30.8	—	33.6	30.8	24.6	6.1	2.1
苯	31.4	—	31.6	32.2	23.2	5.4	2.2
二乙基苯	27.5	—	29.9	29.8	23.2	8.4	3.4
环己烷	23.4	—	23.2	22.1	—*	—*	—*

注:*预平衡时出现第三相。

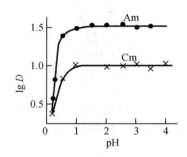

图 8 – 17 水相 pH 值对 N263 萃取 Am(Ⅲ)、Cm(Ⅲ)的影响
(条件:水相 LiNO₃ 为 4.0 mo·L⁻¹、萃取剂为 40% N263 – 二甲苯)

一般认为季铵盐萃取 Am、Cm 的机理是阴离子交换,Am^{3+}、Cm^{3+} 与 NO_3^- 结合成配合阴离子,与萃取剂季铵盐中的酸根阴离子交换,形成中性的离子缔合物分子萃入有机相,因此 $[NO_3^-]$ 影响甚大。图 8 – 18 表示水相 pH 为 3.0,LiNO₃ 浓度变化对 40% N263 – 二甲苯萃取 Am(Ⅲ)、Cm(Ⅲ)的影响。结果显示,LiNO₃ 浓度对 N263 萃取 Am(Ⅲ)、Cm(Ⅲ)的萃取有明显的影响,随着水相中 LiNO₃ 浓度的提高,N263 萃取 Am(Ⅲ)、Cm(Ⅲ)的萃取分配比均提高。这主要是由于 NO_3^- 是助萃配合剂,而 Li^+ 的水合能力强,有盐析作用,所以 LiNO₃ 浓度对 D_{Am}、D_{Cm} 有显著影响。

在用胺类萃取剂进行锕系与镧系元素的分离研究中发现,水相中加入硫氰酸盐,可增强萃取剂对锕系元素的选择性,实现锕系与镧系元素之间的完全分离。如氯化甲基三烷基铵(商品代号为 Aliquat 336S)从 0.1 mol·L⁻¹ 硫酸和 0.6 mol·L⁻¹ 硫氰酸铵混合溶液中优先萃取镅、锔等锕系元素,实现与镧系元素的完全分离。这符合 Lewis 酸碱理论的"软亲软"规则,硫氰酸根的软配位原子与锕系硬酸阳离子中相对偏软的 Am^{3+} 和 Cm^{3+} 优先配合,形成稳定的配合阴离子与季铵盐阳离子缔合成萃合物。

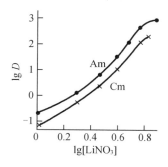

图 8-18　LiNO₃ 浓度对 N263 萃取 Am、Cm 的影响

8.7　锕镉的协同萃取

N,N-二乙基胺甲酰甲撑膦酸二己酯(DHDECMP)是 60 年代发展起来的双配位基中性膦类萃取剂。在硝酸介质中,DHDECMP 对三价锕系和镧系元素的萃取研究国内外报道较多,但关于 DHDECMP 的协同萃取体系的研究报道较少,党海军等研究了 DHDECMP-十氢萘-二甲苯在硝酸体系中对 Am(Ⅲ)的萃取和酸性萃取剂 HPMBP、HTTA 和 DHDECMP 对锕的协同萃取(见图 8-19)。结果表明,在 pH=1~3 之间且 NO₃⁻ 浓度为 0.3 mol·L⁻¹ 时,主要协同萃合物是 Am(A)₂·NO₃·HA·2DHDECMP(HA 代表 HPMBP 或 HTTA)。DHDECMP 与 HPMBP、HTTA 协同萃取 Am³⁺ 的协萃系数分别为 10²~10³ 和 10²~10⁴。

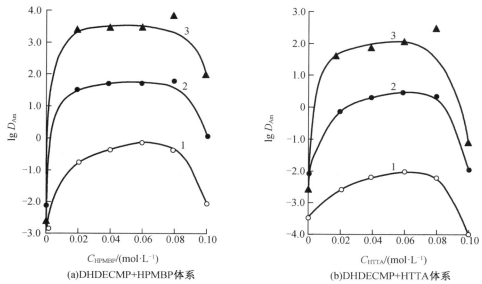

图 8-19　萃取剂的组成对协同萃取的影响

(水相 pH:1-0.94,2-1.88,3-2.81;有机相:两种萃取剂的浓度之和为 0.1 mol·L⁻¹)

朱国辉等人研究了 DOSO 和 TBP 对 Am(Ⅲ)的协同萃取,协萃体系为:Am³⁺/

Ca(NO₃)₂/TBP + DOSO – 二甲苯,可能生成协萃配合物 $Am(NO_3)_3 \cdot yTBP \cdot xDOSO$,协萃总的分配比 D_M 应有三部分组成:$D_M = D_T + D_D + D_{TD}$,其中 D_T、D_D 分别为 TBP 和 DOSO 单独萃取 Am(Ⅲ) 的分配比;D_{TD} 为 TBP 和 DOSO 与 Am(Ⅲ)生成溶剂化物 $Am(NO_3)_3 \cdot yTBP \cdot xDOSO$ 而被萃取的分配比。表 8 – 12 列出了在水相硝酸浓度为 0.1 mol·L⁻¹、Ca(NO₃)₂ 为 4 mol·L⁻¹ 的条件下,TBP + DOSO – 二甲苯对 Am(Ⅲ)协萃分配比数据,表中数据可看出,TBP 和 DOSO 对 Am(Ⅲ) 有明显的协萃效应。

表 8 – 12　"TBP + DOSO" – 二甲苯对 Am(Ⅲ)协萃分配比数据

原始萃取剂浓度/(mol·L⁻¹)		分配比 D_{Am}			
TBP	DOSO	D_T	D_D	D_{TD}	D_M
0.35	—	7.96	—	—	—
—	0.05	—	0.04	—	—
0.35	0.05	7.96	0.04	1.56	9.56
0.30	—	3.29	—	—	—
—	0.10	—	0.14	—	—
0.30	0.10	3.29	0.14	6.10	9.53
0.25	—	1.80	—	—	—
—	0.15	—	1.00	—	—
0.25	0.15	1.80	1.00	8.84	11.6
0.20	—	0.98	—	—	—
—	0.20	—	3.48	—	—
0.20	0.20	0.98	3.48	8.96	13.4
0.15	—	0.35	—	—	—
—	0.25	—	7.65	—	—
0.15	0.25	0.35	7.65	6.01	14.0

图 8 – 20 为协萃系数 R 与萃取体系中 TBP 浓度与 DOSO 浓度之比的关系,图中曲线显示,在固定萃取体系中萃取剂总浓度为 0.4 mol·L⁻¹ 不变的情况下,随着 TBP 浓度与 DOSO 浓度之比的增大,协萃系数 R 先增大而后迅速降低,当 TBP 浓度与 DOSO 浓度之比为 2 时,协萃系数 R 达到峰值,即 $y = 2$,$x = 1$,所以协同萃合物为 $Am(NO_3)_3 \cdot 2TBP \cdot DOSO$。

含氮的中性萃取剂和羧酸类也可协同萃取锕,如三联吡啶(Terpy)与 α 溴代癸酸的协萃体系,在 0.01 mol·L⁻¹ 硝酸中,锔与铕的分离因子为 7.5。

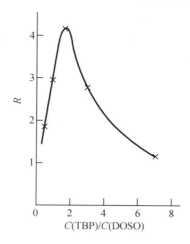

图 8 - 20 协萃系数 R 与 C(TBP)/C(DOSO)的关系曲线

参 考 文 献

[1] Lester R. Morss, Norman M. Edelstein&Jean Fuger, The Chemistry of the Actinide and Transactinide Elements.

[2] 美,W. W 舒尔茨著,唐任寰译,锔化学[M],原子能出版社,1981 年 6 月.

[3] Bansal. B. M. and Damien, D. Inorg. Nucl. Chem. , 1970, 31, 3471 - 3480.

[4] Gibson, J. K. and Haire, R. G. Preparation and X - ray diffraction studies of curium hydrides, J. Solid State Chem. , 59, 317 - 323.

[5] Coleman, J. S. J. Inorge. Nucl. Chem. , 1957,2,53 - 7.

[6] 朱国辉,二正辛亚砜萃取锔的研究[J],原子能科学技术,1987 年:21(4)。

[7] 赵沪根,叶玉星等,DHDECMP 萃取 Pu(Ⅳ) - Am(Ⅲ)分离的研究[J],原子能科学技术,1983 年 1 月:1236.

[8] 程琦福等,iPr - BTP 对锔和稀土元素的萃取行为研究[J],中国原子能科学研究院年报,2005 年。

[9] 赵焕珍,党海军,王旭辉,TRPO 对锔的萃取及与 DHDECMP 复合萃取的研究,核化学与放射化学,1995 年,17(2):122 - 125.

[10] 朱永䶮,宋崇立,徐景明等,用三烷基氧膦(TRPO)从强放废液中去除锕系元素——TRPO 对锔和某些镧元素的萃取,核科学与工程,1989 年,Vol. 9 No. 2:141 - 150.

[11] 张平,梁俊福,辛仁轩等,γ 辐照后 30% TRPO - 煤油体系对锔的萃取与保留,原子能科学技术,2003 年 1 月,Vol. 37 No. 1:46 - 48.

[12] 李镇虎等,用 P507 - 磺化煤油溶液从硝酸溶液中萃取分离锔(锎)与稀土元素[J],核化学与放射化学,1989 年,11(4):212.

[13] 刘德敏等,Cyanex301 和 Cyanex302 对锔和稀土元素的萃取研究[J],核化学与放射化学,19(4),1997,18 - 22.

［14］ 张力争等,季铵盐萃取分离镅、镉［J］,原子能科学技术,1983 年第二期。

［15］ 党海军,赵焕珍,陆兆达,DHDECMP 与酸性萃取剂 HPMBP、HTTA 对镅的协同萃取,核化学与放射化学,1996 年第 4 期。

第9章 锫锎的溶剂萃取化学

9.1 锫锎元素

9.1.1 锫锎的发现

锫锎最早是由美国加州伯克利的劳伦斯伯克利国家实验室的研究人员所发现。锫是继镎、钚、镅和锔后第五个被发现的超铀元素,以伯克利(Berkeley)命名。锎是第六个被发现的超铀元素,该元素是以美国加利福尼亚州及加州伯克利大学命名的。

1. 锫的发现

1949 年 12 月,格伦·西奥多·西博格、阿伯特·吉奥索和 Stanley G. Thompson 利用伯克利加州大学直径 1.5 米的回旋加速器,成功制成并分离出锫元素。

锫的制备过程中最困难的便是要产生足够量的锔作为靶体以及要从最终产物中把锫分离出来。制备并分离锫的过程如下:

①首先,在铂薄片上涂上硝酸镅(^{241}Am)溶液,待溶液蒸发后,残留物经加热分解成二氧化镅(AmO$_2$)。

②将做成的靶体放在回旋加速器中,经能量为 35 MeV 的 α 粒子辐照 6 小时。辐射导致的(α,2n)核反应产生了^{243}Bk 同位素和两个中子。

③辐射完毕之后,将薄片上的涂层溶解在硝酸中,再用浓氨水使其沉淀为氢氧化锫。

④利用离心分离将氢氧化锫沉淀从溶液中分离出来,然后用硝酸将产物溶解。

⑤将溶液加到硝酸铵和硫酸铵的混合溶液中并加热使溶解了的镅转化为 +6 价氧化态,剩余未被氧化的镅可以通过加入氢氟酸,以三氟化镅(AmF$_3$)的形式沉淀出来。这一步可实现镅、锫(锔)分离。

⑥将三氟化镅和三氟化锫的混合物与氢氧化钾反应,形成对应的氢氧化物,进行离心分离后再溶解在高氯酸中。进一步的分离过程是在弱酸性(pH $\approx$ 3.5)的柠檬酸/铵缓冲溶液中使用高压离子交换法来进行。

当时人们并不了解第 97 号元素的层析特性,但可从铽的洗提曲线中推导出来(图 9 - 1),从图中能看出镧系的铽(Tb)、钆(Gd)和铕(Eu)与相应锕系的锫(Bk)、锔(Cm)和镅(Am)之间的相近之处。最初在洗提产物中探测不出 α 粒子辐射的特征,但在继续寻找 K - α 特征 X 光和转换电子后,科学家终于辨认到了锫元素。在最初的报告中,该新元素的质量数并不确定是 243 还是 244,之后才确定为 243。

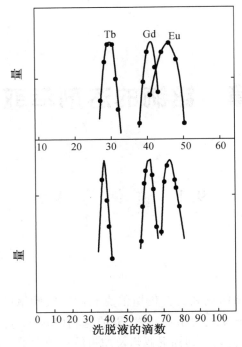

图 9 – 1　层析洗提曲线

2. 锎的发现与制备

伯克利加州大学研究人员于 1950 年在回旋加速器上以 35 MeV 的 α 粒子($_2^4$He)撞击一微克大小的锔 – 242,首次人工合成锎元素,产生的同位素为 ^{245}Cf。反应为 :$_{96}^{242}$Cm + $_2^4$He→$_{98}^{245}$Cf + $_0^1$n,此次实验只产生了大约 5 000 个锎原子,半衰期为 44 分钟。

此后,爱达荷国家实验室通过对钚靶体进行辐射,首次产生了重量可观的锎元素,并于 1954 年公布了研究结果。产生的样本中能够观察到锎 – 252 的高自发裂变率。20 世纪 60 年代,位于美国田纳西州橡树岭的橡树岭国家实验室利用其高通量同位素生产堆(HFIR)产生了少量的锎。

锎可以在核反应堆和粒子加速器中产生。锫 – 249 受中子撞击(中子俘获(n,γ))后立即进行 β 衰变($β^-$),便会形成锎 – 250。反应如下 :$_{97}^{249}$Bk(n,γ)$_{97}^{250}$Bk→$_{98}^{250}$Cf + $β^-$,锎 – 250 在受中子撞击后会产生锎 – 251 和锎 – 252。

世界上仅有两处生产锎的设施 :位于美国的橡树岭国家实验室以及位于俄罗斯的核反应堆研究所。截至 2003 年,两座设施分别每年生产 0.25 克和 0.025 克的锎 – 252。设施除能生产 ^{252}Cf,还可生产半衰期较长的三个锎同位素 :^{249}Cf、^{250}Cf、^{251}Cf。以铀 – 238 作起始物,通过捕获中子 15 次,期间不进行核裂变或 α 衰变。从铀 – 238 开始的核反应链经过几个钚同位素、锔同位素、锔同位素、锫同位素,可以得到锎 – 249 至锎 – 253 同位素(图 9 – 2)。

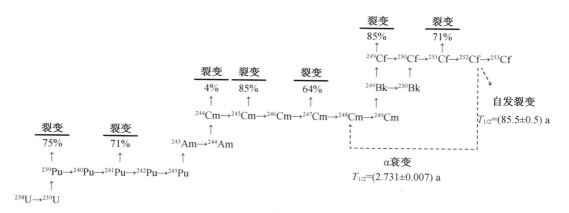

图 9 - 2　以中子辐照从铀 - 238 产生锎同位素的核反应路径图

9.1.2　锫锎的主要同位素

1. 锫的主要同位素

表 9 - 1 中列出了目前已知属性的 14 种锫同位素,同质异能素共 6 种,质量数从 235 到 251,全都具有放射性。半衰期较长的有^{247}Bk(1,380 年)、^{248}Bk(9 年)和^{249}Bk(330 天)。其余的同位素半衰期从几微秒到几天不等。

^{249}Bk 是所有同位素中最容易制得的,它主要释放 β 粒子,因此较容易被探测到。锫 - 249 的 α 辐射非常弱,只有其 β 辐射的 $1.45 \times 10^{-3}\%$,但也被用于探测该同位素。^{249}Bk 除了用于 97 号元素的化学、物理性质研究,还是锎重要同位素的来源。

表 9 - 1　锫的主要同位素

质量数	半衰期	衰变方式	主要辐射/MeV	制备方法
238	2.4 min	EC		^{241}Am(α,7n)
240	4.8 min	EC		^{232}Th(^{14}Ne,6n)
241	4.6 min	EC	γ 0.2623	^{239}Pu(^{6}Li,4n)
242	7.0 min	EC		^{232}Th(^{14}N,4n) ^{232}Th(^{15}N,5n)
243	4.5 h	EC 99.85% α 0.15%	α 6.758(15%) 6.574(26%) γ 0.755	^{243}Am(α,4n)
244	4.35 h	EC >99% α $6 \times 10^{-3}\%$	α 6.667(~50%) 6.62(~50%) γ 0.218	^{243}Am(α,3n)
245	4.94 d	EC >99.88% α 0.12%	α 6.349(15.5%) 6.145(18.3%) γ 0.253(31%)	^{243}Am(α,2n)
246	1.80 d	EC	γ 0.799(61%)	^{243}Am(α,n)

表 9 – 1（续）

质量数	半衰期	衰变方式	主要辐射/MeV	制备方法
247	1.38×10^3 yr	α	α 5.712（17%） 5.532（45%） γ 0.084（40%）	^{247}Cf 子体 ^{244}Cm(α,p)
248[a]	23.7 h	β^- 70% EC 30%	β^- 0.86 γ 0.551	^{248}Cm$(d,2n)$
248[a]	>9 yr	未见衰变		^{246}Cm(α,pn)
249	330 d	β^- >99% α 1.45×10^{-3}%	α 5.417（74.8%） 5.390（16%） β^- 0.125 γ 0.327	多中子捕获
250	3.217 h	β^-	β^- 1.781 γ 0.989（45%）	^{254}Es 子体 ^{249}Bk(n,γ)
251	55.6 min	β^-	β^- ~1.1 γ 0.178	^{255}Es 子体

注：a 不知是否为基态核素或同质异能态。

同位素的制备：

在反应堆中对铀（^{238}U）或钚（^{239}Pu）进行中子撞击，可以生成锫。首先，铀燃料经中子俘获（又称(n,γ)反应或中子聚变）变为钚：

$$^{238}_{92}\text{U} \xrightarrow{(n,\gamma)} {}^{239}_{92}\text{U} \xrightarrow{\beta^-} {}^{239}_{93}\text{Np} \xrightarrow{\beta^-} {}^{239}_{94}\text{Pu}$$

钚 – 239 再经中子通量比一般反应堆高几倍的辐射源（如位于美国田纳西州橡树岭国家实验室的 85 MW 高通率同位素生产堆）照射。高中子通量能够催发多次中子融合反应，把^{239}Pu 转换为^{244}Cm，然后转换为^{249}Cm：

$$^{239}_{94}\text{Pu} \xrightarrow{4(n,\gamma)} {}^{243}_{94}\text{Pu} \xrightarrow[4.956\ h]{\beta^-} {}^{243}_{95}\text{Am} \xrightarrow{(n,\gamma)} {}^{244}_{95}\text{Am} \xrightarrow[10.1h]{\beta^-} {}^{244}_{96}\text{Cm}, {}^{244}_{96}\text{Cm} \xrightarrow{5(n,\gamma)} {}^{249}_{96}\text{Cm}$$

锔 – 249 的半衰期很短，只有 64 分钟，所以不太可能进一步转换为^{250}Cm。不过，锔 – 249 会经 β 衰变形成^{249}Bk。

$$^{249}_{96}\text{Cm} \xrightarrow[64.15\ min]{\beta^-} {}^{249}_{97}\text{Bk} \xrightarrow[330\ d]{\beta^-} {}^{249}_{98}\text{Cf}$$

^{249}Bk 半衰期较长（330 d），因此可以再俘获一个中子。但是产生出来的^{250}Bk 半衰期又非常短，只有 3.212 h，所以不可能再变成更重的锫同位素，而是衰变为锎同位素^{250}Cf：

$$^{249}_{97}\text{Bk} \xrightarrow{(n,\gamma)} {}^{250}_{97}\text{Bk} \xrightarrow[3.212\ h]{\beta^-} {}^{250}_{98}\text{Cf}$$

虽然^{247}Bk 是锫最稳定的同位素，但是合成该同位素的过程却效率很低，这是因为锔 – 247（原同位素）的衰变率很慢，所以在进行 β 衰变形成锫 – 247 之前，就已吸收了更多的中子生成别的同位素了。因此^{249}Bk 是最容易合成的锫同位素，但其产量仍然微乎其微（美国在 1967 至 1983 年间的锫产量总和只有 0.66 克，每毫克价格高达 185 美元。

同位素^{248}Bk 是在 1956 年以能量为 25 MeV 的 α 粒子撞击含各种锔同位素的混合物而

首次合成的。该同位素和 ^{245}Bk 的信号互相重叠,无法直接辨识,但科学家通过测量衰变产物 ^{248}Cf 量的增加,确定了这个新同位素的存在。同年,科学家以 α 粒子撞击 ^{244}Cm,产生了锫 - 247:

$$^{244}_{96}\text{Cm} \xrightarrow{(\alpha,n)} {}^{247}_{98}\text{Cf} \xrightarrow[3.11\text{ h}]{\varepsilon} {}^{247}_{97}\text{Bk}$$

$$^{244}_{96}\text{Cm} \xrightarrow{(\alpha,p)} {}^{247}_{97}\text{Bk}$$

1979 年,科学家以 ^{11}B 撞击 ^{235}U,以 ^{10}B 撞击 ^{238}U,以 ^{14}N 撞击 ^{232}Th 并且以 ^{15}N 撞击 ^{232}Th,合成了锫 - 242。锫 - 242 经电子捕获转变为 ^{242}Cm,半衰期为 (7.0 ± 1.3) min。该实验并没有产生 ^{241}Bk 同位素。科学家在后来的研究中成功合成了 ^{241}Bk。

$$^{235}_{92}\text{U} + {}^{11}_{5}\text{B} \longrightarrow {}^{242}_{97}\text{Bk} + 4{}^{1}_{0}\text{n}; {}^{232}_{90}\text{Th} + {}^{14}_{7}\text{N} \longrightarrow {}^{242}_{97}\text{Bk} + 4{}^{1}_{0}\text{n}$$

$$^{238}_{92}\text{U} + {}^{10}_{5}\text{B} \longrightarrow {}^{242}_{97}\text{Bk} + 6{}^{1}_{0}\text{n}; {}^{232}_{90}\text{Th} + {}^{15}_{7}\text{N} \longrightarrow {}^{242}_{97}\text{Bk} + 5{}^{1}_{0}\text{n}$$

2. 锎的主要同位素

目前已知的锎同位素共有 20 个,都是放射性同位素。其中最稳定的有锎 - 251(半衰期为 898 年)、锎 - 249(351 年)、锎 - 250(13.08 年)及锎 - 252(2.645 年)。其余的同位素半衰期都在一年以下,大部分甚至少于 20 min。锎同位素的质量数从 237 到 256 不等,具体见表 9 - 2。

表 9 - 2　锎的主要同位素

质量数	半衰期	衰变方式	主要辐射/MeV	制备方法
237 *	2.1 s	EC,SF		^{206}Pb(^{34}S,3n)
238 *	21 ms	EC,SF		^{207}Pb(^{34}S,3n)
239	39 s	α	α 7.63	^{243}Fm 子体
240	1.06 min	α	α 7.59	^{233}U(^{12}C,5n)
241	3.8 min	α	α 7.335	^{233}U(^{12}C,4n)
242	3.7 min	α	α 7.385(~80%) 7.351(~20%)	^{233}U(^{12}C,3n) ^{235}U(^{12}C,5n)
243	10.7 min	EC ~86% α ~14%	α 7.06	^{235}U(^{12}C,4n)
244	19.4 min	α	α 7.210(75%) 7.168(25%)	^{244}Cm(α,4n) ^{236}U(^{12}C,4n)
245	45.0 min	EC ~70% α ~30%	α 7.137	^{244}Cm(α,3n) ^{238}U(^{12}C,5n)
246	35.7 h 2.0×10^3 yr	α SF	α 6.758(78%) 6.719(22%)	^{244}Cm(α,2n) ^{246}Cm(α,4n)
247	3.11 h	EC 99.96% α 0.035%	α 6.296(95%) γ 0.294(1.0%)	^{246}Cm(α,3n) ^{244}Cm(α,n)

表 9 - 2(续)

质量数	半衰期	衰变方式	主要辐射/MeV	制备方法
248	334 d	α SF	α 6.258(80.0%) 6.217(19.6%)	^{246}Cm(α,2n)
249	351 yr	α SF	α 6.194(2.2%) 5.812(84.4%) γ 0.388(66%)	^{249}Bk 子体
250	13.08 yr	α SF	α 6.031(83%) 5.989(17%)	多中子捕获
251	898 yr	α	α 5.851(27%) 5.677(35%) γ 0.177(17%)	多中子捕获
252	2.645 yr	α 96.91% SF 3.09%	α 6.118(84%) 6.076(15.8%)	多中子捕获
253	17.81 d	β⁻ 99.69% α 0.31%	α 5.979(95%) 5.921(5%)	多中子捕获
254	60.5 d	SF 99.69% α 0.31%	α 5.834(83%) 5.792(17%)	多中子捕获
255	1.4 h	β⁻		^{254}Cf(n,γ)
256	12.3 min	SF		^{254}Cf(t,p)

注:SF:自发裂变;EC:电子捕获。

* :这些同位素的存在受到质疑。

9.1.3　锫锎的电子结构和晶体结构

锫的基态电子结构为[Rn]$5f^9 7s^2$。一般情况下,锫的结构是最稳定的 α 型。该结构呈六方对称形,空间群为 P63/mmc,晶格参数分别为 341 pm 和 1107 pm。该晶体有着双六方密排结构,层序为 ABAC,因此它与 α - 镅和镅以后的锕系元素的 α 型晶体同型。这种结构随着压力和温度而变化。在室温下压缩到 7 GPa 时,α 型会转变为 β 型,该结构属于面心立方(fcc)对称型,空间群为 Fm3m。这种结构转变不会使体积产生变化,但其熵会增加 3.66 kJ · mol^{-1}。当继续加压到 25 GPa 时,锫会转变为属于正交晶系的 γ 型结构,与 α - 铀相似。转变后的体积会增加 12% ,并使 5f 壳层电子离域。压力增加直至 57 GPa 时,锫都不会再发生相变。加热后,α - 锫会变为面心立方结构(但与 β - 锫稍有不同),空间群为 Fm3m,晶格常数为 500 pm,这种结构和层序为 ABC 的密排结构相同,这是一种亚稳态,并会在室温下缓慢地变回 α - 锫。这一相变发生时的温度与锫的熔点非常相近。

锎的基态电子结构为[Rn]$5f^{10} 7s^2$。在一个大气压力下,锎有两种晶体结构:在 900 ℃以下为双层六方密排结构(称 α 型),此时密度为 15.10 g/cm^3;而另一种面心立方结构(β型)则在 900℃以上出现,密度为 8.74 g/cm^3。在 48 GPa 的压力下,锎的晶体结构会由 β 型转变为第三种正交晶系结构。这是由于锎原子中的 5f 电子在此压力下会变成离域电子,这些自由电子足够参与键的形成。

物质的体积模量指的是该物质抗衡均匀压力的强度。锎的体积模量为 50 ± 5 GPa,这与三价的锕系金属相似,但比一些常见的金属低(如铝:70 GPa)。

9.1.4 锫锎金属

锫是一种柔软的银白色放射性锕系金属,在元素周期表中位于锔之右,锎之左,镧系元素铽之下。锫的许多物理和化学特性与铽相似。锫的密度为 14.78 g·cm^{-3},介乎锔(13.52 g·cm^{-3})和锎(15.1 g·cm^{-3})之间;其熔点(986 ℃)也低于锔(1 340 ℃),高于锎(900 ℃)。锫的体积模量(该物质抗衡均匀压力的强度)是锕系元素中相对较低的,大约为 20 GPa(2×10^{10} Pa)。

锎也是一种银白色的锕系金属,熔点为 900 ℃,估计沸点为 1 470 ℃。纯金属态的锎具有延展性,可以用刀片轻易切开。真空状态下的锎金属在 300 ℃ 以上时会气化。在 51 K(−220 ℃)以下的锎金属具有铁磁性或亚铁磁性,在 48 至 66 K 时具有反铁磁性,而在 160 K(−110 ℃)以上时具有顺磁性。它与镧系元素能够形成合金,但人们对其所知甚少。

9.2 锫的化合物

锫可以形成许多化合物,通常都以 +3 价或 +4 价存在,这与它的镧系类似物 Tb 表现相似。与所有的锕系元素一样,锫易溶于各种无机酸,反应产生氢气,自身氧化为正三价。正三价锫是最稳定的,尤其是在水溶液中,但也存在四价锫化合物,是否存在正二价的锫化合物还不确定。在大部分酸溶液中,Bk^{3+} 离子呈现绿色。Bk^{4+} 离子在盐酸中呈现黄色,在硫酸中呈现橙黄色。锫金属在室温下并不能与氧发生快速反应,这可能是由于在金属表面形成了氧化物薄层,保护了金属锫继续氧化。然而,锫可与熔融金属、氢气、卤素、硫族元素、磷族元素反应形成各种二元化合物,锫也能形成几种有机金属化合物。

9.2.1 锫的氢化物

锫金属与氢气在 250 ℃ 下反应可以生成氢化锫,

$$Bk + H_2 \xrightarrow{250\ ℃} BkH_{2+x}$$

所得产物表现为 fcc 结构,晶格参数 $a_0 = (0.523 \pm 0.001)$ nm。通过与镧系氢化物的行为类比,确定氢化物组成为 BkH_{2+x}($0 < x < 1$),在氢化锫的化学式中,氢的系数不是整数。

9.2.2 锫的氧化物

到目前为止,已知存在两种锫的氧化物,Bk_2O_3 和 BkO_2。BkO_2 是褐色固体,立方结构,配位数为 Bk[8]、O[4]。晶胞参数为 0.533 nm。

Bk_2O_3 是黄绿色固体,可通过 BkO_2 与氢气反应制得,$2BkO_2 + H_2 \rightarrow Bk_2O_3 + H_2O$,$Bk_2O_3$ 的熔点为 1 920 ℃,体心立方晶体结构,$a = (1\ 088.0 \pm 0.5)$ pm。当加热到 1 200 ℃,立方结构的 Bk_2O_3 转变为单斜结构,这一过程是不可逆的,在 1 750 ℃ 单斜结构进一步转变为六方

结构,这一转变是可逆的。对于三价锕系氧化物,这种三相行为是非常典型的。

是否存在 BkO 还不确定,但有报道提及 BkO 是脆性、灰色固体,面心立方结构,晶格常数 $a = 0.496$ nm。

9.2.3　锫的卤化物

锫的卤化物主要是以 +3 和 +4 价存在(表 9 - 3)。 +3 价是最稳定的,尤其是在溶液中,已知四价卤化物 BkF_4 和 Cs_2BkCl_6 仅以固体形式存在。三价氟化物和氯化物中锫原子的配位是三重三方棱锥,配位数为 9。在四价溴化物中,为二重四方棱锥(配位数为 8),或八面体结构(配位数为 6),在碘化物中为八面体结构。

表 9 - 3　锫的卤化物

氧化价态	F	Cl	Br	I
+3	BkF_3 黄色	$BkCl_3$ 绿色	$BkBr_3$ 黄绿色	BkI_3 黄色
+4	BkF_4 黄色	Cs_2BkCl_6 橘黄色		

BkF_4 是黄绿色固体,晶格参数 $a = 1\,247$ pm, $b = 1\,058$ pm, $c = 817$ pm,与四氟化铀或四氟化锆属同一类型的晶体。BkF_3 也是黄绿色固体,但是它存在两种晶体结构。在低温下最稳定的为正交对称,与三氟化钇同型。当加热到 350 ~ 600 ℃ 时,转变为三角结构。

1962 年首次分离出十亿分之三克三氯化锫($BkCl_3$)并对其进行了表征。它是在大约 500 ℃ 的温度下将氯化氢气体通入含有氧化锫的电子石英管中来制得的。这种绿色的固体熔点为 603 ℃,立方晶系,与三氯化铀同型。当加热到刚好低于熔点时,$BkCl_3$ 转变为正交相。$BkCl_3 \cdot 6H_2O$ 为 $AmCl_3 \cdot 6H_2O$ 类的单斜结构。另一个三价锫的氯化物 $Cs_2NaBkCl_6$,可以从含有氢氧化锫、HCl - CsCl 的水溶液中淬冷(冷却到 - 23 ℃)结晶制得。这种化合物为白色晶体,具有面心立方结构,Bk(Ⅲ)离子被氯离子以八面体配位环绕。

通过在含有 CsCl 的浓盐酸溶液中溶解氢氧化锫(Ⅳ)并淬冷可制得锫(Ⅳ)的氯化物 Cs_2BkCl_6,该化合物为橘黄色的六方晶体,晶格参数 $a = 745.1$ pm 和 $c = 1\,209.7$ pm。化合物中的 $BkCl_6^{2-}$ 的平均离子半径估计为 270 pm。

已知锫(Ⅲ)的溴化物存在两种晶体形式,一种是单斜结构,锫的配位数为 6,一种是正交结构,配位数为 8。后者相对不稳定,当加热至大约 350℃ 时可转变为前者。

锫(Ⅲ)的碘化物为六方结构,晶格参数为 $a = 758.4$ pm, $c = 2\,087$ pm。

已知的含氧卤化物包括 BkOCl、BkOBr 和 BkOI,它们均为四方晶格。

9.2.4　硫化物和磷族元素化物

N、P、As、Sb 与 Bk - 249 可以形成 BkX 型的单磷化物。这些化合物的晶体结构属于立方晶系,可在高温(约 600 ℃)、高真空环境下使三氢化锫(BkH_3)或锫金属与这些元素反应而制得。

三硫化二锫(Bk_2S_3)是一种棕黑色晶体。在 1\,130 ℃ 下氧化锫与硫化氢和二硫化碳的气态混合物反应,或者通过金属锫与 S 反应,都可以制得三硫化二锫。该晶体结构属于立方对称,晶格参数 $a = 0.844$ nm。

9.2.5　其他无机化合物

在 1M NaOH 溶液中,锫(Ⅲ)和锫(Ⅳ)的氢氧化物都是稳定的。磷酸锫(Ⅲ)(BkPO$_4$)是一种固体,在氩激光器(514.5 nm line)激发下显示出很强的荧光性质。还有几种其他的锫盐,如硫氧化锫(Bk$_2$O$_2$S)、水合硝酸锫(Bk(NO$_3$)$_3$·4H$_2$O)、水合氯化锫(BkCl$_3$·6H$_2$O)、水合硫酸锫(Bk$_2$(SO$_4$)$_3$·12H$_2$O)和水合草酸锫(Bk$_2$(C$_2$O$_4$)$_3$·4H$_2$O)。Bk$_2$(SO$_4$)$_3$·12H$_2$O 在 600 ℃下氩气中(为避免氧化成 BkO$_2$)经热分解可以产生体心正交的硫氧化锫(Ⅲ)晶体 Bk$_2$O$_2$S,该化合物在惰性气氛下 1 000 ℃以下都是热稳定的。

9.2.6　有机金属化合物

锫能形成三角型(η^5 - C$_5$H$_5$)$_3$Bk 茂金属,含有三个环戊二烯基团。合成方法是在 70℃下使三氯化锫与熔化了的二茂铍(Be(C$_5$H$_5$)$_2$)反应。该化合物呈琥珀色,正交对称,晶格参数 $a = 1\ 411$ pm, $b = 1\ 755$ pm, $c = 963$ pm,密度为 2.47 g·cm^{-3},在 250 ℃以下不会热分解,并在约 350 ℃升华。由于锫具有高放射性,所以这种化合物在几个星期之内便会自我破坏。(η^5 - C$_5$H$_5$)$_3$Bk 当中的一个环戊二烯基可被取代形成 [Bk(C$_5$H$_5$)$_2$Cl]$_2$。该化合物的吸收光谱与(η^5 - C$_5$H$_5$)$_3$Bk 的相似。

9.3　锎的化合物

在固体化合物中,锎主要存在三种氧化态:Ⅱ、Ⅲ、Ⅳ。锎的卤化物中可有Ⅱ、Ⅲ、Ⅳ三种氧化态,而在氧化物中只发现了Ⅲ、Ⅳ两种氧化态。无论是在化合物还是在溶液中,三价锎都是最稳定的,四价锎仅存在于 CfO$_2$、BaCfO$_3$、CfF$_4$ 化合物以及特定溶液中。在纯二卤化物固体 CfX$_2$(X = Cl、Br 和 I)中可观察到二价的锎。

每种氧化态的离子半径可以根据化合物的晶体结构数据来得到,表 9 - 4 中列出了一些离子的半径值。根据离子半径可知锎和其他锕系和镧系元素间有很多的相似之处。在许多情况下,具有相似离子半径的超钚元素有可能形成相似的化合物,并具有相似的晶体结构,表现出相似的相行为,甚至可能有相似的晶格参数。这些相似之处可用来预测一些锎化合物的性质。

表 9 - 4　锎和一些镧系离子的半径

离子	化合物	半径/Å
Cf^{2+}	CfBr$_2$	1.08
Eu^{2+}	EuBr$_2$	1.09
Cf^{3+}	CfCl$_3$	0.932

表 9 – 4（续）

离子	化合物	半径/Å
Gd^{3+}	$GdCl_3$	0.938
Cf^{3+}	Cf_2O_3	0.95
Gd^{3+}	Gd_2O_3	0.938
Eu^{3+}	Eu_2O_3	0.95
Cf^{4+}	CfO_2	0.859
Ce^{4+}	CeO_2	0.898
Pr^{4+}	PrO_2	0.890
Tb^{4+}	TbO_2	0.817

9.3.1 锎的卤化物和卤氧化物

预计 CfF_4 是唯一稳定存在的锎（Ⅳ）的二元卤化物。该化合物可通过 CfF_3 或锎的氧化物与 F_2 反应制备。CfF_4 是亮绿色固体，具有单斜晶体结构，稳定性较差，在 $300 \sim 400$ ℃ 可以分解生成 CfF_3。四价锎还可能存在于三种碱金属氟化配合物中：$MCfF_5$、M_2CfF_6、M_3CfF_7（M = Li、Na、K、Rb、Cs），这些配合物的稳定性应该比 CfF_4 高。表 9 – 5 中列出了卤化物的主要制备方法。

表 9 – 5　锎卤化物的制备方法

卤化锎	制备方法
四氟化锎	CfF_3 或 Cf 的氧化物 + $F_2 \rightarrow CfF_4$
三卤化物	Cf 的氧化物 + HX $\rightarrow CfX_3$（X = F、Cl、Br）
	Cf^0 + HX $\rightarrow CfX_3$
	Cf^0 + $X_2 \rightarrow CfX_3$
	CfX_3 + 3HI $\rightarrow CfI_3$ + HX
卤氧化物	Cf 的氧化物或 CfX_3 + $HX/H_2O \rightarrow CfOX$
二卤化物（X = Cl、Br、I）	CfX_3 + $Cf^0 \rightarrow CfX_2$
	CfX_3 + $H_2 \rightarrow CfX_2$

表中列出了已知的锎（Ⅲ）卤化物和卤氧化物。卤氧化物可通过三种方法得到：①以氧化物为原料制备卤化物时，控制卤化程度，使卤化反应不彻底；②无水卤化物的水解；③水合卤化物的热分解。无水三卤化物可通过氧化锎与干燥的 HX 反应制得，或者用金属与 HX 或 X_2 反应制备。但氧化锎与 HI 的反应结果并不理想，CfI_3 可通过 HI 与 $CfBr_3$ 或 $CfCl_3$ 反应来制备。三卤化锎的熔点相对较低，在惰性环境和/或真空中可以熔化。

三氟化锎是黑褐色固体，有两种晶体结构（正交结构，YF_3 型，高温下以三角结构存在，LaF_3 型），在高于 600 ℃ 下发生相转变。用水蒸气在高于 700 ℃ 时热处理 CfF_3，或者不纯/潮湿的 HF 处理 CfF_3 可以产生 $CfOF$。CfF_3 在 298.15 K 的生成焓为 $-1\ 553\ kJ \cdot mol^{-1}$。

三氯化锎是鲜绿色化合物,熔点是 545℃,可以通过 Cf_2O_3 与盐酸在 500 ℃反应制得。它也有两种晶体结构:UCl_3 六角形结构(低温形式)和 $PuBr_3$ 型正交结构。$CfCl_3$ 在 280 ~ 320 ℃下水解可以生成 CfOCl。

三溴化锎存在三种晶体结构,但仅有两个可以通过直接合成的方法制备。高温下(> 500 ℃)为 $AlCl_3$ 型单斜晶体结构,还有一种是 $FeCl_3$ 型菱形结构,第三种是 $PuBr_3$ 型正交结构,它是通过从正交结构的 $BkBr_3$ 母体老化(经过几个半衰期)这种间接方法得到。当合成 Cf – Bk 三溴化物的混合物时,如果锎含量超过 45% 就不能形成正交结构,并且当把正交结构的 $CfBr_3$ 加热到 330 ℃以上,它立即转变为单斜结构。当高于 3 GPa 的压力作用于正交结构的 $CfBr_3$ 上时,可将其转变为单斜结构。$CfBr_3$ 在 298.15K 的生成焓为 $-752.5 \ kJ \cdot mol^{-1}$。锎的溴氧化物可用与氯氧化物相同的方法制备。

三碘化锎是是柠檬黄色固体,以 BiI_3 型六角结构存在。可以通过 $Cf(OH)_3$ 与 HI 在 800 ℃反应来制备,还有一条更好的合成路线是用 HI 与 $CfCl_3$ 或 $CfBr_3$ 一起加热制得。锎的碘氧化物可用与氯氧化物相同的方法制备。

已经制备出了锎的二氯、二溴、二碘化物,但是关于二氟化物还没有报道。预计二价和三价化合物间的吉布斯自由能,碘化物改变的最少,因此二碘化锎 CfI_2(深紫)是最稳定的。第一个制备出的二价锎化合物是黄色的 $CfBr_2$,它是通过在高温下用 H_2 还原 $CfBr_3$ 制得。$CfCl_2$ 是最难制备的,可通过 H_2 在 700℃下还原 $CfCl_3$ 制得。

表 9 – 6 为锎化合物的晶体数据。

表 9 – 6　锎化合物的晶体参数

物质	结构类型	晶格对称性	晶格参数			
			$a_0/Å$	$b_0/Å$	$c_0/Å$	角度/(°)
氧化物						
Cf_2O_3	Mn_2O_3	体心立方	10.839			$\beta = 100.3$
	Sm_2O_3	单斜	14.12	3.591	8.809	
	La_2O_3	六方	3.72		5.96	
Cf_7O_{12}	Tb_7O_{12}	菱形	6.596			$\alpha = 99.40$
CfO_2	CaF_2	面心立方	5.310			
卤化物						
CfF_3	LaF_3	三角形	6.945		7.101	
$CfCl_3$	YF_3	正交	6.653	7.039	4.393	
$CfCl_4$	UF_4	单斜	12.42	10.47	8.126	$\beta = 126.0$
	UF_4	单斜	12.33	10.40	8.113	$\beta = 126.44$
$CfCl_3$	UCl_3	六角形	7.379		4.090	
$CfCl_3$	$PuBr_3$	正交	3.859	11.748	8.561	
$CfBr_2$	$SrBr_2$	四方形	11.50		7.109	
$CfBr_3$	$AlCl_3$	单斜	7.215	12.423	6.825	$\beta = 110.7$
$CfBr_3$	$FeCl_3$	菱形	7.58			$\alpha = 56.2$

表 9 - 6(续)

物质	结构类型	晶格对称性	晶格参数			
			$a_0/\text{Å}$	$b_0/\text{Å}$	$c_0/\text{Å}$	角度/(°)
卤化物						
CfI_2	$CdCl_2$	菱形	7 434			$\alpha = 35.83$
	CdI_2	六边	4.557		6.992	
CfI_3	BiI_3	六边	7.587		20.814	
		菱形	8.205			$\alpha = 55.08$
卤氧化物						
$CfOF$	CaF_2	立方	5.561			
$CfOCl$	$PbFCl$	四方	3.956		6.662	
$CfOBr$	$PbFCl$	四方	3.90		8	
$CfOI$	$PbFCl$	四方	3,97		9.14	
$Cf(IO_3)_3$	$Bi(IO_3)_3$	单斜	8.799 4(2)	5.938 8(7)	15.157(2)	96.833(2)
磷族元素化物						
CfN	$NaCl$	面心立方	4.98			
$CfAs$	$NaCl$	面心立方	5.809			
$CfSb$	$NaCl$	面心立方	6.165			
氢化物						
CfH_{2+x}	$NaCl$	立方	5.285			
硫氧化物 含氧硫酸盐						
CfO_2S	La_2O_2S	三角	3.844		6.656	
$Cf_2O_2SO_4$	$La_2O_2SO_4$	正交	4.187	4.072	13.008	
环戊二烯基						
$Cf(C_5H_5)_3$		正交	1.410	1.750	0.969	
烧绿石型						
$Cf_2Zr_2O_7$		立方	10.55			

9.3.2 锎的氧化物

关于锎的氧化物的研究较多,氧化物经常用作制备其他化合物的原料。氧化物可以通过将溶液中所得的各种盐(如硝酸盐、草酸盐等)在空气中煅烧来制备。所获得的锎氧化物的化学计量(O/M 比)、晶体结构、氧化态都取决于实验所用条件。

除了广为人知的三价和四价锎的氧化物,还有一些具有中间氧化物组成的氧化物形式(如 O/M 在 1.5 ~ 2.0 之间)。典型的是 Cf_7O_{12},与 Tb_7O_{12} 结构相似,在很窄的化学计量范围内具有菱形结构。

CfO_2 是黑褐色固体,具有立方晶体结构,晶体中晶胞间距为 0.513 nm。当在空气中加热到 200 ℃ 以上，二氧化锎开始损失部分氧，形成 Cf_7O_{12}，在低于 750 ℃ 时，Cf_7O_{12} 在空气中或氧气中都是稳定的，当温度更高会继续发生氧的损失，最终形成 Cf_2O_3。

三氧化二锎为亮绿色固体，具有体心立方结构，熔点为 1 750 ℃，Cf_2O_3 的晶体参数见表 9 – 6。已知其存在三种结构：体心立方(bcc)、单斜、六方。图 9 – 3 显示了三价超锔元素的氧化物相图，可以看出，它的六方形式仅存在于非常窄的温度范围内。当三氧化二锎被加热到 1400℃ 时立方结构转变为单斜结构，这种过程是不可逆的，当升温到 1700℃ 时，单斜转变为六方结构，这种转变是可逆的。三价锎系氧化物的熔点随着元素原子数的增加有降低的趋势，这与锔系元素的变化趋势相似。图 9 – 4 显示了 f – 元素的三价氧化物的分子体积。可以看到三种晶体结构的锎氧化物的密度从立方到单斜到六方逐渐增加。这种趋势与其他 f – 元素三价氧化物的趋势一致。

Cf_2O_3 可通过两种方法制备：一是在 800 – 1 000 ℃、真空条件下加热 CfO_2 可以生成 Cf_2O_3；二是在 850 – 1 000 ℃ 条件下用 H_2 或 CO 还原更高价的氧化物可以生成 Cf_2O_3。

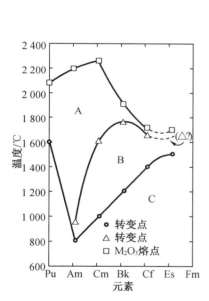

○—C – B 转变点；△—B – A 转变点；□—M_2O_3 熔点。

图 9 – 3　三价超锔元素的氧化物相图(Pu – Es)

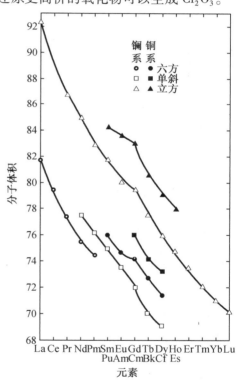

图 9 – 4　f – 元素的三价氧化物的分子体积

9.3.3　锎的其他化合物

锎除了能形成氧化物和卤化物，还能形成一些其他的化合物，结构参数见表 9 – 6。锎可与磷族元素直接反应形成元素比为 1:1 的化合物。锎与硫族元素反应应严格控制化学计量以使其产生所需的化合物，到目前为止，还未制备出锎的单硫族化合物，这主要是因为锎的单硫族化合物很容易由于锎的挥发导致形成更高硫族元素比例的化合物。三碲化锎、二碲化锎、二硒化锎、三硒化二锎、三硫化二锎都已制备出来。具有较高硫族元素化学计量比的化合物可通过金属锎与这些元素直接反应制备，较低的化学计量比可通过这些高计量的化合物热分解制备。

锎还存在一个有机金属化合物，Cp_3Cf（$Cp = C_5H_5$），通过熔融的 Cp_2Be 和无水 $CfCl_3$ 反应可以制得。$(C_5H_5)_3Cf$ 固态吸收光谱显示从 600 nm 到较低波长存在较宽的峰。

9.4　锫的水溶液化学

9.4.1　锫在水溶液中存在的氧化态

锫在溶液中主要以三价和四价两种氧化态存在，有证据显示二价锫是存在的，但是五价锫仅是推测可能存在。

在没有配合离子存在的溶液中，Bk(Ⅲ)是最稳定存在的氧化态。当溶液中没有还原剂时，Bk(Ⅳ)也是稳定存在的，因为此时外层电子为 $5f^7$ 半满壳层较稳定。若溶液中不存在配体，Bk(Ⅲ)和 Bk(Ⅳ)是以简单的水合离子形式存在。在大多数矿物酸中 Bk(Ⅲ)显绿色，而 Bk(Ⅳ)在盐酸溶液中显黄色，在硫酸溶液中显橘黄色。

9.4.2　水解和配合行为

虽然 Bk(Ⅳ)在溶液中广为人知，但是仅有 Bk(Ⅲ)的配合物稳定常数被报道，这些稳定常数大部分都是在分离研究中被测定的。表 9 - 7 中汇总了 Bk(Ⅲ)与各种阴离子配合的稳定常数。直接测量稳定常数的数目很小，更多合理的精确值可通过 Am、Cm、Cf 相应配合物的稳定常数插值来得到。

虽然没有报道 Bk(Ⅳ)配合常数值，但是有一个研究是值得关注的。在高氯酸、硝酸以及混合酸中 Bk(Ⅳ)、Ce(Ⅳ)、其他锕系离子(Ⅳ)的电迁移行为研究显示：

①在纯的 $6\ mol\cdot L^{-1}$ $HClO_4$ 溶液中，Bk(Ⅳ)、Ce(Ⅳ)以自由水合离子存在，具有相同的电子迁移率：$(13.0 \pm 1.0) \times 10^{-5}\ cm\cdot V^{-1}\cdot s^{-1}$；

②当一定量 HNO_3 加到 $HClO_4$ 溶液中，并维持总酸度在 $6\ mol\cdot L^{-1}$，两种离子的电子迁移率都下降，Bk(Ⅳ)下降的更多一些；

③在 $3 \sim 6\ mol\cdot L^{-1}$ HNO_3 时，电子迁移率保持恒定在 $4 \times 10^{-5}\ cm\cdot V^{-1}\cdot s^{-1}$。

电子迁移率的改变源于锫体系的电荷改变，在 $3 \sim 6\ mol\cdot L^{-1}$ HNO_3 时有可能形成了 $[Bk(H_2O)_x(NO_3)_3]^+$。也有研究报道即使硝酸浓度达到 $10\ mol\cdot L^{-1}$，也不会形成负电荷，该性质与 Ce(Ⅳ)、Th(Ⅳ)、Np(Ⅳ)、Pu(Ⅳ)相比是不同的，可以利用这种差别来通过离子交换或溶剂萃取进行 Bk(Ⅳ)与 Ce(Ⅳ)、Th(Ⅳ)、Np(Ⅳ)、Pu(Ⅳ)的分离。

表 9 – 7　Bk(Ⅲ)与各种阴离子形成配合物的稳定常数

配体	条件	稳定常数
F^-	溶剂萃取,298 K,$\mu = 1.0$,pH $= 2.72$	$\beta_1 = 7.8 \times 10^2$
Cl^-	溶剂萃取,298 K,$\mu = 1.0$,pH $= 2$	$\beta_1 = 0.96$
	溶剂萃取,293 K,$\mu = 3.0$,pH $= 0.82$	$\beta_1 = 0.59$
		$\beta_2 = 0.25$
Br^-	溶剂萃取,293 K,$\mu = 3.0$,pH $= 0.82$	$\beta_1 = 0.15$
		$\beta_2 = 0.29$
OH^-	溶剂萃取,293 K,$\mu = 0.1$	$\beta_1 = 2.2 \times 10^8$
SO_4^{2-}	溶剂萃取,298 K,$\mu = 0$(计算值),$\mu < 0.5$(测量值)	$\beta_1 = 5.1 \times 10^3$
		$\beta_2 = 3.9 \times 10^5$
		$\beta_3 = 1.1 \times 10^5$
SCN^-	溶剂萃取,298 K,$\mu = 5.0$,$\mu = 1.0$,pH $= 2$	$\beta_1 = 7.21$
		$\beta_1 = 3.11$,
		$\beta_2 = 0.31$
		$\beta_3 = 2.34$
$C_2O_4^{2-}$	电迁移速率,298 K,$\mu = 0.1$,pH $= 1.8$	$\beta_1 = 2.8 \times 10^5$
		$\beta_2 = 1.4 \times 10^9$
CH_3COO^-	溶剂萃取,298 K,2 mol $\cdot$ L^{-1} NaClO$_4$	$\beta_1 = 1.11 \times 10^2$
$CH_2(OH)COO^-$	溶剂萃取,298 K,2 mol $\cdot$ L^{-1} NaClO$_4$	$\beta_1 = 4.4 \times 10^2$
		$\beta_2 = 5.0 \times 10^4$
$CH_3CH(OH)COO^-$	离子交换,$\mu = 0.5$	$\beta_3 = 7.9 \times 10^5$
$(CH_3)_2C(OH)COO^-$	溶剂萃取,$10^{-2} - 1$ mol $\cdot$ L^{-1}	$\beta_1 = 6.39 \times 10^3$
$CH_3CH_2CH(OH)COO^-$	离子交换,$\mu = 0.5$	$\beta_3 = 4.0 \times 10^6$
$CH(OH)(COO)CH_2COO^{2-}$	溶剂萃取,$10^{-2} - 1$ mol $\cdot$ L^{-1}	$\beta_1 = 1.07 \times 10^7$
$[CH(OH)COO]_2^{2-}$	溶剂萃取,$10^{-2} - 1$ mol $\cdot$ L^{-1}	$\beta_1 = 6.80 \times 10^5$
$C(OH)(COO)(CH_2COO)_2^{3-}$	电迁移速率,298 K,$\mu = 0.1$	$\beta_1 = 7.8 \times 10^7$
		$\beta_2 = 1.5 \times 10^{11}$
	溶剂萃取,$10^{-2} - 1$ mol $\cdot$ L^{-1}	$\beta_1 = 3.00 \times 10^{11}$
$C_2H_4N_2(CH_2COO)_4^{4-}$	离子交换,298 K,$\mu = 0.1$	$\beta_1 = 7.59 \times 10^{18}$
$C_6H_{10}N_2(CH_2COO)_4^{4-}$	离子交换,298 K,$\mu = 0.1$	$\beta_1 = 1.44 \times 10^{19}$
$C_4H_8N_3(CH_2COO)_5^{5-}$	离子交换,298 K,$\mu = 0.1$	$\beta_1 = 6.2 \times 10^{22}$

9.4.3　氧化还原行为及电势

溶液中的 Bk(Ⅲ)可被 BrO_3^-、AgO、过烯酸、臭氧等强氧化剂氧化。在碱性溶液中,Bk(Ⅲ)不稳定,辐解产生的过氧化物可将其氧化成四价,这种"自氧化"现象已经在碳酸盐溶液中观察到。当溶液中存在还原剂时,则 Bk(Ⅲ)可以是非常稳定的。在酸性和中性溶液中,辐解产生的过氧化物可将四价锫还原为三价。

表9-8 中列出了锫氧化还原电势。在配合能力相对低的介质中,Bk(Ⅳ)/Bk(Ⅲ)电对电势约为1.6 V,当溶液中含有能与 Bk(Ⅳ)进行强配合的阴离子时,电势值显著下降。

表9-8 锫氧化还原电对电势

氧化还原电对	电势/V	条件
Bk(Ⅳ)/Bk(Ⅲ)	1.6 ± 0.2	计算
	1.54 ± 0.1	$1\ mol \cdot L^{-1}\ HClO_4$
	1.735 ± 0.005	$9\ mol \cdot L^{-1}\ HClO_4$
	1.54 ± 0.1	$1\ mol \cdot L^{-1}\ HNO_3$
	1.56	$6\ mol \cdot L^{-1}\ HNO_3$
	1.6	$3 \sim 8\ mol \cdot L^{-1}\ HNO_3$
	1.543 ± 0.005	$8\ mol \cdot L^{-1}\ HNO_3$
	1.43	$0.1\ mol \cdot L^{-1}\ H_2SO_4$
	1.44	$0.25\ mol \cdot L^{-1}\ H_2SO_4$
	1.38	$0.5\ mol \cdot L^{-1}\ H_2SO_4$
	1.37	$1\ mol \cdot L^{-1} H_2SO_4$
	1.36	$2\ mol \cdot L^{-1}\ H_2SO_4$
	1.12 ± 0.1	$7.5\ mol \cdot L^{-1}\ H_3PO_4$
	0.24	$1\ mol \cdot L^{-1}\ Na_2CO_3$
	0.26 ± 0.1	$2\ mol \cdot L^{-1}\ Na_2CO_3$
Bk(Ⅲ)/Bk(Ⅱ)	-2.8 ± 0.2	计算
Bk(Ⅲ)/Bk(0)	-2.03 ± 0.05	计算
	-2.4	计算
	-2.01 ± 0.03	计算

图9-5 中显示了锫离子标准氧化还原电势图。理论估算 Bk(Ⅴ)/Bk(0)和 Bk(Ⅴ)/Bk(Ⅳ)电对的电势分别为0.2 V 和3.5 V,这些估算表明 Bk(Ⅴ)在水溶液中是非常不稳定的。

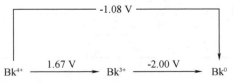

图9-5 酸性溶液中锫离子标准氧化还原电势图

9.5 锎的水溶液化学

9.5.1 一般描述

理论上,在溶液中 Cf(Ⅲ) 比 Cf(Ⅳ) 更稳定。

尽管 Cf 是镝的电子同系物,但其在溶液中的行为,Cf(Ⅱ) - Cf(Ⅲ) 更类似于钐(Sm),Cf(Ⅲ) - Cf(Ⅳ) 的行为类似于铽(Tb),因此,Sm 和 Tb 能用作 Cf 氧化行为的模板元素。

除了 Cf 具有很强的形成配合物趋势之外,溶液中 Cf(Ⅲ) 与 Ln(Ⅲ) 行为相似。

F^- 和草酸根能够从稀酸溶液中沉淀三价锎,这一点与镧系元素类似。在 Cf(Ⅲ) 溶液中加入 OH^-,可以形成凝胶状、浅绿色沉淀,假定其化学式为 $Cf(OH)_3$,在无配合离子溶液中(如稀盐酸),Cf(Ⅲ) 以水合阳离子存在,在高酸溶液中(如 6 mol·L^{-1} HCl),Cf(Ⅲ) 将以配合阴离子形式存在。这种配合离子的形成使其可以与镧系元素通过阳离子交换树脂进行分离,镧系元素阳离子保留在离子交换树脂上,而 Cf 形成的配合阴离子直接流出。

9.5.2 氧化还原反应

根据实验及理论计算已经得出 Cf 的氧化还原电势,部分值列于表 9 - 9。Nugent 等在 1971 年计算出 Cf(Ⅳ)/Cf(Ⅲ) 电对的电势为 3.2 V。

表 9 - 9 锎的氧化还原电势

电对	电势/V	方法
Cf(Ⅳ)/Cf(Ⅲ)	3.2	计算
Cf(Ⅲ)/Cf(Ⅱ)	-2.0	计算
	-1.4	计算
	-1.6	计算
	-1.6	极谱分析
Cf(Ⅲ)/Cf(0)	-2.32	计算
	-2.01	放射极谱法
Cf(Ⅲ)/Cf(Hg)	-1.61	计算
	-1.503	放射极谱法
Cf(Ⅱ)/Cf(Hg)	-1.68	极谱分析

9.5.3 配位化合物

Cf(Ⅲ) 水解预计和三价镧系元素离子相似,更精确的说是和具有相近离子半径的 Eu(Ⅲ) 或 Gd(Ⅲ) 非常接近。Destire 等研究测定了一级水解常数,水解反应为

$$Cf^{3+} + H_2O \rightarrow CfOH^{2+} + H^+, \lg K_1 = 5.62$$

表 9 – 10 中显示几种物质和 Cf(Ⅲ) 反应生成了非常稳定的配合物。

表 9 – 10　Cf(Ⅲ) 配合物和螯合物的稳定常数

配体	实验方法	稳定常数,lg,25 ℃
F^-	溶剂萃取,$\mu = 1.0$,	$\beta_1 = 3.03$
OH^-	溶剂萃取,$\mu = 2.0$,	$\beta_1 = 5.62$
SO_4^{2-}	溶剂萃取,$\mu = 2.0$ 溶剂萃取,$\mu = 0$	$\beta_1 = 1.36$, $\beta_2 = 2.07$ $K_{01} = -3.73$ $K_{02} = -5.58$ $K_{03} = -5.09$
SCN^-	溶剂萃取 溶剂萃取	$\beta_1 = 3.06$ $\beta_1 = 3.71$, $\beta_2 = 0.28$ $\beta_3 = 2.65$
醋酸根	溶剂萃取,$\mu = 1.0$	$\beta_1 = 2.11$
草酸根	—,$\mu = 0.1$ 电迁移,$\mu = 0.1$	$\beta_3 = 12.5$ $\beta_1 = 5.50$, $\beta_2 = 3.87$
乳酸根	溶剂萃取,$\mu = 0.5$ 离子交换,$\mu = 0.5$	$\beta_3 = 6.09$ $\beta_3 = 6.09$
2 – 甲基乳酸根	溶剂萃取,$\mu = 0.1$	$\beta_1 = 4.01$
苹果酸	溶剂萃取,$\mu = 0.1$	$\beta_1 = 7.02$
柠檬酸	溶剂萃取,$\mu = 0.1$ 电迁移	$\beta_1 = 11.61$ $\beta_1 = 7.93$, $\beta_2 = 3.3$
HTTA	溶剂萃取,$\mu = 0.1$	$\beta = 14.94$
BTA,苯甲酰三氟丙酮	溶剂萃取,$\mu = 0.1$	$\beta = 16.06$
NTA,萘基三氟丙酮	溶剂萃取,$\mu = 0.1$	$\beta = 18.83$
硝基二乙酰甲丙酸	离子交换	$\beta_1 = 10.94$, $\beta_2 = 18.45$
氨三乙酸	离子交换	$\beta_1 = 11.3$, $\beta_2 = 21.0$
N – 2 – 羟基乙基乙二胺二乙酸	离子交换,$\mu = 0.1$	$\beta_1 = 16.27$, $\beta_2 = 28.5$
2 – 羟基 – 1,3,二胺 – 丙烷四乙酸	溶剂萃取	$\beta_3 = 22.59$
5,7 – 二氯 – 8 – 羟基喹啉 4 – 苯甲酰基 – 3 – 甲基 – 1 – 苯基 – 5 吡唑啉酮	溶剂萃取,$\mu = 0.1$	$\beta_3 = 17.78$
4 – 乙酰基 – 3 – 甲基 – 1 – 苯基 – 5 吡唑啉酮	溶剂萃取,$\mu = 0.1$	$\beta_1 = 13.48$
2 – 羟基乙基 – 亚胺二乙酸	溶剂萃取,$\mu = 0.1$	$\beta_1 = 9.61$
羟基苯基 – 亚胺二乙酸	溶剂萃取,$\mu = 0.1$	$\beta_1 = 7.38$, $\beta_2 = 12.28$
2 – 乙基己基苯 – 磷酸	溶剂萃取,$\mu = 0.1$	$\beta_1 = 6.03$, $\beta_2 = 2.00$
甲酰三氟丙酮	溶剂萃取,$\mu = 0.1$	$\beta_1 = 6.90$

9.5.4　热力学数据

表 9 – 11 中列出了锎的热力学数据,可用于计算溶液中离子形成的焓变。Fuger 等研究得到 Cf_{aq}^{3+} 的生成焓为 $-577\ kJ \cdot mol^{-1}$,熵为 $-197\ J \cdot mol^{-1} \cdot K^{-1}$。利用这些值以及金属的 S^0,可以得到 $\Delta G(Cf_{aq}^{3+}) = -533\ kJ \cdot mol^{-1}$。对于 $\Delta H_f(Cf_{aq}^{3+})$ 值其他研究者也有不同的看法,大致在 $-(602 \pm 21)\ kJ \cdot mol^{-1}$ 范围。

表 9 – 11　锎的热力学数据

A:金属,298.15 K、10^5 Pa,晶体	
$S^0(J \cdot mol^{-1} \cdot K^{-1})$	$\Delta_{sub}H^0(kJ \cdot mol^{-1})$
81(5)	196(10)

B:金属,298.15 K、10^5 Pa,气体	
$S^0(J \cdot mol^{-1} \cdot K^{-1})$	$Cp(J \cdot mol^{-1} \cdot K^{-1})$
201.3(30)	20.786(20)

C:水合离子,298.15 K

Cf^{3+} $S^0(J \cdot mol^{-1} \cdot K^{-1})$	Cf^{3+} $\Delta_f H^0(kJ \cdot mol^{-1})$	Cf^{4+} $S^0(J \cdot K^{-1} \cdot mol^{-1})$	Cf^{4+} $\Delta_f H^0(kJ \cdot mol^{-1})$
$-197(17)$	$-577(5)$	$-405(17)$	$-483(5)$

D:固体 CfO_2,298.15 K

$S_{exs}(J \cdot mol^{-1} \cdot K^{-1})$	$S^0(J \cdot mol^{-1} \cdot K^{-1})$	$\Delta_f H^0(kJ \cdot mol^{-1})$
21.3	87(5)	-858

E:Cf_2O_3,298.15 K

$S^0(J \cdot mol^{-1} \cdot K^{-1})$	$\Delta_f H^0(kJ \cdot mol^{-1})$
176.0(50)	$-1\ 653(10)$

F:卤化锎,298.15 K

卤化物	$S^0(J \cdot mol^{-1} \cdot K^{-1})$	$\Delta_f H^0(kJ \cdot mol^{-1})$
CfF_4		$-1\ 623$
CfF_3		$-1\ 553(35)$
$CfCl_3$	167.2(6)	$-965(20)$
$CfBr_3$	202(5)	-752.5
CfI_2	154	-669

在静电水化模型的基础上,对标准自由能 ΔG_f 和水解焓变 ΔH_{hyd} 进行了预测。假定 Cf(Ⅲ) 的晶体半径为 0.94 Å,气相半径为 1.516 Å,初级水化数为 6.1,计算得到 ΔG_{298}^0 和 ΔH_{298}^0 分别为 $-3\ 385\ kJ \cdot mol^{-1}$ 和 $-3\ 582\ kJ \cdot mol^{-1}$。

有研究计算了 $Cf(SO_4)^+$ 的热力学数据:$\Delta G_{298} = -7.9\ kJ \cdot mol^{-1}$,$\Delta H_{298} = 19\ kJ \cdot mol^{-1}$,$\Delta S_{298} = 88\ J \cdot mol^{-1} \cdot K^{-1}$。$CfF^{2+}$ 的热力学数据:$\Delta G_{298} = 17.3\ kJ \cdot mol^{-1}$,$\Delta H_{298} = 21.5\ kJ \cdot mol^{-1}$,

$\Delta S_{298} = 14 \ \mathrm{J} \cdot \mathrm{mol}^{-1} \cdot \mathrm{K}^{-1}$。更多热力学数据可以参见文献[1]。

9.6 锫锎的溶剂萃取

9.6.1 锫的萃取

20 世纪 60 年代,针对[249]Bk 的放射化学纯化和测定的难度,人们提出了两种可能的液液萃取方法来进行[249]Bk 的纯化,基于不同离子的性质不同,一种是利用 HDEHP – 正庚烷作萃取剂,另一种是利用 TTA 的螯合作用进行萃取纯化,这两种方法相比,后者比前者具有更高的选择性。

1. HDEHP 萃取 Bk

Bk 在溶液中存在三价和四价,当使用 HDEHP 作萃取剂时,利用镧系和锕系元素中四价和六价易从硝酸溶液中被有效萃取进入有机相,而三价仍然保留在水相中的特点可以用来进行 Bk 和其他组分的分离。

1957 年,英国的 D. F. PEPPARD 等人研究了在 HDEHP – 正庚烷 – HNO_3 体系中 Bk 的萃取行为。实验方法如下:

①待萃取样品:[249]Bk,β 放射性;[244]Cm,α 放射性;样品中还含有其他的杂质,如[231]Pa、[140]La、[147]Pm 等。

②样品被蒸发浓缩几倍接近干燥后,用 16 $\mathrm{mol} \cdot \mathrm{L}^{-1} HNO_3$ 溶解,然后调料制成料液 – 1（Feed – 1）:10 $\mathrm{mol} \cdot \mathrm{L}^{-1} HNO_3$ + 1 $\mathrm{mol} \cdot \mathrm{L}^{-1} KBrO_3$,实验还测定了 0.1 $\mathrm{mol} \cdot \mathrm{L}^{-1} KBrO_3$ 条件下的分配比。

③有机溶剂为 0.15 $\mathrm{mol} \cdot \mathrm{L}^{-1}$ HDEHP – 正庚烷溶液,等量的有机溶剂和料液 – 1 作用,萃取时间 3 min。并用两倍体积的氧化性洗涤剂进行洗涤。氧化性的洗涤剂为 10 $\mathrm{mol} \cdot \mathrm{L}^{-1} HNO_3$ + 1 $\mathrm{mol} \cdot \mathrm{L}^{-1} KBrO_3$。

④得到三体积的水相称为废水 – 1（aqueous waste – 1.）。有机溶剂用一体积的还原性洗涤剂进行洗涤,还原性的洗涤剂为 8 $\mathrm{mol} \cdot \mathrm{L}^{-1} HNO_3$ + 1.5 $\mathrm{mol} \cdot \mathrm{L}^{-1} H_2O_2$。

⑤然后水相再与一体积新鲜的溶剂和正庚烷作用,最后所得到的水相标为产物 – 1（product – 1.）所得到的有机相标为有机废物 – 1（solvent waste – 1.）。

表 9 – 12 为所得实验数据。产物 1 为纯的 Bk。有机废物 1 与四体积的还原洗涤剂作用,所得到的水相与废水 1 一起调成料液 – 2（Feed – 2）,10 $\mathrm{mol} \cdot \mathrm{L}^{-1} HNO_3$ + 1 $\mathrm{mol} \cdot \mathrm{L}^{-1} KBrO_3$,料液 – 2 与料液 – 1 的萃取程序相同。产物 2 中含有 9×10^3 c/m 的 Bk[249],因此可计算在第一次萃取中 Bk 的收率为 97%。

表 9 – 12　^{249}Bk 的萃取

相	放射性/cpm		
	α	硬 β	软 β
废水 – 1	1.4×10^6	1.7×10^8	未检测到
有机废物 – 1	2.1×10^5	4.7×10^3	未检测到
产物 – 1	2.7×10^2	1.8×10^2	2.8×10^5

产物 1 进行二次纯化,收率超过 99%。α 放射性少于 10 cpm,硬 β 放射性少于 70 cpm。最终产品中 ^{249}Bk 用来测定分配比(表 9 – 13)。

表 9 – 13　$0.15 \ mol \cdot L^{-1}$ HDEHP – 正庚烷从硝酸溶液中萃取 Cm(Ⅲ)、Bk(Ⅲ)、Bk(Ⅳ)

水相	分配比		
	Cm(Ⅲ)	Bk(Ⅲ)	Bk(Ⅳ)
$10 \ mol \cdot L^{-1}$ HNO$_3$	1.5×10^{-3}	2.3×10^{-3}	—
$10 \ mol \cdot L^{-1}$ HNO$_3$ + $0.1 \ mol \cdot L^{-1}$ KBrO$_3$	1.5×10^{-3}	—	1.9×10^3
$10 \ mol \cdot L^{-1}$ HNO$_3$ + $1 \ mol \cdot L^{-1}$ KBrO$_3$	1.4×10^{-3}	—	1.8×10^3
$10 \ mol \cdot L^{-1}$ HNO$_3$ + $1.5 \ mol \cdot L^{-1}$ H$_2$O$_2$	1.4×10^{-3}	2.2×10^{-3}	—
$8 \ mol \cdot L^{-1}$ HNO$_3$ + $1.5 \ mol \cdot L^{-1}$ H$_2$O$_2$	1.7×10^{-3}	2.5×10^{-3}	—

从表 9 – 13 可以看出 Bk(Ⅳ)与 Bk(Ⅲ)的分配比之比近似为 10^6,而 Cm(Ⅲ)的变化很小。当在没有氧化剂 KBrO$_3$ 的条件下是无法测定 Bk(Ⅳ)分配比的。从表 9 – 13 也可看出,Bk(Ⅲ)比 Cm(Ⅲ)更易被萃取。进一步结合已有的研究可以得出如下规律:在这些条件下所有的三价锕系(目前最大原子序数研究到 Bk)和三价镧系离子的分配比比 Bk(Ⅳ)和 Ce(Ⅳ)低得多,四价和六价锕系离子、Pa(Ⅴ)等比 Bk(Ⅲ)分配比大得多。

作者尝试将氧化剂更换为 HIO$_3$,但萃取效果不佳,仅有不到 5% 的 Bk 被萃取进入有机相。

研究者对于硝酸体系中 HDEHP 对 Bk 的萃取也进行了研究。改变 HDEHP 的浓度,从硝酸溶液中萃取 Bk(Ⅲ),或从含有不同浓度溴酸钠和/或 CrO$_3$ 的硝酸溶液中萃取 Bk(Ⅳ)。

图 9 – 6 显示在没有任何氧化剂的情况下,在硝酸浓度低于 $3 \ mol \cdot L^{-1}$ 时,Bk 的萃取分配系数随着硝酸浓度的增大而降低,当硝酸浓度高于 $4 \ mol \cdot L^{-1}$ 后,Bk 的萃取分配系数开始逐渐增大。图 9 – 7 显示了当存在 $0.08 \ mol \cdot L^{-1}$ CrO$_3$ 条件下,硝酸浓度对 Bk 的萃取影响。与图 9 – 6 结果相比较,高的萃取分配系数表明在 CrO$_3$ 存在条件下,Bk 几乎被完全氧化成易萃取的 Bk(Ⅳ),而在图 9 – 6 中,当不存在氧化剂时,最可能存在的是 Bk(Ⅲ)。

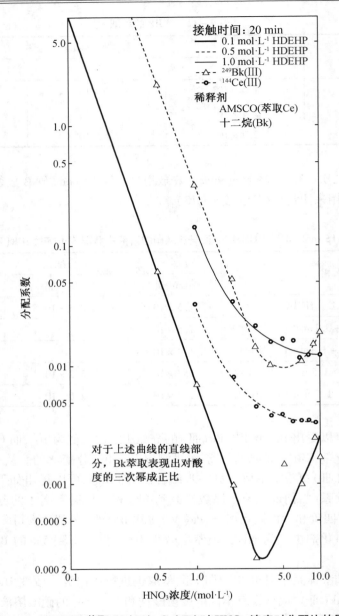

图 9 – 6 HDEHP 萃取 Bk(Ⅲ)、Ce(Ⅲ)时 HNO₃ 浓度对分配比的影响

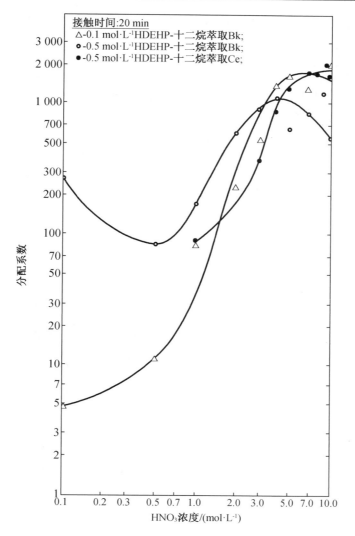

图 9 - 7　HDEHP 萃取²⁴⁹Bk、¹⁴⁴Ce 时加入 0. 08 mol · L⁻¹ CrO₃ 后 HNO₃ 浓度对分配比的影响

图 9 - 8 显示了从 0. 08 mol · L⁻¹ CrO₃ - 4 mol · L⁻¹ HNO₃ 体系中,萃取剂浓度对 Bk(Ⅳ)萃取分配系数的影响。但萃取剂浓度达到 0. 1 mol · L⁻¹后,Bk(Ⅳ)萃取表现出与萃取剂浓度无关。这种观测出的行为可能源于萃余液中 Bk 分析的检测限值。Bk 单独萃取得到的萃取分配系数与 Bk 和 Cm 同时萃取得到的萃取分配系数的偏差被相信是由于存在放射性杂质的结果,但 Bk 萃取分配系数很高,有待通过进一步实验来证明是否是杂质引起的偏差缘由。

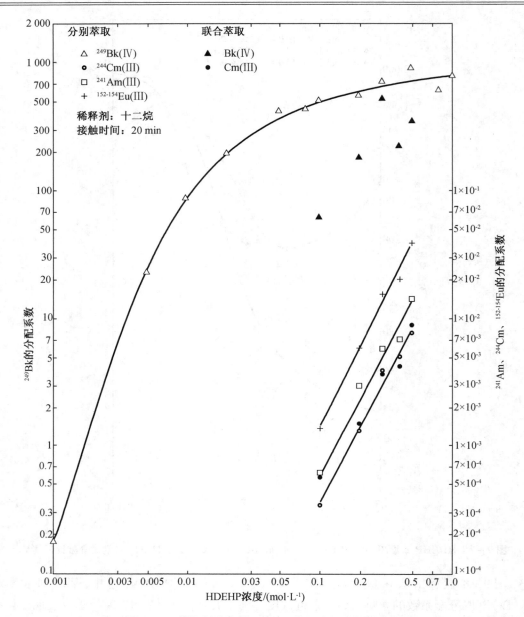

图 9-8　萃取剂浓度对 Bk(Ⅳ) 萃取分配系数的影响

Bk 的反萃

盐酸和硝酸这两种酸的任何一种单独使用时都不能将 Bk 从 $0.5\ mol\cdot L^{-1}$ HDEHP-十二烷溶液中有效洗涤下来。用 HCl($1\ mol\cdot L^{-1}$)可达到的最大反萃率是 50%,用 HNO_3($10\ mol\cdot L^{-1}$)可达到的最大反萃率是 50%~70%。通过在酸溶液中加入 H_2O_2 能够改善 Bk 的反萃,如用 $1\ mol\cdot L^{-1}\ H_2O_2-1\ mol\cdot L^{-1}$ HCl,Bk 被反萃 78%,用 $1\ mol\cdot L^{-1}\ H_2O_2-8\ mol\cdot L^{-1}\ HNO_3$,Bk 被反萃 96%。通过向 $4\ mol\cdot L^{-1}$ HCl 或 $4\ mol\cdot L^{-1}\ HNO_3$ 中加入 H_2O_2,反萃效果还能被提高。在含有 $0.01\sim0.1\ mol\cdot L^{-1}\ H_2O_2$ 的 $4\ mol\cdot L^{-1}$ HCl 溶液或者 $0.5\sim1.0\ mol\cdot L^{-1}\ H_2O_2$ 的 $4\ mol\cdot L^{-1}\ HNO_3$ 溶液中,超过 99% 的 Bk 被反萃下来(表

9 – 14 和图 9 – 9）。

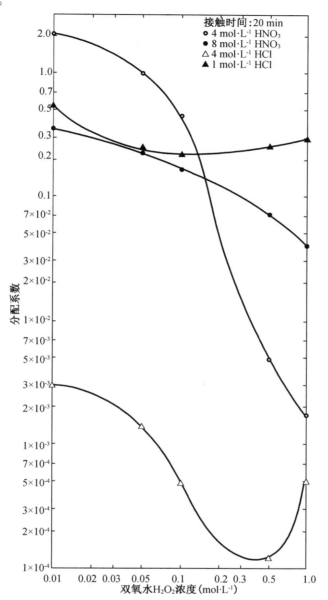

图 9 – 9　反萃剂中加入 H_2O_2 浓度对分配系数的影响

表 9 – 14　反萃剂中 H_2O_2 浓度对反萃率的影响

H_2O_2 浓度 /(mol·L^{-1})	Bk 的反萃率			
	1 mol·L^{-1} HCl – H_2O_2	8 mol·L^{-1} HNO$_3$ – H_2O_2	4 mol·L^{-1} HCl – H_2O	4 mol·L^{-1} HNO$_3$ – H_2O_2
0.01	64	74	99.69	33
0.05	81	81	99.86	50
0.10	82	83	99.95	69
0.50	80	93.4	99.99	99.50
1.00	78	96.2	99.95	99.84

通过采用 HDEHP 作萃取剂,并加入适当的氧化剂,将 Bk(Ⅲ)氧化到 Bk(Ⅳ)进行液液萃取的方法可以将锫从多数三价的锕系元素和镧系元素中分离出来,但铈除外。Fletcher 等进一步研究采用萃取色层法分离 Bk 和 Ce。典型的淋洗曲线如图 9 – 10 所示。可以看出,采用萃取色层可将二者很好的分离开。

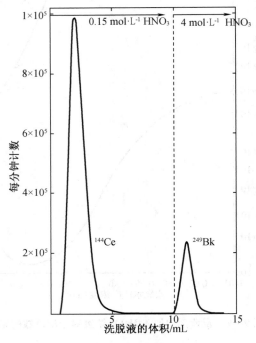

图 9 – 10　萃取色层分离 ^{249}Bk 和 ^{144}Ce

(萃取色层柱:5 mm × 70 mm,固定相:0.5 mol·L^{-1} HDEHP – 正庚烷 – 聚四氟乙烯 – 6 粉末(70 – 80 目);温度:23 ℃;淋洗液流速:5 – 6 滴/min)

2.2 – 噻吩甲酰三氟丙酮(HTTA,$C_8H_5F_3O_2S$) – 二甲苯萃取 Bk(Ⅳ)

Fletcher 在 1966 年报道了使用 2 – 噻吩甲酰三氟丙酮(HTTA,$C_8H_5F_3O_2S$) – 二甲苯作萃取剂来进行 Bk(Ⅳ)的萃取研究。

理论上酸溶液中的 Bk(Ⅳ)离子会与 HTTA 形成稳定的螯合物。假定溶液中 Bk(Ⅳ)没

有其他配合,那么总反应可以写作:

$$Bk^{4+} + 4HT_{(o)} \longrightarrow BkT_{4(o)} + 4H^+$$

在这里 HT 是 HTTA 的烯醇形式,BkT_4 是螯合物。图 9 – 11 显示了用 $0.5\ mol \cdot L^{-1}$ HTTA – 二甲苯溶液从硝酸、硫酸、盐酸溶液中萃取 Bk(IV)的结果。在 $0.5 \sim 3.5\ mol \cdot L^{-1}$ 硝酸溶液中 Bk(IV)可被定量萃取。在 $0.25 \sim 0.05\ mol \cdot L^{-1}$ 硫酸溶液中 Bk(IV)可被定量萃取。较高浓度硫酸溶液中萃取率降低,这主要是由于硫酸根量增加,与硫酸氢根离子对水相中 Bk(IV)起到了竞争作用。

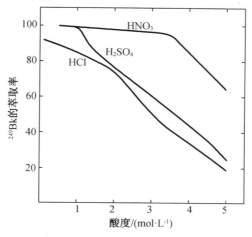

图 9 – 11　$0.5\ mol \cdot L^{-1}$ HTTA – 二甲苯溶液从硝酸、硫酸、盐酸溶液中萃取 Bk(IV)

Bk(IV)在盐酸溶液中的萃取是最令人吃惊的。在盐酸溶液中,通常认为 Bk(IV)是不稳定的。在上述条件下,Bk(IV)还原到较低价态后再用 $0.5\ mol \cdot L^{-1}$ HTTA – 二甲苯溶液从稀盐酸溶液中萃取会有更高的萃取率。

表 9 – 15 和表 9 – 16 分别显示了萃取过程中使用不同洗涤剂的效果以及用 $10\ mol \cdot L^{-1}$ 浓硝酸做反萃剂时反萃时间的影响,可见洗涤剂中加入少量 $Na_2Cr_2O_7$ 可以减少 Bk(IV)损失,使用 $10\ mol \cdot L^{-1}$ 浓硝酸作为反萃剂 1 min 就可以很好的实现反萃。

表 9 – 15　$0.5\ mol \cdot L^{-1}$ TTA – 二甲苯溶液萃取 Bk(IV)时不同洗涤剂洗涤引起的 ^{249}Bk 损失量

洗涤剂	^{249}Bk 的损失/%
蒸馏水	<0.1
$0.5\ mol \cdot L^{-1}\ H_2SO_4$	21.0
$1 mol \cdot L^{-1}\ HNO_3$	13.6
$0.5\ mol \cdot L^{-1}\ H_2SO_4 - 0.2\ mol \cdot L^{-1}\ Na_2Cr_2O_7$	0.4
$1\ mol \cdot L^{-1}\ HNO_3 - 0.2\ mol \cdot L^{-1}\ Na_2Cr_2O_7$	0.1

表 9 – 16　10 mol · L^{-1}硝酸作为反萃剂,相比和反萃时间对反萃效果的影响

水相/有机相	反萃时间/min	^{249}Bk 的反萃率/%
1	1	99.3
1	3	99.2
0.5	3	99.8
0.25	3	99.0

9.6.2　锎的萃取

1. 吡唑啉酮类萃取

Hideyo 等研究了二(1 – 苯基 – 3 – 甲基 – 4 – 酰基吡唑啉酮)衍生物,H$_2$BPn(n:聚乙烯链的数目,$n = 3$、4、5、6、7、8、10 和 22)对 Cf^{3+}及 Am^{3+}、Cm^{3+}的萃取行为。

An^{n+}与 H$_2$BPn 反应的萃取平衡可表示为方程(9 – 1)。

$$i\mathrm{An}^{n+} + (j+k)\mathrm{H_2BP}n_{(o)} \longleftrightarrow \mathrm{An}_i(\mathrm{BP}n)_j(\mathrm{HBP}n)_{k(o)} + (2j+k)\mathrm{H}^+ \qquad (9-1)$$

萃取平衡常数 K_{ex} 为

$$K_{\mathrm{ex}} = \frac{[\mathrm{An}_i(\mathrm{BP}n)_j(\mathrm{HBP}n)_k]_o[\mathrm{H}^+]^{2j+k}}{[\mathrm{An}^{n+}]^i[\mathrm{H_2BP}n]_o^{j+k}} \qquad (9-2)$$

萃合物为 An$_i$(BPn)$_j$(HBPn)$_k$,分配比 D 可表示为

$$D = \frac{[\mathrm{An}_i(\mathrm{BP}n)_j(\mathrm{HBP}n)_k]_o}{[\mathrm{An}^{n+}]} = \frac{K_{\mathrm{ex}}[\mathrm{An}^{n+}]^{i-1}[\mathrm{H_2BP}n]_o^{j+k}}{[\mathrm{H}^+]^{2j+k}}$$

$$\lg D = \lg K_{\mathrm{ex}} + (i-1)\lg[\mathrm{An}^{n+}] + (j+k)\lg[\mathrm{H_2BP}n]_o + (2j+k)\mathrm{pH} \qquad (9-3)$$

以 $\lg D$ 对 $\lg[\mathrm{An}^{n+}]$、$\lg D$ 对 $\lg[\mathrm{H_2BP}n]_o$、$\lg D$ 对 pH 作图,可以测出 K_{ex} 和萃合物 An$_i$(BPn)$_j$(HBPn)$_k$。

用含有 An^{3+}的溶液(1 mol · L^{-1}(NaClO$_4$ + HClO$_4$)来调整 pH 值在 2.5 ~ 5.5 范围内),与含有 5×10^{-5} ~ 5×10^{-3} mol · L^{-1} H$_2$BPn 的氯仿溶液进行萃取实验。水相中锕系离子的初始浓度为 1×10^{-9} ~ 1×10^{-8} mol · L^{-1}(Am)、1×10^{-11} ~ 4×10^{-11} mol · L^{-1}(Cm)、1×10^{-12} ~ 7×10^{-12} mol · L^{-1}(Cf)。[H$_2$BPn]$_o$ 为 1×10^{-3} mol · L^{-1}时,测定了 $\lg D$ 对 pH 值的关系曲线,结果如图 9 – 12(a)至图 9 – 10(c)。从结果可以看出,$\lg D$ 对 pH 作图都能得到一条直线,Am^{3+}、Cm^{3+}、Cf^{3+} 的斜率分别是 2.9 ± 0.2、2.9 ± 0.1、2.8 ± 0.2。表 9 – 17 为实验得到的斜率数据,斜率与 An^{3+} 的价态和包含在萃取反应中的相应的质子离解的数目一致。

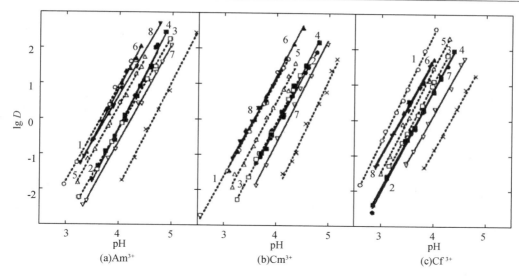

$1—H_2BP_3；2—H_2BP_4；3—H_2BP_5；4—H_2BP_6；5—H_2BP_7；6—H_2BP_8；7—H_2BP_{10}；8—H_2BP_{22}；$虚线——HPMBP。

图 9 – 12　lg D – pH 曲线

表 9 – 17　Am^{3+}、Cm^{3+}、Cf^{3+} 与 H_2BPn 的氯仿溶液的萃取实验结果

离子	萃取剂 H_2BPn	lg D – pH 图			lg D – lg$[H_2BP_n]_o$图	
		斜率[a]	pH$_{1/2}$		斜率	浓度范围[b]/(mol · L^{-1})
			ClO_4^- 介质	NO_3^- 介质		
Am^{3+}	$n=3$	2.7	3.65	3.78	1.7,1.0	$[H_2BP_n]_o \geqslant 2.5 \times 10^{-3}$，$[H_2BP_n]_o \leqslant 1 \times 10^{-3}$
	$n=4$	3.0	4.07	4.13	2.1,1.1	$[H_2BP_n]_o \geqslant 1.0 \times 10^{-3}$，$[H_2BP_n]_o \leqslant 1 \times 10^{-3}$
	$n=5$	2.7	4.08	4.24	1.9	
	$n=6$	3.1	4.08	4.26	1.7	
	$n=7$	2.8	3.88	4.08	2.0	
	$n=8$	2.9	3.71	3.94	2.0	
	$n=10$	2.9	4.26	4.36	2.0	
	$n=22$	2.9	3.78	3.88	1.7	
	HPMBP	3.0	4.64	4.78	3.1	
Cm^{3+}	$n=3$	2.8	3.62	3.80	1.6,1.1	$[H_2BP_n]_o \geqslant 2 \times 10^{-3}$，$[H_2BP_n]_o \leqslant 5 \times 10^{-4}$
	$n=4$	2.9	4.07	4.24	1.9,0.8	$[H_2BP_n]_o \geqslant 5 \times 10^{-4}$，$[H_2BP_n]_o \leqslant 5 \times 10^{-4}$
	$n=5$	2.9	4.03	4.22	1.8	
	$n=6$	2.9	4.06	4.26	2.1	
	$n=7$	2.9	3.78	4.01	1.8	
	$n=8$	3.0	3.59	3.91	2.1	
	$n=10$	2.8	4.22	4.35	2.0	
	$n=22$	2.8	3.61	3.91	2.1	
	HPMBP	2.9	4.63	4.85	3.2	

表 9 – 17（续）

离子	萃取剂	lg D – pH 图			lg D – lg[H$_2$BP$_n$]$_o$ 图	
	H$_2$BPn	斜率[a]	pH$_{1/2}$		斜率	浓度范围[b]/(mol · L^{-1})
			ClO$_4^-$ 介质	NO$_3^-$ 介质		
Cf^{3+}	$n=3$	3.0	3.20	3.40	1.8,0.8	[H$_2$BP$_n$]$_o$ ≥ 2 × 10^{-3}，[H$_2$BP$_n$]$_o$ ≤ 5 × 10^{-4}
	$n=4$	3.0	3.74	3.84	2.0,0.9	[H$_2$BP$_n$]$_o$ ≥ 2 × 10^{-3}，[H$_2$BP$_n$]$_o$ ≤ 1 × 10^{-3}
	$n=5$	2.8	3.64	3.78	2.0	
	$n=6$	2.7	3.73	3.91	2.0	
	$n=7$	3.0	3.48	3.68	1.7	
	$n=8$	2.7	3.44	3.61	2.1	
	$n=10$	2.7	3.95	4.11	2.0	
	$n=22$	2.7	3.39	3.77	2.0	
	HPMBP	2.8	4.35	4.52	2.9	

注：a 用高氯酸盐介质；

　　b 可观测到清晰线性的[H$_2$BP$_n$]$_o$浓度范围。

根据图 9 – 12 可以测定出平衡 1 的半萃取 pH 值，其值列于表 9 – 17 中。所有的 H$_2$BPn 衍生物对锕系元素的萃取效率都比 1 – 苯基 – 3 – 甲基 – 4 – 苯甲酰吡唑啉酮（1 – phenyl – 3 – methyl – 4 – benzoylpyrazol – 5 – one，HPMBP）要高，这主要源于 H$_2$BPn 与 HPMBP 相比具有更多齿配位作用或者更强的疏水性。$n=3$、7、8、22 时萃取效果比其他的要好。

用 1 mol · L^{-1}（NaNO$_3$ + HNO$_3$）代替 1 mol · L^{-1}（NaClO$_4$ + HClO$_4$）介质，发现硝酸介质中的萃取效果与高氯酸中的相似。在 pH 值和萃取剂浓度相同的条件下，硝酸介质中得到的分配比略低于在高氯酸介质中的分配比。硝酸介质中的半萃取 pH 值比高氯酸中的高 0.14 ± 0.2，可能源于 An^{3+} 和 NO$_3^-$ 的配合。如果假定 An^{3+} 不与高氯酸根配合，根据两种介质中的 pH$_{1/2}$ 的差别，AnNO$_3^{2+}$ 的稳定常数 K_1 可被计算。经计算，AmNO$_3^{2+}$、CmNO$_3^{2+}$、CfNO$_3^{2+}$ 的 lg K_1 分别是 0.26、0.51、0.47。

研究了 D 与[H$_2$BPn]的关系。萃取 pH 值选取的是相应萃取体系的 pH$_{1/2}$。当 $n > 5$ 时，lg D ~ lg[H$_2$BPn]显示为线性关系，H$_2$BPn 的浓度在 5 × 10^{-5} ~ 10^{-2} mol · L^{-1}，斜率为 2.0 ± 0.3，对于 H$_2$BP$_3$ 和 H$_2$BP$_4$，H$_2$BPn 在高浓度时斜率为 1.7 ~ 2.1，H$_2$BPn 在低浓度时斜率为 0.8 – 1.1。

lg D – lg[H$_2$BPn]的斜率为 2 和 lg D ~ pH 斜率为 3，依据此可知萃合物为 An(BPn)(HBPn)。因此 H$_2$BPn（$n=5$ ~ 8,10,22）与 An^{3+} 的萃取反应为

$$An^{3+} + 2H_2BP_n \longrightarrow An(BP_n)(HBP_n)_{(o)} + 3H^+$$

而 H$_2$BP$_3$ 和 H$_2$BP$_4$ 与 An^{3+} 的萃取反应，lg D – lg[H$_2$BPn]作图，在高浓度时斜率为 2，在低浓度时斜率为 1，表明在浓度不同时发生了不同的萃取反应，萃合物为 An(BPn)(OH) 或者 An(HBPn)(OH)$_2$。

2. HDEHP 溶剂萃取 Cf

（1）HCl 溶液中进行萃取

早在 1965 年，Gavrilov 等人利用溶剂萃取色层法研究了 Cf、Fm、Md 等元素的分离行为，测定了在 HDEHP – 甲苯 – HCl 体系中几种元素的萃合常数，并在此基础上给出了分离条件。

三价镧系和锏系金属离子与 HDEHP 萃取反应的方程式如下：

$$M^{3+} + 3(H_2A_2)_{(o)} \longleftrightarrow M(HA_2)_{3(o)} + 3H^+$$

萃合常数

$$K = \frac{[M(HA_2)_3]_o [H^+]^3}{[M^{3+}][H_2A_2]_o^3} = D\frac{[H^+]^3}{[H_2A_2]_o^3} \tag{9-4}$$

当溶液中存在极微量（$<10^{-15}M$）的元素时，如何将其浓缩并不含其他杂质就变得至关重要。利用常规静态萃取要达到此目的是不可能的，但利用萃取色层法的多次重复萃取操作，可以将只有几十或几百个原子的超铀元素分离。

Gavrilov 等人选用一直径 2.5 mm 玻璃柱进行实验，柱高 100 mm。超钚元素的同位素 ^{246}Cf、^{252}Fm、^{256}Md 是利用 300 cm 重离子加速器产生。

将超钚元素、稀土元素、^{137}Cs 等溶于 3 – 4 滴盐酸溶液中，进样后用 HCl 溶液在 64 ℃ 下以 1 滴/25 s 的速度进行洗脱。

图 9 – 13 显示了 Cf、Fm、Am、Cm、Eu 等元素的分配比与 HCl 溶液浓度的关系。根据方程（1），可以看出分配比与溶液酸度成反比。实验结果与理论分析是一致的。

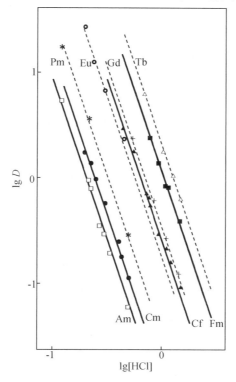

Am（lg K = – 1.67）；Cm（lg K = – 1.42）；Cf（lg K = – 0.15）；Fm（lg K = 0.49）；
Pm（lg K = – 1.05）；Eu（lg K = – 0.36）；Gd（lg K = – 0.03）；Tb（lg K = + 0.74）。

图 9 – 13　盐酸浓度对超钚元素分配比的影响

表 9 – 18 给出了 Cf、Fm 的萃合常数，对于 Cf 元素，lg K 的平均值为 – 0.17，Fm 元素 log K 的平均值为 0.49，分离因子约为 4.5。该值远超过使用离子交换色层法进行分离时的分离因子（使用 α – 羟基异丁酸作为络合试剂，α = 3.2）也超过了使用 TBP 作萃取剂的分离因子（α = 1.45），用 HTTA 作萃取剂的分离因子（α = 2.0）。

表 9 – 18　HDEHP – 甲苯作萃取剂时 Cf、Fm 的萃合常数

元素	Cf		Fm	
lg[HCl]	lg D	lg K	lg D	lg K
0.18	– 1.03	– 0.13	– 0.42	0.49
0.09	– 0.83	– 0.19	– 0.11	0.53
0.06	– 0.67	– 0.12	– 0.08	0.47
– 0.01	– 0.55	– 0.22	0.12	0.48
– 0.09	– 0.19	– 0.09	0.38	0.48
– 0.10	– 0.26	– 0.20		
– 0.13	– 0.14	– 0.17		
– 0.24	0.26	– 0.10		
– 0.32	0.44	– 0.16		
		平均 – 0.17		平均 – 0.49

实验中测定出 Am、Cm 的萃合常数分别为 – 1.67、– 1.43（与 Peppad 等人测定的结果吻合，lg K_{Am} = – 1.53，lg K_{Cm} = – 1.4），表明采用 HDEHP 适合将 Cf 和重超钚元素与 Am、Cm 进行分离（分离因子高于 20，而用离子色层法 α = 4.5）。

图 9 – 14 为不同 HCl 浓度下洗脱曲线。表 9 – 19 给出了 Cf、Fm、Md 的分离结果，被分离元素峰的位置以不同浓度 HCl 条件下柱的体积表示，因为 HCl 浓度下降，分配比的体积增大，增加了总分离时间，因此综合考虑分离效果和分离时间，确定 Cf – Fm 分离的最佳条件为用 0.7 ~ 0.9 mol · L^{-1} HCl 溶液洗脱，而 Fm – Md 分离的最佳条件为用 0.9 ~ 1.0 mol · L^{-1} HCl 溶液洗脱。在此盐酸浓度下，Fm – Md 的分离因子为 2.5 ~ 3，远高于离子交换色层的分离因子。

表 9 – 19　HCl 浓度对 Eu、Tb、Cf、Fm、Md 洗脱峰的位置影响

HCl/(mol · L^{-1})	Eu	Tb	Cf	Fm	Md
1.15	2.2	6	—	3.9	—
1.02	2.7	8.0	2.7	4.3	10 – 13
0.93	3.3	11	4.0	7.7	—
0.86	3.7	15	—	7.8	17 – 19
0.79	5.2	19	7	—	—
0.74	5.7	22	8	12	

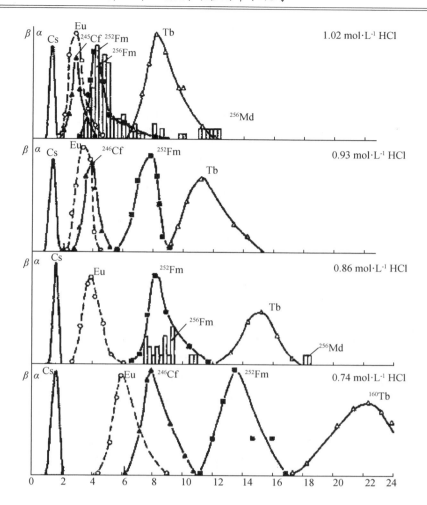

Am(lg $K = -1.67$);Cm(lg $K = -1.42$);Cf(lg $K = -0.15$);Fm(lg $K = 0.49$),
Pm(lg $K = -1.05$);Eu(lg $K = -0.36$);Gd(lg $K = -0.03$);Tb(lg $K = +0.74$)。

图 9 - 14　萃取色层法分离 Cf、Fm、Md

（2）HNO$_3$ - 甲醇混合溶液中进行萃取

张祖逸等研究了硝酸 - 甲醇混合介质中 HDEHP 溶剂萃取 Cf、Cm、Np 的行为,并测定了不同浓度硝酸、亚铁 - 肼 - 硝酸混合液、以及饱和草酸三种溶液反萃取分离 Cf、Cm、Np 的能力。

①甲醇浓度的影响。在 0.1 mol·L^{-1} HNO$_3$ - CH$_3$OH 混合介质中,以 7% HDEHP - 环己烷作萃取剂,研究了甲醇含量对 Cf(Ⅲ)、Cm(Ⅲ)、Am(Ⅲ)及 Np(Ⅳ、Ⅴ)分配比的影响(图 9 - 15)。在甲醇含量为 60% 时,Cf(Ⅲ)、Cm(Ⅲ)、Am(Ⅲ)及 Np(Ⅳ)都能获得相当高的分配比。

②硝酸浓度的影响。在甲醇含量为 60% 时,不同浓度(0.1 ~ 1.0 mol·L^{-1})硝酸对 7% HDEHP - 环己烷萃取 Cf(Ⅲ)、Cm(Ⅲ)分配比的影响研究结果显示,在硝酸浓度低于 0.5 mol·L^{-1} 时,lg D ~ lg[HNO$_3$]都是彼此平行的斜率为 -3 的直线,表明在混合介质中与纯酸介质中一样,Cf(Ⅲ)、Cm(Ⅲ)的 lg D 与硝酸的浓度三次方成反比。再适当地提高萃取剂的

浓度,在混合介质中 HDEHP 可以在较高的酸度(0.1 mol·L^{-1})定量萃取 Cf(Ⅲ)、Cm(Ⅲ)。

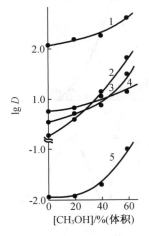

1—Cf(Ⅲ);2—Am(Ⅲ);3—Cm(Ⅲ);4—Np(Ⅳ);5—Np(Ⅴ)(用^{239}Np 示踪剂做实验)。

图 9 – 15　甲醇含量对萃取的影响

从图 9 – 16 中还可以得出,当硝酸浓度为 1.0 mol·L^{-1}时,分配比已经很低,因此可以选择高酸进行反萃。表 9 – 20 显示了在不同硝酸浓度下的反萃率,当硝酸浓度为 4.0 mol·L^{-1}时,Cf(Ⅲ)、Cm(Ⅲ)的反萃率可达99%。而此时 Pu(Ⅳ)、Np(Ⅳ)的反萃率小于1%,故采用此条件可以实现 Cf(Ⅲ)、Cm(Ⅲ)与 Pu(Ⅳ)、Np(Ⅳ)的有效分离。

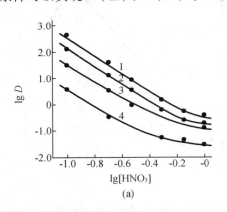
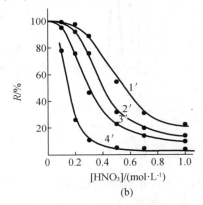

1,1′—Cf,60% CH$_3$OH;2,2′—Cf,无 CH$_3$OH;3,3′—Cm60% CH$_3$OH;4,4′—Cm,无 CH$_3$OH。

图 9 – 16　硝酸浓度对萃取的影响

表 9 – 20　硝酸浓度对反萃取 20% HDEHP – 环己烷溶液中 Cf(Ⅲ)、Cm(Ⅲ)与 Pu(Ⅳ)、Np(Ⅳ)的影响

HNO$_3$ 浓度/(mol·L^{-1})		1.0	2.0	3.0	4.0	5.0
反萃率/%	Cf(Ⅲ)	54	89	94	99	99
	Cm(Ⅲ)	97	99	99	100	99
	Pu(Ⅳ)		<0.03	<0.03	<0.03	
	Np(Ⅳ)			<1.0	<1.0	

（3）HDEHP 浓度的影响

Cf、Cm 萃取分配比的对数与 HDEHP 的浓度呈直线关系，其斜率均近似为 3，甲醇的存在并不影响萃取机制。

从图 9 – 17（b）可以得出，用 20% HDEHP – 环己烷溶液能从 0.1 mol·L^{-1}HNO$_3$ – 60% CH$_3$OH 混合介质中定量萃取 Cf（Ⅲ）、Cm（Ⅲ）。

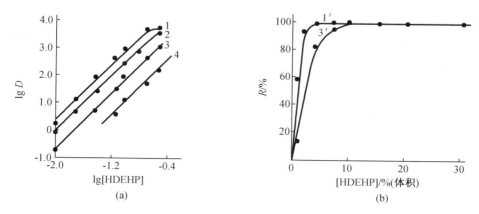

1,1′—Cf,60% CH$_3$OH；2—Cf,无 CH$_3$OH；3,3′—Cm60% CH$_3$OH；4—Cm,无 CH$_3$OH。

图 9 – 17　HDEHP 浓度对萃取的影响

（$V_有/V_水$ =1，手摇 5 min）

参 考 文 献

［1］　L. R. Morss, N. M. Edelsteln, J. Fuger,《The Chemistry of the Actinide and Transactinide Elements》［M］.,Springer(2010).

（1）David E. Hobart, Joseph R. Peterson,"Berkelium", p 1444 – 1498,

（2）Richard G. Haire, "Californium", p1499 – 1576.

［2］　https://baike. so. com/doc/4087525 – 4286318. html。

［3］　https://baike. so. com/doc/4076031 – 4274736. html。

［4］　D. F. Peppard, S. W. Moline, and G. W. Mason. Isolation of berkelium by solvent extraction of the tetravalent species. J. lnorg. Nucl. Chem. , 1957. Vol. 4, pp. 344 to 348。

［5］　Fletcher L. Moore. Selective liquid – liquid extraction of Berkelium(Ⅳ) with 2 – thenoyltrifluoroacetone – xylene application to the purification and radiochemical determination of Berkelium. Analytical Chemistry. Vol. 38, No. 13, December 1966,1872 – 1876.

［6］　Fletcher L. Moore artd Aart Jurriaanse′. Separation of Californium from Curium and Berkelium from Cerium by Extraction Chromatography, Analytical Chemistry. Vol. 39, No. 7, June 1967,733 – 735.

[7]　L. G. Farrar, J. H. Cooper, and F. L. Moore. Chromatographic – solvent extraction iso-lation of Berkelium – 249 from highly radioactive solutions and its determination by beta counting. Analytical Chemistry. Vol. 40, No. 11, September 1968,1602 – 1604.

[8]　Hideyo Takeishi, Yoshihiro Kitatsuji, Takaumi Kimura, et al. Solvent extraction of urani-um, neptunium, plutonium, americium, curium and californium ions by bis(1 – phenyl – 3 – methyl – 4 – acylpyrazol – 5 – one)derivaives, Analytica Chimica Acta 43 (2001)69 – 80.

[9]　K. A. Gavrilov, E. G ~ Uzdz, J. Star, et al. Investigation of the solvent extraction of cal-ifornium, fermium and mendelevium. Joint Institute for Nuclear Research, Dubna, Mos-cow, U. S. S. R. Talanta, 1966. Vol. 13. pp. 471 to 476.

[10]　张祖逸，钟家华。混合介质中 HDEHP 溶剂萃取锕、镅、锋的研究及应用，原子能科学技术,1984 年第 03 期,262 – 273.

第10章 锿镄钔锘铹的溶剂萃取化学

10.1 锿镄钔锘铹元素

10.1.1 引言

锿、镄、钔、锘、铹为锕系的最后几种元素,均为人工合成元素,原子序数从 99 到 103。价电子排布除了铹为 $5f^{14}6d^17s^2$ 或 $5f^{14}7s^27p^1$ 外,其他均为 $[Rn]5f^{10-14}7s^2$。这些重锕系元素在形成化合物时主要表现为三价,但也出现存在低氧化态的趋势。在 Fm、Md、No 的溶液中已经发现了二价离子存在,在合金中也发现了二价的 Fm、Md、No。由于 5f 电子的增加,是满壳层结构,在水溶液中 No 的二价离子是最稳定的形态。但是,锕系最后一个元素 Lr,在溶液中最稳定的价态仍为 +3 价。

10.1.2 锿镄钔锘铹元素的发现

锿、镄均是在 1952 年 12 月由阿伯特·吉奥索等人于伯克利加州大学连同阿贡国家实验室和洛斯阿拉莫斯国家实验室合作发现。含有锿、镄的样本采自"常春藤麦克(Ivy Mike)"核试验的放射性落尘。该核试验于 1952 年 11 月 1 日在太平洋埃内韦塔克环礁上进行,是首次成功引爆的氢弹。

在对放射性落尘的初步检验后,科学家发现了一种新的钚同位素(^{244}Pu),其只能通过铀 -238 吸收 6 个中子,再进行两次 β^- 衰变才会形成。当时一般认为,重原子核吸收中子是一件较罕见的现象,但 ^{244}Pu 的形成意味着铀原子核可能会吸收更多的中子,从而产生更重的元素。第 99 号元素(锿)很快便在与爆炸云接触过的滤纸上被发现。1952 年 12 月阿伯特·吉奥索等人于伯克利加州大学辨认出锿元素。他们发现了同位素 ^{253}Es(半衰期为 20.5 天)。该同位素是铀 -238 原子核在俘获 15 个中子后形成的,其之后再进行 7 次 β^- 衰变:

$$\ce{^{238}_{92}U} \xrightarrow{+15n, 7\beta^-} \ce{^{253}_{99}Es}$$

某些 ^{238}U 还能再另外吸收两个中子(一共 17 个),形成 ^{255}Es,以及 ^{255}Fm。镄(Fm)是在本次核试验中发现的另一种新元素。由于正值冷战时期,因此这些新元素的发现被美国军方列为机密,直到 1955 年才被公布。同时,阿贡实验室利用氮 -14 和铀 -238 之间的核反应以及对钚和锔进行强烈的中子辐照,也产生了锿(和镄)的一些同位素:

$$\ce{^{252}_{98}Cf} \xrightarrow{(n,\gamma)} \ce{^{253}_{98}Cf} \xrightarrow[17.81d]{\beta^-} \ce{^{253}_{99}Es} \xrightarrow{(n,\gamma)} \ce{^{254}_{99}Es} \xrightarrow{\beta^-} \ce{^{254}_{100}Fm}$$

由于该团队最早发现这两种元素,因此拥有对该元素的命名权。他们决定将第 99 号元素命名为 Einsteinium,以纪念逝世不久的阿尔伯特·爱因斯坦(Albert Einstein,1955 年 4 月 18 日逝);并将第 100 号元素命名为 Fermium,以纪念另一位逝世不久的物理学家恩里科·费米(Enrico Fermi,1954 年 11 月 28 日逝)。1955 年 8 月 8 日至 20 日第一届日内瓦原子会议(Geneva Atomic Conference)上,阿伯特·吉奥索首次宣布发现这些新元素。锿的最初符号为"E",后改为"Es"。

首次合成钔是由阿伯特·吉奥索、格伦·西奥多·西博格、Gregory R. Choppin、Bernard G. Harvey 及 Stanley G. Thompson(组长)在 1955 年初于伯克利加州大学成功进行。该团队通过在回旋加速器上以 α 粒子撞击 ^{253}Es 创造了 ^{256}Md(半衰期为 76 分钟)。元素 101 是第九个被合成的锕后元素。钔(Mendelevium)以最先创建元素周期表的德米特里·伊万诺维奇·门捷列夫命名,名称 Mendelevium 被理论化学和应用化学国际联合会(IUPAC)承认,但最初提出的符号 Mv 则未被接受,IUPAC 最终于 1963 年将元素符号改为 Md。

关于 102 号元素锘的首次发现是存在争议的。1957 年在瑞典斯德哥尔摩的诺贝尔物理研究所中首次制得了 102 号元素。据报道研究人员是利用加速的 ^{13}C 离子去轰击 ^{244}Cm,制得了大约 50 个锘原子,这种核素很不稳定,衰变时放出能量为 8.5 MeV 的 α 粒子,半衰期仅为 10 min 左右,质量数为 253。No(Nobelium)以最先创建诺贝尔奖的瑞典化学家阿尔弗雷德·诺贝尔而命名,名称被理论化学和应用化学国际联合会(IUPAC)承认。但是在其后的十年内,美国劳伦斯伯克利国家实验室和俄罗斯杜布纳研究中心的研究人员一直试图重复该结果,但从未获得成功。

1958 年 4 月,在伯克利的加利福尼亚大学,Albert Ghiorso 等人证实了元素 102 的合成。研究组使用了新的重离子直线加速器(heavy-ion linear accelerator(HILAC)),用 ^{13}C 和 ^{12}C 离子去轰击锔(95% ^{244}Cm 和 5% ^{246}Cm)。他们未能证实存在 8.5 MeV 的 α 粒子,但是检测到 ^{250}Fm 的衰变,推测其为 ^{254}102 的子体。1959 年该项目组继续研究证实他们能够产生另一种同位素,衰变时放出能量为 8.3 MeV 的 α 粒子,半衰期 3s,同时伴有 30% 自发裂变。经确定这种放射性核素为 ^{252}No。此后不断有新的同位素被发现。

$$^{244}_{96}Cm + ^{12}_{6}C \longrightarrow ^{256}_{102}No^* \longrightarrow ^{252}_{102}No + 4^1_0n$$

铹元素是 1961 年在美国加利福尼亚伯克利的劳伦斯放射实验室中,由阿伯特·吉奥索、西克兰(T. Sikkeland)、拉希(A. E. Larsh)等人发现。利用能量为 70 MeV 的 ^{10}B 和 ^{11}B 离子轰击锎时产生一新的 α 核素,α 粒子能量为 8.6 MeV,半衰期为(8±2)s。由于这种原子的产额很低,反应截面为 1 微巴左右,最佳情况下每小时也仅有几个 α 计数,因此不能探测它的子体钔原子,只是根据原子核物理方面的证据来肯定它为 103 号元素。为了纪念回旋加速器的发明人、诺贝尔奖获得者劳伦斯博士,将该元素命名为铹,符号为 Lw,后来改为 Lr。

10.2 锿

10.2.1 锿的主要同位素

已知锿有 19 种同位素及 3 种同质异能素,原子量从 240 到 258 不等。它们全都具有放射性,其中最稳定的同位素为 ^{252}Es,半衰期为 471.7 天。其他较稳定的同位素包括 ^{254}Es(半衰期为 275.7 天）、^{255}Es（39.8 天）及 ^{253}Es（20.47 天）。其余所有的同位素半衰期都在 40 小时以下，大部分的在 30 分钟以下。三种同质异能素中，最稳定的为 ^{254m}Es，其半衰期为 39.3 小时。表 10 - 1 所示为 Es 的同位素。

表 10 - 1　Es 的同位素

核素	半衰期	衰变方式（分支比/%）	射线能量/MeV（强度/%）	主要的产生方式
^{240}Es	1 s			
^{241}Es	10 s			
^{242}Es	13.5 s			
^{243}Es	21 s	α	$E_\alpha = 7.89$	
^{244}Es	37 s	$\alpha(4)$ $\varepsilon(96)$	$E_\alpha = 7.570(4)$	
^{245}Es	1.33 min	$\alpha(40)$ $\varepsilon(60)$	$E_\alpha = 7.73(40)$	^{238}U(^{14}N,7n) ^{240}Pu(^{10}B,xn)
^{246}Es	7.7 min	$\alpha(10)$ $\varepsilon(90)$	$E_\alpha = 7.36(10)$	^{238}U(^{14}N,6n)
^{247}Es	4.7 min	$\alpha(\sim7)$ $\varepsilon(\sim93)$	$E_\alpha = 7.31(\sim7)$	^{233}U(^{14}N,5n)
^{248}Es	27 min	$\alpha(0.25)$ $\varepsilon(\sim100)$	$E_\alpha = 6.87(0.25)$	^{249}Cf(d,3n)
^{249}Es	102.2 min	$\alpha(0.13)$ $\varepsilon(99.9)$	$E_\alpha = 6.76(0.13)$	^{249}Bk(α,4n)
^{250}Es	8.3 h	$\varepsilon(100)$	$E_\gamma = 0.828\,8(3.4)$ $0.303\,2(1.0)$ ……	^{249}Bk(α,3n)
^{250m}Es	2.1 h		$E_\gamma = 0.989\,0(1.2^*)$ $1.032\,6(1.^*)$ ……	^{249}Bk(α,3n)
^{251}Es	33 h	$\alpha(0.52)$ $\varepsilon(99.5)$	$E_\alpha = 6.48$	^{249}Bk(α,2n)
^{252}Es	471.7 d	$\alpha(78)$ $\beta^-(<2)$ $\varepsilon(22)$	$E_\alpha = 6.632(63)$ $6.562(11)$ …… $E_\gamma = 0.785\,1(16)$ $0.139\,0(12)$	^{249}Bk(α,2n)
^{253}Es	20.47 d	$\alpha(>99)$ $SF(9 \times 10^{-6})$	$E_\alpha = 6.632\,7(89)$ $6.591\,6(7)$ ……	多次中子俘获

表 10 - 1（续）

核素	半衰期	衰变方式（分支比/%）	射线能量/MeV（强度/%）	主要的产生方式
^{254}Es	275.7 d	α（>99） SF（<3×10^{-6}）	$E_\alpha = 6.4288$（92） ……	多次中子俘获
^{254m}Es	39.3 h	β$^-$（99.6） — α（0.3） SF（<0.05）	$E_{\beta-} = 0.475$（60） 0.437（17） …… $E_\alpha = 6.387$（0.26）	多次中子俘获
^{255}Es	39.8 d	β$^-$（91.5） — α（8.5） SF（0.004）	$E_{\beta-} = 0.30$（91.5） $E_\alpha = 6.2995$（7.45）	多次中子俘获
^{256}Es	25.4 min	β$^-$		^{255}Es（n, γ）
^{256m}Es	7.6 h	β$^-$	$E_\gamma = 0.862$ 0.231	
^{257}Es	7.7 d			
^{258}Es	3 min			

10.2.2 锿的原子性质和金属

锿是一种银白色的放射性金属。在元素周期表中，锿位于锎之右，镄之左，钬之下，其物理及化学特性与钬有许多共通之处。锿密度为 8.84 g·cm^{-3}，比锎的密度低（15.1 g·cm^{-3}），但与钬的密度相近（8.79 g·cm^{-3}）。锿的熔点（860 ℃）比锎（900 ℃）、镄（1 527 ℃）及钬（1 461 ℃）的熔点低。锿是一种柔软的金属，其体积模量只有 15 GPa，是非碱金属中该数值最低的元素之一。

与更轻的锕系元素锎、锫、锔及镅不同的是，锿不呈双六方晶体结构，而是呈面心立方结构。其空间群为 Fm3m，点阵常数为 a = 575 pm。但有研究称，锿能够在室温下形成六方晶体，a = 398 pm，c = 650 pm，但在加热到 300 ℃ 之后便转变为面心立方结构。

锿的放射性非常强，自身的晶体结构可迅速受辐照破坏；每克^{253}Es 会通过辐射释放 1 000 瓦的能量，足以产生肉眼可见的亮光。这也可能是锿拥有低密度、低熔点的原因。由于可用样本稀少，所以锿的熔点是通过观察在电子显微镜下对锿进行加热而推导出的。少量样本中的表面效应会降低熔点值。

锿的化合价为二价，而且具有高挥发性。为减少辐射对锿自身的破坏，大部分对固体锿及其化合物的测量都在热退火之后马上进行。某些锿化合物是在还原性气体中研究的，如 H$_2$O + HCl 用于研究 EsOCl，这样化合物在分解的同时，也会重新形成。

除了辐射导致的自身破坏以外，锿的稀少和迅速衰变也对研究造成了困难。最常见的同位素^{253}Es 每年只生产一到两次，每次份量不超过 1 毫克。每 1 天有 3.3% 的锿转变为锫，再转变为锎：

$$^{253}_{99}\text{Es} \xrightarrow[20\text{ d}]{\alpha} {}^{249}_{97}\text{Bk} \xrightarrow[314\text{ d}]{\beta^-} {}^{249}_{98}\text{Cf}$$

因此大部分被研究的锿样本都受到了其他物质的污染,而其本身的属性则是通过长期积累数据推导而得。其他避过污染问题的实验方法包括用可调谐激光选择性地只激发锿离子,这种方法被用于研究锿的发光属性。

对锿金属、其氧化物及氟化物磁性的研究指出,这三种物质从在液态氢中到室温中均显示出居里外是顺磁性。推导出的 Es_2O_3 的有效磁矩为 $(10.4 \pm 0.3)\mu B$,EsF_3 的为 $11.4 \pm 0.3 \mu B$。这两个值是锕系元素中最高的,相对应的居里温度分别为 53 和 37 K。

和所有锕系元素一样,锿在化学上非常活泼。其 +3 氧化态在固体及水溶液中最为稳定,并呈浅粉红色。在固体中,锿还可以形成 +2 价态。这种 +2 价态在许多别的锕系元素中是不存在的,包括镄、铀、镎、镅、锔和锫。Es^{2+} 化合物可以通过使用二氯化钐还原 Es^{3+} 来取得。气态化学研究臆测可能存在 +4 价态,但这仍待证实。

锿是一种高活性元素,因此要从锿化合物中提取纯锿金属,须要使用强还原剂。其中一种方法是使用锂来还原三氟化锿:

$$EsF_3 + 3Li \rightarrow Es + 3LiF$$

但是,由于熔点很低,而且其辐射也会迅速破坏其自身结构,所以锿的蒸气压比氟化锂还要高。这大大降低了反应的效率。早期的制备程序中曾尝试用过这种方法,但研究人员很快就转用镧金属来还原三氧化二锿:

$$Es_2O_3 + La \rightarrow 2Es + La_2O_3$$

10.2.3　化合物

某些锿化合物的晶体结构与晶格常数见表 10 – 2。

表 10 – 2　某些锿化合物的晶体结构与晶格常数

化合物	颜色	对称性	空间群	编号	皮尔逊符号	a/pm	b/pm	c/pm
Es_2O_3	无色	立方晶系	Ia3	206	cI80	1076.6		
Es_2O_3	无色	单斜晶系	C2/m	12	mS30	1411	359	880
Es_2O_3	无色	六方晶系	P3m1	164	hP5	370		600
EsF_3		六方晶系						
EsF_4		单斜晶系	C2/c	15	mS60			
$EsCl_3$	橙色	六方晶系	C63/m		hP8	727		410
$EsBr_3$	黄色	单斜晶系	C2/m	12	mS16	727	1259	681
EsI_3	琥珀色	六方晶系	R3	148	hR24	753		2084
EsOCl		四方晶系	P4/nmm			394.8		670.2

1. 氧化物

三氧化二锿(Es_2O_3)呈无色立方晶体,可通过硝酸锿(Ⅲ)焙烧制成。其首次被研究时的量只有数微克,晶体大小约为 30 纳米。该氧化物还有其他两种相态,结构分别属于单斜晶系及六方晶系。Es_2O_3 形成时的相态取决于其制备方式,目前还没有相关的相态图。在锿的自我辐射及加热下,三种相态会自发互相转变。其六方晶系的相态与三氧化二镧同型:Es^{3+} 离子被 O^{2-} 离子以六配位的形式包围。

2. 卤化物

锿的卤化物具有 +2 及 +3 氧化态。从锿的氟化物到碘化物, +3 价态最稳定的。

将氟离子注入三氯化锿溶液,可以沉淀出三氟化锿(EsF_3)。另一种制备方法是在 $1 \sim 2$ 个大气压及 $300 \sim 400$ ℃下,让三氧化二锿与三氟化氯(ClF_3)或与氟气(F_2)进行反应。EsF_3 的晶体结构属于六方晶系,与三氟化锎(CfF_3)同型,其中的 Es^{3+} 离子被氟离子以八面体八配位的形式包围。

三氯化锿($EsCl_3$)的制备方式是在约 500 ℃的干氯化氢气体中对三氧化二锿进行退火 20 分钟。在温度降到大约 425 ℃ 时,它就会开始结晶成一种橙色的固体。其晶体结构属于六方晶系,与三氯化铀同型,其中的锿原子被氯原子以三帽三角棱柱九配位的形式包围。三溴化锿($EsBr_3$)是一种浅黄色固体,晶体结构属于单斜晶系,与三氯化铝同型,其中的锿原子被溴原子以八面体六配位的形式包围。

锿的二价卤化物可以通过用氢对其三价卤化物进行还原而取得:

$$2EsX_3 + H_2 \rightarrow 2EsX_2 + 2HX, X = F, Cl, Br, I$$

人们已制成了二氯化锿($EsCl_2$)、二溴化锿($EsBr_2$)、及二碘化锿(EsI_2),并对各物质分别进行了光吸收特性的判定。目前没有有关其结构的资料。

已知的卤氧化物包括 $EsOCl$、$EsOBr$ 及 $EsOI$。其制成方式是将三卤化物置于水和相应卤化氢的混合气体中,使其进行反应。例如,$EsCl_3 + H_2O/HCl$ 可产生 $EsOCl$。

3. 有机化合物

锿的高放射性有用于放射性疗法的潜力。科学家曾合成锿的有机配合物,从而将锿原子带到身体中指定的器官里。曾经有实验把柠檬酸锿(以及镄化合物)注射到狗的体内。Es^{3+} 也被加入到 β – 二酮螯合物中,因为在紫外线照射下,镧系元素的 β – 二酮螯合物在所有金属有机化合物中拥有最强的冷发光效应。当制备锿配合物时,要用 Gd^{3+} 把 Es^{3+} 稀释 1 000 倍。这样可以降低化合物被自身辐射破坏的程度,使化合物能够在实验所需的 20 分钟内不至于瓦解。Es^{3+} 发光的强度太弱,因此未能被探测到。这是因为化合物中各部分的相对能量不理想,所以螯合物框架不能有效地把能量传递到 Es^{3+} 离子中。在换成镄、锿及镄元素后,实验有相同的结果。

Es^{3+} 离子的发光效应却在无机氢氯酸溶液及含有二(2 – 乙基己基)磷酸的无机溶液中被观测到。波长峰值位于 1 064 nm(半峰宽为 100 nm),可经由绿光照射来激发(约 495 nm 波长)。发光持续数微秒,量子产额低于 0.1%。Es^{3+} 的非辐射衰变率比镧系元素的高,而这是由于 Es^{3+} 的 f 轨道电子与内层电子间具有较强的相互作用。

10.2.4 锿的水溶液化学

锿的化学性质较活泼,极易挥发。在水溶液中主要以 +3 价存在。它的性质研究都是在示踪量和微克量下进行,例如用 3 μg 锿测定了三价 Es 在盐酸溶液中的吸收光谱。Es^{3+} 能与镧系元素的氟化物、氢氧化物共沉淀,也可被汞阴极电解还原为 +2 价。

在 HNO_3、HCl、$LiCl$ 或 SCN^- 溶液中,Es^{3+} 与镧系元素一样能形成阴离子配合物,但稳定性不同,因此可实现锿与镧系元素的阴离子交换分离。锕系元素从阴离子交换剂上的洗脱顺序,随原子序数减小而依次排列,因此 Es 在 Cf 以前洗脱。

如在阳离子交换树脂上,可用 α - 羟基异丁酸铵、柠檬酸铵或盐酸做淋洗剂,如图 10 - 1 所示,Es 在 Cf 以前洗脱,此后洗脱的元素依次为 Bk、Cm、Am。

三价锿在 pH 为 3.4 时能被 TTA 的苯溶液萃取,也可被 TBP 和脂肪胺萃取。

由 HDEHP 萃取法测得 Es^{3+} 配合物的几个稳定常数如下:

$Es^{3+} - \alpha - $羟基异丁酸体系:$\lg \beta_1 = 4.29$

$Es^{3+} - $酒石酸体系:$\lg \beta_1 = 5.86$

$Es^{3+} - $苹果酸体系:$\lg \beta_1 = 7.06$

$Es^{3+} - $柠檬酸体系:$\lg \beta_1 = 11.71$

锿的氧化还原电位:Es^{3+}/Es^{2+} 为 $+1.6$ V;Es^{4+}/Es^{3+} 为 -4.6 V。

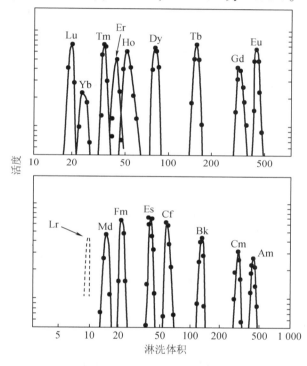

图 10 - 1　三价锕系和镧系元素的淋洗曲线

(Dowex50 阳离子交换树脂,87 ℃,铵盐 α - HIB 作淋洗剂,虚线为 103 号元素根据预测的半径估计的淋洗曲线)

10.3　镄

10.3.1　镄的主要同位素

目前已知镄有 19 种同位素,原子量从 242 到 260(见表 10 - 3)。质量数 254 到 257 的同位素在反应堆辐照后产生的 Pu 或更高原子数的样品中已经被发现,但所有其他同位素仅能通过在加速器上利用带电粒子轰击低原子序数的元素制得。

表 10－3　镄同位素的性质

质量数	半衰期	衰变形式	射线能量/MeV	制备方法
242	0.8 ms	SF		$^{204}Pb(^{40}Ar,2n)$
243	0.18 s		α　8.546	$^{206}Pb(^{40}Ar,3n)$
244	3.3 ms	SF		$^{206}Pb(^{40}Ar,2n)$ $^{233}U(^{16}O,5n)$
245	4.2 s	α	α　8.15	$^{233}U(^{16}O,4n)$
246	1.1 s	92% SF 8%	α　8.24	$^{235}U(^{16}O,5n)$ $^{239}Pu(^{12}C,5n)$
247[a]	35 s	α ≥ 50% EC ≤ 50%	α　7.93（~30%） 7.87（~70%）	$^{239}Pu(^{12}C,4n)$
247[a]	9.2 s	α	α　8.18	$^{239}Pu(^{12}C,4n)$
248	36 s	α 99.9% SF 0.1%	α　7.87（80%） 7.83（20%）	$^{240}Pu(^{12}C,4n)$
249	2.6 min	α	α　7.53	$^{238}U(^{16}O,5n)$ $^{249}Cf(α,4n)$
250	30 min	α SF5.7 × 10^{-4}%	α　7.43	$^{249}Cf(α,3n)$ $^{238}U(^{16}O,4n)$
250m	1.8 s	IT		$^{249}Cf(α,3n)$
251	5.30 h	EC 98.2% α 1.8%	α　6.834（87%） 6.783（4.8%）	$^{249}Cf(α,2n)$
252	25.39 h	α SF 2.3 × 10^{-3}%	α　7.039（84.0%） 6.998（15.0%）	$^{249}Cf(α,n)$
253	3.0 d	EC 88% α 12%	α　6.943（43%） 6.674（23%） γ 0.272	$^{252}Cf(α,3n)$
254	3.240 h	α >99% SF 0.0592%	α　7.192（85.0%） 7.150（14.2%）	^{254m}Es 子体
255	20.07 h	α SF 2.4 × 10^{-5}%	α　7.022（93.4%） 6.963（5.0%）	^{255}Es 子体
256	2.63 h	SF 91.9% α 8.1%	α　6.915	^{256}Md 子体 ^{256}Es 子体
质量数	半衰期	衰变形式	射线能量/MeV	制备方法
257	100.5 d	α 99.79% SF 0.21%	α　6.695（3.5%） 6.520（93.6%）	多中子俘获
258	0.37 ms	SF		$^{257}Fm(d,p)$
259	1.5 s	SF		$^{257}Fm(t,p)$
260	4 ms	SF		^{260}Md 子体

在所有同位素中,能产生最多的是^{257}Fm,这种同位素也是从反应堆或高热原子核反应产生材料中分离出来的原子序数和质量数最高的核素。质量数高于 257 的几种核素均具有非常短的自发裂变半衰期,因此中子俘获不能用于制造质量数高于 257 的核素,除非在核爆炸中产生。由于^{257}Fm 是进行 α 衰变的,而且它不会进行 β$^-$ 衰变(这会形成下一个元素:钔),因此镄是最后一种能够以中子俘获过程产生的元素。镄 - 257 的衰变路程如图 10 - 2 所示。

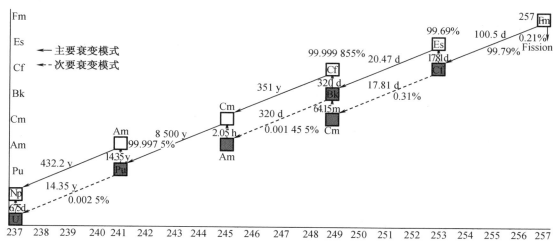

□主要是 α 衰变;■主要是 β 衰变;←主要衰变模式;←- -次要衰变模式。

图 10 - 2 镄 - 257 的衰变路径

10.3.2 镄的原子性质和金属

采用适合测定放射性样品的原子光束磁共振技术测定了中性原子^{254}Fm 原子基态的磁矩 g_i 为 $1.160\ 52 \pm 0.000\ 14$。并将从实验测定的数值与根据几种相似的电子构型所进行的中间耦合计算所得数值进行比较。结果表明,仅仅 $5f^{12}7s^2$ 电子构型的$^3H_6$ 级的计算值与测量值吻合较好。这种吻合用作镄的基态电子构型排布的确切证据。

Carlson 等根据从 Dirac - Fork 计算模型得到的总能量可以对重原子的内壳层结合能和 X - 射线能量进行估算。Frick(1972)等也已经出版了根据 Dirac - Fork 计算模型计算得到的镄的电子结合能,并将它们与 Porter 和 Freedoman(1971)通过^{254m}Es→^{254}Fm β 衰变所导致的激发内转换电子波谱测定的实验结果进行了比较。Das(1981)用相对论局域密度泛函理论计算了镄的结合能。Porter 和 Freedoman(1978)推荐了 Z = 84—103 重元素的 K、L、M、N、O 和 P 壳层的原子结合能。三种理论计算的结果及 Freedoman 等推荐值列于表 10 - 4 中。几个结果吻合很好,证明了这些类型的理论计算结果一致,用来预测很有用。

Dittner 等已经测定了^{255}No α 衰变成^{251}Fm 时发射的 K - 系 X - 射线,实验结果与 Poeter 等计算的结果进行了比较,计算值和测定值也列于表 10 - 4 中。

表 10 – 4 镄的电子结合能和 X – 射线能的计算值和测定值

壳层	结合能/ – eV				跃迁	X – 射线能/keV	
	计算值[a]	计算值[b]	计算值[c]	测定值[d]		计算值[e]	测量值[f]
1s	1 41 943	1 41 953	1 42 573	1 41 962			
2s	27 584	27 581	27 503	27 573			
$2p_{1/2}$	26 643	26 646	26 608	26 644	$K_{\alpha2}(2p_{1/2} \rightarrow 1s_{1/2})$	115.285	115.280
$2p_{3/2}$	20 872	20 869	20 783	20 868	$K_{\alpha1}(2p_{3/2} \rightarrow 1s_{1/2})$	122.058	121.070
3s	7 206	7 213	7 127	7 200			
$3p_{1/2}$	6 783	6 783	6 710	6 779	$K_{\beta3}(3p_{1/2} \rightarrow 1s_{1/2})$	135.150	135.2
$3p_{3/2}$	5 414		5 341	5 408	$K_{\beta1}(3p_{3/2} \rightarrow 1s_{1/2})$	136.521	136.6
$3d_{3/2}$	4 757		4 726	4 746			
$3d_{5/2}$	4 497		4 460	4 484			
4s	1 954		1 904	1 940			
$4p_{1/2}$	1 753		1 712	1 743	$K_{\beta2}(4p_{1/2} \rightarrow 1s_{1/2})$	140.177	140.1
$4p_{3/2}$	1 383		1 340	1 371			
$4d_{3/2}$	1 071		1 046	1 059			
$4d_{5/2}$	1 005		979	989			
$4f_{5/2}$			591				
$4f_{7/2}$			572				
5s			440				
$5p_{1/2}$			361				
$5p_{3/2}$			264				
$5d_{3/2}$			150				
$5d_{5/2}$			144				

注:a:Carlson and Nester(1977);

b:Fricke et al.(1972);

c:Das(1981);

d:Porter and Freedman(1971);

e:Porter and Freedman(1978);

f:Dittner et al.(1971)。

尽管并未制备出镄金属,但是对镄与稀土金属形成合金的性质进行了测量,同时预测了镄金属的许多性质。

10.3.3 镄的水溶液化学

到目前为止,对镄的化学研究都是在溶液中通过示踪法进行的,至今没有制备过任何固体化合物。

在通常状态下,镄在溶液中呈 Fm^{3+} 离子态,水合数为 16.9,有报道其一级水解常数为

$1.6 \times 10^{-4}(pK_a = 3.8)$。可与稀土元素共沉淀为氟化物、氢氧化物。$Fm^{3+}$ 会和拥有硬供电子原子(如氧)的各种有机配位体配合,而形成的配合物一般比镄之前的锕系元素更为稳定。它也会与氯和氮等配位体形成络离子,同样也比镄或锕所形成的更稳定。人们相信,较重的锕系元素所形成的配合键主要为离子键:由于镄的有效核电荷更高,所以 Fm^{3+} 离子预计会比其之前的锕系元素所形成的 An^{3+} 离子小,这使镄能够和配位体形成更短、更强的化学键。

Fm^{3+} 易被还原为 Fm^{2+},比如镄会和二氯化钐共沉淀。镄的电极电势预计将和镱(Ⅲ)与镱(Ⅱ)之间的相似,相对标准电极电势约为 -1.15 V,这与理论计算相符。使用极谱法进行测量,得出 Fm^{2+} 与 Fm^0 之间的电极电势为 $-2.37(\pm 0.1)$ V。

10.4　钔

10.4.1　钔的主要同位素

目前已知钔的同位素有 16 个,质量数在 245 到 260 之间,最稳定的为半衰期为 51.5 天的 ^{258}Md、31.8 天的 ^{260}Md 及 5.52 小时的 ^{257}Md。其余的放射性同位素的半衰期都小于 97 分钟,大部分都小于 5 分钟。该元素还有 5 个亚稳态,其中最稳定的为 ^{258m}Md(半衰期为 58 分钟)。钔同位素的原子量从 245.091 u(^{245}Md)到 260.104 u(^{260}Md)。钔的主要同位素见表 10-5。

表 10-5　钔的主要同位素

质量数	半衰期	衰变模式	射线能量/MeV	制备方法
245	0.4 s 0.9 ms	α SF	α 8.680	$^{209}Bi(^{40}Ar,4n)$
246	1.0 s	α	α	$^{209}Bi(^{40}Ar,3n)$
247	1.12 s 0.27 s	α80%	α 8.424	$^{209}Bi(^{40}Ar,2n)$
248	7 s	EC∽80% α∽20%	α 8.36(~25%) 8.32(~75%)	$^{241}Am(^{12}C,5n)$ $^{239}Pu(^{14}N,5n)$
249	24 s	EC ≤80% α≥20%	α 8.03	$^{241}Am(^{12}C,4n)$
250	52 s	EC 94% α6%	α 7.830(~25%) 7.750(~75%)	$^{243}Am(^{12}C,5n)$ $^{240}Pu(^{15}N,5n)$
251	4.0 min	EC ≥94% α≤6%	α 7.55	$^{243}Am(^{12}C,4n)^{240}Pu(^{15}N,4n)$
252	2.3 min	EC >50% α <50%	α 7.73	$^{243}Am(^{13}C,4n)$

表 10 – 5（续）

质量数	半衰期	衰变模式	射线能量/MeV	制备方法
253	6 min			$^{238}U(^{19}F,5n)$
254[a]	10 min	EC		$^{253}Es(\alpha,3n)$
254[a]	28 min	EC		$^{253}Es(\alpha,3n)$
255	27 min	EC 92% α8%	α 7.333 γ 0.453	$^{253}Es(\alpha,2n)$ $^{254}Es(\alpha,3n)$
256	1.27 h	EC 90.7% α9.9%	α 7.205(63%) 7.139(16%)	$^{253}Es(\alpha,n)$
257	5.52 h	EC 90% α10%	α 7.069	$^{254}Es(\alpha,n)$
258[a]	51.5d	α	α 6.790(28%) 6.716(72%)	$^{255}Es(\alpha,n)$
258[a]	57 min	EC?		$^{255}Es(\alpha,n)$
259	1.60 h	SF		^{259}No 子体
260	31.8 d	SF >73% EC <15%		$^{254}Es(^{18}O,^{12}C)$

10.4.2　钔的原子性质和金属

预测气态钔原子的基态电子构型为[Rn]$5f^{13}7s^2$，内壳结合能或 X – 射线能没有实验测定，只有估算值。结果见表 10 – 6。

表 10 – 6　钔、锘、铹的电子结合能和 X – 射线能的估算值

电子层	结合能(– eV)			转变	X 射线能量(keV)		
	Md	No	Lr		Md	No	Lr
1s	1 46 526	1 49 208	1 52 970	$K_{\alpha1}(2p_{3/2}\rightarrow1s)$	125.17	127.36	130.61
				$K_{\alpha2}(2p_{1/2}\rightarrow1s)$	119.09	120.95	123.87
2s	28 387	29 221	30 083	$K_{\alpha3}(2s\rightarrow1s)$	118.14	119.99	122.89
$2p_{1/2}$	27 438	28 255	29 103				
$2p_{3/2}$	21 356	21 851	22 359	$K_{\beta1}(3p_{3/2}\rightarrow1s)$	140.97	143.51	147.11
				$K_{\beta2}(4p_{3/2,1/2}\rightarrow1s)$	144.91	147.53	151.23
3s	7 440	7 678	7 930	$K_{\beta3}(3p_{1/2}\rightarrow1s)$	139.53	141.98	145.50
$3p_{1/2}$	7 001	7 231	7 474	$K_{\beta4}(4d_{5/2,3/2}\rightarrow1s)$	145.46	148.10	151.82
$3p_{3/2}$	5 552	5 702	5 860	$K_{\beta5}(3d_{3/2,1/2}\rightarrow1s)$	141.77	144.32	147.94
$3d_{3/2}$	4 889	5 028	5 176				

表 10 - 6(续)

电子层	结合能(- eV)			转变	X 射线能量(keV)		
	Md	No	Lr		Md	No	Lr
$3d_{5/2}$	4 615	4 741	4 876	$L_{\alpha 1}(3d_{5/2} \rightarrow 2p_{3/2})$	16.74	17.10	17.48
				$L_{\alpha 2}(3d_{3/2} \rightarrow 2p_{3/2})$	16.47	16.82	17.18
$4s$	2 024	2 097	2 180				
$4p_{1/2}$	1 816	1 885	1 963	$L_{\beta 1}(3d_{3/2} \rightarrow 2p_{1/2})$	22.55	23.23	23.93
$4p_{3/2}$	1424	1 469	1 523	$L_{\beta 2}(4d_{5/2,3/2} \rightarrow 2p_{3/2})$	20.29	20.74	21.21
$4d_{3/2}$	1 105	1 145	1 192	$L_{\beta 3}(3p_{3/2} \rightarrow 2s)$	22.84	23.52	24.22
$4d_{5/2}$	1 034	1 070	1 112	$L_{\beta 4}(3p_{1/2} \rightarrow 2s)$	21.39	21.99	22.61
$4f_{5/2}$	618	645	680	$L_{\beta 5}(5d_{5/2,1/2} \rightarrow 2p_{3/2})$	21.21	21.70	22.20
$4f_{7/2}$	597	624	658	$L_{\beta 6}(4s \rightarrow 2p_{3/2})$	19.33	19.75	20.18
$5s$	471	490	516	$L_{\gamma 1}(4d_{3/2} \rightarrow 2p_{1/2})$	26.33	27.11	27.91
$5p_{1/2}$	389	406	429	$L_{\gamma 2}(4p_{1/2} \rightarrow 2s)$	26.57	27.34	28.12
$5p_{3/2}$	272	280	296	$L_{\gamma 3}(4p_{3/2} \rightarrow 2s)$	26.96	27.75	28.56
$5d_{3/2}$	154	161	174	$L_l(3s \rightarrow 2p_{3/2})$	13.92	14.17	14.43
$5d_{5/2}$	137	142	154	$L_v(3s \rightarrow 2p_{1/2})$	20.00	20.58	21.17
$5f_{5/2}$	12.9	13.6	19.9				
$5f_{7/2}$	10.5	11.1	17.0				

预测钔金属价主要为 2 + ,相似于铕(Eu)和镱(Yb),而非 3 + 。在微量钔元素上用热色谱法的研究指出,钔确实形成 2 + 的金属价。在经验公式的帮助下,其金属半径预测为 0. 194 ± 0.010 nm。估计的升华热介于 134 ~ 142 kJ·mol^{-1}之间。

10.4.3　钔的水溶液化学

钔在发现之前,人们预计它的化学特性应与其他 3 + 锕系元素及镧系元素的相似,在水溶液中最稳定状态的化合价为 3 + 。在阳离子交换树脂柱中,化合价为 3 + 的锕系元素中,钔在镄的前面被洗脱出来,证明了溶液中钔为 3 + 的预测。之后又发现,钔与化合价为 3 + 的镧系元素形成不溶性的氢氧化物和氟化物共沉淀。该方法进一步证实了钔的化合价为 3 + ,且半径小于镄。利用经验公式,David 等预测 Md^{3+}(配位数为 6) 的离子半径为 0.091 2 nm。Hoffman 等利用化合价为 3 + 的稀土元素的已知离子半径,结合 log Λ(分配系数)和离子半径之间的线性关系,估算 Md^{3+} 的平均离子半径为 0.089 nm;而用实验模型及玻恩 - 哈伯循环所计算的水化热为 - (3 654 ±12)kJ·mol^{-1}。

在还原性的环境下,钔表现出不同寻常的化学特性。每次实验使用 $10^5 \sim 10^6$ 个原子,与 $BaSO_4$ 进行共沉淀,在不同的还原剂中用 HDEHP 进行溶剂萃取色层实验。结果显示,Md^{3+} 在水溶液中能够很容易被还原成稳定的 Md^{2+}。估算半反应 $Md^{3+} \rightarrow Md^{2+}$ 的标准电势 E° 约为 - 0.2 V。

用 1 mol·L^{-1} HCl 作为淋洗剂,通过对 Md^{2+} 与 Sr^{2+}、Eu^{2+} 在阳离子交换柱上的淋洗行

为进行比较,根据 Md 的淋洗峰位置,结合 Sr^{2+}、Eu^{2+} 已知的离子半径,估算 Md^{2+} 的离子半径为 0.115 nm。用该值作为半径,计算 Md^{2+} 的水化热为 $-1\ 413\ kJ \cdot mol^{-1}$。

1973 年,Mikheev 等报道了在水 + 乙醇的溶剂中,钔也可以还原为 Md^+,并可以和 CsCl 共结晶。然而,通过控制电势来进行的 $Md^{3+} \rightarrow Md^0$ 还原实验结果显示 Md 不能被认为是与 Cs 类似的金属,没有证据显示其与形成 Md^+ 的行为有关。还原反应为两步:$Md^{3+} \rightarrow Md^{2+}$、$Md^{2+} \rightarrow Md^0$。Hulet 等在 1979 年重复了共结晶实验,在乙醇溶液中用 Sm^{2+} 作还原剂制备 Md^+,但他发现 Md 的行为与 Fm^{2+}、Eu^{2+}、Sr^{2+} 类似,而不是与 Cs 类似,因此他们认为 Md 不能被还原为 Md^+。后来,在 Md 与碱金属的氯化物共结晶热力学研究的基础上,俄罗斯研究者坚持了 Md 可以被还原为 Md^+,其与二价离子盐形成的共结晶可以解释为形成了混晶。由共结晶研究结果计算 Md^+ 的离子半径为 0.117 nm。

有研究者试图使用强氧化剂将 Md^{3+} 氧化到 Md^{4+},但并未成功。

10.5　锘

10.5.1　锘的主要同位素

已知锘的同位素从 250 到 262,除没有 261 外的 12 个同位素列于表 10 – 7 中。^{259}No 是半衰期最长的同位素,为 58 min。然而,^{255}No 的产量更高一些,因此在化学实验中用的更多。

表 10 – 7　锘的同位素

质量数	半衰期	衰变模式	射线能量/MeV	制备方法
250	0.25 ms	SF		$^{233}U(^{22}Ne,5n)$
251	0.8 s	α	α 8.68(20%) 8.60(80%)	$^{244}Cm(^{12}C,5n)$
252	2.27 s	α 73% SF 27%	α 8.415(~75%) 8.372(~25%)	$^{244}Cm(^{12}C,4n)$ $^{239}Pu(^{18}O,5n)$
253	1.62 min	α	α 8.01	$^{246}Cm(^{12}C,5n)$ $^{242}Pu(^{16}O,5n)$
254	51 s	α	α 8.086	$^{246}Cm(^{12}C,4n)$ $^{242}Pu(^{16}O,4n)$
254m	0.28 s	IT		$^{246}Cm(^{12}C,4n)$ $^{249}Cf(^{12}C,\alpha3n)$
255	3.1 min	α 61.4% EC 38.6%	α 8.121(46%) 8.077(12%)	$^{248}Cm(^{12}C,5n)$ $^{249}Cf(^{12}C,\alpha2n)$
256	2.91 s	α ~99.7% SF ~0.3%	α 8.43	$^{248}Cm(^{12}C,4n)$

表 10 – 7（续）

质量数	半衰期	衰变模式	射线能量/MeV	制备方法
257	25 s	α	α 8.27（26%） 8.22（55%）	^{248}Cm（^{12}C, 3n）
258	1.2 ms	SF		^{248}Cm（^{13}C, 3n）
259	58 min	α ~75% EC ~25%	α 7.551（22%） 7.520（25%）	^{248}Cm（^{18}O, α3n）
260	106 ms	SF, α	α 8.03	^{254}Es（^{18}O, x）
262	5 ms	SF		^{262}Lr 子体

10.5.2　锘的原子性质和金属

预测气态锘原子的基态电子排布为 $^1S_0$，[Rn]$5f^{14}7s^2$。对于内层电子结合能还没有实验性的测定，但是估算值已被报道（见表 10 – 6）。

尽管到目前为止还未制备出锘金属，但对于锘的金属价、升华热等已有估算。由于与镄相同的原因导致锘的金属价与铕（Eu）和镱（Yb）相似，主要为 2 价，而非 3 价，二价金属半径为 0.197 nm。有报道锘的升华热估计为 126 kJ · mol^{-1}，此值与 Es、Fm、Md 的相似，支持了锘金属为 2 价的提议。

10.5.3　锘的水溶液化学

在发现之前，预计锘在水溶液中以三价离子形式存在，化学行为与其之前的锕系元素相似。然而，1949 年，Seaborg 预测由于 $5f^{14}7s^2$ 电子构型中 $5f^{14}$ 全满的特殊稳定性，使得 102 号元素可能以相对稳定的 +2 价存在。二十年后，这一预测被证实。

在超过 600 多次的实验中，使用了大约 50 000 个锘原子进行了阳离子交换色谱、共沉淀实验。这些示踪实验显示了锘的化学行为与三价锕系有很大的差别，但是与二价碱土金属元素 Sr、Ba、Ra 等相似。因此，结果表明在不存在强氧化剂的水溶液中，锘的二价离子是最稳定的。

锘的挥发性实验结果表明，无论是二价锘还是三价锘，预计挥发性都较低。研究人员首先将原子氯化，然后在一个热梯度管中通入气体，根据原子在管中沉淀的位置，判断原子的挥发性。比较了锘与 Tb、Cf、Fm 等在实验中的行为，结果显示氯化锘在固体表面有很强的吸附，不易挥发，挥发性与 Tb、Cf、Fm 的相近。

锘和其他二价离子，如 Hg、Cd、Cu、Co、Ba 等，在三正辛胺氯化盐/HCl 体系中与氯离子的配合能力比较结果发现：锘与碱土金属元素最为相似，与氯离子的配合能力相对较弱。锘和 Be、Mg、Ca、Sr、Ca、Ra 在阳离子交换树脂柱/4 mol · L^{-1}盐酸体系中的淋洗行为比较结果显示可用 Ca^{2+} 进行淋洗。在 HDEHP/HCl 液相色谱中进一步比较了这些碱土金属，结果表明锘淋洗在 Ca^{2+} 和 Sr^{2+} 之间。根据从 HDEHP/HNO$_3$ 液液萃取体系中得到的几种二价阳离子半径与分配系数的对数间存在的线性关系，估计 No^{2+} 的离子半径是 0.11 nm。采用阳离子交换色谱法中，得到的几种二价阳离子半径与分配系数的对数间存在的线性关系，估计 No^{2+} 的离子半径是 0.10 nm。利用相对论的哈特里 – 福克 – 斯莱特计算，No^{2+} 的离子半径是0.11 nm。采用波恩方程的经验形式计算单离子水化热为 1 486 kJ·mol^{-1}。根据锕系、镧系离子半径与原子序数的关系,估算 No^{3+} 在配位数为 6 和 8 时离子半径分别为 0.90Å 和 1.02Å。

采用溶剂萃取技术研究在 0.5 mol·L^{-1} NH$_4$NO$_3$ 溶液中二价锘与草酸根、柠檬酸根、醋酸根等的配合能力的结果表明,锘与这些配体的配合趋势在 Ca 和 Sr 之间,更像 Sr 一些。

Silva 等研究了 No(Ⅲ)-No(Ⅱ)在水溶液中的氧化还原电势,每次试验使用 50-100 个原子,采用 HDEHP 萃取柱色层法进行 No^{2+} 和 No^{3+} 的分离。通过对锘从含有不同电势氧化剂的稀酸溶液中萃取行为以及示踪量的 Cf、Cm、Ra、Tl 和 Ce 的萃取行为进行比较,估算出 E^0(No^{3+}→No^{2+})在 +1.4 V 到 +1.5 V 之间。

1976 年 Meyer 用改进的放射极谱技术和 ^{255}No 测定了在汞电极中锘还原的半波电势,结果为:E^0(No^{2+}→No^0(Hg))为 -1.6 V。后来使用锌汞齐电势修正,计算 No^{2+}→No^0 的标准电势为 -2.6 V。最近 David 等用同位素 ^{259}No 采用放射性电量分析测定了锘的锌汞齐电势,根据试验数据,他们估计 No^{2+}→No^0 的标准电势为 -(2.49±0.06)V。这个电对,结合之前 Silva 等测定的 E^0(No^{3+}→No^{2+}) = +1.45 V,可以估算 E^0(No^{3+}→No^0) = -1.18 V。David 等也估算了形成 No^{2+}(aq)和 No^{3+}(aq)的吉布斯自由能分别为 -480 kJ·mol^{-1} 和 -342 kJ·mol^{-1}。利用锕系和镧系电极电势线性关系的半经验方法,Nugent 等计算了 E^0(No^{4+}→No^{3+}) = 6.5 V。

10.6　锘

10.6.1　锘的主要同位素

已知锘有 12 种同位素,质量数在 252 和 262 之间(表 10-8),最长寿命的同位素是 ^{262}Lr,半衰期为 3.6 h。半衰期为 26 s 的 ^{256}Lr 在早期的化学研究中应用较多,但是最近的研究更多使用半衰期较长的 ^{260}Lr($T_{1/2}$ = 3 min)。

表 10-8　锘的主要同位素

质量数	半衰期	衰变方式	主要辐射/MeV	制备方法
252	0.36 s	α	α 9.018(75%)	^{256}Db 子体
253m	1.5 s	α	α 8.722	^{257}Db 子体
253	0.57 s	α	α 8.794	^{257}Db 子体
254	13 s	α	α 8.460(64%)	^{258}Db 子体
255	21.5 s	α	α 8.43(40%) 8.37(60%)	^{243}Am(^{16}O,4n) ^{249}Cf(^{11}B,5n)
256	25.9 s	α	α 8.52(19%) 8.43(37%)	^{243}Am(^{18}O,5n) ^{249}Cf(^{11}B,4n)

表 10 - 8（续）

质量数	半衰期	衰变方式	主要辐射/MeV	制备方法
257	0.65 s	α	α 8.86(85%) 8.80(15%)	$^{249}Cf(^{11}B,3n)$ $^{249}Cf(^{14}N,\alpha 2n)$
258	3.9 s	α	α 8.621(25%) 8.595(46%)	$^{248}Cm(^{15}N,5n)$ $^{249}Cf(^{15}N,\alpha 2n)$
259	6.2 s	α	α 8.45	$^{248}Cm(^{15}N,4n)$
260	3.0 min	α	α 8.03	$^{248}Cm(^{15}N,3n)$
261	39 min	SF		$^{254}Es(^{22}Ne,x)$
262	3.6 h	SF,EC		$^{254}Es(^{22}Ne,x)$

10.6.2　铹的原子性质和金属

有关铹的基态原子电子结构的预测共有两种，1970 年 Moeller 预测 Lr 中性原子基态价电子结构为 $^2D_{3/2}$，[Rn]$5f^{14}6d^17s^2$ 构型，与稀土元素 Lu 的电子结构（$4f^{14}5d^16s^2$）相似。此预测在 1971 年受到质疑，Brower 利用半经验方法计算出 Lr 的构型为 $5f^{14}7s^27p^1$，后来，Nugent 等在 1974 年通过相对论的迪喇克 - 哈克里 - 福克计算得出在这两种构型间的能量差非常小，哪一种构型都可能为基态。在多构型的迪喇克 - 福克计算的基础上，Desclaux 等预测 $5f^{14}7s^27p^1$ 为基态。此后，Wijesundera 等通过多构型的迪喇克 - 哈克里 - 福克计算、Eliav 等通过相对论的福克 - 空间耦合群的方法得出了相似的结论，即 s^2p J = 1/2 在能量上优于 s^2d J = 3/2。这样的结果主要是源自于原子核正电荷附近的电子被强烈加速导致电子的相对质量增加。

1988 年，Eicheler 等提出通过气相色谱实验来辨别 s^2p 和 s^2d 这两种基态构型。他们计算出对于两种不同的构型，当吸附在金属表面时，应能测出焓的差别。预计 s^2p 构型比 s^2d 构型更不易挥发，升华能分别为 134 和 400 kJ·mol^{-1}。Jost 等用在线气相色谱研究了 Lr 的挥发性，并测定了吸收焓。在 1 000 ℃ 还原性条件下没有迹象表明 Lr 是一种挥发性元素。他们的结果给出 Lr 在石英和 Pt 表面的吸收焓为 290 kJ·mol^{-1}，明显高于 s^2p 构型的预计值。因此，Lr 的基态构型还存在疑问。

关于内壳层的结合能还没有实验进行测定，但是预计值已有报道，结果见表 10 - 6。

并未制备出 Lr 金属，已有报道预计 Lr 的升华焓为 352 kJ·mol^{-1}。此值与 Lu 元素的相似，支持了 Lr 更易形成三价金属的提议。进一步预计 Lr 的三价金属离子半价为 0.171 nm。

10.6.3　铹的水溶液化学

1949 年 Seaborg 预测 103 号元素为锕系元素或 5f 系列的最后一个成员，性质与 Lu 相近，在水溶液中以 +3 价离子稳定存在。此后用了近 20 年的时间，才合成出这种元素并进行化学实验来证实这种预测。

采用了一种快速溶剂萃取程序来分离 2 +、3 +、4 + 氧化态。有机相为含有螯合剂 HTTA 的 MiBK 溶液，水相为不同 pH 值（1.5 ~ 5.9 范围）的草酸缓冲溶液。在 200 多次实验中，约制备出 1 500 个原子的 ^{256}Lr 用于研究，Lr 的萃取行为与许多四价（Th、Pu）、三价（Fm、

Cf、Cm、Am、Ac)、二价(No、Ba、Ra)离子进行了比较。因为不同价态离子可以在不同的 pH 值范围下形成可萃取的螯合态,已有的研究数据表明:4 + 离子,如 Th、Pu 可在较强的酸性条件下(pH <1)被萃取;3 + 离子,如 Fm、Cf 等,在 pH = 1.5 ~ 3.5 范围内萃取;2 + 离子,如 No、Ba 等,在 pH >4 条件下萃取。实验结果如图 10 - 3 所示。研究发现在所有的 pH 值范围内,Lr 是以三价离子形式与 Fm 和 Cf 一起萃入有机相,因此可以得出在水溶液中 Lr 最稳定的氧化态为 +3 价。遗憾的是,由于半衰期较短,没有足够的时间来进行阳离子交换树脂柱分离来证实 Lr^{3+} 预测的淋洗位置在 Md^{3+} 前面。

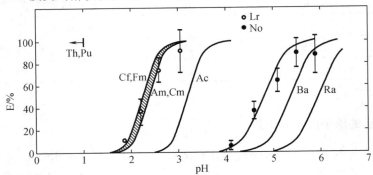

图 10 - 3　不同离子萃取进入有机相的 pH 值

金属离子的 $pH_{1/2}$ 越小,越容易被萃取,因此通过比较图 10 - 3 中不同金属离子的 $pH_{1/2}$ 可得出:

①高价金属离子比低价金属离子易于萃取。这是由于高价金属离子与 TTA^- 能形成稳定性更高的配合物。

②同为三价的金属离子相比较,Cf^{3+}、Fm^{3+} 的 $pH_{1/2}$ 比 Lr^{3+} 的小,Am^{3+}、Cm^{3+} 的 $pH_{1/2}$ 比 Lr^{3+} 的大,说明几种金属离子的萃取顺序为 Cf^{3+}、Fm^{3+} > Lr^{3+} > Am^{3+}、Cm^{3+}。

③No^{2+} 的 $pH_{1/2}$ 比碱土金属离子 Ba^{2+}、Ra^{2+} 的小,说明 No^{2+} 更易被萃取,同价离子,半径小者 β_n 大,故 No^{2+} 离子半径小于 Ba^{2+}、Ra^{2+} 的离子半径。

通过比较几种不同的铿系和超铿系元素在一个加热的玻璃柱时的停留时间,得出 103 号元素的氯化物在固体表面有一定的吸附力,挥发性与 Cm、Fm、No 的氯化物的吸附能力相似,但是低于 104 号元素 Rf 氯化物的挥发性。

因为 Lr 在水溶液中为三价离子,它应表现出与其他三价铿系和镧系元素相似的性质,如氟化物和氢氧化物为不溶于水。有人预测,由于铿系收缩,Lr^{3+} 的离子半径略小于 Md^{3+},采用铵盐 α - HIB 作淋洗剂淋洗时,在 Md 之前,见图 10 - 1。根据离子半径与铿系和镧系元素原子数的关系,估算 Lr^{3+} 的离子半径为 0.089 3 nm。

到 1987 年,一种更长寿命的同位素,^{260}Lr(半衰期 3 个月,α 粒子能量 8.03 MeV)用于化学研究中。用铵盐 α - HIB 作淋洗剂从阳离子交换树脂柱上对 Lr 进行淋洗,并将结果与 Md 和稀土元素 Tm、Er、Ho 的淋洗行为进行比较。发现 Lr 在 Ho 和 Tm 之间被淋洗下来,近似于 Er。从淋洗位置测定了分配系数,再利用离子半径与分配系数的对数间的线性关系,计算了 Lr 的离子半径。若假定六配位的 Er 的离子半径为 0.088 1 nm,则 Lr^{3+} 的平均离子半径为 0.088 6 ±0.000 3 nm。

使用经验模型和玻恩 - 哈伯循环,根据离子半径,计算出水化热为 - (3685 ±13)kJ·

mol^{-1}。Brüchle 等指出 Md^{3+}、Fm^{3+}、Es^{3+} 之间的半径差为 0.001 6 nm,而在类似的镧系离子间半径差为 0.001 2 nm,这表明锕系末尾的收缩比镧系大,可能源于相对论效应。除了最后一个元素 Lr 例外。

根据相对论效应,有可能出现由于 $7s^2$ 闭壳电子是稳定的,在还原条件下仅仅 $7p_{1/2}$ 和 6d 电子被离子化,形成一价 Lr。研究人员对在水溶液中将 Lr^{3+} 还原成二价或一价离子进行了几种尝试。第一种方法是用装填 HDEHP 的溶剂萃取柱作为固定有机相,稀盐酸做流动的水相,从 3 + 和 4 + 离子中分离 1 + 和 2 + 离子,前者可通过柱子,而后者被固定在柱上。当含有 $^{260}Lr^{3+}$ 的溶液流过萃取柱,Lr 被保留在柱上。在 HCl 溶液中加入还原剂盐酸羟胺,然后再把溶液在 80℃ 下通过柱子,流过时间 20 s,试图将 Lr 还原并淋洗下来。这种尝试并未成功,但是作者注明是由于还原动力学非常慢的原因。第二种方法是使用 HDEHP 溶剂萃取柱,用 ARCA 系统,尝试将 Lr 还原为二价或一价。一系列试验中所使用的还原剂为溶解在稀盐酸溶液中的 V^{2+} 和 Cr^{2+}。也没有明显迹象表明 Lr^{3+} 被还原为二价或一价。根据这种结果,估计 $Lr^{3+} \rightarrow Lr^{2+,+}$ 的还原电势应 < -0.44 V。第三种方法是采用新发现的 Lr^{262} ($t_{1/2} = 3.6h$),尝试用 Sm^{2+}($E^0(Sm^{3+} \rightarrow Sm^{2+}) = -1.55V$)还原 Lr。用含 Rb 的四苯基硼酸钠或氯铂酸共沉淀生成的 Lr^+,结果也未成功。在这些条件下 2 + 和 3 + 锕系离子不能共沉淀。因此他们计算出 $E^0(Lr^{3+} \rightarrow Lr^+)$ 的上限为 -1.56 V,并且得出 Lr^+ 不可能存在于水溶液中。Nugent 在 1975 年计算出 $E^0(Lr^{3+} \rightarrow Lr^0)$ 为 -2.06 V,$E^0(Lr^{4+} \rightarrow Lr^{3+})$ 为 7.9 V。

表 10 - 9 中描述了一些 Fm、Md、No、Lr 的化学性质。

表 10 - 9　100 - 103 号元素的化学性质

元素	100	101	102	103
电子构型	$5f^{12}7s^2$	$5f^{13}7s^2$	$5f^{14}7s^2$	$5f^{14}6d^1(7p^1)7s^2$
稳定的氧化态	3,2	3,2	3,2	3
离子半径(nm)	0.0911(3 +)	0.0896(3 +)	0.105(2 +)	0.0886(3 +)
标准电极电势 3 + →2 + 3 + →0 2 + →0	-1.15 -1.96 -2.37	-0.15 -1.74 -2.5	+1.45 -1.26 -2.61	< -0.44 -2.06
一级离子势(V)	6.50	6.58	6.65	

参 考 文 献

[1]　L. R. Morss, N. M. Edelsteln, J. Fuger,《The Chemistry of the Actinide and Transactinide Elements》[M].,Springer(2010). Robert J. Silva. Fermium,Mendelevium,Nobelium, and Lawrencium,1621 - 1647.

[2]　唐任寰,刘元方,张青莲,张志尧,唐任寰,《锕系·锕系后元素》[M],无机化学丛书,

第十卷,科学出版社,1998.

[3] 镧(化学元素),百度百科。,https://baike. baidu. com/item/镧/704001

[4] http://www. baike. com/wiki/镧

[5] 锘(化学元素),百度百科。https://baike. baidu. com/item/锘/701224

[6] http://www. baike. com/wiki/镄

[7] http://www. baike. com/wiki/锘

[8] http://www. baike. com/wiki/铹

[9] Robert J. Silva. Torbjorn Sikkeland. et al Tracer chemical studies of Lawrencium, Inorg. Nucl. Chem . Vol. 6, pp. 733 −739.

第11章 核燃料化学工艺学溶剂萃取流程概论

11.1 核燃料循环与核燃料化学工艺学

11.1.1 核燃料循环

现今反应堆不可能将核燃料在堆内一次性全部"燃烧"耗尽。核燃料在堆内"燃烧"过程,释放裂变能和发射中子,易裂变核素每次裂变释放约 200 MeV 能量,发射 2 ~ 3 个中子。裂变能供发电或作其他能源,发射中子的 1 个用以维持核裂变连锁反应(快中子反应堆则用 >1 个中子维持连锁反应,故有增殖),其余部分被周围结构物质、屏蔽防护层等吸收,生成活化产物,被可转换核素俘获,则生成易裂变核素,如$^{238}U(n,r)^{239}U \xrightarrow{\beta^-} {}^{239}Np \xrightarrow{\beta^-} {}^{239}Pu$。易裂变核素俘获中子后也有未发生裂变而成为可转换核素的,如:$^{239}Pu(n,r)^{240}Pu$,而^{240}Pu俘获中子后变成^{241}Pu 是易裂变核素,所以钚中有两种易裂变核素和一种可转换核素,在数量上都是很重要的。核裂变反应过程,除了概率很小的三裂变产物氚(^3H)外,主要是二裂变产物,原子序数从 28(镍)到 66(镝)各元素的同位素,其中极少数是稳定核素外,绝大部分是丰中子核素,除了少数发射缓发中子,主要经 β^- 衰变最终到稳定核,同时放出一系列不同能量的 γ 射线,电离辐射很强,对元件包壳等材料有损伤。裂变产物中有的核素中子俘获截面大,被称之为中子毒物,如$^{149}Sm,4.01 \times 10^4 b;^{157}Gd,2.54 \times 10^6 b$;这些核素的积累对中子消耗很大,影响链式反应。由于这些因素的存在,核燃料"燃烧"到一定的燃耗(如 33 000 MWd/tU)就成为乏燃料应卸出反应堆,对乏燃料进行后处理,除去强放射性和中子毒物,回收剩余的核燃料(如铀)和新生成的核燃料(如钚),重新返回反应堆内使用,形成核燃料循环。

通常铀 – 钚循环涉及的环节有采矿、选矿、水冶提铀、铀转化成 UF_6、铀同位素分离浓缩^{235}U、燃料元件制造、反应堆辐照和裂变能发电(或其他用途)、乏燃料卸出和运输、乏燃料元件中间贮存冷却、乏燃料后处理、重新制造燃料元件、进反应堆使用。这种核燃料循环称闭路循环,是相对于开路循环而言的。所谓开路循环是不经过后处理回收核燃料复用,而是将乏燃料长期中间贮存,然后永久处置。开路循环并没有循环,其实是为防止核扩散的一种暂时措施。不同堆型、不同用途的核燃料循环亦有差别,图 11 – 1 示出核电站燃料循环。在核燃料循环中,从矿石提取和精制铀的化学处理过程称核燃料前处理;从乏燃料中除去裂变产物(主要放射性核素和中子毒物),回收剩余和新生成的核燃料之化学处理过程称核燃料后处理。后处理回收燃料中的铀,因^{235}U 消耗,丰度降低,需经过同位素分离加浓^{235}U 后再用。高放废液是后处理厂的另一物流,其处理和处置也包含在后处理范畴。对于钍 – 铀燃料循环,新生成的燃料是^{233}U,不必进行铀同位素分离。关于分离 – 嬗变核燃料循环,尚在研究之中。

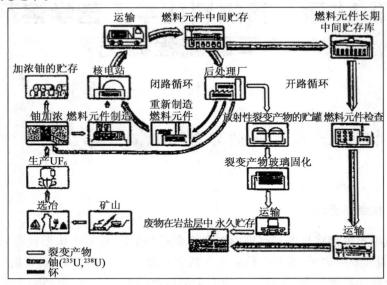

图 11 – 1　核电站的燃料循环示意图

11.1.2　核燃料化学工艺学概述

核燃料化学工艺学是核科学与工程的重要分支,它以锕系元素化学、裂变产物元素化学及分离科学为基础,结合核化学与放射化学、核物理及反应堆工程等基本知识,为核燃料生产研究方法原理,创建工艺流程,实施安全和经济的生产运行,提供合格产品,实现核燃料循环。

核燃料要求纯度高,矿物中铀含量仅万分之几到千分之几,而从中提取纯化后的精制铀产品总杂质含量在 $10^{-4}\%$ ~ $10^{-5}\%$ 范围。从反应堆辐照燃料元件中回收的核燃料对裂变产物放射性的去污系数的指标为 10^6 ~ 10^8。核燃料是很贵重的物质,尤其是高浓铀(^{235}U 丰度90%以上)和武器级钚(^{239}Pu 丰度95%左右)更为珍贵,从辐照核燃料中分离提取铀和钚要求很高的回收率,原则上要求 >99.9%。核燃料化学工艺还有两个突出的特点,即对放射性射线的防护和核临界安全的控制。此外,根据法规不允许向环境排放的放射性物质,需进行特殊的处理和处置。为了解决这些具体问题,创建了不同的工艺流程,先后研究开发了沉淀法、离子交换色层法和溶剂萃取法。其中溶剂萃取法优点显著:选择性好,对杂质的去污系数大;串级萃取,建立工艺流程的基础单元灵活性大,适应性强,产品回收率高;负载容量大,生产能力也大;便于自动控制,远距离操作,安全性好,适合于放射性物质生产;溶剂可回收复用,使废物减少,经济性好。从 20 世纪 50 年代后逐渐以溶剂萃取工艺为主生产核燃料,由于核燃料循环的需求,推动了溶剂萃取法发展成为工业规模的金属分离方法。本章将分别叙述核燃料前处理和后处理的溶剂萃取工艺流程,提取次量锕系元素归入分离 – 嬗变(P – T)核燃料循环,故单独立一节。

11.2　核燃料前处理之溶剂萃取流程

11.2.1　磷类萃取剂流程

1. 单烷基磷酸萃取流程

从铀矿石硫酸浸出液或矿浆中提取铀,一般用单烷基磷酸为萃取剂,用得较多的是十二烷基磷酸(DDPA),其分子结构式为:

$$CH_3-CH(CH_3)-CH_2-CH(CH_3)-CH_2-CH(CH_2-CH(CH_3)-CH_3)-O-P(=O)(OH)_2$$

用煤油为稀释剂的 DDPA 溶液从铀矿硫酸浸出液中萃取铀,受溶液中固体颗粒的影响较小,萃取剂也不会过多消耗,浸出液酸度一般为 $0.03 \sim 0.08\ mol \cdot L^{-1}$,萃取反应为:

$$(C_{12}H_{25}OPO_3H_2)_2 + UO_2^{2+} \Longrightarrow UO_2(C_{12}H_{25}OPO_3H)_2 + 2H^+$$

矿石中含钒量较高,工艺流程的设计常兼顾钒的提取。用 DDPA 煤油溶液从铀钒矿石酸浸出液中提取铀和钒的概念流程示于图 11－2。

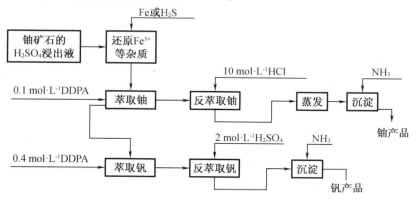

图 11－2　DDPA 萃取流程示意图

2. OPAP 萃取流程

辛基苯基磷酸(OPAP)萃取剂是等摩尔的一(辛基苯基)磷酸(MOPAP)和二(辛基苯基)磷酸(DOPAP)组成的混合物,其辛基苯基的结构是:

以 R 表示,则:MOPAP 为 $R\!-\!O\!-\!\overset{\overset{\displaystyle O}{\|}}{\underset{\underset{\displaystyle OH}{|}}{P}}\!-\!OH$,是二元酸;DOPAP 为(RO)$_2$POOH,为一元

酸。混合物 OPAP 对四价铀的萃取能力很强,用于前处理湿法磷酸中 U^{4+} 的萃取,分配比很高,不需要氧化步骤。有机相为 $0.3 \sim 0.4 \ mol \cdot L^{-1}$ OPAP – Amsco 450;水相是湿法磷酸,冷却至 $40 \sim 50\,℃$,铀为 4 价,4 级萃取率达 98%;反萃取剂用含 NaClO$_3$ 的 10 $mol \cdot L^{-1} H_3PO_4$,U^{4+} 氧化到 UO_2^{2+} 进入水相,3 级反萃取率 >98%。OPAP 萃取流程示于图 11 – 3,这是第一循环,用 NaClO$_3$ 反萃取的水相铀为 UO_2^{2+},送去 HDEHP – TOPO 流程第二循环继续运行,得到铀产品。

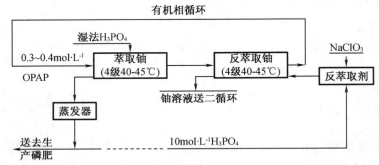

图 11 – 3 OPAP 萃取流程

3. 酸性和中性磷酸酯协同萃取流程

(1)HDEHP – TOPO 协同萃取流程

用于生产磷酸盐化学品和磷肥的天然磷灰岩中含有铀,一般铀含量在 0.01% ~ 0.02%,总储量很大,在大规模生产磷肥厂中回收副产品铀,普通的萃取剂在高浓度磷酸介质中对铀的萃取能力不够。TOPO(三辛基氧膦)与 HDEHP 混合萃取 UO_2^{2+} 有协同效应,适合于从湿法磷酸的高浓磷酸介质中萃取铀。以硫酸分解磷矿石,约有 70% ~90% 的铀转入磷酸溶液,典型的组成为(g · L^{-1}):U 0.09 ~0.2,Fe 6 ~10,Al 3 ~6,Ca 2 ~4,SO_4^{2-} 19 ~33,F^- 21 ~30,PO_4^{3-} 5.0 ~6.0 $mol \cdot L^{-1}$。铁主要以 Fe^{2+} 存在,铀主要以 U^{4+} 存在,萃取前需经 NaClO$_3$、H$_2$O$_2$ 氧化 U^{4+} 为 UO_2^{2+}。

HDEHP – TOPO 协同萃取工艺流程如图 11 – 4 所示,由两个萃取循环组成。第一循环由 0.5 $mol \cdot L^{-1}$ HDEHP – 0.125 $mol \cdot L^{-1}$ TOPO 萃取 UO_2^{2+},稀释剂为 Amsco 450,经 4 级萃取,铀萃取率约 96%。有机相用含 Fe^{2+} 的 6 $mol \cdot L^{-1}$ H$_3$PO$_4$ 反萃取,铀以 U^{4+} 转入水相。第二萃取循环,将反萃取到水相的 U^{4+} 经 Fe^{3+} 或 H$_2$O$_2$ 在 70℃ 下重新氧化为 UO_2^{2+},用 0.3 $mol \cdot L^{-1}$ HDEHP – 0.075 $mol \cdot L^{-1}$ TOPO – Amsco 450 混合溶液萃取 UO_2^{2+}。3 级萃取率 >99%。以水进行 3 级洗涤,98% 以上的磷酸被洗去,用 2 ~3 $mol \cdot L^{-1}$(NH$_4$)$_2$CO$_3$ 溶液反萃取,生成高纯度的(NH$_4$)$_4$[UO$_2$(CO$_3$)$_3$]结晶(AUT),用 1 $mol \cdot L^{-1}$ NH$_4$OH 洗涤 AUT 结晶以除去夹带的有机相,并在 600℃ 下煅烧成八氧化三铀产品,U$_3$O$_8$ 纯度 97.5%。

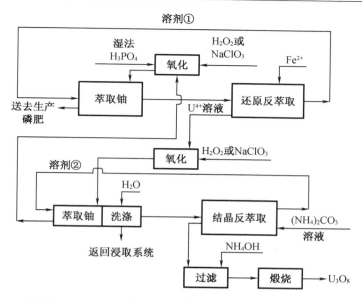

溶剂①－0.5 mol·L^{-1}HDEHP－0.125 mol·L^{-1}TOPO－Amsco 450；

溶剂②－0.3 mol·L^{-1}HDEHP－0.075 mol·L^{-1}TOPO－Amsco 450。

图 11－4　HDEHP－TOPO 从湿法磷酸中提取铀的萃取流程

（2）Dapex 流程

Dapex（达佩克斯）是二烷基磷酸萃取（di－alkyl－phosphoric acid extraction）的英文字母缩写，常用的二烷基磷酸萃取剂是二(2－乙基己基)磷酸（HDEHP），以煤油为稀释剂，从铀矿石硫酸浸出液中提取铀。萃取体系中需要添加 TBP 作为相改良剂，而 TBP 与 HDEHP 萃取铀有明显的协同效应，所以 Dapex 流程实际上是双萃取剂的协同萃取过程。由于 Fe^{3+} 的萃取分配比相当大，接近 UO_2^{2+} 的分配比，所以在浸出液中加入适量铁屑还原 Fe^{3+}，抑制 Fe^{3+} 的萃取。图 11－5 示出同时提取铀和钒的 Dapex 流程，图中对反萃钒后的铀有机相采用回流萃取，可使铀浓集。

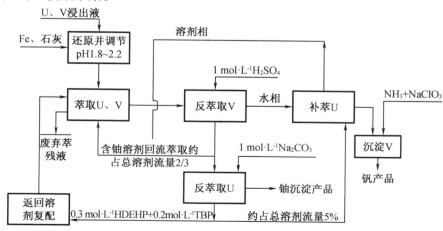

图 11－5　同时提取铀和钒的 Dapex 流程

4. OPPA 萃取流程

焦磷酸辛酯（OPPA）是很强的螯合萃取剂，其结构式为

$$C_8H_{17}-\overset{\displaystyle O}{\underset{\displaystyle OH}{P}}-O-\overset{\displaystyle OH}{\underset{\displaystyle O}{P}}-OC_8H_{17}O$$

OPPA 是最早用于湿法磷酸中提取铀的工业萃取剂，以煤油为稀释剂，萃取磷酸中被铁屑还原成四价的铀。萃取铀的有机相用较浓的 HF 沉淀反萃取。简单的 OPPA 萃取流程示于图 11-6。由于 OPPA 的选择性不够好，在水相易水解，反萃取也比较困难，此工艺流程逐步被淘汰。

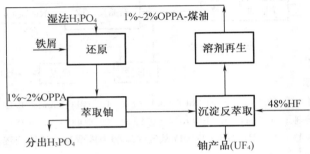

图 11-6 湿法磷酸中提铀的 OPPA 萃取流程

5. 纯化钍的 TBP 萃取流程

从独居石矿浸取分离得到的氢氧化钍浓缩物不够纯，杂质中含有铀、稀土、铁等，不能直接用于制造燃料元件，需要进一步提纯、精制，多采用 TBP 萃取流程。各国的 TBP 纯化流程有所不同，图 11-7 示出英国采用的流程，用硝酸溶解氢氧化钍成硝酸钍，以 TBP 为萃取剂。

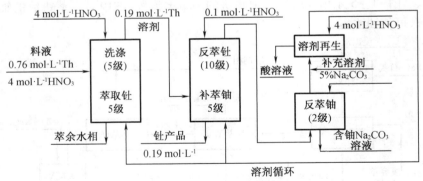

图 11-7 纯化钍的 TBP 萃取流程

11.2.2 胺类萃取剂流程

1. Amex 萃取流程

Amex（阿梅克斯）是"Amine Extraction"的缩写，Amex 流程以长链叔胺为萃取剂，从铀矿硫酸浸出液中萃取铀，是铀水冶工艺中广泛采用的萃取工艺流程。作为萃取剂的叔胺，

烷基碳原子数在 8 – 12 范围,国外多用三正辛胺(TOA),Alamine 336 和 Adogen 364 等,我国采用混合烷基叔胺 N235(烷基碳原子数为 8 ~ 10),稀释剂一般用高沸点煤油,还需加长链醇作改良剂,所以 Amex 流程的萃取剂体系由叔胺(如 N235) – 异癸醇 – 煤油组成。水相 pH 值 1.0 ~ 1.5,SO_4^{2-} 浓度 0.5 ~ 1.0 mol·L^{-1};叔胺浓度为 0.1 mol·L^{-1}左右,长链醇 0.05 ~ 0.1 mol·L^{-1}。典型的 Amex 流程示于图 11 – 8。

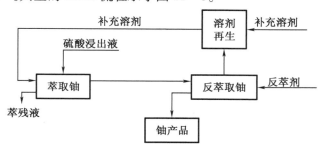

图 11 – 8　萃取铀的 Amex 流程示意图

Amex 流程中铀的反萃取可以有几种方法,如:

(1)用 pH = 2 的 1.0 ~ 1.5 mol·L^{-1} NaCl 的 Cl^- 交换反应

$$(R_3NH)_4UO_2(SO_4)_{3(o)} + 4NaCl \rightarrow 4(R_3NH)Cl_{(o)} + UO_2SO_4 + 2Na_2SO_4$$

(2)用 pH 值为 3.5 ~ 4.5 的 $(NH_4)_2SO_4 + NH_4OH$ 消除胺盐的质子化

$$(R_3NH)_4UO_2(SO_4)_{3(o)} + 4NH_4OH \rightarrow 4R_3N_{(o)} + UO_2SO_4 + 2(NH_4)_2SO_4$$

(3)用碳酸盐,如 $(NH_4)_2CO_3$ 与 UO_2^{2+} 生成很稳定的配合物进入水相

$$(R_3NH)_4UO_2(SO_4)_{3(o)} + 4NH_4OH + 3(NH_4)_2CO_3 \rightarrow 4R_3N_{(o)} + (NH_4)_4UO_2(CO_3)_3 \downarrow + 3(NH_4)_2SO_4 + H_2O$$

2. 铀的季铵盐萃取流程

季铵盐本身带正电荷,不必从酸性溶液中结合 H^+ 质子化成盐,在低浓酸性溶液和碱性溶液中均有萃取能力,可直接从铀矿碳酸盐浸出液中萃取铀,萃取反应按离子缔合萃取机理进行,也是典型的阴离子交换萃取。我国研究成功用季铵盐直接从铀矿碱浸出液中提铀的工艺,萃取流程示于图 11 – 9。有代表性的水相组成(g·L^{-1}):U 0.4 ~ 1.0,Fe 0.01,Mo 0.016,V 0.014,SiO_2 0.053,SO_4^{2-} 0.97,PO_4^{3-} 0.27, Cl^- 0.087,Na_2CO_3 14.3,$NaHCO_3$ 4.2,固体物 8.5×10^{-3}。萃取剂为氯化十六烷基二甲基苄基铵[CMMBA],结构式为:

$$\left[\begin{matrix} CH_3 & CH_2(CH_2)_{14}CH_3 \\ & N \\ CH_3 & CH_2 \end{matrix} \right]^+ \cdot Cl^-$$

用前转化成碳酸盐型,用磺化煤油配成 0.1 mol·L^{-1}浓度,含 3 ~ 5% 仲辛醇改良剂。萃取铀的有机相经 10 g·L^{-1} $(NH_4)_2CO_3$ 洗涤后,用高浓度 $(NH_4)_2CO_3 + NH_4HCO_3$(或 NH_4OH)溶液结晶反萃取铀,$(NH_4)_2CO_3$ 最佳浓度为 200 ~ 250 g·L^{-1},反萃取率和结晶颗粒度均好。

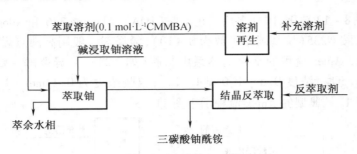

图 11 – 9　铀矿碱浸液中提铀的季铵盐萃取流程

3. 仲胺 S – 24 萃取流程

20 世纪中期,美国有一个处理含铀和钼之褐煤的半工业性工厂,采用仲胺 S – 24 作萃取剂,从硫酸浸出的澄清液中萃取铀和钼,通过反萃取使铀钼分离。澄清的硫酸浸出液组成($g \cdot L^{-1}$):U_3O_8 0.85, Mo 0.30, Fe^{2+} 2.30, Fe^{3+} 6.00, Al^{3+} 10.60, SO_4^{2-} 130.00, pH 0.9。仲胺 S – 24 是二(1 – 异丁基 – 3,5 – 二甲基己基)胺,结构式为:

$$HN(CH \underset{\underset{CH_3}{\overset{|}{\underset{|}{CH_2}}}\overset{|}{CH}-CH_3}{\overset{CH_2-CH-CH_2-CH-CH_3}{\overset{\overset{|}{CH_3}\quad\overset{|}{CH_3}}{}}})_2$$

有机相是 5% S – 24 仲胺煤油溶液,含 3.5% 癸醇。萃取工艺流程示于图 11 – 10。

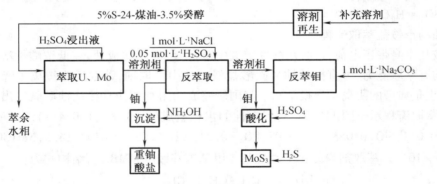

图 11 – 10　提取铀和钼的仲胺 S – 24 萃取流程

11.2.3　萃取法精制铀流程

1. TBP 萃取精制铀

核燃料前处理中,铀矿石的浸取多用硫酸或碳酸盐,对这两类浸出液,不能用 TBP 作萃取剂。对于矿石中提取的铀浓缩物的精制,TBP 则是合适的萃取剂。西方发达国家曾用 TBP 为萃取剂精制铀,图 11 – 11 示出法国用 TBP 精制铀的萃取工艺流程。将铀酸钠(含 U 60% ~80%)或铀酸镁(含 U 50% ~55%)溶于硝酸,过滤清液调成 4 $mol \cdot L^{-1}$ HNO_3,U 270 ~350 $g \cdot L^{-1}$,作为进料液,用 40% TBP – 煤油萃取。

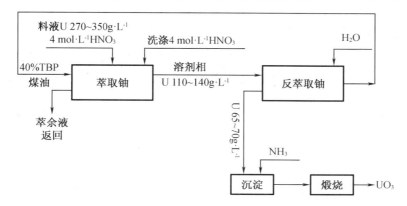

图 11-11　法国精制铀的 TBP 萃取流程

2. 乙醚萃取精制铀

乙醚作为萃取剂的历史已久,最早用于萃取铀。一般认为乙醚萃取铀是通过二次溶剂化实现的,反应式可表示为:

$$UO_2^{2+} + 2NO_3^- + 4H_2O + 2(C_2H_5)_2O_{(o)} = UO_2(NO_3)_2 \cdot 4H_2O \cdot 2(C_2H_5)_2O_{(o)}$$

萃合物的结构式可写成:

不排除还可能以其他溶剂化形式进入乙醚相,如 $UO_2(NO_3)_2 \cdot 2H_2O \cdot 2(C_2H_5)_2O$, $UO_2(NO_3)_2 \cdot 2H_2O \cdot 4(C_2H_5)_2O$ 等。由于二次溶剂化萃取,铀在水溶液和乙醚之间的分配比很小,HNO_3 的萃取竞争激烈,硝酸浓度宜在 1 mol·L^{-1} 左右。水相纯 $UO_2(NO_3)_2$ 时,铀本身有盐析作用,铀浓度在 2 mol·L^{-1} 之内可观察到分配比随铀的增加而上升。盐析剂在这个体系对分配比影响很敏感,但为了不引进其他阳离子,常用 NH_4NO_3 为盐析剂,NO_3^- 同时是助萃配合剂。图 11-12 是美国 1945~1946 年工厂采用乙醚萃取精制铀的工艺流程。这个流程中的原料含有大量杂质,而最终的产品达到足够高的纯度,其杂质含量(%)为:Fe 7×10^{-4},Ni 1×10^{-4},Cr 1×10^{-4},Ag 1×10^{-5},Mo 1×10^{-4},不溶于硝酸的杂质 7×10^{-4}。

乙醚萃取工艺流程安全性较差,后被 TBP 取代。

3. DAMP 萃取流程

甲基膦酸二异戊酯(DiAMP 或 DAMP)的结构式为

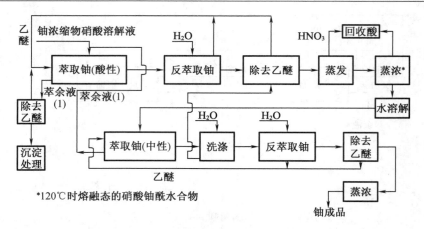

图 11-12 精制铀的乙醚萃取双循环工艺流程

是中性萃取剂,萃取铀的机理与 TBP 一样,但萃取能力比 TBP 强,选择性也相对高,用于处理铀精矿,得到的铀产品(U_3O_8)纯度相当高,主要杂质含量(%):Fe 1×10^{-3},Al 1×10^{-3},Si 2.4×10^{-3},Mn 8×10^{-5},Cu 1.3×10^{-4},B 1.3×10^{-5}。用 DAMP-煤油从铀精矿硝酸浸出液中直接萃取精制铀的工艺流程示于图 11-13。

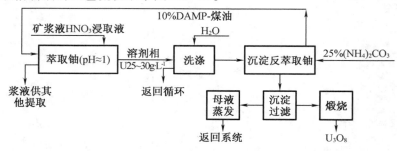

图 11-13 从精矿中直接精制铀的 DAMP 萃取流程

11.2.4 前处理其他萃取剂流程

1. Eluex(淋萃)流程

淋萃流程(Eluex 法)即"Eluate extraction process"的缩写,是铀矿硫酸浸出液(或矿浆)经离子交换树脂吸附后,以 H_2SO_4 为淋洗剂,从树脂上解吸铀,再以溶剂萃取法继续提取铀的过程。一般用阴离子交换树脂吸附,溶剂萃取可用 Dapex 流程或 Amex 流程。淋萃流程在美国和苏联都获得广泛应用,在南非称此法为 Buffeex(布费莱克斯)流程。淋萃流程有常规型,改进型和协萃型。图 11-14 示出矿浆的离子交换吸附与溶剂萃取相结合的联合流程。

2. 利用动力学效应的萃取分离流程

在铀矿的硫酸浸出液中 Fe^{3+} 的萃取分配比高,常加入铁屑还原 Fe^{3+} 为 Fe^{2+},以提高对铁的去污系数。对于矿浆萃取,铁屑难以应用,可用萃取动力学上速率的差异进行分离。在硫酸介质中 HDEHP 萃取 UO_2^{2+} 或 Th^{4+} 速率很快,1-2 min 可达到热力学平衡,而对 Fe^{3+} 的萃取速率很慢,需 2.5h 才达到热力学平衡,如果在 0.12 mol·L^{-1} HDEHP-煤油溶液中添加 3% DRRP(烷基膦酸二烷基酯,烷基碳原子数 4~6),对 Fe^{3+} 的萃取平衡时间由 2.5 h

增加到 8 h 以上,说明 DRRP 对 HDEHP 萃取 Fe^{3+} 有动力学阻萃效应。这就使热力学分配比相近的(Th^{4+})与 Fe^{3+},利用动力学效应形成的差异进行分离。图 11 – 15 示出利用与 Fe^{3+} 萃取速率差异的分离流程。

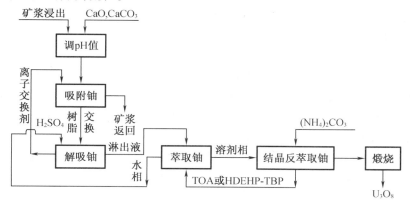

图 11 – 14　Eluex 提取的工程流程简图

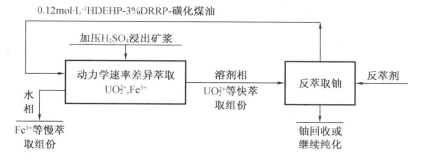

图 11 – 15　利用速率差异分离 UO_2^{2+} 与 Fe^{3+} 的萃取流程示意图

11.3　核燃料后处理之溶剂萃取流程

11.3.1　磷类萃取剂流程

1. Purex 流程

Purex 是英文"Plutonium Uranium Reduction Extraction"(铀钚还原萃取)的缩写。1949 年,美国提出了用 TBP 作萃取剂的 Purex 流程,用 Purex 流程建立的萨凡那河钚生产厂于 1954 年 11 月投产,采用 Purex 流程的汉福特后处理厂于 1956 年投入运行。此后 Purex 流程在核燃料后处理中得到迅速发展,并占据主导地位,英、法等国的后处理厂也采用 Purex 流程。我国 Purex 流程的研究始于 20 世纪 50 年代末,1966 年清华大学和中国原子能科学研究院放射化学研究所完成了 Purex 流程工艺热实验,第一座生产堆核燃料后处理厂于 1970 年 4 月正式投入运行。现在世界上有核国家的核燃料后处理基本上都采用 Purex 流程。

Purex 流程的第一循环最复杂:首先溶解辐照铀燃料成铀、钚和裂变产物以及次量锕系元素的硝酸溶液,并经预处理制成水相料液(1AF),与30% TBP – 煤油(或其他稀释剂)有机相(1AX)接触,$UO_2(NO_3)_2$ 和 $Pu(NO_3)_4$ 及 $NpO_2(NO_3)_2$ 与 TBP 生成萃合物被萃入有机相(1AP),裂变产物元素、三价锕系元素以及 NpO_2^+ 留在水相(1AW),这一复杂步骤称为铀钚共去污;然后用还原反萃取剂将有机相中的钚还原成三价转入水相(1BP),铀仍然留在有机相(1BU)中,这一步骤称为铀钚分离;而后再反萃取铀进入水相(1CU)。整个第一循环包括 1A、1B 和 1C 三个环节组成,实现铀钚共去污和分离,称为共去污分离循环。已经分离的铀(1CU)和钚(1BP)经过相关处理(如钚的价态调节)后,再进行 TBP 萃取和反萃取达到进一步的净化和浓缩,分别称铀线净化循环和钚线净化循环。根据产品纯度的要求,净化循环可进行二次或三次。早期生产堆核燃料后处理,元件冷却期短,一般要经过三个萃取循环后,铀线还要加硅胶吸附步骤,主要去除^{95}Zr – ^{95}Nb;钚线要加离子交换吸附,增大去污系数。现在先进的 Purex 流程,仅用两个萃取循环可满足产品要求,图 11 – 16 是这类 Purex 流程的示意图。

在 Purex 工艺流程中镎的价态难于归一,其走向不易控制到单一液流中,对于图 11 – 16 的工艺流程,1AF 中 5 价的镎(NpO_2^+)进入 1AW,6 价的镎(NpO_2^{2+})进入 1AP。在铀钚分离及其后的步骤中镎的分布仍然是分散的,但绝大部分归入 2AW 和 2DW 中。

Purex 流程的优点突出,应用较广,有多种变体的 Purex 流程将在后文陆续叙述。

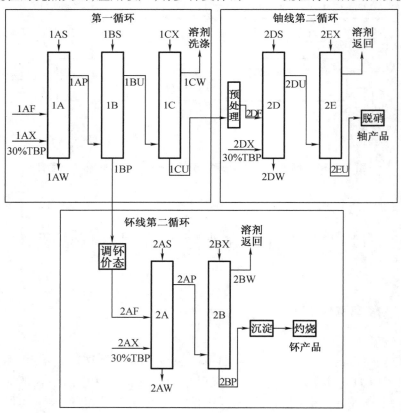

图 11 – 16　先进二循环 Purex 流程示意图

2. Thorex 流程

Thorex 是英文"Thorium Recovery by Extraction"的缩写。Thorex 流程用 TBP 为萃取剂,煤油作稀释剂,水相介质为硝酸,与 Purex 流程相似,如图 11 – 17 所示。在常规 Thorex 流程

条件下,主要元素在有机相和水相间的分配与水相酸度的关系示于图 11 – 18。

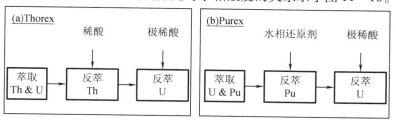

图 11 – 17　Thorex 和 Purex 流程比较示意图

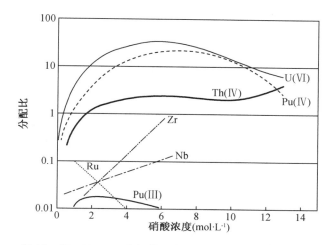

图 11 – 18　Thorex 流程中元素的分配比与水相酸度的关系

　　Thorex 流程与 Purex 流程相比,也存在明显的不同之处:Thorex 流程主要用于处理钍 – 铀(^{233}U)燃料,分配比较小的钍是大量的,铀 – 233 的分配比高却是小量的,使溶剂载量不同;钍铀分离不用还原反萃取;对于冷却时间较短(<270 天)的燃料,^{233}Pa 的分离宜低酸,常用缺酸进料;产品 ^{233}U 中 ^{232}U 的存在,需要适当的外辐射防护。

　　Thorex 流程有两个基本设计方案,一是先同步萃取钍和铀,然后再分离;二是先用低浓度的萃取剂提取铀 – 233,钍、^{233}Pa 和裂变产物在水相,再用高浓度的萃取剂提取钍。在 Thorex 流程的发展过程中,开发过多种模式。最早由橡树岭国家实验室(ORNL)研究的 Thorex No. 1 流程,采用三种萃取剂,第一步用 2,2′ – 二丁氧基二乙醚($C_4H_9OC_2H_4OC_2H_4OC_4H_9$)萃取镤;第二步用 5% TBP – 煤油萃取铀 – 233;第三步用 45% TBP – 煤油萃取钍。流程过于复杂,很快被 Thorex No. 2 流程所取代,这个流程采用较高浓度(40 ~ 45%)的 TBP 为萃取剂,$Al(NO_3)_3$ 作盐析剂,同时萃取钍和铀,这是第一个从辐照钍 – 铀燃料中分离钍和铀的有实际价值的流程。以后又开发了缺酸进料的 Thorex 流程,如图 11 – 19 所示;酸式/缺酸双循环的 Thorex 流程;以及分别单独萃取铀和钍的流程(示于图 11 – 20)等。

　　图 11 – 19 所示流程为了提高裂变产物和 ^{233}Pa 的去污系数,采用低酸进料,燃料溶解液经过蒸发和蒸汽提馏,造成缺酸①条件作为进料液。在萃取段含钍浓度较低端加入盐析剂

---

　　① 　缺酸条件是指溶液中游离酸不足,使金属阳离子按化学计量的酸根总浓度高于实际存在的酸根浓度,造成部分水解形式,如 $Al(NO_3)_3 \rightarrow Al(OH)(NO_3)_2$、$Th(NO_3)_4 \rightarrow Th(OH)(NO_3)_3$ 等。

13 mol · L⁻¹ HNO₃ 以保证铀和钍的萃取率,5.0 mol · L⁻¹ HNO₃ 洗钌,0.003 mol · L⁻¹ H₃PO₄ 作为镤抑萃配合剂。各液流具体参数为:

料液 1.1 mol · L⁻¹Th,0.063 mol · L⁻¹ U, 0.115 mol · L⁻¹ Al, −0.15 mol · L⁻¹ HNO₃

萃取剂 30% TBP − 煤油

洗涤剂(a)0.003 mol · L⁻¹ H₃PO₄ 水溶液

洗涤剂(b)5 mol · L⁻¹HNO₃

盐析剂 13 mol · L⁻¹HNO₃

反萃/洗涤 0.008 mol · L⁻¹ Al(NO₃)₃,0.05 mol · L⁻¹HNO₃

补萃 U 30% TBP − 煤油

反萃取剂 0.005 mol · L⁻¹HNO₃

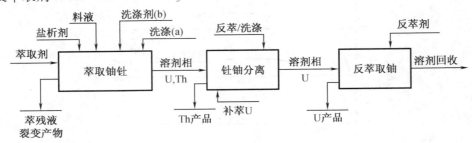

图 11 − 19　缺酸进料的 Thorex 流程

图 11 − 20 为曾在实验工厂应用过的"提钍"流程,第 I 萃取器中用 5% TBP − 煤油从 3 ~ 4 mol · L⁻¹HNO₃ 溶液中萃取铀,避免了制造缺酸料液的麻烦和钍的水解,这时铀的分配比约为4,钍为 ~ 0.03,裂变产物约为 0.001。留在水相的钍进入萃取器Ⅲ,用 40% TBP − 煤油萃取钍,之前向水相加入 Al(NO₃)₃ 为盐析,并与溶解步骤引入的 F⁻ 形成配合物,消除 F⁻ 对 Th⁴⁺ 萃取的影响。

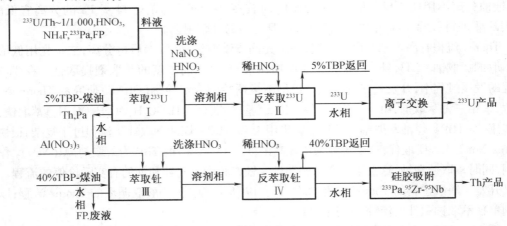

图 11 − 20　单独萃取铀和钍的 Thorex 流程

Thorex 流程在中国也开展过研究。20 世纪 70 年代,中国原子能科学研究院放射化学研究所对辐照钍中回收²³³U 的工艺流程进行了多次热实验研究,以 30% TBP − 煤油为萃取剂,水相是硝酸介质,硝酸铝作盐析剂,由 A、B 和 C 三个混合澄清槽组成一个萃取循环。A

槽钍铀同萃取共去污,B 槽反萃取钍,C 槽反萃取铀 – 233。Th 和^{233}U 的回收率 >99% ,产品对^{95}Zr – ^{95}Nb 和^{103}Ru 的去污系数列于表 11 – 1。清华大学核能技术设计研究院与中国科学院上海原子核研究所合作,于 1987 年至 1991 年对高温气冷堆钍 – 铀燃料后处理进行了比较系统的研究。采用酸式进料单循环溶剂萃取工艺,实验结果表明,铀、钍收率分别达到 99.5% 和 99.8% ,总 γ 放射性去污达到 $5 \times 10^3 \sim 1 \times 10^4$。

表 11 – 1　主要裂变产物的去污系数

主要元素	萃取器	^{95}Zr – ^{95}Nb	^{103}Ru	总 γ 放射性
^{233}U,Th	A	7.1×10^3	3.3×10^3	8.2×10^3
Th	A + B	2.8×10^4	1.3×10^4	3.1×10^4
^{233}U	A + B	9.6×10^3	3.4×10^3	
^{233}U	A + B + C	2.6×10^4	1.4×10^4	1.4×10^5

3. 处理快堆乏燃料的 Purex 流程

快堆燃耗深,冷却时间短,典型的 Purex 流程用于处理快堆乏燃料有待实验,法国 AT1 中试厂处理快堆"狂想曲"乏燃料元件的工艺流程(示于图 11 – 21),回收的产品不是纯铀和纯钚,而是铀钚混合物。"狂想曲"快堆元件的裂变燃料是 25% PuO$_2$ – 75% UO$_2$(^{235}U 丰度为 60%),燃耗 60 000 MWd/t,冷却时间 90 天,用 8 mol · L^{-1}HNO$_3$(加入适量 HF)溶解,料液调成 4 mol · L^{-1}HNO$_3$,用 TBP 萃取和反萃取三个循环。因为钚浓度比较高,先用 0.5 mol · L^{-1}HNO$_3$ 反萃取以免水解,再用 0.05 mol · L^{-1}HNO$_3$ 反萃取铀。为控制核临界安全,萃取和反萃取在几何安全的混合澄清槽内进行。

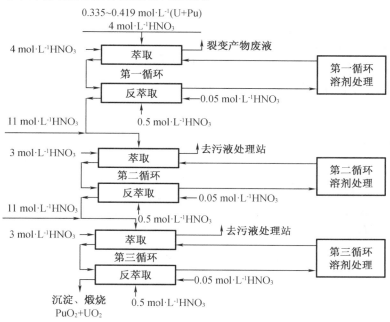

图 11 – 21　AT1 中试厂处理快堆乏燃料流程示意图

4. UREX + 流程

UREX + 是个系列流程(表 11 – 2),是美国橡树岭国家实验室正在研究的没有高放废液的工艺流程。UREX + 的共去污工艺示于图 11 – 22。水相介质是 3 mol·L⁻¹HNO₃,用 TBP 为萃取剂共萃取铀、钚、镎和锝。萃取段氧化 NpO₂⁺ 为 NpO₂²⁺ 提高镎的萃取率,洗涤段分别用高、低浓度的双酸洗涤。关于有机相,先还原反萃取钚和镎,产品是钚和镎混合物,对于科学技术不够先进的国家,不能直接用于制造核武器。其后用稀酸反萃取铀和锝,反萃液经过阴离子交换柱,锝被吸附,流出液为纯铀产品,供同位素分离再加浓²³⁵U。从阴离子交换柱上解吸锝,淋洗液为锝产品。萃残液中含 Am、Cm、Ln 和 FP,接另外流程继续分离。UREX + 可能应用于分离 – 嬗变(P – T)过程,其中 UREX + 3 被认为很有吸引力,如图 11 – 23 所示。

表 11 – 2 UREX + 流程系列

流程	产品 1#	产品 2#	产品 3#	产品 4#	产品 5#	产品 6#	产品 7#
UREX + 1	U	Tc	Cs/Sr	TRU + Ln	FP		
UREX + 1a	U	Tc	Cs/Sr	TRU	总 FP		
UREX + 2	U	Tc	Cs/Sr	Pu + Np	Am + Cm + Ln	FP	
UREX + 3	U	Tc	Cs/Sr	Pu + Np	Am + Cm	总 FP	
UREX + 4	U	Tc	Cs/Sr	Pu + Np	Am	Cm	总 FP

注:TRU – 超铀元素,Ln – 镧系元素,FP – 裂变产物

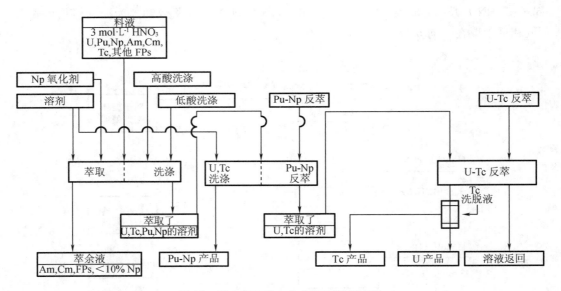

图 11 – 22 UREX + 共去污流程示意图

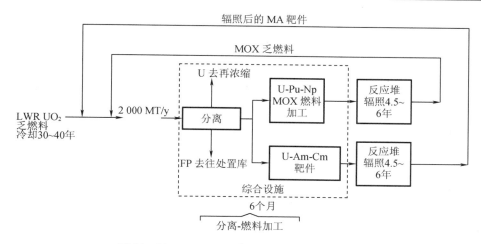

图 11 - 23　UREX + 3 应用于 P - T 过程示意图

5. 铀 - 铝合金燃料的 TBP 萃取流程

铀 - 铝合金燃料通常在高通量堆或材料试验堆(MTR)中用,这种核燃料的后处理有两个突出的特点:一是^{235}U 浓缩度达 90% 以上,乏燃料中^{239}Pu 的生成量很少,可不考虑回收钚,但对^{235}U 的回收率要求达到 99.99%;二是^{235}U 的核临界安全要求工艺料液的铀浓度低,萃取剂浓度也相应稀。所以这种乏燃料的处理流程不同于 Purex 流程,图 11 - 24 是从辐照过的高浓缩铀燃料中回收铀的工艺流程。

萃取工艺料液铀浓度在 10^{-2} mol·L^{-1}数量级,燃料溶解时生成的大量 Al(NO$_3$)$_3$作盐析剂。3 ~ 6% TBP - Amsco 为萃取剂,钚含量小忽略水解问题,采用低酸或缺酸进料,用含还原剂(Fe^{2+}或羟胺)的 Al(NO$_3$)$_3$盐析剂溶液萃洗除去钚,并保证铀的回收率。第二循环则是高酸进料,低酸洗涤,不加盐析剂。两个循环的总去污系数列于表 11 - 3。该萃取工艺流程不局限于铀 - 铝合金,也能用于其他金属弥散的燃料。此外还有用于同样目的之 TBP - 25 流程,其基本原理也类似。

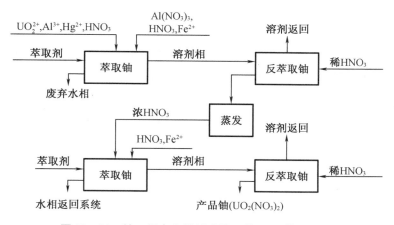

图 11 - 24　铀 - 铝合金燃料后处理的 TBP 萃取流程

表 11 – 3　TBP 萃取流程处理铀 – 铝合金燃料的去污系数

成分	去污系数		
	第一循环	第二循环	全流程
β^-	3×10^5	$> 3 \times 10^2$	$> 9 \times 10^7$
γ	1.5×10^5	2.5×10^3	3.7×10^8
Pu	$> 1 \times 10^4$	$> 1 \times 10^2$	$> 1 \times 10^6$

11.3.2　甲基异丁基酮萃取流程

1. Redox 流程

在核燃料后处理的萃取工艺中,萃取剂甲基异丁基酮(MiBK)应用的广泛程度仅次于 TBP。用 MiBK 萃取法分离铀、钚及裂变产物的工艺流程通常称为氧化还原(Redox)流程。Redox 流程是美国在第二次世界大战期间提出的,阿贡(Argonne)国家实验室于 1948 年至 1949 年研究了此流程,并在橡树岭(Oak Ridge)国家实验室进行了中间工厂试验。1951 年在汉福特(Hanford)厂建成投产,这是第一个大规模地采用溶剂萃取法处理辐照铀燃料的后处理厂。

MiBK 对六价锕系元素的萃取能力很强,但当硝酸浓度 ≥ 3 $mol \cdot L^{-1}$ 时,会与 HNO_3 反应,宜在低浓度的硝酸中加盐析剂于缺酸条件下萃取。首先在溶液中氧化钚为六价,在 1 $mol \cdot L^{-1}$ HNO_3 中用 $Na_2Cr_2O_7$ 氧化:

$$2Pu^{3+} + Cr_2O_7^{2-} + 6H^+ = 2PuO_2^{2+} + 2Cr^{3+} + 3H_2O$$

PuO_2^{2+} 不易水解,可在有利于裂变产物去污的缺酸条件下进行萃取。经氧化处理的溶液中加入 $Al(NO_3)_3$ 作盐析剂,用碱($NaOH$ 或 NH_4OH)调节到所需的缺酸条件后进料,用酸化的 MiBK 萃取,并以缺酸硝酸铝溶液洗涤有机相。用含还原剂(Fe^{2+} 或羟胺)的缺酸硝酸铝溶液反萃取钚,在水相出口端加 MiBK 补萃取进入水相的少量铀合并入主有机相。用很稀的硝酸反萃取铀,到此完成第一循环。

第二循环工艺中,钚的反萃取不用还原剂,而用稀 HNO_3,有利于产品的纯化。根据需要还可以进行第三循环。图 11 – 25 示出 Redox 流程的二循环工艺图。

MiBK 作为萃取剂有些缺点:与水的互溶度较大;闪点低(27.2℃);在硝酸中不稳定,易被浓 HNO_3 硝化和氧化,盐析剂浓度大,废水含盐量高。故被 TBP 取代。

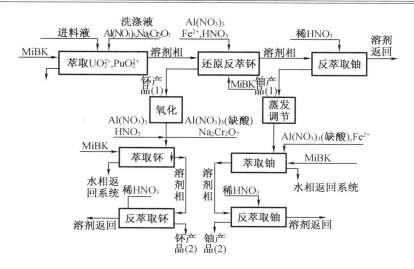

图 11 – 25　Redox 二循环萃取流程

2. Hexone – 23 流程

用甲基异丁基酮(MiBK)作萃取剂,从辐照钍燃料的硝酸溶解液中萃取^{233}U 的流程称作 Hexone – 23 流程,在美国早期用于军事目的,生产了一定量的^{233}U。该流程的第一阶段,硝酸钍本身作为盐析剂,因为缺酸进料,钍被部分水解而不被萃取。萃洗剂用缺酸的硝酸铝溶液,以保证^{233}U 的萃取率。反萃取^{233}U 则用稀 HNO$_3$。裂变产物的去污系数 > 10^5, Th 的去污系数为 10^4。MiBK 会萃取^{233}Pa,该流程仅适合于处理冷却时间长的辐照钍燃料。图 11 –26示出工艺液程简图。

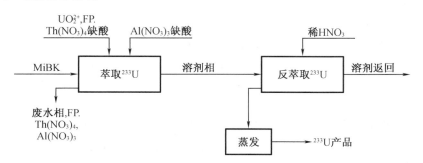

图 11 – 26　MiBK 提取^{233}U 的萃取流程

3. 处理铀 – 铝合金燃料的 MiBK 萃取流程

铀 – 铝合金燃料后处理的 MiBK 萃取流程示于图 11 – 27,与图 11 – 24 相似,也是两个循环。全流程回收高浓铀产品的去污系数列于表 11 – 4,可见第一循环萃洗剂 Al(NO$_3$)$_3$ 溶液中未加还原剂,对钚的去污系数仅 20,洗涤效果较差。第二循环萃洗液中加了还原剂,对钚的去污效果有改善。

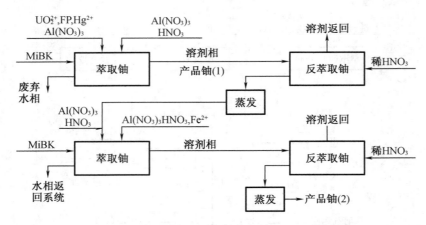

图 11－27　铀－铝合金燃料后处理的 MiBK 萃取流程

表 11－4　MiBK 萃取流程处理铀－铝合金燃料的去污系数

成分	去污系数		
	第一循环	第二循环	全流程
β^-	1.1×10^4	2.5×10^2	2.8×10^6
γ	7×10^3	2.3×10^2	1.6×10^6
Pu	20	90	1.8×10^3

11.3.3　胺类萃取剂流程

1. Eurex 流程

Eurex 流程来源于"Enriched Uranium Extraction"高浓铀萃取的缩写,是由意大利国家核能委员会有关实验室针对 MTR 乏燃料回收^{235}U 研究提出的,萃取工艺流程示于图 11－28。意大利萨鲁吉亚(Saluggia)的尤勒克斯(Eurex)中间工厂的建造,就是以 Eurex 工艺流程为依据的,该中间工厂于 1970 年 10 月投入热运行。Eurex 工艺流程由两个萃取循环组成,水相介质为硝酸,铀－铝合金溶解时生成的硝酸铝(ANN)直接作为第一循环料液中的盐析剂,其他工艺点的硝酸铝系另加入。萃取剂用叔胺 Alamine 336 或三癸胺(tricaprylamine,TCA),稀释剂用 solvesso,对裂变产物的去污系数(DF)列于表 11－5。尤勒克斯中间工厂后来也用 TBP 为萃取剂处理高浓铀燃料。

表 11－5　Eurex 流程对裂变产物的去污系数

工艺过程	去污系数 lg DF					
	总 β	总 γ	Cs	R. E.	Ru	Zr
第一循环萃取	2.04	2.0	6	2.3	1.48	2.7
第一循环洗涤	—	—	—	5	1.48	1.18
第一循环反萃	—	—	—	—	1.21	1.12
第一循环合计	5.3	5	6	7	4.17	5

表 11 −5（续）

工艺过程	去污系数 lg DF					
	总 β	总 γ	Cs	R. E.	Ru	Zr
第二循环	1.6	1.6	—	—	1.6	1.6
全流程总计	6.9	6.6	6	7	5.77	6.6

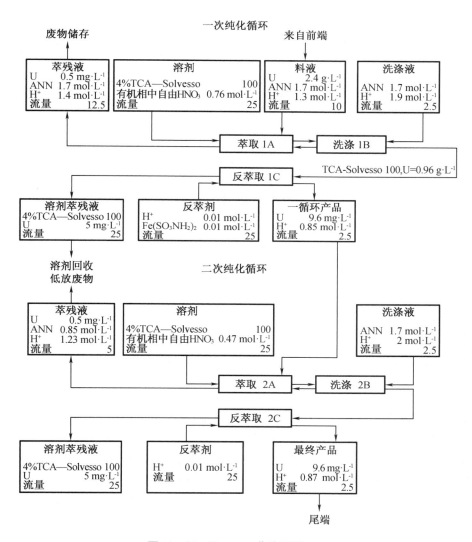

图 11 −28　Eurex 工艺流程图

2. 钚纯化的三月桂胺萃取流程

法国的研究者曾针对封特耐 – 欧 – 罗兹（Fontenay – Aux – Roses）工厂钚的最后纯化，研发了三月桂胺（TLA）萃取流程，示于图 11 −29。其特点是用硫酸和硝酸混合溶液反萃取 Pu（Ⅳ）。用模拟配制的和工厂实际的溶液进行了实验，结果列于表 11 −6，证明钚的浓缩、裂变产物去污以及铀钚分离效果都很好。后来法国 La Hague 厂曾在生产规模用过。

欧洲化学公司也研究过胺萃取在钚循环的应用,其工艺流程的基本特点是反萃取和沉淀相结合,用 1 mol · L^{-1}HNO$_3$ 和 1.07 mol · L^{-1} H$_2$C$_2$O$_4$ 混合溶液作反萃取剂,直接得到草酸钚沉淀产品,简化了程序。

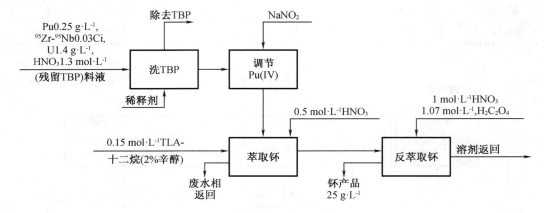

图 11 - 29　钚纯化的 TLA 萃取流程

表 11 - 6　用 TLA 萃取循环对钚的最后纯化结果(封特耐 - 欧 - 罗兹工艺过程)

进料液组成	DF$_{zr-Nb}$	DF$_U$	Pu 浓缩倍数	Pu 回收率(%)
Pu 1.38 g · L^{-1},U 0.75 g · L^{-1}, H$_2$SO$_4$0.07 mol · L^{-1},HNO$_3$2.5 mol · L^{-1},	—	400	3.5	99.9
Pu 0.25 g · L^{-1},U 1.4 g · L^{-1}, HNO$_3$1.3 mol · L^{-1},^{95}Zr - ^{95}Nb 0.03Ci	2×10^4	600	100	99.8
Pu 5 g · L^{-1},U 40 g · L^{-1},HNO$_3$2 mol · L^{-1}, H$_2$SO$_4$0.2 mol · L^{-1},^{95}Zr - ^{95}Nb 10Ci	7×10^3	6×10^3	5	99.9

3. Sulfex 脱壳溶液中回收铀和钚的伯胺萃取流程

不锈钢包壳的燃料元件在硫酸中脱壳时,燃料损失很大,这种硫酸脱壳溶液叫作塞尔费克斯(Sulfex)脱壳溶液。用胺类溶剂萃取,能很容易地将损失在 Sulfex 脱壳溶液的铀和钚回收。美国橡树岭国家实验室曾研究了使用伯胺的萃取流程,并在实验室规模进行了实验,其中一种简略流程示于图 11 - 30。有机相用 0.3 mol · L^{-1}伯胺(Primene JM - T),稀释剂为 85% 煤油 - 15% 十三烷醇。Primene JM - T 是三烃基 - 甲胺,结构式为

$$R_2 - \overset{\displaystyle R_1}{\underset{\displaystyle R_3}{C}} - NH_2 \quad (R_2 + R_2 + R_3 = 17 \sim 23)碳原子$$

脱壳溶液中的铀主要是四价,钚主要是三价,伯胺从硫酸溶液中萃取四价锕系元素的分配比很高,萃取分两步,分别萃取 U(Ⅳ)和 Pu(Ⅳ)。首先向溶液中加入少量的硫酸亚铬,使铀全部处于四价,用伯胺萃取,铀全部进入有机相,钚处于三价全部留在水相;然后向水相加入 0.01 mol · L^{-1} Fe$_2$(SO$_4$)$_3$,使 Pu(Ⅲ)氧化到 Pu(Ⅳ),也用伯胺萃取,钚全部进入有机相。铀和钚的萃取率均在 99.5% 以上,合并两步的有机相,用 5 mol · L^{-1}HNO$_3$ 反萃

取,得铀 – 钚混合物产品。若两步有机相分别反萃取,则得到纯铀和纯钚产品。

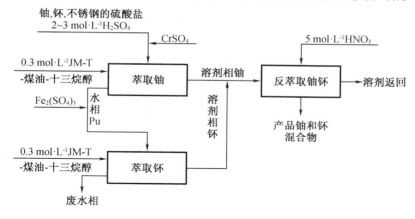

图 11 – 30 Sulfex 脱壳溶液中回收铀和钚的伯胺萃取流程

中国原子能科学研究院放射化学研究所曾于 20 世纪 60 年代末,研究了处理铀燃料的胺萃取流程,用国产叔胺 N235 为萃取剂进行了多次热实验,并经工厂验证,因稀释剂的挥发性大,故未应用。

11.3.4 醚类萃取剂流程

1. 二丁醚 – 四氯化碳萃取流程

原苏联曾在实验室条件下用无爆炸危险的二丁醚(85V%)和四氯化碳(15V%)混合溶剂萃取流程处理辐照的铀燃料,工艺流程示于图 11 – 31。水相料液以 $Ca(NO_3)_2$ 为盐析剂, $0.6\ mol\cdot L^{-1}\ HNO_3$ 进料,用 $K_2Cr_2O_7$ 氧化钚到六价与铀共萃取。在溶解铀块和铝包壳时,生成的 $Al(NO_3)_3$ 也成为第一次萃取的盐析剂。铀经过一次萃取,两次萃洗(反萃取钚是其一),一次硅胶吸附(除去 ^{95}Zr – ^{95}Nb)之后,用 H_2O 反萃取,送去沉淀为产品。钚与铀共萃取有机相,用 $0.2\ mol\cdot L^{-1}\ N_2H_4NO_3$ 还原反萃取钚进入水相之后,又经过两次萃取循环,最后用稀硝酸反萃取作为钚产品或进一步精制处理。全流程铀的回收率达 99.9%,钚回收不低于 98%。裂变产物的总 γ 去污系数,对铀为 1.2×10^6,对钚为 8×10^4。

醚类萃取剂的主要缺点是在辐射和浓酸作用下会形成过氧化物,使运行不够安全。四氯化碳作稀释剂在辐射分解后生成氯离子,会腐蚀不锈钢设备。

2. Butex 流程

Butex 流程的萃取剂二丁基卡必醇(dibutyl carbitol)简称 Butex,也叫 2,2′ – 二丁氧基二乙醚($C_4H_9OC_2H_4OC_2H_4OC_4H_9$),归入醚类萃取剂。Butex 闪点高,水中的溶解度也不大,缺点是密度接近于水,黏度大。当铀浓度 >150 g·L^{-1} 时,Butex 会与 $UO_2(NO_3)_2$ 形成配合物结晶,如: $UO_2(NO_3)_2\cdot3H_2O\cdot C_{12}H_{26}O_3$ 等。Butex 一般不用稀释剂,能很好地萃取 UO_2^{2+} 、 PuO_2^{2+} 、 Pu^{4+} ,轻微萃取 Pu^{3+} ,硝酸根浓度对分配比的影响较大,见表 11 – 7。

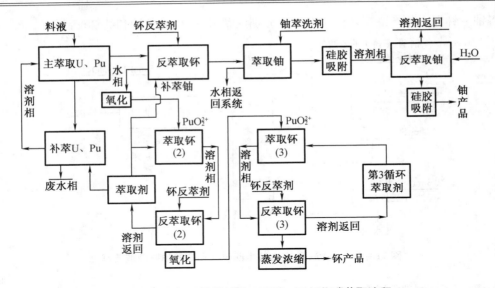

图 11 - 31　辐照铀燃料的二丁醚 - 四氯化碳萃取流程

表 11 - 7　Butex 萃取铀和钚的分配比

元素	分配比	
	水相 3 mol · L^{-1} HNO$_3$	水相 0.2 mol · L^{-1} HNO$_3$, 8 mol · L^{-1} NH$_4$NO$_3$
UO$_2^{2+}$	1.5	3
PuO$_2^{2+}$	1.8	2.5
Pu^{4+}	7	7
Pu^{3+}	< 0.01	< 0.002

　　Butex 流程 1947 年由加拿大 Chalk River 研究所提出,英国的 Windscale 后处理厂曾采用此流程大规模地从天然铀燃料中提取铀和钚。图 11 - 32 示出 Butex 萃取工艺流程,铀燃料元件除去外壳,用硝酸溶解,调成 3 mol · L^{-1} HNO$_3$ 介质作为料液。第一萃取循环铀钚共同萃取,有机相经 3 mol · L^{-1} HNO$_3$ 萃洗,用氨水中和有机相的部分硝酸后,用氨基磺酸亚铁还原反萃取钚。有机相用稀 HNO$_3$ 反萃取的铀溶液存放冷却 6 个月使 ^{103}Ru 衰变,再调节溶液,用 Fe^{2+} 还原残留的钚,加 6 mol · L^{-1} NH$_4$NO$_3$,再用 Butex 萃取,洗涤,而后用稀硝酸反萃取得到纯度很高的铀产品。还原反萃取的 Pu(Ⅲ) 溶液经 Na$_2$Cr$_2$O$_7$ 氧化,并用 Butex 萃取,洗涤,稀 HNO$_3$ 反萃钚,经蒸发浓缩后,再用 20% TBP - 煤油进一步纯化。可见 Butex 流程实际上用了两种萃取剂,后来被 Purex 流程取代。

11.3.5　螯合萃取剂流程

　　典型的螯合萃取流程是用噻吩甲酰三氟丙酮(HTTA)作萃取剂,从辐照铀燃料中简便地提取钚。以苯等芳香烃作稀释剂,在 0.5 ~ 1.0 mol · L^{-1} HNO$_3$ 介质中,Pu^{4+} 的分配比很高,而 UO$_2^{2+}$ 和裂变产物(Zr^{4+} 除外)的分配比很低,一次萃取获得的结果就很好。图 11 - 33 所示流程除了提取钚外,铀和裂变产物在钚的萃残液中,可用 HTTA - MiBK 溶剂萃取铀,MiBK 既是 HTTA 的稀释剂,又是协萃剂,可协同萃取铀进入有机相。用稀 HNO$_3$ 反萃取铀,产品溶液的部分返回洗涤萃取铀的有机相,以提高对裂变产物的去污。HTTA 作萃取剂,曾经用于从辐照铀中较大规模提取钚。

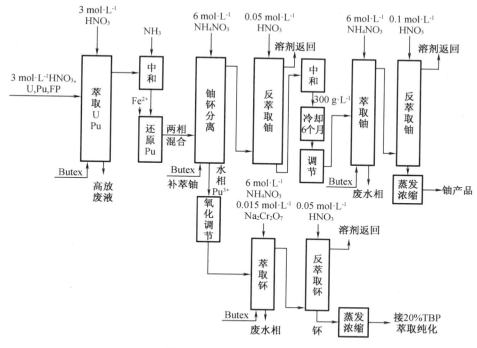

图 11 – 32　Butex 萃取流程

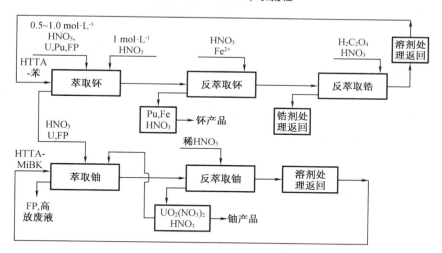

图 11 – 33　从辐照铀燃料中提取钚和铀的 HTTA 萃取流程

11.3.6　后处理其他萃取剂流程

1. N,N′ – 二烷基酰胺萃取流程

N,N′ – 二烷基酰胺的通式为:RC
$\overset{\text{O}}{\|}$
NR′$_2$

二烷基酰胺的优点是:其辐解产物对流程无害,它形成配合物的能力小,可溶于水,易于除去;在共去污循环中具有比 TBP 更高的去污系数,特别是对钌和稀土元素;从铀中分离钚不需要还原剂;其物性适用于现有 Purex 流程所采用的萃取设备;该萃取剂可完全被焚化,有利于废物处理。

法国和意大利科学家研究了长链 N,N′ – 二烷基酰胺作萃取剂用于高燃耗铀燃料后处理的可行性,R 和 R′为含 4～8 个碳原子的脂肪链,第一去污循环流程图示于图 11 – 34。

有机相:0.5 mol·DOBA 和 1 mol·L^{-1} DOiBA 的混合物为萃取剂,支链十二烷(TPH)作稀释剂。DOBA 和 DOiBA 的结构式分别为

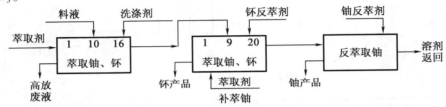

水相料液为:4 mol·L^{-1} HNO$_3$,1.058 mol·L^{-1} U(Ⅵ),0.01 mol·L^{-1} Pu(Ⅳ),Zr、Ru。

洗涤剂:1 mol·L^{-1} HNO$_3$;钚反萃取剂:0.6 mol·L^{-1} HNO$_3$;铀反萃取剂:0.01 mol·L^{-1} HNO$_3$。

图 11 – 34　第一循环 N,N,一二烷基酰胺萃取流程

2. Trigly 流程

Trigly 流程是加拿大 Chalk River 研究所研究的,并于 1948—1954 年期间在 Chalk Rive 小规模后处理厂中使用过,用于加拿大国家研究实验堆的天然铀燃料中回收钚。

Trigly 流程采用三种萃取剂,其主要萃取剂是二氯化三甘醇(Trigly),另外两种萃取剂是甲基异丁基酮(MiBK)和噻吩甲酰三氟丙酮 – 苯,还包括两个不同的沉淀 – 溶解步骤,过程相当复杂。绝大部分铀混在裂变产物中一起进入高放萃残液中,是一个不理想的流程。此外,二氯代三甘醇的氯会因辐解释放出来,腐蚀不锈钢设备,所以 Trigly 流程早已被废弃不用。

11.4   回收次量锕系元素的溶剂萃取流程

11.4.1   后处理工艺高放废液中回收次量锕系元素[①]的萃取流程

1. TRPO 流程

TRPO 流程是清华大学核能技术设计研究院提出用于回收次量锕系元素的萃取流程, 萃取剂 TRPO 是三烷基氧膦混合物, 化学式为 $RR'R''PO$, R、R' 和 R'' 分别是 C_6H_{13} (己基)、C_7H_{15} (庚基) 和 C_8H_{17} (辛基)。TRPO 从硝酸溶液中萃取不同价态锕系离子的反应式可表示为:

$$M^{3+} + 3NO_3^- + 3TRPO = M(NO_3)_3 \cdot 3TRPO$$

$$M^{4+} + 4NO_3^- + 2TRPO = M(NO_3)_4 \cdot 2TRPO$$

$$MO_2^+ + NO_3^- + TRPO = MO_2NO_3 \cdot TRPO$$

$$MO_2^{2+} + 2NO_3^- + 2TRPO = MO_2(NO_3)_2 \cdot 2TRPO$$

氧化膦的萃取能力比 TBP 强, 上述反应式的平衡常数也比 TBP 萃取反应的平衡常数大。不过对于 NpO_2^+ 的分配比也不会高, 只有一个萃取剂分子配位, 萃合物分子小, 中心离子的配位数未饱和, 可能有水分子参加配位。TRPO 流程示于图 11 – 35。

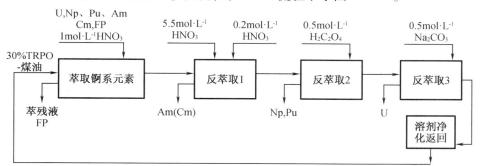

图 11 –35   TRPO 萃取原理流程图

2. Truex 流程

Truex 流程是美国阿贡国家实验室研究提出的, 采用双官能团的辛基苯基 N, N′ – 二异丁基氨基甲酰甲基氧化膦 (简称 CMPO) 作萃取剂, 结构式为

$$C_8H_{17}-\overset{\overset{\displaystyle O}{\|}}{P}-CH_2-\overset{\overset{\displaystyle O}{\|}}{C}-N{\Large\langle}{}^{iC_4H_9}_{iC_4H_9}$$

稀释剂是烷烃, 并加入 TBP 作改良剂。现用的 Truex 萃取剂是 $0.2\ mol \cdot L^{-1}\ CMPO +$

1.2～1.4 mol·L⁻¹TBP 的正十二烷或煤油溶液，加入 TBP 是为了提高 CMPO 金属萃合物在有机相的溶解度，亦即提高萃取容量；水相料液是 0.7～5 mol·L⁻¹ HNO₃，0～0.3 mol·L⁻¹ H₂C₂O₄，锕系元素，裂变产物元素（含镧系）；洗涤液是 0.5～1.5 mol·L⁻¹ HNO₃，0～0.03 mol·L⁻¹HF；反萃取液 1 为 0.05 mol·L⁻¹ HNO₃，反萃取液 2 为 0.05 mol·L⁻¹ HNO₃ + 0.05 mol·L⁻¹ HF。图 11 – 36 示出了原理流程图。

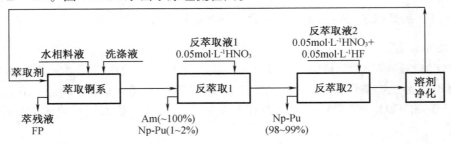

图 11 – 36　Truex 原理流程图

3.1,3 – 丙二酰胺萃取流程

1,3 – 丙二酰胺萃取流程是法国研究者提出的。二酰胺类化合物尤其 1,3 – 丙二酰胺是三价锕系离子的良好萃取剂。研究了通式为（RR′NCO）₂CHR″的多种化合物，结构式可写成

$$\begin{matrix} R & & O & & O & & R \\ & \backslash & \| & & \| & & / \\ & N-C-CH-C-C & & & \\ / & & & | & & \backslash \\ R' & & & R'' & & R' \end{matrix}$$

R 和 R′ 变化对萃取剂碱度影响不大，当 R = C₄H₉，R′ = CH₃，改变 R″ 时，表明 R″ = C₂H₄OC₂H₄OC₆H₁₃ 的效果较好，可能 R″上的醚键有作用。采用 1,3 – 丙二酰胺作萃取剂，从高放废液萃取锕系元素的原理流程示于图 11 – 37。水相料液为 5 mol·L⁻¹，特丁基苯作稀释剂。

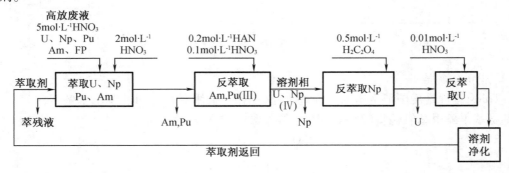

图 11 – 37　丙二酰胺从 HLLW 中萃取分离锕系元素的原理流程

4. DIDPA 流程

DIDPA 流程由日本原子力研究所研究提出，萃取剂 DIDPA 为二异癸基磷酸（（iC₁₀H₂₁O）₂POOH），其酸性比 HDEHP 更强，能从 pH 0.5 左右的硝酸溶液中萃取三价镅和锕系元素。由于萃取容量小，需加入 TBP 作改良剂，该流程常用的萃取溶剂是 0.5 mol·L⁻¹ DID-

PA + 0.1 mol·L^{-1}TBP + 正十二烷。水相料液为 0.5 mol·L^{-1}HNO$_3$ 介质,用过氧化氢调节锝为四价状态,钚、镎、镅和锔同时被萃取。用甲酸脱硝使高放废液的硝酸浓度降低到 0.5 mol·L^{-1}时,裂变产物锆和钼沉淀析出,不进入萃取过程;用 DTPA 使三价锕系和镧系元素分离。DIDPA 萃取原理流程示于图 11 - 38。

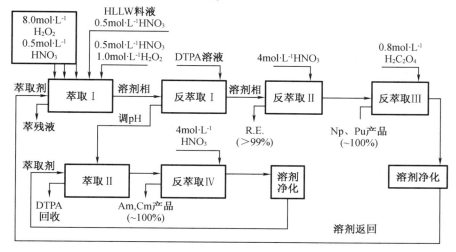

图 11 - 38　DIDPA 萃取原理流程

11.4.2　Purex 流程中提取镎

在 Purex 流程中镎的价态分布为四、五、六价三种都可能,在 1AF 料液中则主要为五价和六价两种,萃取过程 NpO$_2^+$ 进入 1AW,NpO$_2^{2+}$ 和 UO$_2^{2+}$ 与 Pu^{4+} 一起萃取到有机相 1AP 中。1AF 的组分和制作条件不同,五价和六价镎的量所占份额也不同,在水相和有机相中的分配亦有差异。Purex 流程中可从 1AW 或铀钚纯化循环中提取镎。若从 1AW 提取镎,将镎氧化到六价,用 TBP 萃取 NpO$_2^{2+}$,水相介质正合适,萃取率和选择性均佳。不过高放射性、强外辐射会带来一定的麻烦。若从铀钚纯化循环中提取镎,提取点应放在 2AW 和 2DW。Purex 流程铀钚分离的反萃取还原剂不同,镎在 1BP 和 1BU 间的分配也不同,用 U^{4+} 为还原剂,反应速率快,钚成三价,镎成四价,Pu^{3+} 进入水相而 Np^{4+} 在两相中有一定的分配。因为还原反萃取时,水相硝酸浓度不高,这时 TBP 有机相铀(包括 UO$_2^{2+}$ 和 U^{4+})相对载荷量较大(尽管有补萃措施),对 Np^{4+} 的分配比并不高,所以镎按一定的比例分布在 1BP(后续归入 2AW)和 1BU(后续归入 2DW)。若用二甲基羟胺(或羟基脲等有机还原剂),对 Pu(Ⅳ)的还原速度足够快,而对镎还原到 NpO$_2^+$ 后,进一步还原到 Np(Ⅳ)在热力学上是可行的,但动力学上速度很慢,在工艺流程时间内,镎在钚还原反萃过程还"停"在 NpO$_2^+$ 状态,几乎全部的镎都进入 1BP,到 2A 萃取器后都进入 2AW。图 11 - 39 所示,是从 2AW、2DW 中提取镎的 TBP 萃取原理流程。在料液加热预处理时,镎氧化到六价未必完全,但从废液中提取镎,对回收率不必苛求,此流程很简练。

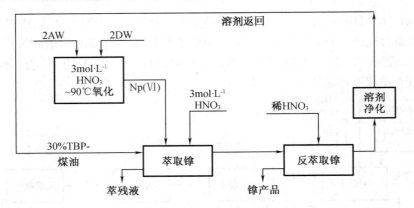

图 11 – 39 从 2AW、2DW 提取镎的流程示意图

11.4.3 三价锕系元素与镧系元素的萃取分离流程

1. Talspeak 法

Talspeak(trivalent actinide – lanthanide separation by phosphorus reagent extraction from a-queous complexes)法是美国橡树岭国家实验室于 1964 年提出的,用 HDEHP 作萃取剂。HDEHP 从无机酸中萃取三价锕系和镧系的分配比相近。用羟基羧酸代替无机酸后,三价锕系分配比下降。水相再加入胺基羧酸,由于氮配体优先与三价锕系离子配合,使分配比大幅度下降,分离系数 $\beta > 70$。图 11 – 40 示出 Talspeak 法原理流程,有机相用 HDEHP – 异丙基苯(或正十二烷),水相是三价锕系和镧系离子混合物,1 mol·L^{-1} 乳酸 + 0.05 mol·L^{-1} DTPA(二乙撑三胺五乙酸)溶液,pH = 3。

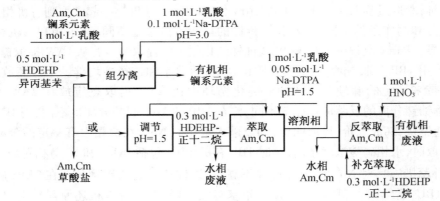

图 11 – 40 Talspeak 法原理流程图

德国 Karlsruhe 核研究中心提出了原理类似的反 Talspeak 法,用 0.3 mol·L^{-1} HDEHP + 0.2 mol·L^{-1} TBP – 正烷烃为萃取剂,从 pH ~2 的硝酸溶液中把镅、锔和镧系元素全部萃取到有机相,用 0.05 mol·L^{-1} Na$_2$DTPA + 1 mol·L^{-1}乳酸溶液(pH = 3.0)反萃取镅和锔,硝酸反萃取镧系。镅、锔再用 Talpeak 法纯化。

2. Tramex 法

利用三价锕系和镧系离子与氯形成的配合阴离子稳定性的差异,用叔胺从高浓度氯化物溶液中选择性地萃取锕系元素,使三价锕系离子与镧系分离。按原理,用阴离子交换也是可能的,但是由于强放射性引起局部发热和释放气体,产生孔隙,所以实践上离子交换法可操作性差。Tramex 法是美国橡树岭国家实验室曾经较大规模使用过的溶剂萃取法。萃取溶剂是 0.6 mol·L^{-1} Alamine 336 – 二乙基苯溶液,Alamine 336 是叔胺 N((CH$_2$)$_{5\sim11}$ CH$_3$)$_3$,其直链烷基主要是辛基和癸基,用前与盐酸溶液平衡成叔胺盐;水相为 0.02 mol·L^{-1} HCl,11 mol·L^{-1} LiCl,三价锕系(^{241}Am)和镧系离子。图 11 –41 是用叔胺 Alamine 336 萃取回收超钚元素的流程示意图,总锔回收率为 99.9%,对镧系元素的去污系数超过 10^4。

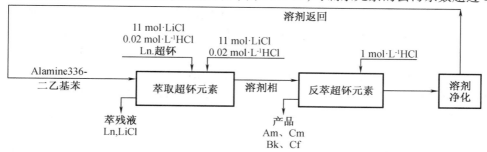

图 11 –41　Tramex 法回收超钚元素的萃取流程示意图

3. 二硫代二烷基膦酸萃取法

清华大学核能技术设计研究院提出二硫代二烷基膦酸萃取法,萃取剂分子通式或写成
$$\underset{R_2PSH}{\overset{\overset{\displaystyle S}{\|}}{}}$$
。研究表明,R = 2,4,4 – 三甲基戊基的二硫代二烷基膦酸(商品名 cyanex 301),是从锕系和镧系元素混合物中优先萃取三价锕系之选择性很高的萃取剂。锔与稀土(如 Pr、Nd、Eu)元素的分离系数达到 10^3。二硫代二(2,4,4 – 三甲基戊基)膦酸稳定性较高,易溶于烷烃类稀释剂,具有较好的应用前景。

关于高放废液(HLLW 或 1AW)中回收次锕系元素和长寿裂变产物元素的研究工作,除了上述例子外,还有许多报道,例如瑞典研究了 CTH 流程;中国原子能研究院放射化学研究所于 20 世纪 80 年代研究了 CMP + TBP 流程,近期正在研究酰胺荚醚萃取流程等等。

11.5　核燃料后处理工艺溶剂萃取流程之局限性

核燃料循环体系的实现和发展中,科学家们用"辉煌业绩"来评价溶剂萃取的杰出作用,无疑是恰当的,与此同时也发展了溶剂萃取化学,相继出现了稀土元素溶剂萃取化学、贵金属的溶剂萃取化学等等。然而任何事物都存在两面性,溶剂萃取技术不例外也存在局限性,半个多世纪以来,核燃料后处理工艺中被公认为最好的 Purex 流程,依然存在溶解液不稳定性、溶剂辐照"永久损伤"、以及硝酸难溶解的燃料元件等不易解决的问题。

11.5.1　溶解液不稳定性和钚的损失

Purex 流程的水相是硝酸介质,燃料元件的硝酸溶解液不稳定性主要表现在次级沉淀。所谓次级沉淀是指燃料元件经硝酸溶解后,过滤除去不溶残渣,清液放置时会出现沉淀,再过滤除去沉淀后,继续放置时还会出现新的沉淀,这种现象称之为次级沉淀。由于次级沉淀,溶解液放置过程是不稳定的,总是在生成新的沉淀,随条件不同可以持续几十天或几百天。

曾有人认为次级沉淀可能是形成胶体凝聚的缘故,为了观察钼锆沉淀过程是否有胶体形成,用^{99}Mo 和^{95}Zr 标记的钼和锆进行沉淀实验,将第一次过滤沉淀物后的清液进行超离心实验,结果为:0.6 mol·L^{-1} HNO$_3$ 溶液中,钼和锆都有胶体形成;1.0~4.0 mol·L^{-1} HNO$_3$ 中,^{95}Zr 在离心管上、中、下各层均匀分布,没有形成胶体,^{99}Mo 在离心管底部略有浓集,若是形成胶体,则其生成量和分散度应随硝酸浓度变化(1~4 mol·L^{-1})有所差别,但未观察到,这可能是硝酸溶液中存在的高分子量多钼酸所致。进一步的研究表明,次级沉淀是高产额裂变产物元素钼和锆形成的,在 0.6~4.0 mol·L^{-1}HNO$_3$ 溶液中,次级沉淀物的组成主要是钼酸锆 Zr(MoO$_4$)$_2$,它可牢固地附着于容器壁表面难于脱落和消除,用氨水、盐酸、浓硝酸、硫酸、草酸、王水等均不溶解,加热浸泡几天亦无效,是一种很稳定的致密结晶。

通过测定溶度积的变化,可以观察溶液出现沉淀的不稳定性。在一定温度下,难溶电解质在其饱和溶液中各离子浓度幂的乘积是一个常数,即难溶电解质的溶度积,用 K$_{sp}$ 表示。钼酸锆沉淀的电离方程可表示为

$$Zr(MoO_4)_2 \rightleftharpoons Zr^{4+} + 2MoO_4^{2-}$$

其溶度积可写为

$$K_{sp} = C_{(Zr^{4+})} \cdot C_{(MoO_4^{2-})}^2 \tag{11-1}$$

由于溶液中钼和锆存在不同形态,测定单一的 $C_{(Zr^{4+})}$ 和 $C_{(MoO_4^{2-})}$ 不方便,一般分析测试溶液中的钼和锆时,获得的数据是钼和锆元素的总浓度 $C_{(Mo)}$ 和 $C_{(Zr)}$,为此引入表观溶度积 K'_{sp},将钼酸锆沉淀的表观溶度积表示为

$$K'_{sp} = C_{(Zr)} \cdot C_{(Mo)}^2 \tag{11-2}$$

从实际出发,表观溶度积更直观,便于应用。燃料元件溶解液中钼和锆的浓度足够高,其平衡状态 MoO$_4^{2-}$ 和 Zr^{4+} 被沉淀消耗到饱和溶液后,不再继续沉淀,K'_{sp} 成一定值,此时沉淀达到平衡。在恒温 60 ℃的 2.0 mol·L^{-1}HNO$_3$ 溶液中,初始浓度 $C^0_{(Zr)}:C^0_{(Mo)} = 1:2$ 的条件下,50 天后沉淀达到平衡,K'_{sp} 值不再变化;$C^0_{(Zr)}:C^0_{(Mo)} = 1:3$ 的条件下,沉淀在 85 天后才趋于平衡,K'_{sp} 值与 $C^0_{(Zr)}:C^0_{(Mo)} = 1:2$ 的情况趋于重合。在 1.0 mol·L^{-1}HNO$_3$ 溶液中,$C^0_{(Zr)}:C^0_{(Mo)} = 1:1$ 时,恒温 60 ℃的条件下,在 20 天后沉淀达到平衡,而恒温 20 ℃的条件下,经过 120 天,还远未达到沉淀平衡,K_{sp} 值明显大。这些实验结果表明温度对沉淀速度影响很大,锆和钼的初始浓度比似乎对沉淀速度也有影响,$C^0_{(Zr)}:C^0_{(Mo)}$ 比值小者沉淀达到平衡慢。于 60 ℃恒温下经过 84 天达到沉淀平衡后,测定不同浓度硝酸溶液中的 K'_{sp} 值列于表 11-8。数据表明钼酸锆沉淀的表现溶度积较低,2.0 mol·L^{-1} HNO$_3$ 溶液中,$K'_{sp} = (8.4 \pm 1.0) \times 10^{-11}$,当溶液中锆浓度 1.07×10^{-3} mol·L^{-1}时,钼浓度 ≥2.8×10^{-4} mol·L^{-1}就会出现沉淀,若钼浓度为 2.0×10^{-3} mol·L^{-1},则锆 ≥2.1×10^{-5} mol·L^{-1}就可形成沉淀。在处理燃耗为 33 000 MWd/tU 的核燃料时,裂变产物元素钼和锆在不溶残渣中的含量不高,1AF 的铀浓度以 225 g·L^{-1}计,则钼和锆浓度约为 $7 \sim 8 \times 10^{-3}$mol·L^{-1},因此出现次级沉淀是必然的。

表 11 – 8　不同浓度硝酸溶液中钼酸锆沉淀的表观溶度积($t = 60$ ℃)

$C_{HNO3}/(mol \cdot L^{-1})$	1.0	2.0	3.0
K'_{SP}	$(8.5 \pm 0.1) \times 10^{-11}$	$(8.4 \pm 1.0) \times 10^{-11}$	$(6.4 \pm 0.1) \times 10^{-9}$

次级沉淀引起的主要麻烦有两方面,一方面是 $Zr(MoO_4)_2$ 沉淀附着于溶解器内壁难于清除,在输送溶液过程,管道堵塞,无法正常操作;另方面是可能生成 $Pu(MoO_4)_2$ 与 $Zr(MoO_4)_2$ 共沉淀造成钚的损失。随着反应堆工程技术的进步,核燃料的燃耗将更深,次级沉淀更严重。因为燃耗加深,钚的生成量增加,^{239}Pu 和 ^{241}Pu 裂变分燃耗上升,钼的产额更高,故加剧次级沉淀,将成为工艺过程难于解决的麻烦。

11.5.2　溶剂辐照的"暂时损伤"和"永久损伤"

前文在"1.8"节阐述溶剂的辐解效应中涉及溶剂的"暂时损伤"和"永久损伤"。"暂时损伤"虽然可用 NaOH 或 Na_2CO_3 洗涤清除,但在运行过程形成界面物是难于避免的。从 Purex 流程界面物形成机理可知,随着核燃料燃耗加深,裂变产物锆生成量增加,而且辐照剂量增强也加大 HDBP 和 H_2MBP 的生成量,必然造成萃取界面物增多。萃取界面物的危害性,最突出的是导致不易被觉察的钚损失,因为 Purex 流程界面的主要成分是 $ZrNO_3(DBP)_3$ 和 $Zr(MBP)_2$,Pu^{4+} 与 HDBP 和 H_2MBP 会生成类似于 Zr^{4+} 的配合物参和到界面物,在工艺运行过程尚无法检测这部分钚含量,使 1AP 的钚料衡算往往为负偏差,这已为热实验和工厂生产实践所证明,曾出现过 -8% 至 -10% 的负偏差,这种负偏差也随核燃料燃耗的加深而趋于严重,即使是燃耗很浅的生产堆核燃料的后处理,在工厂运行过程累积的界面物(固体),经剖析,主要金属成分是锆外,含可观量的钚。

所谓"永久损伤",因为溶剂的某些辐解产物对锕系元素和裂变产物元素有很强的化学作用,形成的化合物(或配合物)保留在有机相中,用酸洗和碱洗都无法除去。这类辐解产物虽然在量上远比 HDBP 和 H_2MBP 少,但在溶剂循环使用过程逐次积累造成恶性循环,使溶剂变坏。这个问题从 20 世纪 50 年代开始就引起重视,至今尚未解决。曾研究过"硝基烷保留论"、"羟肟酸保留金属"、"羰基化合物的影响"、"酸性长链磷酸酯保留金属"等等,均无定论。近期用 ^{103}Ru 标记的亚硝酰钌进行了辐照溶剂的保留实验研究,提出了强保留金属的溶剂辐解产物可能是多聚合的烷基磷酸酯和烷基氧化膦多官能团聚合物,但需要进一步研究确定。如果今后研究工作能确证强保留金属的辐解产物,如何解除仍然是问题。

11.5.3　硝酸难溶解的燃料元件后处理

硝酸难溶解的燃料元件,如含 PuO_2 和 ThO_2 往往要添加一定浓度(如 $0.05 \sim 0.1$ mol $\cdot L^{-1}$)的 HF,作为硝酸溶解燃料元件的催化剂,同时必须加入化学计量浓度的 Al^{3+} 或其他阳离子掩蔽游离的 F^- 以防止其腐蚀作用。但是溶解过程处于沸腾或亚沸腾状态,总有 HF 挥发与蒸汽混合离开溶解器而进入设备的其他部位引起腐蚀,这是难于避免的,也是很难解决的。

核能技术的先进水平在于安全性和经济性,加深燃耗则提高经济性,但必须服从于第一位的安全性。能安全可靠地加深燃耗的燃料元件是核心所在,因此随着反应堆技术的发展,可能有的乏燃料元件是硝酸很难溶解的,不易与 Purex 流程衔接。

核燃料后处理技术发展到现阶段,首端处理已成为关键,针对硝酸难溶解的燃料元件,正在研究的干法后处理技术可以解决首端处理的一些问题,也存在一定的局限性。今后的发展,似乎可以考虑干法技术用在首端处理和共去污分离循环,溶剂萃取技术用于后续的纯化循环,这样的综合技术可能取长补短。

参 考 文 献

[1] 徐理阮主编.《核燃料化学工艺学》上册 p120～177,中国科学技术大学08系教材(1964).

[2] 崔秉一,"从矿石中提取及分离铀,钍",汪家鼎,陈家镛主编,《溶剂萃取手册》[M],p696～718,化学工业出版社(2001).

[3] 吴华武编,《核燃料化学工艺学》[M],p143,164,264,原子能出版社(1989).

[4] 朱永贝睿,马榻泉,焦荣洲,"从辐照核燃料中提取及分离铀、钍、钚和其他元素",汪家鼎,陈家镛主编,《溶剂萃取手册》[M],p742～758,化学工业出版社(2001).

[5] 林灿生著,《裂变产物元素过程化学》[M],原子能出版社(2012).

[6] 林灿生,"钍作为核裂变能源的评论",《中国科技发展精典文库》[M],2005卷(下),p950,中国档案出版社,北京(2005).

[7] 徐理阮主编,《核燃料化学工艺学》下册,p169～213,中国科学技术大学08系教材(1964).

[8] E. D. Collins, et al. Development of the UREX + 3 Flowsheet – An Advanced Separations Process for spent Fuel Processing, American Nuclear Society 2005 Winter Meeting, November 17(2005).

[9] F. Baroncelli, et al., The Eurex Process; Processing of Irradiated U – Al Alloys by Amine Solvent Extraction, Nuclear Science and Engineering, 17(2),98(1963).

[10] 崔汝银译,齐弗雷罗(M. Zifferero),胺萃取体系的推荐流程,原子能译丛[J],11,845(1965).

[11] 蒋云清译,考(S. Cao)等,尤勒克斯中间工厂高浓铀后处理经验,原子能译丛[J],13(1976).

[12] Я. И. 齐里别尔曼著,朱建钧译《人造放射性元素化学工艺学基础》[M],p151–153.人民教育出版社(1962).

[13] J. M. 克利夫兰著,《钚化学》翻译组译,《钚化学》[M]. p503,科学出版社(1974).

[14] 张时龙译自 ISEC90,溶剂萃取在核燃料循环中的应用"——四十年进展"乏燃料管理及后处理[J],7,8(1992).

[15] 林灿生,中国核工业[J],10,45(2006).

[16] 林灿生,王效英,张崇海,核化学与放射化学[J],14(1),24(1992).

[17] 锦绅译,C. M. 尼柯尔斯,R. 斯潘西,"核燃料的化学处理",原子能译丛[J],5,353(1965).